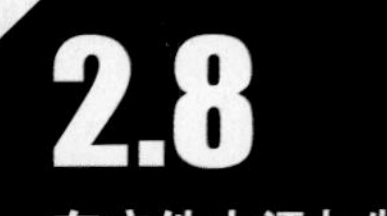

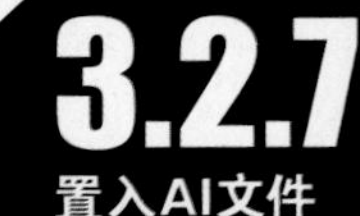

2.8

在文件中添加版权信息

3.2.7

置入AI文件

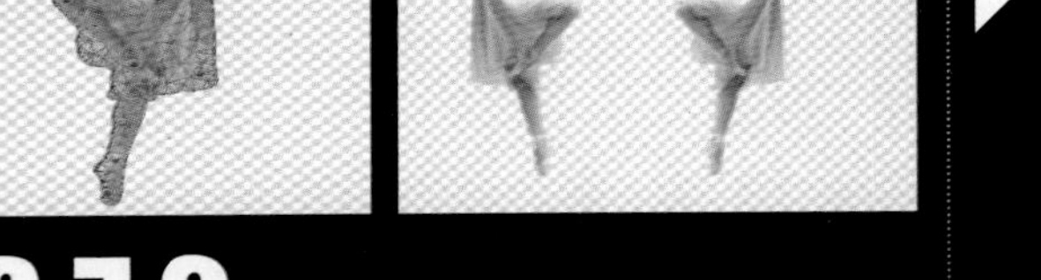

3.7.2

5.6.6

为文字添加背景图像

精彩案例展示

8.6.6

制作绚丽彩色文字

9.2.7

制作海市蜃楼效果

9.3.2

制作怀旧照片图像

10.4.8

制作水嫩皮肤效果

11.3.3
调出夕阳余辉

12.3.5
调整忧伤色调

13.1.6
更换图像天空

13.2.3
绘制花朵形状图像

精彩案例展示

13.5.7

调整图像阿宝色调

13.5.14

重组图像色调

14.6.8

添加纪念文字

14.7.8

制作巧克力文字效果

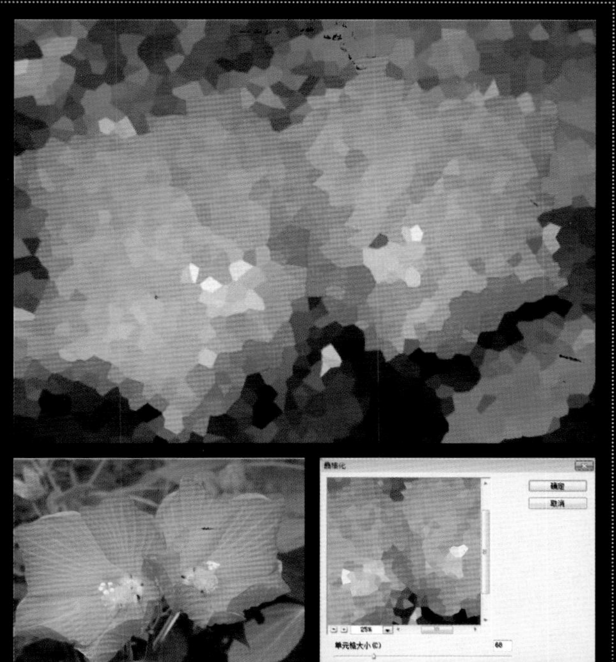

15.12.5

制作测试色盲卡片图像

18.8.4

合并3D图层和2D图层

21.1.4

制作朦胧温馨色调

21.1.5

制作江南水乡风情

精彩案例展示

21.2.1

公益海报

21.2.2

化妆品杂志广告

21.2.3

房产报纸广告

21.3.1

影视网页

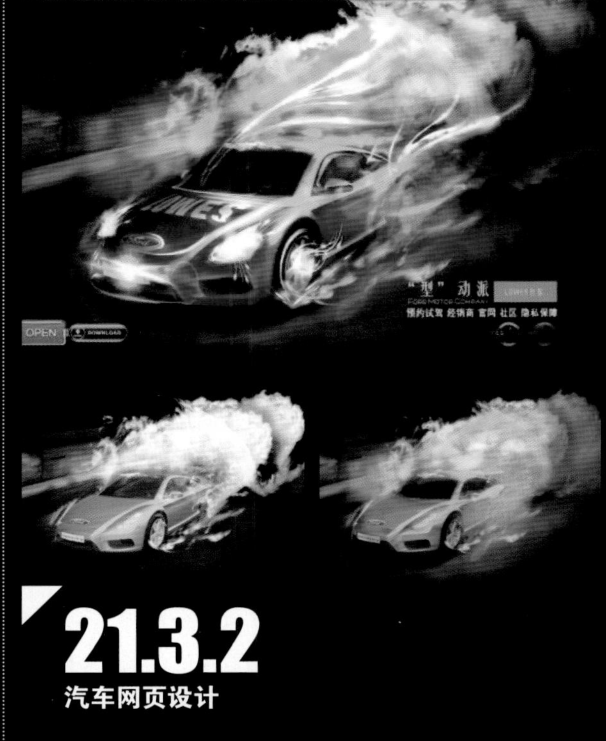

21.3.2

汽车网页设计

21.3.3

产品网页设计

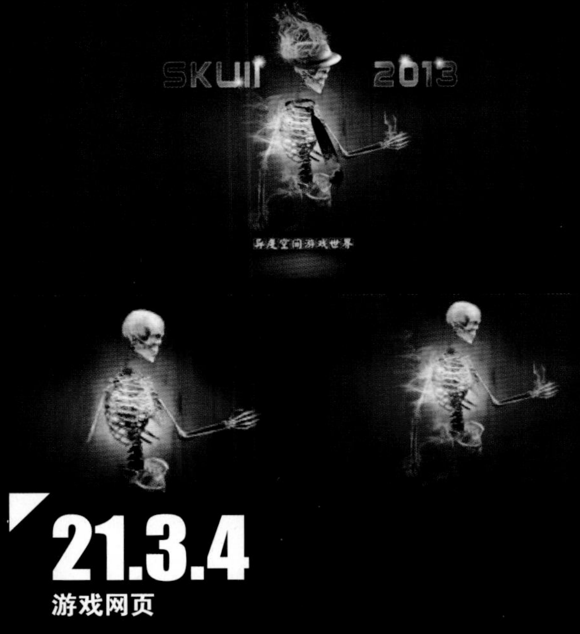

21.3.4

游戏网页

21.3.5

食品网页设计

21.5.2

矢量插画

21.5.3

个性铅笔插画

21.6.2

鬼魅时尚

零点
起飞

零点起飞学Photoshop CS6图像处理

◎ 瀚图文化 编著

清华大学出版社
北京

内容简介

本书全面、细致地讲解了Photoshop的用法与技巧，内容精华、学练结合、文图对照、实例丰富，帮助学习者全面轻松地掌握软件所有操作并进行实际创作。

本书主要讲解了Photoshop CS6制作图形图像的功能。全书共分为21个章节，分别从Photoshop CS6基础入门、Photoshop CS6基本操作、图像的基本操作、图像的修饰技术、选区、颜色填充与图像的绘制、路径的绘制与编辑、图层、图层的高级应用、颜色与色调调整、对颜色的高级调整、Camera Raw处理器、蒙版与通道、文字工具、滤镜、Web图形、视频与动画、3D与技术成像、动作与自动化、色彩管理与印刷等应用和操作进行了详细讲解，使读者全方位了解和掌握Photoshop CS6各个方面的知识点。最后分别制作了包括数码照片处理、平面广告、网页设计、包装设计、插画设计、艺术特效为主题的25个完整的综合型案例将前面所讲的知识融会贯通，巩固提高。

本书面向Photoshop CS6的初中级用户，以及从事平面设计、广告设计和印刷制作工作的专业人士，以及大专院校相关专业的教材。通过对本书的学习可以少走弯路一步到位的掌握Photoshop CS6的所有操作，并能独立进行实际创作。

本书附赠DVD光盘2张，内容包括129个360分钟的实例视频教学及书中的素材与效果文件。

图书在版编目（CIP）数据

零点起飞学Photoshop CS6图像处理/瀚图文化 编著. —北京：清华大学出版社，2014（2015.4 重印）
（零点起飞）
ISBN 978-7-302-35362-1

Ⅰ.①零… Ⅱ.①瀚… Ⅲ. ①图像处理软件 Ⅳ.①TP391.41

中国版本图书馆CIP数据核字（2014）第 020904 号

责任编辑：杨如林
封面设计：张　洁
责任校对：徐俊伟
责任印制：宋　林

出版发行：清华大学出版社
　　网　　址：http://www.tup.com.cn，http://www.wqbook.com
　　地　　址：北京清华大学学研大厦 A 座　　**邮　　编**：100084
　　社 总 机：010-62770175　　**邮　　购**：010-62786544
　　投稿与读者服务：010-62776969，c-service@tup.tsinghua.edu.cn
　　质 量 反 馈：010-62772015，zhiliang@tup.tsinghua.edu.cn
印 装 者：北京密云胶印厂
经　　销：全国新华书店
开　　本：190mm×260mm　**印　张**：29.5　**插　页**：4　**字　　数**：869 千字
　　（附 DVD 光盘 2 张）
版　　次：2014 年 6 月第 1 版　　**印　　次**：2015 年 4 月第 2 次印刷
印　　数：3001～4500
定　　价：59.80 元

产品编号：054369-01

前 言

软件介绍

Adobe Photoshop CS6是Adobe公司旗下最为出名的图像处理软件之一，集图像扫描、编辑修改、动画制作、图像制作、广告创意、图像输入与输出于一体的图形图像处理软件，深受广大平面设计人员和电脑美术爱好者的喜爱。Adobe Photoshop CS6是一款专业的图形图像处理和编辑的软件，其强大的功能，为图像处理和制作带来了极大的方便，能有效帮助设计师进行方便、快捷的创作，以及应用于数码照片的后期处理、平面设计、特效等众多领域。

内容导读

本书主要讲解了Photoshop CS6制作图形图像的功能。书中讲解了如何利用多种不同的工具、滤镜等来实现处理图像的方法。从最基础的Photoshop CS6基础入门到色彩管理与印刷，通过循序渐进的方式进行逐一地讲解使读者能够真正的体会到Photoshop CS6的强大功能。

本书内容丰富，讲解细致，分别从Photoshop CS6基础入门、图像的基本操作、图像的修饰技术、选区、颜色填充与图像的绘制、路径的绘制与编辑、图层、图层的高级应用、颜色与色调调整、对颜色的高级调整、Camera Raw处理器、蒙版与通道、文字工具、滤镜、Web图形、视频与动画、3D与技术成像、动作与自动化、色彩管理与印刷等应用和操作进行了详细讲解，使读者全方位地了解和掌握Photoshop CS6各个方面的知识点。最后分别制作了包括数码照片处理、平面广告、网页设计、包装设计、插画设计、艺术特效为主题的25个完整的综合型案例将前面所讲的知识融会贯通，巩固提高，从而加深用户对知识的理解和记忆。

本书特点

⇨ 由浅入深，循序渐进。考虑到了初学者的实际阅读和制作的需要，对章节的安排由浅入深，并循序渐进地安排了学习的内容。可兼顾不同需求的读者翻阅了解自己需要的学习内容。

⇨ 边学边练，学以致用。要实现一种效果可以使用各种各样不同的方法，高手与菜鸟的区别就在于，高手能够立刻选择一种最快捷的方法解决问题，提高工作效率。本书致力于让菜鸟尽可能达到高手的工作效率。本书每一章都充分地讲解了Photoshop CS6的详细内容及操作，使用户可以边学边练，学以致用，在对内容融会贯通后能独立操作并自由发挥。

⇨ 强调技法，分析方式。本书每个例子的开始都有技术要点的介绍，通过例子的分析来了解应用那种方式来制作图像可以最快达到效果。这样便可使用户了解到怎样运用分析自己需要处理的图片，帮助用户明确学习方法，提高学习效率。

本书由瀚图文化组织编写，参与本书编写工作的有高峰、何艳、罗菊廷、周琴、贾红伟、张仁伟、罗卿、李震、刘思佳、陈艾、郭亚蓉、王亚杰、闫欧。本书编创力求严谨，尽管作者力求完善，但书中难免有错漏之处，希望广大读者批评指正，我们将不胜感激。

编者

目　录

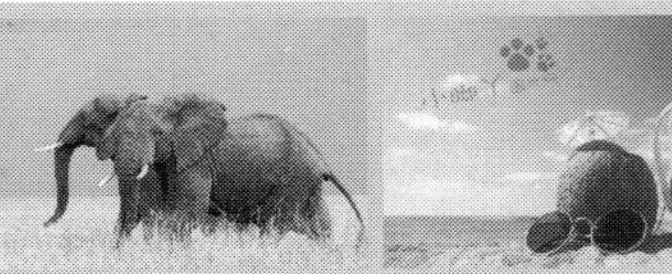

Christmas
Day

我的网页

Sweet
Happy DAY

第1章

Photoshop CS6基础入门

本章重点：

本章主要讲解Photoshop CS6的基础知识。介绍Photoshop CS6的各个应用领域、安装和卸载Photoshop CS6的方法，以及Photoshop CS6的新增功能，使读者了解其属性及应用，帮助读者更快地掌握新增功能，对Photoshop CS6有全面的认识和了解。

学习目的：

掌握Photoshop的基础知识是最重要的，贯穿于全部Photoshop的操作应用。如盖房子打地基一样，没有坚实牢固的地基，房子就没有稳定性。基本的知识技能应牢记在心。学习知识要靠日积月累，一步一个脚印，方能取得最终的收获。

参考时间：32分钟

主要知识	学习时间
1.1　Photoshop CS6概述	1分钟
1.2　Photoshop CS6应用领域	6分钟
1.3　安装、卸载Photoshop CS6	5分钟
1.4　Photoshop CS6新增功能	20分钟

1.1 Photoshop CS6概述

Adobe公司推出的Photoshop CS6对软件的界面与功能都比上一版进行了不同的更新，并对属性相同的操作进行了管理，以便操作时更加便捷。Photoshop是平面图像处理业界的霸主，集图像设计、编辑、特效合成以及高品质的输出功能于一体。在使用该软件前，先了解Photoshop CS6的应用领域、安装和卸载方法，以及该软件新增功能，为以后的学习扎下根基。

1.2 Photoshop CS6应用领域

Photoshop CS6已应用于平面设计、创意设计、数码艺术设计、网页设计、动画设计、艺术文字设计、出版印刷等诸多领域。下面将对Photoshop在各个领域的应用进行介绍，并通过作品的赏析来形象地认识Photoshop。

1.2.1 平面设计方面应用

现代的平面设计应用以更具视觉效果的图片和文字，展现求新、求异的视觉理念，更具冲击力。平面设计中图像效果的千变万化，使用Photoshop软件都可轻松搞定。

摩洛哥Travelby平面设计

Killer Jeans by Grey Mumbai平面设计

1.2.2 创意设计应用

创意设计是通过在Photoshop中使用多种工具，将广告效果表现得更加到位，并通过各种素材与创意人物华丽完美地结合，增强视觉效果。

Best Creative Advertising创意设计

Redemption Songs创意设计

1.2.3 数码艺术应用

随着数码摄影技术的不断发展，Photoshop与数码照片的联系更加紧密。通过Photoshop强大的图像处理功能，可以创建出富有艺术感、个性的数码艺术照片。该软件可以快速修复图像的种种缺陷，还可以制作出意想不到的梦幻效果，使该软件成为专业婚纱照和艺术照的加工工厂。

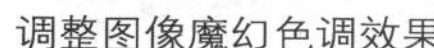
调整图像魔幻色调效果

修复人物面部瑕疵，调整清爽色调

1.2.4 网页和界面设计应用

网页设计是电子平台与广大消费者的传递纽带，具有非常重要的商业价值。Photoshop不仅可以设计网页或界面的整体结构，还可以优化图像并将其应用于网页上，能够制作出响应鼠标动作的导航图像和简单的动画图像，使画面色彩、质感表现得更加到位。

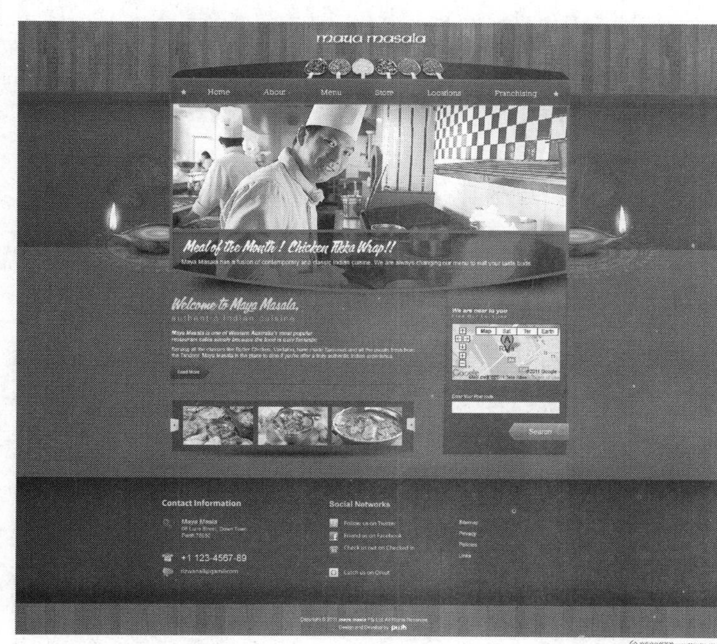

巴基斯坦khurram-cr8ive网页设计

巴基斯坦khurram-cr8ive界面设计

1.2.5 动画设计应用

随着社会的不断进步，为了使动画效果更具有视觉冲击力，除了应用独特的特技之外，通常还会采用三维或四维等多维空间设计，从而达到吸引观者目光的目的。通过Photoshop中的“时间轴”面板，对视频、图片或文字等进行编辑处理，可以制作出完整的影片，以表现该软件的强大效果。

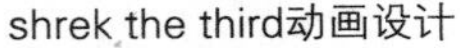

shrek the third动画设计

BLT & Associates动画设计

Honda动画设计

1.2.6 艺术文字设计应用

文字设计是一种书写创意的视觉表现形式，同时也是创意设计中最具有影响力的元素之一。它可以表达不同的情感效果，体现文字艺术、动感、个体或团体的特点，表现不同的文字风格，通过对文字的设计，更加全面地理解其寓意。

花纹艺术文字设计

忧伤的艺术文字设计

动感艺术文字设计

1.2.7 插画设计应用

使用Photoshop中的画笔笔刷或形状工具及调色功能，不仅能得到逼真的传统绘画效果，还可以制作出一般画笔无法实现的特殊效果，让图像真正达到意想不到的境界。

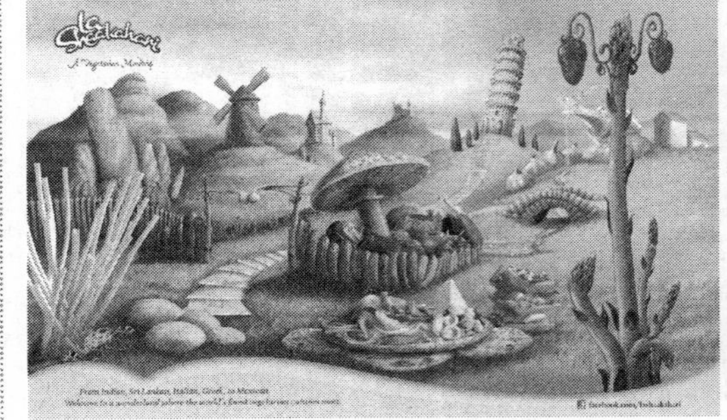

Amrish Shyam 插画设计之彩色的世界

Elisandra插画之彩色的世界

Lifestyle Ginger Jewelry by JWT Bangalore

1.3 安装、卸载Photoshop CS6

对Photoshop CS6进行了解和认识之前，应先熟练掌握该软件的安装与卸载的操作方法，从而更好地使用该软件。

1.3.1 安装Photoshop CS6

在使用Photoshop CS6前，应先了解该软件的安装方法。安装Photoshop CS6时，在安装包文件夹中双击安装程序图标，弹出“Adobe安装程序”初始化对话框。初始化安装完成后，将弹出Photoshop CS6的安装程序界面对话框，根据安装进度中的提示进行相关选项设置，完成后单击“安装”按钮，即可完成该软件的安装操作。

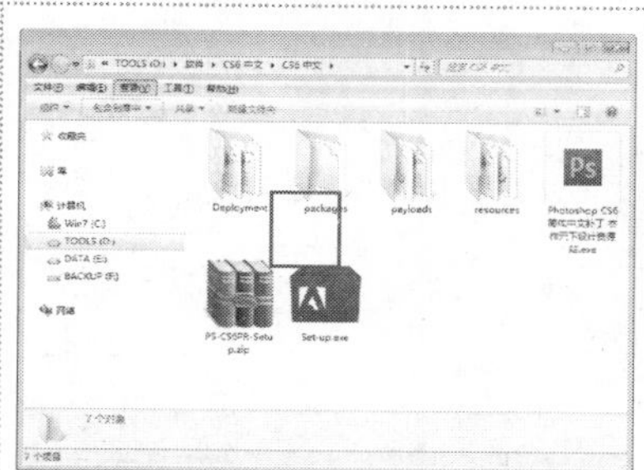

在Photoshop CS6安装程序包中，双击安装图标，即可弹出“Adobe安装程序”初始化对话框，将自动初始化安装程序。

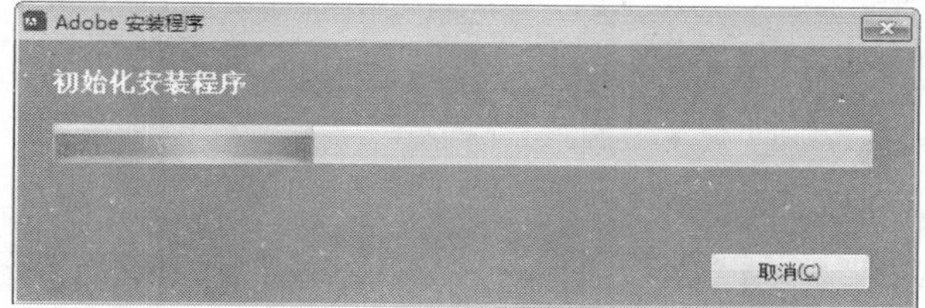

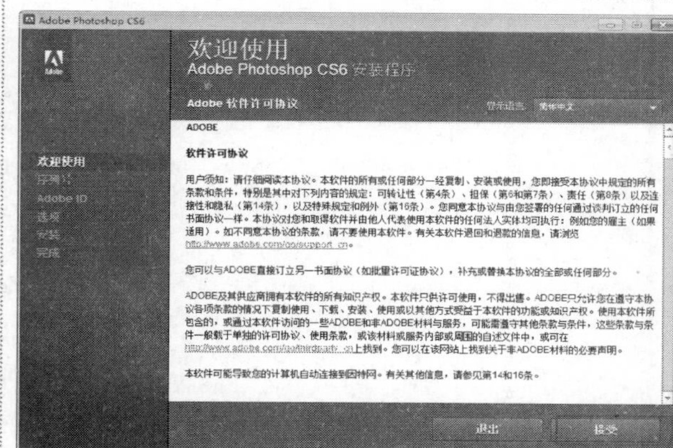

在Photoshop CS6的安装程序界面对话框中设置选项后单击“接受”按钮。

在“安装选项”面板中设置Photoshop CS6的安装路径，完成后单击“安装”按钮。

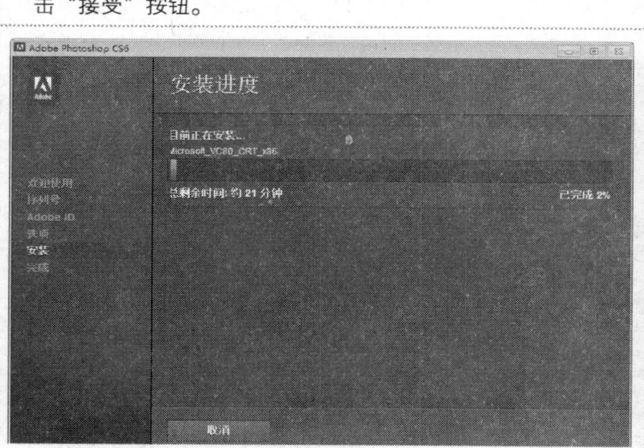

在“安装进度”面板中可查看Photoshop CS6的安装进度。

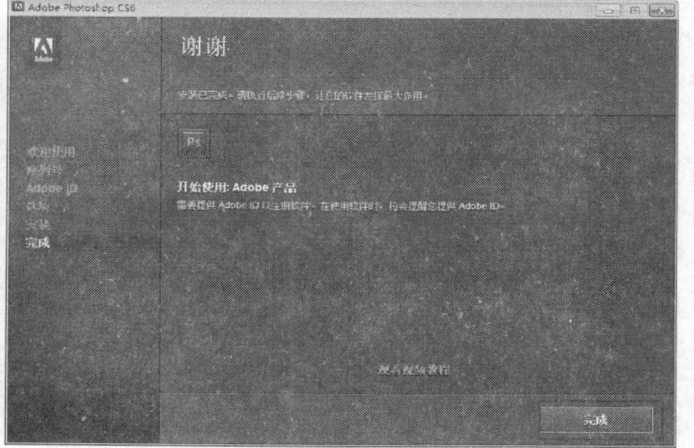

单击“完成”按钮，即可启动Photoshop CS6。

1.3.2 卸载Photoshop CS6

要卸载Photoshop CS6，可在系统界面中执行“开始 | 控制面板 | 程序和功能”命令，或在“所有程序”菜单栏中选择Adobe Photoshop CS6软件，单击鼠标右键，在弹出的快捷菜单中选择 “强力卸载此软件”命令，在弹出的“卸载选项”对话框中单击“卸载”按钮，即可卸载该软件。

在“控制面板”中打开“卸载或更改程序”选择卡。在

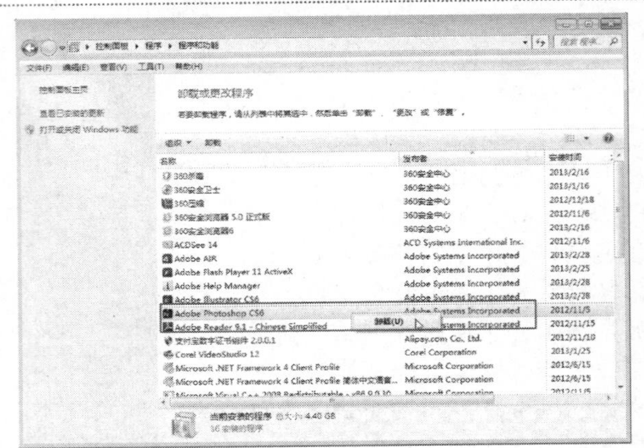

弹出的“卸载和更改程序”选择卡中选择“Adobe Photoshop CS6”程序，单击鼠标右键，在弹出的快捷菜单中选择“卸载”选项即可。

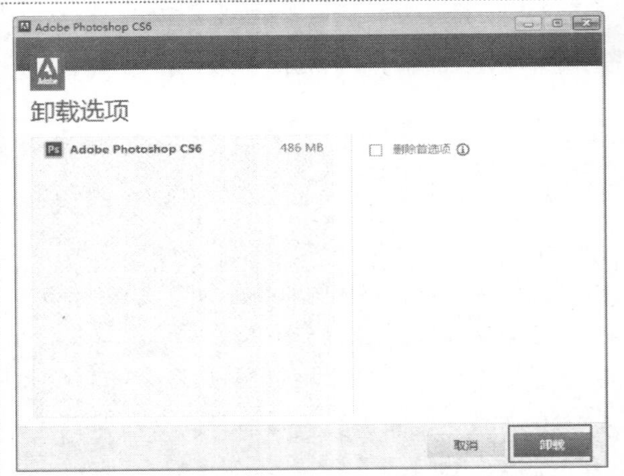

在弹出的“卸载选项”对话框中单击“卸载”按钮，可应用卸载命令。

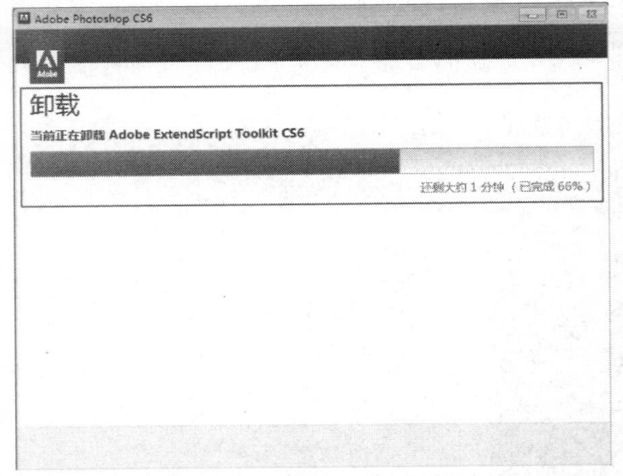

单击“卸载”按钮后，可查看卸载进度，卸载完成后单击“完成”按钮即可。

知识连接：卸载软件的多种方法

在系统界面中的“开始”菜单中选择“强力卸载电脑中的软件”选项，在弹出的“360管家”窗口中选择Adobe Photoshop CS6软件选项，并在对应的选项中单击“卸载”按钮，在弹出的“卸载选项”对话框中单击“卸载”按钮，即可删除该软件。

在“360管家”窗口中选择“Adobe Photoshop CS6”程序，在对应的选项中单击“卸载”按钮即可。

1.4 Photoshop CS6新增功能

Photoshop 一直是世界上最受欢迎的绘图工具，Photoshop CS6带来了全新的用户界面，加入了多个不可思议的新功能，完善了内容识别填充，整合了新的Adobe服务，改进了3D效果、滤镜、文件搜索等。Photoshop CS6作为最新版本，与之前的版本相比，无论从其界面还是功能，都有了很大的改变，下面对一些较为实用的功能进行重点讲解。

1.4.1 内容感知移动工具

内容感知移动工具可根据画面中周围的环境、光源对多余的部分进行剪贴、粘贴等修整。在内容感知移动工具属性栏中，包括“移动”和“扩展”两个选项，通过直接在需要移动或扩展的区域创建选区，并移动其位置，即可将选区内的图像发送到另一个空白区域。

原图

使用内容感知移动工具移动的效果

使用内容感知移动工具扩展的效果

1.4.2 透视裁剪工具

剪切工具打破了以往的管理方式，它裂变为剪切工具和透视裁切工具，该工具是变化最大的一个工具。在剪切工具中，将“透视”选项独立地分离出来，并成为专门的透视裁切工具，该工具可将图像表现为具有透视效果。

原图

调整透视裁剪框

裁剪后效果

知识链接：裁剪工具校正图像水平线

裁剪工具在该软件中也做了很大的改进，与以往不同的是，裁剪区域将固定不动，只是移动需要裁剪的图片，还可以直接对图片进行旋转和水平校准，从而提供更完美的预览效果。

原图

在显示裁剪框后旋转图像角度，完成后按Enter键，即可对图像进行水平校准。

1.4.3 内容识别修补

修补工具属性栏中的“内容识别”选项是新增的一个重要的修补方式，可通过合成附近的内容，无缝替换不需要的图像元素，与周围的内容无缝混合。该效果与“内容识别填充”类似，但是该选项是借助修补工具进行的，可以随意选择绘制填充的区域，用于移去不需要的图像元素。

修补工具属性栏

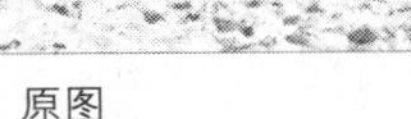

原图

创建选区并移动位置

修补后效果

1.4.4 新增的油画滤镜

在“滤镜”菜单中新增了一个独立的“油画”滤镜，使用该滤镜可以快速创建具有油画特色的图片效果，并减少了以往制作油画效果的繁琐操作命令。执行“滤镜 | 油画”命令，在弹出的对话框中设置各个选项的参数值，完成后单击“确定”按钮，即可轻松制作经典的油画效果。

原图

应用“油画”滤镜效果

技巧：

在“油画”对话框中，“缩放”选项的参数值取值范围为0.1~10，向左拖动鼠标或输入较小的参数值，设置的油画纹理就越小；反之，向右拖动滑块或输入较大的参数值，油画纹理就越大。

1.4.5 64位光照效果库

“光照效果”滤镜是使用全新的Adobe Mercury图形引擎进行渲染的，因此对GPU的要求很高。其界面表现为工作区的形式，可以通过选项设置不同的光照效果。

原图

应用“光照效果”滤镜效果

提示：

在“光照效果”滤镜工作区中按住鼠标拖动黑色光环，可调整画面中的光照强度，其取值范围为-100~100，正数值越大光照强度越强；反之，负值越小光照强度越弱。

1.4.6 快捷的图层搜索

在Photoshop CS6中，新增了快捷的图层搜索功能，该功能在图像设计中具有重要的作用。主要是管理当前文件中的图像，快速找到需要类型的图层。在“类型”下拉列表中，包含了“名称”、“效果”、“模式”、“属性”和“颜色”选项，通过这些选项，可搜索并显示相应的图层及效果。

在图层面板中，包括“像素图层滤镜”按钮、“调整图层滤镜”按钮、“文字图层滤镜”按钮、“形状图层滤镜”按钮和“智能对象滤镜”按钮，单击按钮可显示相对应的图层，快速进行查找。

该功能还可以使用视频图层在图像中添加视频，将视频剪辑做为视频图层导入到图像中之后，可以遮盖、变换、应用图层。

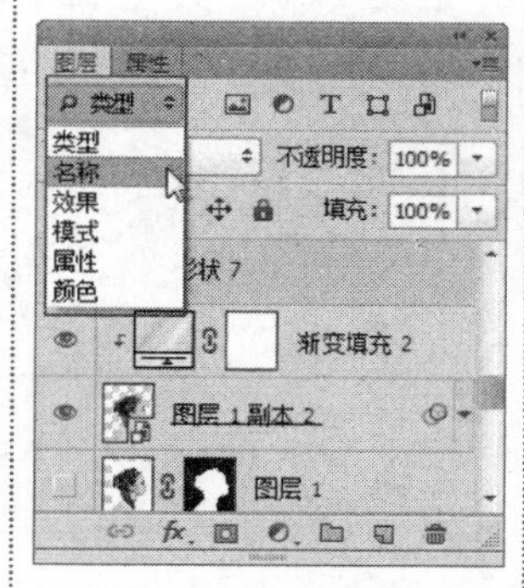

“图层”面板中的搜索选项

知识链接：快速搜索图层

在“图层滤镜”按钮组中分别单击“调整图层滤镜”按钮、“形状图层滤镜”按钮和“智能对象滤镜”按钮，可显示相对应的图层，方便查找图层。

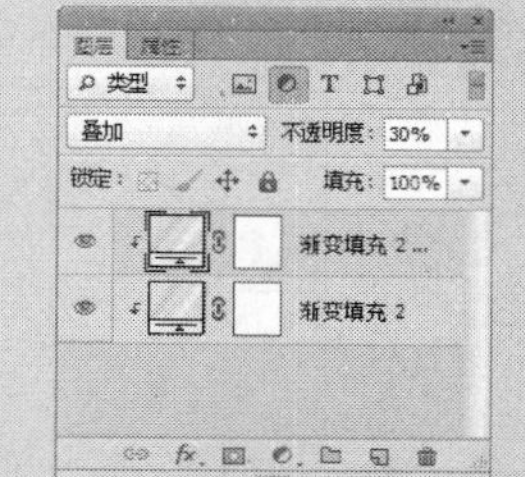

单击调整图层滤镜按钮

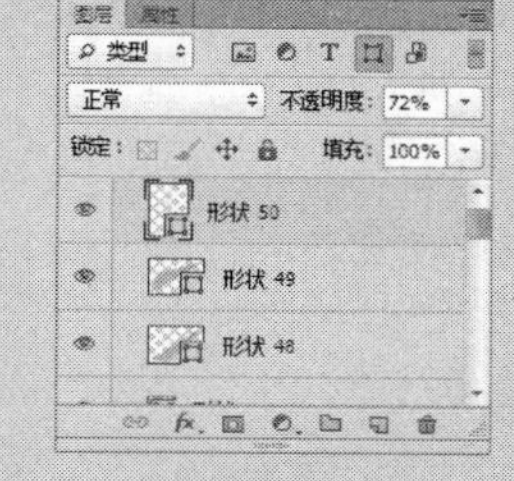

单击形状图层滤镜按钮

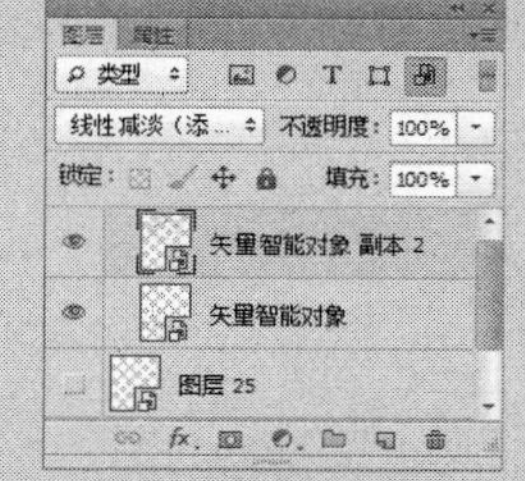

单击智能对象滤镜按钮

1.4.7 自适应广角滤镜

“自适应广角滤镜”是一个独立界面、独立处理过程的滤镜。该滤镜可以帮助用户轻松纠正超广角镜头拍摄图像的扭曲程度，其中，校正“地平线”效果最为常见，一般选择以鱼眼镜头的标准去处理，这里使用了自动判断。

原图

应用“自适应广角滤镜”后效果

1.4.8 光圈模糊和焦点模糊

在Photoshop CS6中的“模糊”滤镜组中新增了“场景模糊”、“光圈模糊”和“倾斜偏移”3个模糊滤镜，使用这些滤镜可以快速模糊图像效果。

“场景模糊”滤镜是以工作界面的方式显示的对话框效果，在该对话框中放置有具有不同模糊程度的多个图钉，可产生渐变模糊效果。可以通过右侧的模糊控制面版上的滑块来调整照片的模糊强弱程度，在此也可以切换模糊类型。

原图

“场景模糊”滤镜对话框

“光圈模糊”滤镜是通过移动控制点来设置模糊效果，也可以拖动控制面版上的滑块或设置参数值来设置光圈模糊效果。同时在该滤镜工作界面中移动控制点，可以改变焦点的大小与形状、图像其余部分的模糊数量以及清晰区域与模糊区域之间的过渡效果。

应用“光圈模糊”滤镜

设置多个光圈点模糊图像

技巧：

使用“光圈模糊”滤镜时，可同时在一张图像中添加一个或多个光圈点，分别设置不同的模糊效果，以丰富画面效果。

“倾斜偏移”滤镜是通过边框的控制点改变移轴效果的角度以及效果的作用范围；通过边缘的两条虚线为移轴模糊过度的起始点，通过调整移轴范围可调整模糊的起始点；拖拽移轴控制中心的控制点，可以调整移轴效果在照片上的位置，以及移轴形成模糊的强弱程度。

应用“倾斜偏移”滤镜

调整倾斜轴角度

知识链接：认识“场景模糊”滤镜组

❶**场景模糊**：以创建的固定点为模糊原点，进行该区域的模糊。

❷**光圈模糊**：可将一个或多个焦点添加到图像中。移动图像控制点，可改变焦点的大小与形状、图像其余部分的模糊数量以及清晰区域与模糊区域之间的过渡效果。

❸**倾斜偏移**：模拟出镜头焦外的失真，但没有镜头模糊的光圈开口形状选择，还可以模拟出镜头焦外弥散圈和旋转焦外、二线性等效果。

模糊滤镜组

提示：模糊滤镜的作用

“场景模糊”、“光圈模糊”和“倾斜偏移”滤镜的结构与滤镜组相同，在使用过程中可以同时使用这几种滤镜，以展现不同的模糊效果。

同时使用多个模糊滤镜

最终效果图

1.4.9　新增属性面板

在Photoshop CS6中，新增了“属性”面板，在使用调整图层命令时，即可在“属性”面板中显示当前调整命令。在旧版本中，调整图层命令是与“调整”面板集合在一起的。通过版本升级将其分离出来，可对该面板进行大小调整，使其更加方便、快捷。

无属性时的“属性”面板　应用调整命令时的效果

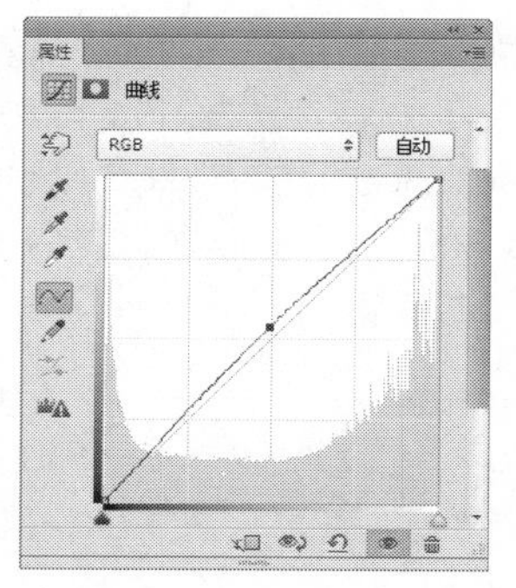

调整“属性”面板大小

1.4.10 3D材质拖放工具

在渐变填充工具组中新增了3D材质拖放工具，在该工具属性栏中可设置3D对象材质。在指定对象区域单击鼠标，可改变该对象的材质效果。该工具在改变材质后，3D图像的颜色、质感及光源等效果不会发生改变。

原图

改变3D对象材质后的效果

1.4.11 轻松创建3D图形

在3D菜单中执行“3D | 从图层新建网格 | 网格预设”命令，在弹出的级联菜单中可选择锥形、立体环绕、圆柱体、圆环、帽子、金字塔、环形、汽水、球体、球面全景和酒瓶11种预设图形；也可以执行“3D | 从图层新建网格 | 深度到映射到”命令，在弹出的级联菜单中选择平面、双面平面、圆柱体和球体等多种预设图形，执行相应命令可实现3D图形效果。

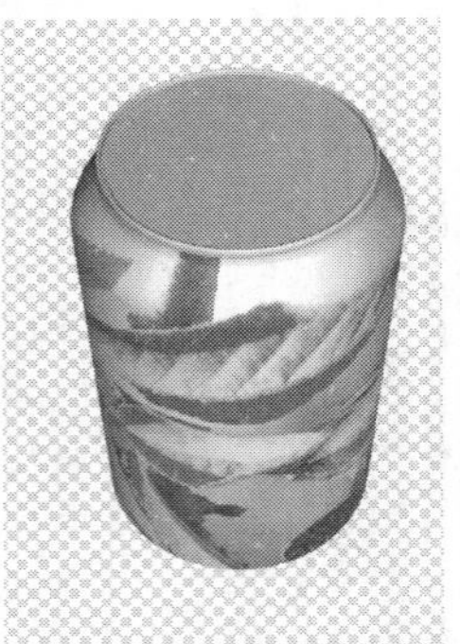

汽水图形效果

金字塔图形效果

圆柱体图形效果

球体图形效果

1.4.12 贴心的后台存储与自动恢复

按快捷键Ctrl+K，弹出“首选项”对话框，在对话框左侧列表中选择“文件处理”选项，在随后显示的面板中，通过勾选 “每次自动保存恢复时间”复选框，可将没有存储且不正常关闭的文件进行自动备份，并可在右侧的文本框中设置恢复时间。

文件存储选项
图像预览(G): 总是存储
文件扩展名(F): 使用小写
☑ 存储至原始文件夹(S)
☑ 保存到背景
☑ 每次自动保存恢复时间: 10 分钟

“文件处理”选项对话框

提示：

在“性能”选项中的“历史记录”面板中，可设置恢复图像操作的历史记录，可恢复小于设置的状态值的所有操作步骤。其范围值为1~1000，在实际运用中一般以80步为宜，避免过多保留影响软件运行速度。

1.4.13　新设计的界面

Photoshop CS6采用了4种界面风格，主要从明亮到黑暗风格。执行“编辑 | 首选项 | 界面”命令进行设置，在弹出的对话框中单击颜色主题中的颜色图标，可改变Photoshop CS6的界面颜色，不管你喜欢哪种界面颜色，都可以随意进行切换。

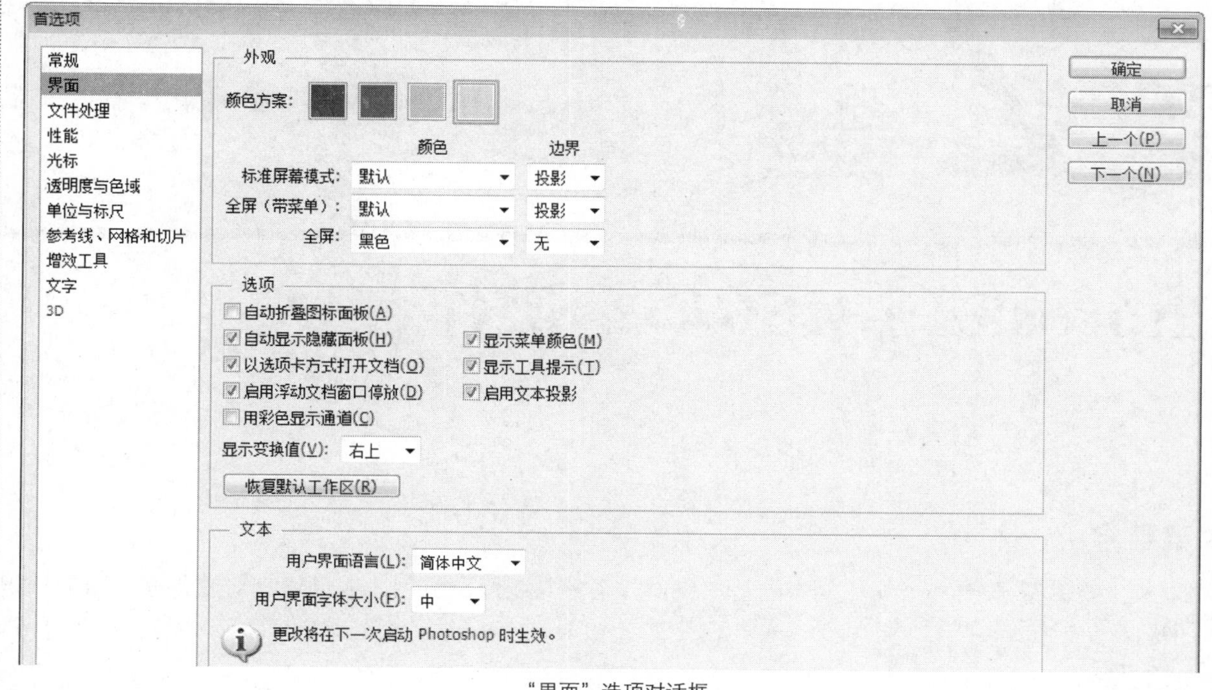

“界面”选项对话框

黑色界面

灰黑色界面

灰色界面

白灰色界面

第2章

Photoshop CS6基本操作

本章重点：

本章主要讲解了Photoshop CS6的基本操作，了解其属性及应用，以便读者对软件有全面的认识和了解。

学习目的：

在Photoshop CS6中要对图像文件进行编辑和操作，首先应掌握文件的基本操作，如认识Photoshop工作界面、对图像的查看、自定义工作区、标尺、网格、注释和参考线、预设、增效工具、Photoshop CS6首选项和性能优化、用Adobe Bridge管理文件以及在文件中添加版权信息等，灵活使用这些操作能为后面的学习打下坚实的基础。

参考时间：38分钟

主要知识	学习时间
2.1　认识Photoshop工作界面	5分钟
2.2　对图像的查看	6分钟
2.3　自定义工作区	4分钟
2.4　标尺、网格、注释和参考线	8分钟
2.5　预设、增效工具	1分钟
2.6　Photoshop CS6首选项和性能优化	5分钟
2.7　用Adobe Bridge管理文件	8分钟
2.8 在文件中添加版权信息	1分钟

2.1 认识Photoshop工作界面

在了解Photoshop CS6之前，应先对Photoshop CS6的构成界面进行详细了解，从而更能得心应手地对图像进行编辑。

2.1.1 工作界面主要构成

Photoshop CS6的工作界面主要由菜单栏、属性栏、工作区、状态栏、工具箱和浮动面板等部分组成，下面介绍这些构成要素。

2.1.2 菜单栏

Photoshop CS6的菜单栏波动较大，菜单的分类更具体了。菜单中的部分命令有所增加与改变，菜单栏中的分析菜单换成为文字菜单，它是从图层菜单中分离出来的。在菜单栏中几乎包括了所有Photoshop的可执行命令。

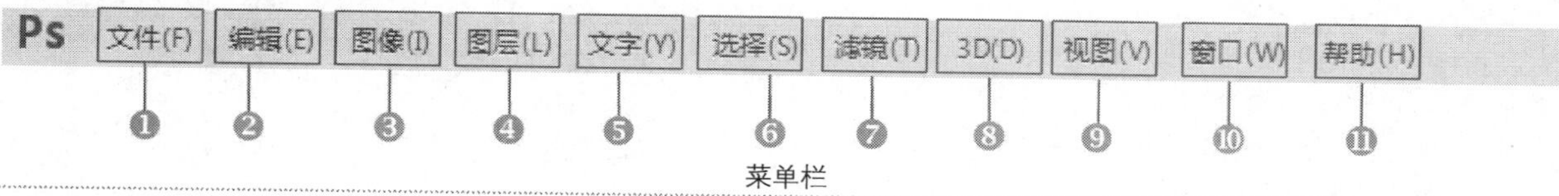

菜单栏

❶**文件**：文件菜单中是多个基础命令，包括新建、打开、关闭和在Mini Bridge中浏览等命令。

❷**编辑**：编辑菜单中的命令主要用于对文件进行编辑，包括还原、剪切、内容识别比例和操控变形命令。

❸**图像**：图像菜单中的命令主要用于对图像的编辑，包括模式、图像大小、画布大小等命令。

❹**图层**：图层菜单中的命令用于对图像中的图层进行编辑，包括新建、复制图层、图层属性等命令。

❺**文字**：文字菜单是该软件升级后重组的一个菜单，该菜单中的命令主要用于对图像中的文字进行设置等。

❻**选择**：选择菜单中的命令用于对Photoshop中的选区进行全部、反向和调整边缘等操作。

❼**滤镜**：滤镜菜单中包括了Photoshop中的所有滤镜命令，执行滤镜命令将应用相应的滤镜效果。

❽**3D**：该菜单中的各项命令主要将二维图像转换为3D对象，并可对3D对象进行不同的命令操作。

❾**视图**：该菜单中的命令用于对图像进行查看，像素长宽比校正、屏幕模式和显示等。

❿**窗口**：该菜单中的命令用于显示工作区中相关面板，其中包括图层、通道和动画面板等。

⓫**帮助**：该菜单中的命令对Photoshop CS6软件的功能、信息进行讲解。

2.1.3 属性栏

属性栏主要用于设置工具箱中各个工具的参数，选择不同的工具会出现不同的选项栏，通过对选项栏中的参数进行设置，可以得到想要的效果。

魔棒工具属性栏

2.1.4 工作区

打开图像文件时，该区域显示为灰色，打开任意图像后，显示该图像文件中的图像，调整工作界面和图像的预览比例，可以不同的姿态显示图像。在工作区中单击鼠标右键，在弹出的快捷菜单中可更改工作区的颜色。

标准工作区颜色

更改工作区颜色效果

2.1.5 浮动面板

浮动面板位于工作界面的右侧，在Photoshop中，浮动面板有很多种，功能全面，使用方便。主要用于配合图像的编辑，对操作进行控制以及进行参数设置等。通过执行“窗口”菜单命令可打开浮动面板。

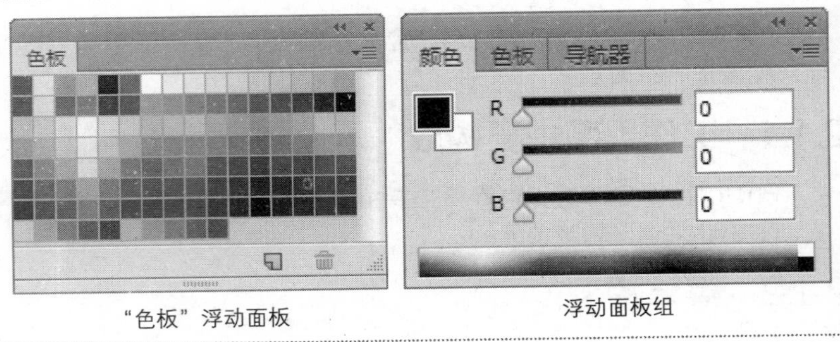

“色板”浮动面板　　浮动面板组

2.1.6 工具箱

工具箱位于Photoshop工作界面的左侧，在工具箱中列出了Photoshop中常用的工具，单击鼠标右键，单击右下角有小三角符号的图标或在此类图标上按住鼠标左键，都可打开该工具的隐藏工具组列表。

在工具箱的最上方有一个由两个三角形组成的按钮▶▶，单击此按钮，可将工具箱在单栏和双栏之间进行切换。

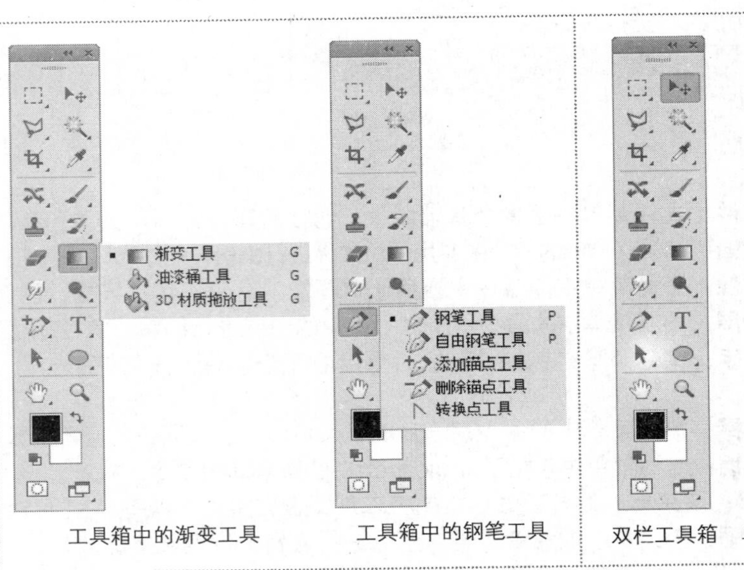

工具箱中的渐变工具　　工具箱中的钢笔工具　　双栏工具箱　单栏工具箱

2.2 对图像的查看

要查看图像文件，可根据图像的模式对图像进行放大、缩小或旋转，然后进行查看。

2.2.1 更改屏幕模式

按F键在标准屏幕模式、带有菜单的全屏模式、全屏模式之间进行切换。或在工具箱中单击更改屏幕模式按钮，即可切换到相应的模式。若切换到全屏模式后要退出全屏模式，只须按F键或Esc键即可回到标准模式。

标准屏幕模式

带有菜单的全屏模式

全屏模式

2.2.2 辅助工具

单击抓手工具或按H键可切换到抓手工具，需要注意的是当现实比例为100%时，图像将无法移动。使用抓手工具可自由控制图像在工作区中的显示位置，并可对图像的细节、边缘等进行查看。

在抓手工具属性栏中,可通过单击“实际像素”、“适合像素”、“填充像素”和“打印尺寸”这4个按钮，在工作区中显示图像大小。当光标在图像中变为形状时，可自由拖动图像查看其细节。

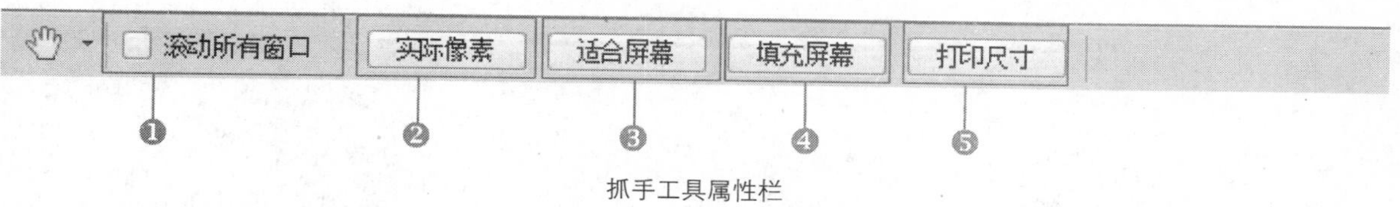

抓手工具属性栏

❶ **“滚动所有窗口”复选框**：勾选该复选框，使用抓手工具时可滚动所有打开文件的窗口。
❷ **“实际像素”按钮**：单击该按钮可将当前文件窗口缩放为1:1的比例显示。
❸ **“适合屏幕”按钮**：单击该按钮可将当前文件窗口缩放为屏幕大小。
❹ **“填充屏幕”按钮**：单击该按钮可缩放当前窗口适合屏幕。
❺ **“打印尺寸”按钮**：单击该按钮可将当前窗口缩放为打印分辨率的尺寸。

在工具箱中选择抓手工具，并单击鼠标右键，在弹出的工具列表中选择旋转视图工具，在属性栏中输入参数值，即可对当前视图文件进行任意地旋转。

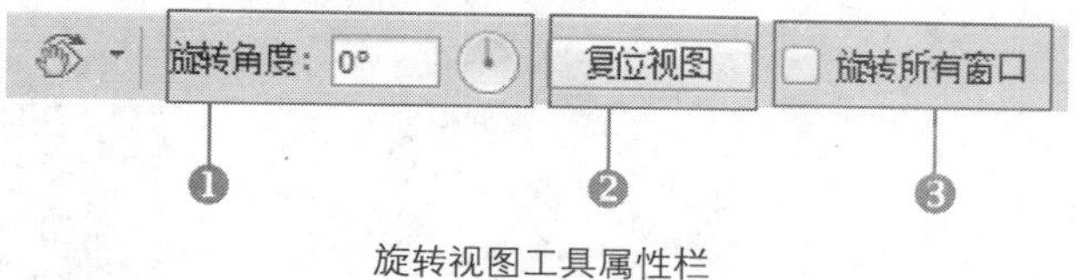

旋转视图工具属性栏

❶ **“旋转角度”文本框**：在文本框中输入视图旋转的精确角度，还可以通过拖动右侧的旋转图标自由地旋转视图。
❷ **“复位视图”按钮**：单击该按钮时，可恢复视图旋转的角度为0°。
❸ **“旋转所有窗口”复选框**：勾选该复选框，使用旋转视图工具可旋转所有打开的文件窗口。

2.2.3 实战：使用抓手工具来移动画面预览

光盘路径：无

步骤1　打开“使用抓手工具来移动画面预览.jpg”文件，并单击抓手工具。

步骤2　在抓手工具属性栏中单击“填充屏幕”按钮，可应用该命令效果。

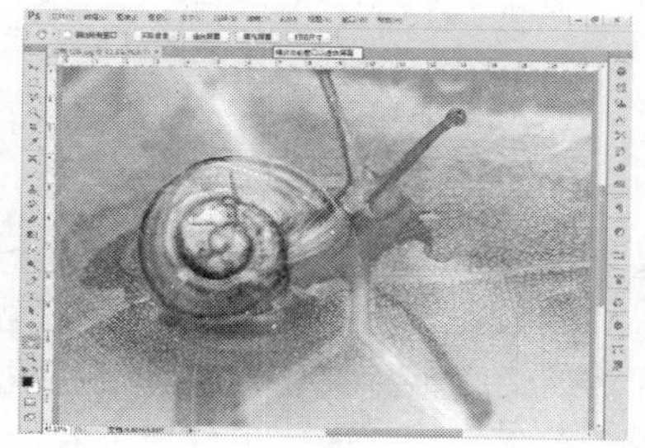

步骤3　使用抓手工具在动物头部区域拖动鼠标，可显示动物的整体效果。

2.2.4 实战：快速旋转图像

光盘路径：无

步骤1 打开“快速旋转图像.jpg”文件，并单击旋转视图工具。

步骤2 使用旋转视图工具在画面中按住鼠标旋转，即可旋转图像的角度。

步骤3 在旋转视图工具属性栏中输入旋转角度为158°，即可应用旋转角度进行旋转。

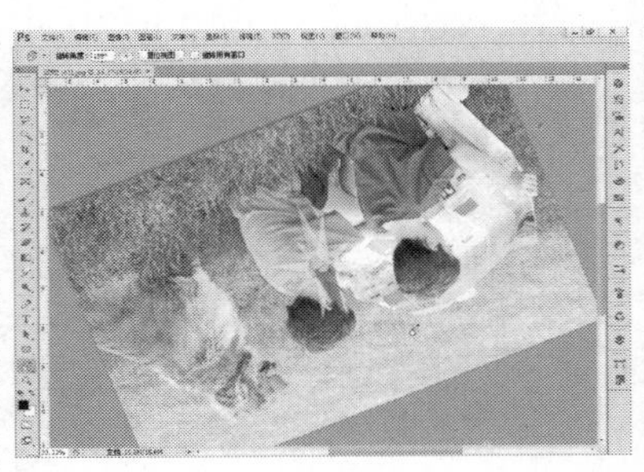

2.2.5 在导航面板中查看图像

执行“窗口 | 导航器”命令，打开“导航器”面板，任意打开一张图像文件，将鼠标移动到导航器中，单击画面，即可在工作区中显示指定区域图像。

导航器

使用鼠标在导航器中单击

在工作区中将显示导航器指定区域

2.2.6 放大/缩小图像

使用缩放工具可快速地调整图像的显示比例，常用于查看图像的局部细节。在工具箱中单击缩放工具，将光标移动到图像窗口中，当其变为或形状时单击鼠标左键，即可以单击处为中心将图像放大或缩小显示。

在图像窗口中单击鼠标并拖动，绘制出一个矩形选框后释放鼠标，可将所选区域放大至整个窗口显示。放大图像后，按住Alt键可将光标显示状态切换到，按住Alt键的同时单击鼠标可缩小图像。

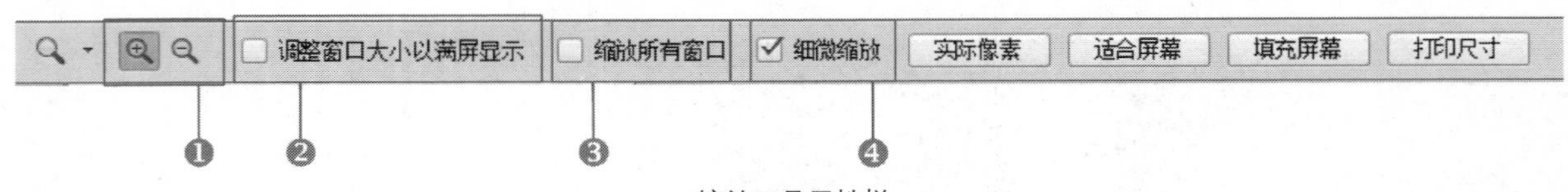

缩放工具属性栏

❶ **“缩放工具”按钮**：单击放大或缩小工具按钮，可在放大工具和缩小工具之间切换。

❷ **“调整窗口大小以满屏显示”复选框**：勾选该复选框，使用缩放工具将缩放调整窗口的大小。

❸ **“缩放所有窗口”复选框**：勾选该复选框，使用缩放工具可缩放所有打开的文件窗口。

❹ **“细微缩放”复选框**：勾选该复选框，使用缩放工具可细微地缩放图像大小。

2.2.7　使用信息面板

“信息”面板主要是观察鼠标在移动过程中，所经过各点的准确颜色数值（CMYK或RGB色值）；在创建选区的同时还可以查看选区的高度和宽度；也可以显示所选择图像点的X轴与Y轴的坐标。

在调整图像色调时，也可以通过“信息”面板查看图像的偏色效果，观察其RGB值，看看三种颜色的偏差有多大，然后用曲线进行调整，使其RGB值趋向接近；还可以在通道面板中通过K值来查看通道里图像偏向哪一种颜色。例如，单击蓝通道，用鼠标在图像上移动，如果K值大于50%说明偏黄色，小于50%说明偏蓝色。

2.3　自定义工作区

由于用户的习惯不同，对于自定义工作界面的要求也不同。用户可根据不同的设置达到不同的效果，可通过自定义Photoshop的工作区来提高操作效率，使其更加方便、快捷。

2.3.1　了解预设工作区

执行“窗口｜工作区”命令，在弹出的级联菜单中选择相应的命令，可切换到相应的工作界面中。其中包括“基本功能”、“CS6新增功能”、3D、“动感”、“绘画”、“摄影”和“排版规则”等，在切换工作区时，整体界面区别不大，最本质的区别在于右侧浮动窗口的组合形式不同。

2.3.2　实战：创建个性工作区

光盘路径：无

步骤1　打开“创建个性工作区.jpg”文件，工作区默认为“基本功能”工作区。

步骤2　执行“窗口｜工作区”命令，在弹出的快捷菜单中选择“绘画”命令。

步骤3　释放鼠标后，即可切换至“绘画”工作区中，使用鼠标在右侧浮动面板中单击“折叠为图标”按钮。

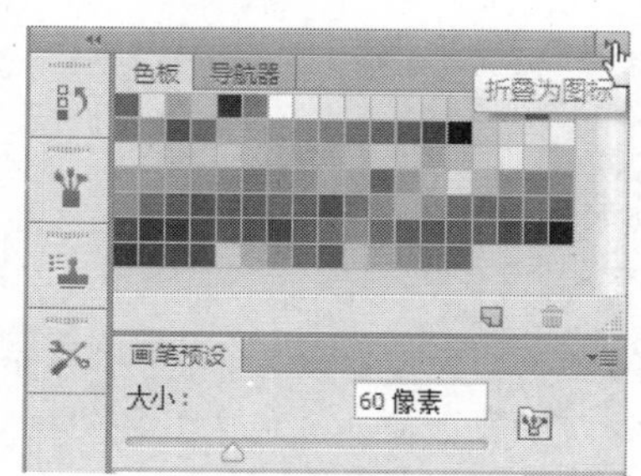

步骤4　释放鼠标后即可将所有浮动面板转换为图标效果。

步骤5　在右侧区域单击拖动“历史记录”图标至“路径”图标下方，当出现蓝色边框框时释放鼠标。

步骤6　使用相同的方法将剩余的图像拖动到一个图标栏中，使其使用更加方便。

2.3.3 实战：设置键盘快捷键和菜单

光盘路径：无

步骤1 执行“编辑 | 键盘快捷键”命令，弹出“键盘快捷键和菜单”对话框。

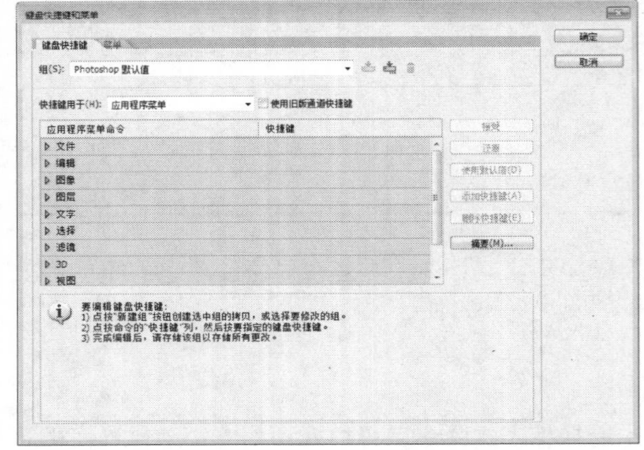

步骤2 单击“文件”扩展按钮，选中“新建”选项。

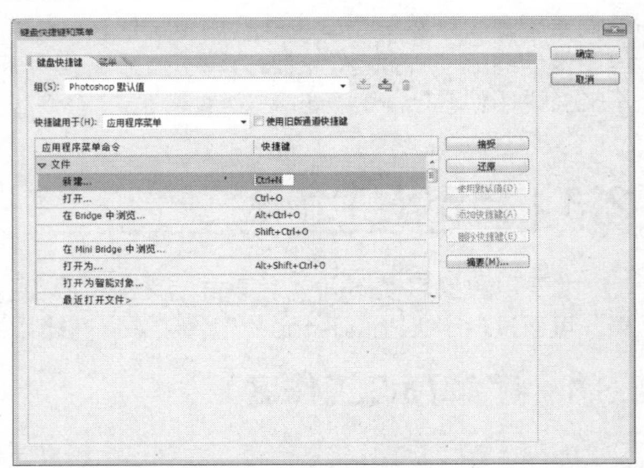

步骤3 选择“新建”选项中的快捷键，按快捷键Ctrl+W，即可替换当前快捷键应用其热键效果。

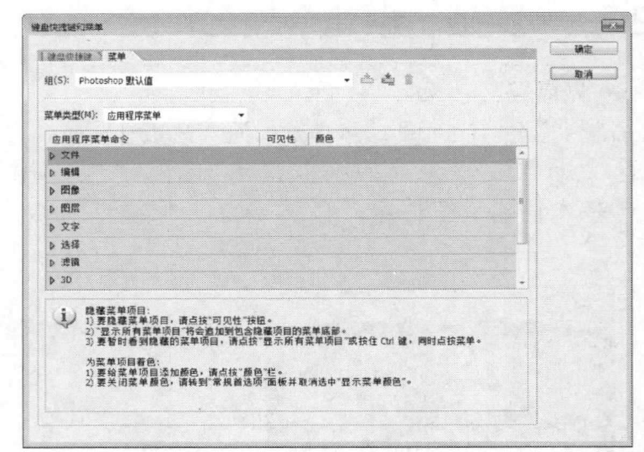

步骤4 单击右侧的“菜单”标签，显示菜单命令列表。

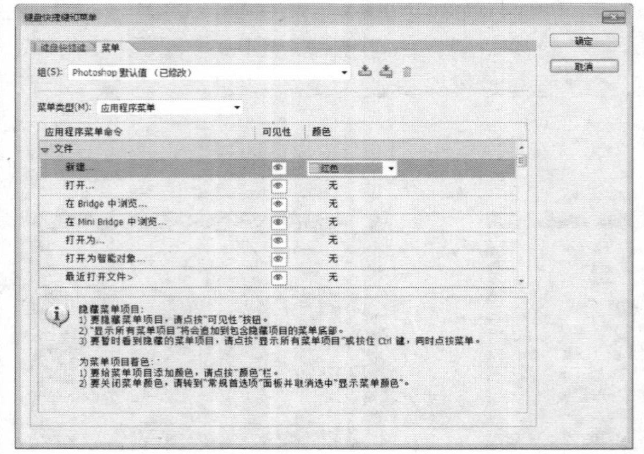

步骤5 在“菜单”标签中单击选择“新建”命令，设置该命令颜色为红色。

步骤6 完成后单击“确定”按钮，并执行“文件 | 新建”命令，即可在菜单中看到已修改的热键和颜色。

2.4 标尺、网格、注释和参考线

在Photoshop中处理图像时，通常都会应用到标尺、网格、注释和参考线等辅助功能，以便更精确地对图像进行编辑处理。

2.4.1 标尺

标尺和标尺工具统称为标尺。前者主要用于整个图像画布的测量和精确操作，而后者用于测量图像中的具体部分，操作上更加灵活。

1. 标尺

标尺在图像工作区的左侧和顶端位置，是衡量画布大小最直观的工具。执行“视图 | 标尺”命令，或者按快捷键Ctrl+R显示标尺。当移动光标时，标尺内的标记将显示光标的位置。再次应用“标尺”命令或再次按快捷键Ctrl+R将隐藏标尺。

2. 标尺工具

用于精确定位图像或元素，计算工作区内任意两点之间的距离即是标尺工具。当测量两点之间的距离时，将绘制一条不会打印出来的直线段，以此测量两点间的距离。

2.4.2 实战：利用标尺制作水平图像

光盘路径：第2章\Complete\利用标尺制作水平图像.psd

步骤1 执行“文件 | 打开”命令，打开“利用标尺制作水平图像.jpg”图像文件。

步骤2 单击标尺工具，并在画面中水平位置绘制一条测量线。

步骤3 在属性栏中单击“拉直图层”按钮，即可以测量线为标准调整图像的水平角度。

步骤4 单击裁剪工具，在画面中显示裁剪框，调整裁剪框的位置，将多余的图像隐藏。

步骤5 完成后按Enter键，可隐藏裁剪框外面的图像，以完善画面的整体效果。

提示：旋转图像画布角度

在校正图像水平位置时，在画面中沿图像拖出一条任意角度的测量线，并执行“图像 | 图像旋转 | 任意角度”命令，即可弹出“旋转画布”对话框，在弹出的对话框中单击“确定”按钮，即可按测量线的旋转角度将被自动输入到旋转画布对话框中旋转图像至水平角度。

知识连接：编辑测量线或量角器

使用标尺工具从起点拖动鼠标到终点可创建一条测量线，按住Shift键的同时拖动鼠标可将工具限制为45°增量。按住Alt键的同时以一个角度从测量线的一端开始拖动或双击此线并拖动，可从现有的测量线创建量角器。

若要对测量线和量角器进行编辑，直接拖动现有测量线的一个端点可调整线的长短；如果要移动测量线，需要将光标移动到线上远离两个端点的位置并拖动该线；要移除测量线，单击选项栏中的“清除”按钮即可。

创建量角器

编辑量角器

2.4.3 网格

网格常用于确定图像的位置，网格在默认情况下显示为不被打印的线条。执行“视图 | 显示 | 网格”命令，即可在视图中显示网格。

在默认情况下，在视图菜单中勾选了“对齐”和“对齐到”命令，这使创建的路径、形状等可以自动对齐到参考线和网格中，也可以使创建的参考线自动对齐到网格中。

2.4.4 参考线

创建参考线时，可以使用移动工具从标尺中拖出参考线，并进行移动。也可以执行“视图 | 新建参考线”命令，从弹出的相应对话框中指定位置新建参考线。

❶ **“取向”选项组：**用于定义创建的参考线为水平或者垂直位置。

❷ **“位置”文本框：**用于定义参考线在标尺上的位置。

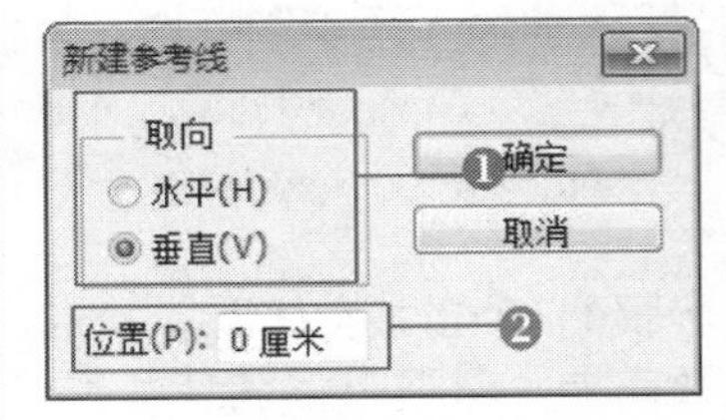

“新建参考线”对话框

知识连接：灵活地编辑参考线

通过使用快捷键可以灵活地编辑参考线。转换水平和垂直参考线，可单击或拖动参考线时按下Alt键，将参考线从水平改为垂直，或从垂直改为水平。创建与标尺刻度对齐的参考线，按住Shift键的同时从水平或垂直标尺拖出，以创建与标尺刻度对齐的参考线。拖动参考线时，指针变为双箭头。

2.4.5 认识智能参考线

执行“视图 | 显示 | 智能参考线”命令，激活智能参考线。移动图像到画面中间或边缘位置，以及其他图层中图像的边缘，将自动显示一条智能参考线。可以使用智能参考线来对齐形状、切片和选区。绘制形状或创建选区或切片时，智能参考线同样会自动出现。

2.4.6　实战：对页面设计的排版

光盘路径：第2章\Complete\对页面设计的排版.psd

步骤1　打开“对页面设计的排版.jpg”图像文件。

步骤2　执行“视图｜新建参考线”命令，在弹出的对话框中设置参数值为10厘米，完成后单击“确定”按钮。然后使用相同方法，继续设置参数值，创建内页对折效果。

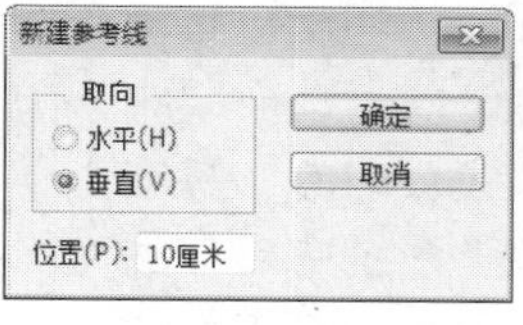

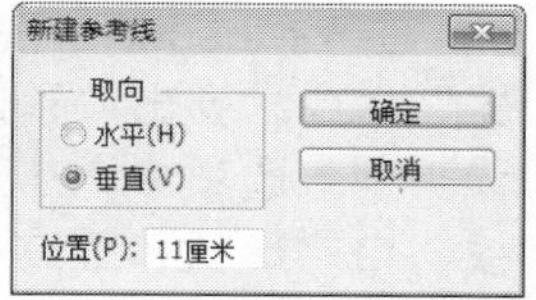

步骤3　使用移动工具在画面顶端标尺处向下拖动鼠标，新建水平位置参考线。

步骤4　在右侧参考线区域输入文字，并添加“投影”图层样式。

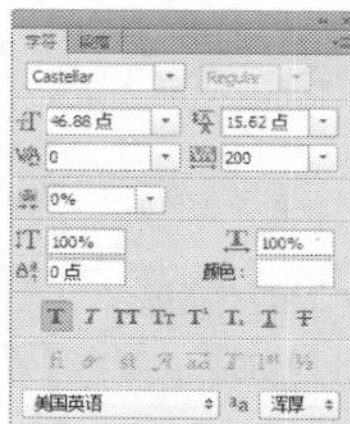

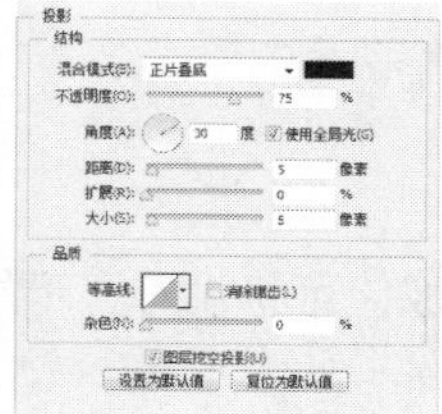

2.4.7　注释

注释工具为图像创建文字注释，用于给文档增加注解。主要用于在对图像编辑时，记录前面的数据，给更改和重复时作参考。

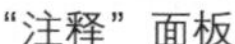

“注释”面板

添加注释效果

2.4.8　实战：为图像添加注释

光盘路径：第2章\Complete\为图像添加注释.psd

步骤1　执行“文件｜打开”命令，打开“为图像添加注释.jpg”图像文件。

步骤2　单击注释工具，并在画面中单击鼠标显示“注释”面板，新建注释。

步骤3　在“注释”面板中输入相应文字即可为该图像添加文字注释。

2.5 预设、增效工具

通过使用“预设管理器”和“增效工具”选项面板，可以将Photoshop CS6中原本没有的工具添加到该软件中，并可对其产生的扩展面板中的相关参数进行设置。

2.5.1 使用预设管理器

在Photoshop中按快捷键F5或执行“编辑 | 预设 | 预设管理器”命令，弹出“预设管理器”对话框。在该对话框中的“预设类型”选项中增加了画笔、色板、渐变、样式、图案、等高线、自定形状和工具中所包含的预设选项。除了系统中自带的预设选项外，还可以载入网上下载的或制作的选项，并进行储存或重命名，也可以将不需要的选项删除，然后使用预设管理器快速制作某种材质的质感效果。

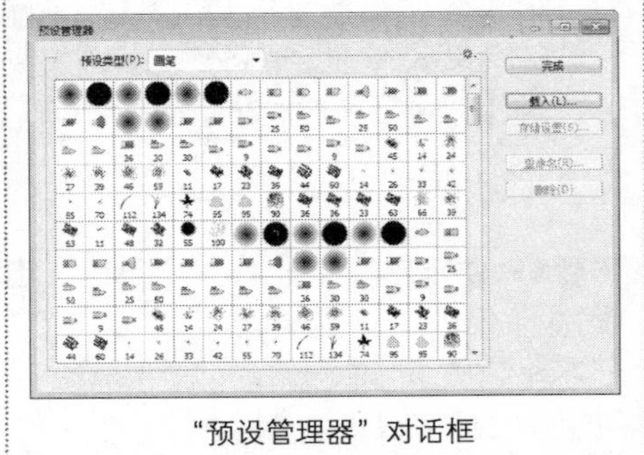

“预设管理器”对话框

2.5.2 增效工具

通过使用“增效工具”选项面板，可将没有显示的工具显示在该软件中。

❶ **“附加的增效工具文件夹”复选框：**勾选该复选框将弹出“浏览文件夹”对话框，打开增效工具文件可将增效工具添加到该软件中。

❷ **“滤镜”选项组：**勾选“显示滤镜库的所有组和名称”复选框，可在“滤镜”菜单中显示所有滤镜组命令。

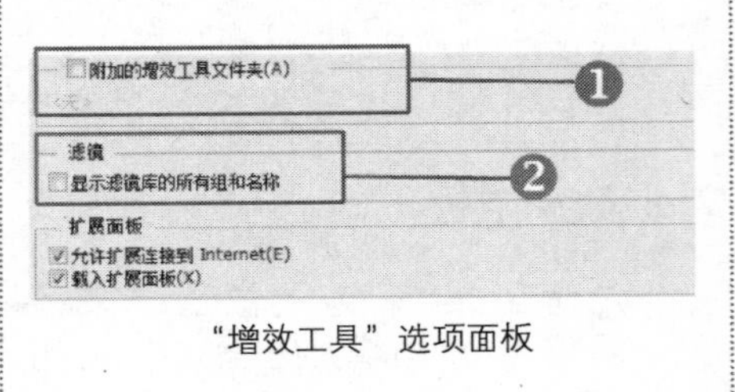

“增效工具”选项面板

2.6 Photoshop CS6首选项和性能优化

通过“首选项”对话框进行设置，可将Photoshop CS6工作界面和功能进行优化。本节主要讲解首选项中的性能优化，使操作过程更加得心应手。

2.6.1 首选项

执行“编辑 | 首选项”命令或直接按快捷键Ctrl+K，打开“首选项”对话框，在左侧的列表框中选择不同的选项，切换到相应的选项面板，在首选项中有11个选项面板，包括“常规”、“界面”、“文件处理”、“性能”、“光标”、“透明度与色域”、“单位与标尺”、“参考线、网格和切片”、“增效工具”、“文字”和“3D”。

2.6.2 为Photoshop分配内存

在“性能”选项面板中，可对该软件在使用时的内存使用情况、历史记录与高速缓存等参数进行设置，这些参数值直接关系到使用Photoshop CS6时计算机空间的大小。

在“内存使用情况”选项组中，通过拖动滑块或直接输入参数值的方式，或在滑块两端单击➖按钮或➕按钮，可调整内存的大小，其取值范围为99MB~1650MB。

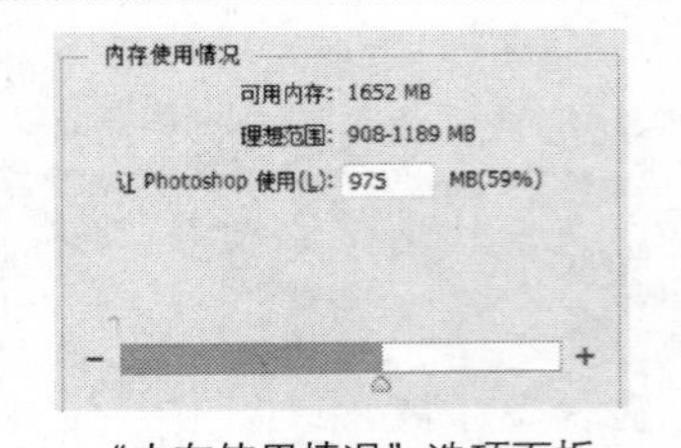

“内存使用情况”选项面板

2.6.3　指定暂存盘更改暂存盘分配

在“性能”选项面板的“暂存盘”选项组中，磁盘主要用于选择可作为暂存盘的磁盘空间，通过设置暂存盘，可使编辑图像时具有足够的空间使用。

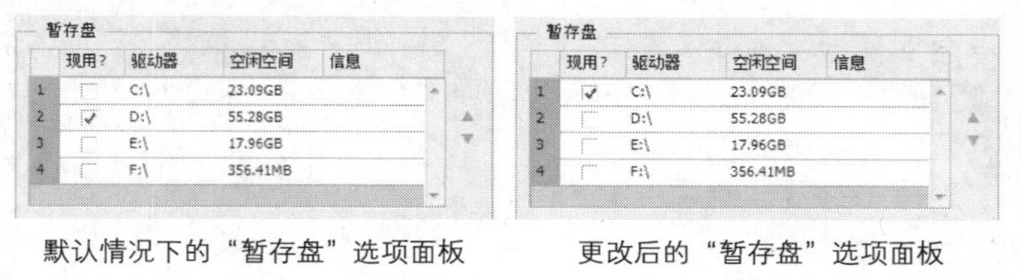

默认情况下的“暂存盘”选项面板　　更改后的“暂存盘”选项面板

2.6.4　指定历史记录和高速缓存设置

在“性能”选项面板中，通过设置“历史记录与高速缓存”选项组中的“历史记录状态”和“高速缓存级别”，可加速图像高速缓存。若数值过高，计算机的运行速度会减慢，一般设置适当参数值即可。

若将“高速缓存级别”设置为更高，可获得最佳的CPU性能。

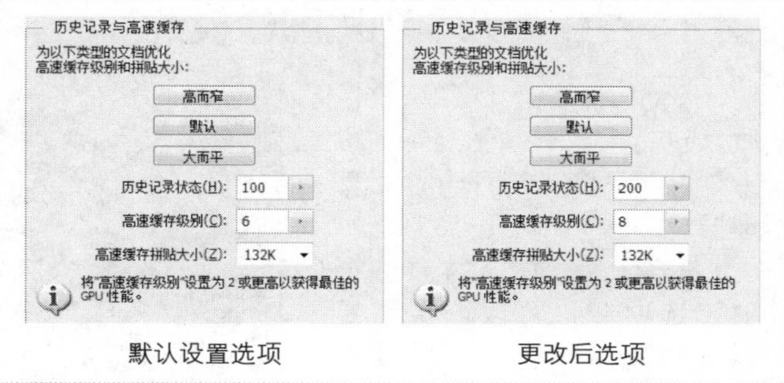

默认设置选项　　更改后选项

2.6.5　启用OpenGL并优化GPU设置

在“性能”选项面板中，勾选“使用图形处理器”复选框，可启用该绘图功能。若取消该复选框，将不能使用3D功能对图形进行编辑处理。

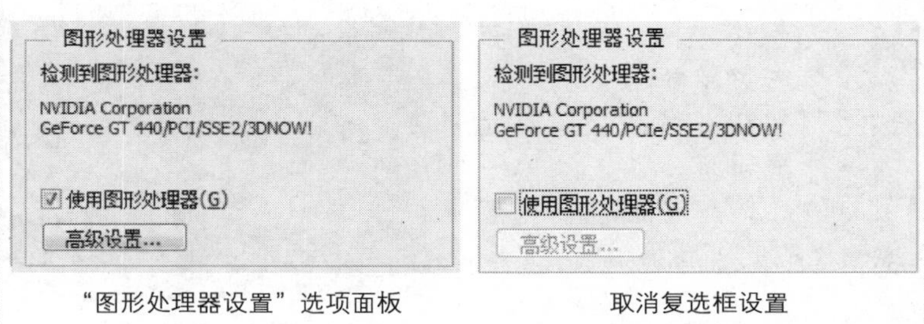

“图形处理器设置”选项面板　　取消复选框设置

2.7　使用Adobe Bridge管理文件

Adobe Bridge和Mini Bridge是Photoshop中一个强大的管理文件，使用这两个管理文件能够快速查看电脑中所有图像的属性，并对其进行基本编辑，例如重命名、复制并重命名、排序等操作。在Mini Bridge中查找图像位置，可迅速打开指定文件。

2.7.1　Adobe Bridge预览图像

启动Photoshop CS6软件后，执行“文件 | 在 Bridge 中浏览”命令，即可打开Bridge管理器。

在Bridge右侧的“必要项”选项中，可以选择需要浏览图像的方式。

单击“元数据”按钮，按显示元数据方式显示图像浏览效果

2.7.2 在Bridge中打开文件

在Bridge管理器中选择指定文件后，双击鼠标可快速打开指定文件，也可以单击鼠标，在弹出的快捷菜单中选择“打开”选项，打开指定文件。

选择需要打开的文件

在Photoshop中打开指定图像

2.7.3 在Bridge中浏览图像模式

启动Photoshop CS6软件后，执行“文件 | 在 Bridge 中浏览”命令，打开Bridge管理器。

在Bridge右侧的“必要项”选项中，可以选择需要浏览的图像方式。单击菜单栏下方的“必要项”按钮，可按照默认状态显示；单击菜单栏下方的“胶片”按钮，可按照幻灯片方式显示；单击菜单栏下方的“元数据”按钮，可按照显示元数据方式显示；单击菜单栏下方的“输出”按钮，可按照输出的要求显示。

“必要项”模式

“胶片”模式

“元数据”模式

“输出”模式

2.7.4 在Bridge中缩放图像

在Adobe Bridge浏览器中可以将图像以不同的显示方式进行视图排列，除此之外，还可以通过调整，在不同的方式下以不同的大小进行显示。

在没选定图像时，通过拖动下方的滑块，可对视图的大小进行调整。将滑块向左拖曳，可将视图缩小；将滑块向右拖曳，可以同时放大文件夹中的所有文件；当指定文件后，将只对选定的图像进行缩放。

将图像下方的滑块向右拖曳，可以将图像放大

2.7.5　在Mini Bridge中预览图像

在Photoshop CS6中，强化了快速查找图片的Mini Bridge面板，在Mini Bridge面板中可快速对电脑中的目标文件进行查找。运行Photoshop CS6，执行"文件 | 在Mini Bridge中浏览"命令或者直接在"基本功能"工作区的下方单击Mini Bridge按钮，可在Photoshop CS6工作界面打开Mini Bridge面板，单击"启动"按钮，在该面板中打开需要编辑的图片，可方便地对图像进行查看与编辑。

执行"文件 | 在Mini Bridge文件中浏览"命令，弹出"Mini Bridge"面板。将鼠标移动到面板边缘，可随意调整面板的大小，预览更多的图像文件。

Mini Bridge面板

单击"启动"按钮后打开图像文件

使用鼠标调整Mini Bridge面板

2.7.6　在Mini Bridge中浏览视图方式

在Mini Bridge面板中，单击"视图"按钮，在弹出的下拉菜单中选择不同选项，可对面板的视图进行更改。

Mini Bridge面板

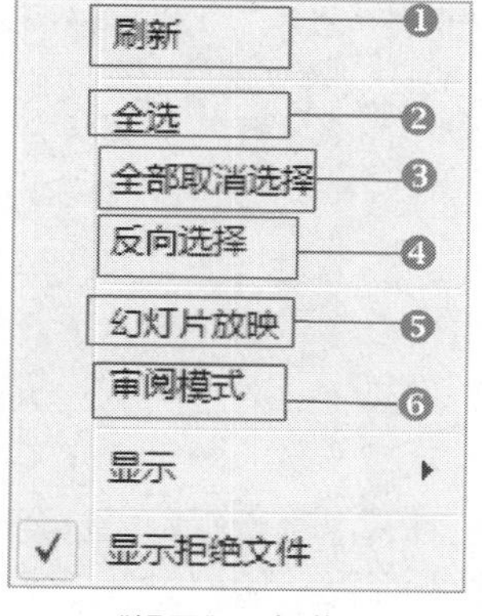

"视图"下拉菜单

❶ **"刷新"选项**：执行该命令可刷新图像。

❷ **"全选"选项**：执行该命令可选取文件夹中的所有图像。

❸ **"全部取消选择"选项**：该命令与全选命令相反，应用该命令可全部取消图像的选择。

❹ **"反向选择"选项**：执行该命令将反向选择文件夹中的图像。

❺ **"幻灯片放映"选项**：执行该命令将以幻灯片的效果显示图像。

❻ **"审阅模式"选项**：执行该命令图像将以审阅的模式进行显示。

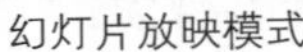

幻灯片放映模式

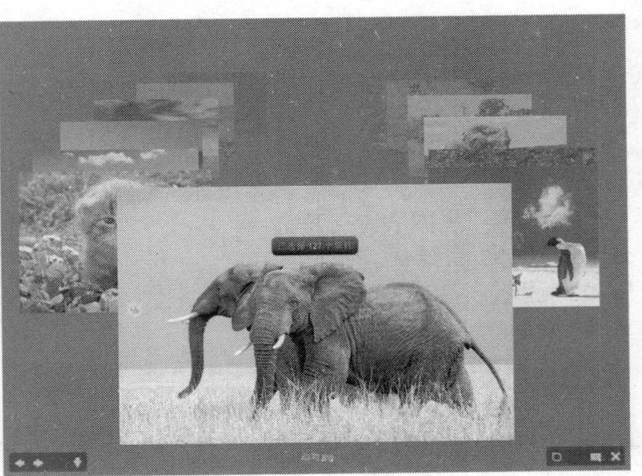

审阅模式

2.7.7 在Mini Bridge中打开图像

在Mini Bridge面板中找到需要打开的图像文件，双击图像缩览图可在Photoshop中打开指定文件；也可以在选定图像后单击鼠标右键，在弹出的快捷菜单中执行“打开方式 | Photoshop”命令，打开指定图像。

“打开”菜单列表

在Photoshop中打开指定图像

2.7.8 实战：批量重命名图片

光盘路径： 无

步骤1 运行Photoshop，执行“文件 | 在Bridge中浏览”命令，打开Adobe Bridge，在文件路径区域单击选择路径的按钮。

步骤2 选择下拉列表中需要的文件夹，在Adobe Bridge中打开该文件夹，选择需要重命名的图像文件。

步骤3　选中图像后，单击鼠标右键，在弹出的快捷菜单中选择“批重命名”选项。

步骤4　应用“批重命名”命令后，弹出“批重命名”对话框。

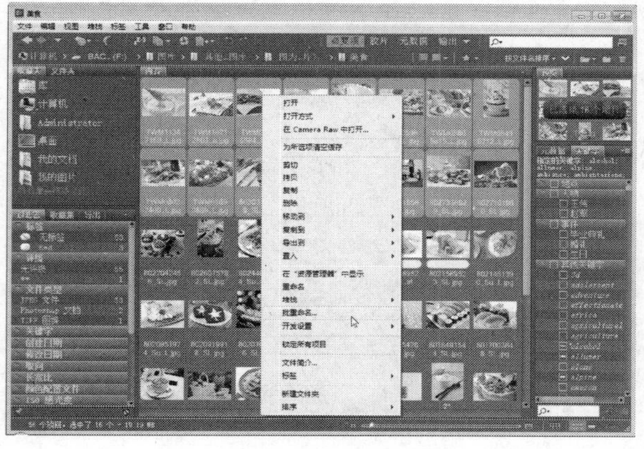

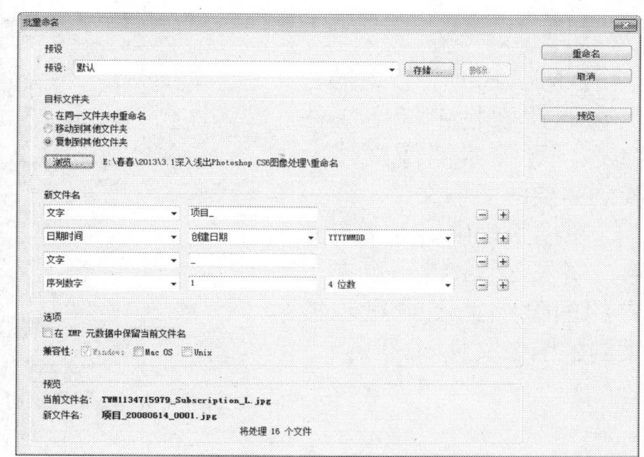

步骤5　在弹出的对话框中设置相应选项，完成后单击“确定”按钮即可。

步骤6　在存储的路径中即可查看批量重命名后的图像名称。

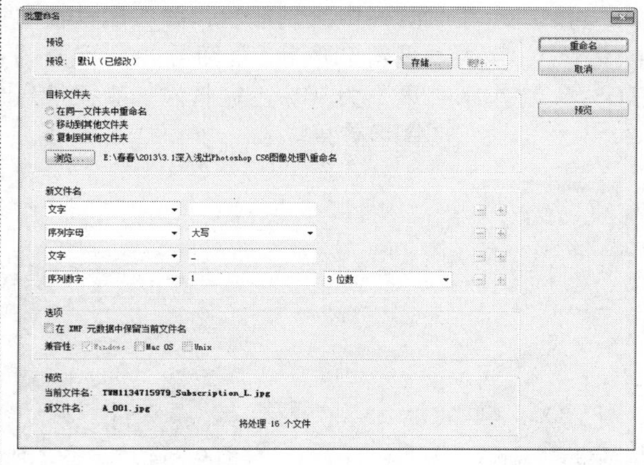

2.7.9 对文件进行排序的方式

在Mini Bridge管理器中单击按大小排列按钮，在弹出的快捷菜单中可对文件进行按名称、大小、时间、类型等方式排列，执行相应命令即可以该方式显示当前图像文件。

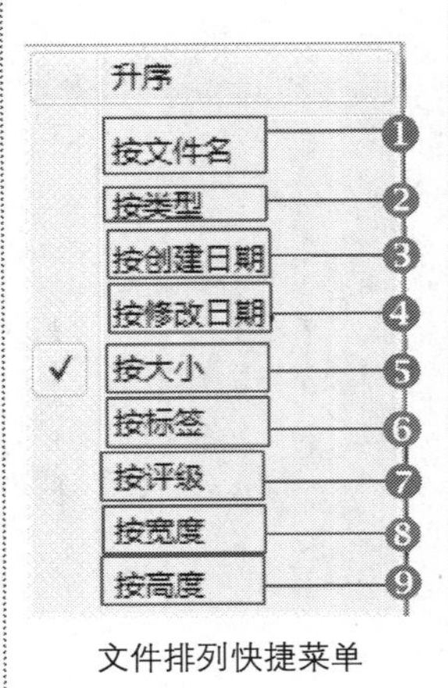

文件排列快捷菜单

❶ **"按文件名"命令：**所有图像将按名称排列显示。
❷ **"按类型"命令：**所有图像将按文件类型排列显示。
❸ **"按创建日期"命令：**所有图像将按文件创建时间排列显示。
❹ **"按修改时间"命令：**所有图像将按文件修改时间排列显示。
❺ **"按大小"命令：**所有图像将按文件大小排列显示。
❻ **"按标签"命令：**所有图像将按文件标签排列显示。
❼ **"按评级"命令：**所有图像将按文件评级排列显示。
❽ **"按宽度"命令：**所有图像将按文件宽度排列显示。
❾ **"按高度"命令：**所有图像将按文件高度排列显示。

2.7.10 通过关键字搜索图片

在Mini Bridge管理器右上角的搜索栏中指定文件名称，可搜索图像文件，找到需要的图像文件。

在搜索栏中输入指定文字，并按Enter键，可在下方的图像缩览图中显示搜索到的图像文件。

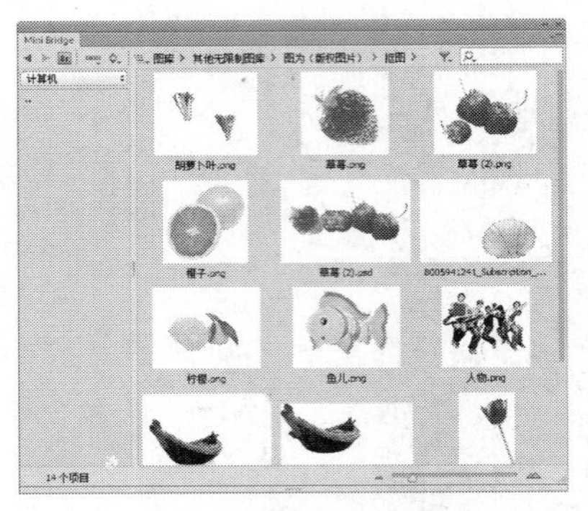
在Mini Bridge管理器打开指定文件路径

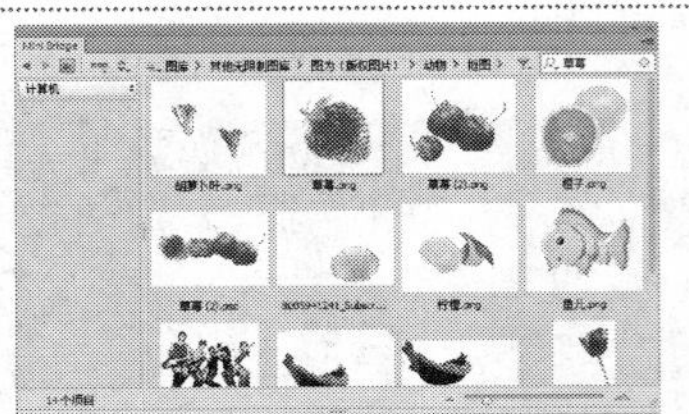
在搜索栏中输入需要查找的文件名称

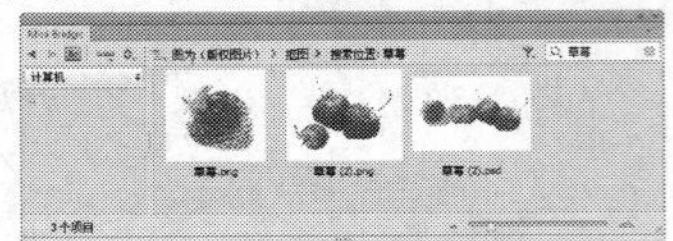
搜索到的指定文件

2.8 实战：在文件中添加版权信息

光盘路径：第2章\Complete\在文件中添加版权信息.psd

步骤1 执行"文件 | 打开"命令，打开指定的图像文件，在横排文字属性栏中设置文字大小、字体样式和颜色。

步骤2 在左上角输入相应文字，并调整其大小和角度，在"图层"面板中设置文字的"不透明度"为70%，制作水印效果。

步骤3 单击钢笔工具，在画面中绘制形状，并在属性栏中设置"形状1"图层的"不透明度"为50%，完善添加版权信息图像效果。

2.9 操作答疑

本节将列举出常见问题及答案。后面是多个习题，方便读者学习了前面的知识后，方便做习题进行巩固。

2.9.1 专家答疑

（1）如何将工作区中的多个面板恢复到默认状态?

答：如需要复位“绘画”工作区，执行“窗口|工作区|命令，在弹出的级联菜单中选择“复位绘画”选项命令，即可复位当前工作区。

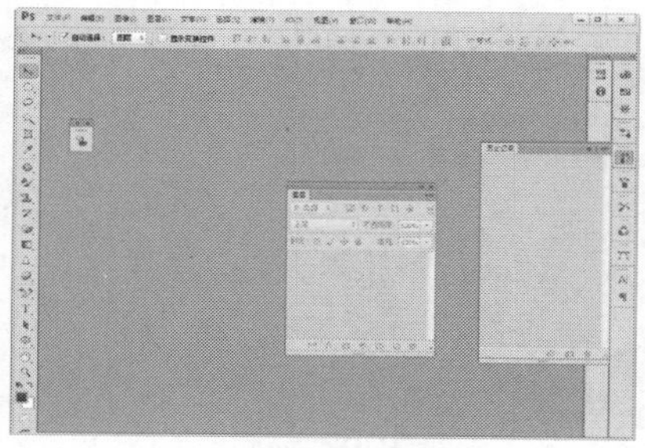

“绘画”工作区

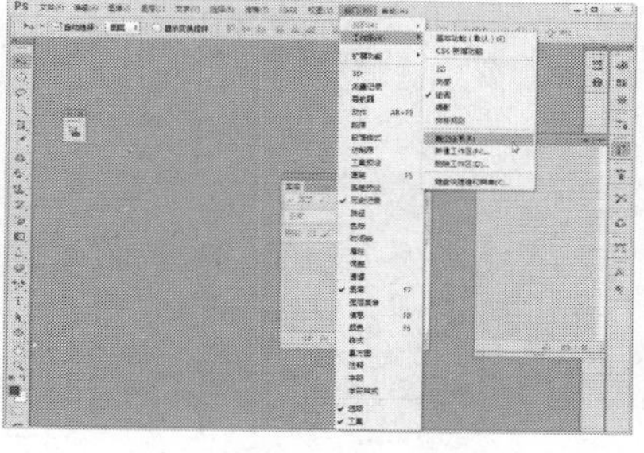

应用“复位绘画”命令

复位工作区

（2）如何对图像进行快速缩放显示?

答:在Phostoshop中，在对图像进行调整的过程中，按快捷键Ctrl++即可放大图像，若连续按该快捷键，可按比例放大图像。按快捷键Ctrl+–可缩小图像。使用快捷键缩放图像，比使用工具更加方便、快捷。

（3）如何快速调整参考线的方向?

答：创建参考线后，将光标靠近参考线，光标变为÷或⫲形状时，按下Alt键就可以在垂直或水平参考线之间进行切换。按住Alt键的同时单击水平的水平线，可将其改变为一条垂直的参考线，反之亦然。

（4）如何在Mini Bridge面板中打开指定文件夹?

答：执行“文件|在Mini Bridge中浏览”命令，即可打开“Mini Bridge”面板，在该面板中单击“启动Bridge”按钮，将打开Mini Bridge管理面板。在该面板的搜索栏中输入需要查找的文件名称，按Enter键即可搜索出所需查找的文件夹。

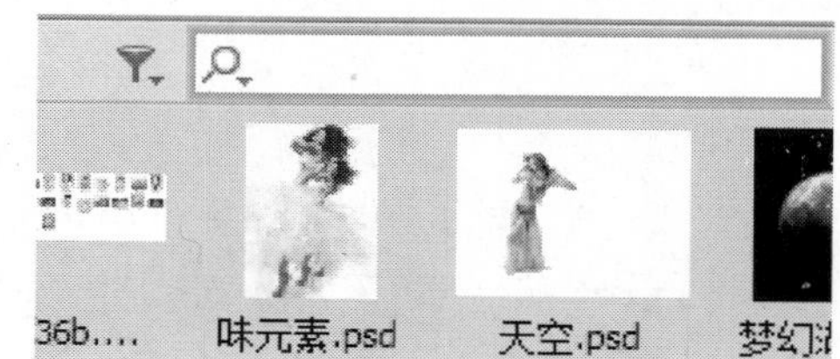

2.9.2 操作习题

1. 选择题

（1）当使用缩放工具对图像进行放大时，按下哪个快捷键可切换为缩小？（　　）

A.Ctrl++　　B.Alt　　C. Ctrl+–

（2）在显示和隐藏标尺时，可使用哪个快捷键进行切换？（　　）

A.Shift+R　　B. Ctrl+R　　C. Ctrl+T

（3）更改屏幕模式可将工作区中的菜单栏进行隐藏，还可以使用什么热键隐藏菜单栏？（　　）

A.Tab　　B.F　　C. Ctrl+F

2. 填空题

（1）使用快速蒙版创建选区，在快速蒙版编辑状态下，是使用__________工具进行涂抹。

（2）复制选区图像时，使用移动工具，按住＿＿＿＿＿＿键拖动选区图像即可复制出选区图像。

（3）在魔棒工具属性栏中，有一个“容差”文本框，该文本框用于设置颜色取样的范围，范围在＿＿＿＿＿＿之间。容差越大，选取的选区范围越＿＿＿＿＿＿，反之亦然。

（4）创建规则选区的选框工具有：＿＿＿＿＿＿、＿＿＿＿＿＿、＿＿＿＿＿＿和＿＿＿＿＿＿。

3. 操作题

（1）快速查看图像信息。

（2）在Adobe Bridge中批量重命名。

（3）使用切片工具制作图像网页效果。

使用切片工具在画面中将其进行分割，应用“储存为Web所用格式”命令，可将分割的图像储存为网页效果，并在网页浏览器中打开。

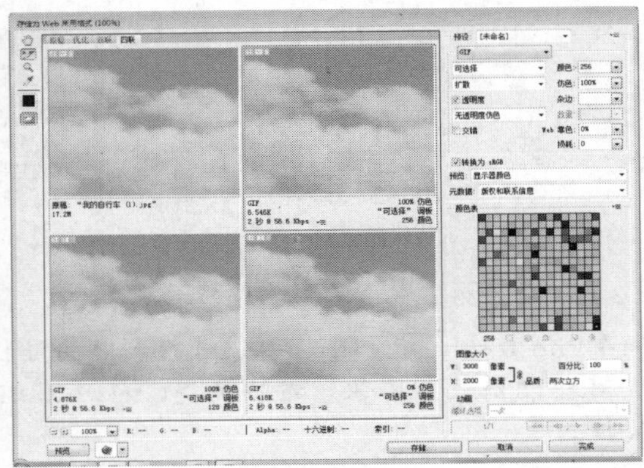

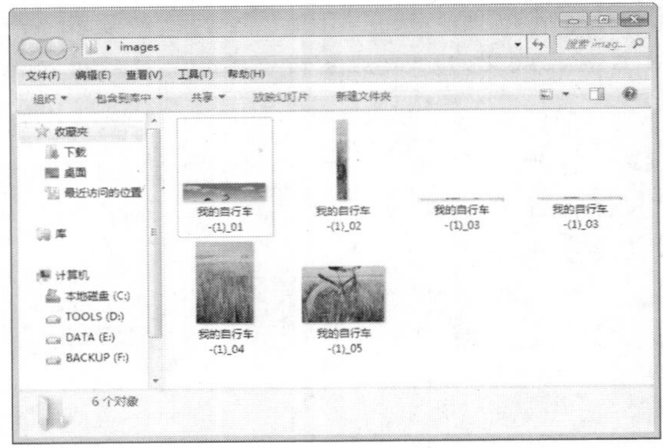

第3章

图像的基本操作

本章重点：

本章主要讲解图像的基本操作知识。包括图像的种类、图像文件的新建、打开和保存，调整图像大小与画布大小、图像还原/重做、剪切、清除，内容识别比例调整图像和操控变形调整图像等。并通过实战举例对知识点的应用，帮助读者更快地掌握各个命令的应用。

学习目的：

图像的基本操作是进行图像编辑的桥梁，掌握文件的基本操作，图像与画布的调整方法，图像的编辑与控制方法。

参考时间：54分钟

主要知识	学习时间
3.1 了解图像	3分钟
3.2 文件的基础操作	10分钟
3.3 调整图像大小与画布大小	10分钟
3.4 图像的基本编辑	8分钟
3.5 随意变换图像	10分钟
3.6 内容识别比例调整图像	5分钟
3.7 操控变形调整图像	8分钟

3.1 了解图像

图像的种类主要分为两大类，分别是位图图像和矢量图形。在Photoshop中制作的图像文件以位图为主，也可以包含矢量数据，下面具体介绍位图图像和矢量图形的概念。

3.1.1 位图图像

位图图像也叫做点阵图或栅格图像，是由一系列排列在一起的栅格组成的。每一个栅格代表一个像素点，而每一个像素点只能显示一种颜色。这些点可以进行不同的排列和染色，从而构成不同的图像。位图的最小色彩单位是一个像素，一张位图是由成千上万个像素点组成的。

在Photoshop中对位图图像进行编辑时，放大后可看到构成图像的无数个单个的方块，即是像素。位图的优势在于其表现阴影和色彩的细微层次变化方面，能够使图像颜色自然过渡，更接近大自然中真实的颜色构成，因此位图图像被广泛地应用于照片或数字绘画中。

原图

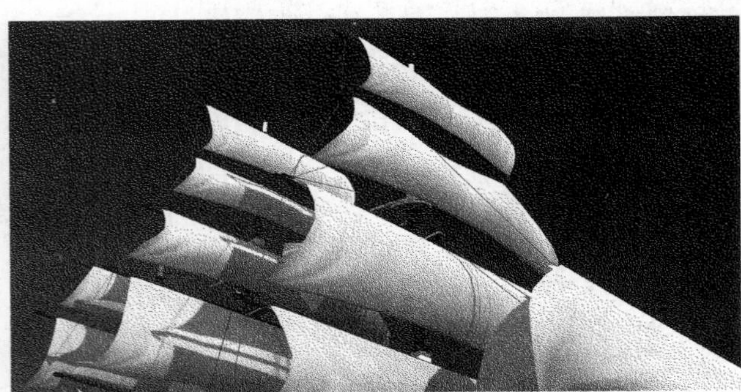

放大位图后效果

3.1.2 矢量图形

矢量图形被称为向量图，是使用直线和曲线来描述图形的，在数学上定义为一系列由线连接的点。矢量图是根据几何特性来描绘图像的，因此在绘制矢量图时计算机会运用大量的数学方程式。矢量图中的图形元素称为对象，每个对象都是独立的个体，具有颜色、形状、轮廓、大小和屏幕位置等属性。在维持每个对象原有的清晰度和弯曲度的同时，多次移动和改变它的属性不会影响图例中的其他对象。现在主流的矢量图形处理软件主要有Adobe Illustrator、CorelDRAW、AutoCAD和FreeHand等。

矢量图形与分辨率无关，将矢量图形任意放大或缩小，并以任意分辨率在输出设备上打印出来，其清晰度保持不变。

除了使用矢量图形处理软件绘制出来的图像是矢量图形外，在Photoshop中使用Pen Tool（钢笔工具）以及形状工具绘制的路径也是矢量的，当对其进行放大、缩小操作时，效果不受影响。

原图

放大200%后的效果

3.2 文件的基础操作

在Photoshop CS6中，要对图像文件进行编辑，首先应掌握文件的基本操作，如文件的打开、关闭、新建和存储等，灵活使用这些操作为后面的学习打下坚实的基础。

3.2.1 新建文件

新建文件是指在Photoshop工作界面中创建一个自定义尺寸、分辨率和模式的图像窗口，在该图像窗口中可以进行图像的绘制、编辑和保存等操作。执行“文件 | 新建”命令或按快捷键Ctrl+N，打开“新建”对话框，在其中设置新建文件的名称、宽度、高度、分辨率、颜色模式和背景内容等参数，完成设置后单击“确定”按钮即可新建一个空白文件。

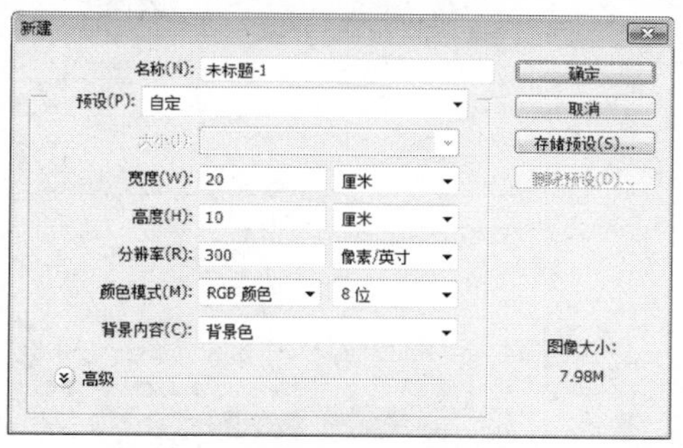

“新建”对话框

新建空白文件

3.2.2 打开文件

在Photoshop CS6中编辑图像文件时，需要先打开文件，编辑完成后再进行储存，才能完整地对最终效果进行保存，便于文件备份。

打开Photoshop CS6的工作界面需要执行“文件 | 打开”命令或按快捷键Ctrl+O，弹出“打开”对话框，在其中选择要打开的文件路径，将其选中后单击“打开”按钮，即可将文件打开。

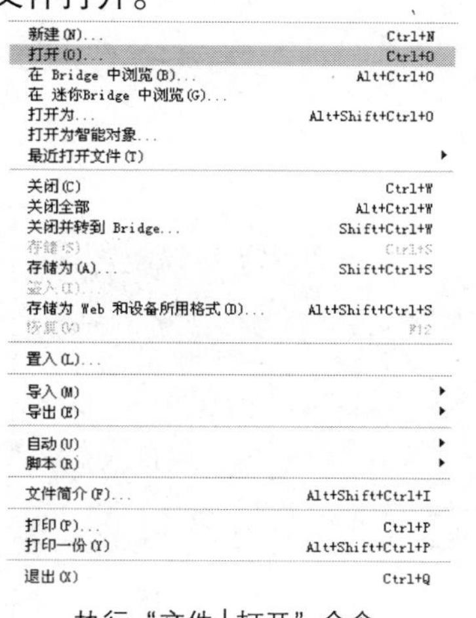

执行“文件 | 打开”命令

“打开”对话框

❶ **“查找范围”选项**：单击右侧的下拉按钮，可在弹出的下拉列表中选择需要打开的文件路径。

❷**文件窗口**：在该窗口中显示文件夹中的所有图像。

❸ **“文件名”选项**：查找所要打开的图像文件名称。

❹ **“文件类型”选项**：单击右侧的下拉按钮，可在弹出的下拉列表中选择文件格式，以查找指定格式的文件。

专家看板：打开各种文件的方式

在Photoshop CS6中可通过多种方式将指定的文件打开，其中包括“打开”、“打开为”、“打开为智能对象”和“最近打开文件”等方式，下面进行介绍。

1. “打开为”命令

“打开为”命令和“打开”命令在意义上是相同的，在于打开的方式不同而已。对指定照片进行编辑时，执行“文件 | 打开为”命令，将弹出的“打开为”对话框，在该对话框选择需要的文件，单击“确定”按钮，即可在Photoshop CS6打开指定文件。

执行“文件 | 打开为”命令，在弹出的对话框中选择指定文件，单击“确定”按钮即可。

2. “打开为智能对象”命令

应用“打开为智能对象”命令可将普通图像打开时转换为智能对象，从而在进行编辑时，无损处理效果。执行“文件 | 打开为智能对象”命令，在弹出的对话框中指定打开文件后单击“确定”按钮，即可将其转换为智能对象打开。

应用“打开为智能对象”命令，选择指定文件后单击“确定”按钮即可。

3. “最近打开”命令

在对图像编辑时，由于某种原因关闭后，再次打开时，可执行“文件 | 最近打开”命令。在弹出的级联菜单中可选择最近打开的文件，释放鼠标后即可在Photoshop CS6打开最近打开的图像文件。

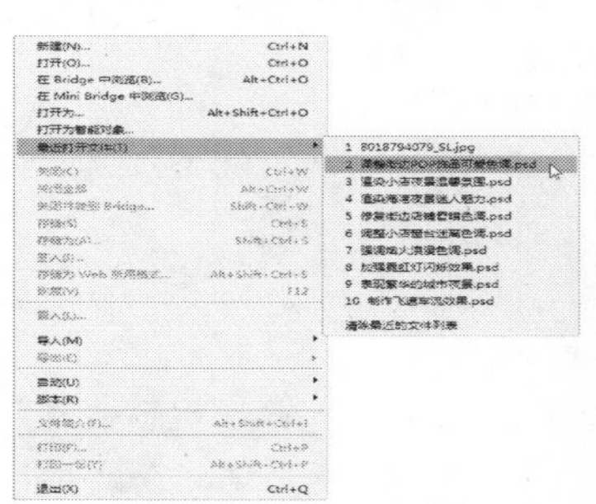

执行“最近打开”命令，在级联菜单中进行选择，可打开指定图像文件。

4. 快捷方式打开文件

除了以上的打开方式外，还可以使用最快捷的方式快速打开文件。在工作区中双击鼠标，弹出“打开”对话框，在该对话框中选择指定的图像文件，单击“确定”按钮即可快速打开文件。

在“打开”对话框中选择指定文件后单击“确定”按钮可快速打开图像文件。

3.2.3　保存文件

1. 存储文件

存储文件是指在使用Photoshop处理图像过程中或处理完毕将对图像所做的修改保存到电脑中的过程。

使用Photoshop CS6对已有的图像进行编辑时，如不需要对其文件名、文件类型或存储位置进行修改，执行“文件 | 存储”命令或按快捷键Ctrl+S即可存储文件，并且会覆盖以前的图像效果。

2. 存储为

若要将新建的文件、打开的图像文件或编辑后的图像文件以不同的文件名、文件类型或存储位置进行存储时，可以使用另存为的方法。

执行“文件 | 存储为”命令或按快捷键Shift+Ctrl+S，弹出“存储为”对话框，设置新的文件名、文件类型或存储位置，既可在保留原文件的同时将图像文件存储为一个新的图像文件。

3.2.4　关闭文件

在Photoshop中关闭文件的方法有3种，最常见的方法是单击图像窗口右上角的“关闭”按钮；在文件窗口标题栏中单击鼠标右键，在弹出的菜单中选择“关闭”选项也可关闭文件；还可以通过执行“文件 | 关闭”命令或按快捷键Ctrl+W关闭图像文件。

3.2.5　导入/导出文件

在Photoshop中对图像编辑和调整处理后，可对编辑的图像应用“导入”或“导出”命令，从而打开或存储文件。

导入文件是将其他格式的文件导入到Photoshop中，便于Photoshop与其他软件的互动应用。导入文件格式主要包括PDF图片、视频帧、数码照片和扫描的图片。在导入PDF、Illustrator等格式类型的文件时，可以直接拖动至Photoshop中，Photoshop将自动弹出相应的导入对话框，在弹出的对话框中可对图像的尺寸进行设置，以便精确地调整导入图像。

执行“文件 | 导入”命令，可将从输入设备上得到的相关文件导入到图像窗口中。在相应的对话框中还可以调整图像的预览效果，并设置图像的比例、分辨率、模式等属性。

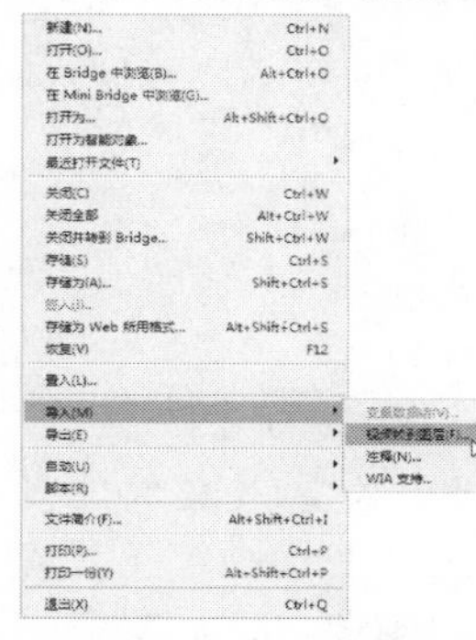

执行“文件 | 导入 | 将视频导入图层”命令

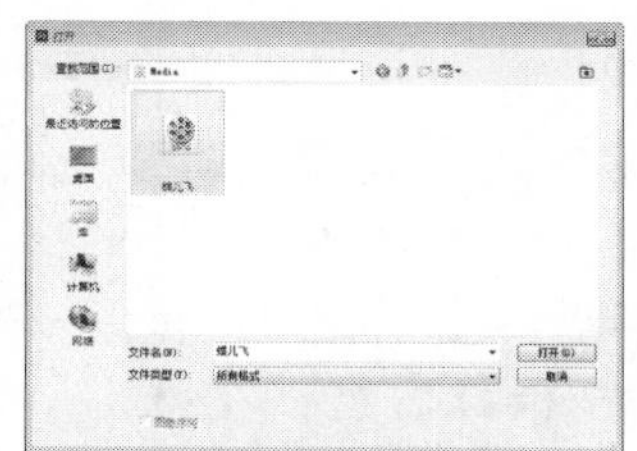

“打开”对话框

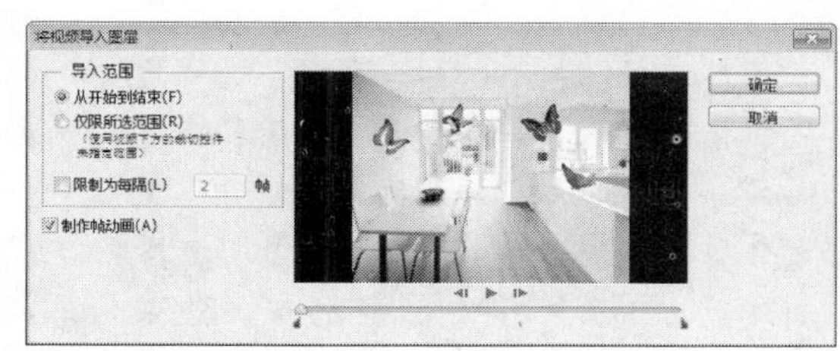

“将视频导入图层”对话框

执行“文件 | 导出”命令，在弹出的级联菜单中有很多命令可提供给用户选择。其中包括“数据组做为文件”、“路径到Illustrator”、“Zoomify”和“渲染视频”4个选项。

选择“路径到Illustrator”命令，可将Photoshop中制作的路径导入到Illustrator文件中，保存的路径可以在Illustrator中打开，并可以应用于矢量图形的绘制中。而选择Zoomify命令则允许在网页浏览器中使用鼠标放大或缩小图片，方便浏览图像效果。

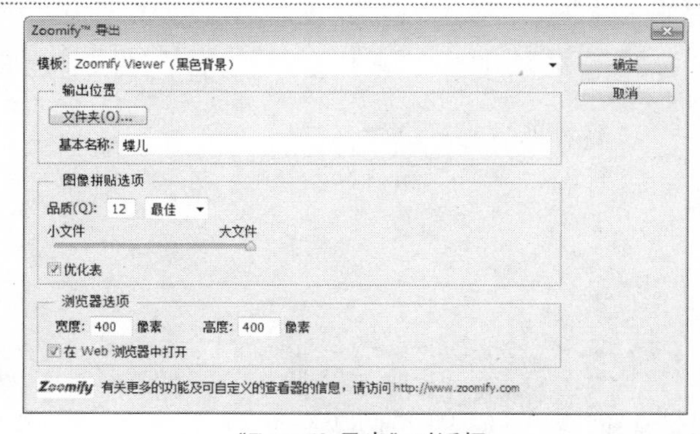

“Zoomify导出”对话框

3.2.6 置入EPS文件

置入文件是指将指定的图像文件置入到所选的图像文件中，因此要应用“置入”命令，置入文件需要在先打开或新建一个图像文件的基础上执行。默认情况下置入图像将以文件本身的名称命名图层名称，置入文件默认为智能对象。同时，应用“置入”命令还可以将Illustrator中的AI格式、EPS、PDF、PDP等文件置入到当前操作的图像文件中。

在Photoshop CS6中打开一个图像文件后，执行“文件 | 置入”命令，可将指定的图像文件置入到当前图像文件中。同时可对置入的图像文件进行大小、位置、角度变换，按Enter键可确定置入。

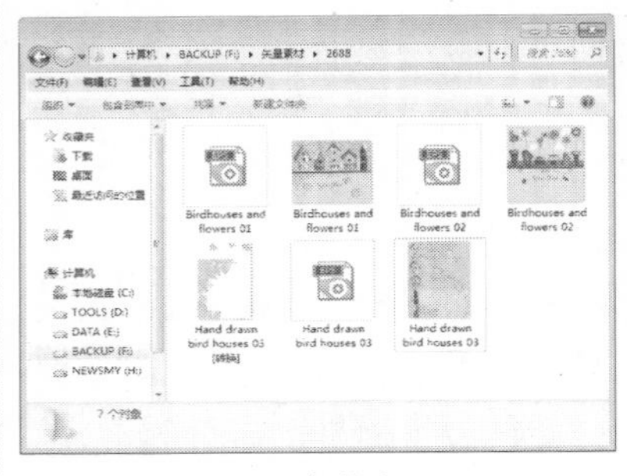

EPS文件夹

在Photoshop中置入EPS文件

编辑置入的EPS文件

3.2.7 实战：置入AI文件

光盘路径：第3章\Meida\置入AI文件.jpg

步骤1 执行“文件 | 打开”命令，打开“置入AI文件.jpg”图像文件。

步骤2 执行“文件 | 置入”命令，在弹出的“置入”对话框中选择1.AI文件，单击“确定”按钮，在弹出的“置入PDF”对话框中单击“确定”按钮，即可在Photoshop中打开AI文件。

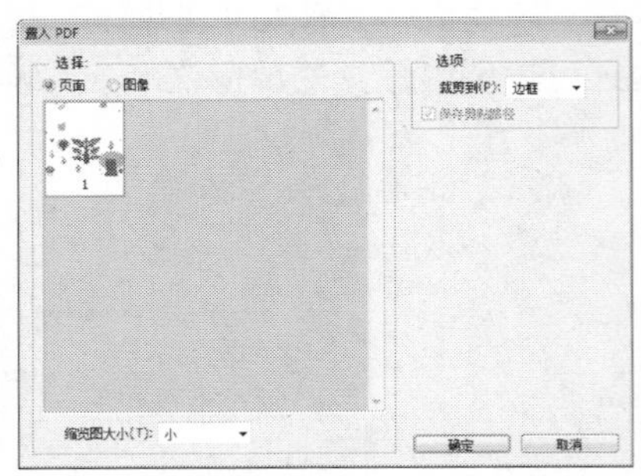

步骤3 在打开的“置入AI文件.jpg”图像文件中可看到置入的AI图像文件，并转换为智能对象。

步骤4 按快捷键Ctrl+T，在弹出变换框后单击鼠标右键，在弹出的快捷菜单中选择“水平翻转”命令，即可对置入文件进行水平翻转，按住Shift键的同时可缩放大小。

步骤5 为置入文件添加图层蒙版，使用画笔工具擦除多余的图像。然后复制该图层，应用“水平翻转”命令，调整其大小和位置，以丰富墙面效果。

3.3 调整图像大小与画布大小

在Photoshop中可随时对图像的大小与画布尺寸进行调整，应用“图像大小”命令和“画布大小”命令，可调整图像的大小和画布尺寸。

3.3.1 调整图像大小

“图像大小”命令是通过重新定义图像的像素来调整图像大小的。

执行“图像 | 图像大小”命令，在弹出的“图像大小”对话框中可以看到“像素大小”选项组和“文档大小”选项组，在这两个选项组中，设置其中一个选项的参数值，所有的选项参数值将会发生改变，同时根据设置参数值减少或增加像素，从而使得图像变得模糊不清。

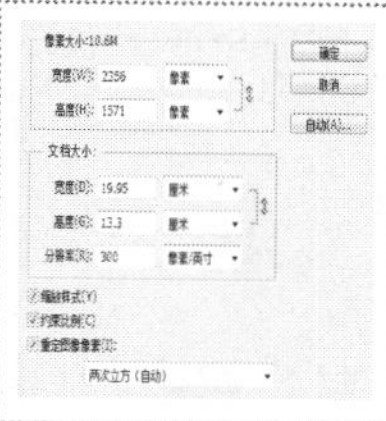

执行“图像|图像大小”命令，弹出“图像大小”对话框，可查看图像大小。

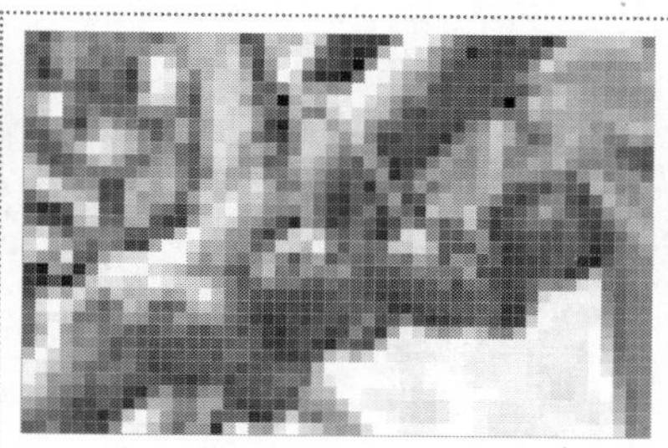

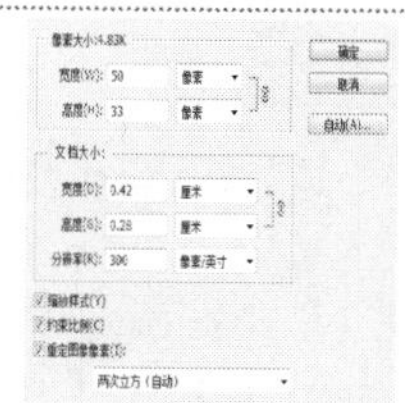

在“图像大小”对话框中设置文档的宽度时，高度和像素也随之变化，从而使图像模糊不清。

技巧：

在调整图像尺寸大小后，在工作区的图像效果没有任何变化，无法看到调整后的效果，此时执行“图像 | 图像大小”命令，在弹出的“图像大小”对话框中，“像素大小”选项组和“文档大小”选项组中的参数值发生了变化，由此可知图像的整体大小已经改变了。

3.3.2 调整图像分辨率

执行“图像 | 图像大小”命令，在弹出的“图像大小”对话框中，可通过设置“分辨率”的大小来改变图像的大小。在更改图像分辨率的同时，文档的尺寸大小不会改变，而像素将会变少，从而使图像模糊不清。

在“图像大小”对话框中可查看图像的分辨率大小。

在“图像大小”对话框中设置分辨率后，图像将变得模糊不清。

3.3.3 重定图像像素

在“图像大小”对话框中取消勾选“重定图像像素”复选框，将不会更改图像中数据的数量。在取消的同时更改图像的宽度、高度或分辨率时，其中的两个将会随之进行相应的变换，以保持图像的像素不变。

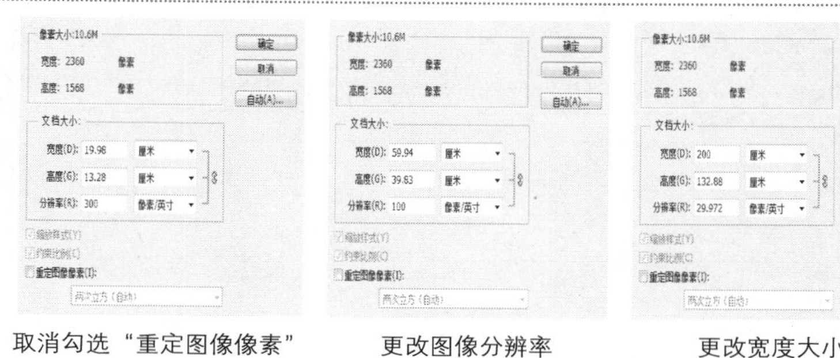

取消勾选“重定图像像素”　　更改图像分辨率　　更改宽度大小

3.3.4 调整画布大小

“画布大小”命令与改变尺寸大小的“图像大小”命令有所不同，“画布大小”命令是通过调整画布的大小来修改图像窗口的大小。若扩大工作图像的区域，扩大的部分将会以背景色显示。

执行“图像 | 画布大小”命令或按快捷键Alt+Ctrl+C，弹出“画布大小”对话框，在该对话框中可设置扩展画布的大小、颜色和角度等。

原图

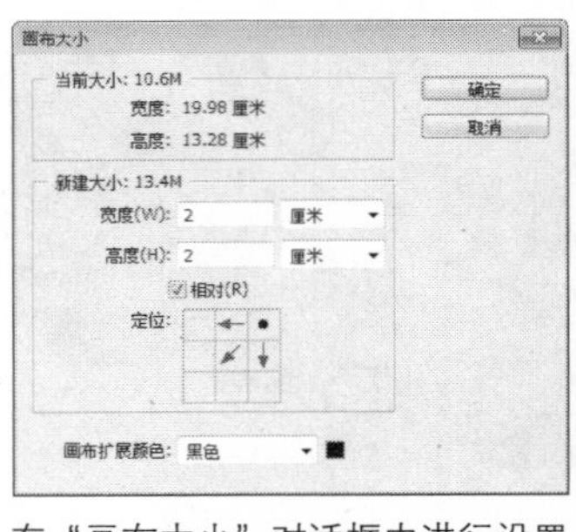

在“画布大小”对话框中进行设置

效果图

3.3.5 实战：缩小图像制作相框图像

光盘路径：第3章\Meida\缩小图像制作相框图像.jpg

步骤1 执行“文件 | 打开”命令，打开“第3章\Meida\缩小图像制作相框图像.jpg”图像文件。复制“背景”图层，生成“背景 副本”图层。

步骤2 在“图层”面板中设置“背景 副本”图层的混合模式为“滤色”、“不透明度”为40%，调整图像的亮度。

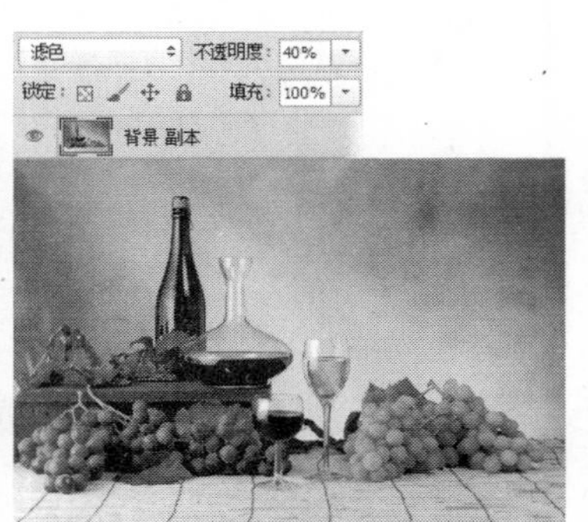

步骤3 创建“曲线1”调整图层，在“属性”面板中的RGB和“蓝”通道中分别设置参数值，调整画面色调亮度层次。

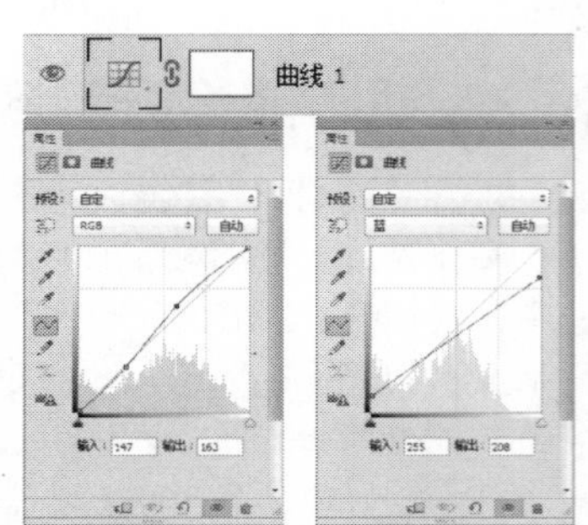

步骤4 执行“图像 | 图像大小”命令，在弹出的对话框中设置“宽度”为22，由于约束了比例，等比例地缩放“宽度”，完成后单击“确定”按钮，即可缩小图像大小。

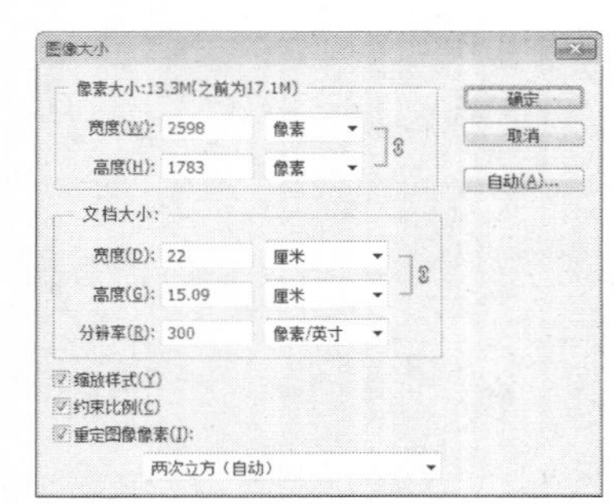

步骤5 执行“图像 | 画布大小”命令，在弹出的对话框中设置新建大小的“宽度”和“高度”为2，定位在中心，填充颜色为黑色，制作相框效果。

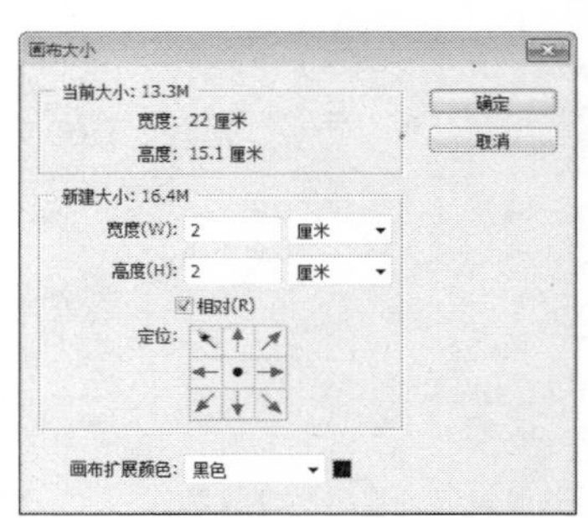

步骤6 完成设置后单击“确定”按钮，即可为当前图像添加一个黑色画框，可在锁定图层中查看。

专家看板："图像大小"和"画布大小"对话框

"图像大小"对话框

调整图像大小是指在保留原有图像不被裁剪的情况下，通过改变图像的比例来实现图像尺寸的调整。调整图像大小的操作方法是执行"图像 | 图像大小"命令或按快捷键Alt+I+I，在弹出的"图像大小"对话框中设置相应的参数值，完成后单击"确定"按钮，即可应用调整效果。

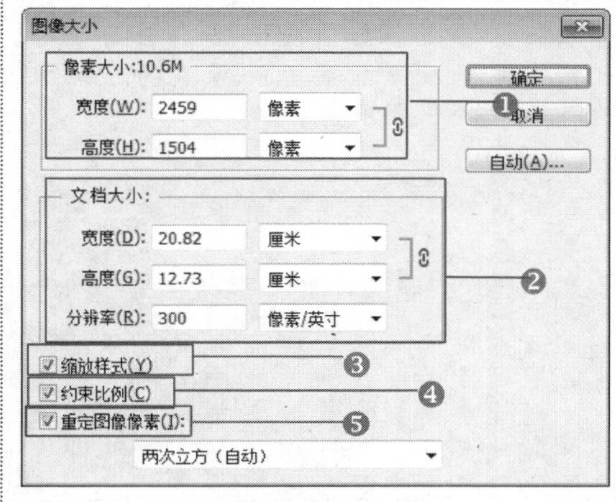

"图像大小"对话框

❶ **"像素大小"选项组：** 常用于改变图像的屏幕显示尺寸。

❷ **"文档大小"选项组：** 常用于设置打印图像，在该选项组中设置文档的宽度、高度和分辨率，可确定图像的大小。

❸ **"缩放样式"复选框：** 勾选该复选框将按比例缩放图像中的图像样式效果。

❹ **"约束比例"复选框：** 勾选该复选框后，高度和宽度数值框后将出现连接标志，更改其中一项时，另一项将按原图像比例做相应变化。

❺ **"重定图像像素"复选框：** 勾选该复选框将激活"像素大小"选项组中的参数值，从而改变像素大小。取消该复选框，像素大小将不会发生改变。

"画布大小"对话框

画布是承载图像的一个展示区域，对画布的尺寸进行调整可以在一定程度上影响图像尺寸的大小。执行"图像 | 画布大小"命令，打开"画布大小"对话框，通过对宽度和高度进行设置，并调整扩展的方向和颜色，可为图像添加边框效果。

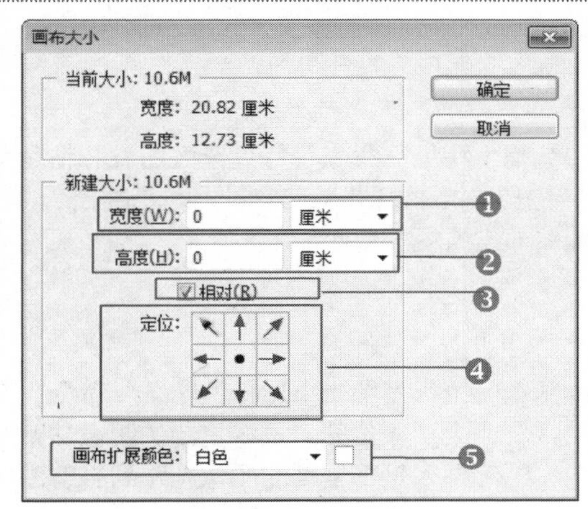

"画布大小"对话框

❶ **"宽度"数值框：** 默认情况下显示当前图像的宽度值，可在其中输入新的数值，重新设置图像的宽度，在其后的下拉列表中设置数值的单位，可进行一步调整图像。

❷ **"高度"数值框：** 与"宽度"数值框相同，在默认情况下显示为当前图像的高度值，可在其中输入新的数值，重设置图像的高度。

❸ **"相对"复选框：** 勾选该复选框将"宽度"和"高度"数值框清空为0，并重设参数值，此时输入的数值表示在原有数值上增加的量。当输入的数值为正数时扩展画布，为负数时将裁减画布。

❹ **"定位"扩展：** 默认情况下自动定位在九宫格的正中间，如果需要向哪个方向调整画布大小，只需在九宫格上单击相应的方格，即可定位其扩展方向。

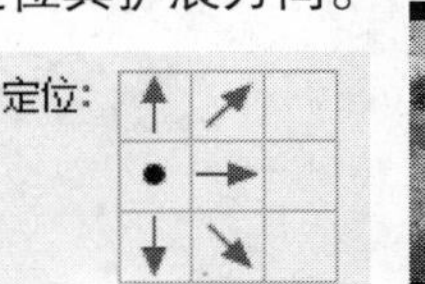

定位于左中心

❺ **"画布扩展颜色"下拉列表：** 在该下拉列表中包括前景、背景、白色、黑色、灰色等选项，也可以选择"其他"选项，在弹出的"拾色器"对话框中重新设置画布扩展的颜色。

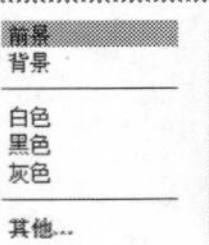

设置前景色为青色，可使用前景色扩展画布

3.4 图像的基本编辑

本小节重点讲解图像的基本编辑，其中包括还原/重做步骤、前进一步/后退一步、拷贝/粘贴图像、合并拷贝图像、剪切图像和清除图像。

3.4.1 还原/重做步骤

在对图像进行编辑或处理过程中，常常在操作中遇到对效果不满意或操作错误的情况，可使用恢复操作功能来处理这些问题。当使用套索工具创建选区时，执行“编辑丨还原套索”命令，可将图像还原到未创建选区之前；若需要当前选区时，执行“编辑丨重做套索”命令即可恢复操作。

使用套索工具在画面中创建人物选区

应用“还原”命令隐藏选区

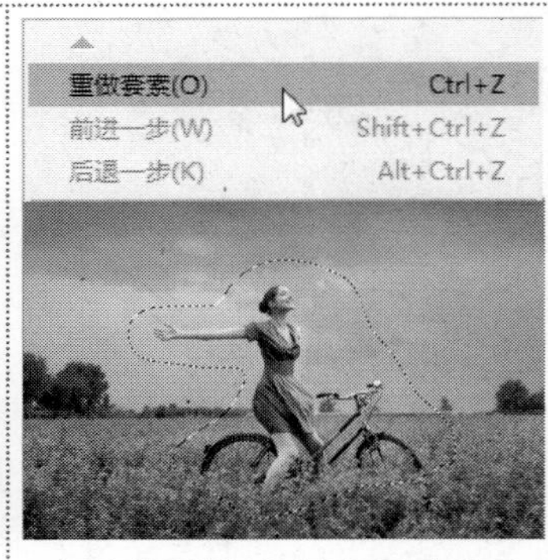

应用“重做”命令返回套索选区

3.4.2 前进一步/后退一步

在Photoshop中，对当前操作不满意时，执行“编辑丨后退一步”命令，可恢复至上一步操作；如需逐步恢复被撤销的多次操作，可多次按快捷键Alt+Ctrl+Z。执行“编辑丨前进一步”命令或按快捷键Shift+Ctrl+Z，恢复图像当前操作。

3.4.3 拷贝/粘贴图像

拷贝图像即是复制图像，选择图像后创建选区，执行“编辑丨拷贝”命令可拷贝选区图像。粘贴图像可快速改变图像的效果，执行“编辑丨粘贴”命令，可将复制的图像粘贴到当前图像文件中。“拷贝”和“粘贴”操作命令一般是组合使用的，对图像进行编辑非常方便。

3.4.4 选择性粘贴

选择性粘贴命令是通过不同的方式选择性地粘贴拷贝的图像。执行“编辑丨选择性粘贴”命令，在弹出的级联菜单中包括“原位贴入”、“贴入”和“外部贴入”命令。原位贴入是将复制的图像粘贴至当前图像文件中；贴入是将复制的图像粘贴至指定的选区内；外部贴入是将复制的图像粘贴到当前图像中指定选区外，并创建图层蒙版。

在图像中创建一个矩形选区

全选选区并按下Ctrl+C快捷键复制选区

应用“贴入”命令粘贴选区中的图像

3.4.5　合并拷贝图像

“合并拷贝图像”命令是在创建选区的基础上应用的。在创建选区后，执行“编辑 | 合并拷贝图像”命令，可拷贝选区内的图像，然后应用“粘贴”命令，可在当前图像文件中生成一个新图层，并粘贴为选区内的图像效果。

3.4.6　裁剪图像

“裁剪”命令将创建一个选区并将选区外不需要的图像裁剪掉。在画面中创建一个选区，执行“图像 | 裁剪”命令，即可将选区以外的图像删除，保留选区内的图像。若应用“羽化”命令创建选区，将会连同应用羽化的区域一起裁剪掉。

创建选区

应用“裁剪”命令，保留选区内的图像。

3.4.7　剪切图像

“裁切”命令和“裁剪”命令所用的方式有所不同，“裁切”命令主要用于裁剪图像周围的透明像素区域。执行“图像 | 裁切”命令，在弹出的“裁切”对话框中可以设置各个单选项和复选框，以裁剪设置区域的透明像素。

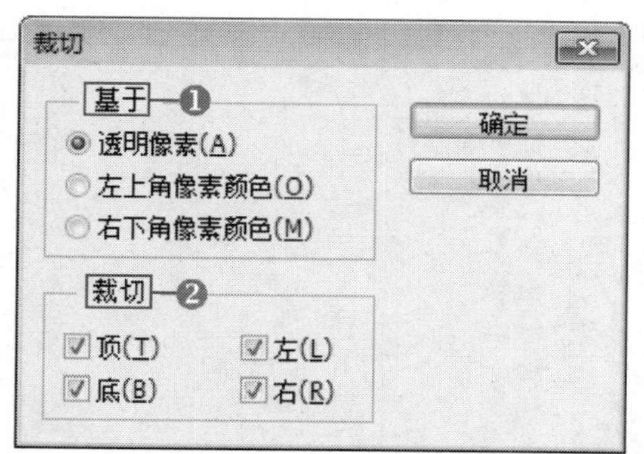

“裁切”对话框

❶ **“基于”选项组**：设置要裁剪部分的基准。

ⓐ **“透明像素”单选项**：在没有背景图层的状态下，裁剪有透明图像的图像空白空间。

ⓑ **“左上角像素颜色”单选项**：以左上端的颜色为基准。

ⓒ **“右下角像素颜色”单选项**：以右下端的颜色为基准。

❷ **“裁切”选项组**：通过该选项组选择可能会删除的区域位置。

技巧：

“裁切”命令是通过移去不需要的图像数据来裁剪图像，可通过裁剪周围的像素或指定颜色背景的像素来裁剪图像。

原图

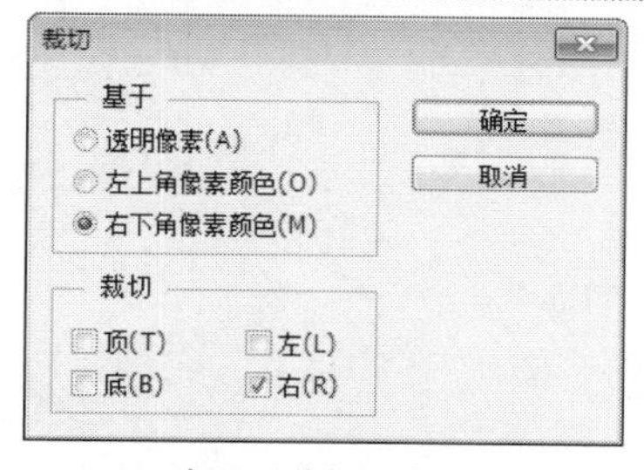

应用“裁切”命令

裁切多余的透明像素后的效果

3.4.8　清除图像

在编辑过程中，可以对不需要的图像进行清除，清除即是删除图像文件中的多余的图像。该命令需通过创建选区后执行“编辑 | 清除”命令删除选区内的图像。还可以选择需要删除的图像，创建选区，按Dlelete键删除所选图层中选区内的图像。

3.5 随意变换图像

在Photoshop CS6中，通过使用移动工具和“变换”命令可对图像进行随意地移动和变换。

3.5.1 移动工具移动图像

在图像的编辑过程中，常会调整图像在画面中的位置以及大小形状等，使用移动工具移动图像是对图像的位置进行移动操作。要移动图像，首先要了解移动的相关属性。

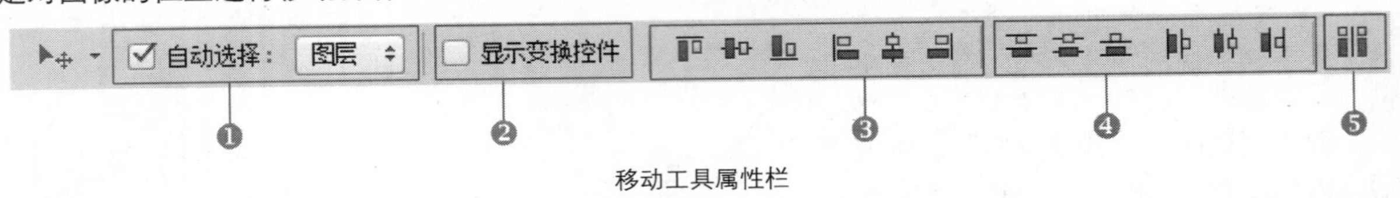

移动工具属性栏

❶ **“自动选择图层/组”复选框**：当勾选该复选框时，使用移动工具在包含图层与图层组的图像中单击鼠标，可自动选择当前的图层或图层组。

❷ **“显示变换控件”复选框**：勾选该复选框时，选择图层时图像将会显示出变换控制调整框，利用这个变换控制框，可以选择、放大、缩小或变形图像。

❸ **“对齐选中图层”按钮**：当同时选择两个或两个以上图像时，该选项可以以选定的图层为基准排列选中的所有图层。

❹ **“分布选中图层”按钮**：当选择的图像达到3个或3个以上时，该选项可以调整所选图层之间的间距。

❺ **“自动对齐图层”按钮**：单击该按钮可弹出“自动对齐图层”对话框，通过该对话框可调整最佳的投影效果，还可以调整“镜头校正”效果，其中包括“晕影去除”和“几何扭曲”复选框，勾选相应的单选项或复选框，可应用相应命令效果。

1. 同一文件中移动图像

使用移动工具，可以在同一图像文件中移动图像的位置。

在Photoshop中打开一幅具有多个图层的图像文件。在“图层”面板中，可以看到相应的图层面板和图像效果。单击选择一个图层，在工具箱中单击移动工具，将鼠标光标移动到图像中，当光标变为形状时，单击并拖动鼠标可移动该图层上的图像。通过对图像位置的调整，使图像排列更整齐。

原图

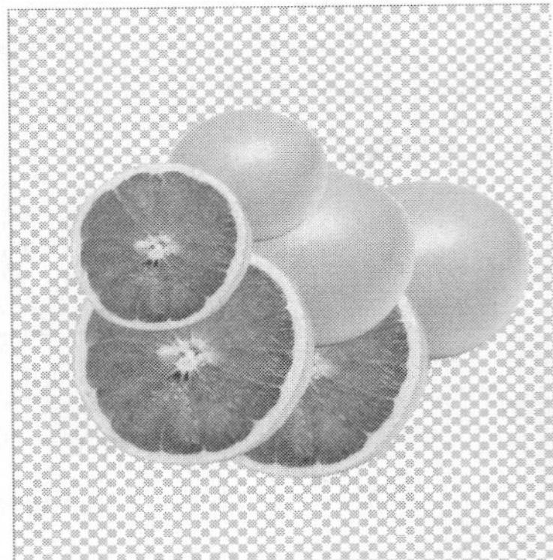

移动图像位置

2. 在不同图像文件中移动图像

在Photoshop CS6中打开两个图像文件，在打开的图像文件中选择一幅图像后，单击移动工具，将鼠标光标移动到图像文件中。当光标变为形状时，单击并将图像文件拖拽到另一个图像文件中后释放鼠标，可移动图像的位置。

原图

移动到当前图像文件中

3.5.2　变换图像

执行“编辑 | 自由变换”命令或按快捷键Ctrl+T，可在属性栏中显示变换属性栏，在该属性栏中可设置缩放大小、角度等各种形式的变换。确认后单击“提交变换”按钮✓或按Enter键即可；若需要取消变换，单击“取消变换”按钮⊘即可。

变换属性栏

1. 变换命令

执行“编辑 | 变换”命令，在弹出的级联菜单中包含了“缩放”、“旋转”、“斜切”、“扭曲”、“透视”、“变形”、“旋转180度”、“旋转90度（顺时针）和“旋转90度（逆时针）”等多种变换命令，执行相应的命令可对图像文件进行变换。

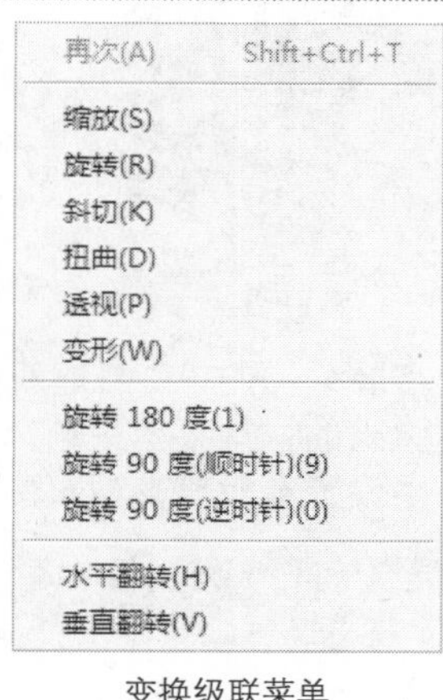

变换级联菜单

应用“缩放”命令

应用“斜切”命令

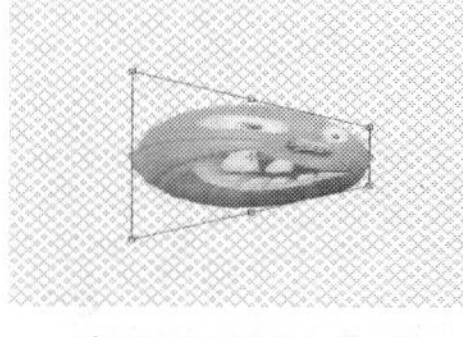

应用“透视”命令

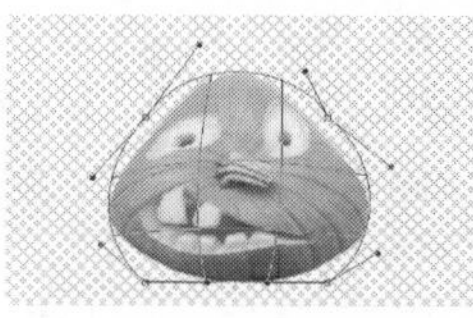

应用“变形”命令

2. 变换命令快捷键

应用“变换”命令时，使用快捷键进行编辑更加方便快捷。

在编辑时，按住Shift键可对图像进行等比例缩放，或以15°角的倍数进行旋转；按住Alt键的同时可从中心缩放，按住Alt+Ctrl时可自由扭曲。

15° 角旋转

从中心缩放

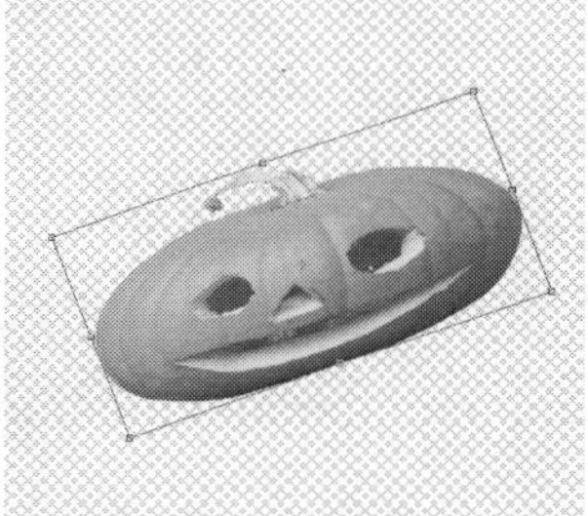

自由变换

3. 变形命令

“变形”命令是通过拖动控制锚点、外框或网格的一端或网格内的某个区域，来变换图像的形状的。

执行“编辑 | 变换 | 变形”命令时，也可在属性栏中选择“变形”下拉列表中的形状自动变形。

变形属性栏

❶ **“变形”下拉列表**：在该下拉列表中提供了15种变形样式，包括扇形、拱形、扭曲、贝壳、鱼形等。

❷ **“弯曲”文本框**：在该文本框中可以以百分比的形式设置变形的弯曲度。

❸ **H/V文本框**：在该文本框中可以以百分比的形式设置水平弯曲和垂直弯曲的强度。

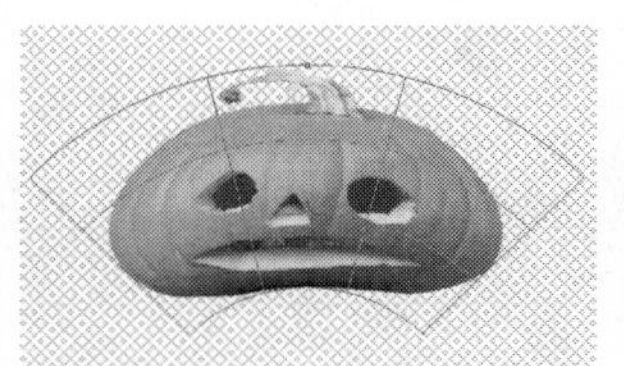

“扇形”形状

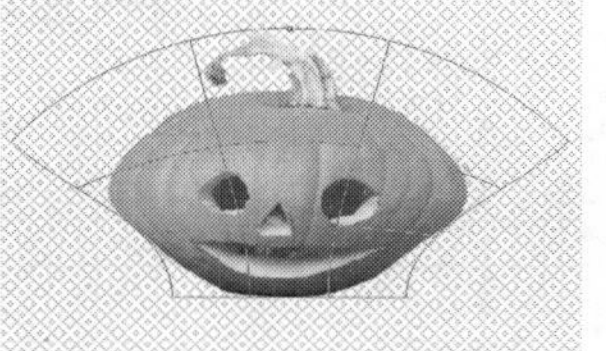

“花冠”形状

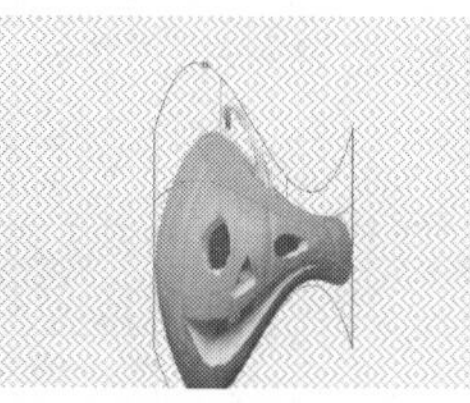

“鱼形”形状

“扭转”形状

3.5.3 实战：制作多个可爱玩偶

光盘路径：第3章\Meida\制作多个可爱玩偶.jpg

步骤1 打开“第3章\Meida\制作多个可爱玩偶.jpg”图像文件。使用套索工具在画面中创建玩具选区。

步骤2 拷贝选区图像，使用移动工具移动其位置。然后应用“自由变换”命令，调整图像大小，确认后按Enter键。

步骤3 为“图层1”添加图层蒙版，并使用画笔工具在图像的边缘涂抹，隐藏多余的图像，使画面更融合。

步骤4 单击“创建新的填充或调整图层”按钮，在弹出的快捷菜单中选择“曲线”选项，并在“属性”面板中设置参数值，调整图像的亮度层次。

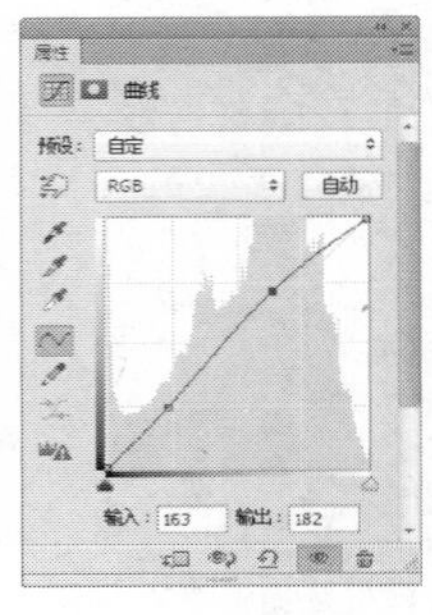

3.5.4 实战：通过变形制作杯贴

光盘路径：第3章\Meida\通过变形制作杯贴.jpg

步骤1 打开“第3章\Meida\通过变形制作杯贴.jpg”图像文件。使用磁性套索工具在画面中创建杯子选区。

步骤2 打开“通过变形制作杯贴1.jpg”文件，全选图像并拷贝。切换至“通过变形制作杯贴.jpg”文件中，应用“编辑 | 选择性粘贴 | 贴入”命令，粘贴拷贝图像至当前选区。

步骤3 按快捷键Ctrl+T缩放其大小，单击鼠标右键，在弹出的快捷菜单中选择“变形”命令，然后在变形控制框上拖动控制锚点对其进行变形处理，确认后按Enter键。

步骤4 设置“图层1”的混合模式为“强光”，使用画笔工具在画面边缘涂抹，使其效果更自然。

3.6 内容识别比例调整图像

应用“内容识别比例”命令可保护图像中的重要部分，并可随意拉伸或压缩图像。

3.6.1　内容识别比例属性栏

“内容识别比例”命令是在Photoshop中感知图片中的重要部分，并保留这些部分不变，且只缩放其余部分。需要注意的是，图像前景部分的内容将会被保护，背景内容将会被单独缩放。执行“编辑 | 内容识别比例”命令，弹出“内容识别比例”对话框，在对应的属性栏中设置属性来控制需要保护的部分。被保护的区域会被保留，未被保护的区域将会参与内容识别的缩放。

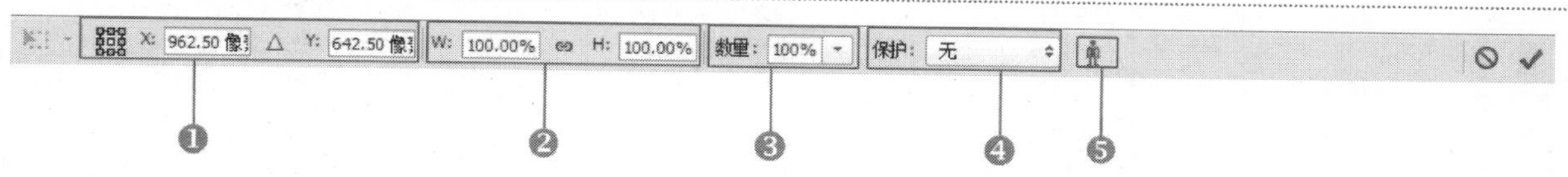

内容识别比例属性栏

❶**X/Y文本框：**在该文本框中输入参数值，可快速调整图像的水平和垂直位置。

❷**W/H文本框：**在该文本框中设置图像的水平和垂直缩放比例，并可锁定长宽比例缩放效果。

❸ **“数量”文本框：**在该文本框中设置保护范围，从而减少变换的失真。参数值越大，保护范围越大，参数值越小，保护范围就越小。

原图

保护数量为100%

保护数量为30%

❹ **“保护”下拉列表：**在该选项的下拉列表中可选择一个Alpha通道，保护指定图像中对应的通道区域。

❺ **“保护肤色”按钮：**单击该按钮将保护皮肤颜色，即保护前景图像、背景图像与缩放。再次单击此按钮，将在停用与启用间切换。

原图

保护肤色

不保护肤色

提示：

“内容识别比例”命令常用于处理图层和选区。图像可以是RGB、CMYK、Lab和灰度颜色模式的图像。不适用于处理调整图层、图层蒙版、各个通道、智能对象、3D图层、视频图层、图层组或同时处理多个图层。

3.6.2 实战：用内容识别比例保护并变换图像

光盘路径：第3章\Meida\用内容识别比例保护并变换图像.jpg

步骤1 打开“第3章\Meida\用内容识别比例保护并变换图像.jpg”图像文件，复制图层，并使用套索工具在画面中创建选区。

步骤2 保持选区的同时单击鼠标右键，在弹出的快捷菜单中选择“存储选区”命令，在弹出的对话框中设置名称为“动物选区”，单击“确定”按钮，可在“通道”面板中查看存储选区。然后按Ctrl+D快捷键取消选区。

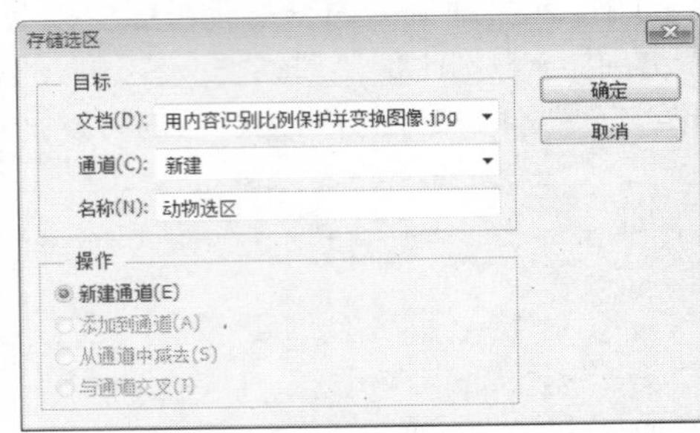

步骤3 执行“编辑 | 内容识别比例”命令，在画面中显示调整控制框，在属性栏中设置属性。然后按住鼠标左键向右和向上拖动，此时可以看到选区中的图像没有随着图像的缩放而变化。

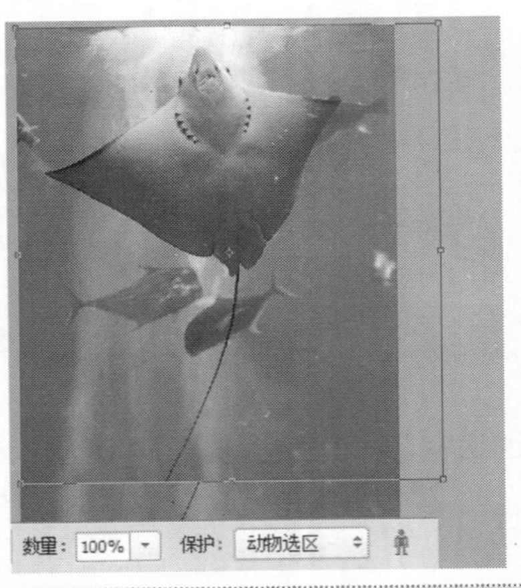

步骤4 确定变换后按Enter键。单击裁剪工具，在画面中显示裁剪控制框，按住鼠标左键向右和向上拖动，调整控制框的位置。

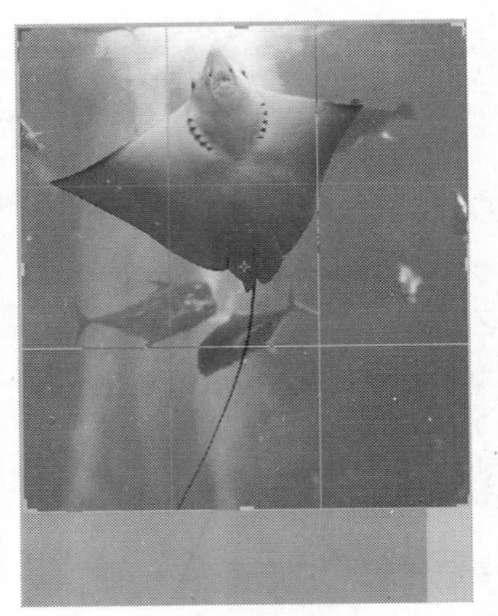

步骤5 完成按Enter键，裁剪掉多余图像。

知识链接：定义内容识别比例的保护区域

创建内容识别比例的保护通道，可以有效地保护对应通道的区域。同时结合羽化值的应用可以使内容比例保护的图像效果更自然。

在打开的图像中，使用套索工具创建船选区。

切换到“通道”面板中，新建Alpha通道，填充选区为白色。

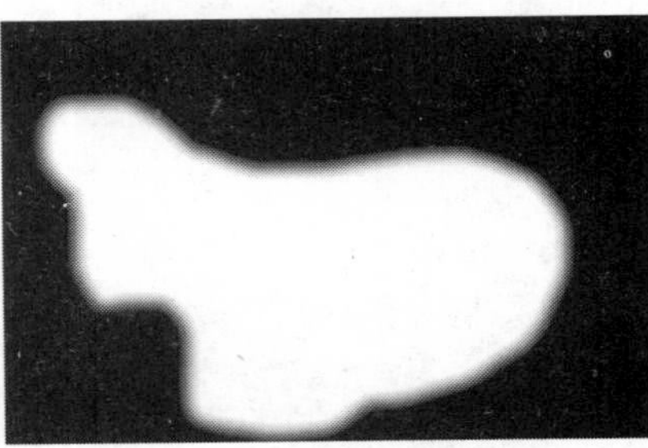

应用“内容识别比例”命令，设置保护属性，得到更自然的保护效果。

3.7 操控变形调整图像

使用“操控变形”命令可矫正图像中的人物或动物的不协调姿势，下面对该命令进行介绍，帮助读者快速掌握其要点。

3.7.1 操控变形属性栏

在Photoshop CS6中，应用“操控变形”命令，可以对动作不满意的人物照片进行姿势上的矫正，以制作透视感强烈的图像效果。

执行“编辑 | 操控变形”命令，通过在图像中添加节点，然后拖动节点对图像进行变形操作，变换出不同的形态效果。

操控变形属性栏

❶ **“模式”下拉列表：** 在该选项中可以设置图像变形的混合模式。包括“刚性”变形模式、“正常”变形模式和“扭曲”变形模式。

❷ **“浓度”下拉列表：** 在该选项中可以设置变形图像上显示的可编辑点的数量。包括“较少点”、“正常”和“较多点”选项。

❸ **“扩展”文本框：** 通过在该选项中设置扩展像素，可对变形区域的网格进行扩大与收缩，调整变形区域的范围。

❹ **“显示网格”复选框：** 勾选该复选框，可在变形图像上显示网格，方便对图像进行变形操作。

1. 添加图钉

应用“操作变形”命令时，将会以网格效果显示。将鼠标拖放到网格中，当光标变为✶+添加形状时可添加黑色的图钉◉效果，在画面中单击鼠标，可在该区域创建图钉，多次单击鼠标可创建多个图钉，从而固定画面，使图像在操作时不变形。

应用“操控变形”命令并在网格中添加图钉

2. 删除图钉

在对图像进行编辑后，若要对某个图钉进行重新编辑，可按Delete键将选中的图钉删除；或按住Alt键的同时单击需要删除的图钉；还可以在选中图钉的同时单击鼠标右键，应用“删除图钉”命令删除当前图钉；也可以选择“移去所有图钉”选项删除该图像中所有图钉效果。

拖动头部的图钉改变动物姿势

删除图钉后图像效果将被还原

3.7.2 实战：制作双人舞蹈

光盘路径：第3章\Meida\制作双人舞蹈.jpg

步骤1 执行“文件 | 打开”命令，打开“第3章\Meida\制作双人舞蹈.jpg”图像文件。使用魔棒工具在画面背景中单击，选取背景图像。

步骤2 按快捷键Ctrl+I反选选区，拷贝选区图像，生成“图层1”，复制该图层，生成“图层1 副本”图层，然后隐藏“背景”图层和“图层1”。

步骤3 执行“编辑 | 控制变形”命令，在画面中出现网格。使用鼠标在人物关节区域单击创建节点，固定该区域不动。

步骤4 在画面左侧的手臂上单击创建的节点，移动到合适位置，以更改人物手臂的角度，完成后按Enter键，即可完成变形操作。

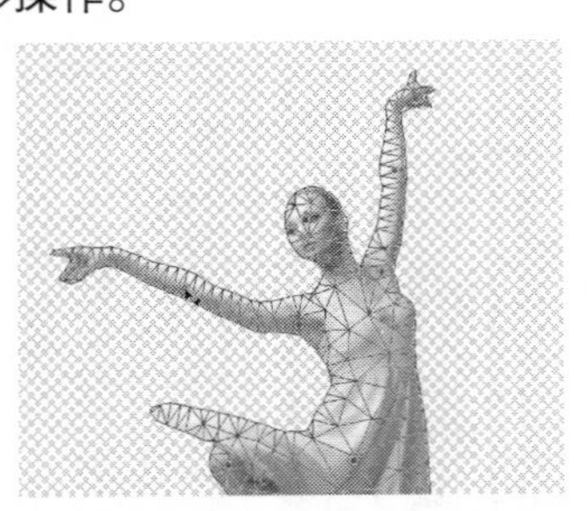

步骤5 执行“图像 | 画布大小”命令，在弹出的对话框中设置参数值，完成后单击“确定”按钮，以扩展图像画布。

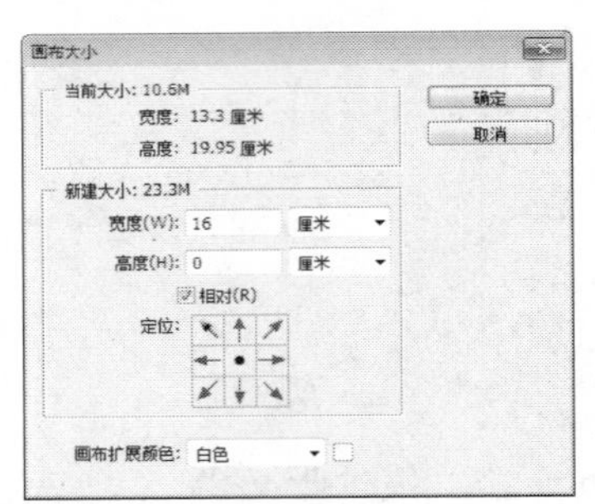

步骤6 复制“图层1”，生成“图层1副本2”，应用“水平翻转”命令移动其位置，制作双人舞蹈效果。

步骤7 打开“天空.psd”素材文件，将其移动到当前图像文件中，分别调整其位置和大小，制作当前图像文件的背景效果，增强画面的视觉效果。

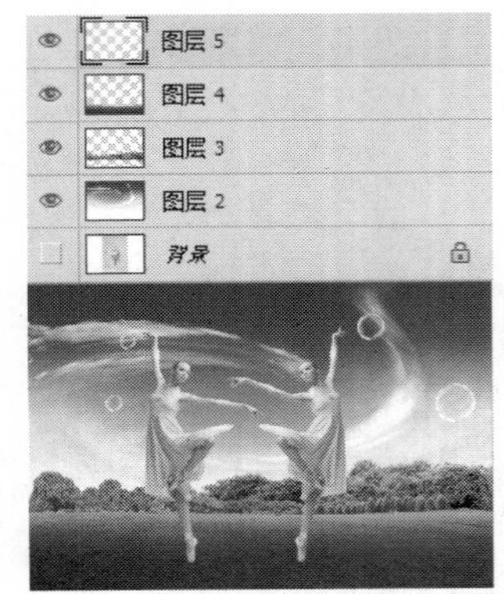

步骤8 新建“图层6”，使用黑色画笔工具在人物脚步区域涂抹，应用“动感模糊”命令，设置“距离”为300px，并设置该图像相应的混合模式，制作投影效果。然后分别复制人物图像，应用“动感模糊”命令，制作人物的运动效果。

步骤9 创建“渐变填充1”调整图层，设置渐变样式后单击“确定”按钮。设置该图层的混合模式为“柔光”、“不透明度”为30%，然后使用画笔工具恢复部分区域色调，使效果更自然。

3.8 操作答疑

本章主要针对图像的基本操作知识进行讲解。通过认识图像的种类、图像文件的新建、打开、保存等基本操作、调整图像大小与画布大小、图像还原/重做、剪切、清除等基本编辑、变换图像、通过内容识别比例调整图像和操控变形调整图像等基本操作的认识，从而使读者通过本章的学习对Photoshop CS6中图像的操作有一个基本的认识。下面通过习题对前面的知识点进行回顾，从而巩固所学知识，打牢基础。

3.8.1 专家答疑

（1）设置“画布大小”和“图像大小”的区别?

答：设置图像的画布大小是对图像所显示的区域进行扩展调整；而设置图像大小是针对图像的像素尺寸和分辨率等进行调整。因此调整图像大小后在一般情况下不会很明显，当设置的文档大小、分辨率或像素较小时，缩放到一定比例时将会看到图像的模糊效果；而设置画布大小后可在图像显示区域进行裁剪或扩展，效果很明显。

（2）裁剪工具和“画布大小”命令的区别?

答：裁剪工具和“画布大小”命令为图像添加边框的最终效果相同。使用裁剪工具可突出图像主题，并可为图像添加边框效果，在使用时，可通过调整裁剪控制框对裁剪区域进行定位编辑；而使用“画布大小”命令，也可为图像添加边框效果，并可定位边框的位置。

（3）裁剪工具和“裁剪”命令的区别?

答：使用裁剪工具或应用“裁剪”命令，在原理上都是对图像进行裁剪，清除不需要的区域。“裁剪”命令是在创建选区的情况下应用的，该命令裁剪图像后将不能再次进行编辑恢复；而使用裁剪工具在画面中裁剪图像后，将会显示该图像文件的原始效果，可对其进行再次编辑。

使用裁剪工具扩展画布

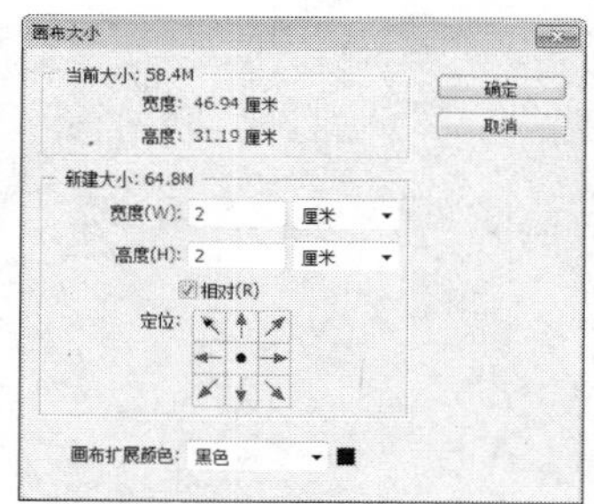

在“画布大小”对话框中设置参数

应用“画布大小”命令

3.8.2 操作习题

1. 选择题

（1）位图被称为（　　）。

A.向量图　　B.像素图　　C.点阵图

（2）在Photoshop CS6中，若要调整图像的大小，可通过执行（　　）命令。

A.图像 | 图像大小　　B. 图像 | 画布大小　　C. 编辑 | 图像大小

（3）在对图像进行变换时，除了执行“编辑 | 自由变换”命令外，还可以按快捷键（　　）。

A.Shift+R　　B. Ctrl+R　　C. Ctrl+T

（4）对图像编辑时，若要对其进行多次撤销操作，可按快捷键（　　）。

A.Shift+Z　　B. Ctrl+Z　　C. Shift +Ctrl+Z

（5）在内容识别比例属性栏中单击“保护肤色”按钮保护皮肤颜色，即保护（　　）。

A.前景图像　　B.前景图像和背景图像　　C. 背景图像

2. 填空题

（1）矢量图被称为__________。

（2）复制图像时，使用移动工具在按住__________键的同时拖动指定图层即可复制当前图层。

（3）在内容识别属性栏中，通过设置“数量”文本框中的参数值，设置__________范围，可减少变换失真效果。参数值越大，保护范围就__________，反之亦然。

（4）在变形属性栏中，可在“变形”下拉列表中选择__________、__________、__________、__________、__________、__________、__________、__________、__________、__________、__________、__________和__________ 13种变形方式。

3. 操作题

（1）使用 “导出”命令，将制作的图像文件渲染为视频效果，并在播放器中播放。

步骤1

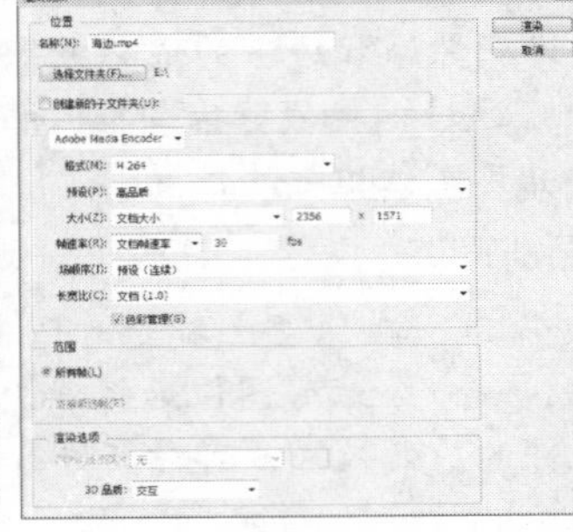

步骤2

步骤3

（2）使用“裁剪”命令突出画面主题。

（3）使用“内容识别比例”命令中的Alpha通道来保护图像。

第4章

图像的修饰艺术

本章重点：

本章主要讲解Photoshop CS6的图像的修饰技术，使读者了解其属性及应用，从而更快地掌握图像的修饰技术，更全面地了解Photoshop的强大图片处理功能。

学习目的：

Photoshop的图像修饰技术是非常重要的内容，它能更加快捷、完善地处理图像，它贯穿整个Photoshop的操作应用。通过本章的学习可掌握裁剪工具、修饰工具、修复工具、"液化"滤镜、用"消失点"滤镜编辑照片、擦除工具、Photomerge的应用、HDR调整、校正滤镜等操作，熟练运用Photoshop的图像修饰技术。

参考时间：56分钟

主要知识	学习时间
4.1 裁剪工具	6分钟
4.2 修饰工具	12分钟
4.3 修复工具	12分钟
4.4 擦除工具	6分钟
4.5 "液化"滤镜	6分钟
4.6 "消失点"滤镜	2分钟
4.7 Photomerge和合并到HDR Pro的应用	6分钟
4.8 校正滤镜	2分钟

4.1 裁剪工具

使用裁剪工具可以对图像进行自由裁剪编辑，以突出画面主题。裁剪工具分为两种，包括裁剪工具和透视裁剪工具。

4.1.1 裁剪工具

裁剪工具是通过移去部分图像来突出或加强画面构图效果。单击裁剪工具后，可在其属性栏中设置各项属性和参数，裁剪属性包括指定像素尺寸和设置裁剪界面等。在使用裁剪工具时，会直接在图像边框生成裁剪框与参考线，通过拖动裁剪框的节点可调整画面裁剪比例进行裁剪。

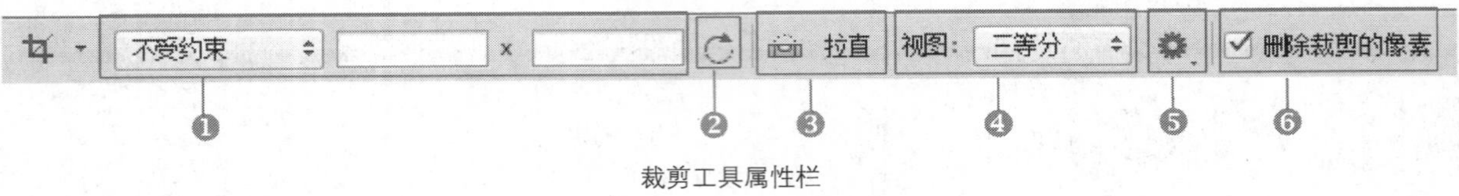

裁剪工具属性栏

❶ **裁剪预设选项组：** 单击按钮可在下拉列表中选择预设裁剪选项，也可在右端的文本框中输入数值自定义裁剪画布的大小。

❷ **"纵向与横向旋转裁剪框"按钮：** 单击该按钮，将切换宽度和高度的裁剪尺寸。

❸ **"拉直"按钮：** 单击该按钮后在画布中拖动，可根据所拖动的角度对画布进行旋转裁剪。

❹ **"视图"选项：** 用于设置裁剪框中的视图形式，包括三等分、网格线、对角线、黄金比例辅助线等视图选项，根据视图辅助线对图像画布进行裁剪操作。

❺ **"设置其他裁切选项"按钮：** 单击该按钮可在弹出式面板中设置裁剪的基本预览形式。

❻ **"删除裁剪的像素"按钮：** 勾选该复选框后裁剪图像画布时，将直接删除所裁剪的区域；取消勾选则保留被裁剪的像素于画布之外。

知识连接："设置其他裁切选项"面板

单击属性栏中的"设置其他裁切选项"按钮，可在弹出式面板中设置裁剪屏蔽区域的颜色和透明属性，以便根据需要调整裁剪操作的界面。

❶ **"使用经典模式"复选框：** 勾选该复选框，将会使用经典模式显示裁剪框。

❷ **"自动居中预览"复选框：** 勾选该复选框，图像将在工作区中自动居中。

❸ **"显示裁剪区域"复选框：** 勾选该复选框，将显示裁剪区域颜色。

❹ **"启用裁剪屏蔽"复选框：** 勾选该复选框，将启用该选项组中的各个选项。

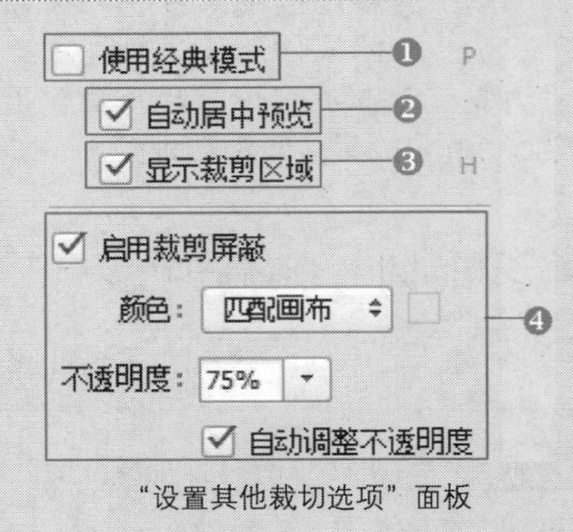

"设置其他裁切选项"面板

在"设置其他裁切选项"面板中，在"颜色"选项下拉列表中选择"自定"选项，弹出"拾色器"对话框，在该对话框中可设置不同的屏蔽颜色。

设置屏蔽颜色为红色

设置屏蔽颜色为洋红色

4.1.2　实战：裁剪图像大小

光盘路径：第4章\Complete\裁剪图像大小.psd

步骤1　执行“文件 | 打开”命令，打开“裁剪图像大小.jpg”文件。

步骤2　单击裁剪工具，在画面中显示裁剪控制框，使用鼠标调整裁剪位置。

步骤3　确认位置后按Enter键确认，保留裁剪框内的图像。

提示：

裁剪工具不仅可以对“背景”图层的图像文件进行裁剪，还可以对多个图层的PSD格式文件进行裁剪。当使用裁剪工具对图像文件进行裁剪时，其他图层中隐藏或显示在额外页面中的图像也将被裁剪，而文字图层除外。

在PSD文件中使用裁剪工具裁剪图像后，使用移动工具移动文字图层，效果不变。

4.1.3　透视裁剪工具

在工具箱中的裁剪工具组中单击鼠标右键，在弹出的列表中选择透视裁剪工具，该工具可以使选择区域固定，还可以对图像进行移动和旋转。单击透视裁切工具，在画面中拖动鼠标创建裁剪控制框，分别调整裁切点的透视位置，或在画面中的物体轮廓区域依次创建4个锚点，确认后按Enter键，即可将画面裁剪为具有透视效果。

W:　H:　分辨率:　像素/英寸　前面的图像　清除　☑ 显示网格

透视裁剪工具属性栏

4.1.4　实战：裁剪图像透视效果

光盘路径：第4章\Complete\裁剪图像透视效果.psd

步骤1　执行“文件 | 打开”命令，打开“裁剪图像透视效果.jpg”文件。

步骤2　单击透视裁剪工具，在左上角区域单击鼠标，裁剪锚点，创建透视裁剪控制框，确认后按Enter键，即可将画面裁剪为具有透视效果。

4.2 修饰工具

在工具箱中使用，模糊工具、锐化工具、涂抹工具、减淡工具、加深工具和海绵工具被称为修饰图像工具，使用这些工具可以对图像局部进行修饰处理，增强画面的视觉效果。

4.2.1 模糊工具

在工具箱中右键单击模糊工具，将弹出相应的工具组选项。模糊工具常用于柔化图像的边缘或减少图像中的细节像素，用该工具在图像中涂抹的次数越多，图像越模糊。在涂抹图像之前可通过指定模糊颜色的混合模式调整模糊区域的色调。

模糊工具属性栏

❶ **“模式”选项**：此选项用于指定模糊区域的颜色混合模式，调整模糊区域的色调效果。

❷ **“强度”选项**：通过对此选项设置1%~100%的参数值，指定在模糊图像的过程中模糊一次的强度。

❸ **“对所有图层取样”复选框**：勾选该复选框后，对图像中所有可见图层的图像像素进行调整；取消勾选该复选框后，仅对当前所选图层的图像进行调整。

4.2.2 实战：突出画面主体物

光盘路径：第4章\Complete\突出画面主体物.psd

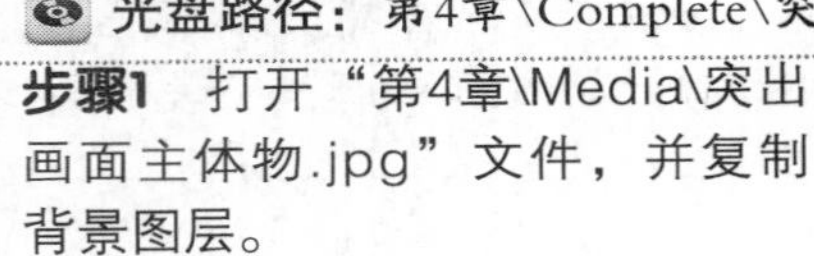

步骤1 打开“第4章\Media\突出画面主体物.jpg”文件，并复制背景图层。

步骤2 单击模糊工具，在属性栏中设置属性，并在画面中涂抹，以模糊图像的边缘，从而突出主体物。

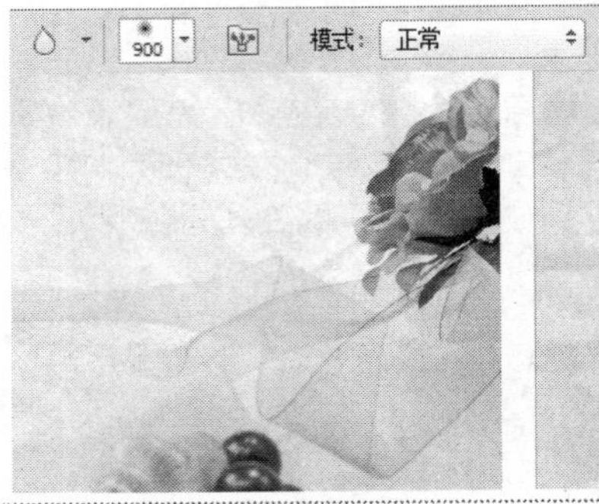

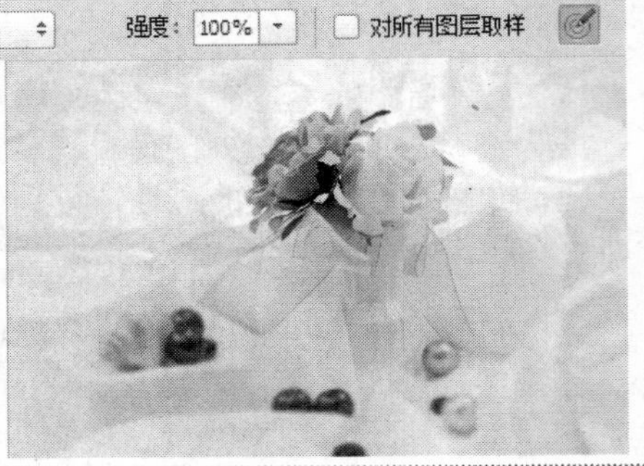

4.2.3 锐化工具

锐化工具用于锐化图像的边缘或细节，可增强该区域的对比度，使用该工具在图像中涂抹的次数越多，则该区域的图像细节对比越强。在涂抹图像之前，通过指定混合模式可调整锐化区域的色调。

锐化工具属性栏

❶ **“模式”选项**：该选项可指定锐化颜色的混合模式，将锐化后的图像颜色直接以指定的模式混合到原图像中；在“强度”选项中设置参数值，参数值越大强度越大，反之亦然。

❷ **“保护细节”复选框**：勾选该复选框，在锐化图像时最小化因图像像素化而引起的图像不自然感；取消勾选复选框时，可在锐化图像的同时夸张图像边缘的锐化效果。

4.2.4　实战：锐化模糊图像

光盘路径： 第4章\Complete\锐化模糊图像.psd

步骤1　执行"文件 | 打开"命令，打开"锐化模糊图像.jpg"文件，复制背景图层。

步骤2　单击锐化工具，在属性栏中设置属性，在画面中涂抹，以锐化模糊图像。继续使用该工具在画面中涂抹，增强图像的轮廓细节。

4.2.5　涂抹工具

涂抹工具用于涂抹变形图像中的颜色，它通过拾取起始点颜色并向拖动方向展开颜色的方法对图像细节进行涂抹变形。

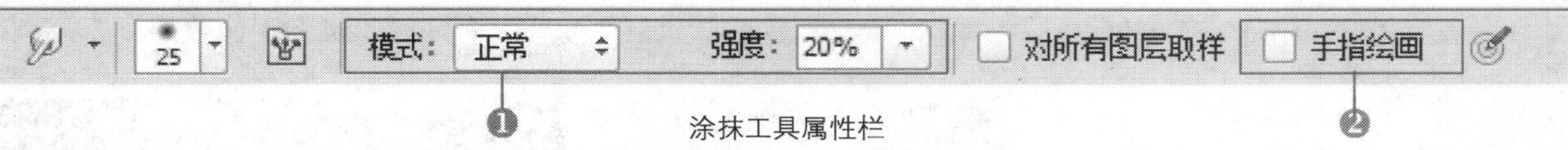

涂抹工具属性栏

❶ **"模式"选项：** 可指定涂抹颜色的模式，将涂抹变形后的图像颜色直接以指定的混合模式混合到原图像中，调整不同的画面效果。

❷ **"手指绘画"选项：** 勾选此复选框，将使用图像中每个描边起点处的前景色涂抹图像；取消勾选后，则以每个描边起始点光标所指的颜色涂抹变形图像。

4.2.6　实战：制作光晕图像

光盘路径： 第4章\Complete\制作光晕图像.psd

步骤1　打开"制作光晕图像.jpg"文件，复制背景图层，单击涂抹工具，在属性栏中设置画笔大小为500px，"强度"为20%。

步骤2　使用涂抹工具在画面中单击鼠标，制作光晕效果。继续在属性栏中设置属性，以添加光晕效果。

4.2.7 减淡工具

在工具箱中右键单击减淡工具，可弹出相应的工具组选项。减淡工具常用于减淡图像中指定区域的颜色像素，使其变亮。使用该工具在指定色调范围内涂抹，涂抹的次数越多，该区域的色调就会变得越亮。

减淡工具属性栏

❶ **“范围”下拉列表**：在该下拉列表中包括“阴影”、“中间调”和“高光”选项，选择不同的范围选项可对该区域范围的图像像素进行减淡处理，而不会影响到其他色调范围的颜色。

❷ **“曝光度”选项**：该选项用于设置每次涂抹图像时的减淡程度，可设置从1%~100%的参数值，数值越大，涂抹后减淡的强度就越大。

❸ **“保护色调”复选框**：勾选“保护色调”复选框后减淡图像，可防止颜色出现色相偏移的现象。

4.2.8 实战：制作淡雅图像

光盘路径：第4章\Complete\制作淡雅图像.psd

步骤1 打开“制作淡雅图像.jpg”文件，复制背景图层，单击减淡工具。

步骤2 在减淡工具属性栏中，设置画面大小和曝光度，在画面中涂抹，以减淡涂抹区域的色调，从而制作淡雅图像效果。

4.2.9 加深工具

加深工具常用于加深图像中指定色调区域的颜色，使其变暗。使用此工具在指定色调范围内如阴影区域或高光区域涂抹，在允许的色调加深程度上，涂抹的次数越多，该区域的色调越暗。

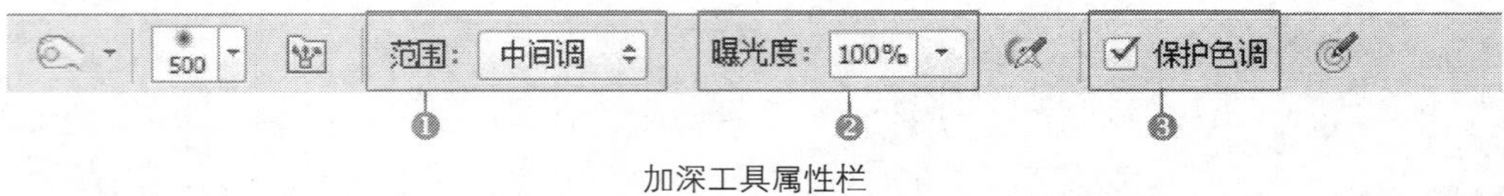

加深工具属性栏

❶ **“范围”下拉列表**：用于设定加深工具所作用于的画面范围，包括“阴影”、“中间调”和“高光”选项，通过选择不同的选项可对该区域范围的图像进行加深处理。

❷ **“曝光度”选项**：该选项的参数范围为1%~100%，用于定义曝光度的强度，值越高曝光度就越大，图像变暗的程度就越明显，反之亦然。

❸ **“保护色调”复选框**：勾选“保护色调”复选框后加深图像，可防止颜色出现色相偏移的现象。

4.2.10　实战：修饰图像的色调反差效果

光盘路径：第4章\Complete\修饰图像的色调反差效果.psd

步骤1　打开“修饰图像的色调反差效果.jpg”文件，复制背景图层。

步骤2　在加深工具属性栏中单击设置属性，在人物头发区域涂抹，以加深其色调层次。

步骤3　使用减淡工具在较亮区域涂抹，以修饰图像的亮度层次。

4.2.11　海绵工具

海绵工具主要用于吸取或释放颜色，可通过设置指定的应用模式，即“降低饱和度”和“饱和”选项模式以增强或降低相应图像区域的颜色饱和度，结合勾选“自然饱和度”复选框有选择性地调整图像饱和度，并创建自然饱和的效果。

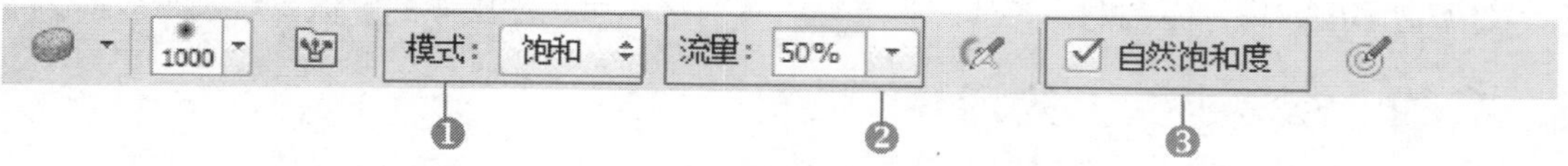

海绵工具属性栏

❶ **“模式”下拉列表**：设置绘画模式，包括“降低饱和度”和“饱和”选项，“降低饱和度”用于降低色调的饱和度；“饱和”用于增加色调的饱和度。

❷ **“流量”选项**：该选项的范围值为1%~100%，用于设置饱和度更改的速率。

❸ **“自然饱和度”复选框**：勾选该复选框，可对饱和度较高的颜色选择性地降低调整的强度；对于饱和度较低的颜色有选择性地加强调整的强度。

4.2.12　实战：增强画面饱和度

光盘路径：第4章\Complete\增强画面饱和度.psd

步骤1　打开“增强画面饱和度.jpg”文件，复制“背景”图层，生成“背景 副本”图层，单击海绵工具。

步骤2　在海绵工具属性栏中设置属性，并在画面中涂抹，以增强画面饱和度。

步骤3　分别使用加深工具和减淡工具在画面中涂抹，以增强画面的色调层次。

4.3 修复工具

修复工具组中的工具可通过不同的修复方式修复不同类型的图像瑕疵和缺陷，其中包括污点修复画笔工具、修复画笔工具和修补工具等。

4.3.1 污点修复画笔工具

污点修复画笔工具可快速修复图像中的污点瑕疵区域。使用该工具修复图像时，不需要手动获取样本像素，而是自动取样修复区域周围相似的像素，并修复图像，然后将样本中的光照、纹理、透明度或阴影等像素色相与所修复的区域相匹配，从而使修复效果更自然。

污点修复画笔工具属性栏

❶ **"模式"下拉列表：**设置修复图像时所修复区域被修复后的颜色与原始图像颜色的混合效果，包括"正常"、"正片叠底"、"滤色"、"变暗"、"变亮"、"颜色"和"明度"7种混合模式。

❷ **"类型"选项：**在该选项中可设置源取样类型。勾选"近似匹配"单选钮定义取样方式为自动采用污点四周的像素进行修复；"创建纹理"单选钮定义取样方式为通过像素创建纹理；"内容识别"单选钮定义取样方式为通过比较周围的样本像素，查找并应用最为适合的样本，在保留图像边缘部分细节的同时使所选区域的修复效果更自然。

❸ **"对所有图层取样"复选框：**勾选此复选框，可对所有可见图层中的图像像素进行取样。

4.3.2 实战：修复抱枕上的污渍

光盘路径：第4章\Complete\修复抱枕上的污渍.psd

步骤1 打开"修复抱枕上的污渍.jpg"文件，复制"背景"图层生成"背景 副本"图层。

步骤2 单击污点修复工具，在属性栏中设置各项参数，然后在抱枕的污渍上单击涂抹。

步骤3 释放鼠标后，抱枕上的污渍被去掉。按下[键或]键可调节画笔大小，在画面中污渍的位置涂抹，释放鼠标后即可修复污渍效果。

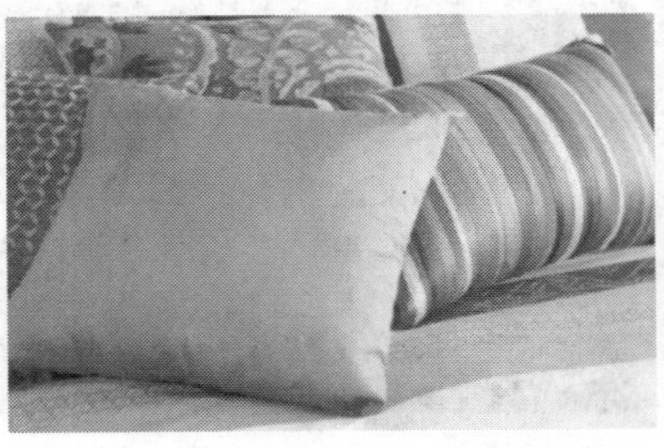

步骤4 继续使用相同的方法，修复抱枕区域的污渍。

4.3.3　修复画笔工具

修复画笔工具可用于校正瑕疵，使其消失在周围的图像中，修复画笔工具可以利用图像或图案中的样本像素来绘画，还可将样本像素的纹理、光照、透明度和阴影与所修复的像素进行匹配，使修复后的像素不留痕迹地融入图像的其余部分。

修复画笔工具属性栏

❶ **“源”选项组**：用于指定修复后图像的源像素。选择“取样”选项以当前取样的像素修复图像；选择“图案”选项后，右侧，图案的缩览选项将被激活，在此选项中选择图案像素进行修复。

❷ **“对齐”复选框**：勾选此复选框，将连续对图像进行取样并修复图像；取消勾选该选项后，则在每次停止并重新修复图像时以初始取样点为样本像素。

❸ **“样本”选项**：从指定的图层中取样本像素，包括“当前图层”、“当前和下方图层”以及“所有图层”。

4.3.4　实战：修复背景图像铁锈

光盘路径：第4章\Complete\修复背景图像铁锈.psd

步骤1　执行“文件 | 打开”命令，打开“修复背景图像铁锈.jpg”文件，复制“背景”图层，生成“背景副本”图层。

步骤2　单击修复画笔工具，在属性栏中设置属性，并按住Alt键的同时在铁锈区域附近进行取样，然后释放鼠标后在铁锈处单击涂抹，释放鼠标后即可修复该区域的铁锈效果。

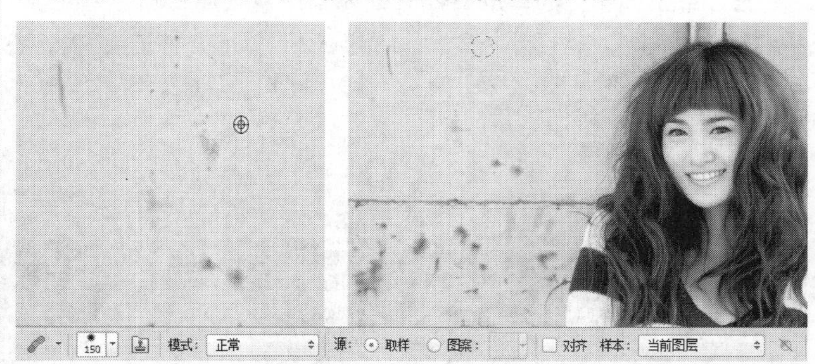

步骤3　根据画面中的铁锈效果，同时按下[与]键调节画笔大小，使其更好地对铁锈区域进行修复。

步骤4　继续相同的方法在画面中取样并单击涂抹，以修复图像背景效果。

4.3.5 修补工具

使用修补工具修补图像，是利用该工具创建选区后移动选区或应用图案像素的方法仿制或修复图像，并在修复图像的同时将样本像素中的纹理、光照和阴影等属性与源像素相匹配，使图像修复的效果达到最佳。

修补工具属性栏

❶**选区创建方式**：单击“新选区”按钮后创建选区，将创建独立的新选区；单击“添加到选区”按钮后创建选区，在已有的选区上添加新的选区；单击“从选区中减去”按钮后创建选区，将从已有的选区上减去相应选区；单击“与选区交叉”按钮后，只应用所选择的区域。

❷**“修补”选项下拉列表**：该选项用于对图像修补模式进行设置，包括“标准”和“内容识别”两个类型。“标准”选项可通过对后方的“源”和“目标”进行选择，指定样本像素；“内容识别”选项可通过对后方的“适应”选项进行设置，从而设置画面修补程度的精细与否。

❸**“透明”复选框**：该复选框常用于修复具有清晰纹理的纯色或渐变背景。

❹**“使用图案”按钮及选项**：创建选区后，该选项被激活，选择指定的图案像素，并单击“使用图案”按钮，以该图案像素样本覆盖选区内的像素，并进行匹配处理。

4.3.6 实战：修复人物面部瑕疵

光盘路径：第4章\Complete\修复人物面部瑕疵.psd

步骤1 执行“文件 | 打开”命令，打开“修复人物面部瑕疵.jpg”文件，复制“背景”图层，生成“背景 副本”图层。

步骤2 单击修补工具，在属性栏中设置属性。放大面部图像，使用修补工具在鼻子上的瑕疵区域创建选区。

修补： 正常 源 目标 透明

步骤3 拖动选区至空白区域释放鼠标后，以达到修复面部瑕疵效果。继续在鼻子区域创建选区，并移动选区位置，以修复区域内的其他瑕疵。

步骤4 继续使用相同的方法，在画面中的瑕疵区域创建选区，修复人物面部的瑕疵。

4.3.7　内容感知移动工具

内容感知移动工具可将简单背景中的物品或人物等进行移动、扩展。该工具具有剪切和粘贴的功能，强化了内容感应特性。

内容感知移动工具属性栏

❶ **“模式”选项**：该选项包括“移动”和“扩展”两种模式，“移动”模式可将选区内容从一处发送到另一处，并移去选区内容，且会将物体边缘与周围环境羽化融合；“扩展”模式可将选区内容扩展到一处，且会将物体边缘与周围环境羽化融合。

❷ **“适应”下拉列表**：包括了“非常严格”、“严格”、“中”、“松散”和“非常松散”5种方式，与“羽化”效果差不多，是设置物体边缘与周围环境的羽化融合。

❸ **“对所有图层取样”复选框**：勾选该复选框将对所有图层进行取样分析，使其效果更加融合。

4.3.8　实战：制作可爱双胞胎图像

光盘路径：第4章\Complete\制作可爱双胞胎图像.psd

步骤1　打开“制作可爱双胞胎图像.jpg”文件，复制“背景”图层，生成“背景 副本”图层。

步骤2　单击内容感知移动工具，在属性栏中设置属性，并在画面中创建人物选区，然后拖曳选区至空白区域，以制作双胞胎效果。

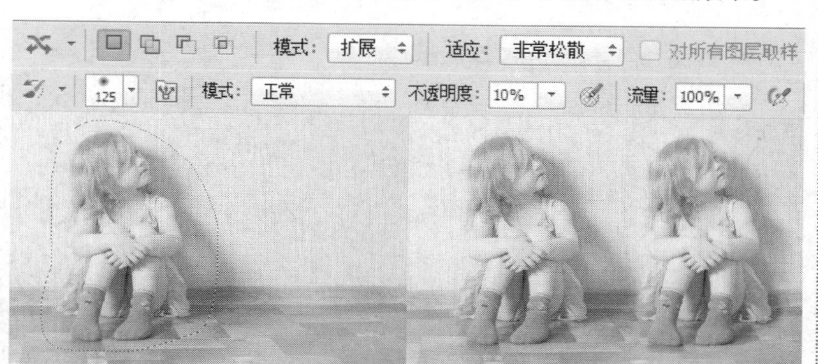

4.3.9　红眼工具

红眼工具主要用于解决由于闪光灯模式下拍摄而导致的人物或动物红眼的问题，达到恢复眼睛部分的自然颜色效果。

红眼工具属性栏

❶ **“瞳孔大小”选项**：此选项用于增大或减小红眼工具的应用区域。

❷ **“变暗量”选项**：此选项设置移去红眼时的暗度效果。

打开一张图像文件

使用红眼工具在人物左侧眼睛区域单击，释放鼠标即可修复红眼现象。

继续使用相同方法在人物右侧眼睛区域单击鼠标，释放鼠标后即可修复人物的红眼现象。

4.3.10 仿制图章工具

仿制图章工具可以使特定区域中的图像仿制到同一图像的另一区域，使仿制源区域和仿制区域的图像像素完全一致。该工具可仿制具有相同颜色模式的任何打开的文档的另一部分，也可将一个图层的一部分仿制到另一个图层。仿制图章工具可复制对象或移去图像中的缺陷。

仿制图章工具属性栏

❶ **“切换仿制源面板”按钮**：单击“切换仿制源面板”按钮，可弹出“仿制源”面板，在该面板中可创建多个不同的仿制源样本并作调整，以便在需要时选择指定的样本并应用。

❷ **“模式”下拉列表**：可设置仿制的图像与原图像的颜色混合效果，以调整仿制后的色调效果。

❸ **“对齐”复选框**：对每个描边使用相同的位移。选中复选框时连续对像素进行取样，即使释放鼠标也不会丢失当前取样点。取消勾选“对齐”复选框，则会在每次停止并重新开始绘制时使用初始取样点中的样本像素。

❹ **“样本”下拉列表**：用于从指定的图层中进行数据取样。该下拉列表中包括“当前图层”、“所有图层”和“当前和下方图层”3个选项。“当前图层”选项定义仅从现用图层中取样；“当前和下方图层”选项定义从现用图层及其下方的可见图层中取样；“所有图层”选项定义从所有可见图层中取样。要从调整图层以外的所有可见图层中取样，选择“所有图层”，然后单击打开“在仿制时忽略调整图层”按钮。

知识连接：“仿制源”面板

使用仿制图章工具或修复画笔工具可以同时设置多个取样源，这些设置主要通过“仿制源”面板来实现。在“仿制源”面板中，单击“切换仿制源”按钮并设置其他取样点。最多可以设置5个不同的取样源，仿制源面板将存储样本源。

❶ **“仿制源”按钮组**：单击某个仿制源按钮，可定义该仿制源进行取样。

❷ **“位移”选项组**：通过定义X和Y坐标来设置仿制源在图像中的具体位置。输入W或H的值来缩放所仿制的源，输入旋转角度可对仿制源进行旋转。单击W、H旁边的锁按钮则保持长宽比，再次单击按钮可复位变换。

❸ **“帧位移”文本框**：设置帧位移值。

❹ **“显示叠加”复选框**：勾选该复选框显示仿制源的叠加，并指定下面的叠加选项。

❺ **“已剪切”复选框**：剪切覆盖当前画笔。

❻ **“自动隐藏”复选框**：绘画时自动隐藏叠加显示。

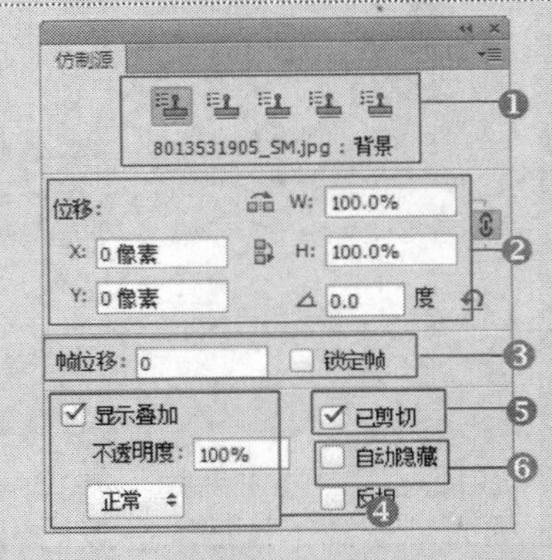

“仿制源”面板

新建“图层1”，使用仿制图章工具取样足球，在草坪上单击鼠标，以仿制足球到该图像中。

结合图层蒙版和画笔工具在足球的边缘涂抹，以隐藏多余图像。

4.3.11　实战：制作出多个气球图像

光盘路径：第4章\Complete\制作出多个气球图像.psd

步骤1　打开“制作出多个气球图像.jpg”文件，新建“图层1”，单击仿制图章工具，在属性栏中设置属性。

步骤2　按住Alt键的同时，使用仿制图章工具在最上方的气球区域单击进行取样，释放鼠标后，在右上角空白区域单击鼠标涂抹，以仿制气球效果。

步骤3　继续使用相同方法在空白区域涂抹，并同时调整画笔的大小，使其效果更自然。

4.3.12　图案图章工具

图案图章工具可使用图案进行绘画。利用此工具绘制图像无须对指定图像进行取样，可直接通过选择的图案图像进行绘制。

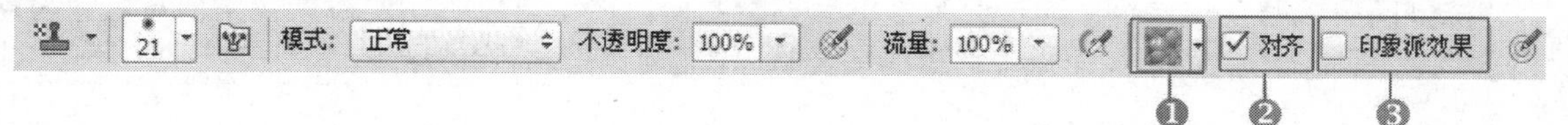

图案图章工具属性栏

❶ **“‘图案’拾色器”按钮**：该按钮用于选取指定的图案图像，单击该按钮可弹出图案选取器，可选择指定的图案并将其应用到图像中。

❷ **“对齐”复选框**：勾选该复选框后绘制图像，将会保持图案原始起点的状态进行仿制，在停止并重新开始绘制图案时，仍然保持图案的起始点位置；取消勾选此复选框后，每次停止并重新绘制图案时，将以新的起始点绘制新的图案。

❸ **“印象派效果”复选框**：勾选“印象派效果”复选框后绘制图像，可将图案转换为印象画风格的效果。

4.3.13　实战：制作花朵艺术效果

光盘路径：第4章\Complete\制作花朵艺术效果.psd

步骤1　打开“制作花朵艺术效果.jpg”文件，复制“背景”图层，并单击图案图章工具。

步骤2　使用图案图章工具在画面中的花朵区域涂抹，以制作花朵的艺术效果。

步骤3　继续使用相同方法在画面中涂抹，并同时调整画笔的大小，以制作其艺术效果。

4.4 擦除工具

利用擦除工具可对图像进行擦除或填充，以达到预想的图像效果。擦除工具包括橡皮擦工具、背景橡皮擦工具和魔术橡皮擦工具，下面对这些工具进行介绍。

4.4.1 橡皮擦工具

橡皮擦工具用于擦除图像中相应区域的像素，并以透明像素、当前背景色或指定的历史记录状态替换所擦除的区域。通过设置橡皮擦工具的擦除模式可调整图像擦除时笔尖的状态，也可设置该工具的不透明度或流量以调整擦除图像时笔尖的强度，达到所需的画面效果。

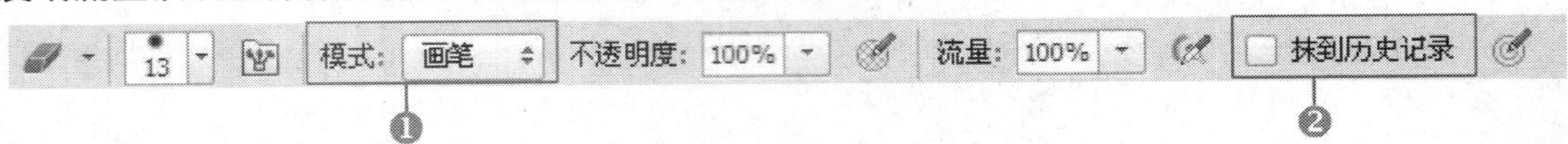

橡皮擦工具属性栏

❶ **"模式"下拉列表：** 可指定擦除图像时笔尖的状态，包括"画笔"、"铅笔"和"块"模式。

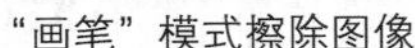

"画笔"模式擦除图像

"铅笔"模式擦除图像

"块"模式擦除图像

❷ **"抹到历史记录"复选框：** 勾选此复选框后擦除图像，将不再以透明的像素或当前背景色替换被擦除的图像，将以"历史记录"面板中选择的图像状态覆盖当前被擦除的区域。

4.4.2 实战：制作邮票效果

光盘路径： 第4章\Complete\制作邮票效果.psd

步骤1 打开"制作邮票效果.jpg"文件。

步骤2 新建图层，使用矩形选框工具创建选区，填充为白色，并取消选区。

步骤3 使用橡皮擦工具在"画笔"面板中设置参数，按住Shift键的同时擦除多余图像。

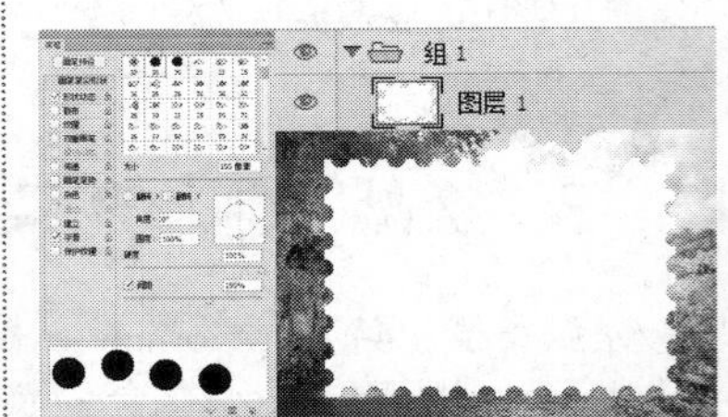

步骤4 复制"背景"图层，调整至最上方，应用"自由变换"命令调整其大小和位置。

步骤5 使用横排文字工具在画面中的相应区域添加文字，完善邮票的制作效果。

步骤6 添加"投影"图层样式，并合并该组，然后调整其大小和位置，完善其效果。

4.4.3　背景橡皮擦工具

背景橡皮擦工具用于擦除图像背景，将被擦除的区域转换为透明像素，从而在擦除图像后保留图像的边缘细节。通过在属性栏设置其容差范围和取样类型，决定所擦除图像的透明范围和边缘锐化程度。

背景橡皮擦工具属性栏

❶ **“取样”按钮**：包括“连续”、“一次”和“背景色板”取样模式，决定擦除图像时的取样应用范围。

❷ **“限制”下拉列表**：包括“连续”、“不连续”和“查找边缘”限制模式。选择“连续”选项时擦除包含样本颜色和相互连接的颜色；选择“不连续”选项时擦除所选区域的所有样本颜色；选择“查找边缘”选项时擦除包含样本颜色的连续性区域，更好地保留图像边缘的细节。

❸ **“容差”选项**：容差值越低将擦除与样本颜色更相似的区域；容差值越高将擦除更广的颜色范围。

❹ **“保护前景色”复选框**：勾选该复选框后擦除图像，与前景色相匹配的区域将受到保护，不被擦除。

打开一张图像文件

使用背景橡皮擦工具取样背景，在背景上涂抹。

继续使用相同方法在背景中涂抹，以擦除图像背景。

4.4.4　魔术橡皮擦工具

魔术橡皮擦工具用于快速擦除指定区域内的图像，并将擦除的图像区域转化为透明像素。如果在锁定了透明像素的图层中使用此工具，透明像素区域将被转换为背景色；若在锁定的“背景”图层中使用此工具则将图层转换为普通图层。

魔术橡皮擦工具属性栏

❶ **“消除锯齿”复选框**：勾选此复选框后擦除图像，可使擦除区域的边缘更平滑。

❷ **“连续”复选框**：勾选此复选框后擦除图像，将擦除与单击点颜色相似且位置相邻的颜色。

❸ **“对所有图层取样”复选框**：勾选该复选框后可对所有可见图层中的图像像素进行调整。

❹ **“不透明度”选项**：设置参数可调整擦除图像时擦除图像区域的颜色不透明度。

打开一张图像文件

使用魔术橡皮擦工具在图像背景上的天空区域单击鼠标，擦除图像背景。

继续使用相同方法，擦除背景中的天空图像。

4.5 “液化”滤镜

“液化”滤镜是一个独立滤镜，它可以对图像进行收缩、推拉、扭曲、旋转等变形处理。使用“液化”命令可美化人物图像。

4.5.1 关于“液化”滤镜

“液化”滤镜的原理是将图像以液体形式进行变化，使变化中的像素替换原来的图像像素。使用该滤镜可用于推、拉、旋转、反射、折叠和膨胀图像的任意区域，可根据需要对图像进行细微或剧烈的处理。“液化”滤镜是强大的修饰图像和创建艺术效果工具，可以使用“液化”滤镜对人物进行修饰，还可以制作出火焰、云彩、波浪等各种效果。

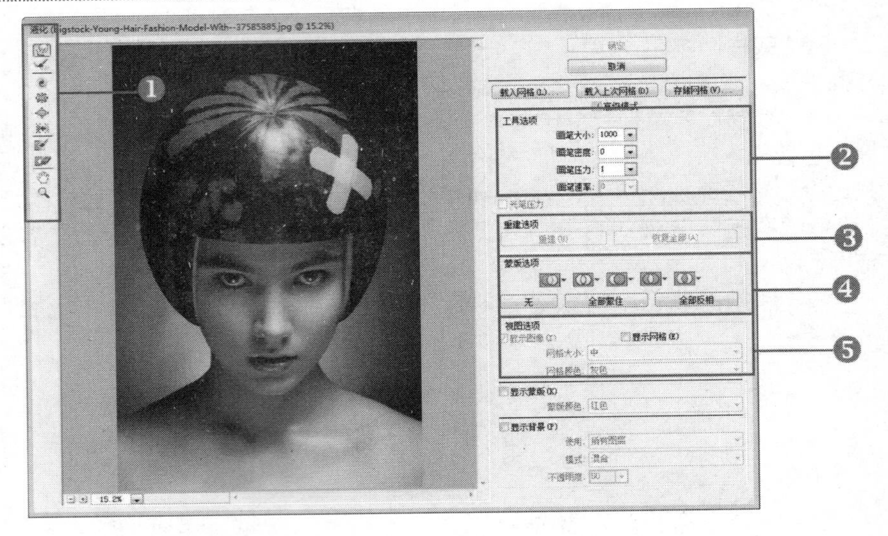

“液化”对话框

❶**工具箱**：在该工具箱中单击任意工具可对图像进行变形。**向前变形工具**：拖动鼠标，通过推动像素的形式变形图像；**重建工具**：通过拖动变形部分的方式，将图像恢复为原始状态；**顺时针旋转扭曲工具**：按照顺时针或逆时针的方向旋转图像；**褶皱工具**：像凹透镜一样缩小图像，进行变形；**膨胀工具**：像凸透镜一样放大图像，进行变形；**左推工具**：移动图像的像素，扭曲图像；**冻结蒙版工具**：设置蒙版，使图像不会被变形；**解冻结蒙版工具**：取消设置好的蒙版区域。

❷ **“工具选项”**：设置图像扭曲中使用的画笔大小和压力程度。

❸ **“重建选项”**：用于恢复被扭曲的图像。

❹ **“蒙版选项”**：用于编辑、修改蒙版区域。

❺ **“视图选项”**：显示或隐藏编辑蒙版区域或网格。

4.5.2 实战：打造乖巧小脸

光盘路径：第4章\Complete\打造乖巧小脸.psd

步骤1 打开“打造乖巧小脸.jpg”文件，并复制“背景”图层。

步骤2 应用“液化”滤镜，使用冻结蒙版工具将人物五官冻结，并使用向前变形工具对人物面部进行变形。

步骤3 继续使用相同方法变形脸部，以打造乖巧小脸。

4.5.3　实战：打造小巧玲珑鼻

光盘路径：第4章\Complete\打造小巧玲珑鼻.psd

步骤1　打开“打造小巧玲珑鼻.jpg”文件，复制“背景”图层，生成“背景 副本”图层。

步骤2　执行“滤镜｜液化”命令，在弹出的对话框中使用冻结蒙版工具将人物的眼睛和嘴巴冻结，单击褶皱工具，在工具选项中设置参数值。

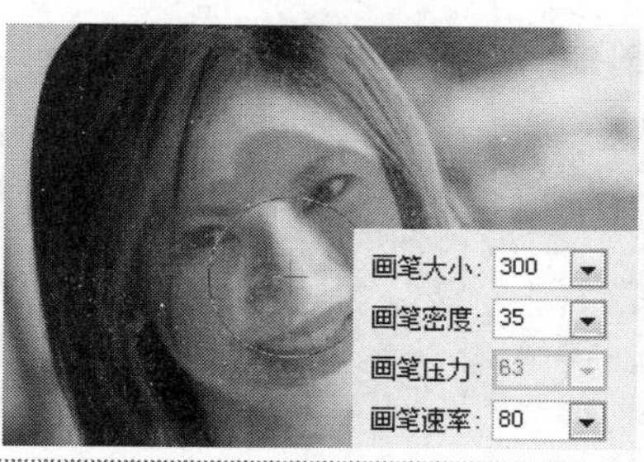

步骤3　使用褶皱工具在人物鼻子区域多次单击鼠标，以打造小巧玲珑鼻。

4.5.4　实战：快速为人物瘦身

光盘路径：第4章\Complete\快速为人物瘦身.psd

步骤1　打开“快速为人物瘦身.jpg”文件，复制“背景”图层，生成“背景 副本”图层。

步骤2　执行“滤镜｜液化”命令，在弹出的对话框中放大人物视图，使用褶皱工具在人物肩膀区域单击鼠标，以瘦身该区域。

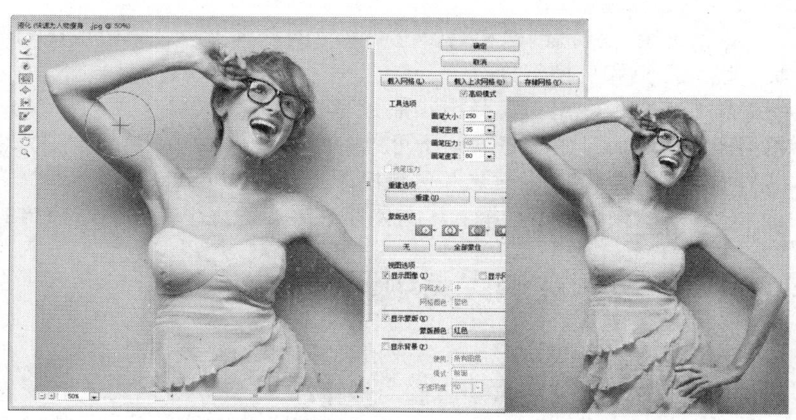

步骤3　继续使用相同方法在需要瘦身区域单击鼠标。然后使用向前变形工具在腋下推动。

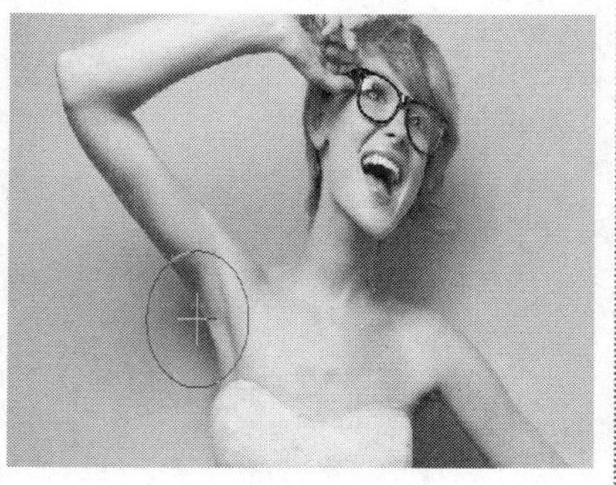

步骤4　继续使用向前变形工具在腰部区域推动，对该区域进行瘦身效果处理，以打造人物S曲线效果。

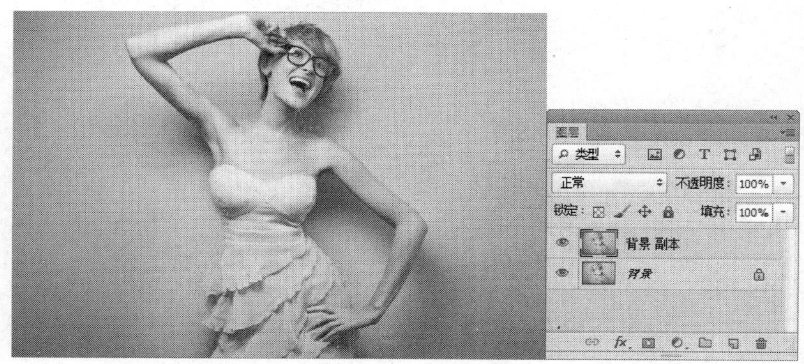

4.6 “消失点”滤镜

使用“消失点”滤镜可以在选定的图像区域内进行复制、粘贴等操作，并根据选区内的透视效果进行调整。

4.6.1 “消失点”对话框

使用“消失点”滤镜可以在选定的图像区域内进行复制、粘贴图像的操作，操作对象会根据区域内的透视关系进行自动调整，以配合透视效果。

默认情况下，在Photoshop中查看图像时，消失点网格是不可见的，得到的是栅格化的网格效果。在绘制编辑网格中粘贴图像，调整其大小后将自动吸附在所编辑的网格中。还可以通过应用“消失点”滤镜，在新建的图层中绘制编辑网格，即可在图层中看到所编辑的网格效果。

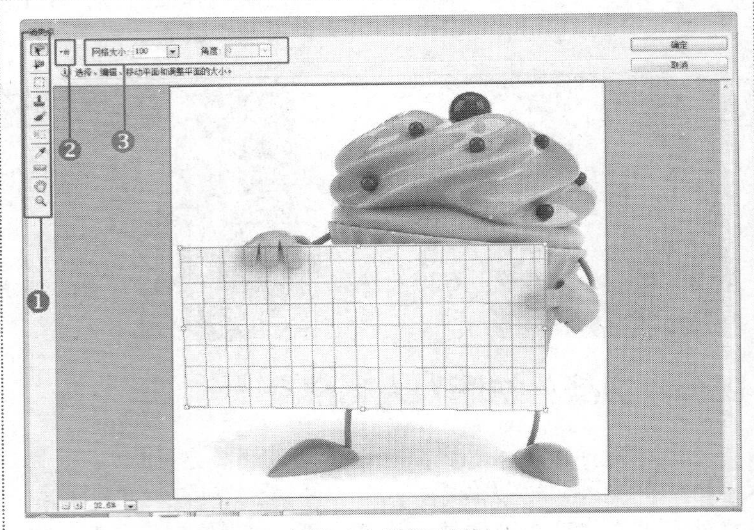

“消失点”滤镜对话框

❶**工具组：**包括创建和编辑透视网格的各种工具。其中包括编辑平面工具、创建平面工具、选框工具、图章工具和变换工具。

❷ **“扩展”按钮：**在弹出扩展菜单中可以定义消失点的内容，以及渲染和导出的方式。“渲染网格至Photoshop”命令将默认不可见的网格渲染至Photoshop中，得到栅格化的网格；“导出DXF”和“导出3DS”命令将3D信息和测量结果分别以DXF和3DS格式导出。

❸ **“网格大小”下拉框：**设置网格在平面的大小，设置网格角度。

4.6.2 实战：在消失点中调整透视图像

光盘路径：第4章\Complete\在消失点中调整透视图像.psd

步骤1 打开“在消失点中调整透视图像1.jpg”文件，按快捷键Ctrl+A选取图像并拷贝选区内的图像。

步骤2 打开“在消失点中调整透视图像.jpg”文件，新建“图层1”，应用“消失点”滤镜，在弹出的对话框中创建网格，并将拷贝的图像粘贴到该网格中，然后应用“自由变换命令”调整大小。

步骤3 设置“图层1”的混合模式为“正片叠底”，并结合图层蒙版和画笔工具在画面边缘涂抹。然后复制该图层，设置相应的混合模式，使其效果更自然。

4.7 Photomerge和合并到HDR Pro的应用

Photomerge和合并到HDR Pro命令可将多张图像文件拼合在一个图像文件中，从而制作全景图效果。

4.7.1 Photomerge对话框

Photomerge命令能够将多张照片进行不同形式的拼接，也就是将多幅照片拼合成一个连续的全景图，下面对Photomerge对话框中的选项进行介绍。

❶ **“版面”选项组**：在该选项组中，提供了图像排列的几种方式，可以根据不同的需要选择相应的版式。

❷ **“浏览”按钮**：单击该按钮可以打开源文件所在的文件夹。

❸ **“移去”按钮**：选择已经打开的文件，单击该按钮将删除所选文件。

❹ **“添加打开的文件”按钮**：单击该按钮可以将打开的图像添加到对话框中。

❺ **“设置图像混合”选项组**：在该选项组中可以选择“混合图像”、“晕影去除”与“几何扭曲校正”复选框，“混合图像”复选框是找出图像间的最佳边界并根据这些边界创建接缝，使图像的颜色相匹配。停用该选项时将执行简单的矩形混合，适用于手动修饰混合蒙版。

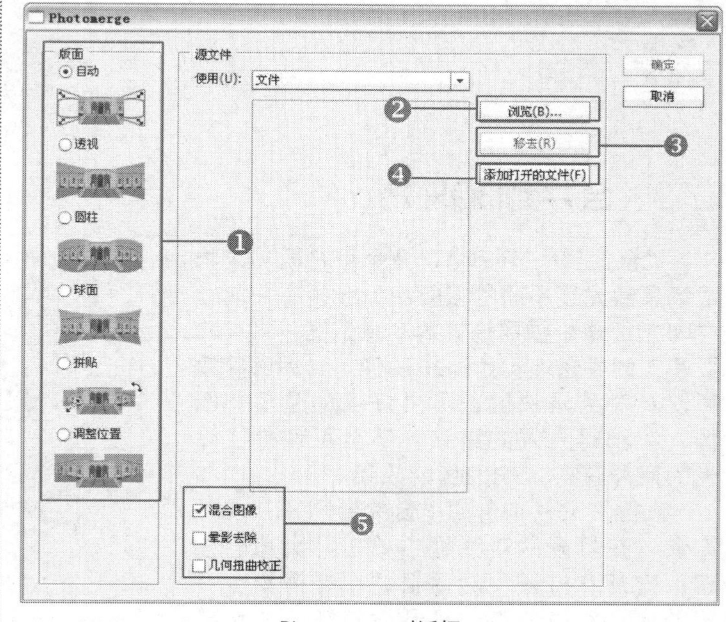

Photomerge对话框

4.7.2 实战：将多张照片拼接成全景图

光盘路径：第4章\Complete\将多张照片拼接成全景图.psd

步骤1 执行“文件 | 自动 | Photomerge”命令，弹出“Photomerge”对话框，在对话框中单击“浏览”按钮，弹出“打开”对话框，在该对话框中选择文件夹路径，然后选择01.jpg~03.jpg文件，选择好文件后单击“确定”按钮，即可在“Photomerge”对话框中看见所指定的图像文件。

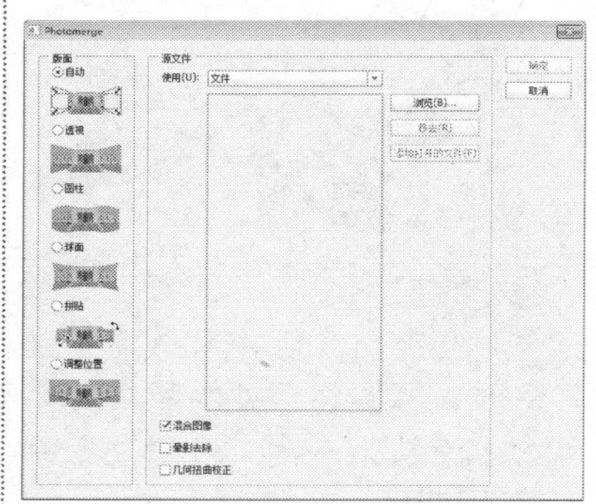

步骤2 打开指定文件后，在“Photomerge”对话框中单击“确定”按钮，Photoshop自动将这两张照片拼合为一张完整的风景照片。

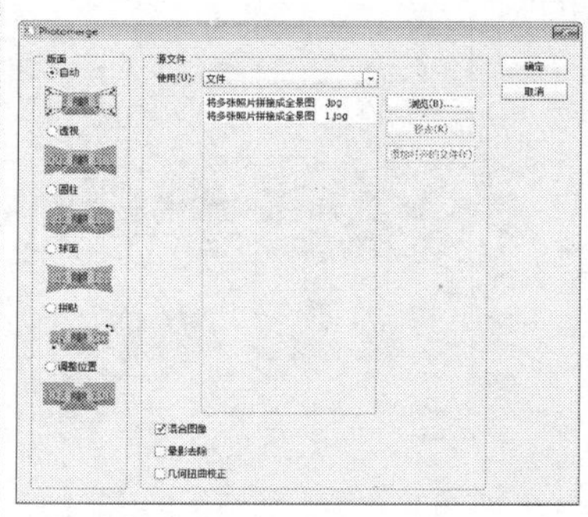

步骤3 盖印可见图层，生成“图层1”，按住Ctrl键的同时单击该图层，即可载入该图层选区。

步骤4 执行“选择 | 反向”命令，将选区进行反选。保持选区的同时，执行“编辑 | 填充”命令，在弹出的“填充”对话框中设置“内容”选项组中的“使用”样式为“内容识别”选项，单击“确定”按钮即可填充选区，完善拼接全景图效果。

4.7.3 合并到HDR Pro

“合并到HDR Pro”命令可将同一人物或场景曝光度不同的多幅图像合并在一起，在HDR图像中捕捉场景的动态范围，从而建立写实的或超现实的HDR图像。借助移除重影以及对色调映射，可更好地调整节制图像，以获得更好的结果，甚至可使单次曝光的照片获得HDR图像的效果。

执行“文件 | 自动 | 合并到HDR Pro”命令，在打开的对话框中单击“浏览”按钮，打开“打开”对话框，选择需要合并的图像，然后单击“打开”按钮，将选择的文件载入，弹出“合并到HDR Pro”对话框，在该对话框中设置各个选项，可调整图像色调。

“合并到HDR Pro”对话框

4.7.4 实战：将多张照片合并为HDR图像

光盘路径： 第4章\Complete\将多张照片合并为HDR图像.psd

步骤1 执行“文件 | 自动 | 合并到HDR Pro”命令，在打开的对话框中单击“浏览”按钮，打开“打开”对话框，选择需要合并的图像。

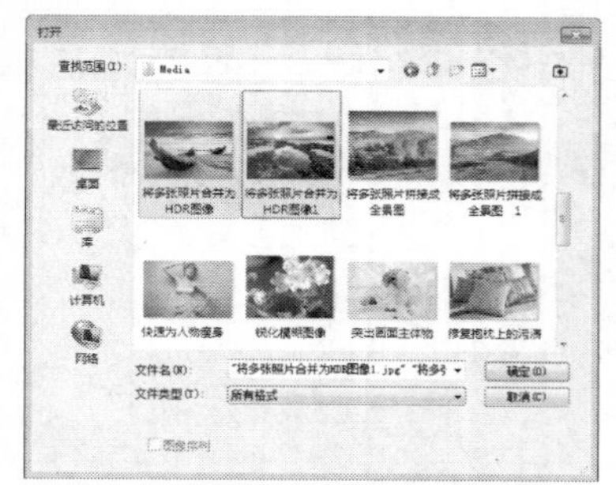

步骤2 单击“确定”按钮后，在弹出的“合并到HDR Pro”对话框中设置“预设”选项为“逼真照片高对比度”，即可调整图像色调层次。

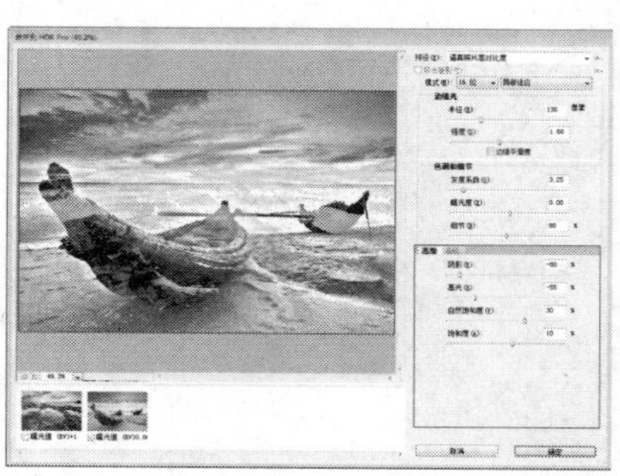

步骤3 单击“确定”按钮，应用该命令效果。

提示：

在应用“合并到HDR”命令时，需要将合并的图像文件大小设置为一致，否则该命令将不可用。

4.8 校正滤镜

使用“镜头校正”命令可矫正倾向图像、修复颜色失真图像、矫正桶形失真、枕状失真图像等，从而修复图像效果。

4.8.1　“镜头校正”滤镜对话框

“镜头校正”滤镜是一个独立滤镜，利用该滤镜可以修复常见的镜头瑕疵，轻易消除桶状和枕状变形、照片周围的暗角，以及造成边缘出现彩色光晕的色差等。执行“滤镜 | 镜头校正”命令，打开“镜头校正”对话框，在该对话框中可设置相机的品牌、型号和镜头型号等。设置后将激活相应的选项，此时在“修正”选项栏中勾选相应的复选框即可校正相应的选项。单击“自定”选项卡，调整各个滑块的参数，即可对图像进行相应的调整。

“镜头校正”对话框

❶ **“工具箱”选项组：**该选项中包括执行镜头校正的各种工具，其中移去扭曲工具通过向中心或向内拖动校正失真图像；拉直工具是通过绘制一条直线，将图像移动到新的横轴或纵轴；移动网格工具是通过拖动来移动对齐网格。

❷ **“修正”选项组：**通过勾选“几何扭曲”、“色差”和“晕影”复选框来调整图像的扭曲、色差、晕影等。

❸ **“边缘”下拉列表：**通过单击下拉按钮，可在弹出的下拉菜单中选择“边缘扩展”、“明度”、“黑色”和“白色”等4个选项，调整图像的边缘效果。

❹ **“搜索条件”选项组：**在该选项组中设置相机品牌、相机型号和镜头型号等，以便更加精确地调整图像。

❺ **“镜头配置文件”选项组：**在该选项组中，选择准确的镜头参数，可使调整更加精确。

❻ **“设置”选项组：**通过拖动下拉列表中选择预设或载入自定义预设来校正镜头。

❼ **“几何扭曲”选项组：**该选项用于校正镜头的桶形或枕形失真，在该文本框中输入数值或拖曳滑块可校正图像的凸起和凹陷状态。

❽ **“色差”选项组：**该选项组包括“修复红/青边”文本框，在该文本框中输入数值或拖曳滑块，可去除图像中的红色或青色色痕；“修复绿/洋红边”文本框，在该文本框中输入数值或拖曳滑块，可去除图像中的绿色或洋红色痕；“修复蓝/黄边”文本框，在该文本框中输入数值或拖曳滑块，可去除图像中的蓝色或黄色色痕。

❾ **“晕影”选项组：**该选项组用于校正由镜头或遮光处理不正确而导致边缘较暗的图像。其中“数量”选项是设置沿图像边缘变亮或变暗的程度，“中点”选项是设置控制晕影中心的大小。

❿ **“变换”选项组：**该选项组主要对失真图像进行校正，其中包括“垂直透视”、“水平透视”、“角度”和“比例”4个选项。“垂直透视”选项在图像顶端或底端修改垂直透视；“水平透视”选项在画面的左侧或右侧修改水平透视；“角度”选项可设置图像的旋转角度，也可以使用拉直工具进行调整；“比例”选项在校正图像完成后可对图像进行缩放，保持画面大小不变。

4.8.2 实战：移除图像晕影效果

光盘路径：第4章\Complete\移除图像晕影效果.psd

步骤1 打开“移除图像晕影效果.jpg”文件，复制“背景”图层，生成“背景 副本”图层。

步骤2 执行“滤镜 | 镜头校正”命令，在弹出的对话框中设置“晕影”选项组中的参数值。

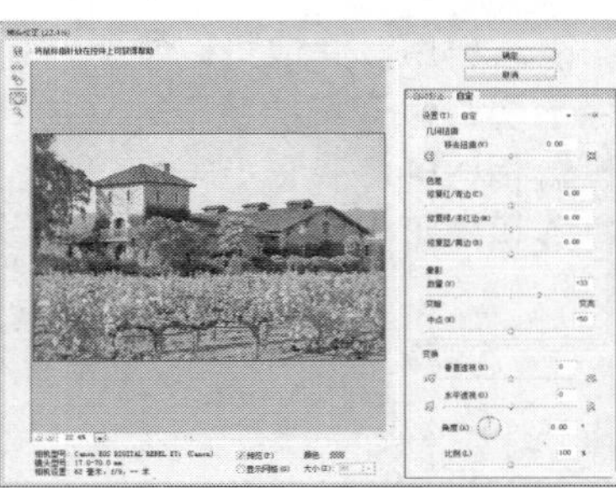

步骤3 完成后单击“确定”按钮，即可移除图像文件四角的晕影效果。

4.8.3 实战：校正图像失真效果

光盘路径：第4章\Complete\校正图像失真效果.psd

步骤1 打开“校正图像失真效果.jpg”文件，复制“背景”图层，生成“背景 副本”图层。

步骤2 执行“滤镜 | 镜头校正”命令，在弹出的对话框中选择“自定”选项卡，切换至该选项卡中。

步骤3 在“几何扭曲”选项组中设置“移去扭曲”选项的参数值为9，校正图像的失真效果。

步骤4 在“色差”选项组中设置参数值，校正建筑边缘的绿光效果。

步骤5 继续在“色差”选项组中设置参数值，校正建筑边缘的紫光效果。

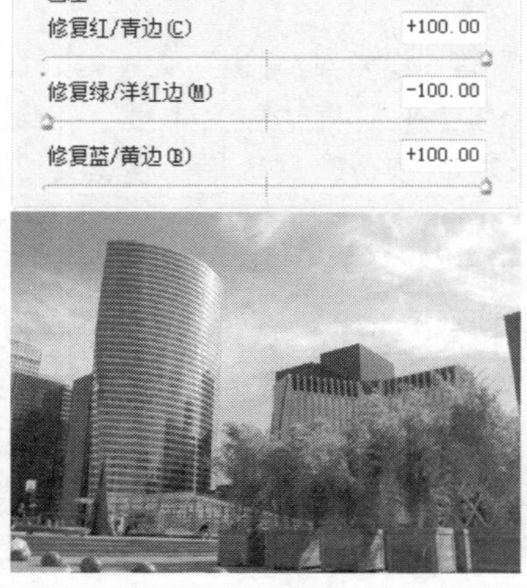

步骤6 单击“确定”按钮，应用该滤镜效果，从而校正图像的失真效果。

4.9 操作答疑

这里我们将举出多个常见问题并对其进行一一解答。并在后面追加多个习题，以方便读者巩固所学的知识。

4.9.1 专家答疑

（1）如何调整污点修复画笔的大小?

答：使用污点修复画笔工具修复图像时，需适当调整画笔的笔触大小。由于使用该工具无需手动取样样本像素，而是自动在所要修复的图像周围取样样本像素，调整画笔大小以适应斑点瑕疵的大小，单击鼠标进行修复时，将就近取样周围的最佳范围像素，以便在修复时更加精确地修复图像。

（2）污点修复画笔工具与修复画笔工具的区别?

答：使用污点修复画笔工具与修复画笔工具同样可修复数码照片中的瑕疵和不理想的部分，但两者的使用方法和使用效果上有所不同。使用污点修复画笔工具修复图像时，无需手动取样样本像素，而是通过自动识别取样相邻类似像素的方式修复图像；使用修复画笔工具修复图像则需要手动取样样本，并通过取样指定区域的像素或直接使用图案的方式修复图像。

使用污点修复画笔工具取样像素

按住Alt键使用修复画笔工具取样像素

修复后效果

（3）如何冻结图像?

答：在应用“液化”命令中的相关工具对图像进行变形扭曲时，可对图像中指定的区域进行冻结，避免在变形时影响到不需要变形区域。通过使用该滤镜中的冻结蒙版工具涂抹指定区域，可冻结该区域图像，涂抹后的图像将显示为半透明红色蒙版状态。

在“液化”对话框中单击冻结蒙版工具

使用冻结蒙版工具对人物五官进行冻结

对人物进行变形后效果

4.9.2 操作习题

1. 选择题

（1）裁剪工具的快捷键是（　　）。

A.C　　B.E　　C.S

（2）海绵工具的模式包括（　　）。

A.饱和　　B.降低饱和度　　C.自然饱和度

（3）橡皮擦工具组不包括（　　）。

A.涂抹工具　　B.背景橡皮擦工具　　C.橡皮擦工具

2. 填空题

（1）Photomerge对话框中的“晕影去除”的作用为__________。

（2）在减淡工具属性栏中，其范围包括__________、__________和__________。

（3）使用__________工具可将图像制作为具有艺术气息效果。

（4）使用仿制图章工具时，“__________”面板用于设置仿制图像的缩放比例、角度和水平位置等。

3. 操作题

（1）如何快速擦除图像中的背景。

步骤1　在魔术橡皮擦工具属性栏中设置属性

步骤2　在背景图像中单击鼠标

步骤3　释放鼠标后即可快速擦除背景图像

（2）如何制作全景图？

（3）如何使用HDR Pro调整图像高动态色调效果？

第5章

选区

本章重点：

本章主要讲解Photoshop CS6中极为普遍又重要的选区应用。在Photoshop中对图像的调整几乎都是通过选区进行的，如改变位置、填充、抠取图像等。编辑选区是学习Photoshop的必备知识。在本章中会对选区的知识进行介绍，帮助读者一步步地学好选区。

学习目的：

选区是在Photoshop中最常用最重要的应用，是贯穿整个Photoshop的。掌握创建规则与不规则选区的方法，以及选区的编辑等内容。

参考时间：45分钟

主要知识	学习时间
5.1　认识选区	1分钟
5.2　创建规则选区	10分钟
5.3　创建不规则选区	10分钟
5.4　创建选区的其他方法	8分钟
5.5　选区及选区图像的基本操作	10分钟
5.6　选区的编辑	6分钟

5.1 认识选区

选区是图像中被选中的区域。在Photoshop CS6中，选区是指在图像进行编辑操作的区域，对选区内图像进行编辑时，选区外的图像不会受到影响。按照形状样式而言，可以将选区分为规则选区和不规则选区两类，下面将对选区的基本知识、基本编辑方法进行详细介绍。

5.2 规则选区的创建

通过“矩形选框工具”、“椭圆选框工具”、“单行选框工具”和“单列选框工具”等工具创建的选区称为规则选区。本节重要讲解创建规则选区的4个工具。

5.2.1 矩形选框工具

使用矩形选框工具，可以在图像上创建一个矩形选区。该工具是区域选框工具中最基本且最常用的工具。单击工具栏中的矩形选框工具按钮或按M键，可选择矩形选框工具。

下面介绍矩形选框工具属性栏中的各个选项。该属性栏是选择了矩形选框工具后，在Photoshop菜单栏的下侧出现的。

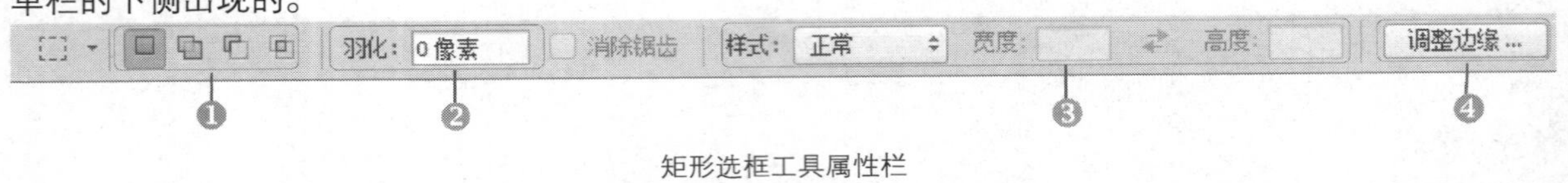

矩形选框工具属性栏

❶**选区编辑工具栏：**有4种编辑选区的方式。“新选区”按钮：单击该按钮，可以拖动的方式创建矩形选区。“添加到选区”按钮：单击该按钮，在原选区的基础上拖动即可添加新的选区。“从选区减去”按钮：单击该按钮，在原选区上拖动可减去多余的选区范围。“与选区交叉”按钮：单击该按钮，可以保留原选区和新选区相交部分的选区范围。

❷ **“羽化”文本框：**在创建选区之前设置羽化值，以拖动方式创建出的选区边缘会变得平滑，羽化值越大，选区越平滑。

❸ **“样式”下拉列表：**在“样式”下拉列表中提供了3种创建选区的方式。“正常”选项：可创建出随意的选区；“固定比例”选项：在“宽度”和“高度”文本框中输入像素比例，可以控制矩形选区具体的宽度和高度的比值；“固定大小”选项：在“宽度”和“高度”文本框中输入具体数值，可创建出具体大小的矩形选区。

❹ **“调整边缘”按钮：**单击此按钮将弹出“调整边缘”对话框，在对话框中可对创建的选区进行边缘调整。

5.2.2 实战：制作方形图像

光盘路径：第5章\Complete\制作方形图像.psd

步骤1 执行“文件 | 新建”命令，在弹出的对话框中设置参数及选区，完成后单击“确定”按钮。

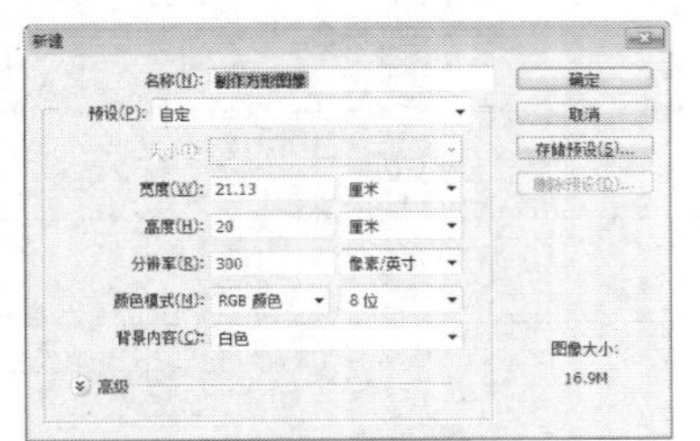

步骤2 使用矩形选框工具在图像中拖动鼠标，创建矩形选区。

步骤3 设置前景色为红色，按快捷键Alt+Delete，填充选区颜色为红色。

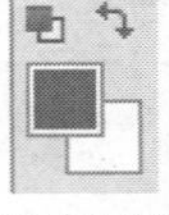

步骤4 继续使用矩形选框工具在图像中创建矩形选区。

步骤5 设置前景色为橙色（R248、G213、B0）采用相同方法填充选区颜色为橙色（R248、G213、B0）。

步骤6 采用相同的方法创建选区并填充选区颜色。

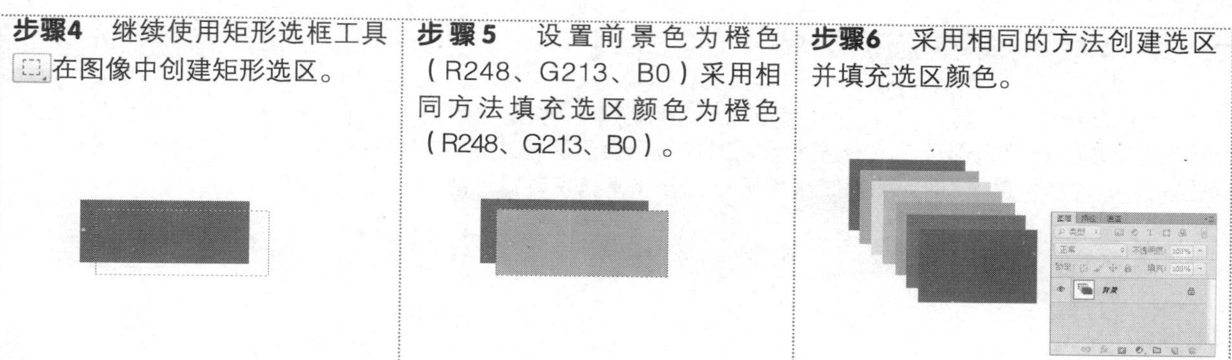

5.2.3 椭圆选框工具

用椭圆选框工具可以创建出椭圆形或正圆形的选区，椭圆选框工具的选项栏与矩形选框工具的选项栏相似，相同部分不再重复，主要讲解一下不同的选项。

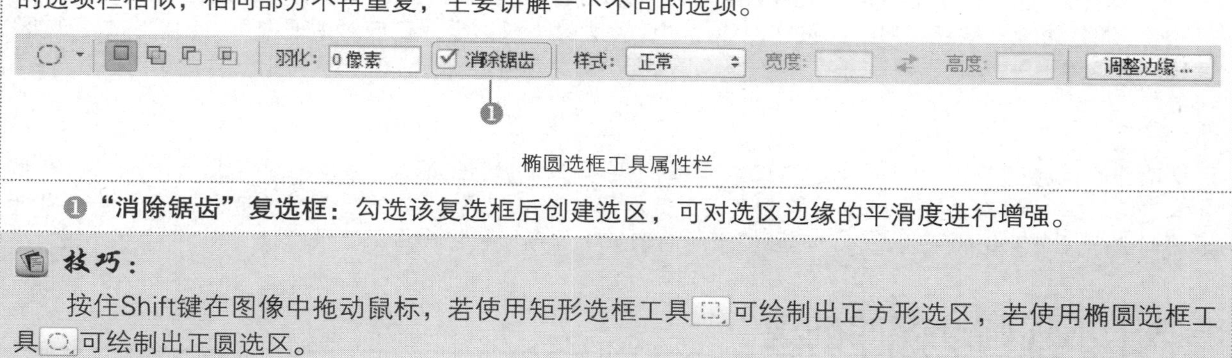

椭圆选框工具属性栏

❶ **“消除锯齿”复选框**：勾选该复选框后创建选区，可对选区边缘的平滑度进行增强。

技巧：

按住Shift键在图像中拖动鼠标，若使用矩形选框工具可绘制出正方形选区，若使用椭圆选框工具可绘制出正圆选区。

5.2.4 实战：绘制可爱简单小卡车

光盘路径： 第5章\Complete\绘制可爱简单小卡车.psd

步骤1 选择矩形选框工具，在图像中拖动鼠标创建一个矩形选区。

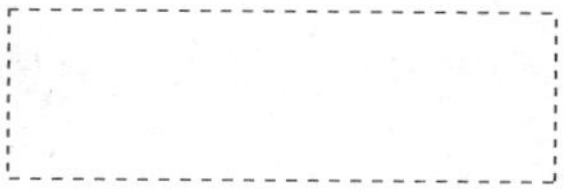

步骤2 设置前景色为深绿色（R24、G171、B0），按快捷键Alt+Delete，填充选区颜色为前景色。

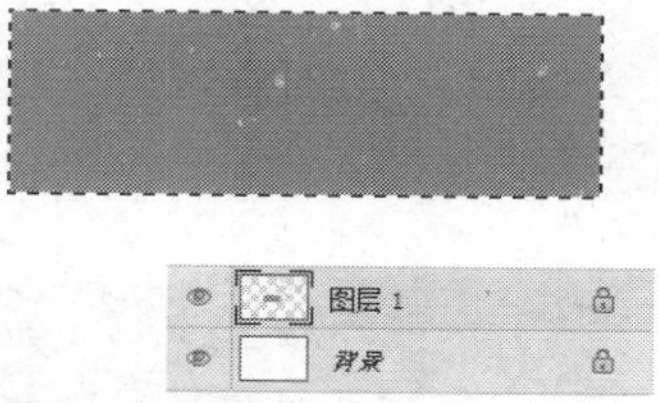

步骤3 填充好后，按快捷键Ctrl+D取消选区。

步骤4 使用椭圆选框工具按住Shift键在图像中拖动，绘制一个正圆选区。

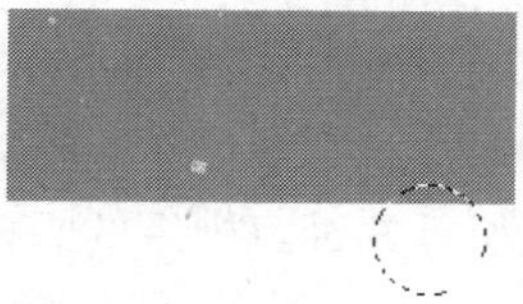

步骤5 设置前景色为（R199、G114、B196），采用相同的方法填充选区颜色，完成后取消选区。

步骤6 采用相同的方法在另一侧绘制一个椭圆图像。简单的小卡车绘制完成。

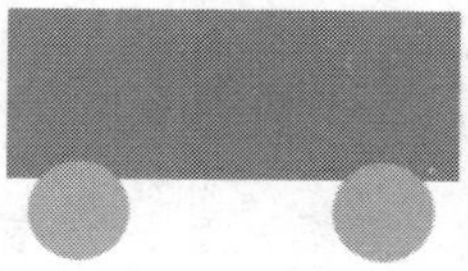

5.2.5 单行、单列选框工具

使用单行选框工具和单列选框工具能创建出1像素宽的单行和单列选区。在图像上拖动鼠标可创建出单行或单列选区。只有放大区域时才可看出选区是成条状的矩形选区。由于使用单行选框工具或单列选框工具创建的选区范围较小，在通常情况下难以创建羽化的选区。

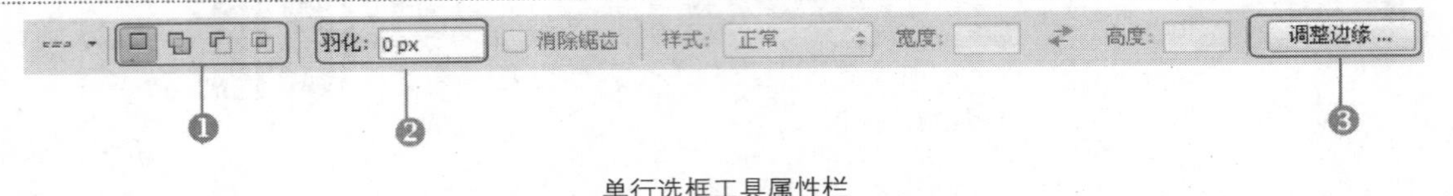

单行选框工具属性栏

❶**创建选区的方式和类型**：包括"新选区"按钮、"添加到选区"按钮、"从选区减去"按钮和"与选区交叉"按钮，单击不同的按钮则以不同的方式创建选区。

❷ **"羽化"选项**：设置羽化数值后创建选区，将以相应羽化值的效果创建羽化的选区。

❸ **"调整边缘"按钮**：单击此按钮，弹出"调整边缘"对话框，在该对话框中可对创建的单行选区进行边缘调整。

提示：

使用单行选框工具或单列选框工具时，由于创建的选区范围较小，在通常情况下难以创建羽化的选区。若要创建出细长且羽化的选区，可使用矩形选框工具创建出细长的选区，然后进行羽化或者创建出没有羽化的细长选区，然后使用后面章节中的高斯模糊命令来实现。

5.3 不规则选区的创建

在实际应用中，常需要创建不规则选区，不规则选区就是较为随意、自由、不受某种具体形状约束的选区。我们需要什么样的选区，即可用不规则选区工具来创建不规则选区。在Photoshop中，可以创建不规则选区的工具有套索工具、多边形套索工具、磁性套索工具、魔棒工具和快速选择工具。

5.3.1 套索工具

套索工具一般用于创建不规则形状的自由选区。按住鼠标左键在画面中拖动，可观看所创建的选区的路径状态，松开左键即可创建一个随意的选区。

套索工具的属性栏上的选项与本章前面所讲的创建规则选区的工具的属性栏选项的用途是一样的，在此不再赘述。下面看一个具体操作实例。

原图

沿人物创建选区

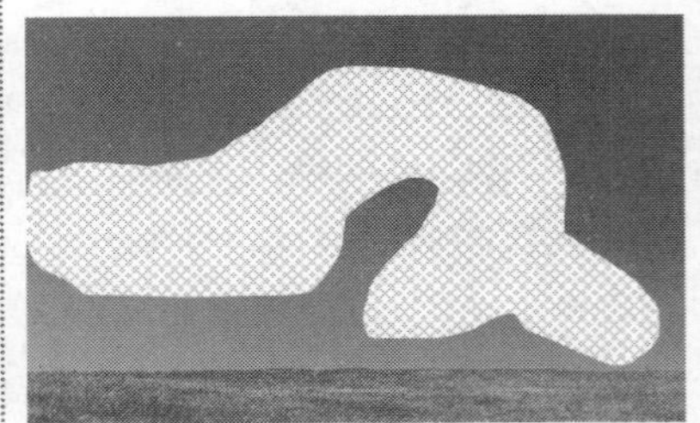

按Delete键删除选区内的图像

注意：

使用套索工具创建随意的选区时，若终点与起点没有重合就释放了鼠标左键，则系统会自动将释放鼠标处当成终点，自动形成一个闭合路径。

5.3.2　多边形套索工具

多边形套索工具一般用于创建多边形选区。在图像上单击鼠标，然后在另一个位置单击鼠标，连续这样单击，直至将终点与起点重合后释放鼠标左键，一个可创建闭合的多边形选区。

提示：

在创建选区的过程中，若想取消创建，按Esc键可取消创建选区。

知识链接：

利用多边形套索工具创建选区时，按住Shift键的同时拖动鼠标可以直线的方式创建相对规整的选区。将创建水平垂直或45° 斜角的选区边。

下面讲解具体的操作步骤。

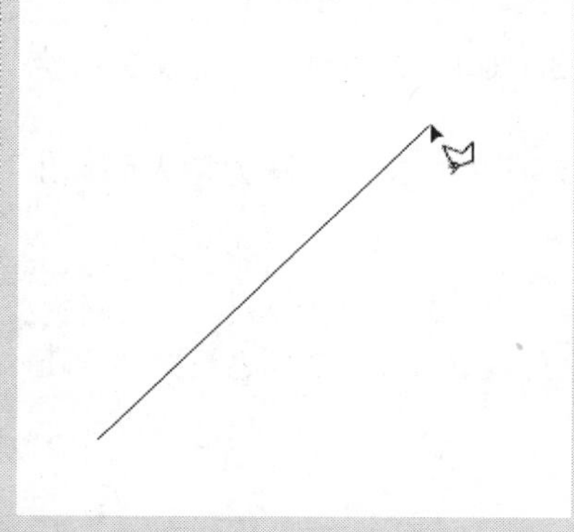

按住Shift键在斜角方向拖动，然后单击可创建出斜角45° 的选区边框

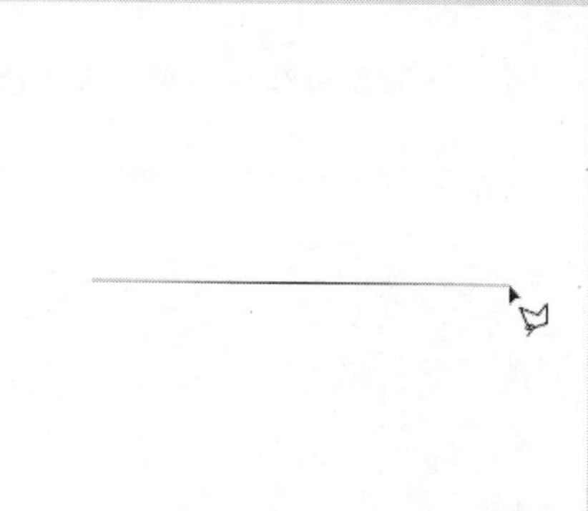

按住Shift键在水平方向拖动，然后单击可创建出水平直线的选区边框

按住Shift键在垂直方向拖动，然后单击即可创建出垂直的直线选区边框

5.3.3　实战：替换背景

光盘路径：第5章\Media\替换背景.jpg

步骤1　执行“新建｜打开”命令，打开“可爱巧克力”.jpg图像文件。

步骤2　使用多边形套索工具沿巧克力盒子边缘创建选区。

步骤3　按快捷键Ctrl+Shift+I，反选选区，双击背景图层，将其转换为普通图层。

步骤4　按Delete键删除选区内的图像，即删除背景图像。

步骤5　按快捷键Ctrl+D取消选区。然后单击图层面板下侧的“创建新图层”按钮，新建“图层1”。

步骤6　设置前景色为暗紫色（R129、G14、B92）。按Alt+Delete键填充图层颜色为暗紫色。

5.3.4 磁性套索工具

磁性套索工具一般用于快速选择与背景对比强烈且边缘复杂相对清晰的对象。沿着对象的边缘慢慢地拖动鼠标，即可创建出选区。系统会根据像素的相对对比强度自动沿边缘创建选区。

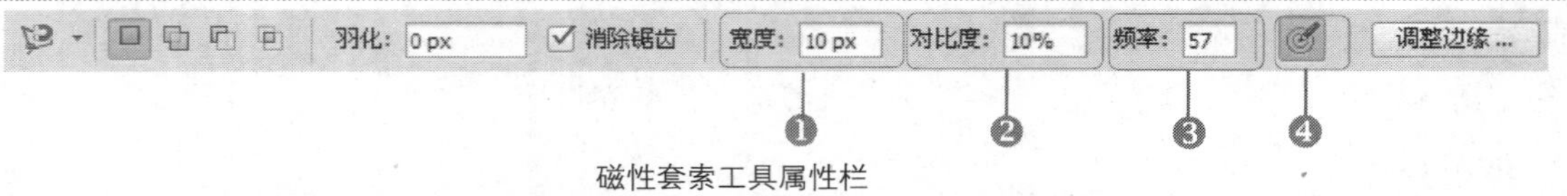

磁性套索工具属性栏

❶ **“宽度”文本框：**该文本框的参数数值范围为1px~256px。用于设置磁性套索工具指定检测的边缘宽度。数值越小，选取越精确。

❷ **“对比度”对话框：**用于设置选取时的反差，调整套索对图像边缘像素的灵敏度。参数值范围为1%~100%，数值越大，选取越精确。

❸ **“频率”文本框：**用于设置创建选区时锚点数目，参数值范围为0~100。数值越大，产生的锚点越多。

❹ **“使用绘图板压力以更改钢笔宽度”按钮：**用于设置绘图板的钢笔压力，将由于压力增大而减小磁性套索工具选区路径的宽度。

技巧：

在创建选区的时候，若遇到创建不好的地方，可以按Esc键删除最接近的锚点，重新继续创建选区。

5.3.5 实战：更换花朵颜色

光盘路径：第5章\Complete\更换花朵颜色.psd

步骤1 执行“文件 | 打开”命令，打开光盘中的“更换花朵颜色.jpg”图像文件。

步骤2 使用磁性套索工具沿着花朵边缘进行拖动，创建出花朵选区。

步骤3 执行“图像 | 调整 | 色相/饱和度”命令，在弹出的对话框中适当设置参数。

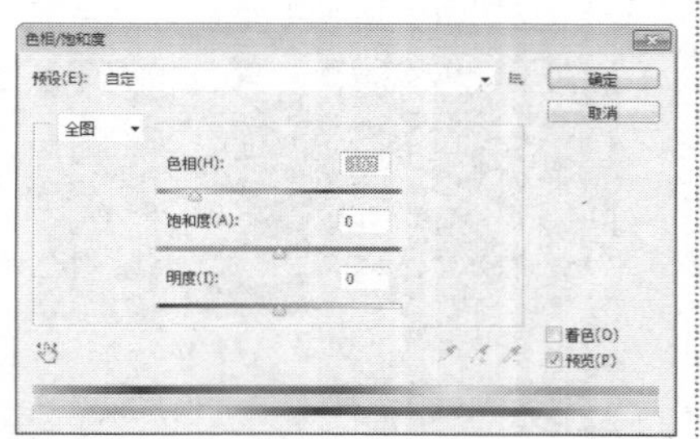

步骤4 完成后单击“确定”按钮。可见花朵颜色已经改变，按快捷键Ctrl+D取消选区。

步骤5 采用相同的方法，继续使用磁性套索工具沿着其他花朵边缘创建选区并更改颜色。

5.3.6　魔棒工具

魔棒工具用来选择像素相近的图像区域，在图像中单击或拖动可创建出选区。附近颜色相近的区域则会自动融入到选区区域内。

魔棒工具属性栏

❶ **“取样大小”选项：**此选项可用于设置魔棒选择画面选区的范围，选择该选项，在弹出的下拉列表中选择相应的选项，在画面上单击建立相应的范围选区。

❷ **“容差”文本框：**该文本框用于设置颜色取样的范围，范围是0~255。容差越大，选取的选区范围越大，反之亦然。

❸ **“消除锯齿”复选框：**勾选该复选框，在创建选区时，能够得到平滑的选区边缘。

❹ **“连续”复选框：**勾选该复选框，则只可选择与单击处相邻并颜色相同的颜色，取消勾选该复选框，可选择所有与单击处颜色相同或者相近的图像。

❺ **“对所有图层取样”复选框：**勾选该复选框，利用魔棒工具抠图时可从所有图层中选取颜色。

5.3.7　实战：制作彩色服装图像

光盘路径：第5章\Complete\制作彩色服装图像.psd

步骤1　执行“文件 | 打开”命令，打开“第5章\Meida\制作彩色服装图像.jpg”图像文件。

步骤2　使用魔棒工具在图像中女孩的衣服上进行多次单击，创建出衣服选区。接着在图层面板中单击“创建新的填充或调整图层”按钮，应用“色彩平衡”命令，在属性面板中设置参数。

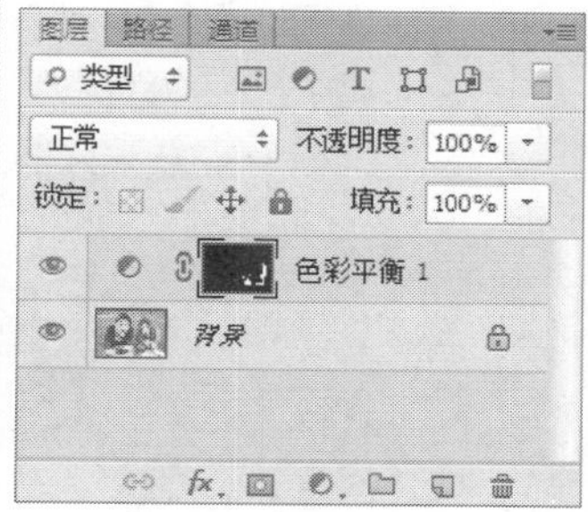

步骤3　完成后继续使用魔棒工具在图像中男孩的衣服上单击创建衣服选区。

步骤4　采用相同的方法，在图层面板中单击“创建新的填充或调整图层”按钮应用“纯色”命令，双击该填充图层，在弹出的“拾色器”对话框中设置颜色。完成后设置填充图层的混合模式为“色相”。

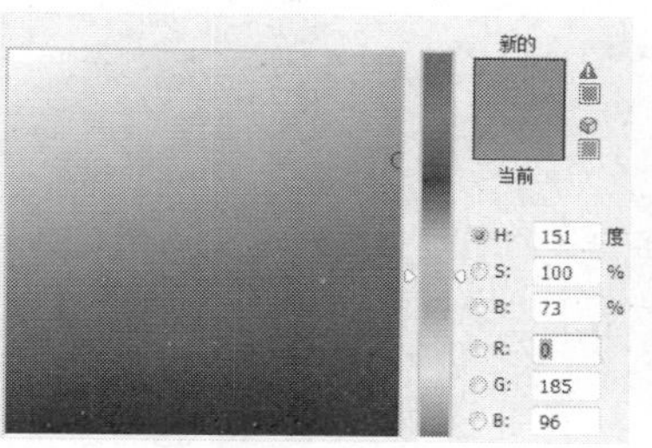

5.3.8 快速选取工具

使用快速选取工具创建选区时，选区范围会随着光标的移动而自动向外扩展，并自动跟随图像定义选区边缘。其结合了魔棒工具和画笔工具的特点。该工具比较适合选择图像和背景相差较大的图像。

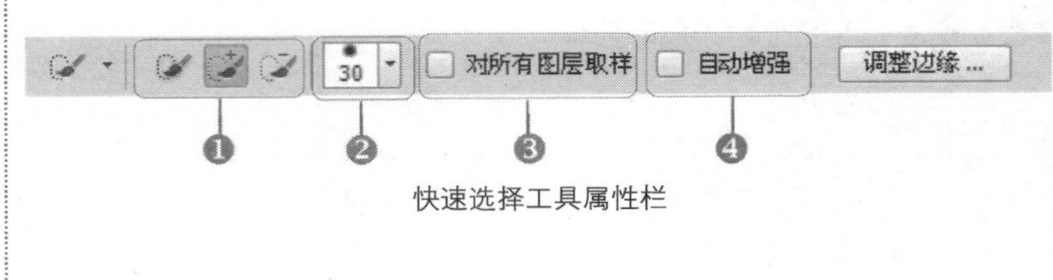

快速选择工具属性栏

❶**创建选区的方式和类型：**有3种方式，分别是“新选区”、“添加到选区”和“从选区减去”三个方式。其功能与选框工具的使用方式相同。

❷**“画笔”选项：**单击该按钮可打开“画笔”选取器。在弹出的面板中可以设置相关选项。

❸**“对所有图层取样”复选框：**勾选该复选框，可从所有图层中选取颜色，否则只在选中的图层中设置相关选项。

❹**“自动增强”复选框：**勾选该复选框，能够优化选区的精确度。

原图

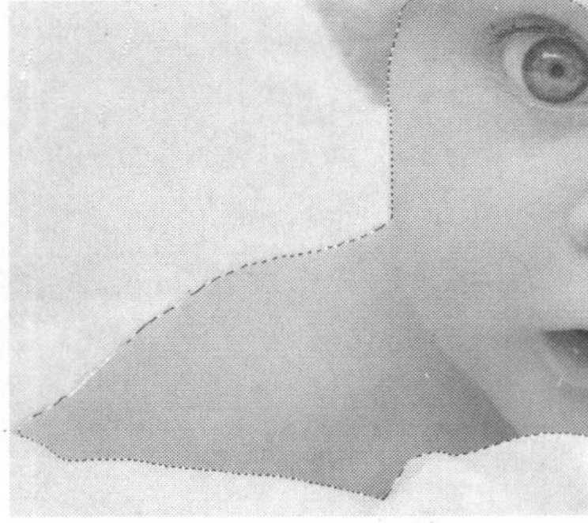

勾选“自动增强”复选框后的效果

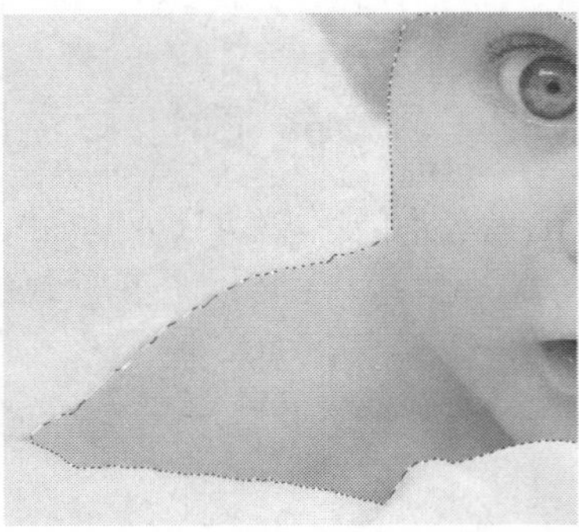

没有勾选“自动增强”复选框的效果

知识链接：“画笔”选取器

❶**大小：**可以调整快速选取工具创建选区时的画笔大小。

❷**硬度：**可以调整快速选取工具创建选区时所使用的画笔的边缘柔和度。硬度越高，边缘越生硬；硬度越低，边缘越柔和。

❸**间距：**设置画笔与画笔之间的间距。

❹**角度：**调整画笔的角度。

❺**画笔角度圆度预览图：**显示画笔的角度和圆度效果，也可直接在预览图上拖动调整画笔的角度及圆度。

❻**圆度：**调整画笔的形态圆度。

❼**“大小”下拉列表：**设置画笔笔尖大小。下拉列表中有“关”、“钢笔压力”、“光笔轮”3种类型。

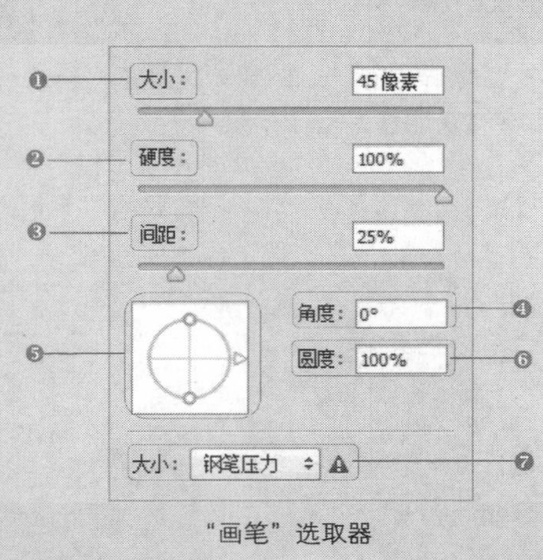

“画笔”选取器

5.3.9 实战：利用快速选择工具抠取人物图像

光盘路径：第5章\Media\利用快速选择工具抠取人物图像.jpg

步骤1 执行"新建 | 打开"命令，打开"利用快速选区工具抠取人物图像.jpg"文件，使用快速选择工具在人物区域涂抹创建选区。

步骤2 创建好选区后，按快捷键Ctrl+Shift+I反选选区。在图层面板中双击背景图层，在弹出的对话框中单击"确定"按钮。

步骤3 按Delete键删除选区内的图像。接着按快捷键Ctrl+D取消选区。

5.4 用其他方法创建选区

本章前面所讲的都是一些具体的专用创建选区的工具。接下来讲解Photoshop中其他可以创建选区的方法。

5.4.1 使用"色彩范围"命令

在Photoshop中，使用"色彩范围"命令可以根据图像的颜色来确定整个图像的选取。该命令特别适用于边缘清晰且局部区域颜色反差较大的图像。其操作原理和魔棒工具基本相同，不同的是该命令能更清晰地显示选区的内容，并且可以按照通道选择选区。

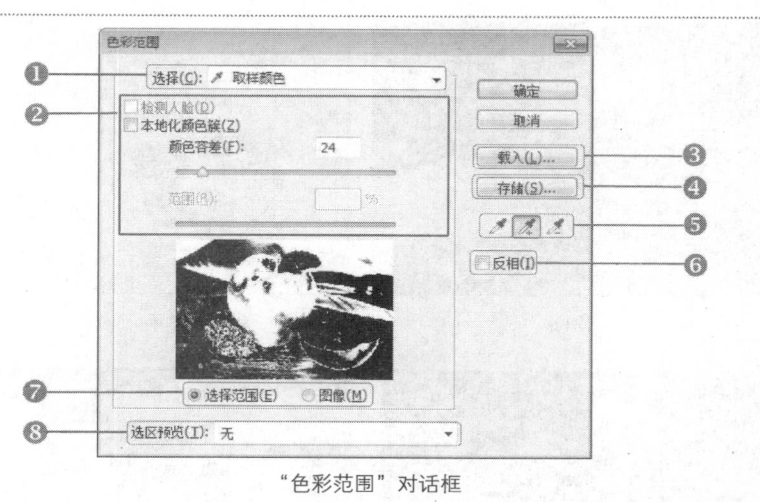

"色彩范围"对话框

❶ **"选择"下拉列表**：在下拉列表中显示基准颜色，通常在预览窗口或图像中单击，取样该位置的颜色。可以在图像中创建相应颜色的选区。

❷ **"本地化颜色簇"复选框**：勾选该复选框后，可以设置调整选择的颜色容差和范围。其中，颜色容差在选定的颜色范围内再次调整选区。数值越大，可以选择的相近的颜色越多，选区也会越大，反之亦然。范围控制选定颜色的范围大小。

❸ **"载入"按钮**： 单击该按钮，弹出"载入"对话框，可通过该对话框载入AXT格式的色彩范围文件。

❹**"存储"按钮：**单击该按钮，弹出"存储"对话框，可通过该对话框存储AXT格式的色彩范围文件。

❺**吸管工具：**分别为"吸管工具"按钮、"添加到取样"按钮和"从取样中减去"按钮。在创建选区后，可以根据需要添加或减去颜色范围。

❻**"反相"复选框：**勾选该复选框后会将创建选区的图像与为创建选区的图像进行挑换。未选中的区域则变为选中的区域，选中的区域则 变为未选中的区域。

❼**预览方式：**包括两个单选按钮，第一个选择"选择范围"单选按钮后，在预览窗口中会以黑色和白色显示出选取图像的颜色范围。选择"图像"单选按钮后，在预览窗口中以原图像显示，但在这个时候若在对话框中适当设置参数，在预览窗口中是没有任何变化的。

刚开始会是全黑显示

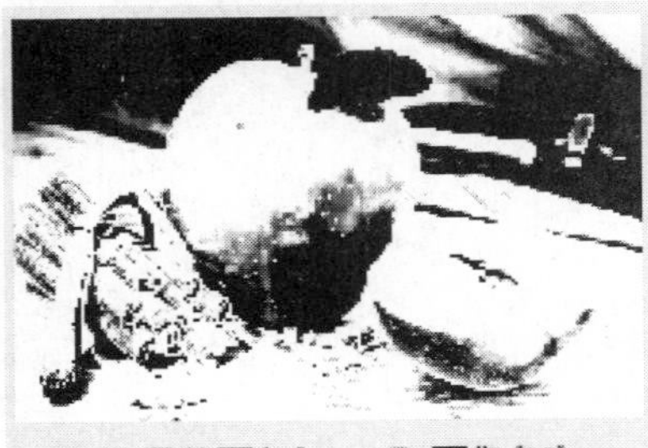

选择好区域后以黑白显示

选择"图像"单选按钮后显示效果

❽**"选区预览"下拉列表：包括5个选项。**

"无"表示不显示选择的区域。**"灰度"**表示以灰度图像显示选择区域。白色为选中区域，黑色为未选中区域。**"黑色杂边"**表示在图像中未选中的区域以黑色杂边显示。**"白色杂边"**表示在图像中未选中的区域以白色杂边显示。**"快速蒙版"**表示以快速蒙版来显示区域。被半透明的蒙版遮盖的区域表示未被选中的区域。

原图

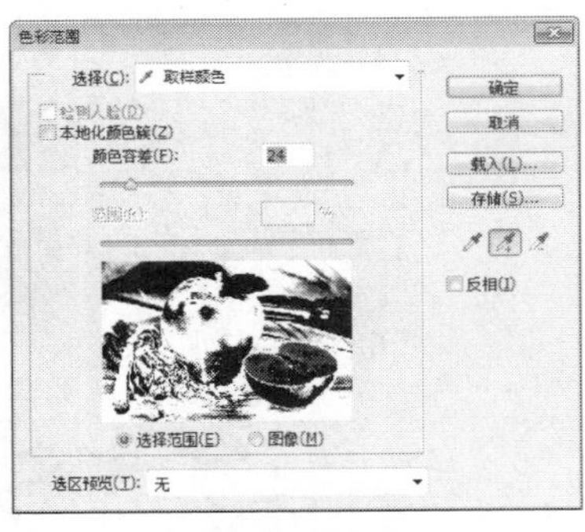

在对话框中的设置

选择"灰度"的图像显示效果

选择"黑色杂边"的图像显示效果

选择"白色杂边"的图像显示效果

选择"快速蒙版"的图像显示效果

技巧：

在使用吸管吸取不同区域时，按住Shift键在图像上单击，以"添加到取样"的方式增加区域。若按住Alt键在图像上单击则是以"从取样中减去"的方式减少区域。

5.4.2 实战：取掉白色背景图像

光盘路径： 第5章\Media\取掉白色背景图像.jpg

步骤1 执行“文件 | 打开”命令，打开“取掉白色区域图像.jpg”图像文件。

步骤2 执行“选择 | 色彩范围”命令，弹出“色彩范围”对话框，在对话框中进行设置。

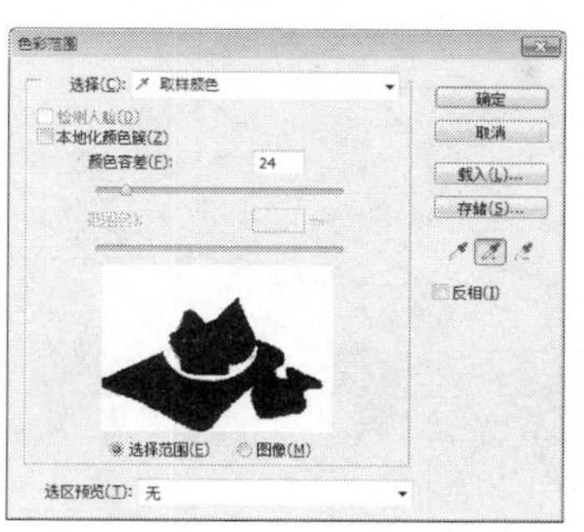

步骤3 设置好后单击“确定”按钮，在图像中即可创建出白色区域选区。

步骤4 在图层面板中双击背景图层，在弹出的对话框中保持默认选项，然后单击“确定”按钮。

步骤5 将背景图层转换为普通图层后，按Delete键删除选区内的图像。

注意：

若要删除背景图层，先将其转换为普通图层，否则没法删除。

步骤6 按快捷键Ctrl+D取消选区。这样白色区域则被抠取掉。

5.4.3 使用快速蒙版创建选区

使用快速蒙版创建选区也是常用的一个方式。进入快速蒙版编辑状态后，使用画笔工具在需要抠取的区域进行涂抹，完成后转换为标准状态编辑，则涂抹的区域就成为创建出来的选区。使用快速蒙版创建选区的好处是可以使用画笔工具任意地在图像上进行涂抹，若出现涂抹错误可以将前景色调为白色，然后在错误的区域进行涂抹，则可取掉多余的区域。简单方便也很随意。下面介绍具体操作方法。

原图

使用画笔工具涂抹区域

创建出选区

5.4.4 实战：抠取美味的寿司

光盘路径：第5章Media\抠取美味的寿司.jpg

步骤1 执行“文件丨打开”命令，打开“第5章\Media\抠取美味的寿司.jpg”图像文件。

步骤2 在工具栏上单击“以快速蒙版编辑” 按钮，接着使用画笔工具 在寿司区域进行涂抹。

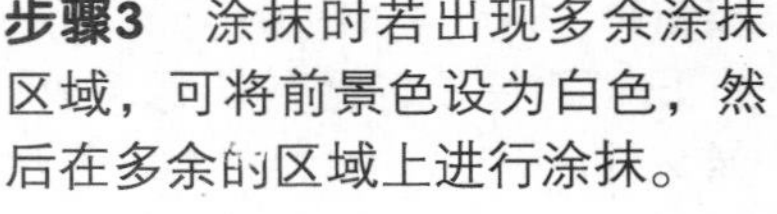

步骤3 涂抹时若出现多余涂抹区域，可将前景色设为白色，然后在多余的区域上进行涂抹。

步骤4 涂抹好后，单击工具栏上的“以标准模式编辑” 按钮，退出快速蒙版编辑状态。

步骤5 创建好寿司选区后，按快捷键Ctrl+Shift+I反选选区。

步骤6 将背景图层转换为普通图层，按Delete键删除选区内的图像。接着按快捷键Ctrl+D取消选区。这样便抠取出了寿司图像。

知识链接：“快速蒙版选项”对话框

双击“以快速蒙版编辑”按钮或“以标准模式编辑”按钮将弹出“快速蒙版选项”对话框。下面介绍该对话框中有哪些选项，各有什么功能。

❶ **“被蒙版区域”单选钮**：选中该选项后，应用蒙版的区域不会被载入选区，而蒙版以外的透明区域为所选区域，可被载入选区。

❷ **“所选区域”单选钮**：选中该选项后，在图像中涂抹的区域成为创建选区的区域。

❸ **“颜色”色块**：设置涂抹区域的显示颜色。

❹ **“不透明度”文本框**：设置涂抹时，区域显示的不透明度。

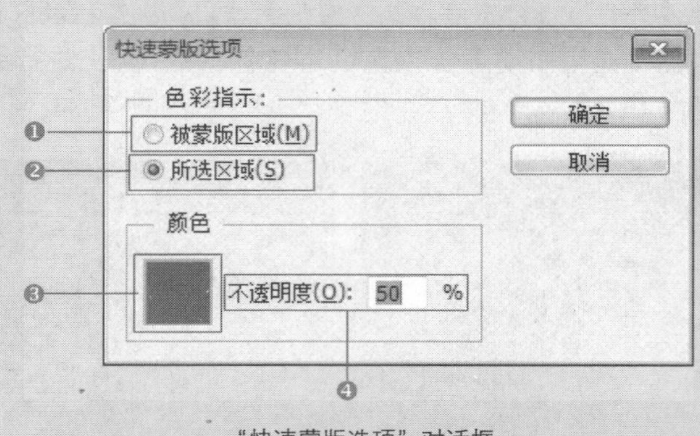

“快速蒙版选项”对话框

专家看板：深入掌握“调整边缘”对话框

从前面所述可以看出，在很多工具的属性栏中都有一个“调整边缘”按钮，在前面我们没有对其进行详细介绍。这里我们将对单击该按钮后出现的“调整边缘”对话框进行讲解。通过设置不同的参数可提高选区边缘的品质，并允许用户以不同的背景查看选区，以便轻松编辑并调整图层蒙版。

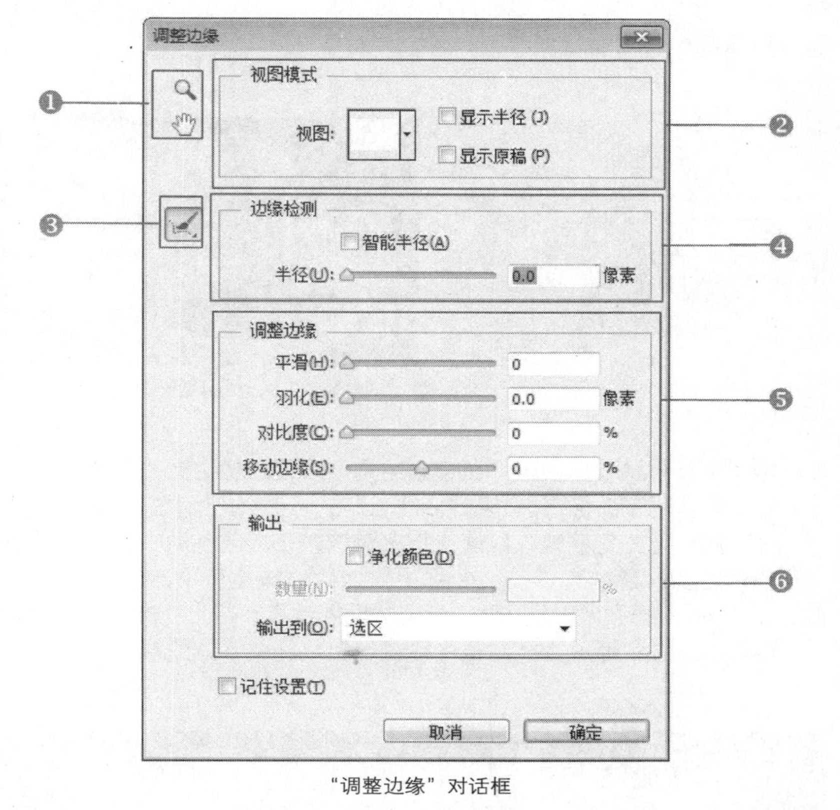

“调整边缘”对话框

❶ **“缩放工具”和“抓手工具”按钮：**单击“缩放工具”按钮后，单击图像即可放大图像；单击“抓手工具”按钮后，通过拖曳鼠标可调整图像的预览位置。

❷ **“视图模式”选项组：**在该选项组中，包括7种模式。他们分别是闪烁虚线、叠加、黑底、白底、黑白、背景图层和显示图层，预览用于定义选区的蒙版。

闪烁虚线

叠加

黑底

白底

黑白

背景图层

显示图层

❸ **“调整半径工具”按钮：**在选区边缘涂抹以扩展检测区域，对失去的选区进行修补、恢复等。

❹ **"边缘检测"选项组：**勾选"智能半径"复选框激活半径选项。通过直接在文本框中输入数值或拖曳下方的滑块调整选区边界周围的区域大小。数值越大，边缘越柔和，同时选区附近产生的杂色也越多；数值越小，边缘越犀利。

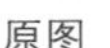
原图

在"调整边缘"对话框中查看选区中的对象

将"半径"调整到最大状态

❺ **"调整边缘"选项组：**该选项组用于设置图像边缘的效果。

ⓐ**平滑：**用于去除选区边缘的锯齿，减少选区边界中的不规则区域，创建更加平滑的轮廓。

ⓑ**羽化：**通过直接输入数值或拖曳滑块，在选区及周围像素之间创建柔化边缘过渡。

ⓒ**对比度：**通过直接在文本框中输入数值或拖曳下方的滑块，锐化选区边缘并去除模糊的不自然感，增大对比度可以去除由于"半径"设置过高而导致在选区边缘附近产生的过多杂色。

ⓓ**移动边缘：**通过在文本框中输入数值或拖曳下方的滑块，收缩或扩展选区边界。

高平滑参数效果

高羽化参数效果

高对比度参数效果

高移动边缘参数效果

❻ **"输出"：**勾选下面的复选框，可以对选区内的图像的输出进行设置。

ⓐ**净化颜色：**勾选该复选框，可以对选区边缘的颜色进行调整。

ⓑ**数量：**数值越小，输出后选区的边缘图像元素越少；数值越大，输出后选区边缘的图像元素越多。

ⓒ **"输出到"下拉列表：**通过选择该下拉列表中的选项，决定将选区以何种方式进行输出。包括6种选项。

"选区"完成后，图像中的选区还是以选区的方式输出。**"图层蒙版"**所选图层将选区作为图层蒙版输出。**"新建图层"**作为新图层输出。**"新建带有图层蒙版的图层"**作为带有图层蒙版的新图层输出。**"新建文档"**将选区作为新的PSD文件进行输出。**"新建带有图层蒙版的文档"**将选区作为带蒙版的新PSD文件进行输出。

"图层蒙版"输出

"新建图层"输出

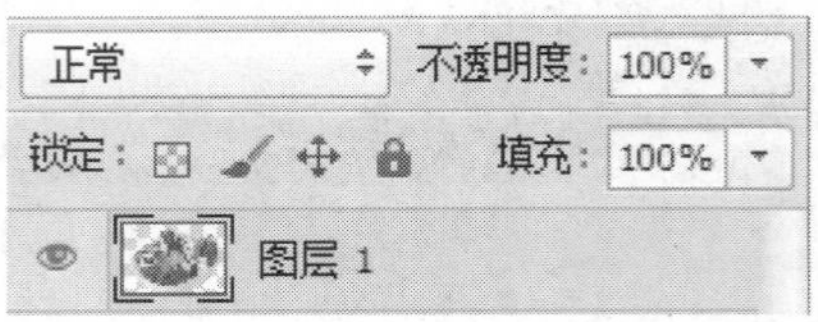

"新建文档"输出（新建了一个PSD图像文件，该新建图层文件的图层显示）

5.5 选区及选区图像的基本操作

在Photoshop中创建选区后，还可以对已创建的选区进行多次修改，如对选区删除、添加、反选、移动等。

5.5.1 移动选区与反选选区

创建出选区后，可随便选择一个选框工具、套索工具或魔棒工具，然后在其属性栏中单击“新选区”按钮，接着将光标放置于选区中，当光标变成白色箭头时，单击并拖动鼠标即可移动选区。下面详细讲解具体操作步骤。

创建出选区，选择椭圆选框工具，在属性栏中单击“新选区”按钮，将光标置于选区中。

当光标变成白色箭头时，拖动鼠标即可移动选区。

有时我们会遇到创建的选区不是我们想要的，或者是不想要的区域比较容易创建出选区，这时可以反向选区，得到我们想要的选区。执行“选择 | 反向”命令即可将选区反向。

技巧：

按快捷键Ctrl+Shift+I，同样可以反选选区。

5.5.2 实战：更换天空颜色图像

光盘路径：第5章\Media\更换天空颜色图像.jpg

步骤1　执行“文件 | 打开”命令，打开“第5章\Media\更换天空颜色图像.jpg”图像文件。

步骤2　使用快速选择工具在图像中的天空区域单击并拖动鼠标，创建出选区。创建好后，按快捷键Ctrl+Shift+I反选选区，转换为建筑选区。

步骤3 按快捷键Ctrl+J复制出选区内的图像，并生成“图层1”。

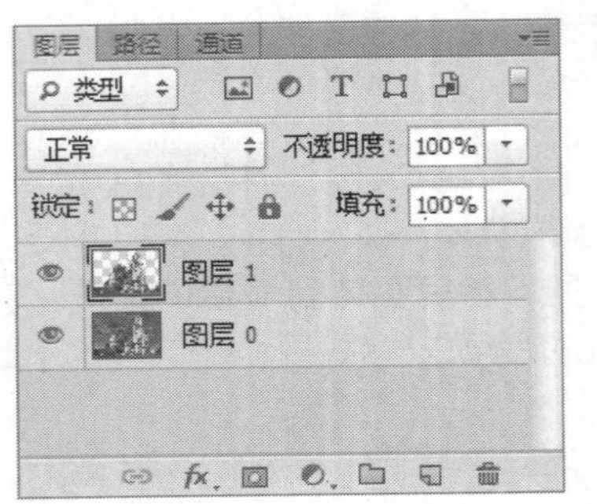

步骤4 选择“图层0”，单击图层面板中的“创建新的填充或调整图层”按钮，应用“色相/饱和度”命令，并在属性面板中设置参数。

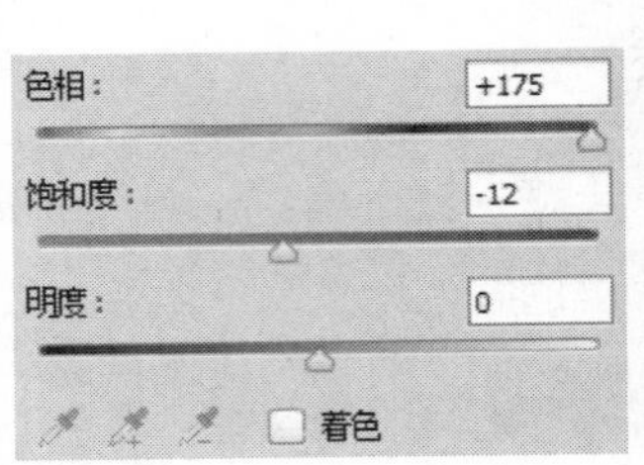

5.5.3 取消选择和重新选择

创建好选区后，若不想要了，可以取消选区。下面介绍两种方法。

方法1: 执行“选择 | 取消选择”命令。

方法2: 按快捷键Ctrl+D取消选区。

若误将我们所要的选区取消了，可以将其重新选择，下面介绍两种方法。

方法1: 执行“选择 | 重新选择”命令。

方法2: 按快捷键Ctrl+Z返回上一次操作。

注意：

若取消选区操作不是最近的操作，则按快捷键Ctrl+Z不会重新选择选区，而是回到最后一步操作。

创建选区

执行“选择 | 取消选择”命令

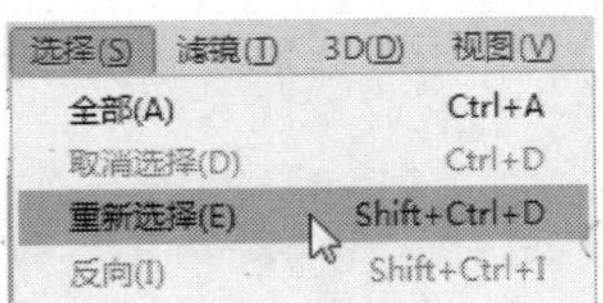

执行“选择 | 重新选择”命令

5.5.4 添加选区和减去选区

在选框工具、套索工具和魔棒工具的属性栏中有两个按钮。一个是“添加到选区”按钮，另一个是“从选区减去”按钮。可以通过这两个按钮来达到添加和减去选区的操作。

创建选区

使用矩形选框工具，在属性栏中单击“添加到选区”按钮，再在图像中创建选区，以添加矩形选区。

使用椭圆选框工具，在属性栏中单击“从选区减去”按钮，再在图像中创建选区，则减去椭圆选区。

5.5.5 复制、粘贴和剪切选区图像

复制选区主要通过使用移动工具和结合快捷键的使用。最常用的方法是：使用移动工具，按住Alt键拖动选区内的图像即可复制并粘贴选区图像。还有一个方法是：创建好选区后，按快捷键Ctrl+C复制选区内的图像，然后按快捷键Ctrl+V，粘贴选区内的图像。

创建选区

单击移动工具，将鼠标放置于选区内。

按住Alt键移动选区内的图像，复制并粘贴选区图像 。

剪切选区图像，先创建出选区，然后按快捷键Ctrl+X即可剪切选区。

5.5.6 实战：制作一样的自己

光盘路径：第5章\Complete\制作一样的自己.jpg

步骤1 执行“文件 | 打开”命令，打开“制作一样的自己.jpg”图像文件。

步骤2 使用快速选择工具创建人物选区。

步骤3 使用移动工具，按住Alt键在选区内拖动鼠标，复制选区像。

步骤4 按快捷键Ctrl+D，取消选区。

步骤5 使用套索工具创建出心形选区。按快捷键Ctrl+Shift+I反选选区。

步骤6 将背景图层转换普通图层，按Delete键删除选区内的图像，按快捷键Ctrl+D取消选区。

5.5.7 选区图像的精确移动

按住Shift键水平移动选区图像，则选区图像会以水平直线方向移动，若是垂直移动选区图像，则选区图像以垂直直线方向移动，若按住Shift键斜角移动，则选区图像会自动以45度角方向移动。

5.5.8 实战：制作整齐的格子图像

光盘路径：第5章\Complete\制作整齐的格子图像.psd

步骤1 执行"文件 | 新建"命令，新建一个图像文件，再使用矩形选区工具绘制一个正方形选区。

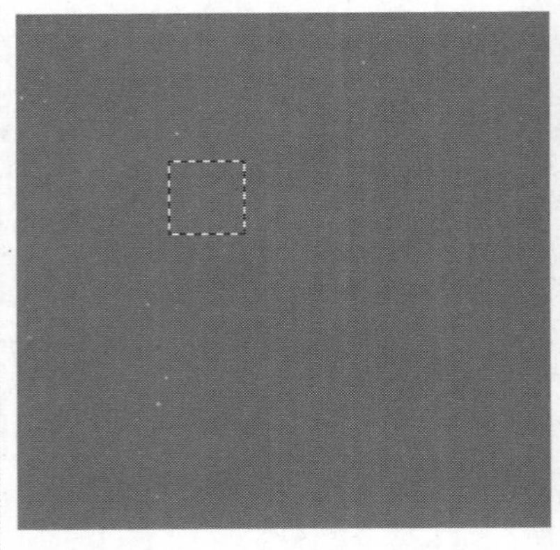

步骤2 单击图层面板下侧的"新建图层"按钮，新建"图层1"，按快捷键Alt+Delete填充选区颜色为白色，并按快捷键Ctrl+D取消选区。使用移动工具将其移动到图像的左上角。

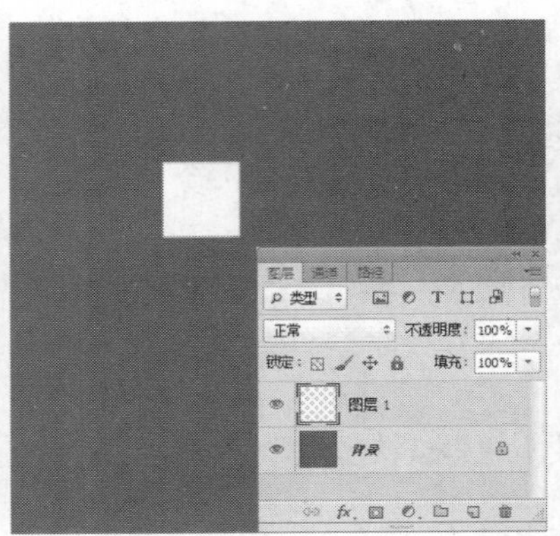

步骤3 按住Shift+Alt键将图像向右下角移动，这样可以斜角45度直线进行移动并复制。

步骤4 继续采用相同的方法，按住Shift+Alt键水平、垂直或斜角45度复制移动，即可复制出整齐的格子图像。

5.5.9 显示或隐藏选区

创建选区后若想隐藏选区，方便观察图像，可以按快捷键Ctrl+H将选区进行隐藏。当需要选区继续对图像进行处理时，再次按快捷键Ctrl+H可显示隐藏的选区。

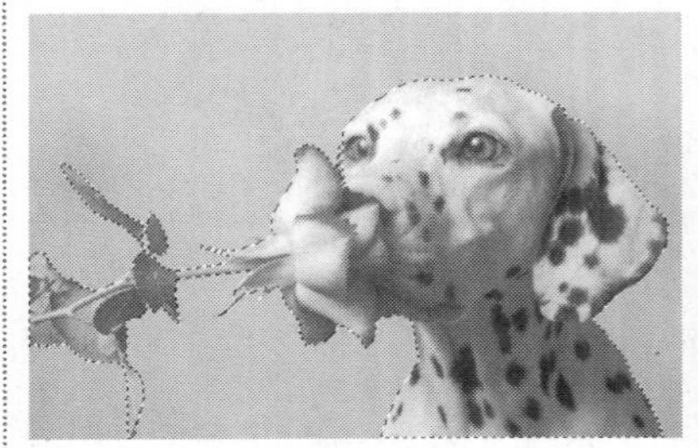

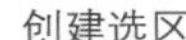

创建选区

按快捷键Ctrl+H隐藏选区

再次按快捷键Ctrl+H显示选区

5.6 选区的进阶调整

创建好选区后，除了可以移动它，复制它之外，还可以对已有的选区进行修改或调整形状，如对选择选区进行变换、羽化、收缩等操作。本章节将重点讲解选区的编辑，让我们对选区能操控自如。

5.6.1 边界选区

边界命令是指在原有的选区上再套用一个选区，填充颜色时则只能填充两个选区中间的部分。在使用边界选区命令时要注意的是，通过边界选区命令创建出的选区带有一定的模糊过渡的效果，填充选区时可以看出。执行“选择|修改|边界”命令，弹出“边界”对话框，可在对话框中设置参数。

5.6.2 实战：使用边界选区绘制图像

光盘路径：第5章\Meida\使用边界选区绘制图像.jpg

步骤1　执行“文件|打开”命令，打开“第5章\Meida\使用边界选区绘制图像.jpg”图像文件。使用椭圆选框工具在图像中创建一个椭圆选区。

步骤2　执行“选择|修改|边界”命令，在弹出的“边界选区”对话框中设置参数，然后单击“确定”按钮。

步骤3　设置前景色颜色为青蓝色，按快捷键Alt+Delete填充选区颜色。即可看出边缘是模糊的。

5.6.3 平滑选区

平滑选区是指调节选区的平滑度，将不光滑的选区调整为光滑曲线选区边缘。

5.6.4 实战：平滑锯齿选区

光盘路径：第5章\Meida\平滑选区.jpg

步骤1　执行“文件|打开”命令，打开“第5章\Meida\平滑选区.jpg”图像文件。

步骤2　使用多边形套索工具在图像上创建出选区。

步骤3　执行“选择|修改|平滑”命令，在弹出的对话框中设置参数。完成后，选区边缘变得平滑。

5.6.5 扩展选区

扩展选区是扩大选区的范围，通过扩展选区命令能精准扩展选区的范围，让选区变得更加符合图形需求。

5.6.6 实战：为文字添加背景图像

光盘路径： 第5章\Meida\扩展选区.jpg

步骤1 执行“文件 | 打开”命令，打开“第5章\Meida\扩展选区.jpg”图像文件。

步骤2 使用魔棒工具在白色的文字上单击，创建出文字选区。

步骤3 按快捷键Ctrl+J，复制出选区内的图像，并自动生成“图层 1”。

步骤4 在图层面板中单击“创建新图层”按钮，新建“图层2”。按住Ctrl单击“图层1”，再次载入文字选区。

步骤5 执行“选择 | 修改 | 扩展”命令，在弹出的对话框中设置参数。完成后单击“确定”按钮。

步骤6 设置前景色为暗橘黄色，按快捷键Alt+Delete填充选区颜色为前景色，最后按快捷键Ctrl+D取消选区。

5.6.7 收缩选区

收缩选区与扩展选区相反，收缩即收缩选区的范围，通过收缩选区命令可去除一些图像边缘杂色，让选区变得精确。

使用快速选择工具创建出文字选区

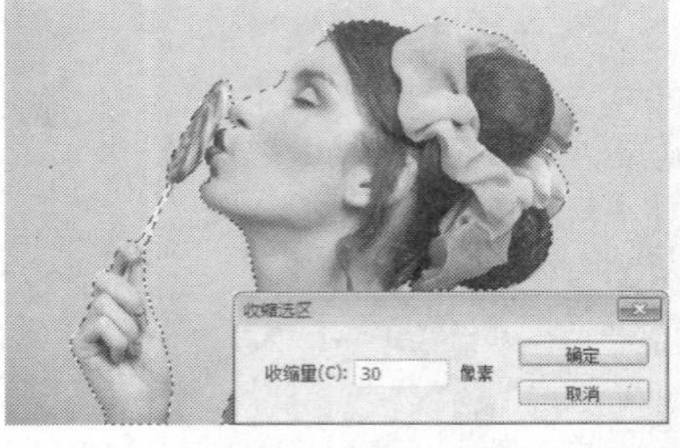

执行“选择 | 修改 | 收缩”命令，在弹出的对话框中设置参数。

设置好后，选区收缩变小了。

提示：

若选区很小的情况下，收缩过大，则不会收缩选区，反而取消了选区。

5.6.8　实战：利用收缩选区绘制心形图像

光盘路径：第5章\Meida\收缩选区.jpg

步骤1　执行“文件 | 打开”命令，打开“第5章\Meida\收缩选区.jpg”图像文件。使用套索工具创建出心形选区。

步骤2　设置前景色为黄色，在图层面板中单击“创建新图层”按钮，新建“图层1”。按快捷键Alt+Delete填充选区的颜色。

步骤3　执行“选择 | 修改 | 收缩”命令，在弹出的对话框中设置参数并单击“确定”按钮。

步骤4　设置背景色为蓝色，按快捷键Ctrl+Delete，填充选区颜色为背景色。

步骤5　按快捷键Ctrl+D取消选区。并使用画笔工具在图像中绘制曲线。

步骤6　继续采用相同方法在图像中绘制一个小的心形图像。

5.6.9　羽化选区

羽化选区能够实现选区的边缘模糊效果。羽化半径越大，羽化的效果也越明显，反之则不明显。羽化方法有两种，第一种主要针对选框工具、套索工具、多边形套索工具和磁性套索工具，在它们的属性栏中有“羽化”文本框，在其中调整参数值，然后在图像中创建出选区，创建好后即可自动羽化。第二种是针对所有方法创建出来的选区，执行“选择 | 修改 | 羽化”命令，在弹出的菜单中设置参数以调整羽化。

使用快速选择工具创建出选区

执行“选择 | 修改 | 羽化”命令，在弹出的对话框中设置参数。

设置好后，删除选区内的图像，可看出抠取图像的边缘是模糊的。

技巧：

按快捷键Shift+F6，打开“羽化选区”对话框，在其中设置羽化半径，单击“确定”按钮，即可完成选区的羽化操作。

5.6.10 实战：制作可爱小狗照片图像

光盘路径： 第5章\Media\制作可爱小狗照片图像.psd

步骤1 执行“文件 | 打开”命令，打开“第5章\Media\制作可爱小狗照片图像.jpg”图像文件，使用椭圆选框工具创建椭圆选区。

步骤2 按快捷键Ctrl+Shift+I反选选区。执行“选择 | 修改 | 羽化”命令，在弹出的对话框中设置参数。完成后单击“确定”按钮。

步骤3 设置前景色为灰橙黄色（R233、G197、B163）。按快捷键Alt+Delete填充选区颜色为前景色。

步骤4 按快捷键Ctrl+D取消选区。

步骤5 继续使用椭圆选框工具，在属性栏中单击“添加到选区”按钮，设置羽化值为15px。在图像中创建出多个椭圆选区。接着在图层面板中单击“创建新图层”按钮，新建“图层1”，并填充选区颜色为白色。

步骤6 在图层面板中，选择“图层 2”，设置“图层2”的不透明度为“64%”。这样椭圆图形看起来有透明的效果。

步骤7 单击多边形套索工具，在其属性栏中单击“添加到选区”按钮，然后在图像的右上角创建出乖字的选区。然后设置前景色为淡粉色（R255、G170、B170），继续在图层的面板中新建图层，生成“图层3”。采用相同的方法，按快捷键Alt+Delete填充选区颜色为前景色。

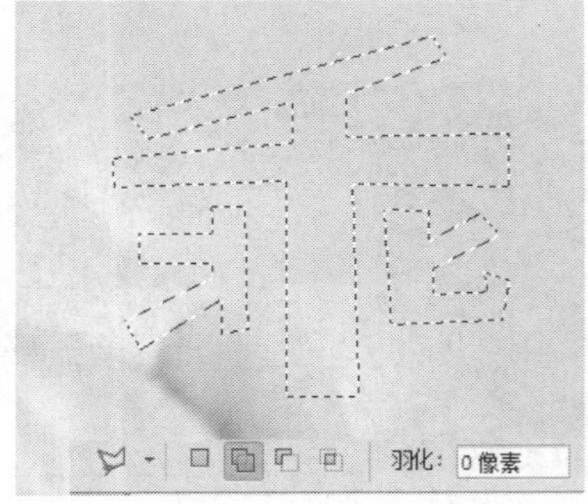

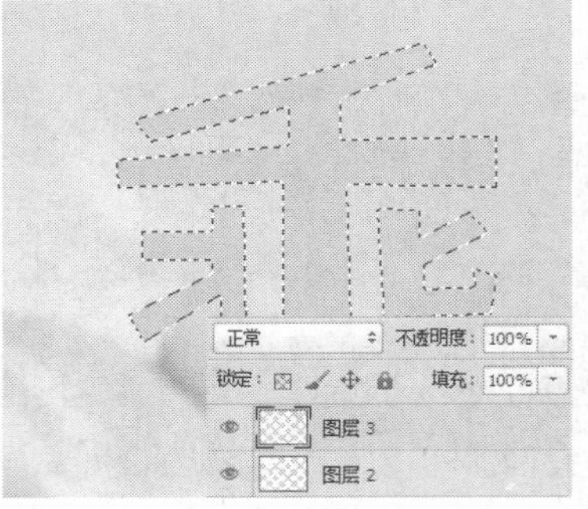

提示：

填充选区颜色的详细内容将在后面的章节中介绍，这里只通过实战教读者最常用的快捷填充选区颜色的方法，就是按快捷键Alt+Delete填充选区颜色为前景色。按快捷键Ctrl+Delete填充选区颜色为背景色。

步骤8 执行“选择 | 修改 | 收缩”命令，在弹出的“收缩选区”对话框中设置收缩参数。完成后单击“确定”按钮。

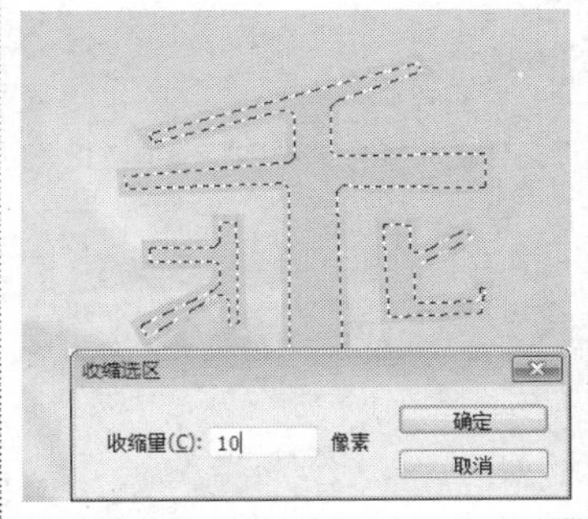

步骤9 设置前景色为橘黄色（R255、G141、B91），采用相同的方法创建选区颜色为橘黄色。

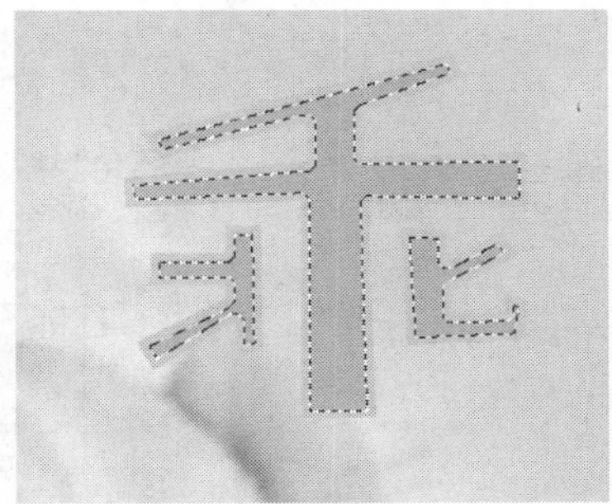

步骤10 完成后，按快捷键Ctrl+D取消选区，至此，可爱的小狗照片制作完成了。

5.6.11 选区和选区图像的变换

选区的变换是针对选区的，对其进行随意的收缩、扩大、旋转、调整形状等。变换选区时，对选区内的图像不会有任何影响。执行“选择 | 变换选区”命令，或者在图像上创建选区后，在图像的任意位置单击鼠标右键，在弹出的快捷菜单中选择“变换选区”命令也可变换选区。

创建选区

执行“选择 | 变换选区”命令

拖动变换控制框调整选区大小

按Enter键确定变换

在图像上单击鼠标右键，在弹出的菜单中选择“变换选区”命令。

将鼠标移动到控制框的一个菱角上，即可旋转控制框。

旋转后的效果

按Enter键确定变换

5.6.12 存储和载入选区

存储选区可以直接执行“选择 | 存储选区”命令，在弹出的对话框中设置选区名字和其他选项，完成后单击“确定”按钮即可。也可通过在“通道”面板中单击“将选区存储为通道”按钮的方式存储选区。存储的选区则是在通道中。

载入选区则是将存储后的选区在其他的地方载入使用。可通过执行“选择 | 载入选区”命令，在弹出的对话框中设置相关的选项并应用这些选项，也可通过在“通道”面板中按住Ctrl键单击通道的方式载入选区。

在“存储选区”和“载入选区”对话框中可通过选择“目标”、“源”图像文件、通道的方式决定存储或载入选区时选区的状态。

创建选区

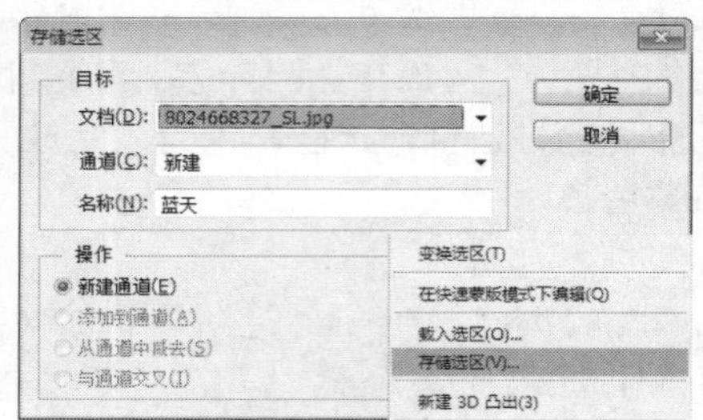

执行“选择 | 存储选区”命令，在弹出的对话框中设置相应的参数，完成后单击“确定”按钮。

可在通道面板中查看到存储的选区

取消选区

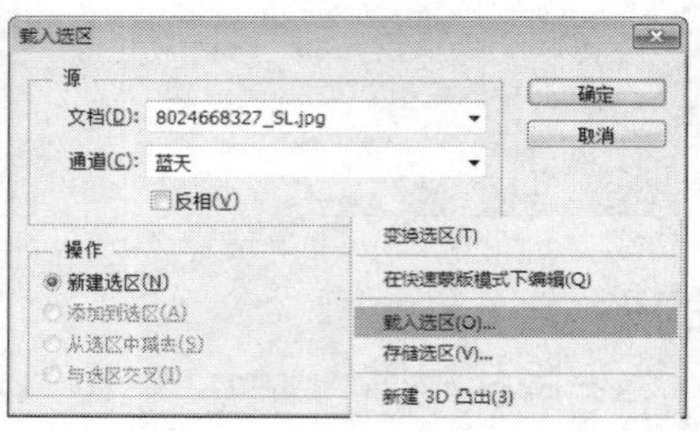

执行“选择 | 载入选区”命令，在弹出的对话框中设置相应的参数，完成后单击“确定”按钮。

选区被载入

5.6.13 描边选区

描边选区与边界选区有一定的相似性，不过“描边”命令相对于边界选区来说，其设置和选项较多，功能也更强大。

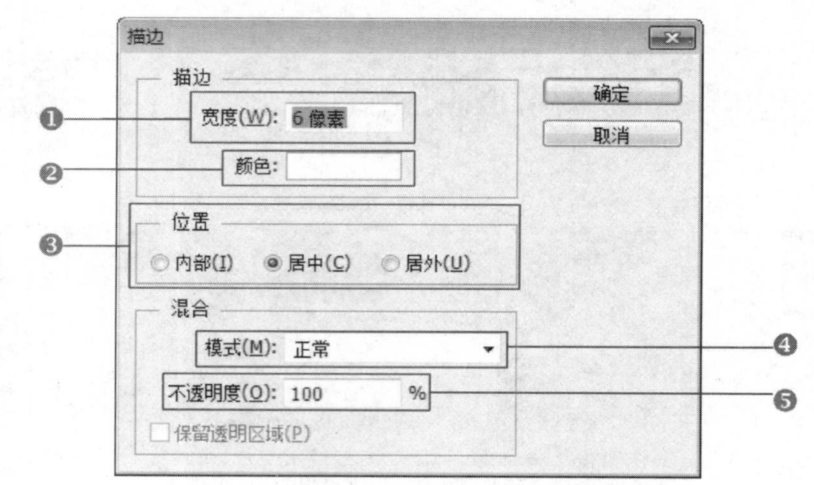

“描边”对话框

❶ **“宽度”数值框：**用于设置描边的宽度。取值范围在1~250像素。

❷**颜色：**设置描边的颜色。单击右侧的颜色条可打开“拾色器”对话框。在对话框中可以设置各种颜色。

❸ **“位置”选区：**设置描边的位置，这是针对选区的边缘而言。选中“内部”单选钮时，描边在选区边缘内部出现。选中“居中”单选钮时，描边在选区边缘上出现，向左右扩散。选中“局外”单选钮时，描边在选区边缘外部出现。

❹ **“模式”下拉列表框：**在下拉列表中有“正常”、“溶解”、“变暗”等25个不同功能的混合模式，通过使用不同的混合模式作用于不同的图像，可达到不同的图像效果。

❺ **“不透明度”数值框：**设置描边颜色的不透明度，取值范围为0%~100%。

5.7 操作答疑

我们平时可能会遇到的疑问，在这里将举出多个常见问题并对其进行一一解答。并在后面追加多个习题，以方便读者学习了前面的知识后，做做习题进行巩固。

5.7.1 专家答疑

（1）如何将“色彩范围”对话框中的参数恢复到初始状态?

答：执行“选择｜色彩范围”命令后，若再次执行该命令，在对话框中将自动保留上一次执行命令的各项参数。此时按住Alt键，对话框中的“取消”按钮变为“复位”按钮。单击该按钮可将所有参数恢复到初始状态。值得注意的是，在Photoshop 中大多数的参数设置对话框都是采用相同的方法恢复初始状态的。

（2）怎样绘制出以鼠标单击处为中心向外扩散的正形选区，如正圆、正方形等?

答：选择选框工具，然后按住Shift+Alt键在图像中拖动，可创建出以鼠标单击处为中心向外扩散的正形选区。如使用椭圆选框工具，按住Shift+Alt键在图像中拖动，创建好后，释放鼠标，即可创建出以鼠标单击处为中心向外扩散的正圆选区。值得注意的是，在Phostoshop中大多数的绘制路径或创建选区，调整图像形状等，都可以按住Shift+Alt键进行绘制、创建或调整。

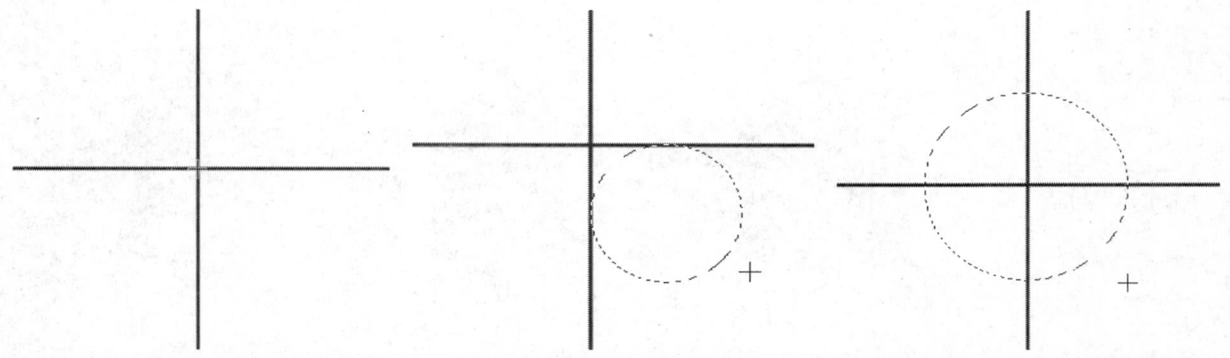

鼠标放置在相互垂直的直线交界处　　按住Shift键拖动鼠标，绘制出正圆。　　按住Shift+Alt键拖动鼠标，绘制出以交界处为中点的正圆。

（3）如何在创建选区的过程中，在套索工具、磁性套索工具、多边形套索工具之间进行转换?

答：在使用套索工具时，若需要转换为多边形套索工具，先按住鼠标不动，然后按住Alt键后释放鼠标，即可变成多边形套索工具。反之一样，可以相互转换。

在使用磁性套索工具时，若需要转换为多边形套索工具，先按住Alt键，在另一处单击鼠标右键，创建出直线的选区边缘则是多边形套索工具，若一直按住鼠标左键滑动，即可使用套索工具进行创建。值得注意的是，在这个过程中，一定要按住Alt键不放，若放开Alt键则变回磁性套索工具。

（4）如何快速为图像添加虚线效果?

答：在Photoshop中，使用单行选框工具和单列选框工具还可以快速制作出虚线效果。单击单行选框工具，然后单击属性栏中的“添加到选区”按钮，在图像中绘制多个选区。然后单击单列选框工具，在选区中的单击。即可减去相应的选区部分，形成虚线格状的选区。填充选区后按快捷键Ctl++放大图像，可看到图像中的虚线效果。

5.7.2 操作习题

1. 选择题

（1）若要羽化选区，可直接执行“选择｜修改｜羽化”命令，还可使用的快捷键是（　　）?

A.Ctrl+F6　　B.Alt+F6　　C.Shift+F6

（2）在已有的选区上继续添加选区和减去选区，快捷键是（　　）？

A.Shift和Alt　　B.Alt和Ctrl　　C.Shift和Ctrl

（3）在沿图像边缘创建选区时，系统自动根据像素的相对对比强度来进行自动沿边缘创建选区，这是（　　）的特征？

A.快速选择工具　　B.磁性套索工具　　C.魔棒工具

2. 填空题

（1）使用快速蒙版创建选区，在快速蒙版编辑状态下，是使用__________工具进行涂抹。

（2）复制选区图像时，使用移动工具，按住__________键拖动选区图像即可复制出选区图像。

（3）在魔棒工具属性栏中，有一个“容差”文本框，该文本框用于设置颜色取样的范围，范围是__________间。容差越大，选取的选区范围越__________，反之亦然。

（4）创建规则选区的选框工具有：__________、__________、__________和__________。

3. 操作题

绘制出个性剪影图像。

步骤1

步骤2

步骤3

步骤4

（1）打开“渐变.jpg”图像文件，使用多边形套索工具绘制放射性图像，并填充颜色。将建筑及人物图像移动到该图形文件中。

（2）更改建筑图像的颜色。使用椭圆选框工具绘制出建筑后侧的图像，并对其进行描边。

（3）选择人物图像，同样对其进行描边操作。最好将网格图像移动到当前图像文件中。

（4）使用矩形选框工具创建出矩形选区，然后反选选区，新建图层，并填充选区颜色。

第6章

颜色填充与图像的绘制

本章重点：

本章主要讲解颜色填充工具和图像绘制工具，并通过实战操作进行演示。其中包括认识颜色选取的工具和方法、图像颜色的填充工具、认识绘画工具和“画笔预设”面板，同时通过“专家看点”重点介绍“画笔”面板的各个选项，帮助读者更加详细的了解绘画工具。

学习目的：

在Photoshop中，绘画工具是最常用的工具，使用该工具可以为图像添加各种光影和小元素等笔刷效果，同时也可通过该工具制作纹身、为人物上妆等效果。通过在“画笔”面板中设置选项和参数值，可制作不同的笔刷效果。通过本章的学习，帮助读者更加轻松快速地使用填充工具和绘画工具。

参考时间：38分钟

主要知识	学习时间
6.1　颜色的选取	10分钟
6.2　图像颜色的填充	10分钟
6.3　认识绘画工具	10分钟
6.4　“画笔预设”面板	8分钟

6.1 颜色的选取

在Photoshop中进行操作时，可以通过不同的方法选取颜色，对颜色进行设置，其方法包括设置前景色与背景色，用拾色器设置颜色，用吸管工具、颜色面板和色彩面板对颜色进行设置。

6.1.1 设置前景色与背景色

设置前景色和背景色可以利用工具箱下方的两个色块，默认情况下前景色为黑色，背景色为白色。在设置背景色或前景色时，单击图标或按X键可进行前景色和背景色的快速切换。

可以使用前景色来绘画、填充和描边选区，使用背景色来生成渐变填充和在空白区域中填充。此外，在应用一些具有特殊效果的滤镜时也会用到前景色和背景色。

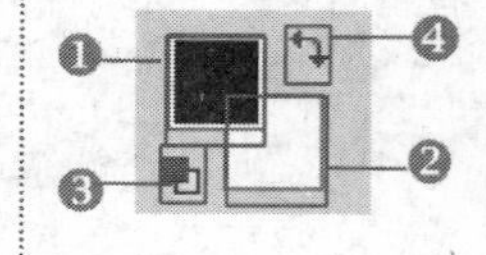

前景色和背景色色块

❶ **“前景色”色块**：该色块中显示的是当前所使用的前景颜色。

❷ **“背景色”色块**：该色块中显示的是当前所使用的背景颜色。

❸ **“默认前景色和背景色”按钮**：单击此按钮，可将当前前景色和背景色调整到默认的前景色和背景色效果状态。

❹ **“切换前景色和背景色”按钮**：单击该按钮可使前景色和背景色互换。

6.1.2 认识“拾色器”对话框

单击前景色可打开“拾色器（前景色）”对话框。同理，单击背景色可打开“拾色器（背景色）”对话框。

❶**颜色选择窗口**：在此窗口中可通过单击或拖曳来选择颜色。

❷ **“只有Web颜色”复选框**：勾选该复选框，则当前对话框中只显示Web颜色。

❸**颜色选择滑块**：通过拖曳该色条两侧的滑块，可设置颜色选择窗口中所显示的颜色。

❹**颜色预览色块**：该色块上半部分的颜色为当前设置的颜色，下半部分的颜色为上一次设置的颜色。

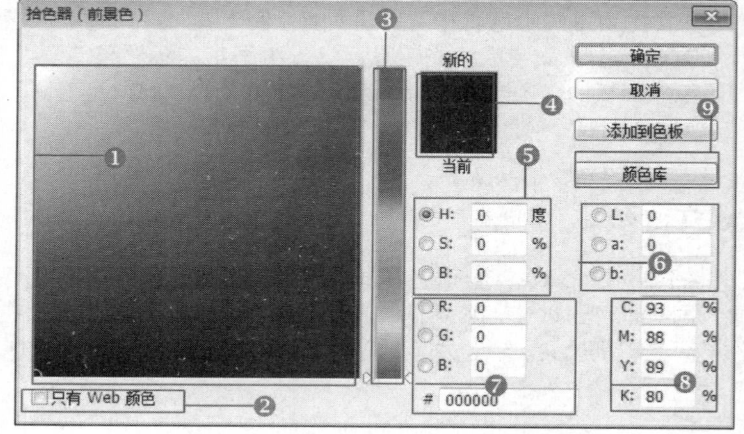

“拾色器（前景色）”对话框

❺ **HSB颜色模式值**：通过在各文本框中输入HSB颜色模式数值来设置不同的颜色。

❻**Lab颜色模式值**：通过在各文本框中输入Lab颜色模式数值来设置不同的颜色。

❼**RGB颜色模式值**：通过在各文本框中输入RGB颜色模式数值来设置不同的颜色。

❽**CMYK颜色模式值**：通过在各文本框中输入CMYK颜色模式数值来设置不同的颜色。

❾ **“颜色库”按钮**：单击该按钮，在弹出的“颜色库”对话框中可针对特殊颜色进行设置。

单击前景色即可打开“拾色器（前景色）”对话框中可任意设置前景色颜色。同理，单击背景色即可打开“拾色器（背景色）”对话框。

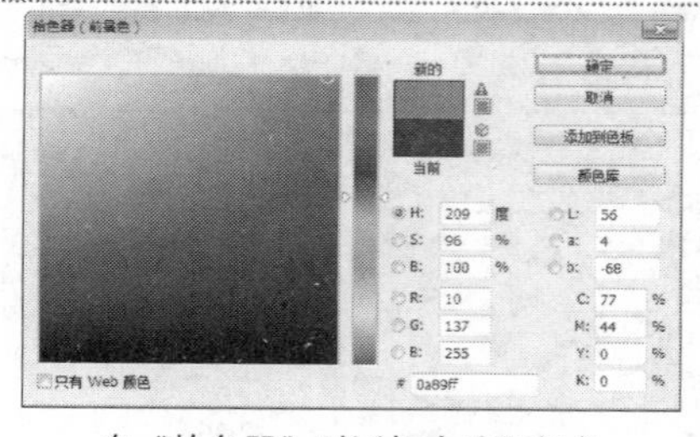

在“拾色器”对话框中选取颜色

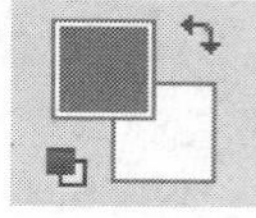

设置前景色

6.1.3　实战：制作循环回字图像

光盘路径： 第6章\Complete\制作循环回字图像.psd

步骤1　执行“文件 | 新建”命令，在弹出的对话框中设置参数及选区，完成后单击“确定”按钮。

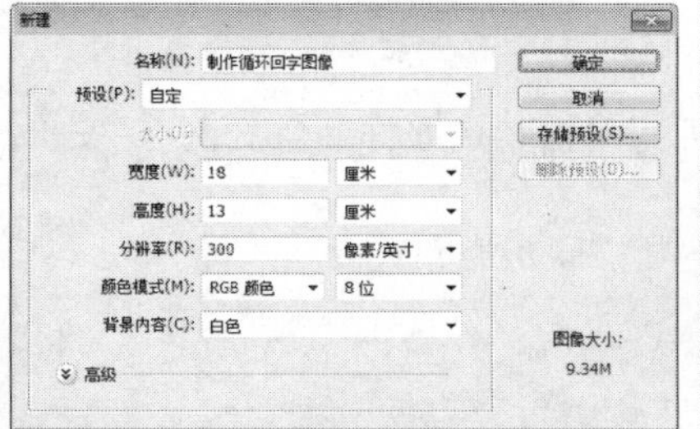

步骤2　在工具箱中单击“前景色”色块，将弹出“拾色器（前景色）”对话框，在该对话框中设置前景色为蓝色后单击“确定”按钮。

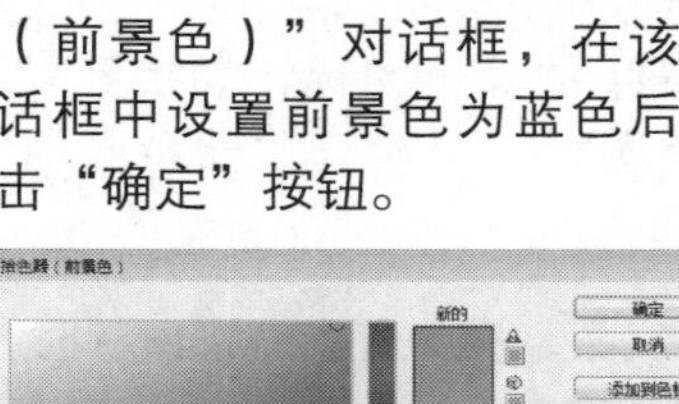

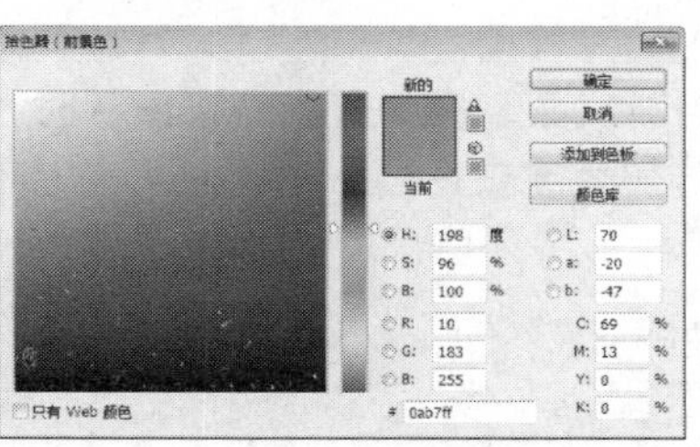

步骤3　完成后，使用矩形选框工具创建一个矩形选区。按快捷键Alt+Delete，填充选区颜色为前景色，并取消选区。

步骤4　选择“图层1”的同时按快捷键Ctrl+Shift+Alt+T，复制并旋转该图层。

步骤5　使用相同的方法按快捷键Ctrl+Shift+Alt+T，制作回字图像。

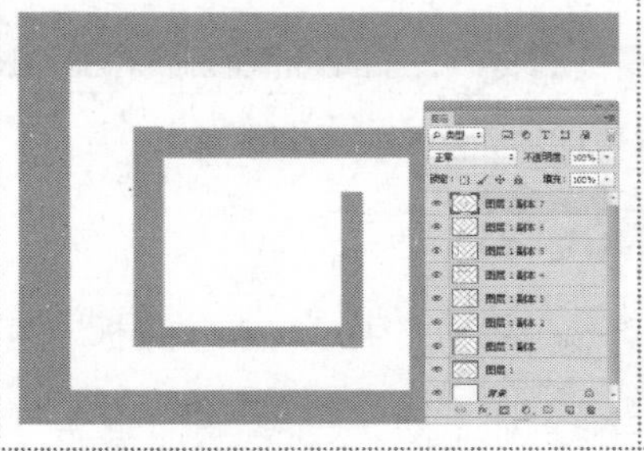

步骤6　继续使用相同的方法复制图层，将会自动循环地调整其大小和位置，以制作回字循环图像。

6.1.4　吸管工具吸取颜色

吸管工具常用于图像中的颜色取样，吸管工具通常结合“拾色器”对话框、“颜色”面板以及“色板”面板灵活地创建和编辑颜色。

吸管工具属性栏

❶ **“取样大小”下拉列表：** 在该下拉列表中可定义取样的最大像素数目或颜色取样的最大像素数目。在“取样点”下拉列表中读取任意像素的值，均以“3x3平均”等样式读取像素区域的平均值。

❷ **“样本”下拉列表：** 在该下拉列表中，选择相应的命令，可定义吸管工具的样式的类型为“所有图层”或“当前图层”等。

❸ **“显示取样环”复选框：** 勾选该复选框，使用吸管工具取样时可显示取样环，若不勾选，即不会显示取样环。

使用吸管工具可以快速在当前图像文件中吸取画面中的颜色。使用该工具在画面中指定区域单击鼠标左键吸取颜色，将会在取样环中显示当前前景色和新的前景色，即可取样画面的颜色。

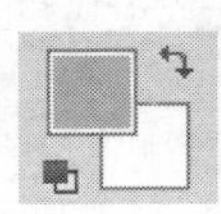

当前前景色

使用吸管工具在人物头花上吸取颜色

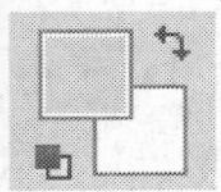

取样颜色

6.1.5 “颜色”面板设置颜色

执行“窗口Ⅰ颜色”命令，弹出“颜色”面板。在“颜色”面板中，默认显示了当前选择的前景色和背景色，要选择其他的颜色，可分别在R、G、B栏中拖动滑块改变颜色，此时改变的颜色将自动默认为前景色。

❶**颜色图标**：单击前景色或背景色的颜色图标，切换到对应的颜色拖动设置；单击当前颜色图标，可打开“拾色器”对话框。

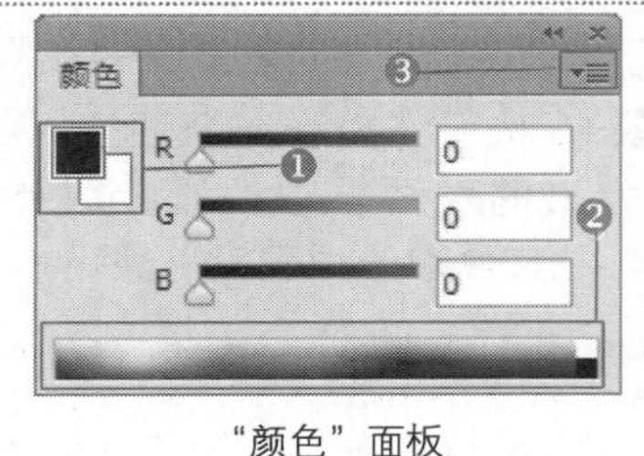

“颜色”面板

❷**渐变颜色条**：当光标移动到渐变颜色条中变为吸管形状时，即可单击某点取样颜色。也可单击右下方的黑色或白色颜色图标，取样黑色或白色。

❸**扩展按钮**：单击该按钮将弹出扩展菜单，用于设置该面板的各项扩展功能和选项。

知识衔接：快速吸取颜色

在Photoshop CS6的“颜色”面板中，通过鼠标在颜色条中吸取颜色，可快速设置前景色或背景色。将光标移动到“颜色”面板下方的颜色条上，当光标变为吸管形状时，在颜色条上单击，可吸取该区域的颜色为前景色或背景色。

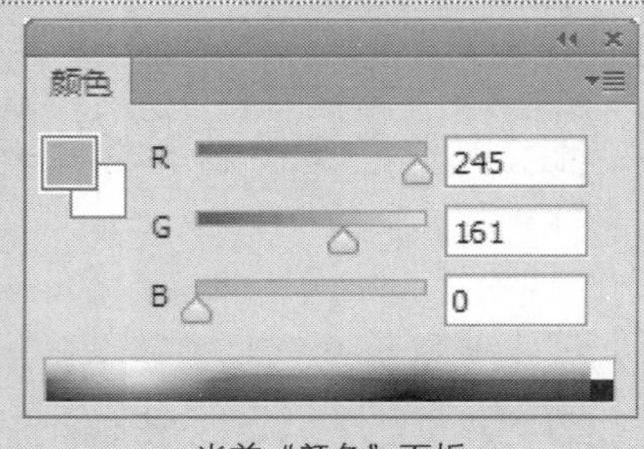

当前“颜色”面板

快速取样后的效果

6.1.6 “色板”面板设置颜色

执行“窗口Ⅰ色板”命令，弹出“色板”面板。在“色板”面板中可快速设置背景色，在默认情况下当前选择的色板颜色为背景色。

知识衔接：在“色板”面板中新建和删除色板

在Photoshop CS6中，可以通过在工具箱中单击背景色色块，在弹出的“拾色器（背景色）”对话框中设置需要的背景颜色，在“色板”面板中单击“创建前景色的新色板”按钮，在弹出的对话框中设置色板名称，完成后将设置的前景色添加到色板中。

选择添加的色板，单击鼠标右键，在弹出的快捷菜单中选择“删除色板”命令，或将其选择拖曳到“删除色板”按钮上方，释放鼠标，即可删除当前色板。

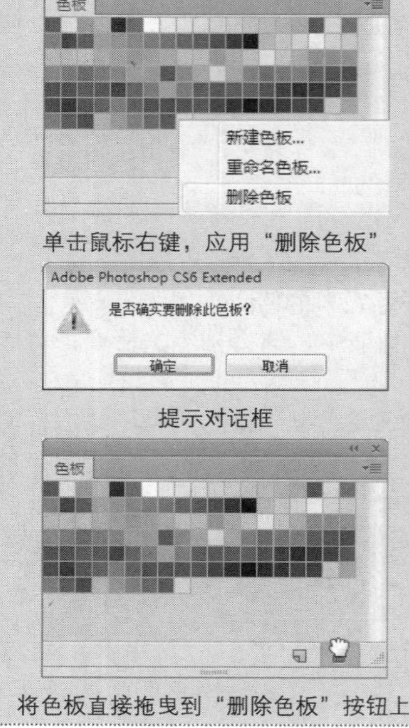

单击鼠标右键，应用“删除色板”

提示对话框

将色板直接拖曳到“删除色板”按钮上

“拾色器（背景色）”对话框

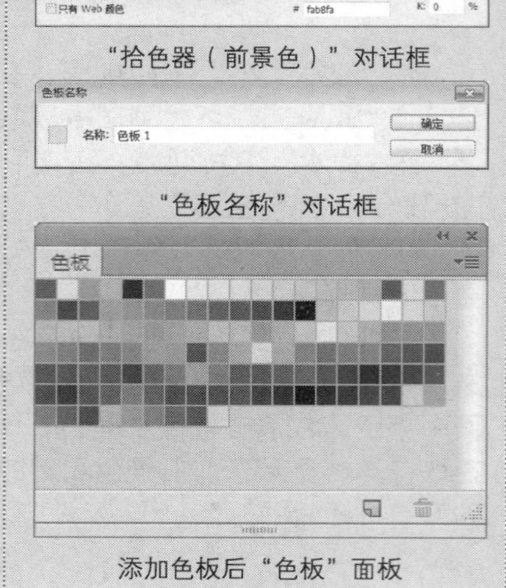

“色板名称”对话框

添加色板后“色板”面板

6.2 图像颜色的填充

图像颜色的填充是指通过使用渐变工具、油漆桶工具和“填充”命令等方法对图像的颜色进行编辑填充，从而让图像呈现出不同的色调风格。

6.2.1 渐变工具

渐变工具可以产生从一种颜色到另一种颜色的过渡性的变化，还可以阶段性地对图像进行任意方向的填充，表现图像颜色的自然过渡。

渐变工具属性栏

❶**渐变预设：**显示当前渐变预设效果。单击渐变条可打开“渐变编辑器”，单击下拉按钮可弹出渐变样式列表。

❷**渐变类型选项组：**在该选项组中包括“线性渐变”按钮、“径向渐变”按钮、“角度渐变”按钮、“菱形渐变”按钮和“对称渐变”按钮5种渐变效果，单击不同的渐变按钮进行填充即可。

❸**“反向”、“仿色”和“透明区域”复选框：**勾选“反向”复选框可反转渐变颜色；勾选“仿色”复选框可用较小的带宽创建平滑的混合，柔和表现渐变颜色效果；勾选“透明区域”复选框可对渐变填充使用透明蒙版。

6.2.2 实战：添加雨后彩虹效果

光盘路径：第6章\Complete\添加雨后彩虹效果.psd

步骤1　执行“文件|打开”命令，打开“添加雨后彩虹效果.jpg”文件，复制“背景”图层，生成“背景 副本”图层。

步骤2　设置其混合模式为“滤色”、“不透明度”为50%，并结合图层蒙版和画笔工具在较亮区域涂抹，以恢复该区域色调。

步骤3　盖印可见图层，生成“图层1”，并设置其混合模式为“柔光”、“不透明度”为50%，以增强画面色调的层次。

步骤4　新建图层，在渐变工具属性栏中单击可打开“工具预设”选取器，选择“圆形彩虹”预设，并拖动鼠标，以添加彩虹图像。

步骤5　复制“图层2”，设置该图层的混合模式为“柔光”，然后结合图层蒙版和画笔工具在画面中涂抹，以隐藏多余区域，并隐藏“图层2”。

步骤6　复制“图层2 副本”图层，生成“图层2 副本2”图层，设置该图层的“不透明度”为30%，以增强彩虹色调的层次。

专家看板：“渐变编辑器”对话框

在Photoshop CS6中提供了多种渐变样式，选择渐变工具，在属性栏中单击渐变色块，在弹出的“渐变编辑器”对话框中可以看到默认渐变样式。

“渐变编辑器”对话框可通过修改现有的渐变预设来定义新渐变。还可以在渐变中心区域添加中间色，在两种以上的颜色间创建混合。

可以设置颜色是由浅到深，还是由深到浅进行变化，颜色也可以进行添加，可以是双色渐变，也可以是多色渐变。

1. 创建新的渐变预设

当设置好渐变预设后，在“名称”文本框中输入新渐变预设的名称，然后单击“新建”按钮，即可创建新的渐变预设。

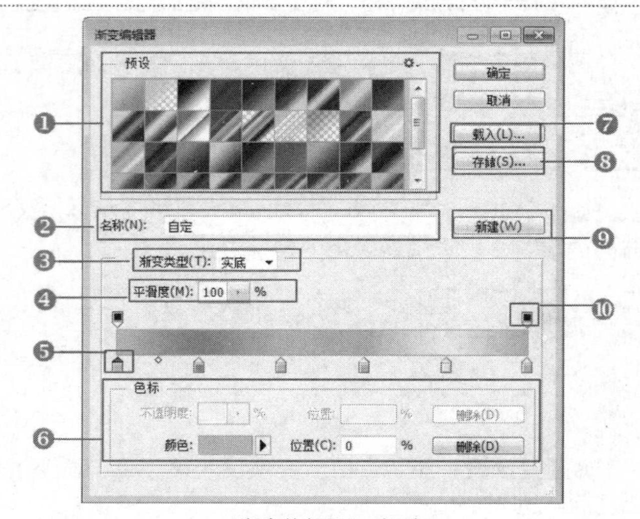

“渐变编辑器”对话框

❶ **“预设”选项组**：该选项组以图标形式显示Photoshop提供的基本渐变样式，单击图标可应用样式，或者对样式进行自定义设置。单击右上角的扩展按钮，可在弹出的快捷菜单中打开存储的其他渐变样式。

❷ **“名称”文本框**：该文本框中显示选定渐变的名称，也可以输入新建渐变的名称。

❸ **“渐变类型”样式**：在该下拉列表中设置渐变类型，其中包括“实底”类型和“杂色”类型。

❹ **“平滑度”选项**：调整渐变颜色的平滑柔和程度，值越大渐变越柔和，值越小渐变颜色越分明。

❺ **“色标”滑块**：该滑块用于调整渐变中应用的颜色或者颜色范围，通过拖动色标滑块调整颜色的位置。

❻ **“色标”选项组**：在该选项组中双击对应的文本框或缩览图，设置色标的“不透明度”、“位置”和“颜色”。单击Delete按钮可删除对应的不透明度色标或颜色色标。

❼ **“载入”按钮**：用于载入保存的渐变样式。

❽ **“存储”按钮**：保存当前设置的渐变样式。

❾ **“新建”按钮**：将当前设置的样式创建为新的渐变样式。

❿ **“不透明度色标”滑块**：用于设置渐变颜色的不透明度值，值越大越不透明。

2. 设置新的渐变预设

单击“预设”列表中的某个渐变图标，应用该渐变预设，然后通过修改渐变色标和不透明度色标的位置、不透明度等可创建新的渐变预设。

3. 存储渐变预设

当设置好新的渐变预设后，单击“存储”按钮，可将当前“预设”列表中的所有渐变预设存储为GRD格式的渐变预设文件。

指定渐变样式

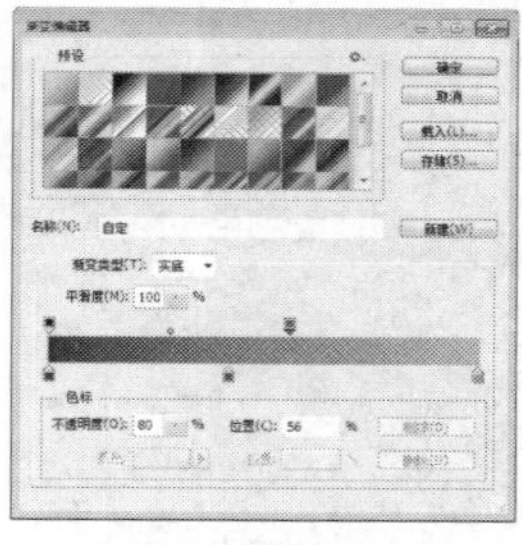
设置新的渐变样式

“存储”对话框

6.2.3　油漆桶工具

使用油漆桶工具能够在图像中填充颜色或图案，并按照图像中的像素的颜色进行填充，填充的范围是与单击处的像素点颜色相同或相近的像素点区域。默认情况下，在图像中单击，即可使用前景色填充图像中相同或相近的像素点区域，从而改变图像效果。

油漆桶工具属性栏

❶ **“填充颜色”选项**：该选项用于设置填充源。当选择“图案”选项时，可以激活“图案拾色器”中的定义填充图案，在该拾色器中可定义填充的图案，通过扩展按钮的快捷菜单可进行图案的载入、复位、替换和追加等操作，可在图案样式列表中看到新增的各种图案。

❷ **“模式”选项组**：选项用于设置填充颜色或图案的模式和不透明度。

❸ **“容差”文本框**：设置填充色，其范围为0~255。数值越大，选择类似颜色的区域就越大。低容差会填充颜色值范围内与所单击像素非常相似的像素。高容差则填充更大范围内的像素。

原图

“容差”值为32%

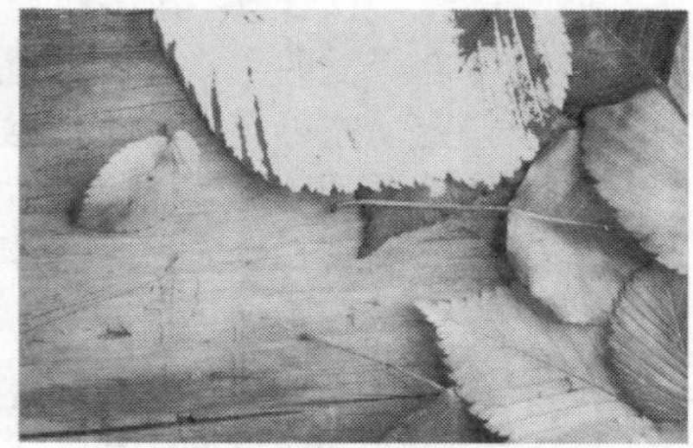

设置“容差”值为100

❹ **“消除锯齿”复选框**：勾选该复选框时消除填充像素之间的锯齿。

原图

勾选“消除锯齿”复选框

取消“消除锯齿”复选框

❺ **“连续的”复选框**：勾选“连续的”复选框时，连续的像素将被填充；取消勾选时，像素相似的连续和不连续区域都将被填充。

原图

勾选“连续”复选框

取消“连续”复选框

❻ **“所有图层”复选框**：勾选该复选框时在所有图层中合并颜色数据填充像素。

6.2.4 使用“填充”命令

使用“填充”命令能快速对整幅图像或选区进行颜色、图案和内容识别的填充。“填充”命令的一项重要功能是可以有效地保护图像中的透明区域，有针对性地填充图像。执行“编辑 | 填充”命令或按快捷键Shift+F5，即可弹出“填充”对话框。

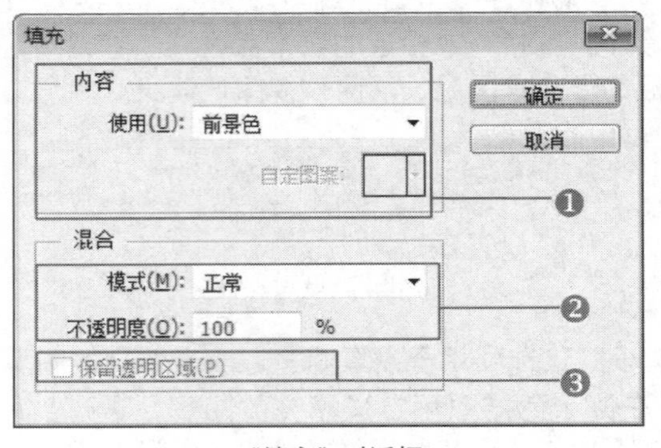

“填充”对话框

前景色
背景色
颜色…

内容识别
图案
历史记录

黑色
50% 灰色
白色

下拉列表选项

❶ **“内容”选项组：**用于指定填充选区的方式，可以是前景色、背景色、任意颜色、图案、内容识别和历史记录等。

❷ **“混合”选项组：**用于指定填充颜色混合的“模式”和“不透明度”。“模式”选项用于设置填充颜色的混合模式效果。相同的图像，若混合模式设置不同，其最后的效果也不相同。“不透明度”文本框用于指定填充颜色以及图案纹理的不透明度。

❸ **“保留透明区域”复选框：**勾选该复选框时，只填充具有像素的区域，保留图像中的透明区域不被填充。这与图层的锁定透明像素按钮的作用相同。

6.2.5 实战：填充照片中的多余图像

光盘路径：第6章\Complete\填充照片中的多余图像.psd

步骤1 打开“填充照片中的多余图像.jpg”文件，复制“背景”图层，生成“背景 副本”图层。

步骤2 按快捷键Ctrl++放大视图，查看画面中的多余图像，对其进行编辑。

步骤3 使用矩形选框工具在图像左侧区域拖动鼠标，创建一个矩形选区。

步骤4 执行“编辑 | 填充”命令，在弹出的“填充”对话框中设置相应的选项。

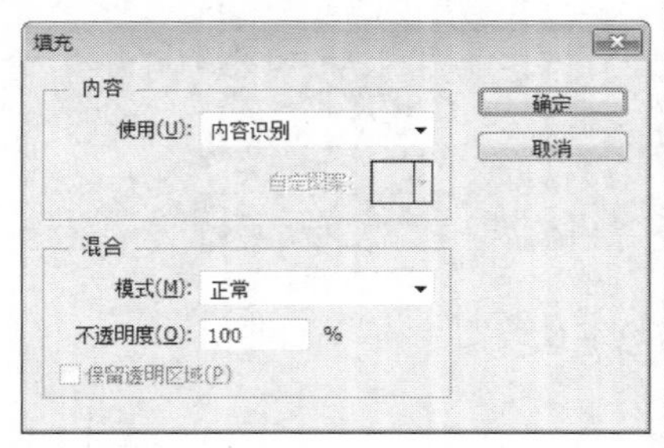

步骤5 完成后单击“确定”按钮，以内容识别填充选区图像，按快捷键Ctrl+D取消选区，以查看该区域的效果。

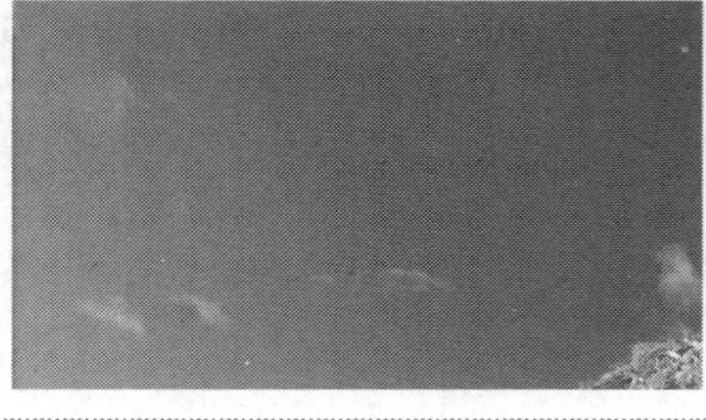

步骤6 按住Alt键的同时使用仿制图章工具在画面中取样，并修复图像的边缘，使其效果更自然。

6.3 认识绘画工具

在工具箱中，使用画笔工具、铅笔工具、颜色替换工具、混合器画笔工具、历史记录画笔工具和历史艺术记录画笔工具可对图像进行绘制，并表现出具有艺术感的绘画效果。

6.3.1 画笔工具

画笔工具可用于模拟真实的图像绘制效果。画笔工具具有强大的灵活使用功能，通过在属性栏中设置画笔的大小、硬度、角度以及笔尖动态等属性，可获得更加丰富的绘制效果。

画笔工具属性栏

❶画笔“预设选取器”面板：单击该选项可在弹出的面板中设置当前画笔的笔触、大小和硬度。

❷“切换画笔面板”按钮：单击该按钮可在弹出的“画笔”面板中设置画笔的笔尖形状动态属性等。

❸“模式”选项：将画笔所涂抹的颜色与下方的颜色像素相混合，从而形成特殊的色调效果。

❹“不透明度”选项：设置画笔在涂抹过程中颜色的不透明度，可按照指定的不透明度应用该颜色，在同一区域多次涂抹该设置效果的颜色后，可将该区域颜色涂抹为不透明的。

❺“绘图板压力控制不透明度”按钮：单击“绘图板压力控制不透明度”按钮，可使用光笔压力覆盖“画笔”面板中的不透明度选项。

❻“流量”选项：设置画笔在画面中涂抹时应用颜色的速率。

❼“启用喷枪模式”按钮：单击此按钮将使用喷枪模式绘画。并可设置画笔的硬度、不透明度和流量，将画笔光标移动至画面上，按住鼠标左键可增加颜色的应用量。

❽“绘图板压力控制大小”按钮：单击此按钮可使光笔压力覆盖“画笔”面板中所设置的大小。

6.3.2 实战：制作梦幻星光效果

光盘路径：第6章\Complete\制作梦幻星光效果.psd

步骤1　打开“制作梦幻星光效果.jpg”文件，复制“背景”图层，设置该图层的混合模式为“滤色”、“不透明度”为30%，以减淡图像颜色。

步骤2　盖印可见图层，生成“图层1”，设置其混合模式为“柔光”，“不透明度”为30%，以增强画面的色调层次。在“画笔”面板中设置各个选项。

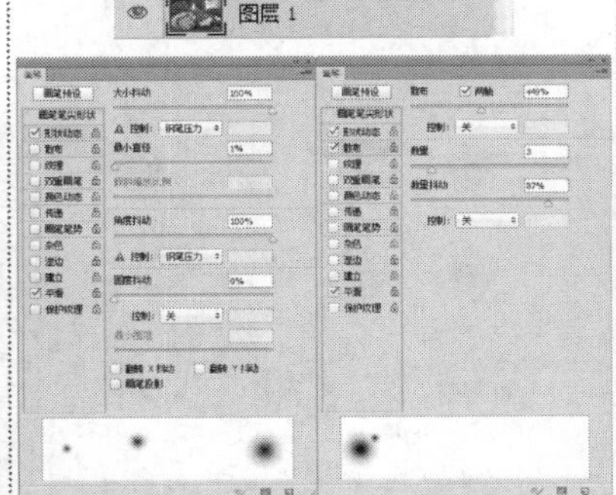

步骤3　新建“图层2”，设置前景色为白色，使用设置好的画笔效果在图像中单击并拖动鼠标，制作星光效果。

6.3.3 铅笔工具

铅笔工具在功能与应用上与画笔工具较为类似，不同之处在于应用画笔工具绘制图像时，其颜色边缘较为柔和；而使用铅笔工具绘制的图像边缘略显生硬，即使在硬度为0%的情况下，绘制的线条边缘也会产生一种锯齿感。

铅笔工具属性栏

❶画笔“预设选取器”面板：在该选项中可设置铅笔的笔尖大小、硬度和笔刷样式等属性。

❷“切换画笔面板”按钮：单击此按钮可在弹出的“画笔”面板中设置画笔的笔尖形状动态属性等。

❸“模式”选项：可将铅笔所涂抹区域的颜色混合到下方的颜色像素中，以更改图像色调。

❹“不透明度”选项：设置绘制时所应用的颜色不透明度。

❺“自动涂抹”复选框：勾选此复选框，当开始拖动鼠标时，若光标的中心在前景色上，则该区域将被涂抹成背景色；若在开始拖动时光标的中心在不包含前景色的区域上，则该区域将被绘制成前景色。

原图

光标中心位于白色处开始涂抹

光标中心位于红色处开始涂抹

6.3.4 实战：为图像添加光斑效果

光盘路径：第6章\Complete\为图像添加光斑效果.psd

步骤1 打开“为图像添加光斑效果.jpg”文件，复制“背景”图层，设置该图层的混合模式为“柔光”、“不透明度”为50%，以增强画面的色调层次。

步骤2 单击铅笔工具，在“画笔预设”选取器中选择笔刷样式，在属性中设置画笔的“不透明度”为60%，使添加的光斑效果更自然。

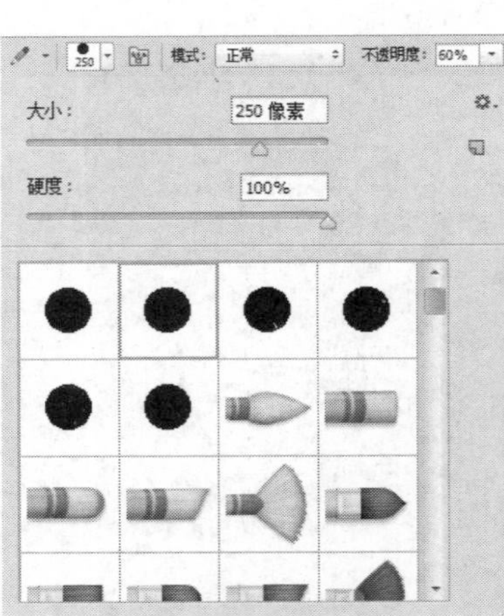

步骤3 新建“图层1”，设置前景色为白色，使用铅笔工具在画面中单击，以绘制光斑效果。再次设置画笔大小并继续在画面中添加光斑，设置该图层的混合模式为“叠加”、“不透明度”为80%，使光斑效果更自然。

6.3.5　颜色替换工具

颜色替换工具可替换图像中特定的颜色。可以使用校正颜色在目标颜色上绘画。例如指定色相、颜色饱和度或明度等模式对指定区域的颜色进行替换，快速调整图像中指定部分的颜色，以获取多样的色调效果。颜色替换工具不适用于“位图”、“索引”或“多通道”颜色模式的图像。

颜色替换工具属性栏

❶ **“画笔”选项**：单击该选项可弹出相应的面板，在其中设置工具的大小、硬度和笔刷样式。

❷ **“模式”选项**：设置颜色替换的方式，包括“色相”、“饱和度”、“颜色”和“明度”模式选项，通过这几个选项将前景色与指定颜色进行替换。

❸ **“取样”选项**：单击“取样：连续”按钮，可连续对颜色进行取样；单击“取样：一次”按钮，则替换一次取样颜色中的目标颜色；单击“取样：背景色板”按钮，只替换当前背景色区域的颜色。

❹ **“限制”选项**：设置该选项以不同的替换方式替换颜色。选择“连续”选项，替换与光标所在区域颜色相似的颜色；选择“不连续”选项，替换图像中任意位置的样本颜色；选择“查找边缘”选项，替换包含样本颜色的连接区域，并保留图像锐化清晰的边缘。

❺ **“容差”选项**：用于设置在替换颜色时图像中能够被替换的范围，数值越大，被替换的颜色范围越广。

❻ **“消除锯齿”复选框**：勾选该复选框将会对替换颜色区域的边缘进行平滑处理。

6.3.6　实战：快速替换人物衣服颜色

光盘路径：第6章\Complete\快速替换人物衣服颜色.psd

步骤1　打开“快速替换人物衣服颜色.jpg”文件，复制“背景”图层，生成“背景 副本”图层。

步骤2　使用吸管工具在画面中取样，单击颜色替换工具，在属性栏中设置属性，对画笔的硬度进行调整，设置前景色为橙色。

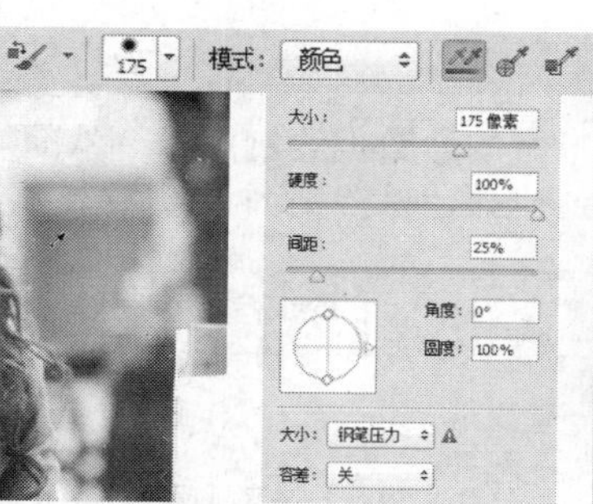

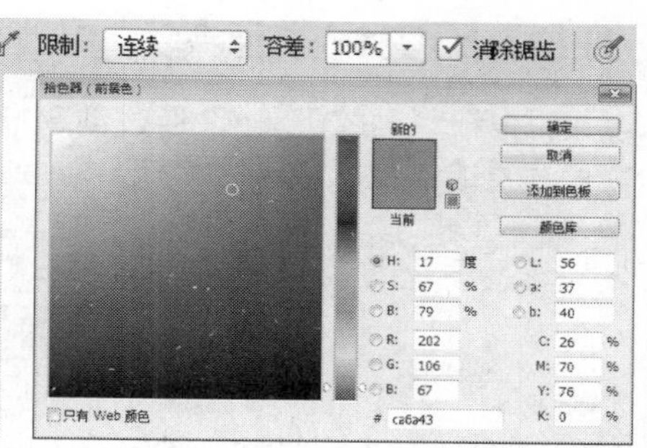

步骤3　使用颜色替换工具在人物衣服上涂抹，将人物的黄褐色头发替换为红褐色。为“背景 副本”图层添加图层蒙版，使用黑色柔角画笔在蒙版中对边缘进行涂抹。

步骤4　创建“亮度/对比度1”调整图层，设置参数值，调整画面的亮度层次。

6.3.7 混合器画笔工具

混合器画笔工具具有绘画功能效果，使用该工具可绘制具有水粉画或油画等风格的图像效果，模拟真实的绘画效果。

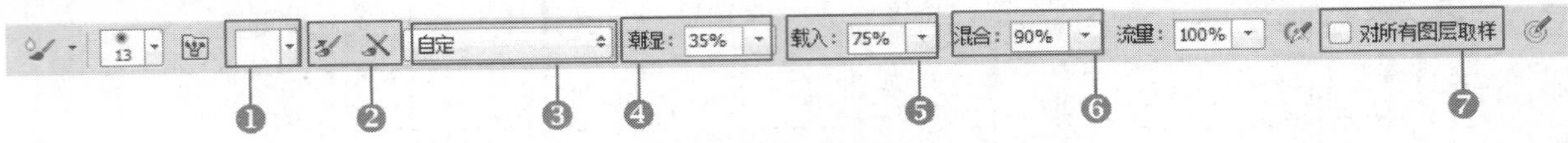

混合器画笔工具属性栏

❶ **“当前画笔载入”选项**：该选项用于存储当前画笔颜色，在图像中取样颜色后，可将取样的颜色存储至该区域，要使当前画笔颜色更均匀，可单击该选项并在弹出的菜单中选择“只载入纯色”。

❷**每次描边后载入或清除画笔**：单击“每次描边后载入画笔”按钮，将在每次取样颜色后载入新的画笔颜色；单击“每次描边后清理画笔”按钮，将在每次取样颜色后清除取样的画笔颜色。

❸**预设混合画笔组合**：通过单击此选项右侧的快捷箭头，在弹出的菜单中选择预设的混合画笔组合，可应用组合的混合画笔进行绘制，要自定义混合画笔则选择“自定”选项。

原图

应用“自定”选项绘制图像

应用“非常潮湿，浅混合”选项绘制图像

❹ **“潮湿”选项**：此选项可用于设置画笔从画布中拾取的油彩量，数值越大则绘制更长的画笔笔触。

❺ **“载入”选项**：用于指定当前画笔的油彩量，当载入的油彩量较低时，画笔干燥速度越快。

❻ **“混合”选项**：用于控制从画笔中拾取的油彩量与当前画笔存储选项中颜色的比例。当比例为100%时，油彩完全从画面中拾取；当比例为0%，所有油彩均来自画笔存储选项。

❼ **“对所有图层取样”复选框**：勾选该复选框，从当前可视视图中取样颜色，并进行混合处理。

6.3.8 历史记录画笔工具

历史记录画笔工具通过创建指定的原数据绘制图像，从而恢复图像效果。使用历史画笔工具在需要恢复的图像区域进行涂抹，即可将图像恢复到某个历史状态下。

历史记录画笔工具属性栏

❶ **“模式”选项**：设置在绘制图像时颜色与原图像的混合方式，以调整图像的不同色调。

❷ **“不透明度”选项**：调整涂抹颜色时画笔笔尖颜色的不透明度。

❸ **“流量”选项**：调整画笔笔尖的流动速率，以调节颜色的应用量。

原图

复制图层并调整颜色

“流量”为10%涂抹画面

6.3.9　实战：恢复图像局部效果

步骤1　执行“文件 | 打开”命令，打开“恢复图像局部效果.jpg”文件，复制“背景”图层，生成“背景 副本”图层。

步骤2　执行“滤镜 | 模糊 | 径向模糊”命令，在弹出的对话框中设置参数值，完成后单击“确定”按钮，应用滤镜效果。

步骤3　单击历史记录画笔工具，在属性栏中设置属性，单击“画笔”选项按钮，在弹出的面板中选择“柔边圆压力大小”样式。

步骤4　使用历史记录画笔工具在大象身体区域涂抹，恢复大象身体区域原始效果。

步骤5　创建“曲线1”调整图层，设置参数值，以调整画面亮度层次。然后使用画笔工具在天空区域涂抹，恢复天空局部效果。

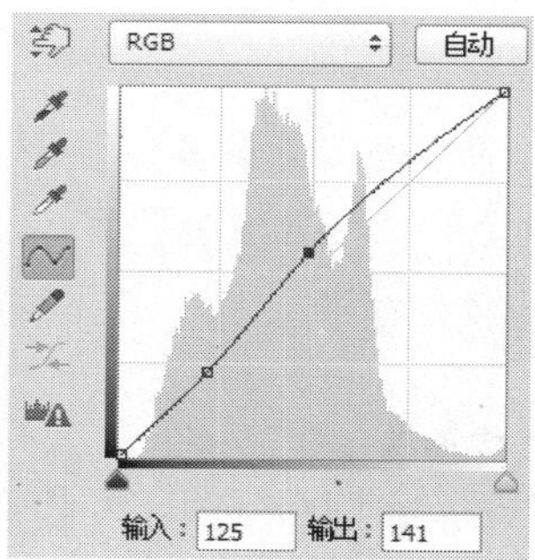

6.3.10　历史记录艺术画笔工具

历史记录艺术画笔工具与历史记录画笔工具的使用方法相似，但使用历史记录艺术画笔工具恢复图像时，将产生艺术笔触，常用于制作富有艺术气息的图像。

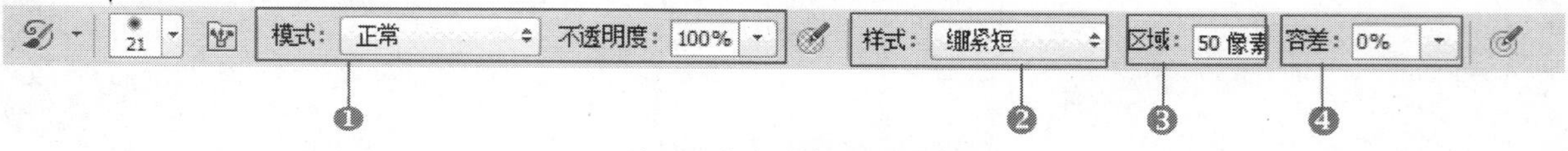

历史记录艺术画笔工具属性栏

❶ **“模式”下拉列表**：该下拉列表中的模式选项和历史记录画笔工具的使用方法有所不同，在该列表中提供了正常、变暗、变亮、色相、饱和度、颜色和明度7种选项。

❷ **“样式”下拉列表**：在该下拉列表中可以选择描绘的类型。其中包括绷紧短、绷紧中、绷紧长、松散中等、松散长、轻涂、绷紧卷曲、绷紧卷曲长、松散卷曲和松散卷曲长10种样式类型。

原图

“绷紧短”样式

“绷紧中”样式

“绷紧长”样式

“绷紧卷曲长”样式

❸ **“区域”文本框**：用于设置历史记录艺术画笔描绘的范围。

❹ **“容差”文本框**：用于设置历史记录艺术画笔描绘的颜色与所有绘制的颜色之间的差异程度。输入的值越小，图像恢复的值越高。

6.4 “画笔预设”面板

在使用画笔工具时，常常会通过“画笔”面板对画笔的各个属性进行设置，为了更好地对该面板进行认识。

6.4.1 设置画笔大小及硬度

单击画笔工具，在属性栏中单击“画笔预设”选取器按钮，在弹出的预设面板中可设置画笔的大小和硬度。

❶**笔触大小：**“大小”文本框用于设置画笔笔触的大小，取值范围为1~2500像素，可以在右侧的文本框中直接输入数值，也可以通过拖动下方的滑块进行设置，还可以按“】”或“【”键设置笔触大小。

❷**“硬度”文本框：**用于控制毛刷的灵活度，取值范围为1%~100%。在较低的设置中，画笔的形状容易变形。

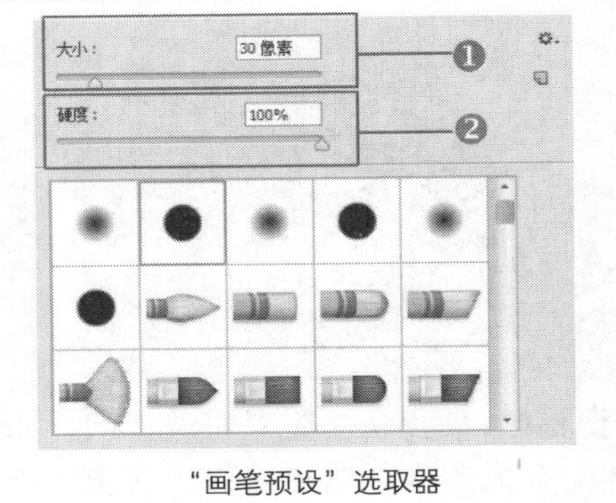

“画笔预设”选取器

6.4.2 选择笔刷样式

单击画笔工具，在属性栏中单击“画笔预设”选取器按钮，在弹出的“画笔预设”选取器中的画笔缩览图中，当鼠标光标停留在某个笔刷上时，单击该笔刷即可选择该笔刷样式。

6.4.3 实战：绘制小草文字图像

光盘路径：第6章\Complete\绘制小草文字图像.psd

步骤1 打开“绘制小草文字图像.jpg”文件，复制“背景”图层，生成“背景 副本”图层。

步骤2 设置“背景 副本”的混合模式为“正片叠底”、“不透明度”为30%，以增强画面的色调层次。

步骤3 盖印可见图层，生成“图层1”，应用“色调均化”命令，设置其“不透明度”为20%。

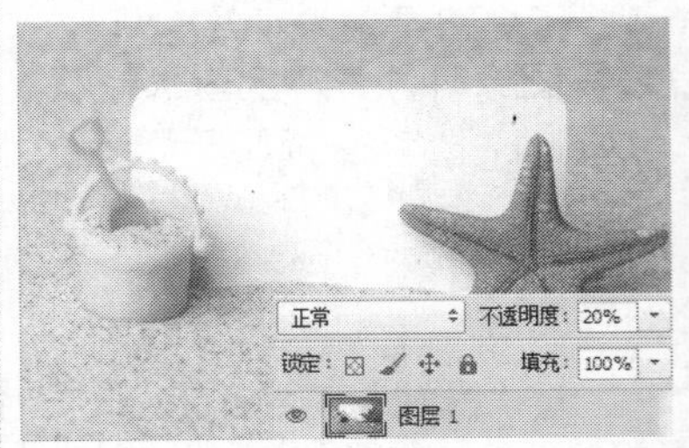

步骤4 单击画笔工具，在属性栏中单击“画笔预设”选取器按钮，在弹出的面板中设置笔刷样式和大小，新建“图层2”，在画面中绘制文字效果。

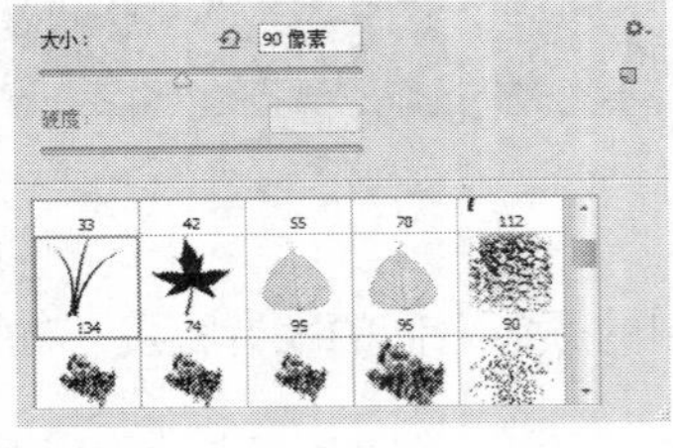

步骤5 应用“自由变换”命令调整“图层2”的角度位置和大小，并使用相同方法绘制太阳效果。

6.4.4　复位笔刷

不管是追加的笔刷或载入的笔刷都可以将笔刷复位到默认状态。单击画笔工具，在属性栏中单击“画笔预设”选取器按钮，在弹出的预设面板中单击右上角的扩展按钮，在弹出的快捷菜单中选择“复位画笔”选项，即可将载入的笔刷复位到默认笔刷样式。

快捷菜单选项　　“复位画笔”提示框

6.4.5　载入笔刷

载入新的笔刷样式，可增加“画笔预设”选取器中的样式，增加选择性。载入新的画笔时，可载入系统自带的画笔，也可通过网络下载或自制画笔笔刷效果。单击“画笔预设”选取器右上方的扩展按钮，在弹出的菜单中选择“载入画笔”命令，在弹出的对话框中选择需要载入的画笔样式，完成后单击“载入”按钮，即可载入需要的画笔样式。也可以在弹出的菜单中选择系统预设的画笔，如“人造材质画笔”、“书法画笔”和“特殊画笔效果”等，将其追加至画笔选取器中。

6.4.6　实战：快速添加雪花图像

光盘路径：第6章\Complete\快速添加雪花图像.psd

步骤1　打开“快速添加雪花图像.jpg”文件，在“画笔”面板中单击右上角的扩展按钮，应用“载入画笔”命令。

步骤2　在弹出的对话框中载入需要的笔刷，完成后单击“确定”按钮，然后在“画笔预设”选取器面板中选择雪花笔刷。

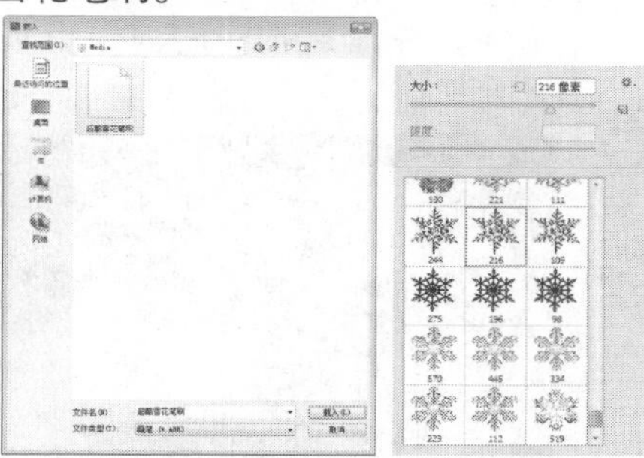

步骤3　新建“图层1”，设置前景色为白色，使用画笔工具在画面中单击，即可添加雪花效果。

6.4.7　存储笔刷

存储笔刷是将当前“画笔预设”选取器中的所有画笔组存储至指定的文件夹中，并对笔刷进行重命名。单击“画笔预设”选取器右上方的扩展按钮，在弹出的菜单中选择“存储画笔”命令，在弹出的对话框中设置画笔名称和存储位置，完成后单击“保存”按钮，即可保存当前笔刷样式。

6.4.8　替换笔刷

当“画笔预设”选取器中的笔刷样式过多时，再次载入笔刷样式后，可应用“替换笔刷”命令，在弹出的提示框中单击“确定”按钮，替换选取器中的所有笔刷样式；当单击“取消”按钮时，可对当前替换的笔刷命令进行取消；当单击“追加”按钮时，可在保留当前笔刷样式的同时对载入的笔刷样式进行追加，从而在选取器中显示更多的笔刷样式。

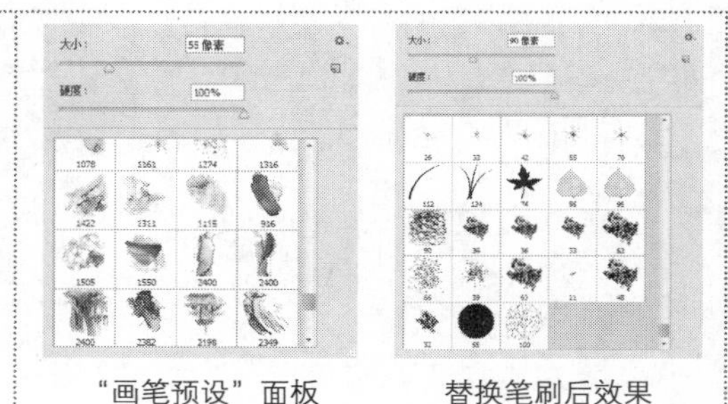

“画笔预设”面板　　替换笔刷后效果

6.4.9 新建画笔预设

在对当前选择的笔刷进行重新设置大小或属性后，可新建画笔预设。在“画笔预设”选取器中，单击右上方的扩展按钮，在弹出的快捷菜单中选择“新建画笔预设”命令，在弹出的对话框中设置当前画笔的名称，完成后单击“确定”按钮，可新建画笔预设。之后可在“画笔预设”选取器中看见新建的画笔预设。

“画笔名称”对话框

重命名后的“画笔名称”对话框

新建预设在“画笔预设”选取器

6.4.10 自定义画笔笔刷

在Photoshop CS6中，除了可以载入该软件自带的画笔样式外，还可以自定义画笔预设，从而制作更多的画笔样式，使图像绘制效果更丰富。当绘制图像后，执行“编辑 | 定义画笔预设”命令，在弹出的对话框中设置画笔名称，完成后单击“确定”按钮，即可在“画笔预设”选取器中显示当前定义的笔刷样式。

6.4.11 实战：创建太阳帽画笔预设

光盘路径：第6章\Complete\创建太阳帽画笔预设.psd

步骤1 执行“文件 | 打开”命令，打开“创建太阳帽画笔预设1.jpg”图像文件。

步骤2 新建图层，使用画笔工具在画面中绘制一个太阳帽图像，并设置相应的前景色进行绘制。

步骤3 隐藏“背景”图层，执行“编辑 | 定义画笔预设”命令，在弹出的对话框中设置画笔名称。

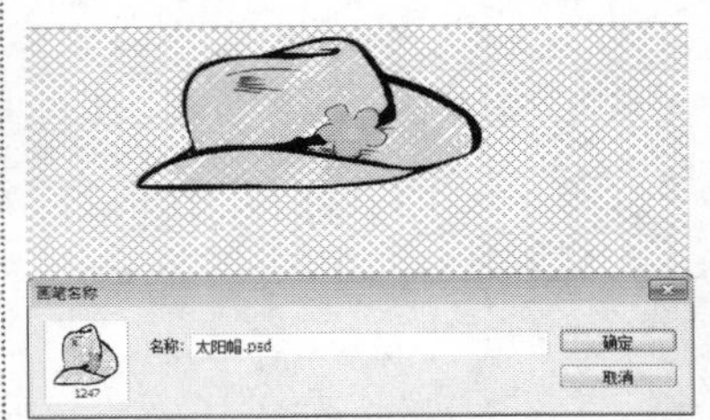

步骤4 完成后单击“确定”按钮，即可在“画笔预设”面板中看到刚才定义的画笔。

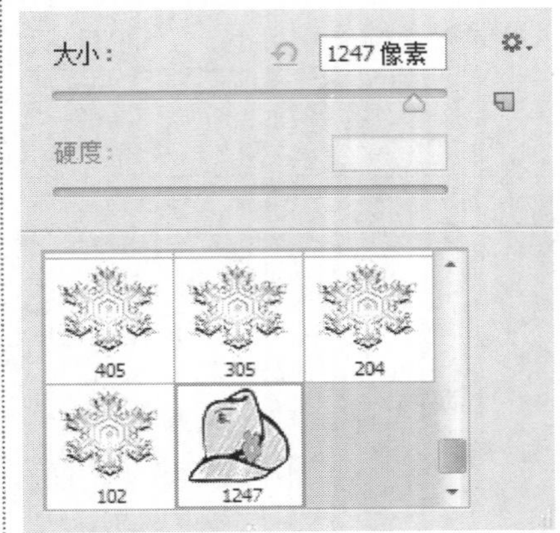

步骤5 打开“创建太阳帽画笔预设.jpg”图像文件，新建“图层1”，设置前景色为绿色（R154、G184、B79），然后在画笔工具属性栏中设置画笔大小，并在人物头部区域单击鼠标，添加太阳帽效果。

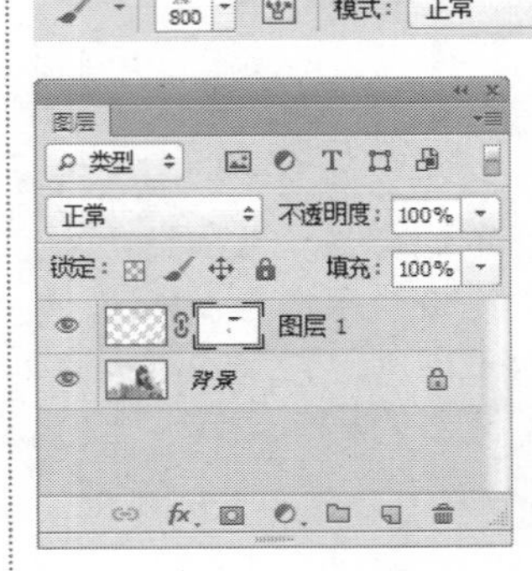

专家看板："画笔"面板

"画笔"面板主要由"画笔预设"选取器和"画笔笔尖形状"选项组组成，勾选列表框左侧的复选框可在查看选项的情况下启用或停用选项。在该面板中可设置笔刷的形状、散布、纹理等动态控制，单击选项名称切换到相应面板，可进行笔尖动态的细致调节。

❶ **"翻转X"和"翻转Y"复选框**：勾选"翻转X"复选框可以改变画笔在X轴及水平方向上的方向；勾选"翻转Y"复选框可以改变画笔在Y轴及垂直方向上的方向，同时勾选这两个复选框可以同时更改画笔在X轴和Y轴的方向。

❷ **"角度"文本框**：通过在该文本框中输入数值调整画笔在水平方向上的选择角度，取值范围为-180°~180°。

❸ **"圆度"文本框**：在该文本框中直接输入数值或在右侧的文本框中拖动节点，可设置画笔短轴与长轴之间的比率，取值范围为0%~100%。设置的参数值越大，笔触越接近圆形；参数值越小，笔触越接近线形。

❹ **"硬度"文本框**：用于调整笔触的硬度，值越大画笔笔触边缘越清晰。

❺ **"间距"文本框**：用于调整保持的间隔，默认值为25%，值越大笔触之间的间距越大。

间距为52%

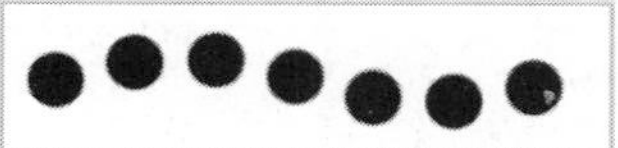

间距为140%

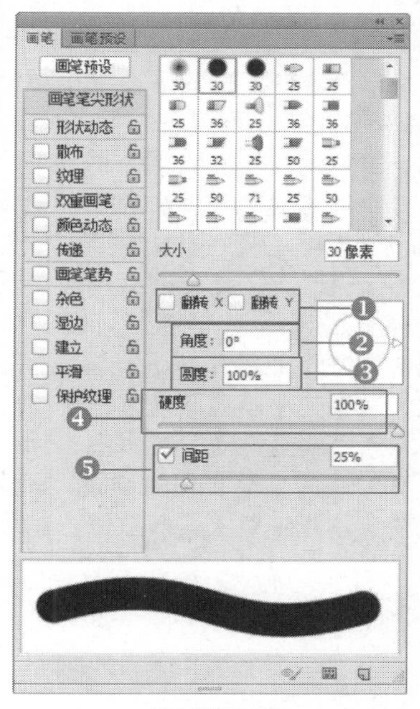

"画笔"面板

1. 形状动态

在"形状动态"选项面板中可调整笔尖的形状变化，包括大小抖动、角度抖动、原点抖动以及翻转抖动，用于变换笔尖动态效果。

❶ **"大小抖动"文本框**：控制画笔笔尖与笔尖之间随机性的大小变化。

❷ **"控制"选项列表**：用于设置画笔形态的动态控制。其中设置为渐隐、钢笔压力和光笔轮时激活"最小直径"选项；设置钢笔斜度选项时激活"倾斜缩放比例"选项。"关"选项指定不控制画笔笔迹的角度变化。"渐隐"选项指定数量的步长在0°~360°之间渐隐画笔笔迹角度。"钢笔压力"、"钢笔斜度"和"光笔轮"选项是依据钢笔压力、钢笔斜度、钢笔轮位置在初始直径和最小直径之间改变笔尖大小。其中，"倾斜缩放比例"选项指定当"大小抖动"设置为钢笔斜度时，在旋转前应用于画笔高度的比例值。

❸ **"角度抖动"文本框**：指定画笔笔尖的角度在描边过程中的改变方式。

❹ **"圆度抖动"文本框**：设置画笔笔尖的圆度在描边过程中的改变方式。"最小圆度"指定当圆度抖动或圆度的控制启用时画笔笔尖的最小圆度。

❺ **"翻转X抖动/翻转Y抖动"复选框**：启用画笔沿X轴/Y轴的随机翻转。

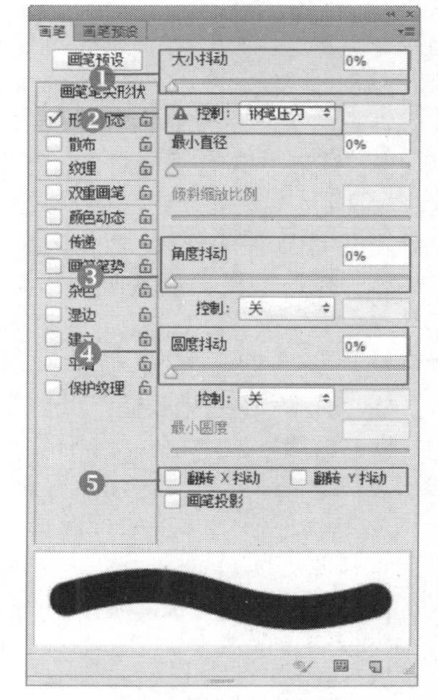

"形状动态"选项面板

2. 散布

在“散布”选项中可设置画笔分布的密度，画笔散布是指画笔在图像中绘制时自动沿水平中轴形成的散发效果。

❶ **“散布”文本框**：用于调整画笔笔触的分布密度，取值范围为0%~1000%。可以在右侧的文本框中直接输入数值，也可以通过拖动下方的滑块进行设置。数值越大，画笔笔触的分布密度就越大，反之亦然。当选择“两轴”时，画笔笔尖按径向分布。当取消选择“两轴”时，画笔笔迹垂直于描边路径分布。

❷ **“数量”文本框**：用于设置画笔分布笔触，指定粒子的密度，取值范围为1~16像素。可在右侧的文本框中直接输入数值，也可以通过拖动下方的滑块进行设置。输入的数值越大画笔笔触越浓密，反之，数值越小画笔笔触越稀疏。

❸ **“数量抖动”文本框**：用于设置画笔笔触指定笔触的数量针对各种间距间隔而变化的参数。取值范围在0%~1000%之间。可以在右侧的文本框中直接输入数值，也可以通过拖动下方的滑块进行设置。

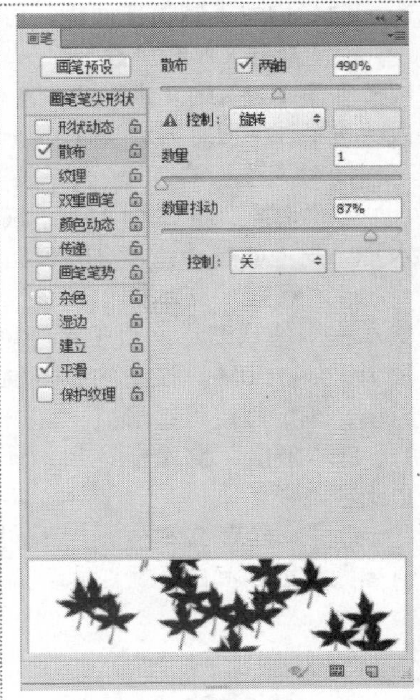

“散布”选项面板

3. 纹理

“纹理”选项是利用图案使绘制的笔触像是在带纹理的画布上绘制一样。画笔纹理是指为画笔添加纹理效果后，能够快速指定画笔的材质特征。在“画笔”面板中，单击“图案”拾色器下拉按钮，在弹出的面板中选择图案，在显示的选项中即可对“纹理”的各项参数进行设置。

❶ **“反相”复选框**：主要是基于图案中的色调反转纹理中的亮点和暗点。当选择“反相”时，图案中的最亮区域是纹理中的暗点，从而接收最少的油彩；图案中的最暗区域是纹理中的亮点，从而接收最多的油彩。当取消选择“反相”时，图案中的最亮区域接收最多的油彩；图案中的最暗区域接收最少的油彩。

❷ **“缩放”文本框**：用于设置指定图案的缩放比例，取值范围为0%~1000%。可以在右侧的文本框中输入数值，也可以拖动滑块设置图案大小的百分比值，调整图案的缩放比例。

❸ **“为每个笔尖设置纹理”复选框**：勾选此复选框时，将选定的纹理应用于画笔描边中的每个画笔笔迹。必须选择此选项，才能使用“深度”变化选项。

❹ **“模式”下拉列表框**：用于设置组合画笔和图案的混合模式。

❺ **“深度”文本框**：用于设置指定油彩渗入纹理中的深度，取值范围为0%~100%。如果设置“深度”为100%，则纹理中的暗点不接收任何油彩。如果设置“深度”为 0%，则纹理中的所有点都接收相同数量的油彩，从而隐藏图案。

❻ **“深度抖动”文本框**：用于设置当选中“为每个笔尖设置纹理”时深度的改变方式，取值范围为0%~100%。

❼ **“控制”下拉列表框**：用于设置控制画笔笔迹的深度变化。

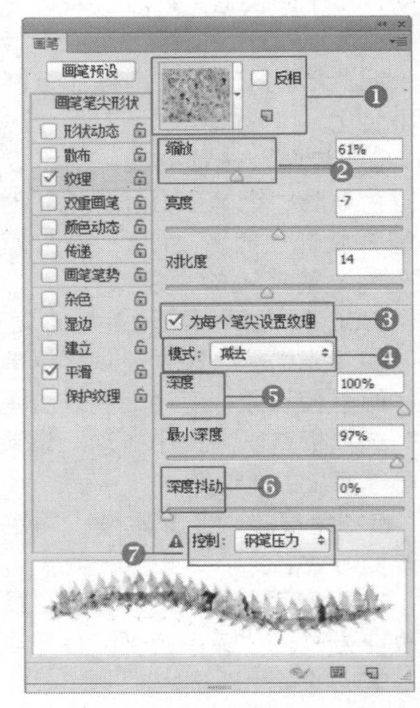

“纹理”选项面板

4. 双重画笔

“双重画笔”选项是组合两个画笔笔尖来绘制图像。在“画笔”面板中的“画笔笔尖形状”样式中设置主要笔刷的样式，并在“双重画笔”选项中选择另一个画笔笔尖，然后设置各选项参数值，即可绘制双重画笔的效果。

❶ **“模式”下拉列表框：**用于设置主要笔尖和双重笔尖组合画笔笔触时要使用的混合模式。单击下拉按钮，弹出“模式”快捷菜单，其中包括多种混合模式可供选择。

❷ **“大小”文本框：**用于设置双笔尖的大小，取值范围为1~2500像素。数值越大，绘制的双笔尖越大，反之亦然。

❸ **“间距”文本框：**用于设置绘制中双笔尖画笔两个笔触之间的距离，取值范围为1%~1000%。当输入的数值为1%时，绘制出的是一条直线；当设置的数值大于100%时，绘制出的是有间隔的点。

❹ **“散布”文本框：**用于设置绘制中双笔尖画笔笔触的分布方式，取值范围为0%~1000%。数值越大，散布的范围越广。当选中“两轴”复选框时，双笔尖画笔笔触按径向分布。当取消选择“两轴”复选框时，双笔尖画笔笔触垂直于描边路径分布。

❺ **“数量”文本框：**用于设置在每个间距间隔应用的双笔尖画笔笔触的数量，取值范围为1~16。设置的数值越大，画笔笔触越浓密，反之，数值越小，画笔笔触越稀疏。

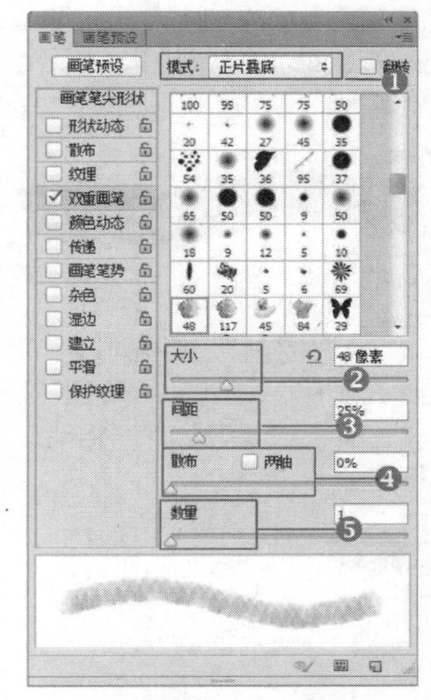

“双重画笔”选项面板

5. 颜色动态

“颜色动态”选项是根据拖动画笔的方式调整色相、饱和度、亮度和纯度。颜色动态主要用于控制画笔的颜色变化，可以创建颜色随机变化的独特效果。

❶ **“前景/背景抖动”文本框：**用于设置前景色和背景色之间的油彩变化方式，取值范围为0%~100%。设置的参数越大画笔笔触的颜色变化越丰富，反之，参数越小画笔笔触的颜色变化越单一。

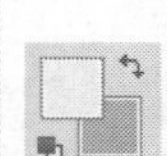

设置前景色与背景色

设置抖动参数为0%

设置抖动参数为20%

❷ **“色相抖动”文本框：**用于调整绘制中油彩色相的百分比，取值范围为0%~100%。较低的数值可以在改变色相的同时保持接近前景色的色相，较高的数值可以增大色相间的差异。

❸ **“饱和度抖动”文本框：**用于调整绘制中油彩饱和度的百分比，取值范围为0%~100%。数值越小，改变饱和度的同时保持接近前景色的饱和度。数值越大，则增大饱和度级别之间的差异。

❹ **“亮度抖动”文本框：**用于设置绘制中油彩亮度的百分比，取值范围为0%~100%。

❺ **“纯度”文本框：**用于增大或减小颜色的饱和度，取值范围为-100 %~ 100 %。如果数值为 -100，则颜色将完全去色；如果数值为 100，则颜色将完全饱和。

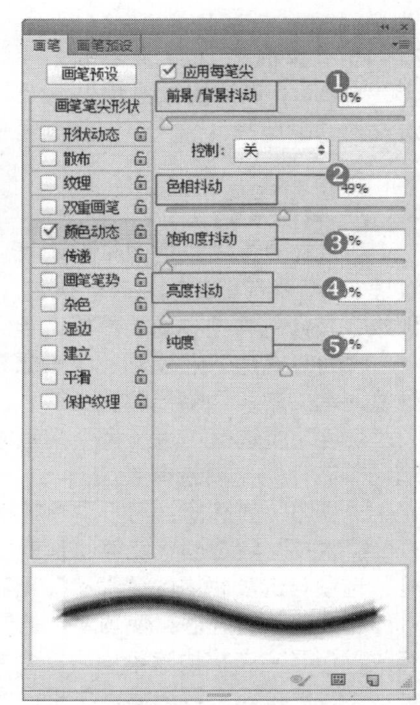

“颜色动态”选项面板

6. 传递选项

“传递”选项主要是设置画笔在绘制过程中的改变方式。通过在“传递”面板中设置画笔的“不透明度”和“流量”抖动等设置，可使画笔在绘制过程中呈现不同的效果。

❶ **“不透明度抖动”文本框：** 用于设置画笔在绘制过程中颜色不透明度的变化方式，取值范围为0%~100%。数值越小，不透明度抖动的范围越小，反之，数值越大，不透明度抖动的范围就越大。

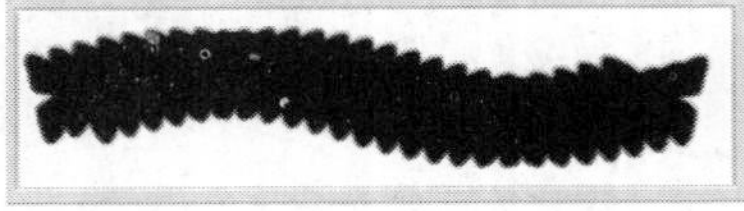

“不透明度抖动”为0%

“不透明度抖动”为100%

❷ **“控制”下拉列表：** 用于设置如何控制画笔笔迹的不透明度变化。单击右侧的下拉按钮，弹出快捷菜单。其中包括“关”、“渐隐”、“钢笔压力”、“钢笔斜度”和“光笔轮”等选项。

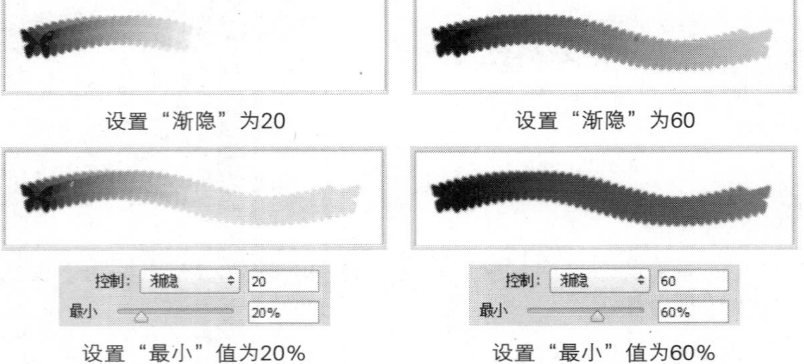

设置“渐隐”为20　　设置“渐隐”为60

设置“最小”值为20%　　设置“最小”值为60%

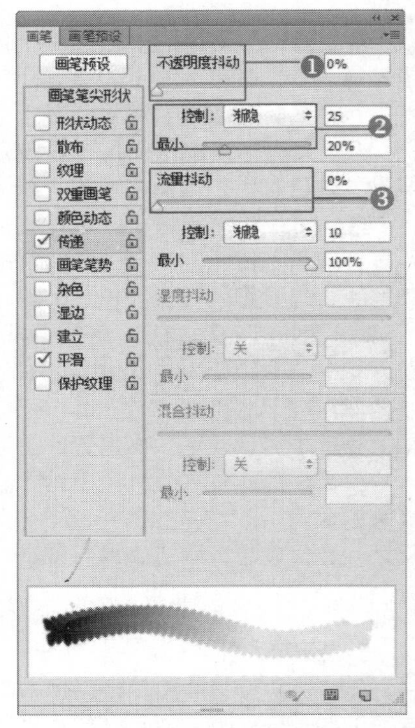

“传递”选项面板

❸ **“流量抖动”文本框：** 用于设置画笔在绘制过程中颜色流量的变化方式，取值范围为0%~100%。设置的数值越小，流量抖动的范围越小，绘制的图像颜色越深。反之，设置的数值越大，流量抖动的范围就越大，图像颜色就越浅。

7. 其他效果

画笔其他效果包括调整画笔的“画笔笔势”、“杂色”、“湿边”、“喷枪”、“平滑”和“保护纹理”6个复选框选项。在“画笔”面板中，勾选这些复选框时除了“画笔笔势”选项弹出相应的参数面板，其余的将不会弹出面板，但会在画笔效果预览区中体现出相应的效果。

“画笔笔势”选项： 用于设置画笔的光笔效果，其中包括设置画笔光笔X笔势、画笔光笔Y笔势、画笔光笔旋转和画笔光笔压力等。

杂色”复选框： 用于为个别画笔笔尖增加额外的随机性。当应用于柔画笔笔尖（包含灰度值的画笔笔尖）时，此选项最有效。

“湿边”复选框： 用于沿画笔描边的边缘增大油彩量，从而创建出水彩效果。

“建立”复选框： 能够将渐变色调应用于图像，同时模拟传统的喷枪技术。“画笔”面板中的“喷枪”选项与选项栏中的“喷枪”选项相对应。

“平滑”复选框： 使画笔在绘制过程中生成更平滑的曲线。当使用光笔进行快速绘画时，此选项最有效；但是它在描边渲染中可能会导致轻微的滞后。

“保护纹理”复选框： 将相同图案和缩放比例应用于具有纹理的所有画笔预设。在使用多个纹理画笔笔尖绘画时，能够模拟出画布纹理。

6.5 操作答疑

本章主要学习颜色填充工具和图像绘制工具，重点掌握“画笔”面板中的各个选项的应用。下面通过操作答疑对本章学习的知识点进行回顾，在学习了前面的知识后，做做习题进行巩固。

6.5.1 专家答疑

（1）颜色替换工具属性栏中的“消除锯齿”的意义是什么？

答：单击颜色替换工具，在其属性栏中会显示“消除锯齿”复选框，勾选该复选框可以为替换颜色后的图像区域定义平滑边缘，使其边缘更自然，不出现锯齿现象。

（2）为什么在“画笔”面板中会呈现灰色界面显示？

答：当“画笔”面板呈现为灰色面板时表示不可用。其原因是由于当前选择的工具不可用到“画笔”面板中的工具，从而没有激活该面板。此时只要单击画笔工具或按快捷键B，即可快速激活“画笔”面板，将面板显示为可用面板。

（3）当对画笔样式进行选择时，如何查看当前画笔样式的名称？

答：画笔样式中的画笔名称主要用于区别其他画笔样式，若要将画笔名称显示出来，在“画笔预设”选取器或“画笔”面板中的画笔样式列表框中选择需要显示名称的画笔样式，在该选项面板中单击右上角的扩展按钮，在弹出的快捷菜单中选择“新建画笔预设”选项，打开“画笔名称”对话框，在该对话框中将显示当前画笔样式的名称。将鼠标移到选择的画笔样式上，可快速显示当前画笔样式的名称。

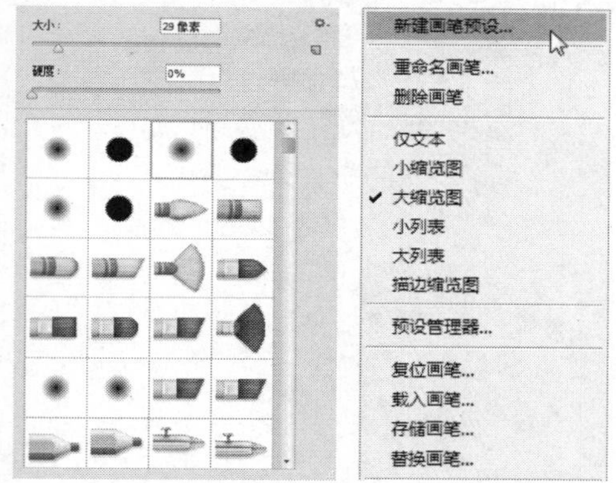

“画笔预设”选取器　应用“新建画笔预设”命令

在“画笔名称”对话框中显示画笔名称

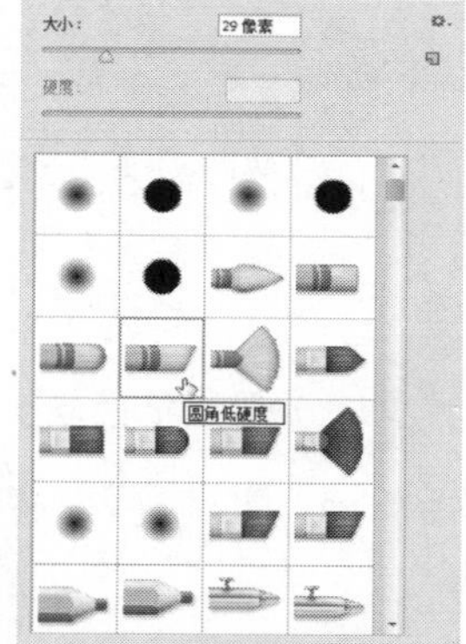

在画笔样式列表中显示名称

6.5.2 操作习题

1. 选择题

（1）画笔工具的混合模式包括（　　）。

A.背后　　B.正片叠底　　C.清除

（2）在使用渐变工具时，若要改变渐变样式的方向，需要激活（　　）复选框。

A.反向　　B.透明区域　　C.仿色

（3）使用混合器画笔工具绘制图像时，可绘制图像（　　）绘画效果。

A.水彩画　　B.油画　　C.水粉画和油画

2. 填空题

（1）颜色替换工具属性栏中的__________选项用于替换颜色邻近的颜色。

（2）在“画笔”面板中，__________选项面板用于控制画笔的散布方式和散布数量，以产生随机性的变换。

（3）在铅笔工具属性栏中，启用__________复选框，当光标中心在前景色上时，该区域将被涂抹为背景色。

（4）在颜色替换工具属性栏中的模式选项包括：__________、__________、__________和__________四种模式。

3. 操作题

（1）如何更改画笔样式的不同样式方式。

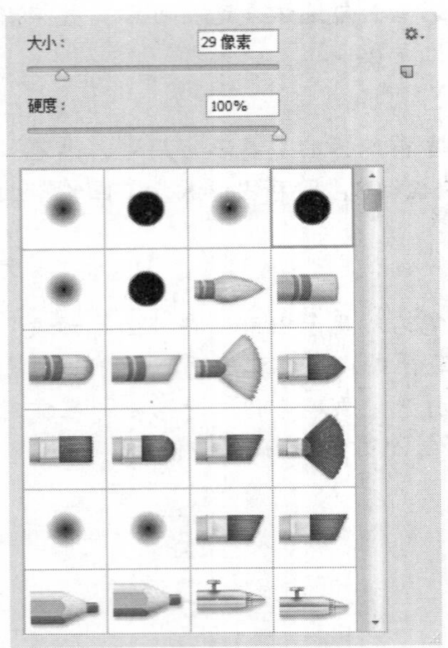

大缩览图

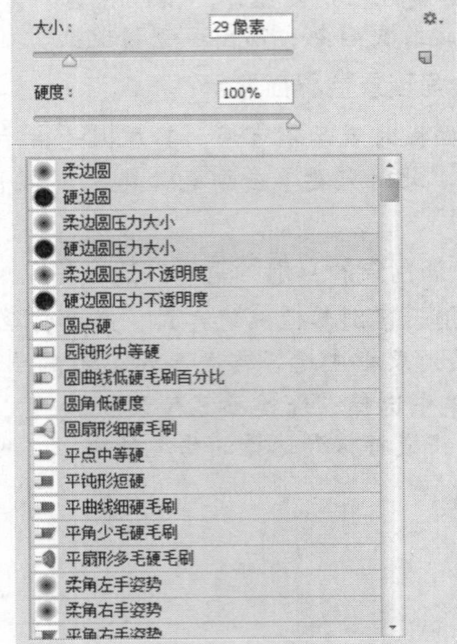

小列表缩览图

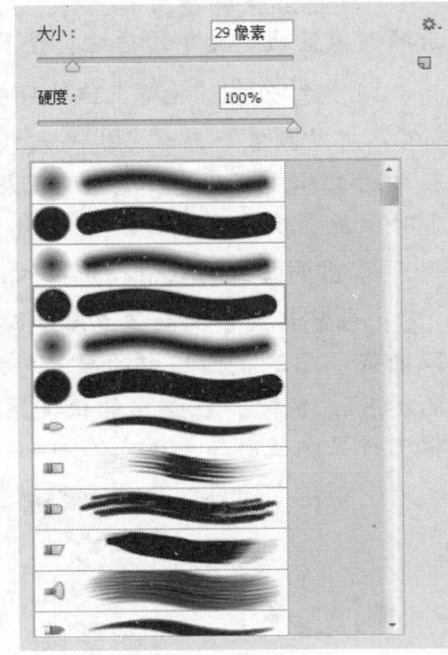

描边缩览图

（2）创建径向渐变效果。

（3）使用画笔工具为人物上妆。

第7章

路径的绘制与编辑

本章重点：

本章主要学习路径和形状的绘制及应用，从认识路径、钢笔工具、路径的编辑和形状工具4个方面对知识点进行分类介绍。

学习目的：

路径是在Photoshop中较为最重要的功能，它是图像处理过程中的一个转折点。读者通过了解路径的功能，可充分掌握图形技巧绘制和填充制作技巧。

参考时间：30分钟

主要知识	学习时间
7.1　认识路径	2分钟
7.2　钢笔工具	10分钟
7.3　形状工具	8分钟
7.4　路径的编辑	10分钟

7.1 认识路径

路径是Photoshop中较为实用的功能，使用路径可以创建矢量形状、路径和像素图形，而编辑路径，可对当前路径进行调整。

7.1.1 关于路径

在Photoshop中，路径是一个不可打印、不活动的线条，它是由锚点和连接锚点组成的曲线或闭合曲线，它的主要作用是对图像进行精确定位和调整，同时还可以创建不规则的选区。路径主要用于绘图。与绘画工具相比，基于像素的矢量绘图有着不受分辨率影响的优点，不管文件分辨率是多少，图形的线条都会保持光滑的效果。

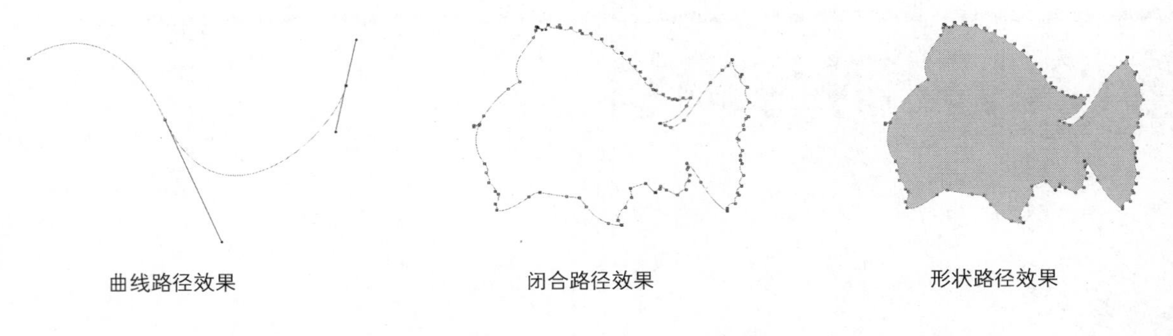

曲线路径效果　　闭合路径效果　　形状路径效果

7.1.2 认识“路径”面板

在“路径”面板中，将会显示存储的路径、当前工作路径和当前矢量蒙版的名称和缩览图。执行“窗口 | 路径”命令，打开“路径”面板，在该面板中的按钮可对路径进行编辑。可选择区域及辅助抠图，绘制光滑线条，定义画笔等工具的绘制轨迹，在输出、输入路径和选择区域之间转换。

“路径”面板

带有路径的“路径”面板

❶ **“扩展”按钮**：单击该按钮，在弹出的菜单中可选择相关命令进行操作。

❷ **工作路径**：在该区域将显示当前路径绘制的形状，以缩览图的方式进行显示，在该区域中可储存路径名称，将工作路径储存为新的路径。

❸ **“用前景色填充路径”按钮**：单击该按钮时，对于闭合路径，将使用前景色填充闭合路径所包围的区域。对于开放路径，系统使用最短的直线将闭合路径闭合，并使用前景色填充闭合区域。

❹ **“用画笔描边路径”按钮**：单击该按钮，将使用前景色沿着路径进行描边。

❺ **“将路径作为选区载入”按钮**：单击该按钮，自动将路径转换为选区。

❻ **“从选区生成工作路径”按钮**：单击该按钮，可自动将当前选区边界转换为工作路径。

❼ **“增加蒙版”按钮**：单击该按钮，可在“图层”面板中为选定图层添加图层蒙版。

❽ **“创建新路径”按钮**：单击该按钮可创建一个新路径；在“路径”面板中拖动指定路径到“创建新路径”按钮上，可以复制指定路径；拖动工作路径到该按钮上，将会存储该路径；拖动矢量蒙版到该按钮上，会将该蒙版的副本以新建路径的形式存放在“路径”面板中，原矢量蒙版不变。

❾ **“删除当前路径”按钮**：选择路径，单击“删除当前路径”按钮，可删除路径。

7.2 钢笔工具

钢笔组中的工具不仅可以绘制路径，也可以绘制图形。钢笔工具和自由钢笔工具主要用于绘制路径，添加锚点工具、删除锚点工具和转换点工具主要用于调整路径的状态。

7.2.1 钢笔工具

钢笔工具常用于绘制直线、曲线、复杂或不规则的形状和路径。按P键可选择钢笔工具，在需要确定路径起点的位置单击鼠标，确定下一个锚点位置并单击该点，拖曳鼠标即可拖出控制手柄，通过调整控制手柄的长短或角度，绘制出需要的弧线效果。当要绘制连续弧线时，再次确定下一锚点的位置，然后拖曳控制手柄调整弧线的弧度。完成曲线的绘制后，按Esc键结束。

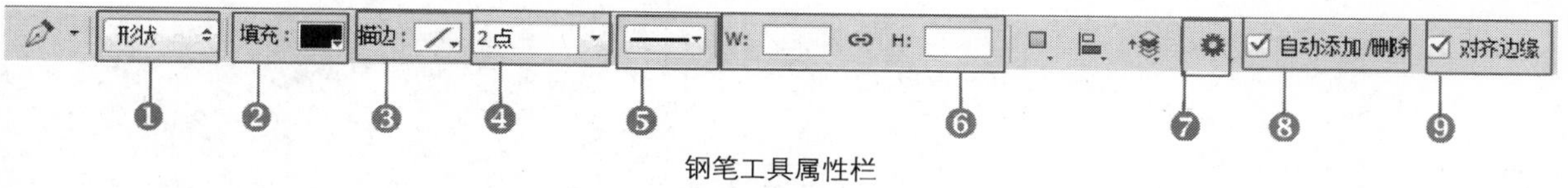

钢笔工具属性栏

❶ **“形状”选项**：在该选项中包括“形状”选项、“路径”选项和“像素”选项。在属性栏中选择不同的工具模式，可创建不同的路径效果。

❷ **“填充”选项**：单击该选项按钮，可在弹出的颜色面板中设置图像的填充颜色，当单击该按钮后，使用钢笔工具绘制形状时，沿着路径可在该选项框中设置填充颜色。单击该按钮，可弹出填充样式面板，在面板中包括“清除轮廓线填充”、“填充颜色”、“渐变填充”、“图案填充”和色块“拾色器”5种填充方式。

❸ **“描边”选项**：单击该选项按钮，可在弹出的面板中单击“填充颜色”按钮、“渐变填充”按钮或“图案填充”按钮，为图形添加各种描边样式。若单击“清除轮廓线填充”按钮在图像中拖动鼠标绘制，可创建基本图形。

❹ **“形状描边宽度”文本框**：通过该选项可设置形状图形描边的宽度。

❺ **“形状描边类型”下拉列表**：通过该选项可替换笔触轮廓线的形状，其中包括线、段和点3 种选项。还可以在该选项面板中设置线、段、点的对齐方向、端点和角点效果。

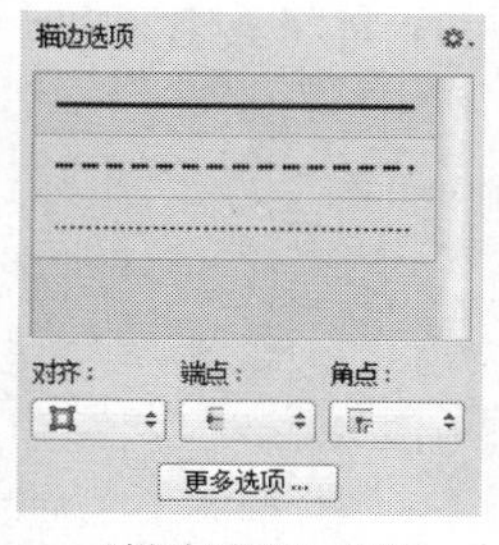

“描边选项”面板

“线形”描边效果

“段形”描边效果

“点形”描边效果

❻ **“设置形状宽度与高度”文本框**：通过该选项可以设置图形的高与宽。调整路径的选择范围，数值越大，选择范围也越大；反之数值越小，选择的范围越小。

❼ **“橡皮带”按钮**：单击该按钮弹出橡皮带复选框，勾选该复选框可将连接交叉的形状图形从中减去。

❽ **“自动添加/删除”复选框**：定义钢笔停留在路径上时，是否具有添加或删除锚点的功能。

❾ **“对齐边缘” 复选框**：勾选该复选框时，在创建路径时设置图形的位置，以校正边缘对齐效果。

7.2.2 实战：绘制飞溅的果酱图形

光盘路径：第7章\Complete\绘制飞溅的果酱图形.psd

步骤1 在Photoshop中，执行“文件 | 新建”命令，在弹出的对话框中设置宽度、长度、分辨率和填充颜色，新建一个空白图像文件。

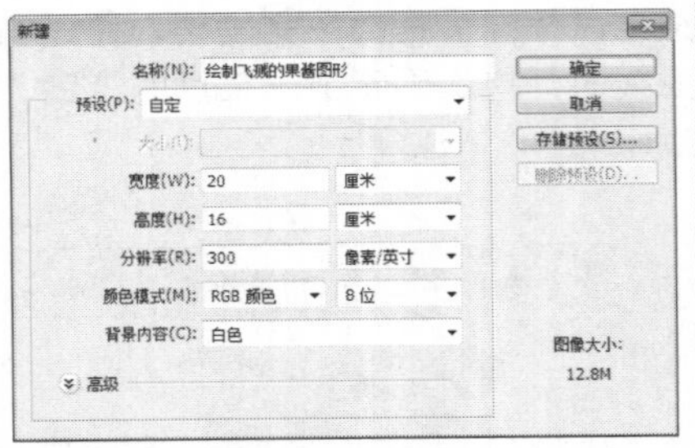

步骤2 使用渐变工具使用从白色到灰色（R192、G192、B192）的径向渐变颜色填充“背景”图层，复制该图层，设置其混合模式为“柔光”、“不透明度”为50%，以增强背景层次。

步骤3 新建“组 1”图层组，单击钢笔工具，在属性栏中设置填充颜色为橘红色（R235、G97、B0），并在画面中心区域绘制一个果酱飞溅的形状图形。

步骤4 复制“形状1”图层，在属性栏中设置填充颜色为橙色（R243、G151、B0）。结合图层蒙版和画笔工具在图形上涂抹，绘制果酱阴影效果，添加“斜面和浮雕”图层样式，以增强其立体质感。

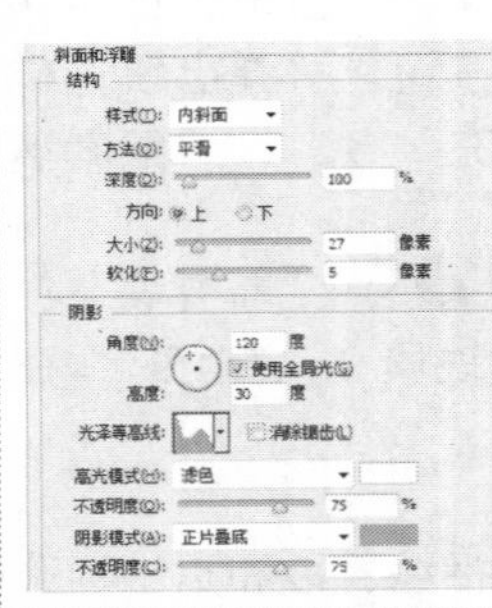

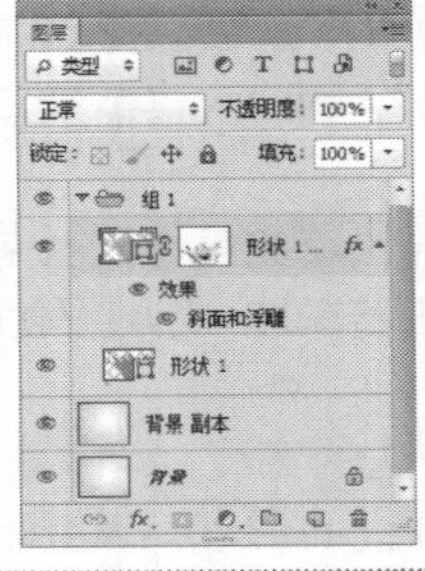

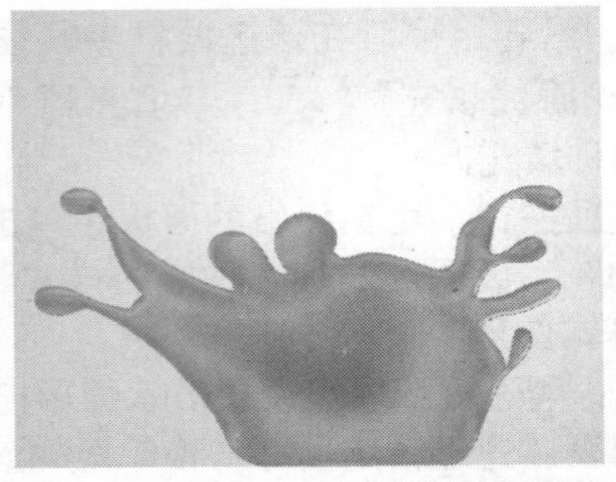

步骤5 继续使用相同的方法绘制图形并复制，然后在属性栏中设置填充颜色为黄色（R252、G252、B112），最后使用画笔工具稍微在蒙版中涂抹。

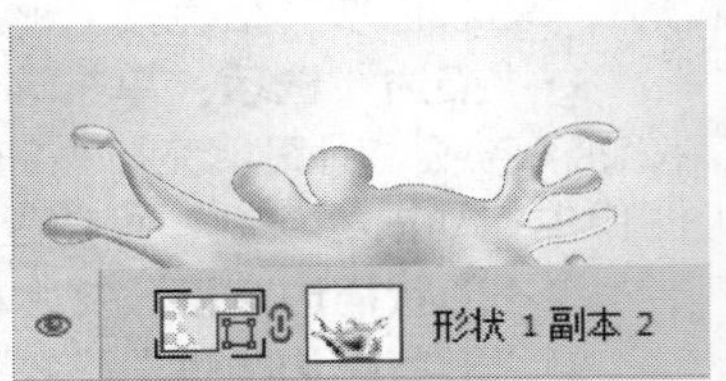

步骤6 使用钢笔工具继续在画面中绘制飞溅图形，复制图层并在钢笔工具属性栏中设置“形状2副本”图层的填充颜色为灰色渐变。继续使用相同的方法，在画面中绘制相应的形状图形。

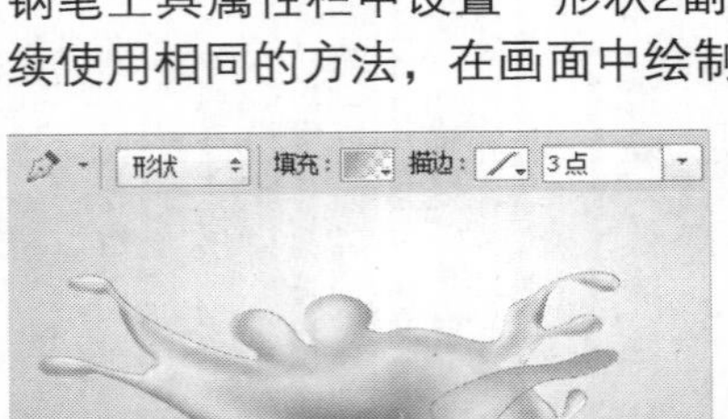

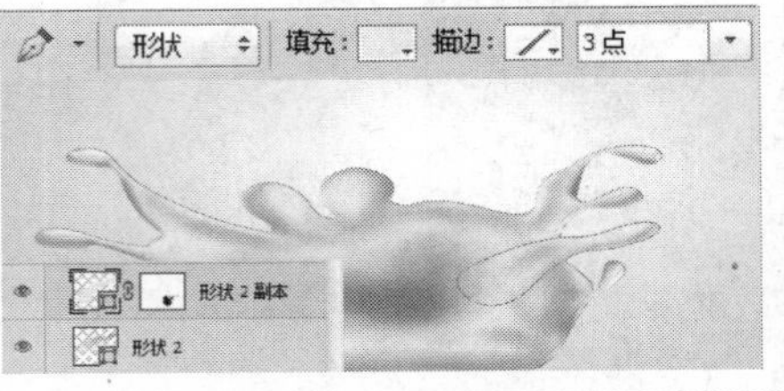

步骤7 继续使用相同的方法绘制飞溅的果酱图形，并结合图层蒙版和画笔工具隐藏多余的图像，制作阴影效果。

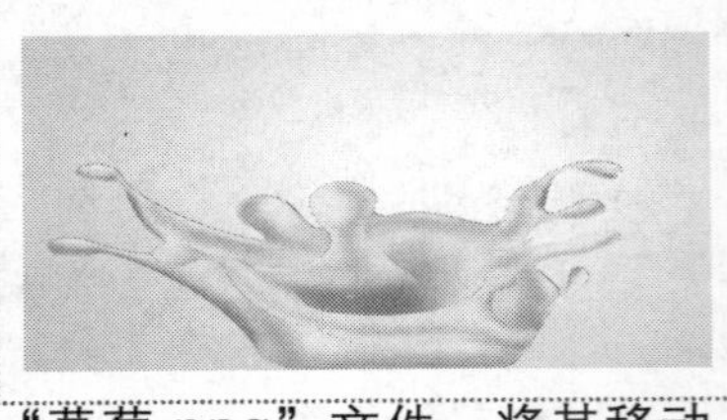

步骤8 新建“组2”图层组，打开“树叶.png”文件，将其移动到当前图像文件中，调整其大小和水平位置，以丰富画面效果。

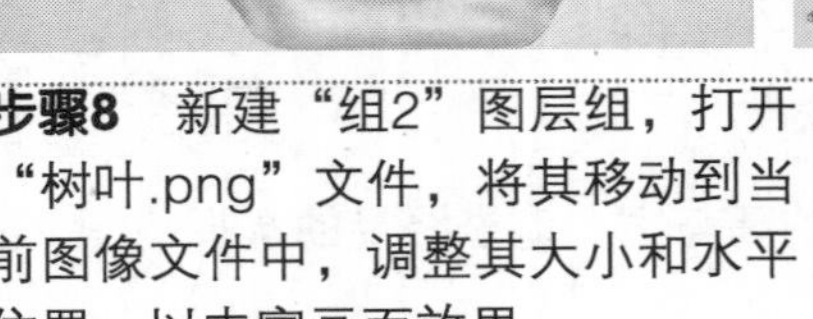

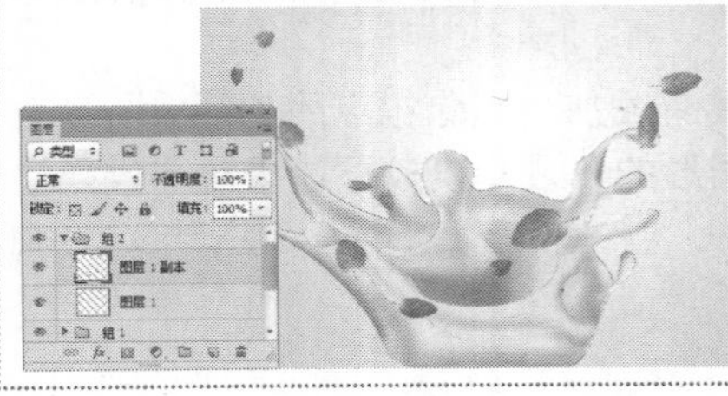

步骤9 分别打开“芒果.png”和“草莓.png”文件，将其移动到当前图像文件，复制相应图像，调整其位置、大小和图层上下关系。然后结合图层蒙版和画笔工具隐藏部分图像，使其融合画面。

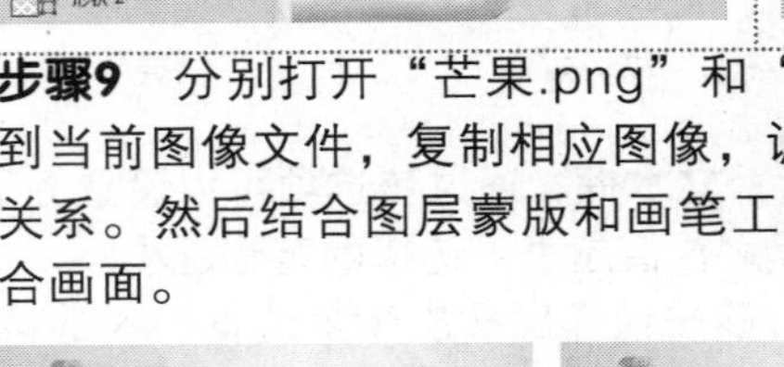

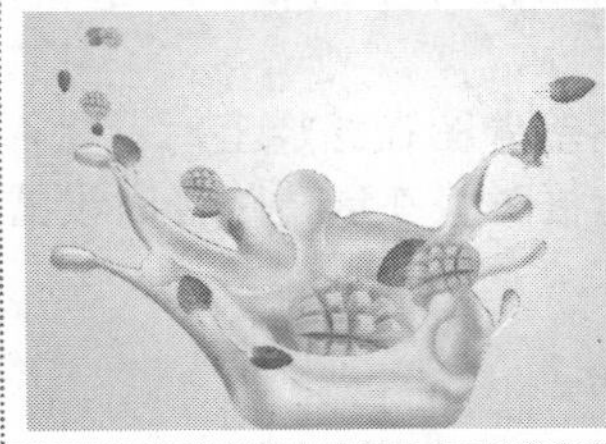

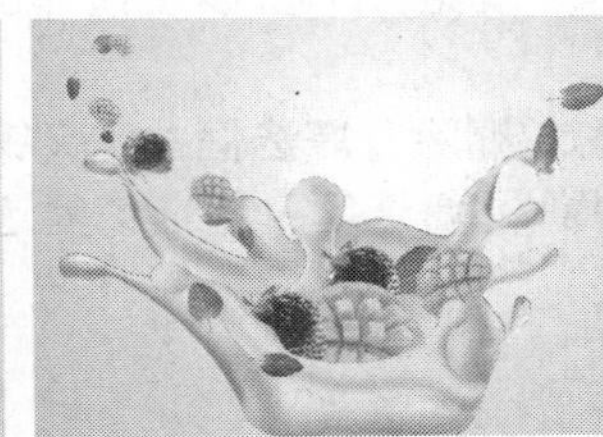

7.2.3 自由钢笔工具

使用自由钢笔工具可以创建不太精确的路径，并可绘制随意路径。在画面中拖动鼠标，可直接形成路径。在绘制路径时，将会自动在绘制的曲线上添加锚点。按快捷键Shift+P可以在钢笔工具和自由钢笔工具之间切换。

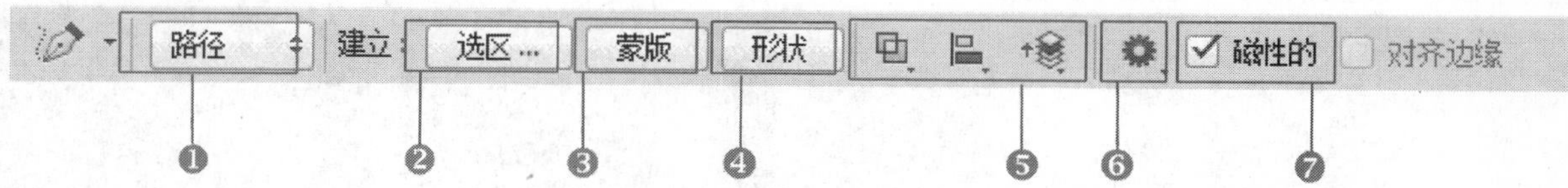

自由钢笔工具属性栏

❶ **"路径"选项**：单击该选项绘制图形，将以路径图层的方式表现其效果。

❷ **"选区"按钮**：选择指定路径，单击"选区"按钮，可在弹出的"建立选区"对话框中设置选区的各项参数，将路径转换为选区。

❸ **"蒙版"按钮**：选择指定路径，单击"蒙版"按钮可为选定的图层创建新的矢量蒙版。

❹ **"形状"按钮**：选择指定路径，单击"形状"按钮可在"图层"面板中直接创建新的形状图层。

❺ **"路径操作"选项组**：此选项内包括"路径操作"按钮、"路径对齐"按钮、"路径排列"按钮，通过单击不同的按钮可对路径进行管理。

❻ **"几何选项"按钮**：单击该按钮，在弹出的面板中设置"曲线拟合"文本框，在该文本框中设置的数值越大，创建的路径锚点越少，路径越简单；勾选"磁性的"复选框，激活磁性钢笔的默认设置，可以设置"宽度"、"对比"和"频率"的大小；勾选"钢笔压力"复选框，可设置钢笔工具的压力效果。

❼ **"磁性的"复选框**：勾选"磁性的"复选框，可以打开磁性钢笔的默认设置。

7.2.4 实战：为美味蛋糕更换背景

光盘路径：第7章\Complete\为美味蛋糕更换背景.psd

步骤1 打开"为美味蛋糕更换背景.jpg"文件，复制"背景"图层，生成"背景 副本"图层。

步骤2 使用自由钢笔工具沿着蛋糕轮廓边缘拖动鼠标，当起点和结束点闭合时，形成路径。

步骤3 在自由钢笔工具属性栏中单击"蒙版"按钮，为副本图层添加矢量蒙版，隐藏"背景"图层，显示蛋糕图像效果。

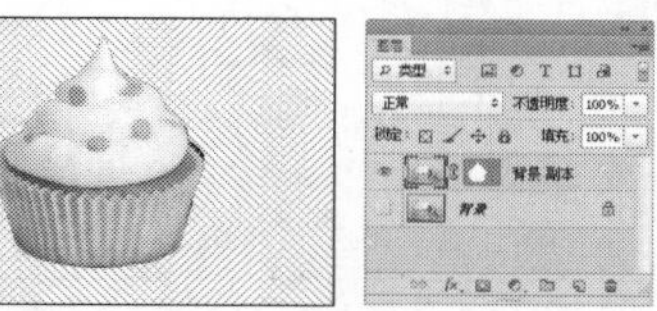

步骤4 打开"为美味蛋糕更换背景1.jpg"文件，将其拖拽到当前图像文件中，生成"图层1"，调整其位置和图层顺序至"背景"图层上方。然后应用"自由变换"命令调整蛋糕图像的大小和位置。

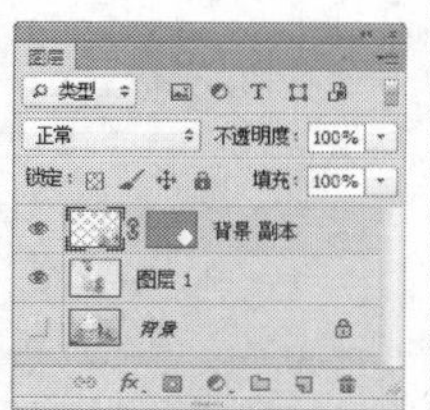

步骤5 使用添加锚点工具在路径中调整锚点位置，使蛋糕边缘更自然。

7.2.5 添加锚点工具

路径是由多个锚点组成的闭合形状，在路径中添加锚点可改变路径的形状。单击添加锚点工具，将光标移动到要添加锚点的路径上，当其变为形状时单击鼠标即可添加一个锚点，添加的锚点以实心显示，此时拖动该锚点可改变路径的形状。

原图

绘制路径

添加锚点

添加锚点并改变路径

7.2.6 删除锚点工具

删除锚点工具用于删除不需要的锚点。使用删除锚点工具时，将光标移到要删除的锚点上，当其变为形状时单击鼠标即可删除该锚点，删除锚点后路径的形状也会发生相应变化。同时按住Alt键单击可切换为添加锚点工具。

7.2.7 转换点工具

转换点工具可将路径在尖角和平滑之间进行转换。当使用钢笔工具绘制图形时，在需要转换为平滑点的锚点上按住鼠标左键不放并拖动，会出现锚点的控制柄，拖动控制柄可调整曲线的形状。

7.2.8 实战：制作可爱的果树图形

光盘路径：第7章\Complete\制作可爱的果树图形.psd

步骤1 执行“文件 | 新建”命令，在弹出的对话框中设置参数，完成后单击“确定”按钮。

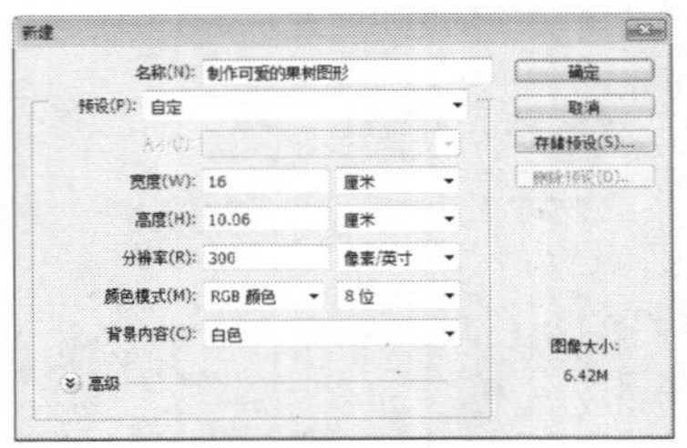

步骤2 新建图层，填充为蓝色（R185、G232、B253）。然后使用钢笔工具绘制草坪图形。

步骤3 在钢笔工具属性栏中设置属性，在画面中绘制大树图形。

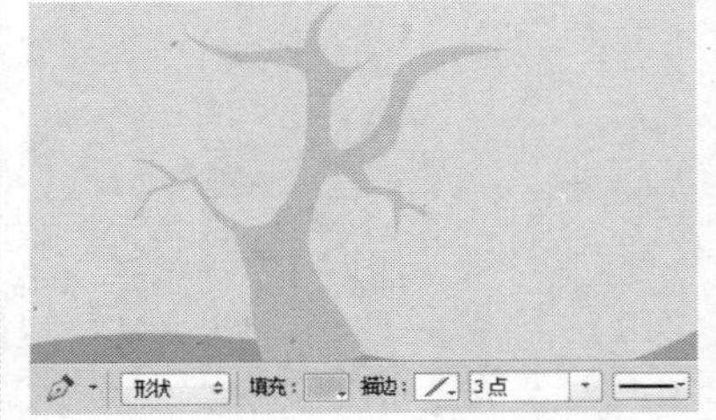

步骤4 使用钢笔工具在大树图形上绘制阴影，以增强真实性。

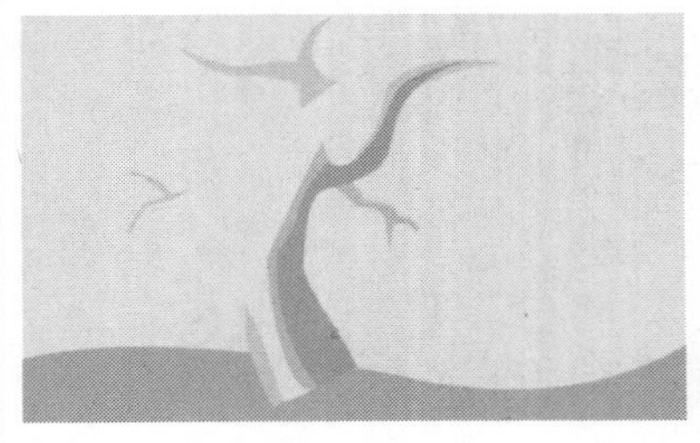

步骤5 继续使用相同的方法在画面中绘制小草图形，并多次复制该图层，以丰富画面效果。

步骤6 使用椭圆工具在画面中绘制多个正圆图形，并设置不同的颜色，以丰富画面效果。

7.3 形状工具

在Photoshop中使用形状工具可以快速地绘制规则的形状或路径，可通过这些工具绘制线条、长方形与正方形、圆角矩形、椭圆与正圆形、多边形和箭头等。

7.3.1 矩形工具

矩形工具▭常用于创建自由的矩形或正方形图形，也可以在属性栏的“矩形选项”面板中设置路径的创建方式，绘制不同的矩形图形。

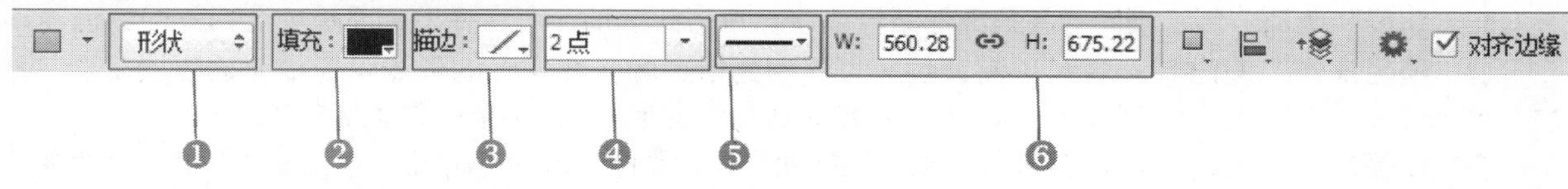

矩形工具属性栏

❶ **“形状”选项**：创建不同的矩形形状图层路径效果。单击此选项，可在弹出的面板中选择不同的选项。

❷ **“填充”按钮选项**：在该选项中设置图像填充颜色，包括纯色、渐变色和图案填充等。

❸ **“描边”选项**：在该选项中可设置创建图形的描边效果，包括纯色、渐变色和图案描边等选项。

❹ **“形状描边宽度”文本框**：设置形状图形描边的宽度。

❺ **“形状描边类型”下拉列表**：设置替换笔触轮廓线的形状，包括线、段和点3种选项。还可以在该选项面板中设置线、段、点的对齐方向、端点和角点效果。

❻ **“设置形状宽度与高度”文本框**：设置图形的高与宽。调整路径的选择范围，数值越大，选择范围越大；反之数值越小，选择的范围越小。

7.3.2 实战：制作美丽的墙纸图像

光盘路径：第7章\Complete\制作美丽的墙纸图像.psd

步骤1　打开“制作美丽的墙纸图像.jpg”图像文件。

步骤2　新建“组1”图层组，使用矩形工具▭在画面中绘制一个白色矩形图形，多次复制该图层并调整其位置，然后该组添加“斜面与浮雕”图层样式，以增强图形的立体效果。

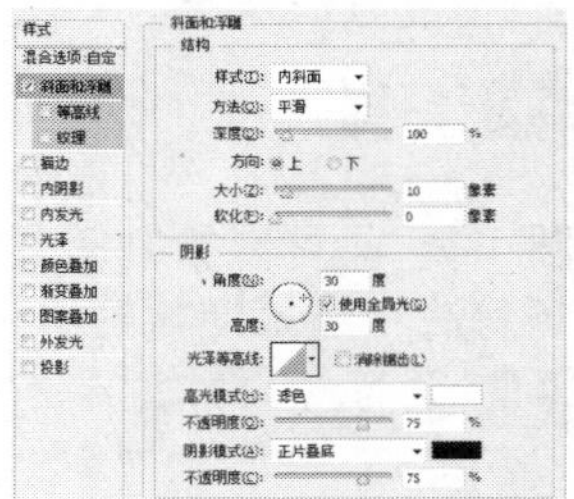

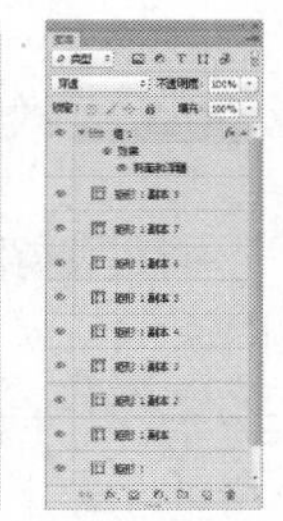

步骤3　设置“组1”图层组的“填充”值为0%，应用图层样式。然后复制该组并应用“旋转90°（顺时针）”命令，制作网格效果。

步骤4　在变换调节框中拖动位置，完成后按Enter键即可应用其效果，完善墙纸的制作。

7.3.3 圆角矩形工具

圆角矩形工具主要通过在属性栏中设置“半径”值来创建不同圆角的圆角矩形，范围为0~1000px。值越大，圆角矩形越接近圆；值越小，圆角矩形越接近矩形。

圆角矩形工具属性栏

❶ **“路径”选项**：创建不同的圆角图形路径效果。单击此选项，可在弹出的面板中选择不同的选项。

❷ **“路径操作”按钮**：通过单击该按钮可以创建新选区，在弹出的列表中包括新建图层、合并形状、减去顶层形状、与形状区域相交、排除重叠形状和合并形状组件6个创建选区的方法。

❸ **“路径对齐”按钮**：单击该选项组中的按钮可以调整图形的对齐方式，包括左边对齐、水平中心对齐、右边对齐、顶边对齐、垂直居中对齐、底边对齐、按宽度均匀分布、按高度分布、对齐到选区和对齐到画布10 种对齐方式。

❹ **“路径排列”按钮**：单击该按钮，在弹出的菜单中可选择将形状置为顶层、将形状前移一层、将形状后移一层和将形状置为底层4种路径选项安排。

❺ **“几何选项”按钮**：单击该按钮，在弹出的选项面板中，选择“不受约束”单选钮，可绘制各种路径、形状或图形；选择“方形” 单选钮，可绘制不同大小的正方形；选择“固定大小”单选钮，可在W和H文本框中输入参数值，以定义高度和宽度；选择“比例”单选钮，可在W和H文本框中输入参数值定义高度和宽度比例；选择“从中心”单选钮，可以绘制从中心向外放射的形状、路径或图形。

“几何选项”面板　　“不受约束”单选项效果　　“方形”单选项效果

❻ **“半径”文本框**：在文本框中直接输入数值，可调整圆角矩形的圆角弧度，改变图形效果。其取值范围为0~1000px。值越大，圆角矩形越接近圆；值越小，圆角矩形越接近矩形。

❼ **“对齐边缘”复选框**：勾选该复选框时，在创建路径时设置图形的位置，以校正边缘对齐效果。

7.3.4 椭圆工具

使用椭圆工具可以绘制椭圆图形和正圆图形。按住Shift键的同时拖动鼠标进行绘制，可得到正圆图形，在属性栏中设置形状的填充或模式等，可得到不同的图形效果。

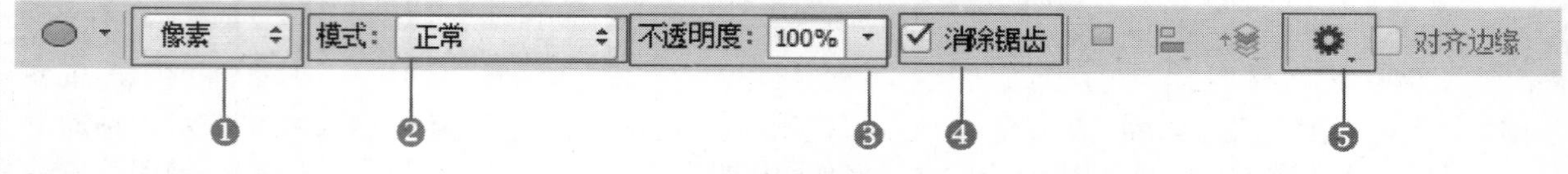

椭圆工具属性栏

❶ **“像素”选项**：单击此选项，可在弹出的面板中选择不同的工具模式，创建不同的路径效果。此选项包括“图形”模式、“路径”模式和“像素”模式。

❷ **“模式”下拉列表**：在“像素”模式中，可设置绘制的椭圆或正圆图形的混合模式，使其与下方图层更好地融合。

❸ **“不透明度”文本框**：直接输入参数，调整椭圆或正圆图形的不透明度。

❹ **“消除锯齿”复选框**：勾选该复选框将平滑和混合边缘像素的周围像素。

❺ **“几何选项”按钮**：单击该按钮，在弹出的选项面板中设置不同的单选项，可创建固定大小或比例的圆。

7.3.5　实战：制作炫彩的背景图形

光盘路径：第7章\Complete\制作炫彩的背景图形.psd

步骤1　执行“文件 | 新建”命令，在弹出的对话框中设置参数及选区，完成后单击“确定”按钮。

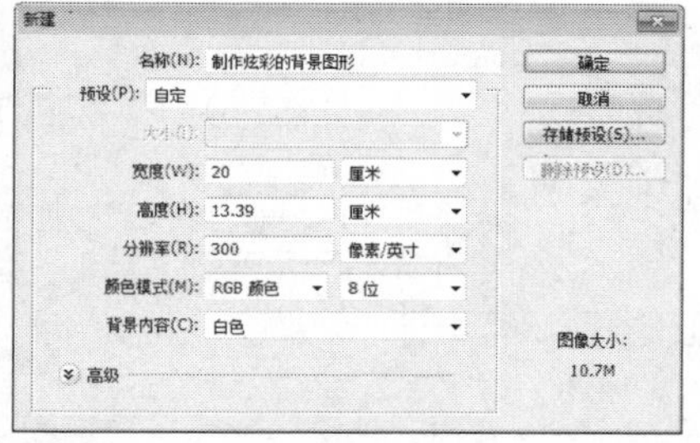

步骤2　新建“图层1”，填充为绿色（R103、G181、B75）。然后单击椭圆工具，在属性栏中设置属性，并在画面中绘制多个大小不一的正圆图形。最后在“属性”面板中设置“羽化”值为5px，设置图层的“不透明度”为80%，以减淡图像颜色。

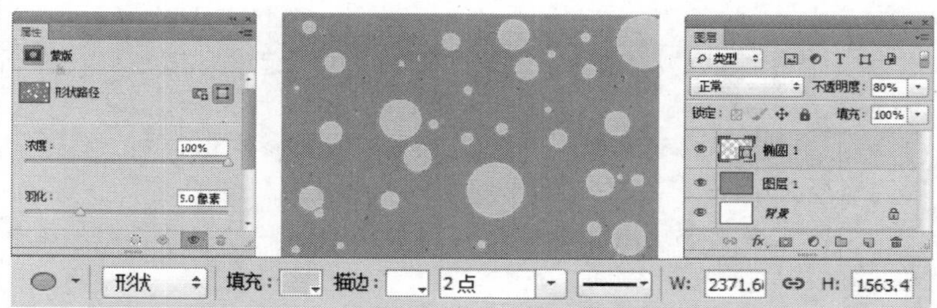

步骤3　复制“椭圆1”图层，设置图形的“羽化”值为10px，设置图层的“不透明度”为60%，然后复制图层，分别调整其大小和位置。

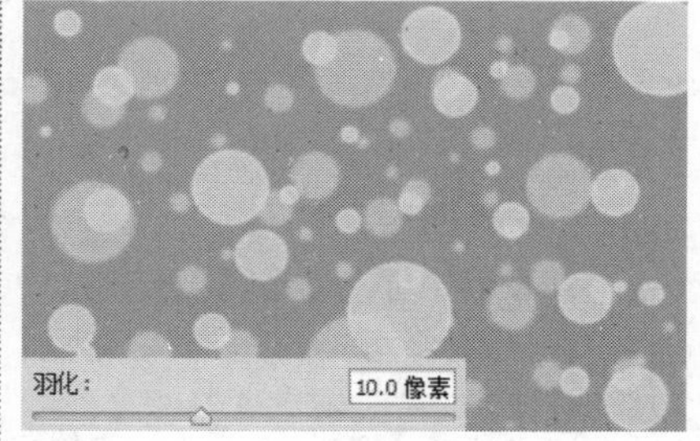

步骤4　新建“图层2”，填充为白色，添加“渐变叠加”图层样式，然后设置该图层的混合模式为“柔光”，结合图层蒙版和画笔工具在右下角区域涂抹，以隐藏部分色调。

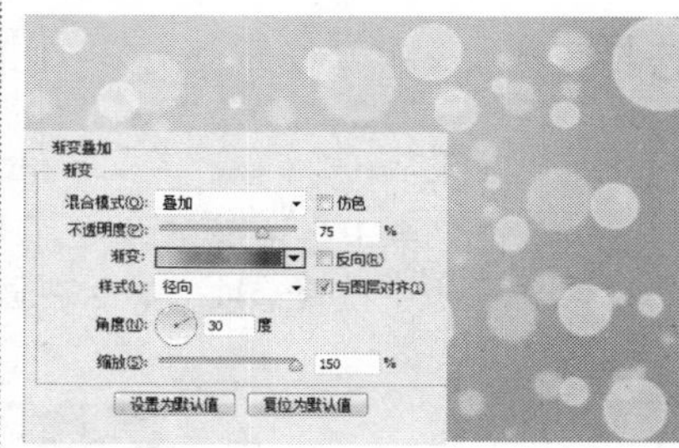

步骤5　新建“图层3”，填充为淡黄色（R244、G253、B181），设置该图层的混合模式为“柔光”、“不透明度”为60%，以增强画面色调层次。

7.3.6　实战：绘制饼干图形

光盘路径：第7章\Complete\绘制饼干图形.psd

步骤1　新建文件，使用椭圆工具在画面中绘制一个椭圆图形，然后多次复制该图形，并设置不同的颜色，制作巧克力饼干效果。

步骤2　继续复制椭圆图形，设置不同的填充颜色。然后使用矩形工具在画面中绘制多个矩形，并添加“斜面与浮雕”图层样式，以制作饼干纹理。最后选择“组1”，盖印可见图层，并多次复制该图层，创建“亮度/对比度1”调整图层，以增强画面的亮度层次。

7.3.7 多边形工具

多边形工具用于绘制不同边数的形状图案或路径。在属性栏中使用“形状”、“路径”和“像素”选项，可绘制不同的图形效果。

多边形工具属性栏

❶ **“几何选项”按钮**：通过单击“几何选项”按钮可在弹出的面板中进行设置与选择。

ⓐ **“半径”文本框**：在该文本框中设置参数值，可设置星形或多边形的半径大小。

ⓑ **“平滑拐角”复选框**：勾选该复选框，可设置多边形或星形的拐角平滑度。

ⓒ **“星形”复选框**：勾选该复选框，可绘制星形图形并激活下面选项。

ⓓ **“缩进边依据”文本框**：通过设置该文本框的参数值，可设置星形形状图形内陷拐角的角度大小。

ⓔ **“平滑缩进”单选框**：勾选该复选框，可设置内陷拐角为弧形。

❷ **“边”选项**：直接输入数值，可设置多边形的边数，创建不同形态的多边形。

7.3.8 实战：制作星光效果

光盘路径：第7章\Complete\制作星光效果.psd

步骤1 执行“文件 | 新建”命令，打开“制作星光效果.jpg”文件。

步骤2 单击多边形工具，在属性栏中设置属性，并在“几何选项”面板中设置选项，然后在画面中拖动鼠标，即可绘制星光图形。

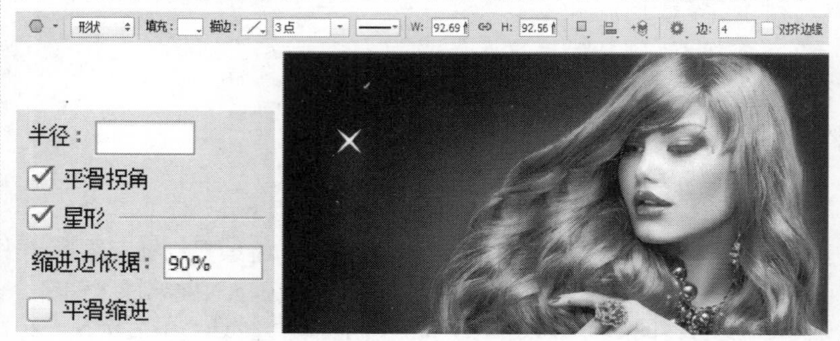

步骤3 按住Shift键的同时继续使用多边形工具在画面中绘制多个大小不同的4边形图形，以制作星光效果。

步骤4 执行“窗口 | 属性”命令，在弹出的“属性”面板中设置“羽化”值为2px，使绘制的星光边缘更柔和，使星光效果更加真实、自然。

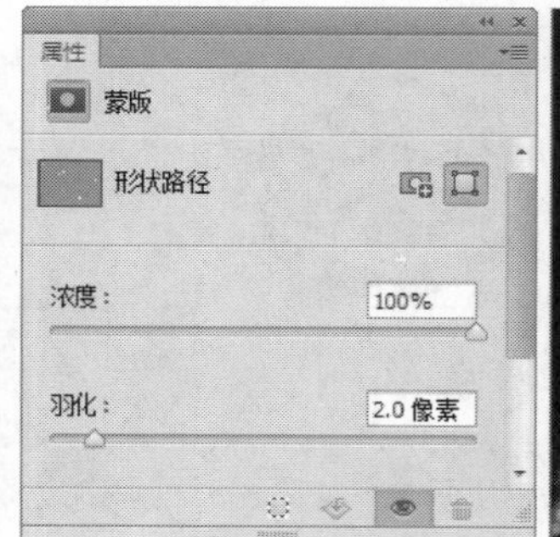

7.3.9 直线工具

直线工具用于绘制直线段和箭头。在属性栏中单击“几何选项”按钮，可打开“箭头”选项面板，通过设置选项可绘制不同形态的箭头图形。

❶直线工具属性栏

❶ **“几何选项”按钮**：单击“几何选项”按钮，可在弹出的“箭头”面板中对直线的“起点”、“终点”、“宽度”、“长度”等选项进行参数设置。

ⓐ **“起点”复选框**：勾选该复选框，在直线的起点位置绘制箭头。

ⓑ **“终点”复选框**：勾选该复选框，在直线的终点位置绘制箭头。

ⓒ **“宽度”文本框**：设置箭头的宽度为直线粗细的百分比，其取值范围为10%~1000%。

ⓓ **“长度”文本框**：设置箭头的长度为直线粗细的百分比，其取值范围为10%~5000%。

ⓔ **“凹度”文本框**：设置箭头的凹度为直线粗细的百分比，其取值范围为−50%~50%

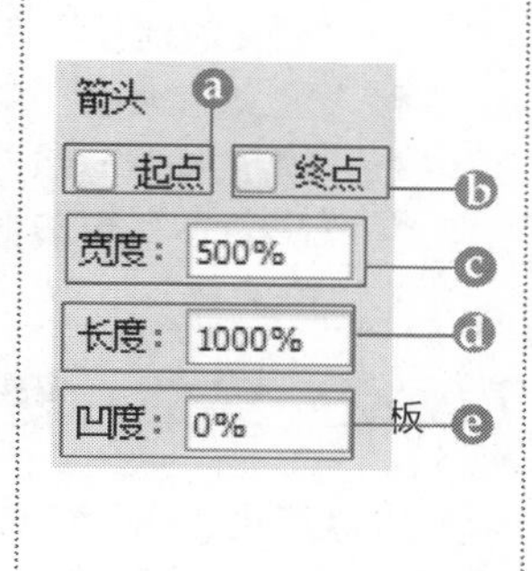

❷ **“粗细”文本框**：通过直接输入数值，可对绘制直线的粗细进行设置。

7.3.10 实战：制作箭头图像

光盘路径：第7章\Complete\制作箭头图像.psd

步骤1　按快捷键Ctrl+N新建一个空白文档，单击直线工具，在属性栏中设置属性，然后在画面中绘制一个矩形图形，使用添加锚点工具在画面中添加锚点，改变图形形状。最后多次复制该图形，并填充不同的颜色，以丰富画面的背景效果。

步骤2　在直线工具属性栏中设置填充颜色为酒红色（R164、G0、B0），在“几何选项”面板中设置选项，然后在画面中拖动鼠标以绘制箭头图形。

步骤3　按快捷键Ctrl+T，在弹出的控制框中单击鼠标右键，在弹出的快捷菜单中选择“变形”选项，并在画面中变形箭头图形。

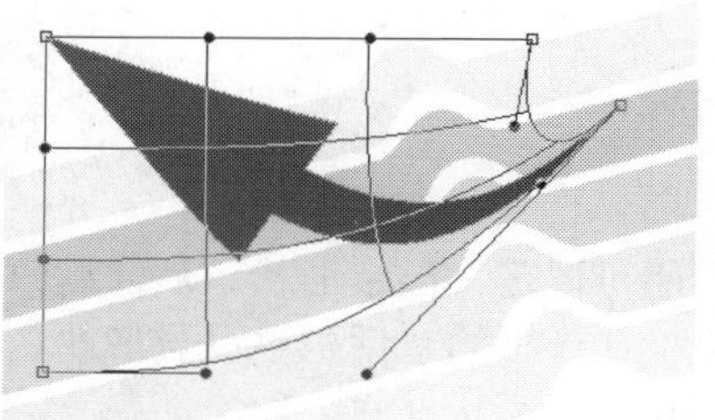

步骤4　复制“形状2”图层，调整其颜色、大小和位置，然后使用添加锚点工具在画面中添加锚点改变图形形状，以增强立体感。

步骤5　选择“形状2”和“形状2副本”图层，复制两次，分别调整其大小、位置和角度，以完善箭头图形的制作效果。

7.3.11 自定义形状工具

在Photoshop的自定义形状工具预设选取器中自定义了很多形状，通过使用该工具可绘制许多丰富的形状效果。单击自定义形状工具，在属性栏中单击“几何选项”按钮，可在“几何选项”面板中对形状的比例、大小等进行设置，从而绘制不同的大小形状图形。

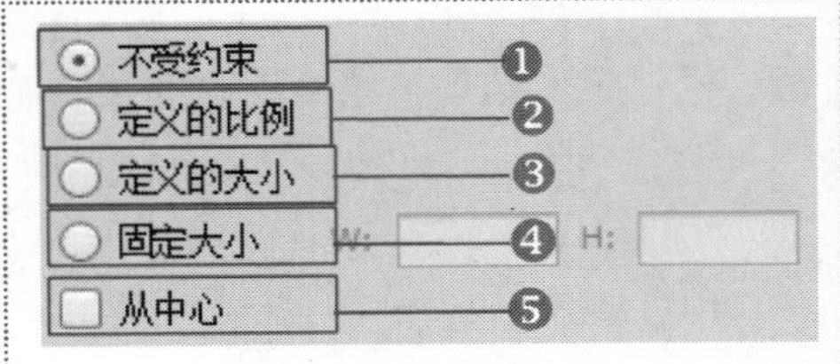

“几何选项”面板

❶ **“不受约束”单选项**：选择该选项，可以无拘束地绘制形状图形。
❷ **“定义的比例”单选项**：选择该选项，可以约束自定形状的宽度和高度的比例。
❸ **“定义的大小”单选项**：选择该选项，可以智能化绘制系统默认大小的自定形状。
❹ **“固定大小”单选项**：选择该选项，右侧的文本框将激活，可以自定形状的宽度和高度。
❺ **“从中心”复选框**：勾选该复选框，以中心为起点绘制形状图形。

7.3.12 实战：使用预设形状绘制图形

光盘路径：第7章\Complete\使用预设形状绘制图形.psd

步骤1 新建一个空白文档，使用矩形工具在画面中绘制多个矩形图形，并设置相应的颜色。

步骤2 复制“形状2”图层，并调整其大小、位置和填充颜色。然后继续使用相应方法复制该图层并进行调整，以制作花径。

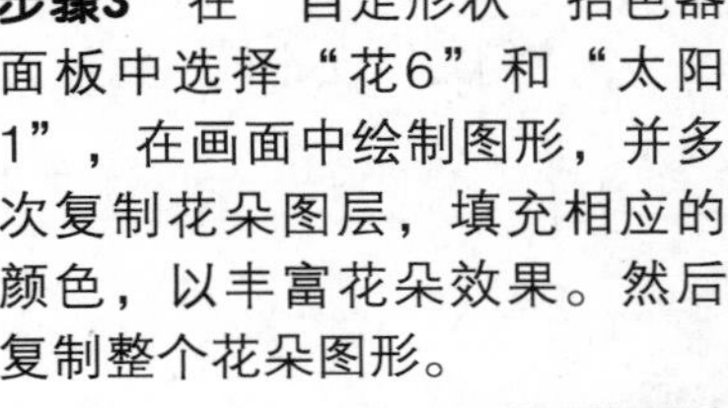

步骤3 在“自定形状”拾色器面板中选择“花6”和“太阳1”，在画面中绘制图形，并多次复制花朵图层，填充相应的颜色，以丰富花朵效果。然后复制整个花朵图形。

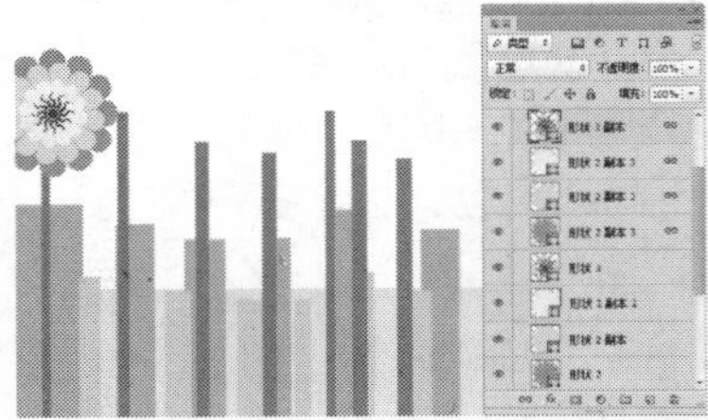

步骤4 在“自定形状”拾色器面板中选择花朵图形，在画面中绘制，并多次复制该图形，更改其颜色，以丰富画面效果。

步骤5 继续使用相同的方法，在画面中绘制花朵图形，并多次复制和改变填充颜色，以丰富其效果。然后设置不同的透明度。

步骤6 继续在“自定形状”拾色器中选择预设的形状图形，并在画面中绘制多个叶子图形，以丰富画面效果，并复制更改颜色。

7.3.13 定义自定形状

在Photoshop CS6中，除了可以载入该软件中自带的形状样式外，还可以定义自定形状，从而制作更丰富的形状样式。当绘制图像后，执行“编辑 | 定义自定形状”命令，在弹出的对话框中设置形状名称，完成后单击“确定”按钮，即可在“自定形状”拾色器中显示当前定义的形状样式。

专家看板：认识“自定形状”拾色器

自定形状工具 主要通过在“自定形状”拾色器面板中选择形状，在画面中进行拖动，以创建指定的形状图形。

同时在“自定形状”拾色器面板中单击右侧的扩展按钮，可在弹出的快捷菜单中复位形状、存储形状、载入形状和替换形状等，通过“载入形状”命令可载入其他的CSH格式的自定形状。

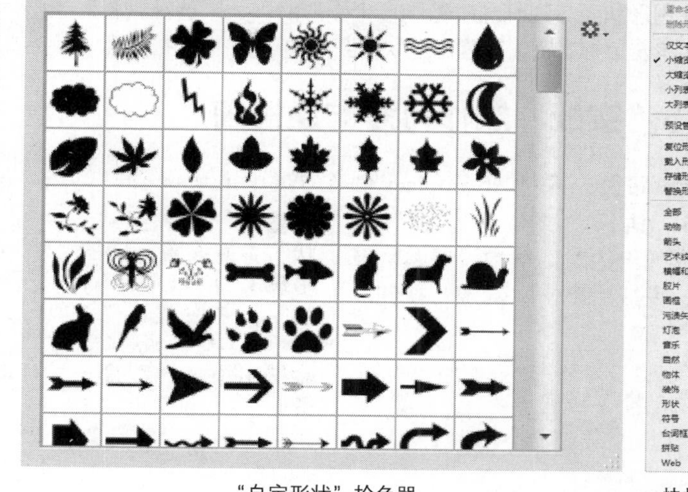

“自定形状”拾色器　　快捷菜

1. 复位形状

当载入的形状过多时，可通过在“自定形状”拾色器面板中单击右上角的扩展按钮，在弹出的快捷菜单中选择“复位形状”命令，将载入的形状复位到默认形状样式中。

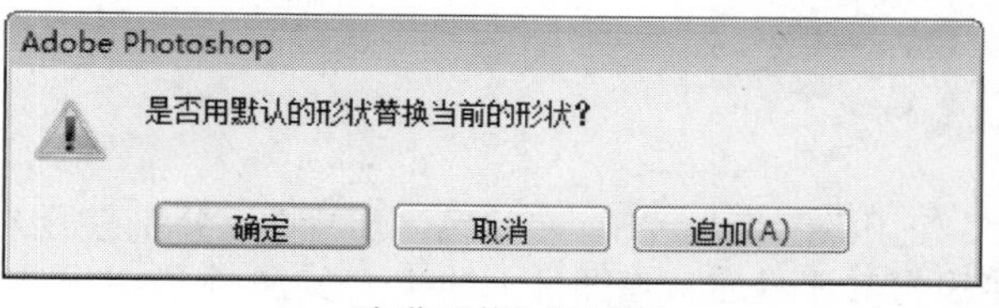

“复位形状”提示框

2. 载入形状

载入新的定义形状，可载入系统自带的形状，也可通过网络下载或自定形状效果。在“自定形状”拾色器面板中单击右上角的扩展按钮，在弹出的快捷菜单中选择“载入形状”命令，在弹出的对话框中选择需要载入的形状，即可载入新的预设形状。

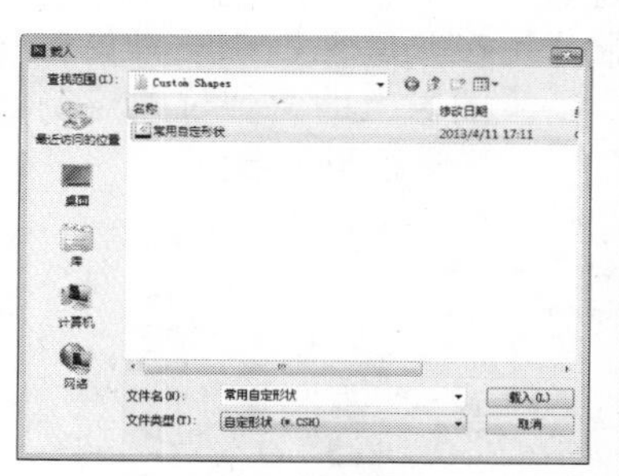

“载入”对话框

提示：

载入新的形状还可以在“自定形状”拾色器中单击右上方的扩展按钮，在弹出的菜单中选择系统预设的形状，如“艺术纹理”、“画框”、“胶片”、“音乐”、“自然”和“台词框”等，将其追加至形状选取器中。

3. 替换形状

在“自定形状”拾色器面板中预设形状过多时，应用“替换形状”命令，在弹出的提示框中单击“确定”按钮，可替换选取器中的所有预设形状。

当应用“载入形状”命令替换当前预设形状时，单击“确定”按钮，可替换在“自定形状”拾色器中所有预设形状；单击“追加”按钮时，可在保留当前预设形状的同时追加新的预设形状。

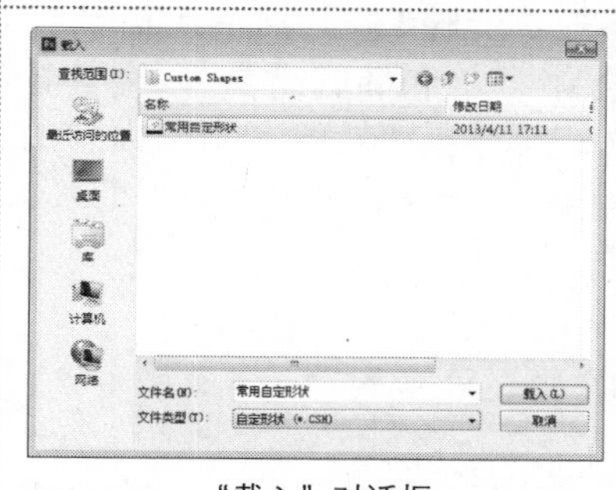

“载入”对话框

“提示”提示框

提示：

“存储形状”命令可将当前“自定形状”拾色器中的所有预设形状存储至指定文件夹中，并可对该形状名称进行重命名。单击“自定形状”拾色器右上角的扩展按钮，在弹出的菜单中选择“存储形状”命令，在弹出的对话框中设置形状名称和存储位置，完成后单击“保存”按钮，即可保存当前预设形状。

7.3.14 合并形状

使用形状工具在画面中绘制多个图形时，为了选择该图形的整体轮廓，可选择绘制形状图层，在“图层”面板中单击鼠标右键，在弹出的快捷菜单中选择“合并 形状”命令或按快捷键Ctrl+E，合并所选择的形状图层。

7.3.15 实战：制作可爱卡通插画

光盘路径：第7章\Complete\制作可爱卡通插画.psd

步骤1 执行“文件 | 新建”命令，在弹出的对话框中设置参数及选区，完成后单击“确定”按钮。

步骤2 单击钢笔工具，在其属性栏中设置其属性为“形状”，并设置不同的“填色”，绘制出山丘。

步骤3 继续使用钢笔工具，在其属性栏中设置其属性为“形状”，并设置其“填色”为绿色（R0、G153、B68），绘制出山丘上小树的形状。新建“图层1”使用尖角画笔工具在图层1上涂抹出小树的纹理。按住Alt键并单击鼠标左键，创建其图层剪贴蒙版。

步骤4 使用椭圆工具，在其属性栏中设置其属性后，在图像上的适当位置绘制椭圆，复制两层，得到2个椭圆1副本图层，并设置其不同的颜色并添加蒙版涂抹，制作其椭圆图形立体的效果。

步骤5 分别使用钢笔工具，在其属性栏中设置其属性为“形状”，并设置不同的“填色”和“描边”，在画面和椭圆工具在其属性栏中设置其属性后，在图像上的适当位置绘制出可爱的卡通插画图形。

步骤6 按住Shift键并选择“椭圆1”到“椭圆1副本2”，单击“图层”面板下方的“链接图层”按钮，将图层链接后复制并将其放于图层上方，继续使用钢笔工具绘制其脚部形状。

步骤7 继续使用相同方法利用形状钢笔工具和椭圆工具绘制出卡通形象，丰富其插画的层次和效果。

步骤8 分别使用形状钢笔工具和椭圆工具设置其不同的“填色”绘制出画面中的花朵和小鸟，丰富插画画面的层次。

步骤9 使用椭圆工具，设置前景色为白色，绘制不同大小的椭圆气泡图案，并将其合并为一个图层，设置“不透明度”为60%。制作插画的梦幻效果。

7.4 路径的编辑

路径的编辑是对路径进行调整，使绘制的形状图形更精确。对路径的编辑操作包括新建路径、复制和删除路径、隐藏或显示路径、描边路径等，通过对路径进行编辑，可以创建形状丰富的路径。

7.4.1 路径图层的创建

在“路径”面板中，单击“创建新路径”按钮，在弹出面板中创建一个新的路径图层，默认为“路径1”。还可以在“路径”面板中，单击右上角的扩展按钮，在弹出的快捷菜单中选择“新建路径”命令，在弹出的对话框中设置路径名称，单击“确定”按钮，新建“路径2”，“路径2”依次排列在“路径1”的下方。

7.4.2 删除当前路径

删除路径是将不满意的路径进行删除。使用路径选择工具选择相应路径后，将其拖动到“删除路径”按钮上，或应用“删除路径”命令，将选择的路径删除；也可以直接按Delete键删除路径。

7.4.3 复制当前路径

选择当前路径后可对其进行复制操作，其中包括复制同一个路径图层，或是复制同一图层中的路径。

1. 复制路径图层

在“路径”面板中单击扩展按钮，在弹出的快捷菜单中选择“复制路径”选项，在弹出的对话框中设置名称后单击“确定”按钮即可；也可以将复制的路径移动到“创建新路径”按钮上，将复制的路径默认为当前路径的副本。

2. 在同一图层中复制路径

在“路径”面板中选择一个路径，并在图像中选择需要复制的路径，按住Alt键，此时光标变为形状，拖动路径即可复制得到新的路径。在按住Alt键的同时按住Shift键并拖动路径，可沿着原路径成水平、垂直或45°角的位置关系复制路径。

原路径

复制为水平位置的路径

复制为45°位置的路径

“路径”面板

7.4.4 从选区生成路径

当使用选区工具对图像进行编辑时，可将选区转换为路径进行编辑。保持选区的同时，在“路径”面板中单击“从选区生成工作路径”按钮，或在扩展菜单中选择“建立工作路径”选项，即可将选区转换为路径，从而快速对其应用路径的各种编辑操作，使图像效果发生变化。

7.4.5 将路径作为选区载入

绘制路径后，使用选择路径工具选择路径，在“路径”面板中单击“将路径作为选区载入”按钮或按快捷键Ctrl+Enter，即可将选择的路径转换为选区。

专家看板："建立选区"对话框

在"路径"面板中单击右上角的"扩展"按钮，在弹出的快捷菜单中选择"建立选区"选项，将弹出"建立选区"对话框，在该对话框中可设置选区的羽化值及对路径进行具体操作，完成设置后单击"确定"按钮，即可将当前路径转换为选区，从而快速对其运用路径的各种编辑操作，使图像效果发生变化。

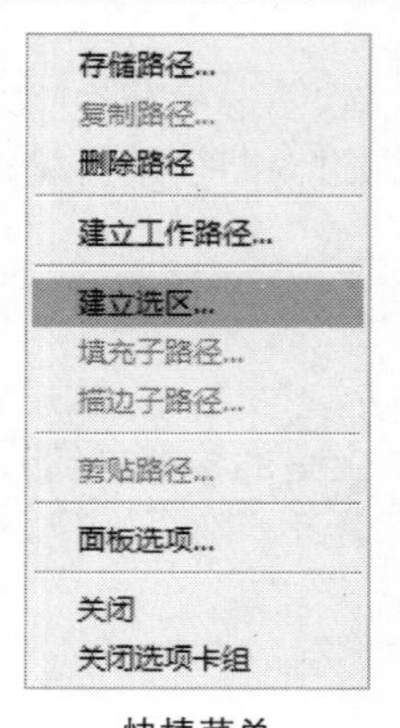

快捷菜单

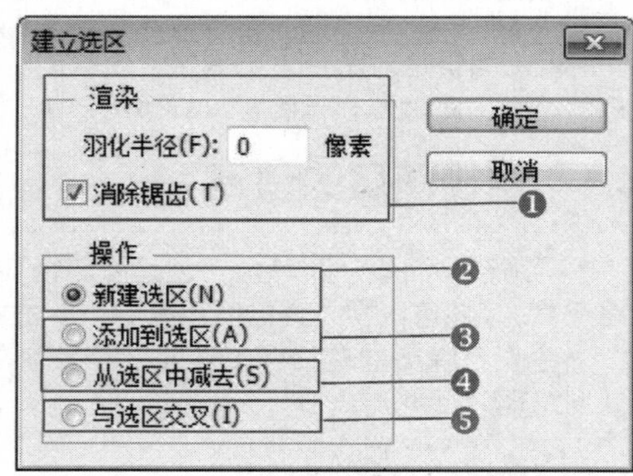

"建立选区"对话框

❶ **"渲染"选项组**：在该选项组中可设置"羽化半径"的羽化像素大小。勾选"消除锯齿"复选框将平滑和混合边缘选区的周围像素。

❷ **"新建选区"单选钮**：当绘制路径后，应用"建立选区"命令，可在弹出的对话框中设置沿着路径创建独立的新选区。

路径图像

"建立选区"对话框

将路径转换为选区

❸ **"添加到选区"单选钮**：当保持选区的同时，再次应用"建立选区"命令，可激活"添加到选区"单选项、"从选区中减去"单选项和"与选区交叉"单选项，并可在当前选区的基础上添加新的选区。

❹ **"从选区中减去"单选钮**：当保持选区的同时，再次应用"建立选区"命令，选择该选项可减去当前选区的指定区域。

❺ **"与选区交叉"单选钮**：当保持选区的同时，再次应用"建立选区"命令，选择该选项可保留当前选区与所选区域交叉的选区。

原图

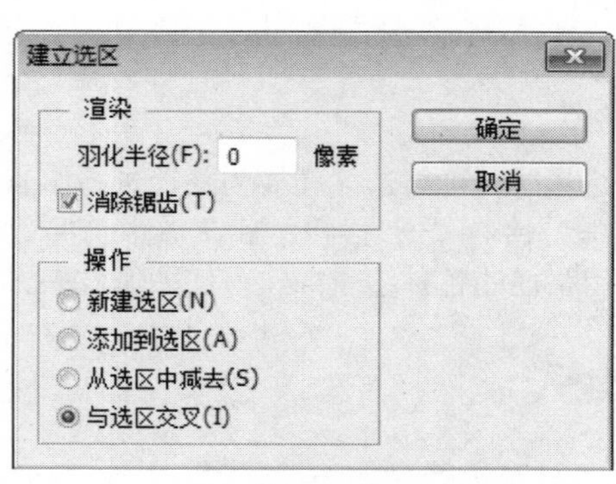

应用"建立选区"命令

交叉选区后的效果

7.4.6 路径选择与直接移动工具

在Photoshop CS6中，可以使用路径选择工具对路径进行选择、移动以及复制等操作，可以直接使用路径选择工具和直接选择工具。

1. 路径选择工具

使用路径选择工具单击路径，将会选择单一路径或整个路径，拖动鼠标可以进行移动，按住Alt键的同时拖动某个锚点，可以实现路径的复制，这里就不详细介绍了。路径选择工具的另一项重要功能就是创建复合路径。

路径选择工具属性栏

❶ **“填充”选项**：当选择创建的形状路径时，此选项被激活，可对形状路径的填充内容进行设置，包括“无颜色”、“纯色”、“渐变”、“图案”4种填充类型。

❷ **“描边”选项**：选择创建的形状路径时，此选项被激活，可设置图形的描边宽度、描边类型等。

❸ **“设置形状宽度与高度”文本框**：通过该选项可以设置图形的高与宽。调整路径的选择范围，数值越大，选择范围也越大；反之数值越小，选择的范围越小。

❹ **“路径管理”选项组**：此选项内包括“路径操作”按钮、“路径对齐”按钮、“路径排列”按钮，通过单击不同的按钮可对路径进行管理。

❺ **“对齐边缘” 复选框**：勾选该复选框时，在创建路径时用于设置图形的位置，以校正边缘对齐效果。

原图

选择路径

移动路径

2. 直接选择工具

直接选择工具可以选择当锚点或多个锚点，也可以通过拖动鼠标来框选整个路径。选择锚点后，直接拖动控制手柄可以调整改变路径形状，按住Alt键的同时拖动路径可以对路径进行复制。

直接选择工具属性栏

7.4.7 隐藏或显示路径

路径的显示指在绘制路径的过程中，在画面中显示路径效果。当绘制完路径后将会在画面中显示路径的轮廓效果，且路径轮廓将不会显示在图像中。若要将其隐藏，在“路径”面板中选择其他工具路径或路径图层，即可隐藏当前路径，也可以按快捷键Ctrl+H，隐藏当前文件中的路径，若再次按快捷键Ctrl+H，可显示被隐藏的路径效果。

提示：

当选择当前路径时，执行“视图 | 显示 | 目标路径”命令或按快捷键Shift+Ctrl+H，可将当前路径进行隐藏，再次执行“视图 | 显示 | 目标路径”命令可显示当前隐藏的路径。

7.4.8 保存工作路径

在图像中首次绘制路径时，会默认为工作路径，若将工作路径转换为选区并填充选区后，再次绘制路径则会自动覆盖前面绘制的路径，只有先将其存储为路径，才能继续做为路径使用。保存路径的方法是，在“路径”面板中单击右上角的扩展按钮，在弹出的菜单中选择“存储路径”命令，在弹出的对话框的“名称”文本框中设置路径名称后单击“确定”按钮，即可保存路径。此时在“路径”面板中可以看到，工作路径变为“路径1”。

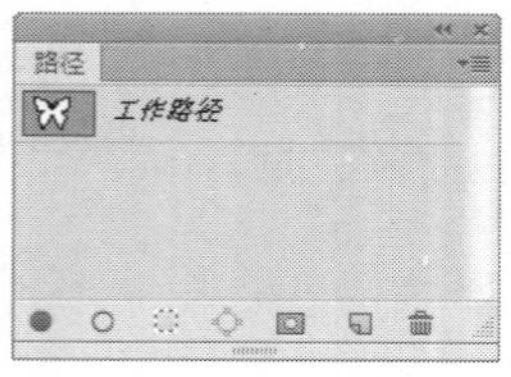

“路径”面板

应用“存储路径”命令

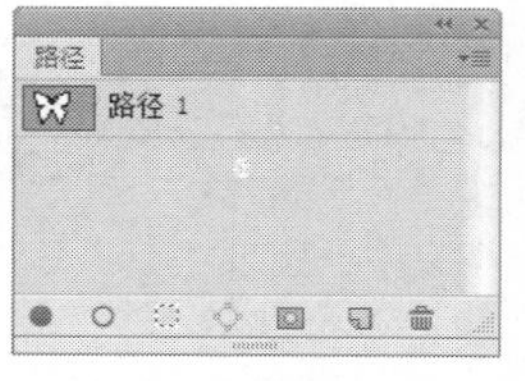

存储路径后效果

7.4.9 描边路径

描边路径是指沿着已有的路径为路径边缘添加线条、形状等效果，描边效果是通过使用的工具进行描边的，其中包括画笔、铅笔、橡皮擦和历史记录艺术画笔等，通过这些工具可得到不同的描边效果，同时画笔样式和颜色可以自行定义。

在“路径”面板中单击扩展按钮，在弹出的菜单中选择“描边路径”选项，弹出相应对话框，设置完成后单击“确定”按钮即可。还可以在“路径”面板中单击“用画笔描边路径”按钮，为路径进行描边。

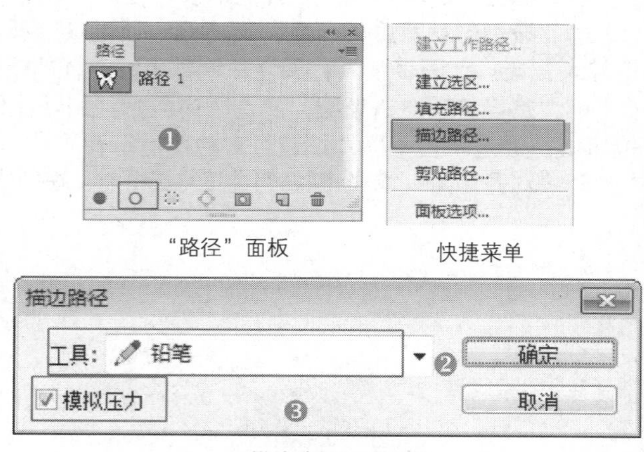

“路径”面板　快捷菜单

“描边路径”对话框

❶ **“用画笔描边路径”按钮：**单击该按钮可沿着路径边缘添加描边效果。

❷ **“下拉列表”按钮：**单击该按钮，在弹出的菜单中可以对需要描边的工具进行选择。

❸ **“模拟压力”复选框：**勾选该复选框，可使描边路径形成两端较小，中间较粗的线条，取消该复选框，则描边路径两端将一样粗细。

知识链接：描边路径的多种样式

绘制路径后，通过对绘制工具的属性进行设置，并在路径面板中执行“路径描边”命令，可以为图像添加不同的描边效果。

单击钢笔工具，在属性栏中设置属选项性，并在画面中绘制线条路径。设置画笔笔刷样式，将会以渐隐的效果进行描边。

原图

使用柔角画笔样式描边

以蝴蝶笔刷样式描边

7.4.10　实战：制作动感线条背景

光盘路径：第7章\Complete\制作动感线条背景.psd

步骤1　新建一个空白文档，并填充为蓝色（R8、G24、B117），然后新建“图层1”，并使用涂抹工具在图像中涂抹。最后创建“渐变填充1”填充图层，设置渐变样式和参数值后单击“确定”按钮，并设置该图层的混合模式为“叠加”，以增强背景色调效果。

步骤2　使用钢笔工具在画面中绘制多条曲线路径，并在画笔工具属性栏中设置画笔大小。

步骤3　新建“图层2”，在“路径”面板中单击右上角的扩展按钮，应用“描边路径”命令，对绘制路径进行描边。

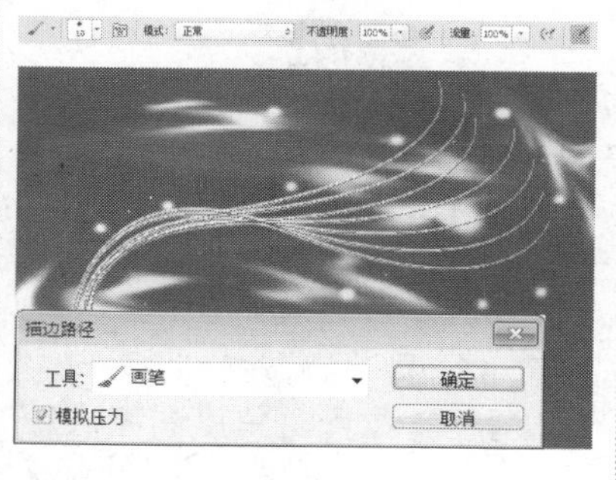

步骤4　选择“图层2”，分别添加“内发光”和“外发光”图层样式，增强绘制的线条效果。然后复制该图层，并应用“水平旋转”命令调整图像的角度、位置和大小。

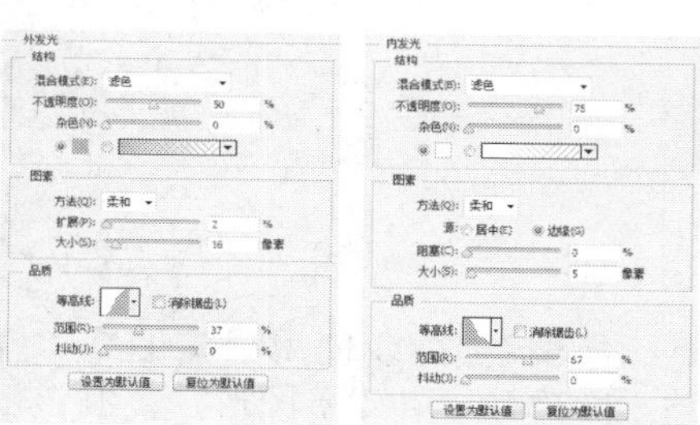

步骤5　使用多边形工具在画面中绘制多个星星图形，并添加“外发光”图层样式，以丰富画面效果。

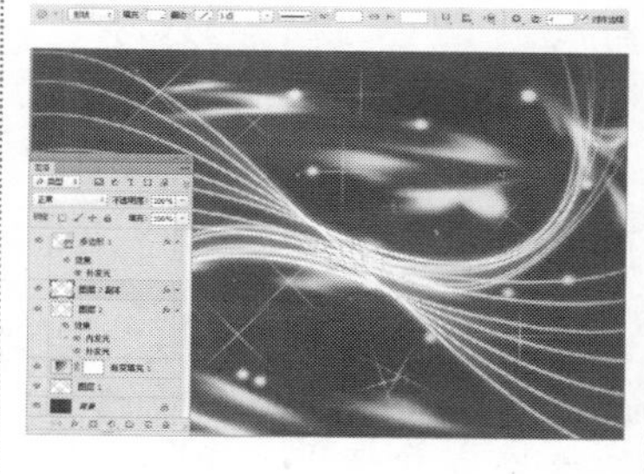

7.4.11　填充路径

“填充路径”命令是依照当前路径的形状，在开放或闭合路径中填充颜色或图案的。在“路径”面板中单击右上角的扩展按钮，在快捷菜单中选择“填充路径”选项，在弹出的对话框中包含了多种填充方式，普通图层或图层蒙版上的路径可使用相似填充。同时在选择图层或蒙版时，可以通过在“路径”面板中单击路径缩览图来选择路径。当路径为线条时，将会按“路径”面板中显示的选区范围进行路径填充。

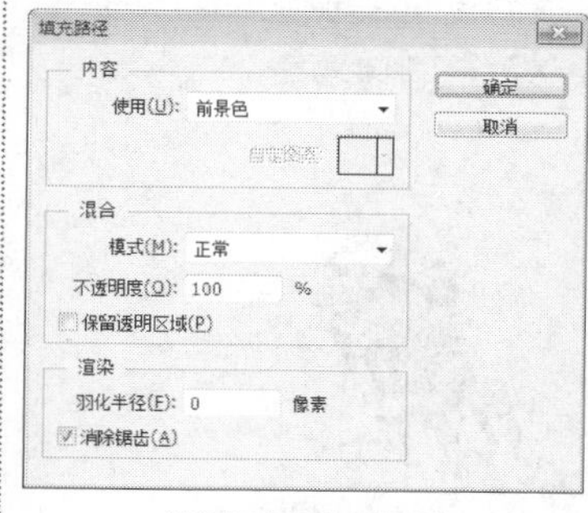

“填充路径”对话框

路径原图

填充路径为图案效果

7.4.12　实战：制作人物剪影插画

光盘路径：第7章\Complete\制作人物剪影插画.psd

步骤1　执行“文件Ⅰ新建”命令，在弹出的对话框中设置参数及选项，完成后单击“确定”按钮。

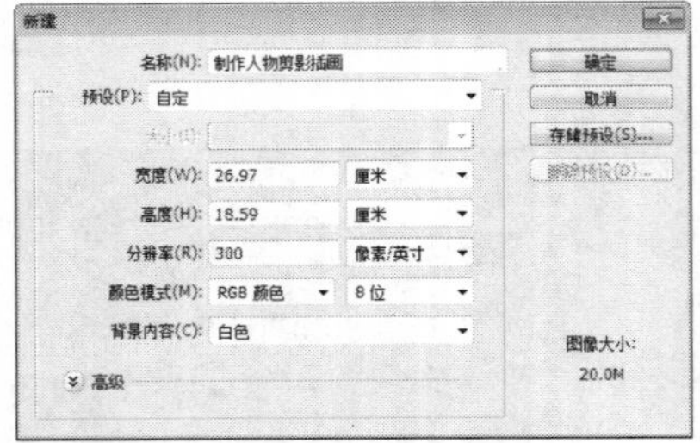

步骤2　使用钢笔工具在画面中绘制形状图形，并设置渐变填充颜色。然后多次复制该图形，以丰富图像背景。

步骤3　复制形状图形，并调整其大小位置和图层顺序，然后在“属性”面板中设置“羽化”值为50px，使背景效果更自然。

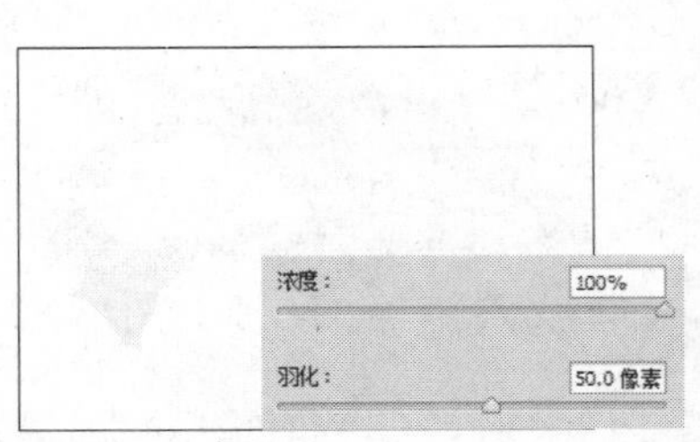

步骤4　使用钢笔工具在画面中绘制形状图形，填充为蓝色到白色的线性渐变。然后多次复制该图形，并调整其大小和位置。

步骤5　在钢笔工具属性栏中设置属性，并在画面中绘制人物的面部和身体图形。使用相同的方法在其基础上绘制黑发图形，使其效果更真实。

步骤6　使用相同的方法，使用钢笔工具在画面中绘制嘴唇和睫毛效果。

步骤7　继续使用钢笔工具在画面中绘制一个蓝色（R204、G234、B252）图形，复制该图形，调整其位置、角度和图层顺序，以增强背景层次。

步骤8　使用钢笔工具绘制蔓藤效果。

步骤9　打开“花.png”文件，将其拖拽到当前图像文件中，并多次复制该图层，并调整其大小和位置，以丰富画面效果。

7.5 操作答疑

本章节主要学习路径的应用，包括钢笔工具的应用、形状工具的应用和路径的编辑。重点需要掌握以钢笔工具为代表的路径工具的应用，通过学习并巩固其知识，下面是相关答疑和操作习题。

7.5.1 专家答疑

（1）如何解决使用钢笔工具绘制路径时的自动填充问题?

答：在Photoshop CS6中，使用钢笔工具绘制路径可结合不同的选项模式，使其呈现不同的效果。该工具提供了3种选项模式，包括“形状”选项、“路径”选项和“像素”选项，选择相应的选项表示以相应的选项模式绘制路径。当选择“路径”选项绘制路径时，可使其不自动填充路径。

（2）在“描边路径”对话框中勾选“模拟压力”复选框的意义是什么?

答：在“描边路径”对话框中勾选“模拟压力”复选框，描边的路径会模拟一种类似使用压力挤压的渐隐，从而使线条边缘呈现一种由粗到细的线条效果。若取消该复选框，则边缘路径是一条粗细一致的线条。

（3）如何判断在什么情况下使用哪种路径绘制工具?

答：在对图像的细节进行间隙抠取时，需要使用钢笔工具逐步地绘制路径，此时绘制的路径比较细腻、精确，将其转换为选区后边缘将出现锯齿的现象较少。而使用自由钢笔工具时，Photoshop中将根据图像的像素差异自动寻找物体的边缘，抠取出的图像较为粗糙但较为省事。需要注意的是，自由钢笔工具适用于图片颜色反差较大的图像。

（4）如何应用设置的画笔工具对路径描边?

答：在“路径”面板中绘制路径后，对该路径应用“描边路径”命令时，需要在画笔工具属性栏中设置画笔大小，当设置画笔工具的像素越大时，沿着路径描边的像素路径就越大；当画笔工具的像素越小时，沿着路径描边的像素路径就越小。

原图

当画笔大小为20px时

当画笔大小为50px时

7.5.2 操作习题

1. 选择题

（1）在Photoshop CS6中绘制路径后，若要将路快速转换为选区，可按快捷键（　　）。

A.Ctrl+I　　B. Ctrl+Enter　　C.Shift+Enter

（2）按住（　　）键的同时拖动路径，可在同一路径图层中复制路径。

A.Shift　　B.Alt　　C. Ctrl

2. 填空题

（1）当使用添加锚点工具在路中添加锚点时，若要删除多余的锚点，在按下__________键的同时在锚点上单击鼠标即可。

（2）在“钢笔工具”选项面板中勾选__________复选框，可以在绘制路径的同时显示橡皮带。

（3）在钢笔工具属性栏中，可通过选择__________、__________和__________选项来定义路径的创建模式。

（4）创建规则路径的形状工具有：__________、__________、__________、__________、__________和__________。

（5）绘制路径后，若要对路径进行编辑，可通过调整锚点来进行，此时可结合__________、__________和__________来编辑锚点。

3. 操作题

结合自定形状工具绘制图形。

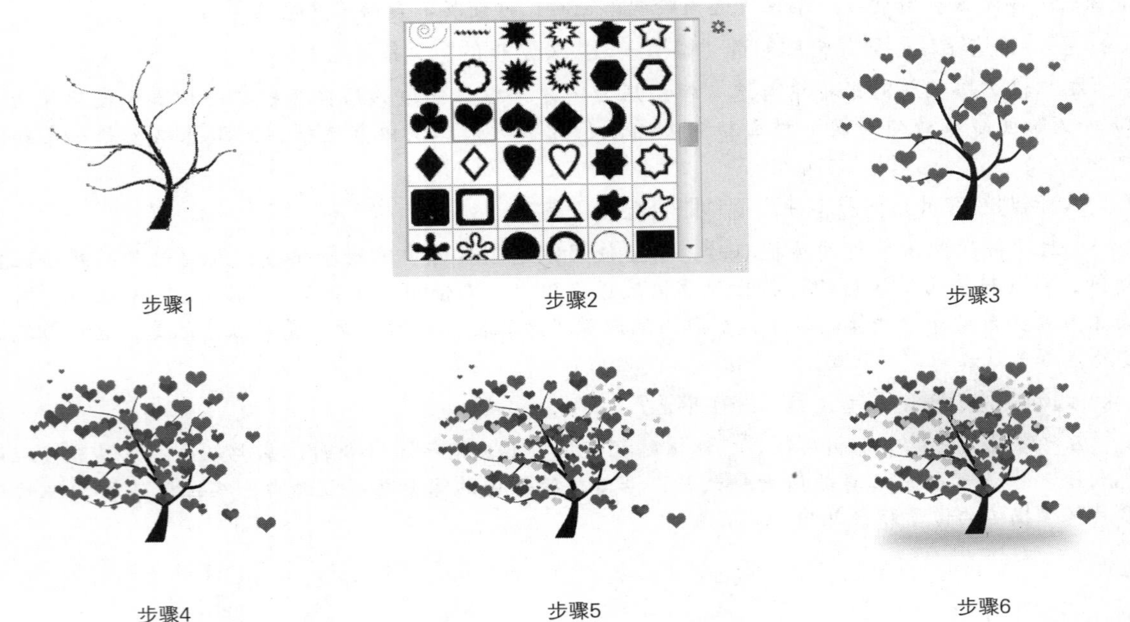

步骤1 步骤2 步骤3

步骤4 步骤5 步骤6

（1）新建一个空白文档，填充为青色，然后使用钢笔工具在画面中绘制树枝图形。

（2）在“形状预设”选取器面板中选择“心型”图形。

（3）使用选择的形状图形在画面中绘制多个心型图形，以制作心型树叶效果。

（4）多次复制形状图层并填充相应的颜色，以丰富树叶效果。

（5）继续复制形状图层并填充相应的颜色，以丰富树叶效果。

（6）使用形状工具在画面中绘制投影图形，并在“属性”面板中设置参数值，使其效果更真实。

第8章

图层

本章重点：

图层是Photoshop载体的核心，图层承载了图像的全部信息。这些信息可以是全部或者部分图像，不同信息能分别置于不同的图层上，叠放成一个完整的图像。本章的学习重点是图层的基本知识、图层的编辑调整以及图层的管理，包括“图层”面板、图层样式、图层的基本属性等。

学习目的：

通过本章的学习，掌握图层的编辑、整理，管理图层的方法，编辑图层组及图层样式的方法等内容。

参考时间：38分钟

主要知识	学习时间
8.1　认识图层	3分钟
8.2　图层的编辑	5分钟
8.3　整理图层	5分钟
8.4　管理图层	8分钟
8.5　图层组的编辑	3分钟
8.6　认识图层样式	8分钟
8.7　图层样式的编辑	3分钟
8.8　认识图层复合	3分钟

8.1 认识图层

图层主要是管理图层中的图像，一幅图像通常是由多个不同类型的图层通过一定的组合方式自下而上叠放在一起组成的，它们的叠放顺序以及混合方式直接影响着图像的显示效果。图层就好比一张透明的玻璃纸，透过这层纸，我们可以看到纸后面的东西，而且无论在这层纸上如何涂画，都不会影响到其他层中的内容。通过对各图层属性进行编辑，可制作出图像不同的效果。下面介绍“图层”面板、图层的类型、图层基本属性和图层的管理方式等。

8.1.1 关于图层

图层在Photoshop CS6中的应用具有重要的意义。图层承载了图像的全部信息，这些信息分别放在不同的图层上，每个图层中可以放置图像的各个部分成全部图像，多个图层叠放在一起成为一个完整的图像。

8.1.2 认识“图层”面板

执行“窗口 | 图层”命令，打开“图层”面板。“图层”面板用于排列图像中的所有图层、图层组、蒙版和图层效果等。可查看当前文件中所有图层和图层属性，也可通过该面板控制图像效果。在该面板中，可对图像所在图层的属性如混合模式、不透明度、图层样式、图层蒙版、调整图层以及锁定状态进行编辑。

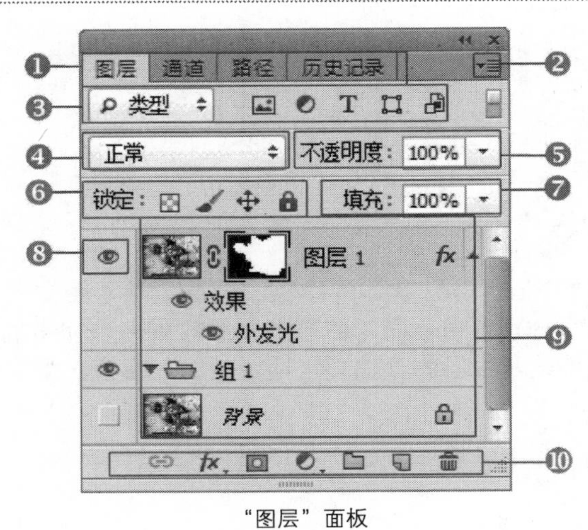

“图层”面板

❶**面板选项卡：**通过选择不同的选项卡可切换至不同的面板。

❷**扩展按钮：**单击此按钮可弹出扩展菜单，可从中选择相应命令来管理图层和图层组。

❸ **“类型”选项：**该选项是Photoshop CS6中新增的一种选项效果列表，包括“名称”、“效果”、“模式”、“属性”和“颜色”5个选项，选择其中的选项可显示相应模式。

❹ **“设置图层的混合模式“选项：**单击右侧下拉按钮，在弹出的下拉列表中选择当前图层或图层组与下方图层或图层组的混合模式，用于调整图像混合色调。

❺ **“不透明度”选项：**用于设置图层的透明效果，默认为100%，即完全不透明。修改数值后所在图层的图像将呈半透明状。

❻ **“锁定”按钮：** 选定“锁定透明像素”时，当前图像中的透明像素区域被锁定，不会被编辑。

❼ **“填充” 文本框：**输入数值或拖动滑块可对图层填充像素的不透明度进行设置。

❽ **“指示可见图层”按钮：**用于显示或隐藏制定图层。显示眼睛图标表示该图层可见；未显示眼睛图标则隐藏该图层。右键单击该按钮可在弹出的菜单中选择显示或隐藏的形式，以及图层的显示颜色。

❾**图层、图层组及图层蒙版的显示区域：**用于排列图层、图层组、蒙版和图层效果等。在该区域中可显示图层中图像的缩览图、蒙版状态、图层样式、图层名称以及图层的衔接方式。

❿**图层控制按钮：**应用不同的按钮可对当前选中图层或图层组进行不同的编辑处理。

8.1.3 图层的种类

Photoshop中的图层可分为：背景图层、空白图层、文本图层和形状图层等。要对图层进行深入学习，首先应了解图层的种类。

8.2 图层的编辑

“图层”面板中可容纳多种不同形式的图层，用户可通过不同的方式创建不同类型的图层。下面将分别讲解创建图层、删除图层、选择图层、复制/粘贴图层、链接/取消图层、锁定/解锁图层等编辑图层的方法。

8.2.1 创建图层

创建图层包括创建普通图层、创建文字图层、创建文字图层和创建调整图层，要对图层进行深入学习，首先应掌握各类图层的创建方法。

创建普通图层：在“图层”面板中单击“创建新图层”按钮，可在当前图层上方新建一个空白图层。

创建文字图层：单击横排文字蒙版工具，在图像中单击鼠标，出现闪烁光标后输入文字，按快捷键Ctrl+Enter即可生成文字图层。

创建文字图层：单击形状工具，在其属性栏中选择“形状”选项，在图像上绘制图形，则会自动生成形状图层。

创建调整图层：单击“创建新的填充或调整图层”按钮，在弹出的菜单栏中选择相应选项，可在“图层”面板中生成调整图层。

8.2.2 删除图层

对于不需要的图层，选中该图层并将其拖到“删除图层”按钮上，或执行“图层 | 删除 | 图层”命令即可删除图层，还可以单击选中要删除的图层然后按快捷键Delete删除图层。

8.2.3 选择图层

在对图像进行编辑前，要选中相应的图层作为当前工作图层。在单击某个图层后按住Shift键单击另一个图层，可选择两个图层之间的所有图层。按住Ctrl键的同时单击所要选择的图层，可以选择不连续的多个图层。

8.2.4 实战：快速选择图层

光盘路径： 第8章\ Complete\快速选择图层.psd

步骤1 执行“新建 | 打开”命令，打开“快速选择图层.psd”文件。

步骤2 单击移动工具，在其属性栏中勾选“自动选择”和“显示变换控件”复选框，单击画面中的主体物可快速选择其所在图层。

8.2.5 复制/粘贴图层

选中所需复制的图层，将其拖动到“创建新图层”按钮上，即可复制一个副本图层，或按快捷键Ctrl+J复制图层。按快捷键Ctrl+C+V时若选择的图层不是透明图层，粘贴的时候就要新建图层，如果是透明图层则直接粘贴进去而不用新建。若选择的是文字图层，则必须要栅格化才能粘贴。

8.2.6 链接/取消图层

将多个图层链接在一起称为图层的链接，链接后可同时对已链接的多个图层进行移动、变换和复制操作。在“图层”面板中选择两个或两个以上的图层，单击“链接图层”按钮即可链接选择的图层。再次单击该按钮可取消所链接的图层。

8.2.7 锁定/解锁图层

通过“图层”面板中的相关功能按钮可锁定或解锁图层。锁定图层时可根据需要对图层的指定属性进行锁定，包括像素的锁定、位置的锁定等。

知识链接：“锁定”按钮

锁定透明像素可使图层中的透明像素区域将被锁定，使其不会被编辑。

原图

锁定人物图像透明像素后填充颜色

锁定透明像素时在人物图像中涂抹颜色

要锁定图像像素时，选择图层并单击“图层”面板中的“锁定图像像素”按钮，使用相关绘画调整工具及填充工具均不可在图层图像中编辑调整。使锁定的图像不被编辑。

要锁定位置时，选择图层并单击“图层”面板中的“锁定位置”按钮后，不可使用移动工具调整该图层图像位置。固定图像位置，使其不会随意移动。要锁定全部时，选择图层并单击“图层”面板中的“锁定位置”按钮后，将锁定图层的所有属性。

8.2.8 重命名图层

执行“图层 | 重命名图层”命令或在图层上双击鼠标，图层名称呈可编辑状态，此时输入新的名称，并按Enter键即可重命名该图层。

8.2.9 栅格化图层内容

对图层进行编辑调整后可将其转换为普通图层。通过执行“栅格化图层”命令，或选择图层后单击鼠标右键选择“栅格化图层”选项，可将图层转换为普通图层。

8.2.10 显示或隐藏图层

显示或隐藏图层的操作可显示或隐藏指定的图像，便于在编辑图像时查看效果。选择指定图层后，应用“图层” 菜单中的“显示图层”或“隐藏图层”命令可显示或隐藏图层；在图层左端的“指示图层可见性”按钮处单击鼠标右键，应用弹出的快捷菜单中的“显示图层”或“隐藏图层”命令也可显示或隐藏图层。

8.2.11 对齐图层

对齐图层是指将两个或两个以上的图层按一定的规律进行对其排列。在“图层”面板中，选中需要对齐的图层，执行“图层 | 对齐”命令，在弹出的子菜单中选择相应的命令，包括“顶边”、“垂直居中”、“底边”、“左边”、“水平居中”、“右边”命令，可调整图层的对齐状态。

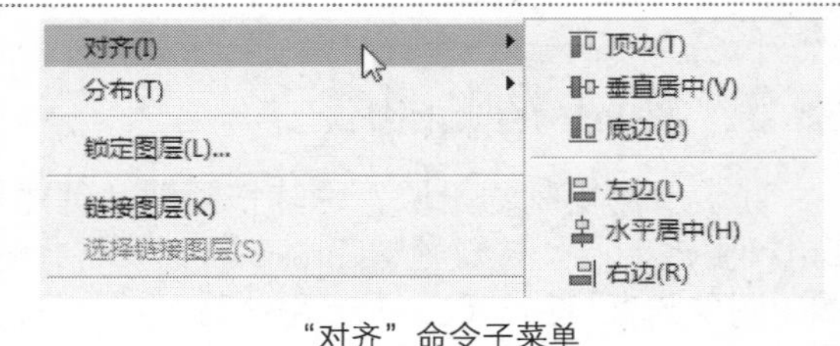

“对齐”命令子菜单

8.2.12 分布图层

分布图层是指将三个或三个以上的图层按一定的规律在图像窗口上进行分布。在“图层”面板中选中需要分布的图层，执行“图层 | 分布”命令，在弹出的子菜单选择相应的命令即可进行相应分布。其中包括“顶边”、“垂直居中”、“底边”、“左边”、“水平居中”和“右边”命令，共6种分布方式。

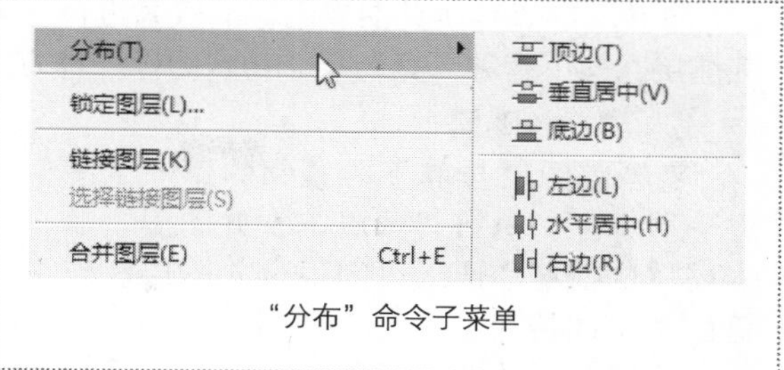

“分布”命令子菜单

8.2.13 自动对齐图层

“自动对齐图层”命令可将选择的图层与指定图层对齐，以便匹配的内容能够自行叠加。通过“自动对齐图层”命令，可以将一个位置拍摄的多张图像拼合到一张图像中，常用于拼合全景图。

选择所要拼合的多个图层，执行“编辑 | 自动对齐”命令，弹出“自动对齐图层”对话框，在对话框中选择相应的单选项，即可应用相应的选项效果。可以覆盖或替换具有相同背景的图像部分。对齐图像之后，使用蒙版或混合效果将每个图像的部分内容组合到一个图像中。

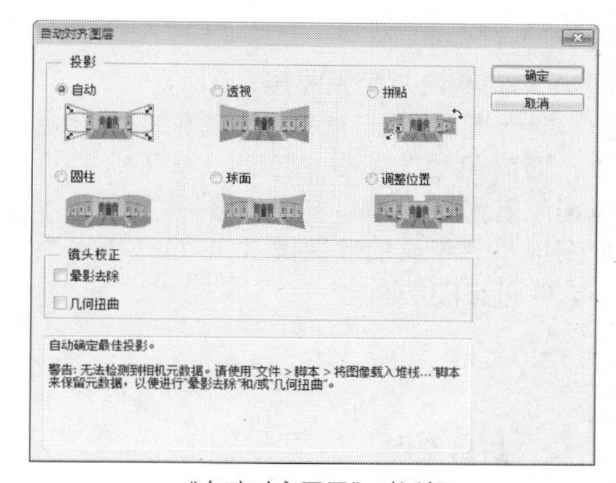

“自动对齐图层”对话框

❶ **“投影”选项组**：在该选项组中包含了拼贴效果单选项，可根据图像间的边界选择相应的单选项创建接缝，使图像的颜色相匹配。

❷ **“镜头校正”选项组**：勾选“晕影去除”复选框，可去除镜头遮光处理不当而导致的边缘较暗的晕影，执行曝光补偿。勾选“几何扭曲”复选框，可补偿桶形、枕性或鱼眼失真效果。

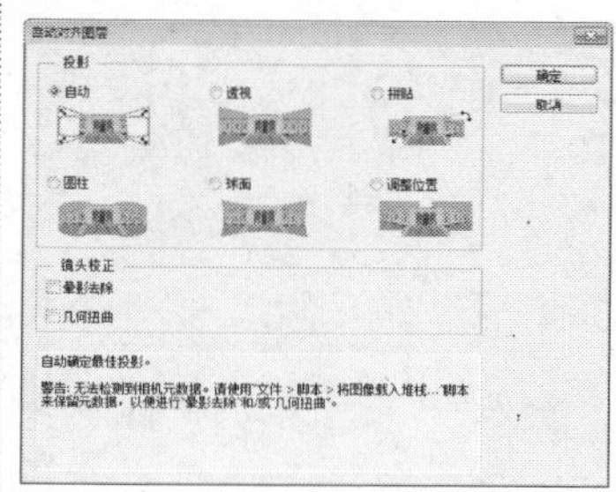

应用“自动对齐图层”命令

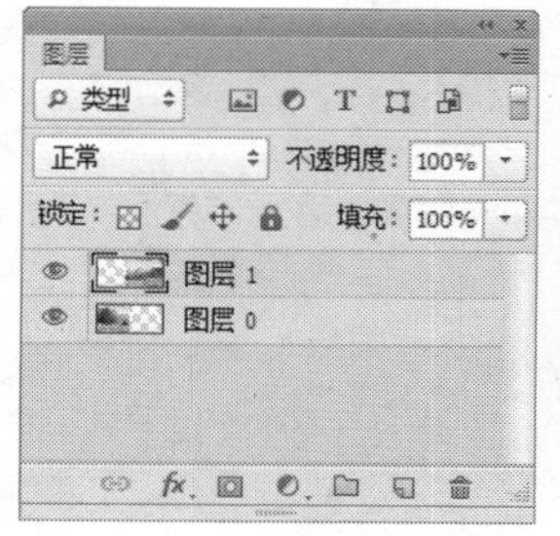

在“图层”面板中的对齐效果

最终效果

8.3 管理图层

管理图层是为了很好地编辑图像，通过管理图层，可将图层进行整理归纳，以便编辑或查找图层。在处理复杂图像时会产生大量的图层，对图层进行合并，可减少图层的数量以便操作。

8.3.1 合并图层

合并图层就是将两个或两个以上图层中的图像合并到一个图层上。可将指定图层合并为一个栅格化图层，并同时合并图层中的图像，方便图像进一步编辑和调整。

专家看板：几种合并图层方式

合并图层是将所要图层图像的效果进行合并，使其变为一个统一的图层。合并图层的方法有向下合并图层、向下合并可见图层、拼合图像三种方式。

1. 向合并图层

将当前图层与其下方紧邻的第一个图层进行合并，执行“图层 | 合并图层”命令或按快捷键Ctrl+E可向下合并图层。若前后两个图层不在一起，按住Ctrl键单击鼠标左键选择要合并的图层，再按快捷键Ctrl+E合并图层。

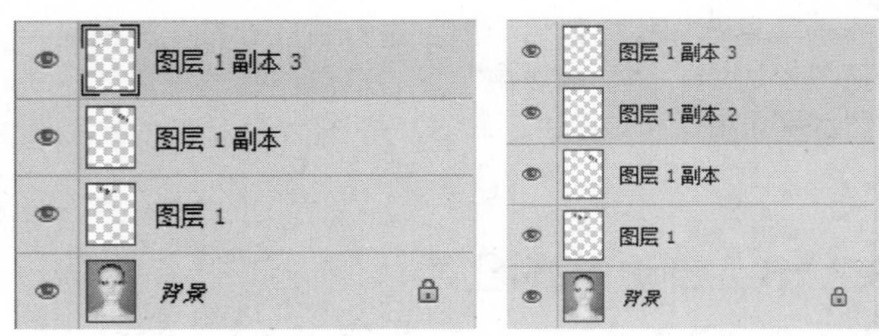

选择需要合并的图层　　向下合并图层

2. 向下合并可见图层

将当前图层与所有可见图层进行合并，而隐藏的图层保持不动，向下合并可见图层有两种方法，执行“图层 | 合并可见图层”命令或按快捷键Shift+Ctrl+E可向下合并可见图层。

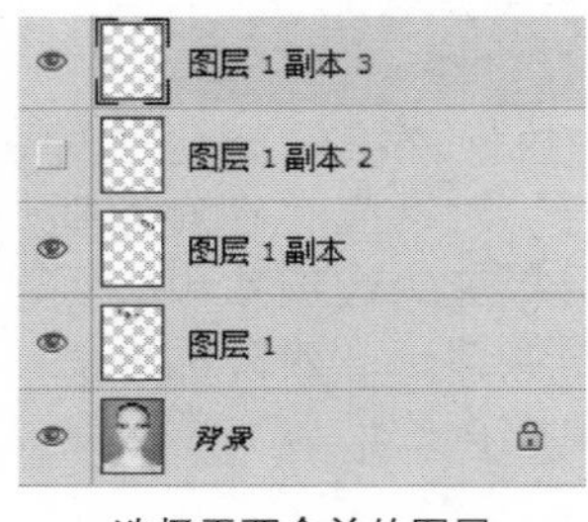

选择需要合并的图层

向下合并可见图层

3. 拼合图像

拼合图像可将所有可见图层拼合为背景图层，并可将隐藏的图层丢弃。执行“图层 | 拼合图层”命令或单击“图层”面板右上角的▾≡按钮，在弹出的菜单栏中执行“图层 | 拼合图像”命令然后单击“确定”按钮拼合图像。

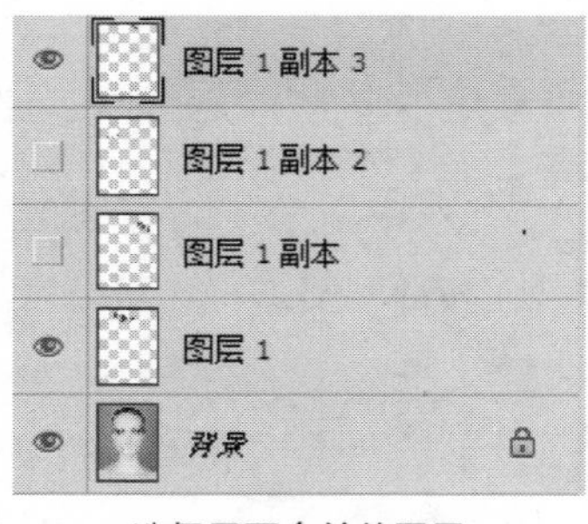

选择需要合并的图层

拼合图像

提示：

在拼合图像时，图层中若存在隐藏图层，执行“图层 | 拼合图层”命令时会弹出警告对话框，单击“确定”按钮可拼合显示和隐藏的图层。

8.3.2 盖印图层

盖印图层是将当前所有可见图层以新建图层的方式合并图像，相当于合并所有可见图层，但却不影响原有的图层。一般情况下，选择位于“图层”面板最顶端的图层，并按快捷键Shift+Ctrl+Alt+E，即可盖印所有图层，此时在“图层”面板中自动生成以“图层1”命名的盖印图层。

8.3.3 盖印可见图层

若图层中有隐藏的图层，将所有可见图层进行合并，而隐藏的图层保持不动，执行“图层 | 合并可见图层”命令，再按快捷键Shift+Ctrl+Alt+E，盖印可见图层。

8.3.4　实战：制作冷艳图像

光盘路径：第8章\Complete\制作冷艳图像.psd

步骤1　打开“制作冷艳图像.jpg”图像文件。

步骤2　在“图层”面板中，单击“创建新的填充或调整图层”按钮，在弹出的快捷菜单中选择“色彩平衡”选项，设置参数，以调整画面的冷色调。

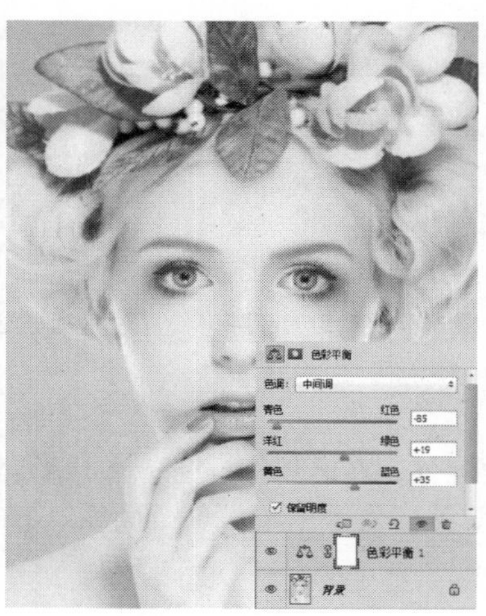

步骤3　在“图层”面板中，单击“创建新的填充或调整图层”按钮，在弹出的快捷菜单中选择“亮度/对比度”选项，设置参数值，以调整画面的亮度层次。

步骤4　为了不影响原有图层，可按快捷键Shift+Ctrl+Alt+E，盖印可见图层，生成“图层1”，方便后面进行操作。

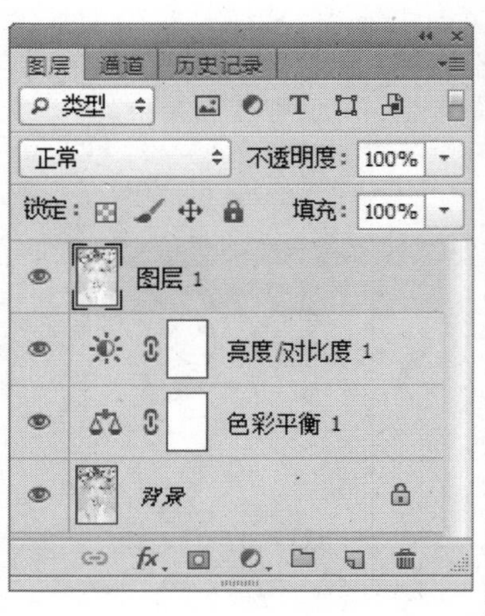

步骤5　单击海绵工具，在属性栏中设置属性，并使用该工具在主体人物以外的背景中进行涂抹，以降低背景图像的饱和度。

步骤6　单击“创建新的填充或调整图层”按钮，在弹出的快捷菜单中选择“照片滤镜”选项，设置参数值，以调整画面的冷艳色调。

8.4 图层组的编辑

图层组主要用于图层的整理和归纳，在对图像进行处理时，不可避免地会遇到许多的状况，此时可以运用图层组将这些图层进行分类管理，可有效节省工作时间，提高工作效率。

8.4.1 新建图层组

在“图层”面板中单击“创建新组”按钮 或在选择所要编组的图层后，执行“图层 | 编组图层”命令，新建的图层组前有一个扩展按钮，单击该按钮，按钮变为状态时，可查看组中包含的图层，再次单击该按钮可将图层组收起。即使只选择了一个图层也可进行编组。

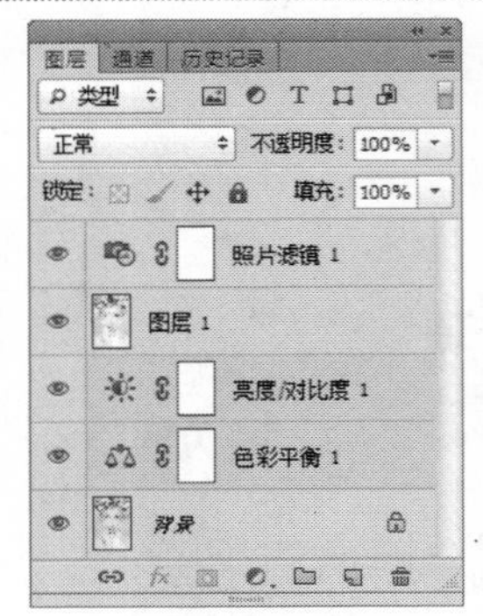

选择所要编组的图层

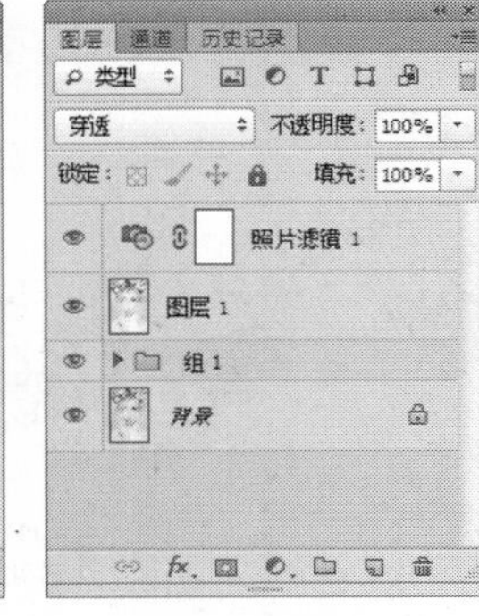

新建图层组

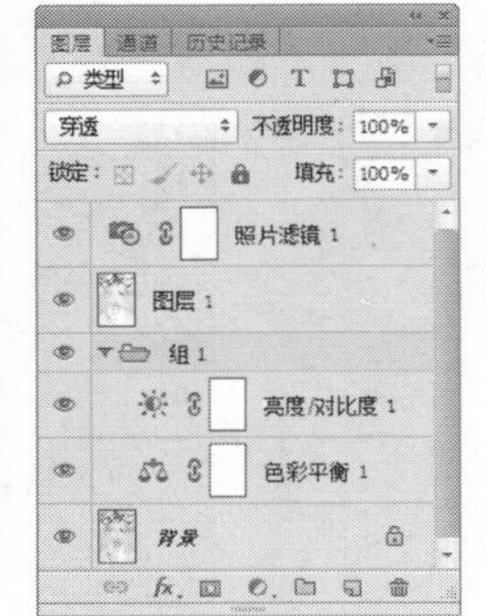

单击下拉按钮，按钮变为状态时。

提示：

要在创建新的图层组时设置图层属性，在选择图层时单击“图层”面板的扩展按钮，并应用其中的“从图层新建组”命令，或按住Alt键单击面板中的“创建新组”按钮，在弹出的对话框中设置图层组的相关属性。

8.4.2 删除图层组

不需要的图层组可将其删除，单击“图层”面板上的扩展按钮，在弹出的菜单中选择“删除组”命令，若在弹出的提示框中单击“组和内容”按钮，可在删除组的同时删除组内的所有内容；若单击“仅组”按钮，则只删除图层组，并不删除组内的图层。

8.4.3 实战：复制图层组

光盘路径：第8章\Complete\复制图层组.psd

步骤1 打开“复制图层组.jpg”图像文件。

步骤2 打开02.png文件，将其拖曳到“复制图层组.jpg”图像文件中，生成“图层1”，按快捷键Ctrl+T调整其位置和大小。

步骤3 按快捷键Ctrl+J，并调整图像的位置和大小，然后单击“创建新组”按钮，将其收纳在组中。再次按快捷键Ctrl+J复制图层组，并调整其位置和大小。

8.4.4 移动图层组内的图层

在创建了图层组后，为调整图像效果，要对组内的图层进行移动，新建的图层组前有一个扩展按钮▼，单击该按钮可查看组中包含的图层，单击要移动的组内图层，按住鼠标不放将其拖曳到所需组内图层的下方。

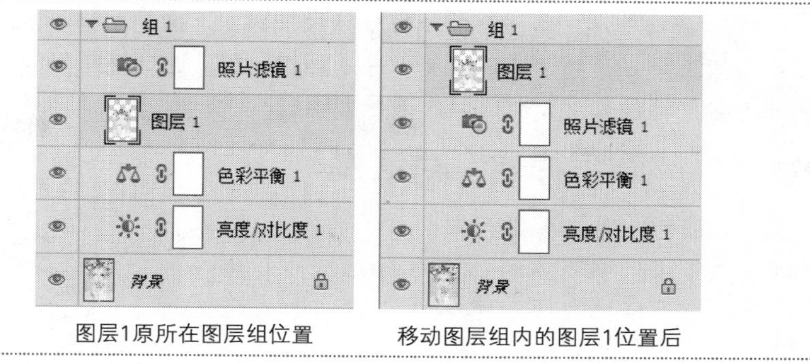

图层1原所在图层组位置　　移动图层组内的图层1位置后

8.4.5 合并图层组

将当前图层组与其下方紧邻的第一个图层组进行合并，执行“图层 | 合并图层”命令或按快捷键Ctrl+E，合并所选图层组。

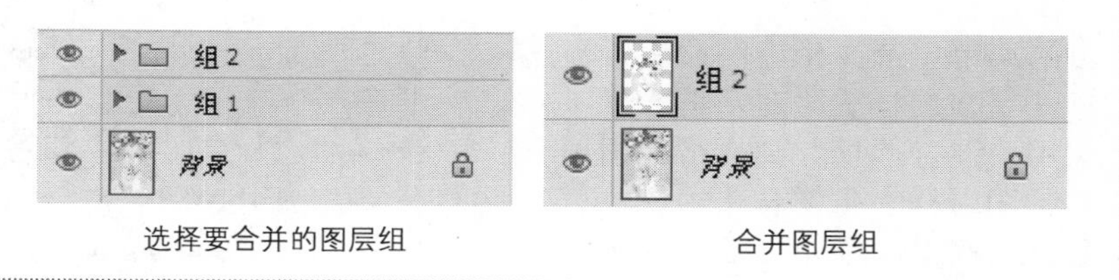

选择要合并的图层组　　合并图层组

8.4.6 从所选图层创建图层组

倘若所选的图层不在一起，就需要从所选图层创建图层组。从所选图层创建图层组时，按住Ctrl键的同时单击鼠标左键，选择所需的所有图层，在“图层”面板中单击“创建新组”按钮，即可从所选图层创建图层组。

8.4.7 将图层移入或移出图层组

将图层移入或移出图层组可便于对图层进行管理。展开图层组，选择需要移入或移出的图层，按快捷键Ctrl+】或Ctrl+【向上或向下移动图层，即可将其移入或移出图层组。

8.4.8 取消图层编组

在编辑图层组时若需要取消图层编组，可在“图层”面板中单击右上角的扩展按钮，在弹出的快捷菜单中选择“取消图层编组”选项，便可释放组中的所有图层。

8.4.9 实战：合并可爱图像

光盘路径：第8章\Complete\合并可爱图像.psd

步骤1 打开“合并可爱图像.jpg”文件。

步骤2 分别打开03.psd至05.psd文件，拖曳到当前文件图像中，适当调整大小和位置。

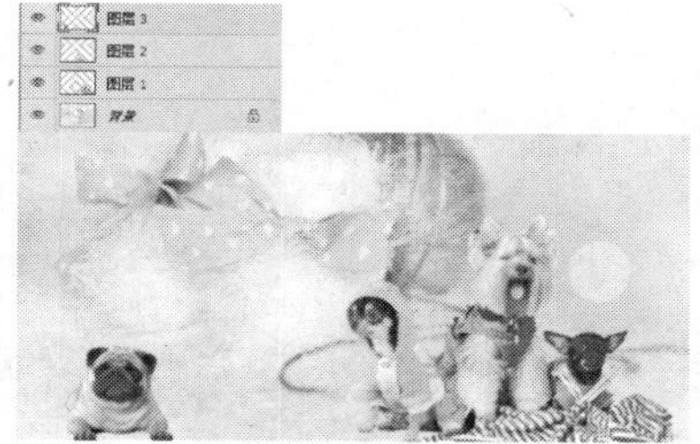

步骤3 将“图层1”至“图层3”进行合并，按快捷键Ctrl+E合并图层。

8.5 认识图层样式

图层样式可为图层中的图像添加特殊的质感，能为图像带来不同的效果。可应用图层样式添加图像的阴影效果、发光效果、浮雕效果、光泽和描边等，以增强图像的立体效果和细节质感。对于图层中一些有透明像素的图像非常有用，且效果尤为明显。

8.5.1 “图层样式”对话框

“图层样式”对话框默认状态下显示“混合选项”，通过设置混合选项可对图层图像进行高级调整和应用。

添加不同的图层样式能为图像带来不同的效果。单击“图层样式” fx. 按钮，在弹出的菜单中选择相应的命令，打开“图层样式”对话框。要应用“混合选项”则执行“图层 | 图层样式 | 混合选项”命令，或双击图层空白处，弹出其对话框。

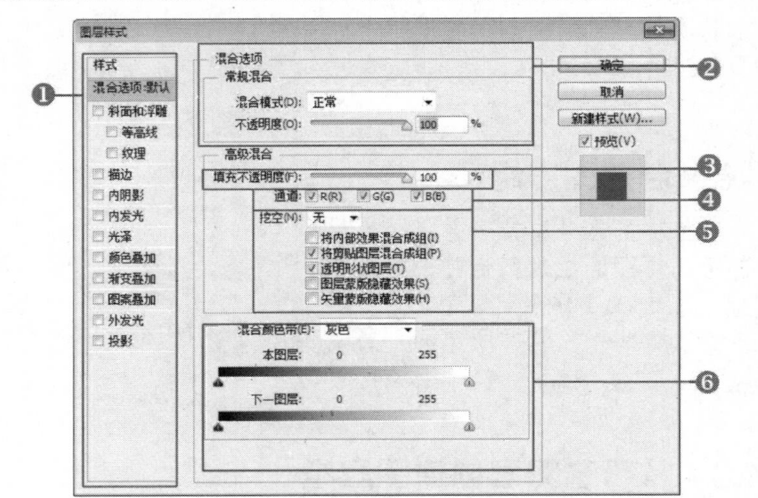

“图层样式”对话框

❶**样式列表框**：这里提供了可以为图像添加的效果。

❷ **“常规混合”选项组**：该选项组中的“混合模式”和“不透明度”选项与“图层”面板中的相应设置一致，在“图层”面板中对这两项的设置将同时显示在此处。

❸ **“填充不透明度”调整区**：该选项用于设置图层图像填充色的不透明度。在“图层”面板中设置该选项后，在此对话框中会同时显示相应的参数。

❹ **“通道”复选框组**：勾选相应的通道复选框，可对指定的通道应用混合效果。

❺ **“挖空”调整区**：可设置穿透某图层以显示下一图层的图像。选择“浅”选项，挖空到当前图层组或剪贴组的最底层；选择“深”选项将挖空到背景层。

❻ **“混合颜色带”选项组**：包含4个颜色通道选项。选择“灰色”选项后将作用于所有通道；选项其他颜色选项后，则作用于指示颜色通道。

8.5.2 实战：制作立体文字

光盘路径：第8章\Complete\制作立体文字.psd

步骤1 执行“文件 | 打开”命令，打开“制作立体文字.jpg”文件。

步骤2 使用横排文字工具 T 输入文字，复制文本图层并“栅格化文字”图层，调整其角度和位置。然后隐藏原文本图层，并应用“斜面和浮雕”命令，在弹出的对话框中设置参数，制作文字立体效果。

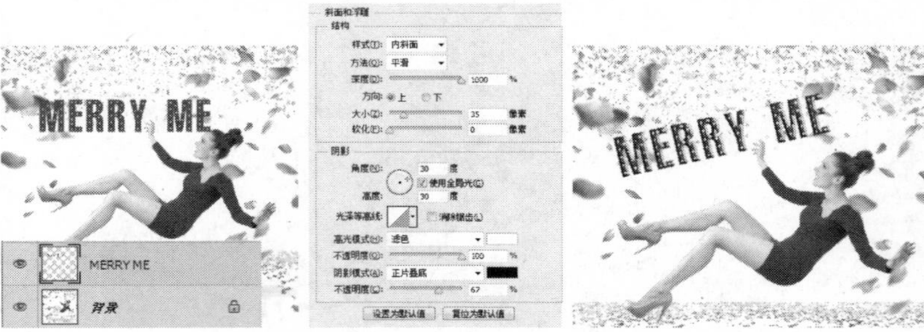

8.5.3　“斜面和浮雕”图层样式

“斜面和浮雕”图层样式为图像添加具有不同立体质感的斜面及浮雕效果。通过应用“内斜面”、“外斜面”、“浮雕效果”、“枕状效果”或“描边浮雕”样式，可调整应用的浮雕相对位置，以获取不同的浮雕效果；还可以对平滑度进行调整，以柔化或增强边缘浮雕细节；通过设置“阴影”选项组，可调整浮雕的光照效果及角度等属性，使浮雕效果更加贴近所在背景区域。

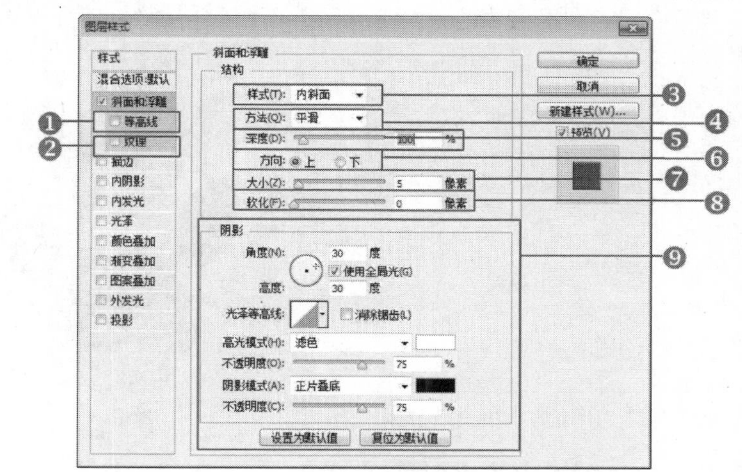

“图层样式”对话框的“斜面和浮雕”选项卡

❶**等高线复选框**：勾选该复选框，将切换至该选项的选项卡，设置以勾画在浮雕处理效果中被遮住的凹陷和凸起。

❷**“纹理”复选框**：勾选该复选框，将切换至该选项的选项卡，可为图层样式效果添加指定的图案纹理。

❸**“样式”选项**：指定不同样式的斜面浮雕效果，包括“内斜面”、“外斜面”、“浮雕效果”、“枕状效果”或“描边浮雕”样式。

❹**“方法”选项**：选择“平滑”、可对斜角的边缘进行柔化处理，选择“雕刻清晰”可清除锯齿状的硬边和杂边。

❺**“深度”选项**：用于设置浮雕的阴影强度，数值越大，阴影颜色越深。

❻**“方向”选项**：用于设置浮雕的光照方向。

❼**“大小”选项**：用于设置生成浮雕的阴影面积和大小。

❽**“软化”选项**：用于调整阴影的模糊效果，使其边缘变得柔和。

❾**“阴影”选项组**：包括“角度”、“高度”、“光泽等高线”、“高光模式”、“不透明度”和“阴影模式”等设置选项，用于设置浮雕的光照效果和阴影效果等状态。

8.5.4　“描边”图层样式

“描边”图层样式可用于为图层中有像素区域的图像边缘轮廓添加描边效果。可指定纯色填充色、渐变颜色图案并对边缘进行描边，并可调整描边起始位置为外部、内部还是居中，也可以通过调整描边的大小来获取不同的描边效果。

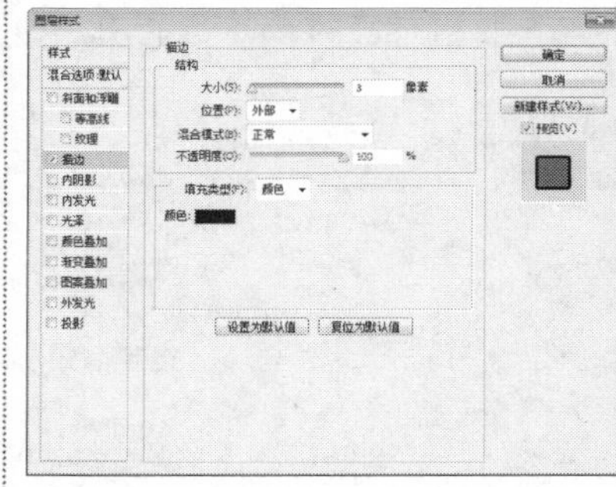

“图层样式”对话框的“描边”选项卡

原图

应用“描边”图层样式

8.5.5 “内阴影”图层样式

“内阴影”图层样式的效果与“投影”图层样式添加外部阴影的效果相反，但两者的设置选项和应用方式一致。

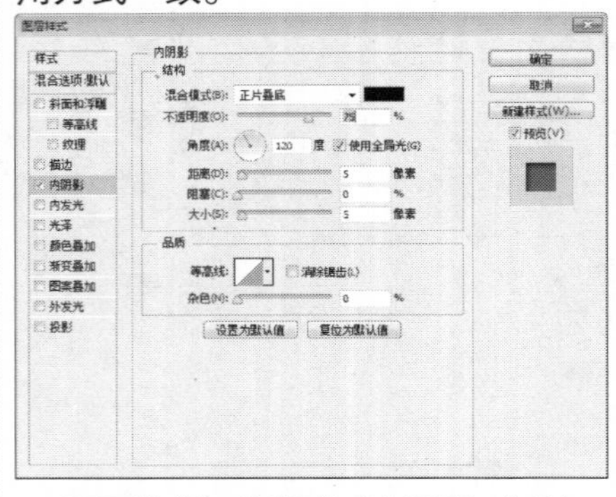

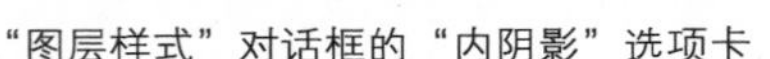

“图层样式”对话框的“内阴影”选项卡

原图

应用“内阴影”图层样式

8.5.6 “内发光”图层样式

“内发光”图层样式用于添加图层图像的内部发光效果。在该图层样式中，可设置内部发光像素的位置，通过设置其发光位置为“居中”或“边缘”，可确定发光方向是以中心点向外蔓延还是从边缘区域向内蔓延。

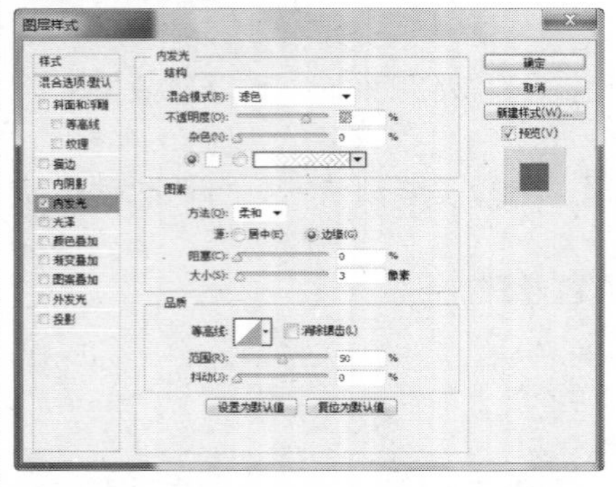

“图层样式”对话框的“内发光”选项卡

原图

应用“内发光”图层样式

8.5.7 实战：制作多彩珍珠效果

光盘路径：第8章\Complete \制作多彩珍珠效果.psd

步骤1 执行“文件 | 新建”命令，单击渐变工具，在属性栏中设置属性，并使用该工具制作从粉色（R254、G250、B250）到白色的径向渐变填充背景图像。

步骤2 使用椭圆工具，设置自己需要的前景色，按住Shift键的同时单击鼠标左键，在画面中绘制一个正圆图形。

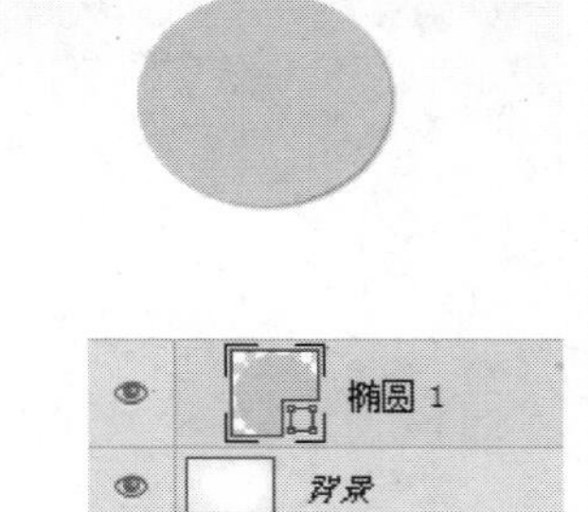

步骤3 在“图层”面板中，单击“添加图层样式”按钮，在弹出的快捷菜单中选择“斜面和浮雕”选项，设置相应的选项、参数值及填充颜色，制作珍珠的立体效果。

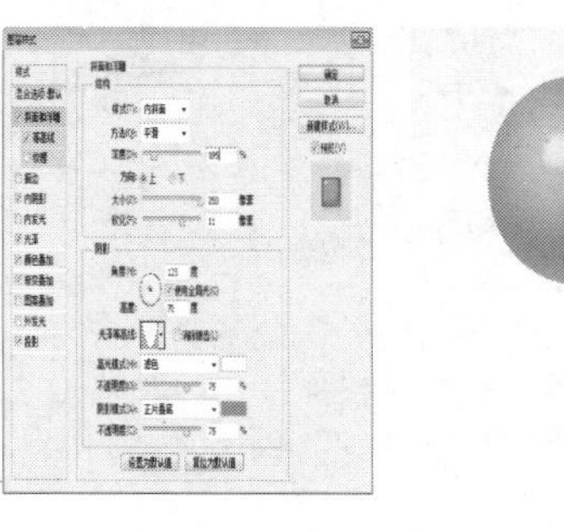

步骤4 在“图层样式”对话框中，选择“内阴影”选项，并设置相应的选项、参数值及填充颜色，增加珍珠的内阴影效果。

步骤5 在“图层样式”对话框中选择“光泽”选项，设置相应的选项、参数值及填充颜色，增加珍珠的光泽效果。

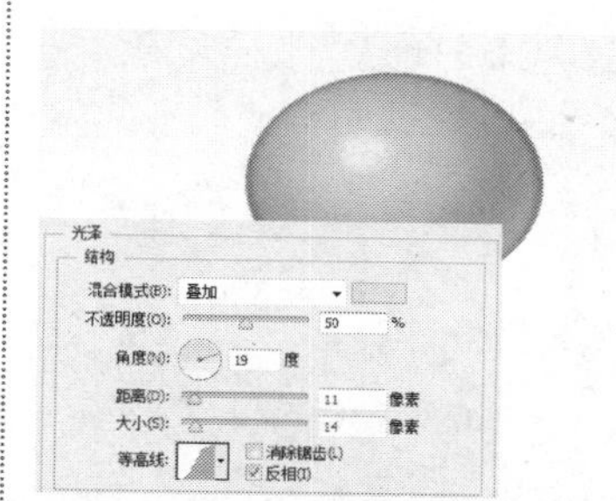

步骤6 继续在“图层样式”对话框中选择“颜色叠加”选项，并设置相应的参数值和填充颜色，以增强珍珠的光泽效果。

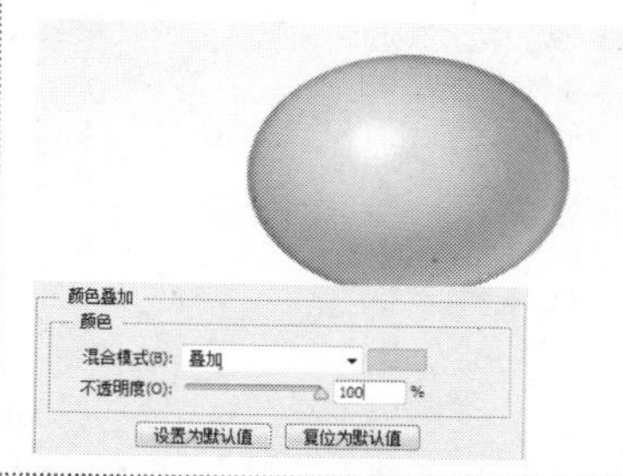

步骤7 在“图层样式”对话框中选择“渐变叠加”选项，并设置相应的参数值和选项，以增强珍珠的质感层次效果。

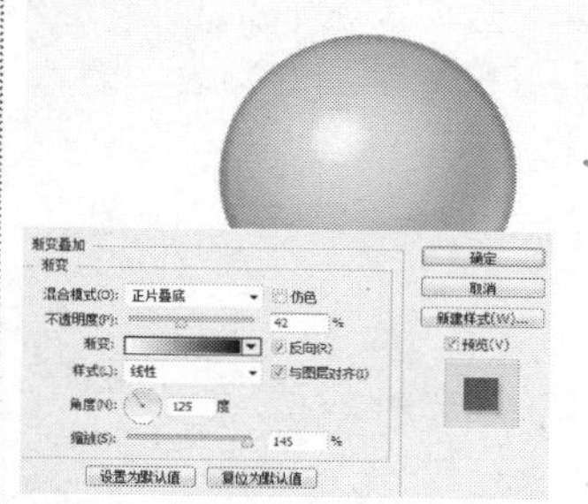

步骤8 在“图层样式”对话框中选择“投影”选项，设置相应的参数值和填充颜色，完成后单击“确定”按钮，以应用图层样式效果。

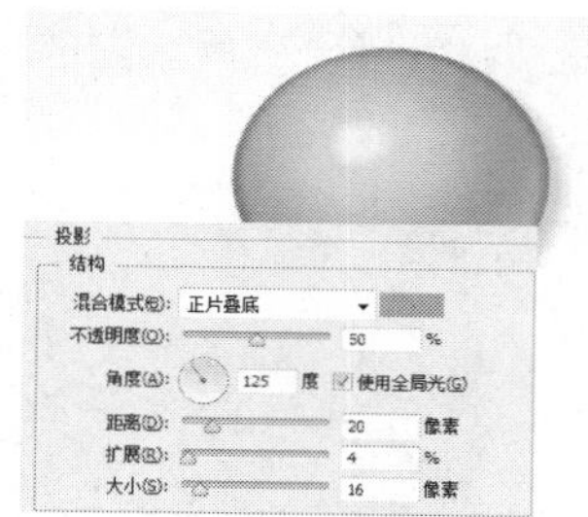

步骤9 选择“椭圆1”图层，按快捷键Ctrl+J。生成“椭圆1副本”，应用“自由变化”命令调整其大小和位置。然后新建“组1”图层组，将其收纳于其中。

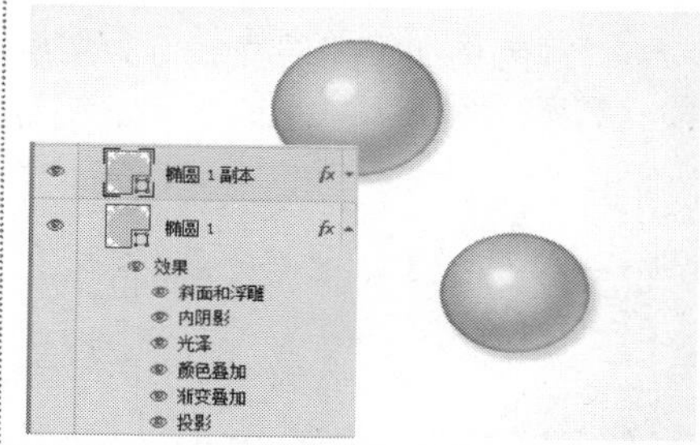

步骤10 单击椭圆工具，在属性栏中进行设置，在按下Shift键的同时绘制一个正圆图形。然后拷贝“椭圆1”图层的图层样式，粘贴到该图层中，分别在“图层样式”对话框中更正各个参数值和填充颜色，以改变珍珠的颜色。

形状 填充： 描边： 3点 W: 285 像 H: 285 像

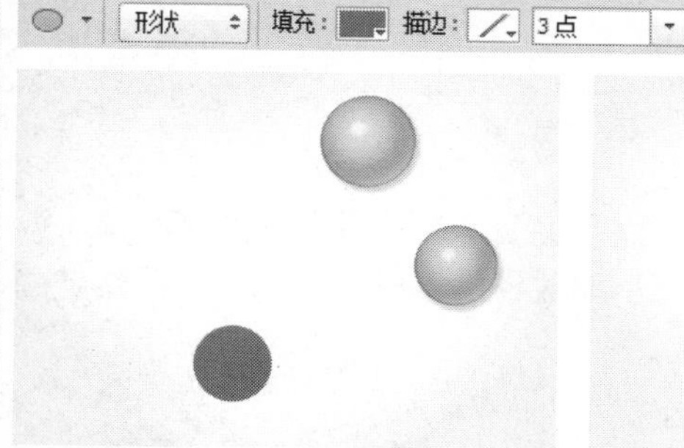

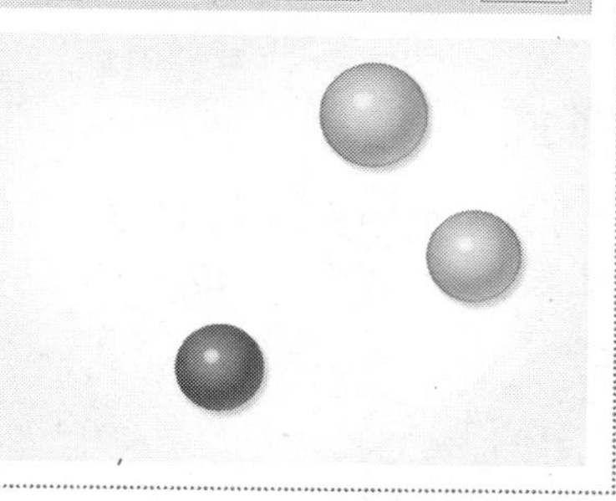

步骤11 使用相同的方法，绘制多个正圆图形，并拷贝粘贴图层样式。然后分别在“图层样式”对话框中设置参数值及填充颜色，以制作多彩珍珠。

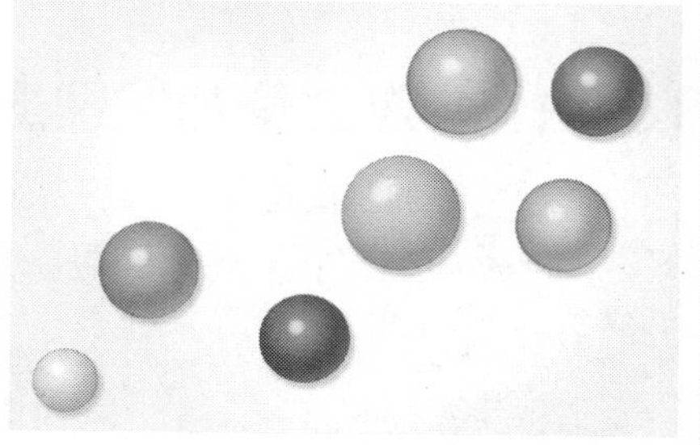

步骤12 选择“组1”图层，单击“添加图层样式”按钮 fx，在弹出的快捷菜单中选择“投影”选项，在弹出的对话框中设置参数值，制作该组中的珍珠投影效果，以完善多彩珍珠的制作。

投影
结构
混合模式(B)： 正片叠底
不透明度(O)： 60 %
角度(A)： 125 度 ☑ 使用全局光(G)
距离(D)： 5 像素
扩展(R)： 0 %
大小(S)： 5 像素

8.5.8 “光泽”图层样式

“光泽”图层样式可为图像添加较为光滑的具有光泽的内部阴影。该图层样式与图层中图像的轮廓有关，对于不同轮廓的图像运用同一参数设置以后，将获得不一样的光泽效果。应用“光泽”图层样式时，同样可设置光泽阴影的颜色、混合模式和不透明度以及光照方向、阴影偏移距离和大小等。

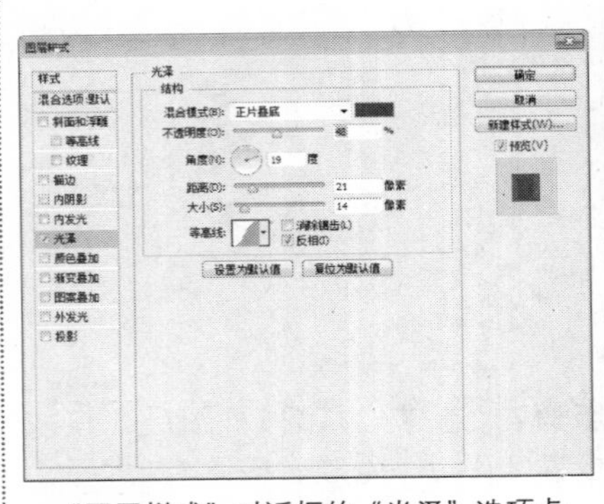
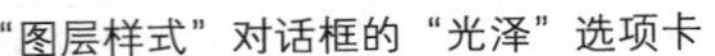

“图层样式”对话框的“光泽”选项卡

原图

应用“光泽”图层样式

8.5.9 “颜色叠加”图层样式

“颜色叠加”图层样式可为图层图像添加颜色效果。应用该图层样式时，可设置叠加的颜色、混合模式和不透明度。

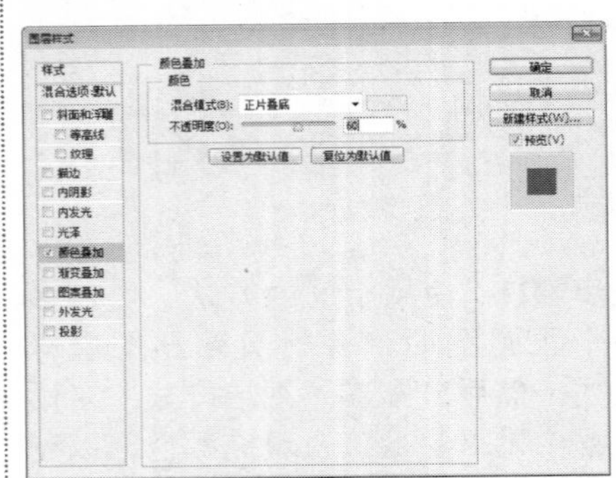

“图层样式”对话框的“颜色叠加”选项卡

原图

应用“颜色叠加”图层样式

8.5.10 “渐变叠加”图层样式

“渐变叠加”图层样式用于为图层添加渐变颜色的填充效果。应用该图层样式时，可设置叠加的渐变颜色及其渐变样式、混合模式、不透明度、光照方向和边缘样式的缩放程度等属性，为图层调整丰富的渐变填充效果。

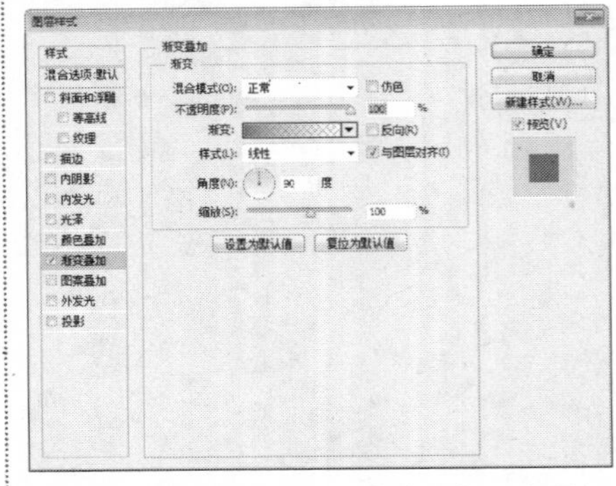

“图层样式”对话框的“渐变叠加”选项卡

原图

应用“渐变叠加”图层样式

8.5.11　实战：制作炫彩的风景图像

光盘路径：第8章\Complete \制作炫彩的风景图像.psd

步骤1　执行“文件｜打开”命令，打开07.jpg文件，双击“背景”图层，解锁背景图层为“图层0”。

步骤2　单击“添加图层样式”按钮fx，选择“渐变叠加”选项并设置参数，制作炫彩的风景图像。

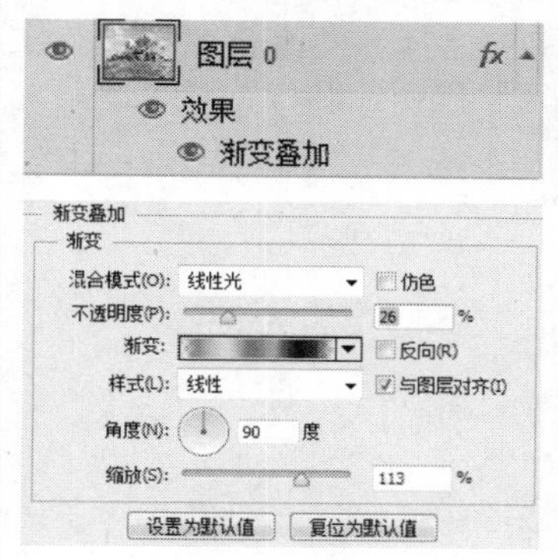

8.5.12　“图案叠加”图层样式

“图案叠加”图层样式可用于为图层添加指定图案的填充效果。应用该图层样式可将指定的图案像素叠加到图像中，同时可设置叠加图案的混合模式、不透明度和缩放程度等属性。

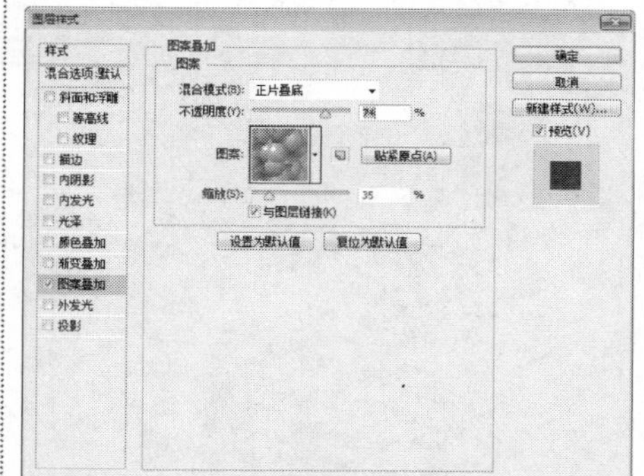
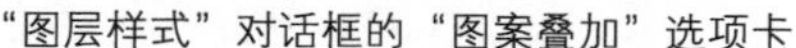

“图层样式”对话框的“图案叠加”选项卡

原图

应用“图案叠加”图层样式

8.5.13　“外发光”图层样式

“外发光”图层样式用于为图像边缘添加外部发光的效果。与“阴影”图层样式的加深混合模式不同，该图层样式在混合模式上默认为“滤色”，以便调亮图像边缘的发光颜色；通过设置图像边缘发光像素的羽化度和大小及其颜色，可调整图像发光的程度和发光色调。

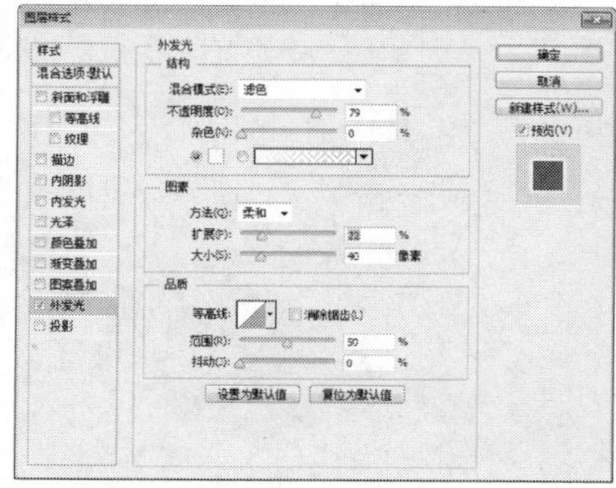

“图层样式”对话框的“外发光”选项卡

原图

应用“外发光”图层样式

8.5.14 实战：制作金属材质图像

光盘路径： 第8章\Complete\制作金属材质图像.psd

步骤1 执行“文件 | 新建”命令，新建一个空白文档。然后新建“图层1”，填充为粉色（R254、G222、B222），单击“添加图层样式”按钮 fx，在弹出的快捷菜单中选择“图案叠加”选项，设置图案样式和参数值后单击“确定”按钮，制作背景纹理效果。

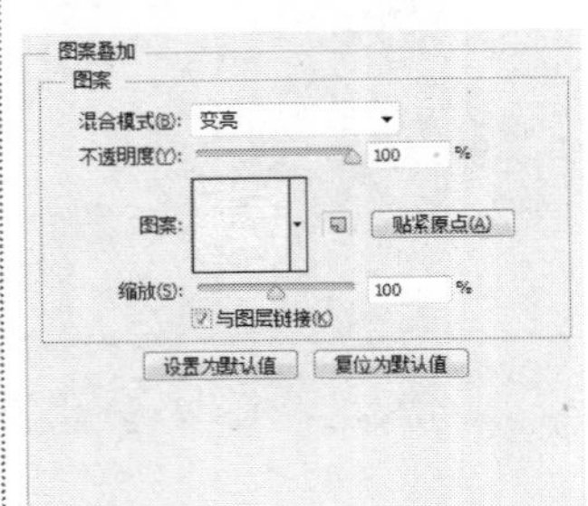

步骤2 单击自定形状工具，在属性栏中设置属性，并在画面中按住Shift键的同时绘制指定图形。

步骤3 单击“添加图层样式”按钮 fx，在弹出的快捷菜单中选择“斜面与浮雕”选项，设置相应的选项和参数值，在左侧勾选“等高线”选项，以制作图形的立体效果。然后继续选择“光泽”、“颜色叠加”和“渐变叠加”选项，分别设置相应的参数值和填充颜色，制作金属材质效果。

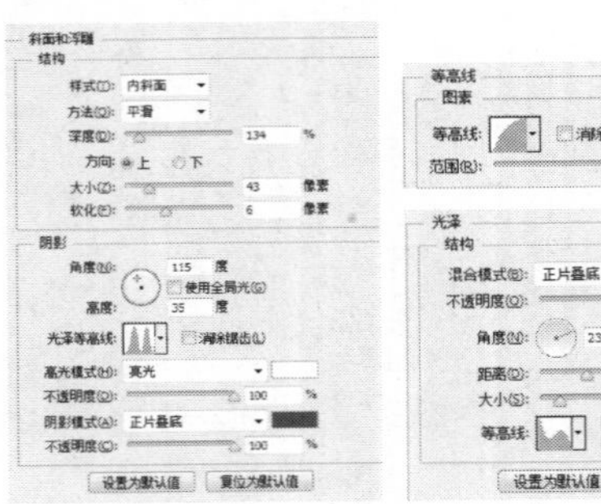

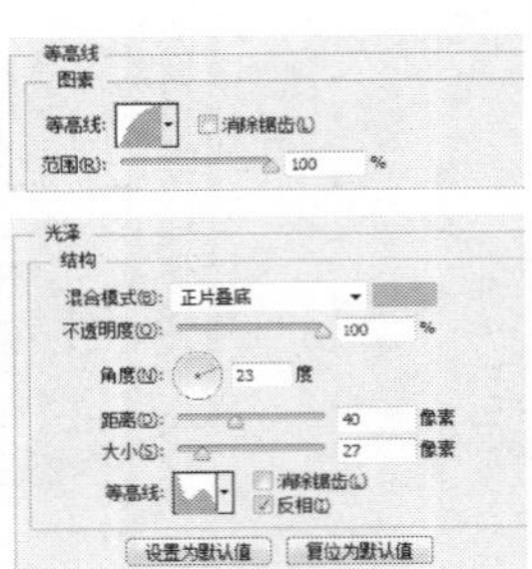

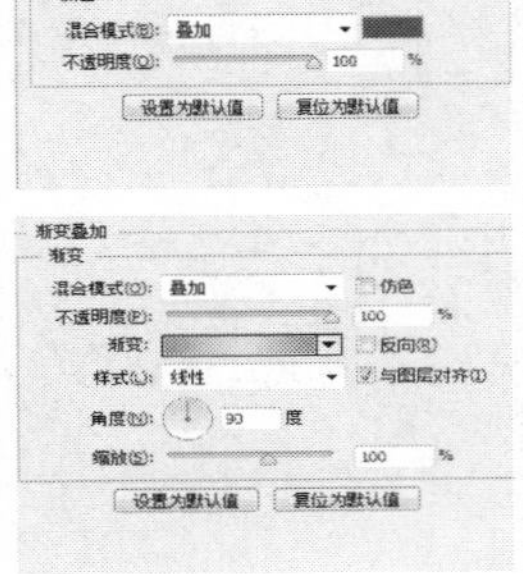

步骤4 在“图层样式”对话框中选择“图案叠加”和“投影”选项，分别设置参数值，以叠加金属纹理效果。

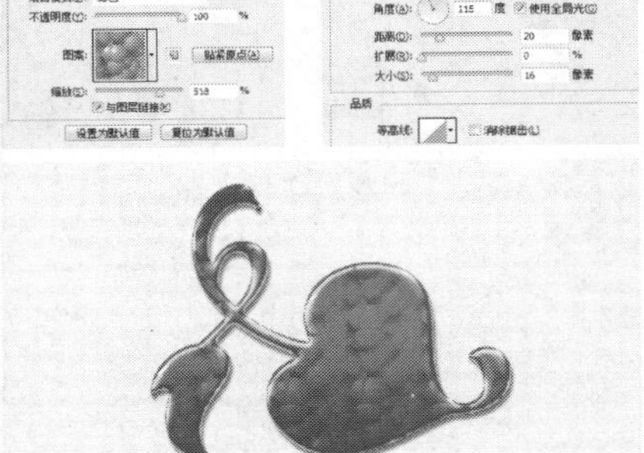

步骤5 新建“组1”图层组，将“形状1”图层收纳在其中。按快捷键Ctrl+J拷贝图层，应用“自由变换”命令调整其位置、大小和角度，以丰富画面效果。

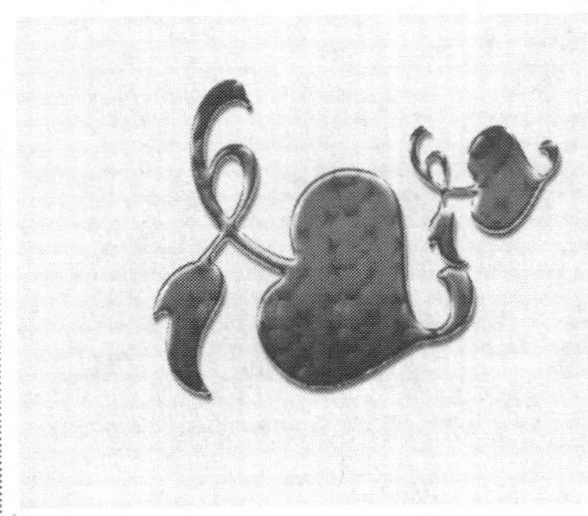

步骤6 选择“形状1副本”图层，按快捷键Ctrl+J拷贝该图层，应用“自由变换”命令调整其位置、大小和角度，以丰富画面效果。

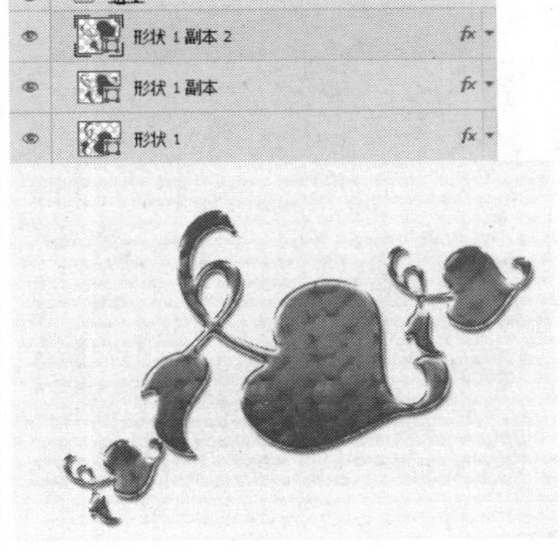

步骤7 在“图层”面板中，单击“创建新的填充或调整图层”按钮，在弹出的快捷菜单中选择“曲线”选项，设置参数值后，按快捷键Ctrl+Alt+G创建剪贴蒙版，以调整“组1”图层组中图形的亮度层次。

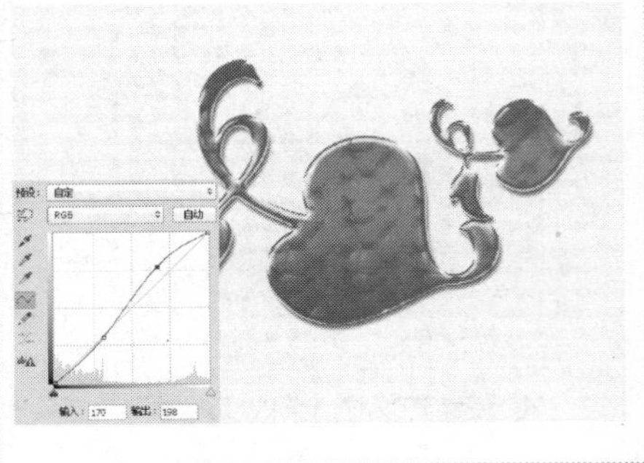

8.5.15　“投影”图层样式

“投影”图层样式用于添加图像的投影效果。执行“图层 | 图层样式 | 投影”命令或直接在“图层”面板中单击“图层样式”按钮，在弹出的菜单中执行“投影”命令，弹出“图层样式”对话框并自动勾选“投影”样式及显示“投影”选项卡，在其中可设置投影的颜色及与背景颜色的混合模式和不透明度效果，以调整投影的基本状态；并设置投影的大小、距离、羽化程度及光照方向。

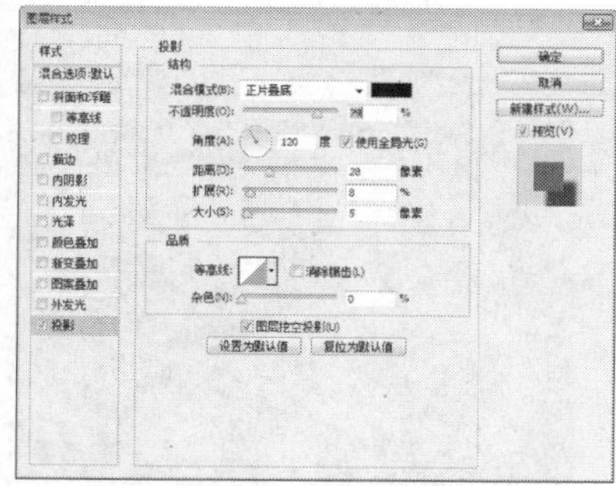

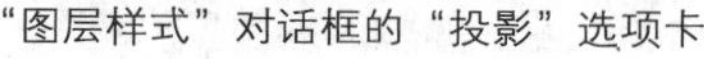

“图层样式”对话框的“投影”选项卡

原图

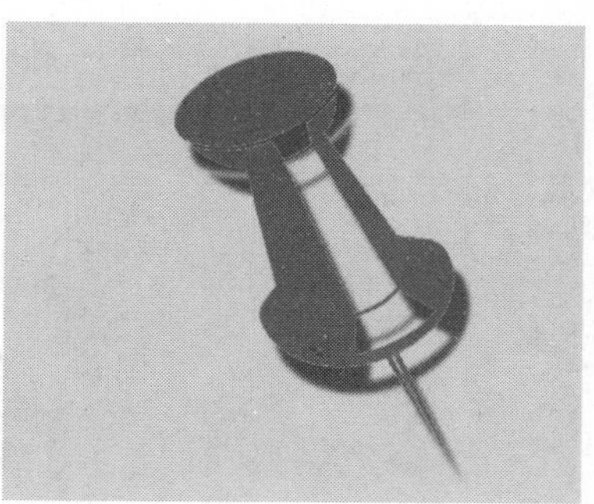

应用“投影”图层样式

8.5.16　实战：添加照片水晶文字

光盘路径：第8章\ Complete\添加照片水晶文字.psd

步骤1　执行“文件 | 打开”命令，打开“添加照片水晶文字.jpg ”文件。复制“背景”图层，生成“背景 副本”图层，设置该图层的混合模式为“滤色”、“不透明度”为58%，以减淡图像颜色。

步骤2　复制“背景 副本”图层，设置“不透明度”为40%。然后结合图层蒙版和画笔工具在较亮区域涂抹，以绘制该区域的细节。

步骤3　单击椭圆工具，在属性栏中设置属性，在画面中绘制两个正圆图形，并在“属性”面板中设置“羽化”值为50%。然后设置该图层的混合模式为“亮光”、“不透明度”为80%，以制作图像光斑效果。

步骤4　继续在属性栏中设置图形填充颜色，并在画面中绘制图形，设置“羽化”值为10px，混合模式为“强光”，以丰富画面效果。

步骤5 继续使用相同方法，在椭圆工具 属性栏中设置图形的填充颜色。然后在画面中绘制多个正圆图形，在“属性”面板中设置“羽化”值为50px，以模糊图形边缘。最后设置该图层的混合模式为“线性光”、“不透明度”为50%，以丰富画面效果。

步骤6 新建“图层1”，设置前景色为白色。单击画笔工具 ，在属性栏中进行设置，然后在画面中单击鼠标，绘制光斑效果，在属性栏中设置不同的透明度，以丰富画面效果。

步骤7 使用横排文字工具 在画面中添加相应的文字，在“字符”面板中设置属性，然后分别调整个别文字的大小，应用“自由变换”命令调整文字的角度和位置。

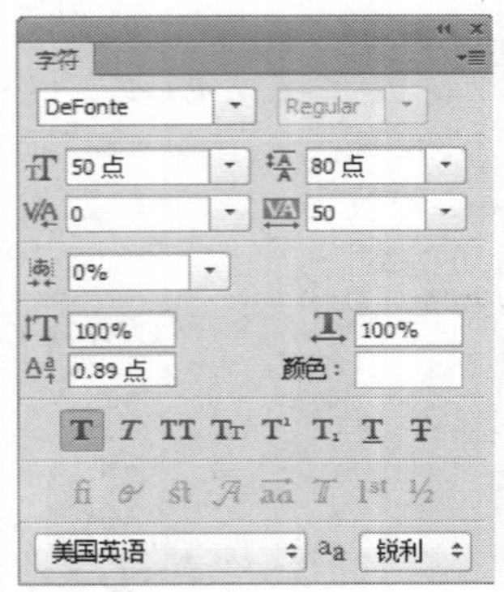

步骤8 单击“添加图层样式”按钮 ，在弹出的快捷菜单中选择“斜面和浮雕”选项，分别设置选项和参数值，制作文字的立体效果。

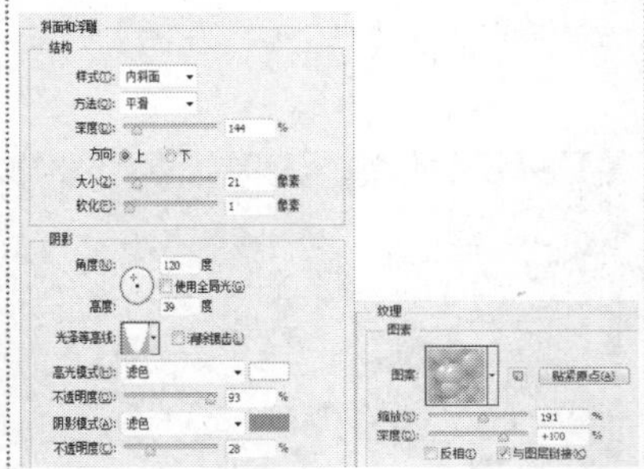

步骤9 在“图层样式”对话框中选择“内发光”、“光泽”和“投影”选项，分别设置相应的选项、参数值及填充颜色，增强文字的水晶质感效果。

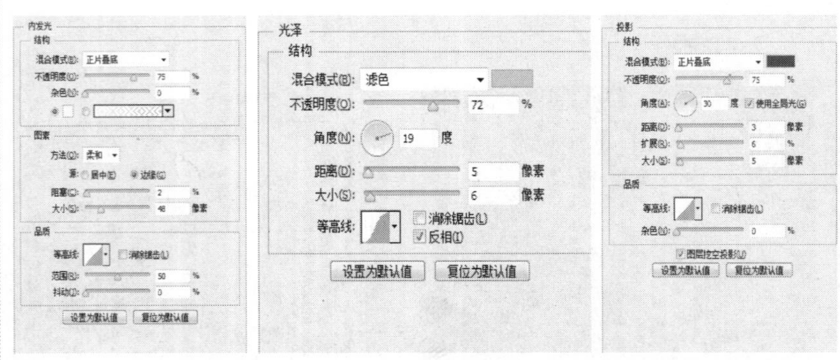

步骤10 在“图层样式”对话框中选择“颜色叠加”选项，设置相应的选项及参数值，增加文字层次效果。

专家看板：“混合选项”选项栏

在“混合选项”选项面板中有一个“混合选项”，在前面我们没有对其进行详细介绍。在该模块中我们将对“高级混合”和“混合颜色带”对话框进行介绍。通过设置不同的参数和模式可提高画面的品质。

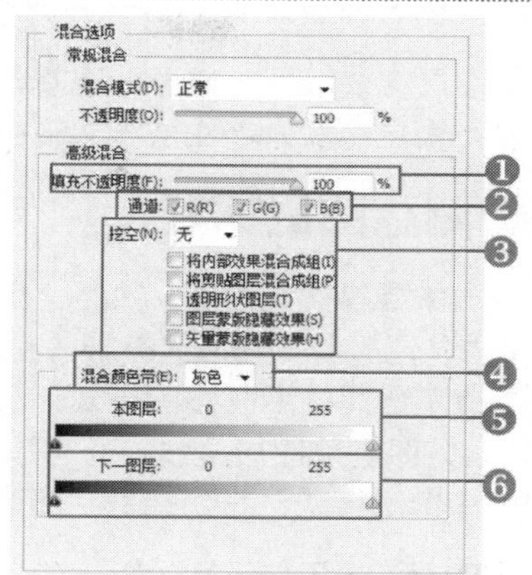

“混合选项”面板

❶ **“填充不透明度”选项：**该选项与“图层”面板中的设置选项一致，用于设置图层像素的填充量。

❷ **“通道”选项：**勾选其中的相应复选框后，对指定的通道运用混合效果，取消勾选指定的复选框后则在混合图层时排除该通道。

❸ **“挖空”选项组：**设置穿透某图层以显示下一图层的图像。选择“浅”选项，挖空到第一个可能的停止点，即挖空当前图层组或剪贴组的最底层；选择“深”选项，将挖空到背景层，若没有背景层将挖空到透明像素。在其下方还包含“将内部效果混合成组”、“将剪贴图层混合成组”、“透明形状图层”、“图层蒙版隐藏效果”、“矢量蒙版隐藏效果”5个复选框。在制作图片混合模式的过程中，制作后发现需要用遮照工具时单击“添加图层蒙版” 按钮，可裁剪掉图像的一部分。要想使裁剪的边缘没有其混合模式，此时就需要勾选“图层蒙版隐藏效果”、“矢量蒙版隐藏效果”两个复选框。

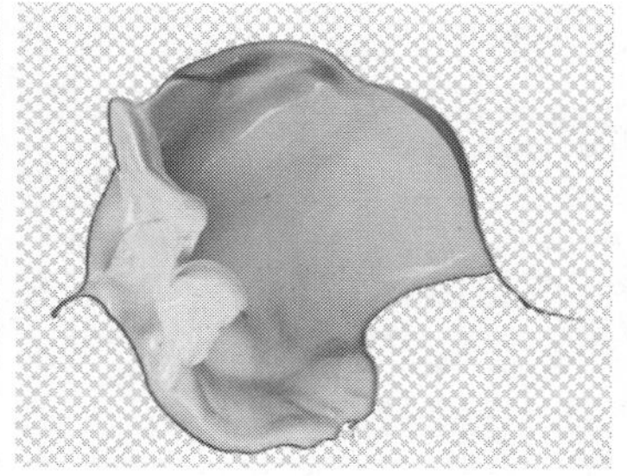
原始文件加入混合模式后

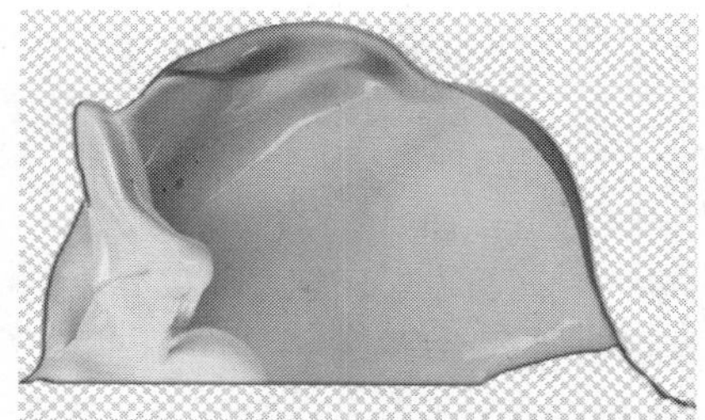
在蒙版上裁剪掉一部分后

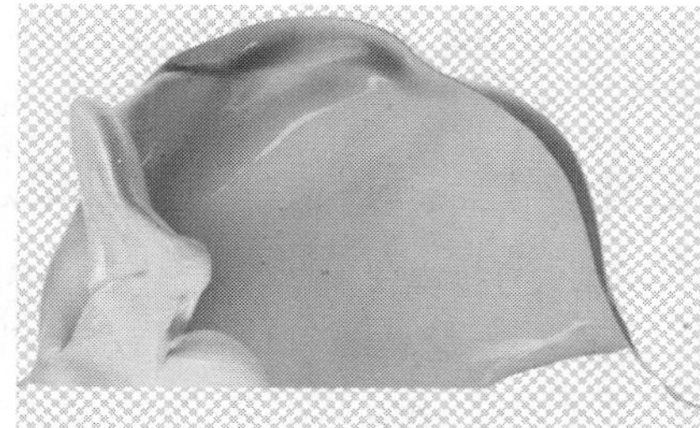
应用“图层蒙版隐藏效果”、“矢量蒙版隐藏效果”后

❹ **“混合颜色带”选项组：**可控制最终图像中将显示当前图层的哪些像素，以显示下面可见图层中的哪些像素。也可决定部分混合像素的范围，在混合区域和非混合区域间产生平滑过渡效果。该选项包含4个颜色混合通道选项，选择“灰色”选项将作用于所有通道的混合；选择其他颜色通道则在指定的单个颜色通道内混合。

❺ **“本图层”滑块：**指定当前图层上将要混合并出现在最终图像中的像素范围。例如将白色滑块拖动到220，则亮度值大于220的像素将不混合，且排除在最终图像之外。

❻ **“下一图层”滑块：**指定将在最终图像中混合的下方可见图层的像素范围。混合像素与当前图层中的像素在混合后产生复合像素，而未混合的像素透过当前图层的上层区域显示出来。例如拖动黑色滑块到25，则亮度值低于25的像素不混合，将透过最终图像中的当前图像显示出来。

提示：

图层的“不透明度”选项与“填充”选项在一般情况下性质看似一致，但前者仅仅用于调整透明度，而后者对于挖空图层像素及显示图层样式有着重要的表现。

8.6 图层样式的编辑

为图层添加图层样式以后，通过一些基本操作可对图层样式进行编辑和调整，包括隐藏和展示图层样式、拷贝和粘贴图层样式、将图层样式转换为图层以及清除图层样式等基本操作。

8.6.1 创建/删除图层样式

选择需要添加图层样式的图层，执行“图层 | 图层样式 | 混合选项”命令或单击“添加图层样式”按钮，选择“混合选项”选项选择所需要的混合选项，并设置其参数，即完成图层样式的创建。

删除当前图层中运用的所有图层样式，可将要删除的图层中的“指示图层效果图标”拖动到“删除图层”按钮上，即删除图层样式；还可以对同一图层运用部分图层样式，在展开的图层样式中，选择删除的其中一个图层样式，将其拖到“删除图层”按钮上即可，其他图层样式依然保留。

8.6.2 折叠和展开图层样式

为图层添加图层样式后，在图层右侧会显示一个“展示图层效果”图标。当三角形图标向下时，图层样式折叠到一起，单击该按钮，可展开图层样式，可以在“图层”面板中为图层添加 图层样式，此时三角形图标指向上端，再次单击可进行相反的操作。

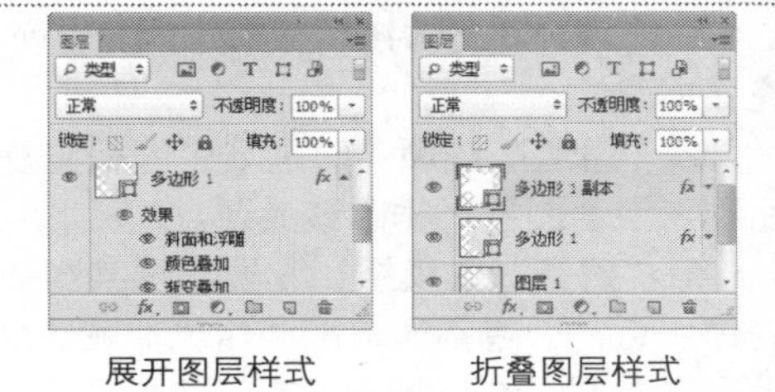

展开图层样式　　折叠图层样式

8.6.3 拷贝和粘贴图层样式

添加图层样式后，可将一个图层添加的图层样式复制并粘贴至另一个图层中，并同时复制同样的样式属性。在添加了图层样式的图层上单击鼠标右键，在弹出的快捷菜单中选择“拷贝图层样式”选项，即可复制该图层样式中的属性，在其他图层上单击鼠标右键并应用“粘贴图层样式”命令，可复制该图层样式的属性。

8.6.4 隐藏和显示图层样式

添加图层样式后，该图层下方将出现“在面板中显示图层效果”收缩栏，单击图层右端的该图标可展开或收起图层样式。单击图层样式的“切换所有图层效果可见性”按钮可隐藏或显示所有图层的效果，而单击指定图层样式左端的“切换单一图层效果可见性”按钮可单独隐藏或显示该图层样式效果。

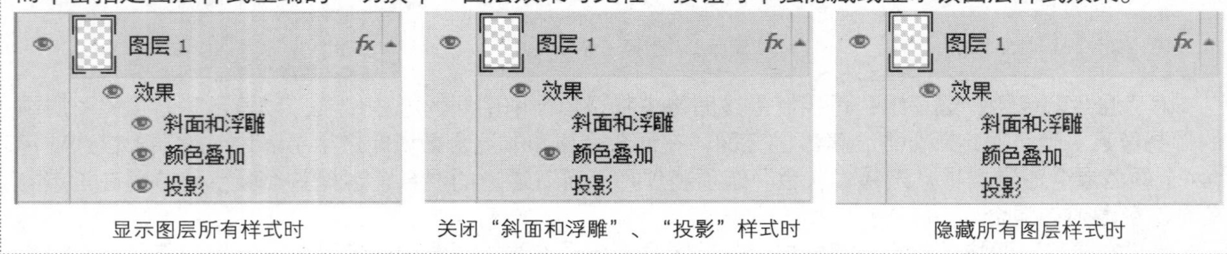

显示图层所有样式时　　关闭“斜面和浮雕”、“投影”样式时　　隐藏所有图层样式时

8.6.5 将图层样式转换为图层

添加图层样式后，若要将图层样式转换为图层。选中所要转换图层样式的图层，单击鼠标右键，在弹出的选项栏中选择“栅格化图层样式”选项，即可将图层样式转换为图层。

应用图层样式　　应用“栅格化图层样式”命令后的效果

8.6.6　实战：制作绚丽彩色文字

光盘路径：第8章\Complete\制作绚丽彩色文字.psd

步骤1　执行“文件 | 打开”命令，打开制作绚丽彩色文字.jpg文件。单击“创建新的填充或调整图层”按钮，在弹出的菜单栏中选择“可选颜色”选项，设置参数。在蒙版的草地部分加以涂抹，做出天空效果。

步骤2　使用相同的方法，单击“创建新的填充或调整图层”按钮，在弹出的菜单栏中选择“可选颜色”选项，设置参数。在蒙版上把天空部分加以涂抹，做出草地效果。

步骤3　再次使用相同方法，在弹出的菜单栏中选择“渐变填充”选项，设置参数，设置混合模式为“正片叠底”、“不透明度”为40%，并在蒙版上加以涂抹，以调整色调。

步骤4　再次使用相同方法，在弹出的菜单栏中选择“颜色填充”选项，设置参数，设置混合模式为“叠加”、“不透明度”为45%，并在蒙版上加以涂抹，以调整色调。

步骤5　依次新建“图层1”、“图层2”、“图层3”，载入星光笔刷，单击画笔工具，选择所需形状，并设置不同的前景色，画出光斑，单击“添加图层样式”按钮，选择“外发光”选项并设置参数，使其形成闪耀的光斑。

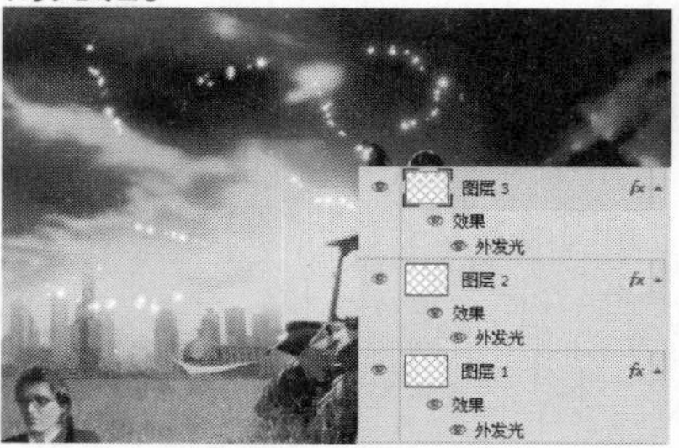

步骤6　单击“创建新的填充或调整图层”按钮，在弹出的菜单栏中选择“照片滤镜”选项，设置参数，调整画面色调。

步骤7　新建“图层4”，载入烟雾笔刷，单击画笔工具，选择所需形状，设置不同的前景色，画出烟雾缭绕的效果。单击“添加图层样式”按钮，选择“外发光”选项并设置参数，使其形成绚丽的烟雾。

步骤8　依次新建“图层5”、“图层6”、“图层7”，单击画笔工具，设置不同的前景色，绘制光条，单击“添加图层样式”按钮，选择“外发光”选项并设置参数，使其形成闪耀的光条。

步骤9　单击自定形状工具，选择所需光斑的形状，绘制“形状1”、“形状2”，单击“添加图层样式”按钮，选择“外发光”选项并设置参数，使其形成闪耀的光条。

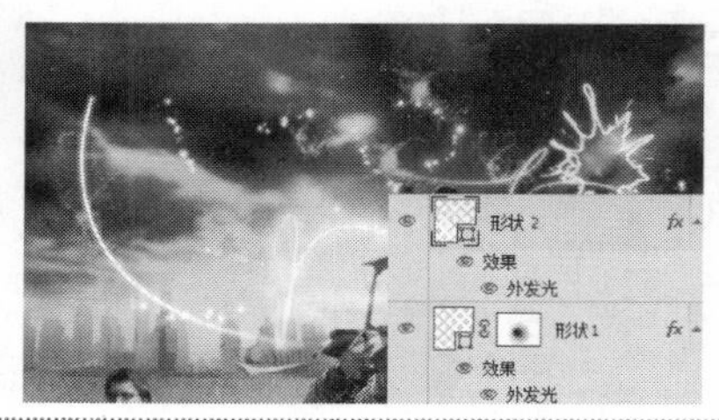

步骤10 打开07.png 文件，拖曳到当前图像文件中，适当调整大小和位置，设置混合模式为“滤色”，创建“色相饱和度1”调整图层，设置参数，使其形成绚丽的高光。

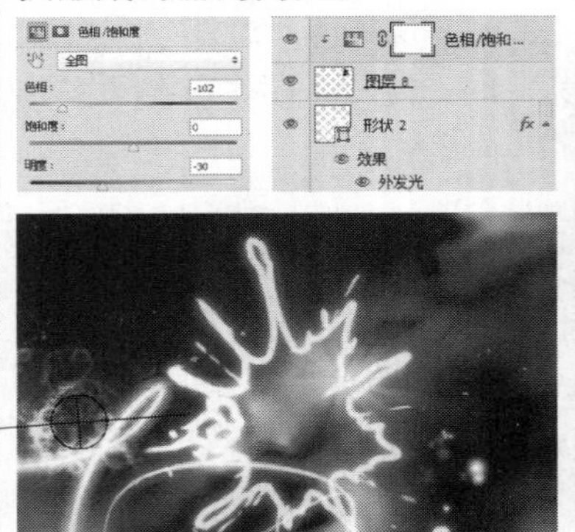

步骤11 使用钢笔工具在画面中依次绘制“形状T”、“形状N”、“形状L”、“形状e ”、“形状a”图形，使用相同方法绘制五彩斑斓的高光效果。

步骤12 复制“形状T”图层，打开07.png 文件，拖曳到当前文件图像中，适当调整大小和位置，设置混合模式为“滤色”，单击“添加图层样式”按钮，选择“外发光”选项并设置参数，为画面做最后的画龙点睛。

8.6.7 实战：制作晶莹材质效果

光盘路径： 第8章\Complete \制作晶莹星光效果.psd

步骤1 执行“文件 | 新建”命令，新建一个空白文档，并新建“图层1”，使用画笔工具，设置不同的前景色在文档中涂抹。

步骤2 使用多边形工具在画面中绘制多个五角星图形，并为该图层添加“斜面和浮雕”图层样式，分别设置选项和参数值，以制作晶莹材质效果。

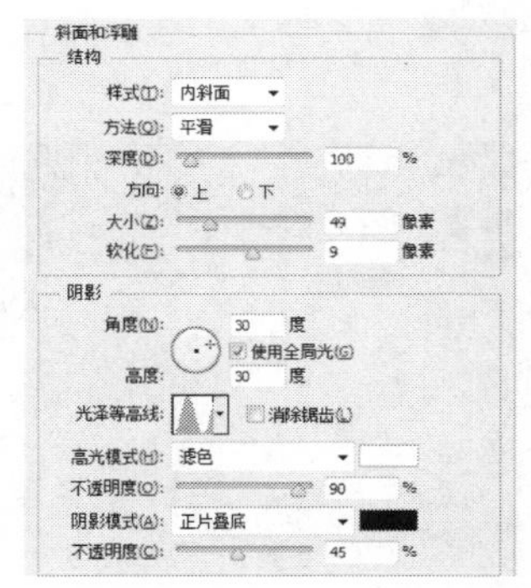

步骤3 在“图层样式”对话框中选择“颜色叠加”和“渐变叠加”选项，在相应的面板中设置选项、参数值和填充颜色。

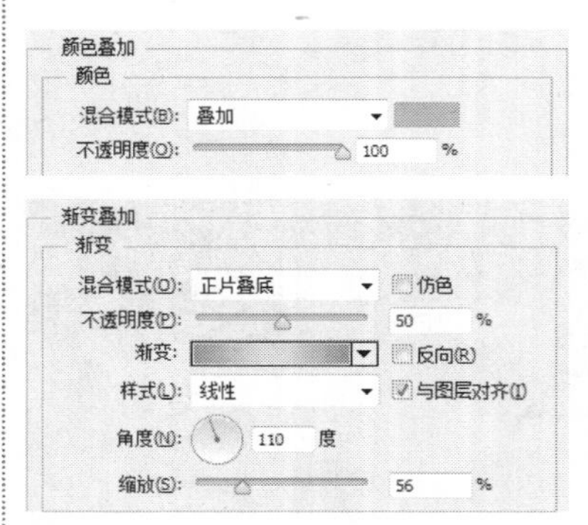

步骤4 新建“组1”图层组，将“形状1”图层收纳于其中。然后使用相同方法，绘制五角星图形，并添加相应的图层样式。

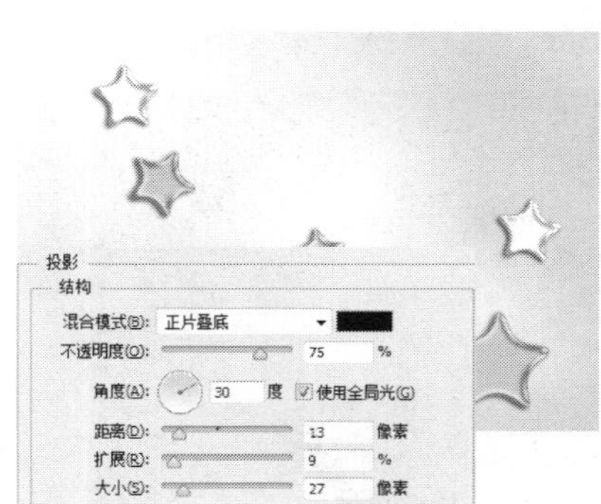

步骤5 使用相同方法绘制图形，并拷贝和粘贴图层样式，以丰富画面效果。

8.7 认识图层复合

图层复合用于记录图层的可见性、位置、图层样式以及透明度等属性。通过存储图层图像的相关属性，可任意切换至指定图像状态，这样就增强了不同效果下的状态切换和应用。下面主要介绍“图层复合”面板，及怎样查看图层复合，导出图层复合和删除图层复合的方法。

8.7.1 认识“图层复合”面板

执行“窗口Ⅰ图层复合”命令，打开“图层复合”面板。图层复合用于记录图层的可见性、位置、图层样式以及透明度等属性。简单来说，就是记录同一设计的多个状态，以便进行查看状态。

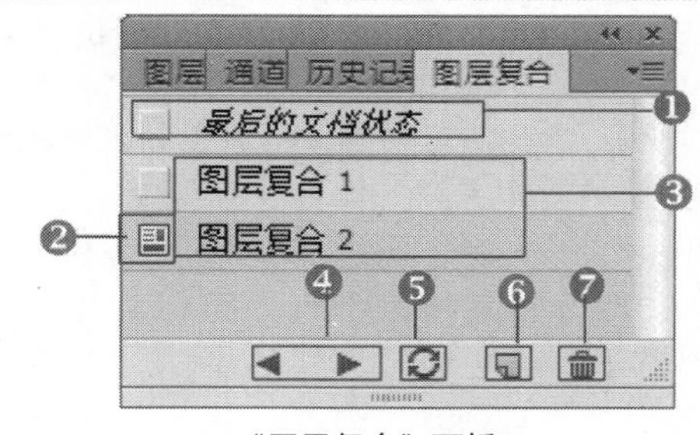

“图层复合”面板

❶ **“最后的文档状态”选项栏：** 显示图像最后显示的状态效果。

❷ **“图层复合”按钮：** 在制定的图层复合左端单击该按钮，可显示该图层复合所记录的图层及图像状态，并同时切换至该图层的显示状态及设置。

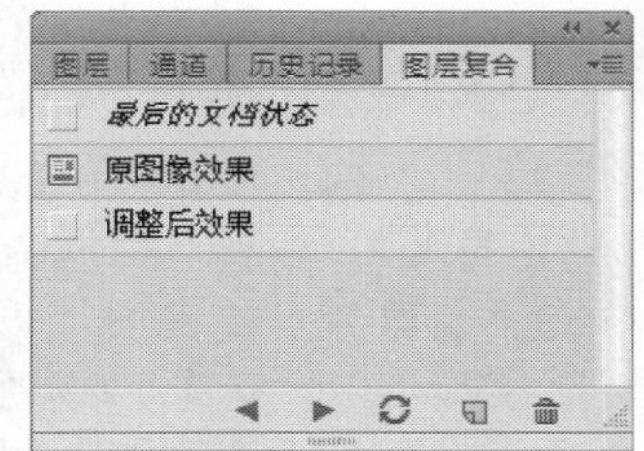

显示原始状态效果

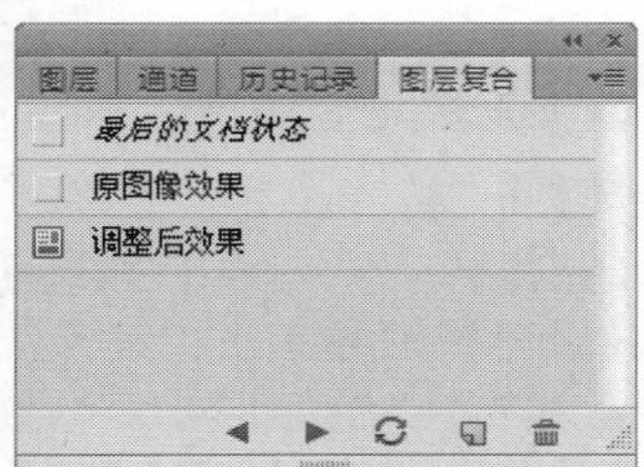

切换至调整后的状态效果

❸**图层复合列表：** 排列创建的图层复合选项，选择某一选项后可对其进行编辑。

❹ **“应用选中的上一/下一图层复合”按钮：** 单击按钮可切换至所选择的图层复合状态的上一效果或下一效果。

❺ **“更新图层复合”按钮：** 在选择某一图层复合后显示其他图层复合效果或重新调整图像后单击该按钮，可更新当前所选图层复合的效果。

❻ **“创建新的图层复合”按钮：** 单击该按钮可在弹出的对话框中设置新建图层复合的相关属性。

❼ **“删除”按钮：** 将图层拖动到该按钮上，可删除其图层复合效果。

8.7.2 查看图层复合

在创建图层复合后，每次打开图像文件时均可在“图层复合”面板中查看指定的图层复合状态，以便查看不同状态下的图层效果。在“图层复合”面板中，选择某一复合图层后，可对该复合图层进行编辑，而单击显示某一图层复合左端的“图层复合”按钮时，可切换至该图层复合的图层及图像状态。

8.7.3 导出图层复合

在创建了图层复合之后，执行“文件Ⅰ脚本Ⅰ图层复合导出文件”命令，通过“图层复合导出到文件”对话框可将创建的各个图层复合分别导出到指定文件。执行“文件Ⅰ脚本Ⅰ将图层复合导出PDF ”命

令，通过“图层复合导出到文件”对话框可将创建的各个图层复合分别导出到指定的PDF文件。执行“文件 | 脚本 | 图层复合导出WPG”命令，通过“图层复合导出到文件”对话框可将创建的各个图层复合分别导出到指定的WPG文件。

8.7.4 删除图层复合

选择要删除的图层复合效果，按住鼠标左键不放，将其拖动到“图层复合”面板下方的“删除”按钮上，或单击鼠标右键选择所要删除的图层复合效果，按快捷键Delete，即可删除图层复合效果。

8.7.5 实战：用图层复合展示网页设计方案

光盘路径：第8章\Complete \用图层复合展示网页设计方案.psd

步骤1 执行“文件 | 打开”命令，打开09.jpg文件，再打开08.png 文件，将其拖曳到当前图层的右下角，生成“图层1”，制作出网页页面。

步骤2 执行“窗口 | 图层复合”命令，打开“图层复合”面板。单击“图层复合”面板中的“创建新的图层复合”按钮，在对话框中设置相应属性，并单击“确定”按钮，创建一个图层复合。

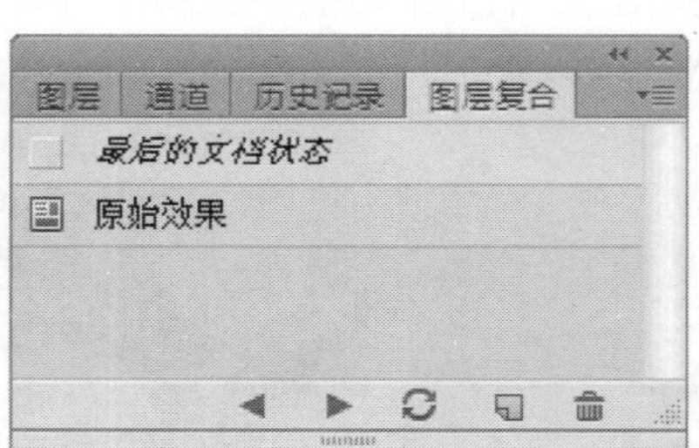

步骤3 双击“图层1”的空白处，在对话框中分别应用并设置“内发光”图层样式选项，拖动滑块设置参数，添加图形的图层样式。

步骤4 再次单击“创建新的图层复合”按钮，在对话框中设置属性并单击“确定”按钮，创建当前图层及图像效果下的图层复合。

步骤5 单击横排文字工具，输入所需文字，使用移动工具，将其至于画面中。单击“创建新的图层复合”按钮，在对话框中设置属性，并单击“确定”按钮，创建当前图层及图像效果下的图层复合。

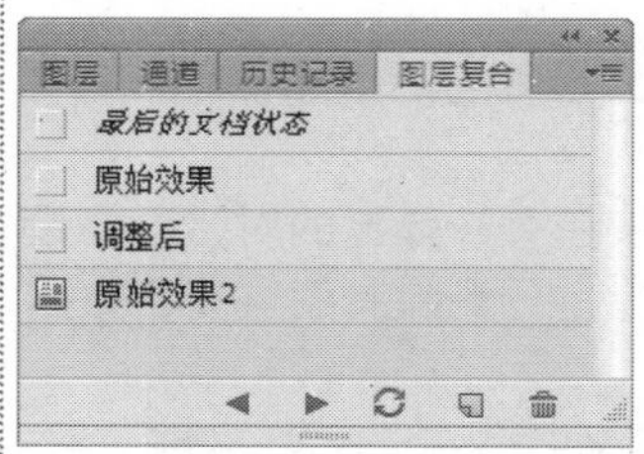

步骤6 双击文字图层的空白处，在对话框中分别应用并设置“渐变叠加”、“外发光”图层样式选项，拖动滑块设置参数，添加图形的图层样式。再次单击“创建新的图层复合”按钮，在对话框中设置属性并单击“确定”按钮，创建当前图层及图像效果下的图层复合。

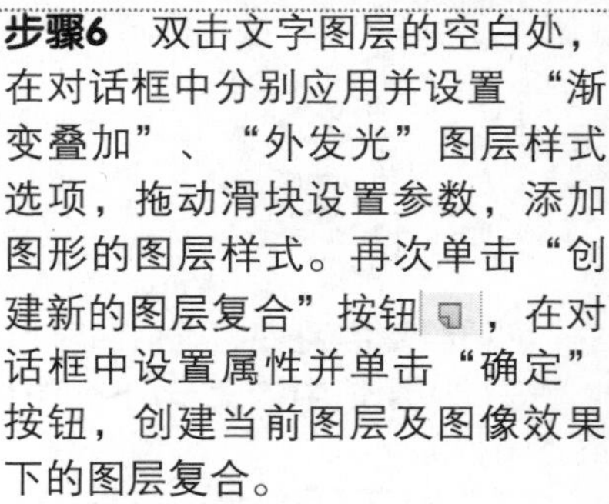

8.8 操作答疑

我们平时可能会遇到的一些疑问，这里将举出多个常见问题并对其进行一一解答。并在后面设计了多个习题，以方便读者学习后，做做习题进行巩固。

8.8.1 专家答疑

（1）Photoshop图层属性有什么作用？怎样操作？

答：有些设计会出现很多图层，专业的设计师是不会去合并图层的，因为很有可能后期会进行修改，又比如用Photoshop画一辆汽车，也会出现上百个或上千个图层，这时候不仅是要配合图层组，还要进行图层属性的设置，这样就可以方便地看出哪些东西是某一样东西的零件，方便识别。

（2）Photoshop中有很多图层，如果只想导出某一图层作为图像，不用隐藏其他图层该怎样做？

答：按下Alt键，单击想要导出的图层的“指示图层可见性”按钮，使除此图层外的其他图层隐藏，然后另存为文件即可，或在想导出的图层上单击鼠标右键，选择“转换为智能对象”选项，然后双击该图层，在弹出的对话框中单击“确定”按钮即可。

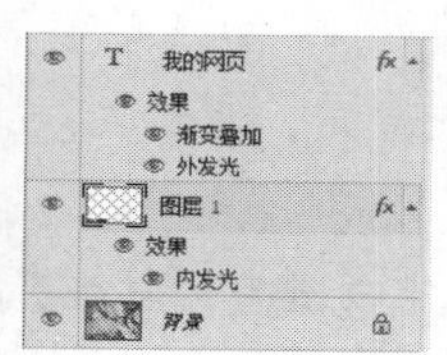

所有图层都显示时

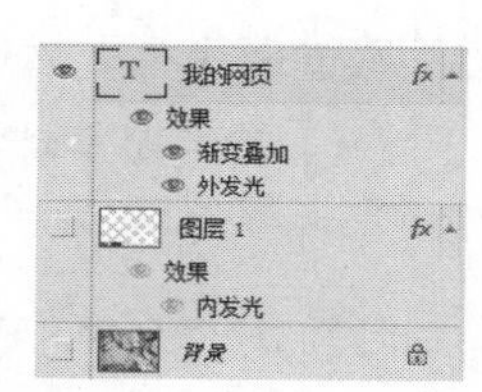

按下Alt键，只显示该图层像素时

（3）图层蒙版和矢量蒙版有什么区别，图层蒙版怎么用？

答：矢量蒙版也是通过形状控制图像显示区域的，与剪贴蒙版不同的是，它仅能作用于当前图层，并且与剪贴蒙版控制图像显示区域的方法不同。矢量蒙版中创建的形状是矢量图，可以使用钢笔工具和形状工具对图形进行编辑修改，从而改变蒙版的遮罩区域，也可以对它任意缩放而不必担心产生锯齿。图层蒙版是与分辨率相关的位图图像，它用来显示或隐藏图层的部分内容，也可保护图像的区域以免被编辑，与矢量蒙版相比，图层蒙版可以生成淡入淡出的羽化效果。关于图层蒙版的使用。当两个图层的图像不同时，想在上一个图层上显示下边图层的部分图像时，在上一层添加图层蒙版。前景色为黑色，使用画笔在蒙版上涂抹就能显示下边图层的图像内容。想恢复时使用白色画笔涂抹，就可以恢复原状，当不想要时可以删除蒙版，图层仍然保留。

（4）是不是每层的透明度都会影响到下面的图层，怎么做才不让上面的图层影响到下面的图层？

答：当两个图层的透明度都相对较低的情况下，每个图层的透明度一定会影响到下面的图层。若要不让上面的图层影响到下面的图层，可先关闭上面图层的“指示图层可见性”按钮，再对下一图层进行“不透明度”选项的编辑。对图层进行编辑调整后可将其转换为普通图层。通过执行“栅格化图层”命令或选择图层单击鼠标右键选择“栅格化图层”选项可转换为普通图层，再对其进行编辑操作。

8.8.2 操作习题

1．选择题

（1）选中需复制的图层，将其拖动到“创建新图层”按钮上，即可复制一个副本图层，或按快捷键（　　）复制图层。

A.Ctrl+D　　B.Ctrl+H　　C.Ctrl+J　　D.Shift+J

（2）分布图层是指将（　　）的图层按一定的规律在图像窗口上进行分布。

A.两个　　B.两个以上　　C.一个　　D.三个以上

（3）在对图像进行编辑前，要选中相应的图层作为当前工作图层。再单击某个图层后按住（　　）键单击另一个图层，可选两图层之间的所有图层。按住（　　）键的同时单击所要选择的图层，可以选择连续的多个图层。

A.Shift　Ctrl　　B.Alt　Ctrl　　C.Shift　Alt　　D.Ctrl　Shift

（4）执行（　　）命令或在图层上双击鼠标，图层名称即呈现可编辑状态，此时输入新图层名称，并按Enter键即可重命名该图层。

A.“图层 | 重命名” 图层　　B.“图层 | 重命名图层”　　C.“重命名图层”　　D.“重命名” 图层

2. 填空题

（1）对于不需要的图层，选中该图层并将其拖到“删除图层”按钮上，可删除图层，单击所要删除的图层，按快捷键__________也可删除图层。

（2）对图层进行编辑调整后，可将其转换为普通图层。通过执行“栅格化图层”命令或选择图层单击鼠标右键选择__________选项可将图层转换为普通图层，再对其进行编辑操作。

（3）盖印图层是将当前所有可见图层以新建图层的方式合并图像，相当于合并所有可见图层，但却不影响原有的图层。按快捷键__________可盖印图层。

（4）锁定图层时可根据需要对图层制定的属性进行锁定，通过在__________面板中应用相关功能按钮可锁定或解锁图层。

（5）在Photoshop 中，图层可分为：__________、空白图层、文本图层、形状图层等。

（6）在“图层复合”面板中，选择某一复合图层后可对该复合图层进行编辑，而单击某一图层复合左端的__________按钮，则可切换至该图层复合的图层及图像状态。

3. 操作题

挖空图层，以显示背景。

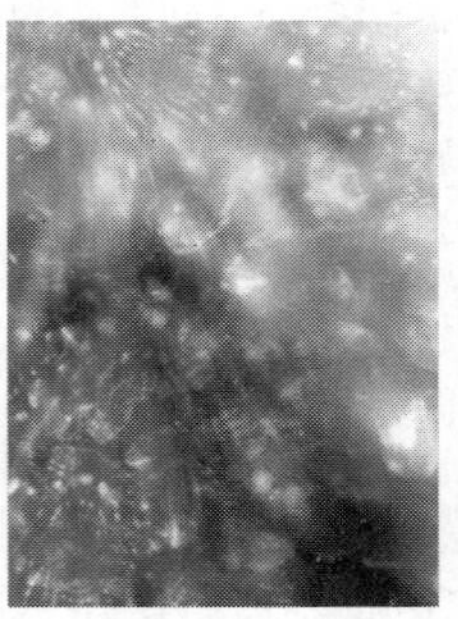
步骤1

步骤2

步骤3

（1）执行“文件 | 打开”命令，打开11.jpg文件。

（2）打开12.jpg文件，将其拖曳到11.jpg文件图层中，按快捷键Ctrl+T调整其大小和位置。

（3）单击“添加图层样式”按钮 fx，在混合模式中选择“浅”选项，挖空到第一个可能的停止点，完成操作。

第9章

图层的高级应用

本章重点：

本章主要介绍图层的高级应用方法，包括图层的不透明、图层混合模式、图像的智能填充和智能调整以及智能对象的应用。通过本章的学习，使读者可以更轻松地编辑图像，得到意想不到的图像效果。

学习目的：

本章重点掌握图层的混合模式，以及各种混合模式的特点和效果；掌握创建和编辑填充图层或调整图层的方法，熟悉在图像的色调调整中用多种方式进行编辑的方法。

参考时间：25分钟

主要知识	学习时间
9.1　图层的不透明度	2分钟
9.2　图层的混合模式	10分钟
9.3　图像的智能填充	4分钟
9.4　图像的智能调整	4分钟
9.5　智能对象的应用	5分钟

9.1 图层的不透明度

图层具有不透明度的特性，通过在“图层”面板中设置“不透明度”和“填充”选项的参数值，可使图层中的图像变得透明，还可以在不破坏图像像素的前提下对图像进行调整。

9.1.1 不透明度

图层的不透明度直接影响图层上图像的透明效果，对其进行调整可淡化当前图层中的图像。在“图层”面板的“不透明度”数值框中输入相应的数值即可。设置的范围为0~100%：当值为100%时，图层完全不透明；当值为0%时，图层完全透明。

设置图层的“不透明度”为0

设置图层的“不透明度”为50%

设置图层的“不透明度”为100%

9.1.2 填充透明度

“图层”面板中的“填充”选项也是通过百分比来控制图像的透明度状态的。“填充”选项将影响图层中绘制的像素或图层上绘制的形状，但不影响已应用于图层的任何图层效果的透明度。填充值越大图像越清晰，填充值越小图像将呈不透明状态效果。

9.1.3 实战：制作不同透明度的光斑效果

光盘路径：第9章\Complete\制作不同透明度的光斑效果.psd

步骤1 打开“制作不同透明度的光斑效果.jpg”文件，使用椭圆工具在画面中绘制多个椭圆图形。

步骤2 设置“形状1”的“不透明度”为50%，复制该图层，调整其填充颜色、大小和角度，以丰富画面效果。

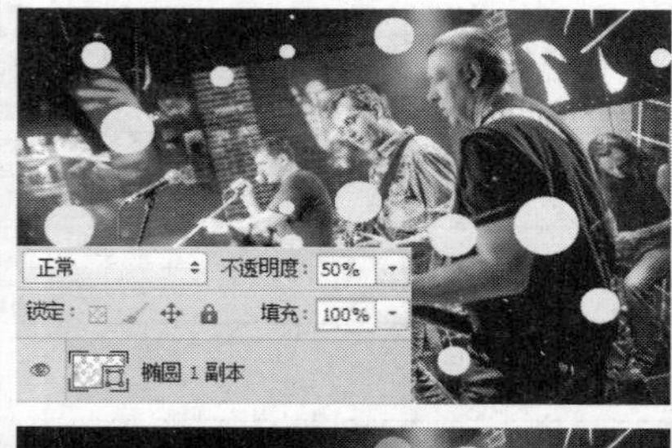

步骤3 再次按快捷键Ctrl+J拷贝图层，设置“形状1 副本2”图层，设置该图层的“填充”明度为60%，然后调整其填充颜色、位置和角度，以丰富画面效果。

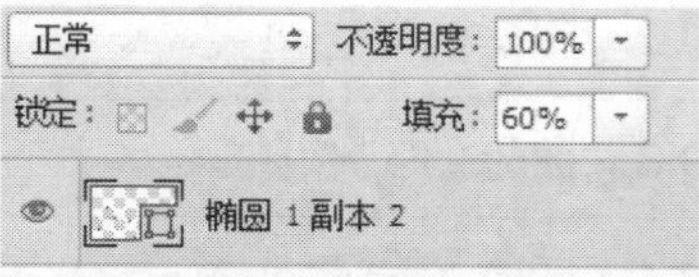

9.2 图层的混合模式

图层的混合模式是将两个或两个以上的图像进行混合，从而产生图像的不同色调。下面对较为常用的图层混合模式进行分类介绍，使读者更直观地理解图层混合模式的作用。

9.2.1 加深型混合模式

加深型混合模式包括“变暗”、“正片叠底”、“颜色加深”、“线性加深”和“深色”混合模式，主要用于查看通道中的颜色信息，并将基本色和混合色进行混合以加深图像，从而调整特殊的色调效果。

“变暗”混合模式：该模式与变亮混合模式具有相反的混合原理。变暗混合模式将基色或混合色中较暗的颜色进行混合产生结果色，暗于混合色的图像颜色保持不变，亮于混合色的图像颜色被替换。变亮混合模式则相反。

“正片叠底”混合模式：通常用于凸显图像中的黑色部分，在图像中应用正片叠底混合模式后结果色呈现较暗的颜色。任何颜色和黑色混合产生黑色，而和白色混合颜色保持不变。

“颜色加深”混合模式：通过增加图像的对比度，使基色变暗以反映混合色，白色混合后不产生变化。

“线性加深”混合模式：通过减小图像的亮度使基色变暗，以反映混合色，同颜色加深模式相似，与白色混合后同样不产生任何变化。

“深色”混合模式：通过比较混合色和基色的所有通道值的总和显示值较小的颜色。该模式不会生成第3种颜色，因为它将从基色和混合色中选择最小的通道值来创建结果颜色。深色模式与浅色模式具有相反的混合原理。这两种模式的相同之处在于当混合色为白色时，基色无论是什么颜色，效果图像中都不产生混合的效果。

“变暗”混合模式

“颜色加深”混合模式

“深色”混合模式

9.2.2 实战：制作花纹背景

光盘路径：第9章\Complete\制作花纹背景.psd

步骤1　执行“文件 | 新建”命令，新建一个空白图像文件，填充“背景”图层为淡绿色（R241、G250、B208）。

宽度(W): 20 厘米
高度(H): 14.23 厘米
分辨率(R): 300 像素/英寸
颜色模式(M): RGB 颜色 8位
背景内容(C): 白色

步骤2　使用自定形状工具在画面中绘制图形，生成“形状1”图层，设置该图层的混合模式为“正片叠底”，以增强花纹层次。

步骤3　继续使用自定形状工具在画面中绘制图形，设置“形状2”的混合模式为“线性加深”，“形状3”的混合模式为“变暗”，以丰富花纹背景效果。

9.2.3 减淡型混合模式

减淡型混合模式包括“变亮”、“滤色”、“颜色减淡”、“线性减淡（添加）”和“浅色”5种混合模式，它们的相同点是结果色的对比度减弱，明度整体偏亮。

“变亮”混合模式：通过选择基色或混合式中较亮的颜色做为结果色，比混合色亮的像素保持不变，比混合色较暗的像素则被替换。

“滤色”混合模式：该模式的特点是可以使图像产生漂白的效果，滤色模式与正片叠底模式产生的效果相反。

“颜色减淡”混合模式：通过查看每个通道的颜色信息，可通过减小对比度使基色变亮以后反应出混合色，与黑色混合时不发生变化。

“线性减淡”混合模式：可通过增大亮度使基色变亮来反应混合色，与黑色混合时不发生变化。

“浅色”混合模式：它与滤色模式相似，但是可产生更加强烈的对比效果。

“变亮”混合模式

“滤色”混合模式

“颜色减淡”混合模式

“线性减淡”混合模式

9.2.4 实战：制作甜美风景

光盘路径：第9章\Complete\制作甜美风景.psd

步骤1 执行“文件 | 打开”命令，打开“制作甜美风景.jpg”图像文件。

步骤2 应用“色彩范围”命令，在弹出的对话框中设置参数并取样天空，完成后单击“确定”按钮。保持选区的同时新建“图层1”，使用渐变模式，添加填充为蓝色（R153、G211、B230），设置该图层的混合模式为“正片叠底”，使其与画面更融合。

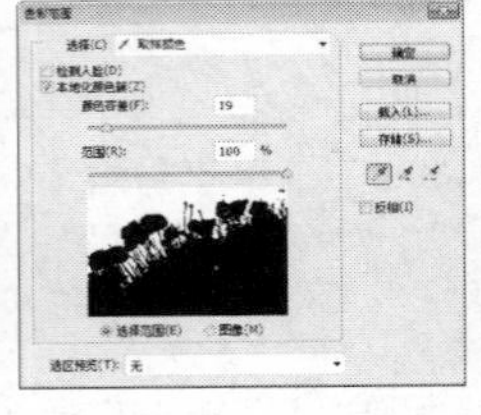

步骤3 盖印可见图层，生成“图层2”，设置该图层的混合模式为“滤色”、“不透明度”为80%，以调整图像的亮度层次。

步骤4 为“图层2”添加图层蒙版，并选择图层蒙版，使用画笔工具在天空区域涂抹，以恢复天空色调。

步骤5 盖印可见图层，生成“图层3”，设置该图层的混合模式为“颜色减淡”、“不透明度”为30%，以调整画面的甜美色调效果。

9.2.5　对比型混合模式

比较混合模式可比较当前图像与底层图像，然后将相同的区域显示为黑色，不同的区域显示为灰度层次或彩色。包括“叠加”、“柔光”、“强光”、“亮光”、“线性光”、“点光”和“实色混合”混合模式。

“叠加”混合模式：通过正片叠底或过滤的方式使图像变亮或变暗，其结果色是由基色决定的。将图案或颜色叠加在基色上之后，保留基色的明暗对比，在不替换基色的同时将基色和混合色进行混合，以反映原色的明暗对比。

“柔光”混合模式：是所有对比型混合模式中混合效果最为柔和的，它使颜色变暗或者变亮，图像的具体变化取决于混合色的效果。

“强光”混合模式：对颜色进行正片叠底或过滤，分别增强图像的亮部和暗部，具体取决于混合色。此效果与耀眼的聚光灯照在图像上的效果相似。这可以很好地在图像中添加高光或者添加阴影。

“亮光”混合模式：通过增大或减小图像中的对比度来加深或减淡颜色，最终取决于混合色。若混合色比50%灰色亮，则通过减小对比度使图像变亮；如果混合色比50%灰色暗，则通过增大对比度使图像变暗。

“线性光”混合模式：通过减小或增大亮度来加深或减淡颜色，具体取决于混合色。若混合色比50%灰色亮，则通过增大亮度使图像变亮；若混合色比50%灰色暗，则通过减小亮度使图像变暗。

“点光”混合模式：根据混合色替换颜色。若混合色比50%的灰色亮，则替换比混合色暗的像素，而不改变比混合色亮的像素。若混合色比50%的灰色暗，则替换比混合色亮的像素，而比混合色暗的像素将保持不变。

“实色混合”混合模式：将混合颜色的红色、绿色和蓝色通道值添加到基色的RGB值中，得到混合效果。

“叠加”混合模式

“强光”混合模式

“线性光”混合模式

知识链接：应用“叠加”混合模式调整图像

应用“叠加”混合模式可增强图像的色调、明度和对比度等，以此来调整图像效果。

1. 创建黑色的图层

应用“叠加”混合模式能巧妙地将偏亮的图像修正为黑色的图层，可设置“叠加”混合模式来增强图像的色调层次。

原图

设置填充的黑色图层的混合模式为“叠加”

2. 相同图像之间的叠加

在同一张图像中增强画面色调层次。可先复制该图层，并设置该图层的混合模式为“叠加”，即可在保留图像基色的同时，可增强图像的亮度层次。

原图

设置复制图层的混合模式为“叠加”

9.2.6 实战：制作海市蜃楼效果

光盘路径： 第9章\Complete\制作海市蜃楼效果.psd

步骤1 打开“制作海市蜃楼效果.jpg”文件，复制“背景”图层，生成“背景 副本”图层，设置该图层的混合模式为“柔光”，以增强画面的色调层次。

步骤2 为“背景副本”图层添加图层蒙版，并使用画笔工具在天空区域涂抹，以恢复该区域的色调。

步骤3 打开“制作海市蜃楼效果1.jpg”文件，将其拖曳到当前图像文件中，并调整其位置，然后设置该图层的混合模式为“叠加”，将其混合到当前图像中。

步骤4 为“图层1”图层添加图层蒙版，并使用画笔工具在海面中涂抹，以完善海市蜃楼效果。

9.2.7 比较型混合模式

比较型混合模式包括“差值”、“排除”、“减去”和“划分”混合模式。能够比较基色和混合色，在结果色中将相同的图像区域显示为黑色，不同的图像区域则以灰度或彩色图像显示。

“差值”混合模式： 从基色中减去混合色，或从混合色中减去基色，具体采用哪种混合方式取决于哪一个颜色的亮度值更大。与白色混合将反转基色值；与黑色混合则不产生任何变化。

“排除”混合模式： 创建一种与差值混合模式相似但对比度更低的效果。与白色混合将反转基色值；与黑色混合则不发生任何变化。

“减去”混合模式： 通过从基色中减去混合色的方式调整色调。

“划分”混合模式： 通过从基色中分割混合色的方式调整色调。

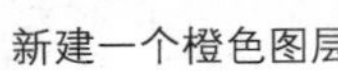
新建一个橙色图层

设置混合模式为“差值”

设置混合模式为“排除”

设置混合模式为“划分”

提示：

在图层混合模式中，“变暗”、“颜色加深”、“变亮”、“颜色减淡”、“差值”、“排除”、“减去”和“划分”混合模式在Lab模式中是不可用的。

9.2.8　色彩型混合模式

图层图像的色彩型混合模式由三个因素决定，即色相、饱和度和明度。应用色彩型混合模式时，将根据混合色的色相、饱和度或明度三个要素中的其中一个或两个属性应用到图像的结果色。

“色相”混合模式：用基色的明度、饱和度及混合色的色相创建结果色，即混合后的结果色保持基色图像的亮度和饱和度。

“饱和度”混合模式：用基色的明亮度、色相及混合色的饱和度创建结果色，即混合后的结果色保持基色图像的亮度和色相。

“颜色”混合模式：使用基色的明度与混合色的色相、饱和度创建结果色。

“明度”混合模式：用基色的色相、饱和度及混合色的明亮度创建结果色，即混合后的结果色保持基色图像的色相和饱和度。

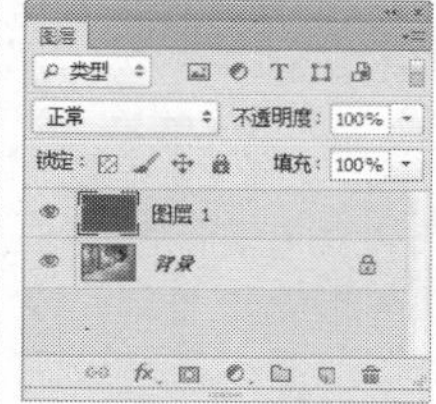

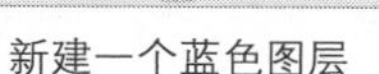
新建一个蓝色图层

设置混合模式为“色相”

设置混合模式为“饱和度”

设置混合模式为“颜色”

9.2.9　实战：调整图像清爽色调

光盘路径：第9章\Complete\调整图像清爽色调.psd

步骤1　执行“文件｜打开”命令，打开“调整图像清爽色调.jpg”图像文件。

步骤2　新建一个蓝色（R94、G133、B230）图层，设置该图层的混合模式为“饱和度”，以增强天空的饱和度。

步骤3　新建一个绿色(R14、G134、B14)图层，设置其混合模式为“颜色”、“不透明度”为30%，然后结合图层蒙版和画笔工具恢复部分图像色调。

步骤4　复制“图层2”图层，设置“不透明度”为20%。继续使用相同方法新建图层，填充相应的颜色，并结合图层混合模式、图层蒙版调整图像的色调层次。

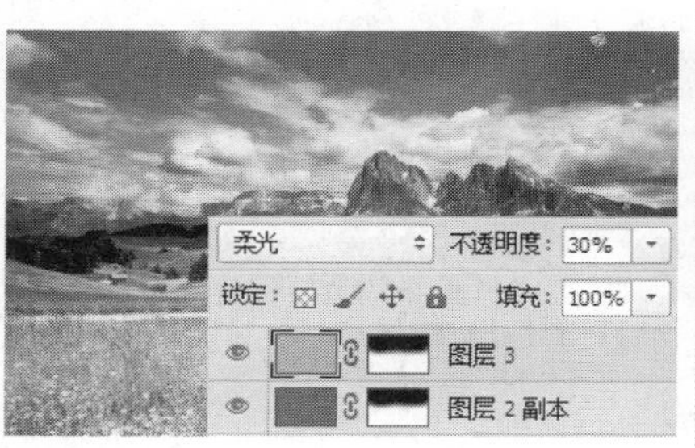

步骤5　盖印可见图层，生成“图层4”，设置该图层的混合模式为“滤色”、“不透明度”为30%，以减淡图像色调。

步骤6　盖印可见图层，生成“图层4”，设置该图层的混合模式为“柔光”、“不透明度”为40%，以增强图像的色调层次。

9.3 图像的智能填充

智能填充图层是一种常用的非破坏性图像编辑形式。填充图层包括“纯色”、“渐变”和“图案”填充图层，使用这些命令调整图像将不会影响其下面的图层。下面对其分别进行介绍。

9.3.1 纯色填充图层

执行“图层 | 新建填充图层 | 纯色”命令，或在“图层”面板中单击“创建新的填充或调整图层”按钮，在弹出的快捷菜单中选择“纯色”选项，即可新建纯色填充图层。

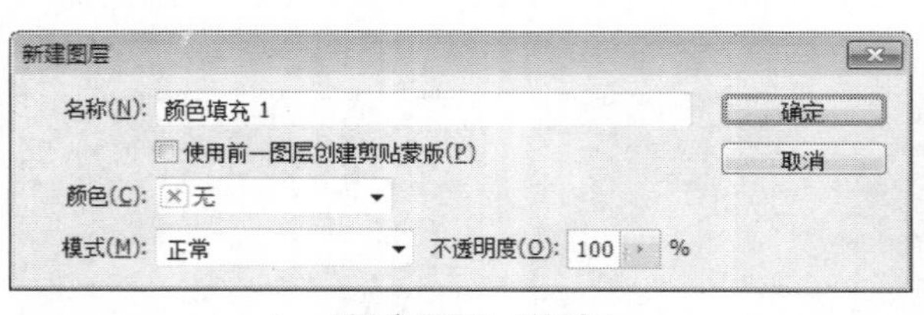

“新建图层”对话框

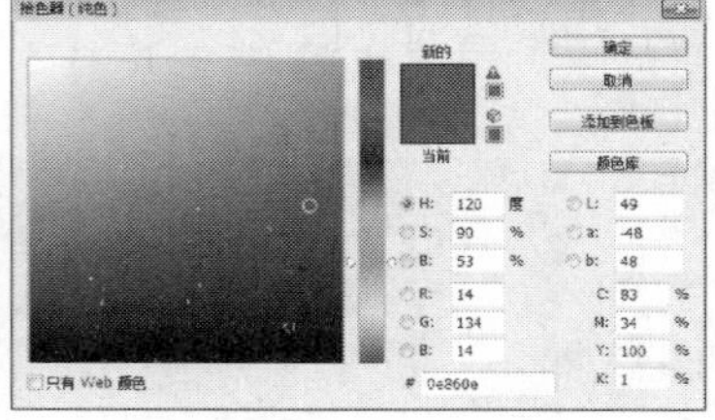

设置填充颜色“拾色器”对话框

“图层”面板

提示：

创建填充图层时，默认带有一个空白图层蒙版，可以在蒙版中编辑图像，以改变调整的区域；也可以在创建选区的同时，新建填充图层，从而使选区信息以图层蒙版的形式存储在填充图层中。

9.3.2 实战：制作怀旧照片图像

光盘路径： 第9章\Complete\制作怀旧照片图像.psd

步骤1 执行“文件 | 打开”命令，打开“制作怀旧照片图像”文件，将复制“背景”图层拖曳到“创建新图层”按钮上，生成“背景 副本”图层，设置该图层的混合模式为“滤色”、“不透明度”为40%，以减淡图像色调。

步骤2 创建“颜色填充1”填充图层，设置填充颜色为板栗色（R133、G71、B11），设置该图层的混合模式为“颜色”、“不透明度”为50%，以调整图像色调。

步骤3 创建“颜色填充2”填充图层，设置填充颜色为蓝色（R2、G63、B105），设置该图层的混合模式为“排除”、“不透明度”为65%。然后复制该图层，设置相应的混合模式，以调整图像为怀旧色调效果。

步骤4 盖印可见图层，生成“图层1”，设置该图层的混合模式为“柔光”、“不透明度”为30%，以增强画面的色调层次。

9.3.3　渐变填充图层

执行“图层 | 新建填充图层 | 图案”命令，在弹出的“新建图层”中，可设置图层名称、图层颜色和剪贴蒙版等，单击“确定”按钮，弹出“渐变填充”对话框，在该对话框中可设置渐变填充样式和各个选项，完成后单击“确定”按钮即可创建渐变填充图层。

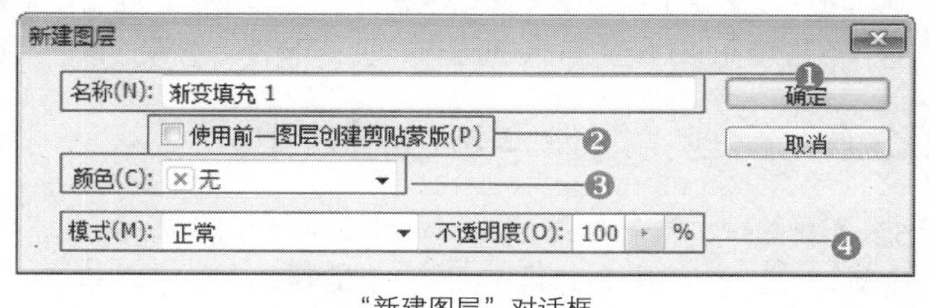

“新建图层”对话框

❶ **“名称”选项**：可设置当前新建的图像名称。

❷ **“使用前一图层创建剪贴蒙版”复选框**：勾选该复选框，可创建剪贴蒙版。

❸ **“颜色”选项**：可设置创建图层的颜色。

❹ **“模式”选项**：可设置当前填充图层的混合模式和不透明度。其中的混合模式和“图层”面板中的混合模式相同，选择相应的混合选项，即可应用其效果。

提示：

创建填充图层和调整图层，在弹出的“新建图层”对话框中设置混合模式和不透明度，它是根据图层的特性设置图层的混合模式，将会以一种混合模式或透明度将效果与下层的图层进行混合，从而调整图像的色调层次。

9.3.4　实战：调整天鹅湖唯美色调

光盘路径：第9章\Complete\调整天鹅湖唯美色调.psd

步骤1　执行“文件 | 打开”命令，打开“调整天鹅湖唯美色调.jpg”图像文件。

步骤2　复制“背景”图层，设置其混合模式为“滤色”、“不透明度”为50%，以减淡图像色调。

步骤3　创建“渐变填充1”填充图层，设置渐变样式，然后设置该图层的混合模式为“色相”，调整画面色调。

步骤4　按快捷键Ctrl+J复制“渐变填充1”填充图层，生成“渐变填充1 副本”图层，设置该图层的混合模式为“叠加”、“不透明度”为30%，以增强画面的色调层次。

步骤5　创建“颜色填充1”填充图层，设置填充颜色为淡黄色（R248、G254、B210），设置该图层的混合模式为“叠加”、“不透明度”为10%，以增强画面亮度层次。

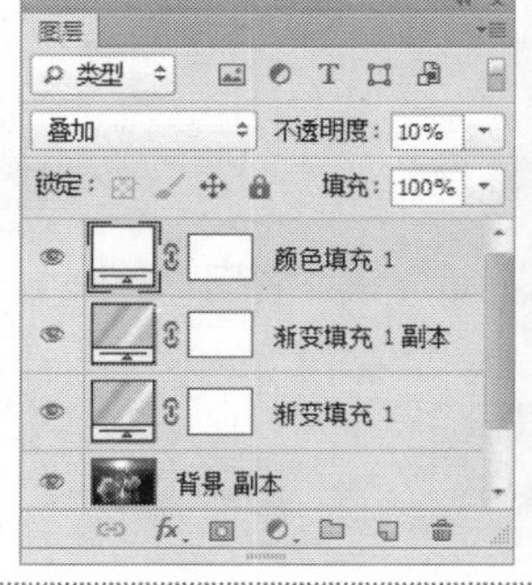

9.3.5 图案填充图层

执行“图层Ⅰ新建填充图层”命令，在弹出的“新建图层”对话框中单击“确定”按钮，然后在弹出的“图案填充”对话框中设置图案样式、缩放比例等，单击“确定”按钮后，即可新建图案填充图层。

9.3.6 实战：制作卡纸纹理效果

光盘路径：第9章\Complete\制作卡纸纹理效果.psd

步骤1 打开“制作卡纸纹理效果.jpg”文件，执行“图层Ⅰ新建填充图层Ⅰ图案”命令，在弹出的对话框中设置混合模式。

步骤2 完成后单击“确定”按钮，在弹出的“图案填充”对话框中设置填充纹理和参数值，完成后单击“确定”按钮。

步骤3 继续使用相同方法创建“图案填充2”填充图层，设置相应的选项和参数值，完成后单击“确定”按钮，即可制作卡纸纹理效果。

9.3.7 实战：填充衣服纹理效果

光盘路径：第9章\Complete\填充衣服纹理效果.psd

步骤1 执行“文件Ⅰ打开”命令，打开“填充衣服纹理效果.jpg”图像文件。

步骤2 应用“图案填充”命令，在弹出的对话框中分别设置相应的参数值及选项，可填充背景图像。

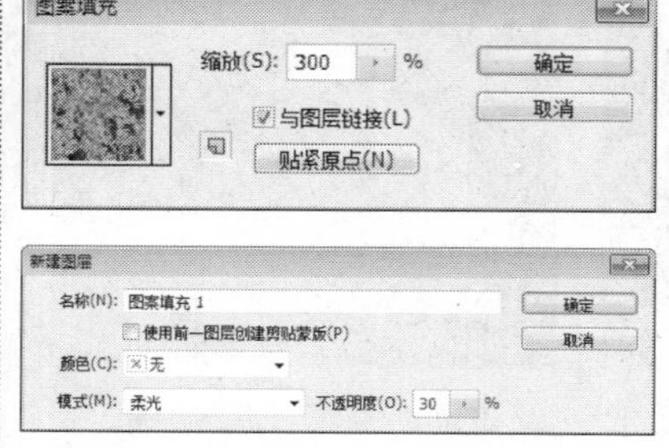

步骤3 在“图层”面板中使用画笔工具在人物图像中涂抹，以恢复该区域人像效果。

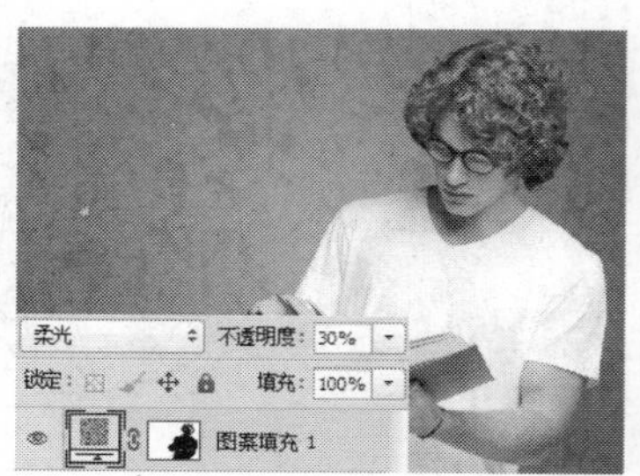

步骤4 单击魔棒工具，在属性栏中设置属性，并在人物衣服上创建选区。

步骤5 保持选区的同时，应用“图案填充”命令，在弹出的对话框中设置相应的混合模式及参数值，完成后单击“确定”按钮，即可改变人物衣服纹理。

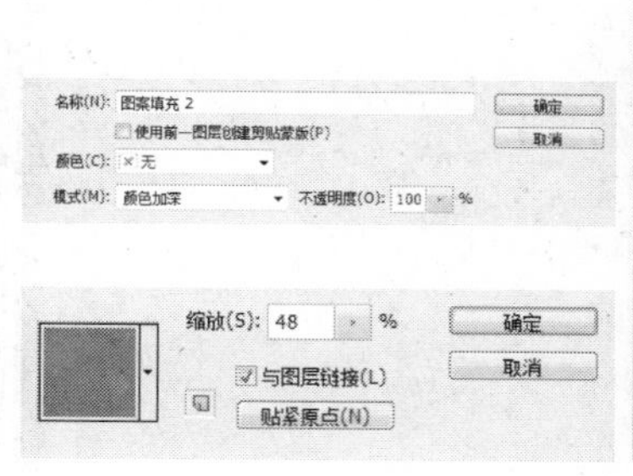

9.4 图像的智能调整

调整图层和填充图层一样，都是一种非破坏性的图像编辑形式。调整图层可将颜色和色调调整应用于图像，而不会永久地更改像素值。调整图层在默认设置下影响下方的所有图层，通过一次调整就可以调整多个图层，而无需单独调整每个图层。

9.4.1 创建调整图层

执行在“图层 | 新建调整图层”命令，或在“图层”面板中单击“创建新的填充或调整图层”按钮，也可以按快捷键Altr+L+J，在弹出的子菜单中设置相应选项，即可创建新的调整图层。

9.4.2 删除/隐藏调整图层

删除多余的调整图层，可以减小文件的大小。执行“图层 | 删除 | 图层”命令，或在“图层”面板中选择需要删除的调整图层，单击“删除图层”按钮，在弹出的提示框中单击“是”，可删除所选择的调整图层。也可以将选择的调整图层拖曳到“删除图层”按钮上，删除该图层。

在“图层”面板中隐藏多余的调整图层后，执行“图层 | 删除 | 隐藏图层”命令，在弹出的提示框中单击“是”按钮，可将所有隐藏的图层删除。

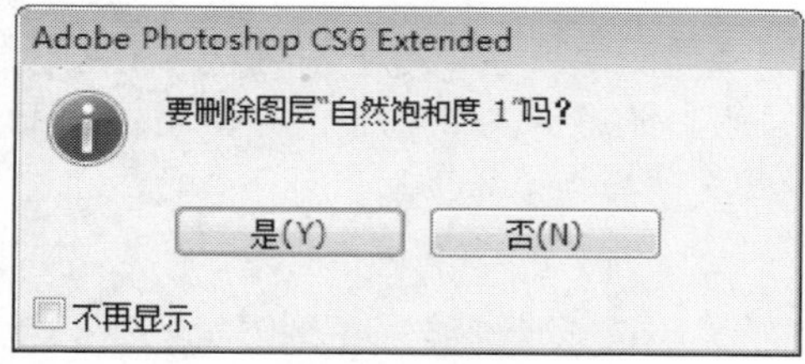

删除调整图层提示框

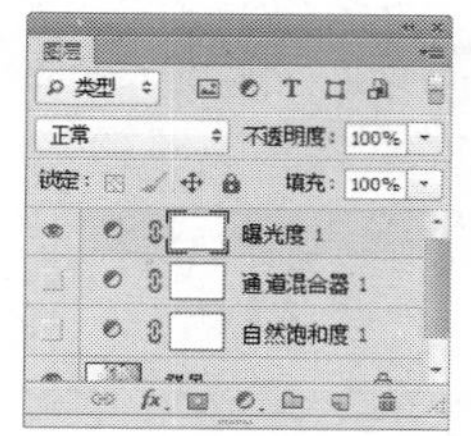

“图层”面板

删除调整图层提示框

9.4.3 “调整”面板和“属性”面板

执行“窗口 | 调整”命令，打开“调整”面板，在当前“调整”面板中灵活地切换到其他调整命令面板。单击该面板中的图标可打开对应的“属性”面板，在弹出的“属性”面板中可对图像进行各个选项及参数值的设置。

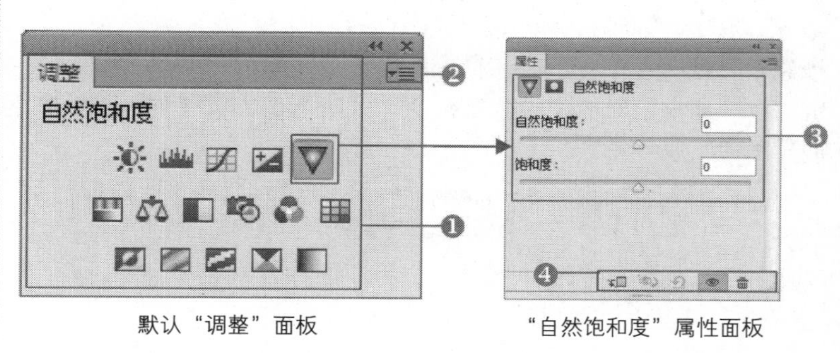

默认“调整”面板　　“自然饱和度”属性面板

❶**调整按钮**：在默认状态下，显示这些调整功能按钮，单击任意按钮即可添加相应的调整图层，并切换到相应的属性面板中。

❷**扩展按钮**：单击该按钮，可在弹出的扩展菜单中选择各种调整命令或编辑操作。在切换至相关调整面板后单击该按钮，则可针对该调整命令校正相关属性命令。

❸**调整命令选项面板**：在添加了调整命令后，可在该区域中设置相应的命令选项及参数值。

❹**基本按钮组**：该按钮组中的按钮常用于进行“调整”面板中的基本操作，单击相应的按钮，即可对调整图层进行编辑。

9.4.4 实战：修复曝光不足的照片

光盘路径：第9章\Complete\修复曝光不足的照片.psd

步骤1 执行"文件Ⅰ打开"命令，打开"修复曝光不足的照片.jpg"图像文件。

步骤2 创建"曝光度1"调整图层，在"属性"面板中分别设置各个选项参数值，以补偿画面曝光度，从而还原图像的靓丽色调。

9.4.5 实战：调整明媚的阳光色调

光盘路径：第9章\Complete\调整明媚的阳光色调.psd

步骤1 执行"文件Ⅰ打开"命令，打开"调整明媚的阳光色调.jpg"图像文件。

步骤2 创建"色阶1"调整图层，在"属性"面板中分别设置"红"、"绿"和"蓝"通道中的参数值，并使用画笔工具在天空区域涂抹，以恢复该区域的色调。

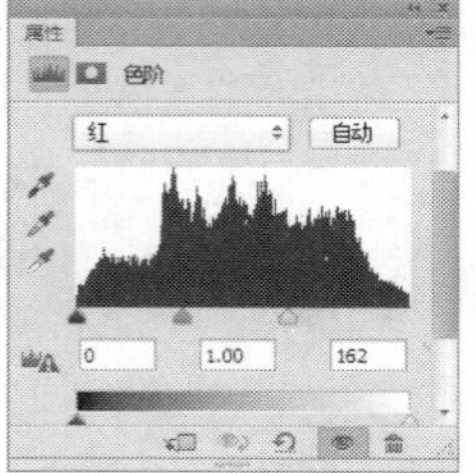

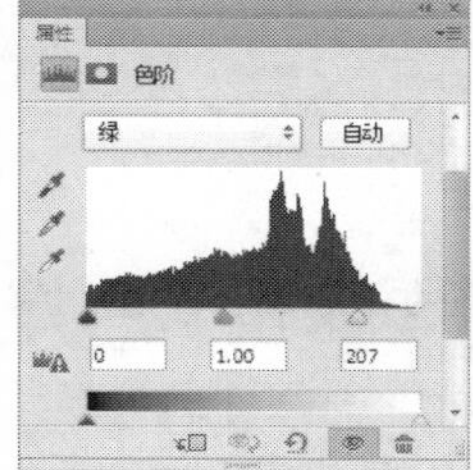

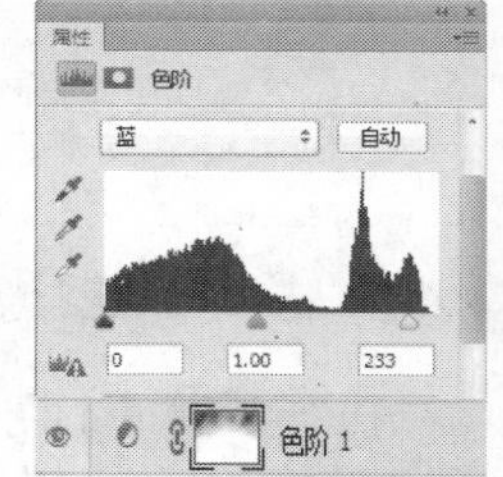

步骤3 创建"色彩平衡1"调整图层，在"属性"面板中设置参数值，以调整画面的整体色调。

步骤4 创建"曲线1"调整图层，在"属性"面板中设置参数值，以调整画面的亮度层次。

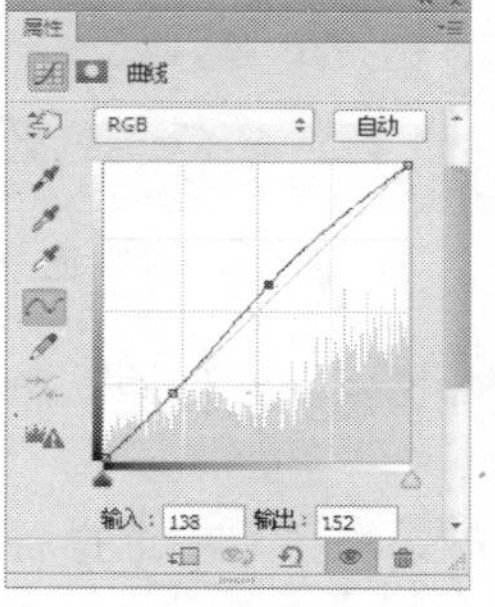

技巧：

确定填充或调整图层的创建

在"调整"面板中单击相应的图标，即可创建相应的调整图层。在"属性"面板中，设置当前调整图层的参数值后直接单击"关闭"按钮，即可关闭"属性"面板，并保留填充或调整图层的创建效果。

专家看板：调整图层的“属性”面板

默认状态下的“属性”面板显示各个调整功能按钮，在添加相应的调整图层后，该面板将切换为与之相对应的选项面板，通过设置其中的属性和参数值，可以调整图像色调。

创建调整图层后，即可打开调整图层“属性”面板。下面以“曲线”调整图层面板为例，介绍调整图层面板的各个选项设置。

❶**扩展按钮**：单击该按钮，可在弹出的扩展菜单中对储存预设及自动选项等进行设置。

❷**曲线/蒙版按钮**：单击该按钮，可在“曲线”面板和“蒙版”面板中相互切换。

❸**“预设”下拉列表**：设置当前的预设调整命令。

❹**“通道”下拉列表**：在该下拉列表中包括“RGB”、“红”、“绿”和“蓝”通道，可以选择需要调整色阶的通道。

❺**按钮组**：在该按钮组中单击相应的按钮，可应用此按钮在“曲线”调整面板中进行编辑。

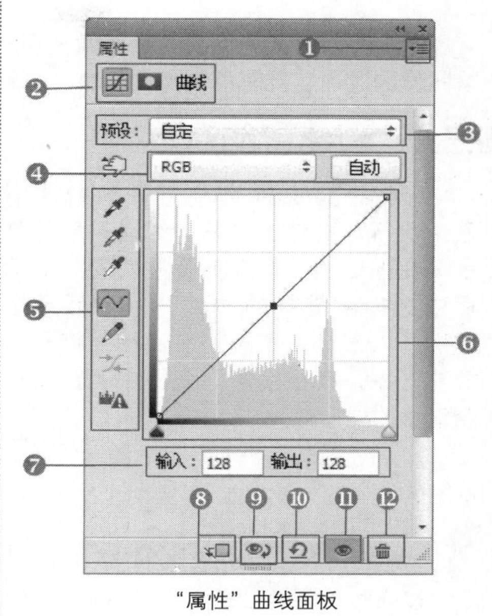

“属性”曲线面板

❻**直方图**：在直方图中可通过拖曳和单击添加锚点来调整曲线的位置，以调整图像色调。

❼**输出色阶选项组**：设置限定图像的亮度范围，其取值范围为0~255。

❽**“此调整影响下面的所有图层”按钮**：在默认设置下创建的调整图层，将影响到其下所有的图层。单击该按钮，可使调整图层创建到下方图层的剪贴蒙版中，仅影响下方一个图层。

影响所有图层

影响下面一个图层

❾**“按此按钮可查看上一状态”按钮**：单击该按钮，可查看最近调整的状态。

❿**“复位到调整默认值”按钮**：单击该按钮，可将调整图层恢复为默认设置。

⓫**“切换图层可见性”按钮**：单击该按钮，当按钮变为时，将隐藏调整图层。再次单击该按钮，将重新显示调整效果。

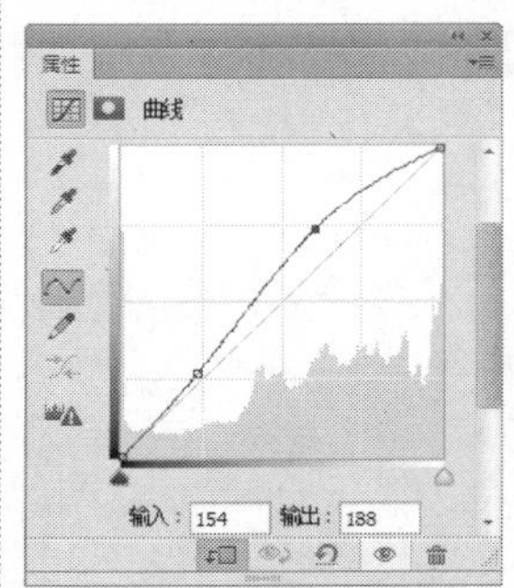
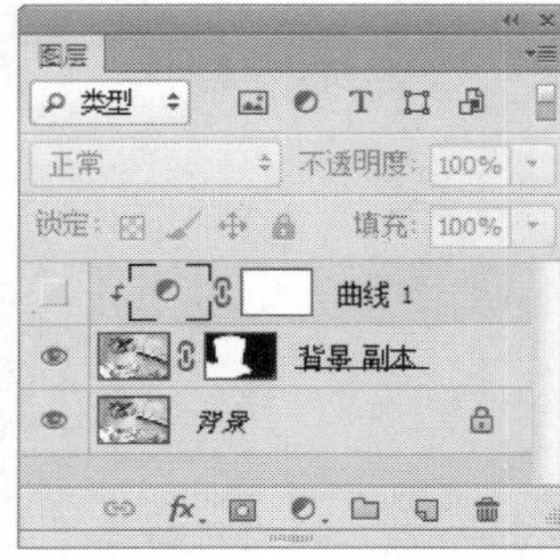

单击“切换图层可见性”按钮可隐藏当前调整图层

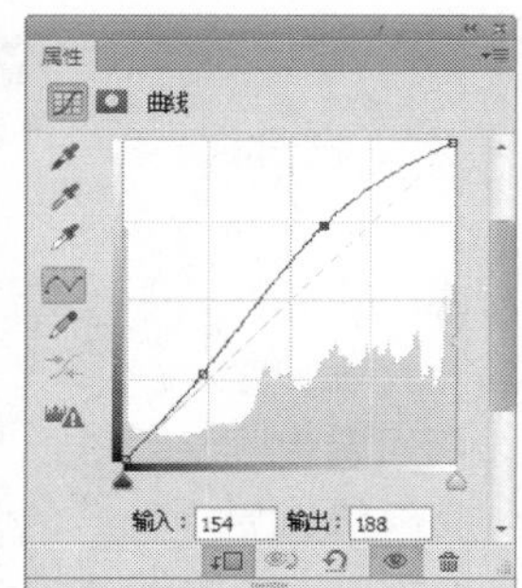
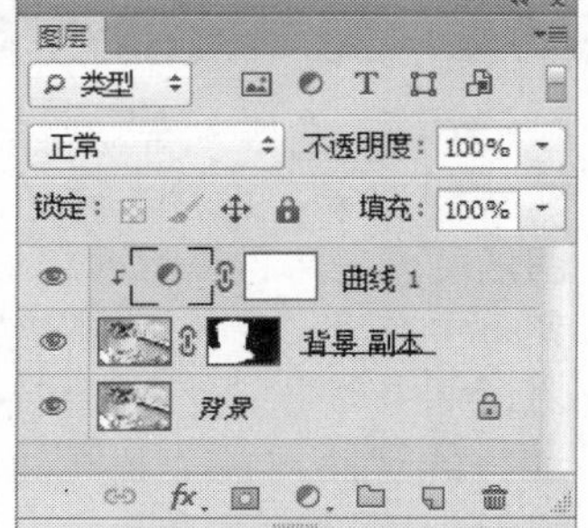

再次单击“切换图层可见性”按钮可显示当前调整图层

⓬**“删除此调整图层”按钮**：单击该按钮，可删除当前调整图层。

9.5 智能对象的应用

智能对象包含栅格或矢量图像，在Photoshop或Illustrator文件中的图像数据的图层。智能对象将保留图像的源内容及其所有原始特性，从而能够对图层进行非破坏性编辑。

9.5.1 创建智能对象

可将指定文件直接打开为智能对象。执行“文件 | 打开为智能对象”命令，在弹出的“打开为智能对象”对话框中选择所需要的文件，完成后单击“打开”按钮，即可将普通图像打开为智能对象，在“图层”面板中可查看智能对象的显示效果。

“打开为智能对象”对话框

智能对象在“图层”面板中的显示效果

知识链接：创建智能对象的多种方式

智能对象可通过多种方式进行创建，下面对其进行介绍。

1. 打开到Photoshop的文件中

将需要打开的图像文件拖动到Photoshop中的文档中，即可自动生成智能对象；或执行“文件 | 置入”命令，将文件作为智能对象导入到打开的Photoshop文档中；也可以在 Bridge中执行“文件 | 置入 | 在Photoshop中”命令，将文件作为智能对象导入到打开的Photoshop文档中。

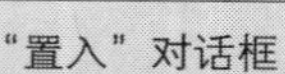

“置入”对话框

将选择的文件置入到当前指定文档中

“图层”面板中的智能对象显示效果

2. 将图层转换为智能对象

选择需要创建的智能对象，执行“图层 | 智能对象 | 转换为智能对象”命令，或在“图层”面板中单击鼠标右键，在弹出的快捷菜单中选择相同的命令，即可将选定图层转换为智能对象。

9.5.2 复制智能对象

执行“图层 | 智能对象 | 通过拷贝新建智能对象”命令，或在选择智能对象图层的同时单击鼠标右键，在弹出的快捷菜单中选择“复制图层”选项，在弹出的对话框中单击“确定”按钮，即可复制所选择的智能对象。也可以直接按快捷键Ctrl+J拷贝智能对象。

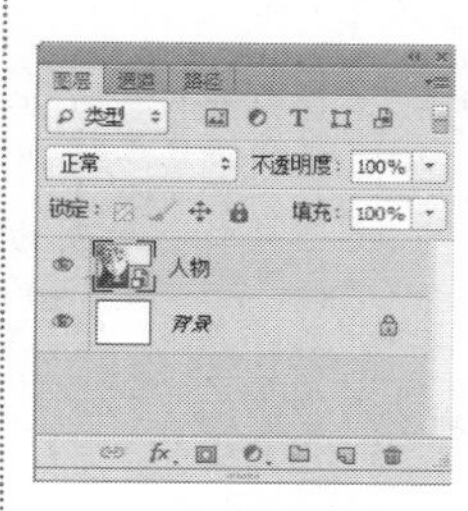

“图层”面板

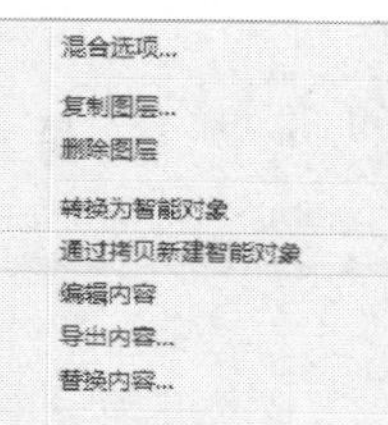

执行命令

复制智能对象

9.5.3　替换智能对象

选择智能对象，执行“图层 | 智能对象 | 替换内容”命令，在弹出的“置入”对话框中选择替换的文件，完成后单击“置入”按钮，即可替换当前智能对象。当替换智能对象时，将保留对第一个智能对象应用的任何缩放、变形或效果，新的智能对象将会置入到智能对象中，链接的智能对象也会被更新。

9.5.4　实战：替换智能对象的内容

光盘路径：第9章\Complete\替换智能对象的内容.psd

步骤1　执行“文件 | 打开”命令，打开“替换智能对象的内容.jpg”图像文件。

步骤2　执行“文件 | 置入”命令，在弹出的对话框中选择指定路径，并选择置入的指定文件，完成后单击“确定”按钮，即可置入智能对象。

步骤3　按快捷键Ctrl+T缩放图像大小，并结合图层蒙版和魔棒工具隐藏多余图像，使画面效果更自然。

步骤4　执行“图层 | 智能对象 | 替换内容”命令，在弹出的“置入”对话框中选择需要替换的图像，完成后单击“确定”按钮，即可替换当前智能对象。

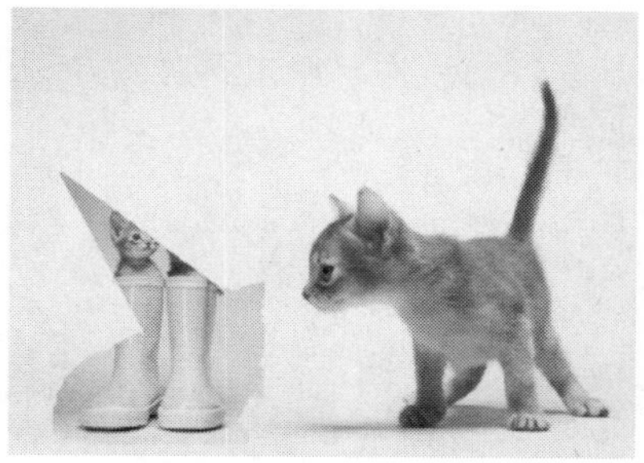

步骤5　应用“自由变换”命令调整图像的大小和位置，并重新编辑图层蒙版，使替换的智能对象与画面效果相结合。

9.5.5　导出智能对象内容

可以将智能对象导出为多种格式。在一个或多个智能对象的实例中可通过替换智能对象来更新图像数据。在“图层”面板中选择智能对象，执行“图层 | 智能对象 | 导出内容”命令，选择保存智能对象内容的位置，单击“保存”按钮，Photoshop将以智能对象的原始置入格式JPEG、AI、TIF、PDF 或其他格式导出智能对象。如果智能对象是利用图层创建的，则以PSD格式将其导出。

将导出内容存储为JPG格式

将导出内容存储为PSD格式

9.5.6 编辑内容

执行“图层｜智能对象｜编辑内容”命令，或者双击“图层”面板中的智能对象缩览图，将以智能对象新建一个图像窗口，在该图像文件中可对图像进行任意编辑，完成后单击“钢笔”按钮，在弹出的提示框中单击“是”按钮，即可替换当前智能对象的效果。

提示框

9.5.7 将智能对象转换到图层

若要将智能对象转换为普通图层，执行“图层｜栅格化｜智能对象”命令，可将智能对象转换为普通图层，并按当前图像大小栅格化内容。

当不需要编辑智能对象数据时，可将其转换为常规图层。在对某个智能对象进行栅格化之后，应用于该智能对象的变换、变形和滤镜将不再可编辑。

原图

转换为普通图层

9.5.8 实战：编辑智能对象

光盘路径：第9章\Complete\编辑智能对象.psd

步骤1 执行“文件｜打开”命令，打开“编辑智能对象.jpg”文件。

步骤2 执行“文件｜置入”命令，在弹出的对话框中打开指定文件，完成后单击“确定”按钮，即可将该文件转换为智能对象。然后应用“自由变换”命令调整其大小和位置。

步骤3 在“图层”面板中，双击智能对象图层，在弹出的文本图像窗口中解锁“背景”图层，使用橡皮擦工具在背景上涂抹，以擦除背景图像。然后关闭该图像并保存替换效果，以查看编辑后的效果。

步骤4 继续双击智能对象图层，在弹出的图像窗口中进行编辑，使该图像与背景图像融合更自然。

9.6 操作答疑

本章节主要学习图层的混合模式、智能填充和调整图层和智能对象的应用。重点是图层的高级应用，通过前面知识的学习，下面进行相关答疑和操作练习。

9.6.1 专家答疑

（1）如何将图层中的混合模式和不透明度应用到另一个图层中?

答：在Photoshop CS6中，为当前的填充图层或调整图层中设置了相应的混合模式和不透明度后，即可调整当前图像的色调层次。若再次应用该混合模式和不透明度时，可在选择图层的同时单击鼠标右键，在弹出的快捷菜单中选择“拷贝图层样式”和“粘贴图层样式”选项，将当前图层样式粘贴到另一个填充图层或调整图层中。

（2）如何编辑填充图层或调整图层?

答：在创建的填充图层或调整图层中包含一个图层蒙版。在“图层”面板中单击蒙版缩览图，即可选择图层蒙版，使用画笔工具在蒙版中涂抹，可将填充效果应用于图像中的一部分。

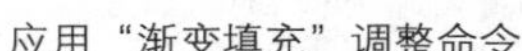
应用“渐变填充”调整命令

选择图层蒙版

对蒙版进行编辑

编辑后的效果

（3）智能对象与普通图层的区别是什么?

答：在Photoshop中，智能对象与普通图层的区别在于，对普通图层应用“自由变换”命令，进行放大或缩小后，再次进行大小调整时，分辨率将会发生改变，当前图像将会产生马赛克现象，使图像变得模糊。而对智能对象进行放大或缩小调整，再次进行大小调整时，其分辨率不会发生改变，且图像效果也不会发生变化。

（4）如何将普通图层转换为智能图层?

答：在Photoshop中，若要将当前的普通图层转换为智能图层，可在“图层”面板中单击鼠标右键，在弹出的快捷菜单中选择“转换为智能对象”选项，即可将当前图像转换为智能图层，而该图层上的图像则为智能对象。同样，也可对智能图层进行栅格化处理，将其转换为普通图层。

9.6.2 操作习题

1. 选择题

（1）在Photoshop CS6中，“颜色”混合模式属于（　　）类型的混合模式。

A.减淡型　　B. 加深型　　C.色彩型

（2）在“属性”面板中，显示的“此调整影响下面的所有图层”按钮，表示新的调整图层将会影响（　　）。

A.以下所有图层　　B. 仅影响下方一个图层　　C. 隐藏当前调整图层或填充图层

（3）在“图层”面板中的图层混合模式中，没有（　　）混合模式。

A.背后和减去　　B.减去和背后　　C. 背后和清除

（4）执行“图层 | 智能对象 | 转换为智能对象”命令，将创建（　　）。

A.编辑内容　　　B.智能对象　　　C. 导出内容

2. 填空题

（1）为了充分掌握Photoshop CS6中的混合模式，可将其分为__________、__________、__________、__________和__________类型，以便进行理解。

（2）在Photoshop中，可运用__________图层混合模式来修复图像的曝光不足效果。

（3）在Photoshop中，可运用__________图层混合模式来修复图像的曝光过渡效果。

（4）减淡型混合模式包括__________、__________、__________、__________和__________5种混合模式，它们的相同点是结果色的对比度减弱，明度整体偏亮。

（5）将基本色和混合色进行混合以加深图像，从而调整特殊的色调效果被称为__________混合。

3. 操作题

使用图层混合模式修复曝光过渡的图像。

步骤1　　　步骤2

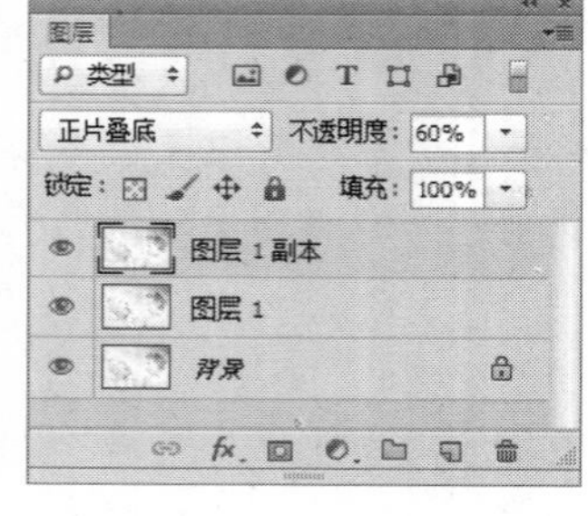

步骤3

（1）执行“文件 | 打开”命令，打开指定图像。

（2）复制“背景”图层，生成“图层1”，设置该图层的混合模式为“正片叠底”，以增强图像效果。

（3）再次复制“图层1”，生成“图层1副本”图层，设置“不透明度”为60%，以修复图像曝光过渡现象。

第10章

颜色与色调调整

本章重点：

本章主要介绍对图像色彩进行调整的相关知识和操作。这里将Photoshop CS6提供的一系列样式调整命令按功能分为简单、进阶和特殊三类，并分别对这些命令进行详细地讲解，使读者能完全地掌握并使用它们。

学习目的：

本章主要为了掌握常见颜色模式间相互转换的方法，可以应用“亮度/对比度”、“色阶”、“曲线”、“色彩平衡”、“色相/饱和度”等命令对图像色彩进行初步调整，并且可以应用“变化”、“替换颜色”、“通道混合器”、“去色”、“反向”、“色调分离”和“渐变映射”等命令对图像色彩进行高级调整。

参考时间：30分钟

主要知识	学习时间
10.1　认识颜色模式	5分钟
10.2　自动调色	5分钟
10.3　图像与色调的基本调整	5分钟
10.4　图像和色调的进阶调整	9分钟
10.5　特殊图像调整	6分钟

10.1 认识颜色模式

要对图像的颜色进行调整，应先对图像颜色的模式进行了解。Photoshop CS6提供了一系列描述自然界中光及色调的模式，通过它们可以将颜色以特定的方式表示出来，而这些颜色又可以用相应的颜色模式储存，因而也常说颜色模式是计算机对图像颜色的一种记录方式。

10.1.1 常见颜色模式

Photoshop CS6中常见的颜色模式有位图模式、灰度模式、双色调模式、索引颜色模式、RGB颜色模式、CMYK颜色模式、Lab颜色模式和多通道模式，下面将一一进行介绍。

1. 灰度模式

灰度模式是使用一个单一的色调表示图像，每个像素表示256个色阶的灰色调。将彩色转换为该模式后将保存图像的亮度效果，从而使照片灰度效果更好。

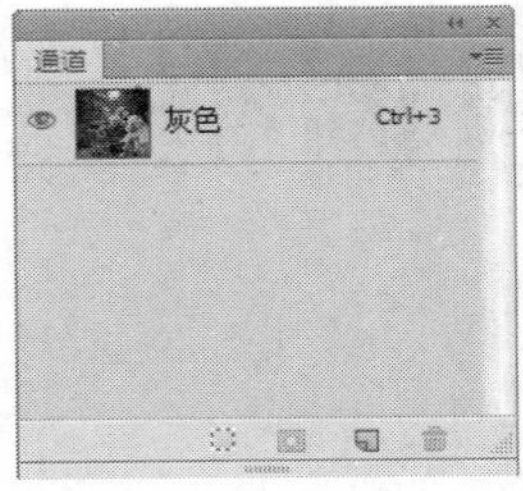

灰度模式

2. 双色调模式

双色调模式是采用2~4种彩色油墨混合其色阶来创建双色调、三色调或四色调的图像，在将灰度图像转换为双色调的图像过程中，可以对色调进行编辑，产生特殊的效果，双色调模式的重要用途之一是使用尽量少的颜色表现尽量多的颜色层次，减少印刷成本。

双色调模式

双色调模式

3. 索引颜色模式

索引颜色模式以一个颜色表存放图像颜色，最多存放256种颜色。索引的颜色模式只支持单通道图像，可通过限制索引颜色数来减小文件，同时保持视觉上的品质不变，多用于多媒体动画的应用或网页应用。

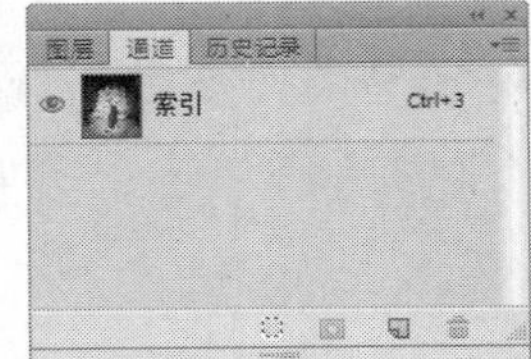

索引颜色模式

4. RGB颜色模式

RGB颜色模式是一种自然界的光线组成的颜色模式，主要以红、绿、蓝3种基本颜色组合而成。它可快速、直观地指定一个颜色阴影或光泽颜色成分。

RGB颜色模式

5. CMYK颜色模式

CMYK颜色模式是一种用于印刷的颜色模式，4个字母分别代表青色、洋红、黄色和黑色，由于是以四色油墨的混合模式产生出其他颜色，又被称为加法混合模式。

CMYK颜色模式

6. Lab颜色模式

Lab颜色模式包含了一个明度通道和两个颜色通道，是一种理论上包括了人眼能够看见的所有颜色的色彩模式，不依赖于光线和颜料。

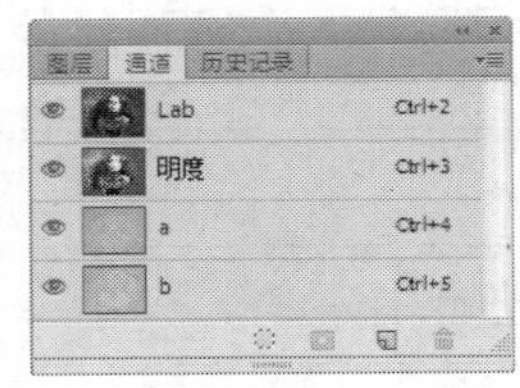

Lab颜色模式

7. 多通道模式

多通道模式对有特殊打印要求的图像非常有用。它是由青色、洋红和黄色三种油墨颜色混合产生出其他的颜色。如果图像中只使用了一种或两三种颜色，使用多通道模式可以减少印刷成本，并保证图像颜色正确的输出。

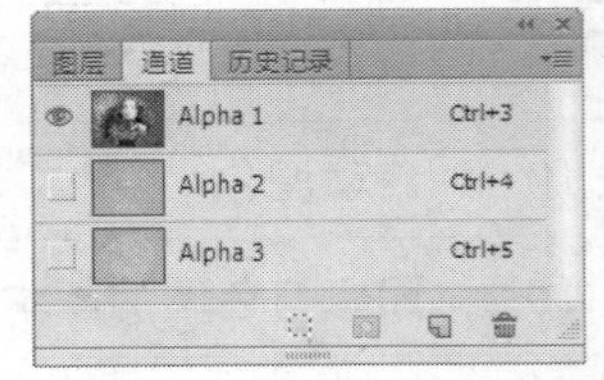

多通道模式

10.1.2 “位图”对话框

在Photoshop CS6中，应用的位图模式只使用了黑色和白色两种颜色来表示图像的像素。因而这种模式的图像被称为黑白图像。该模式所含的信息量少，图像文件也较小。执行“图像 | 模式 | 灰度”命令，将图像转换为灰度模式后，执行“图像 | 模式 | 位图”命令，会弹出“位图”对话框，将图像转换为位图模式。

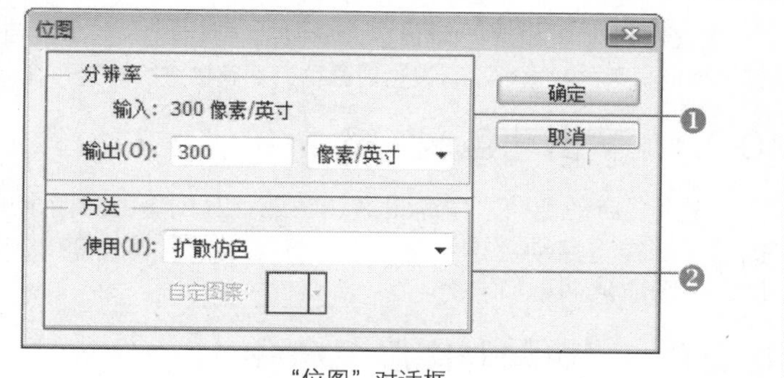

“位图”对话框

❶ **“分辨率”选项**：可以在此设置图像的输出像素。

❷ **“方法”选项组**：单击“使用”选项中的下拉列表，在其中选择颜色或图案，增强图像的视觉效果，给人不同的感受。

原图转换为灰度模式后

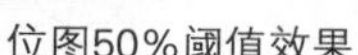
位图50%阈值效果

位图图案仿色效果

位图自定图案效果

10.1.3 颜色模式之间的相互转换

在Photoshop CS6中，不同的模式有不同的特性，它们之间可以相互转换。其方法是执行“图像 | 模式”命令，在弹出的子菜单中执行相应的命令即可将图像转换为相应的颜色模式。

10.1.4 实战：将RGB图像转换为位图图像模式

光盘路径：第10章\Complete\将RGB图像转换为位图图像模式.psd

步骤1 打开“将RGB图像转换为位图图像模式.jpg ”文件。按快捷键Ctrl+J复制“背景”图层为“图层1”。

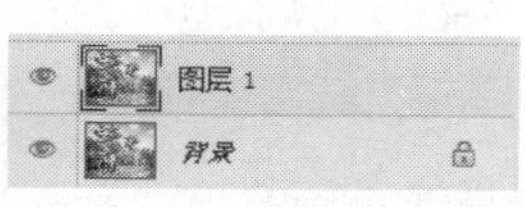

步骤2 执行“图像 | 模式 | 灰度”命令，在弹出的提示框中单击“扔掉”按钮，转换图像为灰度模式，同时图像颜色变为灰色。

步骤3 执行“图像 | 模式 | 位图”命令，弹出“位图”对话框，将图像转换为位图模式，在弹出的对话框中设置选项，将RGB图像转换为位图图像模式。

10.2 自动调色

Photoshop CS6的自动调色命令包括“自动色调”、“自动对比度”和“自动颜色”三种命令，这些命令有一个相同点，就是都没有设置对话框，即直接进行调整。在“图像”菜单中可以看到这三种自动调整命令。

10.2.1 “自动色调”命令

应用“自动色调”命令是通过快速计算图像的色阶属性，剪切图像中各个通道的阴影和高光区域。执行“图像 | 自动色调”命令，可快速校正图像中的黑场和白场，从而增强图像中的色彩亮度和对比度，使图像色调更加准确。

10.2.2 “自动对比度”命令

应用“自动对比度”命令可自动调整图像的对比度。它不会单独调整通道，因而不会引入或消除色痕，而是在剪切图像中的阴影和高光值后将图像剩余部分的最亮和最暗像素映射到纯白和纯黑，使高光更亮、阴影更黑。

10.2.3 “自动颜色”命令

应用“自动颜色”命令将移去图像中的色相偏移现象，恢复图像平衡的色调效果。应用该命令自动调整图像色调，是通过自动搜索图像以标识阴影、中间调和高光来调整图像的颜色和对比度的。在默认情况下，“自动颜色”命令是以RGB128灰色为目标颜色来中和中间调，同时剪切0.5%的阴影和高光像素。

10.2.4 实战：对图像稍作色调调整

光盘路径：第10章\ Complete \对图像稍作色调调整. psd

步骤1 打开“对图像稍作色调调整.jpg”图像文件。

步骤2 执行“图像”命令，在菜单中选择“自动对比度”、“自动颜色”命令。

步骤3 使用相同方法，在菜单中应用“自动色调”选择命令，以自动调整图像色调。

技巧：

在执行“自动色调”、“自动对比度”和“自动颜色”命令时，还可使用快捷键进行操作。执行“自动色调”命令可按快捷键Shift+Ctrl+L，执行“自动对比度”命令可按快捷键Alt+Shift+Ctrl+L，执行“自动颜色”命令可按快捷键Shift+Ctrl+B。

10.3 图像与色调的基本调整

色调是构成图像的重要元素之一，通过对图像色调进行调整，可赋予图像不同的视觉感受和风格，让图像呈现全新的面貌。在Photoshop CS6中可通过自动调整“色阶”、“曲线”、“色相/饱和度”、“色彩平衡”、“自然饱和度”、“亮度/对比度”及“曝光度”等命令对图像进行简单的调整。

10.3.1　“色阶”命令

执行“图像 | 调整 | 色阶”命令可调整图像的阴影、中间调和高光强度，以校正图像的色彩范围和色彩平衡。执行该命令后弹出“色阶”对话框，在色阶直方图中可以看到图像的基本色调信息，在对话框中可调整图像的黑场、灰场和白场，从而调整图像的色调层次和色相偏移效果。

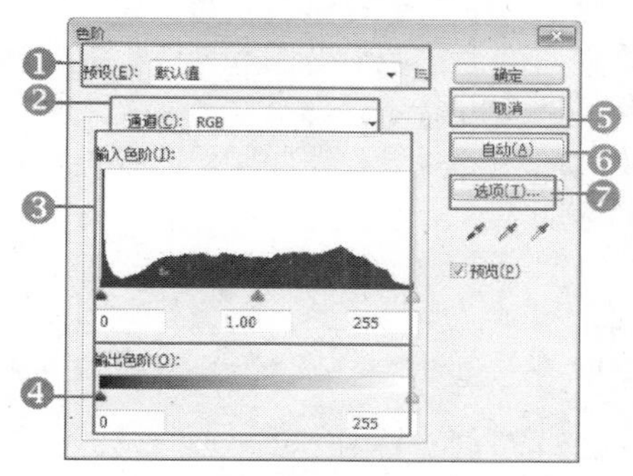

“色阶”对话框

❶ **“预设”选项**：通过选择预设的色阶样式可快速应用色阶调整效果。

❷ **“通道”选项**：包括当前图像文件颜色模式中的各个通道。

❸ **“输入色阶”调整区**：“输入色阶”调整区中的参数设置将映射到“输出色阶”的参数设置。位于直方图左侧的输入滑块代表阴影区域，右侧的输入滑块代表高光区域，中间的输入滑块代表中间调区域。

原图

向左拖动高光节点效果

向右拖动阴影节点效果

❹ **“输出色阶”选项**：应用“输出色阶”选项可使图像中较暗的像素变亮，较亮的像素变暗。

❺ **“自动”按钮**：单击“自动”按钮可自动调整图像的色调对比效果。

❻ **“选项”按钮**：单击“选项”按钮，弹出“自动颜色校正选项”对话框，在该对话框中可以对图像整体色调范围的应用选项进行设置。

❼ **“取样”按钮**：单击“在图像中取样以设置黑场”按钮，可对图像中的阴影区域进行调整；单击“在图像中取样以设置灰场”按钮，可对图像中的中间调区域进行调整；单击“在图像中取样以设置白场”按钮，可对图像中的高光区域进行调整。

10.3.2　实战：制作清新气泡图像

光盘路径：第10章\ Complete \制作清新气泡图像. psd

步骤1　打开“制作清新气泡图像.jpg”图像文件，并打开“气泡.png”图像文件将其拖曳到当前文件图像中，生成“图层1”。

步骤2　按快捷键Ctrl+J，连续复制5层“图层1副本”，使用快捷键Ctrl+T变换方向大小，调整画面，使画面丰富，有气泡灵动的效果。

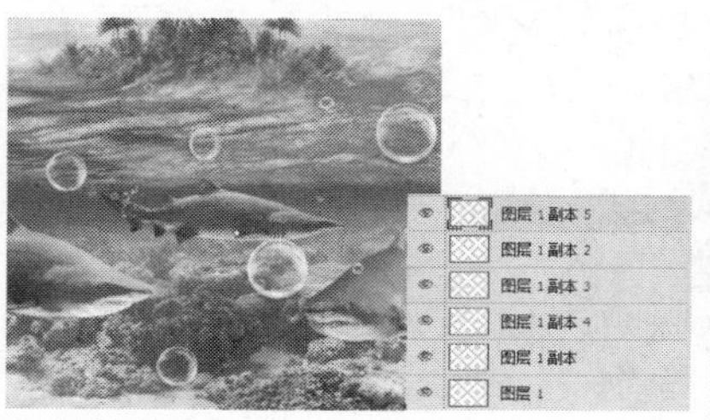

步骤3　单击“创建新的填充或调整图层”按钮，选择“自然饱和度”和“色阶”选项，调整图层，拖动滑块设置参数。

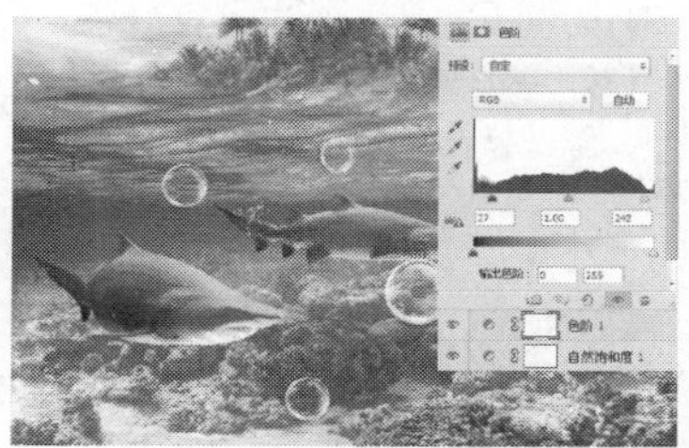

10.3.3 “曲线”命令

“曲线”命令用于调整图像的阴影、中间调和高光级别，从而校正图像的色调范围和色彩平衡。执行“图像 | 调整 | 曲线”命令，弹出“曲线”对话框，在其中可对各项参数进行设置，即可调整图像的阴影、中间调和高光等效果。

技巧：

在不满意调整设置时按Alt键，“取消”按钮将变为“复位”按钮，单击“复位”按钮可还原到初始状态。

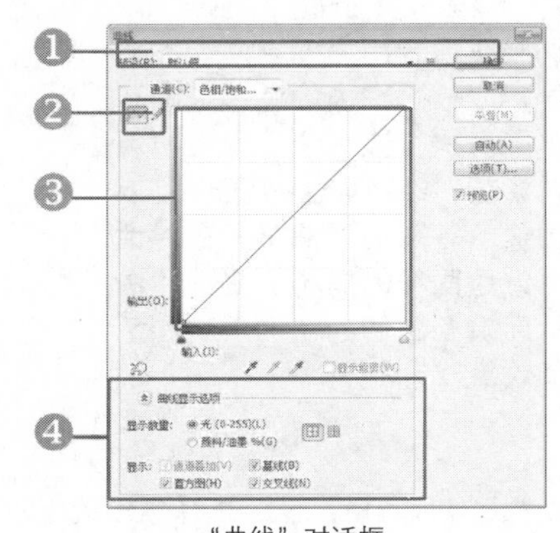

“曲线”对话框

❶ **“通道”选项：**包括当前图像文件颜色模式中的各通道，可分别对指定通道进行调整，以更改颜色效果。

❷**曲线创建类按钮：**单击“编辑点以修改曲线”按钮，将通过移动曲线的方式调整图像色调；单击“通过绘制来修改曲线”按钮，可在直方图中以铅笔绘画的方式调整图像色调。

❸ **“输出”调整区：**移动曲线节点可调整图像色调，右上角的节点代表高光区域，左下角的节点代表阴影区域，中间节点代表中间调区域，将上方节点向右或向下移动，会以加大的“输入”值映射到较小的“输出”值，且图像也会随之变暗；反之图像会变亮。

❹ **“曲线显示选项”选项组：**单击扩展按钮，可打开扩展选项组，设置曲线显示效果，其中，“显示数量”定义曲线为显示光亮（加色）或显示料量（减色）。按住Alt键的同时单击曲线的网格，可以在减淡和详细网格之间切换。

10.3.4 “色相/饱和度”命令

“色相/饱和度”命令可调整图像的整体颜色范围或特定颜色范围的色相、饱和度和亮度。执行“图像 | 调整 | 色相/饱和度”命令，弹出“色相/饱和度”对话框，在其中可更改相应颜色的色相、饱和度和亮度参数，从而对图像的色彩倾向、颜色饱和度和敏感度进行调整，以达到具有针对性的色调调整。

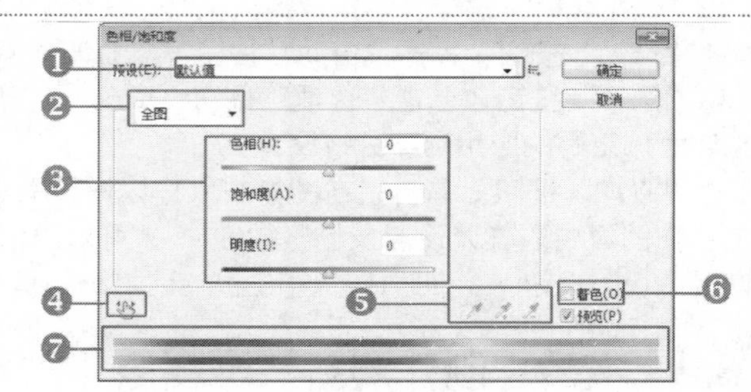

“色相/饱和度”对话框

❶ **“预设” 选项：**通过选择预设的色阶样式，可快速应用色阶调整效果。

❷**颜色选取选项：**可指定图像的颜色范围，对指定颜色进行调整。

❸**参数调整区：**“色相”调整用于指定颜色的色彩倾向；“饱和度”调整用于指定颜色的色彩饱和度；“明度”调整用于指定颜色的色彩亮度。

❹**颜色调整按钮：**单击该按钮后，可在图像上选取颜色，直接单击鼠标左键并拖动可调整取样颜色的饱和度，按住Ctrl键拖动，可改变取样颜色的色相。

❺**取样按钮：**包括“吸管工具”按钮、“添加到吸管工具”按钮和“从取样中减去工具”按钮，可利用相应工具单击图像以取样颜色。

❻ **“着色”复选框：**勾选该复选框，若前景色为黑色或白色，则图像被转换为红色色相；若前景色为其他颜色，则图像被转换为该颜色色相，且转换颜色后，各像素值明度不变。

❼**色相调整滑块：**按下颜色调整按钮并在图像上选取颜色后，该选项被激活，拖动滑块调整色相/饱和度。

10.3.5　实战：使图像色调更加饱和

光盘路径：第10章\ Complete \使图像色调更加饱和. psd

步骤1　打开“使图像色调更加饱和.jpg”图像文件。

步骤2　单击“创建新的填充或调整图层”按钮，在弹出的快捷菜单中选择“曲线”选项，设置参数，以调整画面饱和度。

步骤3　单击“创建新的填充或调整图层”按钮，在弹出的快捷菜单中选择“色相/饱和度”选项，设置参数，使图像色调更加饱和。

10.3.6　实战：调整图像明亮色调

光盘路径：第10章\ Complete \调整图像明亮色调.psd

步骤1　打开“调整图像明亮色调.jpg”图像文件。

步骤2　单击“创建新的填充或调整图层”按钮，在弹出的快捷菜单中选择“色相/饱和度”选项，设置参数，使画面颜色饱和。

步骤3　创建“曲线1”调整图层，设置参数值，以调整图像亮度层次。

10.3.7　“色彩平衡”命令

“色彩平衡”命令用于校正图像的偏色现象，通过更改图像的整体颜色来调整图像的色调。应用该调整命令时，可分别调整图像中的各个颜色区域，已达到丰富的色调效果。执行“图像 | 调整 | 色彩平衡”命令，弹出“色彩平衡”对话框，在其中进行参数设置。

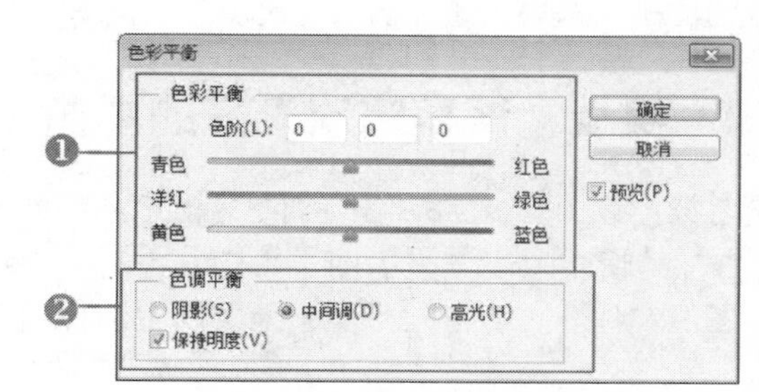

“色彩平衡”对话框

❶ **“色彩平衡”选项组**：通过输入色阶值或拖动下方的颜色滑块，可调整图像的色调。每一个色阶值文本框对应一个相应的颜色滑块，可设置-100至+100的值，将滑块拖向某一颜色则增加该颜色值。

❷ **“色调平衡”选项组**：包括“阴影”、“中间调”和“高光”选项，选择相应的选项可对该选项中的颜色着重调整；勾选“保持明度” 复选框后调整图像，可防止图像的亮度值随着颜色更改而变化，以保持图像的色彩平衡。

10.3.8 “自然饱和度”命令

“自然饱和度”命令调整图像颜色，可通过分别调整该命令中的“自然饱和度”选项和“饱和度”选项，对图像进行精细调整，让图像色调更加美观。执行“图像 | 调整 | 自然饱和度”命令，弹出“自然饱和度”对话框，对其进行参数设置。

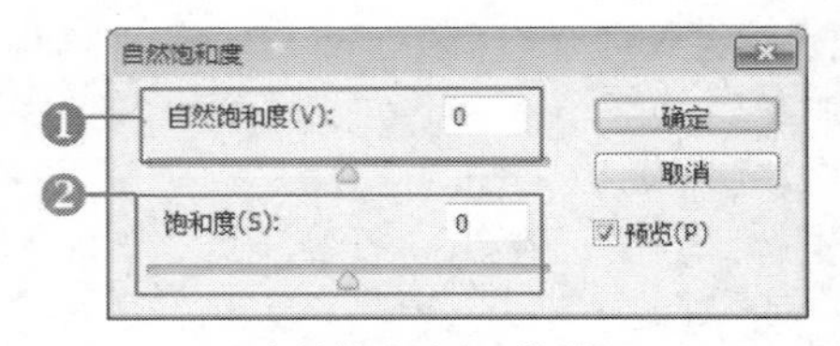

“自然饱和度”对话框

❶ **“自然饱和度”选项**：通过输入自然饱和度值或拖动下方的颜色滑块，可调整图像的自然饱和度。

❷ **“饱和度”选项**：通过输入饱和度值或拖动下方的颜色滑块，可调整图像的饱和度。

原图

降低自然饱和度后

降低饱和度后

10.3.9 “亮度/对比度”命令

执行“图像 | 调整 | 亮度/对比度”命令，弹出“亮度/对比度”对话框，对图像的色调范围做简单的调整。通过输入参数值或拖动下方的滑块，可调整图像的亮度/对比度。

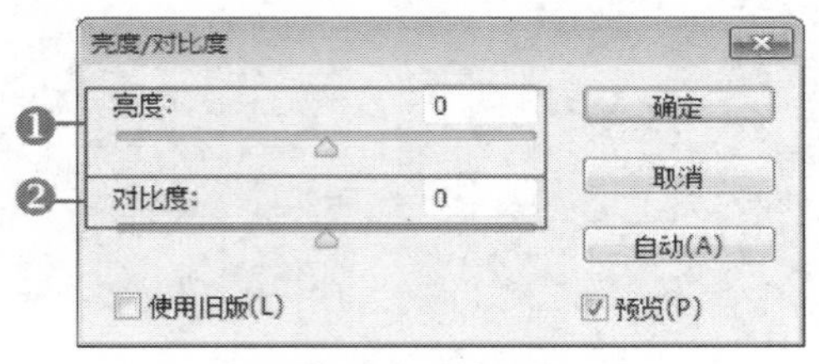

“亮度/对比度”对话框

❶ **“亮度”选项**：通过输入亮度值或拖动下方的滑块，可调整图像的亮度。

❷ **“对比度”选项**：通过输入对比度值或拖动下方的滑块，可调整图像的对比度。

10.3.10 实战：调整暗淡无光的图像

光盘路径：第10章\ Complete \调整暗淡无光的图像.psd

步骤1 打开“调整暗淡无光的图像.jpg”图像文件。

步骤2 单击“创建新的填充或调整图层”按钮 ，在弹出的快捷菜单中选择“亮度/对比度”选项，设置参数，适当调整图像色彩，调整暗淡无光的图像。

10.3.11　“曝光度”命令

执行“图像 | 调整 | 曝光度”命令，弹出“曝光度”对话框，可对图像的曝光度做简单的调整。通过输入“曝光度”值、“灰度”值和“灰度系数校正”值或拖动下方的颜色滑块，可调整图像的曝光度和灰度。

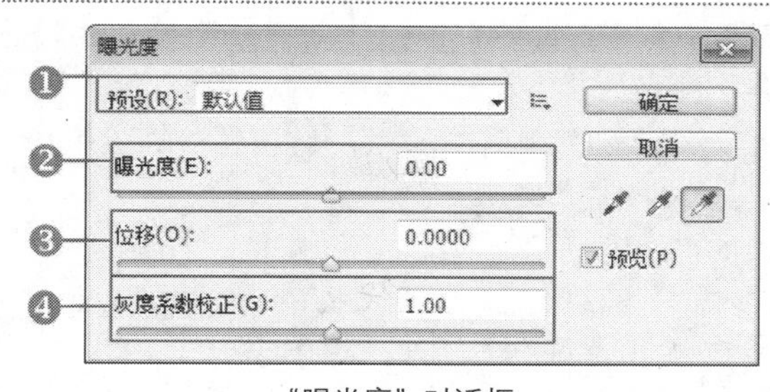

“曝光度”对话框

❶ **“预设”选项：** 通过选择预设的曝光度样式，可快速应用曝光度调整效果。

❷ **“曝光度”选项：** 通过输入曝光度值或拖动下方的颜色滑块，可调整图像的曝光度。

❸ **“位移”选项：** 通过输入位移值或拖动下方的颜色滑块，可调整图像的曝光度。

❹ **“灰度系数校正”选项：** 通过输入灰度系数校正值或拖动下方的颜色滑块，可调整图像的曝光度。

10.3.12　实战：调整照片忧伤色调

光盘路径： 第10章\ Complete \调整照片忧伤色调.psd

步骤1　打开“调整照片忧伤色调.jpg”图像文件。按快捷键Ctrl+J复制“背景”图层，生成“图层1”。

步骤2　单击“创建新的填充或调整图层”按钮，在弹出的快捷菜单中选择“色彩平衡”和“曲线”选项，设置参数，适当调整图形色彩。

步骤3　单击“创建新的填充或调整图层”按钮，在弹出的菜单栏中选择“曝光度”选项，设置参数，调整照片忧伤色调。

10.3.13　实战：调整图像浓郁色调效果

光盘路径： 第10章\ Complete \调整图像浓郁色调效果.psd

步骤1　打开“调整图像浓郁色调效果.jpg”图像文件。

步骤2　单击“创建新的填充或调整图层”按钮，在弹出的快捷菜单中选择“照片滤镜”选项，设置参数，以调整画面的色调。

步骤3　单击“创建新的填充或调整图层”按钮，在弹出的快捷菜单中选择“曝光度”选项，设置参数，以调整图像的浓郁色调。

10.4 图像和色调的进阶调整

应用进阶调整命令可在不同程度上对图像的颜色进行更为精细而复杂的调整，包括“变化”、“匹配颜色”、“替换颜色”、“可选颜色”、“阴影/高光”、“通道混合器”和“颜色查找”等命令。应用这些命令，可使图像的色调更加自然，且调整后的效果也更加美观。

10.4.1 “变化”命令

“变化”命令是通过显示替代物的缩览图调整图像的色彩平衡、对比度和饱和度，适用于调整不需要进行精确颜色调整的平均色调图像。执行“图像 | 调整 | 变化”命令，弹出“变化”对话框，在对话框中可调整亮度、饱和度和色相。也可以同时预览几种不同选项的对应效果，并可从中选择一种作为最终效果。

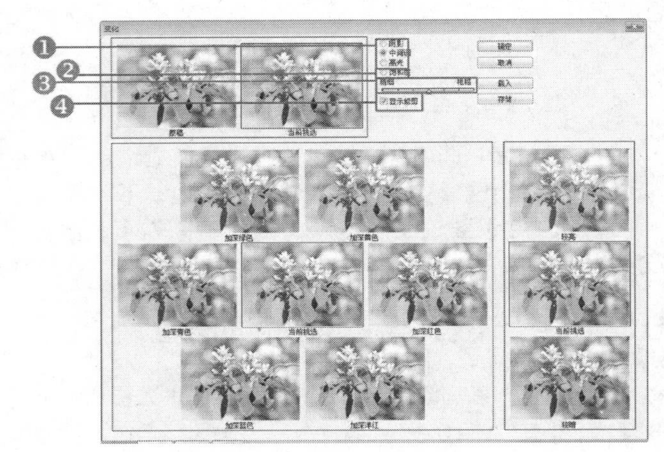

“变化”对话框

❶**色调范围选项**：指定色调范围为“阴影”、“中间调”或“高光”。

❷**“饱和度”选项**：选择该选项后，可切换至用于调整图像颜色饱和度的选项。

❸**“精细/粗糙”滑块**：通过拖动“精细/粗糙”滑块，可确定每一次调整的量。将滑块向左拖动，图像画质越精细，将滑块向右拖动，图像画质越粗糙。

❹**“显示修剪”复选框**：勾选“显示修剪”复选框后，可显示图像中的溢色区域。

10.4.2 “匹配颜色”命令

“匹配颜色”命令仅适用于RGB颜色模式的图像，该命令是将一个图像的颜色与另一个选取的颜色相匹配，将一个选区的颜色与另一个选区的颜色相匹配，或将一个图层的颜色与另一个图层的颜色相匹配，或执行“图像 | 调整 | 匹配颜色”命令，弹出“匹配颜色”对话框，在其中通过更改明亮度、颜色强度和渐隐度来调整图像颜色。

❶**目标名称**：此区域所显示的名称为当前操作的图像文件名称。

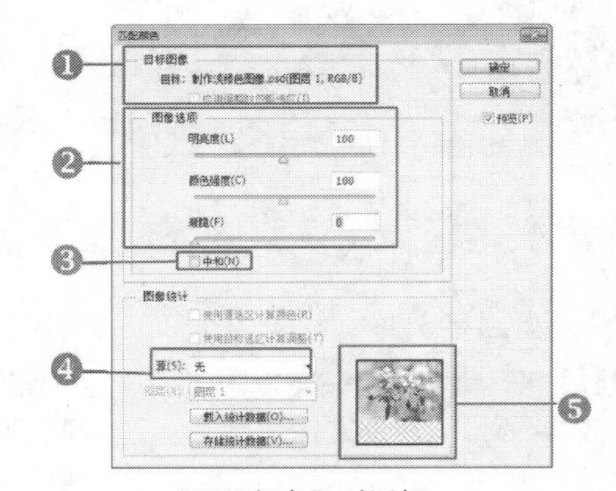

“匹配颜色”对话框

❷**“图像选项”调整组**：在“明亮度”调整区，拖动滑块或输入数值可调整图像的亮度，数值越大，匹配的图像色调越亮；在“颜色强度”调整区，拖动滑块或输入数值可调整图像的颜色饱和度，数值越大，匹配的图像颜色越饱和；在“渐隐” 调整区，拖动滑块或输入数值可调整匹配后的颜色与原始颜色之间的近似程度，数值越大，匹配的图像颜色越接近匹配颜色前的原始颜色。

❸**“中和”复选框**：勾选“中和”复选框后可去除目标图像中的色痕。

❹**“源”选项**：可选择目标图像所要匹配颜色的原始图像。

❺**图像预览框**：用于显示匹配颜色的图像。

10.4.3　实战：调整图像清爽色调

光盘路径：第10章\ Complete \调整图像清爽色调.psd

步骤1　打开“调整图像清爽色调.jpg”图像文件。

步骤2　执行“图像 | 调整 | 匹配颜色”命令，弹出“匹配颜色”对话框，在其中可通过更改明亮度、颜色强度和渐隐度来调整图像的颜色。

步骤3　执行“图像 | 调整 | 变化”命令，弹出“变化”对话框，可从中选择“变淡”作为最终效果，制作淡绿色图像。

10.4.4　“替换颜色”命令

“替换颜色”命令用于将图像中指定区域的颜色替换为更改的颜色。执行“图像 | 调整 | 替换颜色”命令，弹出“替换颜色”对话框，在其中可利用取样工具进行取样，以指定须替换的颜色区域，然后通过设置替换颜色的色相、饱和度和明度调整替换区域的色调效果，也可以直接在“选区”或替换选项组中分别单击“颜色”或“结果”色块，编辑相应的颜色以调整图像色调。

❶ **“本地化颜色”复选框**：勾选“本地化颜色”复选框后，在选择了多个色彩范围时，可构建更精确的蒙版。

❷ **“颜色容差”调整区**：通过输入值或拖动滑块调整蒙版的容差，可控制颜色的范围。

❸ **“选区”和“图像”选项**：选择“选区”选项以显示蒙版，选择“图像”选项以预览图像。

❹ **“替换”选项组**：在该选项组中可调整替换颜色的色相、饱和度等。

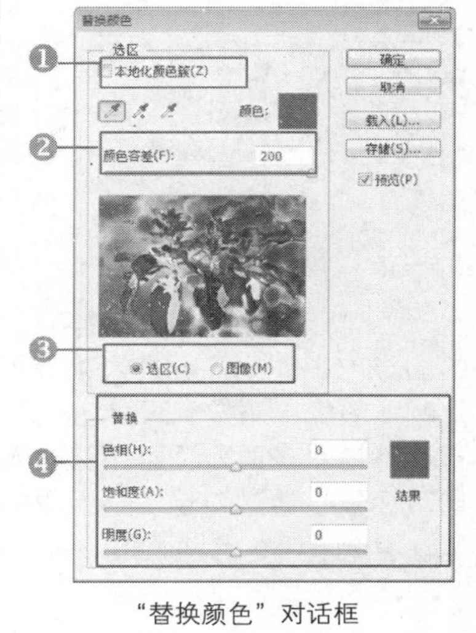

“替换颜色”对话框

10.4.5　实战：更改图像颜色

光盘路径：第10章\ Complete \更改图像颜色.psd

步骤1　打开“更改图像颜色.jpg”图像文件。

步骤2　执行“图像 | 调整 | 替换颜色”命令，弹出“替换颜色”对话框，在其中用取样工具对人物的衣服进行取样，以指定须替换的颜色区域，然后通过设置替换颜色的色相、饱和度和明度来调整替换区域的色调效果。

10.4.6 “可选颜色”命令

“可选颜色”命令用于有针对性地更改图像中相应颜色成分的印刷色数量，而不影响其他主要颜色。“可选颜色”命令主要用于调整图像中没有主色的色彩成分，但通过调整这些色彩成分也可以达到调亮图像的作用。

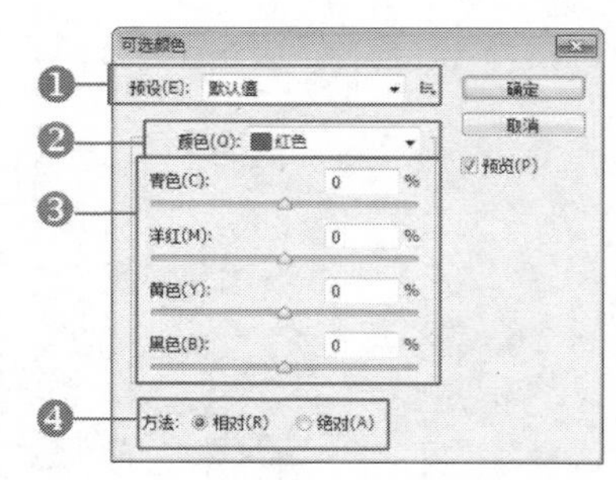

“可选颜色”对话框

❶ **“预设”选项**：通过选择预设可选颜色样式，可快速应用调整效果。

❷ **“颜色”选项**：选择需要调整的颜色。

❸ **各颜色滑块**：指定相应的颜色滑块后，拖动滑块调整效果。

❹ **“方法”选项**：选择“相对”选项后调整颜色，将按照总量的百分比更改当前原色中的百分比成份；选择“绝对”选项后调整颜色，将按照增加或减少的绝对值更改当前原色中的颜色。

提示：

使用“替换颜色”命令，可以将图像中选择的颜色用其他颜色替换。并且可以对选中颜色的色相、饱和度及亮度进行调整。

10.4.7 “阴影/高光”命令

“阴影/高光”命令适用于校正在强逆光环境下拍摄产生的图像剪影效果，或是太接近闪光灯而导致的焦点发白现象。执行“图像 | 调整 | 阴影/高光”命令，弹出“阴影/高光”对话框，默认状态时对话框中只暗示“阴影”和“高光”选项组的参数设置，通过勾选“显示更多选项”复选框可弹出更多的其他设置选项组，调整画面效果。

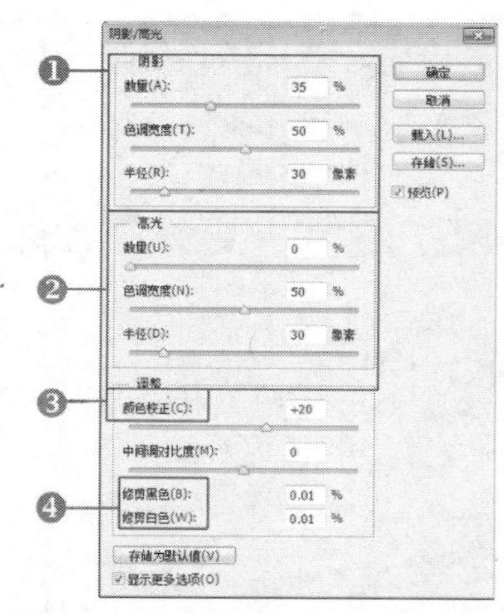

“阴影/高光”对话框

❶ **“阴影”和“高光”选项组**：“数量”用于控制应用于阴影或高光区域的校正量；“色调宽度”用于控制应用于阴影或高光区域的色调修改范围；“半径”可控制每个像素局部相邻的像素大小。

❷ **“颜色校正”调整区**：拖动滑块或输入数值，可调整图像已更改的区域颜色。

❸ **“中间调对比度”调整区**：拖动滑块或输入数值，可调整中间调对比度。

❹ **“修剪黑色”和“修剪白色”输入框**：设置“修剪黑色”和“修剪白色”参数，可指定在图像中将阴影或高光剪切到新的极端阴影或高光颜色，数值越大，图像的对比度越大。

10.4.8　实战：制作水嫩皮肤效果

光盘路径：第10章\ Complete \制作水嫩皮肤效果.psd

步骤1　打开“制作水嫩皮肤效果.jpg”图像文件，复制“背景”图层，生成“图层1”。单击修补工具，将人物脸上的眼袋和斑点去除。

步骤2　执行“图像 | 调整 | 可选颜色”命令，在对话框中设置参数值，调整图片的颜色效果。

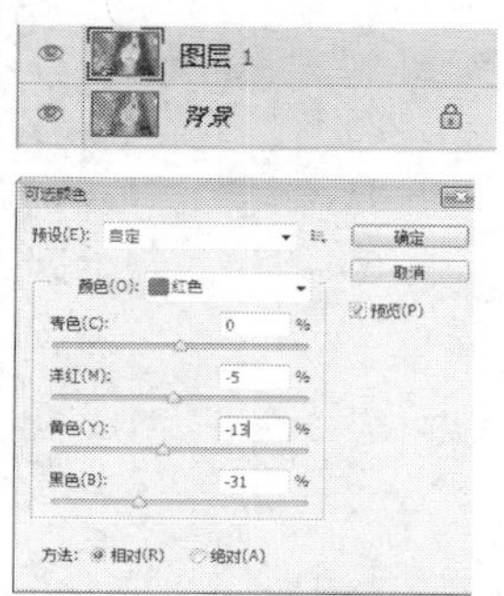

步骤3　执行“图像 | 调整 | 阴影/高光”命令，在弹出的快捷菜单中选择“阴影/高光”命令，在对话框中设置“阴影”和“高光”命令，在选项组的参数，制作出柔滑皮肤。

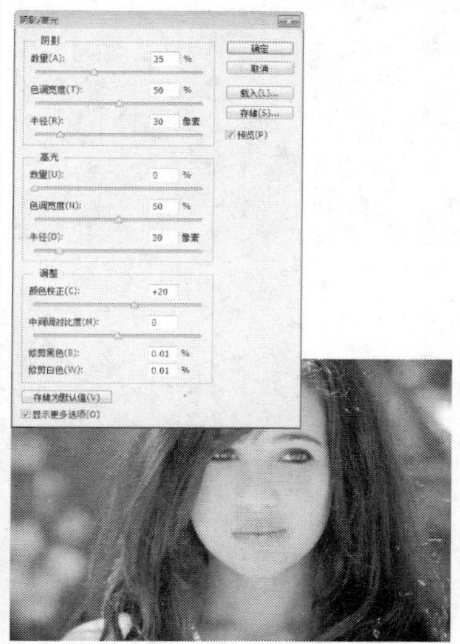

10.4.9　实战：制作出食物质感图像

光盘路径：第10章\ Complete \制作出食物质感图像.psd

步骤1　打开“制作出食物质感图像.jpg”图像文件。

步骤2　执行“图像 | 调整 | 阴影/高光”命令，在弹出的“阴影/高光”对话框中，设置“阴影”和“高光”选项组的参数，以制作出诱人食物质感的图像。

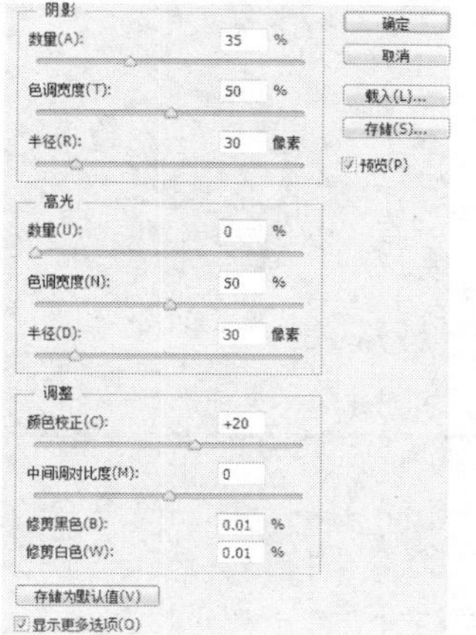

10.4.10　“通道混合器”命令

应用“通道混合器”命令调整图像色调，可直接在原图像颜色状态下调整通道颜色，也可将图像转换为灰度图像，在恢复其通道后调整通道颜色，通过先转换为灰度图像再调整色调的方式，可调整图像的艺术化双色调。转换图像为灰度图像后，通过取消勾选“单色”复选框可恢复图像的颜色通道。

10.4.11 实战：制作通透感图像

光盘路径：第10章\ Complete \制作通透感图像.psd

步骤1 打开“制作通透感图像.jpg”图像文件。

步骤2 执行“图像 | 调整 | 通道混合器”命令，弹出“通道混合器”对话框，在其中设置选项组的参数，制作出通透感图像。

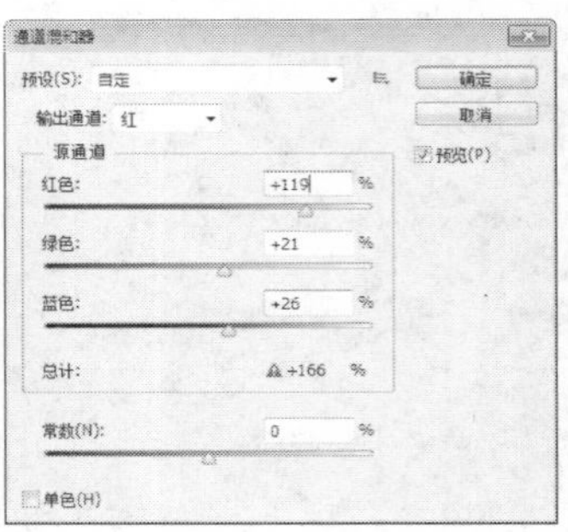

10.4.12 “颜色查找”命令

执行“图像 | 调整 | 颜色查找”命令，在弹出的“颜色查找”对话框中设置需要的色调，通过预设选项，可快速调整图像的色调。

10.4.13 实战：调整暗淡色调

光盘路径：第10章\ Complete \调整暗淡色调.psd

步骤1 打开“调整暗淡色调.jpg”图像文件。

步骤2 执行“图像 | 调整 | 颜色查找”命令，在“颜色查找”对话框中设置参数值，以调整暗淡色调。

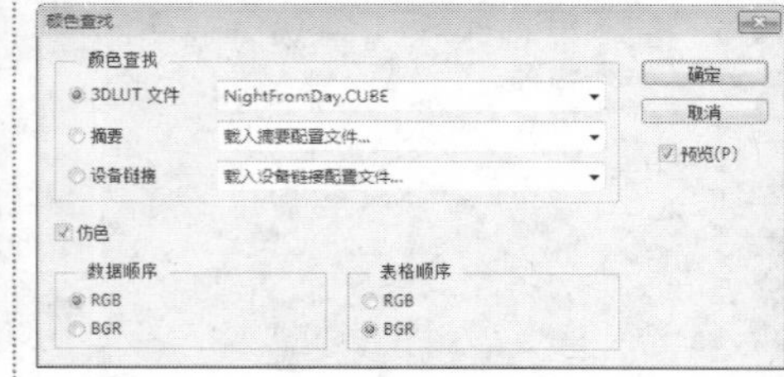

10.5 特殊图像调整

在掌握了一定的图像调整技能后，若能对图像的特殊命令有所涉及与认知，则能在更大程度上掌握图像的颜色调整。这些特殊的颜色调整命令包括“去色”、“黑白”、“反相”、“色调均化”、“色调分离”、“阈值”和“渐变映射”等，下面将一一介绍。

10.5.1 “去色”命令

使用去色命令可以除去图像中的饱和度信息，将图像中所有的颜色和饱和度都变为0，从而将图像变为彩色模式下的灰色图像。执行“图像 | 调整 | 去色”命令或按快捷键Ctrl+Shift+U，可去除图像的颜色信息。

10.5.2　“黑白”命令

执行“图像 | 调整 | 黑白”命令，在弹出的“黑白”对话框中，设置选项组中的各个颜色的黑白参数。黑白调整图层通过对不同颜色数值的设置，可以调整黑白灰对比效果，使黑白照片也具有层次感。

10.5.3　实战：调整具有黑白层次的图像

光盘路径：第10章\ Complete \调整具有黑白层次的图像.psd

步骤1　打开“调整具有黑白层次的图像.jpg”图像文件。

步骤2　执行“图像 | 调整 | 黑白”命令，使图像变成黑白效果。

步骤3　在弹出的对话框中，滑动滑块调整参数值，使图像效果更自然、具有层次感。

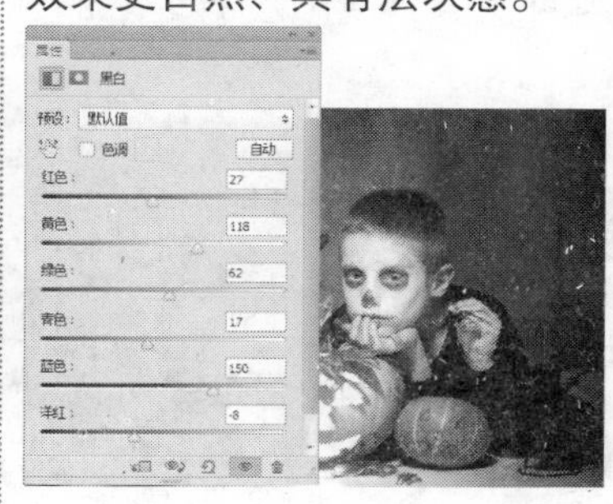

10.5.4　“反相”命令

“反相”命令是将图像中的颜色进行反转处理。在灰度图像中应用该命令，可将图像转换为底片效果，而在图像中应用该命令，将转换各个颜色为相应的互补色。执行“图像 | 调整 | 反相”命令或按快捷键Ctrl+L可实现反相效果。

10.5.5　实战：制作胶卷底片效果

光盘路径：第10章\ Complete \制作胶卷底片效果.psd

步骤1　打开“制作胶卷底片效果.jpg”图像文件。复制“背景”图层，得到“图层1”。

步骤2　在“图层1”上，执行“图层 | 新建调整图层 | 反相”命令，制作胶卷底片的效果。

步骤3　使用矩形选框工具画出如图所示的矩形组，结合油漆桶工具，制作真实的胶卷底片效果。

10.5.6　“色调均化”命令

执行“色调均化”命令可以重新分布图像中像素的亮度值，以便更均匀地呈现所有范围的亮度值，执行“图像 | 调整 | 色调均化”命令，可在整个灰度范围中均匀分布图像中每个色阶的灰度值。需要注意的是，在创建选区的同时，应用该命令将弹出“色调均化”对话框，对选区中的图像进行设置。

10.5.7 “色调分离”命令

“色调分离”命令较为特殊，在一般的图像调整处理中使用频率不是很高，使用它能将图像中丰富的渐变色简化，从而让图像呈现出木刻版画或卡通画的效果。执行“图像 | 调整 | 色调分离”命令，弹出“色调分离”对话框，通过拖动滑块来调整参数。

10.5.8 实战：制作色调有层次感的图像

光盘路径：第10章\ Complete \制作色调有层次感的图像.psd

步骤1 打开“制作色调有层次感的图像.jpg”图像文件。

步骤2 执行“图像 | 调整 | 色调分离”命令，调整图像色调。

步骤3 执行“图像 | 调整 | 色调均化”命令，制作色调有层次感的图像。

10.5.9 实战：增加图像对比度

光盘路径：第10章\ Complete \增加图像对比度.psd

步骤1 打开“增加图像对比度.jpg”图像文件，然后复制图层，得到“图层1”。

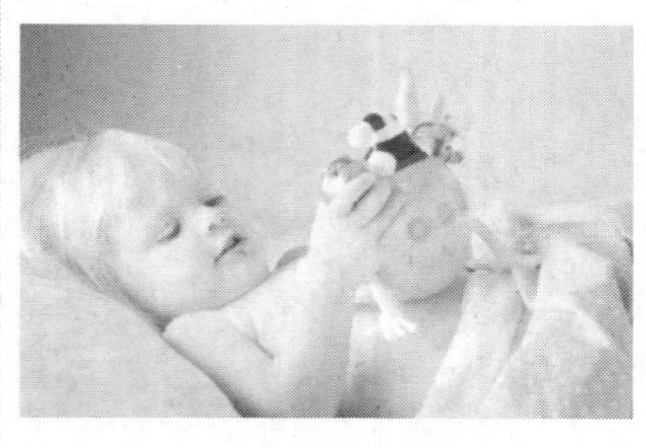

步骤2 执行“图像 | 调整 | 色调均化”命令，设置“不透明度”为38%，增加图像的对比度。

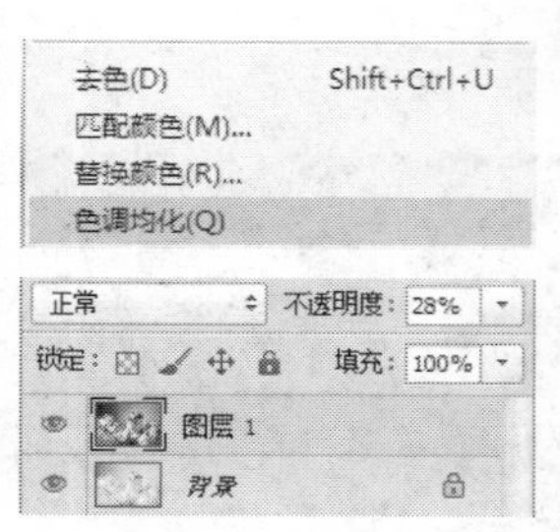

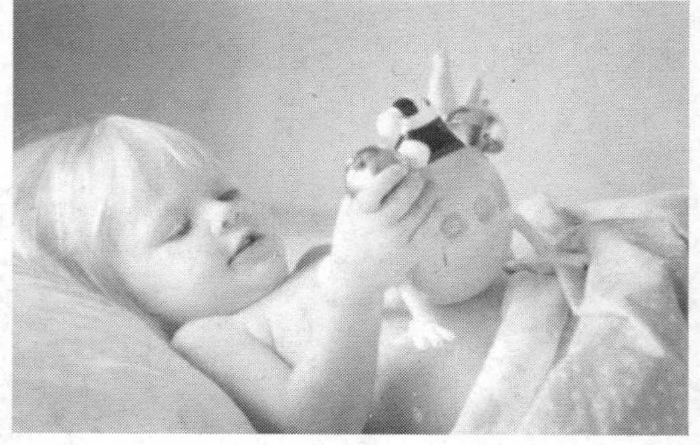

10.5.10 “阈值”命令

“阈值”命令可将灰度或彩色图像转换为高对比度的黑白图像。以中间值128为标准，您可以指定某个色阶作为阈值，所有比阈值亮的像素变为白色；所有比阈值暗的像素变为黑色。执行“图像 | 调整 | 阈值”命令，弹出“阈值”对话框，拖动滑块调整阈值色阶，完成后单击“确定”按钮，即可实现阈值效果。

专家看板："渐变映射"对话框

"渐变映射"命令用于将不同的亮度映射到不同的颜色上去。执行"渐变映射"命令可以用渐变重新调整图像。执行"图像 | 调整 | 渐变映射"命令，弹出"渐变映射"对话框，在其中设置渐变颜色，调整画面的色调。

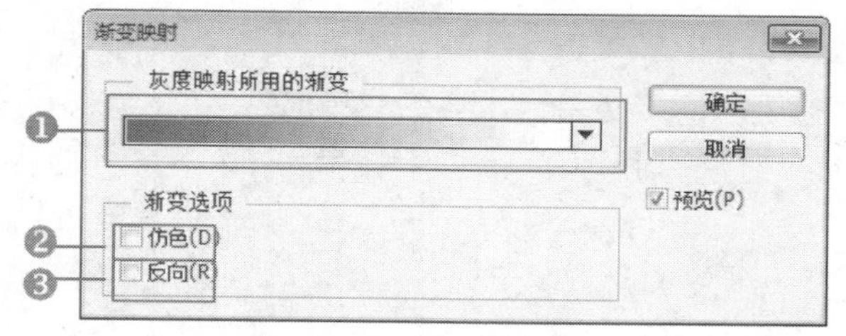

"渐变映射"对话框

❶ **"灰度映射所用的渐变"选项**：单击渐变色相条，弹出"渐变编辑器"对话框，在该对话框中可自定义渐变颜色；单击色相右侧的三角形，在弹出的"渐变"拾色器中选择一种预设的渐变颜色。

原图

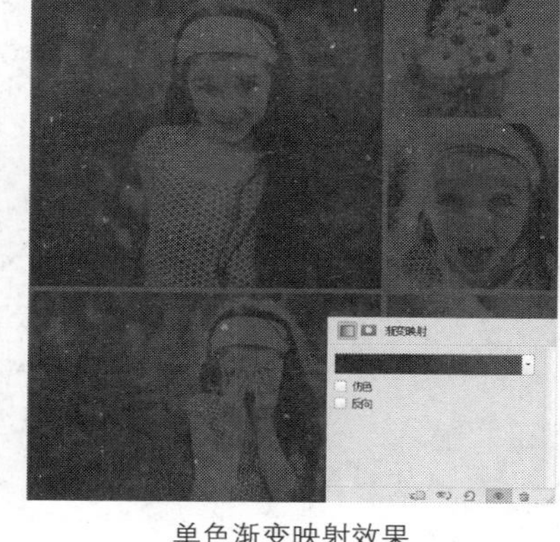
单色渐变映射效果

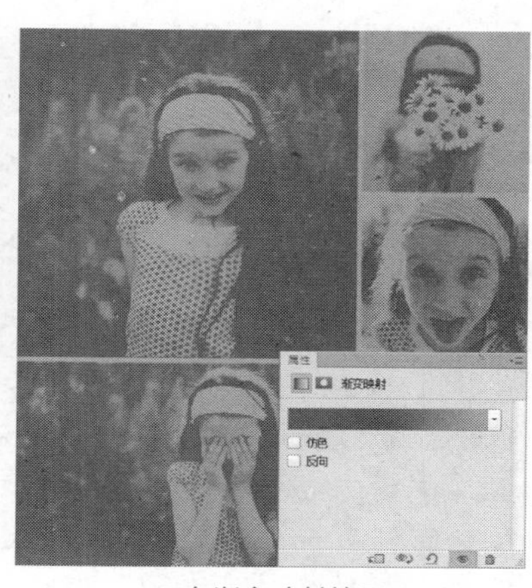
双色渐变映射效果

❷ **"仿色"复选框**：勾选该复选框，可用两种颜色相互叠加来模拟第三种颜色，这是利用有限的颜色种类来达到较好效果的一种方式，但是会产生颗粒感。

❸ **"反向" 复选框**：勾选该复选框，将切换渐变填充的方向。

原图

灰度映射所用的渐变

勾选"仿色"复选框，更改灰度映射的渐变

勾选"仿色"复选框，更改灰度映射的渐变

勾选"反向"复选框的渐变

勾选"仿色"和"反向"复选框的渐变

10.5.11 实战：制作高对比度黑白图像

光盘路径：第10章\ Complete \制作高对比度黑白图像.psd

步骤1 打开“制作高对比度黑白图像.jpg”图像文件。

步骤2 执行“图层 | 新建调整图层 | 渐变映射”命令，设置渐变颜色，以调整画面的色调。

步骤3 执行“图层 | 新建调整图层 | 阈值”命令，拖动滑块调整阈值色阶，制作色调有层次感的图像。

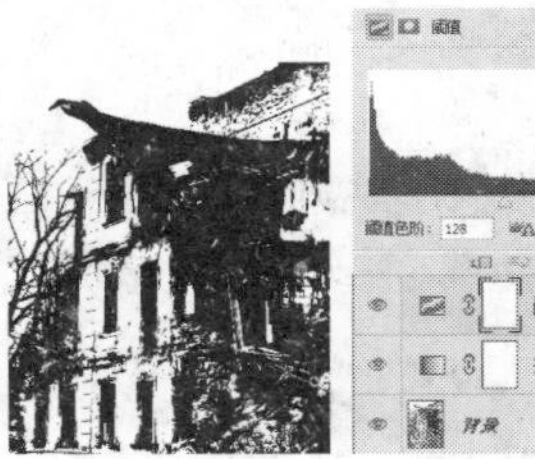

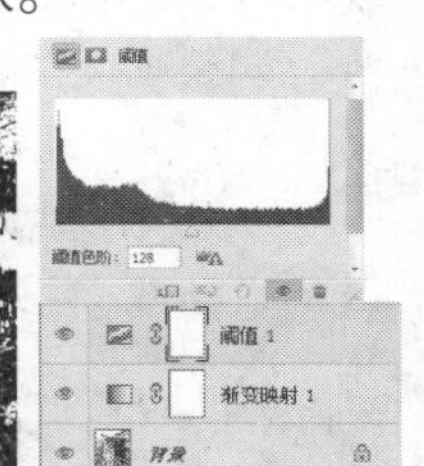

10.5.12 “照片滤镜”命令

应用“照片滤镜”命令可调整图像的色调。根据图像的处理要求可选择不同的颜色滤镜，通过这样的调整方法可为风景图像润色，增强画面的浓郁气氛。执行“图像 | 调整 | 照片滤镜”命令，弹出“照片滤镜”对话框，在其中设置颜色，以调整画面的色调。

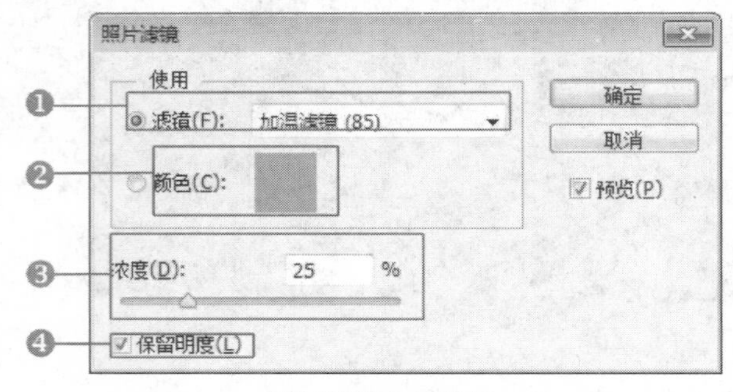

“匹配颜色”对话框

❶ **“滤镜”选项**：选择“滤镜”下拉列表中的任意选项，图片的色调将会随之变化。

❷ **“颜色”选项**：可根据图像的处理要求选择不同的颜色滤镜，通过这种调整方法可为图像润色，以增强画面的气氛。

❸ **“浓度”选项**：通过拖动下方的滑块，可调整图像的照片滤镜浓度。

原图

“照片滤镜”浓度为25%

“照片滤镜”浓度为75%

❹ **“保留明度”复选框**：勾选该复选框，图片的明度将被保留，不被改变。

原图

设置“颜色”选项为红色

设置高“浓度”选项

10.5.13　实战：制作淡蓝图像

光盘路径：第10章\ Complete \制作淡蓝图像.psd

步骤1　打开“制作淡蓝图像.jpg”图像文件。

步骤2　单击“创建新的填充或调整图层”按钮，在弹出的菜单栏中选择“色彩平衡”选项，设置参数，使图像颜色偏蓝。

步骤3　单击“创建新的填充或调整图层”按钮，在弹出的菜单栏中选择“照片滤镜”选项，设置参数，制作淡蓝图像。

提示：

照片滤镜很适用于制作日出与日落的风景图像等，它对于画面有统摄性的作用，非常适合统一画面颜色繁多混杂的图像，使画面变得和谐，并烘托出一定的气氛。

10.5.14　“HDR色调”命令

应用“HDR色调”命令调整图像的色调，可将图像色调转换为具有强烈视觉效果的特殊色调。应用该命令可调整出或纪实或奇幻的色调风格，使画面产生浓郁而独特的色调气氛。执行“图像 | 调整 | HDR色调”命令，弹出“HDR色调”对话框，在其中设置颜色，以调整画面的色调。

原图

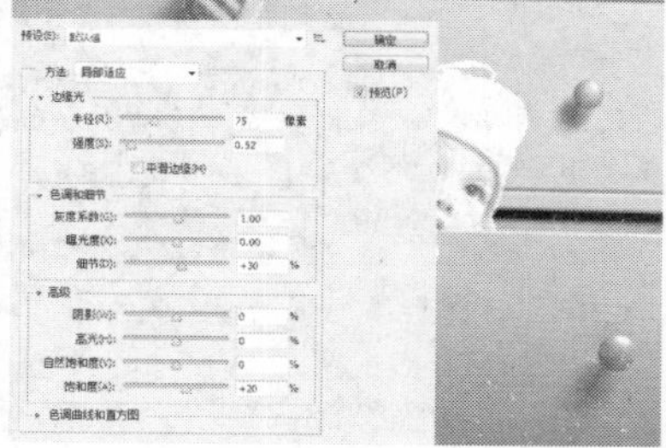

运用“HDR色调”命令（局部适应）

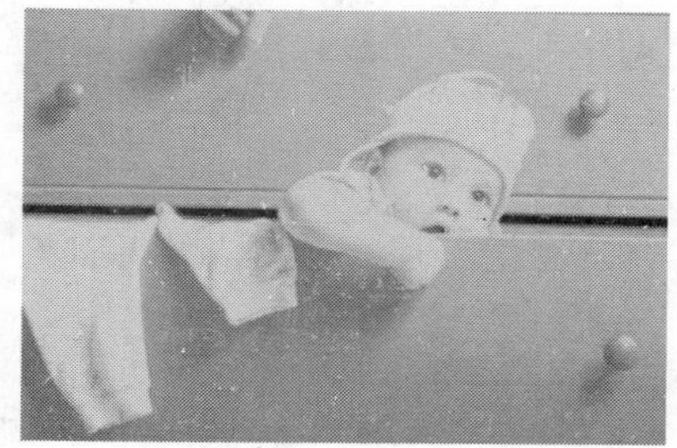

运用“HDR色调”命令（高光压缩）

10.5.15　实战：调整HDR图像的色调和曝光

光盘路径：第10章\ Complete \调整HDR图像的色调和曝光.psd

步骤1　打开“调整HDR图像的色调和曝光.jpg”图像文件。

步骤2　执行“图像 | 调整 | HDR色调”命令，弹出“HDR色调”对话框，在“方法”下拉列表框中选择“曝光度和灰度系数”选项，并设置参数值，以调整HDR图像的色调和曝光。

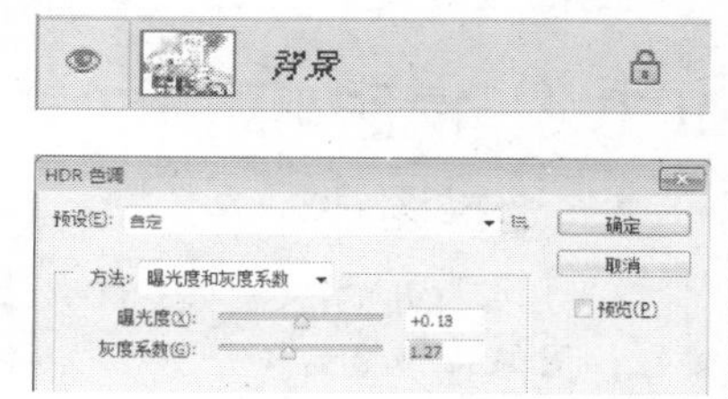

10.6 操作答疑

本章详细讲解了如何利用色调调整的各种命令对图形和图像进行处理，进一步创作出具有完整性的平面设计作品。下面对本章节的一些常见问题进行解答，并提供部分问题，帮助读者巩固所学知识。

10.6.1 专家答疑

（1）“调整”面板与“调整”命令的区别是什么？

答：“调整”面板与“调整”命令的区别在于应用的方式、应用的内容和应用后的状态和形式等。“调整”面板主要用于调整图层，而“调整”命令则侧重于直接调整图像，并覆盖其原始信息的处理方式；在命令的应用上，“调整”面板中主要包含了颜色调整命令和填充命令，而“调整”命令则包含了更多的基本调整命令；在应用的最终形式上，“调整”面板是直接添加相应命令的调整图层蒙版，而“调整”命令则直接将调整后的效果应用于图像并覆盖其原始数据，且在应用相关命令时会弹出相应的对话框。

（2）自动调色命令有什么作用？

答：应用自动调色命令时，是通过“图像”菜单中的相应命令对图像色调进行调整。通过应用“自动色调”、“自动对比度”和“自动颜色”这三种命令，可在不同程度上对图像中的黑场和白场、高光和阴影区域进行校正，让图像色调层次更加真实自然。

（3）Photoshop中调整图像的色彩和调整图像色调有什么区别？

答：调整图像色调主要用于调整图像的层次、对比度，而调整图像的色彩是调整图像色彩变化等特征，如下图所示。

原图

调整“对比度”来调整图像色调

调整“色彩平衡”来调整图像色彩

（4）什么是图像色调的基本调整？

答：色调是构成图像的重要元素之一，通过对图像色调进行调整，能赋予图像不同的视觉感受和风格，让图像呈现全新的面貌。在Photoshop CS6中可通过自动调整“色阶”、“曲线”、“色相/饱和度”、“色彩平衡”、“自然饱和度”、“亮度/对比度”及“曝光度”等命令对图像进行简单的调整。

（5）怎样理解色调的进阶调整？

答：应用进阶调整命令可在不同程度上对图像的颜色进行更为精细而复杂的调整，这些命令包括“变化”、“匹配颜色”、“替换颜色”、“可选颜色”、“阴影/高光”、“通道混合器”和“颜色查找”等。应用这些命令可使图像的色调更加自然，且调整后的效果也更加美观。

10.6.2 操作习题

1. 选择题

（1）在打开的RGB格式文件上，执行“图像｜模式｜位图”命令，在弹出的对话框中单击“确定”按钮，图像将转换为（　　）。

A. 位图模式　　　　B.灰度模式　　　　C.索引模式

（2）应用“自动色调”命令，可快速设置图像的色阶属性，其快捷键是（　　）。

A.Shift+B　　　　B.Alt+L　　　　C.Shift+Ctrl+L

（3）（　　）命令用于将图像中指定区域的颜色替换为更改的颜色。

A. 替换颜色　　　　B. 可选颜色　　　　C.色彩平衡

（4）执行（　　）命令可以用渐变重新调整图像。

A. 渐变映射　　　　B. 照片滤镜　　　　C.色相/饱和度

2. 填空题

（1）Photoshop CS6中常见的颜色模式有位图模式、__________、双色调模式、__________、RGB颜色模式、__________、Lab颜色模式和多通道模式。

（2）执行“图像 | 调整 | __________”命令，可弹出“阈值”对话框，拖动滑块调整阈值色阶。

（3）__________命令较为特殊，在一般的图像调整处理中使用频率不是很高，使用它能将图像中丰富的渐变色简化，从而让图像呈现出木刻版画或卡通画的效果。

（4）__________命令调整图像的颜色，可通过分别调整该命令中的“自然饱和度”选项和“饱和度”选项，对图像进行精细的调整，让图像色调更加美观。

3. 操作题

为照片添加浪漫色调。

步骤1

步骤2

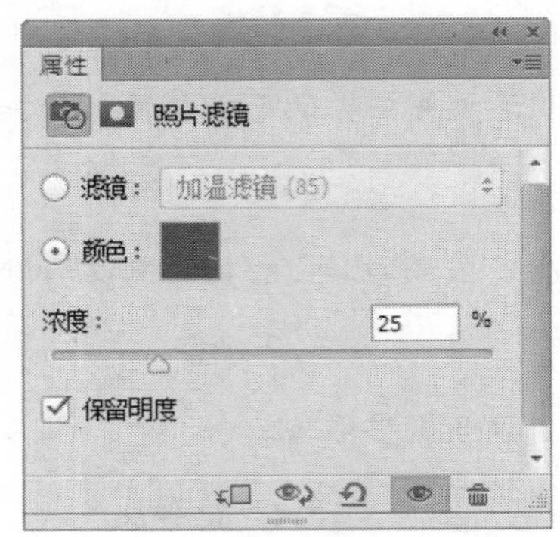

步骤3

步骤4

（1）打开一张图片，复制“背景”图层，得到“背景副本”图层。

（2）选择“背景副本”图层，执行“图像 | 模糊 | 高斯模糊”命令，并设置参数，设置其混合模式为“滤色”，增加梦幻效果。添加“色彩平衡”调整图层，设置各项参数值，调整图像的色调。

（3）按快捷键Shift+Ctrl+Alt+E盖印图层，并设置其混合模式为“叠加”、“不透明度”为44%，添加“照片滤镜”，调整图层并设置各项参数值，调整图像的整体色调。

（4）新建图层，使用柔角画笔工具在图像中绘制白色圆点，添加“外发光”图层样式，做出照片浪漫色调。

第11章

对颜色的高级调整

本章重点：

本章主要讲解对图像色彩进行高级调整的相关知识和操作。认识色域和溢色、图像校样，利用通道调色和Lab模式调色技术，这里将对Photoshop CS6提供的一系列样式调整命令按功能进行详细地讲解，让用户能完全地掌握它们的用法。

学习目的：

本章的目的是掌握色域和溢色、图像校样和通道调色等命令。了解色彩与通道之间的关系，对图像色彩进行高级调整。

参考时间：19分钟

主要知识	学习时间
11.1　认识色域和溢色	3分钟
11.2　图像校样	2分钟
11.3　利用通道调色	5分钟
11.4　Lab模式调色技术	9分钟

11.1 认识色域和溢色

要对图像的颜色进行高级调整，还应对图像颜色的视图进行了解。Photoshop CS6提供了一系列描述图像颜色的视图模式，通过它们可以将颜色以特定的视图方式表示出来，而这些颜色又可以用相应的颜色视图模式储存。颜色视图模式是计算机对图像颜色的一种记录方式。

11.1.1 色域

每个颜色模型都体现了独有范围的颜色，称为色域。在前面描述的颜色模式中，Lab颜色模式与其他颜色模式相比拥有最大的色域，它包括RGB颜色模型空间的所有颜色。其次是RGB颜色模式，它含有的颜色比CMYK颜色模式多；而CMYK颜色模式具有最小的色域。

色域是对一种颜色进行编码的方法，也指一个技术系统能够产生的颜色的总和。 在计算机图形处理中，色域是颜色的某个完全子集。颜色子集最常见的应用是用来精确地代表一种给定的情况。例如一个给定的色空间或是某个输出装置的呈色范围。

色域在将颜色从一个色空间转换到另一色空间时会产生问题，特别是在从Lab颜色模式或RGB颜色模式转到CMYK颜色模式时，用户或软件必须用CMYK值的组合重新描述一个范围的颜色，或者使用最近的边界色。但这会引起两个问题。首先，许多暗调和色调上的细小变化会丢失。极端的颜色，如明亮蓝和新鲜绿，会大大变平、加暗。两个稍稍不同的RGB颜色甚至会改成相同的CMYK值。其次，只有一次机会在色空间之间转换。转换成CMYK时就不可挽回地裁剪掉所有落在色域外的颜色，当转换回以前的模型时就不能再得到它了。

11.1.2 色域警告

色域警告是使用Photoshop中的 “校样颜色”、“自动颜色”、“自动色阶”、“自动对比度”等命令进行调整之后，颜色看起来都很“正常”了，但一用“校样颜色”，画面看起来就多了好多难看的杂斑，如下图所示。

原图

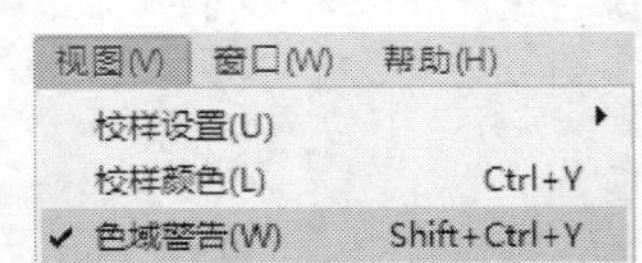

执行“视图 | 色域警告”命令后

执行“视图 | 色域警告”命令，会将超出CMYK色域的颜色以警告的灰色显示出来，表明此处的颜色转换为CMYK颜色后会改变。

原图

执行“视图 | 色域警告”命令后

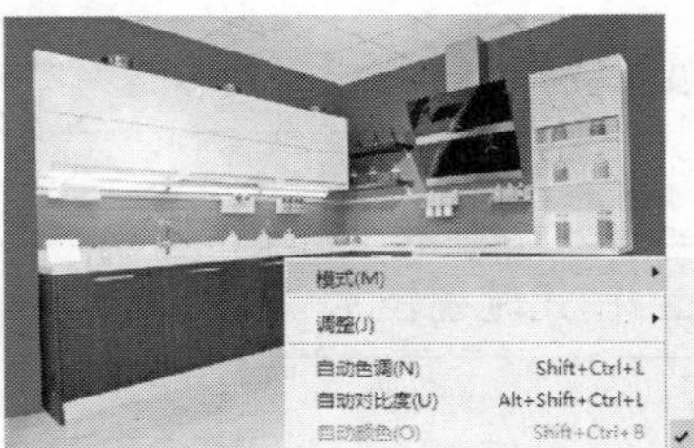

执行“图像 | 模式 | CMYK颜色”命令后

提示：

如何解决色域警告问题?

Photoshop CS6默认的色彩模式是“RGB颜色”模式，打印一般都是4色或者6色的CMYK模式，两者有色差。若要打印图像，编辑好的图像要将“RGB颜色”模式改为“CMYK颜色”模式，如果对修改模式后的颜色满意了，则打印出来就可以了。显示器是有色差的，一般液晶显示器的色彩偏亮、偏靓丽，CRT显示器的色彩比较接近正常打印的效果，专业的杂志出版社都使用CRT显示器进行查看，如果色彩还是有偏差，则需要给显示器进行调色。

原图

执行“视图 | 色域警告”命令后

执行“图像 | 模式 | CMYK颜色”校正后

提示：

在执行“视图 | 色域警告”命令后，为校正颜色，执行“图像 | 模式 | CMYK颜色”命令，校正时会弹出一个对话框，提示你是否要将图像转换为图像配置文件的CMYK颜色，单击对话框中的“确定”按钮即可。

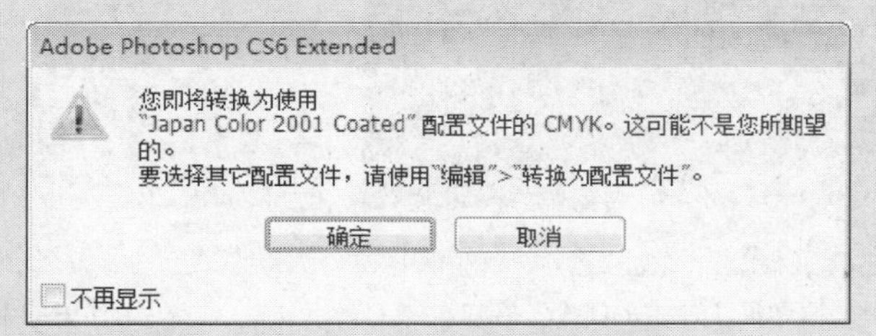

11.1.3　溢色

在Photoshop CS6中，色域是颜色系统可以显示或打印的颜色范围，对CMYK设置而言，当显示的颜色超出了CMYK模式的色域范围，就会出现“溢色”，因此无法打印。当将RGB图像转换为CMYK图像时，Photoshop 会自动将所有颜色置于色域中。如果想在转换为CMYK模式之前，识别图像中的溢色或手动进行校正，方法如下。

1. 在RGB颜色模式下，可以采用以下方式来判断是否出现了溢色。

2. 在“信息”调板中，每当将指针移到溢色上，CMYK 值的旁边都会出现一个惊叹号。

3. 当选择了一种溢色时，拾色器和“颜色”调板中都会出现一个警告三角形 ⚠，并显示最接近的CMYK 等价色。要选择 CMYK 等价色，单击该三角形或色块即可。

使用“色域警告”命令，要打开或关闭溢色的高亮度显示，执行“视图 | 校样设置”命令，然后选取希望色域警告以之为基础的校样配置文件，执行“视图 | 色域警告”命令。此命令高亮显示位于当前校样配置文件空间色域之外的所有像素。

原图

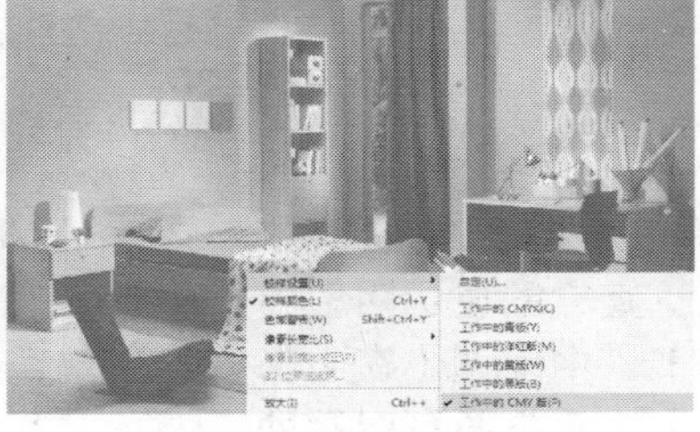

执行“视图 | 校样设置”命令

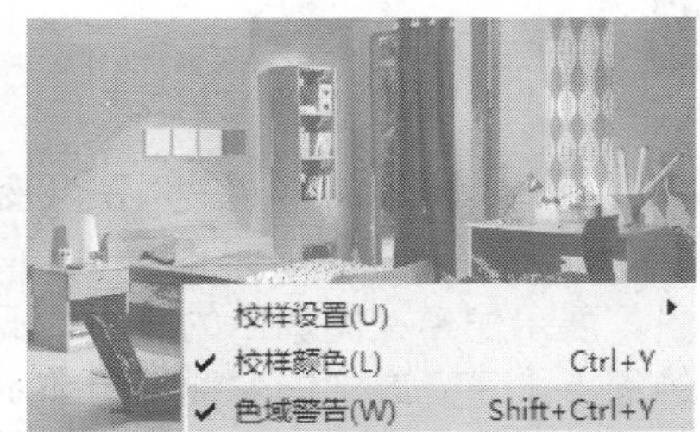

执行“视图 | 色域警告”命令

11.2　图像校样

Photoshop提供了强有力的打印色彩控制，通过图像校样来进行打印前期的色彩校正，以便根据选定设备的色域限制，进一步地优化图像。图像校样包含校样设置、校样样色和统计数据，主要为最终的打印颜色做铺垫，由于是打印经过色彩管理的图像，所以图像校样在打印前期是极为关键的。

11.2.1 校样设置

Photoshop的校样设置可以模拟出图像在不同打印设备、不同显示设备（只要你有这些设备的特性ICC文件）上呈现出来的颜色。选择你需要模拟的配置文件，勾上纸稿，即可完全模拟出图像在另一种介质上的颜色状况（如电脑系统的图片查看器、冲印机和各种打印机等）。

11.2.2 校样颜色

在Photoshop中，校样颜色是在不更改图像模式的情况下对不同通道的处理。灰度就是灰色，而RGB颜色是由红绿蓝3种色组成的，RGB是光色的三元素，Web是网页显示颜色，Web色的标示方法是用十六进制数表示，HSB是由色相、饱和度和明度组成的，是人眼睛能看见的颜色，CMYK是印刷使用的颜色，Lab是大自然的颜色。颜色校样主要是对图像的色彩进行校正。如果选择的是RGB颜色，就等于适用于显示器看到的颜色，如果你选择使用CMYK颜色，则可适用于印刷。

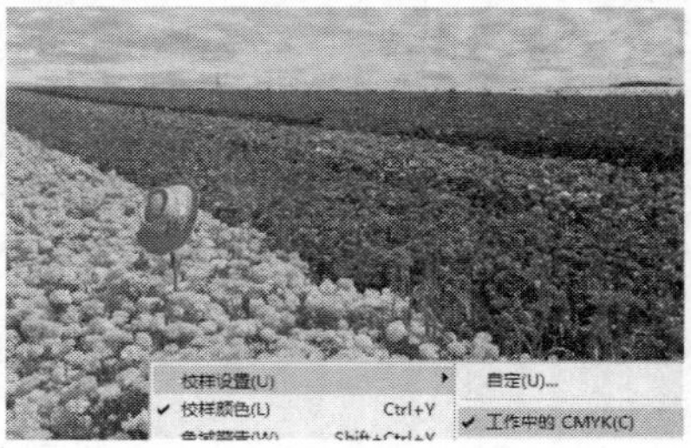

原图即工作中的CMYK格式 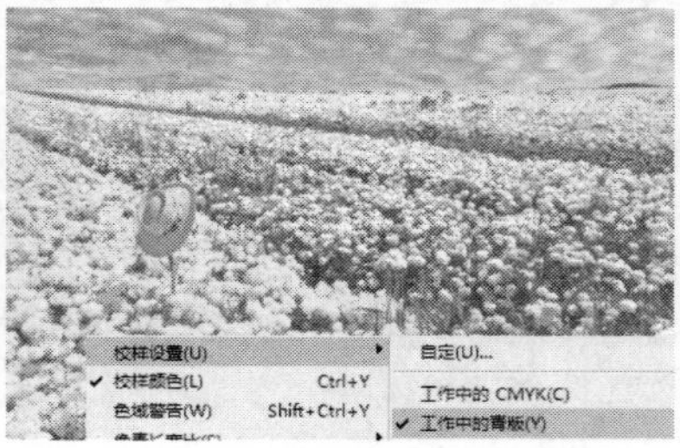　　工作中的青版 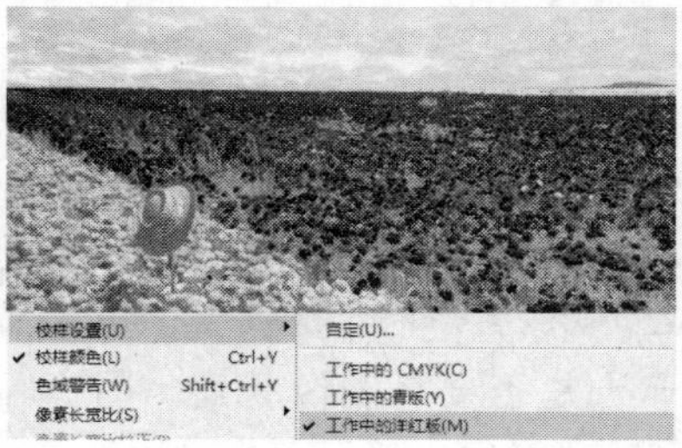　　工作中的洋红版

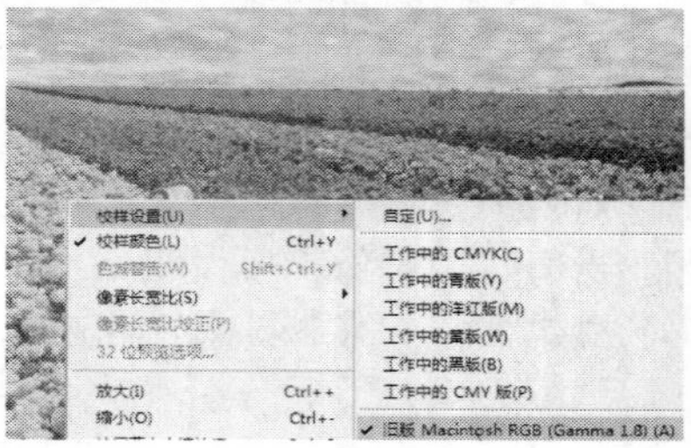

工作中的黄版 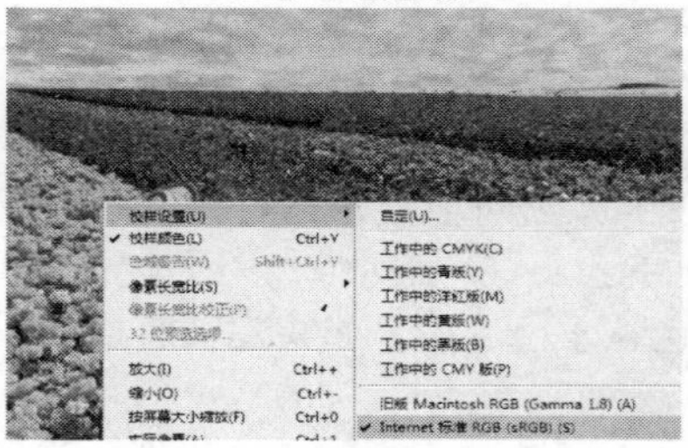　　工作中的黑版 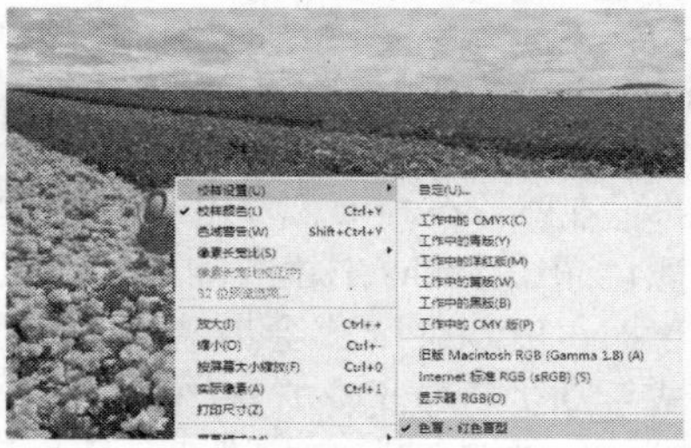　　工作中的CMYK版

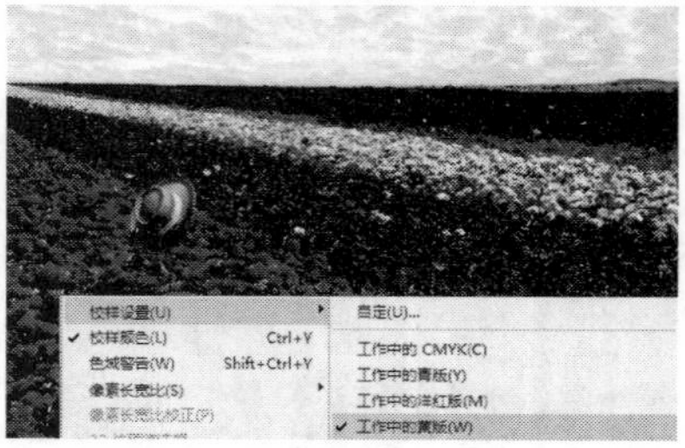

旧版RGB 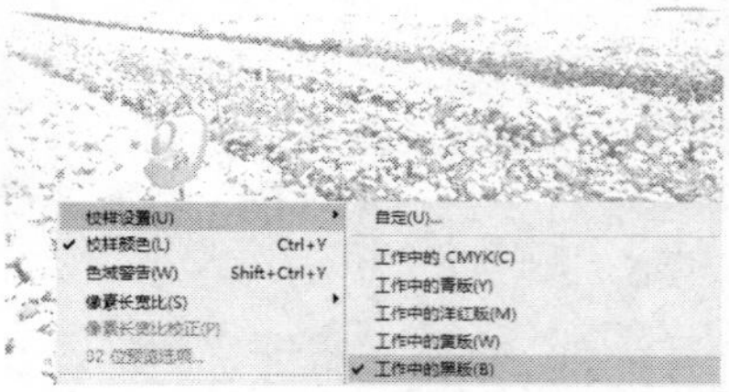　　Internet标准RGB 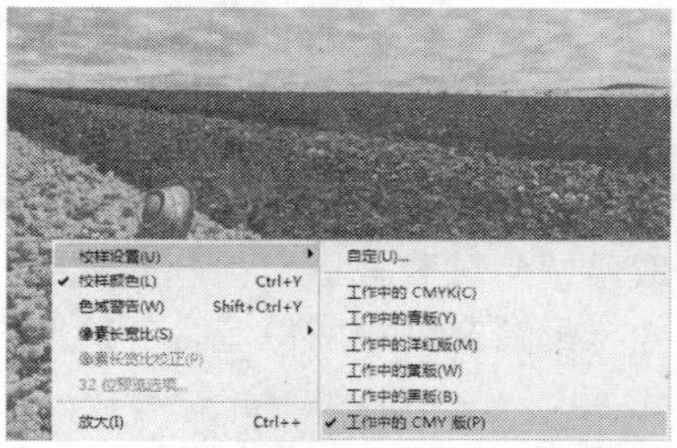　　色盲–红色色盲

专家看板：认识"直方图"面板

直方图用图形表示图像的每个亮度级别的像素数量，展示像素在图像中的分布情况。直方图显示阴影中的细节（在直方图的左侧部分显示）、中间调（在中部显示）以及高光（在右侧部分显示）。直方图可以帮助用户确定某个图像是否有足够的细节来进行良好的校正。执行"窗口"|"直方图"命令或单击"直方图"选项卡，打开"直方图"面板。默认情况下，"直方图"面板将以"紧凑视图"形式打开，并且没有控件或统计数据，但可以调整视图。

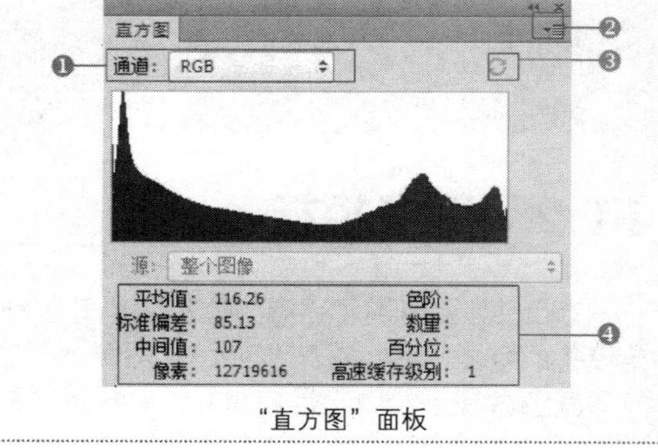

"直方图"面板

❶ **"通道"菜单**：从"直方图"面板菜单中选择一种调整视图模式。

❷**面板下拉菜单**：当显示直方图后，为了更好地观察图片信息，需要勾选其中的选项。

❸ **"不使用高速缓存的刷新"按钮**：使用实际的图像图层重绘直方图。

❹**统计数据**：默认情况下，"直方图"面板将在"扩展视图"和"全部通道视图"中显示统计数据。

直方图面板的视图

扩展视图：

显示有统计数据的直方图。同时显示：用于选取由直方图表示的通道的控件、"直方图"面板中的选项、刷新直方图以显示未高速缓存的数据，以及在多图层文档中选取的特定图层。

紧凑视图：

显示不带控件或统计数据的直方图。该直方图代表整个图像。

全部通道视图：

除了"扩展视图"的所有选项外，还显示各个通道的单个直方图。单个直方图不包括 Alpha 通道、专色通道或蒙版。

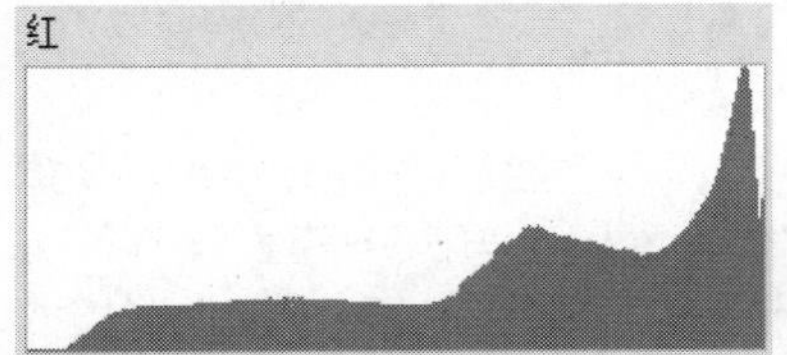

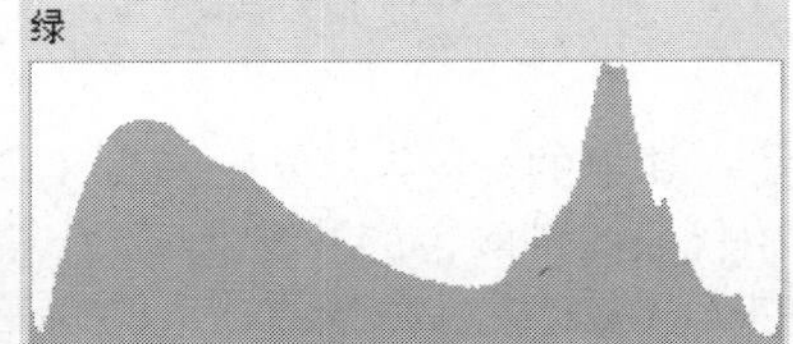

用彩色显示所有通道并隐藏统计数据的"直方图"面板

知识链接：根据"直方图"面板中的效果调整图像色阶

通过观察"直方图"面板中不同通道的色阶效果，可以了解当前图像中需要调整何种颜色。执行菜单栏中的"窗口 | 直方图"命令，打开"直方图"面板，观察"色阶"窗口，发现图像左边的区域多于其他部分，说明该图像偏暗。执行 "图像 | 调整 | 色阶"命令，弹出"色阶"对话框，通过拖曳滑块将图片色阶降低。

颜色较暗的图像

调整色阶

调整后效果

11.3 利用通道调色

利用通道调色时一般都选择颜色通道。颜色通道是RGB、CMYK和Lab 等颜色模式下储存的各颜色灰度图像。在这三种颜色模式下的图像"通道"面板中，除了一个相应颜色模式下的复合通道外，其他都是颜色通道。可通过这些颜色通道查看图像的颜色信息。

11.3.1　颜色通道与色彩的关系

在Photoshop中，了解颜色通道与色彩的关系概念是很重要的，因为色彩模式决定显示和打印电子图像的色彩。常见的色彩模式包括位图模式、灰度模式、双色调模式、HSB（表示色相、饱和度、亮度）模式、RGB（表示红、绿、蓝）模式、CMYK（表示青、洋红、黄、黑）模式、Lab模式、索引色模式、多通道模式以及8位/16位模式，每种模式的图像描述和重现色彩的原理及所能显示的颜色数量是不同的；每个 Photoshop图像具有一个或多个通道，每个通道都存放着图像中颜色元素的信息。图像中默认的颜色通道数取决于其色彩模式。颜色通道与色彩是相互作用相辅相承的。

RGB模式

RGB模式是基于自然界中3种基色光的混合原理，将红（R）、绿（G）和蓝（B）3种基色按照从0（黑）到255（白色）的亮度值在每个色阶中分配，从而指定其色彩。当不同亮度的基色混合后，便会产生出不同的颜色，颜色约为1670万种。RGB模式产生颜色的方法又被称为色光加色法。

RGB颜色模式下的原图像

图像的复合通道和颜色通道

删除“红”通道后

CMYK模式

CMYK颜色模式是一种印刷模式。其中的4个字母分别指青（Cyan）、洋红（Magenta）、黄（Yellow）和黑（Black）。在印刷中代表四种颜色的油墨。CMYK模式在本质上与RGB模式没有什么区别，只是产生色彩的原理不同，在RGB模式中，由光源发出的色光混合生成颜色，而在 CMYK模式中由光线照到有不同比例的C、M、Y、K色油墨的纸上，部分光谱被吸收后，反射到人眼中的光产生的颜色。由于C、M、Y、K在混合成色时，随着C、 M、Y、K四种成分的增多，反射到人眼中的光会越来越少，光线的亮度会越来越低，所有CMYK模式产生颜色的方法又被称为色光减色法。

CMYK颜色模式下的原图像

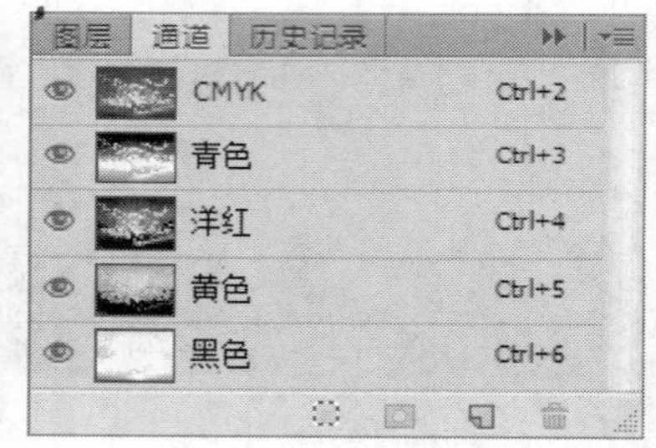

图像的复合通道和颜色通道

删除“黄色”通道后

Lab模式

Lab模式的原型是由CIE协会在1931年制定的一个衡量颜色的标准，在1976年被重新定义并命名为CIELab。此模式解决了由于不同的显示器和打印设备所造成的颜色差异，也就是它不依赖于设备， Lab颜色是以一个亮度分量L及两个颜色分量a和b来表示颜色的。其中，L的取值范围是0~100，a分量代表由绿色到红色的光谱变化，而b分量代表由蓝色到黄色的光谱变化，a和b的取值范围均为-120~120， Lab模式所包含的颜色范围最广，能够包含所有的RGB模式和CMYK模式中的颜色。CMYK模式所包含的颜色最少，有些在屏幕上看到的颜色在印刷品上却无法实现。

Lab颜色模式下的原图像

图像的复合通道和颜色通道

删除“明度”通道后

11.3.2　通道颜色之间的替换

为了在不同场合正确地输出图像，有时需要把图像从一种模式转换为另一种模式。Photoshop通过执行“Image/Mode（图像/模式）”子菜单中的命令来转换需要的颜色模式。这种颜色模式的转换有时会永久性地改变图像中的颜色值。例如，将RGB模式图像转换为CMYK模式图像时，CMYK色域之外的RGB颜色值被调整到CMYK色域之中，从而缩小了颜色范围。

1. 将彩色图像转换为灰度模式

将彩色图像转换为灰度模式时，Photoshop会扔掉原图中所有的颜色信息，只保留像素的灰度级。灰度模式可作为位图模式和彩色模式间相互转换的中介模式。

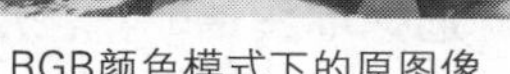

RGB颜色模式下的原图像

图像的复合通道和颜色通道

转换为灰度模式后

图像的复合通道和颜色通道

2. 将其他模式的图像转换为位图模式

将图像转换为位图模式会使图像的颜色减少到两种，这样就大大简化了图像中的颜色信息，并减小了文件大小。要将图像转换为位图模式，必须先将其转换为灰度模式。去掉像素的色相和饱和度信息，而只保留亮度值。但是，由于只有很少的编辑选项能用于位图模式图像，所以最好是在灰度模式中编辑图像，然后再转换它。

RGB颜色模式下的原图像

转换为灰度模式

转换为位图模式

3. 将其他模式转换为索引模式

在将色彩图像转换为索引颜色时，会删除图像中的很多颜色，而仅保留其中的256种颜色，即多媒体动画应用程序和网页所支持的标准颜色数。只有灰度模式和RGB模式的图像可以转换为索引颜色模式。由于灰度模式本身就是由256级灰度构成，因此转换为索引颜色后无论颜色还是图像大小都没有明显的差别。但是将RGB模式的图像转换为索引颜色模式后，图像的尺寸将明显减少，同时图像的视觉品质也将受损。

RGB颜色模式下的原图像

转换为索引模式

11.3.3 实战：调出夕阳余辉

光盘路径：第11章\Complete\调出夕阳余辉.psd

步骤1 打开“调出夕阳余辉.jpg”图像文件，复制“背景”图层得到“图层1”。

步骤2 选择“图层1”，执行“图像 | 调整 | 曲线”命令，在弹出的对话框中设置RGB通道的“阴影”、“高光”、“中间调”的参数。

步骤3 执行曲线命令，选择“红”通道的“高光”和“中间调”参数，调整图像，使画面有晚霞的效果。

步骤4 继续执行曲线命令，选择“红”通道的“高光”和“中间调”参数，调整图像，使画面有晚霞泛黄的效果。

步骤5 单击“图层1”的“指示图层可见性”按钮，隐藏“图层1”，选择“背景”图层，执行“图像 | 调整 | 色阶”命令，在弹出的对话框中设置各项参数。

步骤6 选择“图层1”，执行“图像 | 渲染 | 镜头光晕”命令，在弹出的对话框中设置各项参数，调出夕阳余辉效果。

11.4 Lab模式调色技术

Lab模式不依赖光线和原料，从原理上说，就是人眼睛能看见所有色彩的模式，Lab分三个通道L、a、b，L通道代表明度，ab通道分别代表颜色，也就是说L通道是没有色彩的。平时用Photoshop多数是用RGB模式的，其实Lab模式也很好用，下面说说用Lab模式调色的方法。

11.4.1 Lab模式的通道

Lab模式是一种能最大限度模拟自然光的模式，也是Photoshop中内部转换模式的一种过渡模式，因其包含的色域最广，因此起到一种桥梁的作用。L是亮度值，a是绿色到红色色相，b是蓝色到黄色色相，是一种基于人眼视觉变化的模拟。

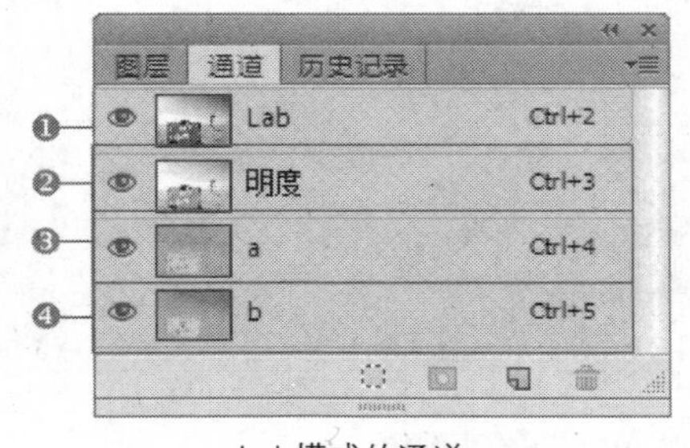

Lab模式的通道

❶ **“Lab通道”图层**：图像的整体颜色图层。
❷ **“明度通道”图层**：明度通道就是亮度通道，对它进行调整时颜色是不发生变化的。
❸ **“a 通道”图层**：A通道的色彩变化是这样的，绿→灰→红。
❹ **“b 通道”图层**：B通道的色彩变化是这样的，黄→灰→蓝。

11.4.2　Lab色彩调整

Lab模式有三个通道：一个是明度通道，另外两个是a和b通道。其中，“明度通道”就是亮度通道，对它进行调整颜色是不发生变化的。a和b是颜色通道，对其进行调整是有色彩变化的。其中，a通道的色彩变化是绿→灰→红，b通道的变化是黄→灰→蓝。打开图片、复制、自动色调后，执行“图像 | Lab模式”命令，选择通道a，按快捷键Ctrl+A全选选区，按快捷键Ctrl+C+V复制粘贴到b通道，再返回Lab通道，调整图像的颜色。

11.4.3　实战：调整照片复古色调

光盘路径：第11章\Complete\调整照片复古色调.psd

步骤1　打开“调整照片复古色调.jpg”图像文件，复制“背景”图层，得到“背景副本”。

步骤2　执行“图像 | 调整 | 照片滤镜”命令，在弹出的对话框中设置各项参数，使图像泛黄，充满复古味道。

步骤3　执行“图像 | 调整 | 去色”命令，再执行“图像 | 调整 | 亮度/对比度”命令，在弹出的对话框中设置各项参数，并设置其混合模式为“明度”，增加画面的层次。

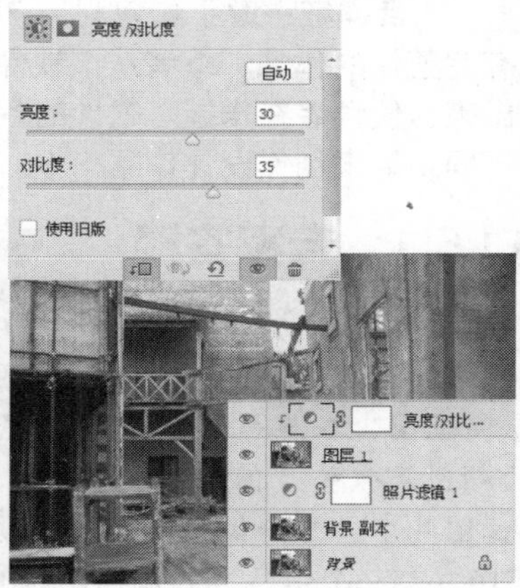

11.4.4 实战：调整照片明快色调

光盘路径：第11章\Complete\调整照片明快色调.psd

步骤1 打开“调整照片明快色调.jpg”图像文件，复制“背景”图层，得到“背景副本”。

步骤2 创建“可选颜色”，调整图层，在“属性”面板中设置各项参数值，以调整画面色调。

步骤3 创建“色彩饱和度”调整图层，在“属性”面板中适当调整各项参数值，以调整画面的饱和度。

步骤4 依次创建“色彩平衡”、“色阶”调整图层，在“属性”面板中设置各项参数值，以调整画面饱和度和画面层次。

步骤5 按快捷键Shift+Ctrl+Alt+E盖印可见图层，生成“图层1”，执行“图像 | 锐化 | USM锐化”命令，在弹出的对话框中设置各项参数。使图像显得明快。

步骤6 选择“渐变工具”，在“属性”面板中设置各项参数值，并新建“图层2”，设置前景色为白色，然后在图像边缘拖动鼠标，并设置其混合模式为“滤色”，调整照片明快色调。

11.5 操作答疑

本章详细讲解了如何利用Photoshop的各种功能实现图形和图像的高级调整，从而进一步创作出具有完整性的作品。编者从该软件的各种功能入手，全面、系统地将Photoshop强大的通道调色功能展示出来，使读者在掌握了软件的各种操作方法和技巧之后，能够在将来的实际工作中，灵活运用软件中的不同功能来创作设计作品。

11.5.1 专家答疑

（1）Photoshop色阶溢出与溢色的区别?

答：溢色是颜色信息超过了显示器的颜色显示范围，比如，Lab颜色远远超过了显示器的RGB颜色的空间范围，在屏幕上看，Lab颜色模式和RGB颜色模式差不多，因为Lab空间太广，RGB会选取比较接近的颜色来代替，但对于喷墨打印等高质量打印机，就完全不一样了。以灰度图像来举例看色阶溢出，在8位图片中，每个像素的信息是2^8=256个信息，就是可以用256个颜色来表示，16位图片中的每个像素有2^16=65536个信息，如果把16位图（大部分是从高级相机得来的）转化为8位图，很多信息就丢失了。

（2）在Photoshop里视图菜单下的“校样颜色”和“色域警告”的作用是什么?

答：选择“校样颜色”，图像就能以转换成CMYK颜色模式后的颜色状态显示，并在图像窗口栏显示（RGB/CMYK）模式。选择“色域警告”，会将超出CMYK色域的颜色以警告的灰色显示出来，表明此处颜色转换为CMYK颜色后会改变。

原图

选择“校样颜色”后

选择“色域警告”后

（3）颜色模式的转换有多少种?

答：将彩色图像转换为灰度模式，将其他模式的图像转换为位图模式，将其他模式的图像转换为索引模式，将RGB模式的图像转换成CMYK模式、利用Lab模式进行模式转换，将其他模式转换成多通道模式 6种模式。

（4）颜色通道与色彩的关系是什么?

答：常见的色彩模式包括位图模式、灰度模式、双色调模式、HSB（表示色相、饱和度、亮度）模式、RGB（表示红、绿、蓝）模式、CMYK（表示青、洋红、黄、黑）模式、Lab模式等。每种模式的图像描述和重现色彩的原理及所能显示的颜色数量是不同的；每个 Photoshop图像具有一个或多个通道，每个通道都存放着图像中的颜色元素的信息。图像中默认的颜色通道数取决于其色彩模式，颜色通道与色彩是相互作用相辅相承的。

11.5.2 操作习题

1. 选择题

（1）将图像转换为位图模式会使图像颜色减少到两种，这样就大大简化了图像中的颜色信息，并减小了文件大小。要将图像转换为位图模式，必须首先将其转换为（　　）。

A.灰度模式　　B. CMYK模式　　C. 双色调模式

（2）在用Photoshop中，平时多数都是用（　　）模式的。

A. RGB　　B.CMYK　　C.Lab

（3）颜色模式的转换有多少种?（　　）

A. 3种　　B. 6种　　C. 7种

2. 填空题

（1）执行__________命令，会将超出CMYK色域的颜色以警告的灰色显示出来，表明此处的颜色转换为CMYK颜色后会改变。

（2）常见的色彩模式包括__________、灰度模式、__________、HSB（表示色相、饱和度、亮度）模式、RGB（表示红、绿、蓝）模式、CMYK（表示青、洋红、黄、黑）模式、Lab模式等。

（3）__________模式是一种能最大限度模拟自然光的模式，也是Photoshop中内部转换模式的一种过渡模式，因其包含的色域最广，因此可以起到一个桥梁的作用。L是亮度值，a是绿色到红色色相，b是蓝色到黄色色相，是一种基于人眼视觉变化的模式。

（4）HSB是由色相、__________、明度组成的，是人眼睛看见的颜色。

3. 操作题

为秀丽山川照片调色。

步骤1

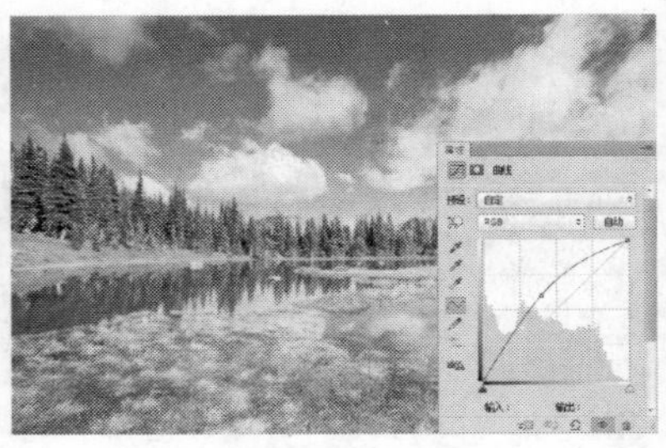

步骤2

步骤3

（1）打开一张秀丽山川照片图像文件，复制“背景”图层得到“图层1”。

（2）选择“图层1”，执行“图像 | 调整 | 曲线”命令，在弹出的对话框中设置各项参数，完成后单击“确定”按钮，使图像整体变亮。

（3）再执行“图像 | 调整 | 色阶”命令，在弹出的对话框中设置各项参数，完成后单击“确定”按钮，为秀丽山川照片调色。

第12章

Camera Raw处理器

本章重点：

本章主要介绍Camera Raw处理器对RAW格式的图像进行处理的方法，本章主要通过RAW照片的基本处理、应用Camera Raw修复照片、Camera Raw调整照片色调、Camera Raw的高级应用以及自动批处理5个方面对知识点进行分类介绍和实例操作，使读者更加深入地了解该软件。

学习目的：

通过对Camera Raw处理器进行认识与了解，掌握针对图像中的红眼、污点、裁剪、白平衡和色调调整等处理图像的方法，从而还原图像靓丽效果。

参考时间：26分钟

主要知识	学习时间
12.1　Camera Raw操作界面	8分钟
12.2　应用Camera Raw修复工具修饰照片	6分钟
12.3　Camera Raw调整照片色调	8分钟
12.4　Camera Raw的高级应用	4分钟

12.1 Camera Raw基本操作

通过对Camera Raw 7.0处理器的操作界面进行初步了解，并对Camera Raw处理器进行深入的认识，使读者更快速地掌握该处理器。

12.1.1 认识Camera Raw处理器

Camera Raw插件是Photoshop CS6中的一款图像处理的专业插件，主要利用处理RAW数据的软件处理图像，使得到的画质更完美。该软件主要针对特殊格式的数码照片进行处理，如RAW、DNG和NEF格式等。

12.1.2 在Photoshop中打开各种格式照片

在Camera Raw处理器中打开RAW格式的图像文件，将其拖曳到Photoshop中，可在Camera Raw处理器中打开指定文件，单击“打开图像”按钮，即可在Photoshop中打开图像。

在Camera Raw处理器中打开文件

在Photoshop中打开图像

12.1.3 在Bridge中打开Raw照片

在Bridge中选择指定文件，单击鼠标右键，在弹出的快捷菜单中选择“在Camera Raw中打开”命令，即可将该指定图像文件在Camera Raw处理器中打开。

应用“在Camera Raw中打开”命令

在Camera Raw处理器中打开文件

12.1.4 认识Camera Raw首选项

在Camera Raw 7.0处理器中，按快捷键Ctrl+K，弹出“Camera Raw首选项”对话框，在该对话框中设置各个选项和参数值，可提高工作效率。

❶ **“常规”选项组**：设置图像存储的格式为数据或文件类型，并设置锐化应用的方式。

❷ **“默认图像设置”选项组**：勾选各个复选框可应用其设置效果。

❸ **“Camera Raw高速缓存”选项组**：在此可设置高速缓存的大小，从而加速Camera Raw处理器对图像的处理速度。

❹ **“DNG文件处理”选项组**：用于设置DNG文件的处理方式。

❺ **“JPEG和TIFF处理”选项组**：在该选项组中设置选项，可打开JPEG、TIFF、RAW、DNG等格式的图像文件。

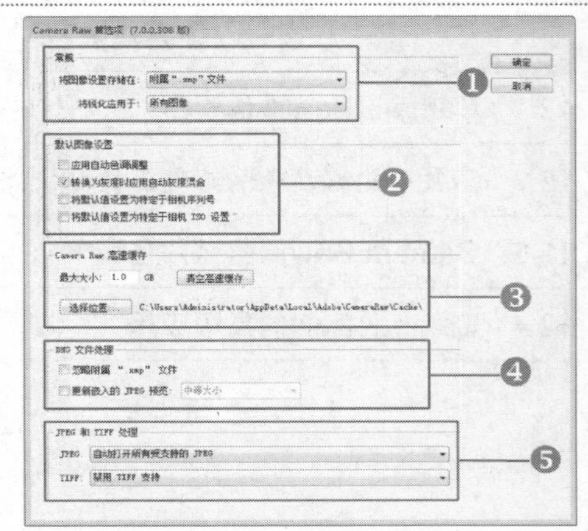

“Camera Raw首选项”对话框

12.1.5 认识"存储图像"对话框

在Camera Raw处理器中对图像文件进行编辑处理后，单击"存储图像"按钮。在弹出的对话框中可设置存储位置、名称和格式等，保存该图像更改后的图像效果。

❶ **"目标"选项组：** 在该选项组中可设置调整后的图像文件位置。单击"在新位置存储"按钮，在弹出的下拉列表中可设置存储目标文件的位置；单击"选择文件夹"按钮，在弹出的对话框中设置存储的目标文件夹的位置。

❷ **"文件命名"选项组：** 在该选项组中可为调整后的图像文件更改存储名称和文件扩展名。

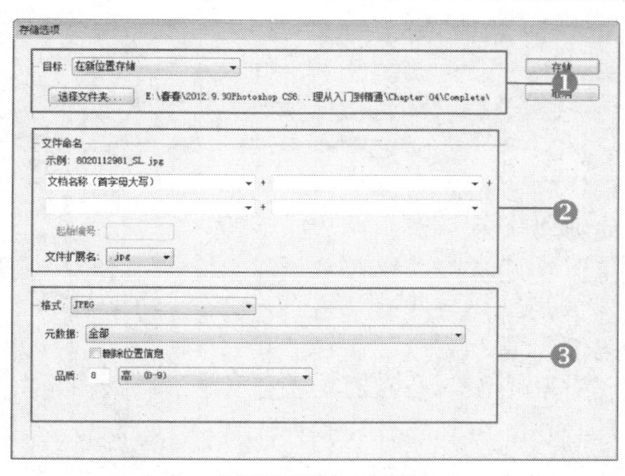

"存储图像"对话框

❸ **"格式"选项组：** 在该选项组中可设置调整后的图像文件的不同格式。其中包括数字负片、JPEG、TIFF、Photoshop四种格式选项，选择不同的选项，将显示出不同的格式选项。同时该选项与"文件扩展名"选项是相联系的。

12.1.6 在Camera Raw中调整视图

光盘路径： 无

步骤1 打开"在Camera Raw中调整视图.Jpg"图像文件。单击缩放工具，在预览窗口中的鞋子区域拖动鼠标，绘制一个矩形选框。

步骤2 释放鼠标后，将放大框选在鞋带区域。然后单击"缩放级别"按钮，在弹出的菜单中选择100%，将放大视图至实际大小。

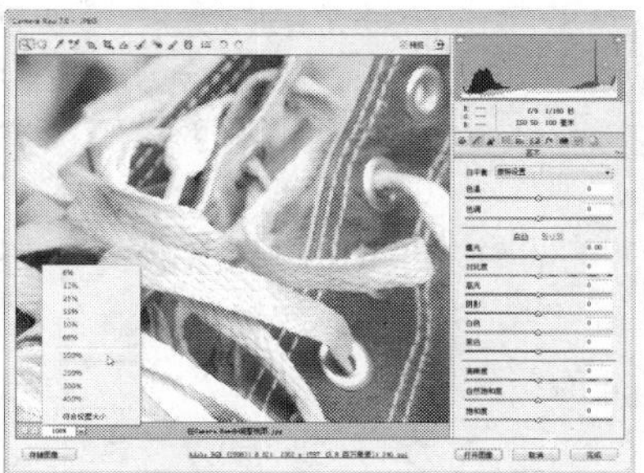

步骤3 单击逆时针旋转图像90° 工具，将图像以逆时针方向旋转。若再次单击顺时针旋转图像90° 工具可还原视图方向。

步骤4 在工具按钮栏中单击裁剪工具，在预览框中拖动鼠标绘制一个裁剪控制框，确定后按Enter键确认裁剪位置。

步骤5 单击"切换全屏模式"按钮，可以全屏模式显示图像效果。

专家看板：认识Camera Raw界面

Adobe Camera Raw处理器常用于校正图像上的瑕疵、人物红眼、修复图像色调、局部污点、调整局部图像或色调。

在Photoshop CS6中打开一张指定格式的图像文件，将自动弹出该对话框，在该对话框中可快速地将数码照片调整为理想效果，完成后单击“打开图像”或“完成”按钮。单击“打开图像”按钮时，图像将在Photoshop CS6中打开；单击“完成”按钮时，可保存该图像更改后的效果。

Adobe Camera Raw插件

❶**工具按钮**：在工具栏中单击各种调整工具，可快速修复图像的局部或调整整体颜色，以及调整画面构图等效果。

❷**预览窗口**：该区域用于预览源图像或通过调整后的图像效果。可通过缩放工具调整画面视图，也可在左下角输入数值，以调整图像显示比例。

❸**直方图**：用于查看图像的颜色信息。面板右上角的黄色小三角代表“阴影修改警告”，表示该图像的色温、阴影等差异。

❹**调整面板**：在调整面板选项卡中单击任意选项按钮，可切换到相应的调整面板中。包括“基本”、“色调曲线”、“细节”、“HSL/灰度”、“分离色调”和“镜头校正”等调整面板。

❺**存储图像**：单击该按钮，可在弹出的对话框中设置文件的存储格式和存储位置，将照片另存为其他照片文件。

❻ **“打开图像”按钮**：单击该按钮，可在Photoshop预览窗口中打开图像。

❼ **“完成”按钮**：单击该按钮，可直接存储调整效果至源照片，并退出Camera Raw。

知识链接：认识工具按钮

在Camera Raw处理器中，认识按钮组中的各个按钮，可快速地对图像文件进行编辑，从而提高工作效率，下面对其进行介绍。

缩放工具：在预览窗口中单击图像，可放大图像；按住Alt键单击图像将缩小预览图像效果；双击缩放工具可将图像放大至100%，也可通过框选来放大图像。

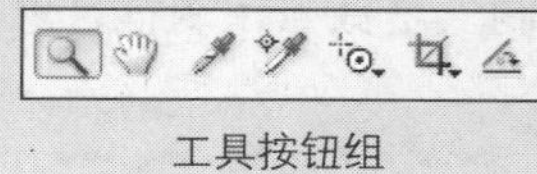

工具按钮组

抓手工具：该工具用于拖动并查看图像的细节。

白平衡工具：使用该工具可快速校正白平衡。

颜色取样器工具：在预览窗口中单击图像，可对该图像进行颜色取样。

目标调整工具：按住该工具可在弹出的菜单样中选择指定的命令选项，切换至对应的面板中。

裁剪工具：在图像中拖动可创建裁剪框，完成后按Enter键即可。若要取消裁剪效果，按Esc键即可。

拉直工具：用于校正倾斜的照片，在画面中创建垂直或水平参考线即可。

12.2 应用Camera Raw修复工具修饰照片

在Camera Raw中使用白平衡工具、污点去除工具、红眼去除工具和调整工具，可对图像进行相应的修复效果处理，从而还原图像的靓丽本色。

12.2.1 白平衡工具

Camera Raw中的白平衡工具可用于修复图像的平衡效果。单击该工具，在画面中的指定区域单击，将以单击区域颜色的补色校正画面色调。

12.2.2 实战：校正图像白平衡效果

光盘路径：第12章\Complete\校正图像白平衡效果.dng

步骤1 将“校正图像白平衡效果.jpg”文件拖到Photoshop中，即可在Camera Raw中打开指定文件。

步骤2 单击白平衡工具，并按Ctrl++键放大视图，在头发顶部较亮区域取样颜色，即可校正图像的白平衡效果。然后在“曝光”和“对比度”选项中设置参数值，使校正的色调效果更自然。

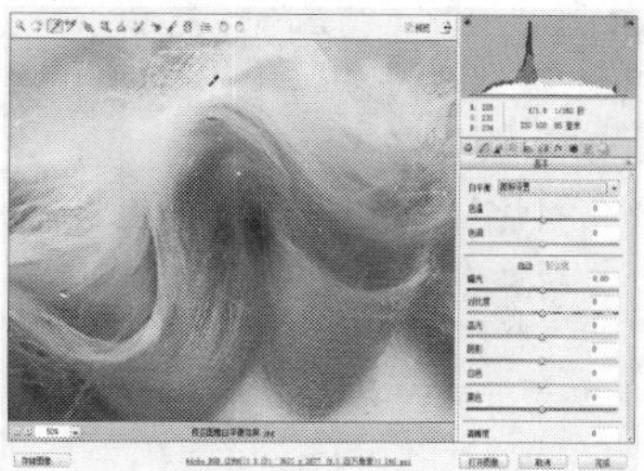

12.2.3 污点去除工具

污点去除工具是通过创建选区并移动选区至指定区域的方式进行修复的。使用该工具在画面中拖动鼠标创建选区后，将自动创建一个样本选区，将选区内的图像仿制并覆盖创建的源选区中的图像。在“污点去除”面板中还可以设置污点移除类型，其中包括修复和仿制两种修复方式；设置“半径”值可调整选区的大小，设置“不透明度”可调整仿制或修复区域的不透明度。

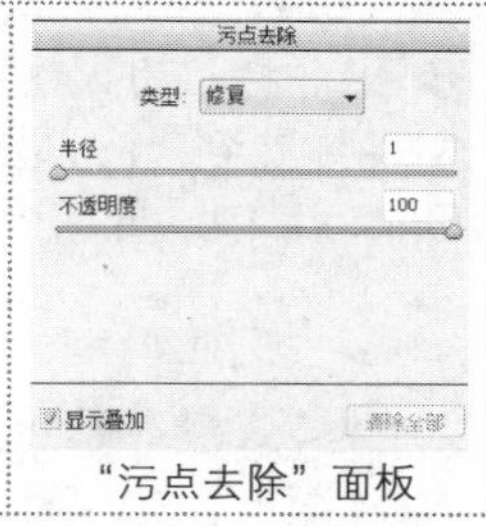

“污点去除”面板

12.2.4 实战：修复人物面部瑕疵

光盘路径：第12章\Complete\修复人物面部瑕疵.dng

步骤1 在Camera Raw中打开“修复人物面部瑕疵.jpg”文件，单击污点去除工具。

步骤2 放大人物图像，在“污点去除”面板中设置“修复”类型、半径值，并在瑕疵区域单击鼠标，即可修复该区域的瑕疵。继续使用相同方法在画面中单击鼠标，以修复人物面部的瑕疵。

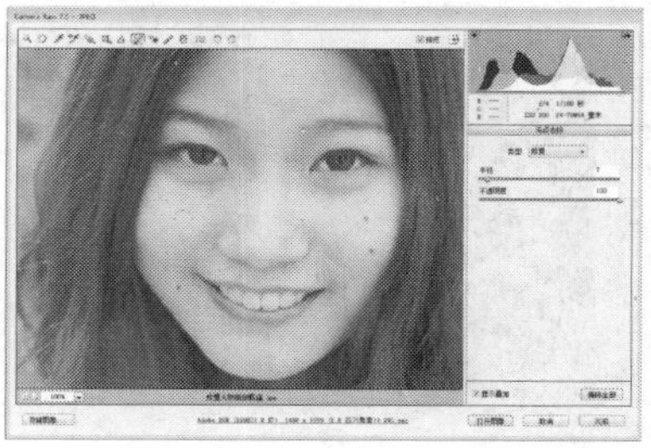

12.2.5 红眼去除工具

红眼去除工具用于移去照片中的人物红眼现象。在“红眼去除”面板中可设置瞳孔大小和变暗量。使用该工具在人物红眼区域拖动鼠标，可创建红眼选区，释放鼠标以覆盖红眼区域，从而去除人物的红眼现象。

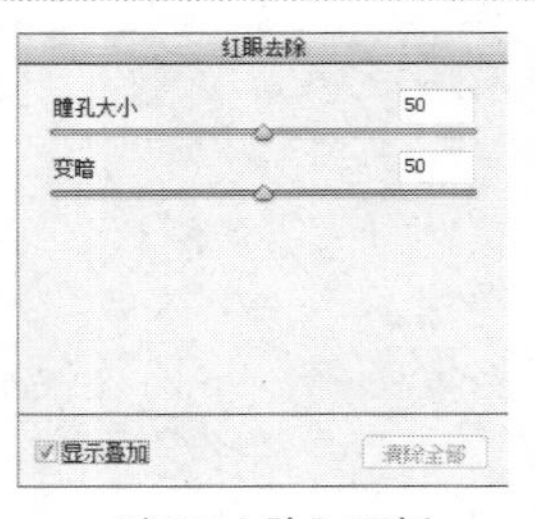

“红眼去除”面板

使用红眼去除工具创建选区

去除人物红眼效果

12.2.6 调整画笔工具

调整画笔工具与Photoshop中的画笔工具使用方法相同，该工具主要用于为人物图像上妆、增强图像局部色调和去除图像紫边色差等。

在Camera Raw 7.0对话框中，单击调整画笔工具，在显示的“调整画笔”面板中，可在“色温”、“色调”、“曝光”、“对比度”、“高光”、“阴影”、“清晰度”、“饱和度”、“锐化程度”、“减少杂色”、“大小”、“羽化”等选项中设置参数值，对图像进行编辑，以达到意想不到的效果。

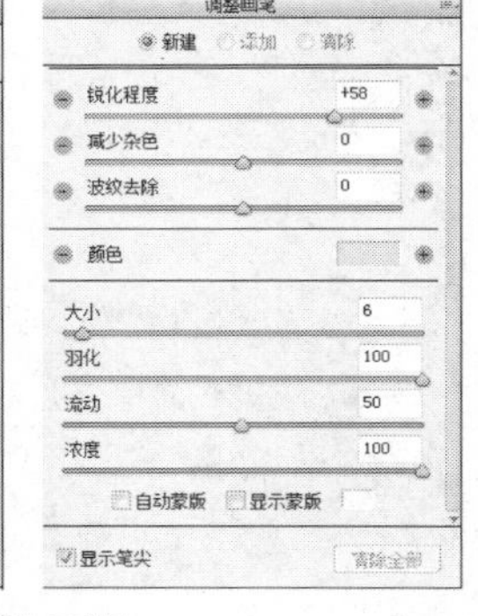

“调整画笔”面板

12.2.7 实战：为人物图像上妆

光盘路径：第12章\Complete\为人物图像上妆.dng

步骤1 将“为人物图像上妆.jpg”文件拖曳到Photoshop中，即可在Camera Raw界面中打开该图像。

步骤2 单击调整画笔工具，在“调整画笔”面板中设置画笔大小、颜色等，然后在人物的眼皮区域涂抹，以绘制眼影效果。

步骤3 在“调整画笔”面板中设置画笔大小和浓度，在嘴唇区域涂抹，绘制唇彩效果。

步骤4 使用相同的方法在“调整画笔”面板中设置画笔大小，并在人物两侧脸颊区域涂抹，绘制腮红效果，以突显人物的靓丽本色。

步骤5 在调整面板中单击“基本”按钮，切换至“基本”面板中，设置各个选项参数，以调整图像的亮度层次。

12.3 Camera Raw调整照片色调

在Camera Raw中调整照片的色调时，主要是通过Camera Raw中的调整面板来实现的。可直接将JPEG、TIFF、RAW、DNG等格式的图像文件拖曳到Photoshop CS6，打开该对话框。在该对话框中的各个面板中设置参数值，即可调整图像色调。

12.3.1 认识Camera Raw中的调整面板

在Camera Raw对话框中，主要通过“基本”、“色调曲线”、“细节”、“HSL/灰度”和“色调分离”面板来调整图像的色彩影调。打开Camera Raw 7.0处理器后，Camera Raw的界面默认自动显示为“基本”调整面板，在调整面板组中单击选项卡可切换至不同的调整面板。

“基本”调整面板： 用于调整照片的基本色调，包括“色温”、“色调”、“曝光”、“对比度”、“高光”等选项的参数设置。

“色调曲线”调整面板： 用于调整图像的色调曲线，可通过在曲线直方图中拖动鼠标，调整曲线位置，也可以直接在下方的选项中设置参数值以调整色调曲线。

“细节”调整面板： 用于调整图像中的细节像素。用锐化或减少图像中杂色的方式增强图像的影调质感，与Photoshop中的“锐化”滤镜效果相同。

“HSL/灰度”调整面板： 用于调整颜色范围的色调。在该调整面板中可通过选择“色相”、“饱和度”和“亮度”选项卡来调整画面中的各种颜色。

“分离色调”调整面板： 用于调整画面中指定色调区域的颜色色相和饱和度。可调整图像中的高光和阴影区域的色相和饱和度。

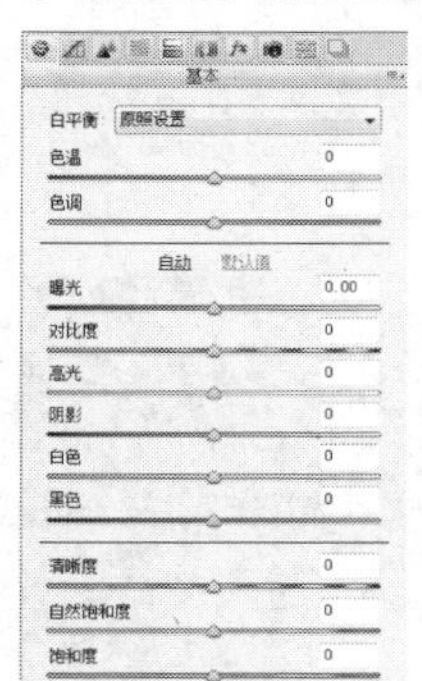

“基本”调整面板

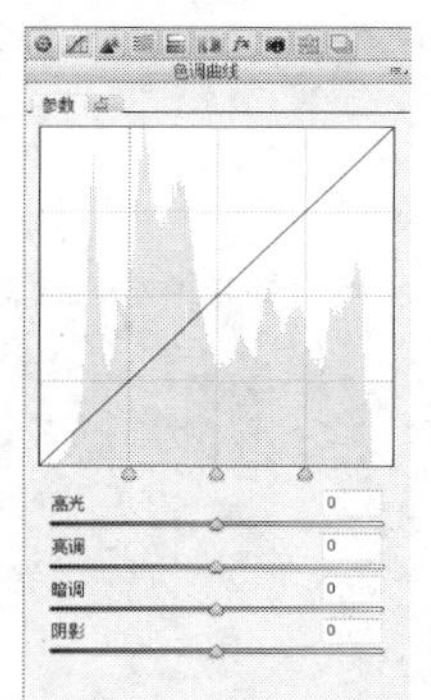

“色调曲线”调整面板

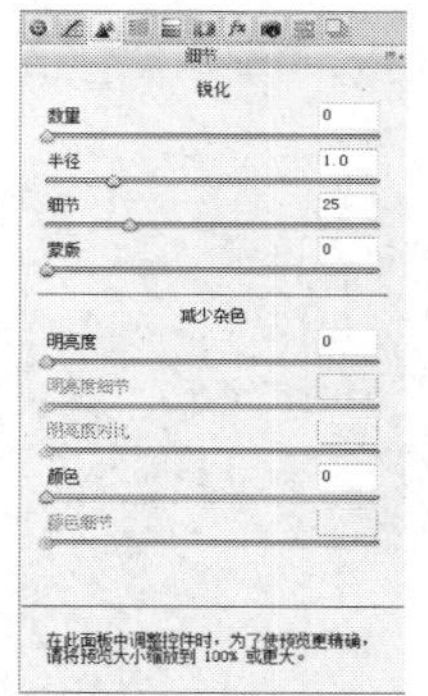

“细节”调整面板

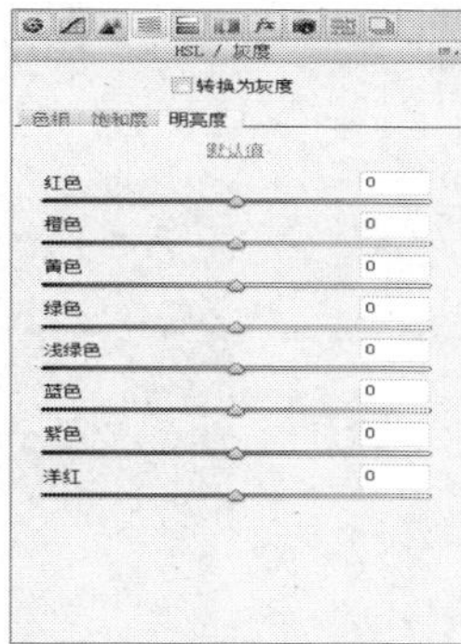

“HSL/灰度”调整面板

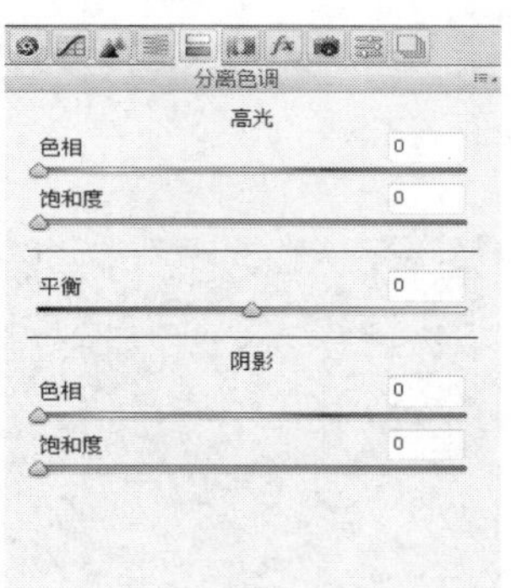

“分离色调”调整面板

原图

在“基本”调整面板中设置参数值

最终效果

提示：

在“色调曲线”调整面板中，调整曲线状态可通过“参数”和“点”选项卡进行设置。在“参数”选项卡中，直接在下方的选项中设置参数值即可；在“点”选项卡中通过单击曲线添加锚点，从而调整画面的色调。

12.3.2 实战：调整宠物温馨色调

光盘路径：第12章\Complete\调整宠物温馨色调.dng

步骤1 将“调整宠物温馨色调.jpg”文件拖曳到Photoshop中，即可在Camera Raw插件中打开该文件。

步骤2 在“基本”调整面板中设置“色温”和“色调”选项中的参数值，以调整画面色调。

步骤4 在“基本”调整面板中设置“自然饱和度”和“饱和度”选项的参数值，以调整图像的饱和度，表现温馨色调。

12.3.3 实战：调整建筑冷艳色调

光盘路径：第12章\Complete\调整建筑冷艳色调.dng

步骤1 将“调整建筑冷艳色调.jpg”文件拖曳到Photoshop中，即可在Camera Raw插件中打开该文件。

步骤2 在“基本”调整面板中的“白平衡”选项中，选择“自动”选项，即可自动调整图像色调。

步骤3 分别在“色温”和“色调”选项中设置参数值，以调整图像冷艳色调效果。

步骤4 在“基本”调整面板中，分别设置“对比度”、“高光”、“阴影”和“白色”选项的参数值，以调整画面的亮度和对比度层次。

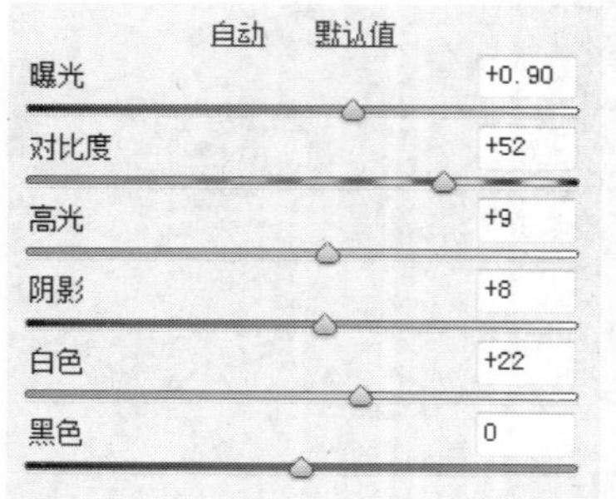

步骤5 在“清晰度”选项中设置参数值，以增强画面的色调层次。

技巧：更改照片设置参数

在Camera Raw对话框中，调整各面板中的参数值并存储原照片时，将该照片文件关闭后再次打开时，显示的效果为调整后的效果。由于该设置已覆盖原照片，若要恢复原照片状态效果，可按住Alt键单击“复位”按钮，即可恢复原照片色调。若要恢复当前设置时，按Ctrl+Z快捷键即可。

12.3.4　实战：调整高饱和反差色调

光盘路径：第12章\Complete\调整高饱和反差色调.dng

步骤1　将“调整高饱和反差色调.jpg”文件拖曳到Photoshop中，即可在Camera Raw插件中打开该文件，在“基本”调整面板中设置参数值，以调整画面色调。

步骤2　单击调整面板上方的“细节”选项卡，切换至“细节”调整面板中，分别在“数量”、“半径”、“细节”、“明亮度”、“明亮度细节”和“明亮度对比”选项中设置参数值，以增强画面细节的轮廓，增强画面的视觉效果。

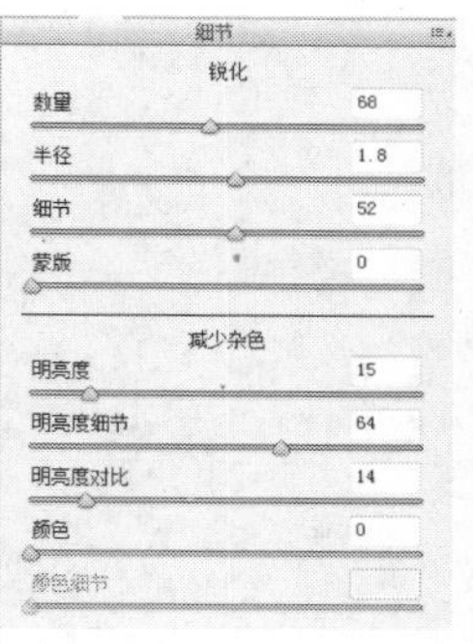

12.3.5　实战：调整忧伤色调

光盘路径：第12章\Complete\调整忧伤色调.dng

步骤1　将“调整忧伤色调.jpg”文件拖曳到Photoshop中，即可在Camera Raw插件中打开该文件。

步骤2　在“HSL/灰度”调整面板中的“饱和度”选项卡中设置“黄色”和“绿色”选项参数值，然后在“红色”、“橙色”、“黄色”、“绿色”和“浅绿色”选项中设置参数值，以调整画面色调。

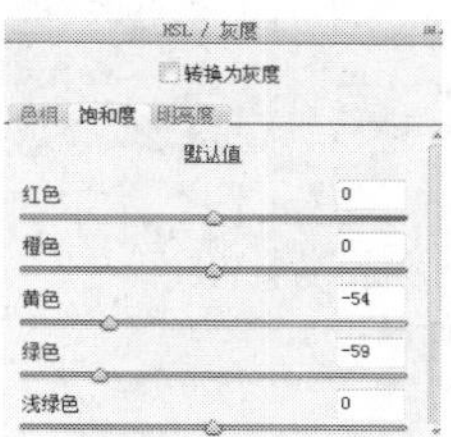

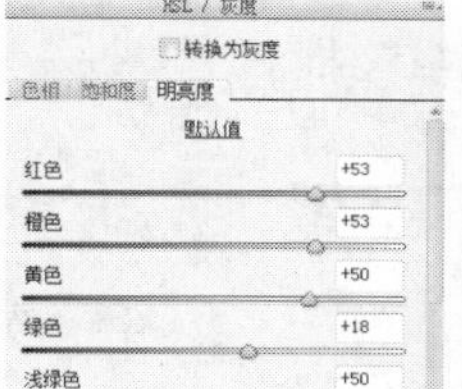

步骤3　在调整面板中单击“分离色调”选项卡，即可切换至该面板中，在“高光”选项组中设置“色相”和“饱和度”选项的参数值，以调整画面的黄色色调。

步骤4　继续在“分离色调”调整面板中设置“平衡”、“色相”和“饱和度”选项的参数值，调整出忧伤色调。

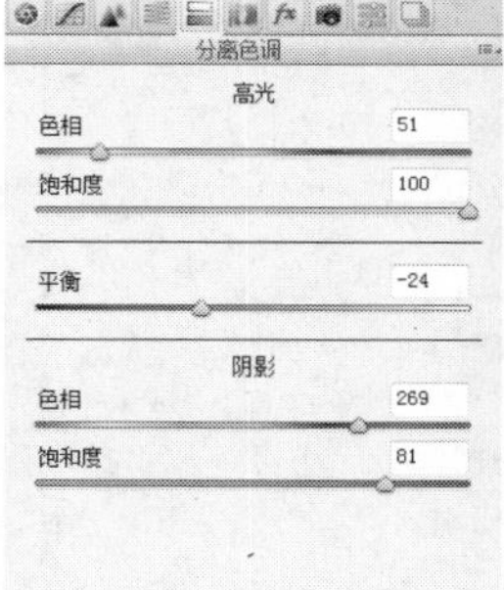

12.4 Camera Raw的高级应用

在Camera Raw对话框中，通过在调整面板组中单击“效果”选项卡和“镜头校正”选项卡，可切换到“效果”调整面板和“镜头校正”调整面板中。使用该面板可为照片添加颗粒质感，还可以为照片添加高光和暗角晕影效果，从而制作照片的特殊效果。

12.4.1 “镜头校正”调整面板

在调整面板组中单击“镜头校正”选项卡，切换到“镜头校正”调整面板中。在该调整面板中的“配置文件”选项卡可查看当前图像的相机类型和效果的配置文件，并可在该选项面板中校正扭曲度和色差校正。单击“手动”选项卡即可切换至相应的面板中，在该面板中可校正图像角度、添加或去除晕影等效果。

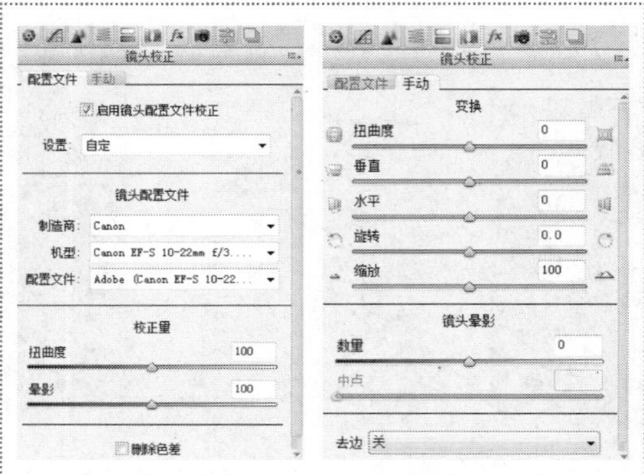

“配置文件”选项卡　　“手动”选项卡

原图

校正镜头晕影效果

12.4.2 “效果”调整面板

在Camera Raw对话框中的调整面板组中单击“效果”选项卡按钮，即可切换到“效果”调整面板中，在“效果”调整面板中，可设置应用到画面中的颗粒数量、颗粒大小和粗糙程度；还可以在“裁剪后晕影”选项组中设置添加的暗角或高光晕影效果。

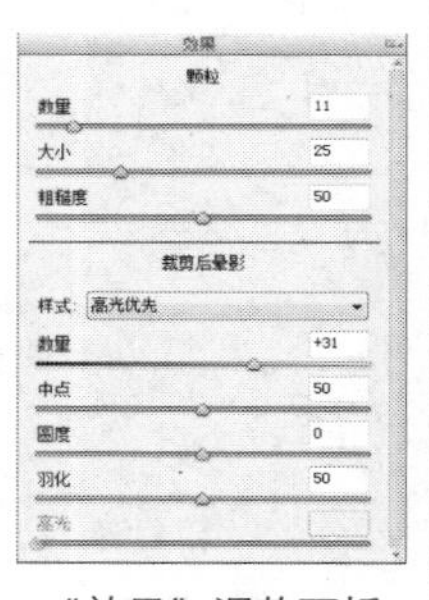

“效果”调整面板

原图

在“效果”面板中调整后的效果

12.4.3 同步处理

应用“同步”处理方式，可快速地调整多张图像为一种色调效果，在“同步”对话框中可设置同步的指定调整命令。

将指定两张或两张以上的图像文件拖曳到Photoshop中，即可在Camera Raw对话框中打开多张图像文件，在左侧的列表中显示了打开的多张图像，单击“全选”按钮，然后在该处理器中对图像文件进行调整处理，即可将处理步骤应用到选中的图像文件中。

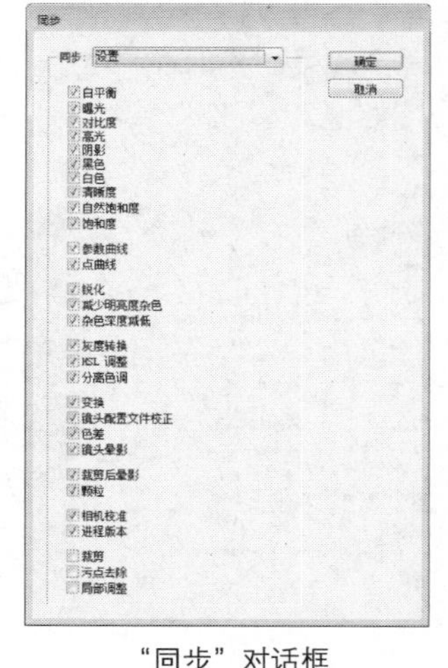

“同步”对话框

导入多张图像文件

同步处理多张图像文件

12.5 操作答疑

本章节主要介绍了Camera Raw插件对图像的处理应用，通过插件中的工具和调整命令，可修复图像及调整图像色调，下面是相关答疑和操作习题。

12.5.1 专家答疑

（1）在Photoshop CS6中，如何打开Camera Raw处理器?

答：在Photoshop CS6中，可直接将RAW格式的文件拖曳到Photoshop CS6中，即可打开Camera Raw处理器；还可以执行“文件｜在Bridge中浏览”命令，在弹出的Bridge管理器中选择指定图像文件，单击鼠标右键，在弹出的快捷菜单中选择“打开方式”命令，在级联菜单中选择“在Camera Raw中打开”选项；也可以在Bridge管理器中，执行“文件｜打开方式｜在Camera Raw中打开”命令，打开指定图像文件。

（2）如何设置Camera Raw处理器的首选项?

答：执行“编辑｜首选项｜Camera Raw”命令，将弹出“首选项”对话框，在该对话框中可设置各个选项和参数值，可提高工作效率。在该对话框中还可以设置JPEG、TIFF等格式的图像文件在该对话框中打开。

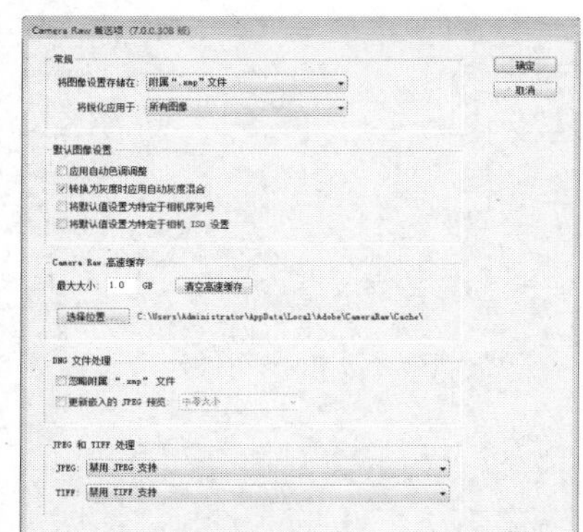

“Camera Raw首选项”对话框

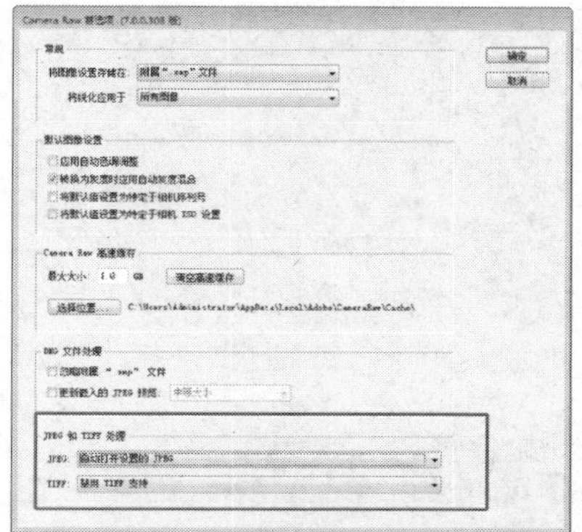

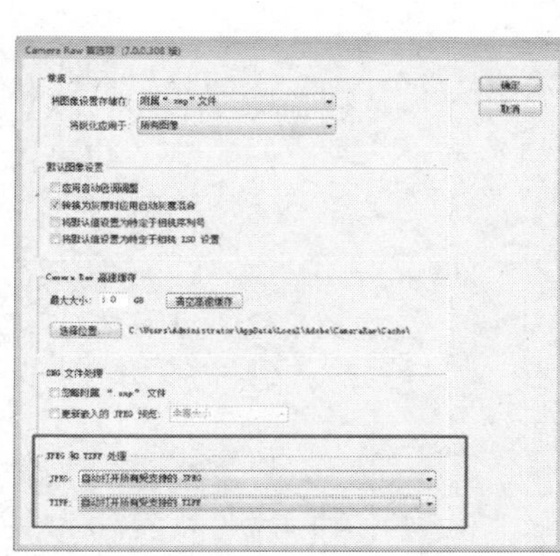

设置在Camera Raw处理器可打开JPEG格式和TIFF格式的图像文件

（3）如何设置Camera Raw处理器中的污点去除工具的大小?

答：在Camera Raw处理器中，单击工具按钮组中的污点去除工具，即可切换至“污点去除”面板中，在该面板中，“半径”选项可调整画笔的选区大小，也可以按下“】”或“【”键放大或缩小画笔选区的使用方法与Photoshop CS6中的修复工具调整画笔大小相同。

12.5.2 操作习题

1. 选择题

（1）在Camera Raw处理器中，红眼去除工具用于移去照片中人物的（　　）现象。

A.白平衡　　B. 修复　　C.红眼

（2）在Camera Raw处理器中，调整画笔工具与Photoshop中的画笔工具使用方法相同，该工具主要用于为人物图像上妆、增强图像局部色调和（　　）等效果。

A. 去除图像紫边色差　　B. 修复　　C. 红眼

（3）使用（　　）工具可快速校正白平衡。

A. 白平衡工具　　B. 颜色取样器工具　　C. 目标调整工具

2. 填空题

（1）在Camera Raw处理器中，按住＿＿＿＿＿＿键，“取消”按钮将变为“复位”按钮，单击“复位”按钮可将调整后的效果还原到对话框的初始状态。

（2）在Camera Raw处理器中，“色相/饱和度”__________。

（3）在Camera Raw处理器中的“细节”面板中，调整__________、__________、__________和__________等参数值，即可对图像进行锐化处理。

（4）在Camera Raw处理器中，使用__________工具可校正倾斜的照片效果，并在画面中创建垂直或水平参考线，即可校正图像水平位置。

（5）在Camera Raw处理器中，单击__________按钮，在弹出的__________对话框中可以设置文件的存储路径等存储信息。

3. 操作题

使用Camera Raw处理器添加图像效果样式。

步骤1

步骤2

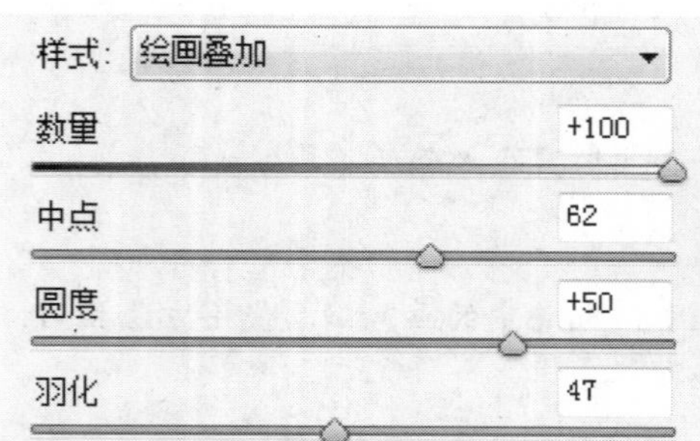

步骤3

（1）在Camera Raw处理器中打开指定图像。

（2）在Camera Raw对话框中设置各个选项参数值，为图像添加颗粒效果。

（3）在“样式”选项面板中的“绘画叠加”选项卡中设置参数值，制作图像样式效果。

第13章

蒙版与通道

本章重点：

本章主要介绍各种类型的蒙版及其构成原理、特性、创建方式及编辑方法。同时本章也对通道的种类、通道的基本编辑和高级应用进行介绍，包括结合通道抠取图像，通过通道创建精确选区，并对选区进行各种编辑处理的方法。

学习目的：

本章从蒙版的类型和通道的种类等基础内容入手，将知识点与实战操作相融合，帮助读者真正掌握蒙版、通道的强大功能，并能学以致用的效果。

参考时间：53分钟

主要知识	学习时间
13.1　认识蒙版	8分钟
13.2　矢量蒙版	5分钟
13.3　剪贴蒙版	5分钟
13.4　认识通道	5分钟
13.5　通道的基本编辑	15分钟
13.6　通道的高级混合选项	5分钟
13.7　通道的高级应用	10分钟

13.1 认识蒙版

在Photoshop CS6中，蒙版可分为图层蒙版、矢量蒙版、剪贴蒙版和快速蒙版4种类型。蒙版是以隐藏的形式来保护下方的图层，在编辑的同时保护原图像不会被编辑破坏，下面对图层蒙版的创建及编辑等进行介绍。

13.1.1 图层蒙版释义

图层蒙版是依附于图层而存在的，是由图层缩略图和图层蒙版缩略图组成的。图层蒙版主要是对图像合成进行处理，通过使用画笔工具在蒙版缩览图中涂抹，白色蒙版下的图像被完全保留，黑色蒙版下的图像则不可见，灰色蒙版下的图像呈半透明效果，从而起到保护、隔离的作用。

13.1.2 创建/删除图层蒙版

图层蒙版是图像处理中最常用的蒙版，它主要用于显示或隐藏图层中的多余图像，在编辑的同时原图不被编辑破坏。为普通图层添加图层蒙版，可隐藏部分不需要的图像；若要删除多余的图层蒙版，可应用“删除图层蒙版”命令，即可还原图像效果。

1. 创建图层蒙版

在“图层”面板中选择图层，执行“图层 | 图层蒙版 | 显示全部”或执行“图层 | 图层蒙版 | 隐藏全部”命令，即可为选择的图层创建显示或隐藏图层蒙版。

当创建选区时，在“图层”面板中单击“添加图层蒙版”按钮，选区内的图像将被保留，选区外的图像将被隐藏，在蒙版中该区域显示为黑色。

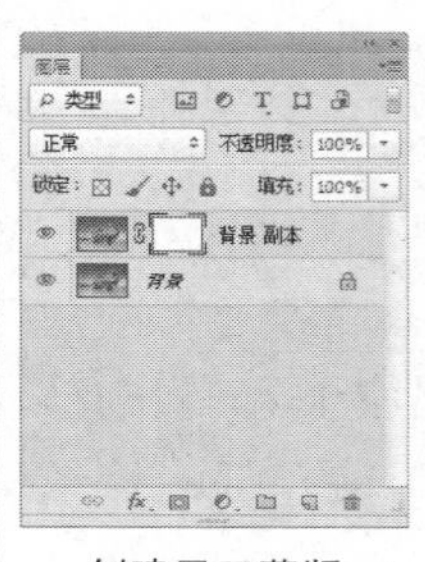
创建显示蒙版

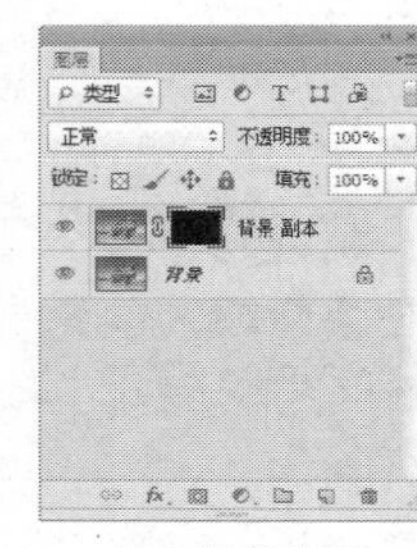
创建隐藏蒙版

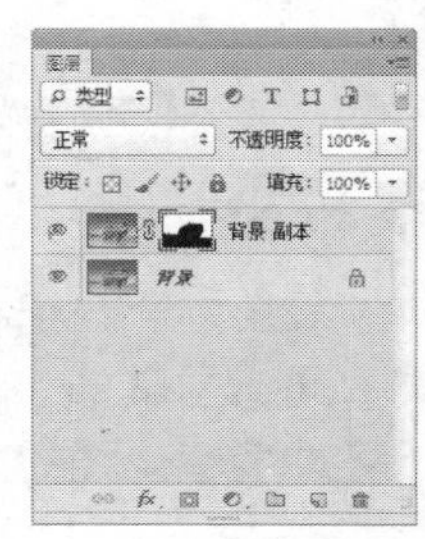
为选区创建蒙版

2. 删除图层蒙版

若要删除图层蒙版，在“图层”面板中的蒙版缩略图上单击鼠标右键，在弹出的菜单中选择“删除图层蒙版”命令，或执行“图层 | 图层蒙版 | 删除”命令，可删除所选图层中的图层蒙版；还可以拖动图层缩略图到“删除图层”按钮上，释放鼠标后，在弹出的对话框中单击“删除”按钮即可。

13.1.3 移动/复制图层蒙版

图层蒙版可进行移动和复制操作来调整图像效果。在“图层”面板中移动图层蒙版和复制图层蒙版，得到的图像效果是完全不同的。

在“图层”面板中，为“图层1”已添加图层蒙版，并选择“图层1”的图层蒙版缩略图，当光标为时将“图层1”蒙版缩略图拖动到“图层2”中，即可移动图层蒙版。若按住Alt键拖动蒙版缩略图到“图层2”中，则复制当前图层蒙版。

移动图层蒙版

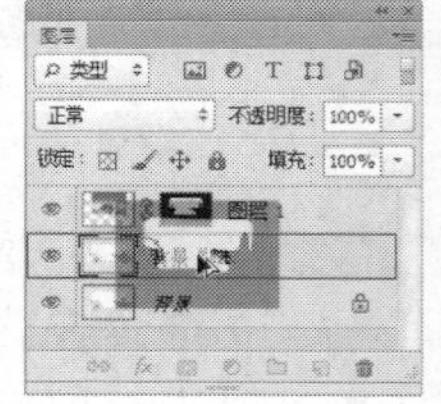
复制图层蒙版

13.1.4 应用图层蒙版

应用图层蒙版是将蒙版中的黑色区域对应的图像删除，白色区域对应的图像保留，灰色过渡区域对应的图像部分像素被删除，并合并为一个图层。在“图层”面板中，选择图层蒙版缩略图，单击鼠标右键，在弹出菜单中选择“应用图层蒙版”命令，或执行“图层 | 图层蒙版 | 应用”命令，即可应用图层蒙版。

13.1.5　链接与取消链接图层蒙版

在图层缩览图和蒙版缩览图之间，有个“指示图层蒙版链接到图层”按钮，单击该按钮可取消图层与图层蒙版之间的链接。使用移动工具在图像文件中可分别移动其位置，图像效果也会发生改变。再次单击该按钮可链接图层和图层蒙版，再对其移动时将会一起移动图层和图层蒙版。

链接图层蒙版

取消链接图层蒙版

13.1.6　实战：更换图像天空

光盘路径：第13章\Complete\更换图像天空.psd

步骤1　打开“更换图像天空.jpg”文件，复制图层，单击魔棒工具，在属性栏中设置属性。

步骤2　使用魔棒工具在天空区域创建选区。然后按Ctrl+Shift+L快捷键反选选区。

步骤3　保持选区的同时单击“添加图层蒙版”按钮，隐藏“背景”图层，即可隐藏选区内的图像。

步骤4　打开“更换图像天空1.jpg”文件，将其拖曳到当前图像中，调整图层的上下关系和位置，以更换图像的天空效果。

步骤5　在“图层”面板中单击“创建新的填充或调整图层”按钮，在弹出的快捷菜单中选择“色彩平衡”选项，设置参数值，以统一画面色调。

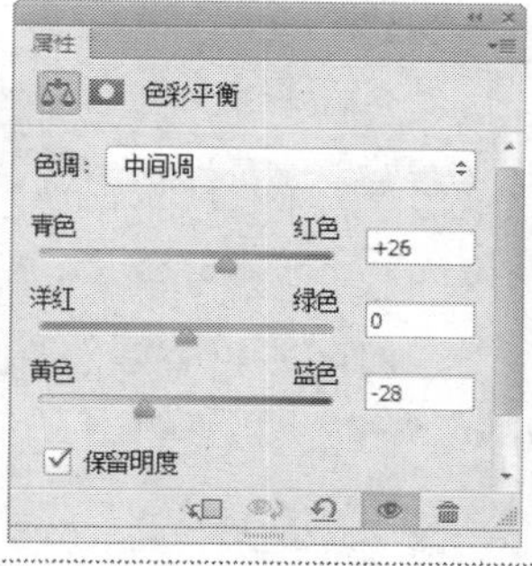

13.1.7　实战：抠取出可爱小女孩图像

光盘路径：第13章\Complete\抠取出可爱小女孩图像.psd

步骤1　打开“抠取出可爱小女孩图像.jpg”文件，复制“背景”图层。

步骤2　隐藏“背景”图层，并使用魔棒工具创建天空选区。

步骤3　应用“隐藏选区”命令，即可显示选区以外的图像。

专家看板：“蒙版”属性面板

在对图层创建图层蒙版后，双击图层蒙版缩览图或执行“窗口 | 属性”面板，弹出“蒙版”属性面板，在该面板中可设置蒙版的“浓度”、“羽化”选项的参数值，通过调整蒙版的不透明度或羽化值，可增加或减少蒙版的显示内容或羽化蒙版边缘效果。还可以通过单击“蒙版边缘”、“颜色范围”和“反相”按钮对蒙版进行编辑。

在未选择蒙版或部分蒙版的状态下，“蒙版”面板中的多数选项为灰色未激活状态，选择相应的蒙版即可激活该面板中的选项。若对该图层应用了“智能滤镜”，则“蒙版”面板中将显示“滤镜蒙版”的设置选项。若添加了矢量蒙版，则在该面板中将显示矢量蒙版的设置选项。

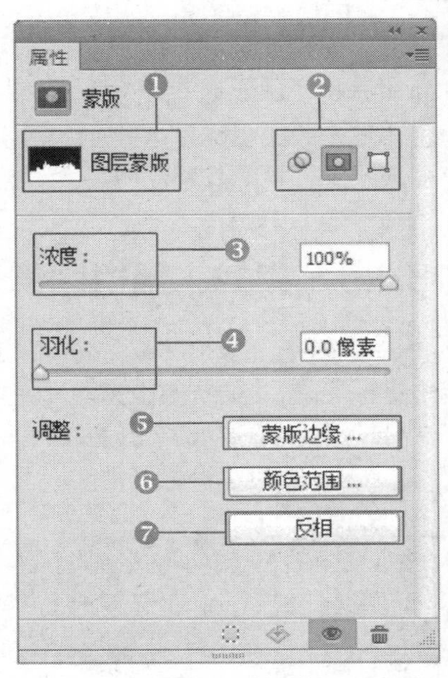

“蒙版”属性面板

❶ **“图层蒙版”缩览图：** 该缩览图显示当前选择的图层蒙版、滤镜蒙版或矢量蒙版状态。

❷ **添加蒙版按钮：** 单击当前按钮可选择图层蒙版、滤镜蒙版或矢量蒙版，若选择了其他图层时，单击该按钮，可切换至相应的蒙版选项面板。

❸ **“浓度”文本框：** 拖动滑块或输入参数值，可调整浓度参数值，这里的浓度是指蒙版区域的不透明度。

设置“浓度”值为50%

蒙版效果为半透明状态

设置“浓度”值为100%

蒙版效果为完全透明状态

❹ **“羽化”文本框：** 可调整羽化参数值，此时的羽化值是指选区边缘的羽化强度。

❺ **“蒙版边缘”按钮：** 单击“蒙版边缘”按钮，可在打开的“调整蒙版”对话框中设置蒙版选区的状态。

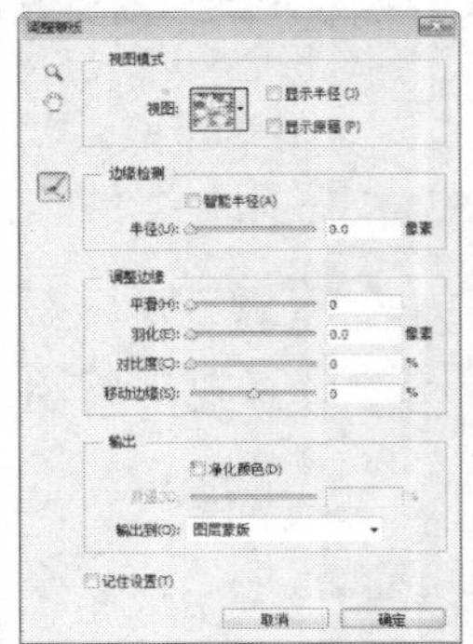
“蒙版边缘”对话框

设置“半径”值后的蒙版效果

设置“半径”和“羽化”值后的蒙版效果

❻ **“颜色范围”按钮：** 单击“颜色范围”按钮，可在打开的“色彩范围”对话框中设置选取蒙版范围。

❼ **“反相”按钮：** 单击“反相”按钮，可对当前蒙版图像的显示和隐藏区域做反转处理。

13.2 矢量蒙版

矢量蒙版主要是通过路径绘制蒙版的，下面对矢量蒙版的释义、创建矢量蒙版、停用/启用矢量蒙版和将矢量蒙版转换为图层蒙版的方法进行讲解。

13.2.1 矢量蒙版释义

矢量蒙版与图层蒙版一样，都是依附于图层而存在。主要是通过路径制成蒙版的，将路径覆盖的图像区域进行隐藏，显示没有路径覆盖的图像区域。

13.2.2 创建矢量蒙版

在“图层”面板中，可以通过形状工具创建矢量蒙版。单击自定形状工具，在属性栏中选择“路径”选项，绘制相应的路径后，单击属性栏中的“蒙版”按钮，可快速创建一个带有矢量蒙版的图层；也可以在绘制路径后，执行“图层 | 矢量蒙版 | 当前路径”命令，创建相应的矢量蒙版。

矢量图层蒙版

矢量形状图形效果

13.2.3 实战：绘制花朵形状图像

光盘路径：第13章\Complete\绘制花朵形状图像.psd

步骤1 打开“绘制花朵形状图像.jpg”文件。复制“背景”图层，生成“背景 副本”图层。

步骤2 在“背景 副本”图层下方新建“图层1”，填充为白色。单击自定形状工具，在属性栏中设置属性，并在“自动形状”拾色器中指定形状为“花4”，然后选择“背景 副本”图层，在画面中按住Shift键的同时拖动鼠标，绘制多个大小不同的花朵路径。

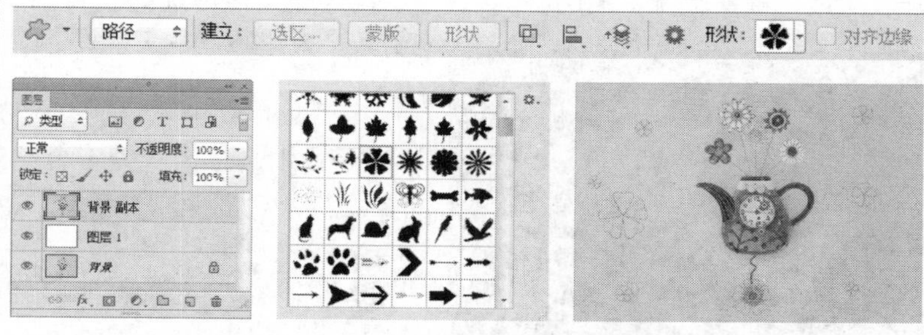

步骤3 继续在“自动形状”拾色器中指定形状为“花6”，在画面中绘制多个大小不同的花朵路径，以丰富画面效果。

步骤4 使用相同的方法，在画面中绘制多种花朵路径。然后在自定形状工具属性栏中单击“蒙版”按钮，创建矢量蒙版，并隐藏路径以外的图像，绘制丰富的花朵图像。

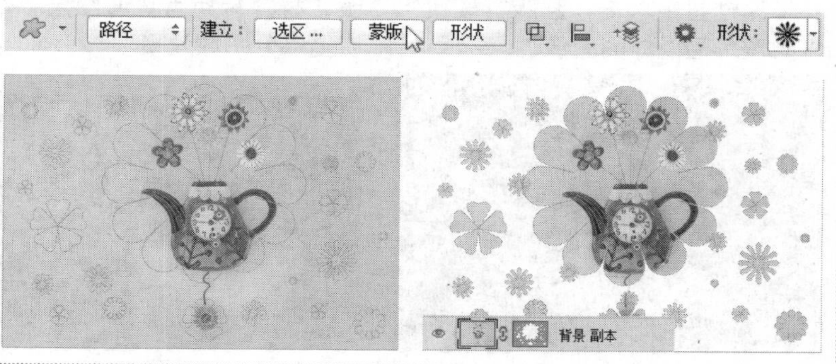

13.2.4 停用/启用矢量蒙版

停用和启用矢量蒙版可查看使用蒙版前和停用蒙版时的效果。按住Shift键的同时，单击矢量蒙版缩略图，可在矢量蒙版缩略图中出现一个红色的X标记，即停用当前矢量蒙版屏蔽图像效果。若要启用图层蒙版，可再次按住Shift键的同时单击矢量蒙版缩略图，或选择矢量蒙版的同时单击鼠标右键，在弹出的快捷菜单中选择“启用矢量蒙版”选项。

停用矢量蒙版

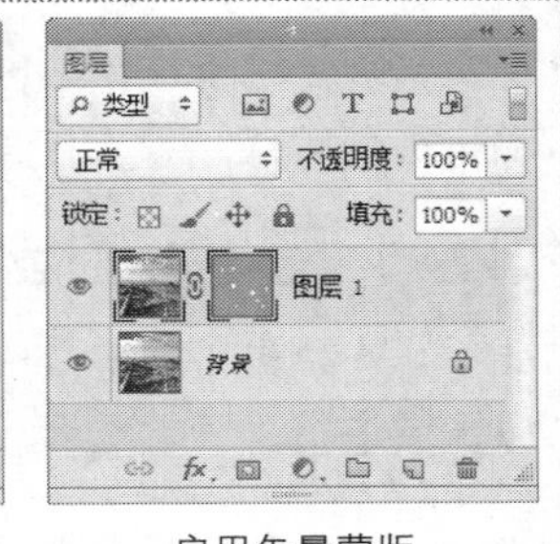
启用矢量蒙版

13.2.5 将矢量蒙版转换为图层蒙版

在“图层”面板中，可将矢量蒙版转换为图层蒙版进行编辑。选择矢量蒙版缩览图，执行“图层 | 栅格化 | 矢量蒙版”命令，或单击鼠标右键，在弹出的快捷菜单中选择“栅格化矢量蒙版”选项，即可将矢量蒙版转换为图层蒙版。此时可以看到将矢量蒙版的灰色的转换为黑白图层蒙版效果显示。

矢量蒙版

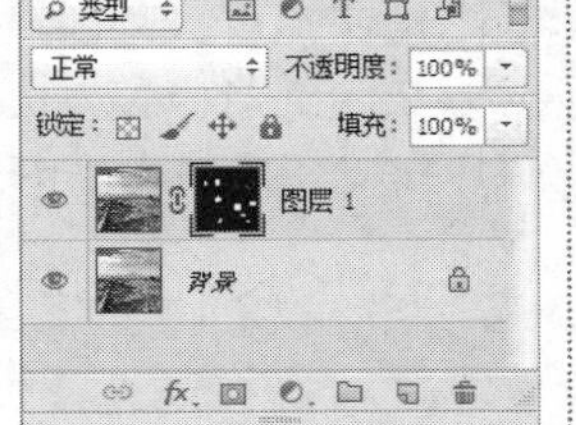
显示为图层蒙版效果

13.2.6 实战：绘制出不同大小的五星图像

光盘路径：第13章\Complete\绘制出不同大小的五星图像.psd

步骤1 打开“绘制出不同大小的五星图像.jpg”文件。复制“背景”图层，生成“背景 副本”图层。

步骤2 在“背景 副本”图层下方新建“图层1”，填充为黑色。单击多边形工具，在属性栏中设置属性，并在“几何”面板中设置选项，然后选择“背景 副本”图层，在画面中拖动鼠标，绘制多个大小不同的五星路径。

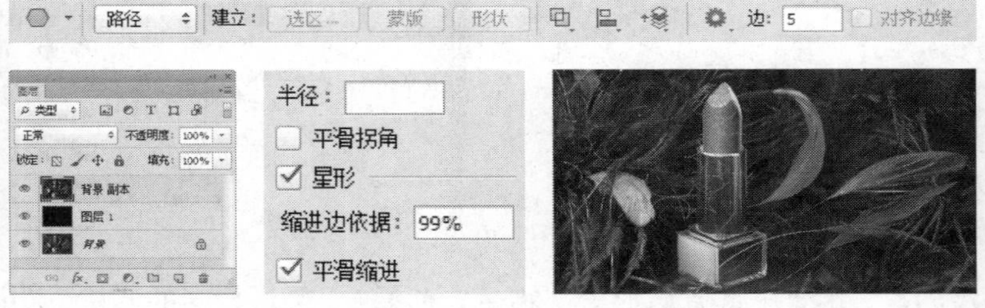

步骤3 继续使用多边形工具在画面中绘制大小不同的五星路径，并在属性栏中单击“蒙版”按钮，以隐藏路径以外的图像。

步骤4 复制“背景”图层，调整图层顺序，设置其混合模式为“滤色”，并创建剪贴蒙版。然后多次复制该图层，选择矢量蒙版，将其转换为普通图层，最后使用画笔工具在蒙版中涂抹，以恢复部分图像效果。

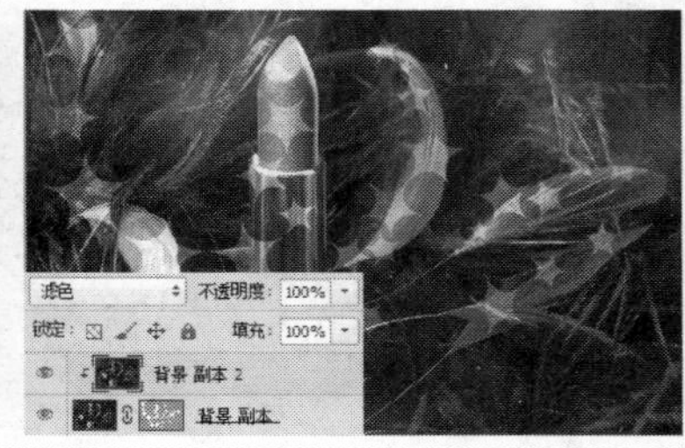

13.3 剪贴蒙版

本小节主要对剪贴蒙版的原理、创建/释放剪贴蒙版的方式进行介绍，并通过专家看板对快速蒙版的选项进行介绍，使读者对蒙版有一个全面的认识。

13.3.1　剪贴蒙版释义

剪贴蒙版是由基础层和内容层组成的。基础层用于定义显示图像的范围或形状；内容层用于存放将要表现的图像内容。使用剪贴蒙版可在不影响原图像的同时有效地完成剪贴制作。

13.3.2　创建/释放剪贴蒙版

创建剪贴蒙版和释放剪贴蒙版有多种方法。最快捷的方式是按快捷键Ctrl+Alt+G创建剪贴蒙版，再次按快捷键Ctrl+Alt+G可释放剪贴蒙版。

1. 创建剪贴蒙版

执行“图层 | 创建剪贴蒙版”命令，或在“图层”面板中按住Alt键的同时将光标移至两图层间的分割线上当其变为↓□形状时，单击鼠标左键，即可创建剪贴蒙版。

原图

剪贴蒙版

最终效果

2. 释放剪贴蒙版

当创建了剪贴蒙版后，执行“图层 | 释放剪贴蒙版”命令，可将该图层以及上面的所有图层从剪贴蒙版中移出；选择基础图上方的图层并执行该命令，可释放剪贴蒙版中的所有图层。也可以按住Alt键的同时将鼠标移到要释放的图层之间，当鼠标指针变为↘□形状时单击鼠标，即可释放上方的所有图层。

13.3.3　实战：制作路牌广告图像效果

光盘路径：第13章\Complete\制作路牌广告图像效果.psd

步骤1　打开“制作路牌广告图像效果1.jpg”文件，使用磁性套索工具沿着路牌广告边框创建选区，按快捷键Ctrl+J拷贝选区图像，生成“图层1”。

步骤2　打开“制作路牌广告图像效果2.jpg”文件，将其拖曳到当前图像文件中，生成“图层2”，并创建剪贴蒙版，然后应用“自由变换”命令调整其大小和位置。

步骤3　创建“色彩平衡1”调整图层，设置参数值，按快捷键Ctrl+Alt+G创建剪贴蒙版，以调整人物图像色调。

专家看板："快速蒙版选项"对话框

在前面对选区的讲解中已介绍了快速蒙版。这里主要对"快速蒙版选项"对话框进行详细介绍。

快速蒙版主要用于在图像中创建指定区域的选区。快速蒙版是直接在图像中表现蒙版并将其载入选区的。

在默认状态下，单击工具箱中的"以快速蒙版模式编辑"按钮，可进入快速蒙版编辑状态，使用画笔工具在指定区域涂抹，以表现该区域被蒙版遮罩，完成后单击"以标准模式编辑"按钮，即可载入选区，此时所载入的选区为未被涂抹的区域。

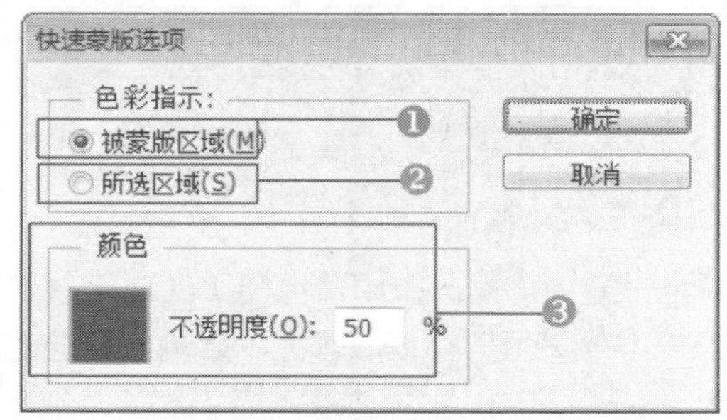

"快速蒙版选项"对话框

❶ **"被蒙版区域"单选项**：单选该选项后，使用画笔工具在画面中涂抹黑色，则涂抹的区域为蒙版所覆盖的区域。

❷ **"所选区域"单选项**：单选该选项后，使用画笔工具在画面中涂抹黑色，则直接将涂抹的区域转换为选区。

❸ **"颜色"选项组**：单击颜色色块，可在弹出的"拾色器"对话框中设置颜色，若要调整涂抹颜色的透明效果，可设置"不透明度"选项的参数值。

1. 调整快速蒙版颜色

在使用快速蒙版对图像进行编辑时，由于编辑的主体物颜色与快速蒙版颜色相同，编辑过程中将导致处理不当等效果。因此可双击"以快速蒙版模式编辑"按钮，在弹出"快速蒙版选项"对话框中单击默认的红色色块，在弹出的"拾色器"对话框中可任意设置一个与其反差较大的颜色，完成后单击"确定"按钮即可。

原图

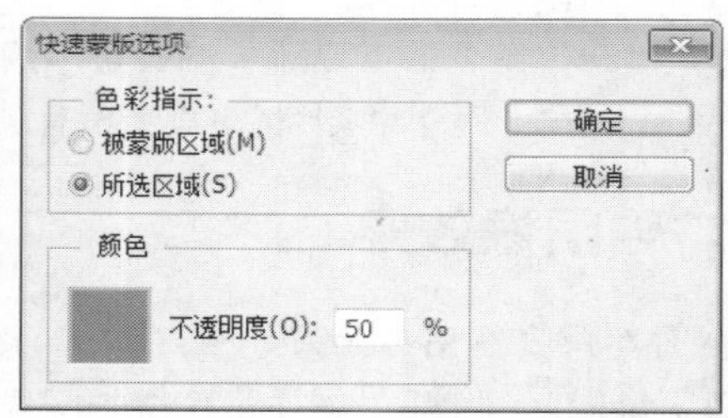

在"快速蒙版选项"对话框中设置颜色为蓝色

在快速蒙版编辑状态中编辑主体图像

2. 调整快速蒙版不透明度

在"快速蒙版选项"对话框中，设置"不透明度"的参数值，可更改快速蒙版在图像中编辑时的颜色不透明的效果。设置颜色"不透明度"的参数值，可显示快速蒙版在编辑中的透明状态效果。

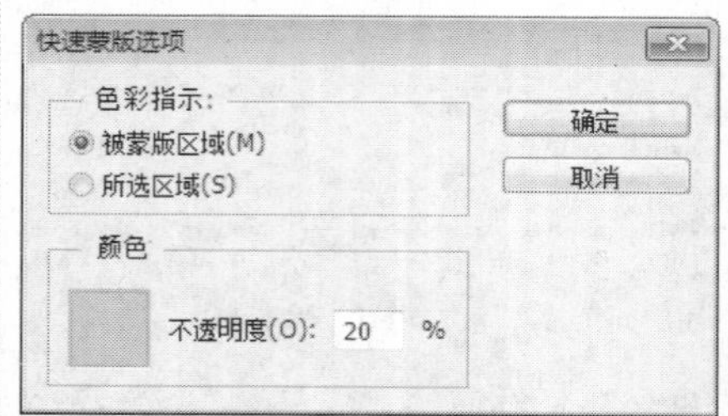

在"快速蒙版选项"对话框中设置不透明度

设置颜色"不透明度"为20%

设置颜色"不透明度"为80%

13.4 认识通道

Photoshop CS6中的通道具有神奇的功能，它具有存储图像的颜色信息和选择范围的功能，本节从通道的释义、种类及"通道"面板等基础的内容进行介绍，对通道的神奇作用进行诠释。

13.4.1　通道释义

通道是用来保护图像信息的，主要用于存放图像中的不同颜色信息。通道是通过特殊的灰度存储图像的颜色信息和专色信息的。

13.4.2　通道的种类

通道是Photoshop CS6中最为重要的功能之一，它作为图像的组成部分，与图像的格式息息相关，图像颜色模式的不同也决定了通道的数量和模式。通道主要分为颜色通道、专色通道、Alpha通道、临时通道和单色通道，下面分别进行介绍。

1. 颜色通道

描述图像色彩信息的通道即是颜色通道。图像的颜色模式决定了通道的数量，在“通道”面板上存储的信息也相应随之变化。每个单独的颜色通道都是一幅灰度图像，仅表示这个颜色的明暗变化。

2. 专色通道

在“通道”面板中，单击右上角的扩展按钮，在弹出的快捷菜单中选择“新建专色通道”选项，即可新建一个专色通道。专色通道是一种较为特殊的通道，它可以使用除青色、洋红、黄色和黑色以外的颜色来绘制图像。值得注意的是，除了默认的颜色通道外，每一个专色通道都有相应的印板，在打印输出一个含有专色通道的图像时，必须先将图像模式转换到多通道模式下。

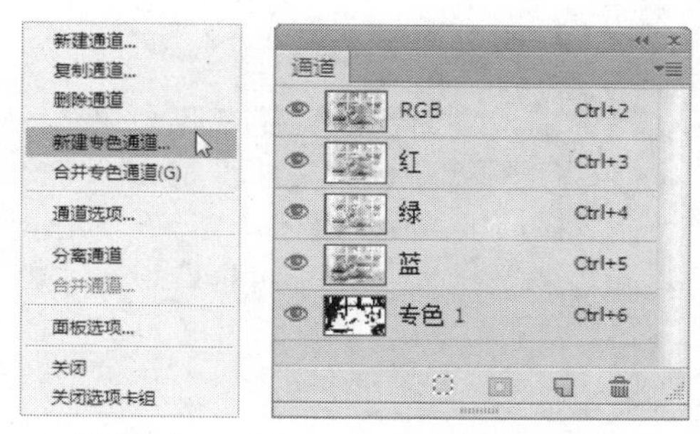

快捷菜单　　专色通道

3. Alpha通道

Alpha通道主要用于存储选区，它将选区存储为“通道”面板中可编辑的灰度蒙版。它可以通过“通道”面板来创建和存储蒙版，用于处理或保护图像的某些部分。Alpha通道和专色通道中的信息只能在PSD、TIFF、RAW、PDF、PICT和Pixar格式中进行保存。Alpha通道相当于一个8位的灰阶图，通过256级灰度来记录图像中透明度的信息，可用于定义透明、不透明和半透明区域。

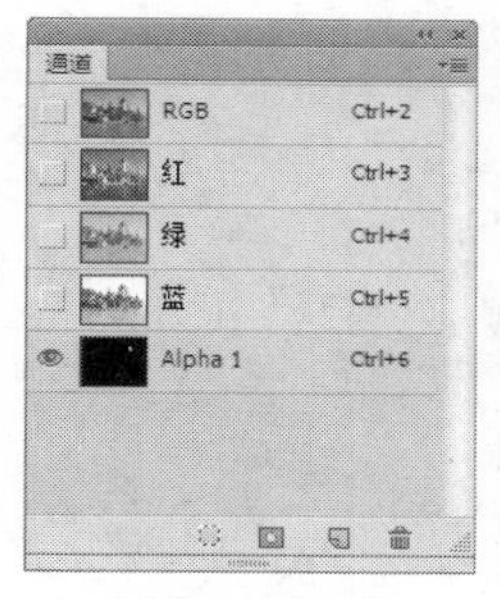

创建Alpha通道　　保持选区的Alpha通道

4. 临时通道

临时通道是在“通道”面板中暂时存在的通道。临时通道存在的条件是，当对图像创建图层蒙版或快速蒙版时，软件将自动在“通道”面板中生成临时蒙版。当删除图层蒙版或退出快速蒙版的时候，在“通道”面板中的临时通道就会消失。

5. 单色通道

单色通道的产生非常特别，若在“通道”面板中删除任意一个通道后，所有的通道将会降为黑白的，图像的颜色信息将会发生改变。

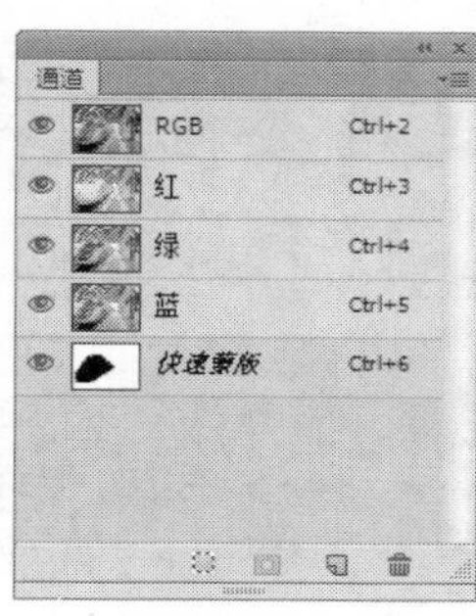

临时通道

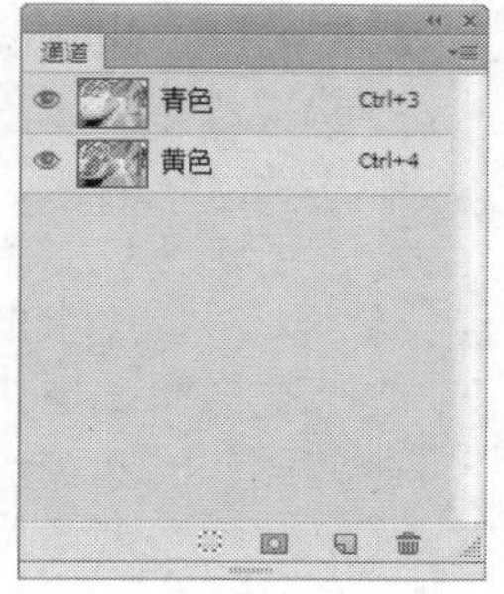

单色通道

专家看板："通道"面板

在Photoshop中，执行"窗口 | 通道"命令可显示"通道"面板。在"通道"面板中会以当前图像的颜色模式显示其对应的通道。通道作为图像的组成部分，与图像的格式息息相关，图像颜色模式的不同也决定了通道的数量和模式。通道主要分为颜色通道、专色通道、Alpha通道和临时通道。

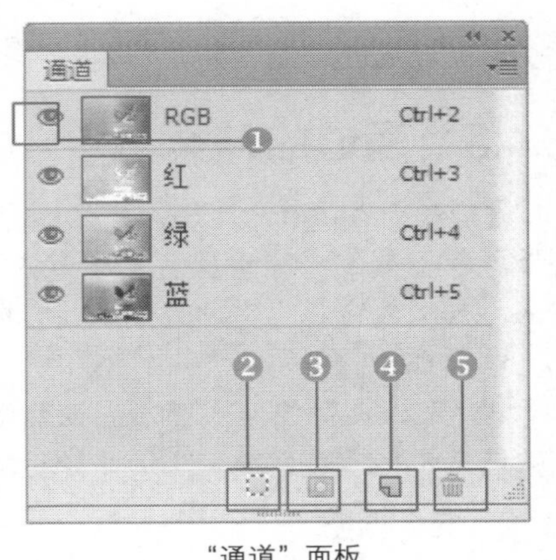

"通道"面板

提示：

在"通道选项"对话框中，设置蒙版的颜色是为了方便辨认蒙版覆盖区域和未覆盖区域，设置蒙版颜色的透明度是为了方便准确地创建选区，它们对图像的处理没有任何的影响。

❶ **"指示通道可见性"按钮**：当图标为形状时，图像窗口显示该通道的图像，单击该图标后，图标变为形状，隐藏该通道的图像，再次单击即可再次显示图像。

❷ **"将通道作为选区载入"按钮**：单击该按钮可将当前通道快速转化为选区。

❸ **"将选区存储为通道"按钮**：单击该按钮可将图像中选区之外的图像转换为一个蒙版的形式，将选区保存在新建的Alpha通道中。

❹ **"创建新通道"按钮**：单击"创建新通道"按钮，可创建一个新的Alpha通道。

❺ **"删除当前通道"按钮**：单击"删除当前通道"按钮，可删除当前选择的通道。

知识链接："通道选项"对话框

当创建一个Alpha通道后，若要对该通道进行编辑，可单击右上角的扩展按钮，在弹出的快捷菜单中选择"通道选项"命令，在弹出的"通道"面板中可设置通道的名称，拖动中屏蔽所有显示的方式和不透明度。

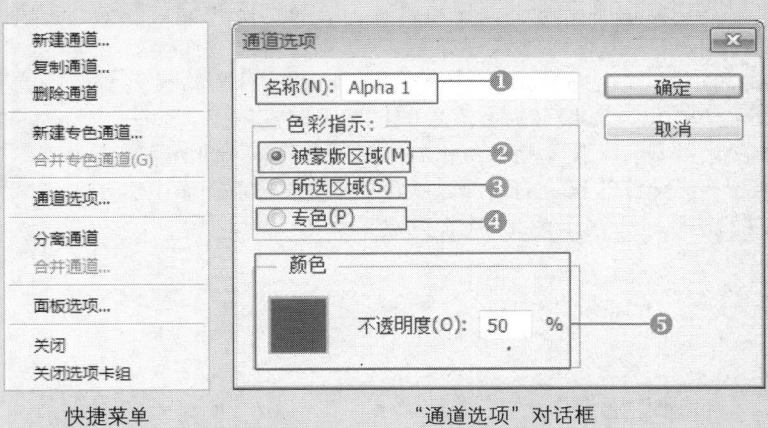

快捷菜单　　"通道选项"对话框

❶ **"名称"文本框**：在该文本框中可设置新建Alpha通道的名称。

❷ **"被蒙版区域"单选钮**：选中该单选钮时，则表示新建通道中有颜色的区域代表蒙版区域，白色区域代表选区。

❸ **"所选区域"单选钮**：选中该单选钮时，表示新建通道中的白色区域代表蒙版区域，有颜色区域代表选区。

❹ **"专色"单选钮**：选中该单选钮时，将创建一个新的专色通道。

❺ **"颜色"选项组**：单击颜色色块，可在弹出的"拾色器"对话框中设置用于显示蒙版的颜色，在默认情况下，该颜色为不透明度为50%的红色。在"不透明度"选项中可设置0%~100%的百分比，即设置蒙版颜色的不透明度。

13.5 通道的基本编辑

在对“通道”面板以及通道的基本类型有所了解之后，下一步来学习通道的创建和相关的编辑操作。通道的编辑包括通道的复制、删除、分离和合并，以及通道的计算和与选区蒙版的转换等，下面逐步进行介绍。

13.5.1 创建Alpha通道

Alpha通道除了可以保持颜色信息外，还可以保持选区的信息。

1. 创建空白Alpha通道

新建空白通道是指创建一个新的Alpha通道，在该通道中没有任何的图像信息。在“通道”面板中单击底部的“创建新通道”按钮，可新建一个空白通道，新建的空白通道在图像窗口中显示为黑色。

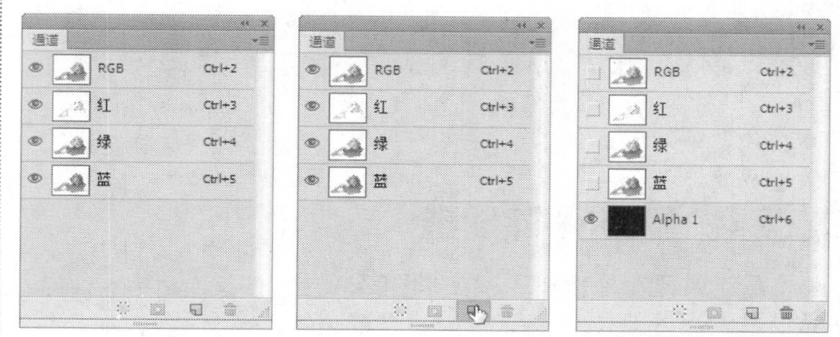

“通道”面板　　单击“创建新通道”按钮　　创建新通道

2. 通过保存选区创建Alpha通道

在Alpha通道中还可以存放选区信息。在图像中将需要保留的图像创建为选区，执行“选择 | 存储选区”命令，在弹出的对话框中可设置新建通道名称、操作方式等，完成后单击“确定”按钮，即可在保存选区的同时创建Alpha通道。

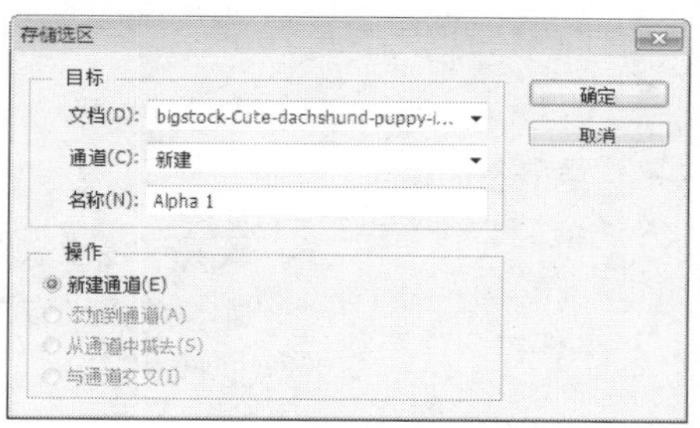

“存储选区”对话框

保持选区的Alpha通道

知识链接：“新建通道”对话框

在“通道”面板中，单击右上角的扩展按钮，在弹出的快捷菜单中选择“创建新通道”选项，或按住Alt键的同时单击“创建新通道”按钮，即可弹出“新建通道”对话框，在该对话框中可设置新建通道的名称。

❶ **“名称”选项**：在该选项中可设置当前通道的名称。

❷ **“被蒙版区域”单选钮**：选中该单选钮，表示新建通道中有颜色的区域代表蒙版区域，白色区域代表选区。

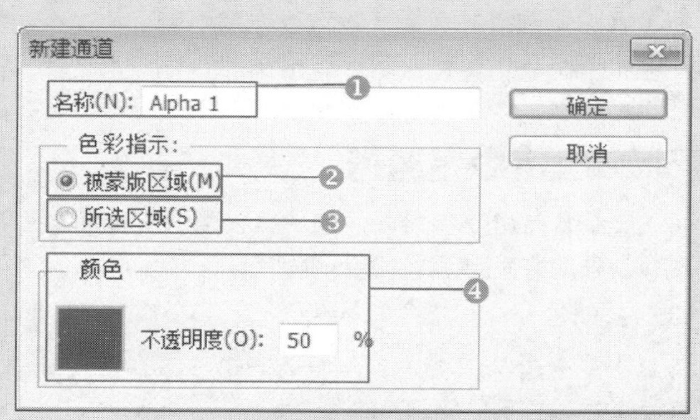

“新建通道”对话框

❸ **“所选区域”单选钮**：选中该单选钮，表示新建通道中白色区域代表蒙版区域，有颜色的区域代表选区。

❹ **“颜色”选项组**：单击颜色色块，可在弹出的“拾色器”对话框中设置用于显示蒙版的颜色，在默认情况下，该颜色为不透明度为50%的红色。在“不透明度”选项中可设置0%~100%的百分比，即设置蒙版颜色的不透明度。

13.5.2 选择通道

在“通道”面板中，单击即可选择一个通道，当选择的通道呈深蓝色显示时，其他通道自动隐藏；若选择RGB通道，可选择“通道”面板中的所有通道。

13.5.3 隐藏/显示通道

在“通道”面板中单击任意一个通道前方的“指示通道可视性”按钮👁，即可隐藏当前通道，同时RGB通道也会被隐藏，再次单击“指示通道可视性”按钮👁，可恢复显示所隐藏的通道。

隐藏通道

隐藏通道后的图像效果

显示通道

13.5.4 复制/删除通道

在“通道”面板中，顶层的RGB复合通道是不可复制、不能删除的。而单独的颜色通道和Alpha通道则可以被复制。

1. 复制通道

在“通道”面板中，应用“复制通道”命令，在弹出的对话框中单击“确定”按钮，即可将选择的单个通道进行复制。在默认情况下，复制的通道将以原通道名称加上副本进行命名。

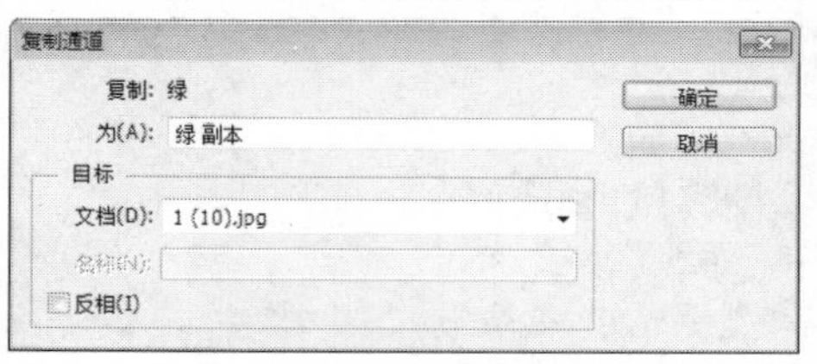

“复制通道”对话框

复制得到的通道

技巧：快速复制通道

在“通道”面板中选择需要复制的通道后，将其拖动到“创建新通道”按钮◻上，即可快速复制所选通道。

2. 删除通道

在“通道“面板中选择需要删除的通道，并单击右下角的“删除当前通道”按钮🗑，在弹出的提示框中单击“是”，即可删除所选择的通道；也可以在需要删除的通道上单击鼠标右键，在弹出的快捷菜单中选择“删除通道”命令即可。

删除通道提示框

删除通道

13.5.5 重命名通道

重命名通道便于对通道图层进行管理。在需要重命名的通道名称上双击鼠标，即可在通道名称上输入新的名称，完成后按Enter键即可。

提示：

在“通道”面板中，原有的通道是不能进行重命名的，可在复制得到的通道或创建的Alpha通道中进行重命名操作。

13.5.6 将通道作为选区载入

在“通道”面板中将通道作为选区载入，可对图像中相应区域的颜色进行调整。选择相应的通道，单击“将通道作为选区载入”按钮⬚，即可将当前通道转换为选区。

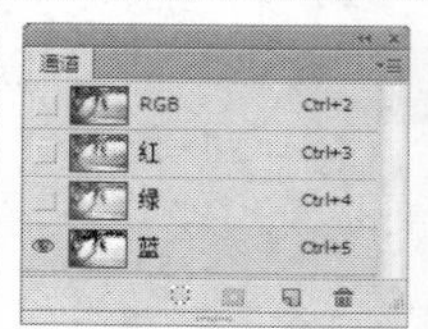

选择通道

载入通道选区

显示图像效果

13.5.7　实战：调整图像阿宝色调

光盘路径：第13章\Complete\调整图像阿宝色调.psd

步骤1　执行"文件 | 打开"命令，打开"调整图像阿宝色调.jpg"文件，复制图层，生成"背景 副本"图层。

步骤2　执行"窗口 | 通道"命令，打开"通道"面板，在该面板中选择"绿"通道，按住Ctrl 键单击该通道，以载入该通道选区。然后按快捷键Ctrl+C复制选区图层。

步骤3　在"通道"面板中，选择"蓝"通道，按快捷键Ctrl+V粘贴复制的选区图层，并按快捷键Ctrl+D取消选区，即可调整图像阿宝色调。

步骤4　复制"背景 副本"图层，设置该图层的混合模式为"柔光"、"不透明度"为20%，以增强色调层次。

13.5.8　将通道转换为蒙版

将通道转换为蒙版是通过将通道中的选区作为图层的蒙版，进而对图像的效果进行调整。在"通道"面板中按住Ctrl键的同时单击相应的通道缩略图，即可载入该通道选区，从而合成更为丰富的画面效果。

13.5.9　实战：合成花丛中的舞者

光盘路径：第13章\Complete\合成花丛中的舞者.psd

步骤1　打开"合成花丛中的舞者.jpg"和"合成花丛中的舞者1.jpg"文件，将文件1拖曳到另一个文件中，并调整其大小和位置。然后切换至"通道"面板中，按住Ctrl键的同时单击选择"绿"通道缩览图，切换至"图层"面板中添加图层蒙版，即可为图层添加通道选区作为图层蒙版。

步骤2　使用画笔工具在白色背景中涂抹，使画面更融合。创建"色彩平衡1"调整图层，设置参数，以统一画面色调。

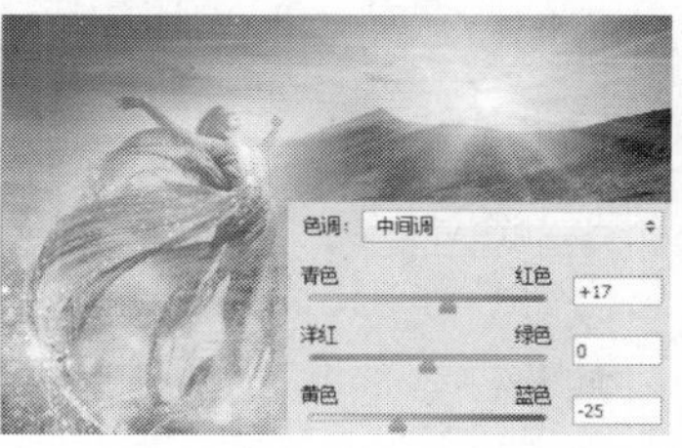

13.5.10 编辑Alpha通道

对图像进行调整时，可创建Alpha通道，并对其进行编辑操作，通过编辑通道，可得到更贴合画面的选区，从而调整图像效果，而此时的Alpha通道类似于图层蒙版。在对Alpha通道进行编辑时，可结合滤镜菜单中的滤镜使用，制作选区内图像的滤镜效果。

13.5.11 实战：编辑通道调整图像色调

光盘路径：第13章\Complete\编辑通道调整图像色调.psd

步骤1 打开“编辑通道调整图像色调.jpg”文件，复制“背景”图层，生成“背景 副本”图层。

步骤2 单击魔棒工具，在属性栏中设置属性，并在天空区域创建选区。

步骤3 保持选区的同时切换至“通道”面板中，单击“创建新通道”按钮，创建Alpha通道并填充选区为黑色。

步骤4 保持选区的同时选择“蓝”通道，按快捷键Ctrl+M，在弹出的对话框中设置参数值，以调整该通道色调。

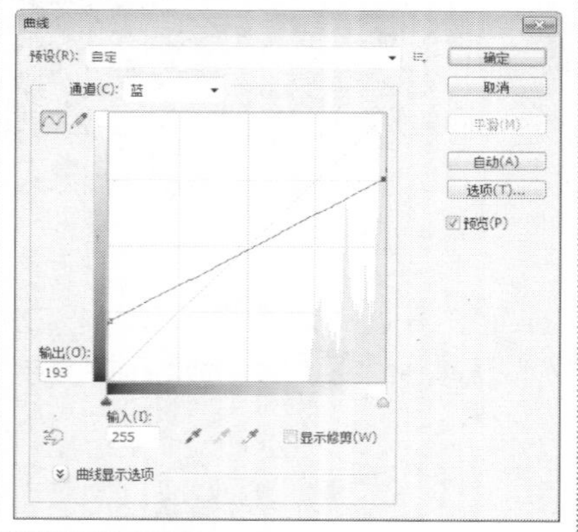

步骤5 反选选区，选择“红”通道，按快捷键Ctrl+M，在弹出的对话框中设置参数值，完成后单击“确定”按钮，以调整该通道的色调。

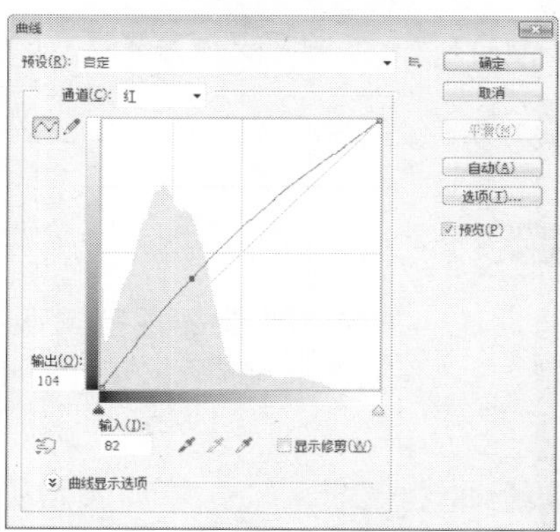

步骤6 取消选区，按快捷键Ctrl+M，在弹出的对话框中设置参数值，以调整画面的整体色调。

13.5.12 分离通道

分离通道可将通道中的颜色或选区信息分别存放在不同的独立灰度模式的图像中。并可对单个通道中的图像进行处理，常用于无需保留通道的文件格式而保存单个通道信息。在“通道”面板中单击右上角的扩展按钮，在弹出的快捷菜单中选择“分离通道”选项，即可将图像分离为3个灰度图像。在RGB颜色模式下，分离后的通道分别以（图像名称+文件格式+R、G、B）的名称格式显示。

原图

分离出的红通道

分离出的绿通道

13.5.13　合并通道

合并通道指将分离后的灰度图像重新组合成一个新的图像文件。合并通道类似于简单的通道计算，可同时将两幅或多幅图像经过通道分离后，再进行有选择性地合并操作，从而创建新的图像文件。

在“通道”面板中，单击右上角的扩展按钮，在弹出的快捷菜单中选择“合并通道”命令，在弹出的“合并通道”对话框中，设置相应选项模式后单击“确定”按钮。在弹出的“合并RGB通道”对话框中，可分别针对“红”、“绿”、“蓝”通道进行选择，此时的选择范围为选定的两张图像分离后的6个单独颜色通道，通过通道合并指定类型的新图像，原图像将在不做更改的情况下关闭，新图像则以未标题进行命名。未被选择的单独的颜色通道保持不变，选择的颜色通道合并为一张图像。

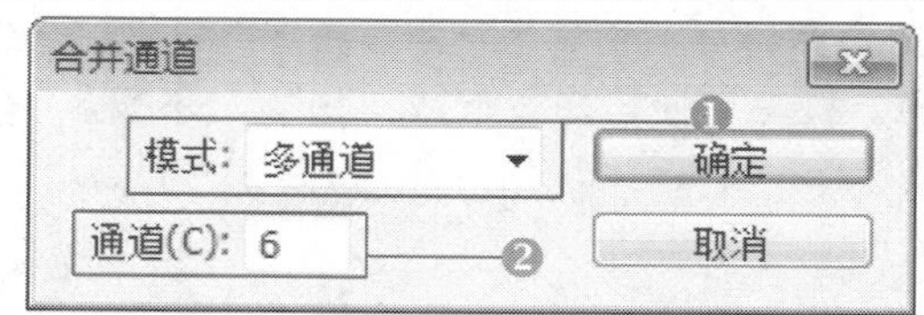

“合并通道”选项模式对话框

❶ **“模式”下拉列表**：在下拉列表中可选择合并图像后的颜色模式。

❷ **“通道”文本框**：在该文本框中，可显示合并通道的数目。

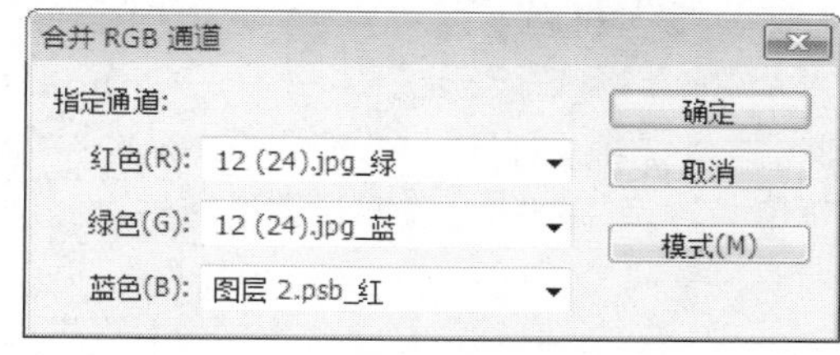

“合并RGB通道”对话框

13.5.14　实战：重组图像色调

光盘路径：第13章\Complete\重组图像色调.psd

步骤1　打开“重组图像色调.jpg”文件，执行“窗口 | 通道”命令，显示“通道”面板。在该面板中单击右上角的扩展按钮，在弹出的快捷菜单中选择“分离通道”命令，分离出3个灰度图像。

步骤2　在“通道”面板中，单击右上角的扩展按钮，在弹出的快捷菜单中选择“合并通道”命令，在弹出的“合并通道”对话框中，设置合并通道后的图像模式，完成后单击“确定”按钮。

步骤3　在弹出的“合并RGB通道”对话框中，分别针对“红”、“绿”、“蓝”通道进行设置，完成后单击“确定”按钮，即可改变图像原色调效果，并自动以“未标题-1”的方式进行重命名。

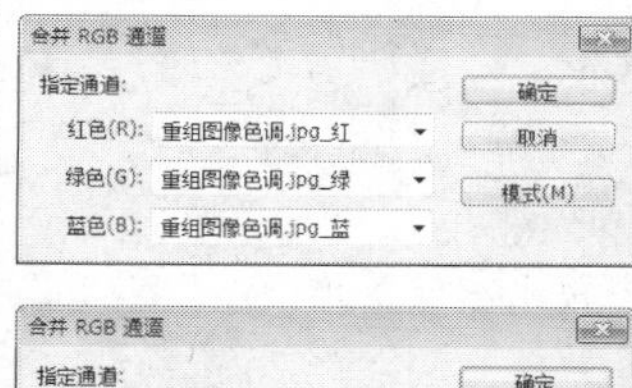

提示：

若将选定的两张不同大小的图像进行“分离通道”命令，再次应用“合并通道”命令，进行通道的合并时，将无法进行通道合并的下一步操作命令。需要注意的是，在合并两幅图像时，图像文件的大小和分辨率必须相同，设置各个通道选项后，单击“确定”按钮，即可将选择的颜色通道合并为一张图像。

13.5.15 实战：使用通道抠取飞扬的发丝

光盘路径：第13章\Complete\使用通道抠取飞扬的发丝.psd

步骤1 打开“使用通道抠取飞扬的发丝.jpg”文件，切换至“通道”面板中。

步骤2 查看各个通道，可发现“绿”通道中的发丝和背景对比强烈，因此，复制一个“绿副本”通道。

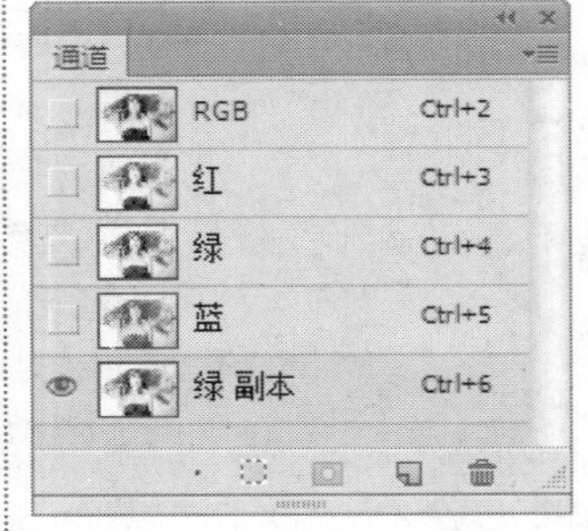

步骤3 按快捷键Ctrl+L，在弹出的“色阶”对话框中设置参数值，完成后单击“确定”按钮，以增强该通道的对比层次。

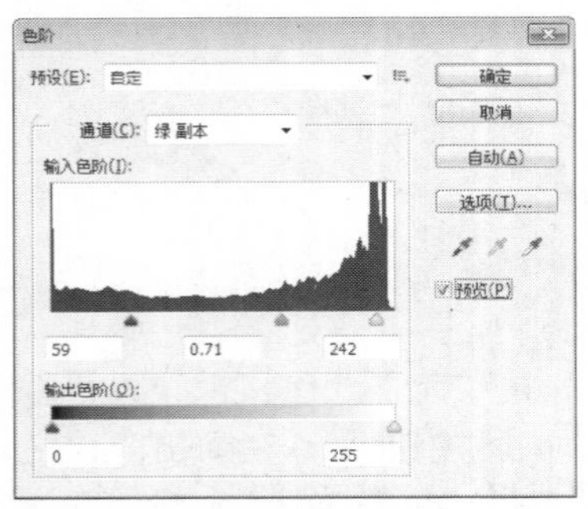

步骤4 单击画笔工具，在属性栏中设置属性，并使用黑色在人物内部涂抹，将人物部分涂抹为黑色。

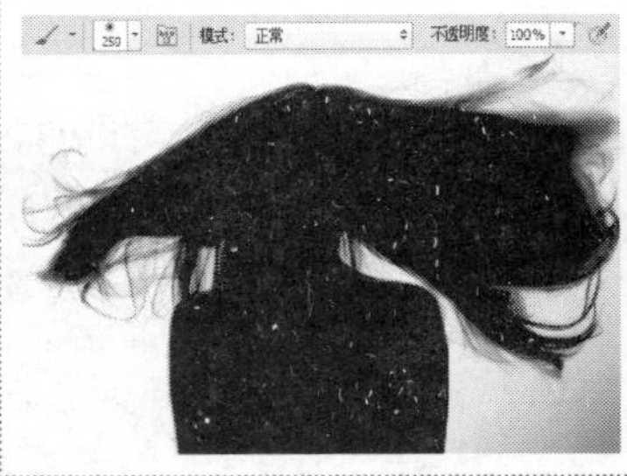

步骤5 使用套索工具，在属性栏中设置属性，右下角阴影区域创建选区。

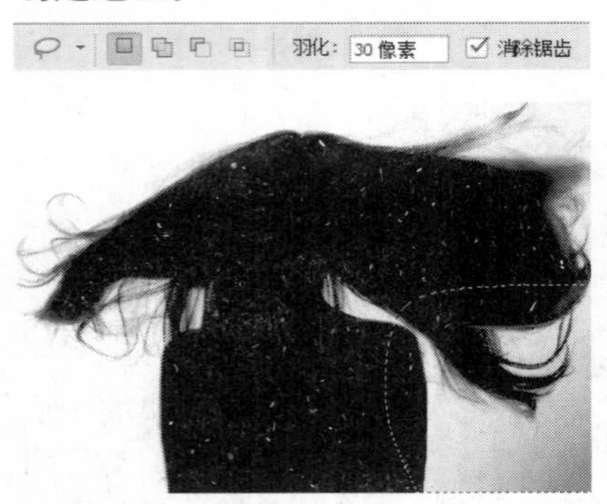

步骤6 保持选区的同时，按快捷键Ctrl+L，在弹出的“色阶”对话框中设置参数值，完成后单击“确定”按钮，以增强选区中的对比层次。

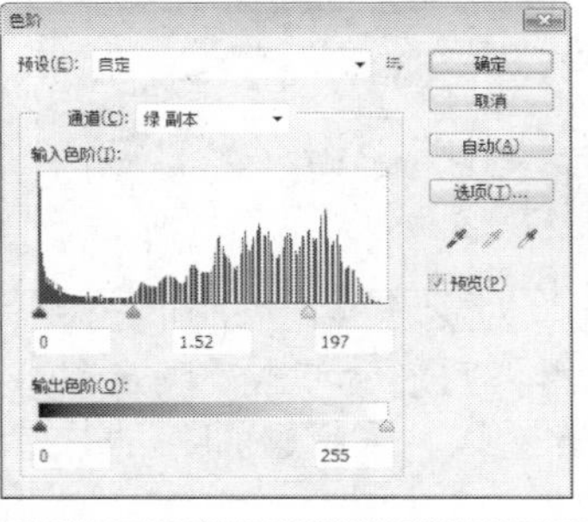

步骤7 按住Ctrl键的同时单击“绿副本”通道缩览图，载入该通道选区，切换至“图层”面板中，并拷贝选区内的图像。然后打开“使用通道抠取飞扬的发丝1.jpg”文件，将其拖曳到当前图像文件中，调整其大小和位置，以制作背景效果。

13.6 通道的高级混合选项

在“图层样式”对话框中，可通过在图层样式中的“高级混合”选项和“混合颜色带”选项中设置各个选项来抠取或调整图像效果。

13.6.1 “高级混合”选项

在“高级混合”选项面板中，通过设置各个选项，可控制蒙版与效果的联系。勾选“通道”选项中的R、G、B三种混合通道复选框，可影响图像的整体色调效果。

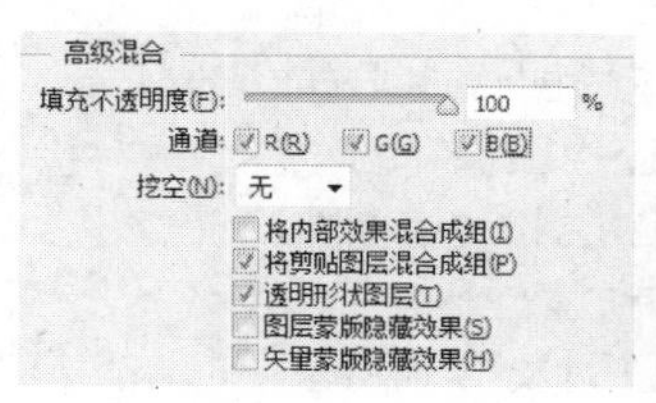

“高级混合”选项

原图

隐藏G通道复选框后效果

13.6.2 “混合颜色带”选项

在“混合颜色带”选项中，可通过在“本图层”和“下一图层”中的滑块来设置混合像素的亮度范围。拖动白色滑块可设置像素范围高值，拖动黑色滑块可设置像素范围低值，按住Alt键的同时拖动滑块可创建平滑的混合。

拖动“本图层”滑块可定义本图层被下一图层替换的像素值；拖动“下一图层”滑块可在最终图像中混合下面可见图层的像素范围。

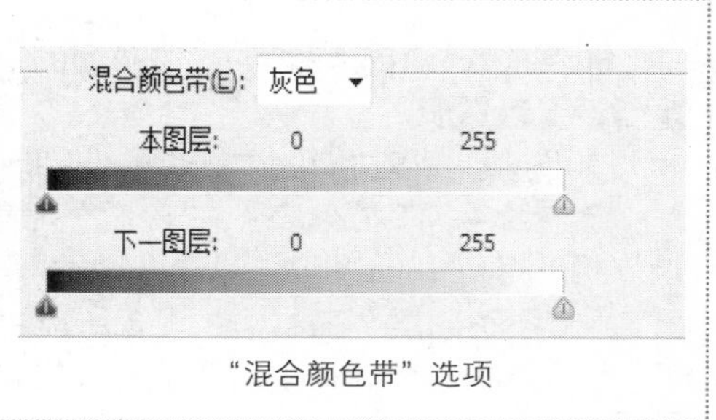

“混合颜色带”选项

13.6.3 实战：调整人物图像色调

光盘路径：第13章\Complete\调整人物图像色调.psd

步骤1 打开“调整人物图像色调.jpg”文件，复制“背景”图层，生成“背景 副本”图层。

步骤2 隐藏“背景”图层，双击“背景 副本”图层，在弹出的“图层样式”对话框中，在“灰色”选项中，按住Alt键的同时在“本图层”滑块中拖动右侧的滑块，抠取人物图像。

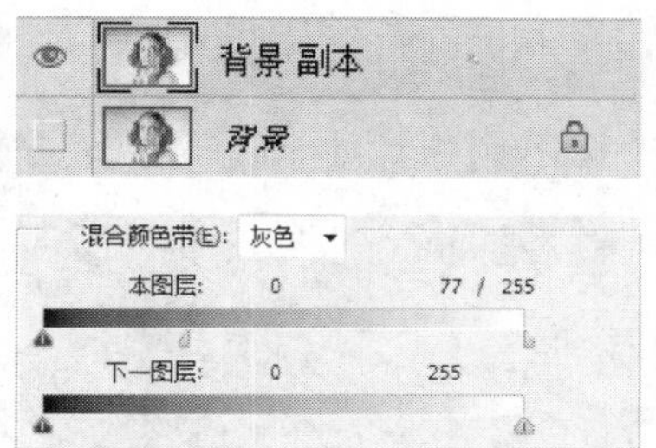

步骤3 按住Alt键的同时在“绿”选项中拖动滑块，抠取背景图像，完成后单击“确定”按钮。

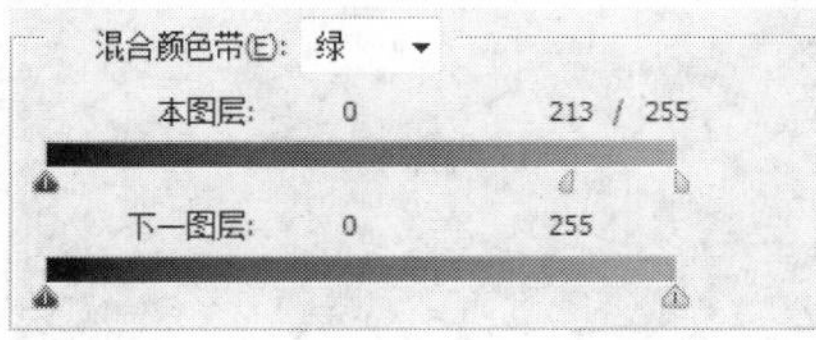

步骤4 在“背景 副本”图层下方，新建“图层1”，填充为淡黄色（R253、G253、B219），以展示人物图像色调效果。

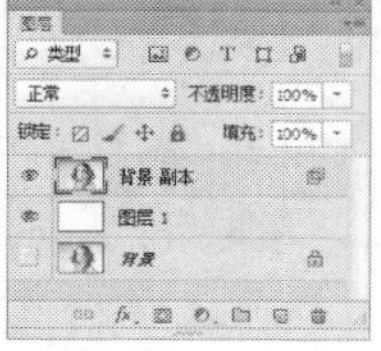

13.7 通道的高级应用

下面针对“应用图像”和“计算”命令在通道中的应用进行介绍，使读者能更深入地理解并应用通道调整图像色调。

13.7.1 认识“应用图像”对话框

“应用图像”命令是通过指定单个源的图层和通道计算得出结果，并应用到当前选择的图像中。执行“图像 | 应用图像”命令，弹出“应用图像”对话框。在该对话框中可以指定单个源的图层和通道混合方式，也可以对源添加一个蒙版计算方式。

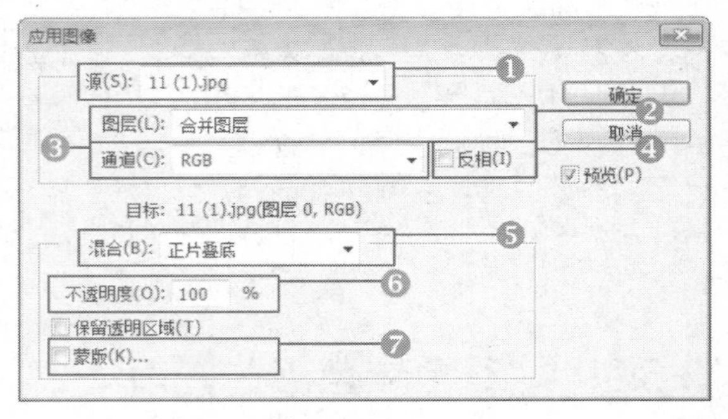

“应用图像”对话框

❶ **“源”下拉列表：** 在该选项下拉列表中常用于设置需要计算并合并应用图像的源。

❷ **“图层”下拉列表：** 在该选项下拉列表中常用于设置需要进行计算的源的图层。

❸ **“通道”下拉列表：** 在该选项的下拉列表中，可设置需要进行计算的源的通道，也可在该选项中重新设置通道源。

❹ **“反相”复选框：** 勾选该复选框后，将对混合后的图像色调做反相处理。

❺ **“混合”下拉列表：** 在该下拉列表中常用于设置计算图像时应用的混合模式，可调整出丰富的色调效果。

❻ **“不透明度”文本框：** 设置所应用的混合模式的不透明度。

❼ **“蒙版”复选框：** 勾选该复选框，将弹出与该选项相同的选项组，可将该图像应用于蒙版后的显示区域。

13.7.2 实战：调整照片非主流色调

光盘路径： 第13章\Complete\调整照片非主流色调.psd

步骤1 执行“文件 | 打开”命令，打开“调整照片非主流色调.jpg”图像文件。复制“背景”图层，生成“背景 副本”图层。

步骤2 在“通道”面板中选择“蓝”通道，执行“图像 | 应用图像”命令，在弹出的对话框中设置选项和参数值，完成后单击“确定”按钮。

步骤3 选择“绿”通道，应用相同的命令，在弹出的对话框中设置选项和参数值，调整该通道的色调。

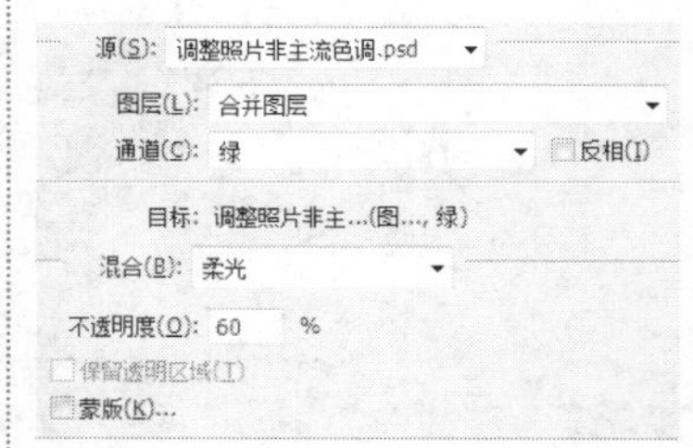

步骤4 在“通道”面板中选择“红”通道，对该通道进行颜色调整。应用“应用图像”命令，在弹出的对话框中设置混合模式为“线性光”、“不透明度”为30%，完成后单击“确定”按钮，以调整该图像色调。

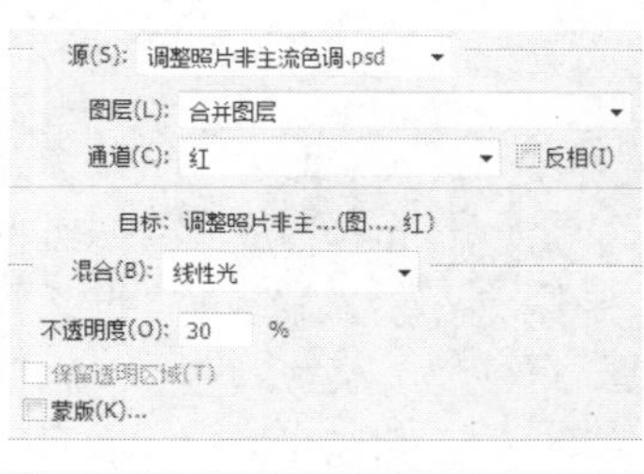

13.7.3　“计算”命令的原理

使用“计算”命令可将两个尺寸相同的图像或同一图像中的两个不同通道进行混合，并将混合的结果应用到新图像或新通道及当前选区中。执行“图像 | 计算”命令，在弹出的“计算”对话框中可设置通道混合模式的方式、通道的选择和目标源等，设置完成后单击“确定”按钮，可合成个性的图像效果。

13.7.4　实战：合成个性图像效果

光盘路径：第13章\Complete\合成个性图像效果.psd

步骤1　执行“文件 | 打开”命令，打开“合成个性图像效果.jpg”文件。

步骤2　打开“合成个性图像效果1.jpg”文件，将其拖曳到当前图像文件中，生成“图层1”，执行“自由变换”命令，调整其大小和位置。

步骤3　执行“图像 | 计算”命令，在弹出的“计算”对话框中，分别在“源1”和“源2”选项组中对图层和通道进行设置，设置混合模式为“叠加”，设置“结果”选项为“选区”，即可创建出选区效果。

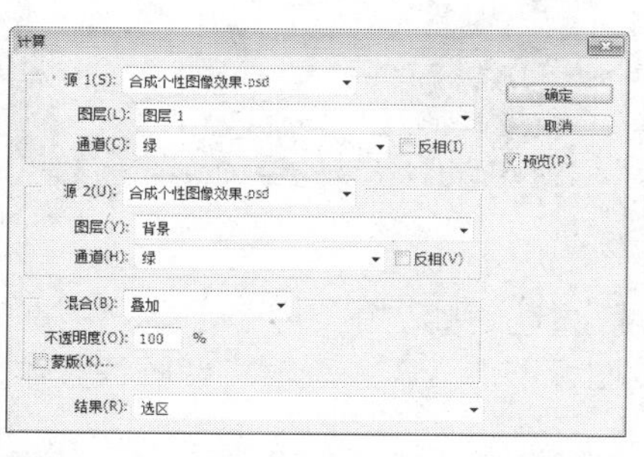

步骤4　保持选区的同时，在“图层”面板中新建“图层2”，并填充选区为白色，按快捷键Ctrl+D取消选区。

步骤5　在“图层”面板中设置“图层2”的混合模式为“叠加”，并为该图层添加图层蒙版，然后使用画笔工具在山脉区域稍微涂抹，以恢复该区域的色调效果，使其合成效果更自然。

300　模式：正常　不透明度：10%　流量：100%

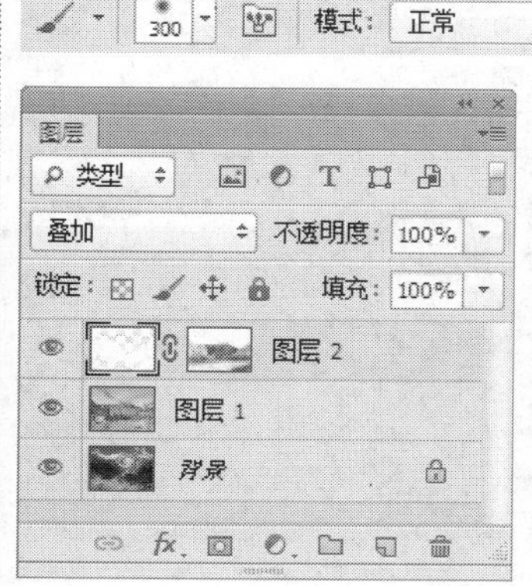

提示：

执行“图像 | 计算”命令，在弹出的“计算”对话框中，分别设置“源1”和“源2”选项组的选项后，还可以在“结果”下拉列表框中进行选择。在该选项中选择“选区”后，单击“确定”按钮，即可在图像中显示通道计算后的选区，以便快速进行其他操作编辑。

专家看板：“计算”对话框

在Photoshop CS6中，执行“图像 | 计算”命令，在弹出的“计算”对话框中有众多选项，其中“源1”选项和“源2”选项用于定义混合相同或不同的两个图像，以及在“图层”选项、“通道”选项和“混合模式”选项等中进行相关设置，设置完成后单击“确定”按钮，得到计算的结果色效果。

在“计算”对话框中除了彩色型混合模式外，还包含了“相加”和“减去”混合模式，这两种混合模式主要用于“应用图像”和“计算”命令中。“相加”混合模式主要用于增加两个通道中的像素值，从而组合非重叠图像；“减去”混合模式主要用于从目标通道相应像素中减去源通道中的像素值。

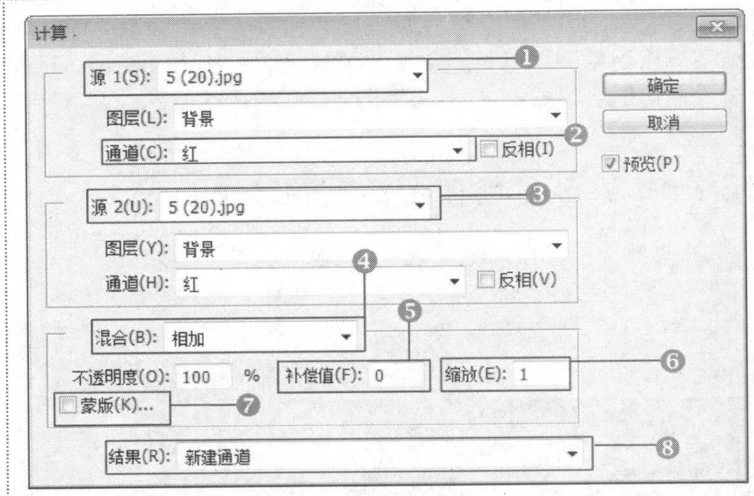

“计算”对话框

❶ **“源1”下拉列表**：设置计算源的图像。

❷ **“通道”下拉列表**：设置需要计算源的通道。

❸ **“图层”下拉列表**：设置需要计算源的图层。

❹ **“混合”下拉列表**：设置计算图像时应用的混合模式，可调整出不同灰度效果的图像。

原图

“滤色”混合模式

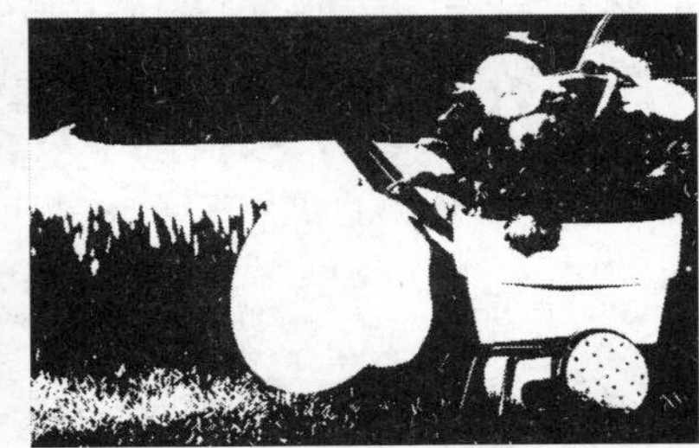

“实色混合”混合模式

❺ **“补偿值”文本框**：该文本框是通过“相加”和“减去”混合模式激活的，用于定义范围在−255~+255的补偿值，使目标通道中的像素变暗或变亮。负值将使图像整体变暗；正值将使图像整体变亮。

❻ **“缩放”文本框**：该文本框中的缩放值用于定义图像的变暗选项，其缩放值范围为1.000~2.000。

❼ **“蒙版”复选框**：勾选该复选框，将弹出与选项相应的选项组。可设置该选项通过蒙版应用混合模式的效果，使图像中的部分区域不受计算影响。

❽ **“结果”下拉列表**：通过选择“新建文档”、“新建通道”和“选区”选项，将以不同的计算结果模式创建计算结果。当选择“新建文档”选项时，可创建一个新的Alpha通道图像文档；当选择“新建通道”时，可在“通道”面板中创建一个Alpha通道；当选择“选区”选项时，将以计算的结果创建选区。

原图

新建Alpha通道文档

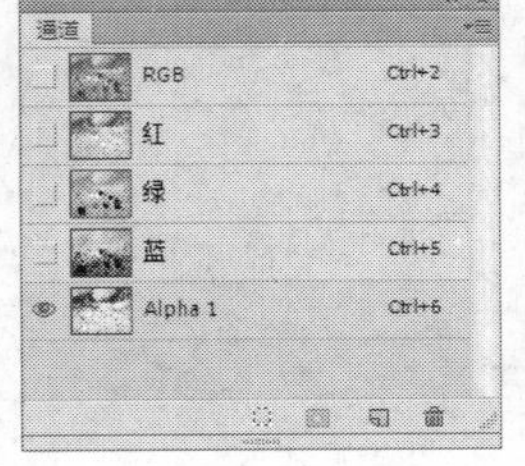

新建Alpha通道

创建选区

13.8 操作答疑

本章节主要学习图层蒙版和通道的应用及编辑。通过前面的知识讲解及实战操作，使读者更深入理解。下面是相关答疑和操作习题。

13.8.1 专家答疑

（1）在“图层”面板中如何查看编辑后的图层蒙版效果?

答：在Photoshop CS6中，对添加的图层蒙版进行编辑后，若想查看图层蒙版中的编辑效果，按住Alt键的同时单击蒙版缩览图，即可在图像中显示蒙版涂抹的黑白效果。再次按住Alt键的同时单击蒙版缩览图，即可返回到正常显示状态中。

原图

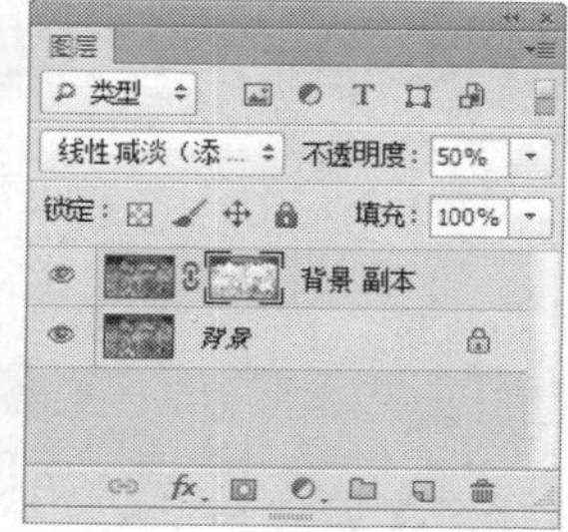

编辑后的图层蒙版

显示图层蒙版效果

（2）在对图像进行编辑时，可使用通道制作哪些特殊效果?

答：在“通道”面板中，可使用颜色通道中的分色功能抠取人物或动物的毛发、美白人物、修复图像偏色效果等，从而呈现特殊的色彩效果。同时还可以针对创建的Alpha通道，结合图层或滤镜制作具有特色的相框或艺术质感效果。

（3）在创建通道后，再次打开图像时，创建的通道为什么无法显示?

答：在Photoshop中，对图像创建通道后，将不会对创建的通道进行保存，再次打开图像文件后，将不会显示创建的通道。只有将编辑的文件存储为PSD格式或其他不合并通道的格式，再次打开该文件后，就可以查看相应的通道信息了。在对图像文件进行其他格式的存储时，可在“存储为”对话框中而勾选“Alpha通道”复选框，再次打开时也可查看当前创建的通道信息。

（4）在“通道”面板中，为什么可以对洋红、黄色等颜色通道进行重命名操作?

答：在Photoshop中，在RGB、CMYK、Lab、灰度等颜色模式中不能对颜色通道进行重命名操作。而在多通道模式中，可对颜色通道进行重命名操作，由于颜色模式下的通道是由多个图像效果叠加形成的，每个通道是单独存在的，且该模式下没有复合通道，因此，可在“通道”面板中对每个通道进行重命名操作。

13.8.2 操作习题

1. 选择题

（1）在Photoshop CS6中，按快捷键（　　）可创建剪贴蒙版。

A. Shift +Ctrl+G　　B. Alt +Ctrl+G　　C. Shift +Ctrl+E

（2）在复合通道中，不能应用（　　）。

A.“调整”命令　　B.“应用图像”命令　　C.“计算”命令

（3）在RGB模式中的“通道”面板中，按快捷键（　　）可以快速选择“蓝”通道。

A.Ctrl+3　　B. Ctrl+4　　C. Ctrl+5

（4）在“通道”面板中，单击“创建新通道”按钮的同时按下（　　）键，可弹出“新建通道”对话框。

A.Shift　　　　　B.Ctrl　　　　　C. Alt

2. 填空题

（1）在Photoshop CS6中，蒙版可分为________、________、________和________4种类型，在平常的操作中，使用最多的是________。

（2）在Photoshop CS6中，图层蒙版可分为________和________两大类。

（3）在Photoshop CS6中，通道可分为________、________、________、________和________5种类型。

（4）Alpha通道除了可以保存________外，还可以保存________的信息。以选区为创建Alpha通道时，选择区域被保存为________色，非选择区域被保存为________色。

（5）在对通道的编辑过程中，可以将通道与________、________和________命令结合使用，从而增强图像视觉效果。

3. 操作题

在“通道”面板中，结合调整命令调整图像反转片的色调效果。

步骤1

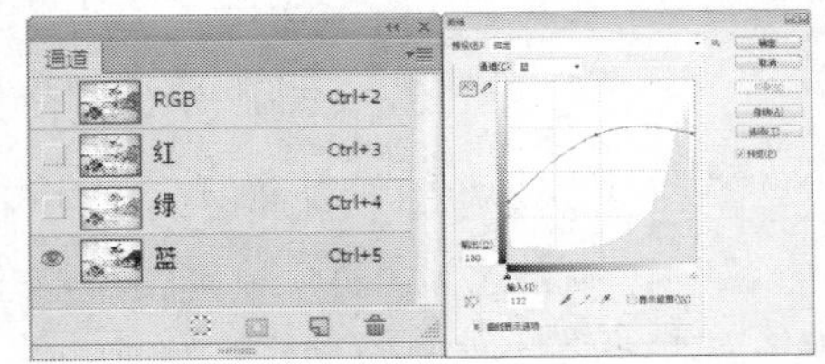

步骤2

步骤2 效果图

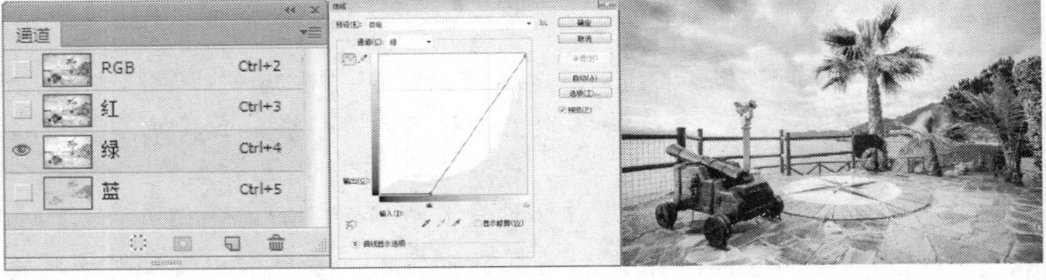

步骤3

（1）打开一张图像文件，在“通道”面板中选择“红”通道，应用“色阶”命令，调整该通道的色调。

（2）在“通道”面板中选择“蓝”通道，应用“曲线”命令，调整该通道的色调。

（3）在“通道”面板中选择“绿”通道，应用“曲线”命令，调整该通道的色调。

第14章

文字工具

本章重点：

本章介绍文字工具的应用方法。文字是Photoshop 软件的重要工具之一，在设计中有着不可替代的作用，优秀的文字排版能够对设计作品起到锦上添花的作用。本章将带领读者从认识文字工具开始，学习文字工具的编辑、应用，使读者能够熟练应用文字工具制作出优秀的文字效果。

学习目的：

本章重点掌握文字工具的编辑应用方法，主要是创建与编辑文字的知识。

参考时间：46分钟

主要知识	学习时间
14.1　认识文字工具和菜单	5分钟
14.2　使用文字工具创建文字	10分钟
14.3　文字的变形	5分钟
14.4　设置字符属性	8分钟
14.5　设置段落属性	8分钟
14.6　文本的编辑	10分钟

14.1 认识文字工具和菜单

在Photoshop中，使用文字工具可为图像添加相应的文字效果，增强画面的视觉效果。通过更改文字的相应格式，可赋予文字多样化，从而呈现不同的编排效果。

14.1.1 认识文字工具组

在工具箱的默认状态下选择横排文字工具，在工具箱中单击横排文字工具可弹出工具组选项，其中包括该工具组中的所有工具，包括横排文字工具、直排文字工具、横排文字蒙版工具和直排文字蒙版工具4种文字工具，选择其中一个工具后可切换至该工具。

- 横排文字工具 T
- 直排文字工具 T
- 横排文字蒙版工具 T
- 直排文字蒙版工具 T

文字工具组

14.1.2 文字工具属性栏

在Photoshop中，使用横排文字工具可在图像中从左到右输入水平方向的文字，并可在属性栏中设置文字的字体、字号、字体颜色、对齐方式和变形文字等效果。在图像中单击鼠标即可创建文本插入点，在该点后输入文字内容即可。

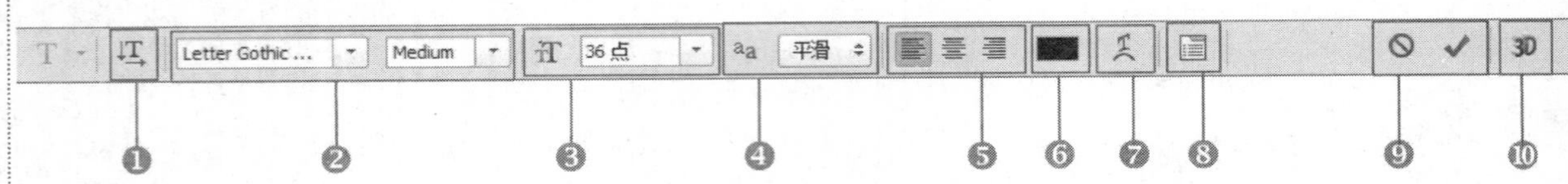

横排文字工具属性栏

❶ **“更改文本方向”按钮**：单击此按钮可实现文字横排和直排之间的转换。

❷ **“设置字体样式”下拉列表**：在该下拉列表中，可设置文字字体的形态样式。

原图　　应用字体样式效果1　　应用字体样式效果2　　应用字体样式效果3

❸ **“设置字体大小”下拉列表**：在该下拉列表中，可设置文字的字体大小，也可直接在文本框中输入字体大小。

❹ **“设置消除锯齿的方法”选项**：在该下拉列表中，可设置消除文字锯齿的方式，包括“无”、“锐利”、“犀利”、“浑厚”和“平滑”5种方式。

❺**对齐按钮组**：可快速设置文字的对齐方式。从左到右依次是“左对齐”、“居中对齐”和“右对齐”。

❻ **“设置文本颜色”选项**：单击该颜色色块，可在“选择文本颜色”对话框中对文本的颜色进行设置。

❼ **“创建文字变形”按钮**：单击此按钮，打开“变形文字”对话框，在其中可设置字体的变形样式。

❽ **“切换字符和段落面板”按钮**：单击该按钮可快速打开“字符”面板和“段落”面板，对文字进行调整与设置。

❾ **“取消变换”按钮和“进行变换”按钮**：“取消变换”按钮用于取消输入的文字效果，单击该按钮或按ESC键即可取消变换；“进行变换”用于确认当前输入的文字效果，单击该按钮或按快捷键Ctrl+Enter即可确认其效果。

❿**3D按钮**：单击该按钮，可将当前文字转换为3D立体文字效果。

14.1.3　认识文字菜单

在Photoshop CS6中，新增了文字菜单。下面就来通过认识文字菜单中的命令，了解创建和编辑文字的相关知识，以及如何使用文字工具及相关功能制作出需要的图像效果。

❶**面板**：在Photoshop CS6中，提供了专门用于创建和编辑文字的完善控制选项，分别为字符面板、段落面板、字符样式面板和段落样式面板4个面板。

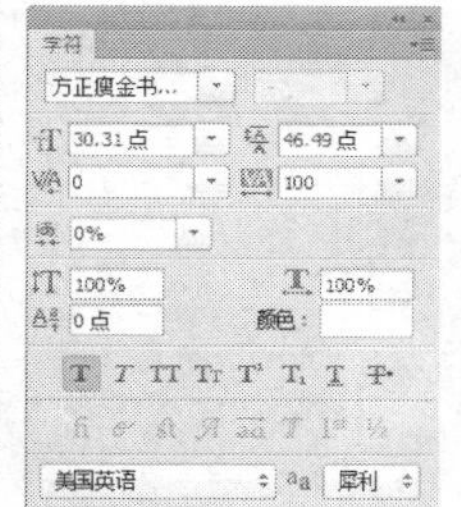

“字符”面板

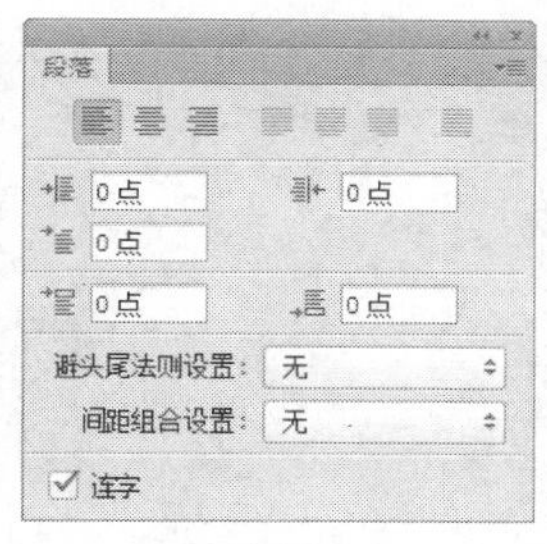

“段落”面板

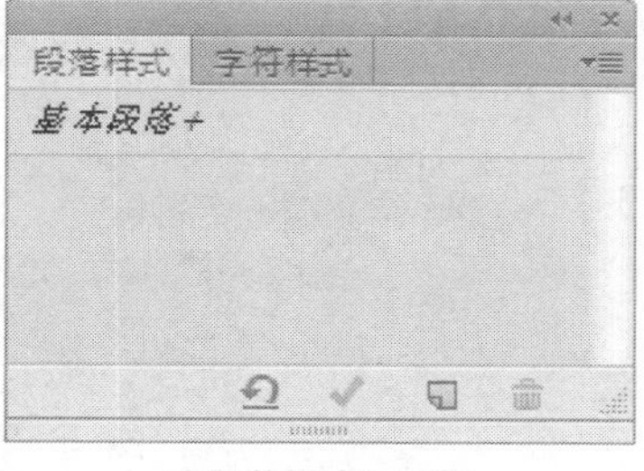

“段落样式”面板

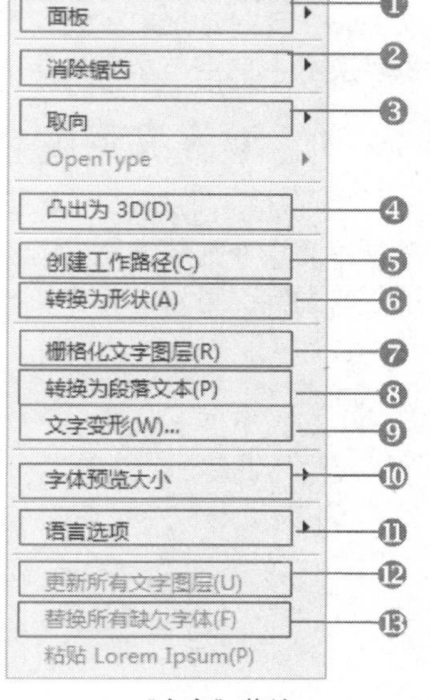

“文字”菜单

❷**消除锯齿**：应用消除锯齿命令，可表现文字的粗糙、锐利、犀利、柔和和平滑效果。

❸**取向**：在此级联菜单中包括两个选项，分别为水平和垂直，用于定位文字的横向或纵向排列。

❹**凸出为3D**：该命令为新增命令，通过执行该命令可直接将文字转换为3D效果。

文字效果

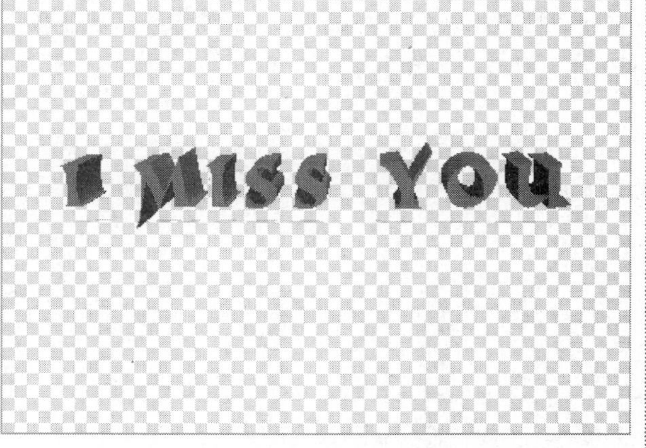

执行“文字 | 凸出为3D”命令的3D文字效果

❺**创建工作路径**：将输入的文字制作为工作路径。

❻**转换为形状**：将当前文字转换为形状。将文字创建为形状后，文字就会拥有形状图形的一切特征，但是其文字属性就不存在了。

❼**栅格化文字图层**：将文字图层或形状图层转换为普通图层。

❽**转换为段落文本**：将字符排列方式转换为段落形式。

❾**文字变形**：通过执行该命令，可将文字扭曲为多种形态。

❿**字体预览大小**：可设置预览文字的大小，其中包括无、小、中、大、特大和超大。

⓫**语言选项**：可设置不同的语言类型。

⓬**更新所有文字图层**：将在Photoshop 旧版本中输入的文字图层配合CS6 版本进行升级。

⓭**替换所有缺欠字体**：如果图像中使用了用户系统中没有的字体，则改用基本字体表现。

14.2 使用文字工具创建文字

本小节主要对文字的创建方式进行介绍，包括创建点文字、创建段落文字、转换点文本与段落文本和转换水平文字与垂直文字等。

14.2.1 输入文字型选区

在Photoshop中，以文字边缘为轮廓形成的文字选区被称为文字型选区。使用横排文字蒙版工具和直排文字蒙版工具可以创建未填充颜色的以文字为轮廓边缘的选区。通过为文字型选区填充渐变颜色或图案，可以制作出更多更特别的文字效果。

原图

使用横排文字蒙版工具输入文字

将文字选转换为选区

14.2.2 实战：制作剪贴文字效果

光盘路径：第14章\Complete\制作剪贴文字效果.psd

步骤1 执行“文件 | 打开”命令，打开“制作剪贴文字效果.jpg”文件，单击横排文字工具。

步骤2 在属性栏中设置字体样式和大小等属性，在画面左上角单击鼠标以创建插入点，输入相应的文字，并调整个别文字的大小。然后使用相同方法继续输入文字。

步骤3 分别为文字图层添加“投影”图层样式，在弹出的对话框中设置参数值，完成后单击“确定”按钮。

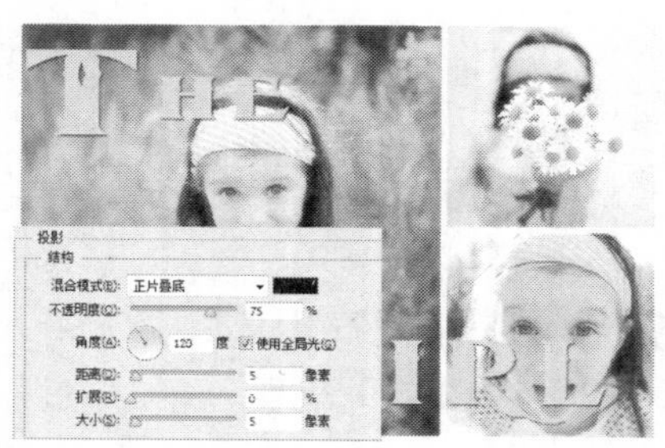

步骤4 复制“背景”图层，生成“背景 副本”图层，调整其大小和位置，并按Ctrl+Alt+G快捷键，创建剪贴蒙版。然后继续复制“背景 副本”图层，创建剪贴文字效果。

14.2.3　创建点文字

使用横排文字工具T或直排文字工具IT，在图像中单击鼠标，定位文字的插入点，然后输入相应的文字，在属性栏中单击“提交”按钮✓，即可创建点文字。

14.2.4　创建段落文字

段落文字方便对文字进行管理，以及对格式进行设置。单击横排文字工具T或直排文字工具IT，在图像中拖动鼠标绘制文本框，文本插入点将会自动插入到文本框的前端，在文本插入点处输入文字，即可创建段落文字。当输入的文字到达文本框边缘时，则会自动换行，若要手动换行，可以按Enter键进行操作。

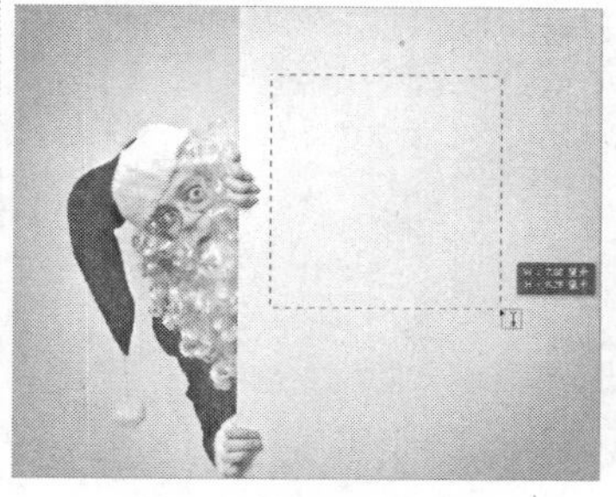

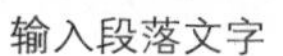

输入段落文字

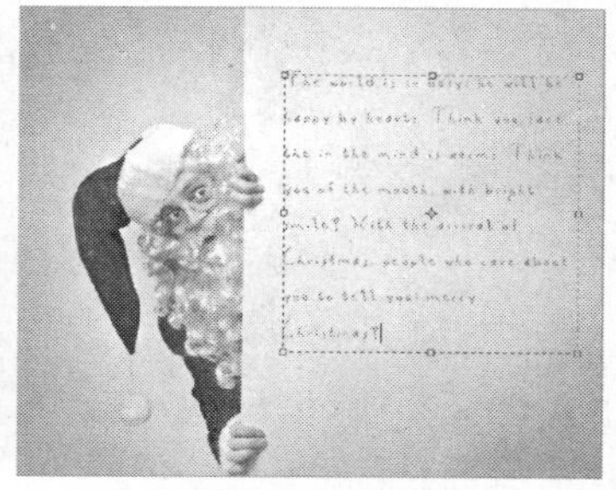

创建段落文本框

14.2.5　转换点文本与段落文本

在Photoshop CS6中，转换为点文本和转换为段落文本是两种文字输入方式。转换为点文本用于输入少量的文字，一个字、一行字或一列文字；转换为段落文本用于输入较多的段落文字。若要将点文本转换为带文本框的段落文本，执行“文字 | 转换为段落文本”命令，将点文本转换为段落文本。若要将段落文本转换为点文本，则执行“文字 | 转换为点文本”命令即可。

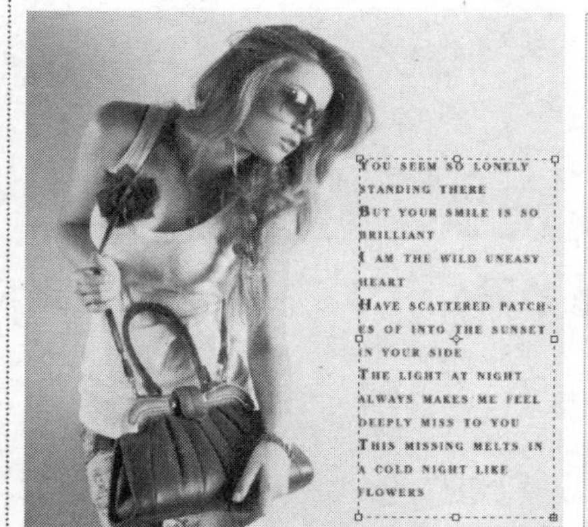

输入段落文字

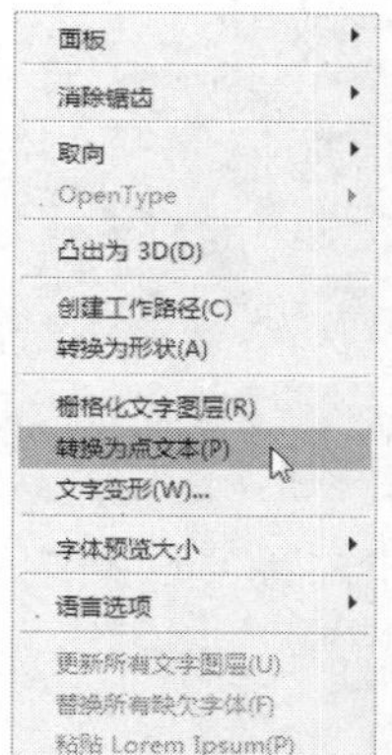

应用“转换为点文本”命令

将段落文字转换为点文本

应用“转换为段落文本”命令

14.2.6　转换水平文字与垂直文字

当使用横排文字工具T在图像中输入文字后，还可以转换文字的方向。执行“文字 | 取向”命令，应用级联菜单中的“水平”或“垂直”命令，可将水平文字和垂直文字进行相互转换。还可以在横排文字工具T属性栏中单击“更改文本方向”按钮，对水平文字或垂直文字进行转换。

水平文字效果

垂直文字效果

14.2.7 实战：制作非主流个性签名

光盘路径：第14章\Complete\制作非主流个性签名.psd

步骤1 打开“制作非主流个性签名.jpg”文件，复制图层，生成“背景 副本”图层。

步骤2 执行“滤镜 | 滤镜库”命令，在弹出的对话框中设置“颗粒”滤镜的参数值，以制作垂直纹理。

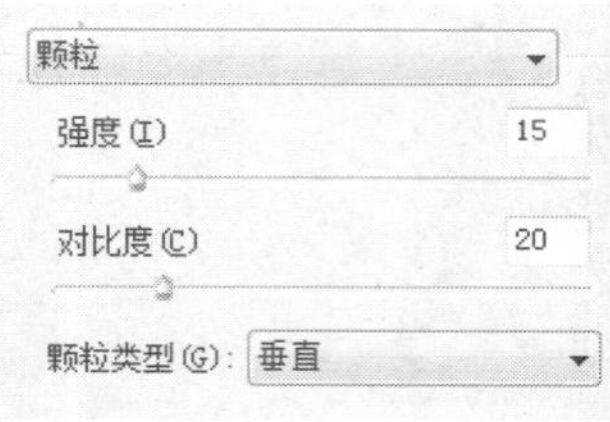

步骤3 创建“颜色填充1”填充图层，设置填充颜色为蓝色（R133、G71、B11），设置该图层的混合模式为“排除”、“不透明度”为80%，以调整颓废色调。

步骤4 单击横排文字工具 T ，在属性栏中设置字体样式、大小和颜色，以添加非主流文字。

步骤5 应用“自由变换”命令调整文字的角度，使用横排文字工具 T 调整个别文字的大小。继续使用相同方法，调整文字的大小，以突出个性签名效果。

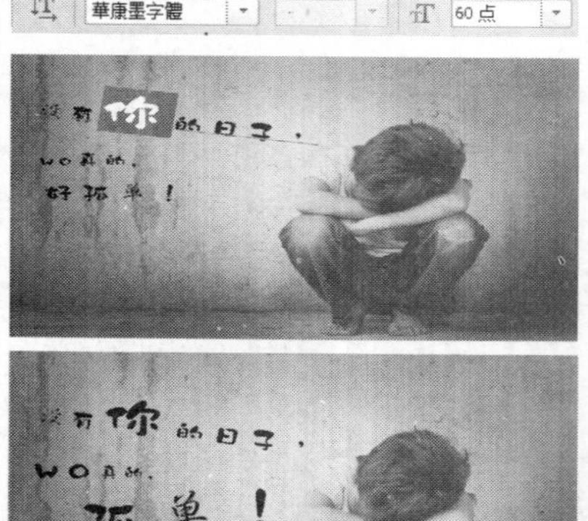

步骤6 复制“wo真的”文字图层，应用“自由变换”命令调整文字的角度和位置，设置该图层的“不透明度”为30%，以制作半透明效果。

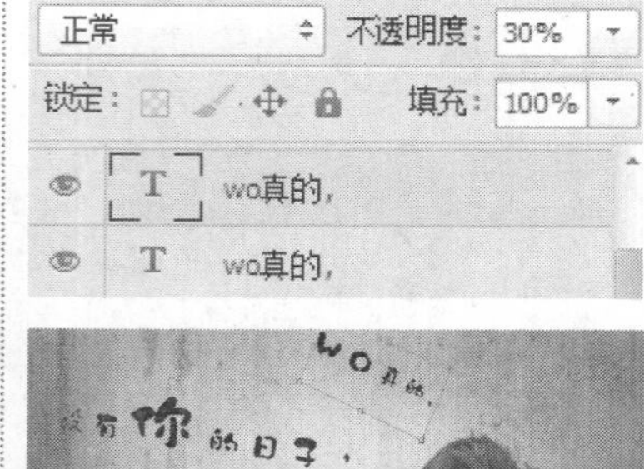

步骤7 继续使用相同方法，复制“好孤单！”文字图层，并应用“自由变换”命令调整其角度和位置。然后设置该图层的“不透明度”为30%，以制作文字的不透明效果。

14.3 文字的变形

在Photoshop中，应用“变形文字”命令对输入的文字进行变形，可制作出丰富多彩的文字变形效果。

14.3.1 创建变形文字

变形文字可对文字的水平形状和垂直形状做出相应调整，文字效果更加多样化。执行“文字 | 文字变形”命令，打开“变形文字”对话框，在其中设置变形的样式和相应的参数，完成后单击“确定”按钮，即可完成变形文字效果。变形文字后，将在“图层”面板中显示变形文字的缩览图。

“变形文字”对话框

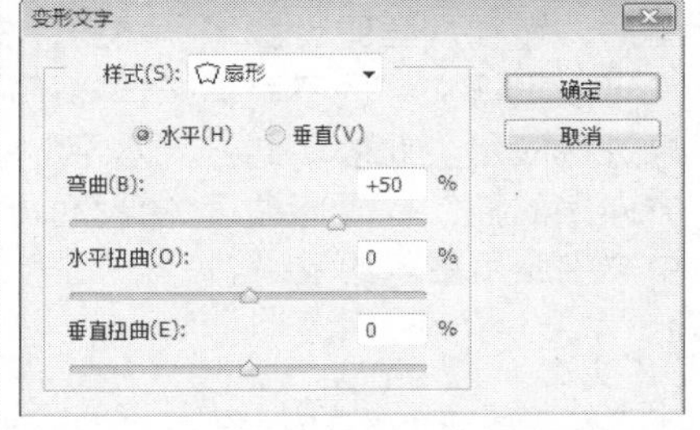

创建变形文字后在“图层”面板中的效果

14.3.2 重置变形与取消变形

在“变形文字”对话框中，对文字进行变形后，若要重置变形效果，可按住Alt键的同时单击“复位”按钮，可快速恢复该对话框的默认状态，即可对其进行重置变形效果。在“变形文字”对话框中单击“取消”按钮或按下Esc键，即可取消文字变形效果。

14.3.3 实战：制作发光文字

光盘路径：第14章\Complete\制作发光文字.psd

步骤1 执行“文件 | 打开”命令，打开“制作发光文字.jpg”文件。

步骤2 单击横排文字工具T，在画面右上角输入文字，并调整其角度。在横排文字工具T属性栏中单击“创建文字变形”按钮，在弹出的对话框中设置选项及参数值，制作文字变形效果，完成后单击“确定”按钮，即可应用其效果。

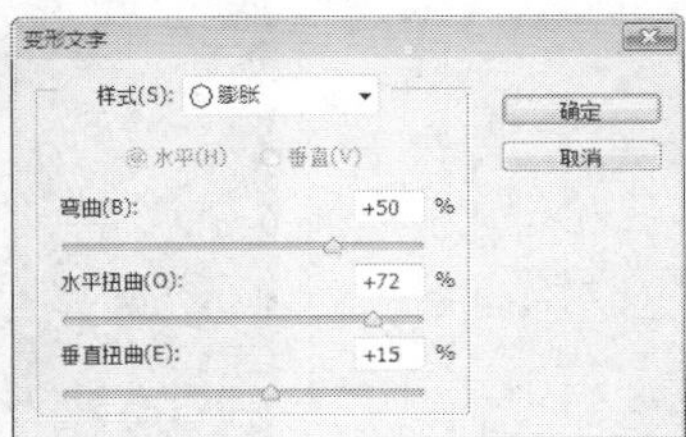

步骤3 在“图层”面板中单击“添加图层样式”按钮fx，在弹出的快捷菜单中选择“渐变叠加”和“外发光”选项，设置相应的参数值，以制作文字发光效果。

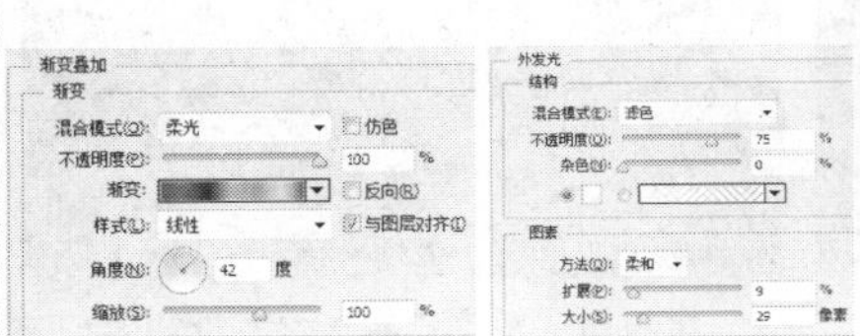

步骤4 单击“创建新的填充或调整图层”按钮，在弹出的快捷菜单中选择“渐变填充”选项，在对话框中设置渐变样式和角度，完成后单击“确定”按钮，设置该图层的混合模式为“叠加”、“不透明度”为30%，以增强画面色调的层次。

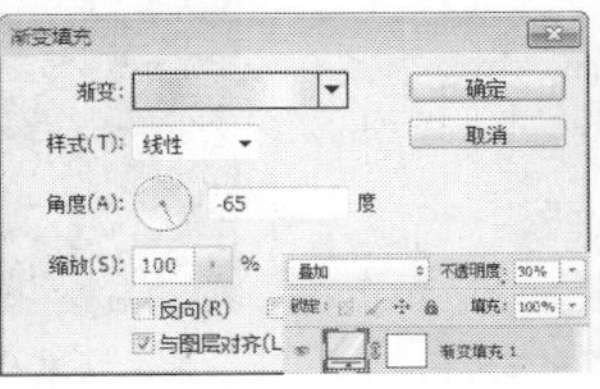

专家看板：“变形文字”对话框

“变形文字”命令可对文字的弯曲、水平方向和垂直方向进行扭曲变形，从而得到各式各样的文字效果。

在Photoshop CS6中，为文字的变形提供了十多种不同的样式，分别为扇形、下弧、上弧、拱形、凸起、贝壳、花冠、旗帜、波浪、鱼形、增加、鱼眼、膨胀、挤压、扭转等，用户可以根据文字的不同需求选择不同的文字效果进行应用。此外，结合“水平”和“垂直”方向上的控制以及弯曲度的调整，可以为图像中文字应用更多的效果。

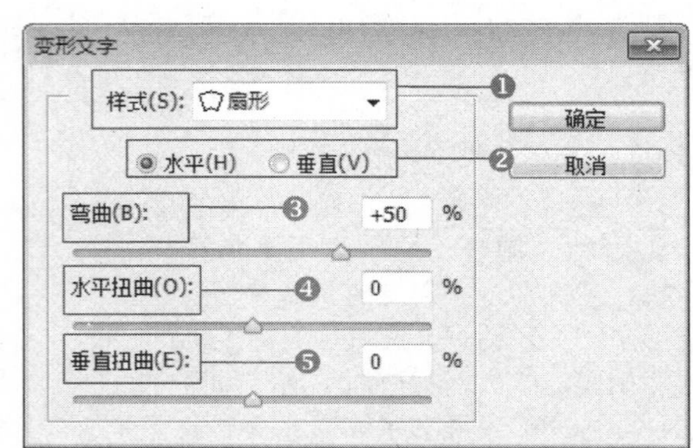

“变形文字”对话框

❶ **“样式”下拉列表**：在下拉列表中提供了15种样式，可以根据文字的不同需求选择不同的文字效果进行应用。当设置“样式”为“无”时，文字不做任何形式的变形。

原图

应用“拱形”样式

应用“贝壳”样式

❷ **“水平/垂直”单选钮**：设置文字以水平或垂直的轴进行变形。结合“水平”和“垂直”方向上的控制以及弯曲度的调整，可以为图像中的文字应用更多的效果。

❸ **“弯曲”文本框**：设置变形弯曲的强度，为正值时文字向上弯曲，为负值时文字向下弯曲。

❹ **“水平扭曲”文本框**：设置文字水平扭曲的强度，为负值时向左扭曲，为正值时向右扭曲。

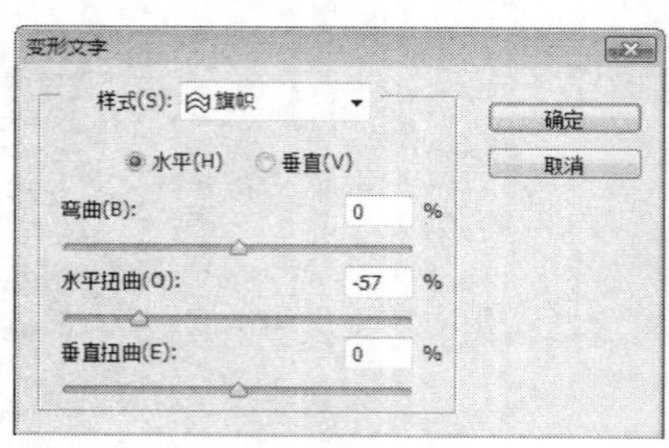

应用“旗帜”样式

设置“水平扭曲”值为-57%

设置“水平扭曲”值为74%

❺ **“垂直扭曲”文本框**：设置文字垂直扭曲的强度，为负值时向上扭曲，为正值时向下扭曲。

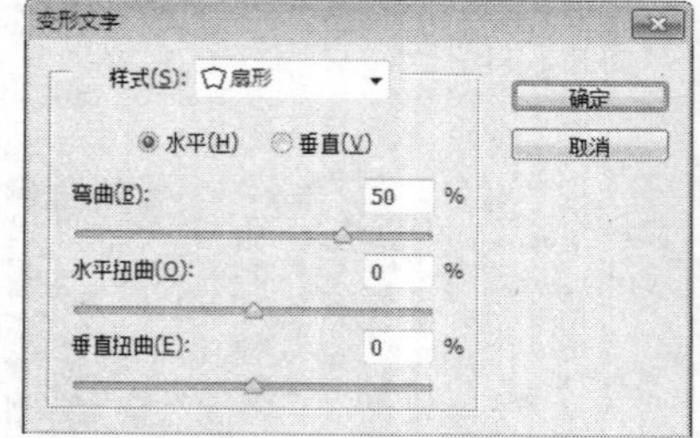

应用“扇形”样式

设置“垂直扭曲”值为-63%

设置“垂直扭曲”值为72%

14.4 文字与路径的结合

在Photoshop CS6中，文字可以沿着路径绕排，也可以沿着闭合的路径绕排文字，通过使用文字与路径结合编排，可制作多种个性的特效文字。

14.4.1 沿路径绕排文字

沿路径绕排文字是使文字沿着路径的轮廓形状进行自由排列，从而在一定程度上丰富文字的图像效果。使用钢笔工具或任意形状工具在图像中绘制路径，并使用横排文字工具将光标移动至绘制的路径上，当光标变为形状时，在路径上单击鼠标，此时光标会自动吸附到路径上，定位文本插入点，在文本插入点后输入文字，文字则会自动围绕路径进行绕排输入。需要注意的是，文本插入点的大小将会受文字大小设置的影响。

14.4.2 实战：制作花朵文字

光盘路径：第14章\Complete\制作花朵文字.psd

步骤1　执行“文件 | 打开”命令，打开“制作花朵文字.jpg”文件。单击自定形状工具，在属性栏中设置属性。

步骤2　使用自定形状工具在画面中绘制图形，并使用横排文字工具在路径中添加文字，以制作花朵文字。

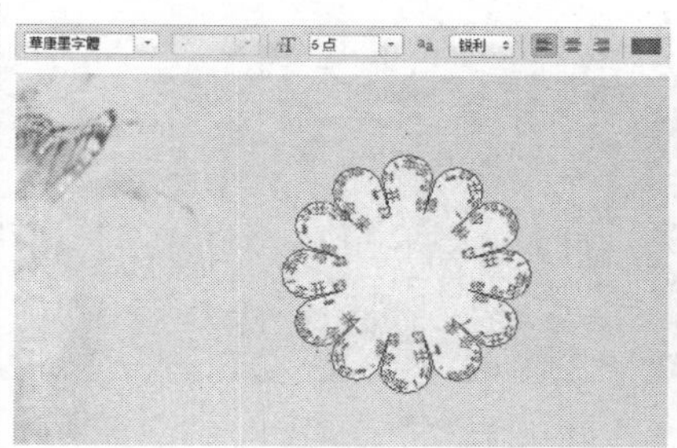

步骤3　继续使用相同的方法在画面中绘制图形并添加文字。然后多次复制图形与文字，以丰富画面效果。

14.4.3 实战：制作海浪效果文字

光盘路径：第14章\Complete\制作海浪效果文字.psd

步骤1　执行“文件 | 打开”命令，打开“制作海浪效果文字.jpg”文件。单击钢笔工具，在属性栏中进行设置，并在汉堡的右侧区域绘制一条曲线路径。

步骤2　使用横排文字工具将光标移动至绘制的路径上，当光标变为形状时，在路径上单击鼠标，此时光标会自动吸附到路径上，即可输入相应文字，以沿着路径绕排文字，并添加“描边”图层样式。

步骤3　使用相同的方法，使用钢笔工具在汉堡右侧区域绘制一条曲线路径，并添加相应的文字，然后添加“描边”图层样式，以增强文字效果。

14.5 设置字符属性

在“字符”面板中设置文字属性，可增强文字排列样式的效果。

14.5.1 使用“字符”面板

“字符”面板的功能与文字工具属性栏类似，但其功能比属性栏中的属性更全面。执行“窗口 | 字符”命令，将弹出“字符”面板。在默认情况下“字符”面板和“段落”面板是一起出现的，方便用户快速进行切换应用。在“字符”面板中可以对文字进行编辑和调整，可以对文字的字体、字体大小、间距、颜色、显示比例和显示效果进行设置。

14.5.2 选择输入文字

在“图层”面板中双击文字图层的图层缩览图即可选中图层中的文字。若要选择其中的部分文字，则应先单击相应的文字工具，将光标移动到需要选择的文字开始位置单击并拖动鼠标，此时被选择的文字呈反色显示。

输入文字

双击文字图层，选中文字

选中后面两个文字

14.5.3 在“字符”面板中调整行距

行距即文字行与行之间的距离，在“字符”面板中可以看到，默认情况下行距为“自动”。调整行距的方法为，选择文字所在图层，在“字符”面板中的设置行距下拉列表中选择相应的点数，即可对文字行距进行调整。

设置行距为6pt

设置行距为14pt

设置行距为72pt

14.5.4　在“字符”面板中设置间距

间距即是调整文字字符间的比例间距，数值越大则字距越小。同时调整文字的字与字之间的间距，即称“字距调整”。默认情况下，比例间距为0%，在“字符”面板中单击“设置所选字符比例间距”下拉列表旁的三角形按钮，在弹出的列表中选择相应的百分比，即可对文字的比例间距进行调整。字距调整的取值范围为-100~200。

字符间距为0

字符间距为200

14.5.5　实战：制作粉笔文字

光盘路径：第14章\Complete\制作粉笔文字.psd

步骤1　执行“文件 | 打开”命令，打开“制作粉笔文字.jpg”文件。

步骤2　单击横排文字工具T，在“字符”面板中设置文字字体和字体大小等相关选项，在画面左上方输入相应文字。

步骤3　选择文字图层，按住Ctrl键载入文字选区，然后在“通道”面板中新建“Alpha 1”通道，并填充为白色。

步骤4　选择“Alpha 1”通道，执行“滤镜 | 像素化 | 铜板雕刻”命令，在弹出的对话框中设置选项后单击“确定”按钮。复制“Alpha 1”通道，执行“滤镜 | 像素化 | 铜板雕刻”命令，在弹出的对话框中设置选项后单击“确定”按钮。然后多次反复操作5次该命令。

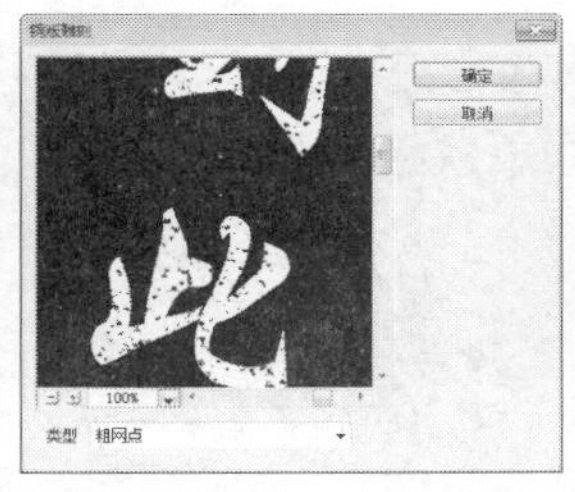

步骤5　复制“Alpha 1 副本”通道，生成“Alpha 1 副本2”通道，按住Ctrl键载入文字选区，选择铅笔工具，设置前景色为黑色，设置铅笔类型，在文字边缘涂上黑色。

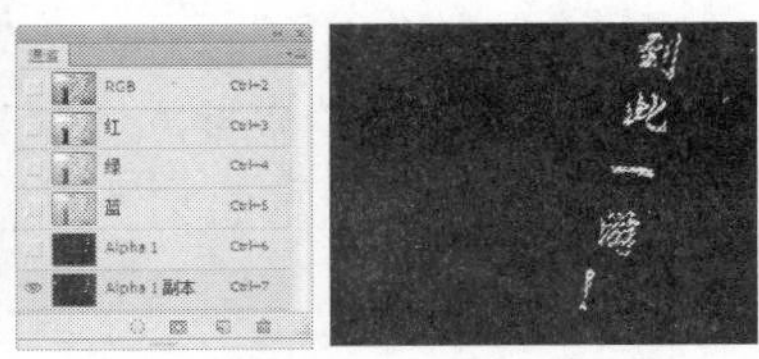

步骤6　复制载入的选区，回到图层面板中，新建“图层1”，填充选区为白色，然后按Ctrl+D快捷键取消选区，以制作粉笔字效果。

步骤7　设置“图层1”的混合模式为“叠加”，以增强文字效果。

14.5.6 实战：设计封面优美文字

光盘路径：第14章\Complete\设计封面优美文字.psd

步骤1 打开“设计封面优美文字.jpg”文件，并打开“波纹.jpg”文件，将其拖曳到当前图像文件中，并结合图层蒙版和渐变工具隐藏多余图像。

步骤2 创建“渐变填充1”调整图层，在弹出的对话框中设置渐变样式，并设置该图层的混合模式为“柔光”、“不透明度”为50%。然后使用画笔工具在较暗区域涂抹，以恢复部分层次细节。

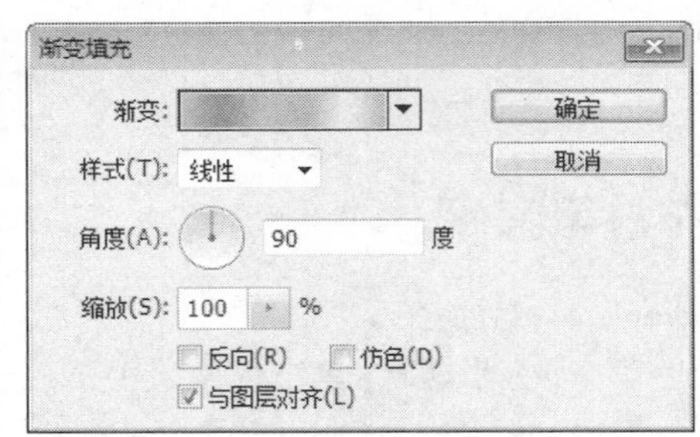

步骤3 创建“色阶1”调整图层，设置参数值，以调整画面的明暗对比。

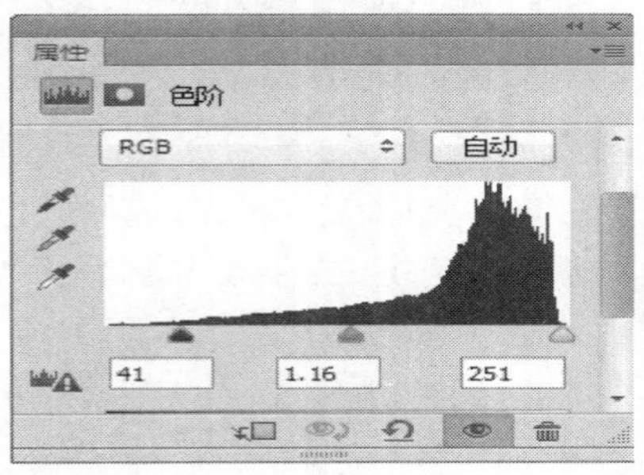

步骤4 使用横排文字工具T在画面中部输入文字。复制文字图层，并应用“栅格化文字”命令，隐藏下方的文字图层。对栅格化后的文字进行“透视”变形操作。

步骤5 双击该图层的图层缩览图，在弹出的“图层样式”对话框中对“斜面和浮雕”、“渐变叠加”和“颜色叠加”选项进行设置，以增强文字样式的效果。

步骤6 再次复制文字图层，删除图层样式后，添加“外发光”图层样式。然后稍微移动图层位置，以增强文字的发光效果。

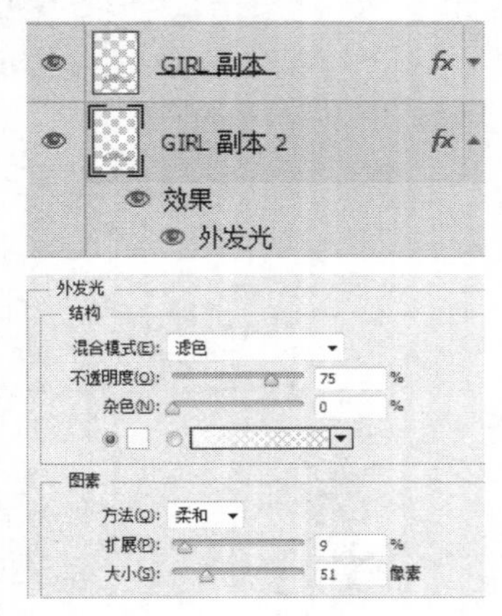

步骤7 打开01.psd素材文件，分别将其移动到当前图像中，调整其位置和大小，并新建图层，绘制相应的光照效果。

步骤8 使用横排文字工具T在画面中输入相应文字。

专家看板：“字符”面板

为了使添加的文字内容更适合画面效果，可通过“字符”面板进行调整。执行“文字｜面板｜字符面板”命令，弹出“字符”面板。在默认情况下，“字符”面板和“段落”面板是一起出现的，是为了方便用户快速进行切换应用。

“字符”面板的功能与文字工具属性栏类似，但其功能比属性栏中的属性更全面。在“字符”面板中可以对文字进行编辑和调整，可以对文字的字体、字体大小、间距、颜色、显示比例和显示效果进行设置。

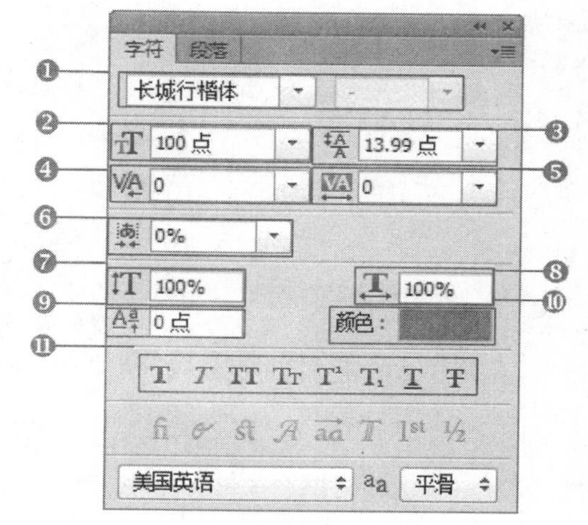

“字符”面板

❶ **“设置字体系列”下拉列表**：在该下拉列表中可以选择需要的字体，应用到输入的文字中。

❷ **“设置字体大小”下拉列表**：在该下拉列表中可设置字体大小的点数，也可以在文本框中直接输入参数值。

❸ **“设置行距”下拉列表**：用于设置输入文字行与行之间的距离。

❹ **“设置两个字符间的字距微调”下拉列表**：在该下拉列表中可设置两个字符之间的字距。

❺ **“设置所选字符的字距微调”下拉列表**：在该下拉列表中可直接输入数值进行设置或在图标中按住鼠标，当鼠标变为形状时左右移动位置，可设置所选择的字符之间的距离。其取值范围为−1000~10000，数值越大字符间的间距越大。

原图

设置字距为正值

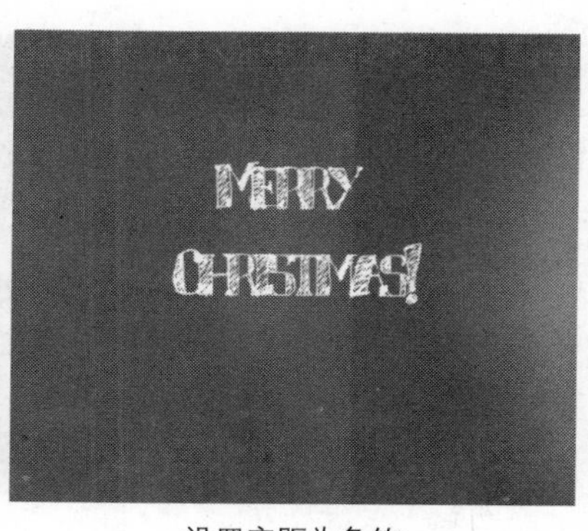

设置字距为负值

❻ **“设置所选字符的比例间距”下拉列表**：在该下拉列表中可设置所选字符之间的间距。其取值范围为0%~100%，数值越大字符间的间距越小。

❼ **“垂直缩放”数值框**：用于设置文字垂直方向上的缩放比例。

❽ **“水平缩放” 数值框**：用于设置文字水平方向上的缩放比例。

❾ **“基线偏移”数值框**：用于设置文字在默认高度基础上向上（正）或向下（负）偏移的数量。

❿ **“设置文本颜色”色块**：单击该颜色色块，在弹出的对话框中可对文字颜色进行调整。

⓫**文字特殊效果按钮组**：该组中的按钮从左到右依次为仿粗体、仿斜体、全部大写字母、小型大写字母、上标、下标、下划线和删除线，单击任意按钮，即可为文字添加相应的特殊效果。

14.6 设置段落属性

在“段落”面板和“段落样式”面板中设置文字段落的属性，可增强段落文字的段落样式。下面介绍使用“段落”面板、设置段落的对齐方式、设置段落的缩进方式、设置段落的间距、设置连字和“段落样式”面板的知识。

14.6.1 使用“段落”面板

执行“文字 | 面板 | 段落面板”命令，弹出“段落”面板，在该面板中可设置用于整个段落的选项，其中包括对齐方式、缩放方式和文字行距等。在该面板中单击相应的按钮或输入数值可对文字段落格式进行调整，可赋予不同的段落文字效果。

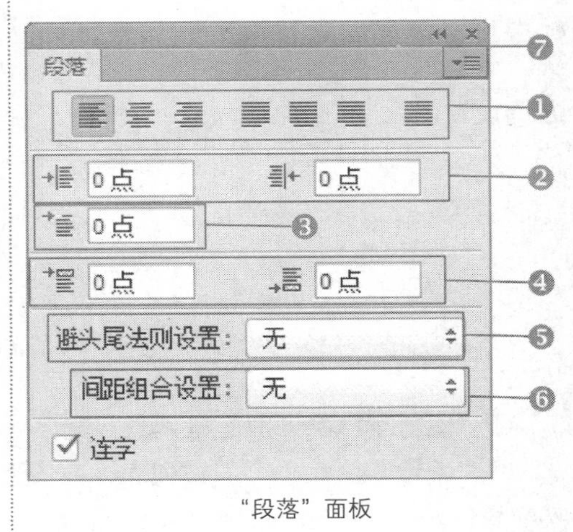

“段落”面板

❶**对齐方式按钮：**在“段落”面板中的首行按钮中，提供了7种对齐按钮供用户选择，单击对齐按钮可设置文字相应的对齐方式。

❷**左缩进和右缩进：**可输入参数设置段落文字的单行或整段的左右缩进。

❸**首行缩进：**可输入参数对段落文字的首行缩进进行单独控制。

❹**在段前和段后添加空白：**可输入参数对段前和段后文字添加空白。

❺**“避头尾法则设置”下拉列表：**单击右侧的下拉按钮，在弹出的下拉列表中选择“JIS宽松”和“JIS严格”选项，设置段落文字的编排方式。

❻**间距组合设置：**单击右侧的下拉按钮，在弹出的下拉列表中可以选择软件提供的段落文字间距组选项。

❼**扩展按钮：**单击此按钮，可打开扩展菜单，对段落进行不同的设置。

14.6.2 调整段落文字

若需要输入的文字内容较多，则可以通过创建段落文字的方式进行文字的输入，方便对文字进行管理，并对格式进行设置。在输入文字时，如果刚开始绘制的文本框过小，会导致输入的文字内容不能完全显示在文本框中，此时可以将鼠标移动至文本框边缘，选中文本框的节点向外拖动，改变文本框的大小，使文字全部显示出来。

绘制的文本框过小

选中文本框节点向外拖动

文本框变大后文字显现

14.6.3　设置段落的对齐方式

在创建段落文本框后，可在“段落”面板中设置文本的对齐方式，单击相应按钮即可对文本进行相应的对齐设置。在对文本进行设置时，若段落文字处于编辑状态，可根据需要选择不同的文本对齐设置，退出文字编辑状态时可对所有文字进行对齐设置。在“段落”面板中的首行按钮中包括“左对齐文本”按钮、“居中对齐文本”按钮、“右对齐文本”按钮、“最后一行左对齐”按钮、“最后一行居中对齐”按钮、“最后一行右对齐”按钮和“全部对齐”按钮，单击对齐按钮可设置文字相应的对齐方式。

左对齐文本

居中对齐文本

右对齐文本

最后一行左对齐

最后一行居中对齐

全部对齐

14.6.4　设置段落的缩进方式

在“段落”面板中可设置段落的缩进方式，包括“左缩进”、“右缩进”、“首行缩进”、“段前添加空格”和“段后添加空格”5种缩进方式，单击相应的缩进方式按钮可设置段落文字指定的缩进方式。

在“左缩进”和“右缩进”文本框中输入参数，设置段落文字的单行或整段的左右缩进；在“首行缩进”文本框中输入参数，可对段落文字的首行缩进进行单独控制；在“段前添加空格”和“段后添加空格”文本框中设置参数值，可输入参数对段前和段后文字添加空格。

选中段落文字

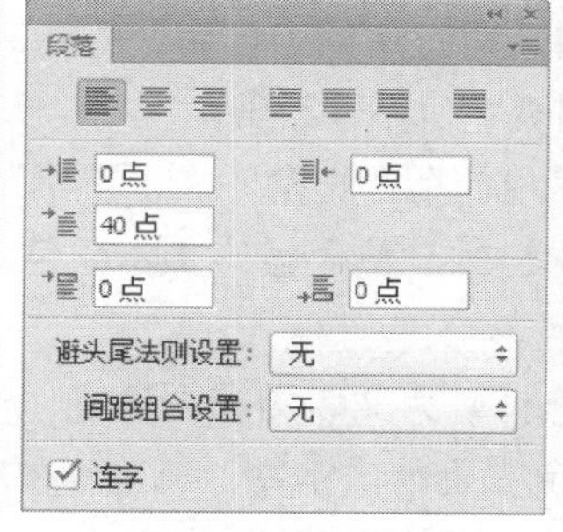

设置首行缩进40点

设置首行缩进40点的效果

14.6.5 设置段落的间距

在“段落”面板中单击“间距组合设置”选项右侧的下拉按钮，在弹出的下拉列表中可以选择软件提供的段落文字间距组选项。包括“无”、“间距组合1”、“间距组合2”、“间距组合3”和“间距组合4”，选中需要的选项即可应用其效果。

14.6.6 设置连字

在“段落”面板中勾选“连字”复选框，选取的连字符连接设置将影响各行的水平间距和文字在页面上的美感。要启用或停用该选项，可在“段落”面板中勾选或取消勾选“连字”复选框。要对特定段落应用连字符连接，应首先选中要影响的段落。

原图

取消文字的连接效果

14.6.7 认识“段落样式”对话框

在Photoshop CS6中，执行“文字 | 面板 | 段落样式”命令或执行“窗口 | 段落样式”命令，将弹出的“段落样式”对话框，单击右上角的扩展按钮，在弹出的快捷菜单中选择“段落样式选项”命令，即可打开“段落样式”对话框。

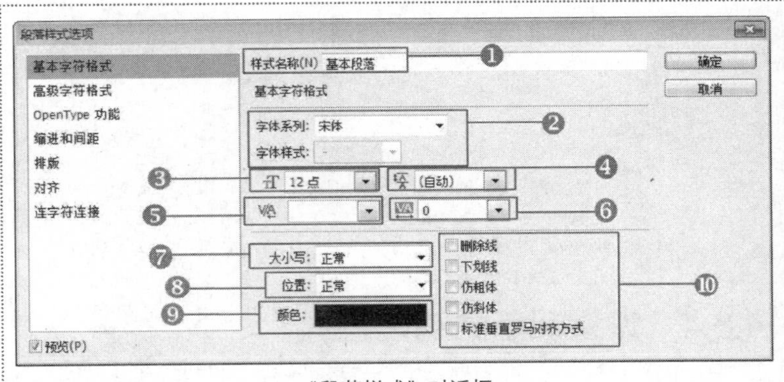

“段落样式”对话框

❶ **“样式名称”文本框**：在该文本框中可设置段落样式的名称。

❷**字体样式**：在该下拉列表中可以选择需要应用到输入文字中的字体。

❸**设置字体大小**：在此文本框中设置文字的字号大小。

❹**设置两个字符间的字符微调**：设置两个字符间的距离。

❺**设置行距**：在多行文字中设置行与行之间的距离。

❻**设置所选字符的字距调整**：设置所有选中的字与字之间的距离。

❼ **“大小写”文本框**：在其下拉列表中包括“正常”、“全部大写”和“小型大写字母”3个选项。

❽ **“位置”文本框**：在其下拉列表中包括“正常”、“上标”和“下标”3个选项。

❾**颜色色块**：单击该色块，可在弹出的“拾色器（文本颜色）”对话框中设置字体的颜色，完成后单击“确定”按钮即可应用指定的颜色。

❿**复选框组勾选**：“删除线”复选框可为文字添加删除线；勾选“下划线”复选框可为文字添加下划线；勾选“仿粗体”复选框可将文字变更为仿粗体；勾选“仿斜体”复选框可将文字变更为仿斜体；勾选“罗马标准垂直对齐”复选框可将文字按罗马标准垂直对齐。

14.6.8　实战：添加纪念文字

光盘路径： 第14章\Complete\添加纪念文字.psd

步骤1　执行"文件 | 打开"命令，打开"添加纪念文字.jpg"文件，将复制的"背景"图层拖曳到"创建新图层"按钮上，生成"背景 副本"图层。

步骤2　切换至"通道"面板中，选择"绿"通道，按住Ctrl键的同时单击"绿"通道，以载入该通道选区。然后按快捷键Ctrl+C拷贝选区内的图像。

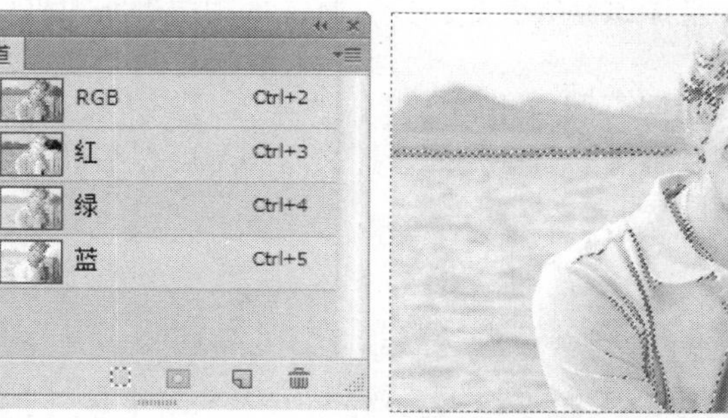

步骤3　保持选区的同时选择"蓝"通道，并按快捷键Ctrl+V，粘贴选区图像至该通道，取消选区后显示RGB通道，即可显示其色调效果。

步骤4　单击椭圆工具，在属性栏中设置属性，在画面中绘制两个正圆图形，并在"属性"面板中设置"羽化"值为50%。然后设置该图层的混合模式为"亮光"、"不透明度"为80%，以制作图像光斑效果。

步骤5　在属性栏中设置图形填充颜色，并在画面中绘制图形，设置其混合模式为"亮光"、"不透明度"为30%，以丰富画面效果。

步骤6　使用相同方法，在画面中绘制多个正圆图形，设置相应的混合模式和不透明度，以丰富画面效果。

步骤7　使用横排文字工具在画面中添加文字，添加"投影"图层样式，增强文字效果。

14.7 文本的编辑

本小节主要对文本的编辑操作进行讲解，包括文本的拼写检查、查找和替换文本、替换所有缺欠字体、将文字转换为路径和将文字转换为形状等，掌握文本的编辑是非常有必要的。

14.7.1 栅格化文字

文本图层是一种特殊的图层，它具有文字的特性，可对其文字大小、字体等进行调整，但无法对文本图层应用描边、色调调整等命令，只有将文本图层进行栅格化，将其转换成普通的图层才能对其进行相应的操作。

转换后的文本图层可以应用各种滤镜效果，却无法再对文字进行字体更改。选择文本图层后执行“文字 | 栅格化文字图层”命令，或选择文本图层后在图层名称上单击鼠标右键，在弹出的快捷菜单中选择“栅格化文字图层”命令。

输入文字

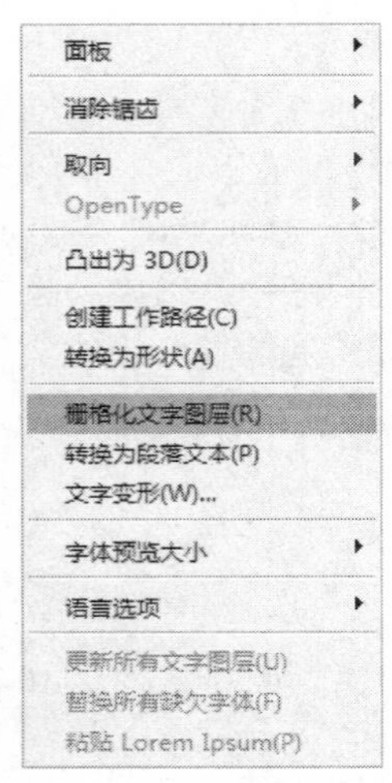

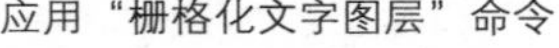

应用“栅格化文字图层”命令

栅格化文字图层

14.7.2 拼写检查

执行“编辑 | 拼写检查”命令，将弹出“拼写检查”对话框，在该对话框中可对Photoshop 中不认识的字或错误的文字进行拼写检查，并对词典中没有的文字进行询问，若被询问的文字拼写正确，可通过将该文字添加到词典中来确认拼写；若被询问的拼写错误时，可在“拼写检查”对话框中进行文字的更正，完成后，将弹出拼写检查完成提示框。

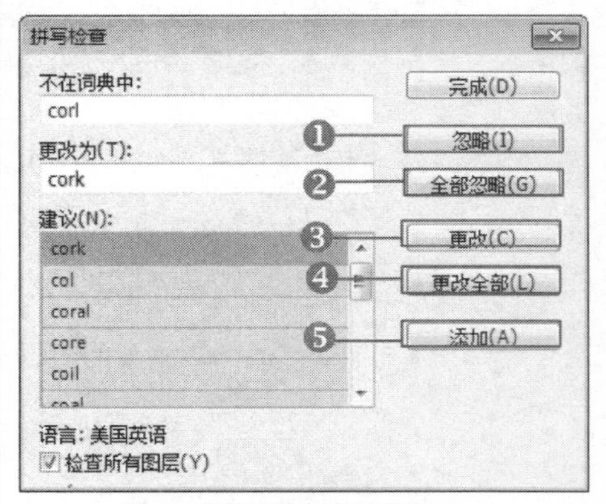

“拼写检查”对话框

❶ **“忽略”按钮**：单击该按钮将会继续进行拼写检查而不更改文本。

❷ **“全部忽略”按钮**：单击该按钮将会在剩余的拼写检查过程中忽略有相同疑问的文字。

❸ **“更改”按钮**：选择需要更改的文字，单击该按钮可更改拼写错误的文字。

❹ **“更改全部”按钮**：单击该按钮，可更改文档中出现的所有拼写错误的文字，并将拼写正确的文字添加到“更改为”文本框中。

❺ **“添加“按钮**：单击该按钮，可将无法识别的文字存储在词典中，以方便后面出现该文字时不会被标记为拼写错误。

14.7.3　查找和替换文本

在Photoshop 中输入了大量的文本后，若发现出现了相同的错误，可使用Photoshop 的查找和替换文本功能对文本中的错误文字进行替换。执行“编辑 | 查找和替换”命令，在弹出的“查找和替换文本”对话框中可输入需要查找的单词，并在“更改为”文本框中输入需要更改的单词。

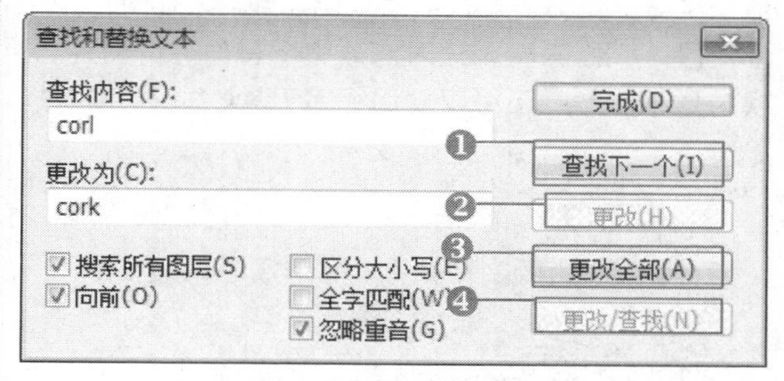

“查找和替换文本”对话框

❶ **“查找下一个”按钮**：单击该按钮，将会开始对错误单词进行查找，找到的单词将会以选中的状态显示，并激活下方的“更改”和“更改/查找”按钮。

❷ **“更改”按钮**：单击该按钮，可替换查找到的内容。

❸ **“更改全部”按钮**：单击该按钮，可对查找到的错误文字全部进行更改。

❹ **“替换/查找”按钮**：单击该按钮，将会查找更多的匹配选项，并全部进行替换。替换查找完成后将弹出相应的提示对话框。

原图

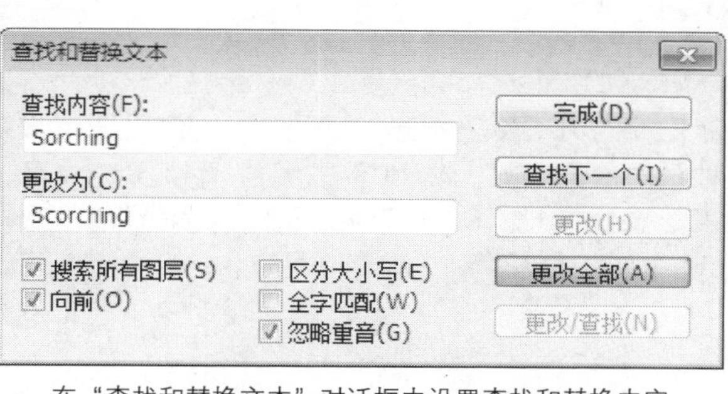

在“查找和替换文本”对话框中设置查找和替换内容

替换好的效果

14.7.4　替换所有缺欠字体

在Photoshop 中，若图像文本中使用了系统中没有的字体样式，将会以基本字体表现。并在“图层”中以黄色感叹号的样式显示，字体样式不会进行替换改变。

14.7.5　将文字创建为路径

将文字转换为路径，执行“文字 | 创建工作路径”命令，可将文字轮廓转换为一条闭合的工作路径。使用滤镜选择工具对单个的文字路径进行移动，可改变文字路径的位置。

原图　　将文字转换为路径

技巧：

当文字转换为路径后，按快捷键Ctrl+Enter可将路径转换为选区，让文字在文字型选区、文字型路径和文字型形状之间进行互相转换，变换出更多的文字效果。

14.7.6 将文字转换为形状

将文字转换为形状，文字将会拥有形状图形的一切特征，其文字属性就不存在了。在“字符”面板和“段落”面板将无法对当前文字属性进行设置。执行“文字 | 转换为形状”命令，即可将当前文字转换为形状图形。还可以使用钢笔工具和直接选择工具对文字形状进行变形编辑。

文字图像

文字形状图层

将文字转换为形状

14.7.7 实战：制作艺术文字

光盘路径：第14章\Complete\制作艺术文字.psd

步骤1 执行“文件 | 新建”命令，在打开的“新建”对话框中，设置画布的名称、宽度、高度和分辨率等，完成后单击“确定”按钮。

步骤2 新建“图层1”，使用渐变工具填充该图层为淡黄色（R250、G247、B201）到黄色（R246、G234、B173）的径向渐变。

步骤3 单击横排文字工具，在“字符”面板中设置字体样式、大小和颜色等，并在画面中输入相应的文字，添加文字效果。

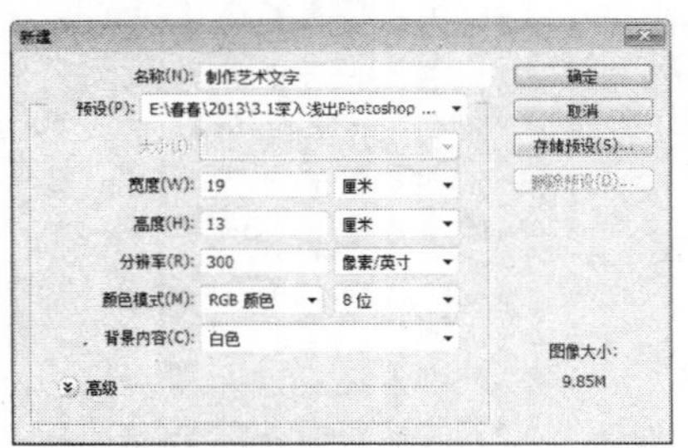

步骤4 执行“文字 | 转换为形状”命令，将当前文字图层转换为形状图形，并在文字轮廓边缘显示路径效果。

步骤5 单击添加锚点工具，使用该工具在形状文字路径上单击鼠标，以对文字路径进行编辑。按住Alt键的同时单击锚点，以删除多余锚点，对形状文字进行变形，制作文字效果。然后选择自定形状工具，在属性栏中设置“形状”为雪花，并在画面中绘制图形，以丰富画面效果。

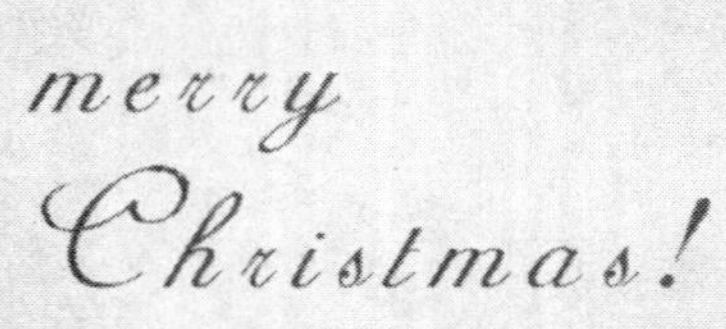

14.7.8　实战：制作巧克力文字效果

光盘路径：第14章\Complete\制作巧克力文字效果.psd

步骤1　按快捷键Ctrl+N新建画布，在画布上设置名称、宽度和高度，完成后单击“确定”按钮。

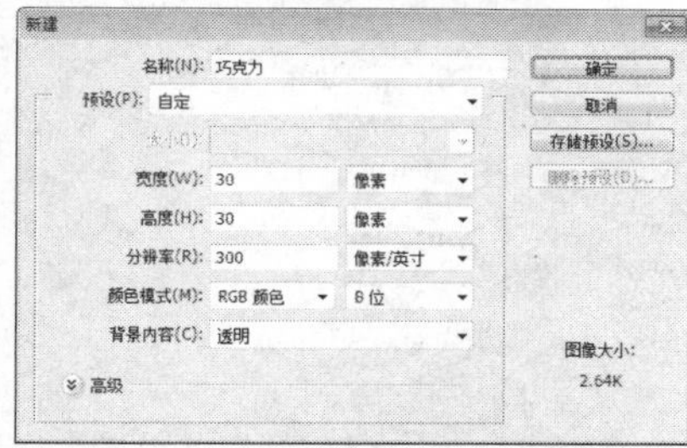

步骤2　使用矩形选框工具，按住Shift键的同时在画布上创建一个正方形选区，并执行“编辑 | 描边”命令，在弹出的对话框中设置选项及填充颜色为灰色（R88、G88、B88），完成后单击“确定”按钮，以填充选区图像。

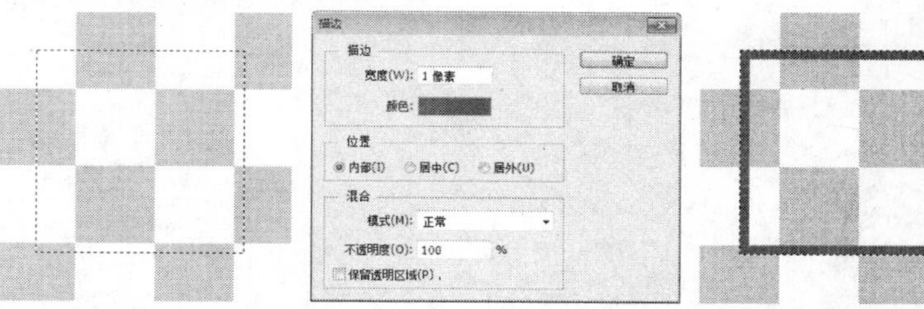

步骤3　使用魔棒工具在图像内部创建选区，并应用“描边”命令，设置“宽度”为3px、描边的颜色黑色，以填充选区图像。继续使用相同的方法，应用“描边”命令，设置填充颜色为灰色（R227、G227、B227），并取消选区。

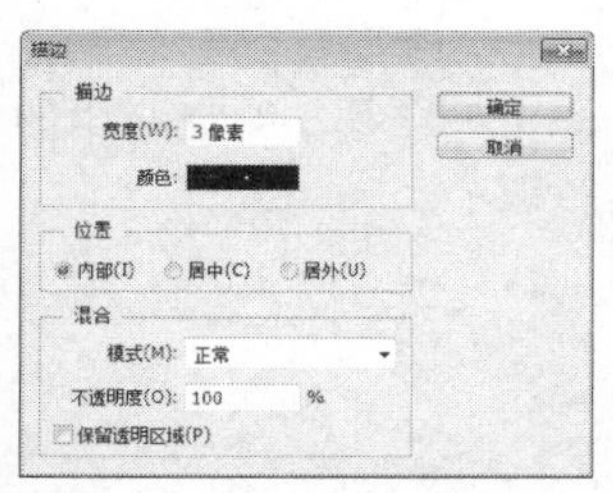

步骤4　执行“编辑 | 定义图案”命令，在对话框中设置“名称”为“巧克力”，并单击“确定”按钮。打开“制作巧克力文字效果.jpg”文件。

步骤5　使用横排文字工具在左上角输入文字，并调整文字的角度。

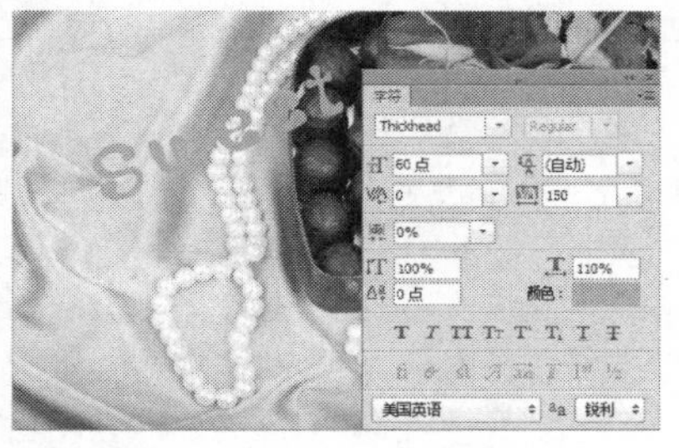

步骤6　单击“图层样式”按钮，在弹出的对话框中选择“斜面和浮雕”选项，在对话框中分别设置各个选项的参数值及填充颜色等，以制作巧克力纹理效果。

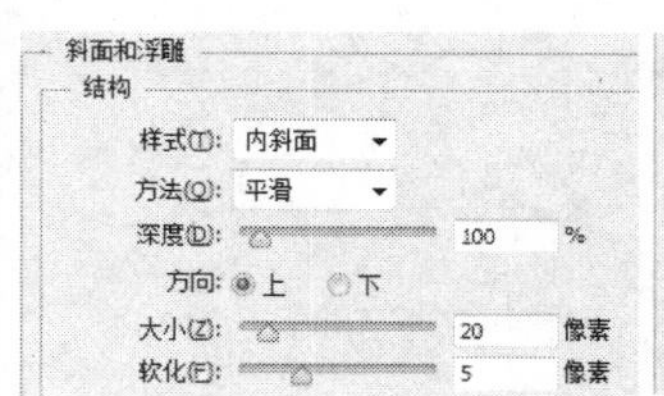

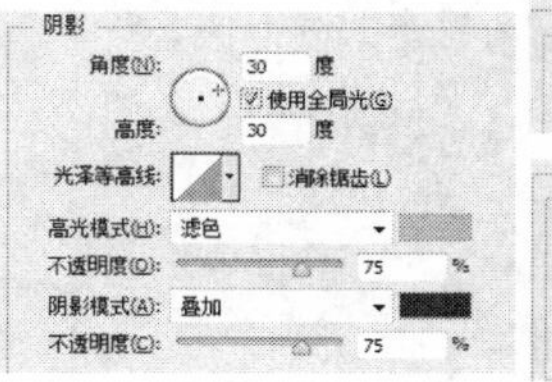

步骤7　为文字图层添加“投影”和“颜色叠加”图层样式，使其效果更真实。

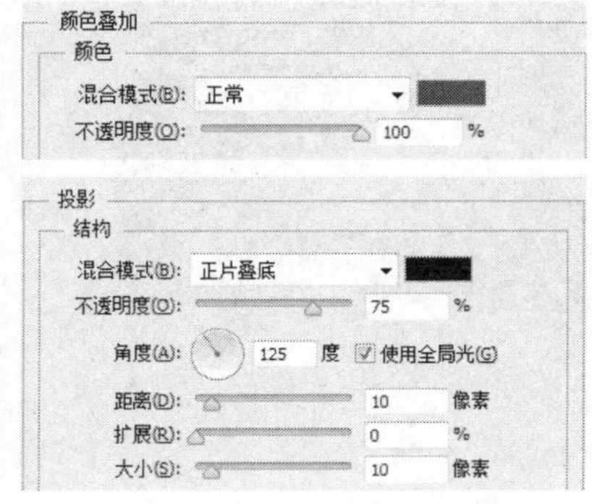

步骤8　单击画笔工具，在“画笔”面板中设置各个选项及参数值。

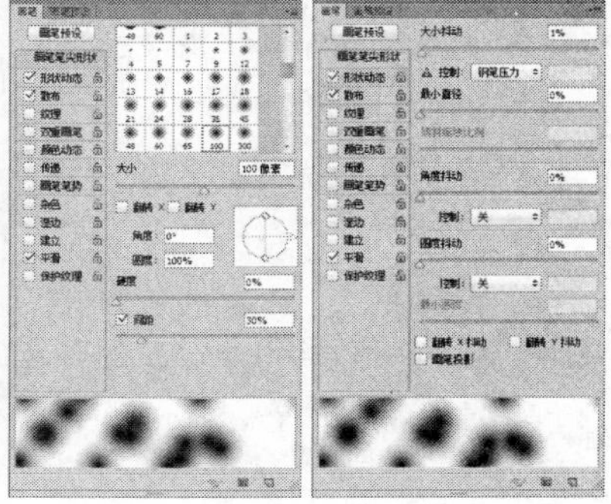

步骤9 在“画笔”面板中设置选项及参数值。然后设置画笔“硬度”为100%。

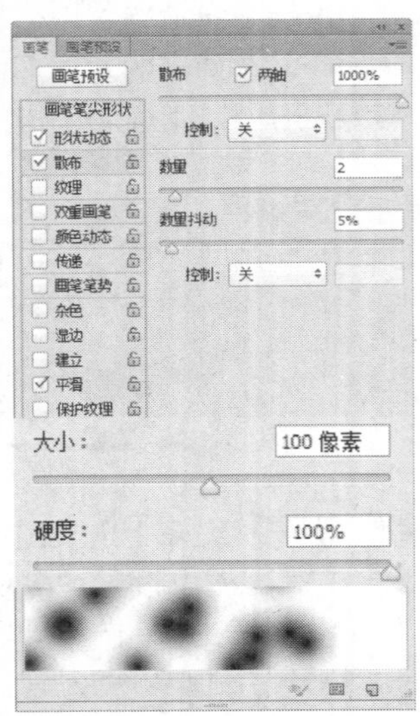

步骤10 新建“图层1”，设置前景色为白色，使用画笔工具在巧克力文字边缘拖动鼠标涂抹，绘制巧克力散落效果。

步骤11 拷贝文字图层的图层样式，粘贴至“图层1”中，以制作巧克力酱散落效果。

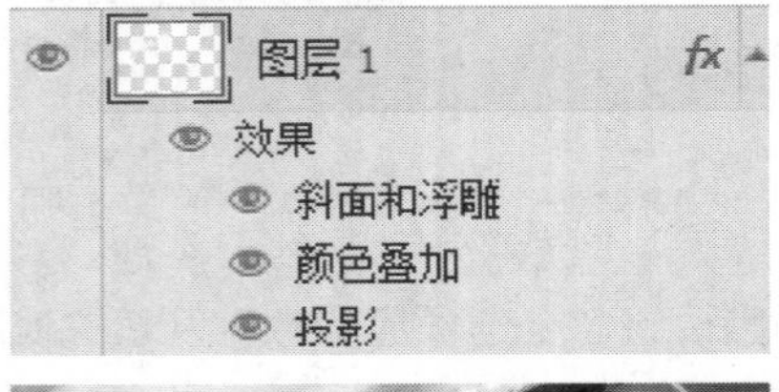

步骤12 在“图层1”上双击图层，在弹出的“图层样式”对话框中，分别设置“斜面和浮雕”、“投影”和“颜色叠加”面板中的参数值及填充颜色等，制作白色奶油纹理效果。

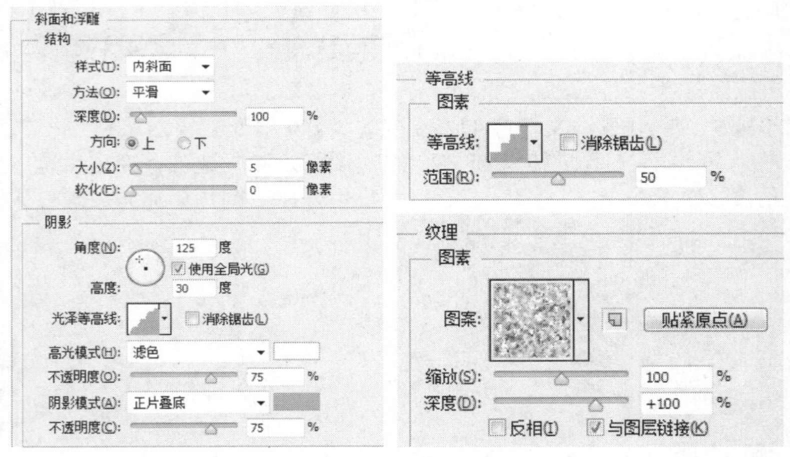

步骤13 按快捷键Ctrl+[，将“图层1”移至文字图层的下方，以绘制奶油效果。

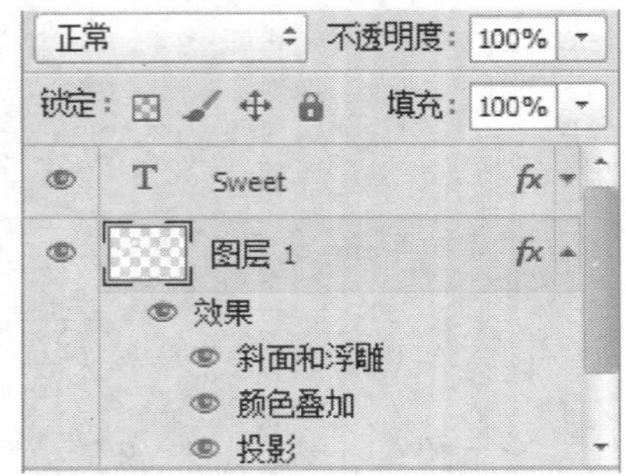

14.8 操作答疑

本章节主要学习文字的编辑方式及其应用，通过对文字和图层样式、形状工具等结合，制作多彩的艺术文字效果。下面是相关答疑和操作习题。

14.8.1 专家答疑

（1）在Photoshop CS6中输入文字时，最大可输入多大的文字?

答：在Photoshop CS6中，默认情况下，在“设置字体大小”文本框中可设置数值在6点到72点之间的的字号大小，同时也可以在文本框中直接输入相应的数值，调整文字大小。在Photoshop CS6中，文字大小的调整范围为0.01点~10000点，超出这个范围值后，将弹出询问提示框。

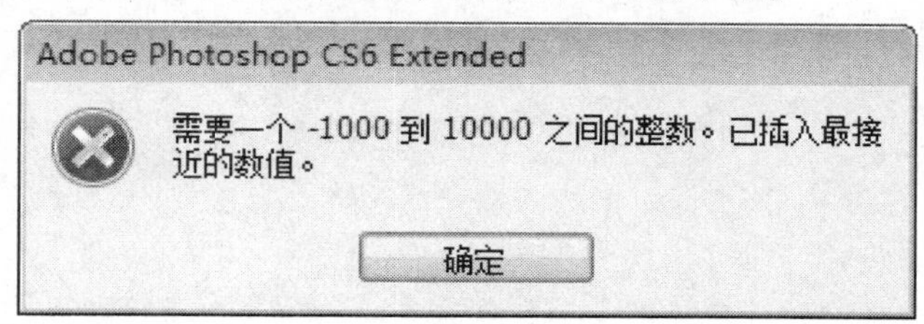

询问提示框

（2）在输入较多的文字时，如何快速地选择大段的段落文字?

答：在“图层”面板中，选择文字图层并双击该文字图层的缩览图，即可快速选中段落文字中的全部文字，选中的文字将会以反色显示在段落文本框中。

（3）什么是异形轮廓文本，具体怎么创建?

答：在Photoshop中，异形轮廓文本是指以一个规则路径为轮廓，将文本置入该轮廓中，使段落文字形成图案文字的效果。可通过形状工具绘制相应的路径，并使用文字工具在该路径中单击，显示插入点后可输入文字，完成后路径将自动闭合形状路径，从而形成异形轮廓。

（4）如何解决文字输入错误，有无快捷方式进行替换?

答：在Photoshop中，要将当前的普通图层转换为智能图层，在“图层”面板中单击鼠标右键，在弹出的快捷菜单中选择“转换为智能对象”选项，即可将当前图像转换为智能图层，而该图层上的图像则为智能对象。也可对智能图层进行栅格化处理，将其转换为普通图层。

14.8.2 操作习题

1. 选择题

（1）在Photoshop CS6中，使用文字工具添加文字时，文字工具的快捷键是（　　）。

A.E 键　　B. G 键　　C.T 键

（2）在Photoshop CS6中，执行“文字 |（　　）”命令，可将输入的文字转换为3D文字效果。

A.凸出为3D　　B. 拆分3D凸出　　C. 合并3D

（3）执行“（　　）”命令，可将文字变形为不同的效果（　　）。

A.文字变形　　B.变形　　C. 创建工作路径

（4）执行“文字 |（　　）”命令，可将文字转换为文字路径。

A.创建工作路径　　B.转换为形状　　C. 栅格化文字图层

2. 填空题

（1）在Photoshop CS6中，文字工具包括__________、__________、__________和__________4种工具。

（2）如果要快速打开“字符”面板，可在文字工具的属性栏中单击__________按钮。

（3）使用__________，可将文字转换为选区。

（4）使用文字工具在画面中输入文字后，可按__________键和__________按钮进行确认。

（5）执行“__________ | __________”命令，可将文字转换为形状。

3. 操作题

制作艺术立体文字效果。

步骤1

步骤2

步骤3

步骤4

步骤5

步骤6

（1）使用横排文字工具在画面中输入文字。

（2）将文字转换为形状，并结合添加锚点工具和删除锚点工具编辑文字形状图层。

（3）复制文字形状图层，并在钢笔工具属性栏中设置文字形状图层的颜色，然后稍微移动该图层的位置。

（4）多次复制文字形状图层，并在钢笔工具的属性栏中设置不同的形状颜色，然后稍微移动文字形状图层的位置，制作文字立体效果。

（5）继续使用钢笔工具在文字图形上绘制阴影和高光效果。

（6）使用自定形状工具在画面中绘制图形，并结合图层样式制作图形晶莹效果，以丰富画面效果。

第15章

滤镜

本章重点：

本章主要介绍对图像效果进行调整的相关知识和操作。Photoshop CS6提供了一系列样式滤镜调整命令，下面分别对这些命令进行详细的阐述和讲解，让用户能完全地掌握其使用方法。

学习目的：

本章主要学习目的是掌握常见颜色模式间相互转换的方法，能够应用智能滤镜、独立滤镜、“风格化”滤镜组、“扭曲”滤镜组、“模糊”滤镜组、“锐化”滤镜组、“视频”滤镜组、“素描”滤镜组、“纹理”滤镜组、“像素化”滤镜组、“渲染”滤镜组、“艺术效果”滤镜组等命令对图像效果进行高级调整。

参考时间：82分钟

主要知识	学习时间
15.1　认识滤镜	2分钟
15.2　智能滤镜	3分钟
15.3　独立滤镜	3分钟
15.4　“风格化”滤镜组	5分钟
15.5　“画笔描边”滤镜组	5分钟
15.6　“扭曲”滤镜组	5分钟
15.7　“模糊”滤镜组	5分钟
15.8　“锐化”滤镜组	5分钟
15.9　“视频”滤镜组	5分钟
15.10　“素描”滤镜组	7分钟
15.11　“纹理”滤镜组	7分钟
15.12　“像素化”滤镜组	7分钟
15.13　“渲染”滤镜组	5分钟
15.14　“艺术效果”滤镜组	10分钟
15.15　“杂色”滤镜组	3分钟
15.16　“其他”滤镜组	2分钟
15.17　“Digimarc”滤镜组	1分钟
15.18　外挂滤镜	1分钟
15.19　Photoshop增效工具	1分钟

15.1 认识滤镜

在Photoshop中，通过使用滤镜，可以对图像应用特殊效果或执行图像编辑任务。在Photoshop CS6中，“滤镜”菜单主要分为以下类型：独立特殊滤镜组、画笔描边滤镜组、扭曲滤镜组、锐化滤镜组等。通过对滤镜组的编辑，可以制作特殊的图像效果，还可以用扭曲和光照来创建独特的变换效果。

15.1.1 关于滤镜

滤镜就如摄影师在照相镜头前安装的各种特殊镜片一样，Photoshop将这种特殊镜头的理念延伸到图像处理技术中，进而产生了“滤镜”这一核心的处理技术，在很大程度上丰富了图像的效果，使一张张普通的图像变得更加生动。

15.1.2 认识“滤镜”菜单

在“滤镜”菜单下有多个滤镜命令，单一的滤镜效果是最直观的，而多次执行滤镜命令往往能带来不一样的效果，制作出特殊的图像效果。了解各滤镜的具体运用方法是熟练运用滤镜的基础。

❶ **“查找边缘”命令：** 在其中显示的是查找到的图像边缘。

❷ **“转换为智能滤镜”命令：** 在打开图像后执行该命令，可将图层转换为智能对象图层。此时对该图像进行所有滤镜操作都可视为智能滤镜操作，对滤镜的参数可以进行调整和修改，使图像的处理过程更加智能化。

❸ **“滤镜库”命令：** 单击该命令可直接打开“滤镜库”对话框，在其中收录整理了Photoshop的部分滤镜，在此可以快速运用这些滤镜，并可预览滤镜效果。

❹**独立滤镜组：** 其中包括了镜头校正、液化、消失点3个滤镜，它们未归入滤镜组中，单击选择后即可使用。

❺**滤镜组：** 包括了风格化、画笔描边、模糊、扭曲、锐化、视屏、素描、纹理、像素化、渲染、艺术效果、杂色和其他13类滤镜组，每个滤镜组中又包含了多个滤镜命令，执行相应的命令即可使用这些滤镜。

❻**外挂滤镜：** 若在Photoshop中已选择了相应的外挂滤镜，则这些滤镜将自动在“Digimarc”命令下方。

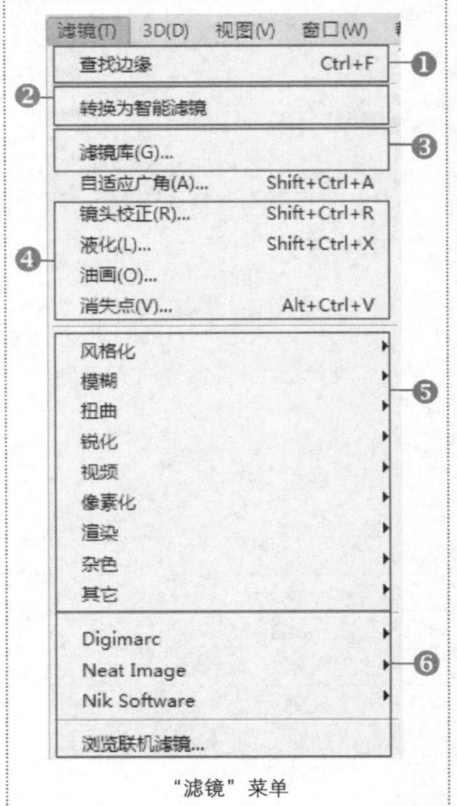

“滤镜”菜单

15.1.3 滤镜的作用范围

Photoshop CS6为用户提供了上百种滤镜，其作用范围仅限于当前正在编辑的、可见的图层中的选区，若图像此时没有选区，软件则默认对当前图层上的整个图像进行处理。值得注意的是，RGB颜色模式的图像可使用Photoshop CS6中的所有滤镜；而位图模式、16为灰度模式、索引模式和48位RGB模式等图像则无法使用滤镜，某些色彩模式如CMYK模式，只能使用部分滤镜，画笔描边、素描、纹理以及艺术效果等类型的滤镜将无法使用。

15.1.4 重复使用滤镜

通常使用一次滤镜并不能达到理想的效果，很多时候是需要重复使用多次滤镜并结合各种滤镜才能制作出特殊的艺术效果。按快捷键Ctrl+F可重复使用滤镜的上一步操作。

15.2 智能滤镜

智能滤镜是结合智能对象产生的。可以将整幅图像或校正的图层转换为智能对象以编辑智能滤镜。当图像转换为智能对象后，对图像执行的所有滤镜操作均会自动默认为智能滤镜操作。

15.2.1　创建智能滤镜

将普通图层转换为智能滤镜的方法有两种：校正需要转换的图像后，直接执行“滤镜 | 转换为智能滤镜”命令即可；在“图层”面板中需要转换的图层上单击鼠标右键，在弹出的菜单栏中应用“转换为智能对象”命令。

15.2.2　显示与隐藏智能滤镜

执行“滤镜 | 转换为智能滤镜”命令后，在图像的“图层”面板上就会显示智能滤镜的图标，单击该图层的“切换所有滤镜智能可见性”按钮，便可隐藏该图层的智能滤镜。单击该图层的“切换单个滤镜智能可见性”按钮，便可隐藏该图层的滤镜效果。

15.2.3　复制和删除智能滤镜

执行“滤镜 | 转换为智能滤镜”命令，将图像转变为了智能对象，在转变为智能对象的该图层上单击鼠标右键，选择“复制图层”选项，或选择该图层后按快捷键Ctrl+J，便可复制该智能滤镜。应用“删除图层”选项，或选择该图层后按快捷键Delete，可删除该智能滤镜。

15.2.4　编辑智能滤镜蒙版

执行“滤镜 | 转换为智能滤镜”命令，图像转变为了智能对象后，单击“添加图层蒙版”按钮，生成图片智能滤镜蒙版，选择该蒙版进行编辑即可。

专家看板：“滤镜库”对话框

Photoshop CS6的滤镜库是为了更快速地应用滤镜而产生的，它将Photoshop的滤镜进行了大致归类，将常用和较为典型的滤镜收录其中。在“滤镜库”对话框中可以同时运用多种滤镜，还可以进行实时预览，在很大程度上提高了图像处理的灵活性。

Photoshop CS6的“滤镜库”是整合了多个常用滤镜组的设置对话框。利用Photoshop CS6“滤镜库”可以应用多个滤镜或多次应用单个滤镜，还可以重新排列滤镜或更改已应用的滤镜设置。滤镜库收录了风格化、画笔描边、扭曲、素描、纹理和艺术效果6组滤镜。执行“滤镜 | 滤镜库”命令将弹出“滤镜库”对话框。下面将对其中的相关选项进行介绍。

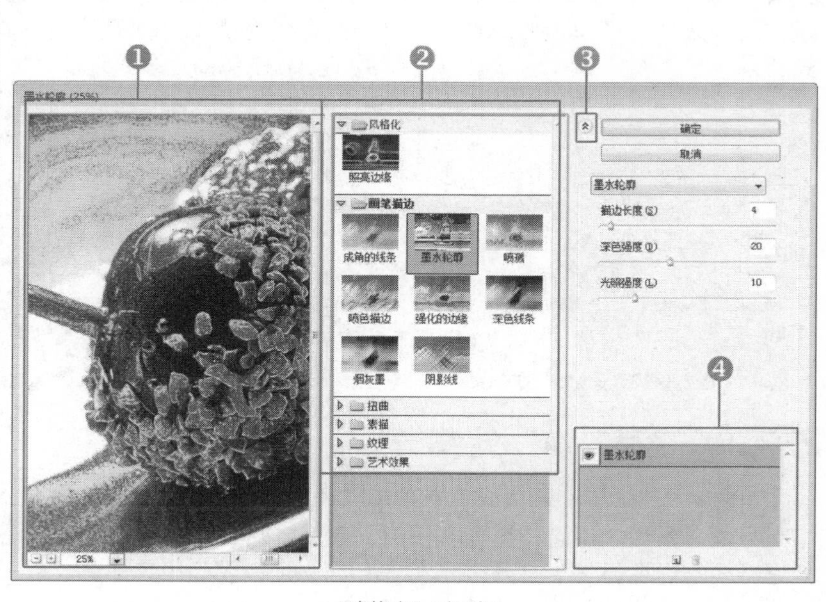

“滤镜库”对话框

❶**图像预览区**：默认情况下显示打开的图像效果，若对该图像使用了相应的滤镜后，此处将显示出应用滤镜后的效果，起到预览的功能。

❷**滤镜面板**：在该区域集中收录了风格化、画笔描边、扭曲、素描、纹理和艺术效果6组滤镜。单击每个滤镜前面的扩展按钮▷，可展开该滤镜组，在其中可以看到该组包含的滤镜，这些滤镜以缩略图的形式显示在滤镜组中。在不需要时再次单击▽按钮可收起滤镜组，将滤镜缩略图进行隐藏。

❸**控制按钮**：该按钮位于滤镜面板的右侧，默认情况下该按钮显示为⌃，单击该按钮可隐藏滤镜面板区域，扩大图像预览区域的显示范围。再次单击该按钮，可将隐藏的滤镜面板区域重新显示出来。

❹**滤镜列表**：该列表位于滤镜库的右下角，在其中会显示对图像使用过的所有滤镜，主要起到查看滤镜的作用。

知识链接：新建和删除效果图层

建立和删除效果图层的使用，要新建一个新的效果图层，首先需要选择效果图层，将其拖曳到“图层”面板右下方倒数第二个按钮上，此时就可以建立一个新的效果图层了，若要删除这个效果图层，可将其拖曳到右下方的“删除图层”按钮上，或选中要删除的图层，再单击按钮即可。

15.3 独立滤镜

在 Photoshop CS6中，镜头校正、液化、消失点滤镜不属于任何一个滤镜组，它们是具有各自特点的独立滤镜。独立滤镜主要用于对图像进行镜头校正、变形等操作。

15.3.1 “自适应广角”滤镜

自适应广角滤镜（Adaptive Wide Angle Filter）能校正照片的畸变，无论这是由广角镜头引入的畸变，还是其他原因造成的畸变，比如全景合成照片。这是一个非常强大的工具，它不但能解决镜头本身的问题，也能够去除你所不需要的透视效果，以实现特殊目的。

15.3.2 实战：校正图像鱼眼效果

光盘路径：第15章\Complete\校正图像鱼眼效果.psd

步骤1 打开“校正图像鱼眼效果.jpg”文件。按快捷键Ctrl+J复制得到“图层1”。

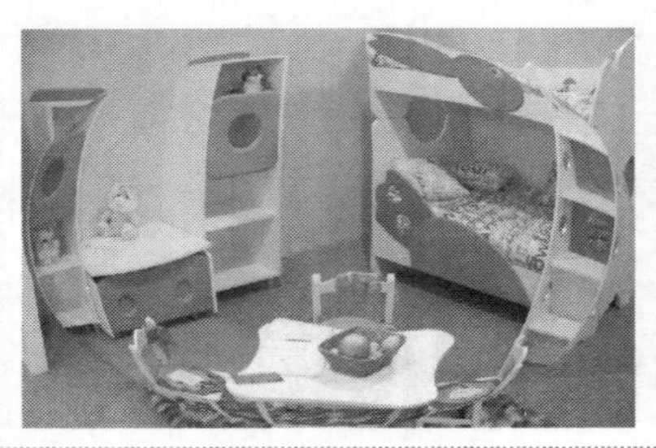

步骤2 执行“滤镜 | 转换为智能滤镜”命令，将图层转化为智能对象，执行“滤镜 | 自适应广角”命令，在弹出的对话框中设置选项参数，校正图像的鱼眼效果。

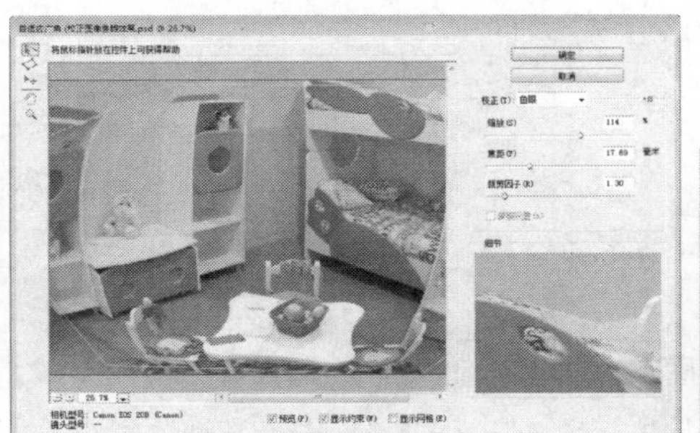

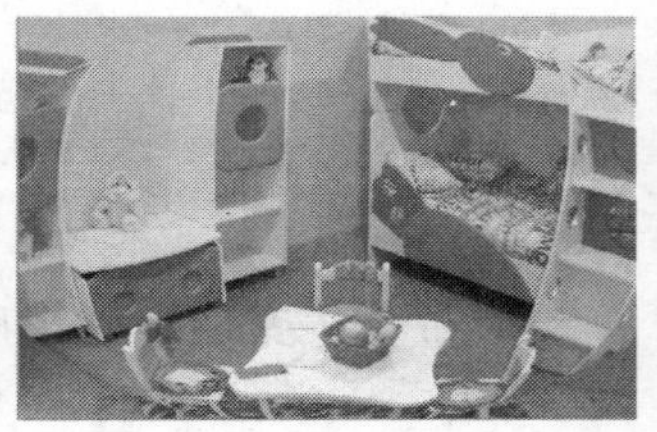

15.3.3 “消失点”滤镜

“消失点”滤镜允许在包含透视平面的图像中进行透视校正编辑。通过使用消失点，可以在图像中指定平面，然后应用诸如绘画、仿制、拷贝或粘贴以及变换等编辑操作。所有编辑操作都将采用您所处理平面的透视。利用消失点，你不用再像所有图像内容都面对单一平面上那样来修饰图像。相反，你将以立体方式在图像中的透视平面上工作。当使用消失点来修饰、添加或移去图像中的内容时，结果将更加逼真，因为系统可正确判定这些编辑操作的方向，并且将它们缩放到透视平面中。

15.3.4　实战：制作消失点图像

光盘路径：第15章\ Complete \制作消失点图像.psd

步骤1　打开“制作消失点图像1.jpg ”文件和“制作消失点图像2.jpg ”文件。

步骤2　执行“滤镜 | 消失点”命令，在弹出的对话框中，复制粘贴另一张图，制作消失点图像。

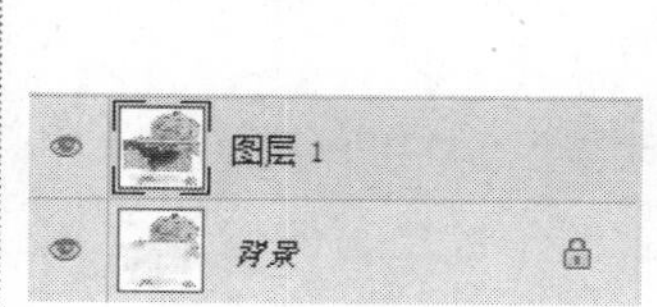

15.3.5　“油画滤镜”

油画滤镜是Photoshop CS6中新增加的一个滤镜，本书中将讲解这个滤镜制作照片的油画效果的方法，非常简单好用。油画的制作方法有很多，应用“油画滤镜”命令制作油画效果既简单又出彩。此滤镜有类似油画笔触的纹理，使用“油画”滤镜可为图像创建经典绘画的效果。执行“滤镜 | 油画”命令，在弹出的对话框中使用“画笔”和“光照”选项，设置选项参数，可轻松创建经典油画的绘画效果，制作出生动形象的油画作品。

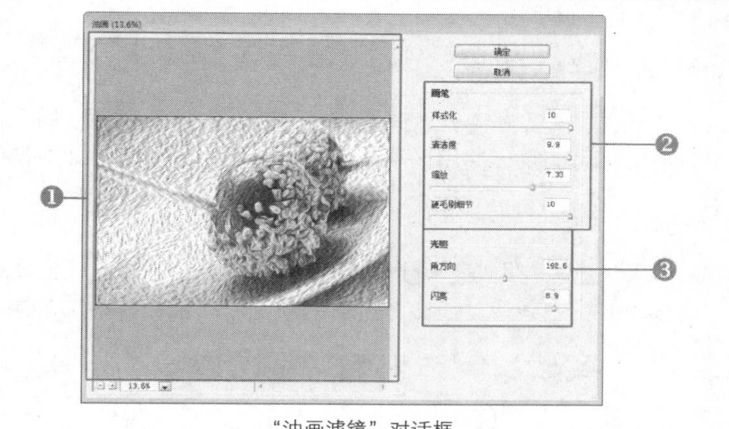

“油画滤镜”对话框

❶**图像预览区**：默认情况下显示打开的图像效果，若对该图像使用相应滤镜后，此处则显示出应用滤镜后的效果，起到预览的功能。单击底部的⊟或⊞按钮，可以对图像的大小进行调整。

❷**“画笔”选项组**：该选项组中包括“样式化”、“清洁度”、“缩放”和“硬毛细节”4个选项，拖动滑块设置参数，调整油画的画笔效果。

❸**“光照”选项组**：该选项组中包括“角方向”和“闪亮”两个选项，拖动滑块设置参数，调整油画的光感和色调。

15.3.6　实战：制作油画图像

光盘路径：第15章\ Complete \制作油画图像.psd

步骤1　打开“制作油画图像.jpg”文件。

步骤2　按快捷键Ctrl+J复制得到“图层1”。在该图层上执行“滤镜 | 转换为智能滤镜”命令，将图层转化为智能对象，执行“滤镜 | 油画”命令，在弹出的对话框中设置选项参数，制作油画图像。

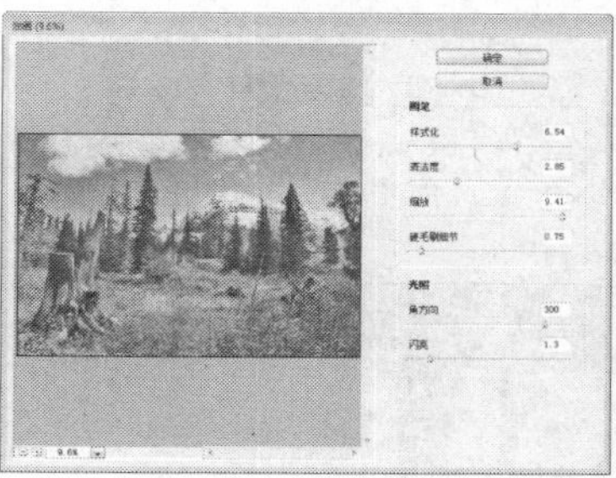

15.4 “风格化”滤镜组

风格化滤镜的应用原理是通过置换像素并查找和提高图像中的对比度，产生一种绘画式或印象派艺术效果。风格化滤镜组包括了查找边缘、等高线、风、浮雕效果、扩散、拼贴、曝光过度、凸出和照亮边缘9种滤镜。只有照亮滤镜收录在“滤镜库”中，其他滤镜需要执行“滤镜 | 风格化”命令，在弹出的菜单中选择相应的滤镜来使用。为使用户对这些滤镜有所掌握。

15.4.1 查找边缘

“查找边缘”滤镜能够查找图像中有明显区别的颜色边缘并加以强调，用相对于白色背景的黑色线条勾勒图像的边缘。

15.4.2 等高线

“等高线”滤镜能够查找颜色过渡的边缘，并围绕边缘勾画出较细较浅的线条，以获得与等高线图中的线条类似的效果。

15.4.3 浮雕效果

“浮雕效果”滤镜的原理是通过勾画图像轮廓和降低周围色值来产生灰色的浮凸效果，能将图像的填充色转化为灰色，并用原填充色描画边缘，从而使选区显得凹凸起伏。

15.4.4 风

“风”滤镜的原理是通过对图像边缘继续位移，创作出水平线以模拟风的动感效果，能够在图像中创建细小的水平线条，使影像产生大风吹起或快速移动的效果。

15.4.5 实战：制作火焰文字图像

光盘路径：第15章\ Complete \制作火焰文字图像.psd

步骤1 新建空白图像文件，设置前景色为黑色。

步骤2 单击横排文字工具T，选择文字样式、颜色和大小，输入所需文字，单击鼠标右键栅格化文字。

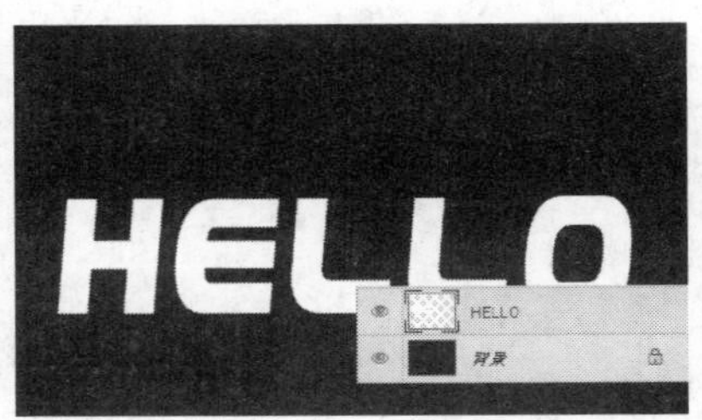

步骤3 按快捷键Ctrl+J复制得到“HELLO 副本”，按快捷键Ctrl+T旋转字体，执行“滤镜 | 风格化 | 风”命令，在弹出的对话框中设置选项参数。

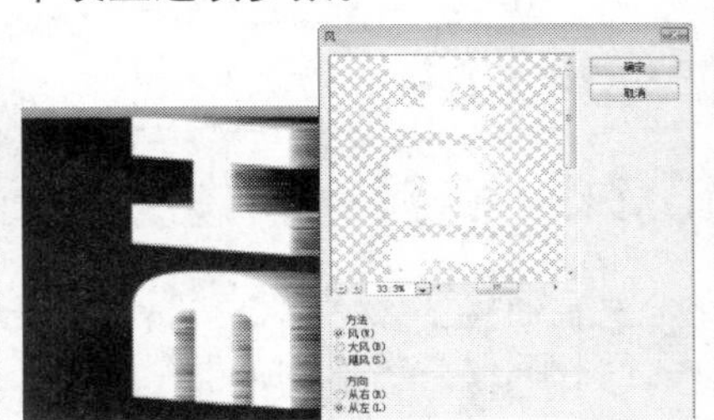

步骤4 按快捷键Ctrl+T翻转字体，变回原来的位置，运用“滤镜 | 液化”命令将其处理成燃烧状。

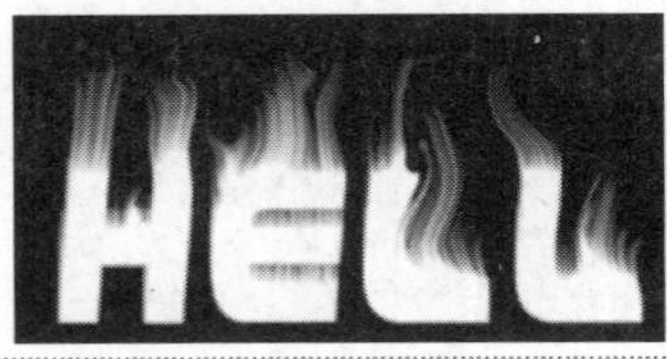

步骤5 单击“创建新的填充或调整图层”按钮，在弹出的对话框中选择“色相/饱和度”选项，拖动滑块设置参数。

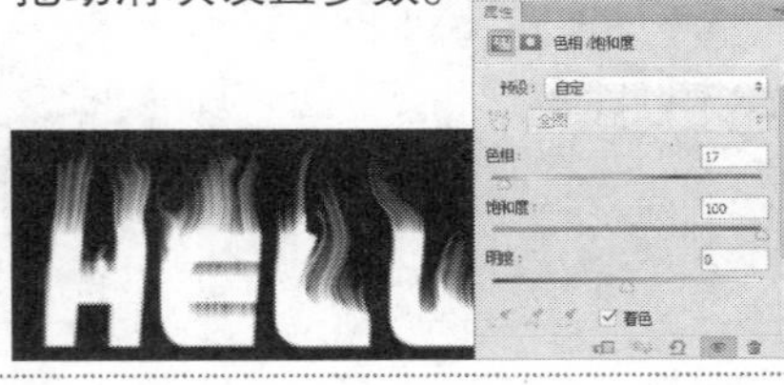

步骤6 按快捷键Ctrl+J复制“HELLO 副本 1”，得到“HELLO 副本 2”，设置混合模式为“叠加”，制作火焰文字图像。

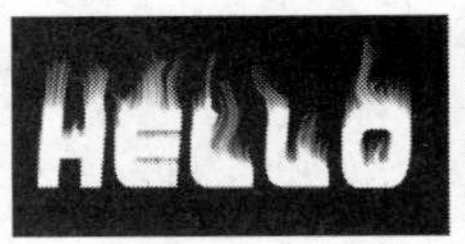

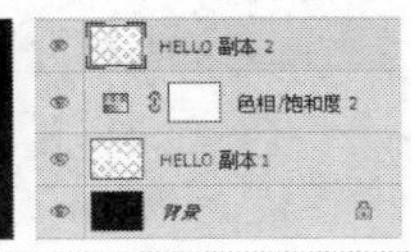

15.4.6　扩散

“扩散”滤镜使选区显得不十分聚焦，打乱并扩散图像中的像素，使图像产生覆盖了一层磨砂玻璃的效果。

15.4.7　拼贴

“拼贴”滤镜是将图像分割成许多方形的小方块，且每一个小方块产生侧移，产生瓷砖平铺的效果。

15.4.8　实战：制作拼贴效果图像

光盘路径：第15章\ Complete \制作拼贴效果图像.psd

步骤1　打开“制作拼贴效果图像.jpg”文件。

步骤2　按快捷键Ctrl+J复制得到“图层1”。执行“滤镜 | 风格化 | 拼贴”命令，在弹出的对话框中设置选项参数，制作拼贴效果图像。

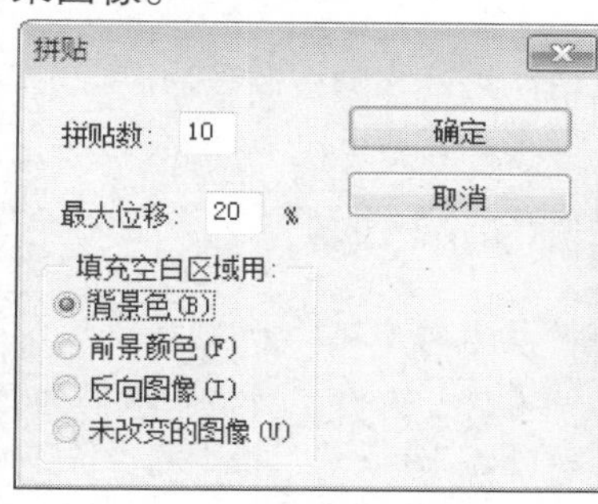

15.4.9　曝光过度

“曝光过度”滤镜可把底片进行曝光，然后翻转图像的高光部分，产生正片与负片相互混合的效果，类似于显影过程中将摄影照片短暂曝光。

15.4.10　凸出

“凸出”滤镜可以根据在对话框中设置不同的选项，将图像转化为突出的三维立方体或锥体，使图像产生3D纹理效果。

15.4.11　实战：制作出三维纹理图像

光盘路径：第15章\ Complete \制作出三维纹理图像.psd

步骤1　打开“制作出三维纹理图像.jpg”文件。

步骤2　按快捷键Ctrl+J复制得到“图层1”。在该图层上执行“滤镜 | 转换为智能滤镜”命令，将图层转化为智能对象。执行“滤镜 | 风格化 | 凸出”命令，在弹出的对话框中设置选项参数，制作出三维纹理图像。

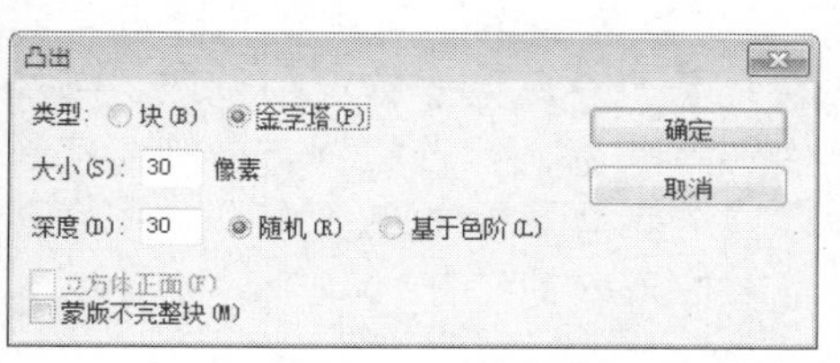

15.4.12　照亮边缘

“照亮边缘”滤镜和描边效果类似，可以描绘图像的轮廓，调整图像的亮度、宽度等，从而在图像上产生轮廓发光的效果。

15.5 “画笔描边”滤镜组

“画笔描边”滤镜组包括成角的线条、墨水轮廓、喷溅、喷色描边、强化的边缘、深色线条、烟灰墨和阴影线8个滤镜命令。该组滤镜主要使用不同的画笔和油墨进行描边，从而创建出具有绘画效果的图像外观。需要注意的是，该组滤镜只能在RGB模式、灰度模式和多通道模式下使用。

15.5.1 成角的线条

“成角的线条”滤镜可以产生一种无一致方向倾斜的笔触效果，在不同的颜色中笔触倾斜的角度也不同。使用某个方向的线条绘制图像的亮区，而使用相反方向的线条绘制图像的暗区。

15.5.2 墨水轮廓

“墨水轮廓”滤镜以钢笔画的风格，用纤细的线条在原图像的轮廓上重新绘制图像。使用细线画出原始图像的细节部分，产生颜色边界的黑色轮廓。

15.5.3 实战：制作墨水轮廓图像效果

光盘路径：第15章\ Complete \制作墨水轮廓图像效果.psd

步骤1 打开“制作墨水轮廓图像效果.jpg ”文件。按快捷键Ctrl+J复制得到“图层1”。

步骤2 执行“滤镜 | 转换为智能滤镜”命令，将图层转化为智能对象。执行“滤镜 | 滤镜库 | 画笔描边 | 墨水轮廓”命令，在弹出的对话框中设置选项参数，完成后单击“确定”按钮，即可制作墨水轮廓效果。

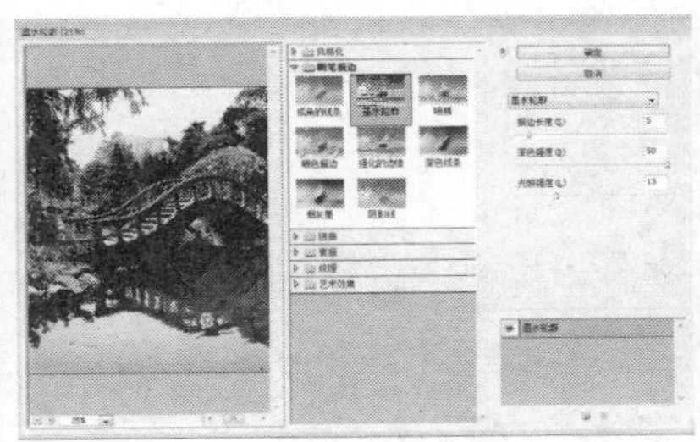

15.5.4 喷溅

“喷溅”滤镜命令可以在图像中模拟使用喷枪后颜色颗粒飞溅的效果。画面看起来犹如被雨水冲刷过一样。

15.5.5 喷色描边

“喷色描边”滤镜和“喷溅”滤镜很相似，不同的是该滤镜产生的是可以控制方向的飞溅效果，而“喷溅”滤镜产生的喷溅效果没有方向性。该滤镜的原理是用带有方向的喷点覆盖图像中的主要颜色，依据笔锋方向产生与喷溅滤镜的辐射状效果不同的斜纹状飞溅效果。“描边长度”选项决定飞溅笔触的长度；“喷色半径”选项设置图像溅开的程度；“描边方向”选项设置飞溅笔触的方向。

15.5.6 强化的边缘

“强化的边缘”滤镜主要用于强化图像中不同颜色之间的边界，在图像的边线部分上绘制形成颜色对比的颜色，使图像产生一种强调边缘的效果。“边缘宽度”用于设置勾画的边缘宽度；“边缘亮度”的值越大，边缘越亮；“平滑度”决定勾画细节的多少，值越小，图像的轮廓越清晰。

15.5.7　实战：强化图像的边缘

光盘路径：第15章\ Complete \强化图像的边缘.psd

步骤1　打开“强化图像的边缘.jpg ”文件，按快捷键Ctrl+J复制得到“图层1”。在该图层上执行“滤镜|转换为智能滤镜”命令，将图层转化为智能对象。

步骤2　执行“滤镜｜滤镜库｜画笔描边｜强化的边缘”命令，在弹出的对话框中设置选项参数，制作强化图像的边缘图像。

步骤3　选择“背景”图层，按快捷键Ctrl+J复制得到“背景副本”图层，将其拖到图层最上面，设置混合模式为“叠加”，以增强画面效果。

15.5.8　深色线条

“深色线条”滤镜是以短的绷紧的线条绘制图像中接近黑色的暗区，用长的白色线条绘制图像中的亮区，令图像产生一种很强烈的黑色阴影。“平衡”设置笔画方向的混乱程度；“黑色强度”值越大，应用黑色线条的范围越大；“白色强度”设置白色线条的应用范围。

15.5.9　烟灰墨

“烟灰墨”滤镜可称为书法滤镜，其原理是通过计算图像中像素值的分布，对图像进行概况性的描述，使其看起来像是用蘸满黑色油墨的湿画笔在宣纸上绘画，具有非常黑的柔化模糊边缘的效果。“描边宽度”设置笔画的宽度；“描边压力”值越大，笔画的颜色越深；“对比度”设置图像的颜色对比程度。

15.5.10　阴影线

“阴影线”滤镜是在保留原稿图像细节和特征的前提下，使用模拟的铅笔阴影线添加纹理，并使图像中的彩色区域的边缘变粗糙。“阴影线”滤镜产生的效果与“成角的线条”滤镜的效果相似，只是“阴影线”滤镜产生的笔触间互为平行线或垂直线，且方向不可任意调整。

15.6　“扭曲”滤镜组

扭曲滤镜组中的滤镜主要用于对平面图像进行扭曲，使其产生挤压和水波等变形效果。该滤镜组包括了波浪、波纹、玻璃、海洋波纹、极坐标、挤压、扩散亮光、切变、球面化、水波、旋转扭曲和置换12种滤镜，将玻璃、海洋波纹和扩散亮光滤镜收录在滤镜库中。

15.6.1　波浪

“波浪”滤镜可使图像产生波状的效果。该滤镜可由用户来控制波动扭曲图像的效果，是“扭曲”滤镜中最复杂、最精确的滤镜。“生成器数”设置图像中波纹的数量；“波长”设置波纹的宽度范围；“波幅”设置波纹的长度范围；“比例”通过拖动画块调整波纹在水平和垂直方向上的缩放比例；“类型”提供了三种波纹形态。

15.6.2　波纹

“波纹”滤镜模拟水池表面的波纹，使图像产生波状起伏的效果。要进一步进行控制，请使用“波浪”滤镜。选项包括波纹的数量和大小。

15.6.3 玻璃

“玻璃”滤镜使图像产生通过具有质感的玻璃观看的效果。使图像看起来像是透过不同类型的玻璃来观看。用户可以选取一种玻璃效果，也可以将自己的玻璃表面创建为 Photoshop 文件并应用它。可以调整缩放、扭曲和平滑度设置。当将表面控制与文件一起使用时，请按“置换”滤镜的指导操作。

15.6.4 海洋波纹

“海洋波纹”滤镜可表现出图像被海浪折射的效果。将随机分隔的波纹添加到图像表面，使图像看上去像是在水中。

15.6.5 实战：制作玻璃纹理图像

光盘路径：第15章\ Complete \制作玻璃纹理图像.psd

步骤1 打开“制作玻璃纹理图像.jpg”文件。按快捷键Ctrl+J复制得到“图层1”。

步骤2 在该图层上执行“滤镜 | 转换为智能滤镜”命令，将图层转化为智能对象。执行“滤镜 | 滤镜库 | 扭曲 | 玻璃”命令，在弹出的对话框中设置选项参数，制作玻璃纹理图像。

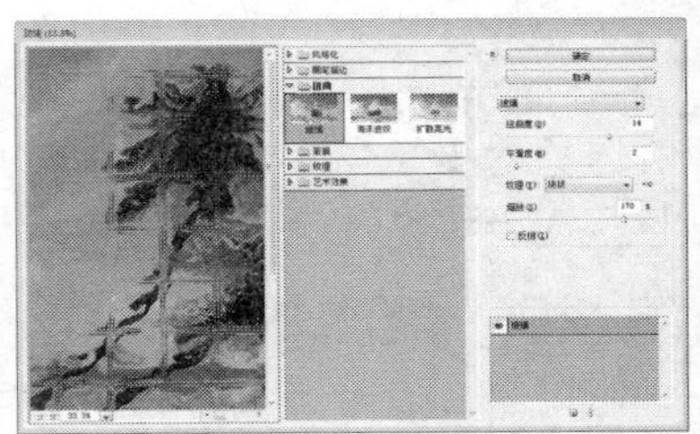

15.6.6 极坐标

“极坐标”滤镜可根据选中的选项，将选区从平面坐标转换到极坐标，或将选区从极坐标转换到平面坐标。可以使用此滤镜创建圆柱变体，当在镜面圆柱中观看圆柱变体中扭曲的图像时，图像是正常的。

15.6.7 实战：制作逼真木材纹理效果

光盘路径：第15章\ Complete \制作逼真木材纹理效果.psd

步骤1 打开“制作逼真木材纹理效果.jpg”文件。按快捷键Ctrl+J复制得到“图层1”。

步骤2 执行“滤镜 | 转换为智能滤镜”命令，将图层转化为智能对象。执行“滤镜 | 扭曲 | 极坐标”命令，在弹出的对话框中设置选项参数，制作逼真木材纹理效果。

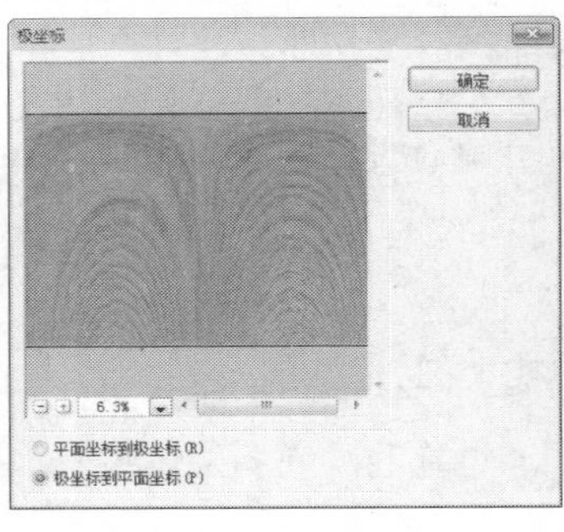

15.6.8 挤压

“挤压”滤镜可以图像的中心为基准，按凸透镜或凹透镜形式扭曲图像。“数量”参数是负数时会显示凸出效果，为正数时显示凹陷效果。其取值范围为-100-100，利用预览窗口可以调整变形程度。

15.6.9　扩散亮光

“扩散亮光”滤镜将图像渲染成像是透过一个柔和的扩散滤镜来观看的。此滤镜添加透明的白杂色，并从选区的中心向外渐隐亮光。

15.6.10　实战：制作梦幻效果

光盘路径：第15章\ Complete \制作梦幻效果.psd

步骤1　打开“制作梦幻效果.jpg”文件。按快捷键Ctrl+J复制得到“图层1”。

步骤2　在该图层上执行“滤镜 | 转换为智能滤镜”命令，将图层转化为智能对象。执行“滤镜 | 滤镜库 | 扭曲 | 扩散亮光”命令，在弹出的对话框中设置选项参数，并设置混合模式为“减去”，制作梦幻效果图像。

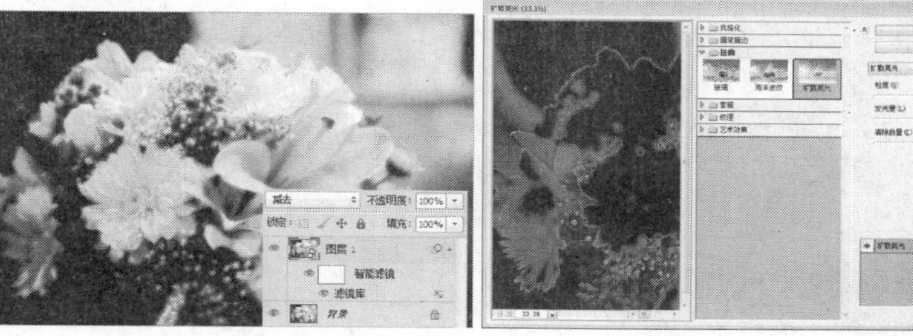

15.6.11　切变

“切变”滤镜沿一条曲线扭曲图像。通过拖移框中的线条来指定曲线。可以调整曲线上的任何一点。单击“默认”可将曲线恢复为直线。

15.6.12　球面化

球面化滤镜通过立体球形的镜头来扭曲图像，还可以在垂直、水平方向变形。将选区折成球形、扭曲图像以及伸展图像以适合选中的曲线，使对象具有3D效果。

15.6.13　实战：制作透明气泡效果

光盘路径：第15章\ Complete \制作透明气泡效果.psd

步骤1　打开“制作透明气泡效果.jpg”文件。按快捷键Ctrl+J复制得到“图层1”。在该图层上执行“滤镜 | 转换为智能滤镜”命令。

步骤2　将图层转化为智能对象。连续多次执行“滤镜 | 扭曲 | 球面化”命令，在弹出的对话框中设置选项参数，制作透明气泡效果。

15.6.14　水波

根据选区中像素的半径将选区径向扭曲。“起伏”选项设置水波方向从选区的中心到其边缘的反转次数。还要指定如何置换像素：“水池波纹”将像素置换到左上方或右下方，“从中心向外”向着或远离选区中心置换像素，而“围绕中心”设置围绕中心旋转像素。

15.6.15 旋转扭曲

"旋转扭曲"滤镜可旋转选区，中心的旋转程度比边缘的旋转程度大。指定角度时可生成旋转扭曲图案。

15.6.16 置换

"置换"滤镜使用名为置换图的图像确定如何扭曲选区。例如，使用抛物线形的置换图，创建的图像看上去像是印在一块两角固定悬垂的布上。此滤镜使用以 Adobe Photoshop 格式（位图模式图像除外）存储的拼合文件创建置换图。还可以使用 Photoshop 程序文件夹中"增效工具/置换图"文件夹中的文件。

15.6.17 实战：制作出波浪发型

光盘路径： 第15章\ Complete \制作出波浪发型.psd

步骤1 打开"制作出波浪发型.jpg"文件。按快捷键Ctrl+J复制得到"图层1"。

步骤2 在该图层上执行"滤镜 | 转换为智能滤镜"命令，将图层转化为智能对象。连续多次执行"滤镜 | 扭曲 | 旋转扭曲"命令，在弹出的对话框中设置选项参数，单击"添加图层蒙版"按钮，单击画笔工具，选择柔角画笔并适当调整大小，在蒙版上把不需要的部分涂抹掉。按快捷键Ctrl+J复制图层，并继续上面的操作，制作出波浪发型。

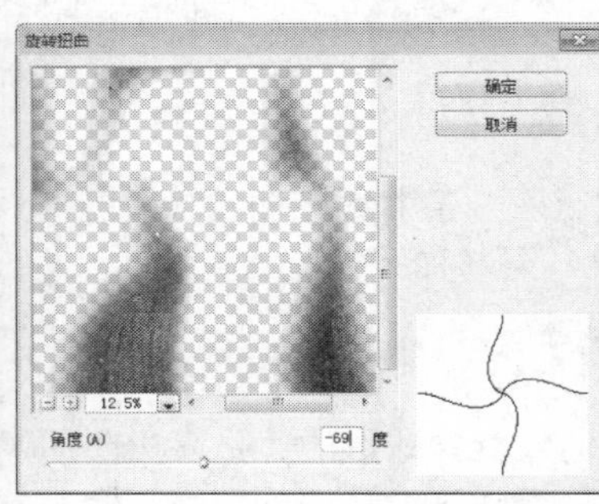

15.7 "模糊"滤镜组

使用"模糊"滤镜组中的滤镜命令，可将图像边缘过于清晰或对比度过于强烈的区域进行模糊处理，产生各种不同的模糊效果，起到柔化图像的作用。模糊滤镜组包含了动感模糊、表面模糊、方框模糊、模糊与进一步模糊、径向模糊、平均、特殊模糊和形状模糊8种模糊滤镜，使选区或图像变得柔和，并且对修饰图像非常有用。它们通过将图像中所定义的线条和阴影区域硬边的邻近像素平均从而产生平滑的过渡效果。

15.7.1 高斯模糊

"高斯模糊"滤镜通过设置值，更细致地应用模糊效果，它是在Photoshop中较常使用的滤镜之一。执行"滤镜 | 模糊 | 高斯模糊"滤镜，设置对话框中的"半径"选项，值越大图像越模糊。

15.7.2 动感模糊

"动感模糊"滤镜只在单一方向上对图像像素运行模糊处理，模仿物体高速运动时曝光的摄影方法，来表现速度感。因此该滤镜经常用于运动物体的图像对画面背景的处理。执行"滤镜 | 模糊 | 动感模糊"命令，设置对话框参数，"角度"选项可调整动感模糊的方向，"距离"选项决定了动态模糊的程度。值越大，模糊效果越明显。

15.7.3　实战：制作远景模糊效果

光盘路径：第15章\ Complete \制作远景模糊效果.psd

步骤1　打开“制作远景模糊效果.jpg ”文件。按快捷键Ctrl+J复制得到“图层1”。

步骤2　执行“滤镜 | 转换为智能滤镜”命令，将图层转化为智能对象。执行“滤镜 | 模糊 | 高斯模糊”命令，在弹出的对话框中设置选项参数，完成后单击“确定”按钮，以模糊图像。然后结合图层蒙版和画笔工具在海面和建筑区域涂抹，以恢复该区域细节，以制作远景模糊效果。

15.7.4　实战：制作运动状态效果

光盘路径：第15章\ Complete \制作运动状态效果.psd

步骤1　打开“制作运动状态效果.jpg”文件。按快捷键Ctrl+J复制得到“图层1”。

步骤2　在该图层上执行“滤镜 | 转换为智能滤镜”命令，将图层转化为智能对象。执行“滤镜 | 模糊 | 高斯模糊”命令，在弹出的对话框中设置选项参数，单击“添加图层蒙版”按钮，单击画笔工具，选择柔角画笔并适当调整大小，在蒙版上把前景的部分加以涂抹，制作运动状态效果。

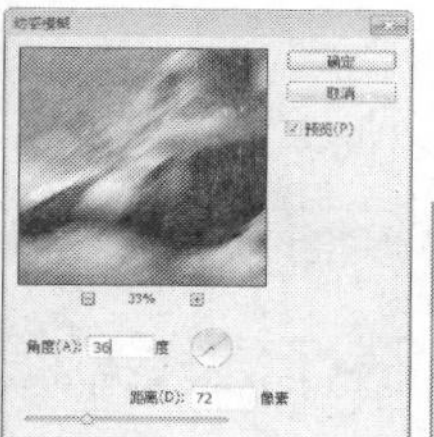

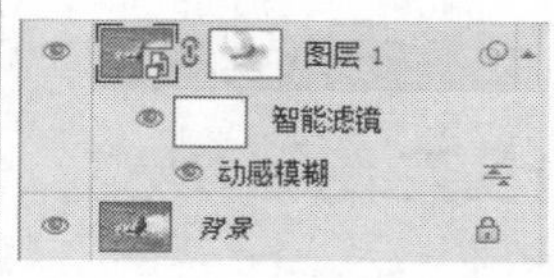

15.7.5　表面模糊

“表面模糊”滤镜是在保留图像边缘的同时对图像运行模糊。执行“滤镜 | 模糊 | 表面模糊”命令，设置对话框参数，其中，“半径”选项设置的是模糊程度的大小，“阈值”选项设置的是模糊范围的大小。

15.7.6　方框模糊

“方框模糊”滤镜使用相近的像素平均颜色值来模糊图像。

15.7.7　模糊与进一步模糊

模糊”滤镜使图像产生一些略微的模糊效果，使图像变得温顺。它的模糊效果是固定的，可用来消除杂色。而“进一步模糊”滤镜的模糊程度大约是“模糊”滤镜的3~4倍，也是一个固定的模糊效果，没有选项。

15.7.8　径向模糊

“径向模糊”滤镜使图像产生一种旋转或放射的模糊效果，该滤镜的模糊中心可在对话框中进行调整。

15.7.9 实战：制作景深模糊效果

光盘路径：第15章\ Complete \制作景深模糊效果.psd

步骤1 打开“制作景深模糊效果.jpg”文件。按快捷键Ctrl+J复制得到“图层1”。

步骤2 在该图层上执行“滤镜 | 转换为智能滤镜”命令。执行“滤镜 | 模糊 | 径向模糊”命令，在弹出的对话框中设置选项参数，单击“添加图层蒙版”按钮，单击画笔工具，选择柔角画笔并适当调整大小，在蒙版上把前景的部分加以涂抹，制作景深模糊效果。

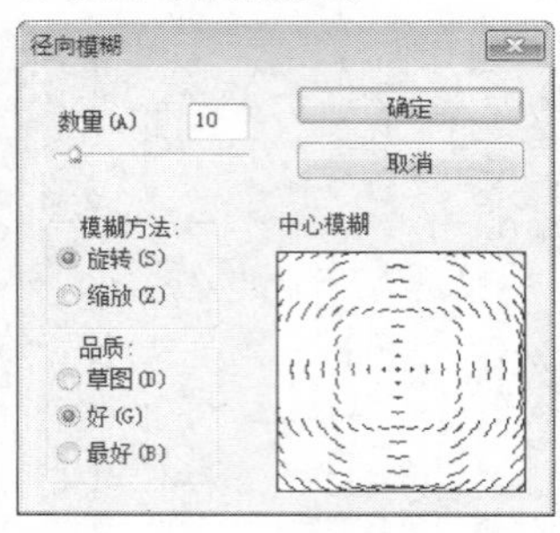

15.7.10 平均

“平均”滤镜命令将找出图像或选区的平均颜色，然后使用该颜色填充图像，以创建平滑的外观。该滤镜是一个直接执行的命令，没有选项。

15.7.11 特殊模糊

“特殊模糊”滤镜只对颜色相近的区域运行精确的模糊。也就是说，可将图像中模糊的区域更模糊而清晰的区域不变。“半径”值越大，应用模糊的像素越多；“阈值”设置应用在相似颜色上的模糊范围。

15.7.12 形状模糊

“形状模糊”滤镜根据预设中的形状对图像运行模糊。

15.7.13 实战：制作速度动感图像

光盘路径：第15章\ Complete \制作速度动感图像.psd

步骤1 打开“制作速度动感图像.jpg”文件。按快捷键Ctrl+J复制得到“图层1”。

步骤2 在该图层上执行“滤镜 | 转换为智能滤镜”命令，将图层转化为智能对象。执行“滤镜 | 模糊 | 形状模糊”命令，在弹出的对话框中设置选项参数，制作速度图像。单击“添加图层蒙版”按钮，单击画笔工具，选择柔角画笔并适当调整大小，在蒙版上把前景的部分加以涂抹。

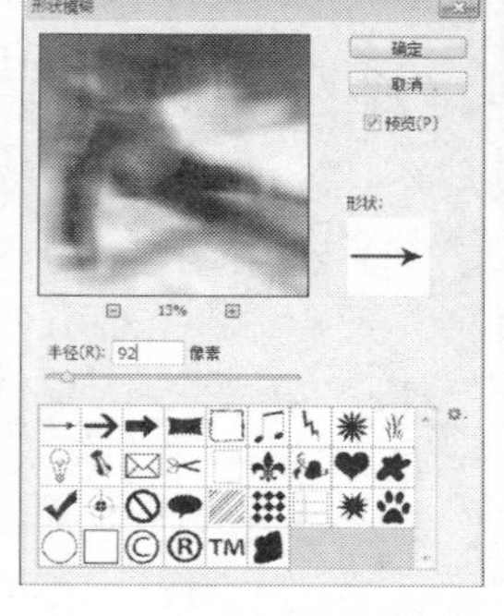

专家看板："场景模糊"滤镜组对话框

在Photoshop CS6软件中，专门在模糊滤镜组中新增了一组"模糊画廊"滤镜。它由"场景模糊、光圈模糊、倾斜偏移"3个模糊命令组成。如需要对图片进行焦距调整，即可使用"场景模糊"滤镜，这与拍摄照片的原理一样，选择好拍摄主体后，主体之前及之后的物体就会相应的模糊。选择的镜头不同，模糊的方法也略有差别。不过场景模糊可以对一幅图片全局或多个局部进行模糊处理。执行"滤镜 | 模糊 | 场景模糊"命令，会弹出场景模糊的设置面板。

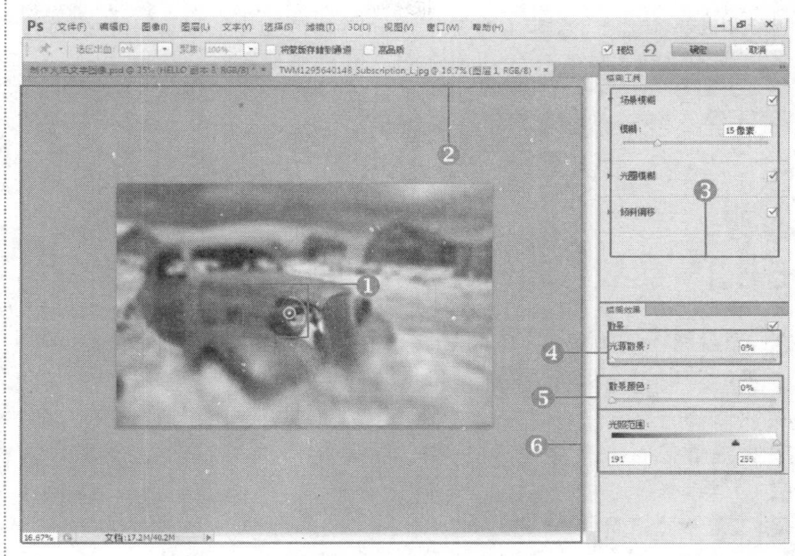

"场景模糊"滤镜组对话框

❶**模糊圈：**图片的中心会出现一个黑圈带有白边的图形，同时鼠标会变成一个大头针并且旁边带有一个"+"号形状，在图片中需要模糊的位置单击就可以新增一个模糊区域。鼠标单击模糊圈的中心就可以选择相应的模糊点，可以在数值栏中设置参数，按住鼠标移动模糊圈，按Delete键可以删除模糊圈。参数设定好后再按回车键确认。

❷**图像预览区：**默认情况下显示打开的图像效果，若对该图像使用相应滤镜后，此处则显示出应用滤镜后的效果，起到预览的功能。

❸**模糊工具：**拖动滑块，调整画面所需的模糊效果。在"模糊工具"图标下面有一个"模糊效果"图标，单击该图标弹出模糊效果设置面板。其中包括光源散景、散景颜色、光照范围3个选项。"散景"是一个摄影术语，表示图像中焦点以外的发光区域，类似于光斑效果。

原图

低像素场景模糊时

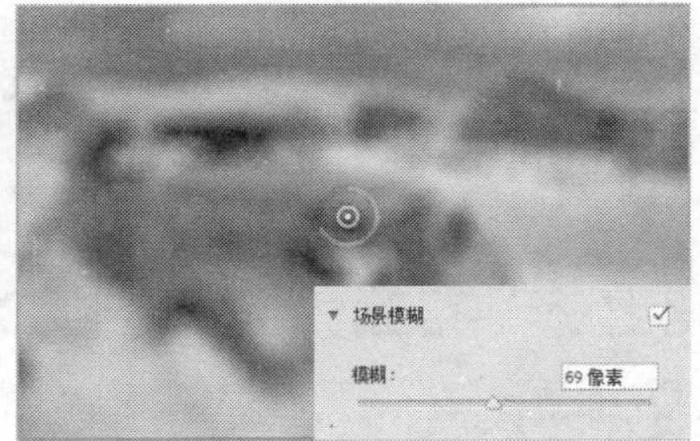

高像素场景模糊时

❹ **"光源散景"选项：**控制散景的亮度，也就是图像中高光区域的亮度，数值越大亮度越高。

❺ **"散景颜色"选项：**控制高光区域的颜色，由于是高光，颜色一般都比较淡。

❻ **"光照范围"选项：**用色阶来控制高光范围，数值范围为0~255，范围越大高光范围越大，相反高光就越小。

15.8 "锐化"滤镜组

"锐化"滤镜组包括USM锐化、进一步锐化、锐化、锐化边缘和智能锐化5种滤镜。"锐化"滤镜组通过增加相邻像素的对比度来聚焦模糊的图像。"锐化"滤镜组中的滤镜通过增加相邻像素的对比度将图像画面调整得更加清晰、鲜明。

15.8.1 USM锐化

"USM锐化"滤镜通过查找图像中颜色发生显著变化的区域，调整其对比度，并在每侧生成一条亮线和一条暗线，使图像的边缘突出，图像更加清晰。

15.8.2 进一步锐化

"进一步锐化"滤镜比"锐化"滤镜应用更强的锐化效果。通过快捷键Ctrl+F能够更便捷地执行锐化效果。

15.8.3 实战：制作边缘对比度较高的图像

光盘路径：第15章\ Complete\制作边缘对比度较高的图像.psd

步骤1 打开"制作边缘对比度较高的图像.jpg"文件。按快捷键Ctrl+J复制得到"图层1"。

步骤2 执行"滤镜 | 转换为智能滤镜"命令，执行"滤镜 | 滤镜库 | 锐化 | USM锐化"命令，在弹出的对话框中设置选项参数，制作边缘对比度较高的图像。

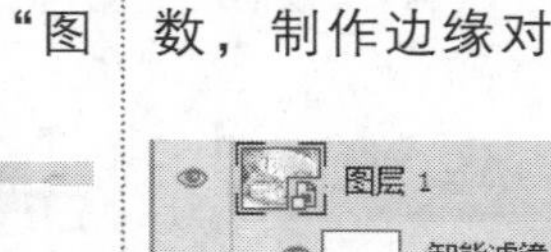

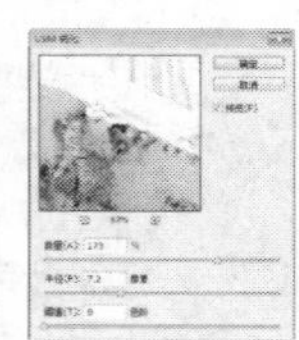

15.8.4 锐化

"锐化"滤镜作用于图像中的全部像素，提高像素的颜色对比，增加图像的清晰度。而"进一步锐化"滤镜的效果类似于执行多次"锐化"滤镜的效果。

15.8.5 锐化边缘

"锐化边缘"滤镜查找图像中有明显颜色转换的区域并进行锐化。"锐化边缘"滤镜仅锐化边缘而保持图像整体的平滑度。使用此滤镜锐化边缘时不必指定数量。

15.8.6 智能锐化

"智能锐化"滤镜要进行快速的色彩校正，使用"智能锐化"滤镜可调整边缘细节的对比度。

15.8.7 实战：制作出清晰的人物图像

光盘路径：第15章\ Complete \制作出清晰的人物图像.psd

步骤1 打开"制作出清晰的人物图像.jpg"文件。按快捷键Ctrl+J复制得到"图层1"。

步骤2 执行"滤镜|转换为智能滤镜"命令，将图层转化为智能对象。执行"滤镜|滤镜库|锐化|智能锐化"命令，在弹出的对话框中设置选项参数，制作清晰的人像效果。

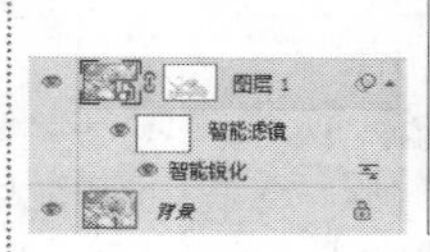

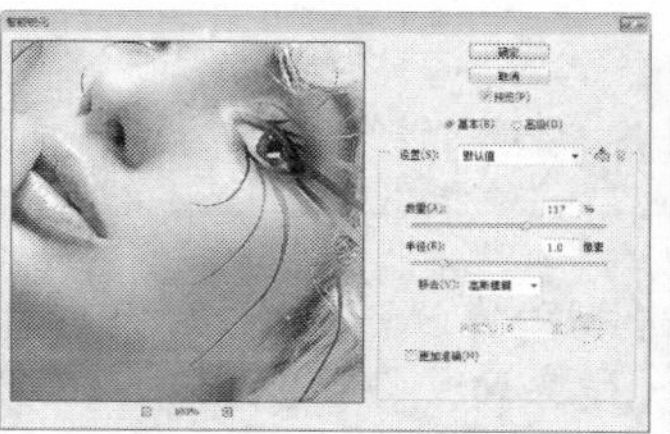

专家看板：“智能锐化”对话框

“智能锐化”滤镜具有“USM锐化”滤镜所没有的锐化控制功能，“智能锐化”滤镜可以设置锐化算法，或控制在阴影和高光区域中的锐化量，而且能避免色晕等问题，起到使图像细节清晰起来的作用。下面看一下“智能锐化”滤镜。执行“滤镜|滤镜库|锐化|智能锐化”命令，弹出“智能锐化”对话框。

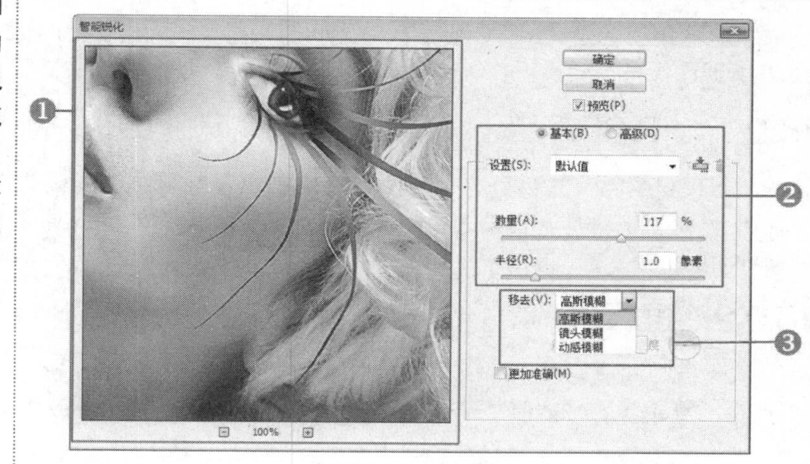

“智能锐化”对话框

❶**图像预览区**：默认情况下这里显示打开的图像效果，当对图像使用相应滤镜后，此处则显示出应用滤镜后的效果，起到预览的功能。

❷ **“基本”设置**：包括“数量”和“半径”两个选项，数量用于设置锐化量，值越大，像素边缘的对比度越强，使其看起来更加锐利。半径用于决定边缘像素周围受锐化影响的锐化数量，半径越大，受影响的边缘就越宽，锐化的效果也就越明显。

❸ **“移去”下拉选项**：设置对图像进行锐化的锐化算法，“高斯模糊”是“USM锐化”滤镜使用的方法；“镜头模糊”将检测图像中的边缘和细节；“动感模糊”尝试减少由于相机或主体移动而导致的模糊效果。

知识链接：智能锐化滤镜与USM锐化滤镜的比较

相较于标准的USM锐化滤镜，智能锐化的开发目的是用于改善边缘细节，阴影及高光锐化，在阴影和高光区域它对锐化提供了良好的控制，你可以从三个不同类型的模糊中选择移除高斯模糊，而运动模糊和镜头模糊。智能锐化设置可以保存为预设，供以后使用。智能锐化滤镜比USM锐化滤镜能获得更好的结果。另外，与USM滤镜相比，只需要更少的设置，智能锐化即可轻松获得良好的效果。接下来展示几个实例并将智能滤镜做个比较。

原图

USM锐化后

智能锐化后

在这里可以看到，智能锐化滤镜与原始图像的对比效果，以及使用USM锐化滤镜对相同图像处理后的对比效果。从这个例子可以看出不同之处，尤其是在狗的绒毛、高光以及花草细节上。这个改进在高分辨率图像中表现得更加明显。在Photoshop中可以自己试做，打开或关闭图像比较使用USM锐化和智能锐化原始照片的不同效果。

15.9 “视频”滤镜组

视频滤镜组包含“NTSC颜色”滤镜和“De-Interlace(逐行)”滤镜。使用这两个滤镜可以使视屏图像和普通图像进行转换。

15.9.1 NTSC颜色

“NTSC颜色”滤镜可将色域限制在电视机重现可接受的范围内，以防止过饱和颜色渗到电视扫描行中。此滤镜对基于视频的因特网系统上的Web图像处理很有帮助(注：此组滤镜不能应用于灰度、CMYK和Lab模式的图像)。

15.9.2 逐行

“逐行”滤镜通过去掉视频图像中的奇数或偶数交错行，使在视频上捕捉的运动图像变得平滑。可以选择“复制”或“插值”来替换去掉的行(注：此组滤镜不能应用于CMYK模式的图像)。

15.10 “素描”滤镜组

素描滤镜组包括半调图案、便条纸、粉笔和炭笔、铬黄、绘图笔、基底凸现等14种滤镜。可以使用这些滤镜制作3D效果，将纹理添加到图像上，还适用于创建美术或手绘外观的图像效果。

15.10.1 半调图案

“半调图案”滤镜可模拟半调网的效果，并保持色调的连续范围。是使用前景色和背景色，在保持图像中连续色调范围的同时模拟半调网的效果。

15.10.2 便条纸

“便条纸”滤镜创建似乎是由手工制纸构成的图像。此滤镜会简化图像，并综合了“风格化 | 浮雕”和“纹理 | 颗粒”滤镜的效果。图像中的较暗区域显得像是纸张的顶上图层的洞，显露出背景色。

15.10.3 铬黄

“铬黄”滤镜处理图像，使它像是被磨光的铬表面。在反射表面中，高光为亮点，暗调为暗点。在应用此滤镜后，要使用“色阶”对话框增加图像的对比度。

15.10.4 实战：制作香浓巧克力效果

光盘路径：第15章\ Complete \制作香浓巧克力效果.psd

步骤1 打开“制作香浓巧克力效果.jpg ”文件。按快捷键Ctrl+J复制得到“图层1”。在该图层上执行“滤镜 | 转换为智能滤镜”命令，将图层转化为智能对象。

步骤2 在弹出的对话框中设置选项参数，执行“滤镜 | 滤镜库 | 素描 | 铬黄”命令，在弹出的对话框中设置选项参数，制作巧克力图像效果。

步骤3 单击“创建新的填充或调整图层”按钮，在弹出的快捷菜单中选择“照片滤镜”选项，设置参数，并设置混合模式为“线性加深”，制作香浓巧克力效果。

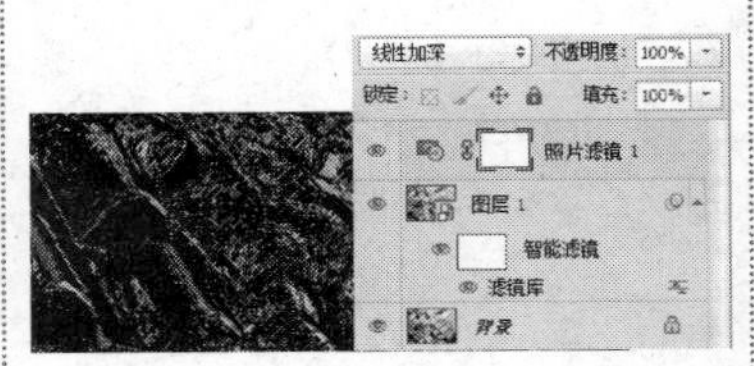

15.10.5　绘图笔

“绘图笔”滤镜使用精细的、直线油墨线条来捕捉原图像中的细节，对于扫描图像尤其明显。此滤镜对油墨使用前景色，对纸张使用背景色来替换原图像的颜色。

15.10.6　基底凸现

“基底凸现”滤镜可变换图像，使图像显得像被刻成浅浮雕并照亮以强调表面变化。图像的较暗区域使用前景色，较亮颜色使用背景色。

15.10.7　石膏效果

“石膏效果”滤镜用立体石膏复制图像，然后使用前景色和主背景色为图像上色，使较暗的区域上升，较亮的区域下沉。

15.10.8　实战：制作精细的浮雕效果图像

光盘路径：第15章\ Complete \制作精细的浮雕效果图像.psd

步骤1　打开“制作精细的浮雕效果图像.jpg ”文件。按快捷键Ctrl+J复制得到“图层1”。

步骤2　在该图层上执行“滤镜|转换为智能滤镜”命令，将图层转化为智能对象，执行“滤镜|滤镜库|素描|石膏效果”命令，在弹出的对话框中设置选项参数，制作精细的浮雕效果图像。

15.10.9　彩色粉笔

“彩色粉笔”滤镜在图像上重复稠密的深色或纯白粉笔图像。“彩色粉笔”滤镜将前景色用于较暗区域，将背景色用于较亮区域。要得到更真实的效果，在应用滤镜前应将前景色改为一种常用的“彩色粉笔”颜色（黑色、深棕色、鲜红色）。要得到柔和色调的效果，在应用滤镜前应将背景色改为稍带前景色的白色。

15.10.10　撕边

“撕边”滤镜对于由文本或高对比度对象组成的图像特别有用。此滤镜重新组织图像为被撕碎的纸片，然后使用前景和背景色为图像上色。

15.10.11　炭笔

“炭笔”滤镜重绘图像以创建海报化、涂抹效果。主要的边缘用粗线绘画，中间调用对角线条素描。炭笔为前景色，纸张为背景色。

15.10.12　炭精笔

“炭精笔”滤镜在图像上模拟浓黑和纯白的炭精笔纹理。“炭精笔”滤镜在暗区使用前景色，在亮区使用背景色。为了获得更逼真的效果，可以在应用滤镜之前将前景色改为常用的“炭精笔”颜色。要获得减弱的效果，请将背景色改为白色，在白色背景中添加一些前景色，然后再应用滤镜。

15.10.13 实战：制作炭笔绘画效果

光盘路径：第15章\ Complete \制作炭笔绘画效果.psd

步骤1 打开“制作炭笔绘画效果.jpg ”文件。按快捷键Ctrl+J复制得到“图层1”。

步骤2 在该图层上执行“滤镜|转换为智能滤镜”命令，将图层转化为智能对象。执行“滤镜|滤镜库|素描|炭精笔”命令，在弹出的对话框中设置选项参数，制作炭精笔绘画效果。

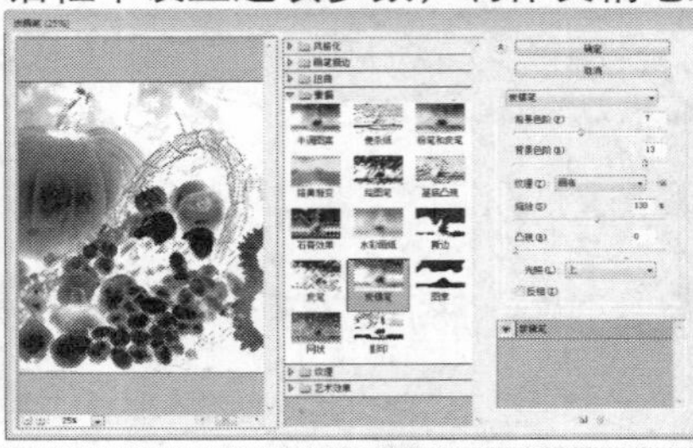

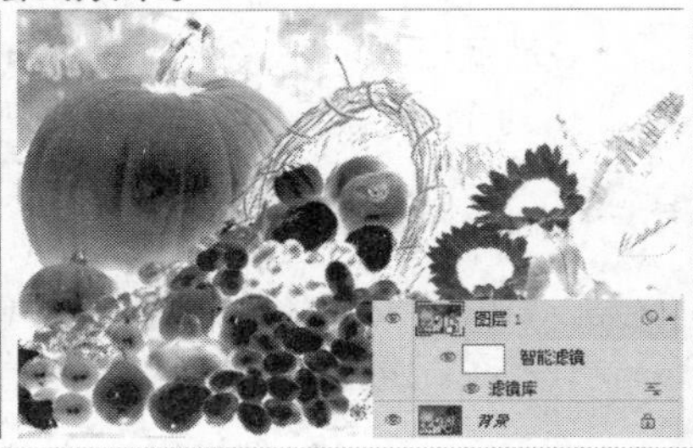

15.10.14 图章

“图章”滤镜可简化图像，使图像显得好像是用橡皮或木制图章盖章创建的一样。 此滤镜用于黑白图像时效果最佳。

15.10.15 实战：制作矢量剪影插画图像

光盘路径：第15章\ Complete \制作矢量剪影插画图像.psd

步骤1 打开“制作矢量剪影插画图像.jpg”文件。按快捷键Ctrl+J复制得到“图层1”。

步骤2 按D键复位前景色与背景色，执行“滤镜 | 滤镜库 | 素描 | 图章”命令，在弹出的对话框中设置选项参数，制作人物的黑色剪影插画。

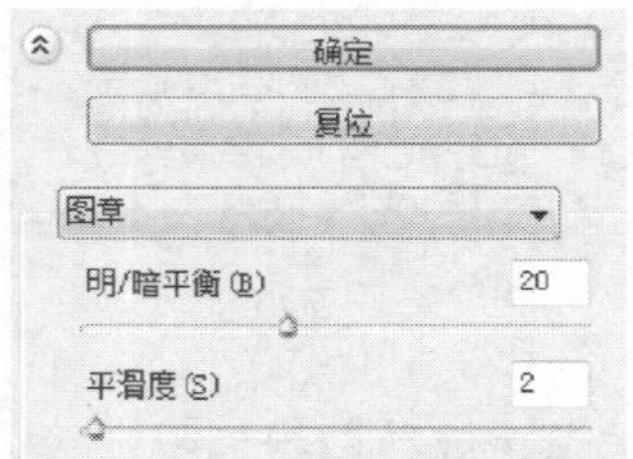

提示：

“素描”子菜单中的滤镜将纹理添加到图像上，通常用于获得 3D 效果。 这些滤镜还适用于创建美术或手绘外观。 许多“素描”滤镜在重绘图像时使用前景色和背景色。 可以通过“滤镜库”来应用所有“素描”滤镜。

15.10.16 网状

“网状”滤镜模拟胶片乳胶的可控收缩和扭曲来创建图像，使之在阴影处呈结块状，在高光处呈轻微颗粒化。

15.10.17 影印

“影印”滤镜模拟影印图像的效果，大的暗区趋向于只拷贝边缘四周，而中间色调区要么为纯黑色，要么为纯白色。

15.11 “纹理”滤镜组

“纹理”滤镜组包括龟裂缝、颗粒、马赛克拼贴、拼缀图、染色玻璃、纹理化6种滤镜。使用这些滤镜可以模拟具有深度感或物质感的外观纹理效果。

15.11.1　龟裂缝

“龟裂缝”滤镜可根据图像的等高线生成精细的纹理，应用此纹理使图像产生浮雕的效果。

15.11.2　颗粒

“颗粒”滤镜模拟不同的颗粒(常规,软化,喷洒,结块,强反差,扩大,点刻,水平,垂直和斑点)纹理，添加到图像中的效果。

15.11.3　实战：制作性感嘴唇图像

光盘路径：第15章\ Complete \制作性感嘴唇图像.psd

步骤1　打开“制作性感嘴唇图像.jpg”文件。使用磁性套索工具创建选区，并在属性栏中设置羽化值，复制得到“图层1”

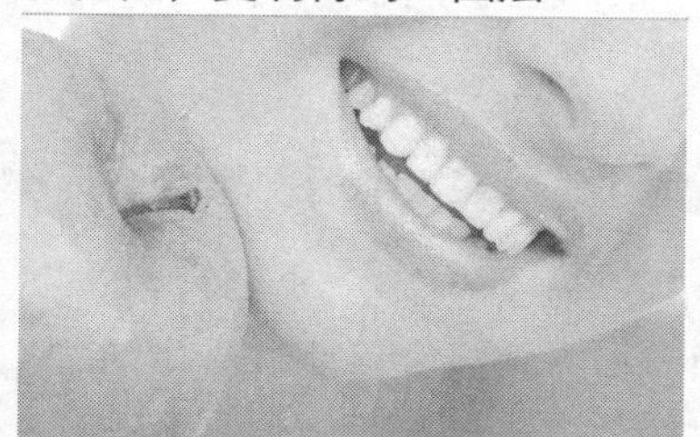

步骤2　在该图层上执行“滤镜 | 转换为智能滤镜”命令，将图层转化为智能对象。执行“滤镜 | 滤镜库 | 纹理 | 颗粒”命令，在弹出的对话框中设置选项参数，制作性感嘴唇图像。

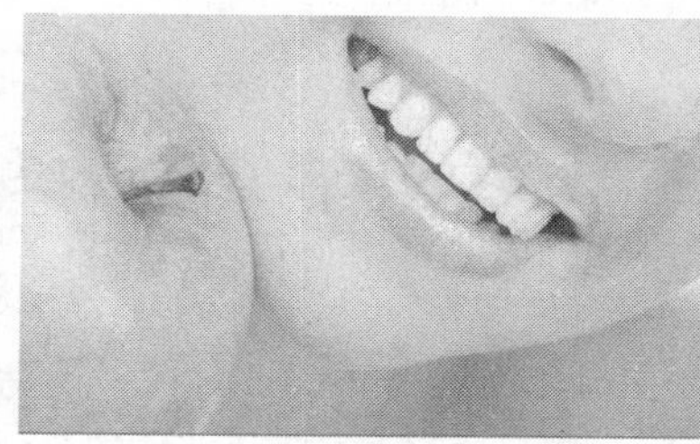

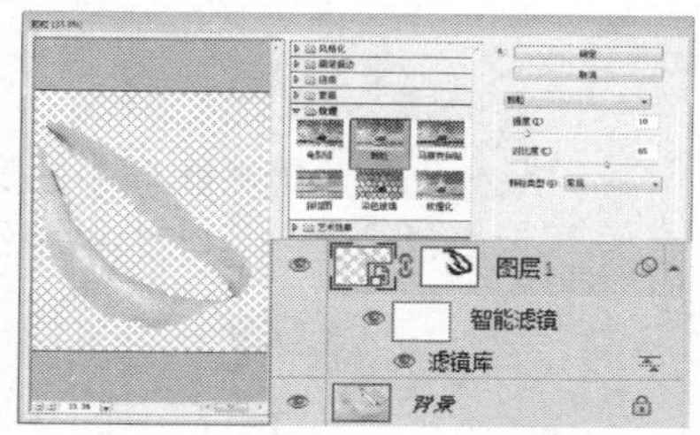

15.11.4　马赛克拼贴

“马赛克拼贴”和“龟裂缝”滤镜效果相似，使用该滤镜可以渲染图像，使图像看起来像是由很多碎片拼贴而成，在拼贴的碎片之间还有深深的缝隙。

15.11.5　拼缀图

“拼缀图”滤镜在“马赛克拼贴”滤镜的基础上增加了一些立体感，使图像产生一种类似于建筑物上使用瓷砖拼成图像的效果。此滤镜随机减小或增大拼贴的深度，以模拟高光和暗调。

15.11.6　染色玻璃

“染色玻璃”和“拼缀图”效果相似，使用该滤镜可以将图像重新绘制为玻璃拼贴起来的效果。生成的玻璃块之间的缝隙会使用前景色来填充。

15.11.7　纹理化

使用此滤镜可以将选择或创建的纹理应用于图像。

15.11.8　实战：制作十字绣图像

光盘路径：第15章\ Complete \制作十字绣图像.psd

步骤1　打开“制作十字绣图像.jpg ”文件。按快捷键Ctrl+J复制得到“图层1”。

步骤2　在该图层上执行“滤镜 | 转换为智能滤镜”命令，将图层转化为智能对象，弹出的对话框中设置选项参数，执行“滤镜 | 滤镜库 | 纹理 | 拼缀图”命令，在弹出的对话框中设置选项参数，制作十字绣图像。

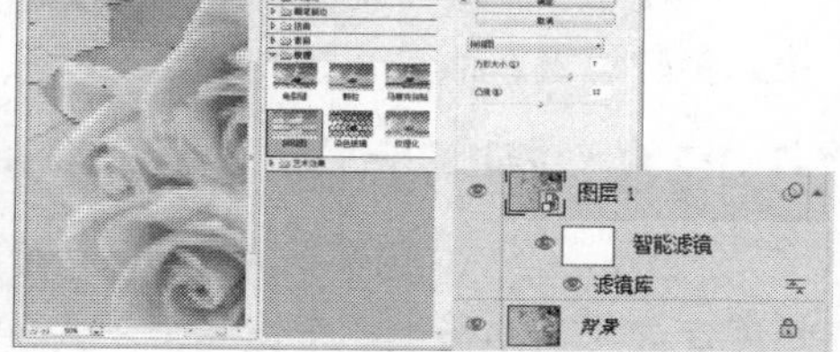

15.12 “像素化”滤镜组

像素化滤镜组包括彩块化、彩色半调、点状化、晶格化、马赛克、碎片和铜版雕刻7种滤镜。“像素化”滤镜主要是将使用单元格中相应的颜色值的像素块，重新定义为图像或选区，从而产生点状、马赛克、晶格等各种特殊效果。

15.12.1 彩块化

“彩块化”滤镜使图像中的纯色或颜色相近的像素结成相近颜色的像素块，使用该滤镜可以使图像看起来像手绘图像，或者实现图像的抽象派效果。

15.12.2 彩色半调

使用“彩色半调”滤镜处理后的图像在每个通道上使用放大的半调网屏效果，对于每个通道，滤镜都将图像划分为矩形，并使用图像替换每个图形。

15.12.3 点状化

“点状化”滤镜将图像中的颜色分解为随机分布的网点，并用背景色作为网点之间的间隙。将背景色设置为白色，将单元格大小调到最小，可以制作出雪花纷飞的效果。

15.12.4 晶格化

“晶格化”滤镜可以使像素结块，形成多边形纯色，多用于制作宝石多棱角的特殊效果。

15.12.5 实战：制作测试色盲卡片图像

光盘路径：第15章\ Complete\制作测试色盲卡片图像.psd

步骤1 打开“制作测试色盲卡片图像.jpg ”文件。按快捷键Ctrl+J复制得到“图层1”。

步骤2 在该图层上执行“滤镜 | 转换为智能滤镜”命令，将图层转化为智能对象，执行“滤镜 | 滤镜库 | 像素化 | 晶格化”命令，在弹出的对话框中设置选项参数，制作测试色盲卡片图像。

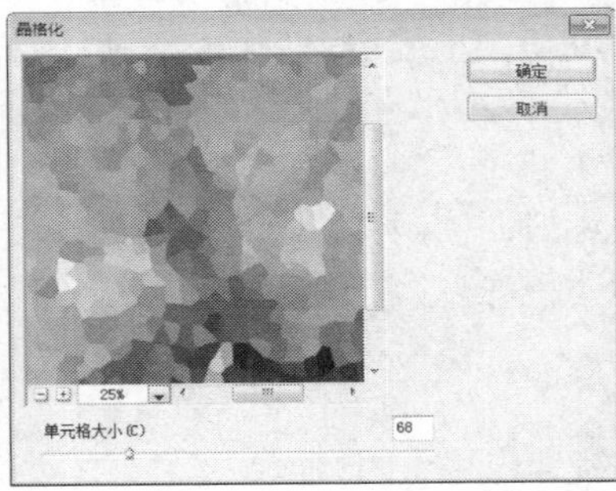

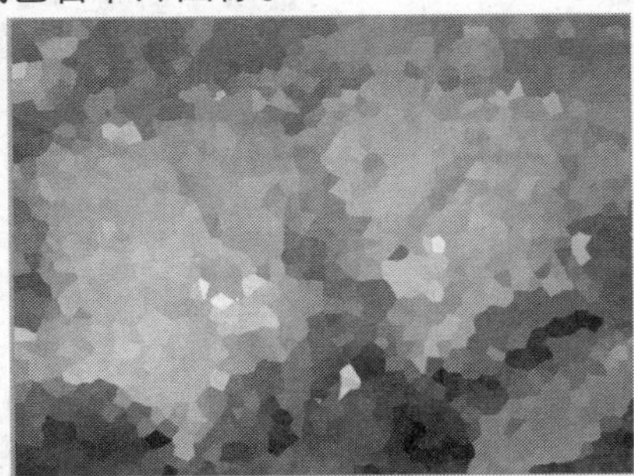

15.12.6 马赛克

“马赛克”滤镜使图像中的像素结为方形块，方块所在处的颜色决定块的颜色，每个块中的像素颜色相同。

15.12.7 碎片

“碎片”滤镜对选区中的像素进行4次复制并且平均位重叠，使图像产生不聚焦的模糊效果。该滤镜无参数设置，而是直接创建滤镜效果。

15.12.8 铜版雕刻

“铜版雕刻”滤镜使用黑白或颜色完全饱和的网点图案重新绘制图像。将图像转换为黑白区域的随机图案或彩色图像中完全饱和颜色的随机图案。

15.13 “渲染”滤镜组

“渲染”滤镜组包含云彩和分层云彩、纤维、光照效果等，该滤镜组可以产生三维效果、云彩或光照效果，以及为图像制作云彩图案、折射图案、模拟的光反射等效果。

15.13.1 云彩和分层云彩

应用“云彩和分层云彩”滤镜时，当前图层上的图像数据会被替换，使用介于前景色与背景色之间的随机值，生成柔和的云彩图案。因此在应用滤镜之前应先设置好前景色和背景色。

15.13.2 实战：制作朦胧烟雾效果

光盘路径：第15章\ Complete \制作朦胧烟雾效果.psd

步骤1 打开“制作朦胧烟雾效果.jpg”文件，新建“图层1”，设置前景色为黑色，为制作云效果做基底。

步骤2 执行“滤镜|滤镜库|渲染|云彩”命令，并设置“图层1”的混合模式为“滤色”。然后单击“添加图层蒙版”按钮，使用柔角画笔工具在蒙版中稍微涂抹，以制作朦胧的烟雾效果。

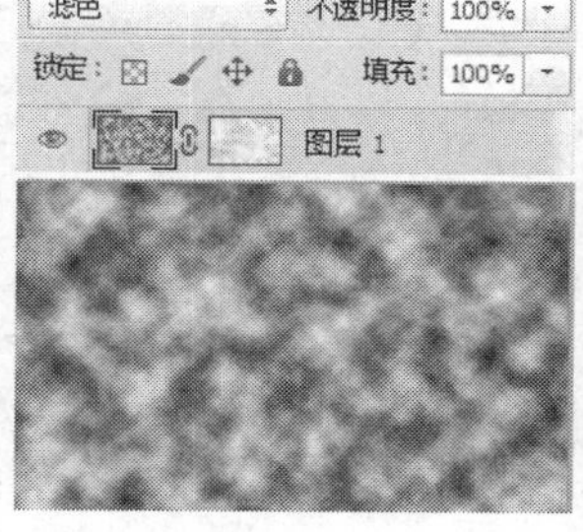

15.13.3 纤维

使用“纤维”滤镜时，当前图层上的图像数据会被替换为使用前景色和背景色创建的编织纤维的外观。在“纤维”对话框中多次单击“随机化”按钮可更改图案的外观，直到看到自己喜欢的图案。

15.13.4 实战：制作照片纤维纹理效果

光盘路径：第15章\ Complete \制作照片纤维纹理效果.psd

步骤1 打开“制作照片纤维纹理效果.jpg ”文件。新建“图层1”，设置前景色为黑色。

步骤2 执行“滤镜|渲染|纤维”命令，在弹出的对话框中设置选项参数，设置混合模式为“滤色”，制作旧感效果。

步骤3 单击“创建新的填充或调整图层”按钮，在弹出的快捷菜单中选择“照片滤镜”选项，设置参数，以制作照片纹理效果。

15.13.5 光照效果

使用“光照效果”滤镜可以为图像添加特定光源的光照效果，通过对纹理通道的设置，使图像呈现浮雕效果。

15.13.6 实战：制作光照效果图像

光盘路径：第15章\ Complet\制作光照效果图像.psd

步骤1 打开“制作光照效果图像.jpg”文件。按快捷键Ctrl+J复制得到“图层1”。

步骤2 在该图层上执行“滤镜 | 转换为智能滤镜”命令，将图层转化为智能对象。执行“滤镜 | 滤镜库 | 渲染 | 光照效果”命令，在弹出的对话框中设置选项参数，并设置混合模式为“滤色”，制作光照效果图像。

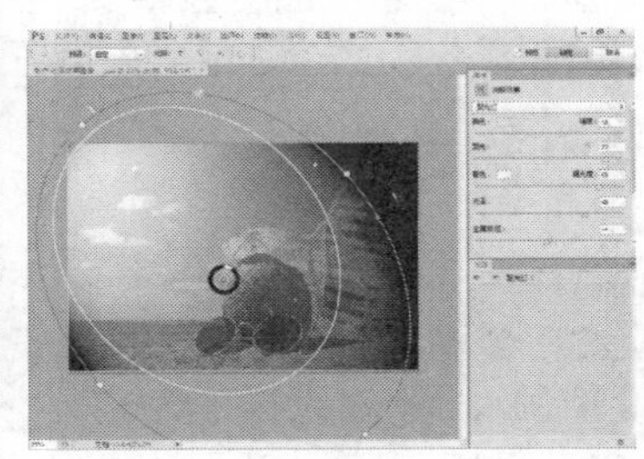

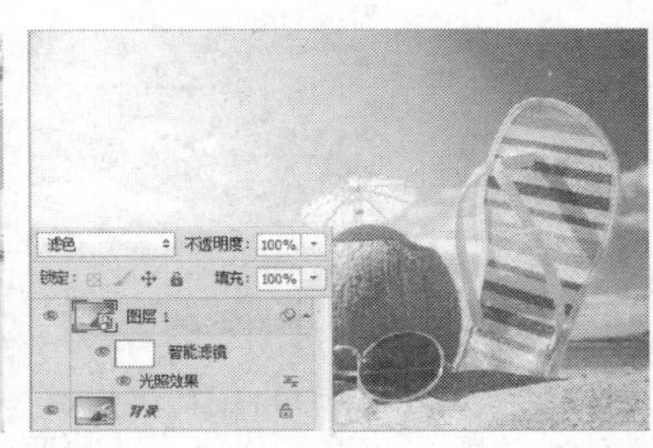

15.13.7 镜头光晕

使用“镜头光晕”滤镜可以模拟亮光照射到相机镜头所产生的折射效果。在“镜头光晕”对话框中，通过拖动缩览图的十字线位置来指定光晕中心。

15.13.8 实战：制作明媚阳光图像

光盘路径：第15章\ Complete\制作明媚阳光图像.psd

步骤1 打开“制作明媚阳光图像.jpg”文件。新建“图层1”，单击渐变工具，由上向下设置前景色为白色，并填充选区为线性渐变颜色。

步骤2 在该图层上执行“滤镜 | 转换为智能滤镜”命令，将图层转化为智能对象。执行“滤镜 | 滤镜库 | 渲染 | 镜头光晕”命令，在弹出的对话框中设置选项参数，制作明媚阳光图像。

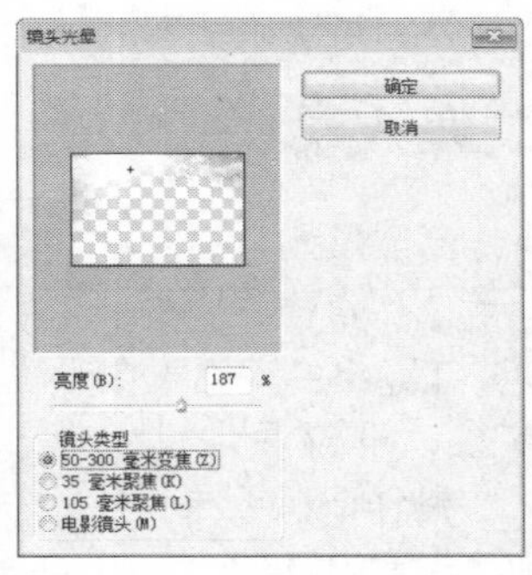

15.14 “艺术效果”滤镜组

“艺术效果”滤镜组包括“壁画”、“彩色铅笔”、“粗糙蜡笔”、“底纹效果”、“调色刀”、“干笔画”、“海报边缘”、“海绵”、“绘画涂抹”、“胶片颗粒”、“木刻”等15种艺术效果，可以使用“艺术效果”组中的滤镜，为美术或商业项目制作绘画效果或艺术效果。这些滤镜模仿自然或传统介质效果。通过“滤镜库”可以应用所有“艺术效果”滤镜。

15.14.1 壁画

“壁画”滤镜使用小块的颜料以粗略涂抹的笔触重新绘制一种粗糙风格的图像，它能使图像产生壁画的效果。

15.14.2　彩色铅笔

“彩色铅笔”滤镜可以制作各种颜色的铅笔在纯色背景上绘制的图像效果，所绘图像中重要的边缘被保留，外观以粗糙阴影线状态显示。

15.14.3　粗糙蜡笔

使用“粗糙蜡笔”滤镜可以在布满纹理的图像背景上应用彩色画笔描边。

15.14.4　实战：制作蜡笔绘画效果

光盘路径：第15章\ Complet\制作蜡笔绘画效果.psd

步骤1　打开“制作蜡笔绘画效果.jpg ”文件。按快捷键Ctrl+J复制得到“图层1”。

步骤2　在该图层上执行“滤镜 | 转换为智能滤镜”命令，将图层转化为智能对象。执行“滤镜 | 滤镜库 | 艺术效果 | 粗糙蜡笔”命令，在弹出的对话框中设置选项参数，制作蜡笔绘画效果。

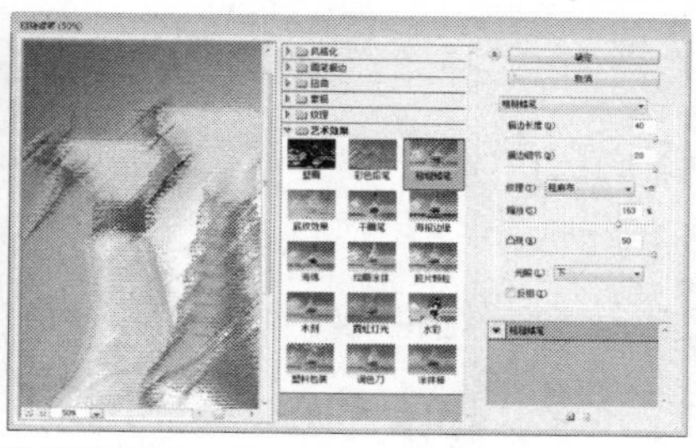

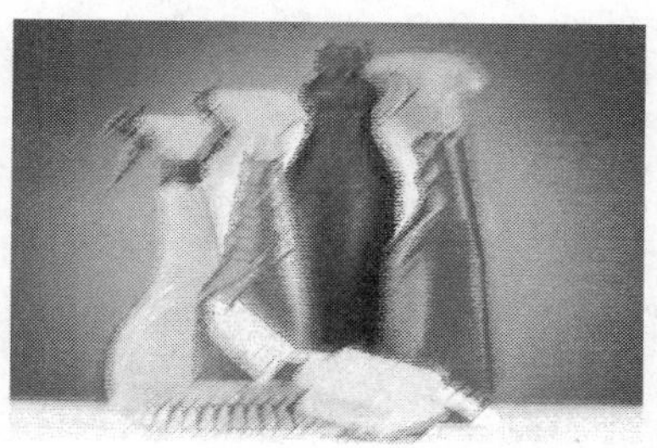

15.14.5　底纹效果

“底纹效果”滤镜可以在带纹理的背景上绘制图像，然后将最终图像绘制在原图像上。

15.14.6　调色刀

“调色刀”滤镜可以减少图像中的细节，得到描绘的很淡的画布效果。

15.14.7　干画笔

“干画笔”滤镜可制作用干画笔技术绘制边缘的图像，此滤镜通过将图像的颜色范围减小为普通颜色范围来简化图像。

15.14.8　海报边缘

“海报边缘”滤镜可减少图像中的颜色数量，自动查找图像的边缘，并在其边缘上绘制黑色线条。

15.14.9　海绵

“海绵”滤镜是使用颜色强烈且纹理较重的区域绘制图像，得到类似海绵绘画的效果。

15.14.10　绘画涂抹

“绘画涂抹”滤镜选取各种大小和类型的画笔创建绘画效果，使图像产生模糊的艺术效果。

15.14.11　实战：制作湿画效果图像

光盘路径：第15章\ Complet\制作湿画效果图像.psd

步骤1 打开“制作湿画效果图像.jpg ”文件。按快捷键Ctrl+J复制得到“图层1”。

步骤2 在该图层上执行“滤镜 | 转换为智能滤镜”命令，将图层转化为智能对象，在弹出的对话框中设置选项参数，执行“滤镜 | 滤镜库 | 渲染 | 艺术效果 | 绘画涂抹”命令，在弹出的对话框中设置选项参数，制作湿画效果图像。

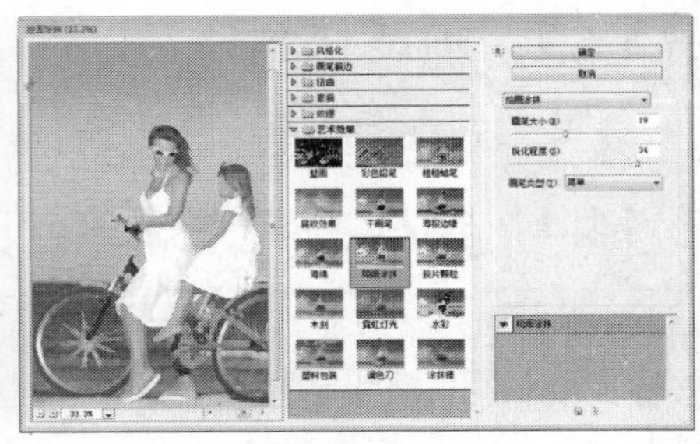

15.14.12 胶片颗粒

“胶片颗粒”滤镜可以将平滑图案应用在图像的阴影和中间调部分，将一种更平滑、更高饱和度的图案添加到亮部区域。

15.14.13 木刻

“木刻”滤镜可以将图像描绘成几层边缘粗糙的材质剪片组成的效果。

15.14.14 实战：制作可爱木刻图像

光盘路径：第15章\ Complet\制作可爱木刻图像.psd

步骤1 打开“制作可爱木刻图像.jpg”文件。按快捷键Ctrl+J复制得到“图层1”。

步骤2 在该图层上执行“滤镜 | 转换为智能滤镜”命令，将图层转化为智能对象。执行“滤镜 | 滤镜库 | 渲染 | 木刻”命令，在弹出的对话框中设置选项参数，制作可爱木刻图像。

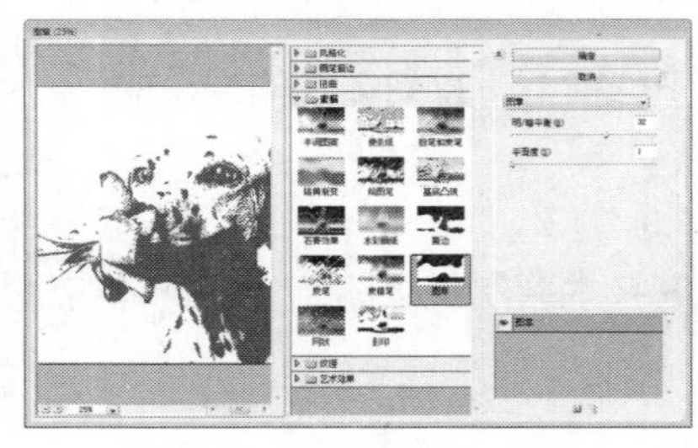

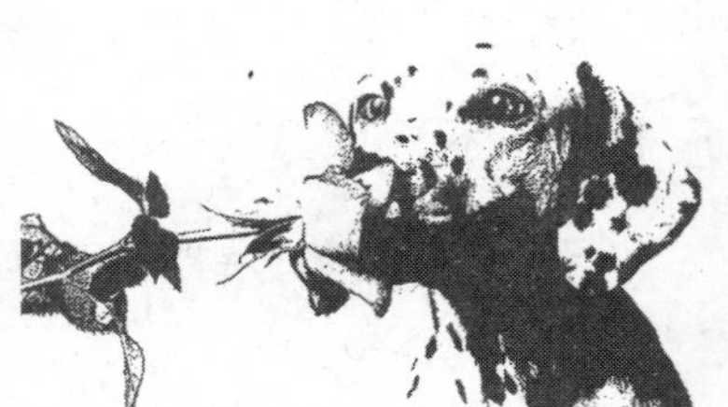

15.14.15 霓虹灯光

“霓虹灯光”滤镜可以将各类灯光添加到图像中的对象上，得到霓虹灯光一样的发光效果。

15.14.16 水彩

“水彩”滤镜可以水彩风格绘制图像，犹如使用占了水和颜料的中号画笔进行绘制，简化了的图像细节，使图像颜色饱满。

15.14.17 塑料包装

“塑料包装”滤镜可以给图像涂上一层光亮的塑料，以强化图像中的线条及细节。

15.14.18 涂抹棒

“涂抹棒”滤镜就好像是使用黑色的短线来涂抹图像的暗部区域，使图像更加柔和。

15.14.19　实战：制作水彩画效果

光盘路径：第15章\ Complet\制作水彩画效果.psd

步骤1　打开“制作水彩画效果.jpg ”文件。按快捷键Ctrl+J复制得到“图层1”。

步骤2　在该图层上执行“滤镜 | 转换为智能滤镜”命令，将图层转化为智能对象，弹出的对话框中设置选项参数，执行“滤镜 | 滤镜库 | 渲染 | 艺术效果 | 水彩”命令，在弹出的对话框中设置选项参数，制作水彩画效果。

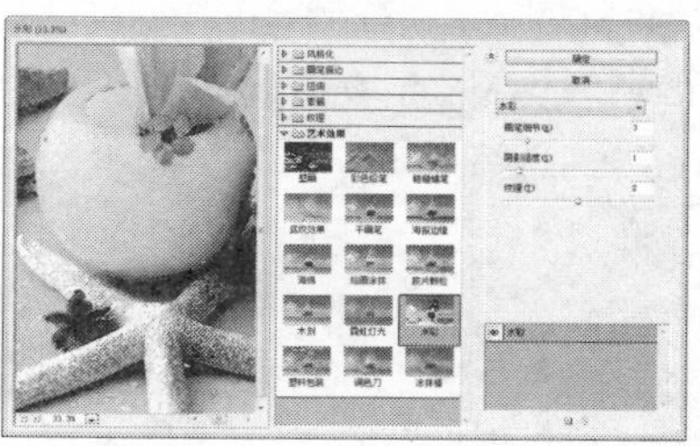

15.15　“杂色”滤镜组

“杂色”滤镜组包括减少杂色、蒙尘与划痕、去斑、添加杂色、中间值5种滤镜。这些滤镜可以用来添加或移去杂色，为图像创建与众不同的纹理或移去有问题的区域。

15.15.1　减少杂色

“减少杂色” 滤镜可自动减少杂色，但是它的运行相对较慢。计算机的处理能力越强，使用该功能进行编辑时就越快。

15.15.2　蒙尘与划痕

“蒙尘与划痕”滤镜的效果是把图像的像素颜色摊开，就是把颜色涂抹开，颜色层次处理更真实。

15.15.3　实战：去除照片杂色

光盘路径：第15章\ Complet\去除照片杂色.psd

步骤1　打开“去除照片杂色”文件。按快捷键Ctrl+J复制得到“图层1”。

步骤2　将图层转化为智能对象，执行“滤镜 | 滤镜库 | 渲染 | 杂色 | 减少杂色”命令，在弹出的对话框中设置选项参数，并设置其混合模式为“滤色”，去除照片杂色现象。

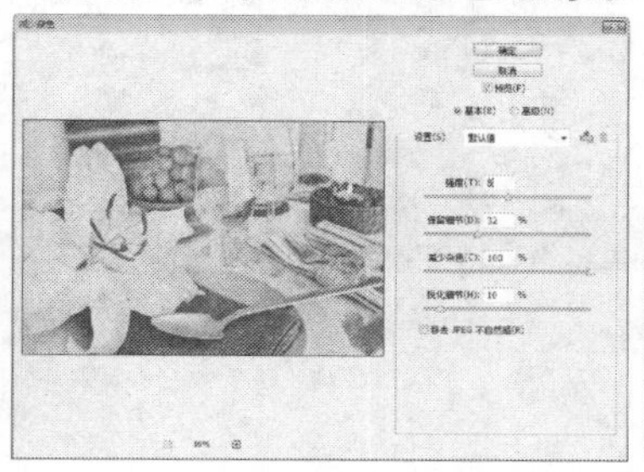

15.15.4　去斑

“去斑”滤镜可以检测图像边缘并模糊去除相应边缘的选区，可以在去除图像中杂色的同时保留图像细节，该滤镜不需要参数设置，直接运用滤镜效果。

15.15.5　添加杂色

“添加杂色”滤镜可以在图像中应用随机像素，使图像产生颗粒状效果，常用于修饰图像中的不自然区域。

15.15.6 中间值

“中间值”滤镜是通过混合图像像素的亮度来减少图像中的杂色。

15.15.7 实战：制作电视屏幕花屏效果

光盘路径：第15章\ Complet\制作电视屏幕花屏效果.psd

步骤1 打开“制作电视屏幕花屏效果.jpg ”文件。按快捷键Ctrl+J复制得到“图层1”。

步骤2 将图层转化为智能对象，在弹出的对话框中设置选项参数，执行“滤镜 | 滤镜库 | 杂色 | 中间值”命令，在弹出的对话框中设置选项参数，并设置混合模式为“亮光”，制作电视屏幕花屏效果。

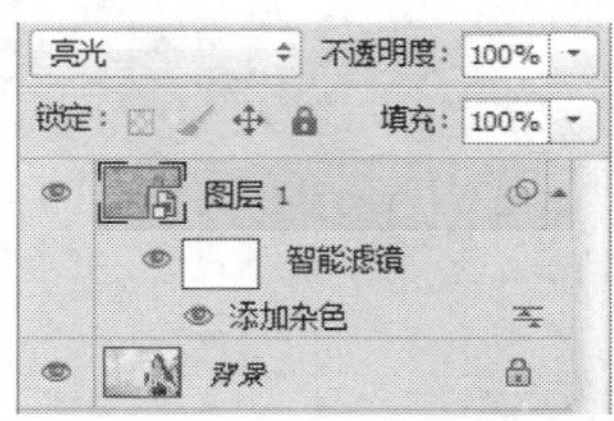

15.16 “其他”滤镜组

“其他”滤镜组包括高反差保留、位移、自定、最大值与最小值5种滤镜。该滤镜组允许创建自己的滤镜，并使用滤镜修改蒙版，或者在图像中使选区发生位移和快速调整颜色。

15.16.1 高反差保留

“高反差保留”滤镜去掉图像中低频率的细节，与“高斯模糊”滤镜的效果相反。在使用“阈值”命令或将图像转换为位图模式前，在连续色调的图像上应用“高反差保留”滤镜是非常有帮助的。

15.16.2 实战：制作为具有质感的图像效果

光盘路径：第15章\ Complet\制作为具有质感的图像效果.psd

步骤1 打开“制作为具有质感的图像效果.jpg ”文件。按快捷键Ctrl+J复制得到“图层1”。

步骤2 将图层转化为智能对象，执行“滤镜 | 滤镜库 | 杂色 | 制作为高反差保留”命令，在弹出的对话框中设置选项参数，并设置混合模式为“叠加”，制作为具有质感的图像。

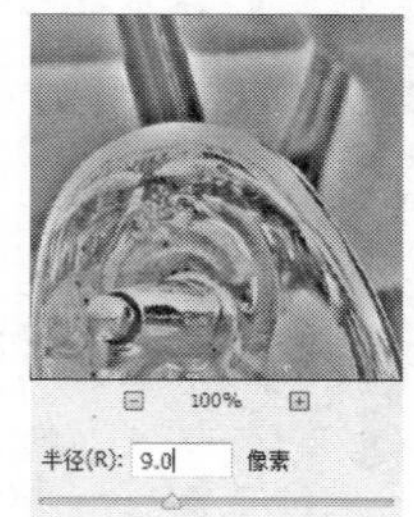

15.16.3 位移

“位移”滤镜可将选区水平或垂直移动一定的距离，在选区的原位置留下空白。您可以用当前背景色、用图像的另一部分或在选区接近图像的边缘的情况下用你选取的内容填充空白区域。

15.16.4 自定

使用“自定”滤镜可以按照预定义的数学运算（叫做卷积）更改图像中每个像素的亮度值。以其周围的像素值为基础，每个像素被重新分配一个值。

15.16.5　最大值与最小值

“最大值”和“最小值”滤镜与“中间值”滤镜一样，“最大值”和“最小值”滤镜查看选区中的单个像素。在指定半径内，“最大值”和“最小值”滤镜用周围像素中最大或最小的亮度值替换当前像素的亮度值。

15.17　“Digimarc”滤镜组

Digimarc滤镜组包含读取水印和嵌入水印两个滤镜，此滤镜将数字水印嵌入到图像中，以储存版权信息。

15.17.1　读取水印

“读取水印”滤镜可以查看并阅读该图像的版权信息。

15.17.2　嵌入水印

使用“嵌入水印”是在图像中产生水印。用户可以选择图像是受保护的还是免费的。水印是作为杂色添加到图像中的数字代码，它可以以数字和打印的形式长期保存，且图像经过普通的编辑和格式转换后水印依然存在。

15.18　外挂滤镜

一个大型软件在开发的过程中，常会只着眼于大的功能方面，一些人性化和细节化的东西无法做得十分细致。于是便诞生了外挂滤镜，它能增加大型软件的功能。

15.18.1　Noiseware

“Noiseware”滤镜是一款智能磨皮的外挂滤镜。

15.18.2　实战：制作清晰人物图像

光盘路径： 第15章\Complet\制作清晰人物图像.psd

步骤1　打开“制作清晰人物图像”文件。按快捷键Ctrl+J复制得到“图层1”。

步骤2　在该图层上执行“滤镜 | 转换为智能滤镜”命令，将图层转化为智能对象，在弹出的对话框中设置选项参数，执行“滤镜 | imogenomic | Noiseware ”命令，在弹出的对话框中设置选项参数，制作清晰人物图像。

15.18.3　Portraitrue

“Portraitrue”滤镜是另一款智能磨皮的外挂滤镜。Portraitrue滤镜不仅可以对人物图像进行磨皮处理，还可以调整图像亮度层次。

15.18.4 实战：制作出水嫩皮肤

光盘路径：第15章\ Complet\制作出水嫩皮肤.psd

步骤1 打开“制作出水嫩皮肤.jpg”文件。按快捷键Ctrl+J复制得到“图层1”。

步骤2 在该图层上执行“滤镜 | 转换为智能滤镜”命令，将图层转化为智能对象，在弹出的对话框中设置选项参数，执行“滤镜 | imogenomic | Portraitrue”命令，在弹出的对话框中设置选项参数，制作出水嫩皮肤。

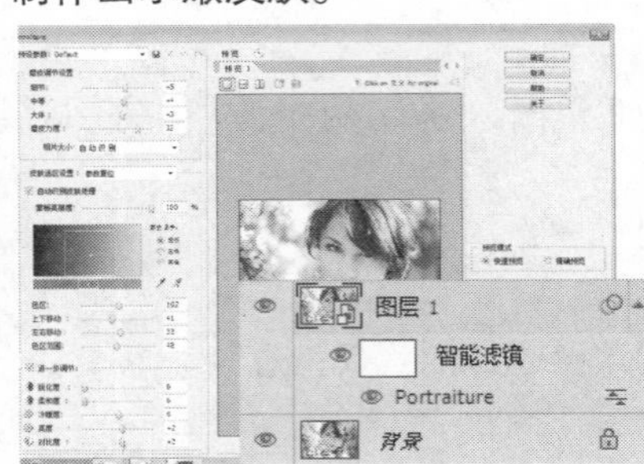

15.19 Photoshop增效工具

Photoshop 增效工具即是一些文件，用户可以使用这些文件增强 Photoshop 的功能，例如，可以使用 TWAIN 技术扫描图像。其中一些增效工具是与早期版本的 Photoshop 一起安装的。一些客户仍然需要旧版本。但大多数客户都不需要增效工具，因此在 Photoshop CS6 中，增效工具是可选安装内容。Photoshop 扩展增效工具（仅限 Mac OS）允许在 Photoshop 中更改操作系统的级别，例如可以对暂存盘进行压缩。用户可以根据需要安装这些可选扩展。

增效工具模块是由 Adobe Systems 开发以及其他软件开发者与 Adobe Systems 合作开发的软件程序，旨在增添 Photoshop 的功能。程序附带了许多导入、导出和特殊效果增效工具。这些增效工具自动安装在 Photoshop 增效工具文件夹内的各个文件夹中。

15.19.1 下载增效工具

要下载增效工具，只要找到与你使用的Acrobat对应版本的增效工具，然后将增效工具压缩包解压缩， 粘贴到C:\Program Files\Adobe\（你的acrobat版本）\Acrobat\plug_ins中，然后重启Acrobat就可以了，一般增效工具都需要注册 ，下载的压缩包里都有注册码以及注册方法。要安装第三方增效工具模块，请按照增效工具模块附带的安装说明进行操作。如果无法运行某个第三方增效工具，该增效工具可能需要旧版 Photoshop 序列号。

15.19.2 安装增效工具

增效工具模块在安装之后将显示为“导入”或“导出”菜单中的选项、“打开”和“存储为”对话框中的文件格式或“滤镜”子菜单中的滤镜。Photoshop 可容纳大量的增效工具。但是，如果所安装的增效工具模块的列表变得太长，Photoshop 可能无法在相应的菜单中显示所有增效工具。如果发生这种情况，新安装的增效工具将出现在“滤镜 | 其他”子菜单中。

15.20 操作答疑

为了帮助大家更好地了解滤镜的功能，下面为大家解答一些滤镜中的常见问题，方便大家更有效地了解滤镜中的各种命令来制作图像。

15.20.1 专家答疑

（1）滤镜的作用有哪些范围?

答：Photoshop CS6为用户提供了上百种滤镜，其作用范围仅限于当前正在编辑的、可见的图层中的选区，若图像此时没有选区，软件则默认对当前图层上的整个图像进行处理。值得注意的是，RGB颜色模式的图像可使用Photoshop CS6中所有的滤镜；而位图模式、16位灰度模式、索引模式和48位RGB模式等图像则无法使用滤镜，某些色彩模式如CMYK模式，只能使用部分滤镜，画笔描边、素描、纹理以及艺术效果等类型的滤镜将无法使用。

（2）如何复制和删除智能滤镜?

答：执行“滤镜 | 转换为智能滤镜”命令后，图像转变为了智能对象，在转变为智能对象的图层上单击鼠标左键，选择“复制图层”选项，或选择该图层后按快捷键Ctrl+J便可复制该智能滤镜。选择“删除图层”选项，或选择该图层后按快捷键Delete便可删除该智能滤镜。

（3）使用“光照效果”滤镜有什么作用?

答：使用“光照效果”滤镜可以为图像添加特定光源的光照效果，通过对纹理通道的设置，使图像呈现浮雕效果。

原图

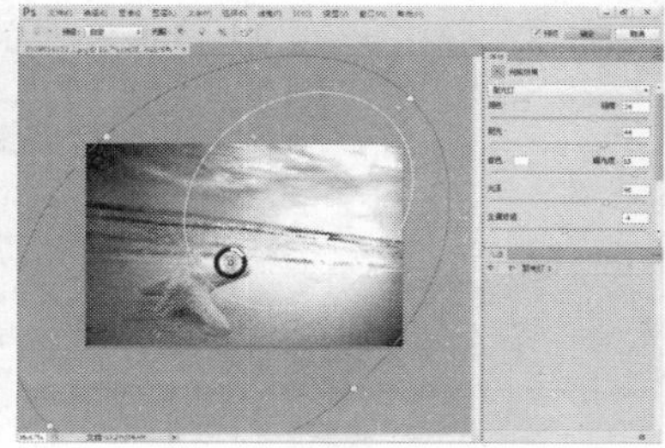

“光照效果”滤镜对话框

使用“光照效果”滤镜后

（4）怎样理解Photoshop增效工具?

答：Photoshop 增效工具即是一些文件，用户可以使用这些文件增强 Photoshop 的功能，例如可以使用 TWAIN 技术扫描图像。其中一些增效工具是与早期版本的 Photoshop 一起安装的。一些客户仍然需要旧版本，但大多数客户都不需要增效工具，因此在 Photoshop CS6 中，增效工具是可选安装内容。Photoshop 扩展增效工具（仅限 Mac OS）允许在Photoshop 中更改操作系统的级别，例如可以对暂存盘进行压缩。用户可以根据需要安装这些可选扩展。

15.20.2　操作习题

1. 选择题

（1）（　　）滤镜具有“USM锐化”滤镜所没有的锐化控制功能，可以设置锐化算法，或控制在阴影和高光区域中的锐化量，而且能避免色晕等问题，起到使图像细节清晰起来的作用。

A. 智能锐化　　B. 进一步锐化　　C. 锐化边缘

（2）（　　）滤镜只在单一方向上对图像像素运行模糊处理，模仿物体高速运动时曝光的摄影方法来表现速度感。因此该滤镜经常用于运动物体的图像对画面背景的处理。

A动感模糊　　B.表面模糊　　C. 方框模糊

（3）（　　）是Photoshop CS6中新增加的一个滤镜，这个滤镜可制作出照片的油画效果。

A. 油画滤镜　　B.自适应广角滤镜　　C.消失点滤镜

2. 填空题

（1）__________滤镜可把底片曝光，然后翻转图像的高光部分，产生正片与负片相互混合的效果，类似于显影过程中将摄影照片短暂曝光。

（2）像素化滤镜组包括彩块化、__________、点状化、晶格化、__________、碎片和铜版雕刻7种滤镜。本组滤镜主要是使用单元格中相应颜色值的像素块，重新定义图像或选区，从而产生点状、马赛克、晶格等各种特殊效果。

（3）锐化滤镜组包括__________、进一步锐化、锐化、锐化边缘和__________5种滤镜。锐化滤镜组通过增加相邻像素的对比度来聚焦模糊的图像。“锐化”滤镜组中的滤镜通过增加相邻像素的对比度将图像画面调整得更清晰、鲜明。

（4）__________滤镜是以国画的风格绘制图像，该滤镜也被称为书法滤镜，其原理是通过计算图像中像素值的分布，对图像进行概况性的描述，使其看起来像是用蘸满黑色油墨的湿画笔在宣纸上绘画，具有非常黑的柔化模糊边缘的效果。“描边宽度”设置笔画的宽度；“描边压力”值越大，笔画的颜色越深；“对比度”设置图像的颜色对比程度。

3. 操作题

制作照片的雨丝效果。

步骤1

步骤2

步骤3

（1）打开一张图像文件，按快捷键Ctrl+J复制得到“图层1”，设置混合模式为“正片叠底”、“不透明度”为30%，调整图像的明暗效果。

（2）新建“图层2”，设置前景色为黑色。在该图层上执行“滤镜 | 杂色 | 添加杂色”命令和“滤镜 | 模糊 | 动感模糊”命令，在弹出的对话框中设置选项参数，并设置混合模式为“滤色”，为画面添加雨丝效果。

（3）单击“创建新的填充或调整图层”按钮，在弹出的对话框中选择“曲线1”调整图层，拖动滑块设置参数，制作照片的雨丝效果。

第16章

Web图形

本章重点：

本章重点讲解互联网网页的图像格式及其操作方法。

学习目的：

本章重点掌握如何为图像创建切片，并输出HTML文件的方法，以及在编辑切片时结合“存储为Web和设备所用格式”命令的相关知识。

参考时间：20分钟

主要知识	学习时间
16.1　认识Web图形	5分钟
16.2　切片的基本操作	5分钟
16.3　Web图像优化	5分钟
16.4　Web图形的输出设置	5分钟

16.1 认识Web图形

Web图形又指网络图形，是Photoshop图像处理软件中针对网页设计的专有储存格式，在对图像进行切片操作后，执行“文件|储存为Web所用格式”，将图片储存为网络格式，可在网页中查看。

16.2 切片的基本操作

切片是指将一个图像剪切为多个小的切片图像，使用HTML标签可以将切片图像组合为原来的状态。选择切片选择工具时双击切片的分割序号，通过弹出的“切片选项”对话框设置相关参数。

❶ **URL**：指定连接的网页文件地址。

❷ **目标**：指定要连接的网页文件位置。

❸ **信息文本**：指定的内容将出现在浏览器的状态栏中。

❹ **Ait Tag标记**：指定切片的Ait 标记。

❺ **尺寸**：指定图像映射的大小和位置。

❻ **切片背景类型**：用于指定切片空白背景的类型和颜色。

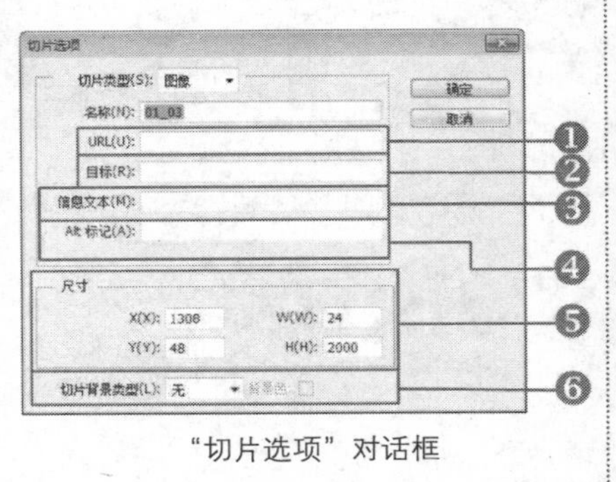

“切片选项”对话框

16.2.1 切片种类

切片工具有“切片工具”和“切片选择工具”两种，“切片工具”用于将一个图像剪切为多个小的切片图像，使用HTML标签可以将切片图像组合为原来的状态。而“切片选择工具”主要用于选择和编辑指定的切片，通过拖动可改变各个切片的分割区域。双击切片的分割序号，在弹出的“切片选项”对话框中，可为切片指定连接等选项。

创建切片主要有3种方法，使用切片工具在图像中随意拖出切片区域；创建基于参考线的切片；结合“划分切片”对话框设置切片数量。

❶ 通过“样式”下拉列表选择切片的样式为“正常”、“固定长宽比”或“固定大小”，若选择“固定长宽比”或“固定大小”选项，可激活“宽度”和“高度”选项，在其中可指定切片的长宽比或大小。

❷ **基本参考线的切片**：基于设定的参数来创建切片。

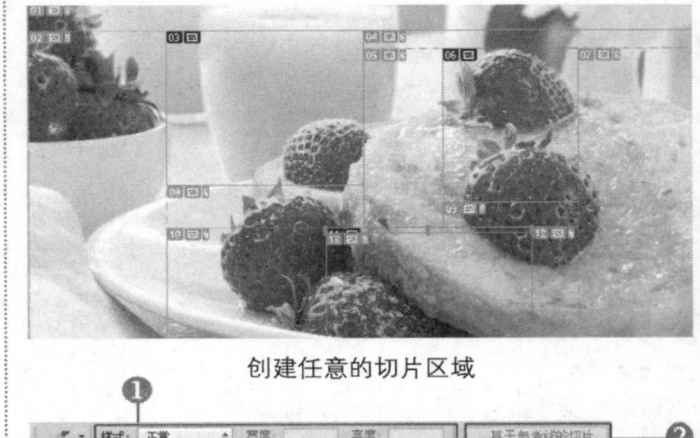

创建任意的切片区域

切片工具属性栏

❶ 设置当前选定的切片的堆栈顺序，依次为置顶层、前移一层、后移一层和置为底层。

❷ **提升**：单击该按钮，自动将图层切片提升到用户切片。

❸ **划分**：通过“划分切片”对话框进行水平或垂直划分切片。可以指定切片个数。或以指定的像素/切片大小定义图像的切片数量。

切片选择工具属性栏

❹**对齐按钮组**：定义两个或两个以上切片的对齐方式，以及3个或3个以上切片的划分方式。

❺ **隐藏/显示自动切片**：隐藏或显示自动切片。当选择切片工具时，图像将创建一个自动切片01。

❻**当前切片设置选项**：为切片指定类型、URL链接、Alt标记等选项。

16.2.2 创建\删除切片

在编辑切片的过程中，为了更方便地划分图像区域，Photoshop提供了切片的创建与删除功能，选中不需要的切片，按快捷键Delete，可对切片进行删除。

1. 创建切片

使用切片工具在图像中随意拖出切片区域；创建基于参考线的切片；结合“划分切片”对话框设置切片数量。

2. 删除切片

在画面中，将鼠标放到要删除的切片区域，然后单击鼠标右键，在弹出的快捷菜单栏中，选择“删除切片”选项，即可删除切片。

16.2.3 实战：使用切片工具创建切片

光盘路径：第16章\Complete\使用切片工具创建切片.psd

步骤1 打开“使用切片工具创建切片.jpg”图像文件。

步骤2 单击切片工具，然后在画面中随意拖出切片区域。

步骤3 单击菜单栏中的“为当前切片设置选项”，弹出的“切片选项”对话框。

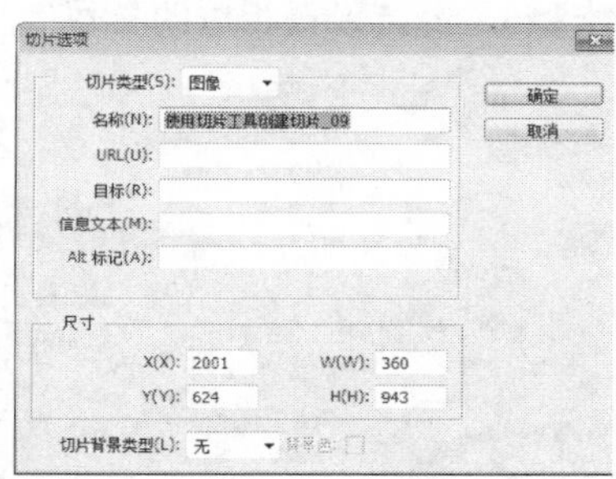

步骤4 在弹出的对话框中设置各项参数值。设置颜色为（R255、G246、B189），然后单击“确定”按钮。

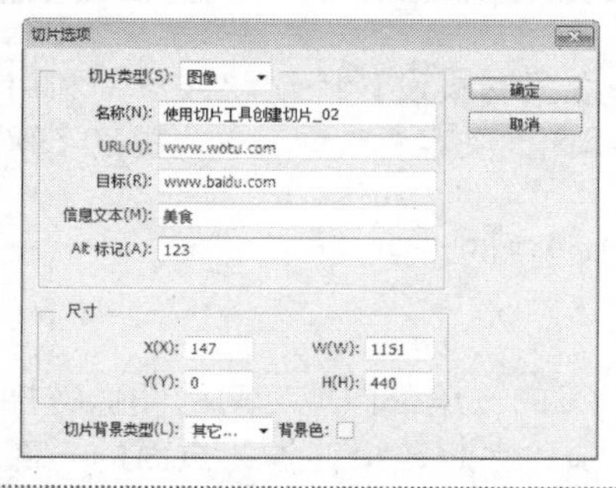

步骤5 继续拖出多个切片区域，使用相同的方法，在每个切片区域进行相应的设置。执行“存储为Web所用格式”命令，然后弹出对话框。

步骤6 选择“优化”选项，单击“预览”选项，即可弹出预览的网页。再单击“存储”按钮，在弹出的对话框中设置存储的位置即可。

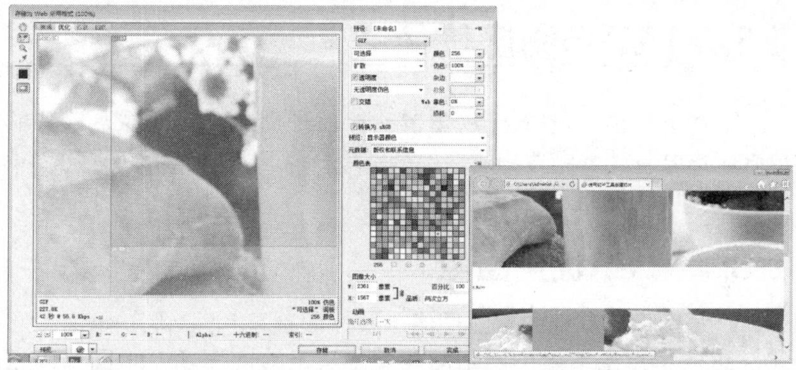

提示：

在“存储为Web和设备所用格式”对话框中选择切片，单击切片选择工具然后单击切片进行选定。按住Shift键的同时单击切片或按住Shift键的同时拖动鼠标可选择多个切片，未选中的切片呈灰色，不会影响最终效果。

如果要选择取消切片，在“预设”扩展菜单中选择“取消切片链接”命令；如果要取消图像中所有切片的链接，选择“取消全部切片链接”命令。

16.2.4 实战：设置切片选项

光盘路径：第16章\Complete\设置切片选项.psd

步骤1 打开“设置切片选项.jpg”图像文件。

步骤2 单击切片工具，然后在画面中随意拖出切片区域。

步骤3 将鼠标放到切片区域中，单击鼠标右键，在弹出的对话框中输入相应文字。

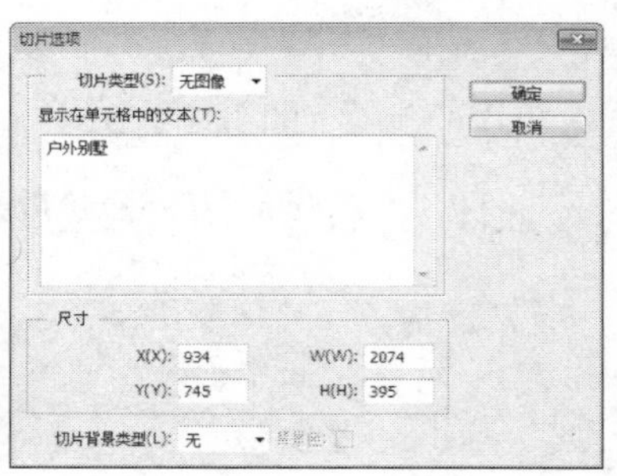

步骤4 继续设置相应的参数值。

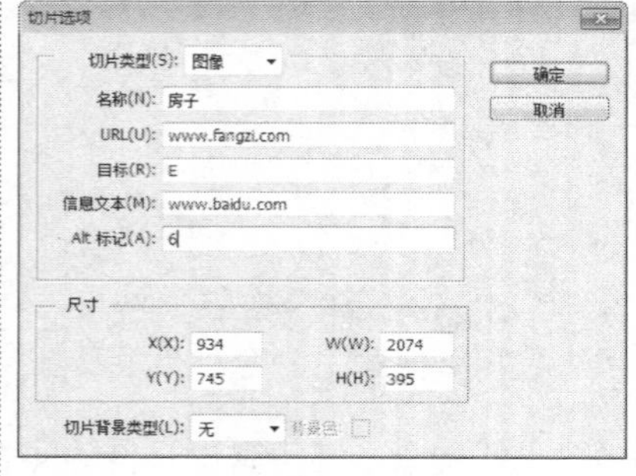

步骤5 将切片的背景色设置为蓝绿色（R46、G 254、B 247）。

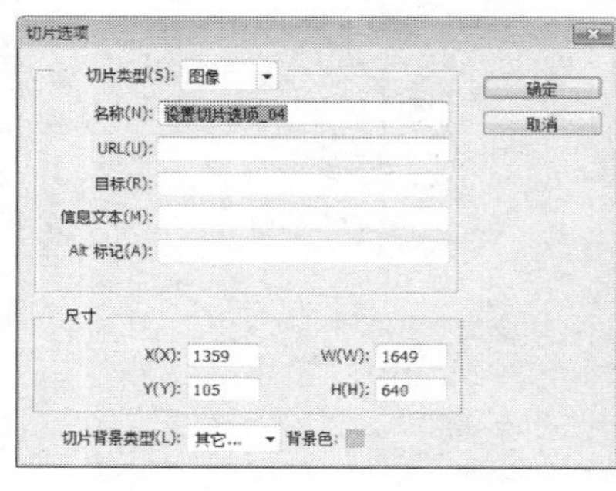

步骤7 执行“存储为Web所用格式”命令，在弹出对话框中单击“预览”选项，即可弹出预览的网页。

16.3 Web图像优化

Photoshop CS6的一项重要功能就是创建Web图像，该功能令众多网页设计师欢欣鼓舞，利用Photoshop CS6的图像功能，本身就是可以制作出精美的Web图像，因此大受客户欢迎。这也提高了网页设计师的工作效率。

16.3.1 认识优化图像

Web图像比其他的专业图像小，一般都是几KB到几十KB，上百KB的一般都做成专门的图像链接了。这一特点主要是由网络的宽带所决定的，许多Web图像内还必须包含超链接，作为页面的一部分，Web图像不仅仅是一幅图像，它还是通往站点中其他内容的路径。

16.3.2 优化为各种格式

在Photoshop CS6中，可以对JPEG（可以设置它的压缩品质以及模糊等选项来改变其文件大小）、GIF（在优化面板中，只能对GIF、格式图像的颜色做总体的设置）、PNG、PSD、BMP等格式进行优化。

16.4 Web图形的输出设置

可以对Web图像的输出进行各方面的设置，包括预览、预设、图像大小、颜色、文件格式等选项，在对话框中左上角还可以对图像进行“原稿、优化、双联、四联”设置。

16.5 操作答疑

我们平时可能会遇到很多的疑问，这里将举出多个常见的问题，并对其进行一一解答。并在后面设计了多个习题，方便读者学习后做习题进行巩固。

16.5.1 专家答疑

（1）如何显示或隐藏切片?

答：执行“存储为Web所用格式”命令，在弹出的对话框中，通过单击切片可见性按钮可显示或隐藏所有切片：要显示或隐藏自动切片，在“预览”下拉列表中选择“隐藏自动切片”选项即可。

（2）什么是BMP格式?

答：BMP格式是DOS和Windows兼容计算机上的标准Windows图像格式，绝大多数软件支持这种格式。BMP格式采用RLE无损压缩方式，对图像质量不会产生任何影响。

（3）什么是存储为Web和设备所用格式?

答：对图像编辑完成后，执行“文件｜存储为Web和设备所用格式”命令，在弹出的对话框中可以设置不同的文件格式和不同的文件属性来优化图像，并可进行预览，通过该对话框优化保存的图像常用在网页中。在“存储为Web和设备所用格式”对话框中可以同时对同一张图片采用DIF、PNG、JPEG等格式进行保存，并对其效果进行比较，以决定采用哪种格式保存图像更合适。

（4）怎样才能保留图层和通道的文件格式?

答：PSD格式与TIEF格式都支持对图像的图层和通道进行保存。这样在下次打开图像时还可以继续对图层和通道进行修改。要保存为TIEF格式时，在“存储为”对话框的“格式”下拉列表中选择TIFF格式后，要确保勾选了“图层”与“Alpha通道”复选框，只有这样，在保存图像的同时才会对图像的图层与通道进行保存，从而真正达到图像的无损压缩存储。

16.5.2 操作习题

1. 选择题

（1）优化设置后，在对话框下方单击（　　）按钮，在弹出的浏览器中即可查看图像效果，并显示出该图像的格式、尺寸、大小等信息。

A.　　　　B.　　　　C.

（2）将图像文件保存为（　　）格式时，会减小图像的文件容量，这是一种压缩式的保存格式。将图像保存为这个格式时，会对图像进行压缩。

A.PSD　　　　B.PNG　　　　C.JPEG

2. 填空题

（1）使用切片工具可以轻松地裁切图像中的不需要的部分，自动制作出__________，并且把切片后的图像保存为不同的格式，从而减小文件大小。切片按照其内容类型可分为__________、__________、__________，按照创建方式可分为__________、__________、__________。

（2）在Photoshop的__________对话框中虽然提供了丰富的格式供选择，但通常情况下我们都会将图像文件保存为________、GIF格式、________、PNG格式等几个常用的格式。

（3）PSD是Photoshop的默认文件格式，利用该格式保存的图像文件中保留了所有的图层、________、________、________以及注释等Photoshop功能的应用信息。

3. 操作题

创建切片。

步骤1

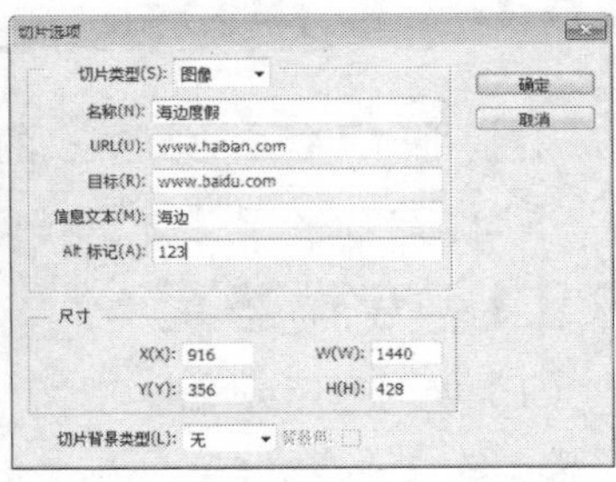

步骤2

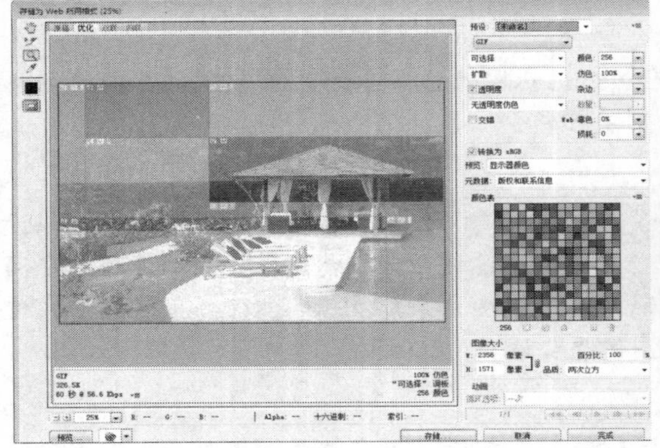

步骤3

（1）打开一张图像文件。

（2）单击切片工具，在画面中随意拖出切片区域。继续拖出多个切片区域，再单击菜单栏中的“为当前切片设置选项”，在弹出的对话框中输入相应的文字和设置相应的参数值。

（3）执行“存储为Web所用格式”命令，然后在弹出的对话框进行设置，选择“优化”选项，再单击“预览”按钮。即可看到设置好的网页。

第17章

视频与动画

本章重点：

本章主要介绍视频与动画的创建方法，视频图像的编辑、视频图层的编辑和认识并创建动画等操作。通过本章的学习，可以轻松地制作动画效果。

学习目的：

本章重点掌握视频与动画的知识，并了解Photoshop中的“动画”面板的特点和功能。通过对本章的学习，读者可以真实体会Photoshop的3D视觉效果和动画魅力。

参考时间：35分钟

主要知识	学习时间
17.1　视频图像的编辑	5分钟
17.2　视频图层的编辑	10分钟
17.3　认识并创建动画	20分钟

17.1 视频图像的编辑

在Photoshop中，可对视频中的各个帧和图像序列文件进行编辑。还可以应用滤镜、蒙版、变换、图层样式和混合模式等，对视频进行编辑和绘制。下面对设置视频、导入视频文件和创建视频图像进行介绍。

17.1.1 创建视频图像

在Photoshop中可以创建各种长宽比的图像，以便在显示器中正确显示。在“新建”对话框中选择特定的视频选项，将最终图像合并到视频中进行缩放补偿。执行“文件 | 新建”命令，在弹出的“新建”对话框中的“预设”下拉列表中选择“胶片和视频”选项，设置形状适用于显示图像的视频大小，最后在“高级”选项中指定颜色配置文件和特定的像素长宽比。

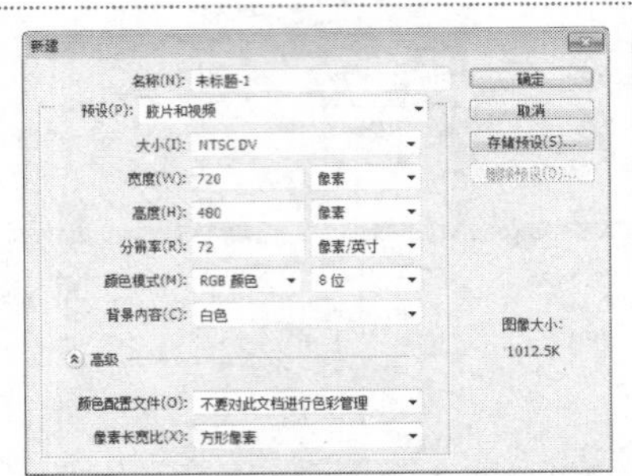

“新建”对话框

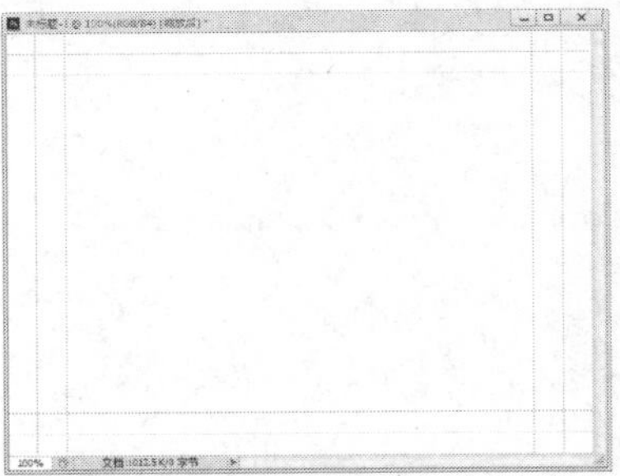

新建的视频文件

提示：

在“胶片和视频”预设对话框中，可创建带有非打印参考线的文档，参考线可绘制出图像的动作安全区域和标题安全区域的轮廓。在“大小”选项下拉列表中可选择用于特定视频系统，如NTSC、PAL或HDTV的图像。

17.1.2 启用/停用像素长宽比

执行“视图 | 像素长宽比校正”命令，预览图像将会在由方形像素组成的计算机显示器上显示效果。方形像素是计算机的PAL D1/DV(720像素 X576像素)文档中的图像。再次应用“像素长宽比校正”命令，即可启用/停用像素长宽比校正。

启用像素长宽比校正

停用像素长宽比校正

技巧：

执行“视图 | 像素长宽比 | 删除像素长宽比”命令，可在“删除像素长宽比”对话框中的“像素长宽比”下拉列表中选择需要删除的项目，完成后单击“确定”按钮，即可删除指定的项目。

“删除像素长宽比”对话框

17.1.3 导入视频文件

执行“文件 | 导入 | 视频帧到图层”命令，可将从输入设备上得到的相关文件导入到图像窗口中。在相应的对话框中还可以调整图像的预览效果，并设置图像的比例、分辨率、模式等属性。

“视频帧到图层”对话框

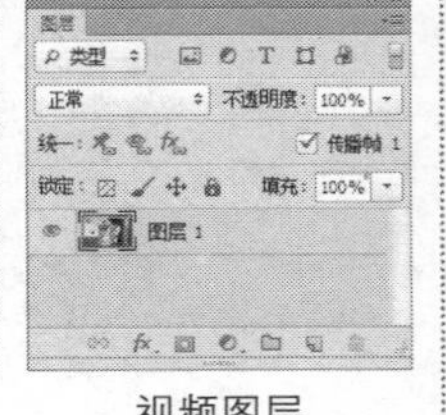

视频图层

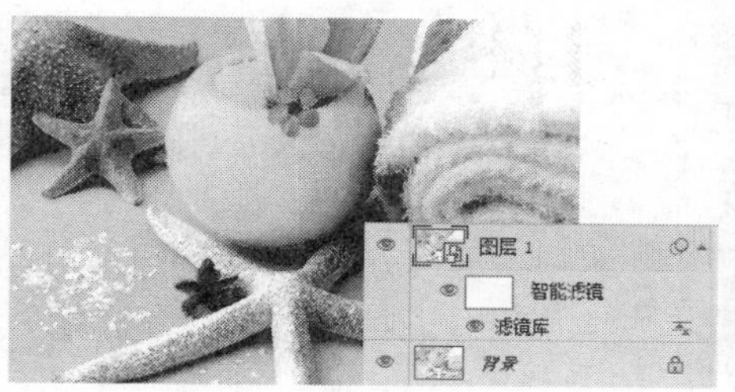

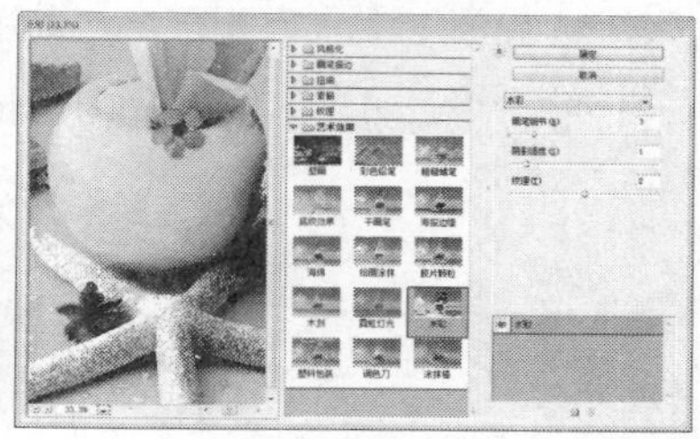

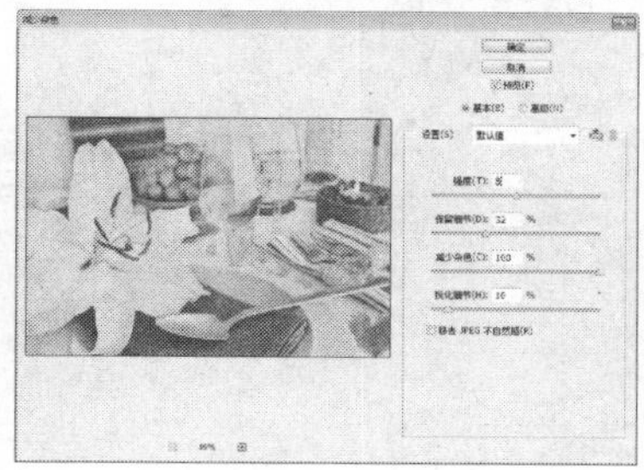

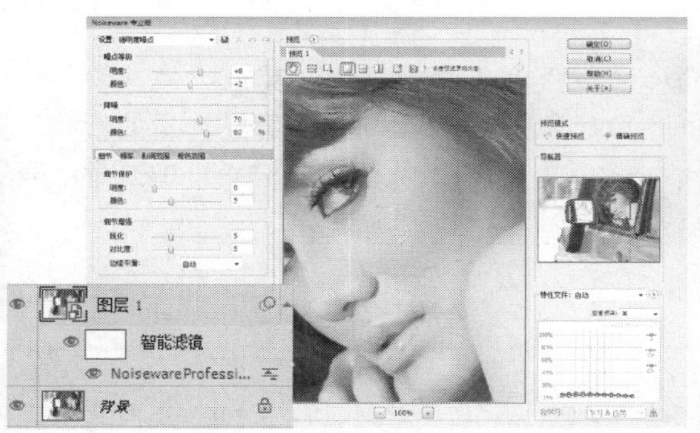

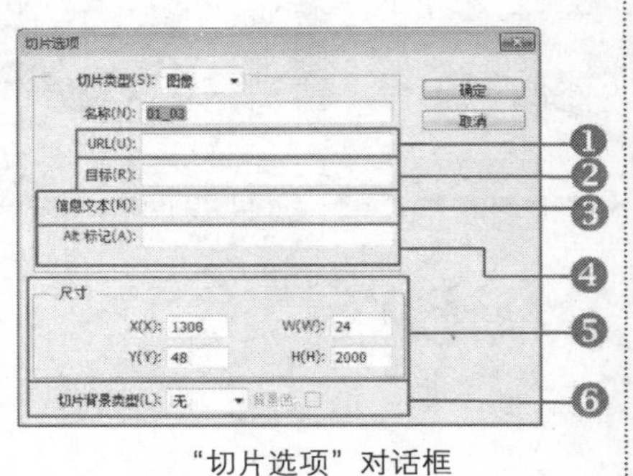

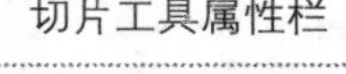

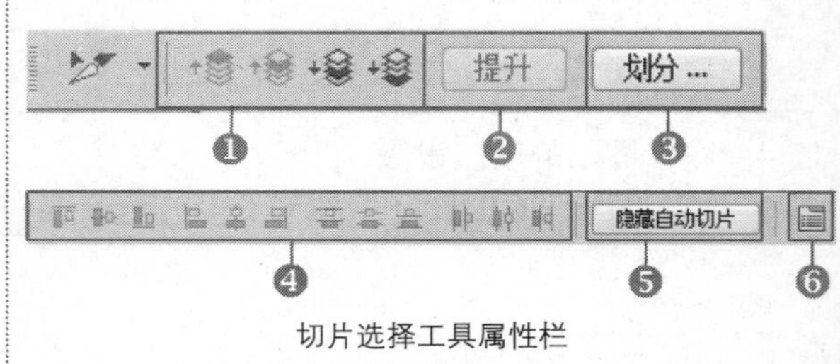

17.2 视频图层的编辑

在Photoshop中还可以将编辑后的视频图层存储为PSD格式文件，使其能在Premiere Pro和After Effects等应用程序中进行播放。下面对视频图层的创建、编辑视频图层、替换素材和解释素材、插入、复制和删除帧等操作进行介绍。

17.2.1 创建视频图层

在Photoshop中，可以通过将视频文件添加为新图层或创建空白图层的方法来创建新的视频图层。执行“图层 | 视频图层 | 从文件新建视频图层”命令，在弹出的“添加视频图层”对话框中选择视频或图像序列文件，然后单击“打开”按钮，在原始图层的基础上添加新的视频图层。执行“图层 | 视频图层 | 新建空白视频图层”命令，即可创建一个空白的视频图层。

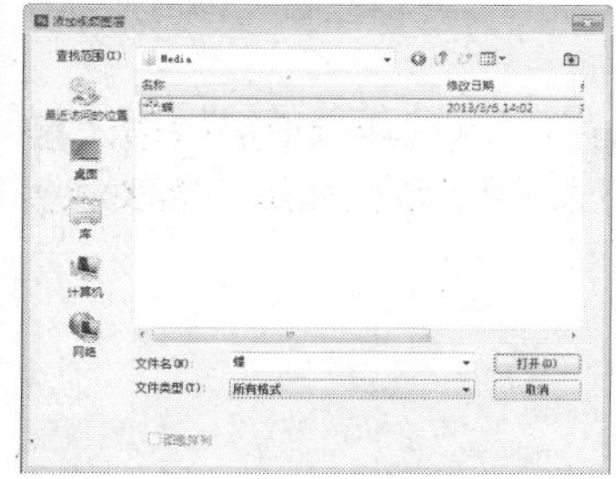
“添加视频图层”对话框

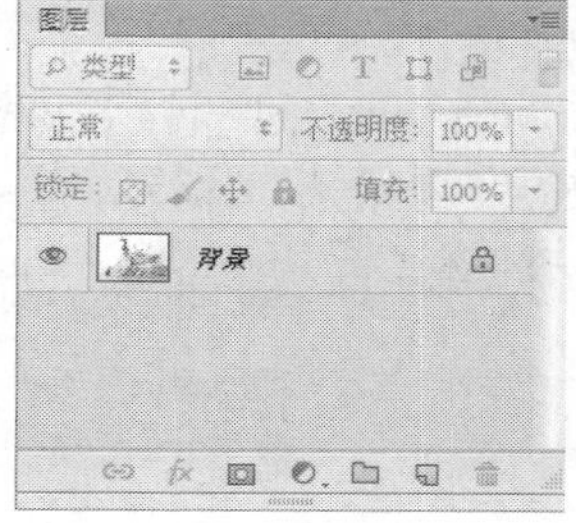
“图层”面板

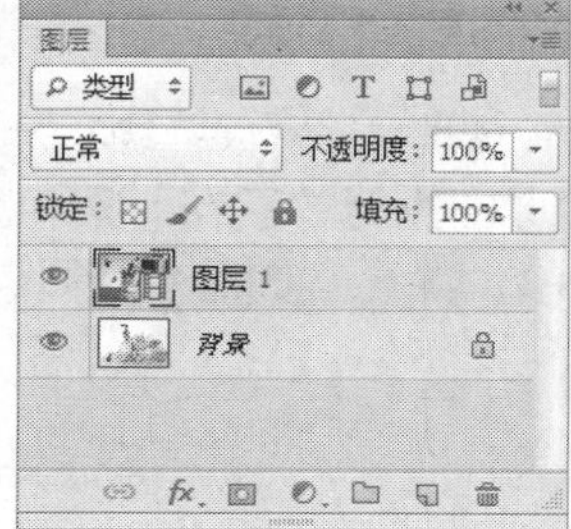
新建视频图层

新建空白视频图层

17.2.2 变换视频图层

在Photoshop中，同样可以对视频图层进行变换。按快捷键Ctrl+T，应用“变换”命令时，将会弹出提示询问框，在对视频图层进行变换后，会将其转换为智能对象。

视频图层

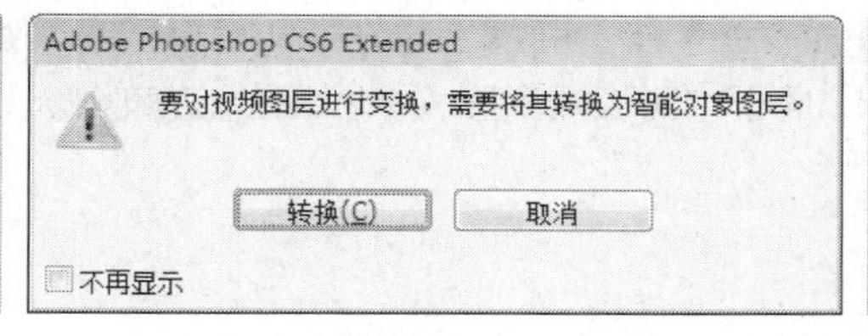

询问提示框

转换为智能对象图层

17.2.3 置入视频或图像绘制

将视频或图像序列导入文档进行变换时，执行“文件 | 置入”命令，即可将置入后的视频帧包含在智能对象中，可结合“智能滤镜”进行编辑。需要注意的是，不能在智能对象中的视频帧上绘制或仿制，但可以在智能对象的上方对创建的空白视频图像进行绘制，或使用仿制图章工具对所有图层取样，然后在视频图层或“背景”图层中作为仿制源，在空白视频图层中进行绘制。

原图

编辑视频图层

仿制后的效果

17.2.4　更改用于仿制或修复的帧位移

若要使用初始取样的相同帧进行绘制，可在“仿制源”面板中勾选“锁定帧”复选框；若要使用初始化的帧进行绘制，可在“帧位移”文本框中输入帧数。当输入一个正数值时，使用的帧将在初始取样帧之后；若输入的值为负数，使用的帧将在取样帧之前。

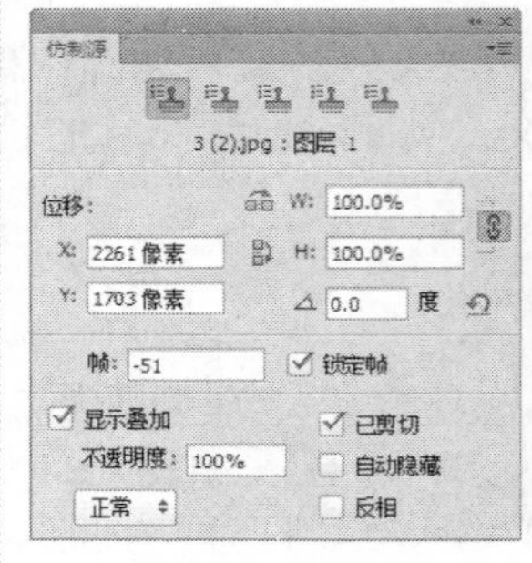
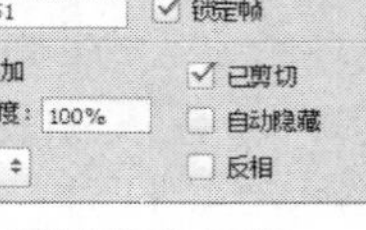
“仿制源”面板

设置帧位移后仿制效果

17.2.5　在视频图层中恢复帧

在视频图层中，若要恢复视频帧效果。在“帧动画”面板中选择视频图层，然后将当前时间指示器移动到需要恢复的视频帧上，执行“图层 | 视频图层 | 恢复帧”命令，即可恢复视频帧图层；若要恢复视频图层或空白图层中的帧，执行“图层 | 视频图层 | 恢复所有帧”命令即可。

17.2.6　替换素材

在Photoshop中，将会保持源视频文件和视频图层之间的链接。若由于某些原因导致视频图层和引用源文件之间的链接损坏，在“图层”面板中的视频图层上将会出现黄色叹号形状的警告图标，此时文件与视频图层之间的链接将会被中断。执行“图层 | 视频图层 | 替换素材”命令，可将视频图层重新链接到源视频文件，也可选择其他的视频文件进行链接，在“图层”面板中可以看到替换素材后的视频图层。

“替换素材”对话框

链接破坏的视频文件

替换了新的视频图层

提示：

如果要使用包含Alpha通道的视频或图像序列，则一定要使用“解释素材”命令，指定Photoshop如何解释已打开或导入的视频Alpha通道和帧速率。

17.2.7　实战：编辑视频图层效果

光盘路径：第17章\Complete\编辑视频图层效果.psd

步骤1　执行“文件 | 打开”命令，打开“编辑视频图层效果.psd”文件。

步骤2　执行“图层 | 视频图层 | 从文件新建视频图层”命令，在弹出的“添加视频图层”对话框中选择视频文件，然后单击“打开”按钮，即可打开视频文件，并生成“图层2”。

步骤3　执行“图层 | 视频图层 | 新建空白视频图层”命令，创建一个空白的视频“图层3”。然后选择“图层2”，使用仿制图章工具在左上角的蓝色蝴蝶上取样，并选择“图层3”，在邻近区域仿制蝴蝶图像，以添加蝴蝶图像。

模式：正常　不透明度：100%　流量：100%　对齐　样本：当前图层

步骤4　使用相同方法，使用仿制图章工具在右上角的花蝴蝶上取样，并选择“图层3”，在邻近区域仿制蝴蝶图像，添加蝴蝶和花朵图像，以丰富画面效果。

17.2.8　解释素材

选择要解释的视频图层后执行“图层 | 视频图层 | 解释素材”命令，将打开“解释素材”对话框。

❶ **“Alpha通道”选项组：**选中不同的单选按钮，可指定解释视频图层中Alpha通道的方式。需要注意的是，在素材包括Alpha通道时此选项组才可用。单击“预先正片叠加”单选钮，可预选正片叠底所使用的杂边颜色。

❷ **“帧速率”下拉列表：**在该下拉列表中，可指定每秒播放的视频帧数。

❸ **“颜色配置文件”下拉列表：**在该下拉列表中，可选择一个配置文件，对视频图层中的帧或图像进行色彩管理。

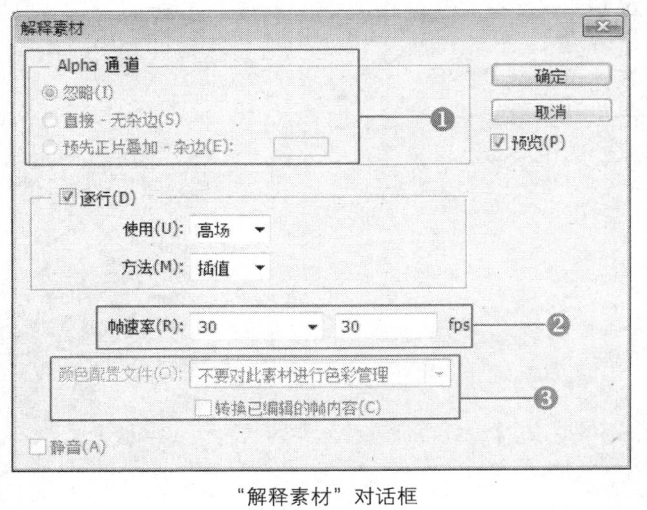

“解释素材”对话框

17.3 认识并创建动画

在Photoshop中，可使用“帧动画”面板创建动画帧，每个帧表示一个图层配置。也可以通过“时间轴”面板使用时间轴和关键帧创建动画。本小节主要介绍创建帧动画、编辑帧动画、认识“时间轴”面板和创建时间轴动画等操作，使读者能更有效地创建与编辑动画。

17.3.1 帧动画释义

帧动画是在一段时间内显示的一系列图像或帧。每一帧较前一帧都有轻微的变化，当连续、快速地显示帧时就会产生连续运动变化的效果，从而形成动态的画面效果，即是帧动画。

17.3.2 实战：制作蝴蝶飞舞动画

光盘路径：第17章\Complete\制作蝴蝶飞舞动画.psd

步骤1 打开“制作蝴蝶飞舞动画.psd”图像文件，单击“指示图层可见性”按钮，去除“背景”图层外的所有图层隐藏。

步骤2 在“动画”面板中，单击“复制所选帧”按钮，复制出第二个动画帧，并在“图层”面板中单击“草”图层的“指示图层可见性”按钮，以显示“草”图层，从而创建复制选定的帧。

步骤3 在“帧动画”面板中，多次单击“复制所选帧”按钮，复制出第3到第8个动画帧，在“图层”面板中将隐藏的图层都显示出来。

步骤4 继续在“帧动画”面板中单击“复制所选帧”按钮，复制出第9到第12个动画帧，将“图层”面板中隐藏的图层都显示出来。

步骤5 选择第1帧的同时，按住Shift键选择第13帧，以选中所有帧，设置帧速率为0.1sec。然后单击过“过渡动画帧”按钮，设置帧的过渡方式。

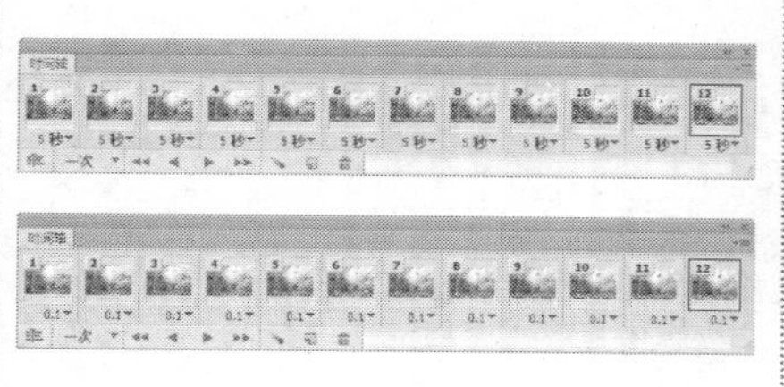

步骤6 在“帧动画”面板中，单击“播放动画”按钮，此时在图像中可预览动画效果。

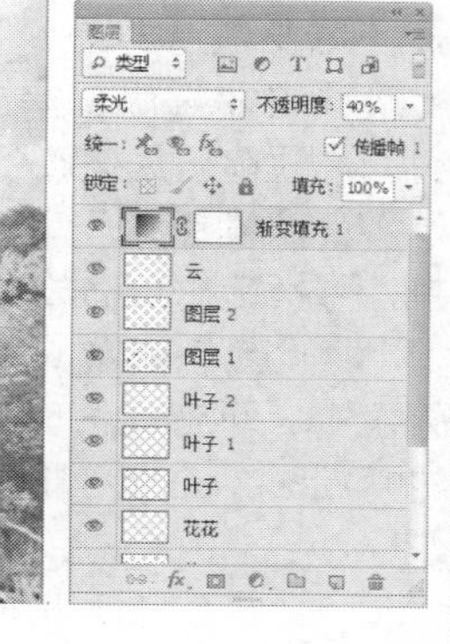

17.3.3 实战：制作绵绵细雨动画

光盘路径：第17章\Complete\制作绵绵细雨动画.psd

步骤1 执行"文件I打开"命令，打开"制作绵绵细雨动画.jpg"文件。

步骤2 新建"图层1"，填充为黑色，并转换为智能对象，分别执行"滤镜I杂色I添加杂色"和"滤镜I模糊I动感模糊"命令，在弹出的对话框中设置参数值，以制作细雨效果。

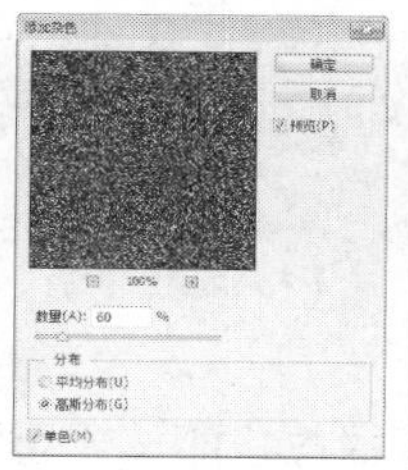

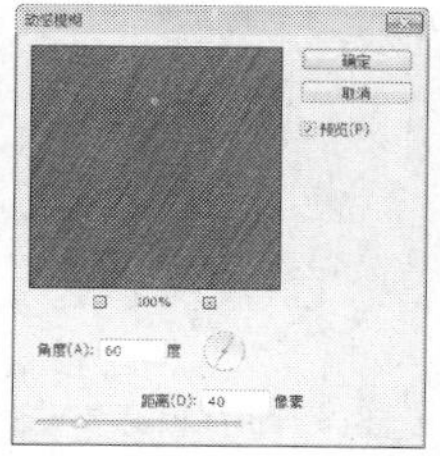

步骤3 选择"图层1"，设置该图层的混合模式为"滤色"，以显示绵绵细雨效果。

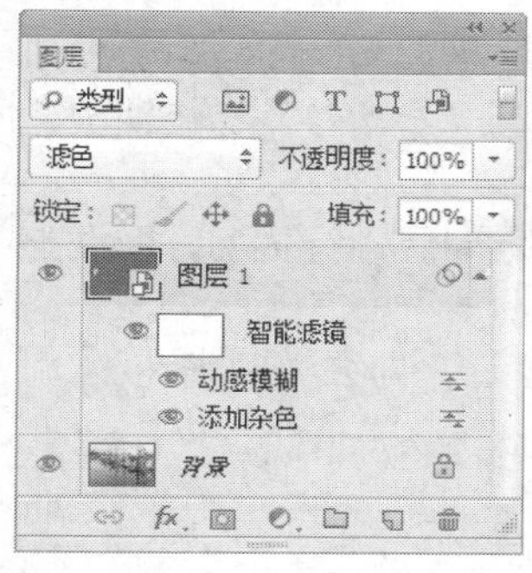

步骤4 分别复制"图层1"，在"动感模糊"对话框中分别更改"角度"的参数值为65°、70°，然后隐藏"背景"图层以外的图层。

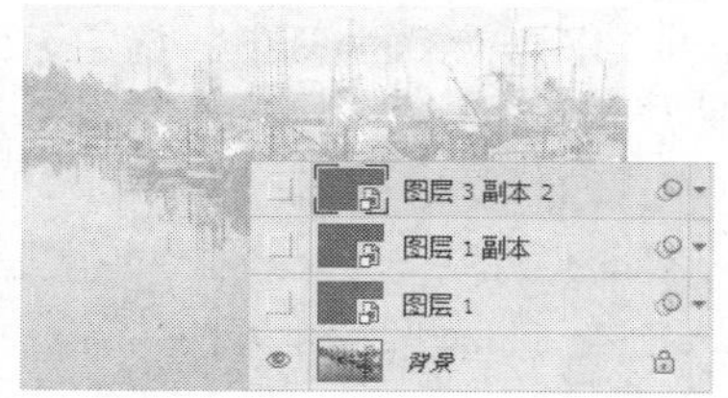

步骤5 打开"帧动画"面板，单击"复制所选帧"按钮，复制出第二个动画帧，在"图层"面板中单击"图层1"的"指示图层可见性"按钮，显示"图层1"，以复制选定的帧。然后使用相同方法复制动画帧，并显示"图层"面板中的所有图层。

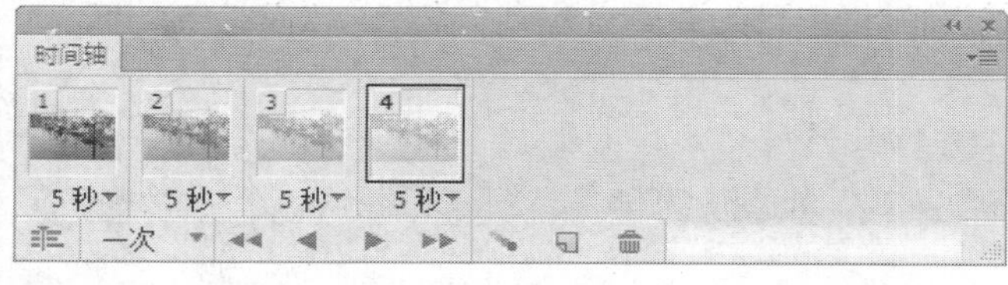

步骤6 在"帧动画"面板中选择第2帧到第4帧，单击"复制所选帧"按钮，即可复制选定的帧。然后继续复制两次选定帧，以增强动画帧效果。

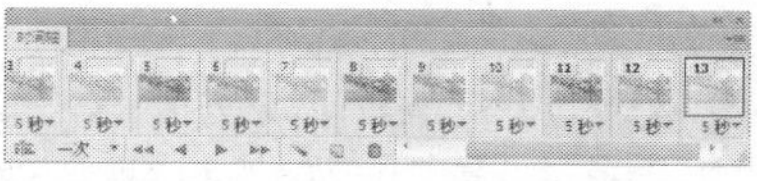

步骤7 选择第1帧的同时，按住Shift键选择第13帧，以选中所有帧，设置帧速率为0.1sec。然后单击"过渡动画帧"按钮，设置帧的过渡方式，并可在"图层"面板中显示图层的"不透明度"为17%。

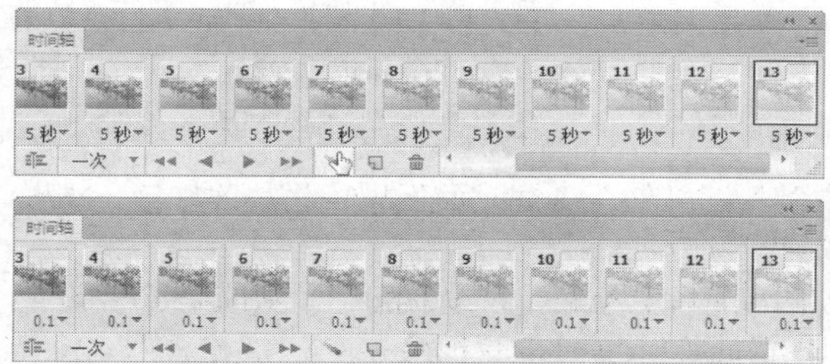

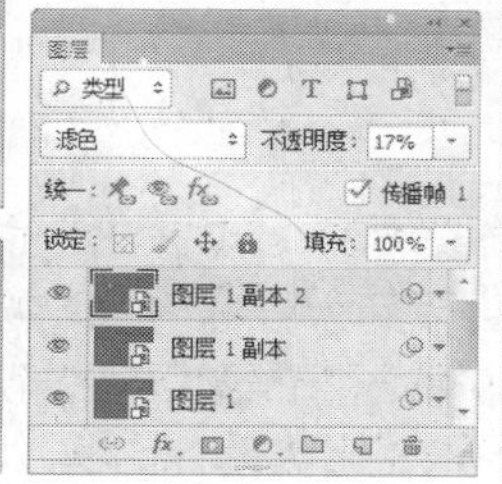

步骤8 单击"播放动画"按钮，可在窗口中预览动画效果。

17.3.4 认识“时间轴”面板

在“时间轴”面板中，可通过添加关键帧设置各个图层在不同时间的变换，从而创建动画效果。可以使用时间轴调整图层的帧持续时间，设置图层属性的关键帧并将视频的某一部分指定为工作区域。文档图层的帧持续时间和动画属性。

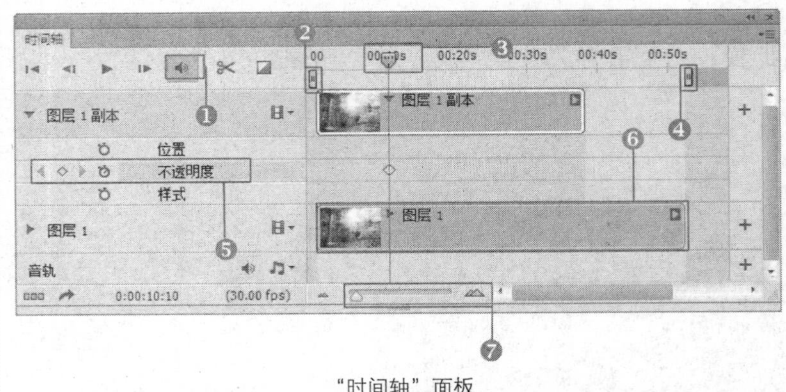

“时间轴”面板

❶**启用音频播放**：单击该按钮启用视频的音频播放功能；启用后单击该按钮转换为静音音频播放。

❷**“工作区域开始”滑块**：指定视频工作区的开始位置。

❸**当前时间指示器**：拖动当前时间指示器可以浏览帧或更改当前时间或帧。

❹**“工作区域结束”滑块**：指定视频工作区的结束位置。

❺**不透明度**：显示当前选定的图层中的某个属性，该属性在当前时间指示器指定的时间帧中添加了一个关键帧。通过单击“在当前时间添加或删除关键帧”按钮，添加一个关键帧，编辑该关键帧即创建相应属性的动画。

❻**图层持续时间条**：指定图层在视频或动画中的时间位置。拖动任意一端对图层进行裁切，即调整图层的持续时间。拖动绿条将图层移动到其他时间位置。

❼**视图大小滑块**：拖动滑块放大或缩小时间显示。向右拖动放大时间显示，向左拖动缩小时间显示。

17.3.5 编辑时间轴

Photoshop提供了多种方法用于指定图层在视频或动画中出现的时间，裁剪或移动视频操作。

在“时间轴”面板中选择图层，将光标放置在图层持续时间栏的开头，当出现黑色双向箭头时单击并拖动鼠标即可调整该图层时间栏的显示。不显示的区域呈透明显示，显示的区域呈紫色显示。定位出点的方式和定位入点的方式相同，不同的是要将光标移动到图层持续时间栏的结尾位置，即可指定图层的出点。还可以在选择图层的紫色图层持续时间栏上单击并直接拖动，将其拖动到指定出现的时间轴部分即可。

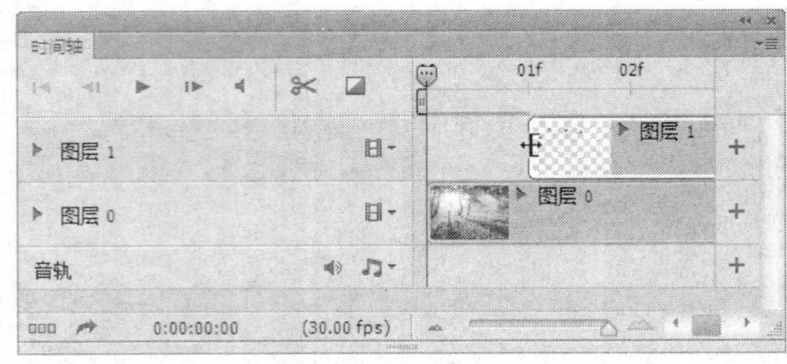

拖动时间栏指定入点

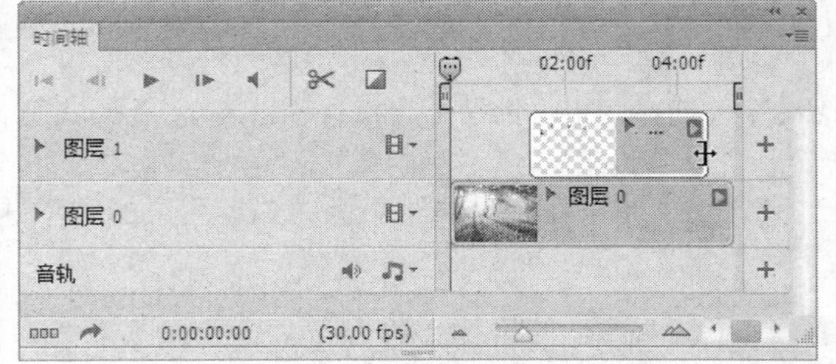

拖动时间栏指定出点

技巧：

将当前时间指示器拖动到要作为新的入点或出点的帧上，并在“动画”面板中单击扩展按钮，在弹出的扩展菜单中选择“将图层开头裁切为当前时间”选项即可。

在“时间轴”面板上设置关键帧，更改图层在特定时间或帧位置的“不透明度”，从而指定图像时显示或隐藏。当“不透明度”为100%时为显示，当“不透明度”为0%时为隐藏。

17.3.6　实战：制作轴动画

光盘路径： 第17章\Complete\制作轴动画.psd

步骤1　打开“制作轴动画.psd”图像文件，单击“转换为时间轴动画”按钮，将“动画”面板转换到“时间轴”动画下的状态。

步骤2　在“选取颜色1”和“图层1”的时间轴上单击下拉按钮，并单击“不透明度”选项前的“时间－变换秒表”按钮，在入点时间位置创建一个位置关键帧，在该位置出现一个黄色菱形小方块◇，表示关键帧。在“图层”面板中设置相应位置关键帧图层的不透明度。

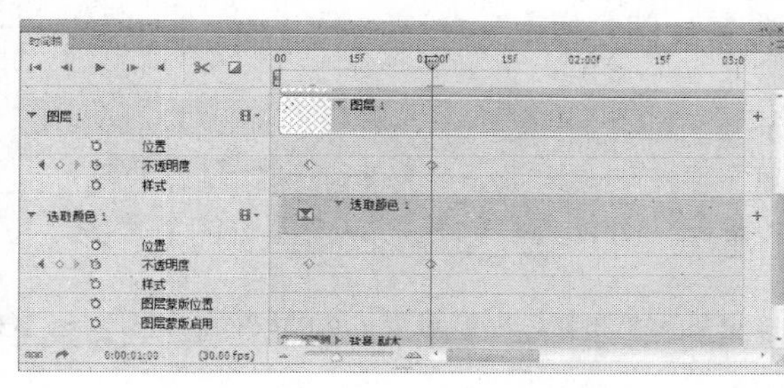

步骤3　在“图层1”的时间轴上单击下拉按钮，并单击“位置”选项前的“时间－变换秒表”按钮，在入点时间位置创建一个位置关键帧，并移动“图层1”中的图像位置，然后在时间轴末尾单击“位置”按钮◇，该位置出现一个黄色菱形小方块◇，表示关键帧，从而创建该轴的时间动画效果。

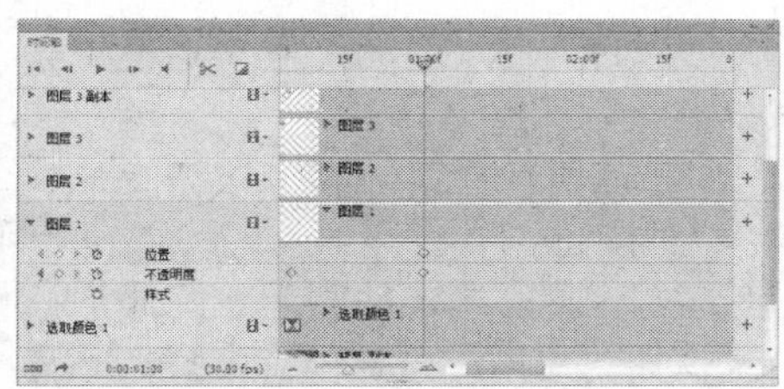

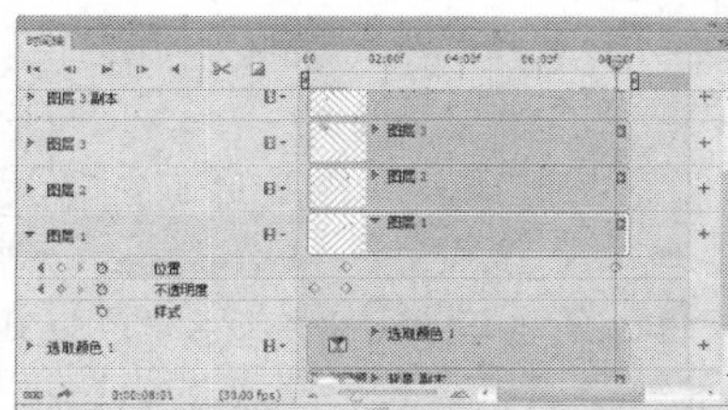

步骤4　此时，可在图像画面中看到蝴蝶飞舞的动态效果。

步骤5　继续使用相同方法，分别在“图层2”、“图层3”、“图层3副本”和“图层3 副本2”中创建一个位置关键帧，并移动各个图层中图像的位置，以制作动画运动效果。

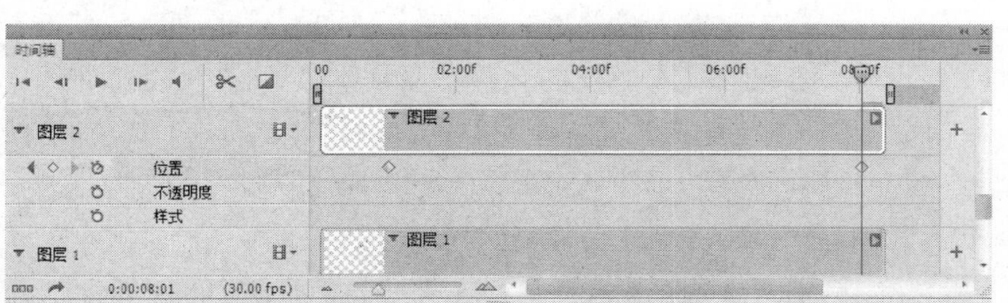

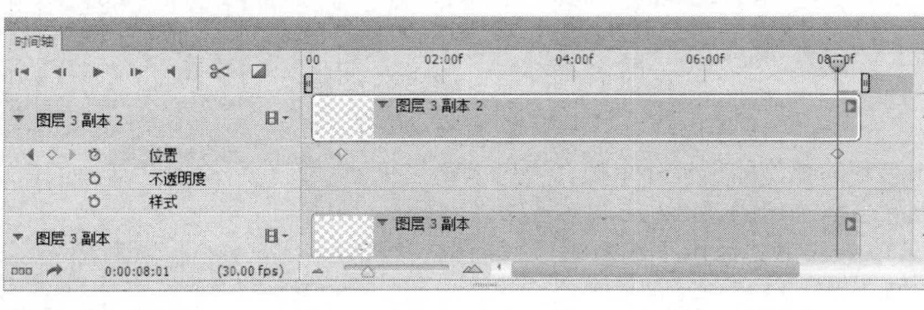

步骤6　使用相同方法，在“形状1”时间轴图层中分别创建“位置”和“矢量蒙版位置”的关键帧，以制作光照动感效果。

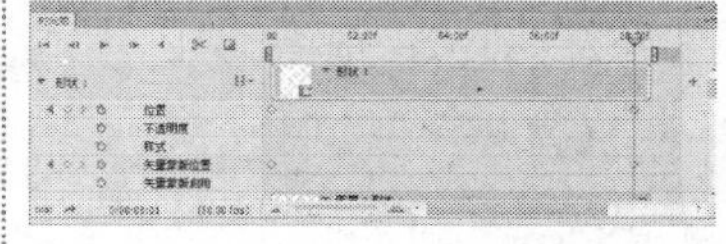

专家看板：认识“帧动画”面板

在Photoshop CS6中，时间轴动画中有一个概念叫关键帧，在“动画”面板中，可通过在时间轴中添加关键帧设置各个图层在不同时间的变换，从而创建动画效果。可以使用时间轴上自身控件调整图层的帧持续时间，设置图层属性的关键帧，并将视频的某一部分指定为工作区域。

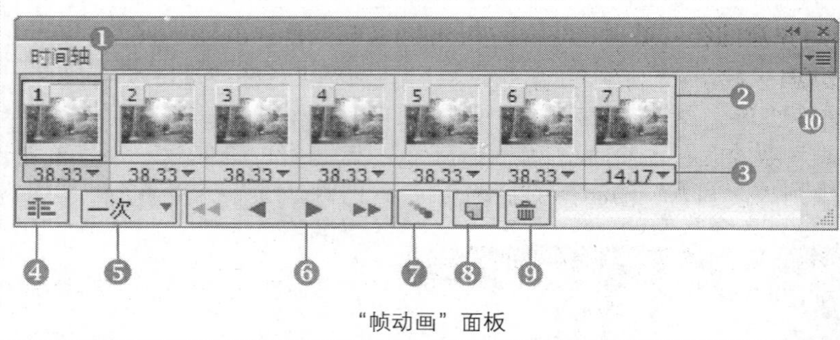

“帧动画”面板

❶**关键帧**：显示帧的排列顺序。

❷**动画帧缩览图**：在该列表中显示所复制的帧动画缩览图。

❸**设置帧延时**：显示每帧的缩览效果，单击缩览图下方的下拉按钮，从弹出的下拉列表中可以选择每帧的播放速率。

❹**“转换为视频时间轴”按钮**：单击该按钮可将帧动画转换至视频时间轴面板。

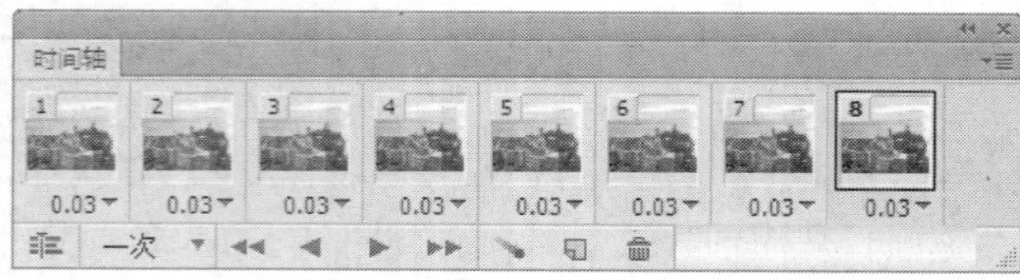

“时间轴”面板

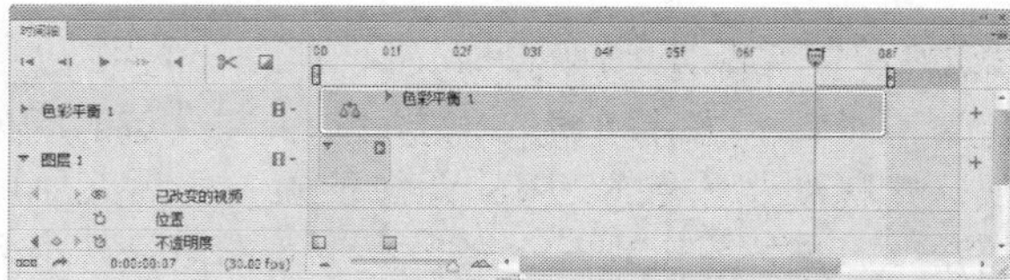

“帧动画”面板

❺**设置播放模式**：从下拉列表中定义帧的播放形式为“一次”、“永远”或“其他”等。选择“其他”选项时，弹出“设置循环次数”对话框，可任意设置播放的次数。

❻**播放控制按钮**：单击各个按钮，可控制动画的播放和停止等。包括“选择第一帧”按钮、“选择上一帧”按钮、“播放动画”按钮和“选择下一帧”按钮。

❼**“过渡动画帧”按钮**：通过在“过渡”对话框中设置过渡方式，及在选定的图层之间添加帧数等，创建过渡动画帧。其中，参数选项组定义创建过渡动画帧时是否保留原来的关键帧的位置、不透明度以及效果等属性。

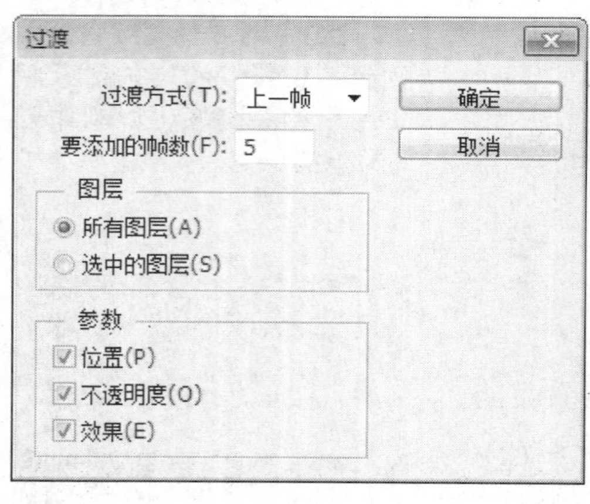

“过渡”对话框

创建的5个过渡帧

❽**“复制所选帧”按钮**：复制选定的帧，即创建一个帧，通过编辑这个帧以创建新的帧动画。

❾**删除帧**：单击该按钮，可删除当前选定的帧。

❿**“扩展”按钮**：面板扩展菜单中包括其他用于编辑帧或时间轴持续时间以及用于配置面板外观的命令。

17.3.7　存储视频

在Photoshop中完成对图像的编辑以后，执行“文件｜存储为Web所用格式”命令，可以打开“存储为Web所用格式”对话框。在该对话框中可以对图像进行切片、优化等操作。在对话框右侧的预览框中主要显示图像文件的画质、容量、压缩率和颜色数，可对其进行调整，以便按需要的模式保存文件。

“存储为Web所用格式”对话框

❶**抓手工具**：使用该工具可以在预览框中随意移动图像。

❷**切片选择工具**：使用该工具可以在图像上选择切片。

❸**缩放工具**：使用该工具可以放大或缩小图像。

❹**吸管工具**：使用该工具可以吸取颜色样本。

❺**吸管颜色工具**：显示吸管工具取样颜色，单击该工具可以打开“拾色器”对话框，设置颜色。

❻**切换切片可视性工具**：使用该工具可将切片的图像显示或隐藏在画面上。

❼**标签**：单击可选择预览框的排列方式。

❽ **“图像大小”选项区**：用于设置当前动画图像的大小，并通过选项对图像进行大小调整。

❾ **“动画”选项区**：创建动画以后使用该选项，可以对动画进行播放。

❿ **“在浏览器重预览”按钮**：单击该按钮可运行网页浏览器，在网页中显示优化图像效果，并在图像的下方显示图像的所有信息，包括格式、大小、设置等。

17.3.8 渲染视频

在“时间轴”面板中，单击“渲染视频”按钮，弹出“渲染视频”对话框，在对话框中可设置视频路径位置、名称、渲染格式和范围等选项，从而制作高品质的视频效果。

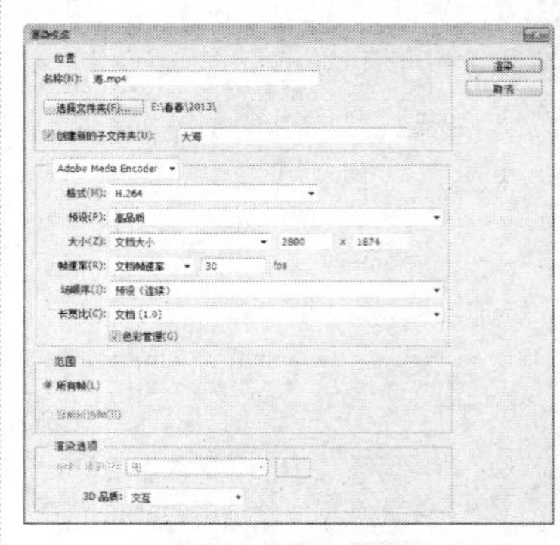
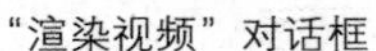

“渲染视频”对话框

在播放器中播放

17.3.9 实战：制作3D动画

光盘路径：第17章\Complete\制作3D动画.psd

步骤1 打开“制作3D动画.psd”图像文件，将“动画”面板转换到“时间轴”状态下。

步骤2 在“选取颜色1”和“图层1”的时间轴上单击下拉按钮，并单击“不透明度”选项前的“时间－变换秒表”按钮，在入点时间位置创建一个位置关键帧，在该位置出现一个黄色菱形小方块◇，表示关键帧。在“图层”面板中设置相应位置关键帧图层的不透明度。

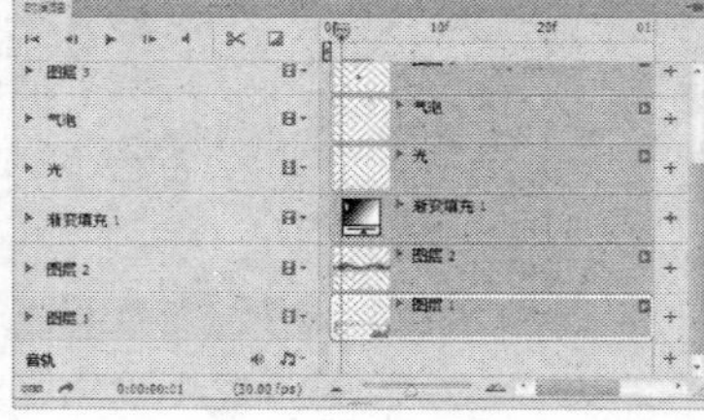
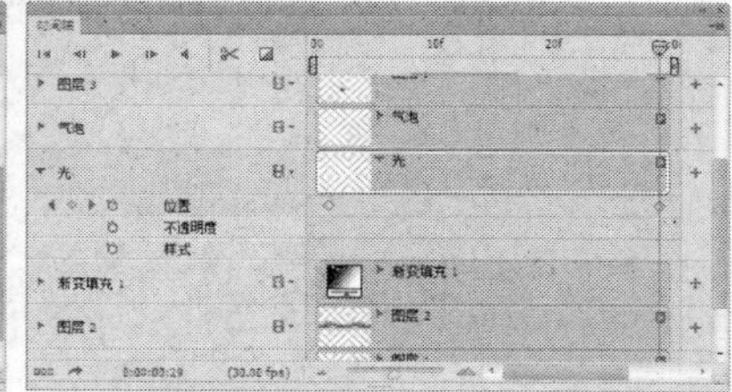

步骤3 使用相同方法制作“气泡”图层的运动效果。然后继续使用相同方法，在“图层3”动画面板中创建关键帧，结合旋转3D对象工具和拖动3D对象工具对“图层3”上的3D图像进行平移和旋转。

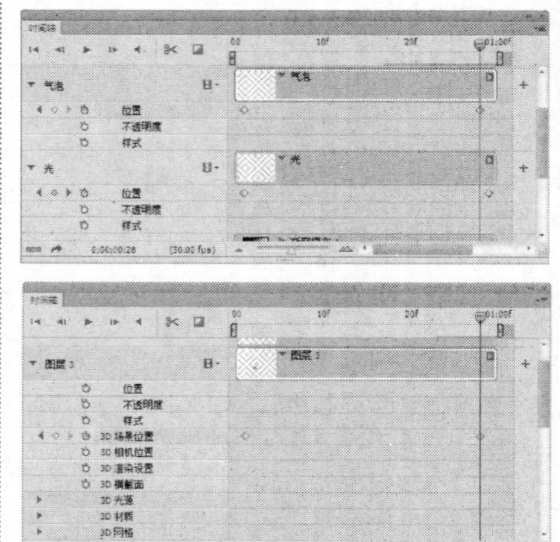

步骤4 使用相同方法制作“图层4”的运动效果。此时可以看到，在“时间轴”面板中创建关闭帧后的3D动画效果。

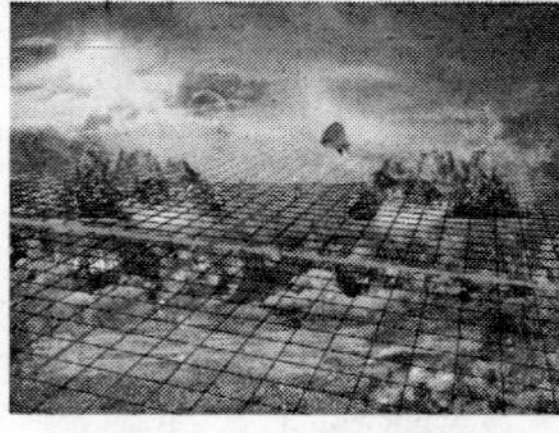
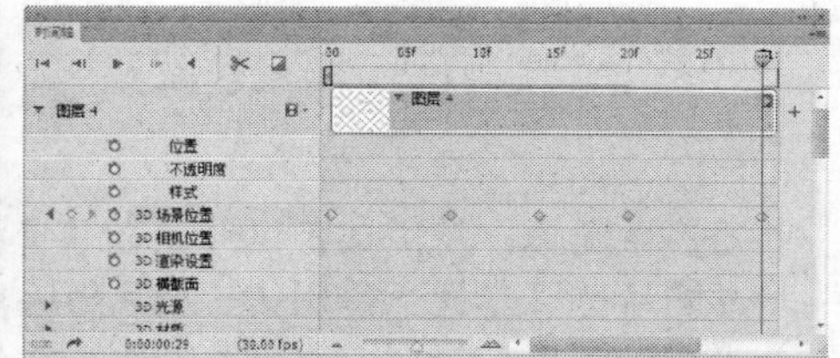

17.4 操作答疑

本章节主要学习文字的编辑方式及其应用，通过对文字和图层样式、形状工具等的结合，制作多彩的艺术文字效果。下面是相关答疑和操作习题。

17.4.1 专家答疑

（1）如何让动画只播放一次或3 次?

答：在“动画”面板中单击“播放动画”按钮，即可播放动画。此时默认为循环播放，要对此进行调整可单击“永远”按钮旁的下拉按钮，在弹出的菜单中选择“一次”选项即只播放一次动画，选择“3 次”选项则播放3 次，可根据实际情况调整播放设置。

（2）时间轴动画中的出点和入点是什么含义?

答：在一段视频或动画中，第一个出现的帧被称为“入点”，而最后一个出现的帧被称为“出点”。掌握出点和入点的概念，能更好地理解时间轴动画的编辑理念，从左至右的蓝色按钮分别为入点和出点。

（3）有快捷键可以控制视频或动画的播放吗?

答：在“时间轴”面板中单击“播放”按钮，即可播放动画。或者按下空格键即可对动画或视频进行自动播放，再次按下空格键时，视频或者动画即会停止播放。

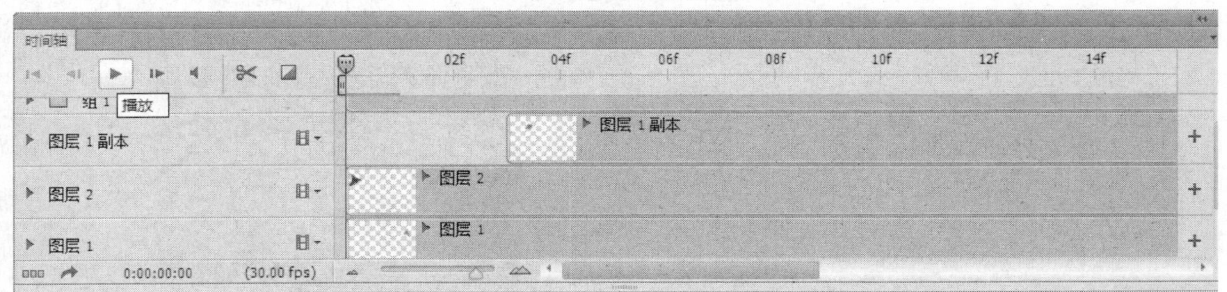

播放视频效果

（4）如何在编辑时间轴动画时拆分图层?

答：在Photoshop中，拆分图层是将指定帧处的视频图层拆分为几个新的视频图层。在“帧动画”面板中拖动时间指示器到相应的时间处，单击右上角的扩展按钮，在弹出的快捷菜单中选择“拆分图层”选项，即可拆分图层，拆分图层后，当前图层将被复制并显示在“图层”面板中。

17.4.2 操作习题

1. 选择题

（1）在Photoshop CS6中，“颜色”混合模式属于（　　）类型的混合模式。

A.减淡型　　B. 加深型　　C.色彩型

（2）在“属性”面板中，单击“此调整影响下面的所有图层”按钮，表示新的调整图层将会影响（　　）。

A.以下所有图层　　B. 仅影响下方一个图层　　C. 隐藏当前调整图层或填充图层

（3）在“图层”面板中的图层混合模式中，没有（　　）混合模式。

A.背后和减去　　B.减去和背后　　C. 背后和清除

（4）执行“图层|智能对象 | 转换为智能对象”命令，将创建（　　）。

A.编辑内容　　B.智能对象　　C. 导出内容

2. 填空题

（1）按种类进行划分，动画可分为__________和__________两种类型。

（2）在Photoshop中，可运用__________图层混合模式来修复图像的曝光不足效果。

（3）在Photoshop中，可运用__________图层混合模式来修复图像的曝光过度效果。

（4）减淡型混合模式包括__________、__________、__________、__________和__________5种混合模式，它们的相同点是结果色的对比度减弱，明度整体偏亮。

3. 操作题

制作3D文字动画效果。

步骤1

步骤2

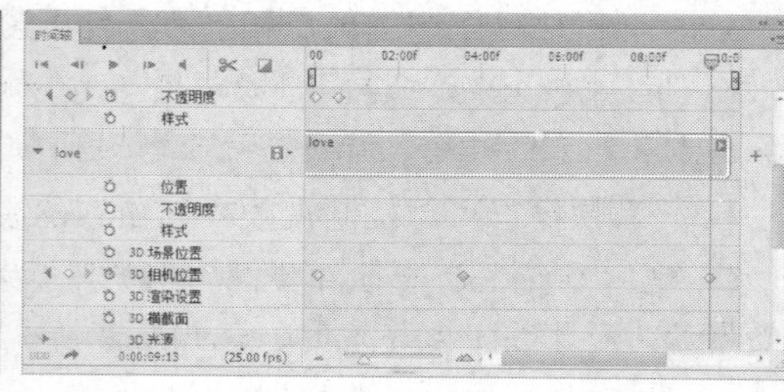

步骤 3

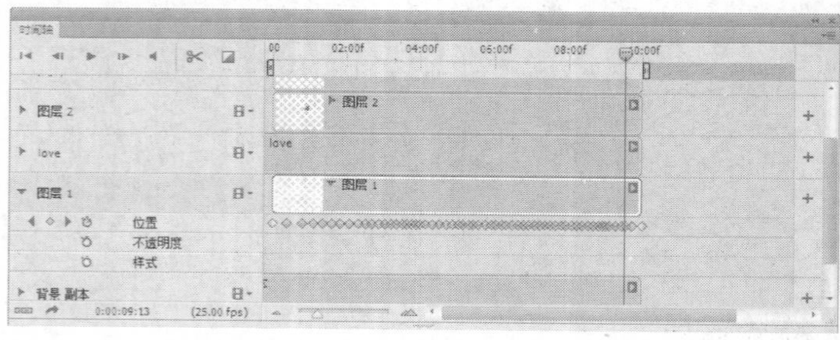

步骤4

步骤5

（1）打开一张图像文件，输入相应的文字。

（2）执行“文字 | 凸出为3D”命令，将文字转换为3D文字效果。

（3）在“时间轴”面板中制作文字运动状态效果。

（4）分别添加相应的素材文件，并制作运动状态效果。

（5）此时可以看到制作3D文字动画效果。

第18章

3D与技术成像

本章重点：

在Photoshop CS6中，3D功能的应用很多，有3D图像交互式编辑功能，借助全新的光线描摹渲染引擎，可以直接在3D模型上绘图、用2D图像绕排3D形状，更增加了凸纹、创建3D对象地平面阴影和对齐对象到地平面等更为智能的新功能。本章主要通过从3D对象的创建和属性编辑入手，详细讲解对3D工具、3D面板、3D对象的编辑、3D渲染等相关知识和应用。

学习目的：

本章主要掌握3D面板的用法，编辑3D对象的方法，在一个软件上就能从2D图像转换为3D对象的方法，以及与3D相关的编辑命令的用法。

参考时间：65分钟

主要知识	学习时间
18.1　认识3D	5分钟
18.2　3D工具	5分钟
18.3　各种3D面板	15分钟
18.4　创建3D对象	5分钟
18.5　编辑3D模型的纹理	5分钟
18.6　在3D模型上绘画	10分钟
18.7　3D模型的渲染	5分钟
18.8　对3D文件的编辑	5分钟
18.9　认识测量和对象计数	5分钟
18.10　图像堆栈	5分钟

18.1 认识3D

Photoshop CS6的3D功能可以将图片转换为3D对象，并结合动画命令，制作3D动画效果，本章主要讲解3D工具、3D面板、创建3D对象、编辑3D模型的纹理等命令。

18.1.1 认识3D面板

执行“窗口 | 3D”命令，打开“3D”面板。该面板类似于3ds Mas的选项面板，通过分类的选项来控制、添加和修改场景、材质、网络和灯光等。如在3D里的“3D（光源）”面板中进行查看、添加及删除灯光等操作，还可以设置光源的类型。除此之外，三维对象和时间轴配合还可以完成动画制作。

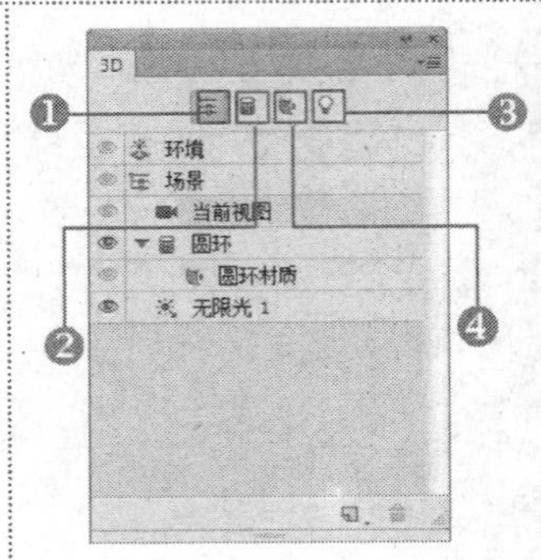

3D面板

提示：

在“图层”面板中双击图层缩览图也可打开“3D”面板。另外，单击属性栏中的“概要”选项，选择“3D”选项，也可以打开“3D”面板。

❶ **“场景”按钮**：单击该按钮即可弹出场景面板，控制整个场景的渲染，以及环境色和横截面等相关选项的设置。

❷ **“网络”按钮**：单击该按钮可弹出网络面板，单击网络列表中的某个网络已激活选项。控制3D对象中的网络组成部分的相关选项的设置。

❸ **“光源”按钮**：单击该按钮可弹出光源面板，控制场景中添加的各个光源的颜色、强度等相关选项的设置。

❹ **“材质”按钮**：单击该按钮可弹出材质面板，控制3D对象的材料即贴图的相关选项的设置。

18.1.2 认识“3D操作界面”

在Photoshop CS6中，打开任意一个3D图像文件，便显示出3D操作界面，界面的右边是3D的基本操作工具。可以对3D对象进行随意的编辑，包括拖动、旋转和缩放比例等。

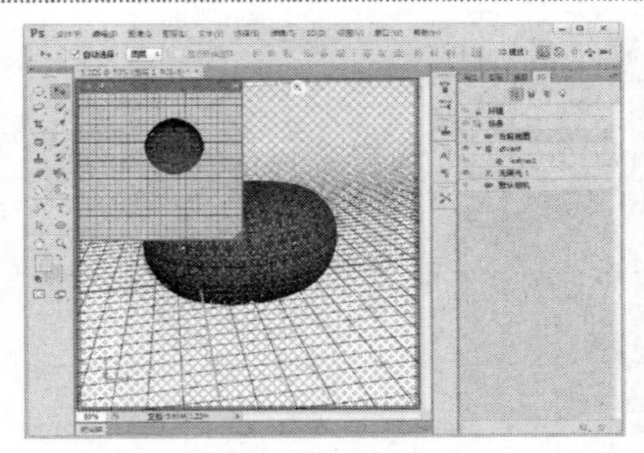
3D操作界面

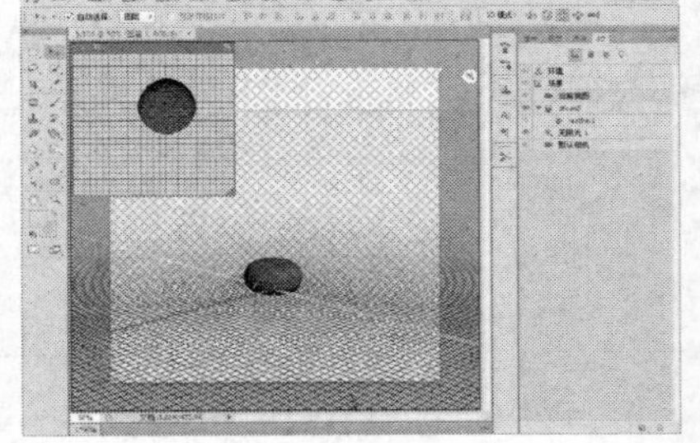
3D对象缩放的界面

18.1.3 3D对象

在3D菜单中执行“3D | 从新图层新建网格 | 明信片”命令，可以将普通的二维图像转换为三维对象，并可利用工具和操作杆调整X、Y轴，以控制对象的位置、大小和角度。

二维图片

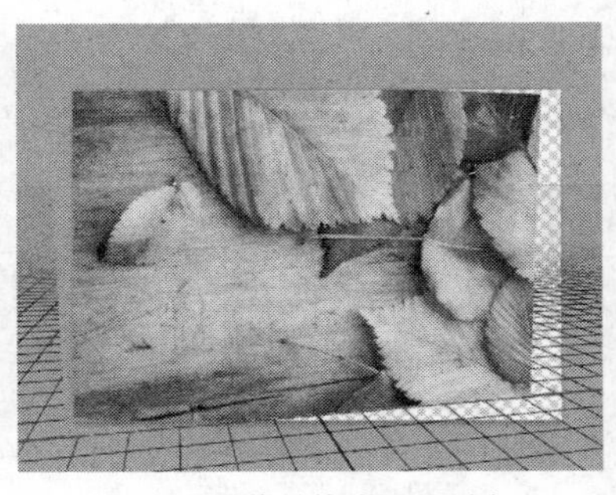
将二维图像转换为三维对象

18.2 3D工具

在Photoshop CS6中，利用3D对象工具与3D相机工具可以对3D对象进行任意角度的旋转与查看，本小节主要针对3D工具中的类型进行介绍，帮助读者清晰了解3D工具的基本应用。

18.2.1 3D工具属性栏

3D对象工具主要包括3D对象旋转工具、3D对象滚动工具、3D对象拖动工具、3D对象滑动工具和3D对象比例工具，使用这些工具时，会激活3D对象，使用3D对象工具可更改3D模型的位置或大小，如果系统支持OpenGL，还可以通过使用3D轴来操作3D模型。

3D工具属性栏

18.2.2 旋转3D对象

“3D对象旋转”按钮：在画面中任意拖动鼠标，可对3D对象进行X、Y、Z轴的空间旋转。单击该按钮选中3D对象旋转工具，对3D对象进行上下拖动时，可使其围绕X轴旋转，左右拖动时，可使其围绕Y轴旋转。

原3D对象

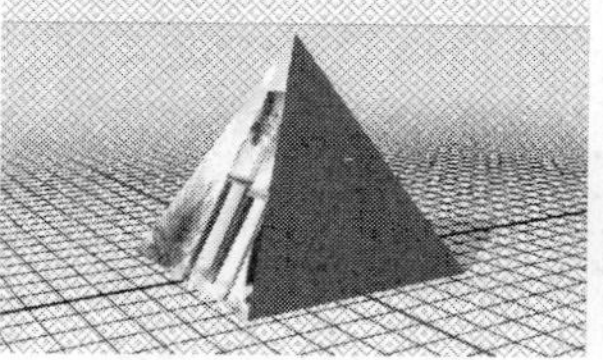
使用工具向左旋转

使用工具向右旋转

使用工具向下旋转

18.2.3 滚动3D对象

“3D对象滚动”工具按钮：将旋转约束在两个轴之间，即X轴和Y轴，X轴和Z轴或Y轴和Z轴。启用的轴之间出现黄色的连接色块。单击该按钮可选中3D对象滚动工具，使用该工具在3D对象两侧拖动可使其围绕Z轴转动。

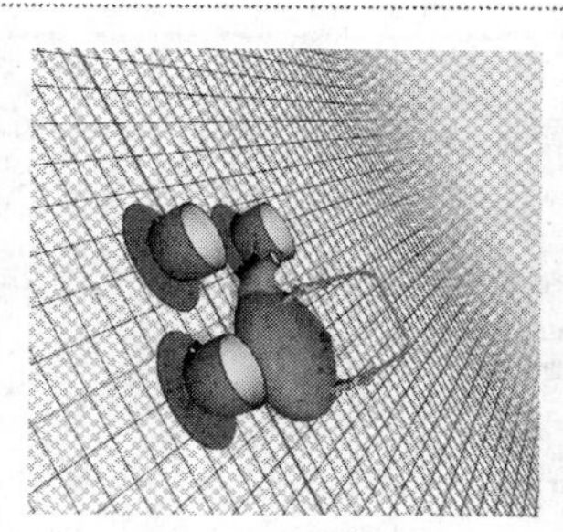
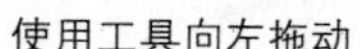
使用工具向左拖动

使用工具向右拖动

18.2.4 拖动3D对象

“3D对象拖动”按钮：在画面中任意拖动鼠标，可对3D对象进行X、Y、Z轴的空间移动。也可以在3D操纵杆的两个轴之间，单击此按钮，选中3D对象平移工具，使用该工具在3D对象的两侧拖动可以使其围绕水平方向进行移动：上下拖动可以垂直移动。

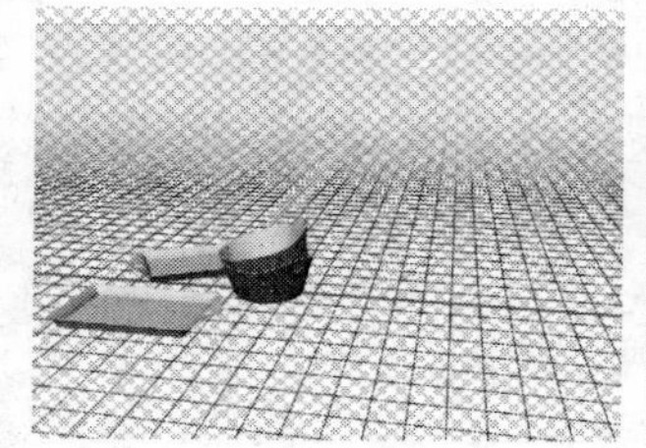
使用工具向左拖动

使用工具向右拖动

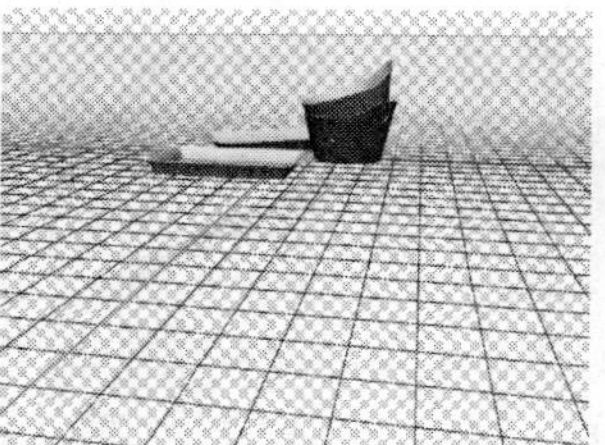
使用工具向上拖动

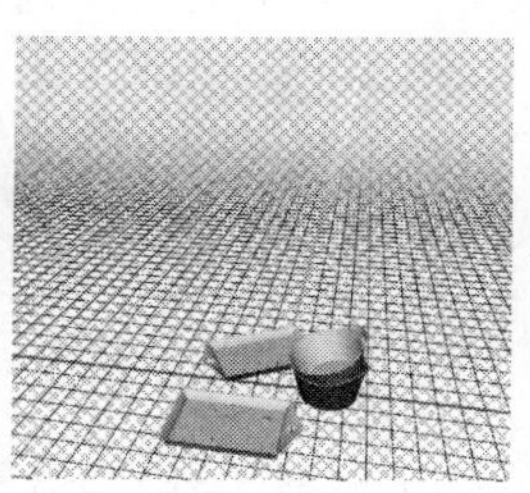
使用工具向下拖动

18.2.5　滑动3D对象

“3D对象滑动”按钮：在画面中任意拖动鼠标，使3D对象进行X、Z轴的任意滑动。其中，左右拖动可进行X轴的水平滑动，上下拖动可进行Z轴的纵向滑动。单击并拖动鼠标可调整3D对象的前后感。向上拖动鼠标可使图像效果向后退，向下拖动鼠标可使图像效果则向前突出。

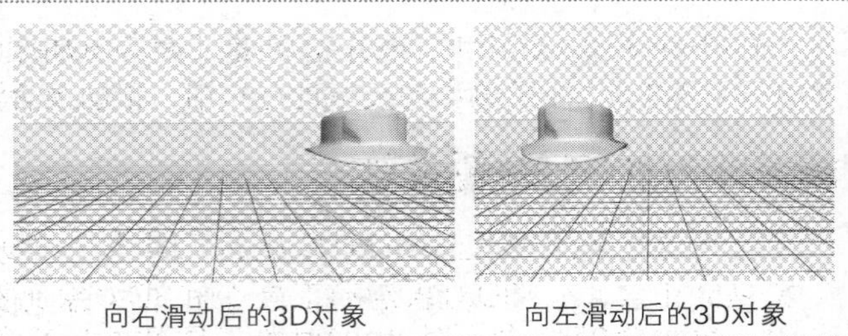

向右滑动后的3D对象　　向左滑动后的3D对象

18.2.6　缩放3D对象

“3D对象比列”按钮：单击该按钮可选中3D缩放工具，按住鼠标左键不放对3D对象进行拖动，可以调整3D对象的比例，水平拖动可以调整其大小。

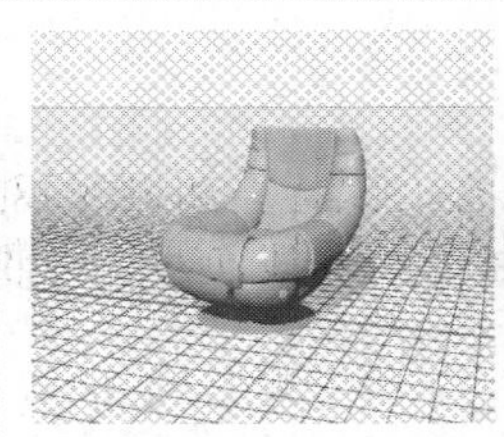

原3D对象

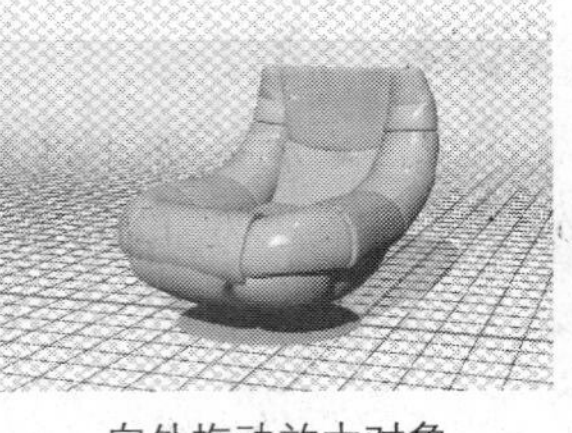

向外拖动放大对象

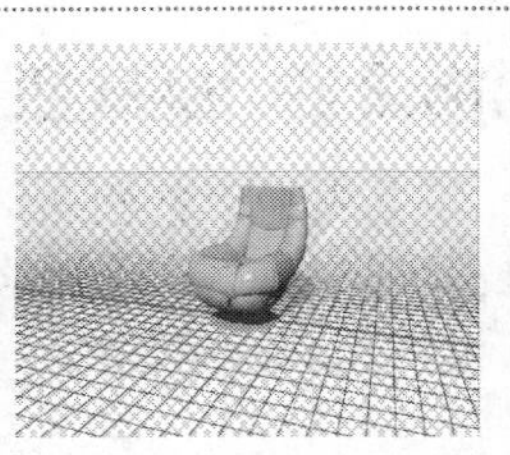

向内拖动缩小对象

18.2.7　调整3D相机

利用3D相机可以移动相机视图，同时保持3D对象的位置固定不变。在3D面板中，通过上侧的按钮可以选择场景、网格、材料、光源，单击任意一个按钮，弹出相应的面板选项。单击“3D相机”按钮，可显示3D相机面板选项，在其中可以对各项参数进行设置。

18.3　各种3D面板

选择3D图层后，3D面板会显示关联的3D文件的网格、材质和光源等相关信息，在面板中可以设置3D对象的材质、灯光等。执行“窗口I3D”命令打开3D面板。选择3D图层后，3D面板会显示关联的3D文件的网格、材质和光源等相关信息，在面板中可以设置3D对象的材质和灯光等。

18.3.1　“环境”属性面板

在“环境”面板中，选择阴影、颜色、全局环境色等，单击任意一个选项，即可设置相应的参数值。

❶ **“全景环境色”色块**：用于设置全局环境色，单击色块即可对全局环境色进行设置和调整。

❷ **IBL复选框**：勾选该复选框将激活下方的灰色面板，在其中可以对颜色和阴影进行设置。

❸ **“地平面”选项组**：在选项组中可以对阴影和反射的颜色进行设置与调整，并且可以调整颜色的不透明度和粗糙度。

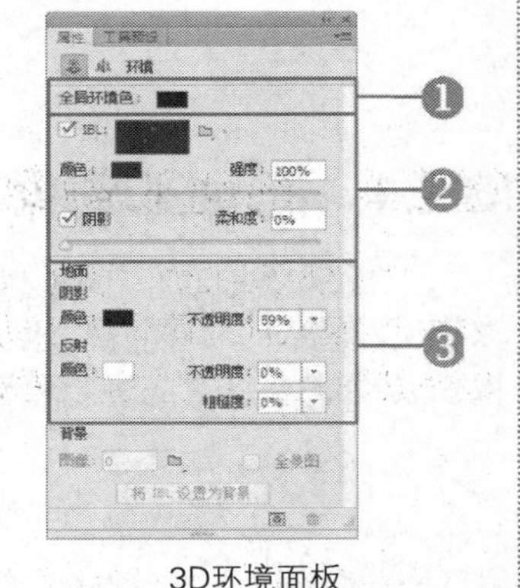

3D环境面板

提示：

在3D面板中，选择“从灰度新建3D网格”选项，然后单击“创建”按钮，可以将图像转换为深度映射效果，从而将明度值转换为深度不一的表面，原图像中较亮的区域则生成表面凸出的区域，较暗的区域则生成凹下的区域。Photoshop将深度映射应用于平面、双平面、圆柱体和球体这4个形状，以创建3D模型。

18.3.2　“场景”属性面板

在3D面板中通过上侧的按钮可以选择场景、网络、材质和光源，单击任意一个按钮，弹出相应的面板选项。如单击“场景”按钮，即可显示场景面板选项。

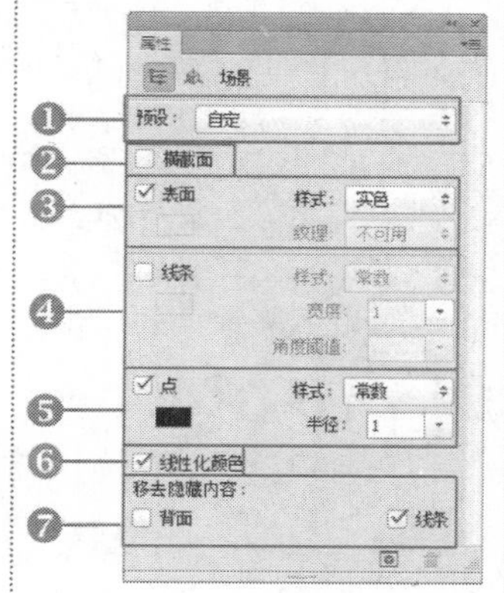

❶ **“预设”下拉列表：**用于对3D模型的渲染效果进行控制，单击右侧的下拉按钮，在弹出的下拉列表中可以选择系统预设的选项。

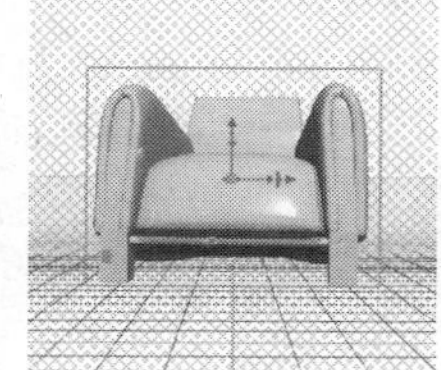
“默认”选项

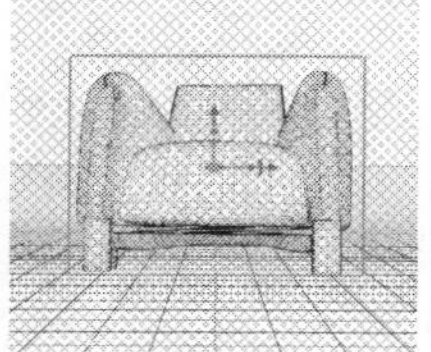
“隐藏现况”选项

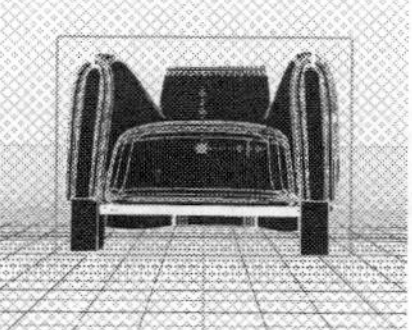
“线性插图”选项

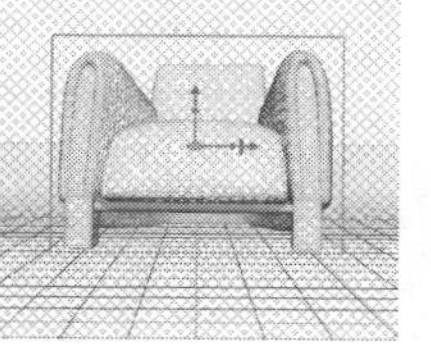
“着色线框”选项

❷ **“横截面”复选框：**勾选该复选框，可激活下方的面板，在其中可以对切片、倾斜和位移等选项进行设置。

❸ **“表面”复选框：**勾选该复选框，可激活该选项的面板，在其中可以对3D对象的表面样式和纹理进行设置。

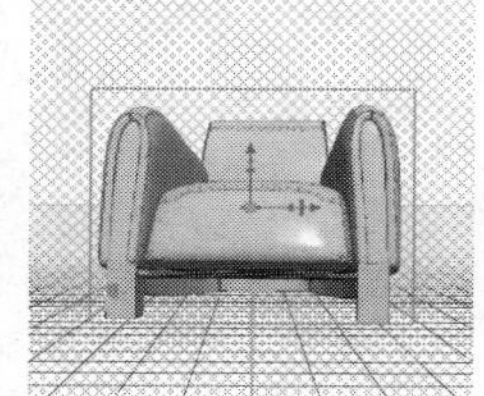
“绘画蒙版”样式

“平坦”样式

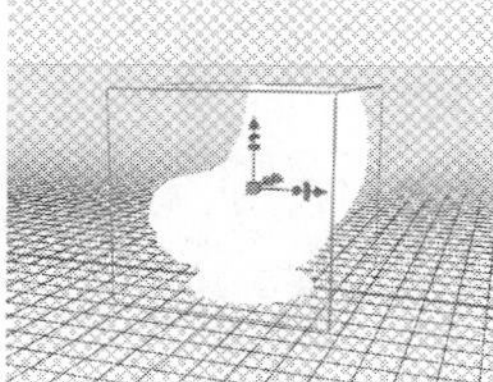
“常数”样式

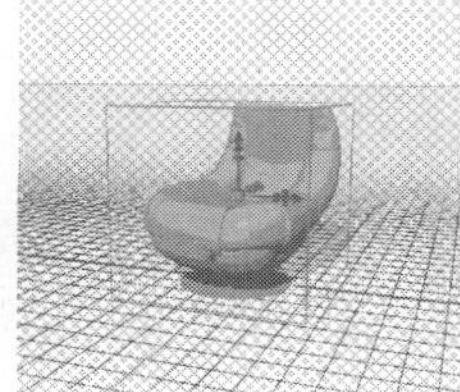
“漫画”样式

“渐变映射”样式

❹ **“线条”复选框：**勾选该复选框，可激活该选项对应的面板，在其中可以对3D对象常数、平坦、实色外框进行设置。

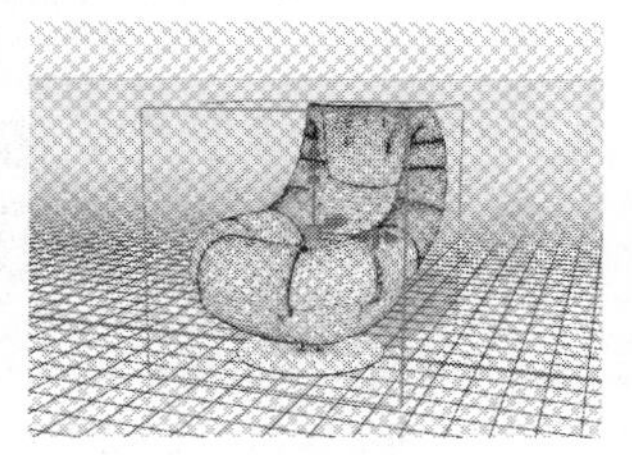
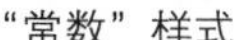
“常数”样式

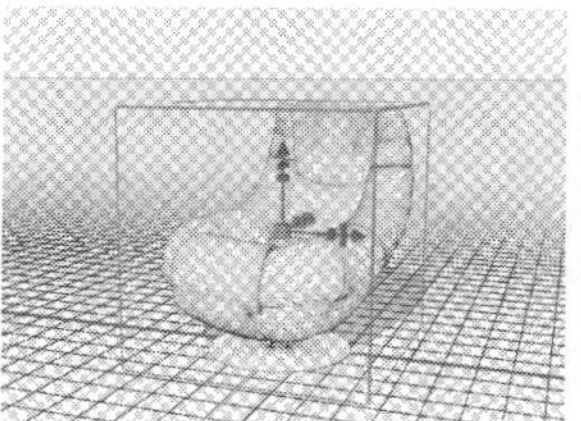
“实色”样式

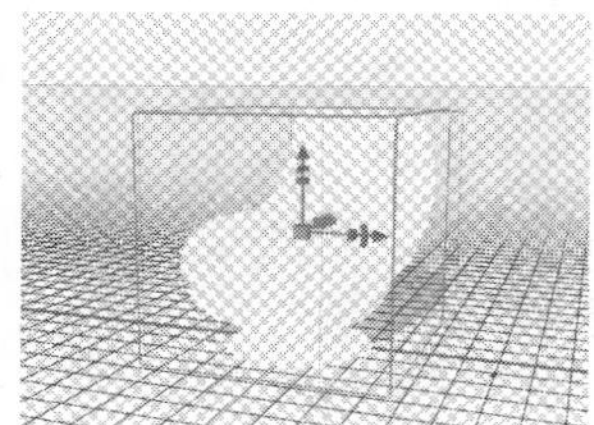
“外框”样式

❺ **“点”复选框：**勾选该复选框可激活该选项对应的面板，在其中可以对3D对象的样式和半径进行设置。

❻ **“线性化颜色”复选框：**勾选该复选框，可为当前3D对象增加或减少亮度，从而加深或减淡对象的颜色。

❼ **“移去隐藏内容”选项：**主要包括“背面”和“线条”复选框，勾选相应的复选框，可移去相应的隐藏内容。

提示：

完成文档中的3D编辑后，可以用PSD、PSB、TIFF或PDF格式存储包含3D图层的Photoshop文件。当存储文件时，将保留3D模型的位置、光照、渲染模式和横截面等信息。

创建“凹凸”贴图时，首先要执行“新建纹理”命令，新建一个贴图文件，然后再将贴图文件所在的图层合并到3D对象的图层中。如果不新建贴图而直接合并，凹凸贴图的效果将不可见。

18.3.3 “3D相机”属性面板

利用3D相机可以移动相机视图，同时保持3D对象的位置固定不变。在3D面板中通过上侧的按钮可以选择场景、网格、材料和光源，单击任意一个按钮，弹出相应的面板选项。单击“3D相机”按钮，即可显示3D相机面板选项，在其中可以对各项参数进行设置。

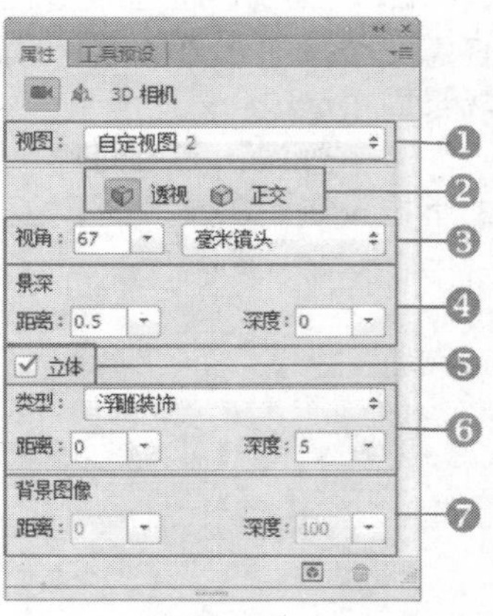

3D相机面板

❶ **“视图”下拉列表**：用于设置显示3D对象的视图。在下拉列表中提供了9种视图供用户选择，并且可以对设定的视图进行保存，以便快速定位对象的显示视图。

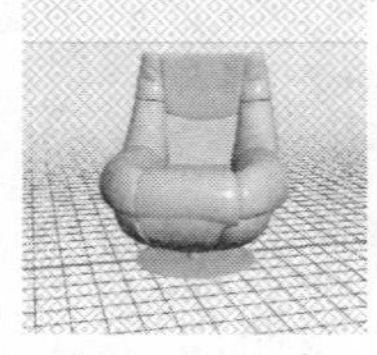

默认视图

左视图

右视图

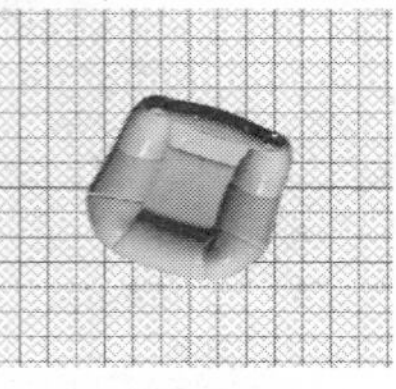

俯视图

❷ **“透视”和“正交”按钮**：单击该按钮可在视角和正交间进行切换。

❸ **“视角”选项**：在选项框中设置数值，可对视野范围进行调整。

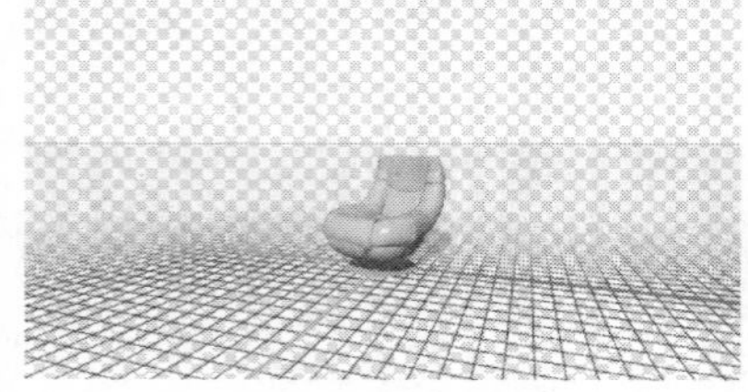

“视角”为20毫米镜头

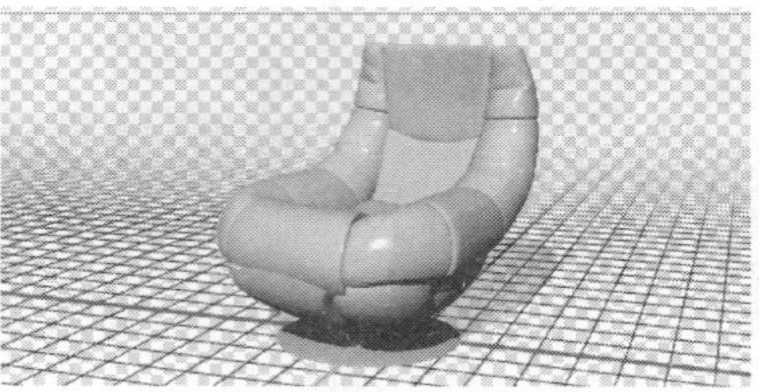

“视角”为50毫米镜头

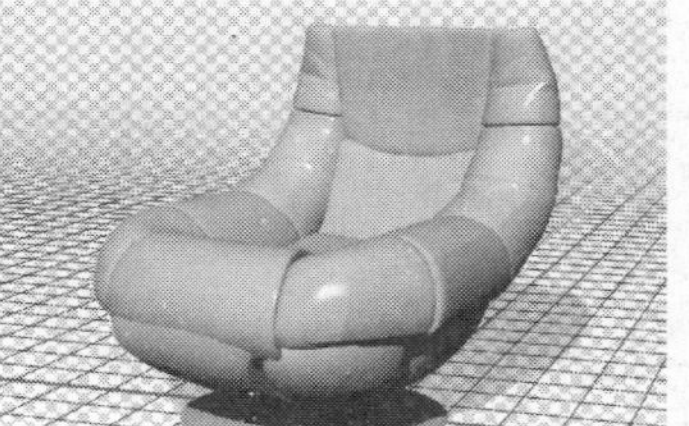

“视角”为80毫米镜头

❹ **“景深”选项**：在距离和深度选项框中设置数值，对景深效果进行调整。

距离为0.5、深度为0

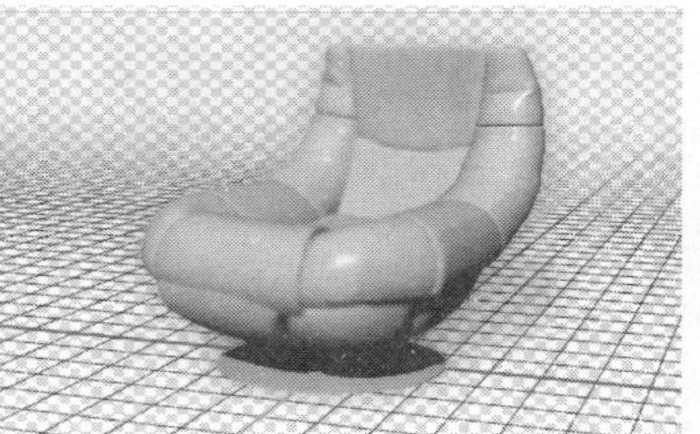

距离为0.5、深度为5

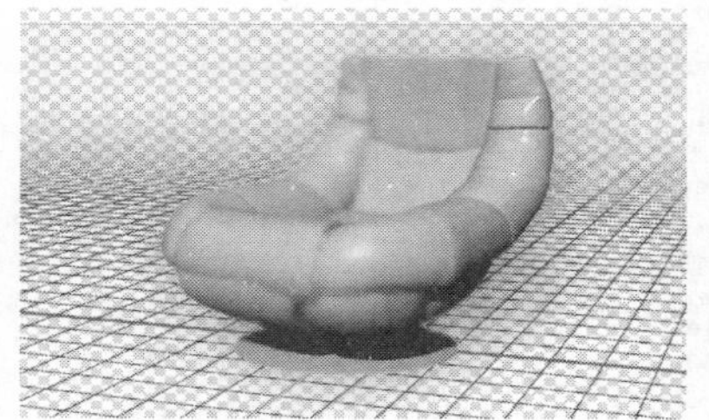

距离为0.5、深度为10

❺ **“立体”复选框**：单击该复选框，可激活下方的“类型”和“背景图像”选项。

❻ **“类型”选项**：单击右侧的下拉按钮，其中包括浮雕装饰、透镜、并排三个选项可供选择，选择任一个选项，设置相应参数即可。还可以通过输入数值或拖动距离和深度两个选项下方的滑块对图像效果进行调整。

水平“透镜”

垂直“透镜”

镜像拆分“并排”

平行“并排”

❼ **“背景图像”选项**：包括距离和深度两个选项，通过输入数值或拖动下方的滑块可对背景图像效果进行调整。

18.3.4 实战：制作3D文字效果

光盘路径：第18章\Complete\制作3D文字效果.psd

步骤1 按快捷键Ctrl+N，在对话框中设置参数后单击“确定”按钮，新建图像文件，单击渐变工具，设置白色到灰色（R158、G154、B154）的渐变颜色，绘制从中心到边缘的径向渐变。

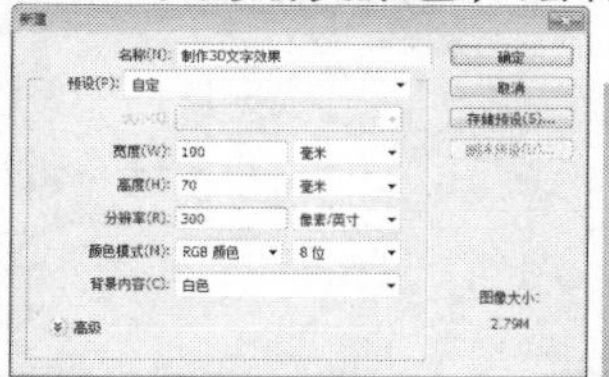

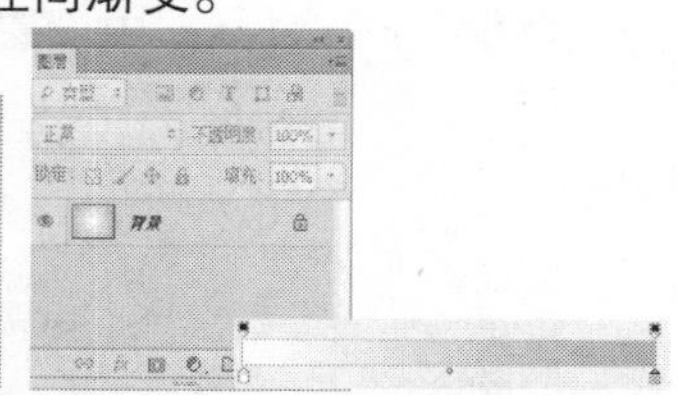

步骤2 单击横排文字工具，设置格式后调整颜色为深灰色（130、G125、B124），输入文字并载入选区。

步骤3 执行“3D | 凸纹 | 当前选区”命令，单击鼠标右键，在弹出的对话框中，选择“变形”选项，设置相应的参数值，此时可预览到结果。

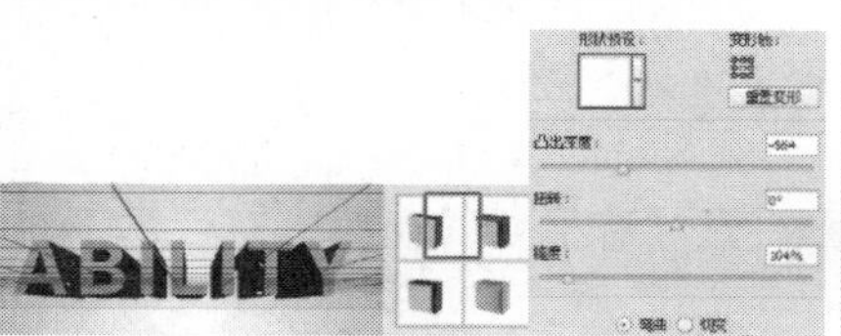

步骤4 继续在“材质”选项组中设置材质。选择“正常”下拉列表中的“载入纹理”，在弹出的对话框中。选择04.jpg图像。设置“漫射”颜色为（239、G237、B222），并设置相应的参数值。栅格化3D图层后，设置混合模式为“颜色加深”，加强文字效果。

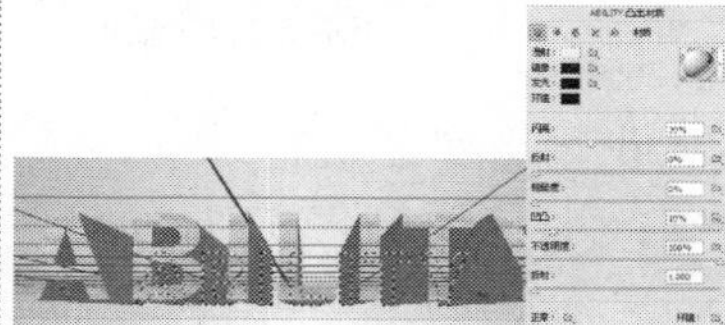

18.3.5 “坐标”属性面板

在坐标面板中可以通过X轴、Y轴、Z轴来对3D对象进行整体调整，单击任意一个选项，即可设置相应的参数值。

❶ **位置**：根据X、Y、Z轴设置各项参数，对3D对象进行更为精确的上下左右位置移动。

❷ **旋转**：根据X、Y、Z轴设置各项参数，对3D对象进行旋转。

❸ **缩放**：根据X、Y、Z轴设置各项参数，对3D对象进行缩放。

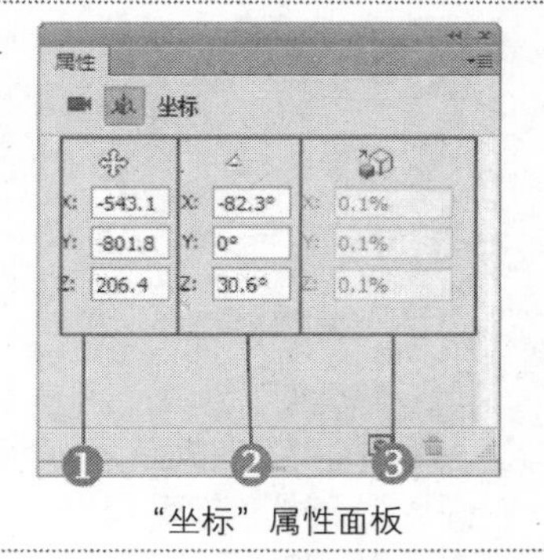

“坐标”属性面板

18.3.6 “网格”属性面板

在3D面板中，单击“网格”按钮，在面板中显示所有打开的3D对象的网格组件，在面板的上侧显示网格的个数，面板下侧可对网格进行设置。

❶ **“捕捉投影”复选框**：勾选该复选框，可以在“光线跟踪”渲染模式下，控制选定的网格是否在其表面显示来自其他网格的阴影效果。

❷ **“投影”复选框**：勾选该复选框，可以控制选定的网格是否在其他网格表面投射阴影。

❸ **“不可见”复选框**：勾选该复选框，可以对网格进行隐藏，但是会显示其表面的所有阴影。

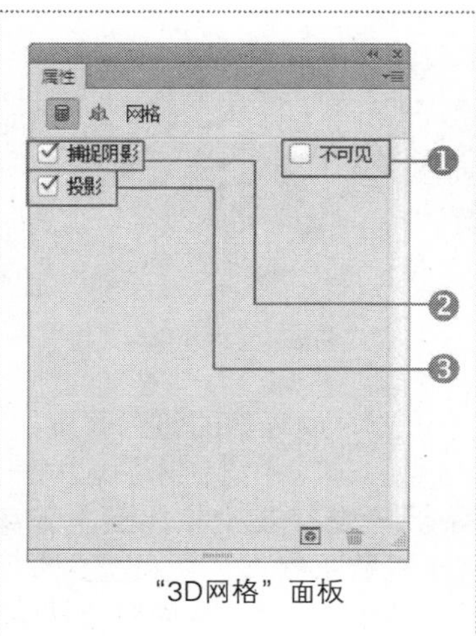

“3D网格”面板

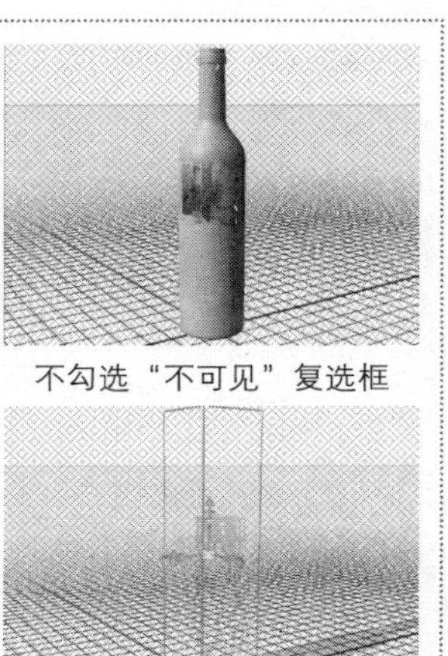

不勾选“不可见”复选框

勾选“不可见”复选框

18.3.7 “材质”属性面板

在3D面板中，单击“3D材质”按钮，弹出相应的“3D材质”面板，在该面板中显示了3D材质的选项。在创建3D模型时，时常结合使用多种材料，使3D模型更加真实。

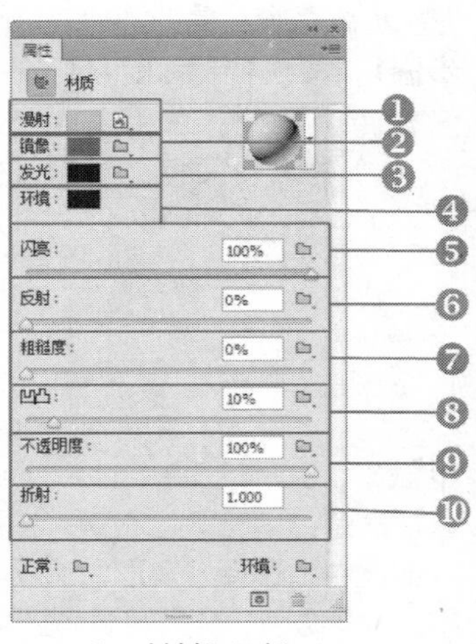

“3D材料”面板

❶ **“漫射”色块**：用于设置材质的颜色，可以是实色或者2D内容，单击色块可在弹出的“拾色器（漫射颜色）”对话框中设置颜色。单击右侧的按钮，在弹出的菜单中可以选择“载入纹理”选项，使用2D图像覆盖3D对象的表面，从而赋予材质。

更改3D对象的颜色

更改3D对象的颜色

更改3D对象的颜色

❷ **“镜像”色块**：用于设置3D对象镜像的颜色。

❸ **“发光”色块**：用于设置3D对象的发光颜色，单击颜色缩览图打开“选择自发光色”对话框，对发光的颜色进行设置。

发光颜色为橙色

发光颜色为黄色

发光颜色为红色

发光颜色为绿色

❹ **“环境”色块**：用于存储3D对象周围的环境图像。

❺ **“闪亮”选项**：用于设置3D材质的亮度，参数值越小则亮度越亮。

❻ **“反射”选项**：用于设置3D场景、环境映射和材料表面上其他反射对象的反射。

❼ **“粗糙度”选项**：用于设置3D材质的粗糙度，参数值越大则粗糙度越强。

“闪亮”值为2%

“闪亮”值为50%

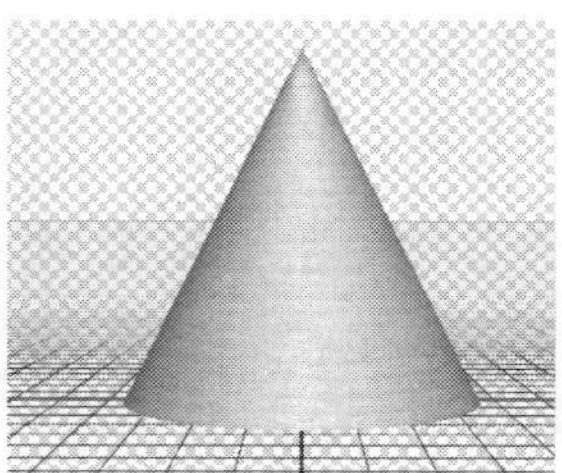
“粗糙度”值为10%

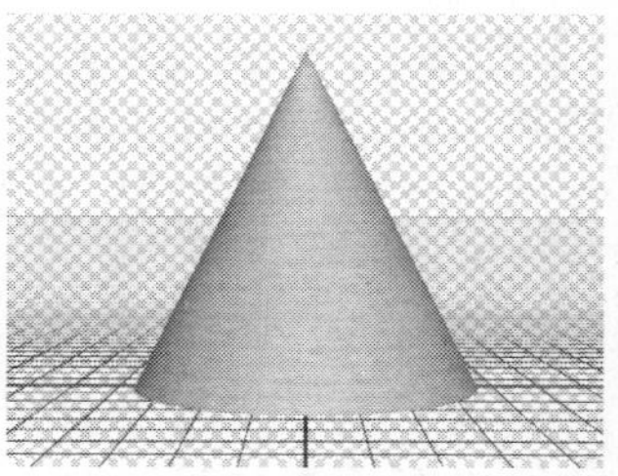
“粗糙度”值为100%

❽ **“凹凸”选项**：用于设置材质表面的凹凸效果，不会改变底层网格。凹凸是一种灰度图像，其中较亮的值创建突出的表面区域，较暗的值创建平坦的表面区域。

❾ **“不透明度”选项**：用于储存3D对象周围的环境图像。

❿ **“折射”选项**：用于设置折射率，两种折射率不同的介质相交时光线方向发生变化，即产生折射。当表面样式设置为“光线跟踪”时，折射数值框中的默认值为1 。

18.3.8　实战：制作木质家具效果

光盘路径：第18章\Complete\制作木质家具效果.psd

步骤1　打开“制作木质家具效果.psd”文件。

步骤2　执行“窗口｜3D”命令，打开3D面板，在“3D材质”面板中，单击“漫射”右侧的下拉按钮，在弹出的下拉列表中选择“载入纹理”选项，弹出“打开”对话框，选择本书配套光盘中的“第18章\Media\制作木质家具效果.jpg”文件，然后在对话框中单击“打开”按钮，为3D对象添加木质材质效果。

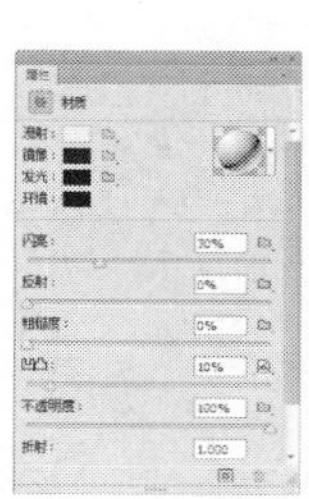

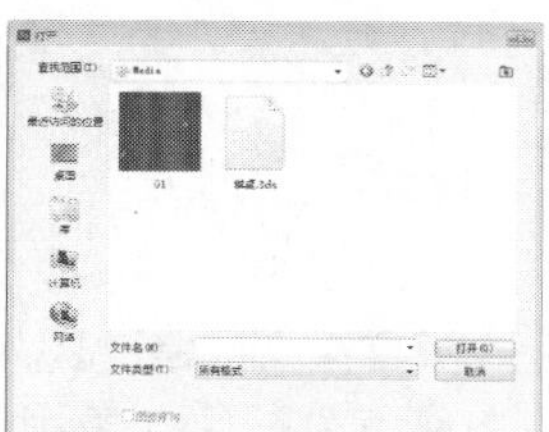

18.3.9　“无限光”属性面板

3D光源可以从不同的角度照亮模型。从而添加3D对象逼真的深度和阴影效果。在3D面板中单击“光源”按钮，在面板的上侧显示光源的相关信息。在Photoshop CS6中提供了点光、聚光灯和无限光三种类型的光源，每种光源在3D面板中都有独特的选项。

光源参考线为光源的添加和调整提供了三维参考点，这些参考线反映了每个光源的类型、角度和衰减。点光显示为小球、聚光灯显示为锥形、无限光显示为直线。

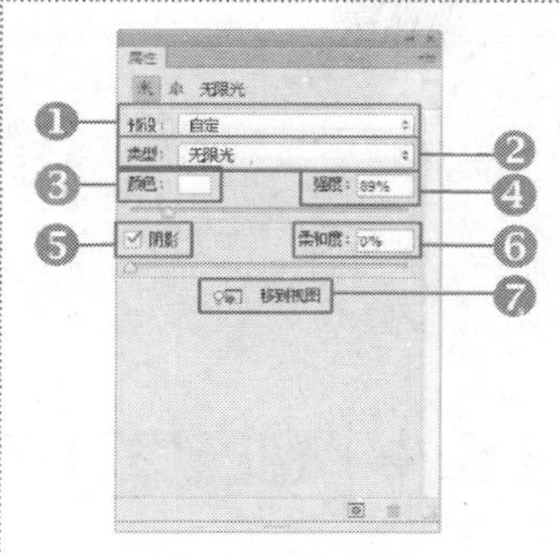

“3D光源”面板

❶ **“预设”下拉列表**：单击右侧的下拉按钮，在弹出的下拉列表中可以选择系统预设的光源效果。

❷ **“类型”下拉列表**：单击右侧的下拉按钮，在弹出的下拉列表中可以选择系统预设的光照效果。“点光”选项用于显示3D对象中的点光向四周反射光源；“聚光灯”选项用于显示3D对象中聚光灯的信息，聚光灯可照射出锥形光线；“无限光”选项用于显示3D对象中的无限光信息，从一个方向平行照射。

“冷光”光照效果

“晨曦”光照效果

“火焰”光照效果

“翠绿”光照效果

“夜光”光照效果

“忧郁紫色”光照效果

❸ **“颜色”色块**：用于定义光源颜色，在“选项光照颜色”对话框中可设置光源的颜色。

❹ **“强光”选项**：用于调整光源亮度的强度。

❺ **“阴影”复选框**：勾选该复选框，可以从前景表面到背景表面、从单一网格到其自身或从一个网格到另一个网格进行投影。

❻ **“柔和度”选项**：用于调整阴影边缘的模糊强度，数值越大，阴影边缘越柔和。

❼ **“移动视图”选项**：单击该按钮，可对光源的位置进行调整。

18.3.10 实战：制作金属球

光盘路径：第18章\Complete\制作金属球.psd

步骤1 按快捷键Ctrl+N，在对话框中设置参数后单击“确定”按钮，新建图像文件。

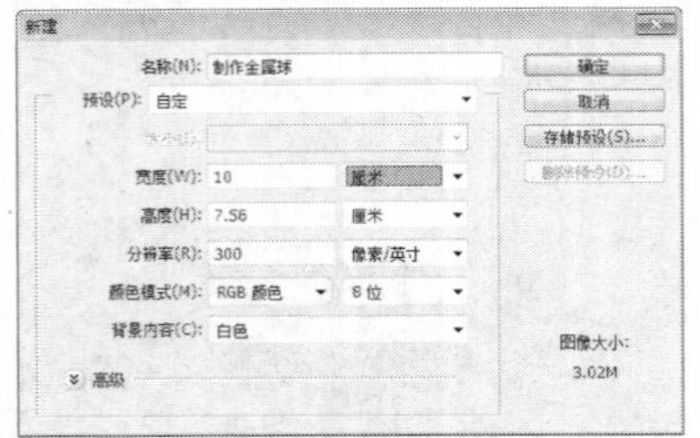

步骤2 执行“3D | 从图层新建网格 | 网格预设 | 球体”命令，打开3D材质面板，选择“漫射”按钮，载入纹理，在弹出的对话框中选择“金属纹理.jpg”文件，使用缩放3D对象和拖动3D对象按钮调整大小和位置。复制“图层1”生成“图层1副本”。

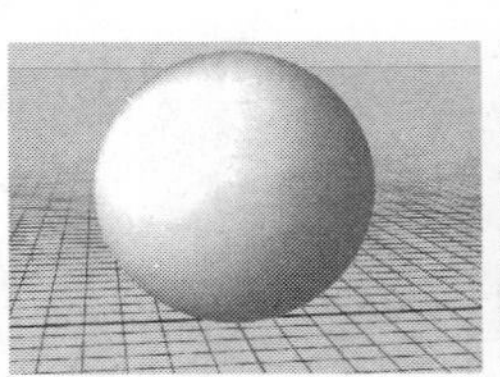

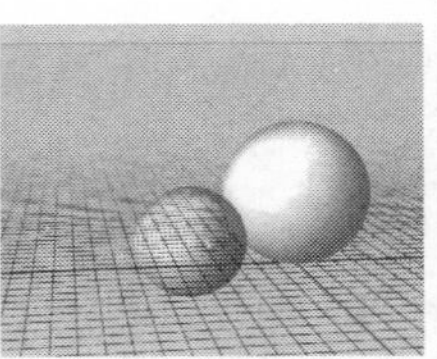

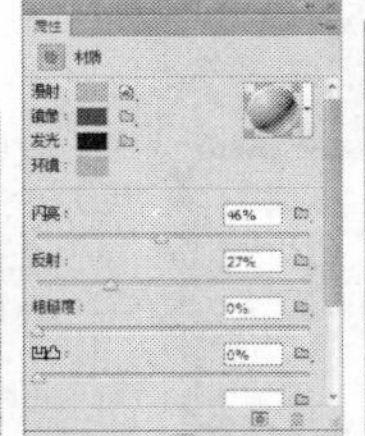

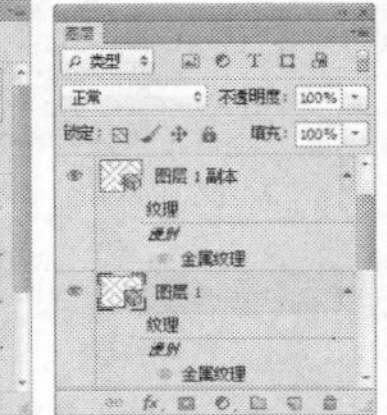

步骤3 创建“照片滤镜”，选择“黄色”，并调整图层。

步骤4 新建“图层3”，设置前景色为黑色，使用魔棒工具选中两个球体，并进行填充，按快捷键Ctrl+D取消选区。按快捷键Ctrl+T对影子进行变形，设置“不透明度”为33%。复制“图层3”生成“图层3副本”，单击“添加图层蒙版”按钮，然后用画笔工具涂抹出所需部分。以达到影子的效果。

步骤5 打开“背景.jpg”文件，生成“图层3”然后将图层放置“图层2”下面。

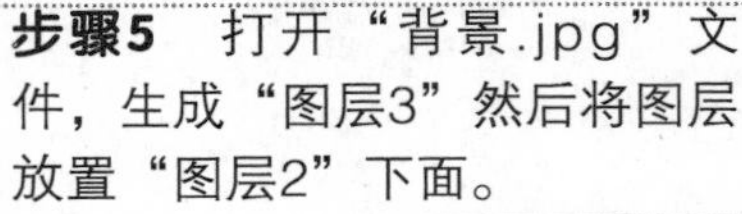

18.4 创建3D对象

在Photoshop CS6中，可以通过相关的3D命令，将2D图层作为起始画面，从而生成各种相应的3D对象，如创建3D明信片、3D形状、3D网格等。创建3D对象以后，将会在“图层”面板中自动生成一个3D图层，并通过3D工具对所创建的3D对象进行移动和旋转。创建3D对象后，可使其在3D空间中移动、更改渲染设置、添加光源或将其与其他3D图层合并。

18.4.1 实战：从选区中创建3D对象

光盘路径：第18章\Complete\从选区中创建3D对象.psd

步骤1 打开“从选区中创建3D对象.jpg”图像文件，按快捷键Ctrl+J复制背景图层，生成“图层1”。再单击快速选择工具，在画面中单击并拖动鼠标，为浇水壶图像创建选区。

步骤2 执行“窗口 | 3D”命令，在3D面板中单击“3D凸凸”单选钮，然后单击“创建”按钮，将选区创建为3D对象。

步骤3 单击移动工具，在属性栏单击3D对象旋转工具对浇花水壶进行旋转。

18.4.2　实战：从路径中创建3D对象

光盘路径： 第18章\Complete\从路径中创建3D对象.psd

步骤1　打开“从路径中创建3D对象.jpg”图像文件。单击自定形状工具，设置颜色为(R255、G63、B43），在画面中间拖出一个桃心。

步骤2　执行“3D | 从所选路径新建3D凸出”命令。然后单击鼠标右键，在弹出的对话框中设置形状为“膨胀”。并结合蒙版，用画笔工具把影子抹掉。

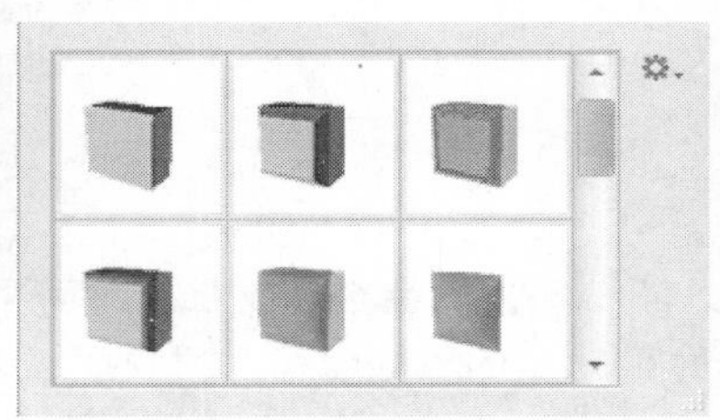

18.4.3　实战：从图层中创建3D对象

光盘路径： 第18章\Complete\从图层中创建3D对象.psd

步骤1　打开“从图层中创建3D对象.jpg”图像文件，按快捷键Ctrl+J复制背景图层，生成“图层1”。

步骤2　选择“图层1”，对其执行“3D | 从预设创建网格”命令，选择“汽水”选项后单击“创建”按钮，在画面中创建一个易拉罐的3D模型。

步骤3　单击移动工具，在属性栏单击“3D对象旋转工具对瓶体进行旋转，使接缝处在瓶体的背后。

步骤4　继续单击3D对象比例工具对3D易拉罐模型进行缩小比例操作，单击3D对象平移工具将其移动到画面的左下侧。

步骤5　单击任一工具，隐藏所有参数线，在“背景”图层上方新建“图层2”，对其填充白色，更改其“不透明度”为60%。

18.4.4 创建3D体积

在Photoshop CS6中，系统有一些默认的模型供用户使用，执行“3D | 从图层新建网格 | 网格预设”命令，基于当前3D图像创建简单的3D形状。包括锥形、帽子、金子塔、圆环等。如创建多面的立方体如圆柱体，还可以为各个面指定不同的贴图效果。

帽子

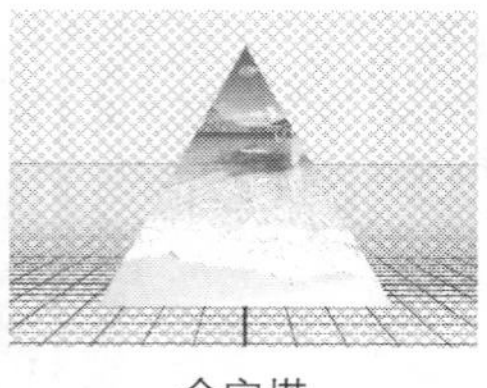
金字塔

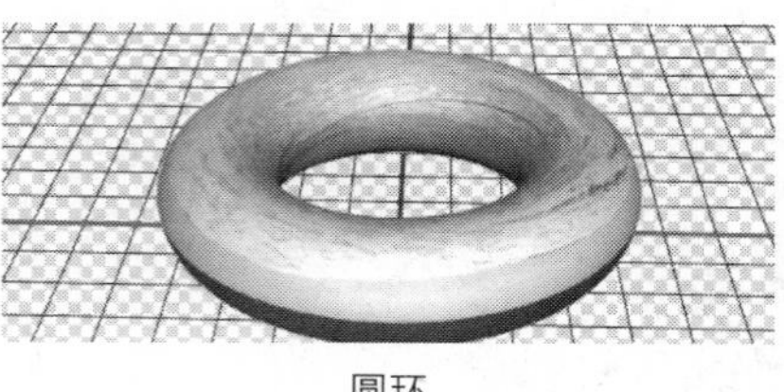
圆环

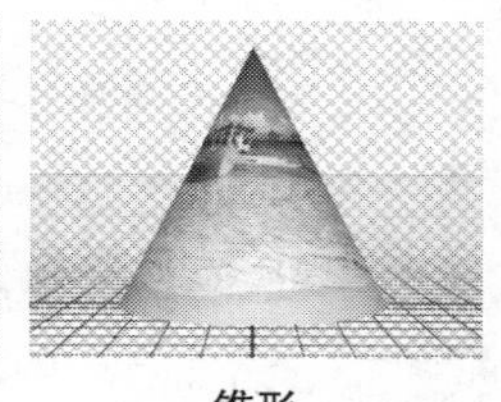
锥形

18.4.5 拆分3D对象

打开一个3D对象，执行“3D | 拆分凸出”命令，选择3D面板中材质图层的所需拆分的部分。

拆分3D对象主要是为了便于对3D对象的不同侧面进行材质、颜色的设置。

18.4.6 实战：制作3D质感文字效果

光盘路径：第18章\Complete\制作3D质感文字效果.psd

步骤1 执行“文件 | 新建”命令，打开“新建”对话框，设置各项参数后单击“确定”按钮。单击横排文字工具，在图像上输入黑色文字。

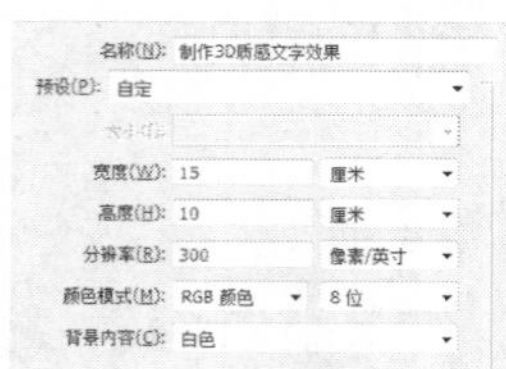

步骤2 执行“3D | 从所选图层创建3D凸出”命令，建立3D文字效果。在3D面板中可以看到，3D对象属性为一个完整的视图。再执行“3D | 拆分凸出”命令，弹出Photoshop提示对话框，单击“确定”按钮，可将3D对象进行拆分，即可单独对字母的颜色与材质进行调整。

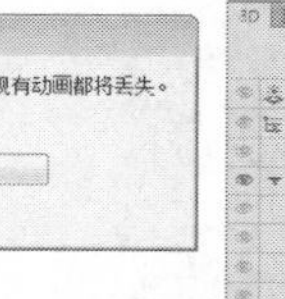

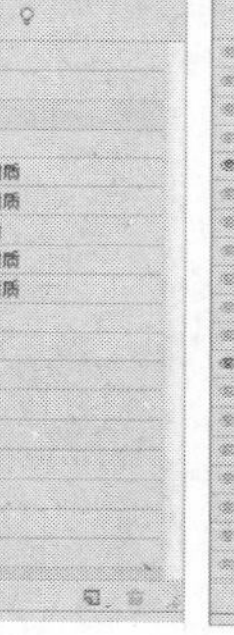

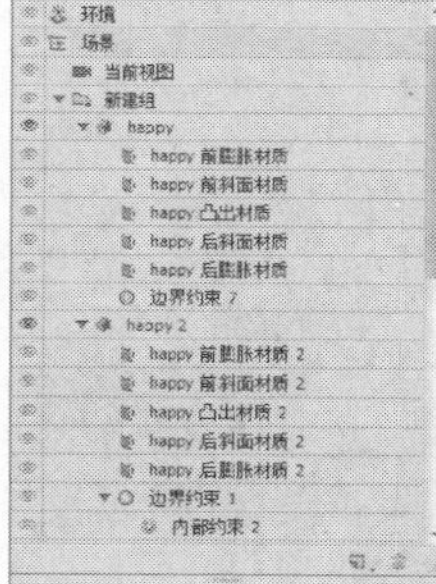

步骤4 选择happy3D视图，打开“属性”面板，设置“漫射”颜色为草绿色（R152、G209、B30），添加字母H的颜色。

步骤5 采用相同的方法，分别为3D文字的其他字母填充其他颜色。完成后单击渐变工具，从中心向外填充背景白色到淡黄色（R244、G215、B170）的径向渐变，制作文字背景。

18.5 编辑3D模型的纹理

要在Photoshop中编辑3D纹理，可以执行一系列操作命令：编辑2D格式的纹理，纹理作为“智能对象”在独立的文档窗口中打开；直接在模型上编辑纹理；重新参数化纹理映射。

18.5.1 添加3D模型纹理

在Photoshop中，执行“窗口 | 3D | 从预设创建网格”命令，在3D面板中，选择材质面板选项，即可显示材质面板选项，在面板左下角选择“正常”按钮，在弹出的菜单中选择“载入纹理 ”、“新建纹理”命令，即可对3D对象设置纹理。

18.5.2 创建绘图叠加

执行“窗口 | 3D | 从预设创建网格”命令，创建好3D对象后，执行“3D | 选择可绘画区域”命令，将特定的模型区域设置为目标。我们可以使用Photoshop中的任何绘制工具直接在3D模型上进行绘画，就像在2D图层上绘画一样。

18.5.3 实战：制作花纹陶瓷茶壶

光盘路径：第18章\Complete\制作花纹陶瓷茶壶.psd

步骤1 执行“文件 | 打开”命令，打开“制作花纹陶瓷茶壶.jpg”图像文件。

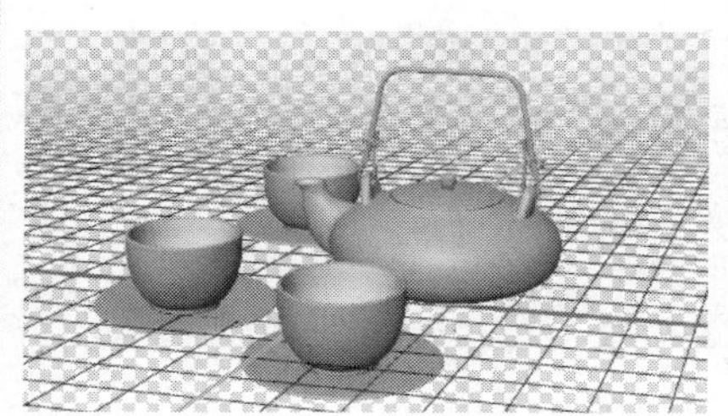

步骤2 在“3D材质”面板中选择3D“图层1”，在材质“属性”面板的预览框内选择“趣味纹理”材质，设置漫射颜色为蓝色（R62、G421、B216）和深蓝色（R16、G46、B91），给茶壶添加花纹陶瓷纹理效果。然后为其他图层添加颜色与纹理，并适当调整颜色。

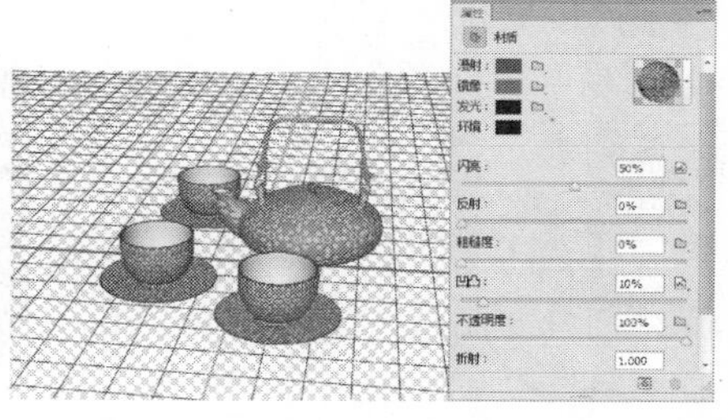

18.5.4 创建并使用重复的纹理拼贴

在3D面板中，选择材质面板，按住Ctrl键的同时单击鼠标左键，多选材质图层。也可以按住Shift单击左键选中所有图层，再进行纹理拼贴。

18.5.5 实战：制作纹理手环

光盘路径：第18章\Complete\制作纹理手环.psd

步骤1 执行“文件 | 打开”命令，打开“制作纹理手环.jpg”文件。载入“雪花笔刷”，选中“背景”图层，按住Ctrl键的同时单击鼠标左键，创建选区，并填充选区为黄色（R226、G219、B136），然后取消选区。

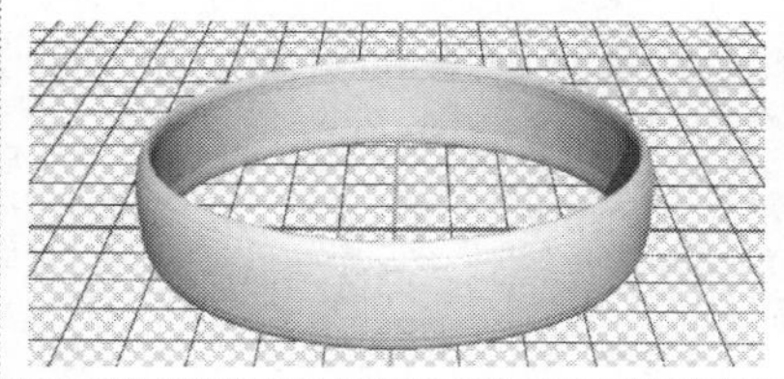

步骤2 新建图层，使用浅绿（R179、G214、B112）画笔工具在手环上绘制纹理，并设置混合模式为“减去”，以达到复古的效果。

18.6 在3D模型上绘画

在Photoshop的3D面板中，运用画笔工具和图章工具可以像绘制二维图像一样直接在三维对象中进行绘画。结合前面所学的3D对象遥控摄工具的应用，可以调整到所需要视图，从而对3D对象的各部分进行更加精确的绘制。也可以通过载入一些纹理来达到所需要的效果。

18.6.1 在3D模型上进行绘图

打开3D面板，执行“3D | 从预设创建网格”命令，在下拉菜单中随意选择一个模型，然后单击画笔工具，用画笔工具绘制所需效果，也可以通过其他的任意绘制工具进行绘制。

18.6.2 设置绘画衰减角度

通过3D菜单中的“绘画衰减”命令，可以定义3D绘画效果的衰减程度，以调整3D绘画的效果。根据绘画可设置相应的参数值，如果需要复位到默认值，单击“复位到默认值”按钮，即可重新恢复默认值。

18.6.3 实战：在3D图像上进行绘画

光盘路径：第18章\Complete\在3D图像上进行绘画.psd

步骤1 打开“在3D图像上进行绘画.jpg”文件，复制“背景”图层，生成“背景副本”图层，执行“3D | 从图层创建网格 | 网格预设 | 汽水”命令，创建出3D模型。

步骤2 执行“3D | 在目标纹理上绘画 | 漫射”命令，设置前景色为白色，载入“水泡”笔刷，使用画笔工具在易拉罐上绘制图案，单击旋转3D对象工具，旋转3D模型，使用相同方法在画面中绘制图形。

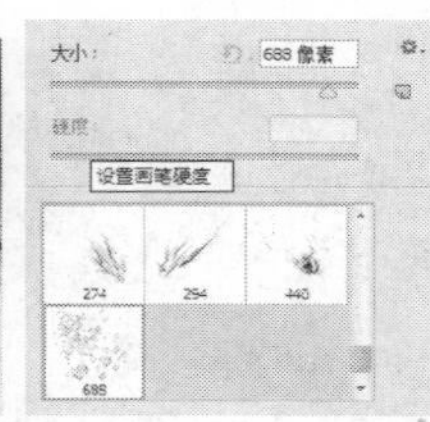

18.6.4 选择可绘画区域

打开一个3D对象，选择图层面板，将图层里的物体载入选区，使用画笔工具，在选区内进行随意地绘制。方便用户更精确地进行绘制。

18.6.5 隐藏表面

在3D图像上进行绘制时，有些需要隐藏的部分，对于具有内部区域或隐藏区域的复杂模型，可以隐藏模型部分，以便访问要在上面绘画的表面，例如，要在汽车模型的仪表盘上绘画，可以暂时去除车顶或挡风玻璃，然后缩放到汽车内部，以获得不受阻挡的视图。选用“套索”或“选框”，工具可去除模型的部分区域。

18.7 3D模型的渲染

3D渲染包括预设渲染与自定义3D渲染设置，Photoshop安装了许多带有常见3D对象的渲染预设。渲染设置是图层特定的，如果文档包括多个3D图层，请为每个图层分别指定渲染设置。

要更改3D模型的渲染设置，首先需要在3D面板顶部单击“场景”按钮，打开“3D场景”面板，再单击该面板中的“预设”选项右侧的下拉三角按钮，在下拉列表中选择不同的渲染选项，对3D对象进行渲染。

18.7.1　使用预设的渲染选项

在Photoshop中，打开3D面板，在3D面板顶部单击“场景”按钮，打开“3D场景”面板，再单击该面板中的“预设”选项右侧的下拉三角按钮，在下拉列表中选择不同的渲染选项，对3D对象进行渲染。为3D对象创建渲染效果。

“渲染”设置对话框

> **提示：**
> 在渲染时，通过单击图像，可以停止对图像的渲染，要想渲染更多的效果，可在“场景”属性面板中设置渲染选项。

18.7.2　设置横截面

通过设置不同的参数值，可以设置需要的效果，首先在3D面板顶部单击“场景”按钮，打开“3D场景”面板，勾选面板中的“横截面”复选框，在选项组中设置参数，可以设置各个方位的横截面。

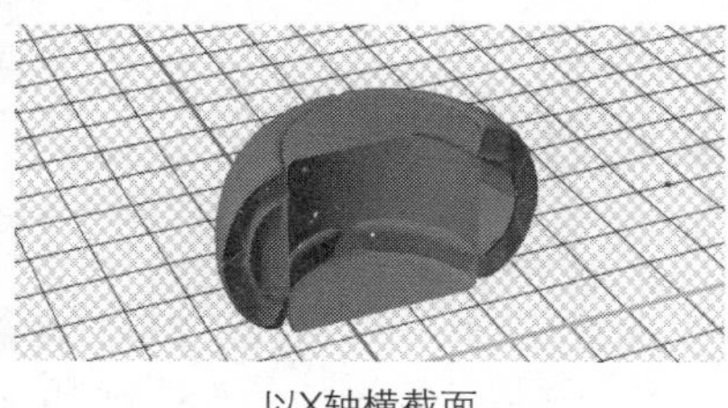
以X轴横截面

以Z轴横截面

18.7.3　设置表面

勾选“表面”复选框可以对3D图形进行不同样式的设置，打开3D面板，在顶部单击“场景”按钮，打开“3D场景”面板，勾选该面板中的“表面”复选框，在该组中可以对3D对象的表面样式和纹理进行设置。

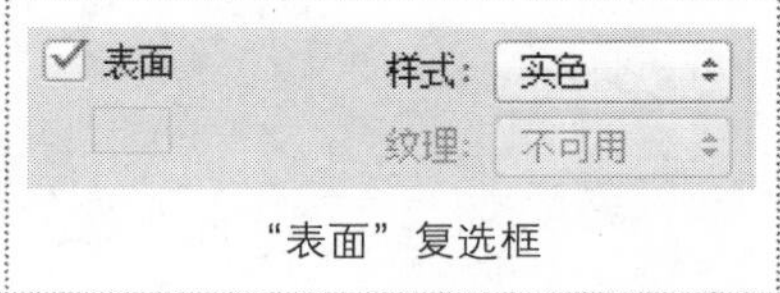

“表面”复选框

18.7.4　设置线条

可以对3D对象进行更多的整体调整设置，打开3D面板，在顶部单击“场景”按钮，打开“3D场景”面板，勾选该面板中的“线条”复选框，可以对3D对象的样式、宽度、角度阈值进行设置。

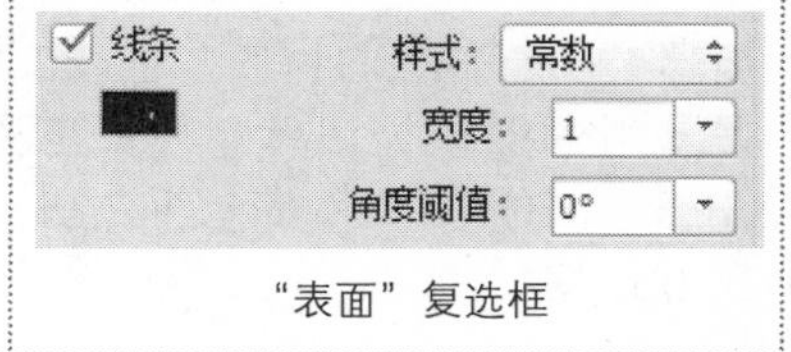

“表面”复选框

18.7.5　设置顶点

可以对3D对象进行整体的半径设置，打开3D面板，在顶部单击“场景”按钮，打开“3D场景”面板，勾选该面板中的“点”复选框，激活该选项对应的面板，在其中可以对3D对象的样式和半径进行设置。

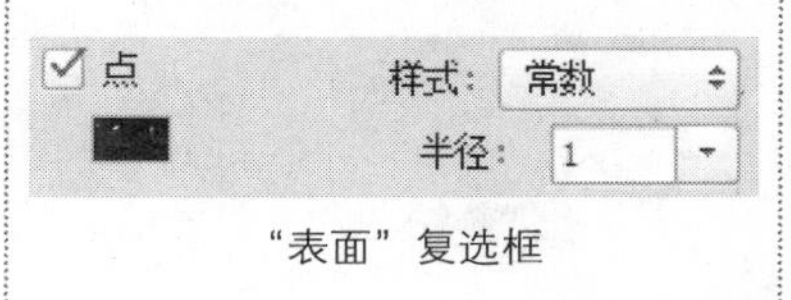

“表面”复选框

18.8 对3D文件的编辑

在Photoshop中，通过相关的3D命令，可以对3D对象进行多种格式储存，方便用户使用。也可以将3D图层导出，或者进行合并、合并3D图层和2D图层等操作。

18.8.1 存储3D文件

在存储3D文件时，可以保留3D模型的位置、光源、渲染模式和横截面等内容，并将包含3D图层信息的文件以PSD、PSB、TIEF或PDF格式进行储存。

存储3D文件的具体操作方法如下：首先执行“文件 | 存储”命令或“文件 | 存储为”命令，在弹出的对话框中对文件格式进行选择，包括Photoshop（PSD）、Photoshop PDF或TIEF格式等，完成后单击“确定”按钮，即可完成对3D文件的存储工作。

18.8.2 导出3D图层

要导出3D图层，需要执行以下操作：首先执行“3D | 导出3D图层”命令；再选择导出纹理的格式（需注意U3D和KMZ支持JPEG或PNG作为纹理格式，DAE和OBJ支持所有Photoshop支持的用于纹理的图像格式）；最后单击“确定”按钮导出3D文件。

18.8.3 合并3D图层

在Photoshop中，首先打开一个3D对象，然后再复制该图层，按住Ctrl键的同时单击鼠标左键，选中要合并的两个图层，执行“合并3D图层”命令，即合并成一个3D对象。

18.8.4 实战：合并3D图层和2D图层

光盘路径：第18章\Complete\合并3D图层和2D图层.psd

步骤1 执行“文件 | 打开”命令，打开“合并3D图层和2D图层.jpg”文件。

步骤2 执行“3D | 从3D文件新建图层”命令，在对话框中选择光盘文件中的“合并3D图层与2D图层.psd”文件并将其打开。

步骤3 单击3D对象比例工具，对3D对象模型进行缩小，继续单击对象平移工具，将其移动到画面的桌子上。完后3D文件与2D文件的组合操作。

步骤4 打开“3D材质”面板，设置漫射的颜色为浅黄色（R253、G255、B199）和黄色（R251、G255、B132）。

步骤5 采用相同的方法分别为“3D材质”面板中的其他图层添加颜色效果，并适当调整颜色。

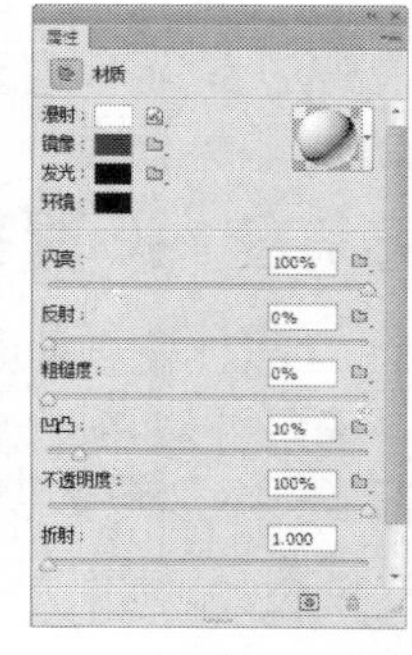

18.8.5　栅格化3D图层

打开一个3D对象，在3D面板中，选择“图层”面板，此时，选中3D图层，单击鼠标右键，在弹出的下拉菜单中，选择“栅格化3D图层”选项，即可对3D图层进行栅格化了。

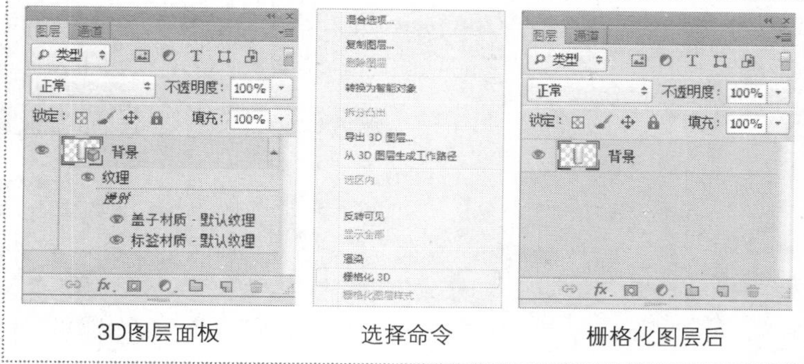

3D图层面板　　选择命令　　栅格化图层后

18.8.6　浏览3D内容

打开“3D面板”，在“3D场景”面板中可以看到对3D对象的所有的编辑设置，如灯光的设置、材质、载入的纹理等。

18.9 认识测量和对象计数

在Photoshop中，可以使用计算工具对图像中的对象计数。可以对对象手动计数，使用计算工具单击图像，Photoshop将跟踪单击次数。计算数目会显示在项目上和“计算工具”的选项栏中，计算数目会在存储文件时存储。

18.9.1　认识测量

使用Photoshop的测量功能，可以测量用标尺工具或选择工具定义的任何区域，包括用套索工具、快速选择工具或魔术棒工具选定的不规则区域。也可以计算高度、宽度、面积和周长，或跟踪一个或多个图像的测量。测量数据会记录在“测量记录”面板中。可以自定义“测量记录”列，将列表内的数据排序，并将记录中的数据导出到以制表符分隔的Unicode文本文件中。

18.9.2　创建比例标记

打开一个图像文件，在菜单里单击标尺工具按钮，执行“窗口 | 测量记录”命令，在画面中从左向右拖动鼠标，在弹出的对话框中，选择右上角的扩展菜单按钮，在下拉菜单中选择“记录测量”命令，即可开始记录测量。

18.9.3　编辑比例标记

测量比列标记将显示文档中使用的测量比列。单击标尺工具按钮， 执行“窗口 | 测量记录”命令，在画面中从左向右拖动鼠标，在弹出的对话框中，选择右上角的扩展菜单按钮，在下拉菜单中选择“设置测量比例 | 自定”命令，在弹出的对话框中，设置相应的参数值，再单击“确定”按钮。

18.9.4　选择数据点

在菜单里单击标尺工具按钮，执行“窗口 | 测量记录”命令，在画面中从左向右拖动鼠标，在弹出的对话框中，选择右上角的扩展菜单按钮，在下拉菜单中选择“选择数据点”命令，在弹出的对话框中勾选相应的选项。

提示：

在合并3D图层和2D图层的时候，还可以通过单击所选图层，按住 Shift键的同时单击图层面板中的最后一个图层，选中所有的图层，然后再执行“3D | 合并3D图层”命令，将两个3D对象的图层合并为一个图层。

18.9.5 实战：对图像中的项目手动计数

光盘路径：第18章\Complete\对图像中的项目手动计数.psd

步骤1 打开“对图像中的项目手动计数.psd”文件。

步骤2 单击计数工具，在画面中单击一个物体，就会出现一个计数。使用相同的方法再继续在画面中点击计数。在属性栏中设置颜色为黄色（R 238、G236、B 33）。

18.10 图像堆栈

图像堆栈是将一组参考帧相似、但品质或内容不同的图像组合在一起。将多个图像组合到堆栈中之后，就可以对它们进行处理，生成一个复合视图，消除不需要的内容或杂色。也可以使用图像堆栈在很多方面增强图像。

18.10.1 认识图像堆栈

图像堆栈将存储为智能对象，可以对堆栈应用的处理选项称作堆栈模式。将堆栈模式应用于图像堆栈属于非破坏性编辑，可以更改堆栈模式以产生不同的效果；堆栈中的原始图像信息保持不变。要在应用堆栈模式之后保留所做的更改，请将结果储存为新建图像或栅格化智能对象。可以手动或使用脚本来创建图像堆栈。

18.10.2 创建图像堆栈

要获得最佳结果，图像堆栈中包含的图像应具有相同的尺寸和极其相似的内容，如从固定视点拍摄的一组静态图像或静态视频摄像机录制的一系列帧。图像的内容应非常相似，以使你能够将它们与组中的其他图像套准或对齐。执行“文件 | 脚本 | 将文件载入堆栈”命令，在弹出的对话框中，选择“浏览”选项，在弹出的对话框中选择需要组合的图像，单击“确定”按钮。

18.10.3 实战：编辑图像堆栈

光盘路径：第18章\Complete\编辑图像堆栈.psd

步骤1 执行“文件 | 脚本 | 将文本载入堆栈”命令，在弹出的对话框中选择“编辑图像堆栈1”和“编辑图像堆栈2”文件。

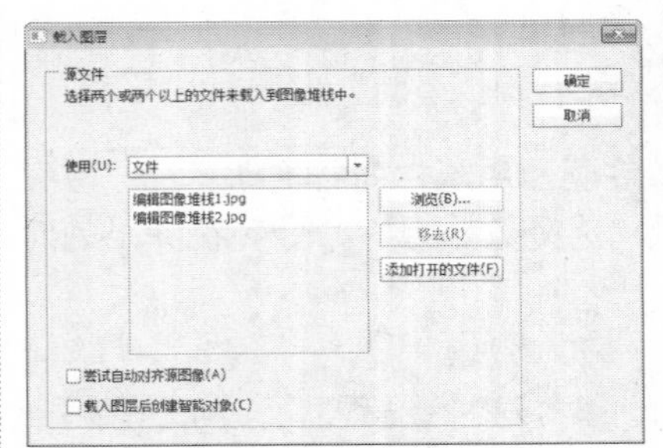

步骤2 勾选“尝试自动对齐源图像”复选框，单击“确定”按钮。

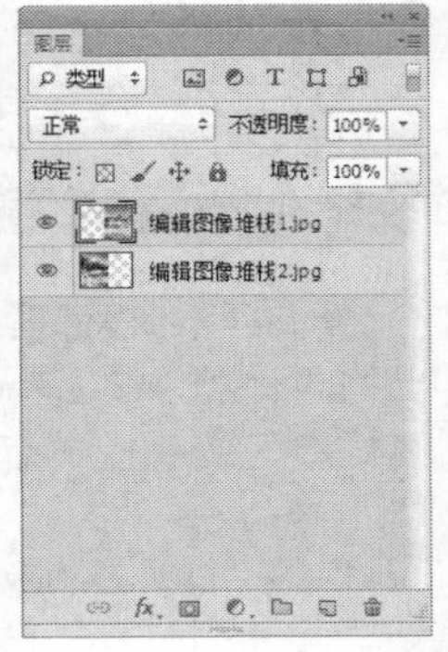

18.11 操作答疑

我们平时可能会遇到很多的疑问，这里将举出多个常见的问题，并对其进行一一解答。并在后面设置了多个习题，方便读者学习后做习题巩固。

18.11.1 专家答疑

（1）如何添加“凹凸”贴图?

答：创建“凹凸”贴图时，首先要执行“新建纹理”命令，新建一个贴图文件，然后再将贴图文件所在的图层合并到3D对象的图层中。如果不新建贴图而直接合并，凹凸贴图的效果将不可见。

（2）如何创建灰度网格?

答：在3D面板中选择“从灰度新建3D网格”选项，然后单击“创建”按钮，可以将图像转换为深度映射效果，从而将明度值转换为深度不一的表面。原图像中较亮的区域生成表面凸出的区域，较暗的区域则生成凹下的区域。

（3）怎样将两个3D对象合并成一个3D对象?

答：首先打开一个3D对象文件，然后，在图层面板中，复制一个3D对象图层，在按住Ctrl键的同时单击鼠标左键，选中这两个图层，执行“3D | 合拼3D图层”命令。

（4）如何在3D模型上绘画?

答：执行“3D | 从预设创建网格”命令，创建好3D对象之后，可以使用任何Photoshop绘画工具直接在3D模型上绘画，就像在2D图层上绘画一样。执行“3D | 选择可绘画区域”命令将特定的模型区域设为目标，或让Photoshop识别并高亮显示可绘画的区域。使用3D菜单命令可清除模型区域，从而访问内部或隐藏的部分，以便进行绘画。

18.11.2 操作习题

1. 选择题

（1）如要对3D对象进行旋转，可使用3D面板中的（　　）按钮。

A.　　　B.　　　C.

（2）要对3D对象的贴图效果进行调整，可在（　　）面板中进行。

A.3D材料　　　B.3D场景　　　C.3D网格

（3）在3D菜单中执行“3D | （　　）| 网格预设 | 明信片”命令，可以将普通的二维图像转换为三维对象，并可以利用工具盒操作杆来调整X、Y轴，以控制对象的位置、大小和角度。

A.导出3D图形　　　B.从所选图层新建3D凸出　　　C. 从图层新建网格

2. 填空题

（1）Photoshop中的3D面板可以分为________、________、________和________四种。

（2）在Photoshop中，要激活相应的3D菜单命令，需要在“首选项”对话框的面板中勾选________复选框，启用相应功能方能激活菜单命令。

（3）3D光源可以不同的角度照亮模型，从而添加3D对象逼真的深度和阴影效果。在3D面板中单击________，在面板的上侧显示光源的相关信息。在Photoshop中提供了________、________和________三种类型的光源，每种光源在3D面板中都有独特的选项。

（4）在工具箱中选择________，即可显示其属性，再选择变换工具按钮组即可对三维对象和________进行控制，或者对3D对象的移动、________和________的变换工具按钮组进行介绍。

3. 操作题

创建3D形状对象。

步骤1

步骤2

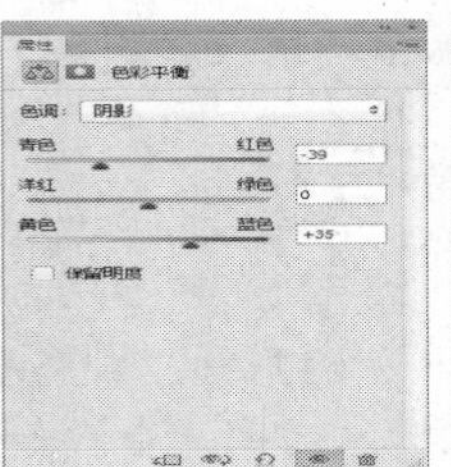

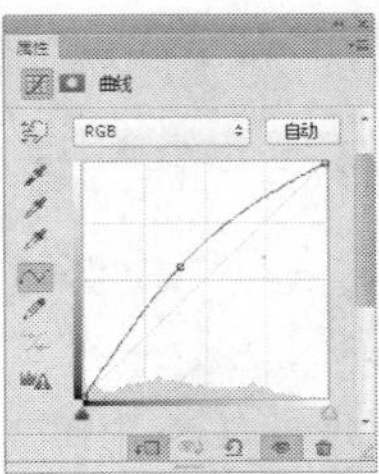

步骤3

（1）在Photoshop中打开一张jpg图像文件。

（2）执行“3D | 从图层新建网格 | 网格预设 | 帽子”命令。

（3）创建“曲线”、“色彩平衡”调整图层。

第19章

动作与自动化

本章重点：

本章主要讲解动作的概念，使用动作记录操作过程的方法，以及将录制的动作应用于其他图像操作的方法，并结合自动化功能进行批处理的方法。

学习目的：

本章的主要目的是掌握用动作记录、应用，以及批处理图像操作过程的方法。

参考时间：25分钟

主要知识	学习时间
19.1　动作的应用	15分钟
19.2　自动化命令的应用	5分钟
19.3　脚本	5分钟

19.1 动作的应用

动作是指在单个文件或一批文件上播放的一系列任务。利用动作可以方便快捷地将用户执行过的操作命令记录下来，需要再次执行同样的或类似的操作或命令时，通过应用录制的动作即可。动作是快捷批处理的基础，利用“动作”画面，可以记录、编辑、自定和批处理动作，也可以使用动作组来管理各项动作。

19.1.1 “动作”面板

动作的各项操作，如创建动作、创建新组、开始记录、播放、编辑等操作，都要通过“动作”面板来完成。“动作”面板类似于一个可以进行录制播放操作的图层面板，清晰明确地罗列出了各项动作所包含的具体操作和命令。执行“窗口 | 动作”命令，或按快捷键Alt+F9，即可弹出“动作”面板。

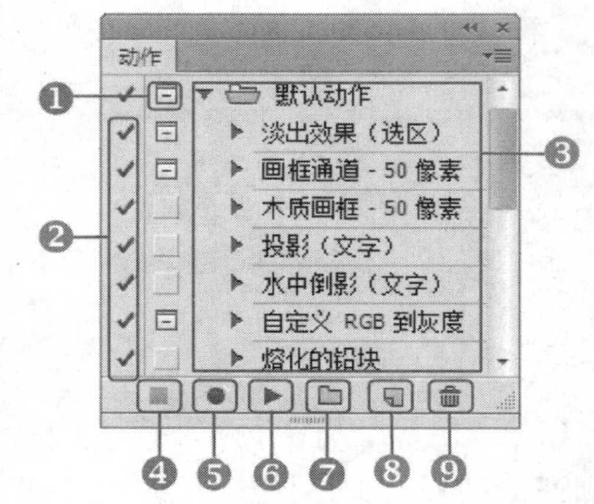

提示：

在“动作”面板中，按住Alt键的同时单击动作组、动作和命令左侧的 ▶ 按钮，可展开或折叠一个组的全部动作或一个动作中的全部命令。

❶ **切换对话框开/关：** 在播放动作中的某一个命令时，显示此命令的对话框，此时用户可以根据具体的图像处理需要设置不同的参数值，使一个动作应用于不同图像的相似操作中。

❷ **切换项目开/关：** 通过勾选和取消勾选设置动作或动作组中的命令是否被跳过。当在动作中某一个命令的左侧显示 ✓ 标识时，表示此命令正常运行；若显示 标识时，表示此命令被跳过。若在某一个动作组的左侧显示 ✓ 标识时，表示此组动作中有命令被跳过；若动作组的左侧显示 ✓ 标识时，表示此组动作中没有命令被跳过；若动作组的左侧显示 标识时，表示此组动作中的所有命令均被跳过。

❸ **默认动作：** 在此区域显示出动作组中的所有独立的动作名称。

❹ **“停止播放/记录”按钮** ■：单击该按钮，可以停止当前的动作录制。此按钮只有在录制动作时才被激活。

❺ **“开始记录”按钮** ●：将当前的操作记录为动作，应用的命令被录制在动作中，命令的参数也同时被录制在动作中。

❻ **“播放选定的动作”按钮** ▶：单击该按钮，可执行当前选定的动作。

❼ **“创建新组”按钮** 🗀：单击该按钮，可以创建一个新的动作文件夹。

❽ **“创建新动作”按钮** ：单击该按钮，可创建一个新的动作，新建动作将出现在选定的组文件夹中。

❾ **“删除”按钮** 🗑：单击该按钮，可将当前选定的动作或动作文件夹删除。

19.1.2 录制/停止动作

在“动作”面板中，任意选中某一种操作步骤，单击“动作记录”按钮 ● ，当“动作记录”按钮显示为 ● 时然后对图像进行操作，便可记录操作步骤，操作完成后单击“停止播放/记录”按钮 ■，停止记录。

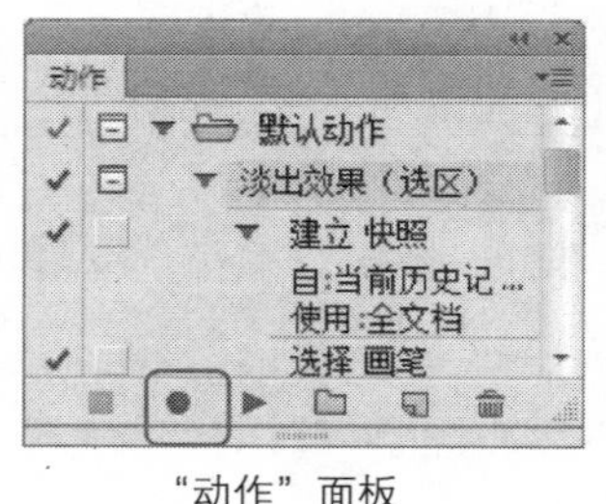

“动作”面板

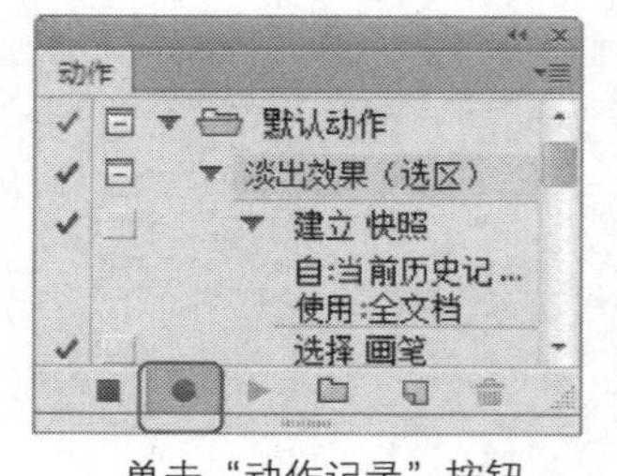

单击“动作记录”按钮

19.1.3　在动作中插入命令

应用“再次记录”命令可在当前动作中插入记录。在“动作”面板中单击右上角的扩展按钮，在打开的快捷菜单中选择“再次记录”命令，可对当前操作命令进行重新记录或者修改，也可以在当前动作之后创建新的动作记录，便于对动作进行修改与完善。

19.1.4　创建/删除新动作

在“动作”面板中单击右上角的扩展按钮，在弹出的快捷菜单中选择“新建动作”命令，弹出“新建动作”对话框。在该对话框中可对新建动作的名称、组、功能键以及颜色进行设置。

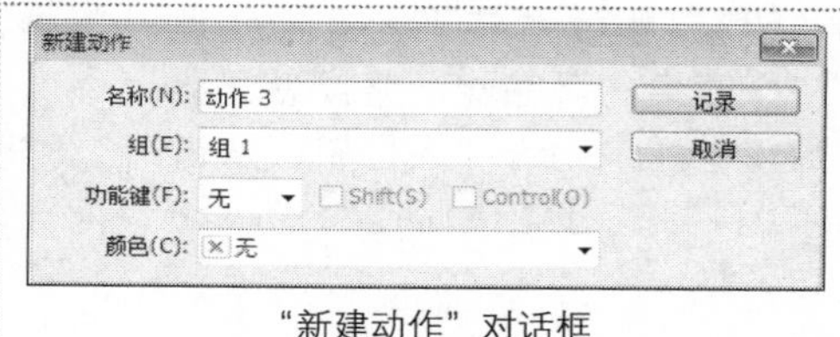

“新建动作”对话框

在“动作”面板中选择需要删除的动作，单击“删除”按钮，在弹出的对话框中单击“确定”按钮即可删除相应的步骤、此时若为图像执行该动作，将自动跳过删除的操作步骤进行下一步的操作。

19.1.5　编辑动作

在“动作”面板中，单击右上角的扩展按钮，在打开的快捷菜单中选择“按钮模式”，在该命令组中，包含5个选项，分别是“清除全部动作”、“复制动作”、“载入动作”、“转换动作”和“储存动作”选项，使用任意选项，可对动作进行基础编辑。

19.1.6　存储动作

在“动作”面板中，单击要储存的动作“组1”，然后单击“动作”面板右上角的扩展按钮，在打开的扩展菜单中单击“储存动作”命令，弹出“储存”对话框，选择一个存储动作的路径位置，单击“确定”按钮储存该动作组。

19.1.7　载入动作

应用“载入动作”命令可方便后期快速编辑图像。在“动作”面板中，单击“动作”面板右上角的扩展按钮，在弹出的扩展菜单中选择“载入动作”命令，在“载入”对话框中选择需要载入的动作，完成后单击“确定”按钮，即可将动作载入到“动作”面板中。还可以通过网络上的一些动作，载入到Photoshop动作面板中的“载入动作”选项，也可以自己存储动作，进行载入。

19.1.8　实战：载入动作制作复古照片

光盘路径：第19章\Complete\载入动作制作复古照片.psd

步骤1　执行“文件 | 打开”命令，打开“第19章\Meida\载入动作制作复古照片.jpg”图像文件。

步骤2　在“动作”面板中，单击“动作”面板右上角的扩展按钮，在打开的扩展菜单中单击“载入动作”命令，弹出“载入”对话框，单击选中“老照片”动作，设置完成后单击“确定”按钮。然后单击“播放”按钮，播放选定的载入动作。可以看到图像转换为老照片的效果。

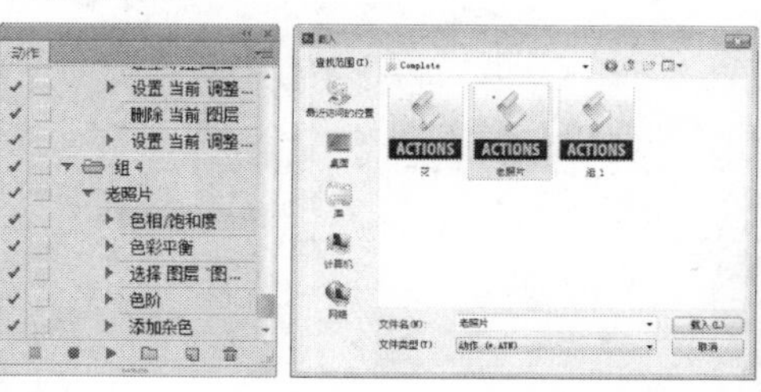

19.1.9 复位动作

在面板中复位到默认动作的状态，打开扩展菜单，单击“复位动作”命令，弹出Adobe Photoshop询问提示框，单击“确定”按钮，将“动作”面板中的动作复位到只有默认动作的状态。

19.1.10 修改动作的名称和参数

在“动作”面板中，单击“组1”里的“花”，选择任意一个效果，可在此调整或设置参数值。在“动作”面板中，双击“组1”，可对该动作组修改动作名称。

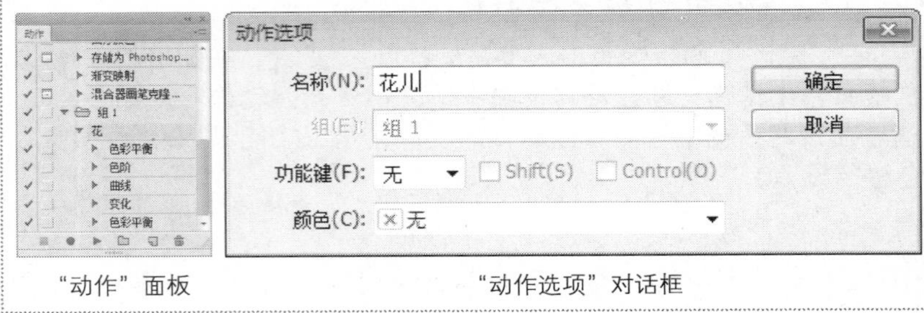

“动作”面板　　“动作选项”对话框

19.1.11 指定回放速度

在“动作”面板中执行“回放选项”命令，可以调整动作的回放速度或将其暂停，以便对动作进行调试。

19.1.12 播放动作

播放动作可以在当前文件中执行动作记录的命令，在动作组中选择一个动作，然后单击“播放选定的动作”按钮▶，可播放当前选定的动作。

19.1.13 实战：对不同图像快速执行相同动作

光盘路径：第19章\Complete\对不同图像快速执行相同动作.jpg

步骤1 执行“文件 | 打开”命令，打开“第19章\Meida\对不同图像快速执行相同动作.jpg”图像文件。

步骤2 在“动作”面板中，单击“创建新动作”按钮，弹出“新建动作”对话框，设置“动作”为“动作1”，设置完成后单击“记录”按钮，即可新建名为“动作1”的动作。

步骤3 分别应用“变化”、“色彩平衡”、“曲线”和“色阶”命令，设置相应的参数值及选项。然后单击“停止播放/记录”按钮■，停止记录当前动作。

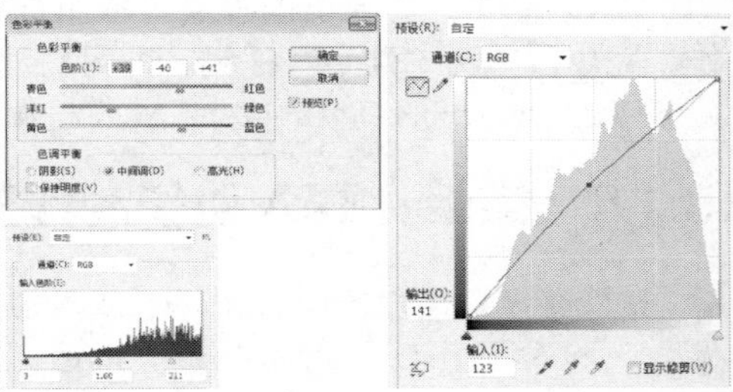

步骤4 执行“文件 | 打开”命令，打开“树.jpg”图像文件。

步骤5 在“动作”面板中单击“组1”里的“花”。然后单击“动作”面板中的“播放选定的动作”按钮▶，即可对图像快速执行相同的动作。

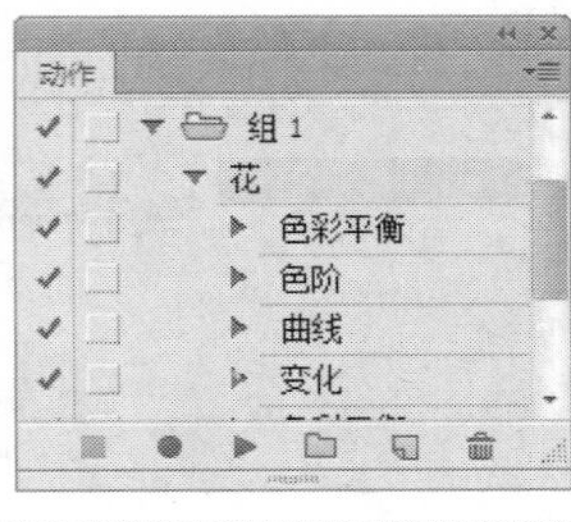

19.2 自动化命令的应用

使用Photoshop中的自动化命令可以快速将需要进行统一操作的文件一次性处理，避免了多次执行同样操作的繁琐。自动化命令组中的各个命令的用途并不相同，执行“文件 | 自动”命令，即可打开下一级子菜单，在子菜单中包含所有自动化命令。

19.2.1 批处理命令应用

“批处理”命令可将图像一次性地快速处理为需要的状态，在工作中能大大提高工作效率，可对一个文件夹中的文件运用动作。若有待文件输入的数码相机或扫描仪，也可以用单个动作导入和处理多个图像，扫描仪或数码相机可能需要支持动作的取入增效工具模板。执行“文件 | 自动 | 批处理”命令，即可弹出“批处理”对话框。

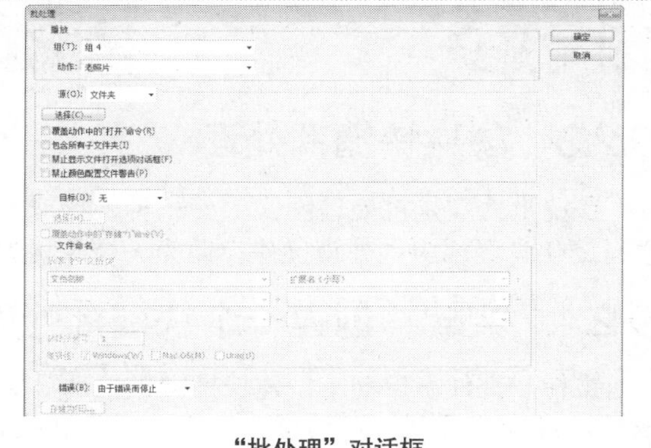

“批处理”对话框

19.2.2 实战：处理一批图像文件

光盘路径：第19章\Complete\处理一批图像文件

步骤1　打开“第19章\Meida\处理一批图像文件.jpg”图像文件。在“动作”面板中，单击面板右上角的扩展菜单按钮，在弹出的菜单中的单击“新建组”命令，弹出“新建组”对话框，单击“确定”按钮，新建“组1”，然后新建名为“动作1”的动作。

步骤2　执行“图像 | 调整 | 色彩平衡”命令。应用“色阶”、“曲线”、“变化”命令。然后单击“动作”面板中的“停止播放/记录”按钮■,停止动作的记录。

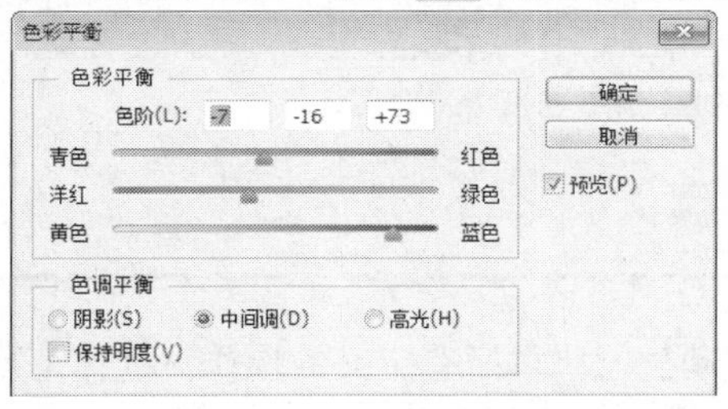

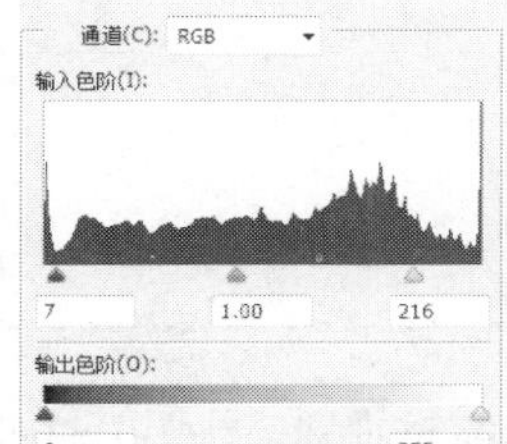

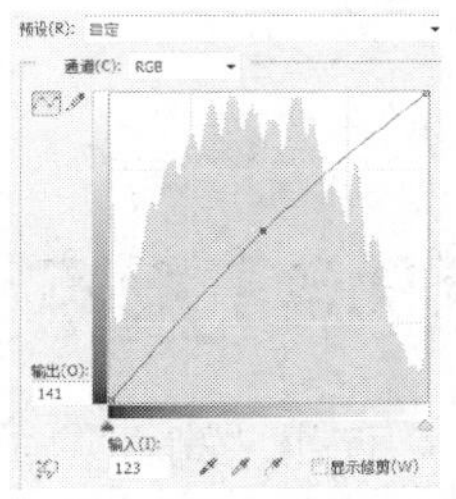

步骤3　打开04.jpg到07jpg图像文件，执行“文件 | 自动 | 批处理”命令，在弹出的对话框中设置相应的参数，设置完成后单击“确定”按钮。

播放
组(T): 组 1
动作: 花
源(O): 打开的文件
目标(D): 文件夹
选择(H)...
覆盖动作中的"存储为"命令(V)
文件命名
文档名称　+ 扩展名（小写）

步骤4　将源文件夹中的图像以刚才所记录的动作批处理，并保存到指定文件夹中。

步骤5 新建动作，单击横排文字工具T，在图像的中间位置添加水印效果的网址文字，记录到当前动作中。

步骤6 打开“批处理”对话框，设置“组”为“组1”，“动作”为“动作2”，设置好源文件夹路径和目标文件后，单击“确定”按钮，即可将该文件夹中的所有图像统一添加网址文字。

19.2.3 创建快捷批处理

快捷批处理是批处理图像的另一种快捷键方式，可以理解为结合动作命令，并将设置文件夹的操作进行简化，经相应的处理操作存储为一个单独的图像处理图标，提高效率。

19.2.4 实战：创建一个快捷批处理程序

执行“文件 | 自动 | 创建快捷键批处理”命令，打开“创建快捷键批处理”对话框，单击“选择”按钮，打开“存储”对话框。在其中指定快捷批处理动作的存储位置和名称，完成后单击“保存”按钮，此时在“选择”按钮后显示出存储快捷键批处理的目标地址。继续在“播放”选项组中设置动作组和动作，完成后单击“确定”按钮，在存储路径处可以看到已创建的“快捷键批处理”图标。

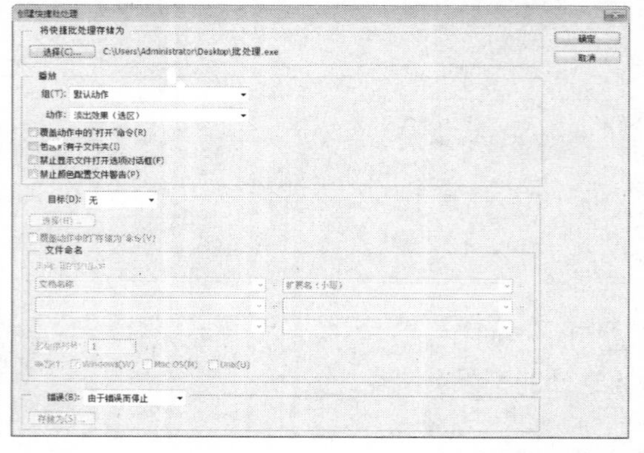

创建出的快捷键批处理图标

19.3 脚本

使用“脚本”命令能够在Photoshop中自动执行脚本所有定义的操作，操作范围可以是单个对象，也可以是多个文档。在本小节中，将对Photoshop中的脚本的知识进行介绍。

19.3.1 关于脚本

Photoshop通过脚本支持外部自动化，在Windows中，可以使用支持COM自动化的脚本语言。这些语言不是跨平台的，但是可以控制多个应用程序，例如Adobe Photoshop、Adobe Illustrator和Microsoft Office。执行“文件 | 脚本”命令，可打开“脚本”命令的子菜单，在该子菜单中提供了12个脚本命令，使用这些命令可以对脚本的相关功能进行设置。

19.3.2 图像处理器

执行“文件 | 脚本 | 图像处理器”命令，可以转换和处理多个文件，此命令与“批处理”命令不同，不必先创建动作就可以使用图像处理器来处理文件。执行“文件 | 脚本 | 图像处理器”命令，弹出“图像处理器”对话框，可对相关参数进行设置。

19.3.3　“拼合所有蒙版”和“拼合所有图层效果”命令

执行“文件 | 脚本 | 拼合所有蒙版”命令，可将当前图像中带有蒙版的图层拼合成为普通图层，使蒙版中不可见的部分从图层中减去，而可见部分保持不变。执行“拼合所有图层效果”命令，可将当前图像的所有图层效果拼合到一个图层中。

19.3.4　“将图层导出到文件”命令

在Photoshop中，可以使用多种格式（包括PSD、BMP、JPEG、PDF、Targa和TIFF等）将图层作为单个文件导出和储存。可以将不同的格式设置应用于单个图层，也可以将一种格式应用于所有导出的图层，储存时系统将为图层自动命名。可以设置选项以控制名称的生成。所有的格式设置都将与Photoshop文档一起储存，以便再次使用此功能。执行“文件 | 脚本 | 将图层导出到文件”命令，弹出“将图层导出到文件”对话框，设置相应参数。

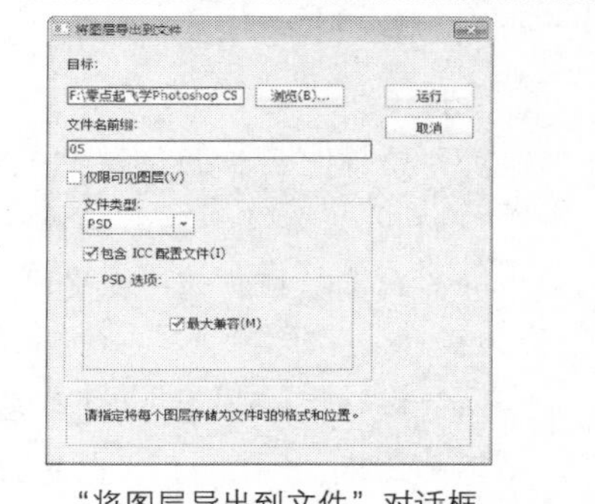

“将图层导出到文件”对话框

19.4 操作答疑

在学习的过程中，可能遇到不懂的问题，下面举例出常见问题，并对其一一解答。

19.4.1　专家答疑

（1）如何在“动作”面板中选择多个动作?

答：在“动作”面板中单击某个动作名称，然后按住Shift键的同时单击其他动作名称，可以选择多个连续的动作；按住Ctrl键的同时单击动作名称，可以选择多个不连续的动作。

（2）如何在“动作”面板中播放单个命令?

答：若要播放单个命令，可以选择命令，按住Ctrl键并单击“动作”面板中的“播放选定的动作”按钮▶；或者按住Ctrl键的同时双击该命令名称。

（3）如何在“动作”面板中“插入路径”?

答：打开“动作”面板，单击椭圆工具，按住Shift键不放并拖拽鼠标，在页面正中绘制一个正圆，然后单击“动作”面板右上角的扩展按钮，在弹出的快捷菜单中单击“插入路径”命令，即可在动作列表中插入路径。

绘制出来的椭圆路径

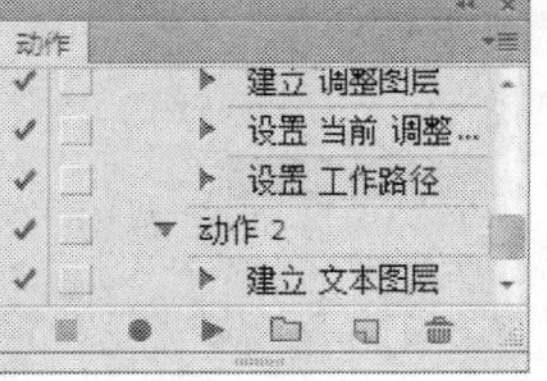

插入的路径

（4）如何切换“动作”面板的显示模式?

答：在Photoshop中，要切换“动作”面板，单击右上角的扩展按钮，在弹出的快捷菜单中选择“按钮模式”选项，此时将“动作”面板中的默认动作组切换到按钮显示模式，该模式仅按照名称排列动作。

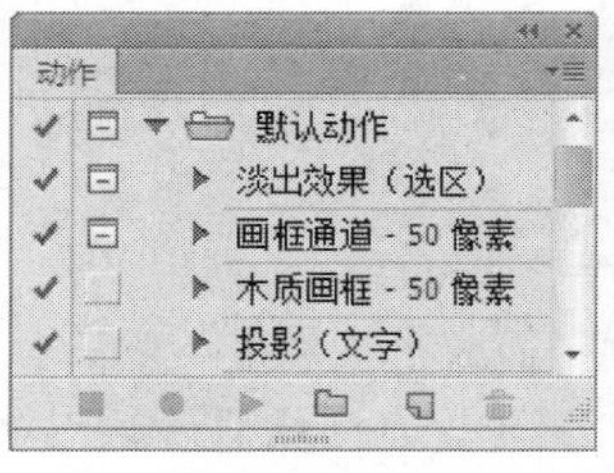

“动作”面板的默认动作

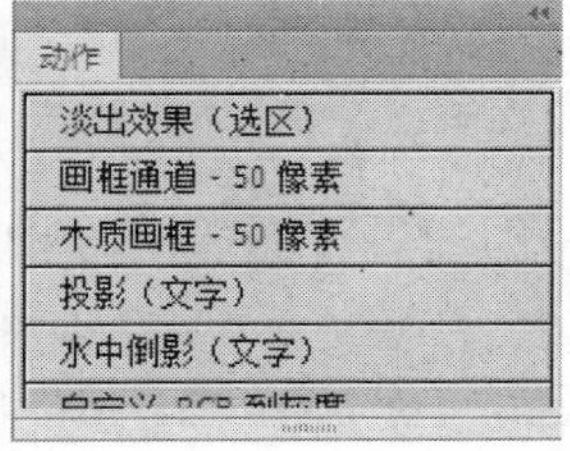

“动作”面板中的不同模式

（5）如何在“动作”面板中复制动作或动作组？

答：在“动作”面板中复制动作组或动作的方法非常简单，只须选择相应的动作组或动作，单击面板右上角的扩展按钮，在弹出的扩展菜单中选择“复制”选项即可。

“动作”面板

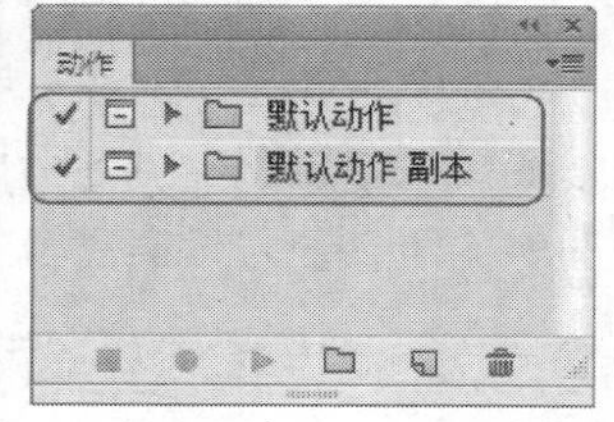

复制的“默认动作副本”

19.4.2 操作习题

1. 选择题

（1）“动作”面板的快捷键是（　　）。

A.Ctrl+F6　　B.Alt+F9　　C.Shift+F6

（2）下面选项中，哪一个是“开始记录”按钮？（　　）

A.　　B.　　C.

（3）在“动作”面板中，打开扩展菜单，里面有一个选项可以默认动作的状态，这个是什么选项？（　　）

A.再次记录　　B.复位动作　　C.载入动作

（4）应用批处理命令调整图像时，需要在“批处理”对话框的（　　）下拉列表框中设置对图像进行处理的动作。

A.组　　B.“源”选项组　　C.“目标”选项组

2. 填空题

（1）选择“选择需要的动作”选项，然后单击“动作”面板中的__________，即可应用该动作到当前图像中，在“图层”面板中将显示出相应的图层效果。

（2）创建新动作时，完成动作创建后一定要单击__________退出动作的记录状态，以免后续操作中将不需要的步骤记录在了动作中。

（3）除默认动作组外，软件还为用户提供了：__________、__________、__________、__________、__________、__________、__________、__________、__________和__________动作组，以共追加选用。

（4）应用__________命令能将图像中不需要的部分进行最大限度的裁剪。

（5）执行“窗口 | 动作”命令，显示出“动作”面板，在其中选择需要应用的动作，单击__________按钮，此时软件自动对图像执行动作中的所有操作。

3. 操作题

编辑动作，调整图像效果。

步骤1

（1）打开一张图像文件。

（2）在打开的“动作”面板中，单击“默认动作”按钮，选择“四分颜色”动作，单击“播放选定的动作”按钮，自动调整图像，得到绚丽的颜色效果。系统将自动停止操作，至此，本图像制作完成。

第20章

色彩管理与印刷

本章重点：

对Photoshop熟悉的用户都有其独特的操作方法来制作高品质的Photoshop作品。而对于初学者来说，就需要学习如何进行色彩管理与打印设置，本章介绍在Photoshop中如何进行参数设置，如何定义快捷键，在预设管理器中对画笔、色板、渐变、样式和自定形状等进行重命名、存储、载入的操作。Photoshop在如何输出或打印在纸张或正片的胶片上。Photoshop借助出众的色彩管理与丰富的打印机型号的紧密集成，并结合预览溢色图像区域的能力实现了卓越的打印效果。

学习目的：

让初学者了解色彩管理与印刷设置，通过在“预设管理器”里设置相应的参数值和选择相应的选项，让作品更加完美。通过本章的学习，使读者了解更多Photoshop的操作方法。

参考时间：20分钟

主要知识	学习时间
20.1　色彩管理	5分钟
20.2　Adobe PDF预设和预设管理器	5分钟
20.3　打印	5分钟
20.4　陷印	5分钟

20.1 色彩管理

色彩空间的设置是保证数码照片质量的一个关键步骤，色彩管理流程虽然看起来有些繁琐，但却是保持照片原色的基础，也是保证照片质量的一个有效途径，在Photoshop CS6中可以快捷地设置色彩空间。

20.1.1 设置颜色

为了优化显示器中的颜色和打印印刷的颜色，可以调整RGB、CMYK或者Grayd的颜色值。启动Photoshop CS6，在未打开任何照片的情况下，执行"编辑 | 颜色设置"命令，或按快捷键Ctrl+Shift+K，打开"颜色设置"对话框，设置相应的选项。

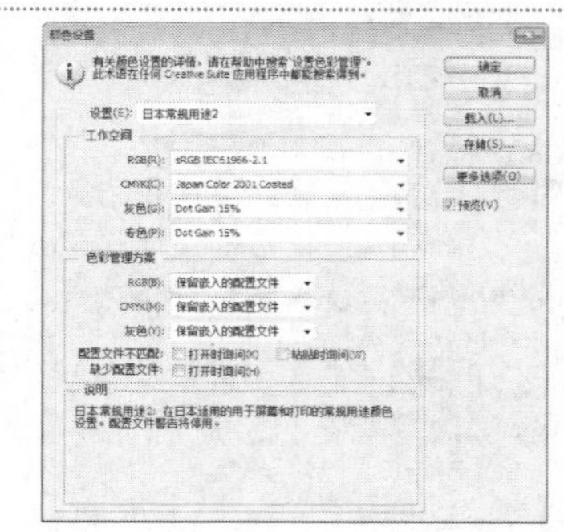

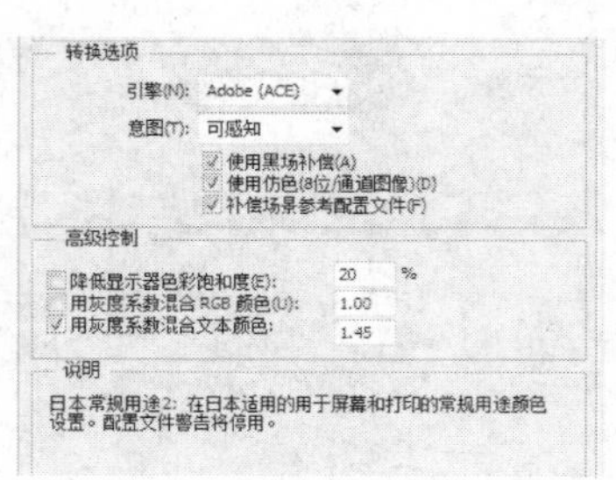

"设置颜色"对话框

20.1.2 指定配置文件

要指定配置文件，执行"编辑 | 指定配置文件"命令，在弹出的对话框中，可以对"不对此文档应用色彩管理"、工作中的CMYK（W）、"配置文件"（单击该选项，在下拉列表中可以选择不同的设置）选项进行设置。

"指定配置文件"对话框

20.2 Adobe PDF预设和预设管理器

管理预设功能是Photoshop为用户提供的创建自定义工具和特效功能，使用此功能用户可以根据需要对画笔、色板、渐变、样式、图案、等高线、自定形状和工具进行存储、重命名、删除和载入等操作。

在"预设管理器"对话框中，可以保存自定义画笔样式，方便以后使用。

20.2.1 Adobe PDF预设

PDF预设是一个预先定义的设置集合，可以用来创建一致的Photoshop PDF文件，以平衡文件的大小和品质，具体情况取决于将如何使用PDF文件。Adobe PDF预设可以在Adobe Creative Suite组件（包括InDesign、Illustrator、Photoshop、Golive 和Acrobat）之间共用。执行"编辑 | Adobe PDF预设"命令，在弹出的对话框中包括"预设"、"预设说明"、"预设设置小结"选项，主要是对PDF相关预设进行选择与说明，便于读者查看。

选择"新建"按钮，在弹出的对话框中，可以设置"预设"、"标准"、可以勾选"保留Photoshop编辑功能"、"嵌入页面缩览图"、"优化快速Web预览"复选框，设置PDF预设格式，便于后期PDF文件导出。

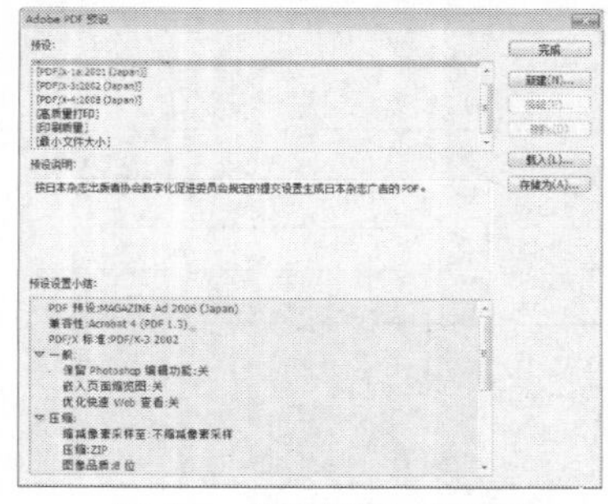

"Adobe PDF预设"对话框

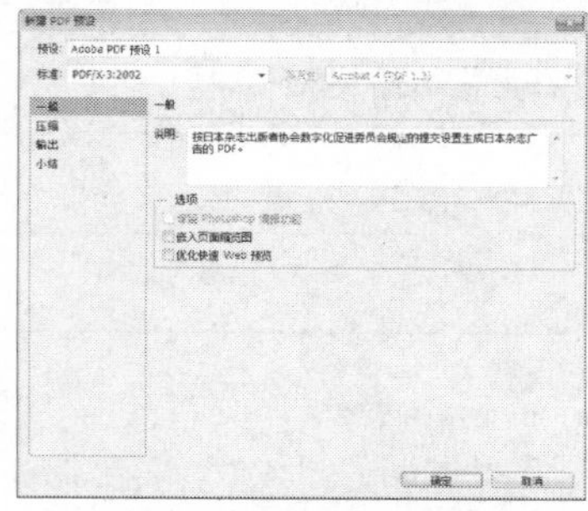

"新建PDF预设"对话框

20.2.2　预设管理器

在Photoshop CS6中，可以在“预设管理器”中设置画笔工具，还可以载入各种丰富的画笔笔刷。执行“编辑 | 预设 | 预设管理器”命令，在弹出的对话框中包括“预设类型”（不同的画笔笔刷）、“载入”、“储存设置”、“重命名”和“删除”选项。

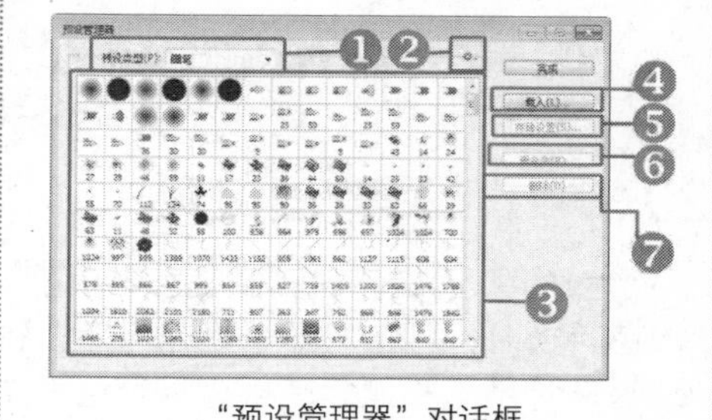

“预设管理器”对话框

❶ **“预设类型”下拉列表**：单击下拉按钮，打开下拉列表，在此列表中共有8种预设类型，分别是画笔、色板、渐变、样式、图案、等高线、自定义和工具。

❷ **扩展按钮**：单击扩展按钮，打开扩展菜单，可以通过选择选项设置“预设类型”列表框中的各种样式的显示方式，以及执行“复位画笔”、“替换画笔”等操作。

❸ **“预设类型”列表框**：在“预设类型”下拉列表中可以选择不同的预设类型，在此列表框中将显示出所有相应的预设类型选项。

❹ **“载入”按钮**：单击此按钮，将弹出的“载入”对话框，在该对话框中可以将已有的类型项目载入到当前预设类型列表框中。

❺ **“存储设置”按钮**：单击选项中预设类型列表框中的一种类型样式，单击此按钮，会弹出“存储”对话框，在此对话框中，将所选样式保存到其他位置，以便其他用户使用。

❻ **“重命名”按钮**：单击选中预设类型列表框中的一种样式，然后单击此按钮，弹出的“画笔名称”对话框，在此对话框中可以为所选样式设置新名称。

❼ **“删除”按钮**：单击选中预设类型列表框中的一种类型样式，然后单击此按钮，即可将当前样式删除。

20.2.3　实战：　利用预设管理器删除与储存画笔

光盘路径：第20章\Complete\利用预设管理器删除与储存画笔.psd

步骤1　执行“编辑 | 预设 | 预设管理器”命令，打开“预设管理器”对话框。

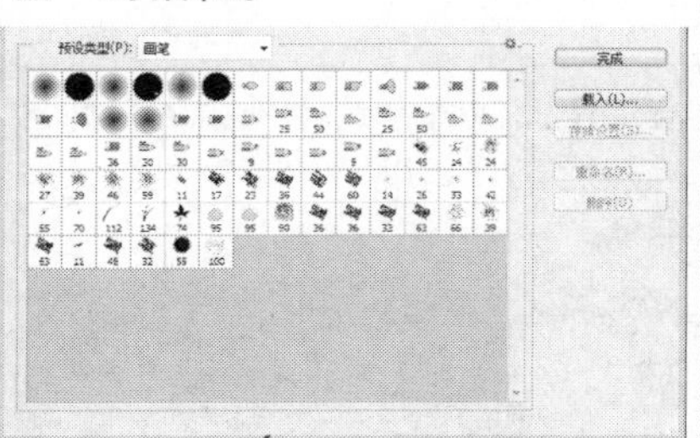

步骤2　按住Ctrl键选中“预设编辑器”中的最后两个笔刷，然后单击“删除”按钮，即可对选中画笔进行删除。

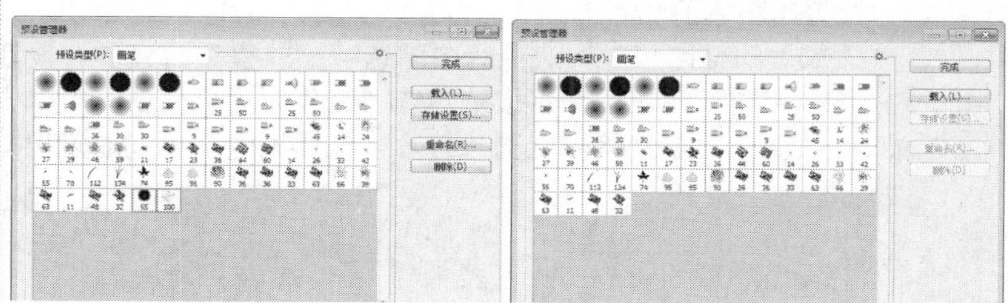

步骤3　按住Shift键选中“预设管理器”对话框中的所有笔刷，单击“储存设置”按钮，打开“储存”对话框，设置画笔名称后单击“保存”按钮，即可对选中的画笔进行储存。

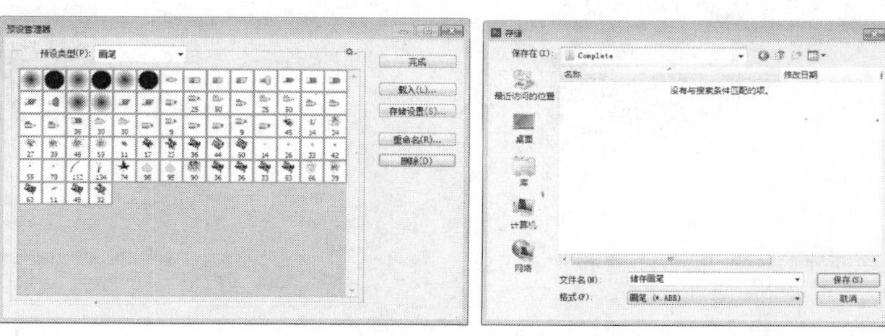

20.3 打印

打印是将图像发送到输出设备的过程。用户可以在纸张上、正片的胶片上打印，Photoshop CS6借助出众的色彩管理与先进打印机型号的紧密集成，以及预览溢色图像区域的能力，实现卓越的打印效果。

20.3.1 色彩管理设置

色彩管理是针对打印机管理颜色，或是由Photoshop决定打印颜色。当使用打印机驱动程序来处理颜色转换时，可在“颜色处理”下拉列表中选择“打印机管理颜色”选项，在“渲染方法”下拉列表中选择一种用于将颜色转换为目标色彩空间的渲染方法。大多数非PostScript打印机驱动程序将忽略此选项，并使用“可感知”渲染方法。

当具有针对特定打印机、油墨和纸张组合的自定颜色配置文件，由Photoshop管理颜色会得到更好的效果。

❶ **打印机配置文件**：用于指定适用于图像的输出设备的配置文件。配置文件对输出设备的行为，如纸张类型等打印条件，描述得越准确，色彩管理系统就可以越准确地转换文档中的实际颜色的数值。

❷**渲染方法**：用于指定Photoshop如何将颜色转换为目标色彩空间。

❸**黑场补偿**：通过模拟输出的全部动态范围来保留图像中的阴影细节。

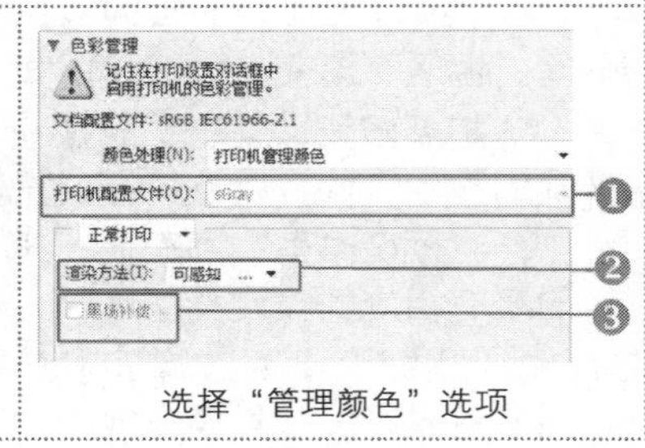

选择“管理颜色”选项

20.3.2 图像位置和大小

根据所选纸张的大小和取向调整图像的位置。“缩放后的打印尺寸”根据所选纸张的大小和取向调整图像的缩放比例。

20.3.3 打印设置

图像的基准输出大小是由“图像大小”对话框中的文档大小设置决定的。在“打印”对话框的“位置”和“缩放后的打印尺寸”选项组中，可设置打印图像的位置和缩放比例。但“图像大小”对话框中的文档大小不会更改。“缩放后的打印尺寸”选项组中的“打印分辨率”可显示当前缩放设置下的打印分辨率。

1. 在打印纸上重新定位图像

要将图像在可打印区域中居中，在“打印”对话框中的“位置”选项组中勾选“图像居中”复选框；如果需要按数字排序放置图像，取消“图像居中”复选框的勾选，然后在“顶”或“左”文件框中输入参数值；或者取消“图像居中”复选框的勾选，在预览区域中直接拖动图像。

2. 缩放图像的打印尺寸

在“缩放后的打印尺寸”选项组中勾选“缩放以适合介质”复选框，使图像适合选定纸张的打印区域；要按照数字重新缩放图像，取消勾选“缩放以适合介质”复选框，然后在“高度”和“宽度”文本框中输入参数值；要定义缩放比例，可直接在预览区域中拖动定界框手柄。

在预览区域中直接拖动图像以实现重新定位

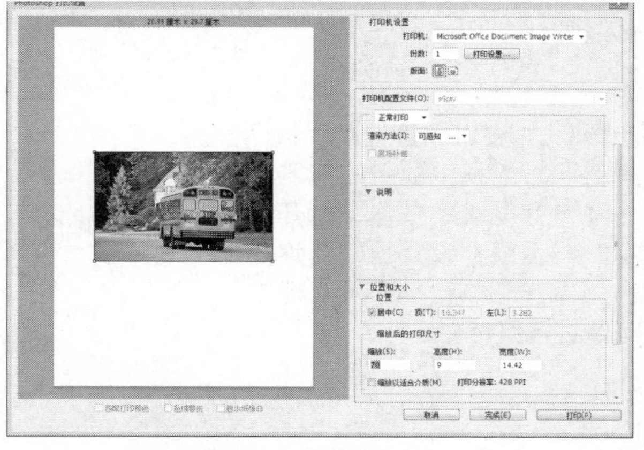
拖动定界框手柄来缩放图像的打印尺寸

3. 打印设置

在弹出的打印对话框中，选择“打印”选项下拉列表里的“Fax”，再单击“打印设置”选项，在弹出的对话框中，可以设置“纸张大小”(如：信纸、便签、日式信纸、德国标准、A4、A5、A3、信纸加大、信纸横向)、“方向”（横向、纵向）和“图像质量”，对“打印设置”的全部设置。

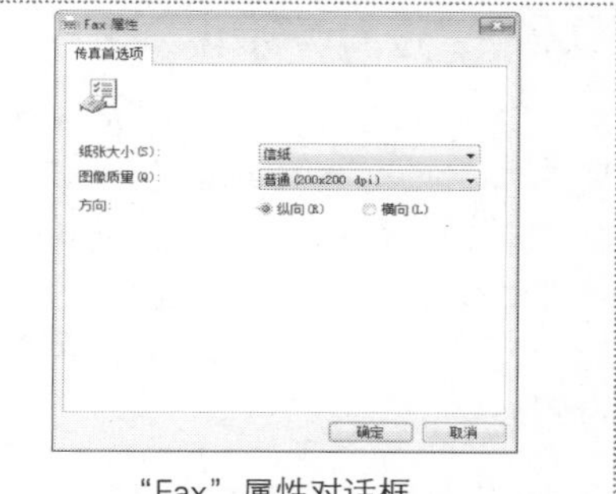

“Fax”属性对话框

提示：

在“打印”对话框中，单击“颜色处理”右侧的下拉按钮，在下拉列表中选择“Photoshop 管理颜色”选项，打印预览窗口下方的“匹配打印颜色”、“色域警告”和“显示打印纸张白”3个选项将被激活，通过对这3个复选框进行勾选，可以对打印照片的颜色进行校对。如果在“页面设置”对话框中设置缩放百分比，则“打印”对话框可能将无法反映缩放、高度和宽度的准确值。为避免不准确的缩小，建议使用“打印”对话框来指定缩放。不要在两个对话框中同时设置缩放百分比。

20.3.4　设置出血线

要查看图片是否超出打印的范围，单击“出血”按钮，将会弹出“出血”对话框，在该对话框中设置“宽度”为10mm，完成后单击“确定”按钮设置出血线。

如果显示图像大小超出纸张可打印区域的警告，需要勾选“缩放以适当介绍”复选框；如果需要对纸张大小和布局进行更改，单击“打印设置”按钮进行设置，然后打印文件。

设置出血线

20.3.5　函数

在函数选项中，有“药膜朝下”（就是改变图像的左右方位）、“负片”、“背景”按钮（进行设置背景的颜色）、“边界”按钮，可指定输出的函数选项。

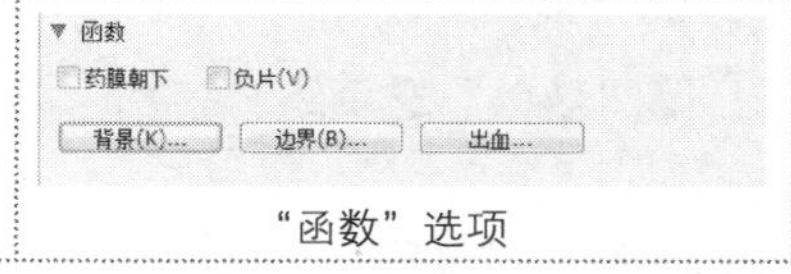

“函数”选项

20.3.6　实战：打印一份

光盘路径：第20章\Complete\打印一份.psd

步骤1　打开“打印一份.jpg”图像文件。

步骤2　执行“文件 | 打印”命令，在弹出的对话框中，设置预览打印作业，并选择打印机、打印份数，输出选项和色彩管理选项。

20.3.7 打印标记

打印标记包括“角裁剪标志”、“说明”、“中心裁剪标志”（就是打印纸张中间平分）、“标签”和“套准标记”选项。执行“文件 | 打印”命令，在弹出的对话框中，选择“打印标记”，在其下拉菜单中有各种选项设置。

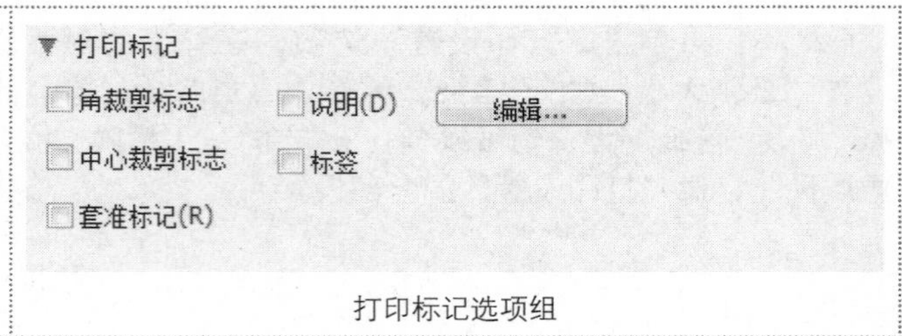

打印标记选项组

专家看板：“打印”对话框

Photoshop的桌面打印机设置主要通过“打印设置”对话框来完成，在此对话框中可预览打印作业，并选择打印机、打印份数、输出选项和详细的色彩管理选项。单击“完成”按钮保存选项并关闭对话框，单击“打印”按钮即可打印图像。

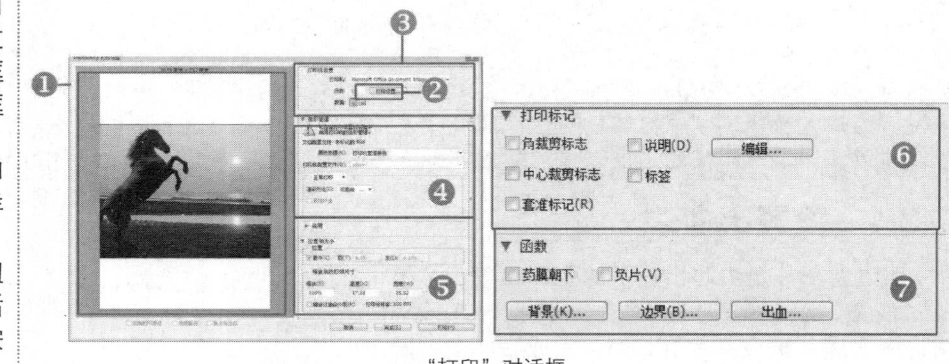

“打印”对话框

❶ **预览框**：通过设置“匹配打印颜色”、“色域警告”和“显示纸张”复选框，可预览打印效果。在需要Photoshop管理颜色时启用“匹配打印颜色”复选框，可在预览框中查看图像颜色的实际打印效果。

❷ 通过“打印机”提供的列表设置打印机，以及打印作业选项，包括“分数”、“打印设置”以及“布局”，可调整打印纸张方向为纵向或横向。

❸ **“打印设置”按钮**：通过单击该按钮，可弹出“页面设置”对话框。页面方向分别为纵向和横向。

❹**色彩管理**：可以选择打印机管理颜色，或者由Photoshop决定打印颜色。选择“文档”选项，配置文件显示在同一行选项的括号内。

❺ **位置和大小**：“位置”选项根据所选纸张的大小和取向调整图像的位置。“缩放后打印”选项根据所选纸张的大小和取向调整图像的缩放比例。

❻ **“打印标记”选项组**：包括“角裁剪标志”、“说明”、“中心裁剪标志”、“标签”和“套准标记”选项。

❼ **“函数”选项组**：包括“药膜朝下”、“负片”两个选项，指定输出的函数选项。

20.4 陷印

陷印是Photoshop中针对CMYK模式下进行颜色陷印创建的，陷印是一种叠印技术，在印刷过程中可以有效地避免因为稍微没有对齐而造成的打印图像出现小的缝隙。在进行陷印处理之前，首先要将图像转换为CMYK格式。通常情况下，由印刷厂商确定打印图像是否需要陷印处理。如果有需要则会告之设计师需要修改的“陷印”对话框参数值。

将RGB图像格式转换为CMYK格式以后，执行“图像 | 陷印”命令，即可打开“陷印”对话框，可以对陷印的“宽度”与“陷印单位”进行设置，具体设置需要与后期印刷厂商咨询并商议决定，以便于确定预期对齐的误差。

“陷印”对话框

第21章

综合案例

本章重点：

本章主要讲解数码照片处理、平面广告、网页设计、包装设计、插画设计、艺术特效6个平面设计的常见案例。通过前面的基础知识学习，相信大家对Photoshop已有了较为详尽地了解，接下来通过实战案例的操作演示，帮助读者加强使用Photoshop熟练程度与实际应用技巧。

学习目的：

本章的主要目的是通过实际案例的制作，使读者在掌握软件基础知识后，能够更有效地将其应用于实际工作，并掌握Photoshop的应用技巧。

参考时间：255分钟

主要知识	学习时间
21.1　数码照片处理	30分钟
21.2　平面广告	45分钟
21.3　网页设计	45分钟
21.4　包装设计	45分钟
21.5　插画设计	45分钟
21.6　艺术特效	45分钟

21.1 数码照片处理

数码照片处理是Photoshop图像处理最为强大的体现。通过所学知识进行实际案例操作，学习数码照片的处理技巧。

21.1.1 为人物化妆

主要使用素材：

案例分析：

本案例是通过画笔工具为人物添上美丽的妆容，结合“绘画涂抹”和“添加杂色”滤镜制作人物炫彩唇彩，调整过程中注意色调的统一性。

主要使用功能：

“绘画涂抹”滤镜 、“添加杂色”滤镜、自然饱和度、曲线、色相/饱和度、画笔。

光盘路径：第21章\Complete\21.1\为人物化妆.ps

视频路径：第21章\为人物化妆.swf

步骤1 执行“文件 | 新建”命令，在弹出的“新建”对话框中设置各项参数及选项，设置完成后单击“确定”按钮，新建空白图像文件。

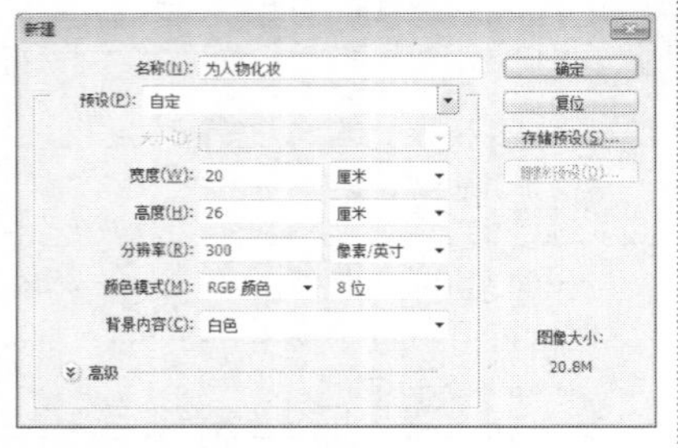

步骤2 单击“创建新的填充或调整图层”按钮，执行“渐变”调整命令，在弹出的对话框中设置各项参数，完成后单击“确定”按钮，使画面呈现渐变效果。

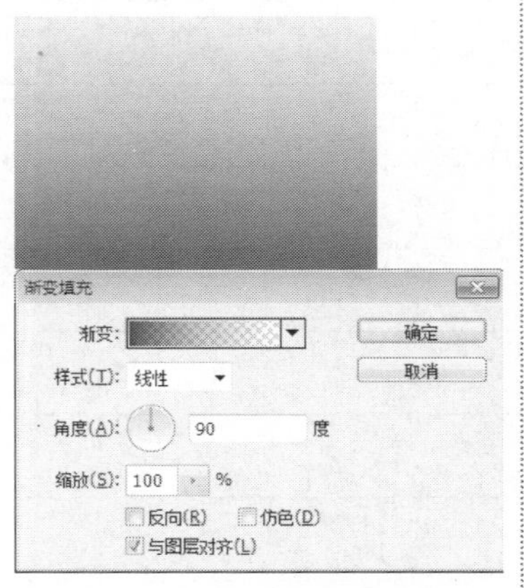

步骤3 执行“文件 | 打开”命令，打开“人物化妆.jpg”照片文件，添加照片至新建文件，生成新图层“图层 1”，结合画笔工具和图层蒙版抠取人物。

技巧：

在Photoshop中可以结合图层蒙版，对不需要的图像进行隐藏，相对于橡皮擦工具擦除不需要的图像，图层蒙版能够更好地保护图像文件，便于后期修改。

步骤4　单击“创建新图层”按钮，并使用渐变工具，从上到下填充白色到透明色的线性渐变，调整图层混合模式为“柔光”，设置“不透明度”为49%。

步骤5　单击“创建新的填充或调整图层”按钮，执行“自然饱和度”命令，在弹出的调整面板中设置各项参数。生成新图层“自然饱和度 1”。

步骤6　单击“创建新的填充或调整图层”按钮，执行“可选颜色”命令，在弹出的调整面板中设置各项参数，生成新图层“选取颜色 1”。

步骤7　创建“图层 3”，使用画笔工具，将前景色设置为红色，在人物的嘴唇处稍作涂抹，执行“滤镜 | 滤镜库 | 绘画涂抹”和“滤镜 | 杂色 | 添加杂色”命令，在弹出的对话框中设置参数，设置完成后单击“确定”按钮。然后设置其混合模式为“柔光”，“不透明度”为46%。

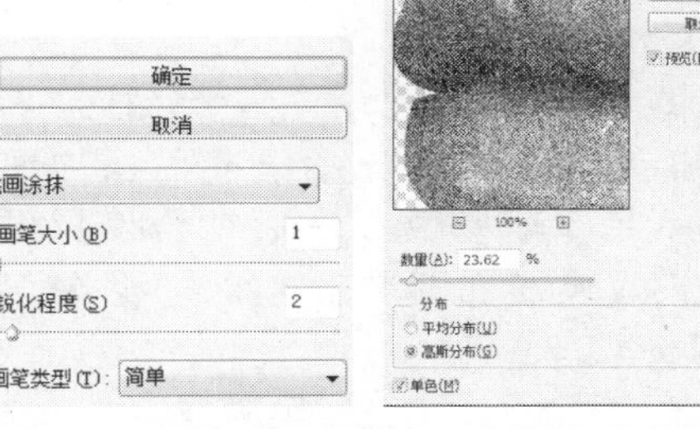

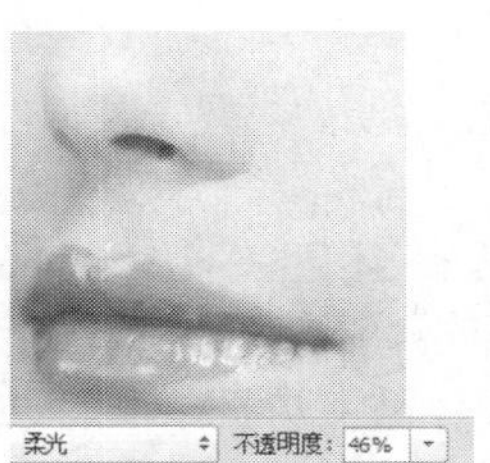

步骤8　应用钢笔工具为嘴唇创建选区，然后单击“创建新的填充或调整图层”按钮，执行“色相/饱和度”命令，设置其参数。

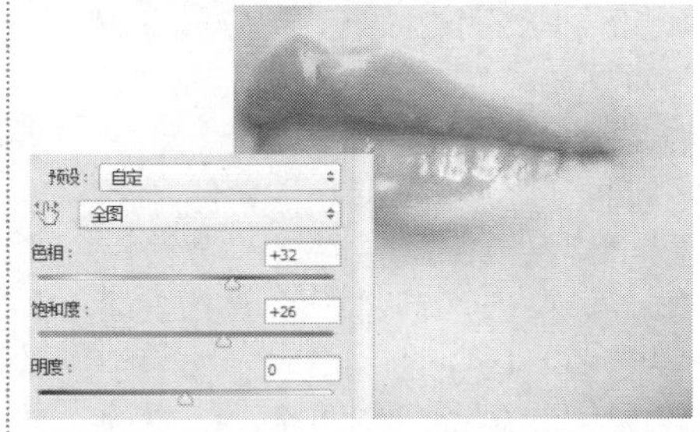

步骤9　再次应用钢笔工具为眼睛周围创建选区，然后单击“创建新的填充或调整图层”按钮，执行“曲线”命令，设置其参数。

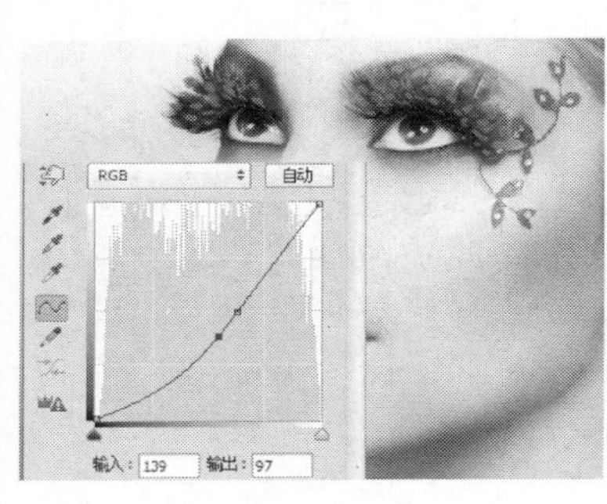

步骤10　创建“图层 4”，使用画笔工具，将前景色设置为绿色，在人物的眼睛处稍作涂抹，设置其混合模式。新建“图层 5”，使用画笔工具，将前景色设置为黑色，在人物的眼睛处稍作涂抹。

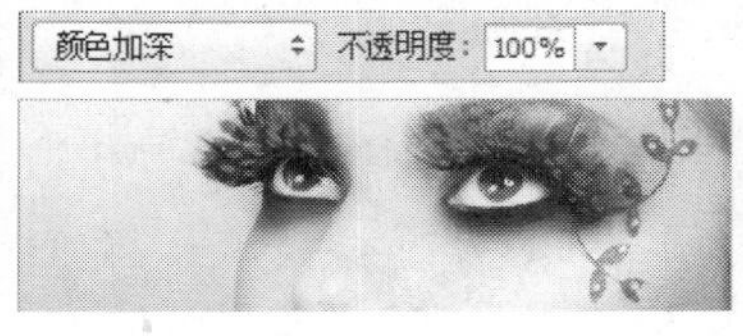

步骤11　执行“纯色”调整图层命令，设置其参数。并结合画笔工具在其蒙版中稍加涂抹，最后设置图层混合模式为“叠加”，“不透明度”为57%。至此，本实例制作完成。

21.1.2 调整梦幻效果

案例分析：

本案例为调整照片梦幻效果。原图主要以黄色为主，所以可以通过后期处理调整照片的整体色调，并应用“高斯模糊”滤镜表现出照片的梦幻感，从而使其色调和质感更加柔和。

主要使用素材：

主要使用功能：

色相/饱和度、渐变工具、亮度对比度、可选颜色、曲线、智能滤镜。

光盘路径： 第21章\Complete\21.1\调整梦幻效果.psd

视频路径： 第21章\调整梦幻效果.swf

步骤1 打开本书配套光盘中“调整梦幻效果.jpg”文件，复制“背景”图层，生成“背景副本”。单击“创建新的填充或调整图层”按钮，执行“色相/饱和度”命令，在调整面板中设置相应的参数值。

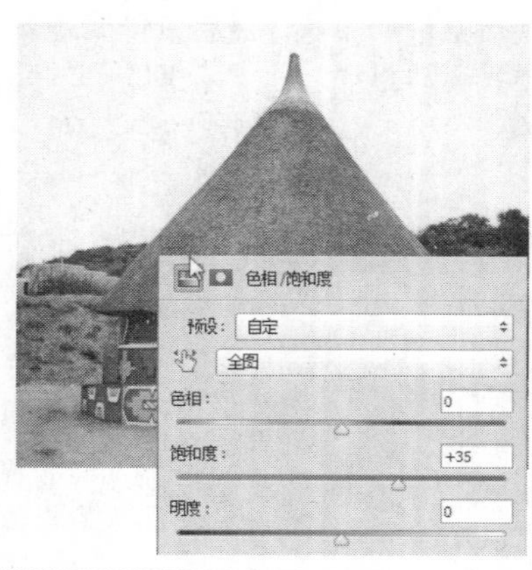

步骤2 新建“图层1”，单击渐变工具，在“渐变编辑器”中设置蓝色（R53、G145、B250）至透明的线性渐变，对其进行渐变填充。完成后添加图层蒙版，使用画笔工具，在天空以外区域涂抹，以恢复局部色调效果。

步骤3 执行“亮度对比度”命令，在弹出的调整面板中设置各项参数。然后结合使用图层蒙版和渐变工具，恢复下方的色调。

步骤4　单击“创建新的填充或调整图层”按钮，执行“可选颜色”命令，在“属性”面板中依次设置各项参数，以调整指定区域的色调。

步骤5　单击“创建新的填充或调整图层”按钮，执行“曲线”命令，在“属性”面板中对各通道的曲线进行调整，以调整画面偏黄色调。

步骤6　单击“创建新的填充或调整图层”按钮，执行“可选颜色”命令，在“属性”面板中依次设置各项参数，调整色调。

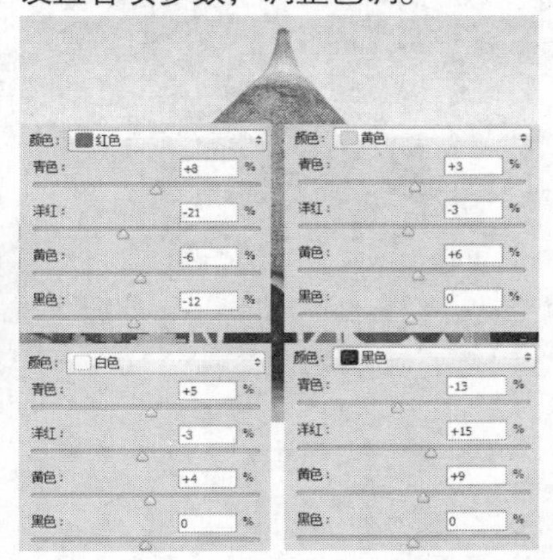

步骤7　单击“创建新的填充或调整图层”按钮，执行“曲线”命令，在“属性”面板中对各通道的曲线进行调整。完成后按快捷键Ctrl+J，生成“曲线2副本”，更改该图层的“不透明度”为50%，添加画面偏紫色调。

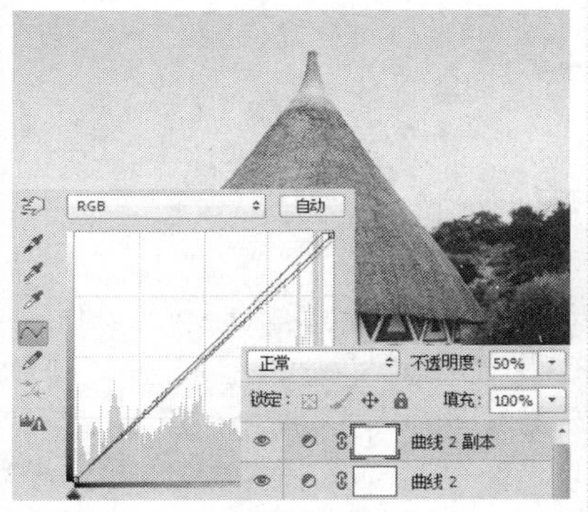

步骤8　按Ctrl+Alt+2键调出高光选区，再按Ctrl+Shift+I键反选。新建“图层2”，填充暗紫色（R117、G70、B121），设置图层混合模式为“滤色”，“不透明度”为50%。以增强紫色亮度效果。

步骤9　单击“创建新的填充或调整图层”按钮，执行“色彩平衡”命令，在“属性”面板中依次设置相应参数，以统一画面色调。

步骤10　单击“创建新的填充或调整图层”按钮，执行“可选颜色”命令，在“属性”面板依次设置相应参数，以增强指定区域色调。

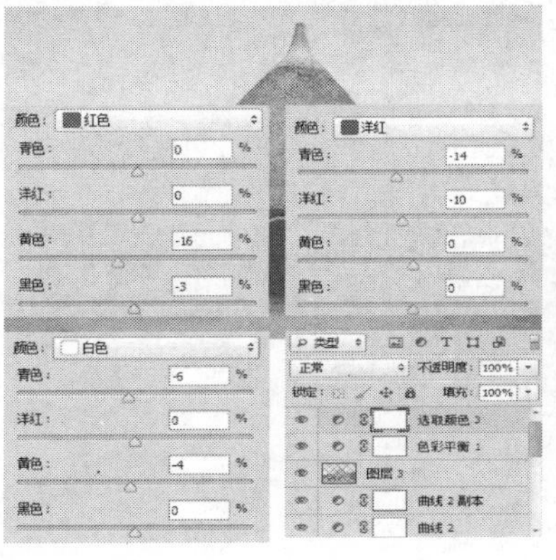

步骤11　按Ctrl+Alt+2键调出高光选区，新建“图层3”，填充淡蓝色（R205、G228、B248），并降低该图层的“不透明度”为20%，使其与下方的图层相融合。

步骤12　盖印可见图层，生成“图层4”，执行“滤镜 | 模糊 | 高斯模糊”命令，在弹出的调整面板中调整参数，并在图层中添加蒙版，使用画笔工具在蒙版中稍作涂抹，最后设置图层混合模式。至此，本实例制作完成。

21.1.3 神秘色调

案例分析：

本案例是通过为画面创建填充图层和调整图层来调整画面效果，并且运用照片滤镜和智能滤镜使画面偏向暖色调，天空偏向浅蓝色，草地和鲜花偏向黄色，实现了画面的神秘色调调整。

主要使用素材：

主要使用功能：

色相/饱和度、纯色、色彩平衡、黑白、照片滤镜、智能滤镜。

光盘路径：第21章\Complete\21.1\神秘色调.psd

步骤1 打开本书配套光盘中的“神秘色调.jpg”文件，复制“背景”图层，设置其混合模式为“柔光”。执行“色相/饱和度”命令，调整图像色调。

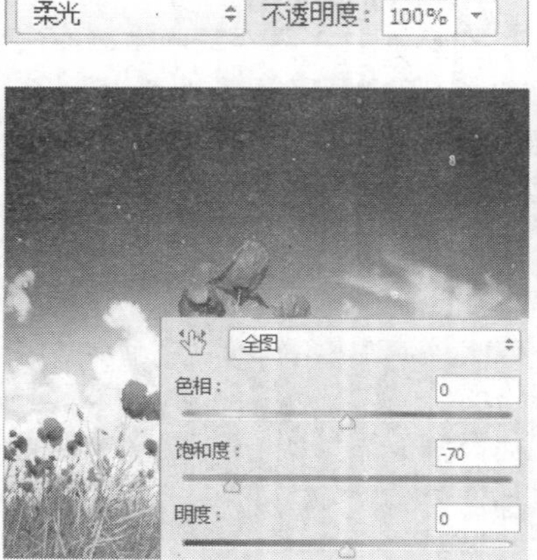

步骤2 单击“创建新的填充或调整图层”按钮，执行“纯色”命令，填充颜色为暗黄色，设置其混合模式为“颜色”、“不透明度”为55%。再使用黑色画笔工具在其蒙版中涂抹，使蓝天不会被遮盖。

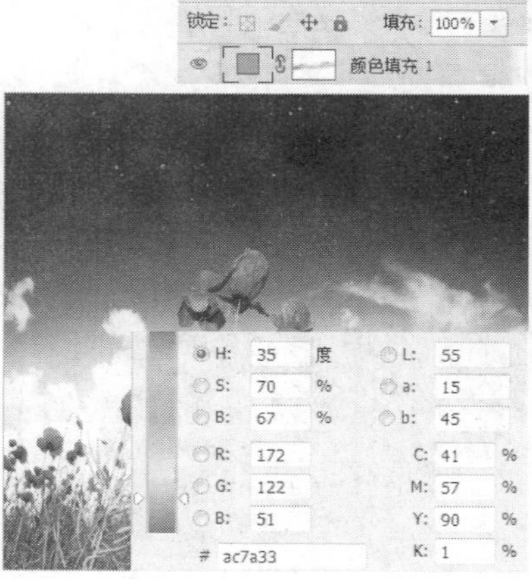

步骤3 按快捷键Ctrl+Shift+Alt+E盖印可见图层，生成“图层 1”，设置其混合模式为“滤色”，“不透明度”为55%。再次复制“背景”图层，并相应地调整图层的混合属性。

步骤4　执行“纯色”命令，在弹出的对话框中设置各项参数，并设置其混合模式。再使用画笔工具，在蒙版中稍作涂抹，使蓝天不会被遮盖。

步骤5　执行“色彩平衡”命令，在弹出的调整面板中设置各项参数。继续执行“黑白”命令，设置其各项参数，混合模式为“明度”，使用画笔工具，在各蒙版中稍作涂抹，使天空草地不会被遮盖。

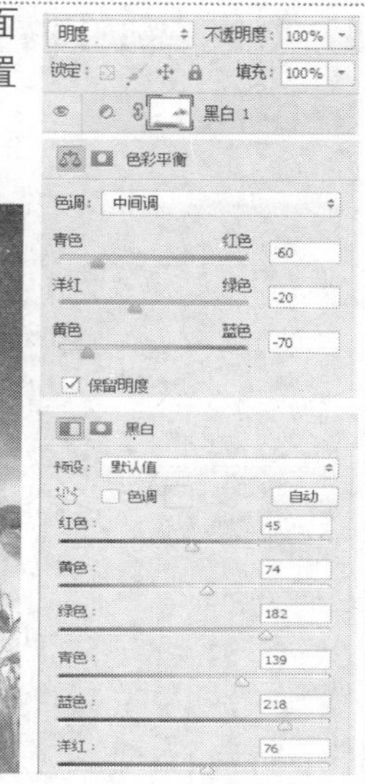

步骤6　继续执行“可选颜色”命令，并设置其各项参数。使用画笔工具，在画面的鲜花处稍作涂抹，使鲜花不会被遮盖。

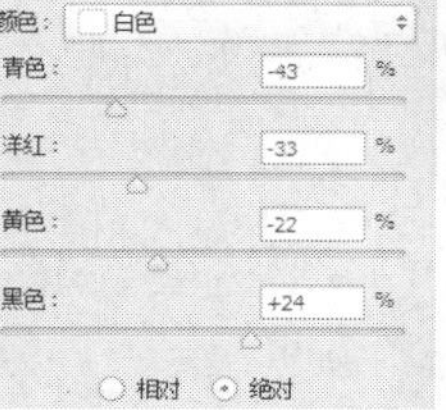

步骤7　打开本书配套光盘中的“白云.png”文件，使用移动工具将其移动到当前文件中，生成图层“白云”，适当调整云朵图像在画面中的位置，并设置其混合模式为“颜色减淡”。

步骤8　执行“照片滤镜”命令，在弹出的调整面板中设置各项参数，图层混合模式为“柔光”。使用黑色画笔工具在蒙版中稍作涂抹，使天空和草地不会被遮盖。

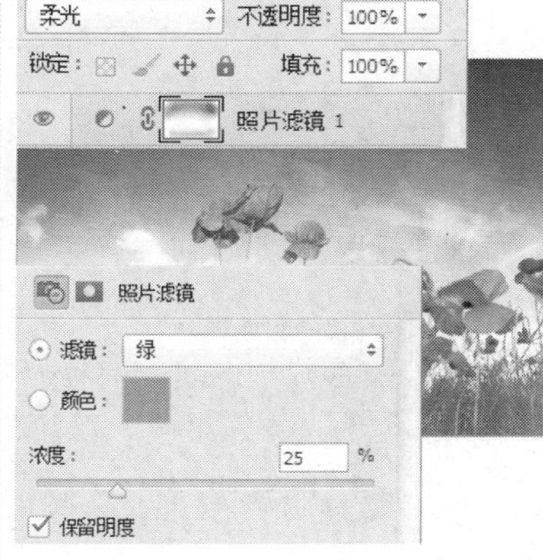

步骤9　单击“创建新图层”按钮，生成“图层 2”，填充颜色为灰色，执行“滤镜 | 镜头校正”命令，在弹出的调整面板中设置参数，设置完成后单击“确定”按钮，设置其混合模式为“叠加”。

步骤10　盖印可见图层，生成“图层 3”，执行“滤镜 | 模糊 | 高斯模糊”命令，在弹出的调整面板中调整参数，并在图层中添加蒙版，使用画笔工具在蒙版中稍作涂抹，最后设置图层混合模式。至此，本实例制作完成。

21.1.4 制作朦胧温馨色调

案例分析：

本案例是通过多个“纯色”和“可选颜色”调整图层，针对指定区域和画面整体进行暖色调调整，再结合智能滤镜模糊画面局部，制作出朦胧效果，并应用“镜头光晕”滤镜添加画面光感效果，从而使画面气氛更加温馨。

主要使用素材：

主要使用功能：

纯色、可选颜色、渐变填充、智能滤镜、照片滤镜、曲线。

光盘路径： 第21章\Complete\21.1\制作朦胧温馨色调.psd

视频路径： 第21章\制作朦胧温馨色调.swf

步骤1 打开本书配套光盘中的“制作朦胧温馨色调.jpg”文件，单击“创建新的填充或调整图层”按钮 ，执行“纯色”命令，在弹出的对话框中设置参数，并设置该图层混合模式为“滤色”、“不透明度”为65%。

步骤2 单击“创建新的填充或调整图层”按钮 ，执行“纯色”命令，在弹出的对话框中设置参数，并设置该图层的混合模式为“柔光”、“不透明度”为60%。以整体调整画面色调。

步骤3 单击“创建新的填充或调整图层”按钮 ，执行“可选颜色”命令，在“属性”面板设置红色的相应的参数，以调整画面的色调效果。

步骤4 单击“创建新的填充或调整图层”按钮，执行“渐变填充”命令，在弹出的对话框中设置相应参数，并设置该图层混合模式为“柔光”、“不透明度”为50%。以加强局部色调。

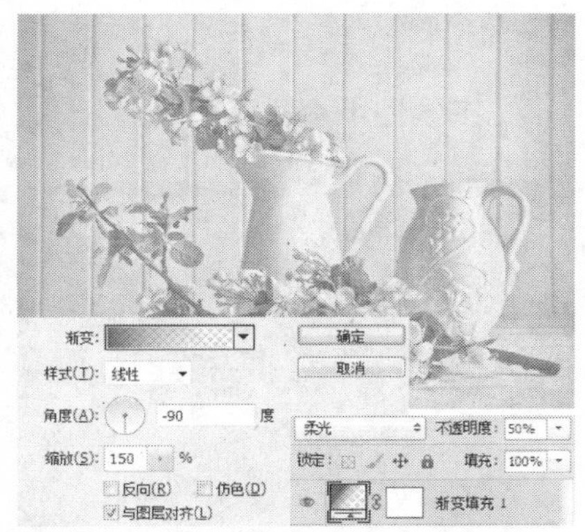

步骤5 按快捷键Ctrl+Shift+Alt+E盖印可见图层，生成“图层1”，执行“滤镜 | 模糊 | 高斯模糊”命令，设置完参数后单击“确定”按钮，设置该图层混合模式为“滤色”、“不透明度”为46%。

步骤6 单击“创建新的填充或调整图层”按钮，执行“照片滤镜”命令，在“属性”面板中设置相应参数，以调整画面的整体色调效果。

步骤7 单击“创建新图层”按钮，新建“图层2”，填充深蓝色(R0、G21、B221)，设置该图层混合模式为“排除”、“不透明度”为10%，以调整画面色调。

步骤8 单击“创建新的填充或调整图层”按钮，执行“曲线”命令，在“属性”面板中对各通道的曲线进行调整，并结合使用画笔工具，在图层蒙版中进行涂抹，以恢复局部色调。

步骤9 单击“创建新的填充或调整图层”按钮，执行“自然饱和度”命令，在“属性”面板中设置参数，以微调画面饱和度。

步骤10 新建“图层3”，单击渐变工具，在图层中进行黑色至透明的径向渐变，完成后设置该图层的混合模式为“柔光”、“不透明度”为24%，以加强画面边缘的明暗对比。

步骤11 新建“图层4”，填充为黑色，执行“滤镜 | 渲染 | 镜头光晕”命令，在弹出的对话框中设置参数后单击“确定”按钮，并设置该图层的混合模式为“滤色”，再降低透明度，至此，本实例制作完成。

21.1.5 制作江南水乡风情

案例分析：

本案例中仿古的建筑给人以古典的感觉，通过曲线等滤镜进行处理，制作出泼墨山水画的江南风情。

主要使用素材：

主要使用功能：

智能滤镜、曲线、纯色。

光盘路径：第21章\Complete\21.1\制作江南水乡风情.psd

步骤1 打开本书配套光盘中的“制作江南水乡风情.jpg”文件，复制“背景”图层，生成“背景副本”。执行“滤镜 | 滤镜库”命令，在弹出的对话框中选择“艺术效果 | 绘画涂抹”命令，然后在对话框右侧依次设置相应参数，完成后单击“确定”按钮。

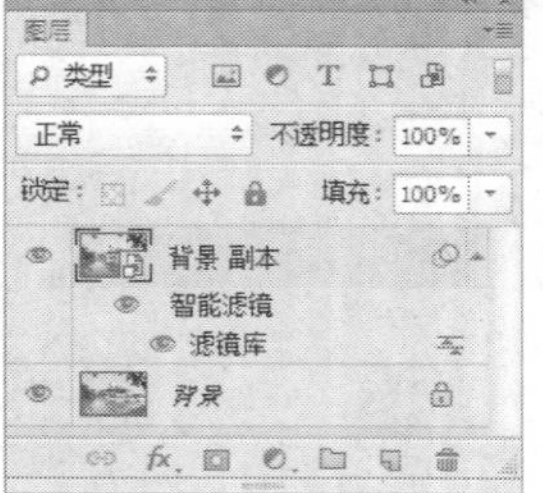

步骤2 执行“滤镜 | 其他 | 最小值”命令，在弹出的对话框中设置参数，完成后单击“确定”按钮。再继续执行“滤镜 | 滤镜库”命令，在弹出的对话框中选择“画笔描边 | 喷溅”命令，在“属性”栏右侧依次设置相应参数，完成后单击“确定”按钮。再结合使用画笔工具，在图层蒙版中进行涂抹，以减淡局部色调。

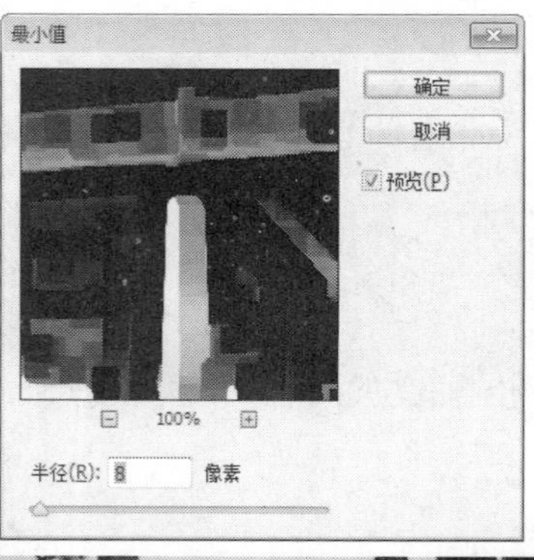

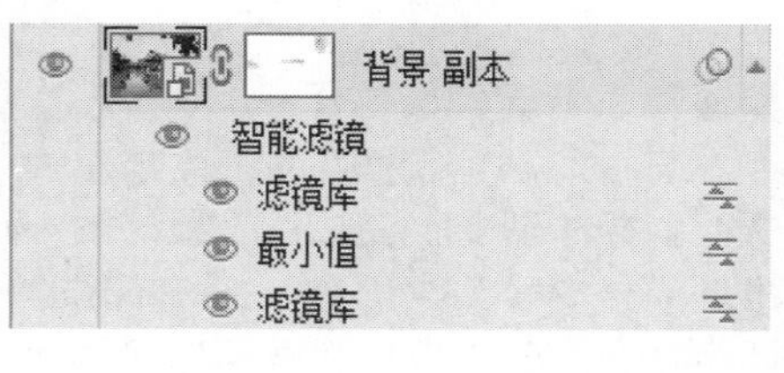

步骤3　单击“创建新的填充或调整图层”按钮，执行“曲线”命令，在“属性”栏中对RGB通道进行设置，以调整画面的亮度效果。

步骤4　单击“创建新的填充或调整图层”按钮，执行“纯色”命令，在弹出的对话框中设置参数，完成后单击“确定”按钮。并设置该图层的“不透明度”为40%，结合使用画笔工具，在图层蒙版中进行涂抹，以恢复局部色调，使其与画面相融合。

步骤5　按快捷键Ctrl+J，复制“颜色填充1”，生成“颜色填充1 副本”，并对图层蒙版进行调整，设置该图层的“不透明度”为100%，使画面边缘层次更加明显。

步骤6　新建“图层2”，设置前景色为蓝色（R97、G180、B204），使用画笔工具，在画面相应区域进行涂抹，设置该图层的“不透明度”为40%，并添加图层蒙版进行调整。

步骤7　新建“图层3”，应用“云彩”滤镜，完成后添加图层蒙版，使用画笔工具，恢复局部色调，并设置该图层的混合模式为“滤色”。

步骤8　单击“创建新的填充或调整图层”按钮，执行“渐变填充”命令，在弹出的对话框中设置渐变颜色从左到右依次为蓝色（R67、G0、B178）、紫红色（R255、G0、B156）、西瓜红（R254、G58、B67），设置完成后单击“确定”按钮，并设置“渐变填充”对话框中的各项参数，完成后单击“确定”按钮，在“图层”面板中生成“渐变叠加”调整图层，设置该图层的混合模式为“叠加”，设置“不透明度”为25%，结合画笔工具，对图层蒙版进行涂抹，隐藏边缘部分的色调。

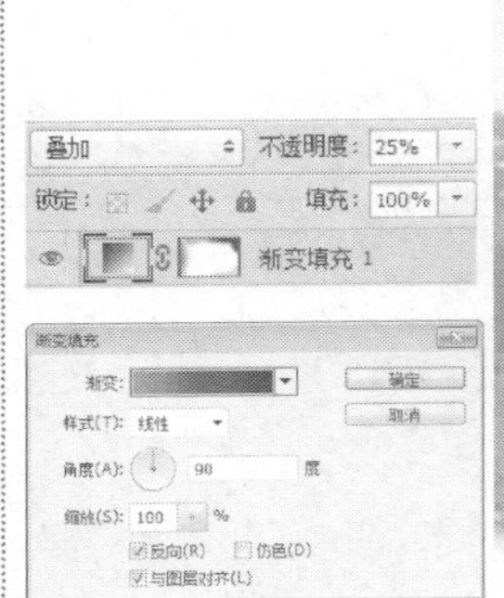

步骤9　单击钢笔工具，在属性栏上选择“形状”选项，设置“填充”颜色为红色（R255、G0、B0），在画面中绘制印章图形，然后单击横排文字工具，在红色形状上输入文字，并创建文字选区隐藏红色印章文字区域，完成后隐藏印章文字。最后为图像添加黑色文字信息。至此，本实例制作完成。

21.2 平面广告

平面广告是平面设计中非常具有代表性的领域，它的最终目的是将商家的产品的相关信息有效地传播给广大受众。本章的实例作品主题表达明确，视觉效果强烈，本章重点学习平面广告处理技巧。

21.2.1 公益海报

主要使用素材：

案例分析：

本案例是公益海报的制作。通过使用径向渐变的背景使画面的主体物突出，使画面聚焦于公益海报的漏斗主体。并结合各个素材文件的叠加合成制作出具有公益主题意义的公益海报设计。

主要使用功能：

"绘画涂抹"滤镜 、"添加杂色"滤镜、自然饱和度、曲线、色相/饱和度、画笔。

光盘路径：第21章\Complete\21.1\公益海报.psd

步骤1 执行"文件 | 新建"命令，在弹出的"新建"对话框中设置各项参数及选项，设置完成后单击"确定"按钮，新建空白图像文件。

步骤2 单击渐变工具，从左到右设置颜色为白色到蓝灰色的渐度（R49、G71、B7），并设置各项参数值，在"背景"图层中，从中心向外拖动填充径向渐变，填充背景效果。

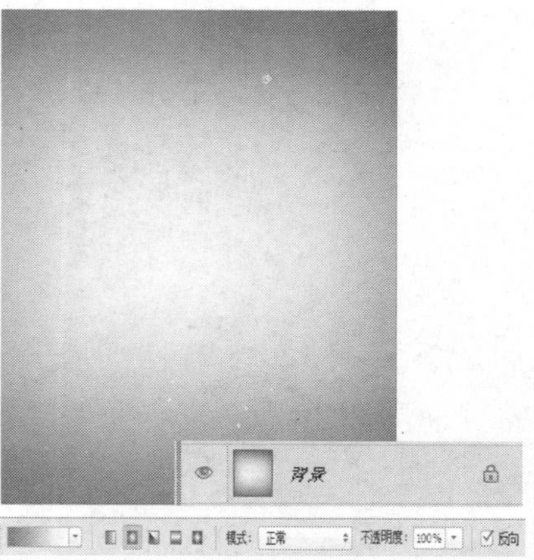

步骤3 新建"组1"图层组，打开01.png图像文件，将其拖动到当前图像文件中，生成"图层1"，并调整其位置。单击"添加图层蒙版"按钮，然后用画笔工具涂抹出所需部分。设置该图层的混合模式为"明度"、"不透明度"为47%。

步骤4 复制“图层1”，生成“图层1副本”单击“添加图层蒙版”按钮，用画笔工具涂抹出所需部分。设置该图层的混合模式为“明度”、“不透明度”为71%。

步骤5 使用相同的方法，再次复制生成“图层1副本2”，单击“添加图层蒙版”按钮，然后用画笔工具涂抹出所需部分。并设置该图层的混合模式为“滤色”、“不透明度”为58%，使杯子亮点。

步骤6 新建“图层2”，单击“添加图层蒙版”按钮，然后用画笔工具涂抹出杯子的反光。

步骤7 新建“组2”图层组，单击椭圆工具，在杯子口的上端拖出一个椭圆，复制“图层1副本2”，生成“图层1副本3”。单击“添加图层蒙版”按钮，然后用画笔工具涂抹出所需部分，并设置该图层的“不透明度”为64%。

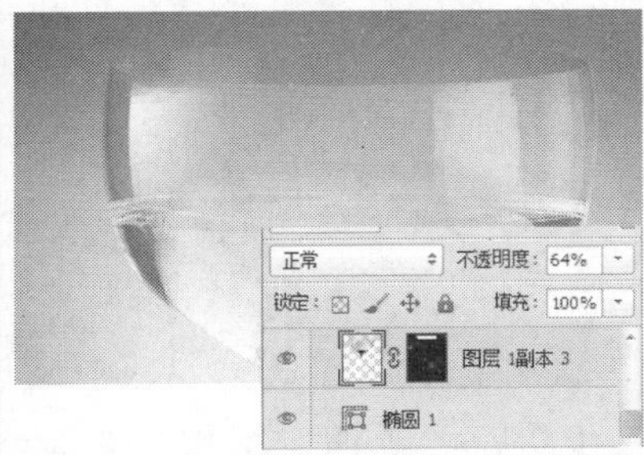

步骤8 再次复制“图层1副本3”，生成“图层1副本4”，并设置该图层的“不透明度”为19%。

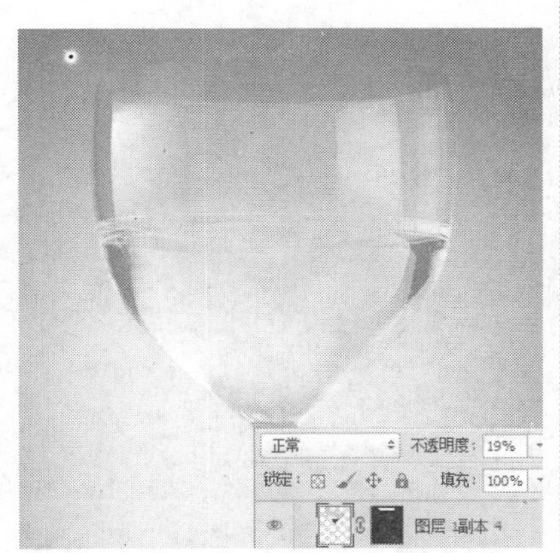

步骤9 新建“图层3”，设置前景色为（R75、G107、B121），单击画笔工具，涂抹出所需部分，并设置该图层的混合模式为“正片叠底”、“不透明度”为46%。加深杯子两边的颜色。

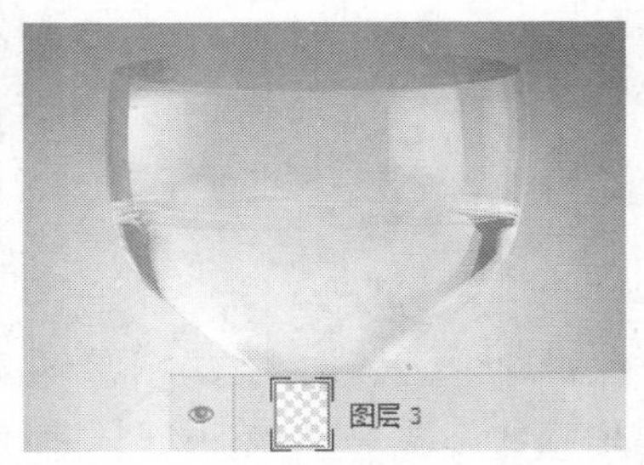

步骤10 新建“图层4”，单击钢笔工具，在属性栏中设置属性，然后设置前景色为白色，在杯口绘制出高光路径，在画笔工具属性栏中设置画笔的大小，并应用“描边路径”填充路径。

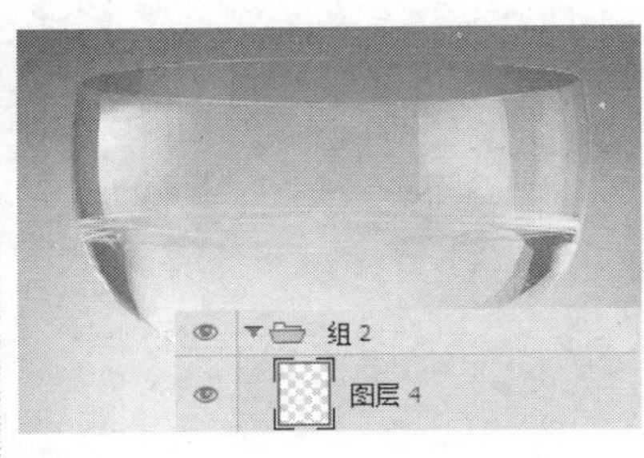

步骤11 新建“组3”图层组，打开01. png图像文件，将其拖动到当前图像文件中，生成“图层5”，并调整其位置，单击“添加图层蒙版”按钮，然后用画笔工具涂抹出所需部分，并设置该图层的混合模式为“明度”。

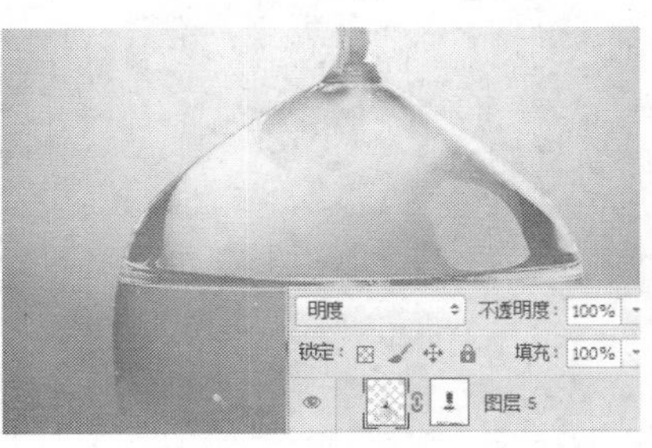

步骤12 复制“图层5”，生成“图层3副本”，单击“添加图层蒙版”按钮，然后用画笔工具涂抹出所需部分，设置该图层混合模式为“滤色”。

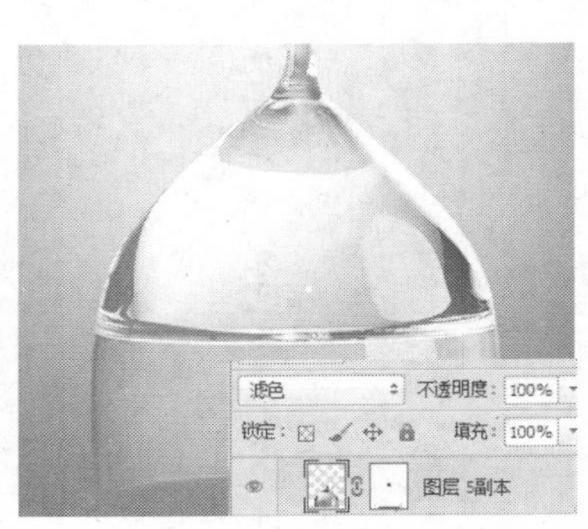

步骤13 复制“组1”图层组里的“图层2”，生成“图层2副本”，并调整大小和位置。

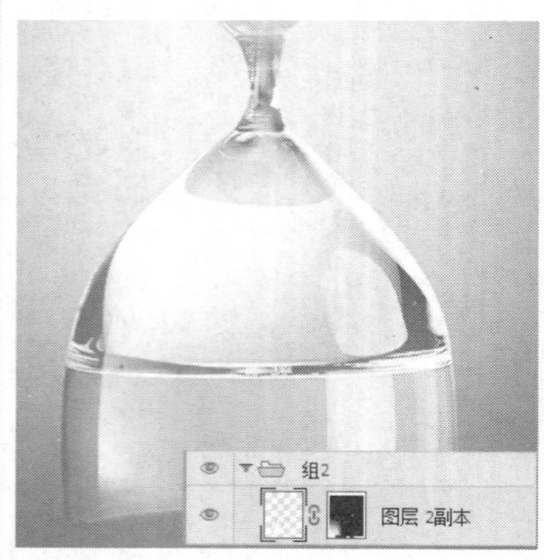

步骤14 继续添加01.png图像文件到当前图像文件中，生成“图层6”，并调整其位置。单击“添加图层蒙版”按钮，然后用画笔工具涂抹出所需部分，并设置该图层的“不透明度”为64%。

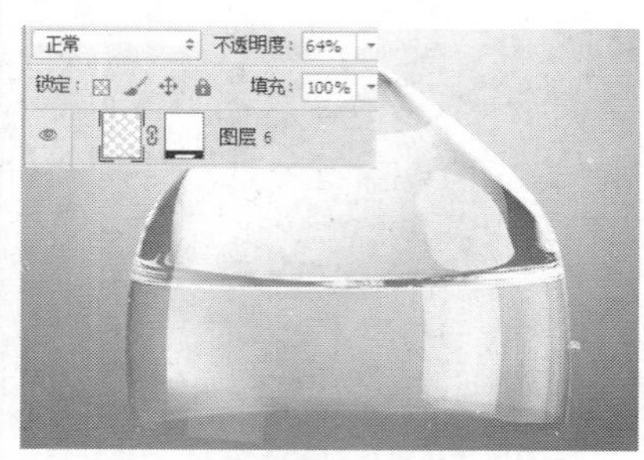

步骤15 再次复制“图层6”，生成“图层6副本”，单击“添加图层蒙版”按钮，然后用画笔工具涂抹出所需部分，并设置该图层的“不透明度”为19%。

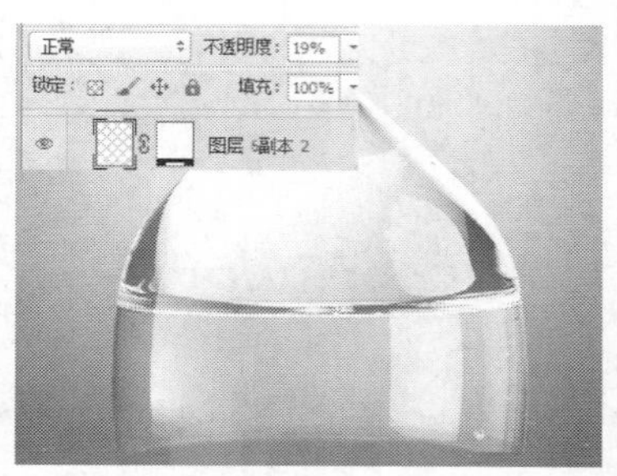

步骤16 复制“组2”图层组里的“图层3”，生成“图层3副本”。

步骤17 新建“图层7”，单击钢笔工具，在属性栏中设置属性，然后设置前景色为白色，在画面下方的杯口绘制出高光路径，在画笔工具属性栏中设置画笔大小，并应用“描边路径”填充路径。

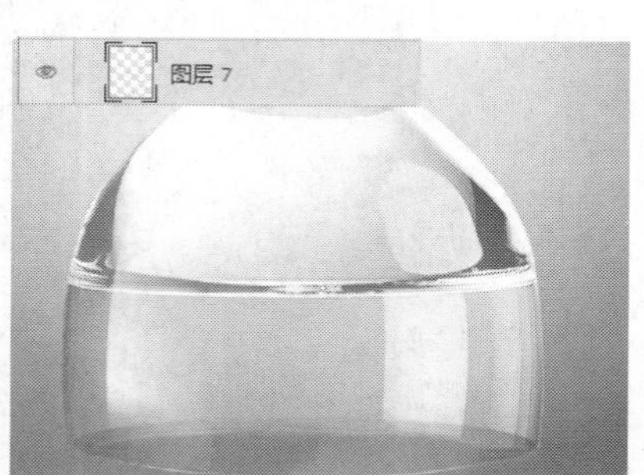

步骤18 新建“图层8”，设置前景色为黑色，单击画笔工具涂抹出所需部分，设置该图层混合模式为“叠加”，加深整个杯子的局部地方。

步骤19 新建“图层9”，恢复默认颜色，单击画笔工具，涂抹出所需部分，交换使用颜色，设置该图层的混合模式为“叠加”，加深杯子的局部地方和明亮的地方。

步骤20 新建“组5”图层组，打开02.Png图像文件，将其拖动到当前图像文件中，生成“图层10”，并调整其位置，单击“添加图层蒙版”按钮，然后用画笔工具涂抹出所需部分，并设置该图层的“不透明度”为27%。

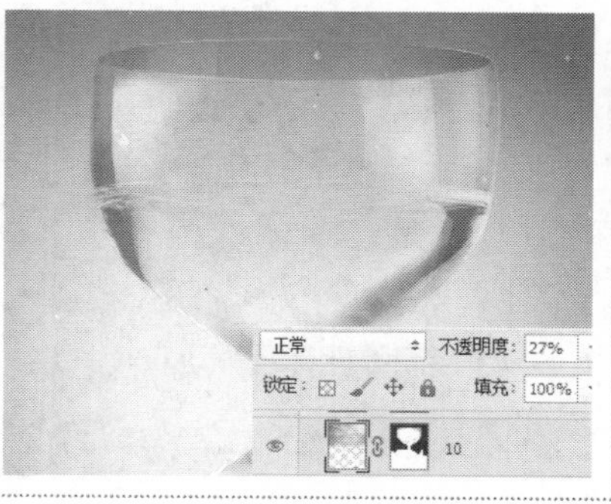

步骤21 新建“图层11”，设置前景色为蓝色（R101、G156、B169），单击画笔工具，然后单击“添加图层蒙版”按钮，涂抹出所需部分。并设置该图层的“不透明度”为72%。

步骤22　新建“图层12”，设置前景色为蓝色（R101、G 156、B169），单击“添加图层蒙版”按钮，然后用画笔工具涂抹出所需部分。并设置该图层混合模式为“变亮”。

步骤23　打开“彩虹.png”图像文件，将其拖动到当前图像文件中，生成“图层13”，并调整其位置。

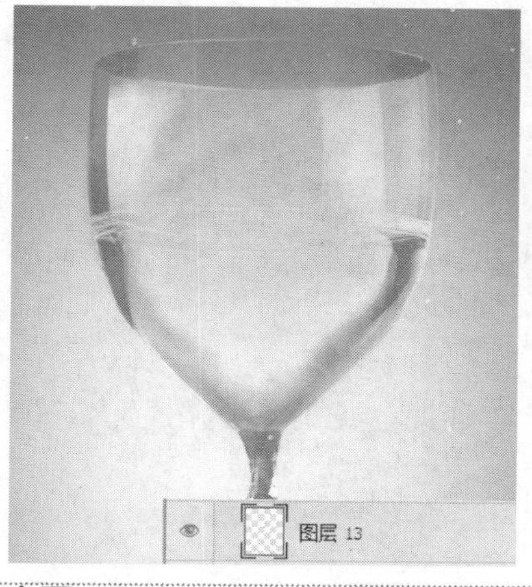

步骤24　打开03. png图像文件，将其拖动到当前图像文件中，生成“图层14”，并调整其位置。然后单击“添加图层蒙版”按钮，用画笔工具涂抹出所需部分。

步骤25　新建“组6”图层组，打开04.png到07.png图像文件，将其拖动到当前图像文件中，生成“图层15”到“图层18”，并调整其位置。

步骤26　打开08.png图像文件，将其拖动到当前图像文件中，生成“图层19”，并调整其位置。

步骤27　打开09.png图像文件，将其拖动到当前图像文件中，生成“图层20”，并调整其位置。

步骤28　将“组3”和“组1”、“背景”图层复制一份，然后按快捷键Ctrl+Alt+E，将其合并，生成“组3副本”。然后单击“添加图层蒙版”按钮，用画笔工具涂抹出所需部分，以达到物体在杯子里面的效果。

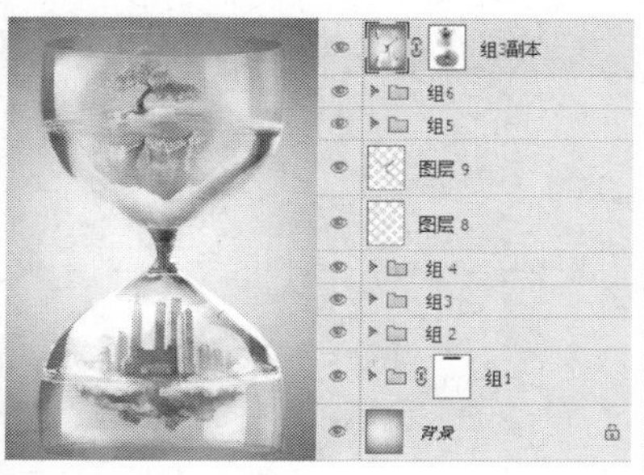

步骤29　单击“创建新的填充或调整图层”按钮，选择“曲线”，并设置各项参数值，使画面亮度对比加深，主题突出。至此，本实例制作完成。

21.2.2 化妆品杂志广告

主要使用素材：

案例分析：

本案例是运用混合模式，丰富人物脸部效果，运用画笔工具、钢笔工具，以及图层蒙版工具，制作出人物脸部的炫彩效果，组成美女时尚化妆品杂志广告，图片调整过程中注意色块的统一性。避免出现杂乱之感，使画面效果更加完善。

主要使用功能：

混合模式"正片叠底"、"叠加"、钢笔工具、画笔工具、图层蒙版工具。

光盘路径：第21章\Complete\21.2\化妆品杂志广告.psd

视频路径：第21章\化妆品杂志广告.swf

步骤1 执行"文件 | 新建"命令，在弹出的"新建"对话框中设置各项参数及选项，设置完成后单击"确定"按钮，新建空白图像文件。

新建
名称(N)：化妆品杂志广告
预设(P)：自定
大小(I)：
宽度(W)：16 厘米
高度(H)：24.01 厘米
分辨率(R)：300 像素/英寸
颜色模式(M)：RGB 颜色 8位
背景内容(C)：白色
高级
确定
取消
存储预设(S)...
删除预设(D)...
图像大小：
15.3M

技巧：

在Photoshop中按快捷键Ctrl+N可打开"新建"对话框；按快捷键Ctrl+O可弹出"打开"对话框，打开素材文件。

步骤2 执行"文件 | 打开"命令，打开01.jpg文件，将其拖曳到当前文档中，生成"图层 1"。

步骤3 新建"图层2"，使用钢笔工具在属性栏中设置为形状填充，颜色为紫色（R205、G5、B254），画出需要的形状。

步骤4 单击“添加图层蒙版”按钮，使用画笔工具调节参数，在其蒙版上涂抹，并设置混合模式为“叠加”，使图形有炫彩的效果。

步骤5 按快捷键Ctrl+J复制“图层2”，得到“图层2副本”。增强图形在画面上的炫彩效果。

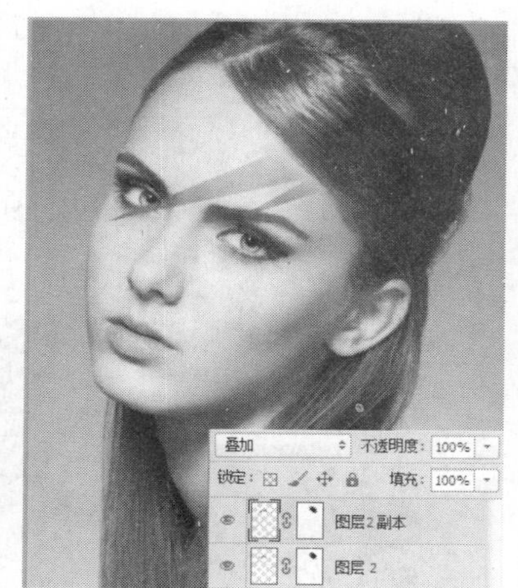

步骤6 新建“图层3”，使用钢笔工具，在属性栏中设置为形状填充，颜色为蓝色（R0、G255、B240）画出需要的形状，单击“添加图层蒙版”按钮，使用画笔工具调节参数，在其蒙版上涂抹，并设置混合模式为“正片叠底”。

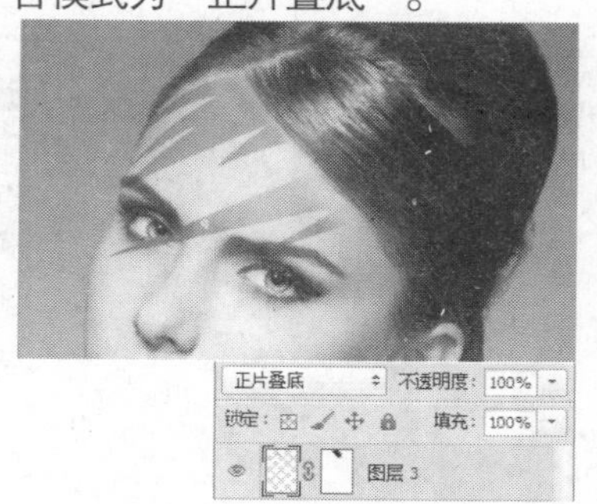

步骤7 新建“图层4”，使用钢笔工具，在属性栏中设置为形状填充，颜色为黄色（R255、G226、B0），画出需要的形状，并设置混合模式为“正片叠底”。

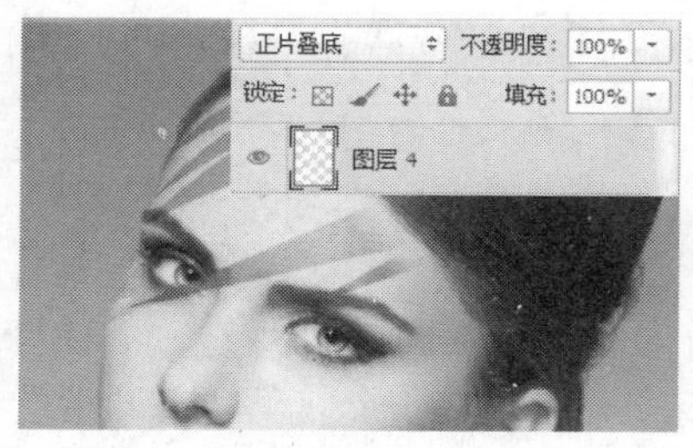

步骤8 使用相同方法，依次新建“图层5”，设置颜色为黄绿色（R167、G189、B46），“图层6”的颜色为翠绿色（R154、G239、B26）、橘色（R255、G120、B0），画出需要的形状并设置混合模式为“叠加”。

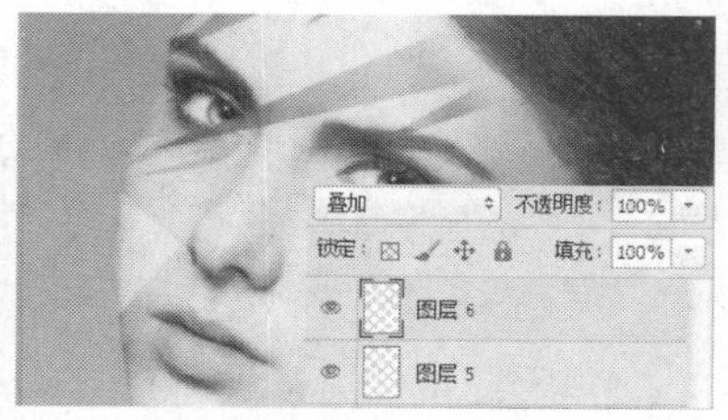

步骤9 再次使用相同方法，依次新建“图层7”，设置颜色为蓝色（R0、G48、B255）、“图层8”的颜色为亮紫色（R255、G0、B253）、“图层9”的颜色为橘色（R255、G120、B0），画出需要的形状并设置混合模式为“叠加”，使图形有炫彩的效果。

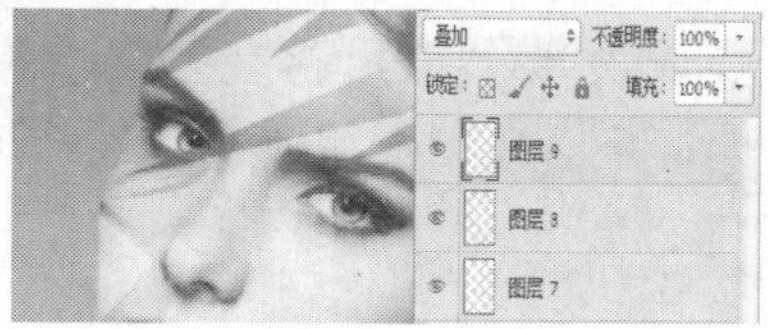

步骤10 依次新建“图层10”到“图层14”五个图层，使用钢笔工具在属性栏中设置为形状填充，颜色为橘色（R255、G120、B0），在眼部周围画出需要的形状，结合图层蒙版和画笔工具，在其蒙版上涂抹，并设置混合模式为“叠加”，绘制眼部炫彩效果。

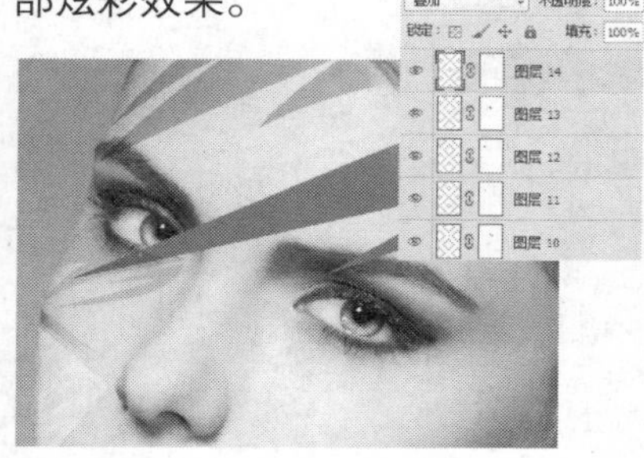

步骤11 使用相同方法，依次新建“图层15”、“图层16”，设置颜色为绿色（R166、G238、B2）；“图层17”的颜色为紫色（R205、G5、B254），在眼部周围画出需要的形状，结合图层蒙版和画笔工具在其蒙版上涂抹，并设置混合模式为“叠加”，增加眼部炫彩效果。

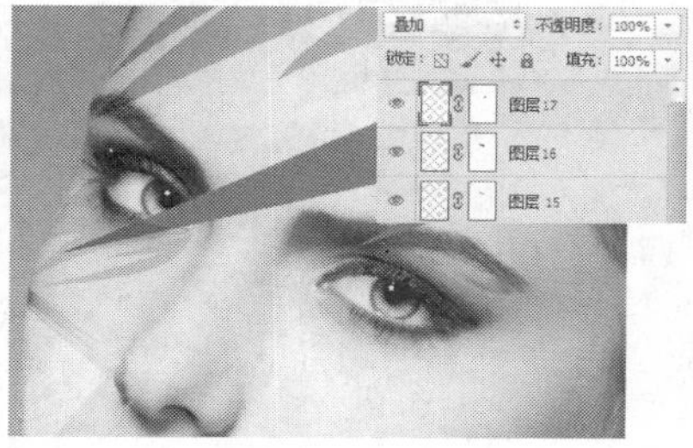

步骤12 载入“喷溅的水珠”笔刷，选择所需形状的笔刷，依次新建“图层18”到“图层22”五个图层，设置颜色为橘色（R255、G120、B0），在眼部周围画出需要的形状，结合图层蒙版和画笔工具在蒙版上涂抹，并设置混合模式为“叠加”，增加眼部炫彩效果。

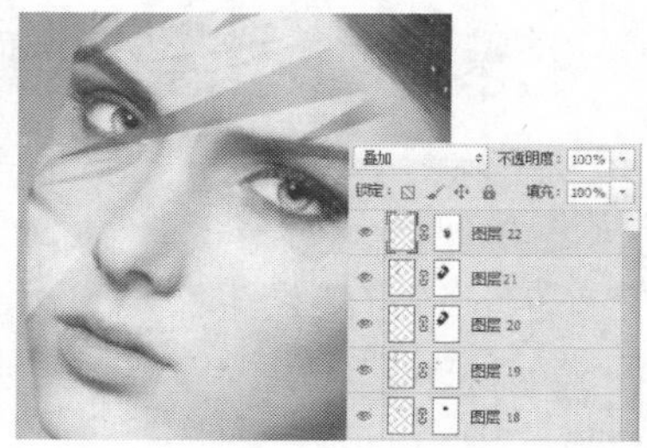

步骤13 依次新建“图层23”到“图层26”四个图层，单击“添加图层蒙版”按钮，并使用柔角画笔工具设置颜色调整参数，在其蒙版上涂抹，并设置混合模式为“叠加”，给人物头发阴影制作炫彩效果。

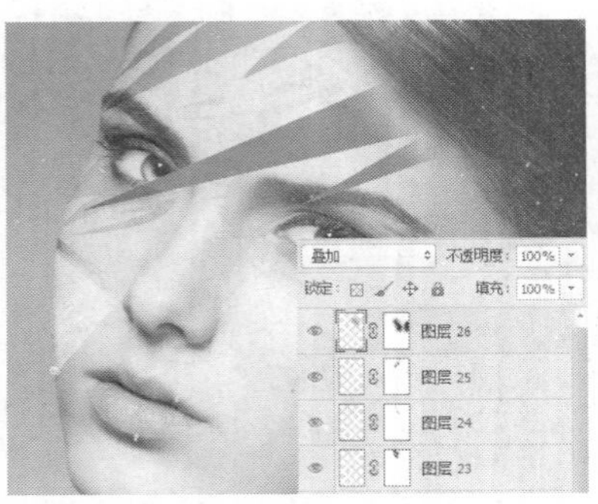

步骤14 新建“图层27”、“图层28”，使用钢笔工具，并在属性栏中设置为形状填充，颜色为粉色（R230、G143、B152），分别画出人物身体，使用图层蒙版结合柔角画笔工具调节参数，在其蒙版上涂抹，使皮肤有梦幻感。

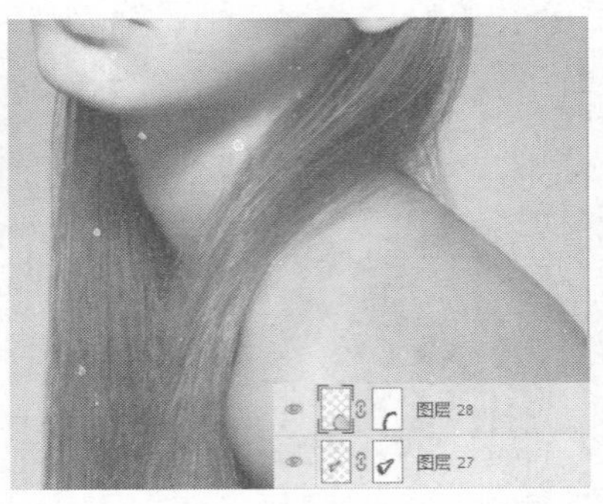

步骤15 新建“图层29”、“图层30”，使用钢笔工具，并在属性栏中设置为形状填充，颜色分别为亮蓝色（R23、G255、B255）、紫色（R145、G13、B125），并设置混合模式为“叠加”，给人物耳朵部分做炫彩效果。

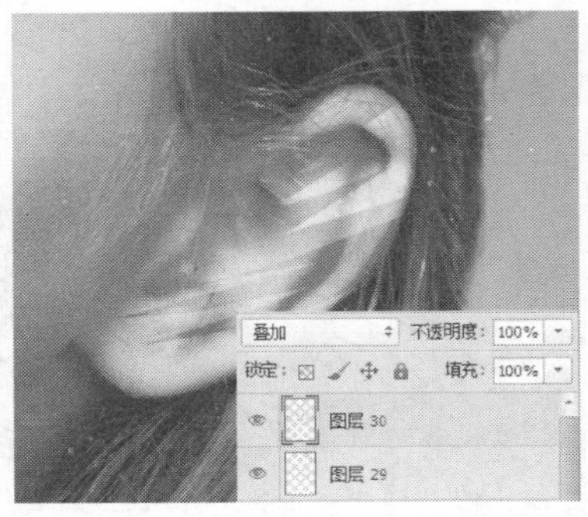

步骤16 新建“图层31”、“图层32”，使用画笔工具选择合适形状的喷溅的水珠笔刷，设置颜色分别为亮紫色（R198、G0、B184）、翠绿色（R30、G253、B121），单击“添加图层蒙版”按钮，并使用柔角画笔工具，设置颜色调整参数，在其蒙版上涂抹，并设置混合模式依次为“正片叠底”、“叠加”，以点缀人物面部的炫彩效果。采用相同的方法绘制更多的喷溅图像，丰富人物面部效果。

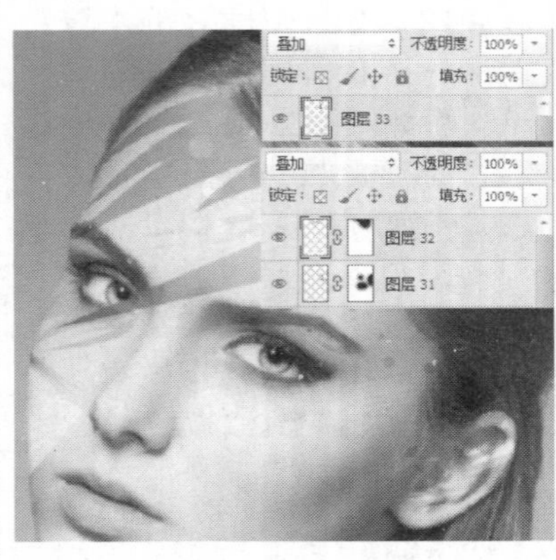

步骤17 单击横排文字工具，设置前景色为白色，输入字母，单击鼠标右键，选择“栅格化文字”选项，按快捷键Ctrl+T进行变形，并设置混合模式为 “叠加”，使画面有科幻效果。

步骤18 采用相同的方法在图像中输入更多的文字信息，完善画面效果。然后执行“文件 | 打开”命令，打开本书配套光盘中的“化妆品.png”文件，移动图像至当前图像文件中，并调整其位置。至此，本实例制作完成。

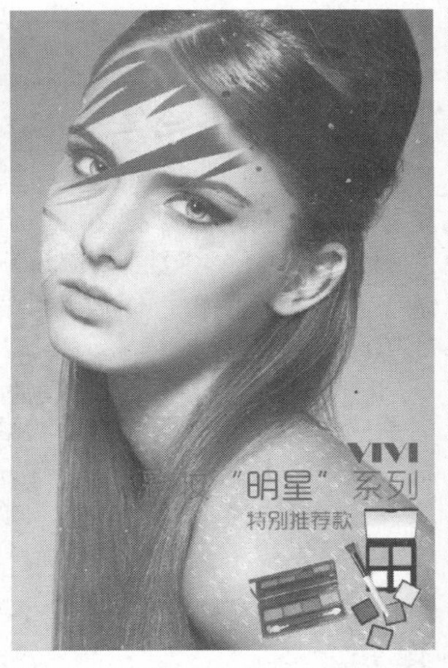

技巧：

使用钢笔工具时，可在其属性栏中设置形状、路径等选项。设置形状选项时可直接设置其填充颜色，可直接使用路径和油漆桶工具填充相结合的方式。在使用钢笔工具对形状进行填充后，可按快捷键Ctrl+J复制该图层，将原图层隐藏后，单击鼠标右键选择“栅格化图层”选项，对图层进行编辑。

21.2.3　房产报纸广告

主要使用素材：

案例分析：

本案例是通过合成素材，丰富报纸的画面效果，运用画笔涂抹，以及文字搭配，制作出撕纸的效果，组成一个房地产创意的海报，调整过程中注意色调的统一性。避免出现杂乱之感，使用画面效果更加完善。

主要使用功能：

"绘画涂抹"滤镜、"自然饱和度"命令、"画笔"命令、"照片滤镜"调整图层。

光盘路径：第21章\Complete\21.2\房产报纸广告.psd

视频路径：第21章\房产报纸广告.swf

步骤1　执行"文件｜新建"命令，在弹出的"新建"对话框中设置各项参数及选项，设置完成后单击"确定"按钮，新建空白图像文件。

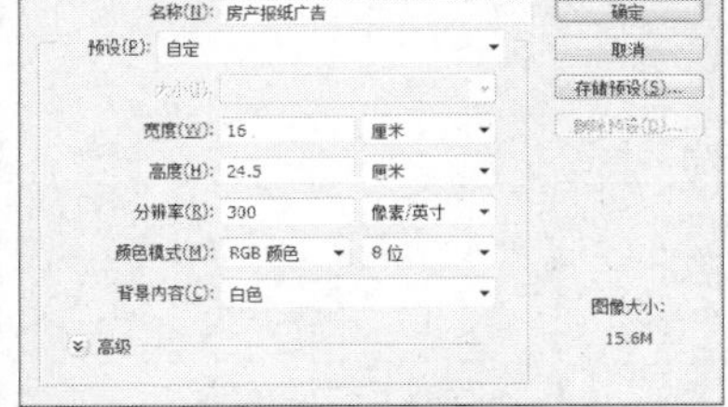

步骤2　执行"文件｜打开"命令，打开01.jpg 照片文件，将其拖曳到当前文档中，生成"图层1"，并调整其位置和大小。

步骤3　复制"图层1"，单击按钮，隐藏图层1，得到"图层1副本"，单击"添加图层蒙版"按钮，用画笔工具涂抹出所需部分，设置"不透明度"为61%。

技巧：

单击移动工具，在属性栏中可以设置多个图层的对齐方式，其中包括"顶部对齐"按钮、"垂直居中对齐"按钮、"底对齐"按钮、"左对齐"按钮、水平居中对齐、"右对齐"按钮。在"图层"面板中选择两个或两个以上图层时即可激活对齐按钮。属性栏中还包括分布按钮，选中两个或两个以上的图层即可激活这些按钮，选择相应的按钮即可快速对图层进行对齐和分布。

步骤4 打开“亮度/对比度”调整图层面板，设置各项参数值，结合画笔工具在天空部分进行涂抹，然后单击“此调整影响下面的所有图层”按钮，以调整图片的色调。

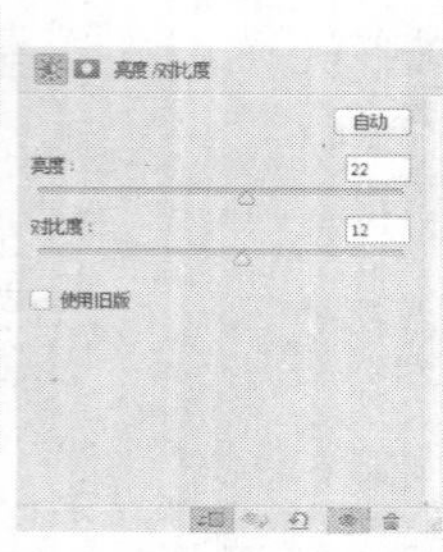

步骤5 打开“色彩平衡”调整图层面板，设置各项参数值，使颜色统一化，然后单击“此调整影响下面的所有图层”按钮。

步骤6 打开“色相/饱和度”调整图层面板，设置各项参数值，然后单击“此调整影响下面的所有图层”按钮。

步骤7 打开“照片滤镜”调整图层，设置颜色为黄色（R251、G201、B1），设置各项参数值，然后单击“此调整影响下面的所有图层”按钮，以调整图片的色调。

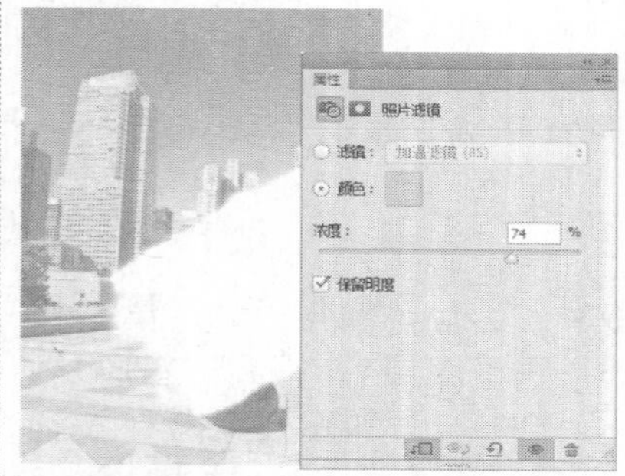

步骤8 显示“图层1”，并结合图层蒙版和直接载入“图层1副本”的图层蒙版，并填充选区为黑色。

步骤9 新建“图层2”，填充为白色，并设置相应的混合模式。结合图层蒙版和画笔工具，涂抹出所需部分。

步骤10 新建图层并命名为“绿色”，单击矩形选框工具，在画的底部创建矩形选区，并填充为绿色（R24、G 61、B40），按快捷键Ctrl+D取消选区。

步骤11 打开02.png图像文件，将其拖动到当前图像文件中，生成“图层3”，并调整其位置。

步骤12 单击“图层”面板下方的“创建新的填充或调整图层”按钮，选择“色彩平衡”选项，设置各项参数值，然后单击“此调整影响下面的所有图层”按钮，以调整卷纸的色调。

步骤13 新建“图层4”，单击画笔工具，选择柔角笔刷并设置画笔大小，设置“不透明度”为58%，设置前景色为黄色（R222、G185、B111），然后使用画笔工具对图像右下方的齿轮进行涂抹，以绘制高光效果。

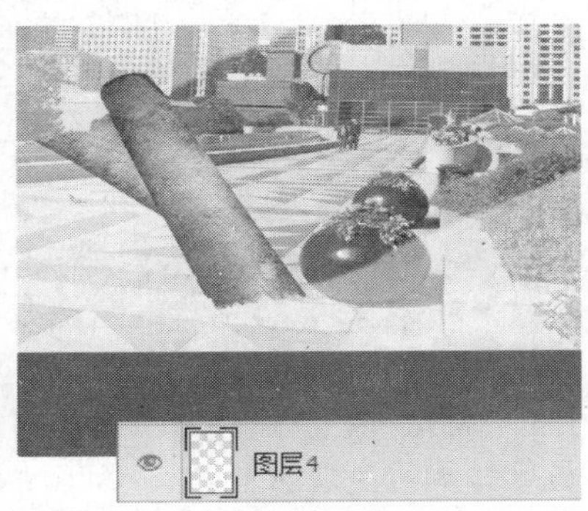

步骤14 新建“图层5”，单击画笔工具，设置前景色为黄色（R149、G125、B68），然后使用画笔工具对图像进行涂抹，并设置图层混合模式为“叠加”、“不透明度”为54%，以绘制卷纸反光效果。

步骤15 新建“图层6”，单击画笔工具，设置前景色为黄色（R214、G178、B61），然后单击“添加图层蒙版”按钮，使用画笔工具对卷纸高光部分进行涂抹，并设置图层混合模式为“叠加”、“不透明度”为56%。

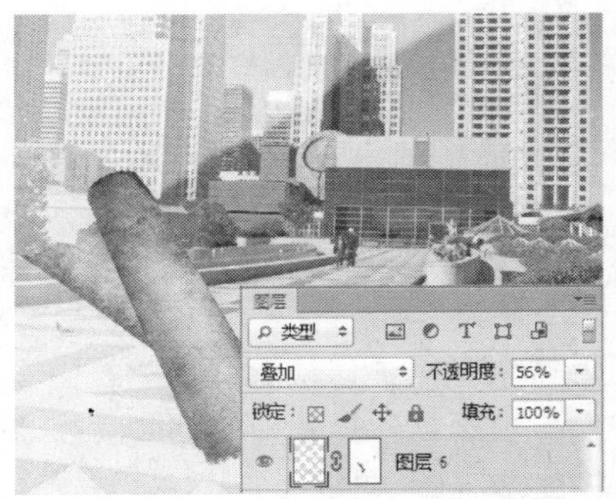

步骤16 新建“图层7”，单击画笔工具，设置前景色为黑色，然后使用画笔工具对图像进行涂抹，以绘制出卷纸的影子，调整图层位置，将“图层7”放置在“图层3”下面。

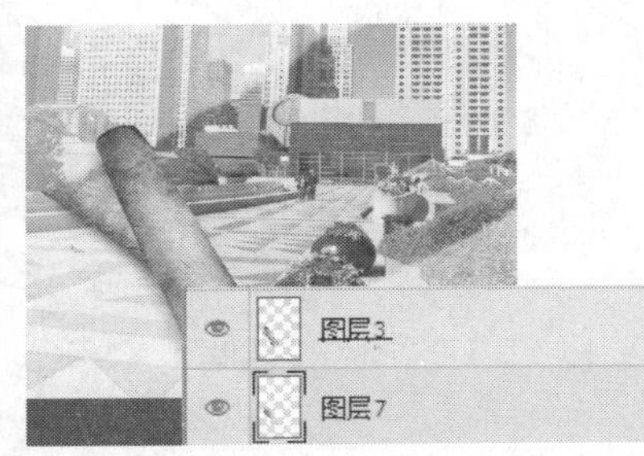

步骤17 打开“烧焦.png”图像文件，将其拖动到当前图像文件中，生成“图层8”，并调整其位置和大小。

步骤18 单击“添加图层蒙版”按钮，然后用画笔工具涂抹出所需部分，为“图层8”添加“投影”图层样式，以得到阴影效果。

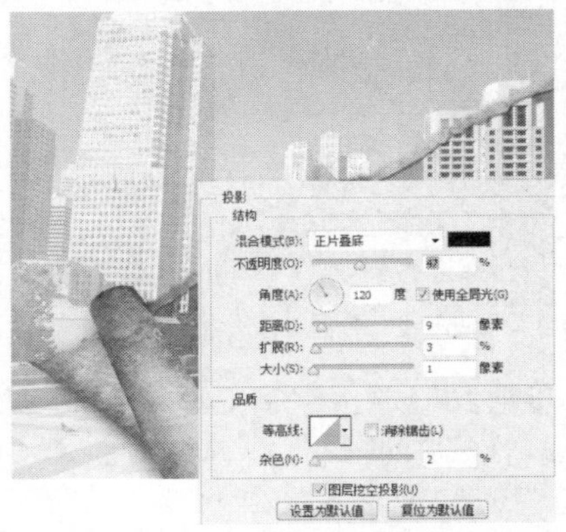

步骤19 新建“图层9”，单击画笔工具，设置为黄色（R223、G203、B172），设置该图层的“不透明度”为77%，适当调整画笔大小，然后用画笔工具涂抹出纸的亮色部分。

步骤20 新建“图层10”，单击画笔工具，设置笔刷和画笔大小，并设置相应大小进行涂抹，以达到纸撕边的效果。

步骤21 单击横排文字工具，并在“字符”面板中设置字体大小和样式，设置字体颜色为绿色（R23、G61、B40），然后在图像正上方输入相应文字。

步骤22 使用相同方法，继续输入相应文字，设置字体颜色为红色（R193、G73、B72）和黑色（R0、G0、B0）。

步骤23 新建“图层11”，单击钢笔工具，在属性栏中设置属性，在小点后面绘制出楼房剪影线条，设置颜色为黄色（R160、G120、B69），在画笔工具属性栏中设置画笔大小，并应用“描边路径”填充路径。

步骤24 使用步骤19的方法，继续输入相应文字，设置字体颜色为黄色（R23、G61、B40）。

步骤25 打开“标志.png”图像文件，将其拖动到当前图像文件中生成“图层12”。

步骤26 单击横排文字工具，并在“字符”面板中设置字体大小和样式，设置字体颜色为黄色（R 165、G 130、B 76），然后在图像右下方输入相应文字。

步骤27 单击横排文字工具，在“字符”面板中设置字体大小和样式，设置字体颜色为绿色（R48、G75、B49），并输入相应文字。然后应用“变形”命令，设置文字变形效果。

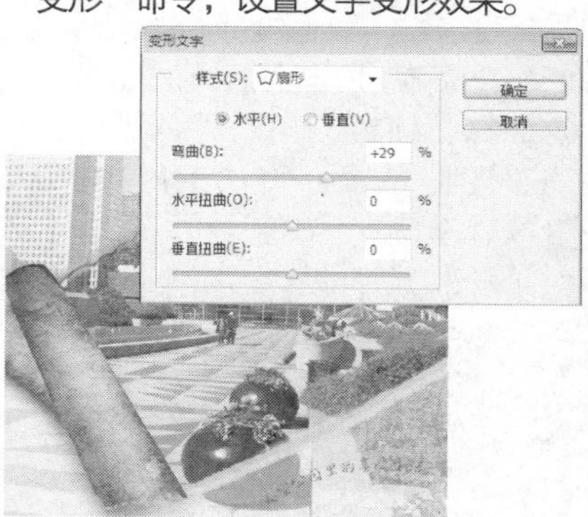

步骤28 单击钢笔工具，在属性栏中设置属性，然后新建“图层13”，并在画面右下角绘制两条曲线路径。

步骤29 设置颜色为绿色（R41、G65、B43），在画笔工具属性栏中设置画笔大小，然后应用“描边路径”填充路径。至此，本实例制作完成。

技巧：

在为路径进行描边操作之前，首先需要选中“画笔工具”，并在属性栏中对笔刷进行设置，描边效果将与设置的效果一致。

21.3 网页设计

制作网页设计效果的时候，通常会运用多种滤镜，叠加、正片叠底等混合模式，然后结合图层蒙版对细节进行编辑，使画面效果融合，增强画面真实感。

21.3.1 影视网页

主要使用素材：

主要使用功能：

亮度/对比度、曲线、色相/饱和度、色彩平衡、照片滤镜、智能滤镜。

光盘路径：第21章\Complete\21.3\影视网页.psd

案例分析：

本实例运用多种混合模式合成素材，营造一个诡异的空间效果，制作出诡异气氛的惊悚影视网页。运用对比的手法及多种调整命令将人物的美与诡异相结合，制作出阴森的氛围。

步骤1　执行“文件 | 新建”命令，在弹出的“新建”对话框中设置各项参数及选项，设置完成后单击“确定”按钮，新建空白图像文件。

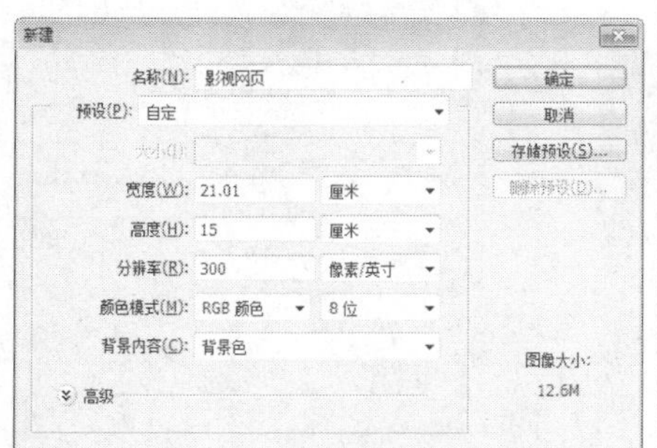

步骤2　新建“图层1”，使用矩形选框工具在画面下方创建一个矩形选区，并使用渐变工具从左至右设置渐变颜色为深粉色（R181、G10、B58）到中粉色（R204、G16、B107）再到深粉色（R184、G18、B64），填充选区为线性渐变，然后按快捷键Ctrl+D取消选区。

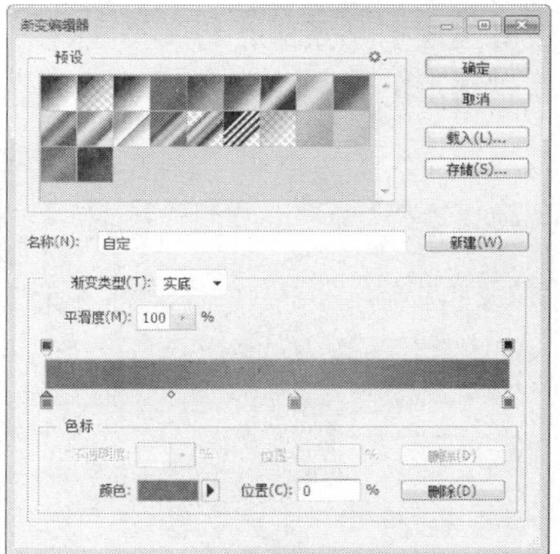

步骤3 新建“图层2”，使用矩形选框工具在画面下方创建一个矩形选区，并使用渐变工具从左至右设置填充选区为深红色（R43、G0、B24）到深紫色（R60、G1、B33）再到中紫红色（R92、G18、B57）的线性渐变，然后按快捷键Ctrl+D取消选区。

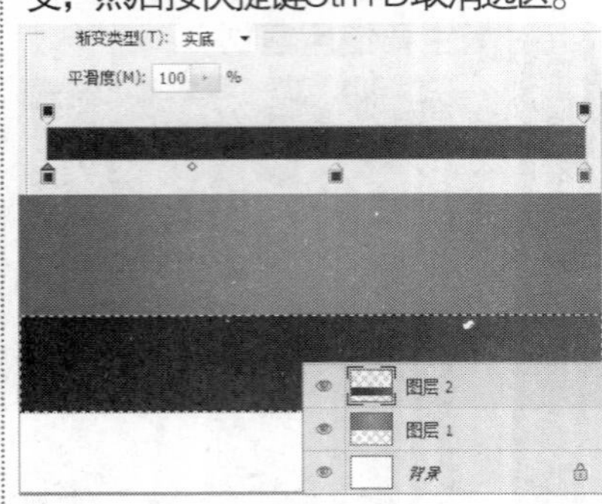

步骤4 新建“图层3”，继续使用步骤3相同的方法，从左到右填充紫红色到透明色的线性渐变，然后按快捷键Ctrl+D取消选区,并设置混合模式为“颜色减淡”。

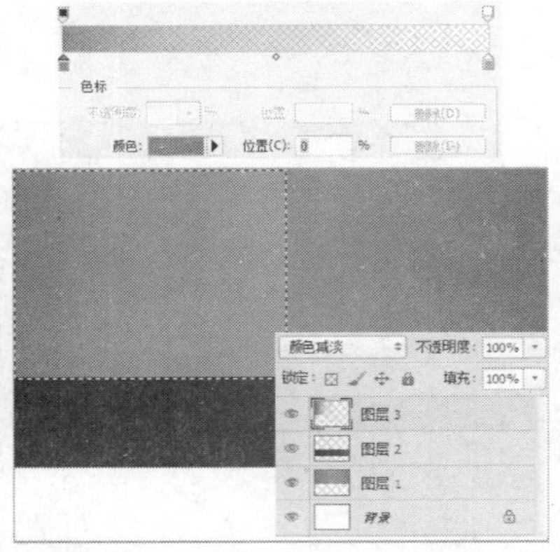

步骤5 执行“文件 | 打开”命令，打开01.jpg文件。拖曳到当前文件图像中，结合“自由变换”命令适当调整大小和摆放位置，设置混合模式为“正片叠底”、“不透明度”为38%。

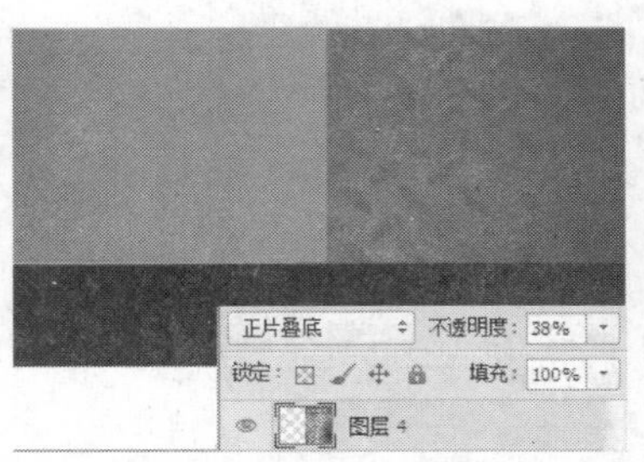

步骤6 打开02.jpg文件，拖曳到当前文件图像中，适当调整大小和位置，将“图层5”拖曳到“创建新图层”按钮上，复制“图层5副本”，并适当调整图像的位置。

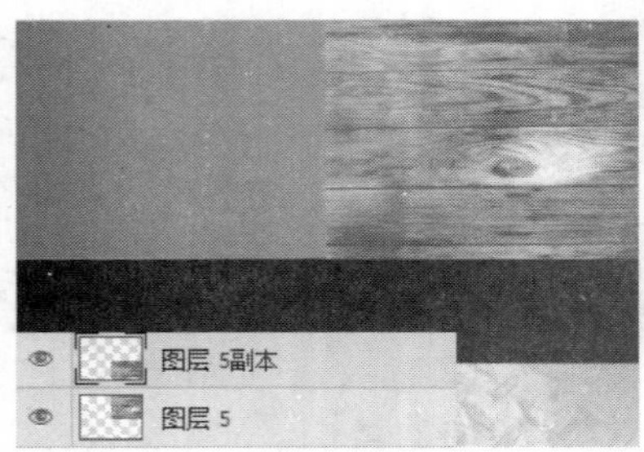

步骤7 合并“图层5”和“图层5副本”。执行“滤镜 | 风格化 | 风”命令，在弹出的对话框中设置参数值后单击“确定”按钮。

步骤8 打开03.jpg文件。拖曳到当前文件图像中，适当调整大小和位置，设置混合模式为“正片叠底”，“不透明度”为75%，以突出画面木纹被刀刮过的质感。

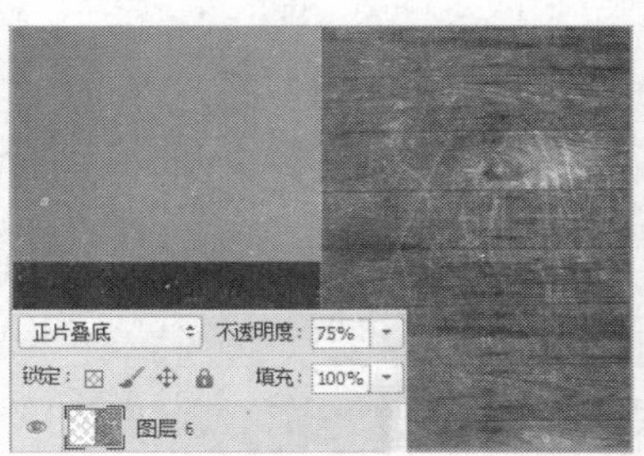

步骤9 单击“创建新的填充或调整图层”按钮，执行“照片滤镜”命令，设置颜色参数为（R39、G115、B100），按住Alt键的同时单击“图层6”，设置其图层剪贴蒙版，将其模式混合到指定图层。

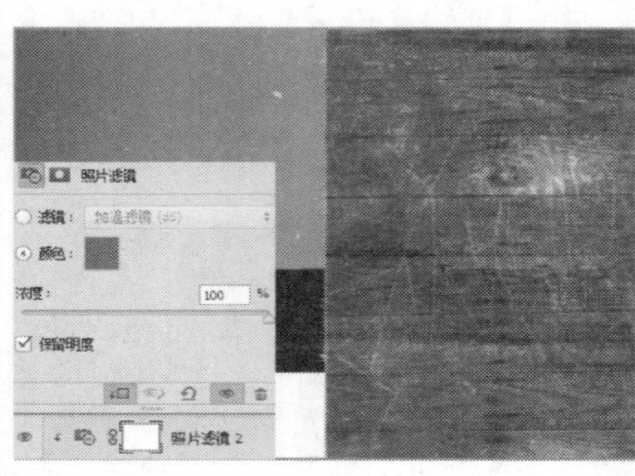

步骤10 单击“创建新图层”按钮，新建“图层7”，单击画笔工具，选择柔角画笔并适当调整大小，设置前景色为黑色，适当涂抹画面的右边，增强画面的层次。

步骤11 执行“文件 | 打开”命令，打开“人物.jpg”文件，复制得到“图层1”，单击快速选取工具，选取人物背景，按Delete键删除，单击“指示图层可见性”按钮，将打开的文件拖曳到当前图像文件中。

步骤12 将上一操作得到的文件，拖曳到当前文件图像中，更改图层名称为“人”图层，单击“添加图层蒙版”按钮，单击画笔工具，选择柔角画笔并适当调整大小，在蒙版上把不需要的部分涂抹掉。

步骤13 执行“文件 | 打开”命令，打开“电路.png”文件，拖曳到当前文件图像中，更改图层名称为“电路”，修改其混合模式为“柔光”，以柔和画面。

步骤14 新建“图层8”，单击矩形选框工具，在画面底端设置选区，并使用油漆桶工具，设置前景色为黑色，填充选区，然后按快捷键Ctrl+D取消选区。

步骤15 新建“图层9”，单击多边形套索工具，于画面右下角画一个多边形选区，并使用渐变工具设置渐变颜色为粉色（R245、G158、B209），从左到右填充线性渐变，然后按快捷键Ctrl+D取消选区。

步骤16 打开“电路2.png”文件，拖曳到当前图像文件中，更改图层名称为“电路2”，设置混合模式为“叠加”、“不透明度”为64%，使其具有魔幻的效果。

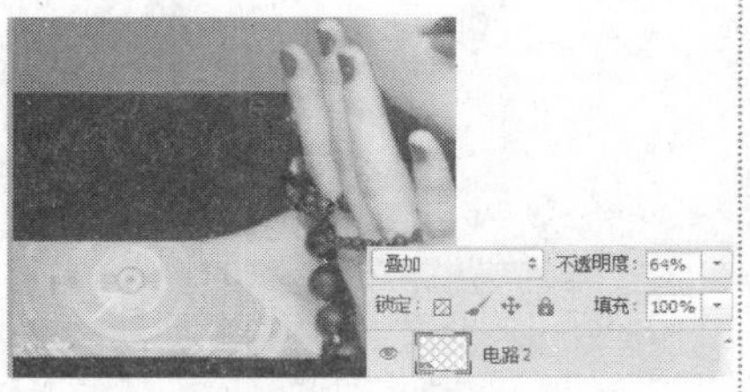

步骤17 单击“人”图层，按快捷键Ctrl+J复制出“人副本”图层，将其拖入“图层8”下方，单击矩形选框工具，选取人的左半边，单击Delete键删除。

步骤18 新建“图层10”，按住Alt键并单击鼠标左键创建其图层剪贴蒙版，单击画笔工具，使用柔角画笔设置前景色为白色，涂抹人物嘴部，设置混合模式为“颜色减淡”、“不透明度”80%，降低人物嘴部饱和度。

步骤19 新建“图层11”，按住Alt键并单击鼠标左键，创建图层剪贴蒙版，单击画笔工具，使用柔角画笔设置前景色为白色，涂抹于人物眼睛，使其瞳孔变成白色，更改“不透明度”为88%，抹去人物瞳孔。

步骤20 单击“创建新的填充或调整图层”按钮，创建“亮度/对比度1”调整图层，拖动滑块设置参数并点击图框中的“调整剪贴到此图层”按钮，创建图层剪贴蒙版。

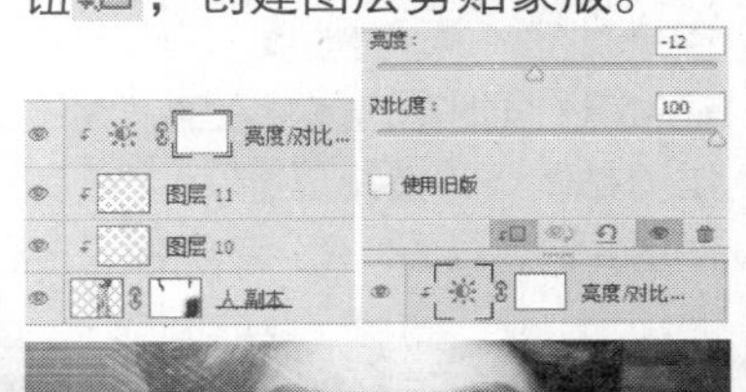

步骤21 继续使用“创建新的填充或调整图层”按钮，依次执行“曲线1”命令、“色阶1”命令、调整图层，拖动滑块，设置参数并单击图框中的“调整剪贴到此图层”按钮，创建其图层的剪贴蒙版。

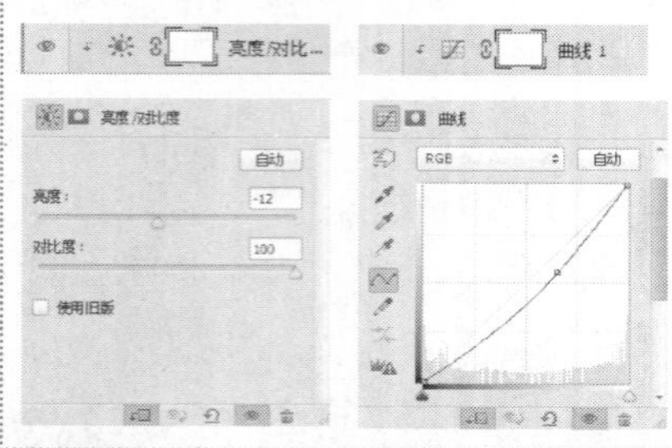

步骤22 继续使用“创建新的填充或调整图层”按钮，执行“自然饱和度1”命令、“色彩平衡1”命令调整图层，拖动滑块，设置参数并单击图框中的“调整剪贴到此图层”按钮创建其图层的剪贴蒙版。

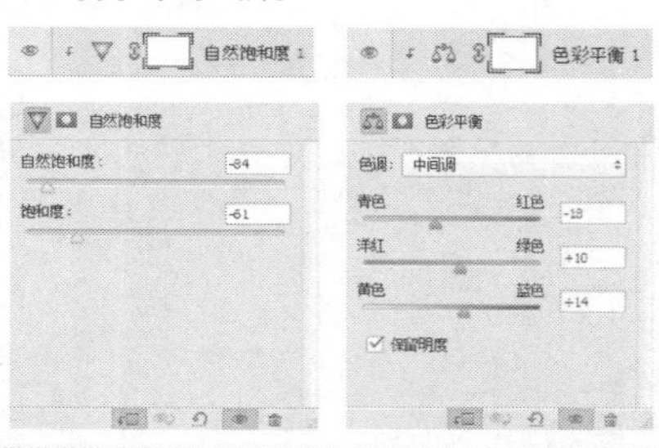

步骤23 新建“图层12”，使用柔角画笔工具，设置前景色为白色，在人眼上方绘制高光，按住Alt键并单击鼠标左键，创建图层的剪贴蒙版。

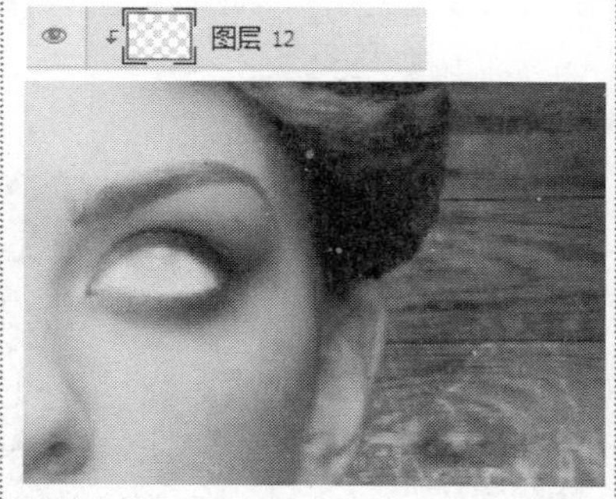

步骤24 打开04.jpg文件，拖曳到当前文件图像中，结合自由变换命令旋转并调整图像，更改图层名称为04，单击“添加图层蒙版”按钮，使用画笔工具，在蒙版上涂抹，设置混合模式为“明度”、“不透明度”25%，按住Alt键的同时并单击鼠标左键，创建图层剪贴蒙版。

步骤25 按快捷键Ctrl+J，连续复制6个图层，并使用快捷键Ctrl+T依次变换调整每一个图层，并添加图层蒙版，使用画笔工具调节参数，在蒙版上涂抹，使人物面部有血管的整体感觉。

步骤26 选择“人 副本”图层，执行“滤镜 | 锐化 | USM锐化”命令并设置参数，单击“确定”按钮，突出人物面部轮廓质感。

步骤27 打开05.jpg文件，拖曳到当前文件图像中，更改图层名称为05，单击“添加图层蒙版”按钮，使用画笔工具调节参数，在蒙版上涂抹，设置混合模式为“颜色减淡”、“不透明度”为63%，按住Alt键的同时单击鼠标左键，创建图层剪贴蒙版，按快捷键Ctrl+J复制05图层并调整画面，使人物嘴部苍白。

步骤28 打开06.jpg文件，拖曳到当前文件图像中，更改图层名称为06，单击“添加图层蒙版”按钮，使用画笔工具，调节参数，在蒙版上涂抹，设置混合模式为“不透明度”为47%，按住Alt键单击鼠标左键，创建图层剪贴蒙版，按快捷键Ctrl+J连续复制06图层并调整画面，使人物脸部泛黄。

步骤29 打开“血.png”文件，拖曳到当前图像文件中，更改图层名称为“血”，新建“图层13”，按住Alt键的同时单击鼠标左键创建图层剪贴蒙版，使用柔性画笔工具涂抹，设置其混合模式为“正片叠底”、“不透明度”85%，单击“添加图层样式”按钮，选择“投影”选项并设置参数，使血真实地滴在人脸上。

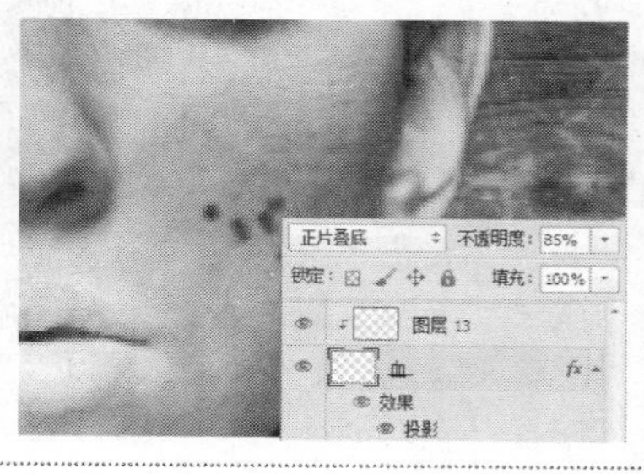

步骤30 按快捷键Ctrl+J连续复制10个图层，在复制的图层中使用快捷键Ctrl+T变换方向及大小，调整画面，直到血迹均匀地滴在人的脸上。

步骤31 按快捷键Ctrl+J继续复制“血”图层，单击“添加图层蒙版”按钮，使用笔工具，调节参数，在蒙版上涂抹，使血滴均匀分布在人脸上。

步骤32 载入“非主流血迹笔刷”并新建“图层18”，选择所需笔刷，设置前景色为暗红色，连续单击鼠标左键，直到形成真实的血迹。按快捷键Ctrl+T变换大小和方向，并添加图层蒙版修改，形成真实的血迹。

步骤33 新建“图层22”，选择所需笔刷，设置前景色为暗红色，连续单击鼠标左键，直到形成真实血迹。按快捷键Ctrl+T变换大小和方向，连续操作两步。

步骤34 新建“图层23”，使用柔性画笔工具，设置背景色为土黄色，在人脸周围涂抹，设置混合模式为“叠加”、“不透明度”为16%，使人的右脸整体发黄。

步骤35 新建“图层24”，使用柔性画笔工具并设置参数和画笔大小，涂抹于人物脸部阴影处，并设置混合模式为“叠加”，使人物更加突出。

步骤36 打开01.png文件，拖曳到当前文件图像中，更改图层名称为01，单击“添加图层蒙版”按钮，使用画笔工具，在其蒙版上涂抹，设置混合模式为“叠加”、“不透明度”为60%。，按住Alt键并单击鼠标左键，创建图层剪贴蒙版。

步骤37 单击“创建新的填充或调整图层”按钮，选择“色彩平衡2”选项，拖动滑块设置参数并点击图框中的“调整剪贴到此图层”按钮，创建其图层剪贴蒙版。

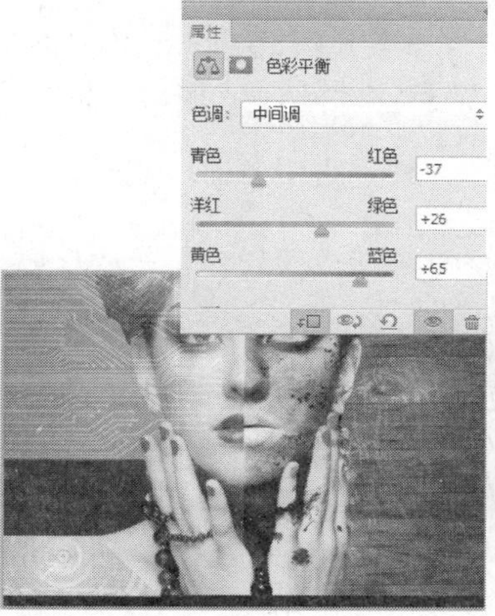

步骤38 新建“图层25”，使用柔角画笔工具，设置背景色为橘色，在人脸周围涂抹，设置混合模式为“叠加”，同时新建“图层26”，设置画笔大小和参数，涂抹于人物脸部阴影处并设置混合模式为“叠加”，使人物轮廓更加突出。

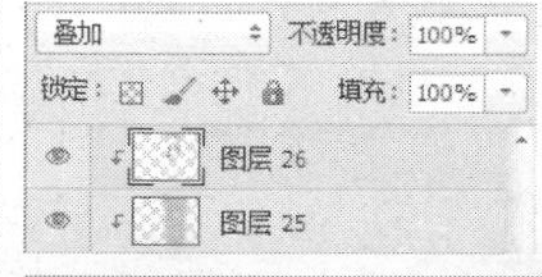

步骤39 打开02.png文件，拖曳到当前图像中，单击“添加图层蒙版”按钮，使用画笔工具，调节参数，在其蒙版上涂抹，设置混合模式为“叠加”，按住Alt键并单击鼠标左键，创建其图层剪贴蒙版。复制并在该图层蒙版上用画笔工具进行调整。

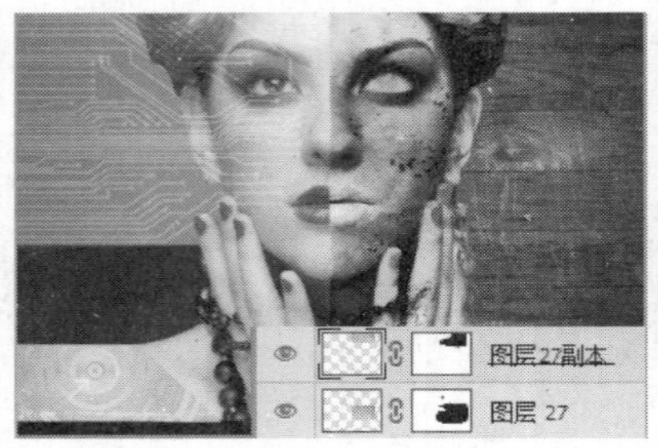

步骤40 新建“图层28”，单击“添加图层蒙版”按钮，使用柔角画笔工具，在其蒙版上涂抹，设置背景色为橘色，在人脸周围涂抹，设置混合模式为“叠加”、“不透明度”为12%，按住Alt键并单击鼠标左键，创建其图层剪贴蒙版。

步骤41 打开07.jpg文件，拖曳到当前图像文件中，按快捷键Ctrl+T变换大小和方向，单击“添加图层蒙版”按钮，使用画笔工具，调节参数，在其蒙版上涂抹。并设置混合模式为“正片叠底”、“不透明度”为87%，做出手部斑驳的效果。

步骤42 选择“电路”图层，分别打开03.png、04.png、05.png文件，拖曳到当前文件图像中，按快捷键Ctrl+T变换大小和方向。

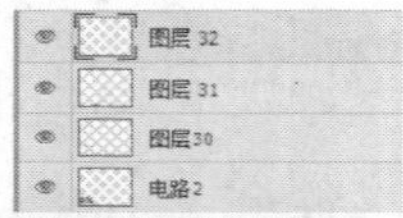

步骤43 新建“图层33”，使用矩形选框工具在画面下方创建一个矩形选区，并使用渐变工具设置渐变颜色，填充选区线性渐变颜色。使用相同方法依次新建“图层34”、“图层35”、“图层36”。

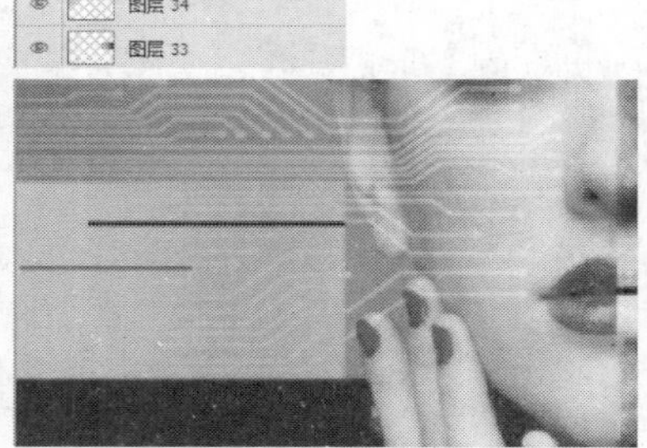

步骤44 单击横排文字工具，输入文字后使用移动工具，调整文字位置，使画面完整饱满，至此，本实例制作完成。

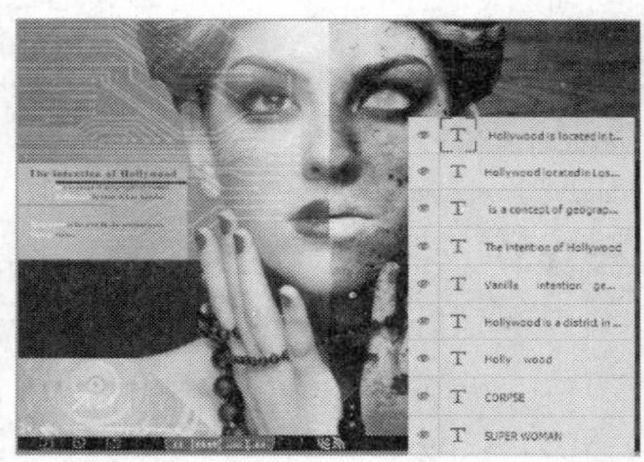

知识链接：填充方式

方法一

单击渐变工具设置所需的渐变颜色，填充选区线性渐变颜色，然后按快捷键Ctrl+D取消选区。

方法二

单击油漆桶工具设置所需颜色，填充选区颜色，然后按快捷键Ctrl+D取消选区。

21.3.2　汽车网页设计

案例分析：

本案例是通过为画面创建填充图层和调整图层来调整画面效果，并且运用了“色相/饱和度”、“色阶”、“曲线”命令，图层样式制作汽车光彩效果。运用多种素材结合混合模式“线性”减淡，丰富画面的效果，制作出汽车网页设计。

主要使用素材：

主要使用功能：

色相/饱和度、色阶、曲线。

光盘路径： 第21章\Complete\21.3\汽车网页设计.psd

视频路径： 第21章\汽车网页设计.swf

步骤1　执行“文件 | 新建”命令，在弹出的“新建”对话框中设置各项参数及选项，设置完成后单击“确定”按钮，新建空白图像文件。

新建
名称(N)：汽车网页设计
预设(P)：自定
宽度(W)：18　厘米
高度(H)：13　厘米
分辨率(R)：300　像素/英寸
颜色模式(M)：RGB 颜色　8 位
背景内容(C)：背景色
高级
确定　取消　存储预设(S)...
图像大小：9.34M

步骤 2　打开01.jpg文件，拖曳到当前文件图像中。新建“图层2”，使用柔角画笔工具，涂抹于画面，使其丰富，单击“创建新的填充或调整图层”按钮，创建“色相/饱和度”调整图层，拖动滑块设置参数，并单击“调整剪贴到此图层”按钮，创建其图层剪贴蒙版。

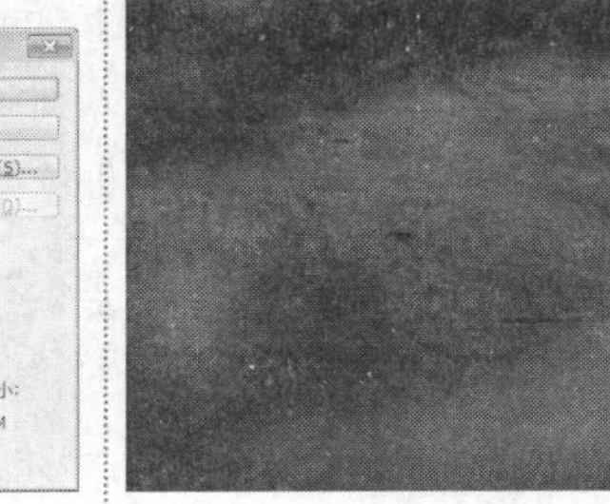

步骤3　分别打开01.png、02.png文件，拖曳到当前文件图像中，按快捷键Ctrl+T调整图像大小，单击“创建新的填充或调整图层”按钮，调整图层执行“色阶”命令、“色相/饱和度”命令、调整图层，拖动滑块，设置参数。

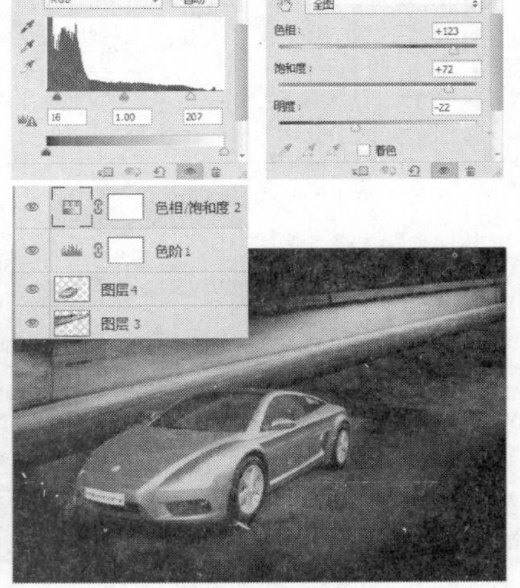

步骤4 打开03.png文件，拖曳到当前文件图像中，将其放于车头，突出图标。新建“图层5”，先使用尖角画笔工具，涂抹于车辆底部制作阴影，再使用柔角画笔涂抹于画面，丰富整个画面。

步骤5 新建“图层6”，载入“烟雾笔刷”，选择所需烟雾形状并设置前景色为白色，在车辆尾部画出烟雾效果，单击“添加图层蒙版”按钮，使用画笔工具调节参数，在其蒙版上涂抹，绘制真实烟雾效果。按快捷键Ctrl+J，连续复制“图层6”两次，复制图层后，可调整其位置和大小，以延伸烟雾效果。

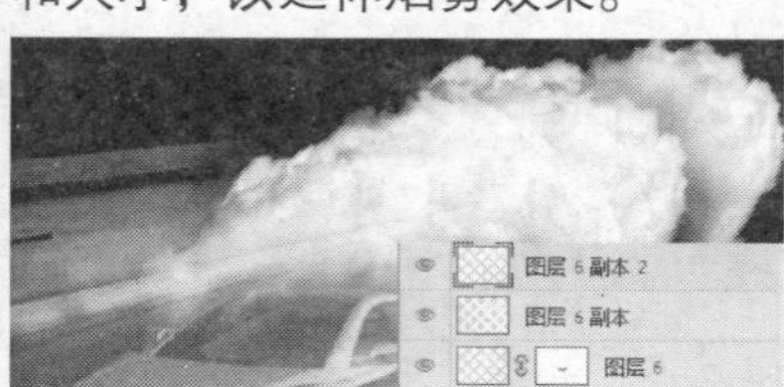

步骤6 新建“图层7”，选择所需烟雾形状并设置前景色为白色，在车辆底层和周围绘制烟雾效果。

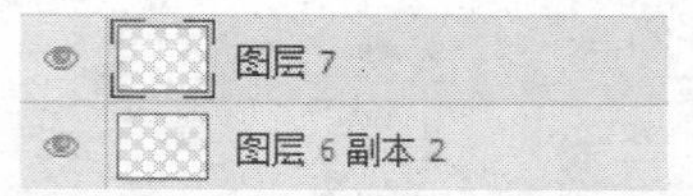

步骤7 新建“图层8”，使用柔角画笔工具，设置颜色为深蓝色（R0、G78、B100），在烟雾区域涂抹，并单击“添加图层蒙版”按钮，使用画笔工具调节参数，在其蒙版上涂抹，设置混合模式为“叠加”，给烟雾上色。

步骤8 使用相同方法依次新建“图层9”到“图层11”，依次设置颜色为蓝色（R6、G128、B226），更改“不透明度”为64%，亮蓝色（R149、G244、B249），更改混合模式为“不透明度”71%，蓝黑色（R3、G40、B49），增加烟雾色彩。

步骤9 依次新建“图层12”到“图层13”，依次设置颜色为蓝色（R52、G83、B201），深蓝色（R22、G48、B147），淡蓝色（R123、G83、B201），并降低画笔透明度在车身周围涂抹，制作出朦胧感。

步骤10 使用与步骤7相同的方法，新建“图层15”，设置颜色为黄灰色（R182、G182、B182），混合模式为“亮光”。

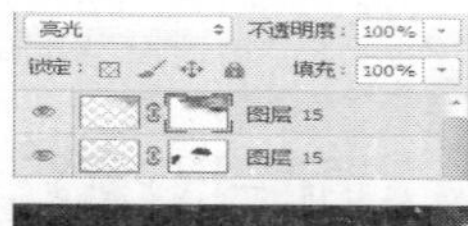

步骤11 新建“图层16”，使用柔角画笔工具，涂抹于车辆和烟雾周围，新建“图层17”，使用相同方法后单击“添加图层蒙版”按钮，使用画笔工具调节参数，在其蒙版上涂抹，设置混合模式为“叠加”、“不透明度”为56%，突出主体。

步骤12 按快捷键Ctrl+G，合并“图层8”到“图层17”为“组1”，单击“创建新的填充或调整图层”按钮，选择“色阶2”选项，调整图层，拖动滑块设置参数并单击图框中的“调整剪贴到此图层”按钮，创建“组1”剪贴蒙版。

步骤13 新建“图层18”，使用柔角画笔工具，设置颜色为橘黄色（R220、G126、B15），涂抹于车尾，并设置混合模式为“亮光”，增加车尾烟雾色彩。按快捷键T，输入文字，单击鼠标右键选择“栅格化文字”选项，按快捷键Ctrl+T进行变形，使其贴合车头。

步骤14 单击“创建新的填充或调整图层”按钮，选择“渐变填充1”选项，调整图层，拖动滑块设置参数，并单击图框中的“调整剪贴到此图层按钮”，创建该图层剪贴蒙版，做文字效果。

步骤15 分别打开04.png、05.png、06png文件，拖曳到当前文件图像中，将其放于车头和车前身，并更改混合模式为“颜色减淡”。单击“创建新的填充或调整图层”按钮，选择“色相/饱和度3”选项，调整图层，拖动滑块，设置参数，并单击图框中的“调整剪贴到此图层”按钮，创建该图层剪贴蒙版，增加其炫彩效果。

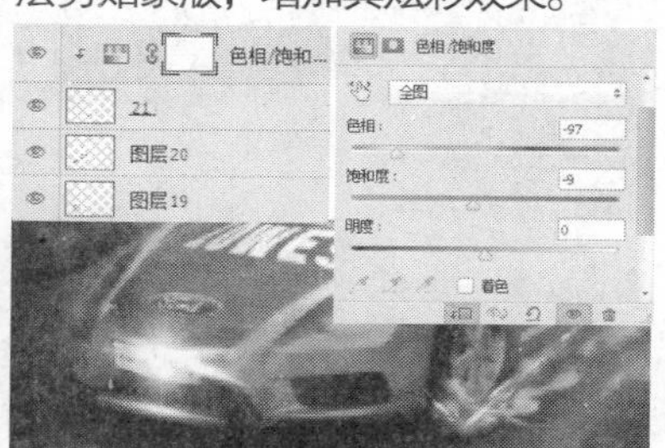

步骤16 新建“图层22”，使用柔角画笔工具涂抹车头，单击“添加图层蒙版”按钮，使用画笔工具在其蒙版上涂抹，使画面突出。

步骤17 打开07.png文件，拖曳到车灯两侧，打开08.png文件，拖曳到车前轮，设置混合模式为“颜色减淡”，单击“创建新的填充或调整图层”按钮，选择“色相/饱和度4”选项，调整图层，拖动滑块设置参数，并单击图框中的“调整剪贴到此图层”按钮，创建该图层剪贴蒙版，增加其炫彩效果。

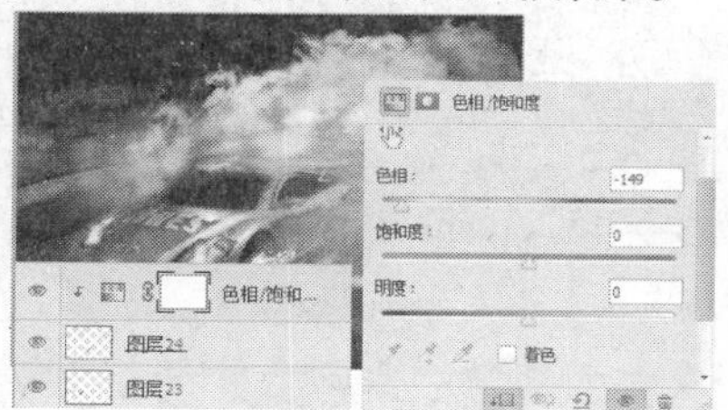

步骤18 打开09.png文件，拖曳到车身处，设置混合模式为“颜色减淡”，单击“创建新的填充或调整图层”按钮，选择“色相/饱和度5”选项，调整图层，拖动滑块，设置参数，并单击图框中的“调整剪贴到此图层”按钮，创建该图层剪贴蒙版，增加其炫彩效果。

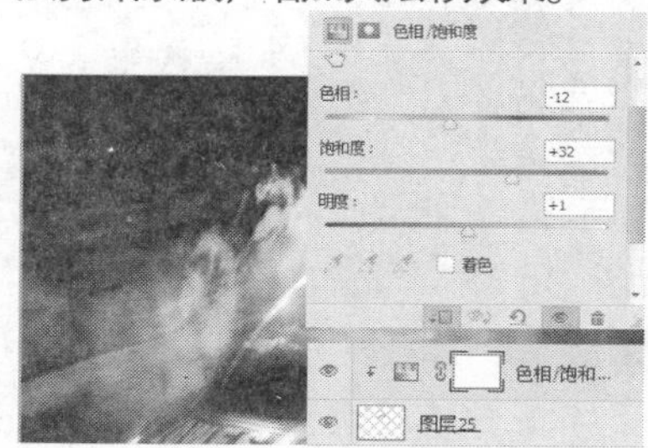

步骤19 分别打开10.png、11.png文件，拖曳到车身两侧，设置混合模式为“颜色减淡”，增加其炫彩效果。

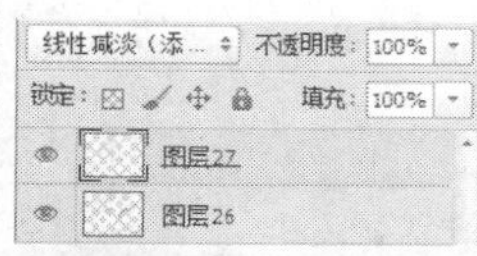

步骤20 单击“创建新的填充或调整图层”按钮，选择“色相/饱和度6”选项，调整图层，拖动滑块设置参数，并单击图框中的“调整剪贴到此图层”按钮，创建该图层剪贴蒙版，增加其炫彩效果。

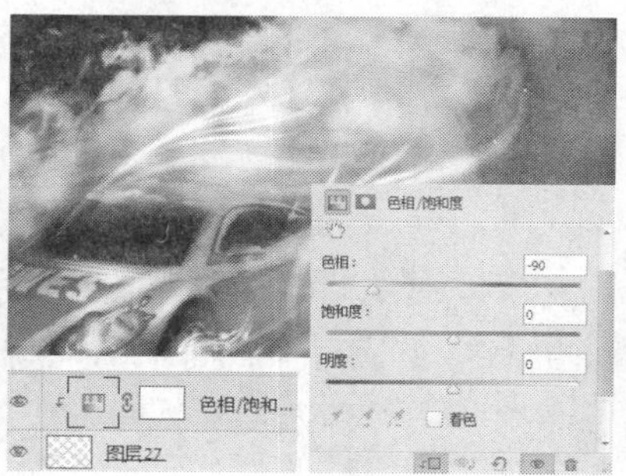

步骤21 单击“创建新的填充或调整图层”按钮，选择“曲线2”选项，调整图层，拖动滑块设置参数。

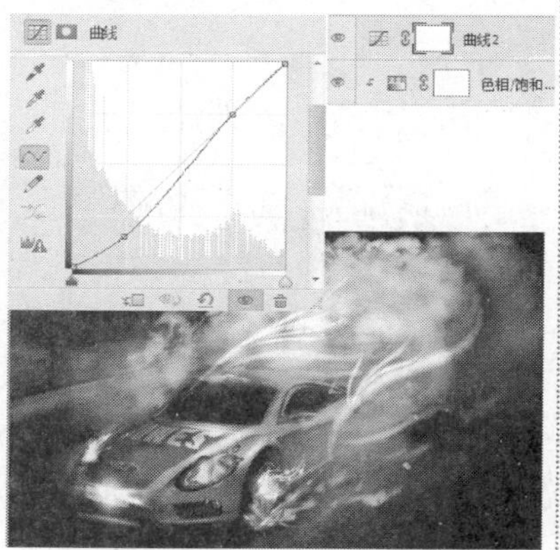

步骤22 按快捷键Ctrl+Shift+Alt+E盖印可见图层，使用加深工具，结合柔角画笔工具，丰富画面。

步骤23 单击圆角矩形工具，设置形状填充颜色为灰色（R38、G38、B40），在画面上方画出灰色链条，并设置混合模式为“线性减淡”。

步骤24 单击横排文字工具，依次输入需要的文字。使用移动工具，移到图层的下方位置，制作网页文字效果。

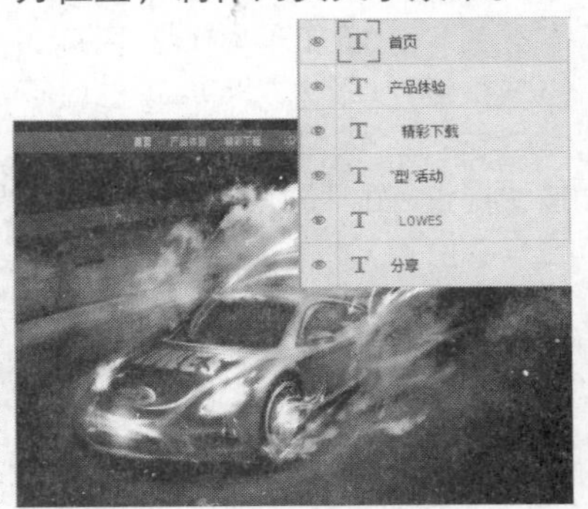

步骤25 新建“图层23”，使用矩形选框工具在画面下方创建一个矩形选区，并使用油漆桶工具填充颜色为灰色（R38、G38、B40）。按快捷键Ctrl+J连续复制四个图层，使用移动工具，移到相应位置。

步骤26 打开01.jpg文件，拖曳到当前文件图像中，使用移动工具，移到画面的右下角位置。

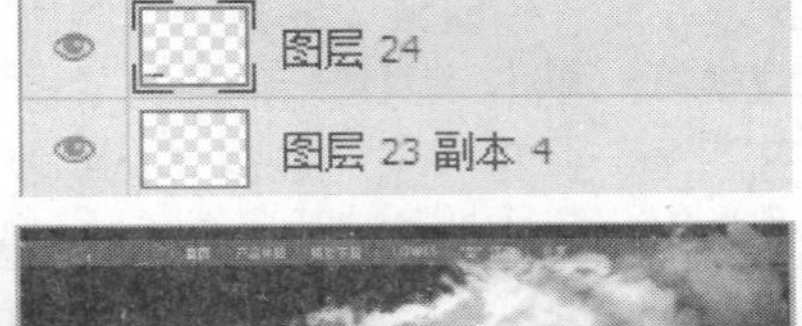

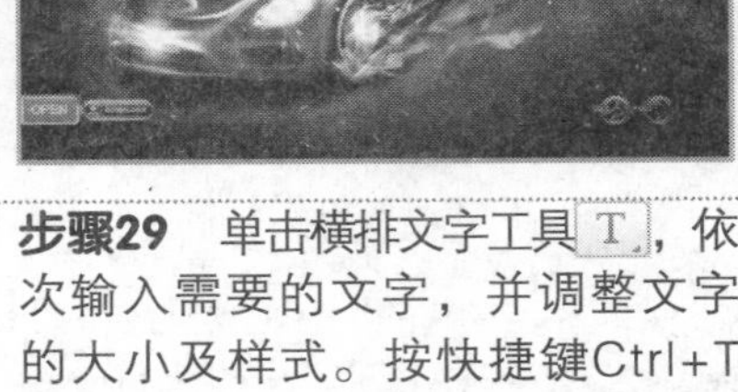

步骤27 单击横排文字工具，依次输入需要的文字，使用横排文字工具在右下角输入“预约试驾 经销商 官网 社区 隐私保障”文字，以制作网页信息提示效果。

步骤28 新建“图层25”，使用矩形选框工具，在画面下方创建一个矩形选区，并使用油漆桶工具填充颜色为蓝灰色（R110、G128、B129）。按快捷键Ctrl+T变换其大小和方向。

步骤29 单击横排文字工具，依次输入需要的文字，并调整文字的大小及样式。按快捷键Ctrl+T变换其大小，使用移动工具移到图层右下角位置。

步骤30 再次单击横排文字工具，依次输入需要的文字，并调整文字的大小及样式，使用移动工具移到相应位置，调整整个画面，至此，本实例制作完成。

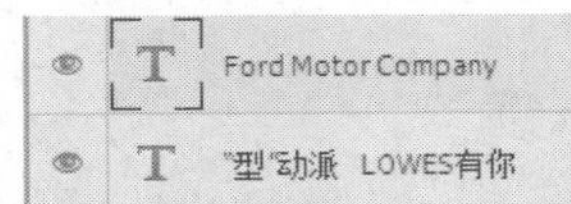

21.3.3　产品网页设计

案例分析：

本案例制作的是产品网页设计，通过鲜艳的色彩并结合填充图层和各种素材组合的效果，并且运用了亮度/对比度、纯色、图层样式、渐变、智能滤镜，使图片更加有冲击力，且充满创造力。

主要使用素材：

主要使用功能：

亮度/对比度、纯色、图层样式、渐变、智能滤镜。

光盘路径：第21章\Complete\21.3\产品网页设计.psd

视频路径：第21章\产品网页设计.swf

步骤1　执行"文件|新建"命令，新建空白图像文件。新建"图层1"，设置前景色为红色(R 171、G 56、B51)，将图层填充为红色。

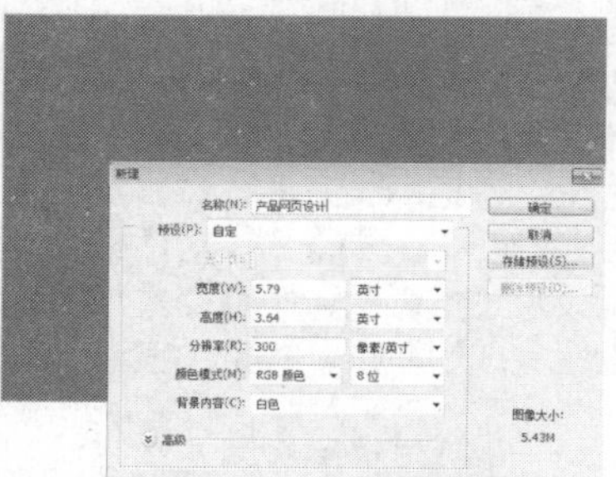

步骤2　新建"图层2"，设置前景色为白色，单击矩形选框工具，在画的底部创建矩形选区，并填充为白色，按快捷键Ctrl+D取消选区。

步骤3　新建"图层3"，设置前景色为红色（R 171、G 56、B 51），单击矩形选框工具，在画面的底部创建矩形选区，并填充为红色，按快捷键Ctrl+D取消选区。

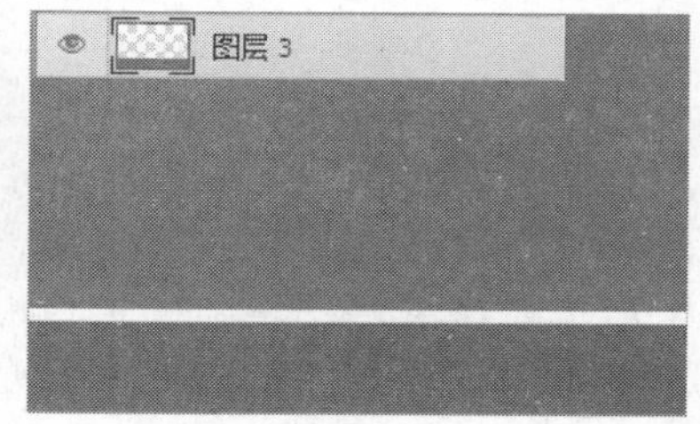

步骤4　新建"图层4"，执行"滤镜|纹理|纹理化"命令，在弹出的对话框中设置参数值，单击"确定"按钮。

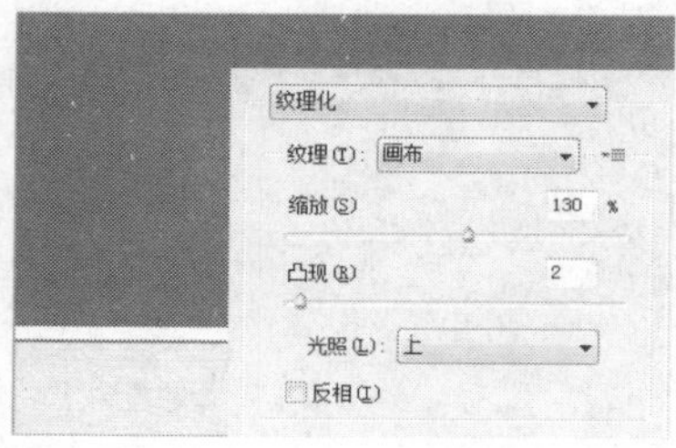

步骤5　新建"图层5"，设置前景色为黑色，单击画笔工具，在画的底部涂抹出阴影效果。将"图层5"放在"图层2"下面。

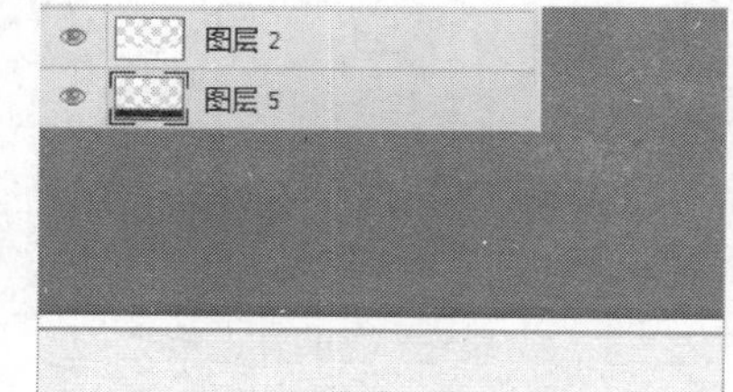

提示：

执行"编辑|首选项"命令，在弹出的对话框中，选择"增效工具"选项，并勾选"显示滤镜库的所有组合名称"复选框，单击"确定"按钮，即可在"滤镜"菜单中显示所有的滤镜组合名称。

步骤6 新建“组1”图层，打开01.png图像文件，将其拖动到当前图像文件中，生成“图层6”，并调整其位置，然后再多次复制，以达到完整的效果。

步骤7 打开02.png图像文件，将其拖动到当前图像文件中，生成“图层7”，并调整其位置。将“图层7”放在“图层5”下面。

步骤8 新建图层组“组2”，打开03.png图像文件，将其拖动到当前图像文件中，在“组2”中生成“图层8”，将其调至图像图层的下方。

步骤9 新建“图层9”，设置前景色为黄色（R242、G192、B143）并填充，然后将“图层9”放置在“图层8”下方。

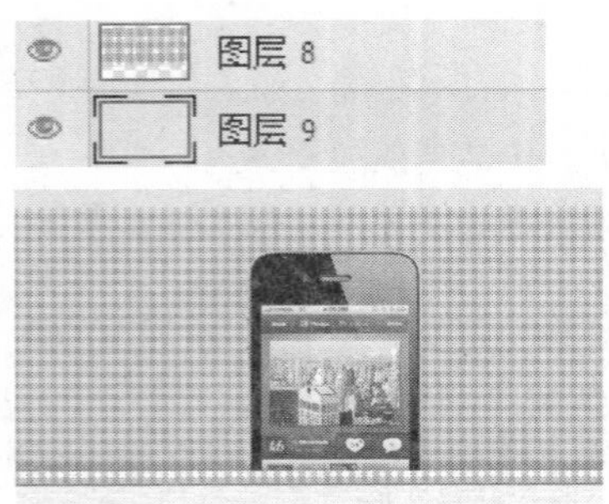

步骤10 单击“添加图层蒙版”按钮，为图层“组2”添加蒙版，然后设置前景色为黑色，单击渐变工具，在属性栏中设置属性。在蒙版中拖动渐变，以隐藏部分图像效果。

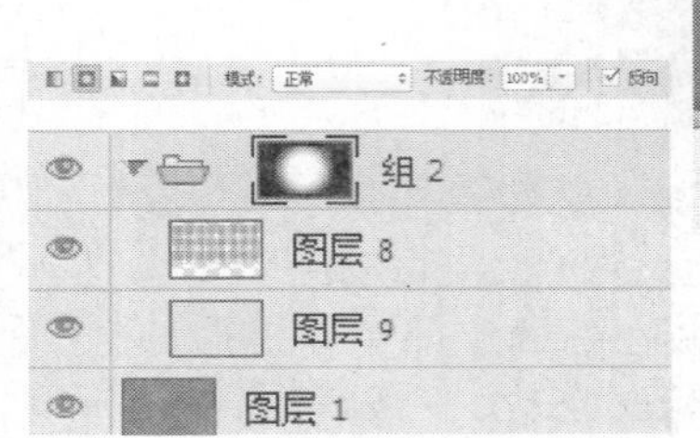

步骤11 新建图层组并命名为“组3”，设置前景色为红色（R171、G58、B52），单击椭圆工具，在画面的下方画出椭圆，并复制多个，以丰富画面效果。

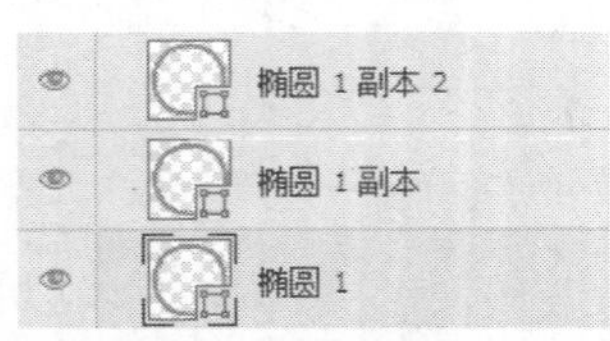

步骤12 单击横排文字工具，并在“字符”面板中设置字体大小和样式，设置字体颜色为红色（R171、G58、B52），然后在椭圆里输入相应的数字。

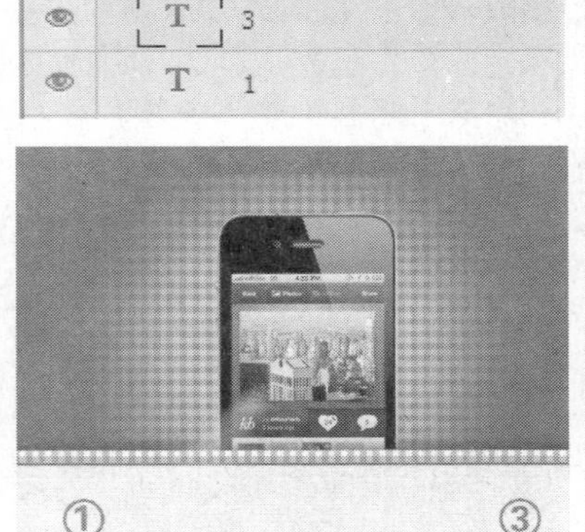

步骤13 新建图层组并命名为“组4”，单击矩形工具，在手机下方拖出长方形，然后双击图层，打开“图层样式”对话框，分别设置“投影”、“渐变叠加”，设置完成后单击“确定”按钮。

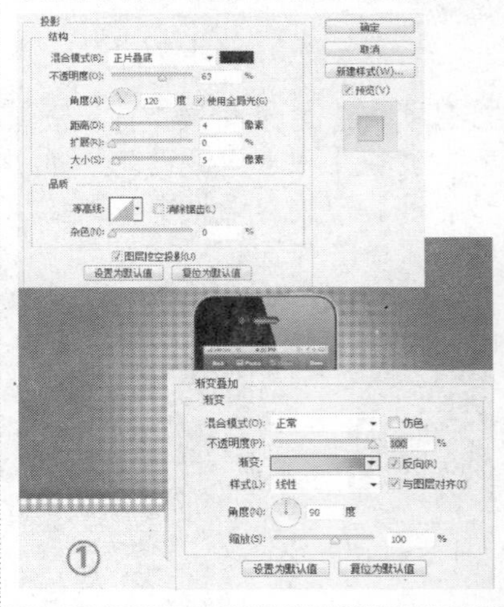

步骤14　新建“图层10”，设置前景色为黑色，单击画笔工具，设置笔刷和画笔大小，然后在长方形里进行适当的涂抹，为了加深效果，完成后新建“图层11”，继续使用白色画笔工具绘制矩形图像左上角的光影。

步骤15　单击横排文字工具T，并在“字符”面板中设置字体大小和样式，设置字体颜色为土红色（R 81、G 67、B 43），然后在方框里输入相应的英文。

步骤16　新建“组5”图层组，单击横排文字工具T，在“字符”面板中设置字体大小和样式，设置字体颜色为白色。在画面右上方输入相应的英文。在“图层样式”对话框中，分别设置“斜面和浮雕”和“等高线”，设置完成后单击“确定”按钮。

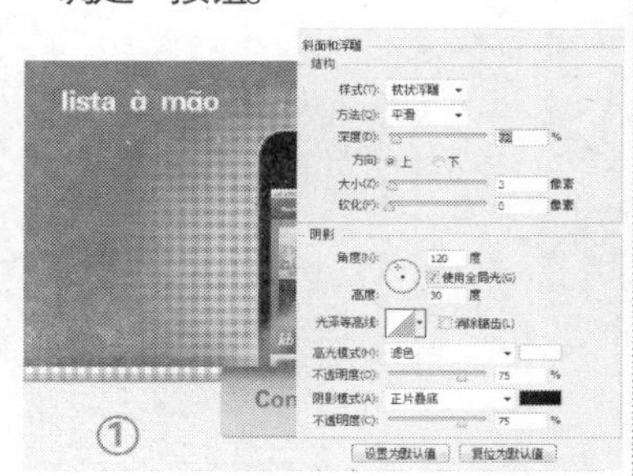

步骤17　使用相同方法，输入相应的英文。为图层添加图层蒙版，然后使用画笔工具把字母上面那个笔划抹掉。在“图层样式”对话框中，分别设置“斜面和浮雕”和“等高线”，设置完成后单击“确定”按钮。

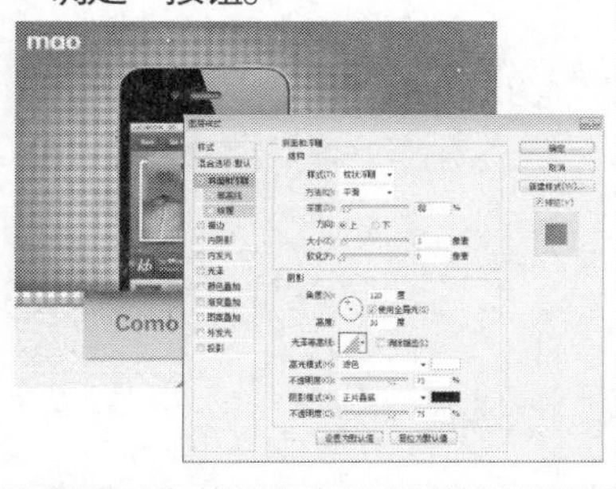

步骤18　设置前景色为白色，单击钢笔工具，在属性栏中选择“形状”，绘制出曲线。添加上一步骤的“图层样式”，设置完成后单击“确定”按钮。

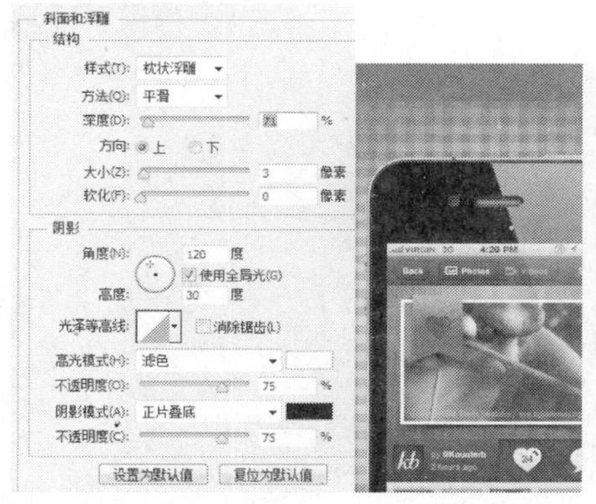

步骤19　单击横排文字工具T，并在“字符”面板中设置字体大小和样式，设置字体颜色为白色，然后输入相应的英文。

步骤20　新建“组6”图层组，选择圆角矩形工具，拖出圆角矩形框，然后为该图层添加“图层样式”对话框，分别设置“斜面和浮雕”和“渐变叠加”，设置完成后单击“确定”按钮。

步骤21　单击横排文字工具T，并在“字符”面板中设置字体大小和样式，设置字体颜色为白色，然后输入相应的英文，为该图层添加“图层样式”对话框，分别设置“斜面和浮雕”和“等高线”，设置完成后单击“确定”按钮。

步骤22 打开“04. png”图像文件，将其拖动到当前图像文件中，生成“图层12”，并调整其位置。为该图层添加“图层样式”对话框，设置“投影”，设置完成后单击“确定”按钮。在复制“图层12”生成“图层12副本”，单击“创建新的填充或调整图层”按钮，选择“曲线”选项，设置各项参数值，然后单击“此调整影响下面的所有图层”按钮，“添加图层蒙版”按钮，用画笔工具涂抹出所需部分，以调整苹果的色调。

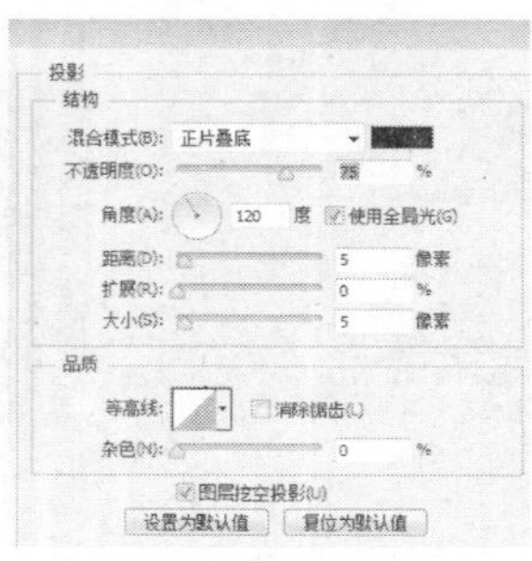

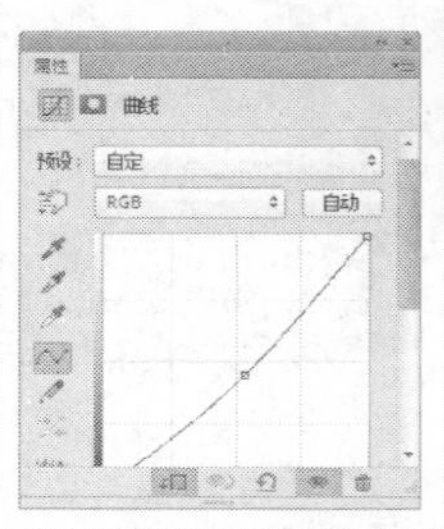

步骤23 打开“05. png”图像文件，将其拖动到当前图像文件中，生成“图层13”，并调整其位置。

步骤24 打开“06. png”图像文件，将其拖动到当前图像文件中，生成“图层14”，并调整其位置。新建“图层15”，使用画笔工具涂抹出影子的部分。

步骤25 打开“07. png”图像文件，将其拖动到当前图像文件中生成“图层16”，并调整其位置。应用“投影”图层样式，设置“投影”，设置完成后单击“确定”按钮，单击“创建新的填充或调整图层”按钮，选择“曲线”选项，设置各项参数值，调整亮度，然后单击“此调整影响下面的所有图层”按钮，并“添加图层蒙版”按钮，用画笔工具涂抹出所需部分。

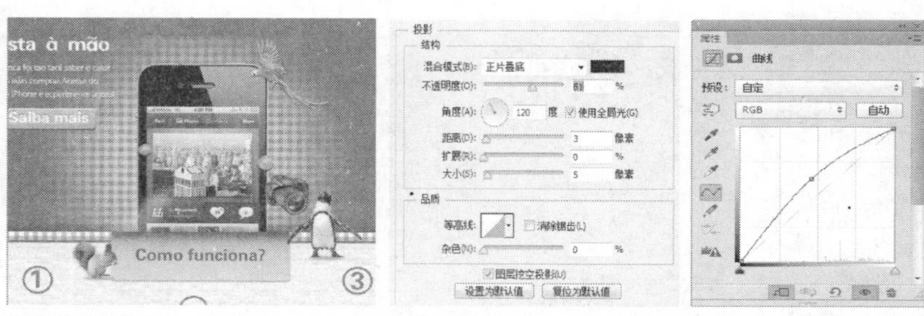

步骤26 打开“07. png”图像文件，将其拖动到当前图像文件中，生成“图层17”，并调整其位置。新建“图层18”，使用画笔工具涂抹出影子的部分。

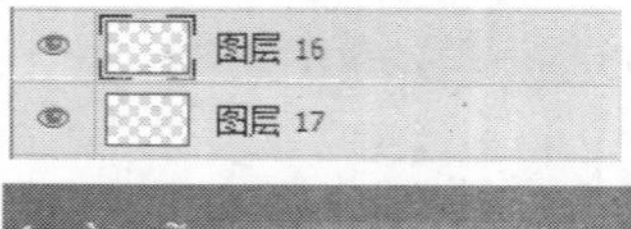

步骤27 打开“08. png”图像文件，将其拖动到当前图像文件中，生成“图层19”，并调整其位置。应用“投影”图层样式，设置“投影”，设置完成后单击“确定”按钮。再单击“创建新的填充或调整图层”按钮，选择“曲线”选项，设置各项参数值，调整亮度，单击“添加图层蒙版”按钮，用画笔工具涂抹出所需部分。最后单击“创建新的填充或调整图层”按钮，选择“亮度/对比度”选项，设置各项参数值，调整整体亮度。至此，本实例制作完成。

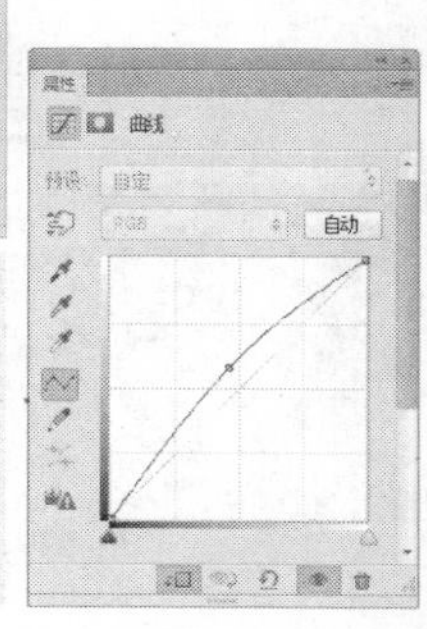

21.3.4　游戏网页

主要使用素材：

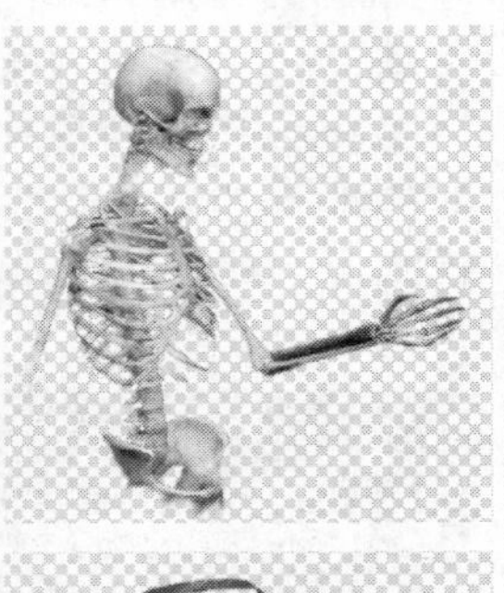

案例分析：

本案例中通过添加素材，画笔工具与图层蒙板结合使用，使用创建新的填充或调整图层中的“亮度/对比度”、“色相/饱和度”、“自然饱和度”等多种命令，设置“投影”、“外发光”、“内发光”等多种图层样式，制作出燃烧骷髅的游戏海报。

主要使用功能：

亮度/对比度、色相/饱和度、自然饱和度、色阶、画笔工具、添加图层蒙版。

光盘路径： 第21章\Complete\21.3\游戏网页.psd

步骤1　执行“文件｜新建”命令，在弹出的“新建”对话框中设置各项参数及选项，设置完成后单击“确定”按钮，新建空白图像文件。

新建
名称(N): 游戏网页　确定
预设(P): 自定　取消
大小(I):　存储预设(S)...
宽度(W): 32.14 厘米　删除预设(D)...
高度(H): 18.21 厘米
分辨率(R): 300 像素/英寸
颜色模式(M): RGB 颜色 8位
背景内容(C): 背景色　图像大小: 23.4M
高级

步骤2　执行“文件｜打开”命令，打开01.jpg文件，并拖曳到当前文件图像中，生成“图层1”。

步骤3　打开01.png文件，拖曳到当前文件图像中,单击“添加图层蒙版”按钮，单击画笔工具选择柔角画笔，在蒙版上把不需要的部分加以涂抹，并设置混合模式为“线性加深”。

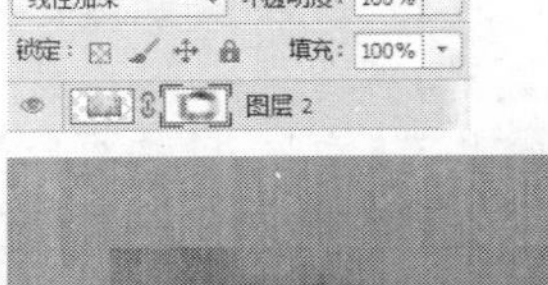

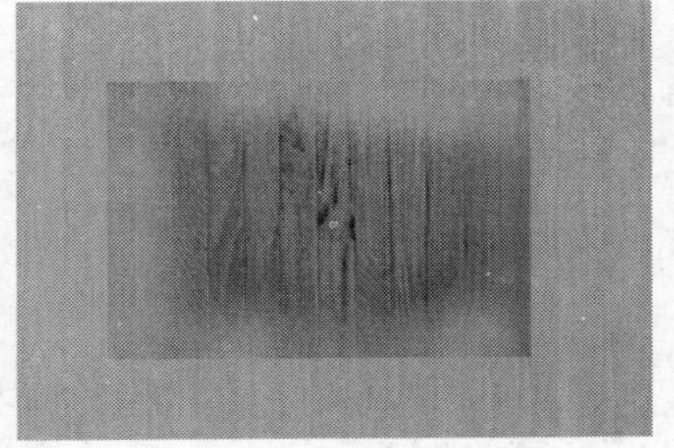

提示

单击移动工具，在属性栏中可以设置多个图层的对齐方式，包括“顶部对齐”按钮、“垂直居中对齐”按钮、“底对齐”按钮、“左对齐”按钮、“水平居中对齐”按钮、“右对齐”按钮，在“图层”面板中选择两个或两个以上图层时即可激活对齐按钮。属性栏中还有分布按钮，选中两个或两个以上的图层时即可激活这些按钮，选择相应的按钮即可快速对图层进行对齐和分布。

步骤4 新建“图层3”，设置前景色为深红色（R66、G12、B9），按快捷键Alt+Delete填充画面，并添加图层蒙版，使用柔角画笔工具在蒙版上把中间的部分加以涂抹，设置混合模式为“加深”、“不透明度”为95%。

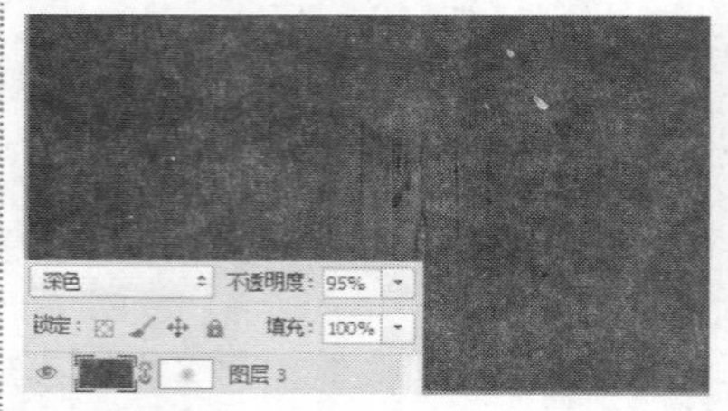

步骤5 新建“图层4”，使用柔角画笔工具，设置前景色为橘黄色，涂抹画面中间。单击“创建新的填充或调整图层”按钮，创建“色彩平衡1”，拖动滑块设置参数，并单击图框中的“调整剪贴到此图层”按钮，创建其图层剪贴蒙版，调整图层。

步骤6 新建“图层5”，使用柔角画笔工具，设置前景色为白色，涂抹画面中间。新建“图层6”，使用柔角画笔工具，设置前景色为黑色，涂抹画面的周围，突出画面的主体。

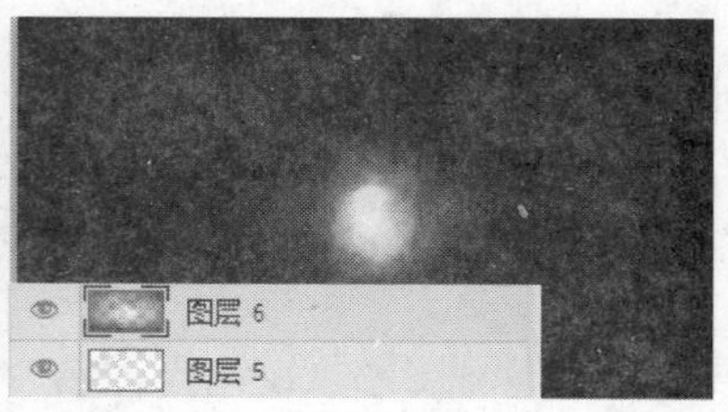

步骤7 新建“图层7”，设置前景色为深橘色（R186、G81、B16），使用柔角画笔工具涂抹画面的底部，增加画面空间感。

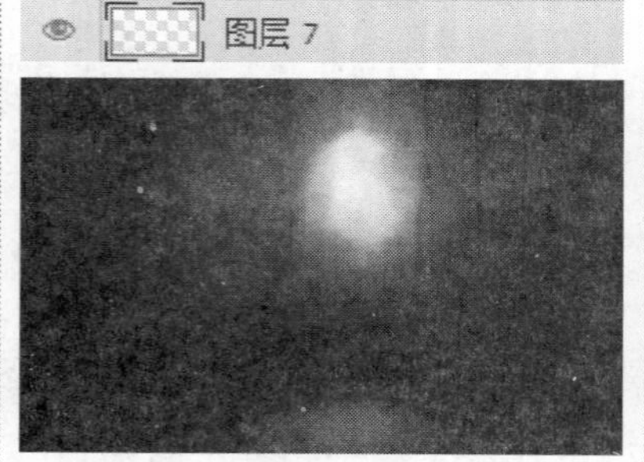

步骤8 打开02.png文件，拖曳到当前文件图像中间。执行“自然饱和度1”调整图层命令，设置参数并单击图框中的“调整剪贴到此图层”按钮，创建其图层剪贴蒙版，降低主体物的饱和度。

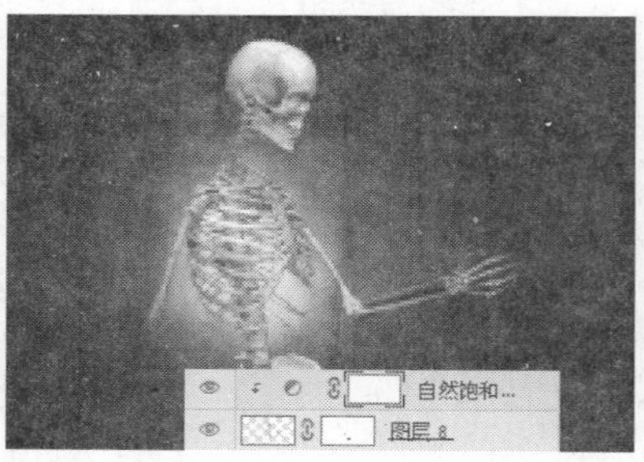

步骤9 新建“图层9”，使用柔角画笔工具设置前景色为深橘色，混合模式为“亮光”，涂抹于主体物的阴影处，按住Alt键并单击鼠标左键，创建其图层剪贴蒙版，使其有立体感和色彩呈现。

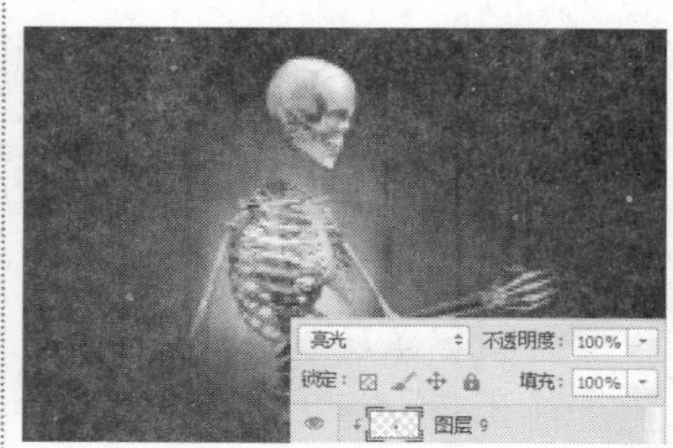

步骤10 依次新建“图层10”设置前景色为橘色（R197、G103、B56），按快捷键Alt+Delete填充画面，设置“不透明度”为13%。新建“图层11”，载入“火焰烟雾”笔刷，单击画笔工具，设置前景色为黄色，绘制火焰效果。新建“图层12”，设置混合模式为“线性减淡”，再次绘制火焰效果。

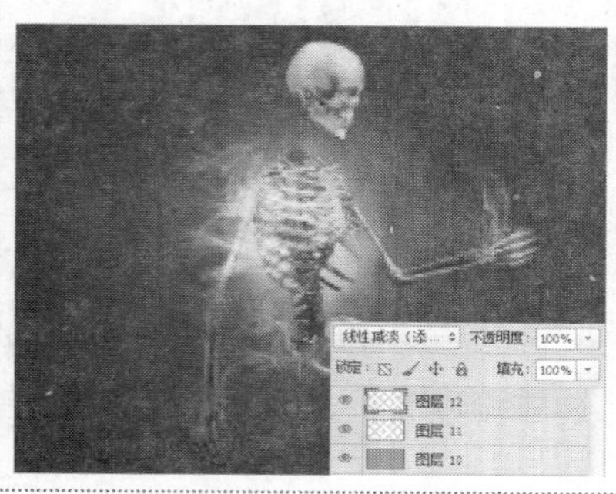

步骤11 打开03.png文件，拖曳到当前文件图像中，添加“阴影”图层样式，设置参数值，为图像添加阴影效果。新建“图层14”使用柔角画笔工具，变换使用黑白前景色，涂抹于素材高光和阴影处，增加其立体效果。

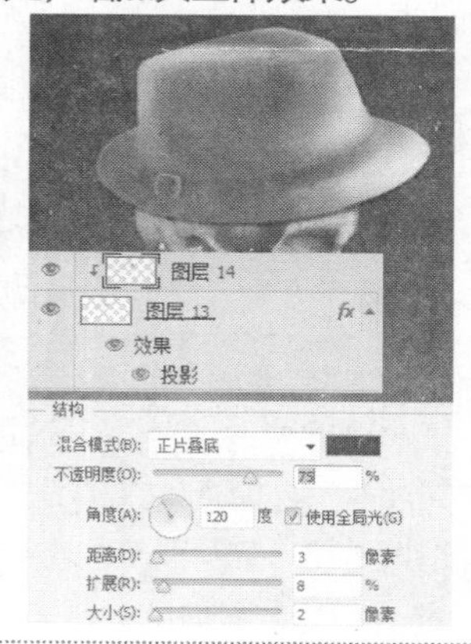

步骤12 单击“创建新的填充或调整图层”按钮，依次选择“自然饱和度2”选项、“亮度/对比度1”命令、“色相/饱和度1”选项、“色阶1”选项，调整图层，拖动滑块设置参数。并单击图框中的“调整剪贴到此图层”按钮，创建其图层剪贴蒙版。

步骤13　新建“图层15”，设置前景色为橘黄色，单击画笔工具，选择笔刷中的玫瑰形状，并添加图层蒙版，使用柔角画笔工具在蒙版上涂抹。制作出帽子与火焰相结合的效果。

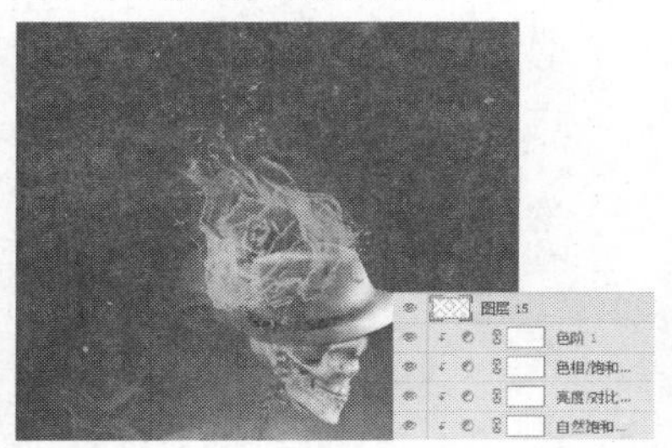

步骤14　单击横排文字工具，输入所需文字后，使用移动工具调整文字的位置和大小，使画面完整饱满，添加“内发光”、“外发光”、“投影”图层样式，设置相应参数。

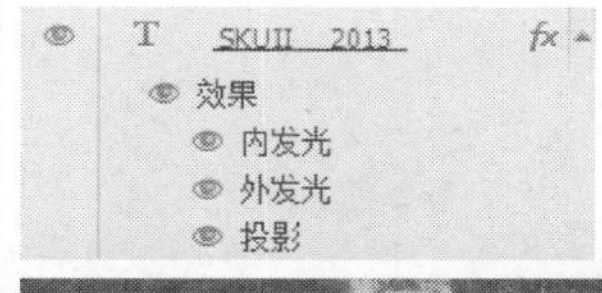

步骤15　单击“创建新的填充或调整图层”按钮，创建“亮度/对比度2”，拖动滑块设置参数，并单击图框中的“调整剪贴到此图层”按钮，创建其图层剪贴蒙版，新建“图层16”，使用柔角画笔工具，按快捷键变换使用黑白前景色，涂抹于素材高光和阴影处，增加其立体效果。

步骤16　新建“图层17”，载入“星光笔刷”，设置笔刷大小，前景色为亮黄色，点缀在文字上，以制作华丽文字的效果。

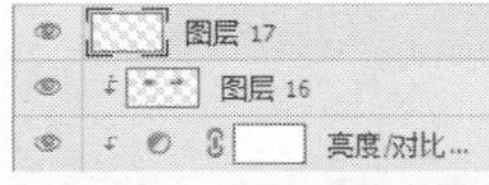

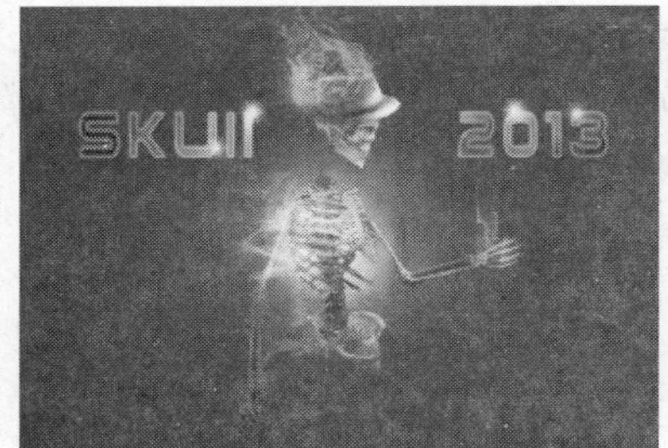

步骤17　单击横排文字工具，输入所需的游戏网页文字后使用移动工具，将其至于主体物底端。

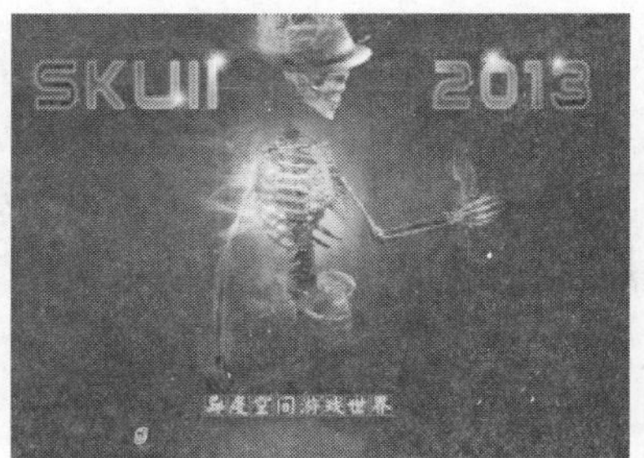

步骤18　打开04.png文件，拖曳到当前文件图像中，单击“添加图层蒙版”按钮，使用画笔工具，在蒙版上把领带部分加以涂抹，做出烧过的效果。

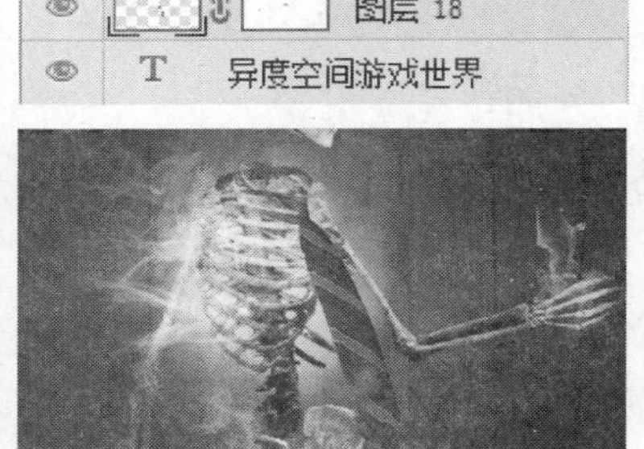

步骤19　新建“图层19”，设置前景色为黑色，按快捷键Alt+Delete填充画面，按住Alt键并单击鼠标左键，创建其图层剪贴蒙版，使领带变黑。

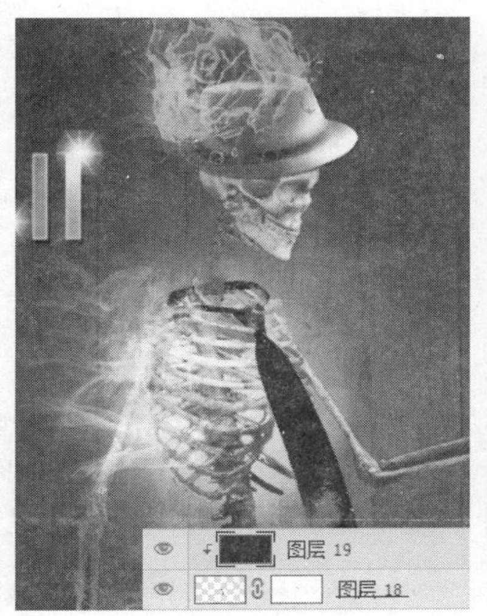

步骤20　新建“图层20”，设置前景色为黄色（R195、G155、B64），使用画笔工具的火焰画笔，涂抹于领带烧伤处，按住Alt键并单击鼠标左键创建其图层剪贴蒙版。

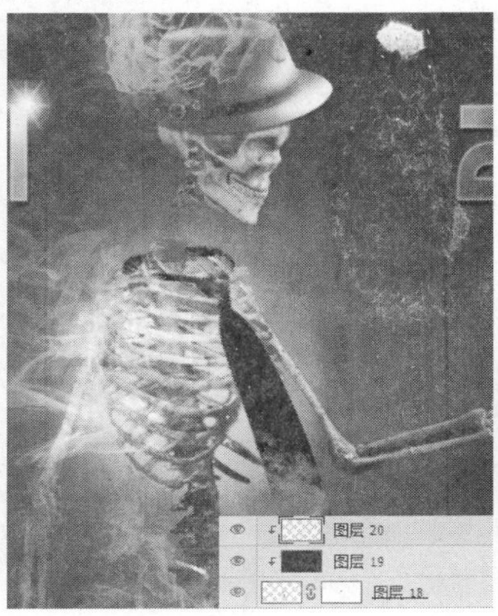

步骤21　新建“图层21”，设置前景色为黄色（R195、G155、B64），使用画笔工具的火焰画笔，涂抹于领带烧伤处，单击“添加图层蒙版”按钮，单击画笔工具，在蒙版上把领带上不需要的部分加以涂抹，作出真实烧伤领带的效果。至此，本实例制作完成。

图层 21

21.3.5 食品网页设计

案例分析：

本案例是通过“渐变填充”、“颜色填充”、“曲线”、“色阶”等命令调整图层，并且运用“叠加”、“颜色”更改“不透明度”等混合模式，为画面创建填充图层和调整图层来调整画面效果，制作出赋予想象梦幻的食品网页设计。

主要使用素材：

主要使用功能：

渐变填充、颜色填充、曲线、色阶、叠加、颜色。

光盘路径： 第21章\Complete\21.3\食品网页设计psd

步骤1 执行“文件 | 新建”命令，在弹出的“新建”对话框中设置各项参数及选项，设置完成后单击“确定”按钮，新建空白图像文件。

步骤2 单击“创建新的填充或调整图层”按钮，执行“渐变填充1”命令，并设置渐变色为从左至右的红色（R224、24、0）到中红色（R238、G100、B29）再到肉色（R240、G143、B93），填充选区为线性渐变。

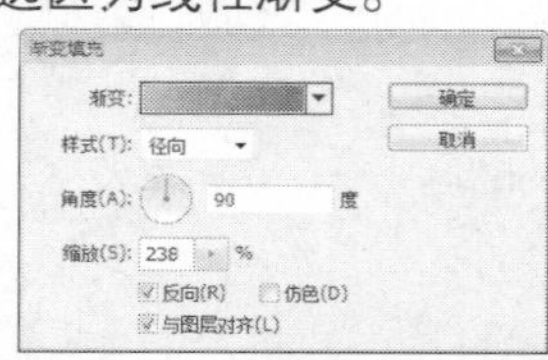

步骤3 使用相同方法执行“渐变填充1”命令，并设置渐变色为从左至右的橘红（R224、G24、B20）到粉色（R240、G143、B93），填充选区为线性渐变。

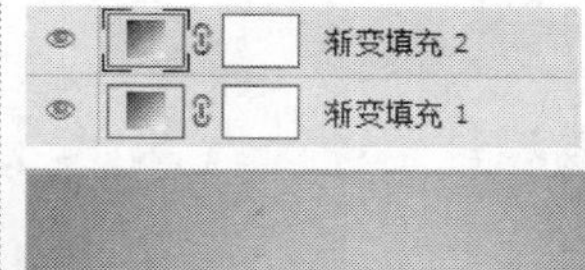

步骤4 打开01.png文件，拖曳到当前文件图像的底端，单击“创建新的填充或调整图层”按钮，选择“颜色填充1”选项，并设置其填充颜色为暗红色（R54、G6、B6），按住Alt键并单击鼠标左键创建图层剪贴蒙版。

步骤5 按快捷键Ctrl+J，复制“图层1”，将其拖曳到“颜色填充1”图层的上方。单击“创建新的填充或调整图层”按钮，选择“色阶1”选项，拖动滑块设置参数，并单击图框中的“调整剪贴到此图层”按钮，创建其图层剪贴蒙版。

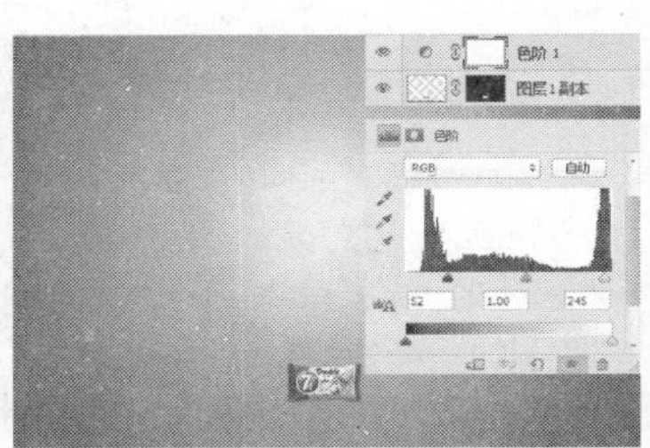

步骤6 新建“图层2”，载入“云朵笔刷”，设置前景色为白色，于页面右上方画出云朵，单击“添加图层蒙版”按钮，使用画笔工具，调节参数，在其蒙版上涂抹，使云朵自然漂浮。

步骤7 打开02.png文件，拖曳到当前文件图像上，设置“不透明度”为80%，打开03.png文件，拖曳到当前文件图像上，单击“添加图层蒙版”按钮，使用画笔工具，调节参数，在其蒙版上涂抹，设置混合模式为“叠加”，使画面柔和。

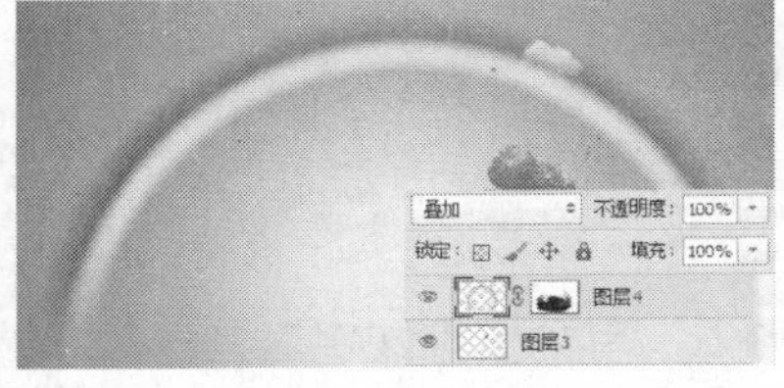

步骤8 按快捷键Ctrl+J复制“图层4”，将其拖曳到“图层4”图层的下方，设置混合模式为“颜色”、“不透明度”为20%，做出彩虹阴影效果，再返回“图层4”。

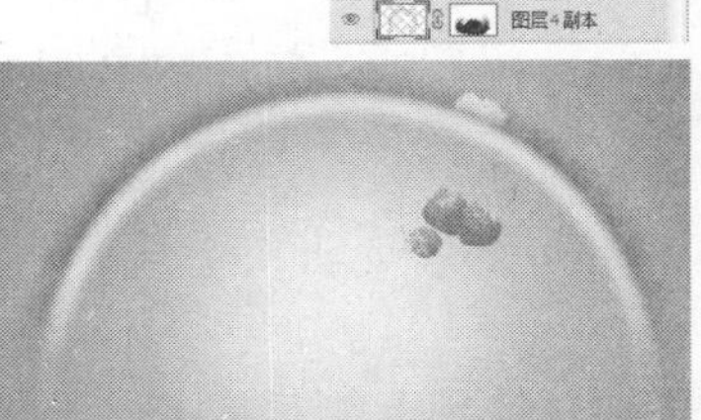

步骤9 打开04.png文件，拖曳到当前文件图像中间，单击“创建新的填充或调整图层”按钮，选择“选取颜色1”选项，拖动滑块设置参数，并单点击图框中的“调整剪贴到此图层”按钮，创建其图层剪贴蒙版。

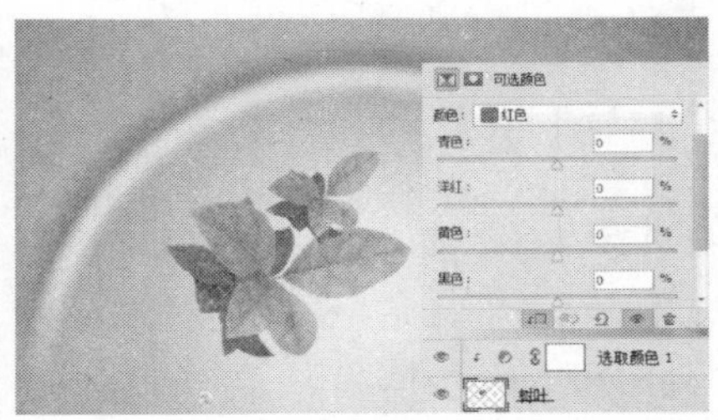

步骤10 打开05.png文件，拖曳到当前文件图像中间，单击“创建新的填充或调整图层”按钮，选择“色相/饱和度1”选项，拖动滑块设置参数，并单击图框中的“调整剪贴到此图层”按钮，创建其图层剪贴蒙版。

步骤11 再次打开01.png文件，拖曳到当前文件图像中间，按快捷键Ctrl+J复制“图层6”，单击移动工具，调整图像。打开06.png文件，拖曳到当前文件图像的左侧与画面结合。

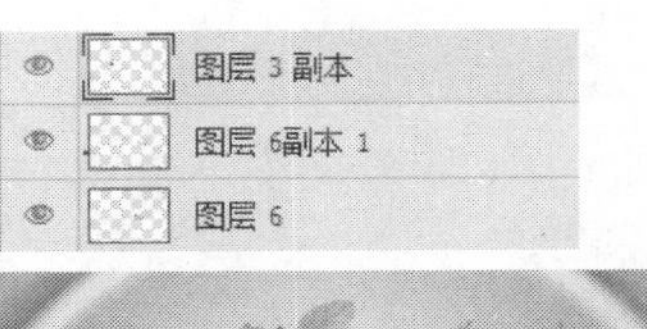

步骤12 按快捷键Ctrl+G，合并“图层5”到“图层7”，组成“组1”，单击“创建新的填充或调整图层”按钮，选择“曲线1”选项，拖动滑块设置参数，并单击图框中的“调整剪贴到此图层”按钮，创建其图层剪贴蒙版。

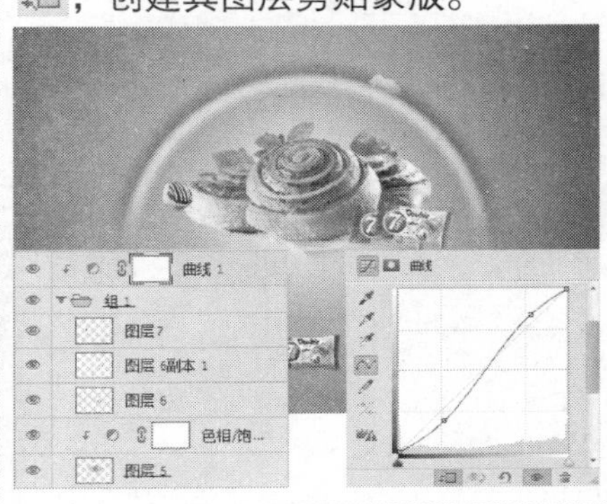

步骤13 新建“图层8”，单击画笔工具，选择所需的云朵形状，设置前景色为白色，于页面中间画出大片云朵，单击“添加图层蒙版”按钮，使用画笔工具，调节参数，在其蒙版上涂抹，使云朵自然漂浮。

步骤14 新建“图层9”，使用柔角画笔工具，选择形状，设置前景色为黑色，涂抹出云朵，单击“添加图层蒙版”按钮，使用画笔工具，调节参数，在其蒙版上涂抹，并设置混合模式为“叠加”，使云朵具有立体感。

步骤15 新建“图层10”，使用柔角画笔工具，选择形状，设置前景色为淡粉色（R250、G233、B216），在画面周围涂抹出云朵，使画面有烟雾缭绕的效果。

步骤16 新建“图层11”，使用柔角画笔工具，调整大小，设置前景色为黑色，涂抹与画面周围，设置混合模式为“叠加”，使画面柔和。

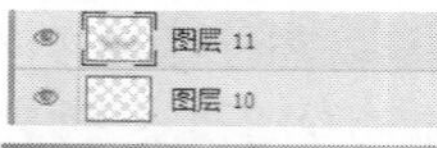

步骤17 打开07.png文件，拖曳到当前文件图像的左侧，打开08.png文件，拖曳到当前文件图像的右侧。为图像添加丰富的层次。

步骤18 单击“创建新的填充或调整图层”按钮，选择“色阶2”选项，拖动滑块设置参数，并单击图框中的“调整剪贴到此图层”按钮，创建其图层剪贴蒙版。

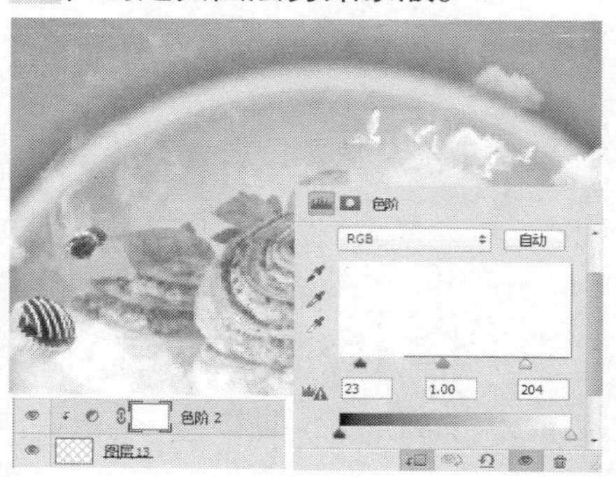

步骤19 打开09.png文件，拖曳到当前文件图像中，放置于画面的合适位置。

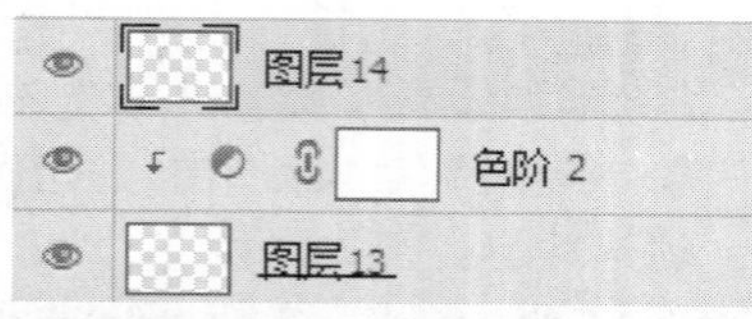

步骤20 使用钢笔工具，在属性栏中设置为形状填充，前景色为白色，在画面中心物体的右侧画出云朵图形。

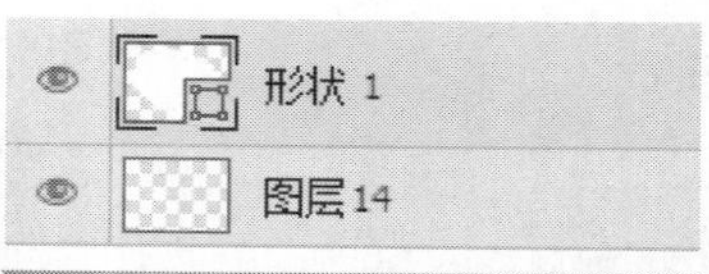

步骤21 单击横排文字工具，输入所需文字后使用移动工具，将其置于上一步中画出的云朵上方，并右键单击选择“栅格化文字”选项，按快捷键Ctrl+T变换文字的大小和方向。

步骤22 使用自定形状工具，并在属性栏中选择云朵形状，设置前景色为白色，在画面中心物体左后方画出云朵图形，使画面中的云朵有层次感。

步骤23 单击横排文字工具，输入所需文字后使用移动工具，将其放在云朵上方，按快捷键Ctrl+T变换文字的大小和方向。

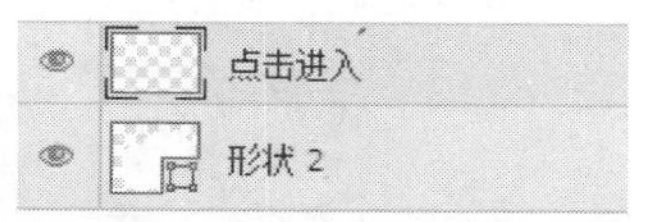

步骤24 继续单击横排文字工具，输入所需文字后使用移动工具，将其至于画面下方，在属性栏中设置字体，并设置前景色为白色，按快捷键Ctrl+T变换文字的大小和方向。

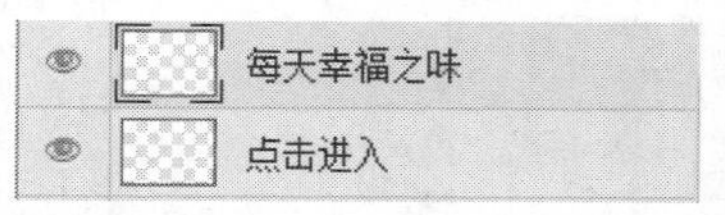

步骤25 再次单击横排文字工具，输入所需文字后使用移动工具，将其至于文字下方，在属性栏中设置字体样式和大小，并设置前景色为白色，右键单击选择“栅格化文字”选项，按快捷键Ctrl+T，变换文字的大小和方向。

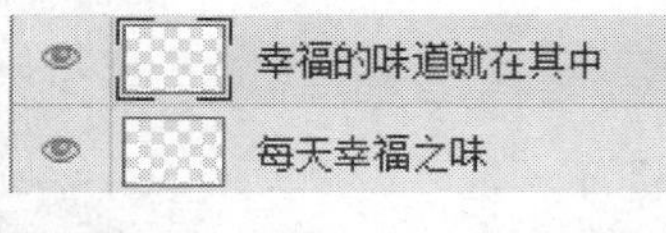

步骤26 新建“图层15”，使用矩形选框工具在步骤24的文字左右两侧建立两个长条矩形选区，并使用油漆桶工具，设置前景色为白色，然后按快捷键Ctrl+D取消选区，至此，本实例制作完成。

技巧：

使用钢笔工具时，可在其属性栏中设置形状、路径等选项。设置形状选项时可直接设置其填充颜色，即可直接完成路径和油漆桶工具填充相结合的方式。在使用钢笔工具对形状填充编辑完成后，可按快捷键Ctrl+J复制该图层，将原图层隐藏，单击鼠标右键选择“栅格化图层”选项，即可对图层进行编辑。栅格化图层后按快捷键Ctrl+T可变换文字的大小和方向。单击“添加图层样式”按钮，选择其中的选项即可做出图形的“浮雕”、“投影”、“内发光”、“外发光”等多种效果，丰富画面，增加画面的立体感和视觉冲击力。

21.4 包装设计

包装设计是Photoshop图像处理应用中很实用的一部分，画笔工具、渐变工具、图层样式能给使用者带来特殊的效果，通过前面对软件的学习，可以利用各种工具相结合，做出逼真、漂亮的各种包装设计。

21.4.1 汽油包装

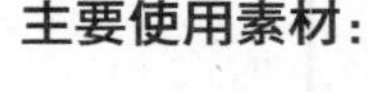

主要使用素材：

案例分析：

在本实例中运用渐变工具制作背景，运用钢笔工具绘制图案，用画笔工具和渐变工具制作立体感，最后利用图层蒙版制作倒影，制作过程中要注意色调的掌握。

主要使用功能：

渐变工具、钢笔工具、图层混合模式、文字工具、图层蒙版。

光盘路径：第21章\Complete\21.4\汽油包装.psd

步骤1 执行“文件 | 新建”命令，在弹出的“新建”对话框中设置各项参数及选项，设置完成后单击“确定”按钮，新建空白图像文件。

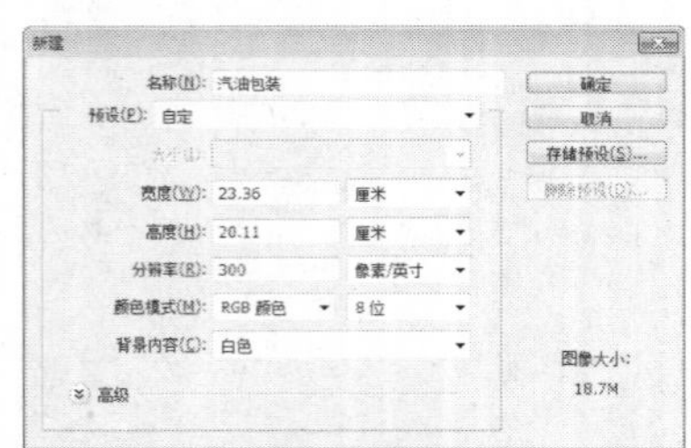
新建
名称(N): 汽油包装
预设(P): 自定
宽度(W): 23.36 厘米
高度(H): 20.11 厘米
分辨率(R): 300 像素/英寸
颜色模式(M): RGB 颜色 8位
背景内容(C): 白色
高级
确定
取消
存储预设(S)...
删除预设(D)...
图像大小:
18.7M

步骤2 新建“图层1”，设置前景色为灰色，背景色为黑色，单击渐变工具，在属性栏中单击“径向渐变”按钮，选择从“前景色到背景色渐变”，从画面中心向右下角拖动。

步骤3 新建“图层2”，设置前景色为灰色，背景色为白色，单击渐变工具，在属性栏中单击“线性渐变”按钮，选择从“前景色到背景色渐变”，从画面下方向上拖动。

步骤4 新建“图层3”，设置前景色为黑色，单击椭圆选框工具，然后在属性栏中修改羽化值为45，拖动绘制一个椭圆，按快捷键Alt+Delete为其填充黑色，然后设置图层的“不透明度”为28%。

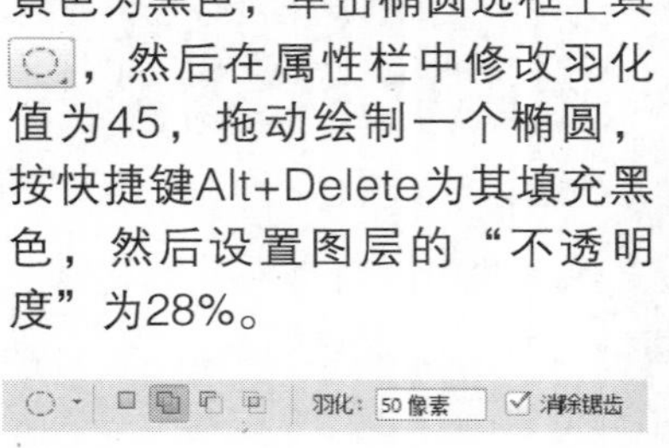

步骤5 单击钢笔工具，在属性栏中选择“形状工具”，绘制出图形，并为其填充黄色（R254、G230、B114）。

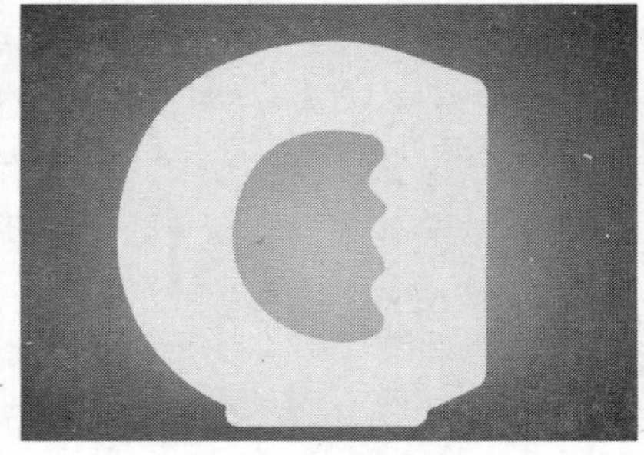

步骤6 新建“图层4”，设置前景色为红色（R169、G59、B20），单击笔工具，选择柔角画笔涂抹中间部分，并按快捷键Ctrl+Alt+G创建剪贴蒙版，制作出立体感。

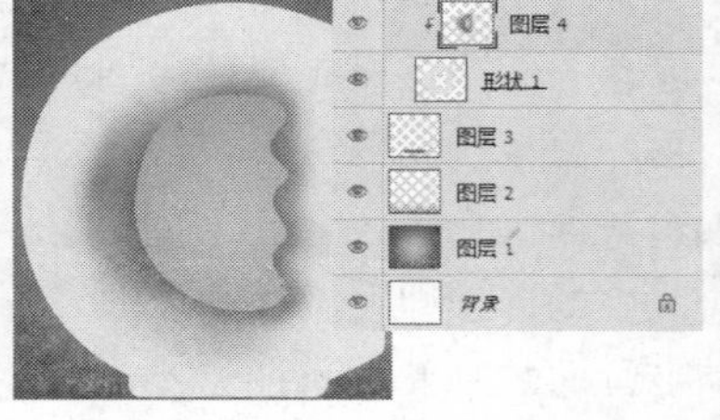

步骤7　执行“文件 | 打开”命令，分别打开“素材1.png”和“橘子.png”素材文件，单击移动工具将图片调整到合适的位置并创建剪贴蒙版，设置“图层6”的图层混合模式为“线性光”，“不透明度”为50%。

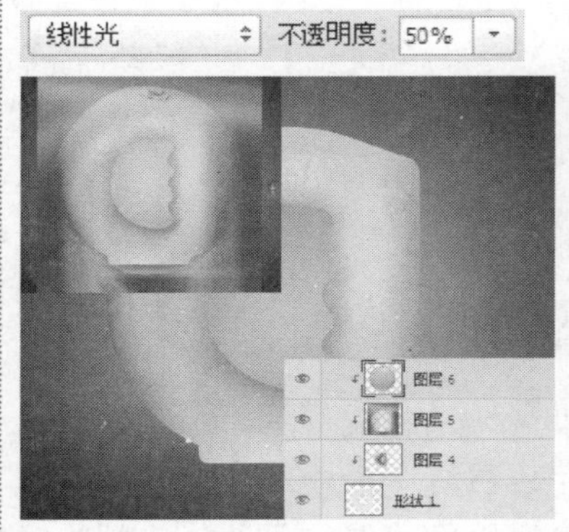

步骤8　新建“图层7”，单击画笔工具，单击画笔栏旁的下拉按钮，打开画笔拾取器，选择柔角画笔工具，设置画笔的“不透明度”为50%，涂抹图形边缘并创建剪贴蒙版，使用同样方法继续深化图形的立体感。

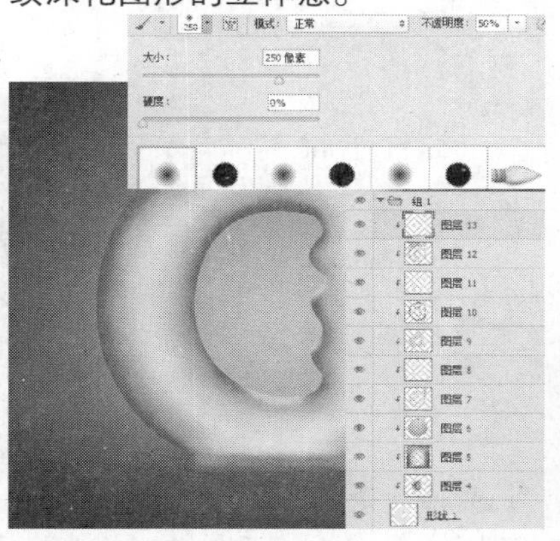

步骤9　单击“组1”，按快捷键Ctrl+J，复制“组1”，在复制后的组上右击鼠标，执行“合并组”命令，将图层合并为图层组。执行“滤镜 | 滤镜库 | 塑料包装”命令，在弹出的对话框中设置参数。

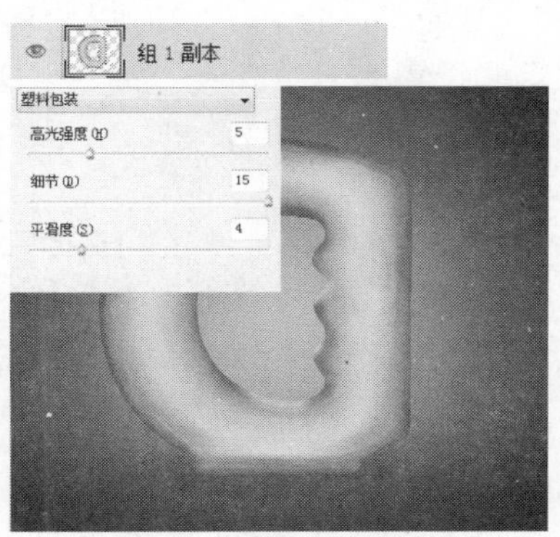

步骤10　单击“创建新的填充或调整图层”按钮，在弹出的下拉菜单中分别选择“色相/饱和度”命令，在弹出的对话框中设置参数，并结合画笔工具涂抹蒙版，隐藏不需要的部分。

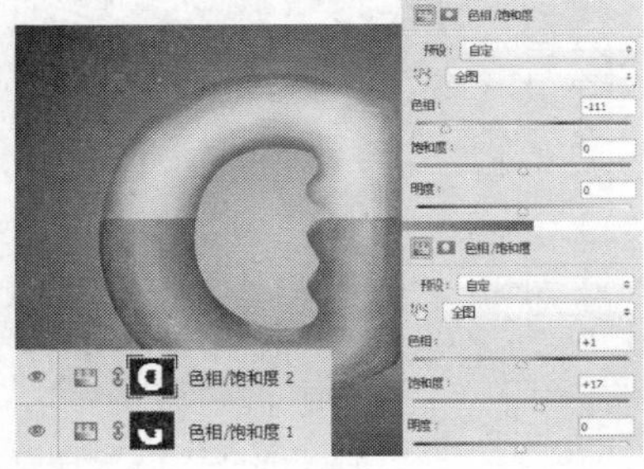

步骤11　新建“图层14”，设置前景色为黄色（R218、G171、B42），单击画笔工具，涂抹底部边缘绘制高光，然后设置图层混合模式为“叠加”。新建“图层15”，单击画笔工具，设置前景色为（R155、G85、B210），继续绘制底部高光。

步骤12　执行“文件 | 打开”命令，打开“水珠1.png”素材文件，单击移动工具调整位置，设置图层混合模式为“线性光”，新建“图层17”，打开“水珠2.png”素材文件，单击移动工具，将图片调整到合适的位置。

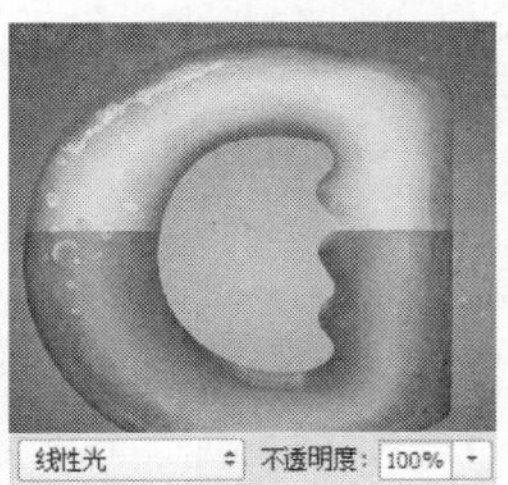

步骤13　新建“组2”，新建“图层18”，单击钢笔工具，绘制出图形，并为其填充黑色。新建“图层19”，单击画笔工具，设置前景色为灰黑色（R43、G43、B43），涂抹图形的中间部分，并创建剪贴蒙版，增加光泽。

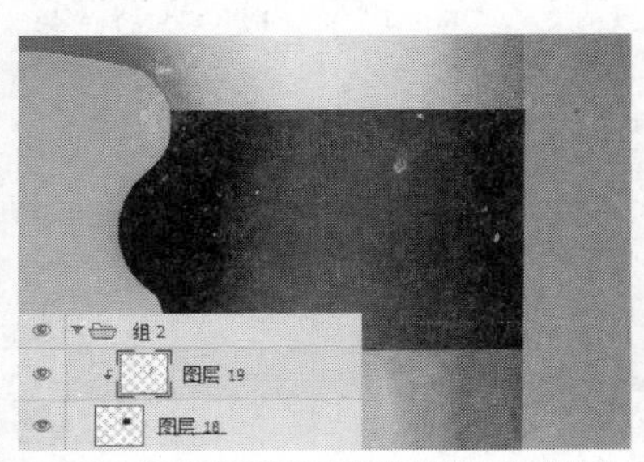

步骤14　单击文字工具，设置前景色为橘黄色（R218、G171、B42），输入MORE，然后设置前景色为白色，输入M。新建“图层20”，单击画笔工具，选择柔角画笔涂抹并创建剪贴蒙版，给字M制作光泽感。

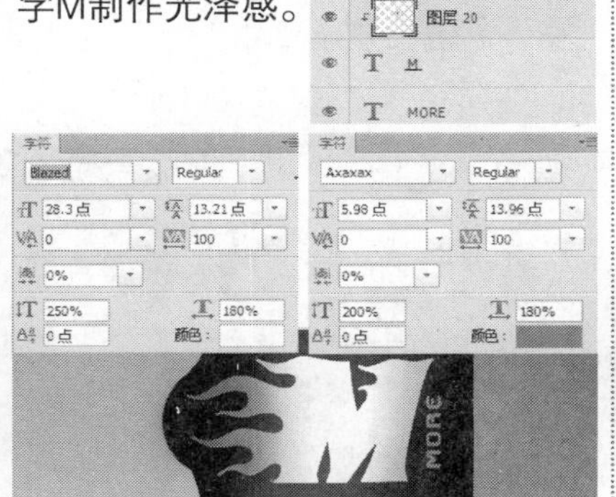

步骤15　打开“标志1.png”素材文件，单击移动工具调整位置，双击“图层21”缩略图，弹出“图层样式”对话框，勾选“描边”复选框，在对话框中设置参数。

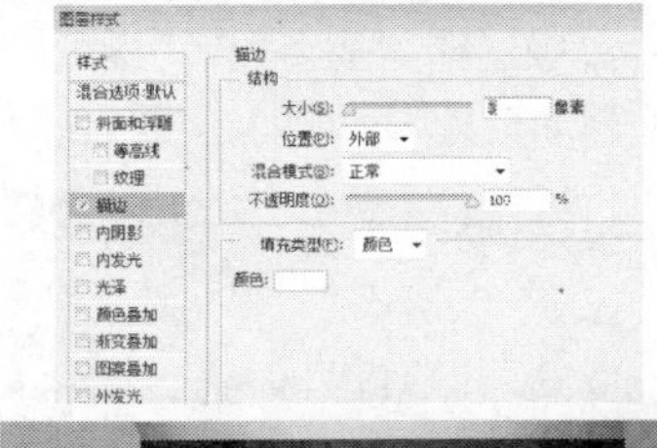

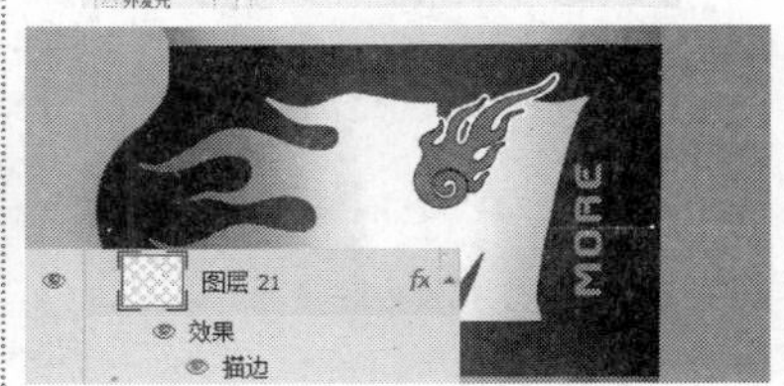

步骤16 新建“图层22”，单击画笔工具，选择柔角画笔涂抹黑色图形边缘，并创建剪贴蒙版，绘制出边缘光泽。

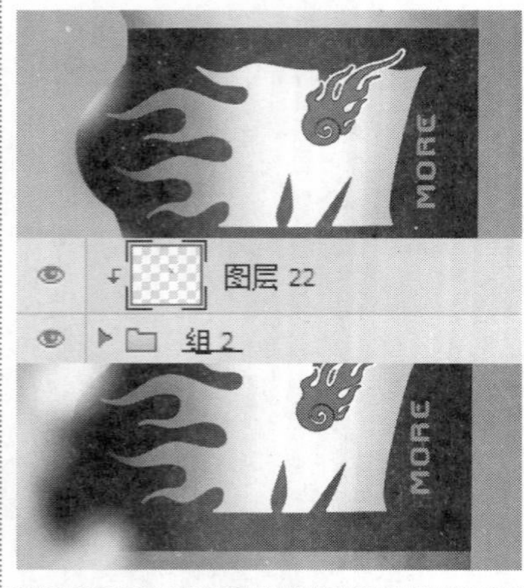

步骤17 新建“组3”，在“组3”中新建“图层23”，打开“标志2.png”，调整好位置，然后单击直排文字工具，输入Liquid，双击“组3”，在弹出的“图层样式”对话框中勾选“斜面与浮雕”、“投影”复选框并设置参数。

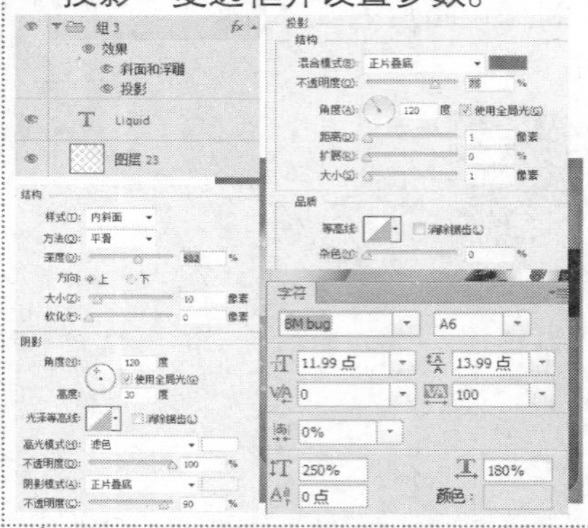

步骤18 新建“图层24”，单击钢笔工具，绘制出图形，并为其填充白色，然后单击画笔工具，用灰色（R218、G171、B42）柔角画笔涂抹边缘部分，使瓶盖有光泽感，使用同样方法为瓶盖底部制作光泽感。

步骤19 新建“图层26”，单击钢笔工具，绘制瓶口，并为其填充橘色（R236、G74、B36），新建“图层27”，打开“素材2.png”素材文件，单击移动工具调整位置，然后按快捷键Ctrl+Alt+G创建剪贴蒙版，并设置图层的“不透明度”为70%。

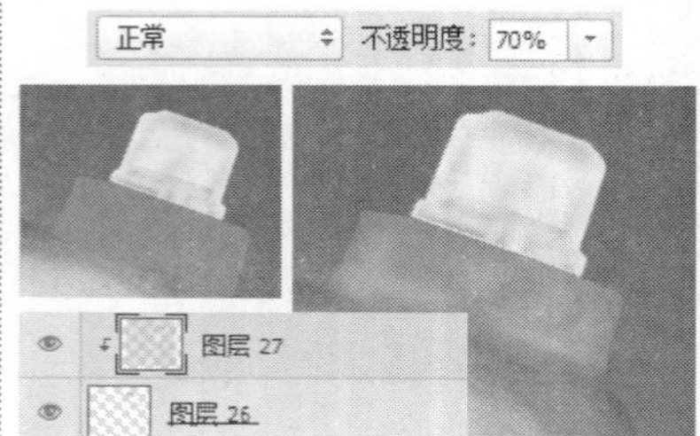

步骤20 新建“图层28”、“图层29”，单击钢笔工具绘制高光部分，为其填充白色，并设置图层“不透明度”为70%。

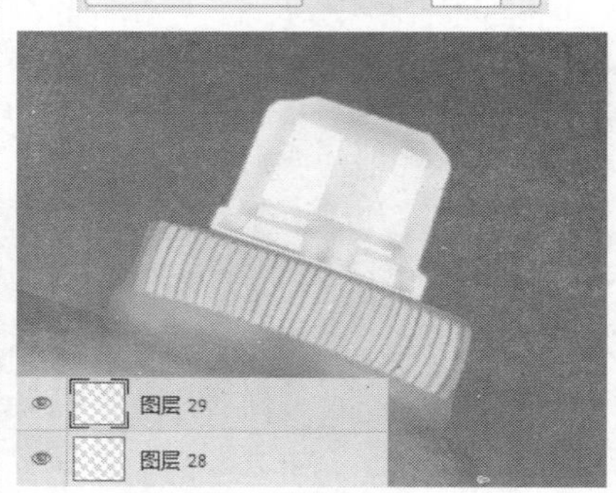

步骤21 新建“图层30”，单击钢笔工具，绘制高光部分，为其填充橘黄色（R218、G171、B42），并设置图层“不透明度”为70%。

步骤22 按快捷键Ctrl+J，复制“组1副本”，生成“组1副本2”，并将其拖动至“图层”面板最上方，按快捷键Ctrl+T执行“自由变换”命令，右击图像，在弹出的下拉菜单中选择“垂直翻转”命令，单击移动工具调图像位置。

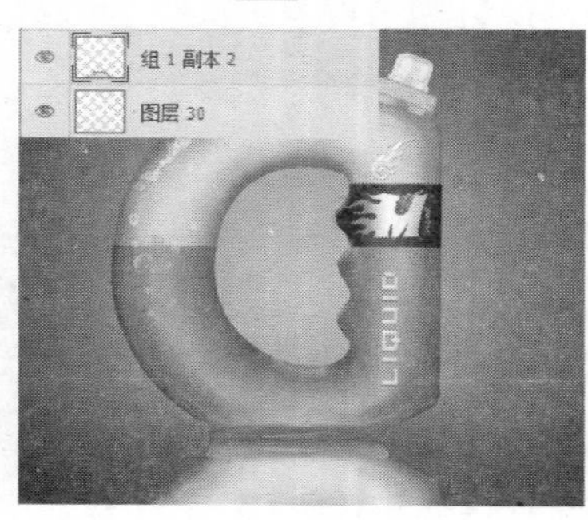

步骤23 单击“添加图层蒙版”按钮，单击渐变工具，选择“径向渐变”按钮，在属性栏中单击渐变色条旁的下拉按钮，在拾取器中选择“前景色到背景色渐变”，从下向上拉取渐变，制造出瓶子倒影。

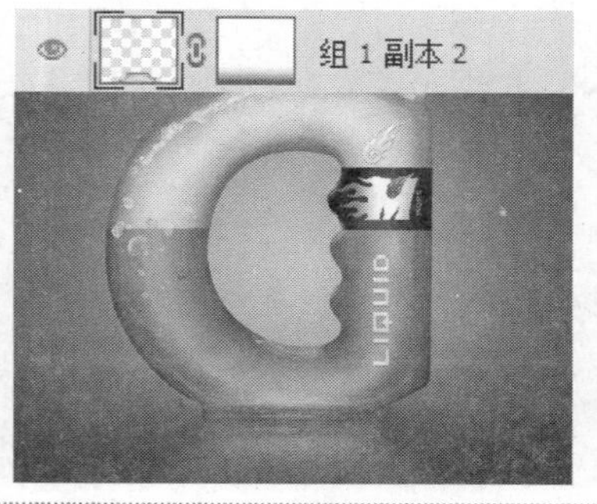

步骤24 新建“图层31”，执行“文件 | 打开”命令，打开“商标.png”素材文件，单击移动工具，将图片调整到合适的位置，至此，本实例制作完成。

21.4.2 牛奶包装

主要使用素材：

案例分析：

在本实例中运用多边形套索工具和钢笔工具绘制图案，通过素材的组合制作出瓶身的主要图案，最后调整背景，利用多边形套索工具和图层混合模式制作阴影。

主要使用功能：

多边形套索工具、钢笔工具、图层混合模式、文字工具、色相/饱和度、图层蒙版。

光盘路径：第21章\Complete\21.4\牛奶包装.psd

步骤1 执行"文件 | 新建"命令，在弹出的"新建"对话框中设置各项参数及选项，设置完成后单击"确定"按钮，新建空白图像文件。

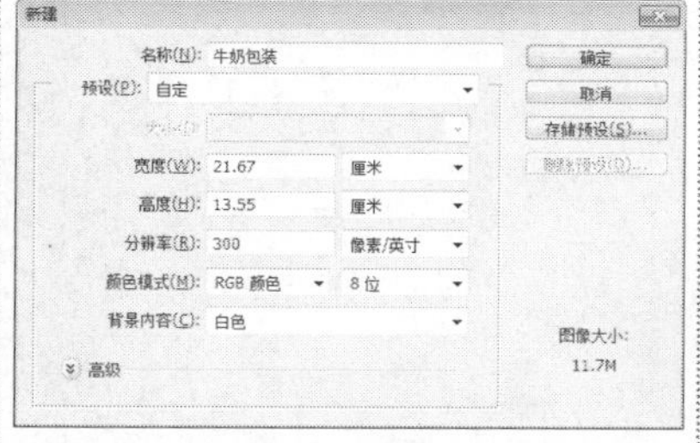

步骤2 新建"图层1"，执行"文件 | 打开"命令，打开"背景.jpg"素材文件，单击移动工具，将图片调整到合适的位置。

步骤3 单击"图层"面板下方的"创建新的填充或调整图层"按钮，分别选择"色相/饱和度"、"色彩平衡"、"亮度/对比度"命令，在弹出的对话框中设置参数并创建剪贴蒙版，然后单击画笔工具，结合图层蒙版涂抹"色相/饱和度"蒙版的草丛部分。

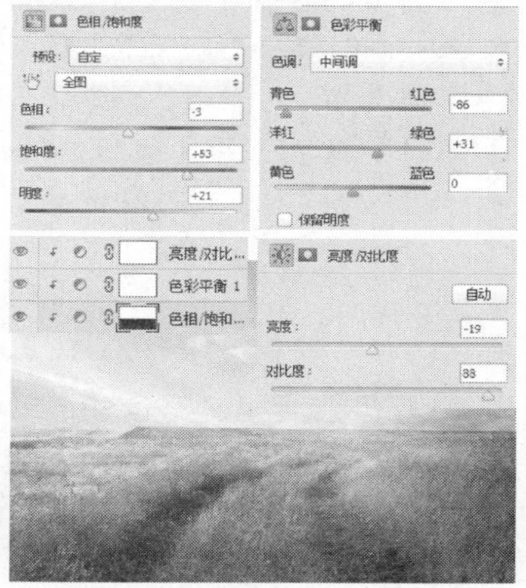

步骤4 执行"文件 | 打开"命令，打开"商标.png"素材文件，单击移动工具，将图片调整到合适的位置，设置前景色为绿色（R4、G106、B112），单击横排文字工具，分别输入Peanut Milk和good drink!!，然后调整好位置。

步骤5 新建图层组"组1"，然后在"组1"中新建"图层3"，单击矩形选框工具，创建一个长方形选区，然后将其填充为白色，开始制作包装的正面图案。

步骤6 新建"图层4"，单击钢笔工具，绘制出图形，并为其填充绿色（R100、G194、B188），单击"添加图层蒙版"按钮，单击画笔工具，选择柔角画笔涂抹来制作高光部分。

步骤7 新建“图层5”，单击钢笔工具，绘制出图形，并为其填充深绿色（R5、G129、B136），单击“添加图层蒙版”按钮，单击画笔工具，选择柔角画笔涂抹来制作高光部分。

步骤8 单击横排文字工具，分别输入英文peanut和MILK，右击文字图层，在弹出的下拉菜单中选择“栅格化文字层”命令，然后按住Ctrl键单击图层peanut和图层MILK创建选区。

步骤9 单击渐变工具，设置前景色为红色（R154、G40、B41），背景色为绿色（R30、G141、B147），从右向左拖动，为文字添加渐变效果。

步骤10 新建“图层6”，单击矩形工具，绘制矩形，为其填充红色（R255、G0、B0），单击多边形套索工具，在红色矩形中创建一个三角形选区，并填充为绿色（R5、G129、B136），单击文字工具，输入PAC KAGE、good drink!!。

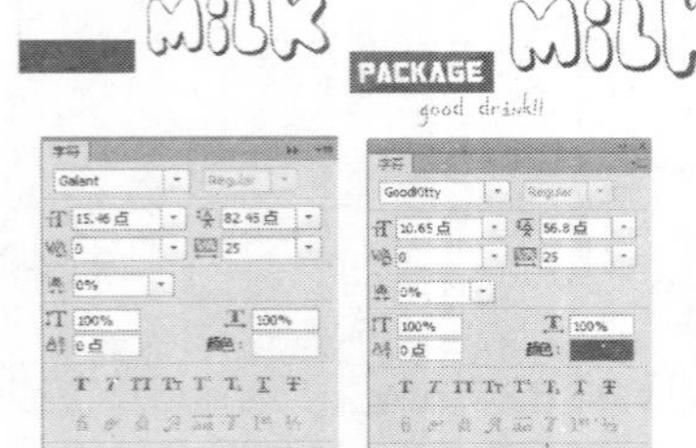

步骤11 执行“文件 | 打开”命令，打开“斑点.png”素材文件，单击移动工具将图片调整到合适的位置，单击“添加图层蒙版”按钮结合画笔工具涂抹隐藏字母外的部分。

步骤12 执行“文件 | 打开”命令打开“喷溅.png”素材文件，单击移动工具，将图片调整到合适的位置，单击“添加图层蒙版”按钮，结合画笔工具涂抹，隐藏不需要的部分。

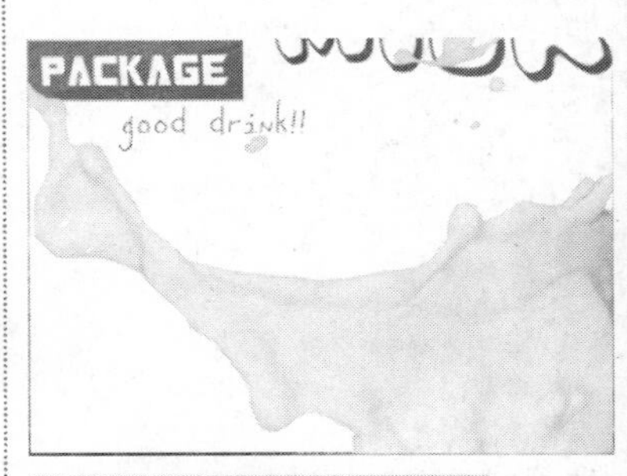

步骤13 单击“图层”面板下方的“创建新的填充或调整图层”按钮，在弹出的下拉菜单中选择“亮度/对比度”命令，在弹出的对话框中设置参数并创建剪贴蒙版。

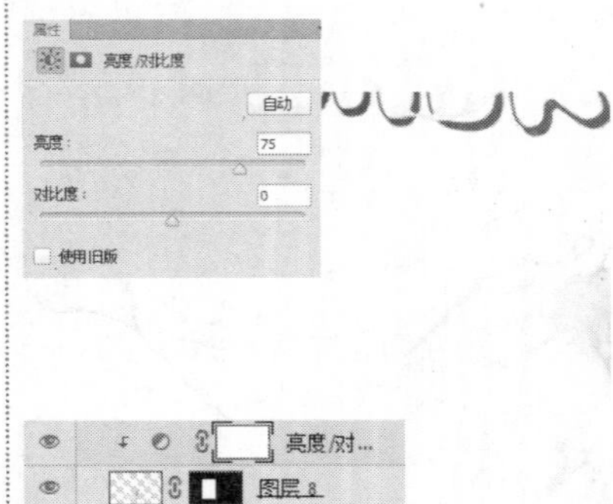

步骤14 新建“图层9”，执行“文件 | 打开”命令，打开“花生.png”素材文件，单击移动工具，将图片调整到合适的位置，单击“创建新的填充或调整图层”按钮，选择“亮度/对比度”命令，在弹出的对话框中设置参数并创建剪贴蒙版。

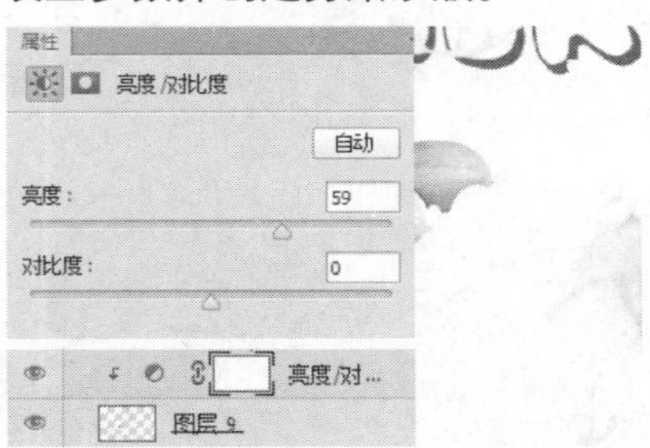

步骤15 新建“图层10”、“图层11”，单击钢笔工具，绘制出图形，并为其填充红色（R255、G0、B0），单击画笔工具，选择白色柔角画笔涂抹，绘制高光部分，继续使用钢笔工具绘制白色图形。

步骤16 新建"图层12"，单击钢笔工具，绘制出图形，并为其填充绿色（R255、G0、B0），单击"添加图层蒙版"按钮，单击画笔工具，选择黑色柔角画笔涂抹，绘制边缘的高光。

步骤17 新建图层组"组2"，在"组2"中新建"图层13"，单击矩形选框工具，创建一个长方形选区，然后将其填充为白色，开始制作包装侧面图案。

步骤18 新建"图层14"、"图层15"、"图层16"，执行"文件 | 打开"命令，分别打开"条码.png"、"奶牛png"、"瓶子.png"素材文件，单击移动工具将图片调整到合适的位置。

步骤19 单击文字工具，输入英文字母，新建"图层17"，然后执行"文件 | 打开"命令，打开"喷溅.png"素材文件，单击移动工具将图片调整到合适的位置，添加"图层蒙版"擦除不需要的部分。

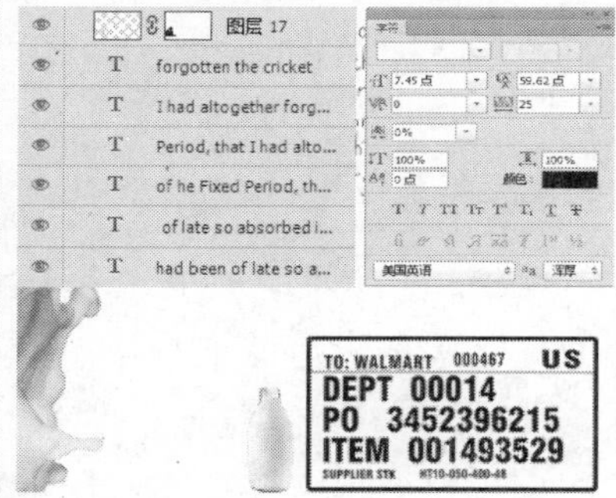

步骤20 单击"创建新的填充或调整图层"按钮，选择"亮度/对比度"命令，在弹出的对话框中设置参数并创建剪贴蒙版，然后使用相同方法，制作瓶子上方的牛奶。

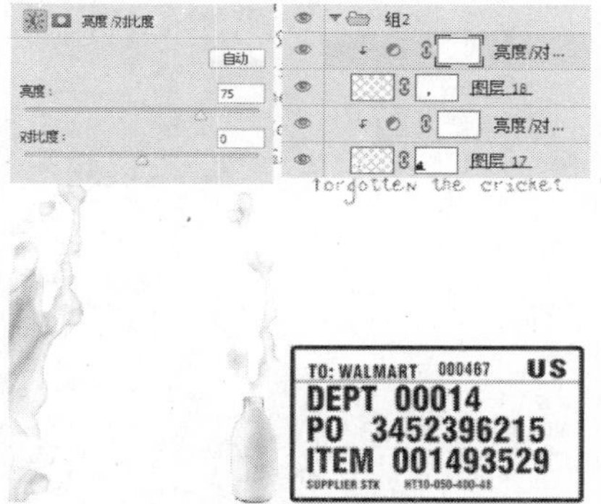

步骤21 新建"组3"，然后在"组3"中新建"图层19"，打开"斑点.png"素材文件，按快捷键Ctrl+J多次复制，单击移动工具调整好位置，制作出包装斜面的图案。

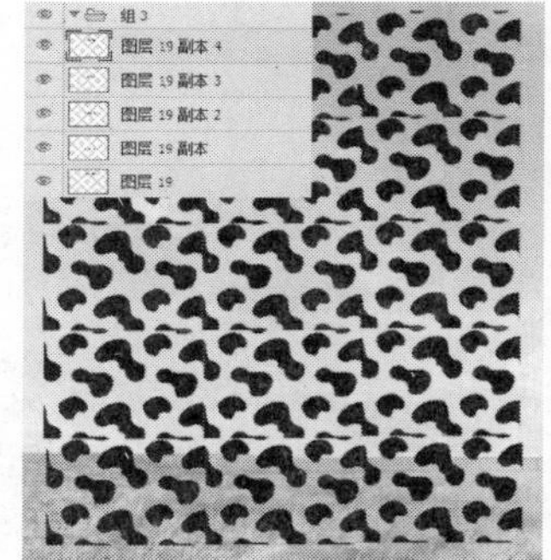

步骤22 新建"组4"，然后在"组4"中新建"图层20"，单击矩形工具，绘制矩形，为其填充绿色（R4、G106、B112），然后打开"商标.png"素材文件，单击移动工具将图片调整到合适的位置，制作出盒子顶部的图案。

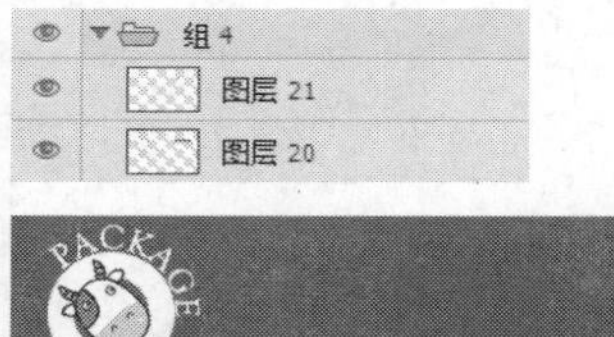

步骤23 分别对"组1"、"组2"、"组3"、"组4"进行复制，在复制后的组上右击鼠标，执行"合并组"命令，将组合并为图层。

步骤24 打开"盒子.png"素材文件，单击移动工具将图片调整到合适的位置并隐藏前面的图层，单击"创建新的填充或调整图层"按钮，选择"亮度/对比度"命令，在弹出的对话框中设置参数并创建剪贴蒙版。

步骤25 单击“组 2副本”、“组 3副本”、“组 4副本”前的“指示图层可视性”按钮，隐藏图层。选择“组1副本”，按快捷键Ctrl+T，对图片形状进行自由变化，将其与盒子正面重合。重复相同的操作，对各个面进行调整。

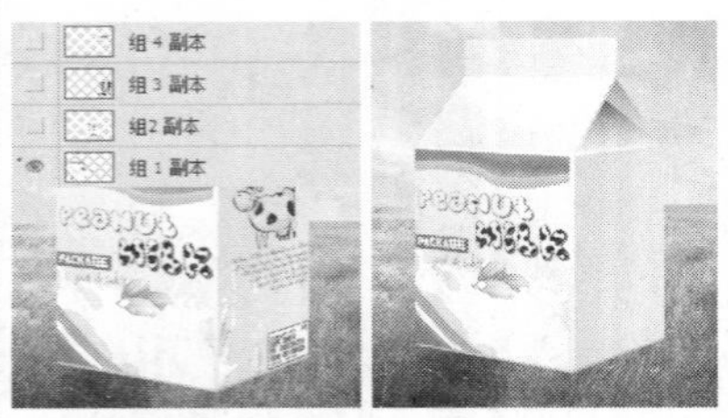

步骤26 单击其他图层前的“指示图层可视性”按钮，隐藏其他所有除盒子外的图层，按快捷键Ctrl+Shift+Alt+E，盖印可见图层，生成盒子的整体图像，生成“图层23”，制作出盒子整体。

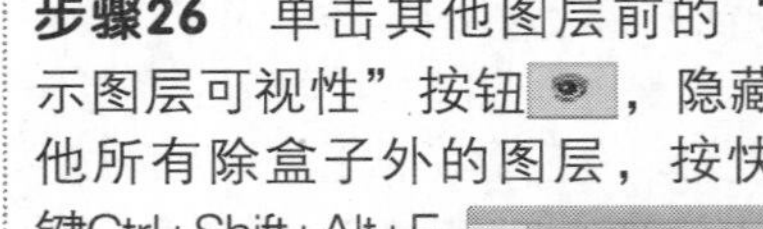

步骤27 复制“图层23”，生成“图层23副本”和“图层23副本1”，按快捷键Ctrl+T调整好图片大小，单击移动工具调整好位置，并拖动至“组1”下方。

步骤28 复制“图层1”，生成“图层1副本”，将其拖动至“图层23 副本1”上方，单击“添加图层蒙版”按钮，结合画笔工具涂抹隐藏不需要的部分。

步骤29 单击“创建新的填充或调整图层”按钮，分别选择“色相/饱和度”、“色彩平衡”、“亮度/对比度”命令，在弹出的对话框中设置参数并创建剪贴蒙版，然后单击画笔工具涂抹“色相/饱和度”图层蒙版的草丛部分。

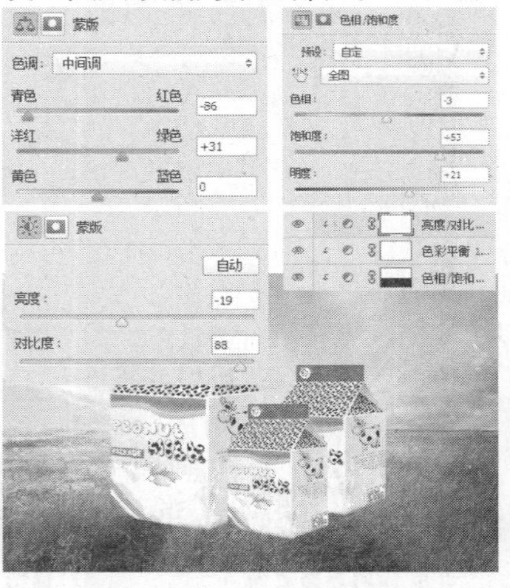

步骤30 新建“图层24”，单击多边形套索工具，在盒子下方绘制出多边形选区，并为其填充墨绿色（R0、G31、B12），然后设置图层混合模式为“正片叠底”，“不透明度”为70%。

步骤31 执行“滤镜 | 模糊 | 高斯模糊”命令，在弹出的对话框中设置参数。

步骤32 单击“添加图层蒙版”按钮，为“图层24”添加图层蒙版，单击画笔工具，选择黑色柔角画笔涂抹，隐藏不需要的部分，至此，本实例制作完成。

提示：

制作包装、书籍等设计作品时，应先制作出各个平面的图形，使用“自由变换”工具（快捷键Ctrl+T）贴入到每个相应的面中，这样能使图片的透视关系保持一致。

21.4.3　书籍装帧设计

主要使用素材：

案例分析：

在本实例中运用画笔工具绘制出人物的烟雾特效图案，运用文字工具制作书籍正面以及侧面的平面效果，最后将平面图用自由变换命令贴入书籍上，利用图层不透明度制作阴影。

主要使用功能：

自由变换、USM锐化滤镜、画笔工具、色彩平衡、图层蒙版。

光盘路径： 第21章\Complete\21.4\书籍装帧设计.psd

视频路径： 第21章\书籍装帧设计.swf

步骤1　执行“文件 | 新建”命令，在弹出的“新建”对话框中设置各项参数及选项，设置完成后单击“确定”按钮，新建空白图像文件。

步骤2　新建“图层1”，单击渐变工具，在属性栏中选择“线性渐变”，设置前景色为白色，背景色为灰色（R197、G197、B197），从下往上拖动创建线性选区。

步骤3　新建“组1”，在“组1”中新建“图层2”，执行“文件 | 打开”命令，打开“人物.jpg”素材文件，单击移动工具，将图片调整到合适的位置，单击“图层”面板下方的“添加图层蒙版”按钮，结合画笔工具抠取人物部分。

步骤4　新建“图层3”，设置前景色为紫色（R122、G83、B125），单击画笔工具，打开画笔拾取器，选择“载入画笔”命令，载入“烟雾”画笔，绘制人物头部的烟雾效果。

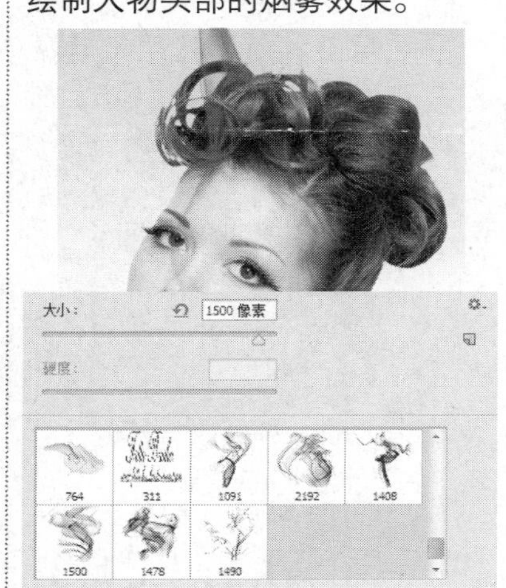

步骤5　新建“图层4”，单击画笔工具，打开画笔拾取器，设置画笔样式为“烟雾”，绘制出人物头部的紫色烟雾部分。

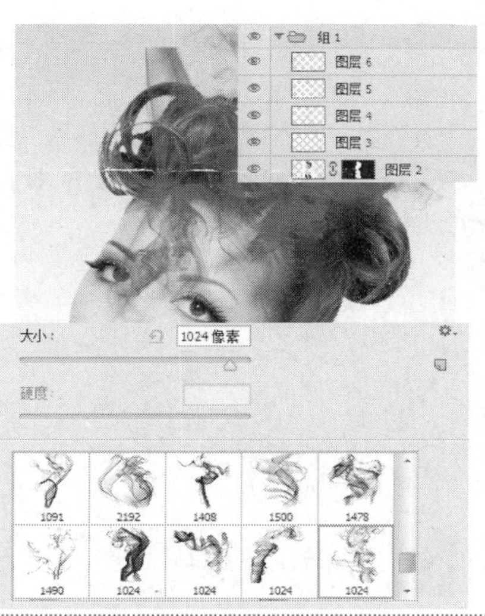

步骤6　新建“图层7”，设置前景色为暗红色（R156、G70、B89），单击画笔工具，打开画笔拾取器，设置画笔样式为“烟雾”，绘制人物头部的红色烟雾效果。

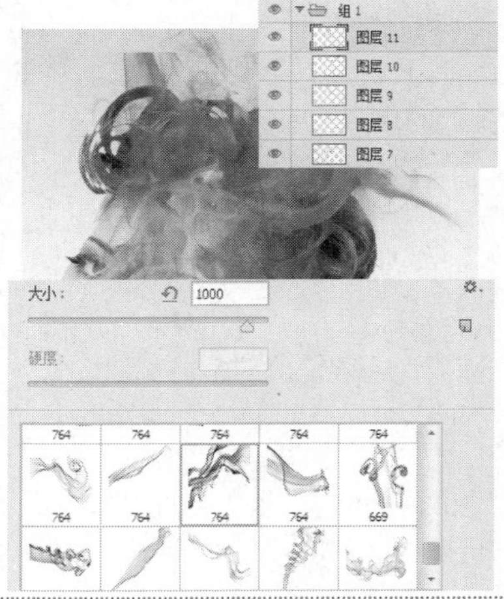

步骤7 新建“图层12”、“图层13”，设置前景色为黄粉色（R239、G183、B161），单击画笔工具，打开画笔拾取器，设置画笔样式为“烟雾”，绘制人物头部的黄粉色烟雾效果。

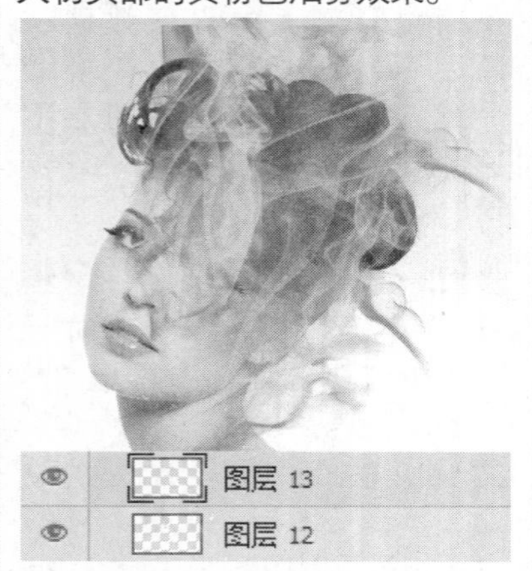

步骤8 单击画笔工具，打开画笔拾取器，设置画笔样式为“烟雾”，使用相同的方法绘制出人物头部剩余的烟雾效果。

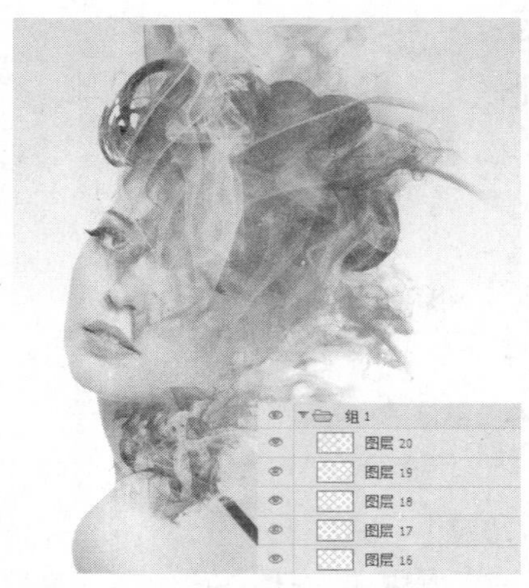

步骤9 单击“图层1”、“图层2”前的“指示图层可视性”按钮，隐藏除烟雾外的所有图层，按快捷键Ctrl+Shift+Alt+E，盖印可见图层，生成“图层21”。

步骤10 执行“滤镜 | 锐化 | USM锐化”命令，在弹出的对话框中设置参数，使烟雾效果更明显，单击“图层1”、“图层2”前的“指示图层可视性”按钮，显示图层。

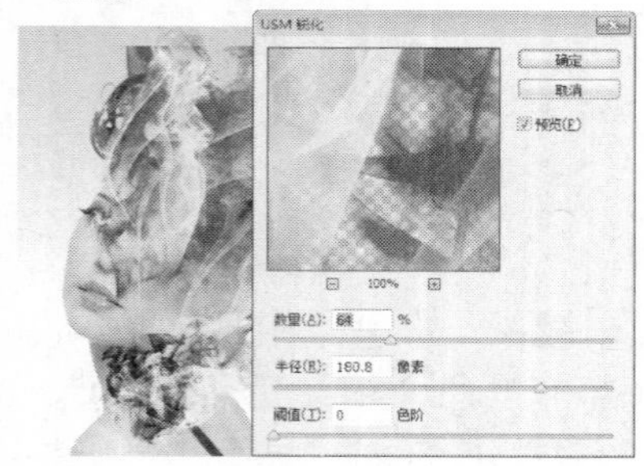

步骤11 新建“图层22”，单击画笔工具，打开画笔拾取器，设置画笔样式为“烟雾”，绘制出人物手臂的烟雾效果。

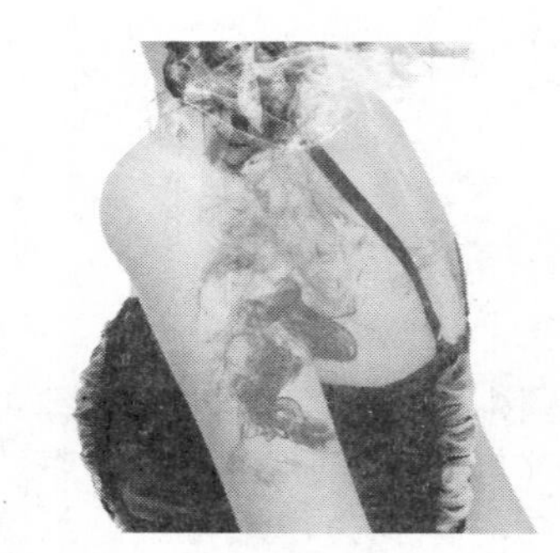

步骤12 执行“滤镜 | 锐化 | USM锐化”命令，在弹出的对话框中设置参数，使烟雾效果更浓。

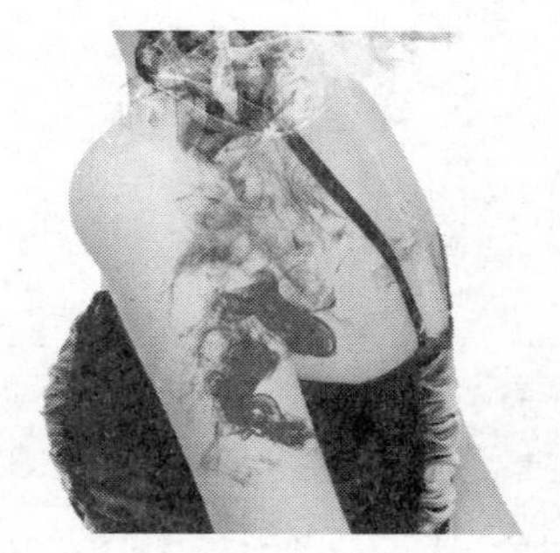

步骤13 在“图层”面板上单击“图层2”，按快捷键Ctrl+J复制图层，生成“图层2副本”，将其拖动到“组1”上方，结合画笔工具涂抹蒙版，隐藏人物的头发和背部。

步骤14 新建“图层22”，设置前景色为肉粉色（R243、G193、B173），单击画笔工具，打开画笔拾取器，设置画笔样式为“烟雾”，绘制出烟雾效果。按快捷键Ctrl+Alt+G创建剪贴蒙版，使烟雾覆盖皮肤。

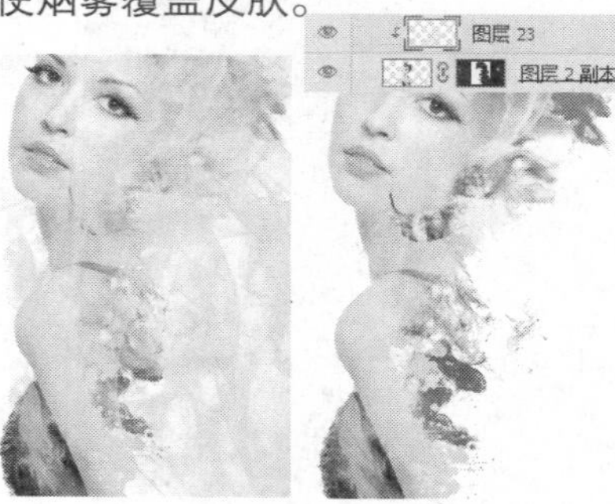

步骤15 单击“图层”面板下方的“创建新的填充或调整图层”按钮，选择“色彩平衡”命令，在弹出的对话框中设置参数并创建剪贴蒙版，调整人物色调。

步骤16　继续单击“创建新的填充或调整图层”按钮 ，选择“亮度/对比度”和“照片滤镜”命令，在弹出的对话框中设置参数并创建剪贴蒙版，使人物色调更饱满。

步骤17　新建“组2”，在“组2”中新建“图层24”，单击矩形选框工具 ，拖动创建矩形选区，并为其填充蓝黑色（R1、G0、B23）。

步骤18　单击“背景”、“图层1”、“图层2”、“图层3”前的“指示图层可视性”按钮 ，隐藏除人物外的所有图层，并按快捷键Ctrl+Shift+Alt+E，盖印可见图层，生成“图层25”，然后隐藏“组1”。

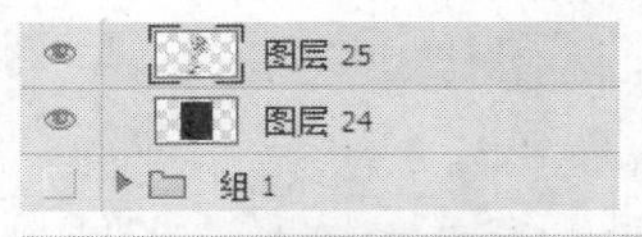

步骤19　新建“图层26”，单击矩形选框工具 ，拖动创建矩形选区，并为其填充红色（R232、G26、B64）。新建“图层27”，用相同的方法绘制左下方的白色矩形。

步骤20　新建“图层28”、“图层29”、“图层30”，分别打开“标志.jpg”、“书签.jpg”、“条形码.jpg”，单击移动工具 ，将图片调整到合适的位置。

步骤21　单击横排文字工具 ，在条形码上方输入“中国娱乐出版社”，“建议零售价：77元”。制作出书籍的信息部分。

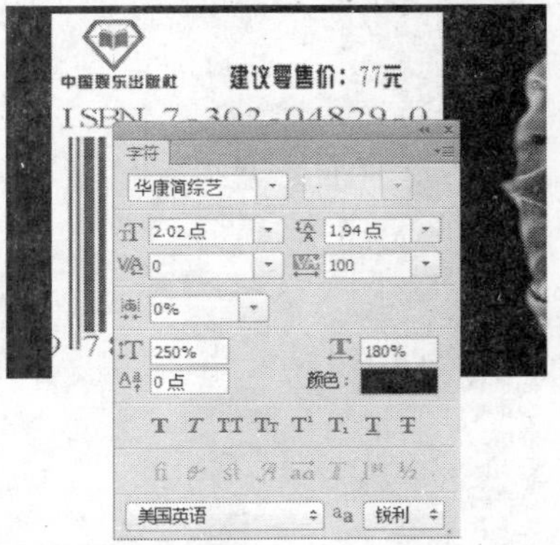

步骤22　单击横排文字工具 ，设置前景色为浅灰色（R246、G246、B246），在红色框中输入书籍名称PHOTOSHOP，在名称上方输入ADVANCE字样。

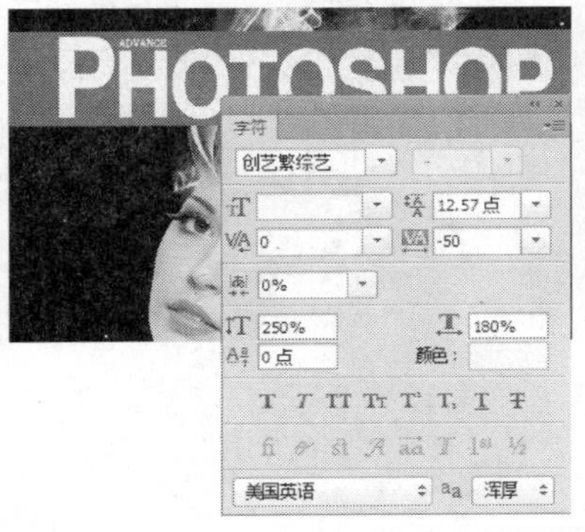

步骤23　单击横排文字工具 ，设置前景色为深灰色（R211、G211、B211），在书籍名称上方输入EXRT BLRNFING CAT、BY WORK WITHING，单击移动工具 调整好位置。

步骤24　继续单击横排文字工具 ，使用同样的方法继续在图片左边添加字体，注意字体的大小和排列。

步骤25 新建“图层31”，单击画笔工具，在图片左边按住Shift键拖动来绘制一条灰色（R175、G175、B180）的直线。

步骤26 单击横排文字工具，继续使用相同方法输入所有文字，注意字体的大小、排列和字体之间的间距。

步骤27 新建“组3”，在“组3”中新建“图层32”，单击矩形选框工具，拖动创建一个矩形选区，单击渐变工具，设置前景色为蓝色（R4、G43、B76），背景色为黑色，从上向下拖动。

步骤28 新建“图层32”，打开“标志.png”，单击移动工具，将图片调整到合适的位置。

步骤29 单击直排文字工具，输入PHOTOSHOP、ADCANCED、EXRT BLRNFING CAT，然后排列好文字。

步骤30 分别对“组2”、“组3”进行复制，在复制后的组上右击鼠标，执行“合并组”命令，将组合并为图层并隐藏“组2”、“组3”。

步骤31 新建“图层34”，执行“文件 | 打开”命令，打开“书籍.png”素材文件，单击移动工具，将图片调整到合适的位置。

步骤32 选择“组2副本”、“组3副本”，按快捷键Ctrl+T对图片形状进行自由变化，将其与书籍正面和侧面重合。

步骤33 单击“图层1”、“背景”、图层前的“指示图层可视性”按钮，隐藏图层。按快捷键Ctrl+Shift+Alt+E盖印可见图层，生成“图层35”，设置图层的“不透明度”为40%，并调整图层顺序。至此，本实例制作完成。

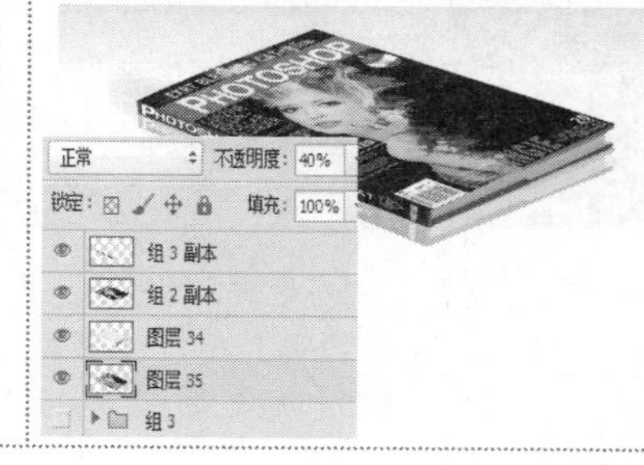

21.4.4　鞋子包装袋设计

主要使用素材：

案例分析：

本案例是通过添加素材合成，并结合“自然/饱和度”、“亮度/对比度”调整图层等，来制作出丰富的色彩效果。运用各种丰富的素材，构成创意丰富的鞋子袋包装设计。调整过程中注意色调的统一性。使用画面效果更加完善。

主要使用功能：

“绘画涂抹”、“亮度/对比度”、“色彩平衡”、“蒙版”、“画笔工具”、“自然/饱和度”、“色相/饱和度”。

光盘路径： 第21章\Complete\21.4\鞋子包装袋设计.psd

视频路径： 第21章\鞋子包装袋设计.swf

步骤1　执行“文件 | 新建”命令，在弹出的“新建”对话框中设置各项参数及选项，设置完成后单击“确定”按钮，新建空白图像文件。

步骤2　新建“图层1”，单击渐变工具，在属性栏中设置相应参数值，在画面中拖动渐变效果，得到背景效果。

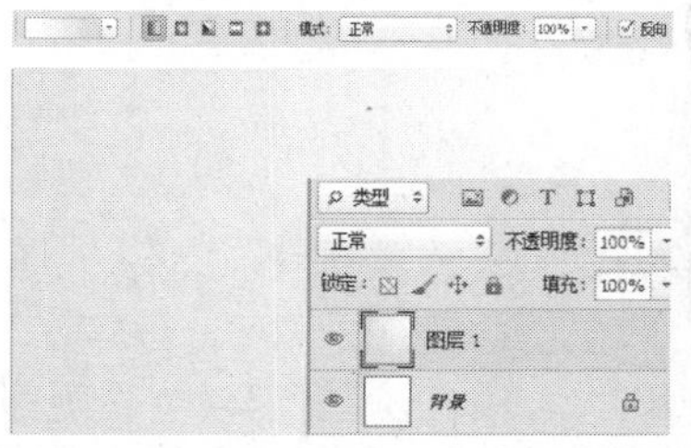

步骤3　新建“组1”图层组，再新建“图层2”，设置前景色为深蓝色（R1、G53、B74），单击矩形选框工具，在画面正中偏下方拖出矩形框并填充，然后“添加图层蒙版”按钮，单击画笔工具涂抹出所需部分，做为过渡颜色。

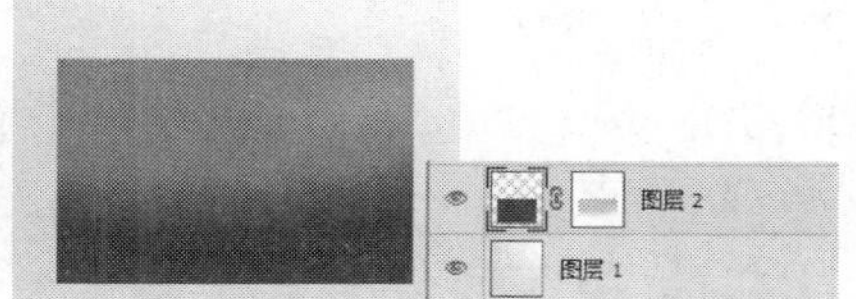

步骤4　新建“图层3”，设置前景色为深蓝色（R25、G69、B73），使用画笔工具涂抹出所需部分，并创建剪贴蒙版。打开01. png图像文件，将其拖动到当前图像文件中，生成“图层4”，并调整其位置。然后单击“添加图层蒙版”按钮，使用画笔工具涂抹出所需部分，并创建剪贴蒙版。然后单击“创建新的填充或调整图层”按钮，选择“色彩平衡1”，并设置各项参数值。

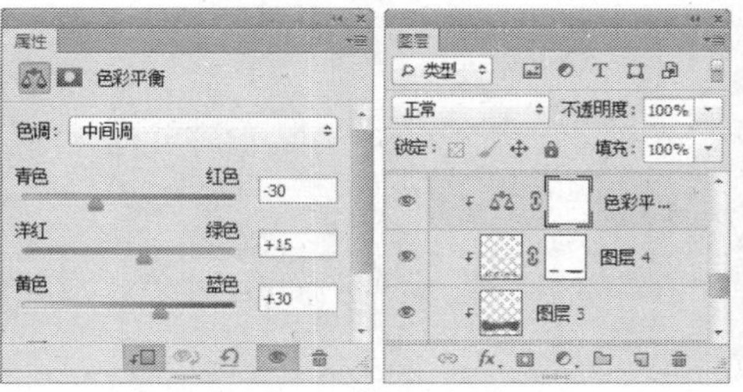

步骤5　新建“图层5”，设置前景色为深蓝色（R56、G136、B170）和背景色为浅蓝色（R80、G184、B214），然后单击使用画笔工具，适当调整“属性栏中的“不透明度”，涂抹出所需部分。以达到有水的透明感。

步骤6 新建“图层6”，设置前景色为浅蓝色（R121、G224、B242）和背景色为灰蓝色（R 28、G136、B182）。单击画笔工具涂抹出所需部分，再次将前景色重新设置为深蓝色（R 22、G75、B101）。然后使用画笔工具涂抹出所需部分，以达到水的深浅不一的感觉。

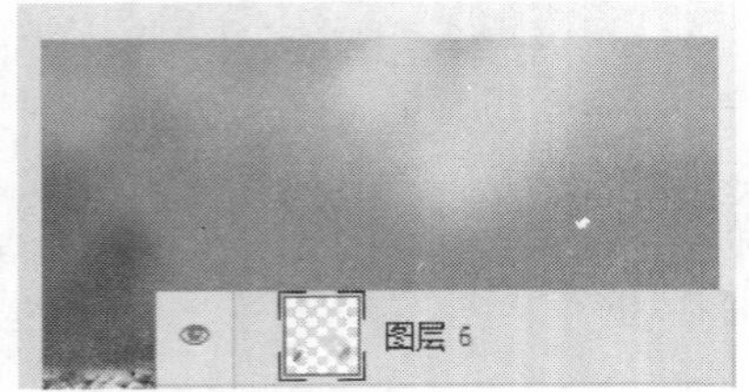

步骤7 新建“组2”图层组，打开02.png图像文件，将其拖动到当前图像文件中，生成“图层7”，并调整其位置。然后单击“添加图层蒙版”按钮，使用画笔工具涂抹出所需部分。并设置该图层的混合模式为“变暗”。

步骤8 复制“图层7”，生成“图层7副本”，创建“色彩平衡2”、“色阶1”调整图层，然后设置各项参数值，并创建剪贴蒙版。

步骤9 再次复制“图层7”，生成“图层7副本2”。使用画笔工具涂抹出所需部分，然后单击“创建新的填充或调整图层”按钮，选择“色阶2”、“曲线3”选项，然后设置各项参数值，并创建剪贴蒙版。

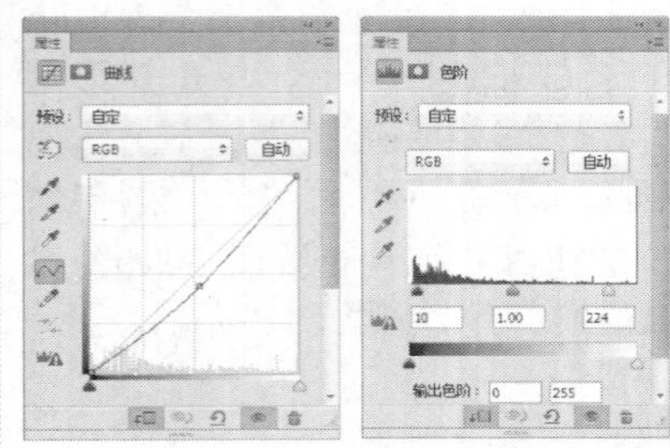

步骤10 继续创建“色彩平衡3”、“色相/饱和度1”调整图层。并设置各项参数值，再打开03.png文件，将其拖动到当前图像文件中，生成“图层8”，并调整其位置。继续新建“组3”图层组，新建“图层9”，设置前景色为白色和蓝色（R142、G200、B215），交换使用颜色，然后单击画笔工具涂抹出光的效果。再次打开“光线.png”文件，将其拖动到当前图像文件中，生成“图层10”、“图层11”，并调整其位置。单击“添加图层蒙版”按钮，使用画笔工具涂抹出所需部分。

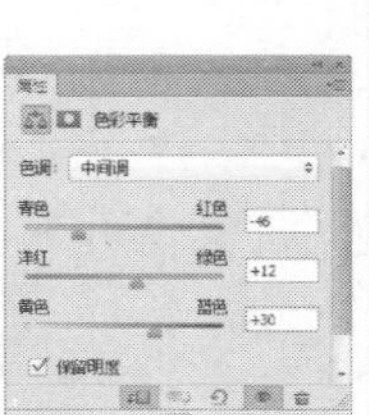

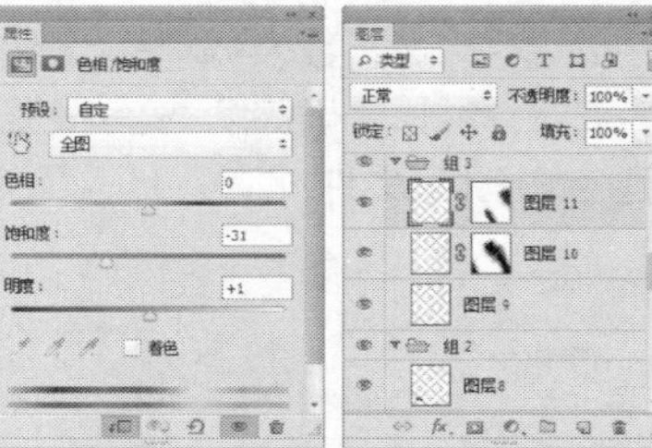

步骤11 新建“组4”图层组，打开04. png图像文件，将其拖动到当前图像文件中，生成“图层12”，并调整其位置，然后创建“自然/饱和度2”、“色相/饱和度2”，然后设置各项参数值，并创建剪贴蒙版。

步骤12 新建“图层13”，设置前景色为浅蓝色（R66、G133、B145），单击画笔工具在泥鳅的背部涂抹出所需部分，以达到有光的效果，并创建剪贴蒙版。

步骤13 新建“图层14”，设置前景色为浅蓝色（R161、G226、B236），单击画笔工具，继续在泥鳅背上涂抹出高光部分。创建“色阶3”、“色彩平衡4”，设置各项参数值，并创建剪贴蒙版。

步骤14　打开05.png图像文件，将其拖动到当前图像文件中，生成“图层15”，并调整其位置，然后创建“选取颜色1”、“色相/饱和度3”调整图层，设置各项参数值，并创建剪贴蒙版。

步骤15　选中“图层15”，单击矩形选框工具，在画中拖出所需鞋的下面部分，按快捷键Ctrl+J复制“图层15”，生成“图层15副本”，按快捷键Ctrl+D取消选区。

步骤16　新建“图层16”，设置前景色为浅蓝色（R92、G153、B155），单击使用画笔工具，适当调整“不透明度”，涂抹出光的效果。创建“色阶4”、“色彩平衡5”调整图层，并创建剪贴蒙版。

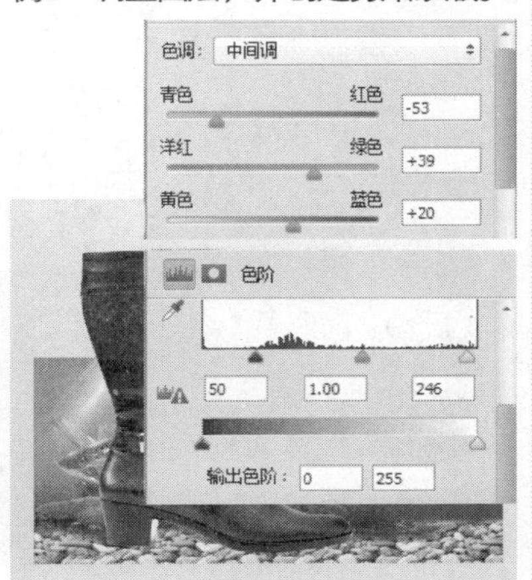

步骤17　新建“图层17”，设置前景色为黑色，单击使用画笔工具，涂抹出所需部分，并设置该图层的混合模式为“正片叠底”。为了加深效果。将“图层17”放置在“组5”下面。

步骤18　新建“图层18”，设置前景色为黑色，单击使用画笔工具，给鞋的底部涂抹出影子的效果。

步骤19　打开06.png图像文件，将其拖动到当前图像文件中，生成“图层19”，并调整其位置。创建“色彩平衡6”调整图层。并设置各项参数值，创建剪贴蒙版。

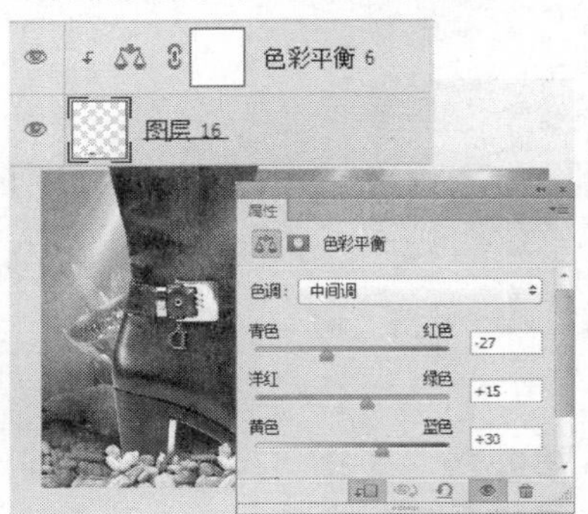

步骤20　新建“图层20”，设置前景色为黑色，单击使用画笔工具涂抹出所需部分，并设置该图层的混合模式为“正片叠底”，加深影子的效果。

步骤21　新建“组6”图层组，新建“图层21”，设置前景色为白色，然后单击画笔工具，载入“闪电笔刷”，在鞋的右边绘制出来，然后“添加图层蒙版”按钮，使用画笔工具涂抹出所需部分。

步骤22　新建“图层22”，设置前景色为黄色（R227、G236、B114）和背景色为蓝色（R81、G245、B250），然后“添加图层蒙版”按钮，单击画笔工具，交换使用颜色，并设置该图层的混合模式为“滤色”。

步骤23 新建“图层23”，设置前景色为白色，然后单击画笔工具，载入“闪电笔刷2”，在鞋的左边绘制出来，再复制“图层23”，生成“图层23副本”，单击“添加图层蒙版”按钮，使用画笔工具涂抹出所需部分。

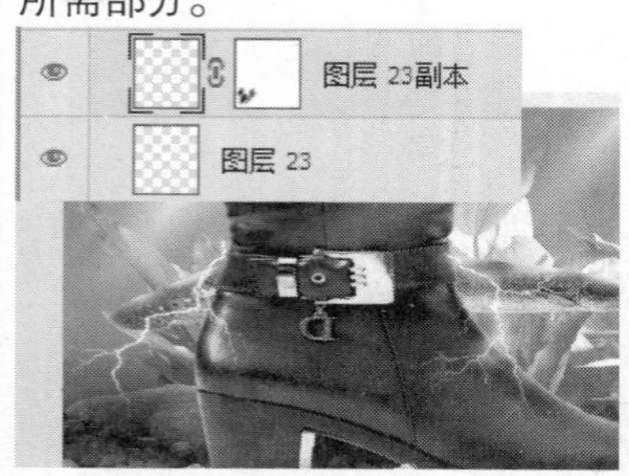

步骤24 新建“图层24”，设置前景色为蓝色（R20、G220、B244），并设置该图层的混合模式为“颜色加深”，然后使用画笔工具涂抹出所需部分。以达到闪电光亮效果。

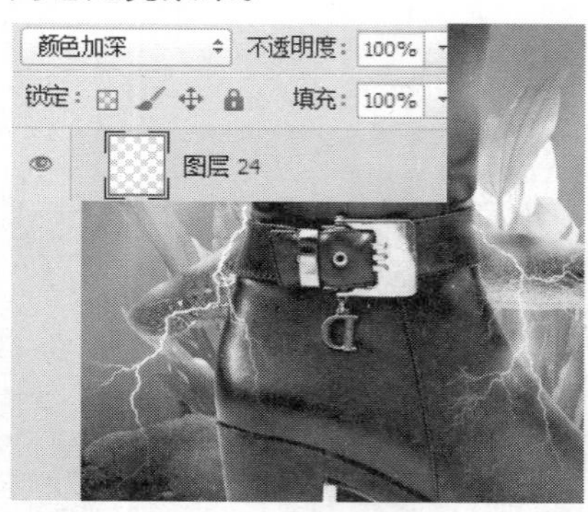

步骤25 新建“图层25”，设置前景色为黄色（R250、G243、B57），并设置该图层的混合模式为“叠加”。然后使用画笔工具涂抹出所需部分，以达到闪电光亮效果。

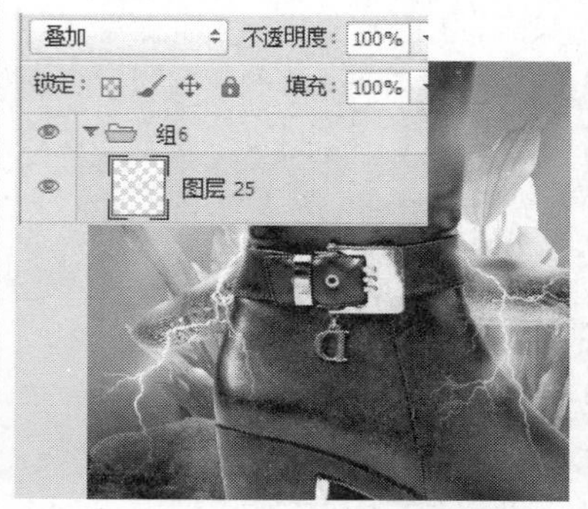

步骤26 新建“组7”图层组，打开07. png图像文件，将其拖动到当前图像文件中生成“图层26”，并调整其位置。创建“色相/饱和度4”、“自然饱和度3”、“曲线”，并填充为黑色，使用画笔工具涂抹所需部分，调整图层，并创建剪贴蒙版。

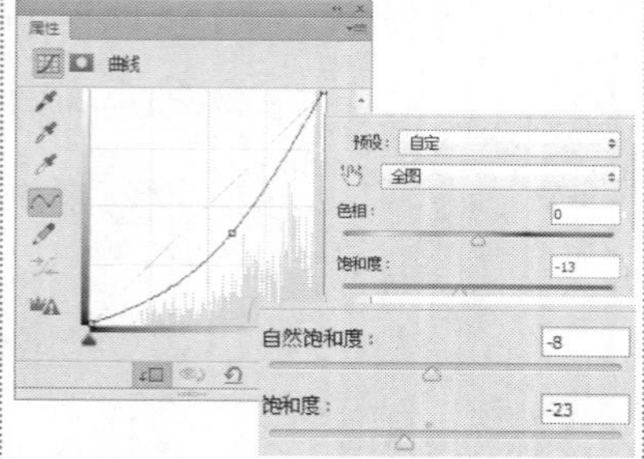

步骤27 新建“图层27”，设置前景色为浅蓝色（R227、G245、B246），然后使用画笔工具涂抹出鱼身上亮的部分，以达到有水反射的效果。然后创建“色阶5”、“色彩平衡7”、“亮度/对比度1”，并创建剪贴蒙版。

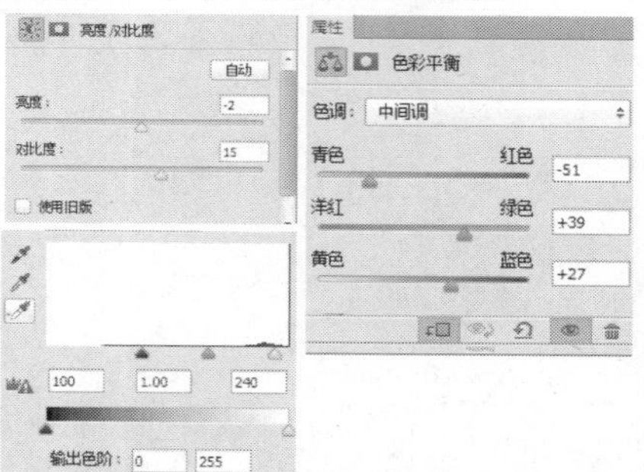

步骤28 新建“组8”图层组，打开08.png和09.png图像文件，将其拖动到当前图像文件中，生成“图层28”、“图层29”，并调整其位置。为“图层29”创建“色彩平衡”调整图层，并设置各项参数值。

步骤29 新建“图层30”，设置前景色为黑色，单击画笔工具，在鞋子的两边涂抹，以达到凹的效果，将“图层30”放置在“图层28”的下面。

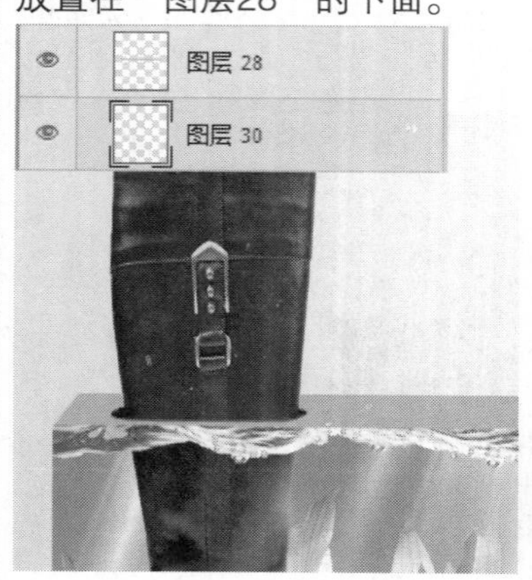

步骤30 打开10. png图像文件，将其拖动到当前图像文件中，生成“图层31”，并调整其位置。然后单击横排文字工具，在“字符”面板中设置字体大小、样式，设置字体颜色为绿色（R23、G61、B40），然后在包装袋右上方输入相应文字。

步骤31 在“组1”图层组里新建“图层32”，设置前景色为黑色，单击“添加图层蒙版”按钮，使用画笔工具在盒子底部涂抹出所需部分，以达到影子效果。至此，本实例制作完成。

21.5 插画设计

插画设计主要表现为商业插画、儿童插画、CG插画以及动漫插画等，Photoshop具有较强的图像处理与绘制功能，在插画绘制领域应用十分广泛。

21.5.1 喷溅水彩

案例分析：

本案例是通过运用钢笔工具、油漆桶、渐变工具、图层蒙版等基本工具结合混合选项制作喷溅水彩效果的图像。

主要使用素材：

主要使用功能：

钢笔工具、油漆桶、渐变工具、图层蒙版。

光盘路径：第21章\Complete\22.5\喷溅水彩.psd

视频路径：第21章\喷溅水彩.swf

步骤1 执行"文件 | 打开"命令，打开"美女.jpg"图像文件。按快捷键Ctrl+J得到"背景副本"图层。执行"图像 | 调整 | 色阶"命令调整图层，拖动滑块设置参数，突出人物的轮廓。

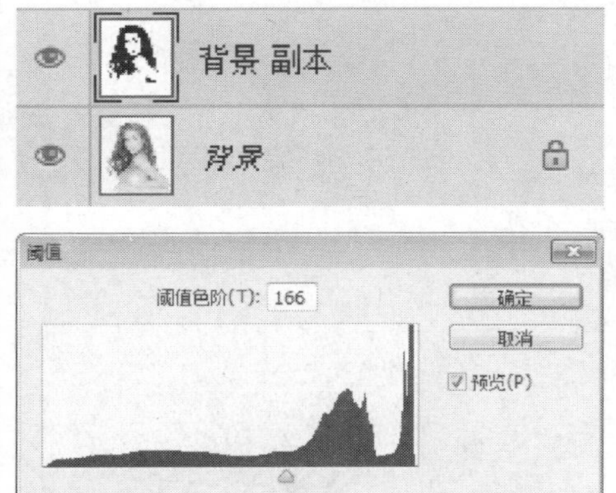

步骤2 打开"水彩.jpg"文件。将其拖曳到当前文件图像中，并设置混合模式为"变亮"，使人物整体有水彩浸染的感觉。

步骤3 打开“水彩2.jpg”文件。将其拖曳到当前文件图像中，生成“图层2”，使用移动工具，将其移动到画面左上方。

步骤4 设置混合模式为“正片叠底”，增加人物水彩浸染的感觉。

步骤5 单击“创建新的填充或调整图层”按钮，选择“色彩平衡1”选项调整图层，拖动滑块设置参数，调整各个色调的颜色，并单击图框中的“调整剪贴到此图层”按钮，创建 “图层2”剪贴蒙版。调整“图层2”的色调使其融入整体画面。

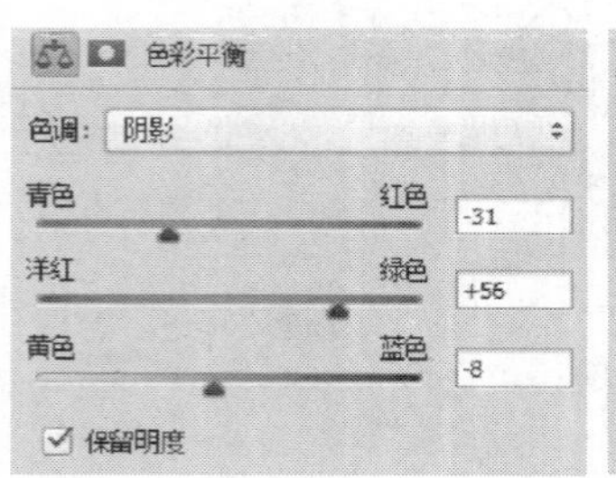

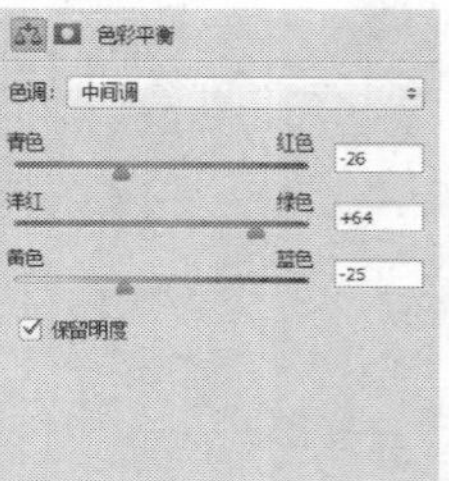

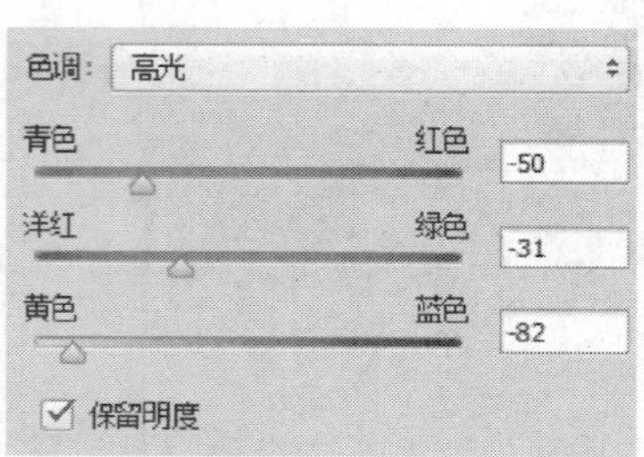

步骤6 打开“水彩3.jpg”文件。将其拖曳到当前文件图像中，生成“图层3”，并使用移动工具，将其移动到画面中间。按快捷键Ctrl+T变换图像位置，并结合图层蒙版隐藏除人物头发图像以外的部分。

步骤7 单击“创建新的填充或调整图层”按钮，选择“色彩平衡2”选项调整图层，拖动滑块设置参数，并单击图框中的“调整剪贴到此图层”按钮，创建图层剪贴蒙版。调整“图层3”的色调，使其融入整体画面。

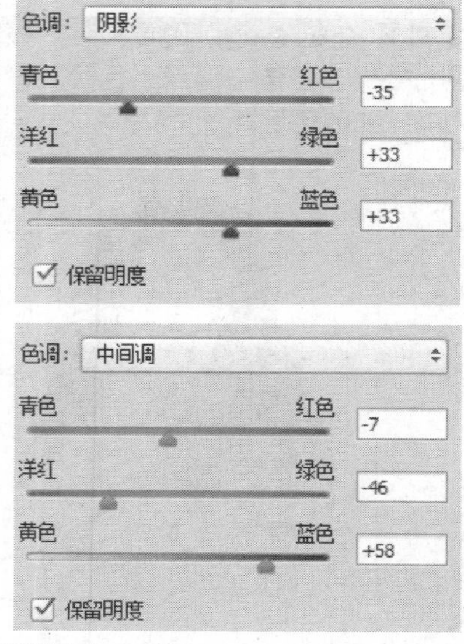

步骤8　打开“纸.jpg”文件。将其拖曳到当前文件图像中，生成“图层4”，并设置其混合模式为“线性加深”，做出水彩纸的质感。

步骤9　打开“水彩4.jpg”文件。将其拖曳到当前文件图像中，生成“图层5”，并设置其混合模式为“颜色加深”，使画面有水彩喷溅的效果。

步骤10　单击“添加图层蒙版”按钮，使用画笔工具选择柔角画笔，并适当调整大小，在蒙版上把图像中间的黑块加以涂抹。

步骤11　打开“水彩5.jpg”文件。得到“图层6”，使用和“图层5”相同方法丰富画面。

步骤12　按快捷键Shift+Ctrl+Alt+E 盖印图层，得到“图层7”，单击“添加图层样式”按钮，选择“投影”选项并设置参数，按快捷键Ctrl+T缩放图像，调整画面，使其有画中画的效果。

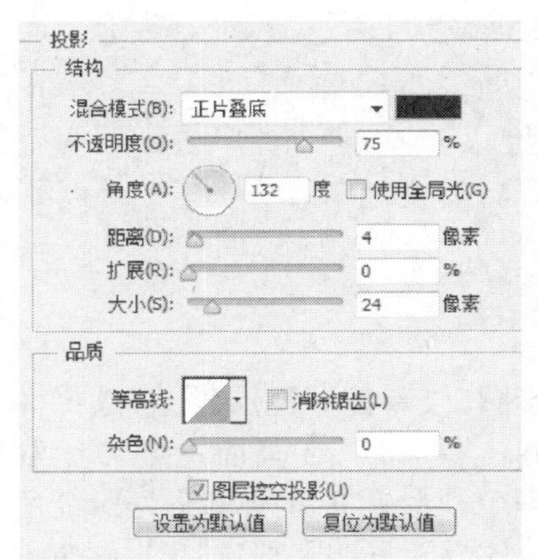

步骤13　单击“创建新的填充或调整图层”按钮，选择“图案叠加1”，设置选项。

步骤14　设置“图案叠加1”参数和叠加的图案，添加背景层次，丰富画面，制作出喷溅水彩图像，至此，本实例制作完成。

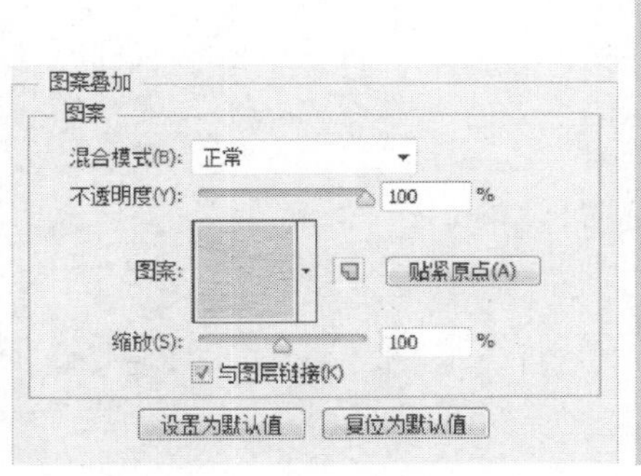

21.5.2 矢量插画

主要使用素材：

案例分析：

本案例制作的是矢量色块插画，在技法上主要使用钢笔工具绘制不同的曲线花纹，然后使用渐变工具和油漆桶工具填充颜色。

主要使用功能：

钢笔工具、油漆桶、渐变工具、图层蒙版。

光盘路径：第21章\Complete\22.5\矢量插画.psd

步骤1 执行“文件 | 新建”命令，在弹出的“新建”对话框中设置各项参数及选项，完成后单击“确定”按钮，新建空白图像文件。

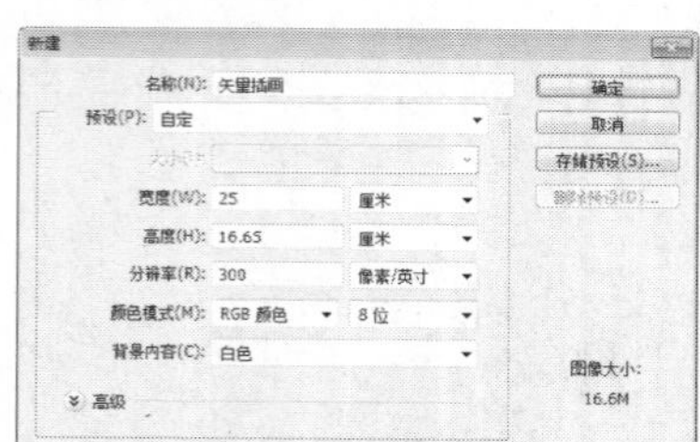

步骤2 打开“天空.jpg”图像文件，调整其位置。继续执行“滤镜库”命令，在弹出的对话框中选择“木刻”命令，并设置其参数，单击“确定”按钮。

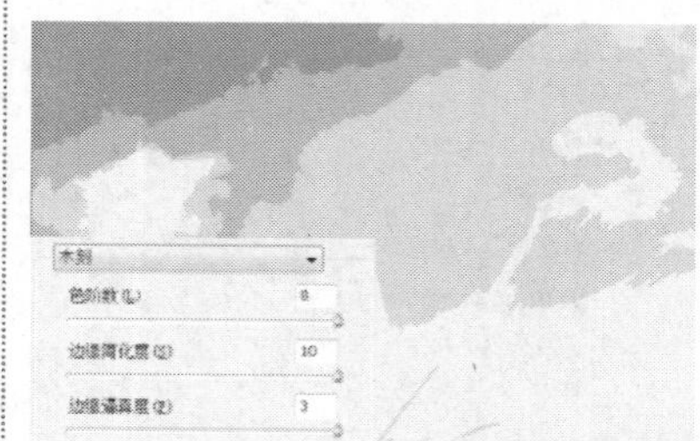
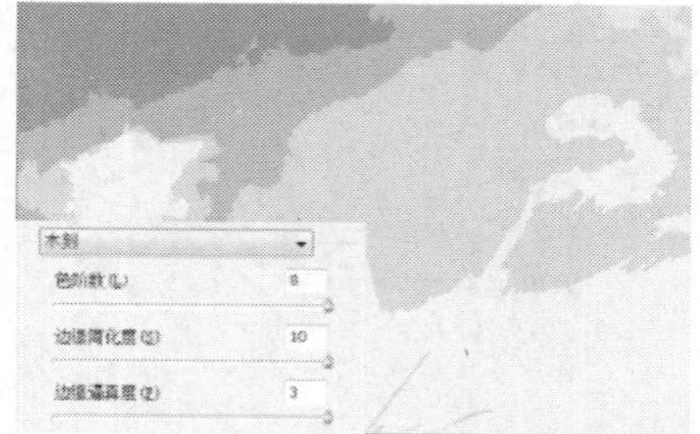

步骤3 选择“图层1”，单击“添加图层蒙版”按钮，结合使用画笔工具，在画面进行涂抹，恢复局部图像。

步骤4 按照相同方法复制多个图层，调整其图像大小和位置，结合使用画笔工具，在图层蒙版中进行涂抹。完成后选择“图层1副本2”，单击“创建新的填充或调整图层”按钮，执行“渐变”命令，在弹出的对话框中设置参数，完成后单击“确定”按钮，并创建剪贴蒙版，设置该图层的混合模式为“溶解”。

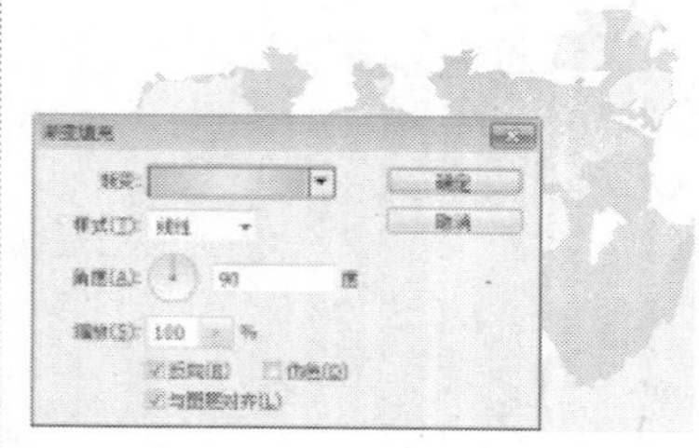

步骤5 新建“图层2”，选择椭圆工具，在画面左上方绘制多个圆形，并分别填充为粉红色（R233、G83、B119）、咖啡色（R113、G74、B19）、绿色（R127、G195、B177）。完成后新建“组1”图层组，将绘制的背景图层移动至该图层组中。

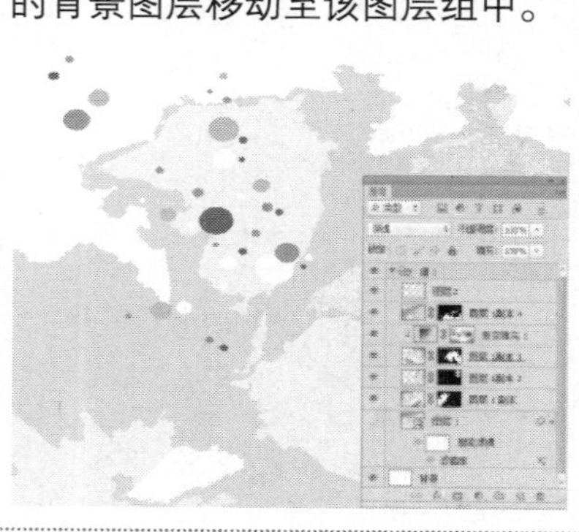

步骤6 新建“组2”图层组，在该组中新建“图层3”，单击钢笔工具，在“属性”栏设置填充为淡黄色（R254、G255、B127），描边为黄色（R255、G217、B0），继续在画面右下方绘制花朵图形，完成后按快捷键Ctrl+J，生成“图层3副本”，并调整其位置。

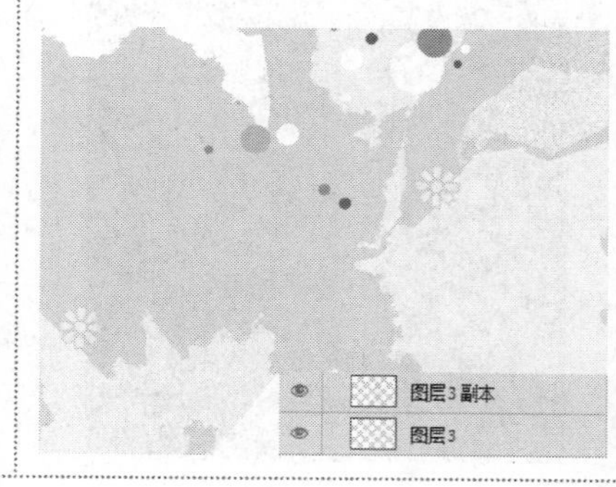

步骤7　新建“图层4”，继续使用钢笔工具，在画面绘制粉色花瓣（R255、G159、B、207）、黄色花芯（R255、G159、B88）、深粉色花蕊（R200、G94、B123）和淡粉色花边（R254、G183、B243），完成后按快捷键Ctrl+J，多次复制并调整其位置和大小。

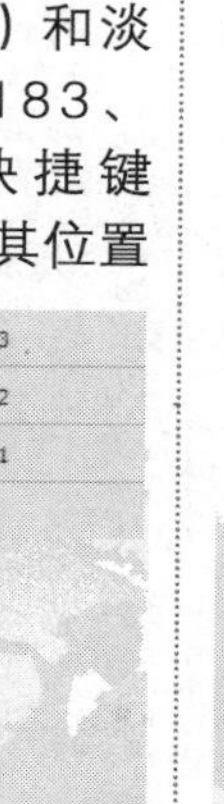

步骤8　继续新建多个图层，绘制更多颜色的花朵，并分别进行复制，调整其位置和大小。绘制画面中更多的花朵图像，丰富背景。完成后打开“花纹.png”文件，移动至当前图像文件中，并调整其位置。

步骤9　新建“图层9”，结合钢笔工具在图像上绘制云彩路径，绘制完成后填充路径颜色为灰色（R240、G242、B243），保持选区，执行“编辑｜描边”命令，在弹出的对话框中设置参数值。

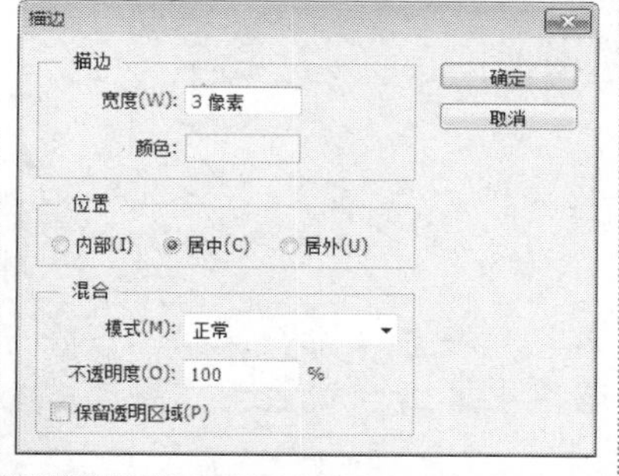

步骤10　设置完成后单击“确定”按钮，为云彩填充黑色描边。然后结合画笔工具在云彩上涂抹白色，增强云彩的层次，完成后取消选区。

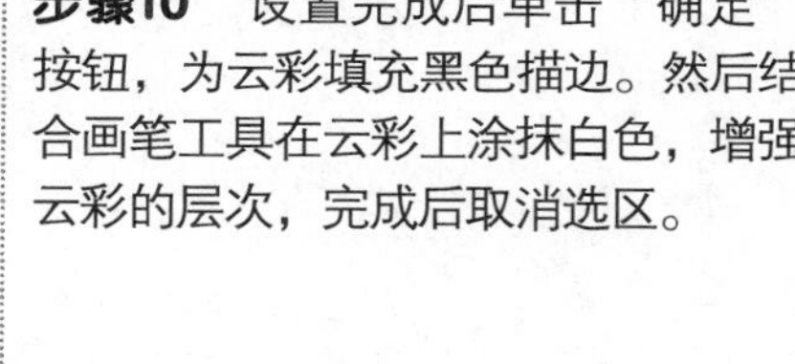

步骤11　继续新建图层，采用相同的方法在画面中绘制更多的云彩图案，丰富画面中的云彩图案。

步骤12　新建“组3”图层组，执行“文件｜打开”命令，打开“人物.jpg”图像文件，拖动至当前图像文件中，按快捷键Ctrl+T对图像进行自由变换，调整在图像中的位置和大小。单击“添加图层蒙版”按钮，结合画笔工具，隐藏人物背景图像。

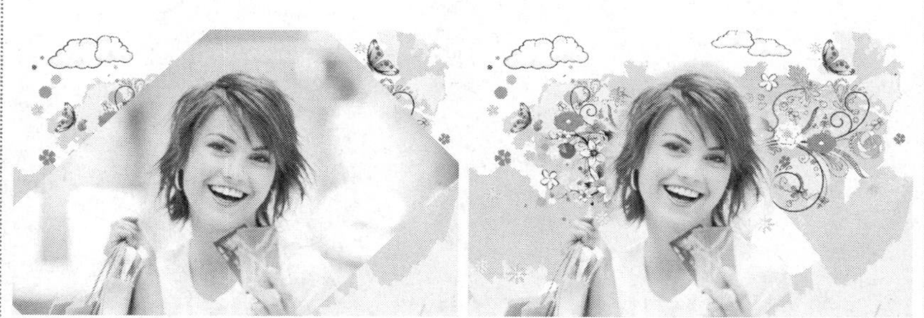

步骤13 单击“创建新的填充或调整图层”按钮，应用“色阶”命令，在“属性”面板中依次设置参数，并创建剪贴蒙版，使其与下方的图层相融合。

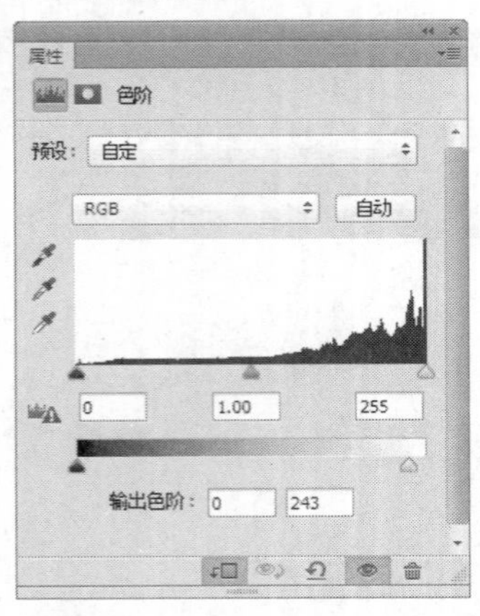

步骤14 完成后按快捷键Ctrl+J复制“组3”，得到“组3副本”，选择“组3 副本”，按快捷键Ctrl+E合并图层组。

步骤15 执行“滤镜 | 查找边缘”命令，将人物转换成彩色线条效果。然后设置图层混合模式为“正片叠底”，增强照片的插画绘制感。

步骤16 再次选择“图层13副本”，按快捷键Ctrl+J，复制生成“图层13副本2”，调整至图层最上方，执行“滤镜 | 模糊 | 高斯模糊”命令，在弹出的“高斯模糊”对话框中设置相应参数。完成后单击“确定”按钮。

步骤17 再结合使用画笔工具，在图层蒙版中进行涂抹，以隐藏人物脸部和部分头发区域，设置该图层的混合模式为“颜色减淡”、“不透明度”为80%。

步骤18 新建“图层14”，单击画笔工具，在属性栏上设置画笔大小为5像素，设置前景色为白色。单击钢笔工具，在属性栏中设置为“路径”选项，然后在人物头发区域勾画出多根发丝路径，并执行“描边路径”命令，在弹出的对话框中选择画笔选项，勾选模拟压力复选框。

步骤19　采用相同的方法在“图层”面板中新建两个图层，结合画笔工具与钢笔工具绘制人物更多的白色发丝，丰富插画效果。

步骤20　新建“图层17”，单击钢笔工具，在属性栏中设置填充为粉色（R233、G83、B119），然后在画面绘制花瓣和白色花蕊图形，再继续绘制咖啡色轮廓，并进行调整，以完整花朵图案。

步骤21　单击自定形状工具，在形状预设面板中选择“花7”形状，设置形状颜色为天蓝色（R174、G224、B232），在人物的右侧绘制花朵图形，遮挡袖口缺陷处。

步骤22　采用相同的方法在图像上绘制更多的花朵图形，并适当调整其颜色。

步骤23　单击“创建新的填充或调整图层”按钮，选择“曲线”选项调整图层，拖动滑块设置参数，增强图像的黑白对比效果。

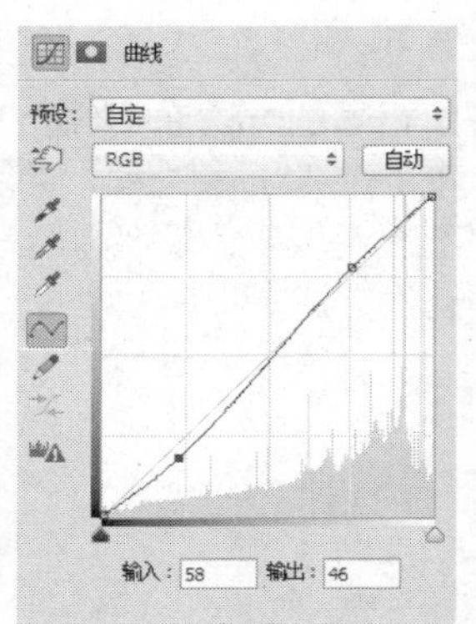

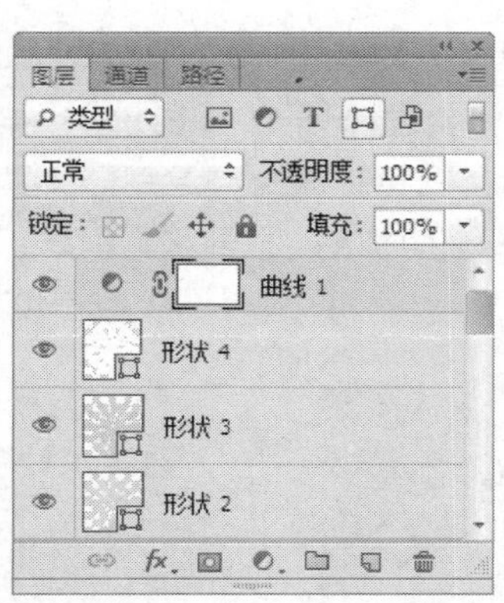

提示：

我们往往会对对比灰暗的照片执行加强对比度的操作命令，加强图像对比度的调整方式有很多种，可以通过“色阶”命令、“亮度/对比度”命令、“曲线”命令，还可以通过图层混合模式的设置，来充分完善画面效果。

步骤24 按快捷键Ctrl+Shift+Alt+E盖印一个图层，得到“图层18”。

步骤25 执行“滤镜 | 油画”命令，在弹出的对话框中设置各项参数值，添加图像的油画纹理感，设置完成后单击“确定”按钮，丰富画面绘画效果。

步骤26 单击“图层”面板下方的“添加图层蒙版”按钮，结合画笔工具，适当调整画笔的“不透明度”，涂抹人物头像与衣服部分，降低人物面部的油画肌理。

步骤27 单击“创建新的填充或调整图层”按钮，选择“照片滤镜”选项调整图层，设置“滤镜”为“黄”，然后设置参数，增强图像黄色怀旧光影效果。

步骤28 单击自定形状工具，在形状预设面板中选择“边框7”形状，设置形状颜色为白色，在画面上拖动鼠标，以绘制画面的白色边框效果，绘制完成后设置图层的“不透明度”为61%。

步骤29 采用相同的方法在图像上绘制一个黄色（RGB）的边框，并设置图层“不透明度”为34%。至此，本实例制作完成。

21.5.3　个性铅笔插画

案例分析：

本案例是通过运用形状钢笔工具，为画面添加不同颜色的三角形组成的结合“图案填充”、“曲线”等图层样式绘制个性背景，应用图层蒙版、查找边缘滤镜和“去色” 图层样式，新建图层结合画笔工具“颜色填充”调整画面色调等方法，制作出个性铅笔画图像。

主要使用素材：

主要使用功能：

“图案填充”、“曲线”、“颜色填充”、图层蒙版、“查找边缘滤镜”、“去色”。

光盘路径：第21章\Complete\21.5\个性铅笔插画.psd

视频路径：第21章\个性铅笔插画.swf

步骤1　执行“文件 | 新建”命令，在弹出的“新建”对话框中设置各项参数及选项，完成后单击“确定”按钮，新建空白图像文件。

新建
名称(N): 个性铅笔插画
预设(P): 自定
大小(I):
宽度(W): 20 厘米
高度(H): 21 厘米
分辨率(R): 300 像素/英寸
颜色模式(M): RGB 颜色 8 位
背景内容(C): 白色
高级
确定
取消
存储预设(S)...
删除预设(D)...
图像大小:
16.8M

步骤2　执行“文件 | 打开”命令，打开“背景.jpg”文件并拖曳到当前文件图像中，按快捷键Ctrl+J得到“图层1副本”，在该图层单击“添加图层蒙版”按钮，单击画笔工具选择柔角画笔并适当调整大小，在蒙版上把不需要的部分加以涂抹。

图层 1 副本
图层 1

步骤3　单击“创建新的填充或调整图层”按钮，选择“色相/饱和度1”选项调整图层，拖动滑块设置参数。

色相/饱和度
预设：自定
全图
色相：0
饱和度：-35
明度：0
着色

色相/饱和度 1
图层 1 副本
图层 1

步骤4　单击钢笔工具，在其菜单栏中选择工具模式为“形状”，设置填充颜色为紫色（R164、G60、B114），绘制如图所示的三角形组。

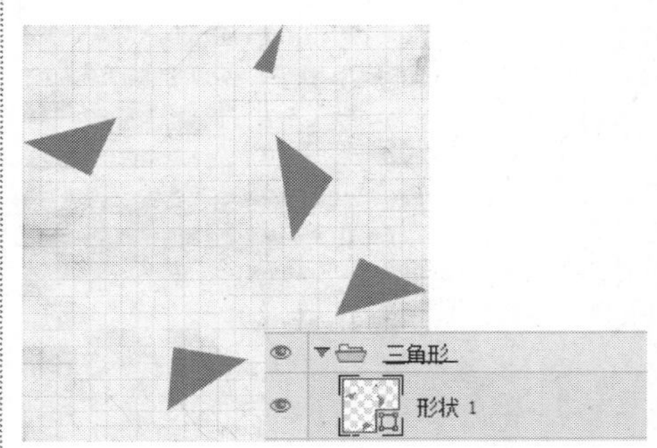

步骤5 继续上一步的操作，使用钢笔工具，并设置不同颜色的三角形组，丰富画面效果，使画面饱满。

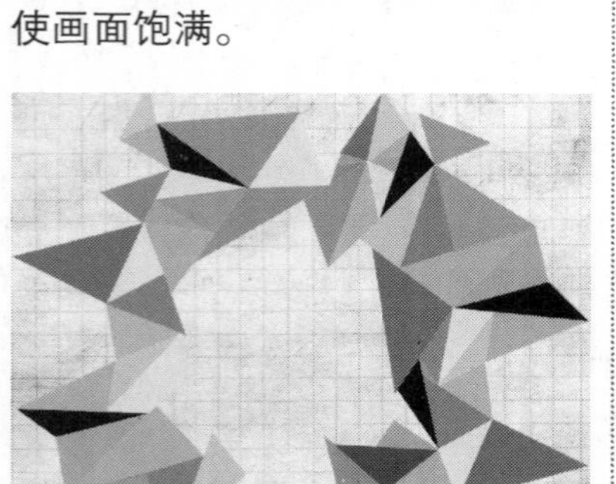

步骤6 单击“创建新的填充或调整图层”按钮，选择“图案填充1”选项，在弹出的对话框中设置各项参数。

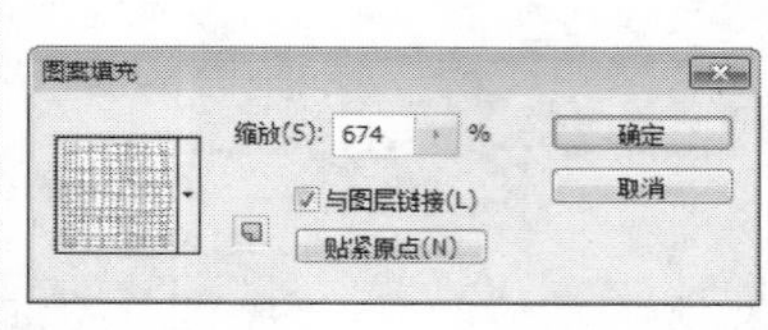

步骤7 选择“图案填充1”图层，按Alt键的同时单击鼠标左键，创建“形状4”图层剪贴蒙版。

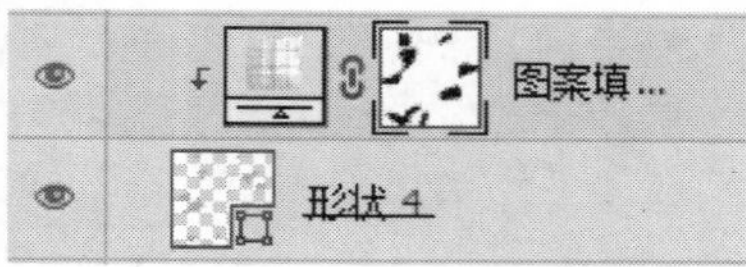

步骤8 选择“图案填充1”图层，并设置其混合模式为“颜色加深”，添加“形状4”图层的样式。

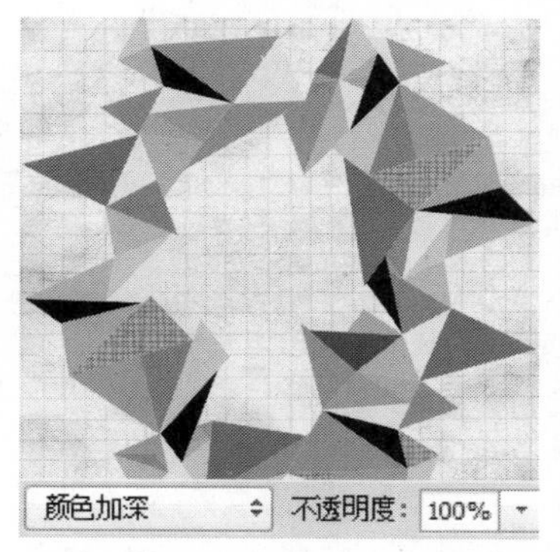

步骤9 继续单击“创建新的填充或调整图层”按钮，选择“图案填充2”选项，在弹出的对话框中设置各项参数。

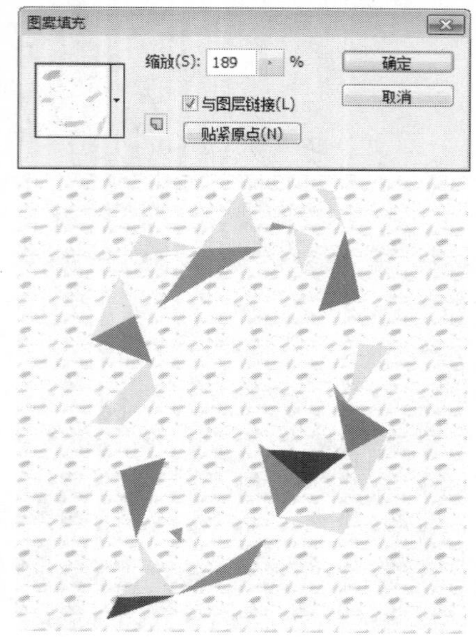

步骤10 选择“图案填充2”图层，按Alt键的同时单击鼠标左键，创建“形状10”图层剪贴蒙版，设置其混合模式为“正片叠底”，添加“形状10”图层的样式。

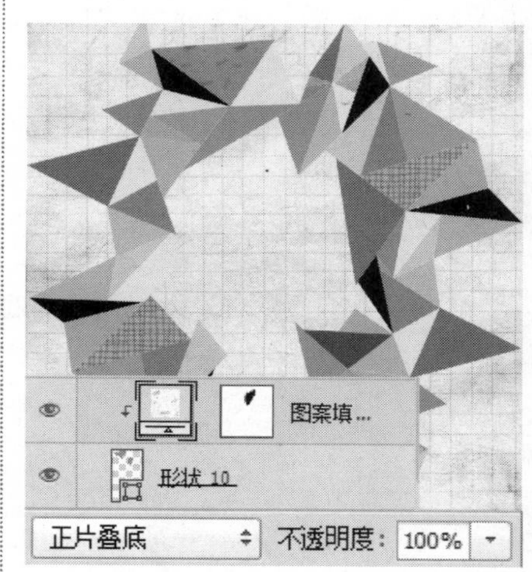

步骤11　单击“创建新的填充或调整图层”按钮，选择“曲线1”选项调整图层，拖动滑块设置参数，并单击图框中的“调整剪贴到此图层”按钮，创建其图层剪贴蒙版。调整整体三角形的亮度。

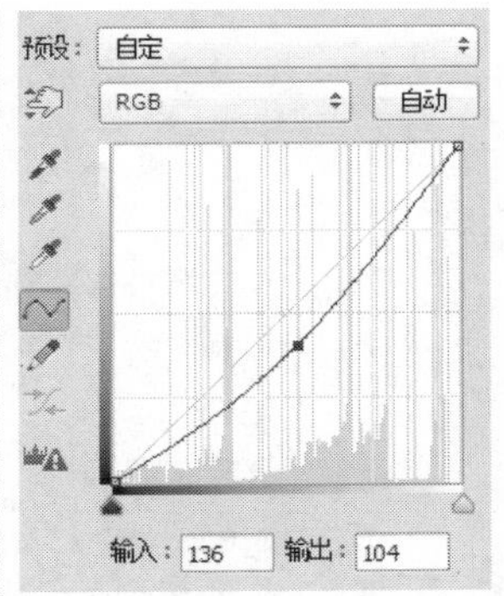

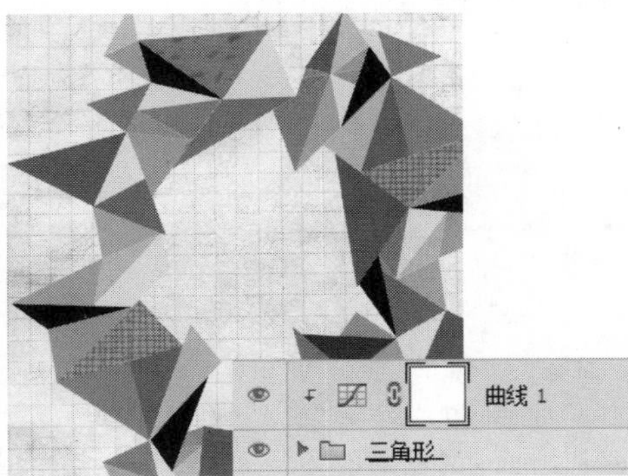

步骤12　单击“创建新的填充或调整图层”按钮，选择“图案填充3”选项，在弹出的对话框中设置各项参数。

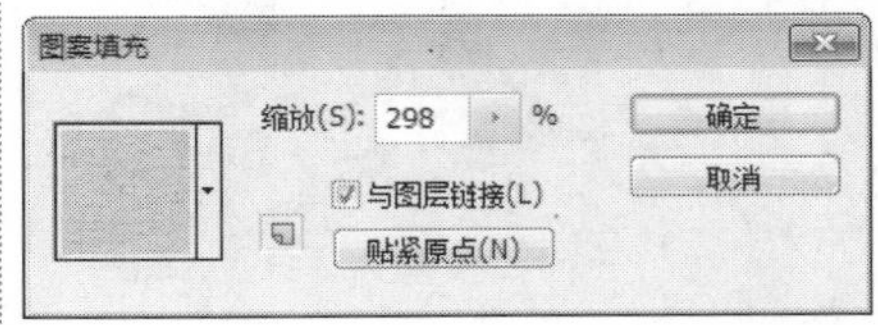

步骤13　选择“图案填充3”图层，按Alt键的同时单击鼠标左键，创建“三角形”组剪贴蒙版。调整三角形整体的色调，丰富画面。

步骤14　打开“人物.jpg”文件并拖曳到当前文件图像中，形成“图层2”。按快捷键Ctrl+T改变图像的方向，使人物位于画面正中。

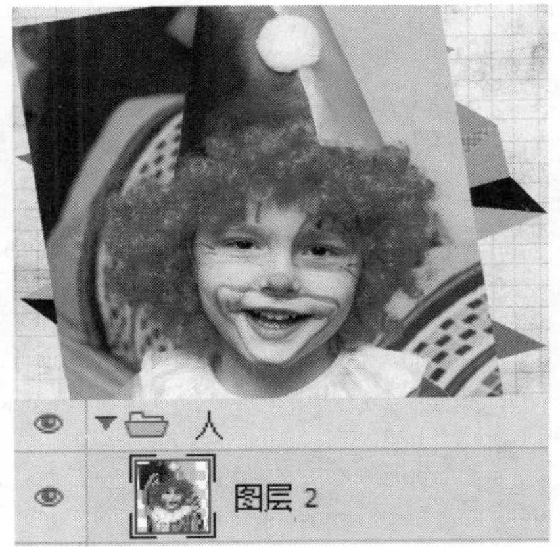

步骤15　选择“图层2”，单击“添加图层蒙版”按钮，应用魔棒工具选取背景部分，按快捷键Delete删除背景部分，单击鼠标右键选择应用图层蒙版选项，执行“图层 | 调整 | 去色”命令，将主题人物变黑。

步骤16　执行“滤镜 | 查找边缘滤镜”命令，显示出人物清晰的轮廓。

步骤17 执行“图层 | 调整色阶”命令，调整图层，拖动滑块设置参数，增加人物的线条感。

步骤18 单击“添加图层蒙版”按钮，单击画笔工具，选择柔角画笔并适当调整大小，在蒙版上把不需要的部分加以涂抹，突出主体。

步骤19 单击画笔工具，在菜单栏中设置大小和硬度。

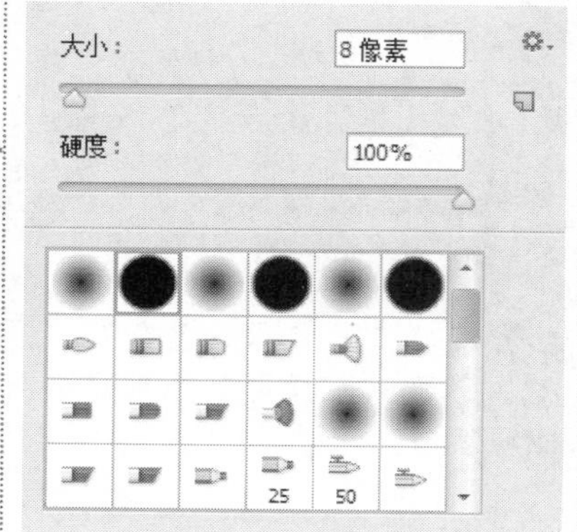

步骤20 新建“图层3”，单击画笔工具，使用尖角画笔，画出人物领子的轮廓。

步骤21 新建“图层4”，继续使用尖角画笔，为人物领子部分做细节，使用相同的方法，依次新建“图层5”到“图层12”，画出人物的所有轮廓和细节，使其有铅笔插画的效果。

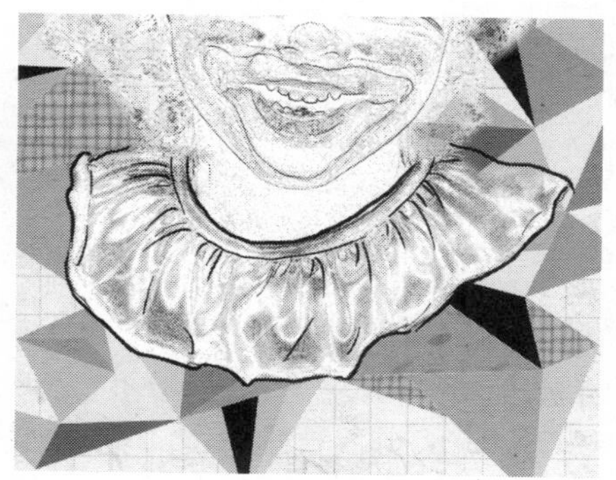

步骤22 单击“创建新的填充或调整图层”按钮，选择“色彩填充1”选项调整图层，拖动滑块设置参数，统一画面的色调。制作个性铅笔插画，至此，本实例制作完成。

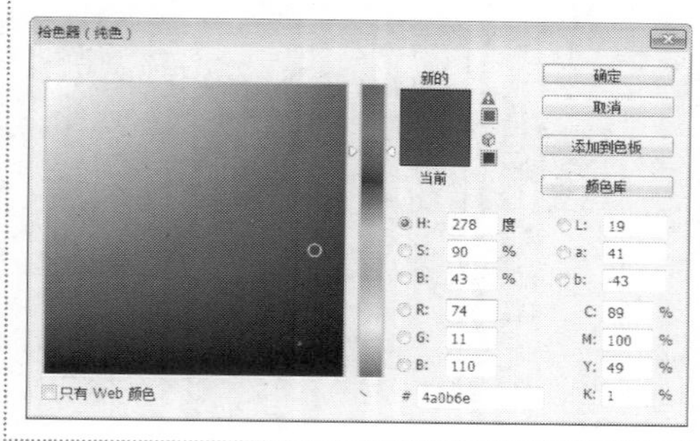

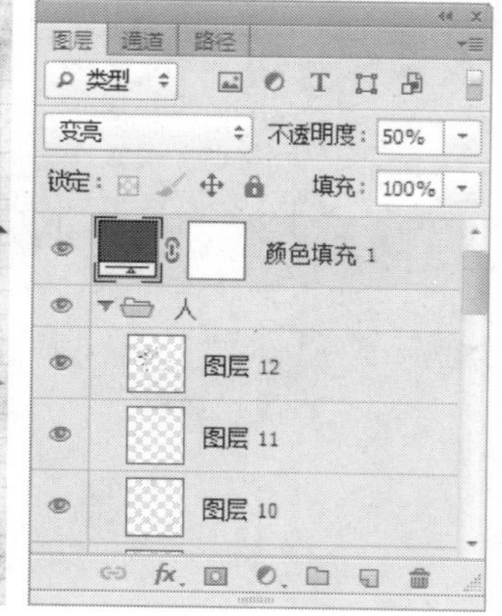

21.6 艺术特效

艺术特效是Photoshop图像处理中最为强大的体现，滤镜、画笔工具能给使用者带来千变万化的特效，下面就运用前面介绍的知识进行实际案例操作，学习艺术特效的处理技巧。

21.6.1　文字风暴

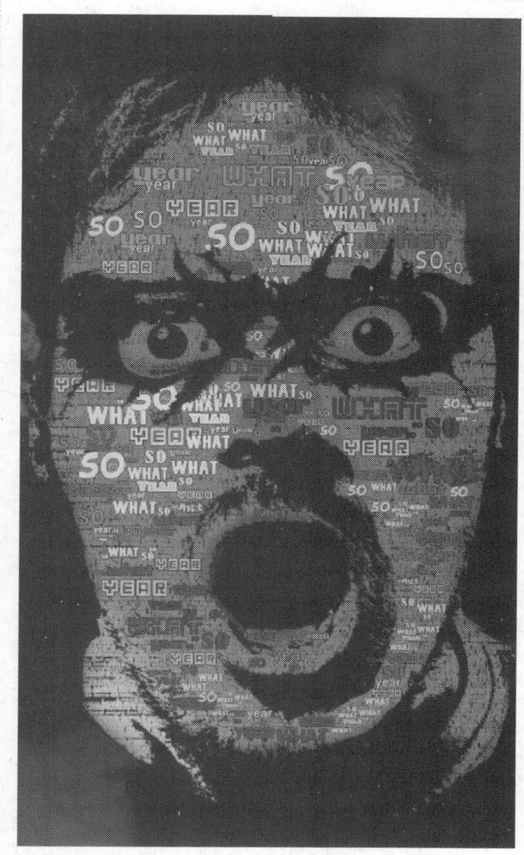

主要使用素材：

案例分析：

本案例通过文字的重叠与人物面部表情的结合，体现强烈艺术画面效果。结合文字工具为人物添上大量文字，然后结合"图层蒙版"和画笔工具制作人物阴影，调整过程中注意效果自然。

主要使用功能：

"涂抹棒"滤镜 、亮度/对比度、图层蒙版、文字工具、色相/饱和度、画笔工具。

光盘路径：第21章\Complete\21.6\文字风暴.psd

步骤1　执行"文件 | 新建"命令，在弹出的"新建"对话框中设置各项参数及选项，设置完成后单击"确定"按钮，新建空白图像文件。

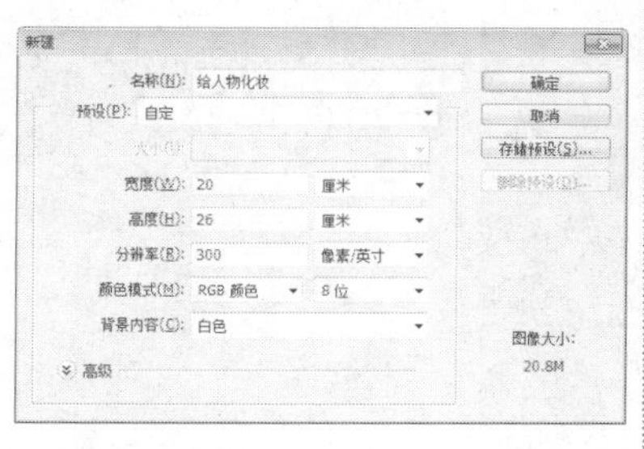

步骤2　执行"文件 | 打开"命令，打开"文字风暴.jpg"照片文件，生成新的"图层 1"，结合画笔工具和图层蒙版抠取人物。按快捷键Ctrl+J复制图层，得到"图层1副本"，执行"滤镜 | 滤镜库 | 涂抹棒"命令，在弹出的对话框调整参数，完成后单击"确定" 按钮，使人物呈现涂抹效果。

步骤3 执行“图像 | 调整 | 去色”命令，使人物呈现黑白效果。

步骤4 单击“创建新的填充或调整图层”按钮，应用“阈值”命令，在弹出的调整面板中设置各项参数，使人物呈现黑白分明的效果。

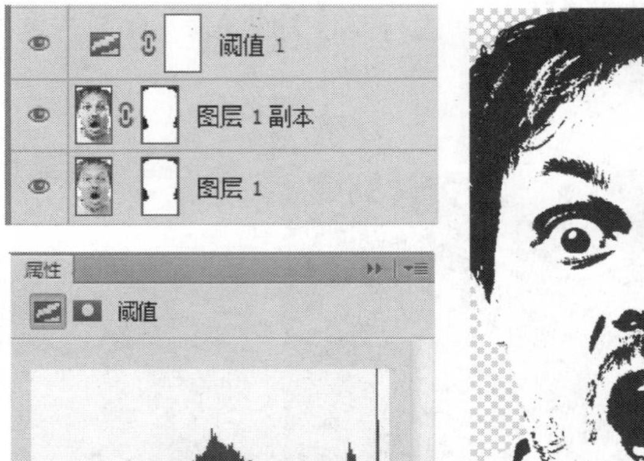

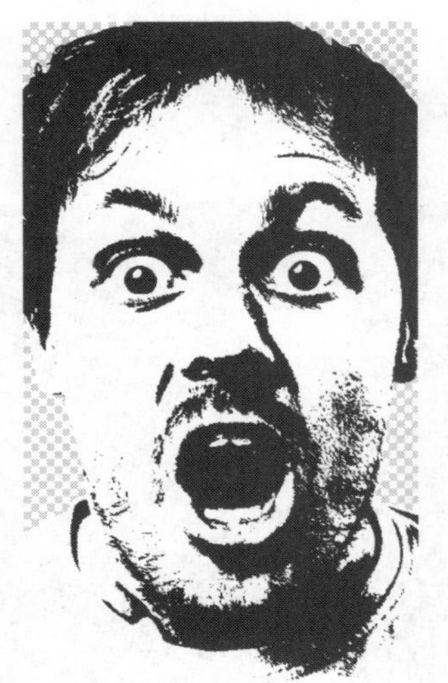

步骤5 单击横排文字工具，设置前景色为红色（R251、G127、B27），输入整版英文字，右击Lewis turned，使用栅格化文字层命令，复制Lewis turned，生成新图层“Lewis turned副本”、“Lewis turned副本 1”，单击移动工具调整“Lewis turned副本”和“Lewis turned副本1”的位置，使文字排列更紧密。

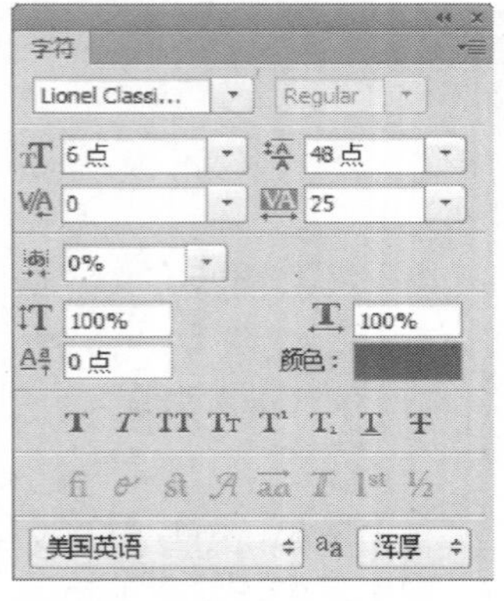

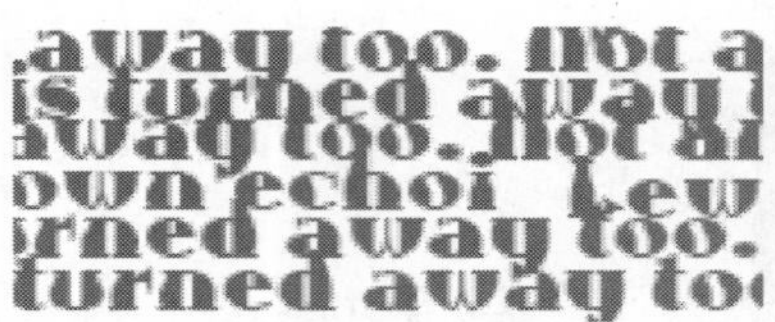

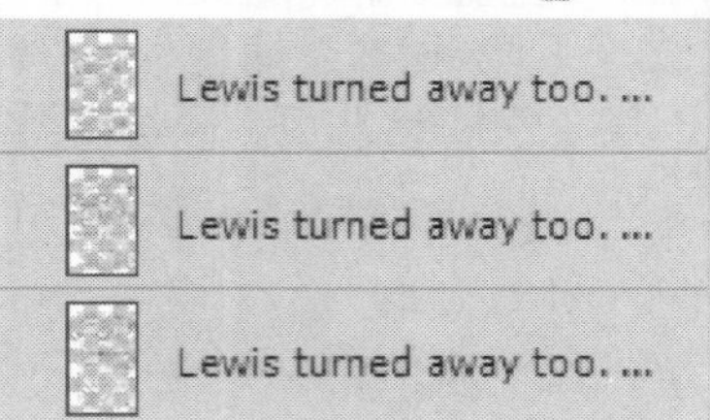

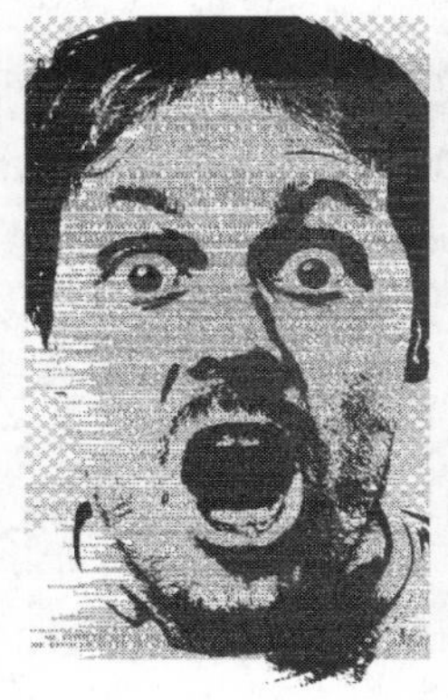

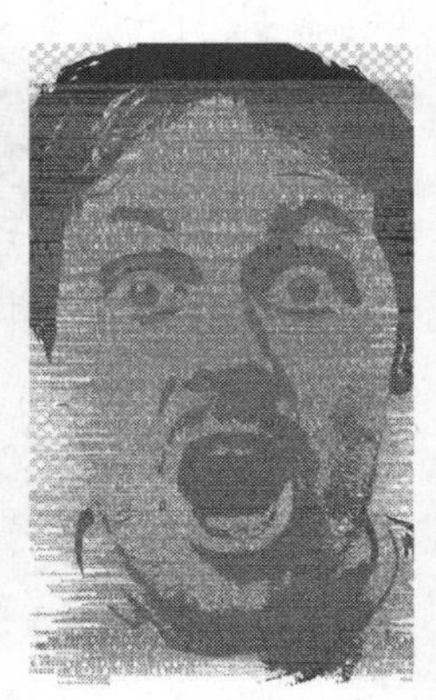

步骤6 单击“添加图层蒙版”按钮，结合画笔工具涂抹人物头像外和人物五官处的文字。

步骤7 创建“图层 3”，单击画笔工具，设置颜色为黑色，绘制出眼睛轮廓，完成后新建“图层 4”，采用相同的方式，绘制出嘴巴轮廓。

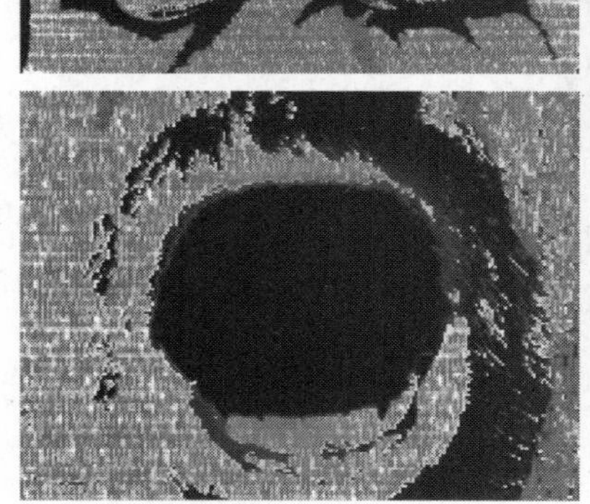

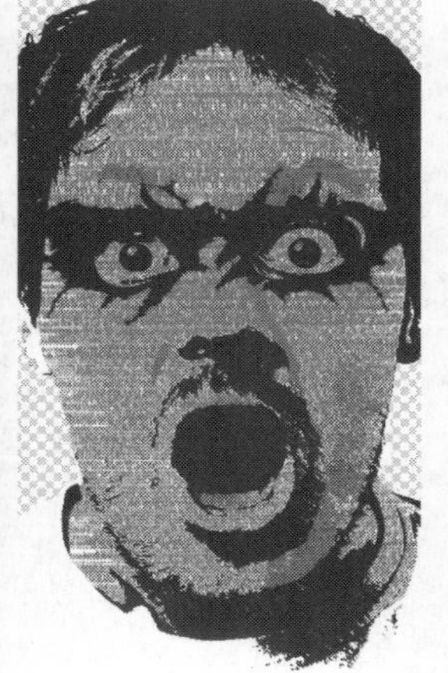

步骤8 创建“组 2”，单击横排文字工具，设置前景色为黄色（R255、G221、B0），输入文字YEAR，在YEAR文字图层上单击鼠标右键，选择“栅格化文字层”命令。

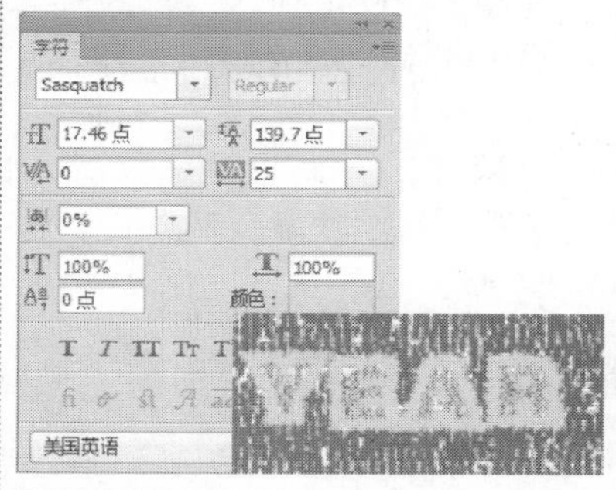

步骤9 双击YEAR图层，在弹出的图层样式对话框中勾选“描边”复选框并调整参数，完成后单击“确定”按钮。

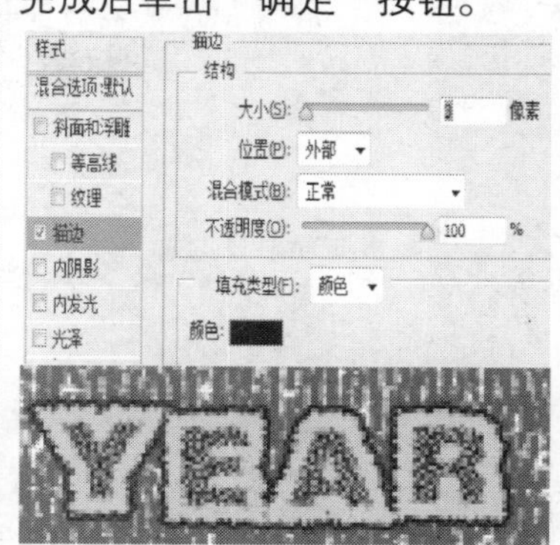

步骤10 继续使用横排文字工具，设置前景色为黄色（R255、G221、B0），输入WHAT，栅格化文字层后采用相同的方法为文字进行描边。

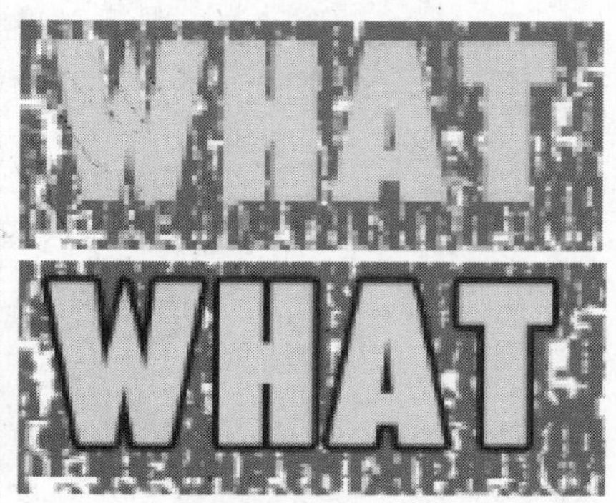

步骤11 继续使用横排文字工具，设置前景色为暗红色（R175、G7、B7），输入SO，使用“栅格化文字层”命令，并应用“描边”图层样式。

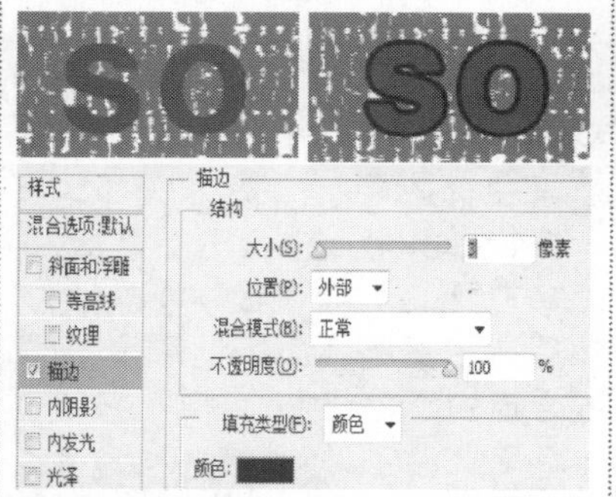

步骤12 继续采用相同的方法为人物面部添加更多的文字效果。

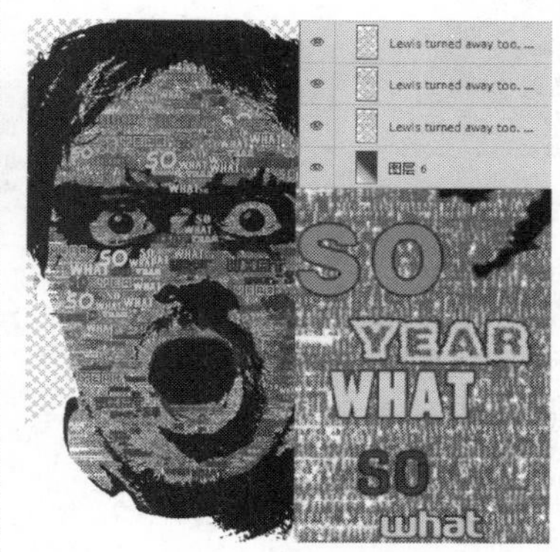

步骤13 在“图层”面板最上方创建“图层 4”，使用画笔工具，选择黑色柔角画笔在人物眼睛、嘴巴和面部边缘进行涂抹，并设置“不透明度”为60%。

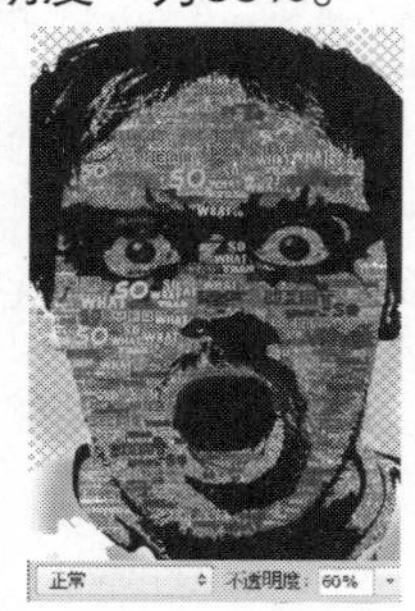

步骤14 在“图层 1 副本”的上方新建“图层 5”，设置前景色为黑色并填充。在Lewis turned图层下方创建“图层 6”，使用透明渐变工具填充背景。

步骤15 将光标定位在嘴巴在要设置渐变起点的位置，按住鼠标左键从嘴里拖动至左下角。

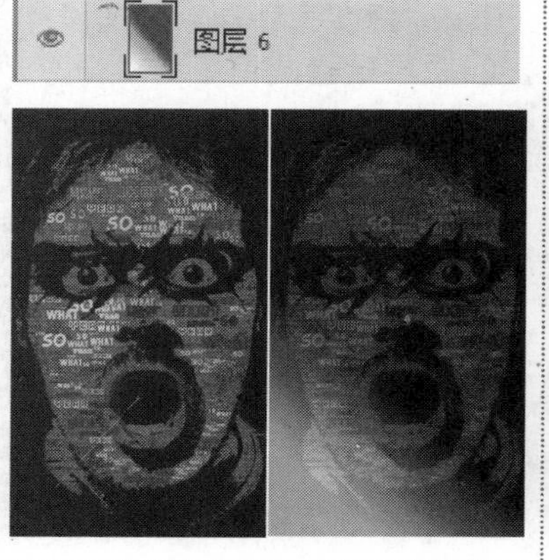

步骤16 在面板最上方创建“图层 7”，单击画笔工具，设置前景色为绿色（R33、G73、B18），打开画笔预设面板，选择水墨笔刷，并调整画笔大小和硬度。然后将光标移动到画面边缘进行涂抹，并设置其“不透明度”为60%。至此，本实例制作完成。

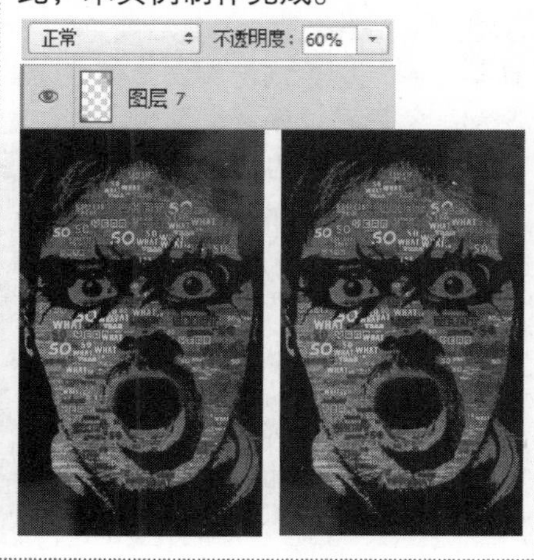

21.6.2 鬼魅时尚

主要使用素材：

案例分析：

本案例通过色调的处理和人物色调、妆容的处理，体现强烈艺术画面效果。结合钢笔工具为人物添上特效妆容，然后结合图层混合模式的调整让人物效果更自然，调整过程中注意色调。

主要使用功能：

钢笔工具、画笔工具、图层蒙版、图层混合模式、色相/饱和度。

光盘路径： 第21章\Complete\21.6\鬼魅时尚.psd

视频路径： 第21章\鬼魅时尚.swf

步骤1 执行“文件 | 新建”命令，在弹出的“新建”对话框中设置各项参数及选项，设置完成后单击“确定”按钮，新建空白图像文件。

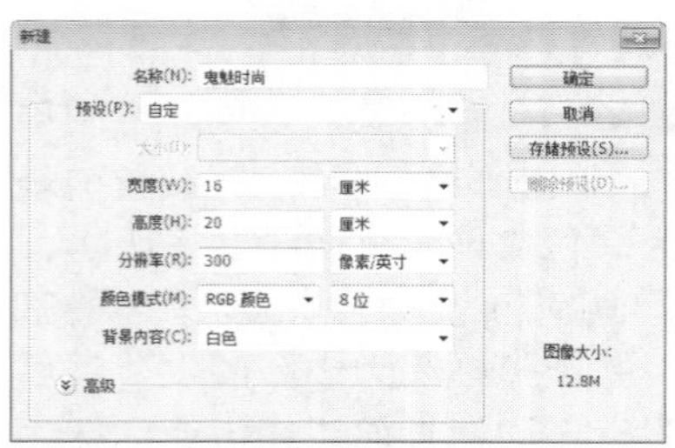

步骤2 新建“图层1”，单击渐变工具，选择“径向渐变”按钮，在属性栏中单击渐变色条旁的下拉按钮，在拾取器中选择“前景色到背景色渐变”样式，拖动鼠标制作出渐变效果。

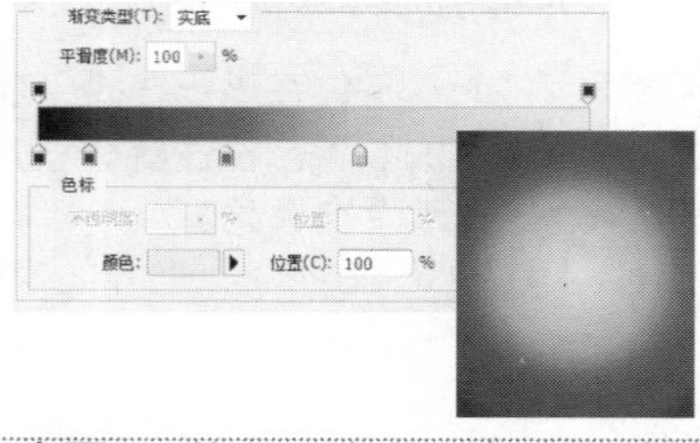

步骤3 新建“图层2”，设置前景色为绿色(R209、G255、B194)并填充。结合图层蒙版和画笔工具，在画面中心涂抹，然后在“图层”面板上修改图层混合模式为“点光”。

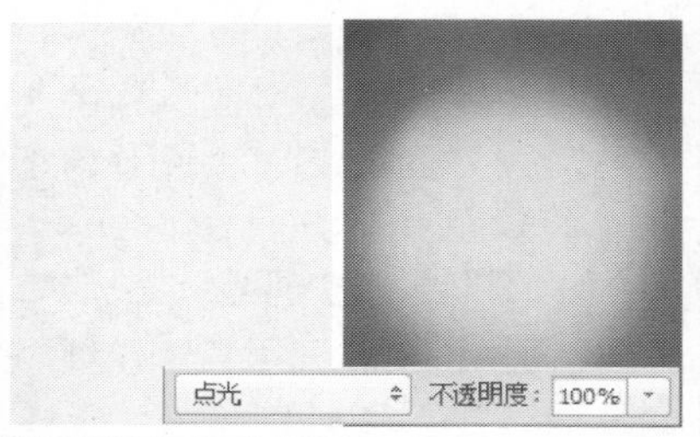

步骤4 新建“图层2”，设置前景色为蓝色（R117、G198、B255），单击画笔工具，选择柔角画笔，绘制出头发顶部的阴影，然后在“图层”面板上修改图层混合模式为“柔光”。

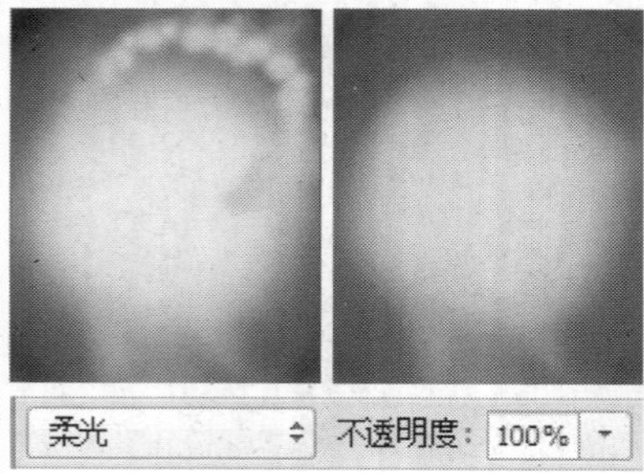

步骤5 执行“文件 | 打开”命令，打开“人物.jpg”照片文件，生成“图层4”，单击移动工具把图片移动到合适位置，然后再结合画笔工具和图层蒙版抠取人物。

步骤6 新建“图层5”，单击画笔工具，绘制出人物脖子上的皮肤，消除脖子上的头发，然后选中“图层4”、“图层5”，完成后单击鼠标右键，选择“合并图层”命令，生成新的“图层5”。

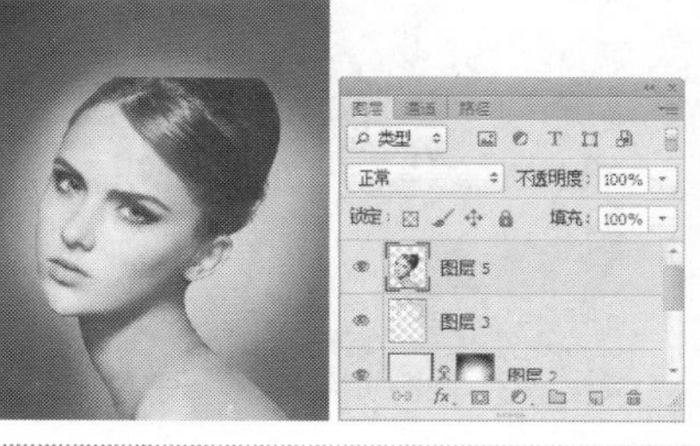

步骤7　新建“组 1”，打开“人物2.jpg”照片文件，将其拖动到当前图像文件中，生成“图层 6”，应用“自由变换”命令调整其角度，并结合画笔工具和图层蒙版抠取头发。然后复制该图层，调整其角度。

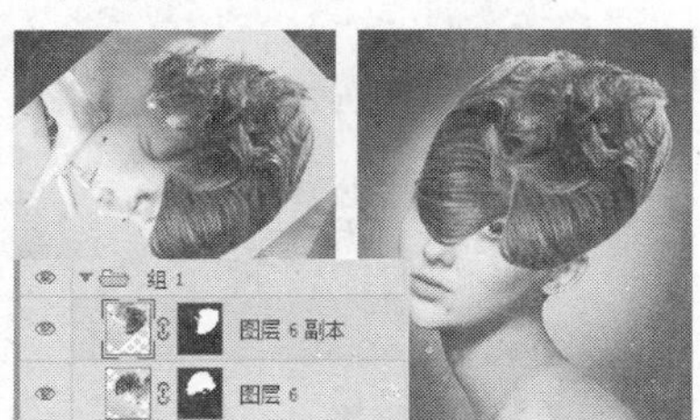

步骤8　选中“图层 6”，单击“创建新的填充或调整图层”按钮，选择“色相/饱和度”命令，在弹出的对话框中设置好参数，并创建剪贴蒙版，以降低头发饱和度。继续单击“创建新的填充或调整图层”按钮，选择“曲线”命令，在弹出的对话框中设置好参数，然后用相同的方法调整“图层 6副本”。

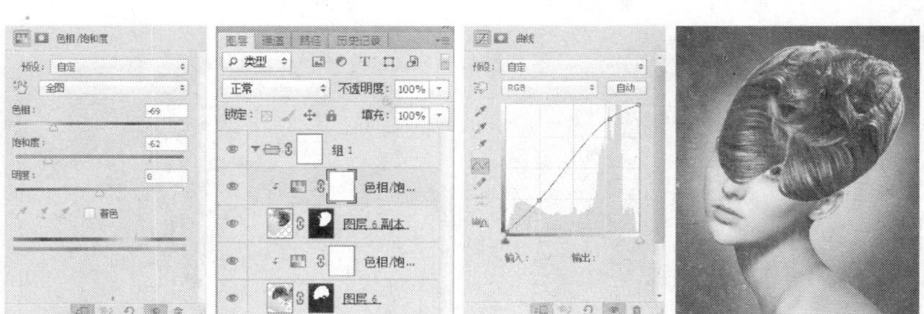

步骤9　创建图层组“组 2”，复制“图层5”，生成“图层5 副本”，将“图层5 副本”放入“组 2”，单击“图层”面板下方的“添加图层蒙版”按钮，单击画笔工具，选择黑色柔角画笔，涂抹头发边缘，让头发接合自然过渡。使用同样的方法为“组 2”添加图层蒙版，单击画笔工具，涂抹头发边缘，弱化头发边缘效果。

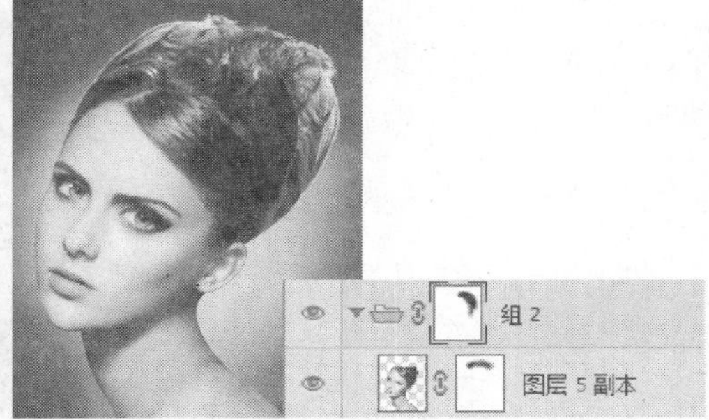

步骤10　单击“图层”面板下方的“创建新的填充或调整图层”按钮，选择“选取颜色”命令，在弹出的对话框中调整参数，然后用同样的方法为图像调整“曲线”命令，让人物更自然。

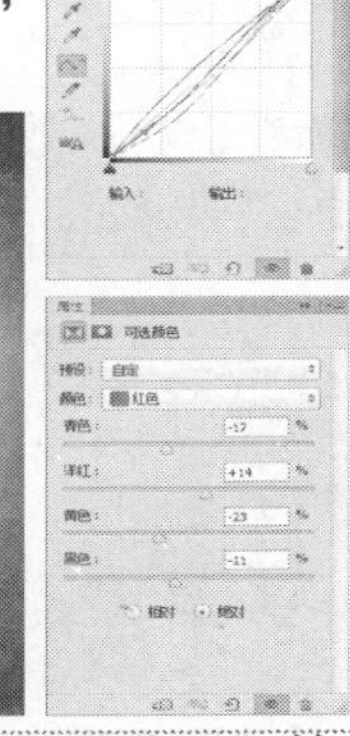

步骤11　执行“文件 | 打开”命令，打开“花纹.psd”素材文件，分别添加至当前图像文件中，结合图层蒙版与画笔工具，隐藏不需要的部分，并设置图层混合模式与“不透明度”。

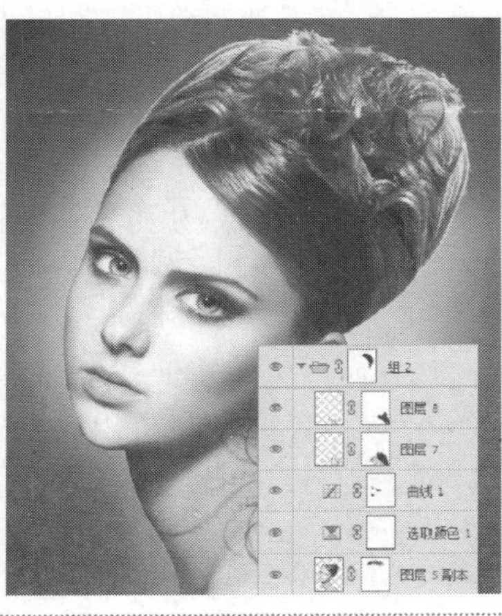

步骤12　单击“创建新的填充或调整图层”按钮，选择“色阶”命令，在弹出的对话框中设置参数，然后单击“添加图层蒙版”按钮，结合画笔工具显示嘴唇部分。

步骤13　单击“添加图层蒙版”按钮，为调整层“色阶1”添加图层蒙版，并结合画笔工具涂抹隐藏除嘴唇外的其他部分。

步骤14 新建“组3”，设置图层的混合模式为“穿透”，在“组3”中新建“图层 9”，设置前景色为红色（R220、G28、B37），单击画笔工具为嘴唇上色。并设置图层混合模式为“柔光”。

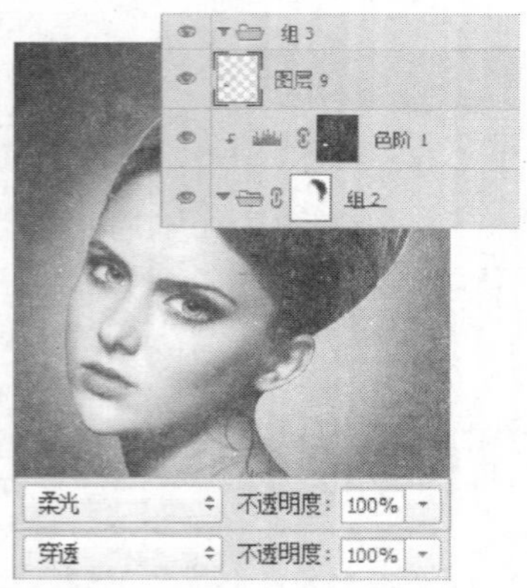

步骤15 新建“图层 10”，设置前景色为红色（R163、G27、B130），背景色为蓝色（R163、G27、B130），单击画笔工具为右眼绘制眼影，然后运用相同方法为左眼绘制眼影。

步骤16 单击“添加图层蒙版”按钮，为“图层 10”、“图层11”添加图层蒙版，并结合画笔工具涂抹隐藏眼睛的内部。设置混合模式为“颜色加深”。

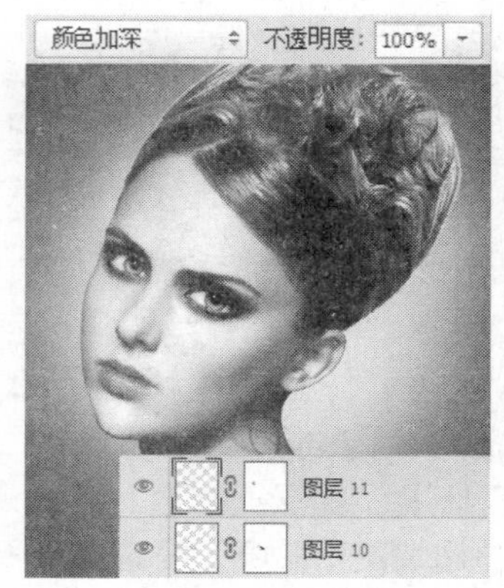

步骤17 新建“图层12”，设置前景色为绿色（R98、G201、B150），单击画笔工具，为瞳孔上色，并设置图层混合模式为“叠加”。

步骤18 新建“图层13”，设置前景色为黄色（R208、G202、B109），单击画笔工具，为瞳孔上色， 结合“图层蒙版”隐藏黑色部分，并设置“图层混合模式”为“叠加”。

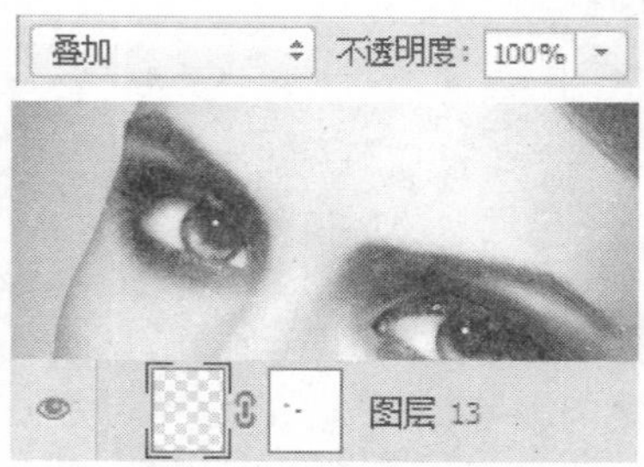

步骤19 单击画笔工具，结合图层蒙版，运用相同的方法绘制出眼睛的细节。

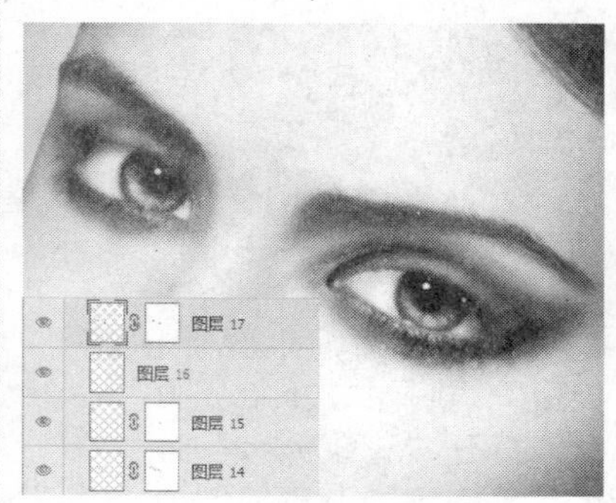

步骤20 新建“图层18”，单击钢笔工具，绘制出眼睫毛的形状。

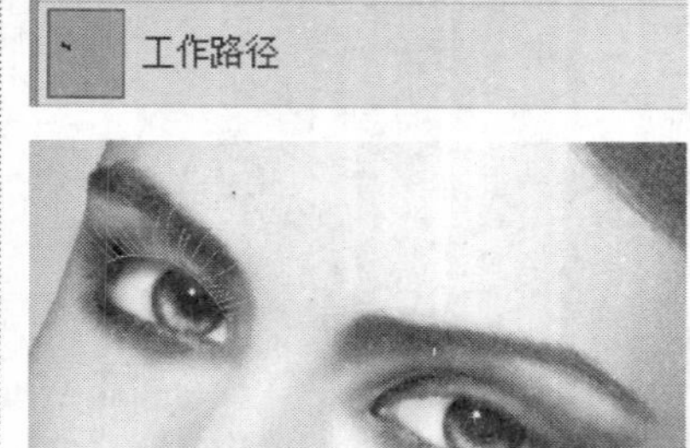

步骤21 单击画笔工具，选择硬角画笔，设置大小为3像素，选择路径工具后单击鼠标右键，在弹出的下拉列表框中应用“描边路径”命令，绘制出睫毛，并勾选“模拟压力”复选框，绘制人物睫毛。

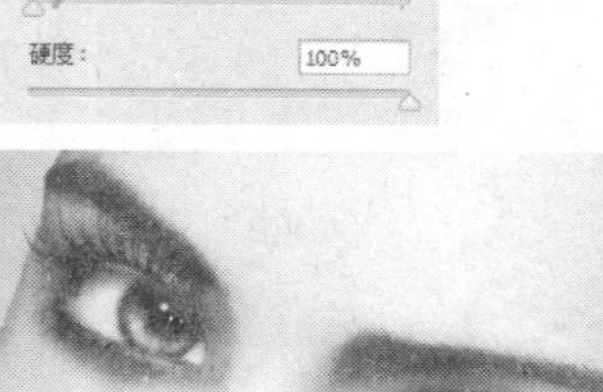

步骤22 采用相同的方法绘制另一只眼的睫毛，继续结合钢笔工具，与画笔工具运用相同的方法绘制出人物的眼线部分，使人物的眼睛更有神。

步骤23 新建"图层22"，设置前景色为绿色（R10、G119、B42），单击画笔工具，涂抹眉毛部分，调整眉毛颜色，然后修改图层的混合模式为"强光"。

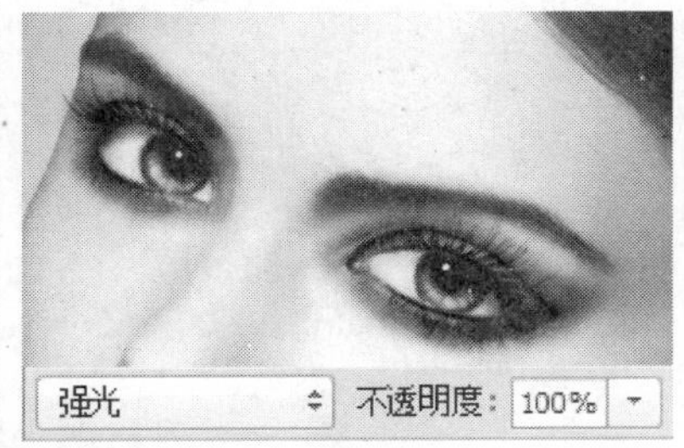

步骤24 新建"图层23"，设置前景色为绿色（R10、G119、B42），单击画笔工具，将画笔大小设置为1像素，然后涂抹眉毛边缘部分，细化眉毛细节。

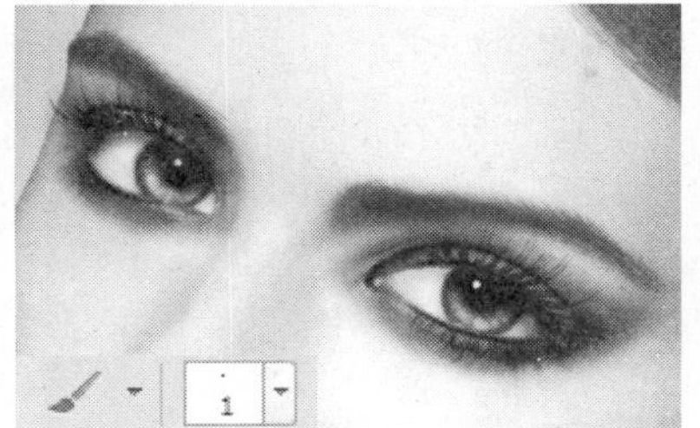

步骤25 新建"图层24"，打开"花纹2.png"素材图片，单击移动工具，把图片移动到合适位置，单击画笔工具，结合"图层蒙版"隐藏不需要的部分，并设置图层混合模式为"叠加"。

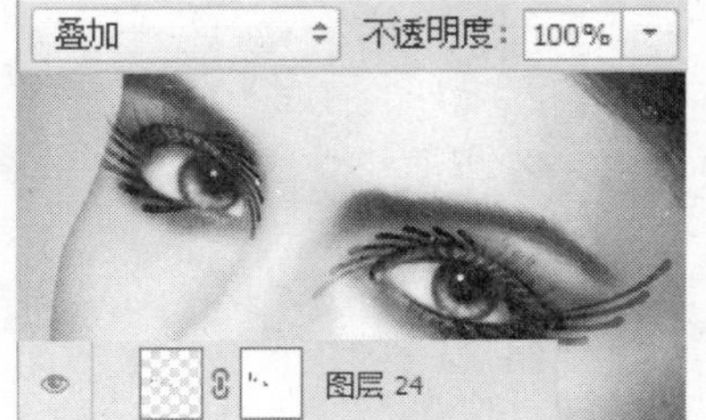

步骤26 新建"图层25"，设置前景色为白色，单击画笔工具，然后涂抹花纹的上半部分，并创建剪贴蒙版。

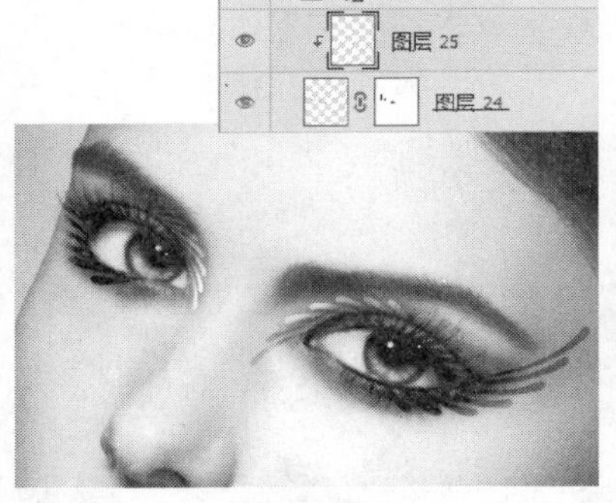

步骤27 新建"图层26"，单击钢笔工具，绘制出眼睛周围的线条，并为其填充白色，设置图层混合模式为"叠加"，"不透明度"为50%。

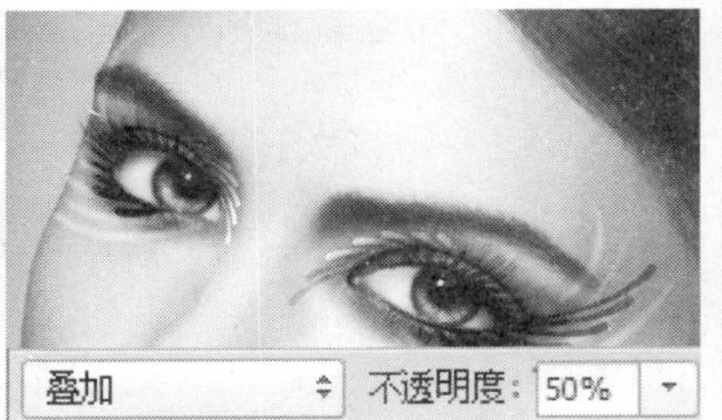

步骤28 单击"创建新的填充或调整图层"按钮，选择"色相/饱和度"命令，在弹出的对话框中设置参数。

步骤29 单击画笔工具，设置前景色为白色，选择硬角画笔涂抹，隐藏除头发外的其他部分。

步骤30 新建"图层27"，设置前景色为白色，单击画笔工具，绘制出人物面部的高光部分。

步骤31 新建"图层28"，设置前景色为白色，单击画笔工具，绘制出头发边缘的细节。

步骤32 新建“图层29”，设置前景色为黑色，单击画笔工具，绘制头发细节。

步骤33 新建“图层30”，设置前景色为紫色（R143、G54、B136），单击画笔工具，继续绘制头发细节，并设置图层混合模式为“颜色”。

步骤34 新建“图层31”，设置前景色为紫色（R143、G54、B136），单击画笔工具，绘制头发高光部分，设置图层混合模式为“颜色减淡”。

步骤35 打开“星光.png”文件，移动图像到当前图像文件中，设置图层混合模式为“叠加”，增强画面的光影效果。

步骤36 新建“图层32”，单击画笔工具，设置前景色为蓝色（R199、G255、B229），绘制出头发高光部分，双击该图层，打开“图层样式”对话框，设置“外发光”面板的参数值，完成后单击“确定”按钮，增加图像光影感。

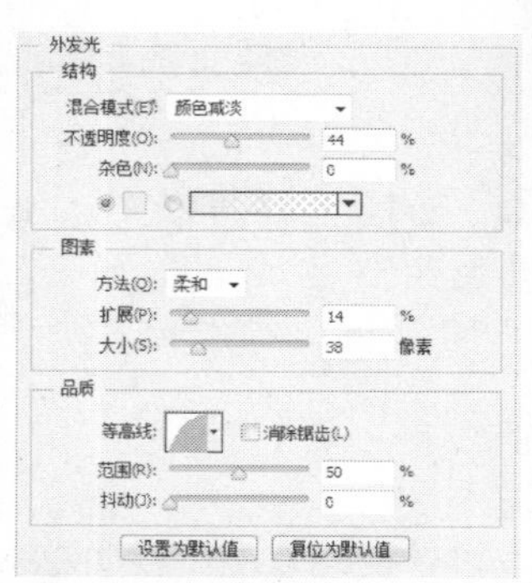

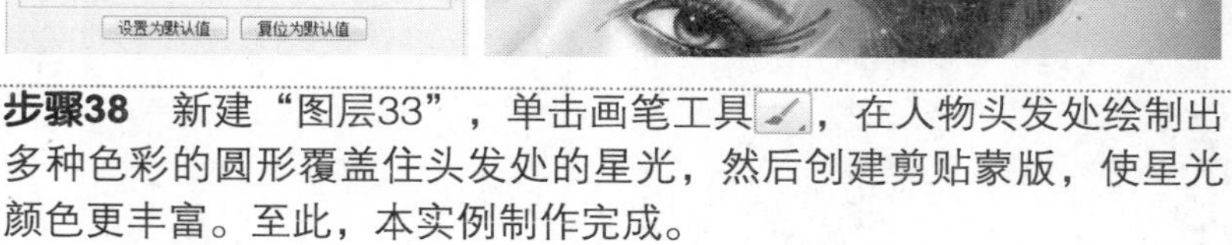

步骤37 设置“图层32”的混合模式为“划分”，使光影效果更自然。

步骤38 新建“图层33”，单击画笔工具，在人物头发处绘制出多种色彩的圆形覆盖住头发处的星光，然后创建剪贴蒙版，使星光颜色更丰富。至此，本实例制作完成。

21.6.3　海洋世界

主要使用素材：

案例分析：

本案例通过素材的合成，体现强烈艺术画面效果。结合色相/饱和度、曲线为画面添上唯美色调，然后结合“图层蒙版”和画笔工具使各个图层自然过渡，完美融合。调整过程中注意效果自然。

主要使用功能：

剪贴蒙版、图层蒙版、曲线、选取颜色、色相/饱和度、画笔工具。

光盘路径：第21章\Complete\21.6\海洋世界.psd

视频路径：第21章\海洋世界.swf

步骤1　执行“文件｜新建”命令，在弹出的“新建”对话框中设置各项参数及选项，设置完成后单击“确定”按钮，新建空白图像文件。

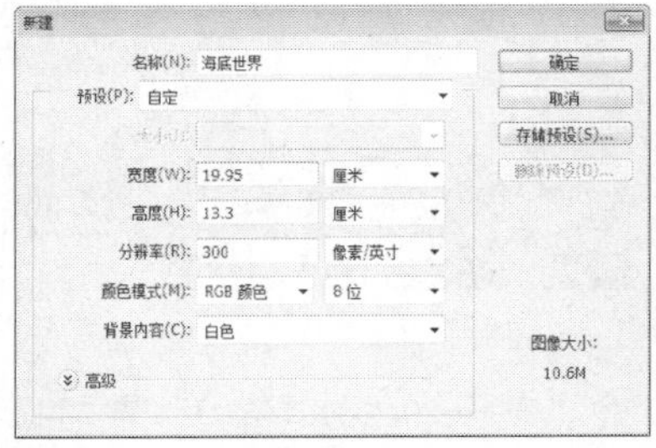

步骤2　新建“组1”，然后在“组1”中新建“图层 1”，设置前景色为蓝色（R35、G81、B113），按快捷键Alt+Delete，填充图层。

步骤3　新建“图层 2”，设置前景色为蓝色（R170、G201、B197），单击画笔工具，选择柔角画笔，绘制背景图形，新建“图层 3”，设置前景色为黄色（R252、G182、B23），使用同样方法绘制出黄色背景图形，并设置“图层3”混合模式为“叠加”。

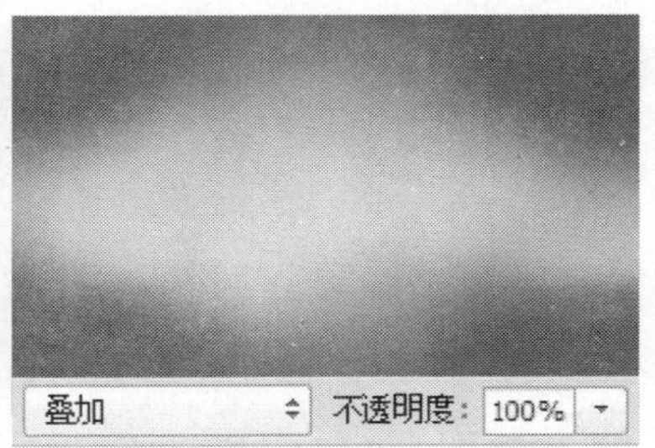

步骤4　执行“文件｜打开”命令，打开“楼房.jpg”素材文件，单击移动工具将图片调整到合适的位置，并设置图层混合模式为“叠加”。

步骤5　单击“图层”面板下方的“添加图层蒙版”按钮，为“图层 4”添加图层蒙版，单击画笔工具，选择柔角画笔，涂抹蒙版，隐藏图片的天空部分。

步骤6　执行“文件｜打开”命令，打开“素材.jpg”素材文件，单击移动工具，调整图片到合适的位置，设置图层的混合模式为“正片叠底”，设置“不透明度”为75%。

步骤7 按快捷键Ctrl+J复制两层，生成“图层 5副本”、“图层 5副本1”，单击移动工具，调整图片到合适的位置，并创建剪贴蒙版。

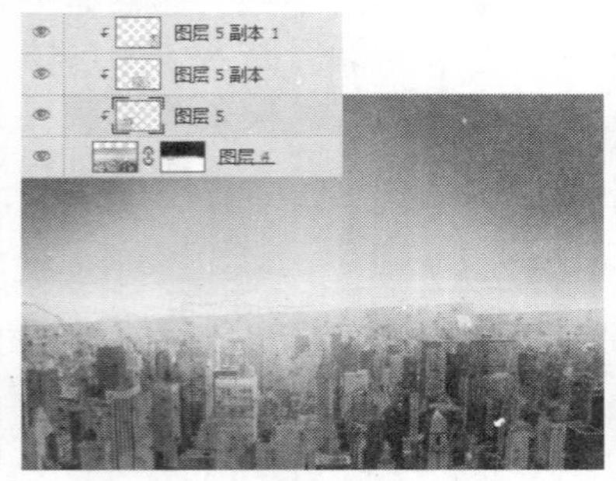

步骤8 执行“文件 | 打开”命令打开“鲨鱼.png”素材文件，单击移动工具，移动至当前图像文件中，得到图层“鲨鱼”，将图片调整到合适的位置。

步骤9 单击“创建新的填充或调整图层”按钮，选择“色阶”命令，在弹出的对话框中设置参数，并创建剪贴蒙版，使鲨鱼更亮。

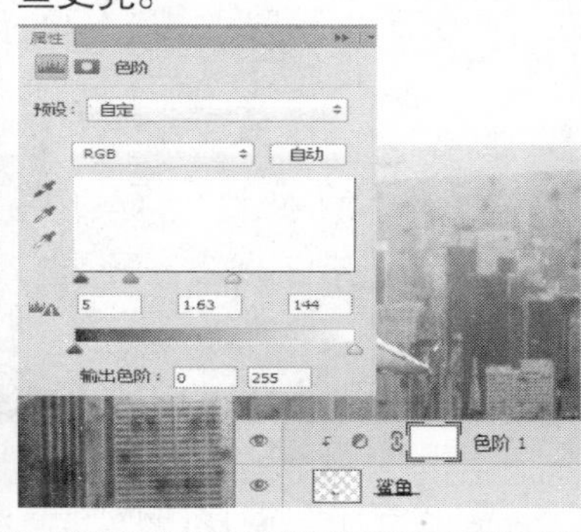

步骤10 单击画笔工具，使用黑色画笔涂抹鲨鱼的肚子，使鲨鱼明暗对比更强。

步骤11 继续单击“创建新的填充或调整图层”按钮，为图像添加“色相/饱和度”命令，在弹出的对话框中设置参数，单击画笔工具，用黑色画笔涂抹图层蒙版右下角并创建剪贴蒙版。

步骤12 执行“文件 | 打开”命令，打开“海水.jpg”素材文件，移动图像至当前图像文件中，单击“添加图层蒙版”按钮，结合画笔工具隐藏上半部分。

步骤13 单击“创建新的填充或调整图层”按钮，在弹出的对话框中选择“色相/饱和度”命令，然后在弹出的对话框中设置好参数，并结合画笔工具涂抹图层蒙版，隐藏上半部分。

步骤14 单击“创建新的填充或调整图层”按钮，在图层组“组1”上方创建调整图层，选择“曲线”命令，在弹出的对话框中设置参数并创建剪贴蒙版。

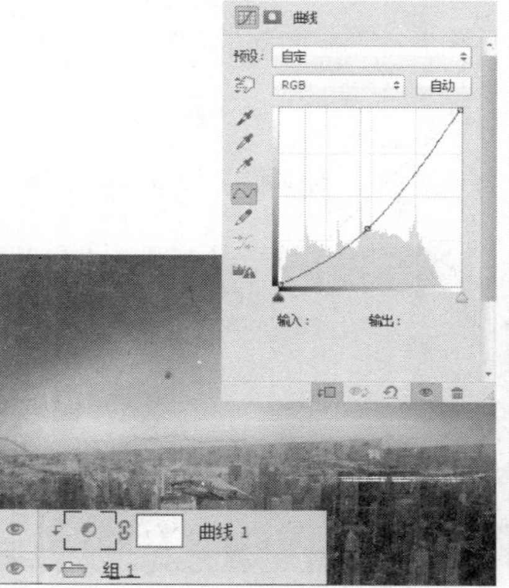

步骤15 执行“文件 | 打开”命令，打开“海水1.jpg”素材文件，添加素材至当前图像文件中，在“图层”面板上方设置图层混合模式为“叠加”，设置“不透明度”为65%。

叠加 不透明度：65%

步骤16　单击“图层”面板下方的“添加图层蒙版”按钮，单击画笔工具，选择柔角画笔涂抹，隐藏上半部分。

步骤17　继续添加“海水1.jpg”素材文件至当前图像文件中，单击“添加图层蒙版”按钮，结合画笔工具隐藏上下部分。

步骤18　单击“图层”面板下方的“创建新的填充或调整图层”按钮，选择“选取颜色”命令，在弹出的对话框中设置参数并创建剪贴蒙版。

步骤19　单击“图层”面板下方的“创建新的填充或调整图层”按钮，选择“色相/饱和度”命令，在弹出的对话框中设置参数并创建剪贴蒙版。

步骤20　执行“文件 | 打开”命令，打开“海水2.png”素材文件，单击移动工具，移动图像至当前图像文件中并调整图片的位置。

步骤21　新建“图层10”，设置前景色为黑色，按快捷键Alt+Delete为图层填充黑色，单击“添加图层蒙版”按钮，添加图层蒙版，然后结合画笔工具隐藏不需要的部分。

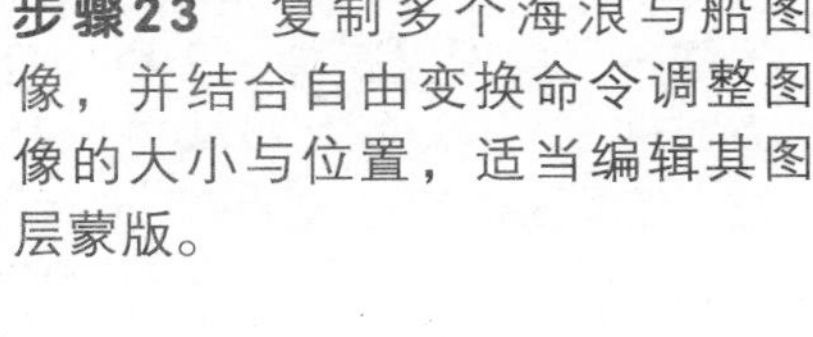

步骤22　执行“文件 | 打开”命令，打开“云.png”、“船.png”、“海浪.png”素材文件，分别添加至当前文件中，结合画笔工具与图层蒙版隐藏不需要的部分。并适当调整图层混合模式。

步骤23　复制多个海浪与船图像，并结合自由变换命令调整图像的大小与位置，适当编辑其图层蒙版。

步骤24　单击“图层”面板下方的“创建新的填充或调整图层”按钮，选择“照片滤镜”命令，在弹出的对话框中设置参数，至此，本实例制作完成。

21.6.4 未知空间

主要使用素材：

案例分析：

本案例通过对环境的处理，体现强烈的艺术画面效果。结合照片滤镜等工具调整图片色调，结合“图层蒙版”和画笔工具使各个素材衔接自然，调整过程中要注意图像边缘的处理，使案例的素材结合处效果自然。

主要使用功能：

渐变工具、图层蒙版、图层混合模式、照片滤镜、色相/饱和度、画笔工具。

光盘路径：第21章\Complete\21.6\未知空间.psd

步骤1 执行“文件 | 新建”命令，在弹出的“新建”对话框中设置各项参数及选项，设置完成后单击“确定”按钮，新建空白图像文件。

步骤2 新建“图层1”，单击工具栏中的渐变工具，设置前景色为蓝色（R94、G127、B143），背景色为黑色，单击“线性渐变”按钮，选择从前景色到背景色的渐变，从上至下拖动。

步骤3 新建“图层2”，执行“文件 | 打开”命令，打开“海水.jpg”素材文件，单击移动工具将图片调整到合适的位置，单击“图层”面板下方的“添加图层蒙版”按钮，单击画笔工具，选择黑色柔角画笔，在图层蒙版上涂抹，隐藏其他部分，只显示海水部分。

步骤4 执行“文件 | 打开”命令，打开“海面.jpg”素材文件，单击移动工具，将图片调整到合适的位置，单击“添加图层蒙版”按钮，结合画笔工具隐藏上方不需要的部分。

步骤5 新建“图层4”，单击画笔工具，选择黑色柔角画笔，在画笔属性栏中设置画笔“不透明度”为15%，涂抹海面和背景的融合处，使画面过渡更自然。

步骤6 执行“文件 | 打开”命令，打开“海面1.jpg”素材文件，单击移动工具，调整图片到合适的位置，单击“添加图层蒙版”按钮，结合画笔工具隐藏不需要的部分，只显示天空。

步骤7　复制图层得到“图层5副本”，结合画笔工具隐藏不需要的部分，只显示天空。新建“图层6”，设置前景色为绿色（R69、G119、B108），按快捷键Alt+Delete填充图层，设置图层混合模式为“叠加”，使海水形成偏绿的色调。

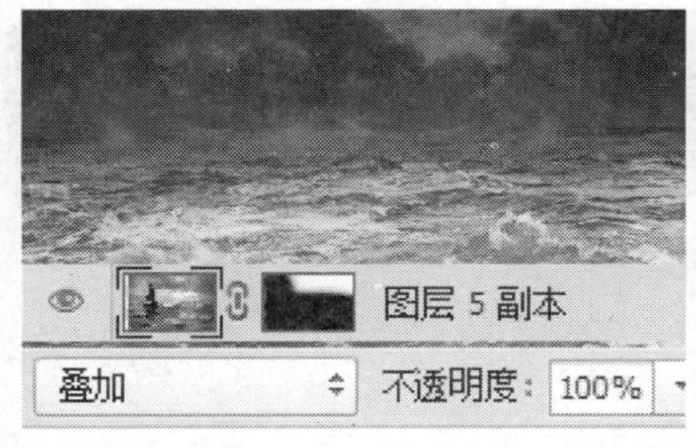

步骤8　执行“文件 | 打开”命令，打开“房子.jpg”素材文件，单击移动工具，调整图片到合适的位置，单击“添加图层蒙版”按钮，结合画笔工具隐藏不需要的部分，只显示房子。

步骤9　执行“文件 | 打开”命令，打开“波浪.png”素材文件，单击移动工具，调整图片到合适的位置，设置图层混合模式为“滤色”。

步骤10　执行“文件 | 打开”命令，打开“海面.jpg”素材文件，单击移动工具，调整图片到合适的位置，单击“添加图层蒙版”按钮，结合画笔工具显示部分海浪。复制多个海面图像并结合自由变换命令调整图像在画面中的位置与图层蒙版。

步骤11　单击“图层”面板下方的“创建新的填充或调整图层”按钮，选择“黑白”命令，在弹出的对话框中设置参数并设置图层混合模式为“明度”。

步骤12　新建“图层10”，设置前景色为黑色，按快捷键Alt+Delete，填充图层为黑色，设置图层混合模式为“柔光”，“不透明度”为50%。

步骤13　单击“图层”面板下方的“创建新的填充或调整图层”按钮，选择“曲线”命令，在弹出的对话框中设置参数，使图像呈现黑色调。

步骤14　单击“图层”面板下方的“创建新的填充或调整图层”按钮，选择“照片滤镜”命令，在弹出的对话框中设置参数并设置图层混合模式为“线性加深”，“不透明度”为20%。

步骤15 执行"文件 | 打开"命令，打开"纹理.jpg"素材文件，单击移动工具，调整图片覆盖住房子，设置图层混合模式为"正片叠底"，"不透明度"为50%。

步骤16 创建图层组"组1"，执行"文件 | 打开"命令，打开"波浪1.png"、"波浪2.png"素材文件，单击移动工具，调整到合适位置。单击"添加图层蒙版"按钮，结合画笔工具编辑部分海浪。

步骤17 单击"图层"面板下方的"创建新的填充或调整图层"按钮，选择"色阶"命令，在弹出的对话框中设置参数，并创建剪贴蒙版。

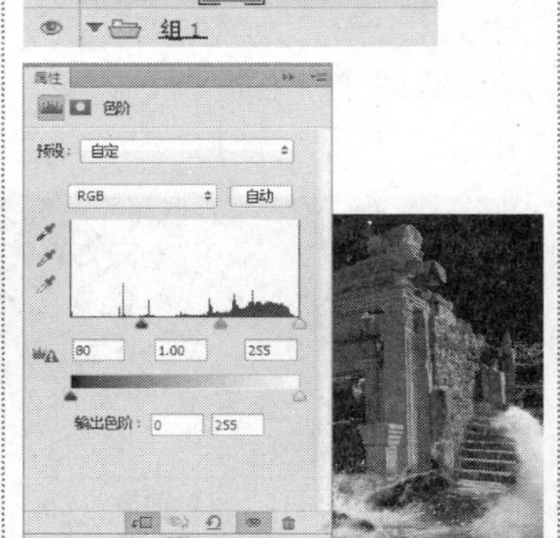

步骤18 单击"图层"面板下方的"创建新的填充或调整图层"按钮，选择"色相/饱和度"命令，在弹出的对话框中设置参数并创建剪贴蒙版。

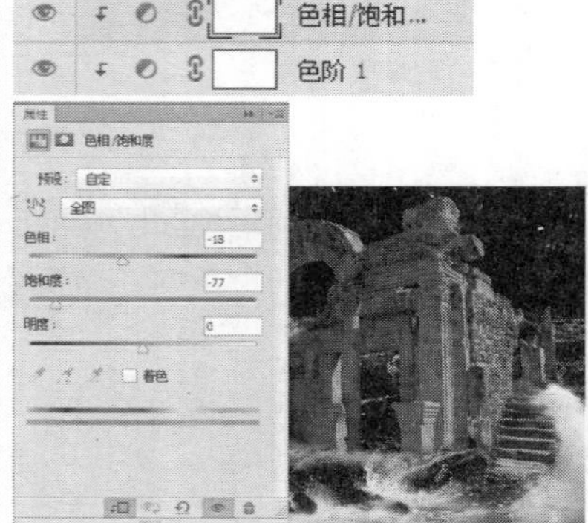

步骤19 执行"文件 | 打开"命令，打开"人物.png"素材文件，单击移动工具，调整图片到合适的位置。

步骤20 单击"图层"面板下方的"创建新的填充或调整图层"按钮，选择"色相/饱和度"命令，在弹出的对话框中设置参数并创建剪贴蒙版。

步骤21 单击"图层"面板下方的"创建新的填充或调整图层"按钮，选择"选取颜色"命令，在弹出的对话框中设置参数。

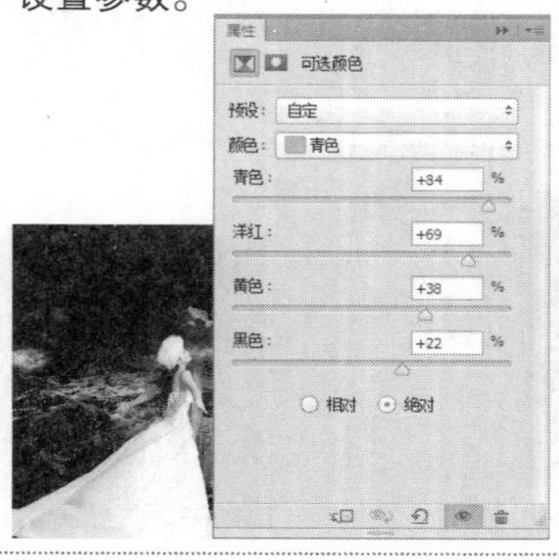

步骤22 再次单击"图层"面板下方的"创建新的填充或调整图层"按钮，选择"选取颜色"命令，在弹出的对话框中设置参数。

步骤23 单击画笔工具，选用黑色柔角画笔涂抹图层蒙版，减弱部分区域效果，使效果更自然，至此，本实例制作完成。

21.6.5　视觉风暴

主要使用素材：

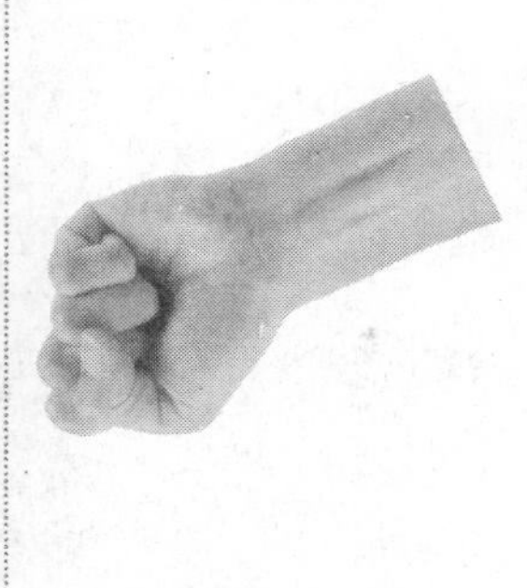

案例分析：

本案例通过对素材的处理和色调处理，体现强烈的艺术画面效果。结合图层混合模式为案例添加华丽特效，然后结合“图层蒙版”使各个素材完美融合，调整过程中注意效果自然。

主要使用功能：

“查找边缘”滤镜、去色、亮度/对比度、图层蒙版、图层混合模式、画笔工具。

光盘路径：第21章\Complete\21.6\视觉风暴.psd

视频路径：第21章\视觉风暴.swf

步骤1　执行“文件 | 新建”命令，在弹出的“新建”对话框中设置各项参数及选项，设置完成后单击“确定”按钮，新建空白图像文件。

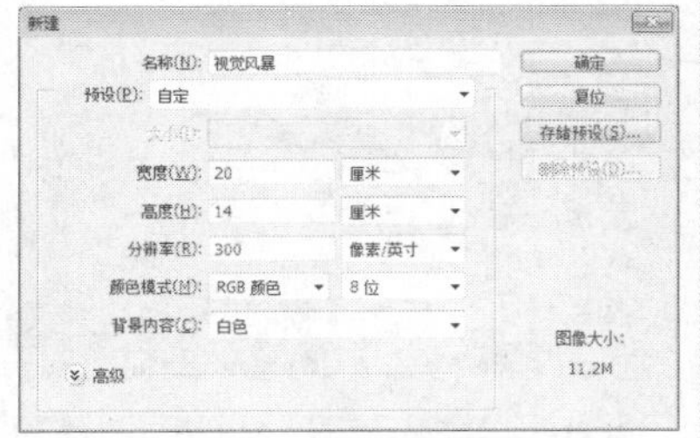

步骤2　新建“图层1”，单击工具栏中的渐变工具，设置前景色为蓝色（R38、G73、B103），背景色为咖啡色（R81、G50、B32），单击“线性渐变”按钮，选择从前景色到背景色的渐变，从上至下拖动。

步骤3　执行“文件 | 打开”命令，打开“水滴.png”素材文件，单击移动工具，将图片调整到合适的位置，然后执行“滤镜 | 模糊 | 动感模糊”命令，在弹出的对话框中设置参数。

步骤4　打开“海面.png”素材文件，单击移动工具将图片调整到合适的位置，单击“添加图层蒙版”按钮，结合画笔工具隐藏中间部分，执行“滤镜 | 模糊 | 动感模糊”命令，在弹出的对话框中设置参数。

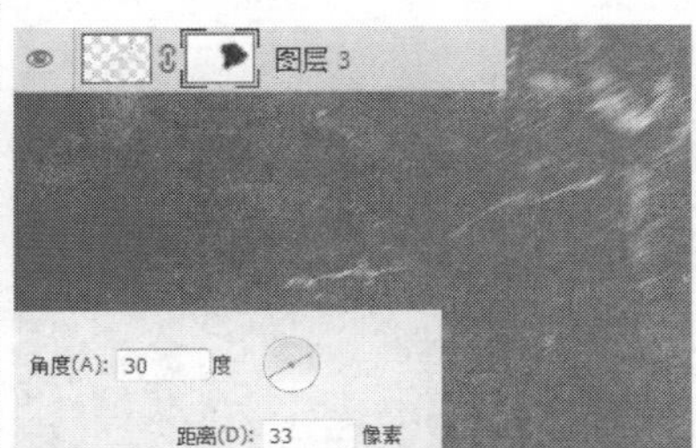

步骤5　打开“火.png”素材文件，单击移动工具将图片调整到合适的位置，单击“添加图层蒙版”按钮，结合画笔工具隐藏边缘部分，执行“滤镜 | 模糊 | 动感模糊”命令，在弹出的对话框中设置参数。

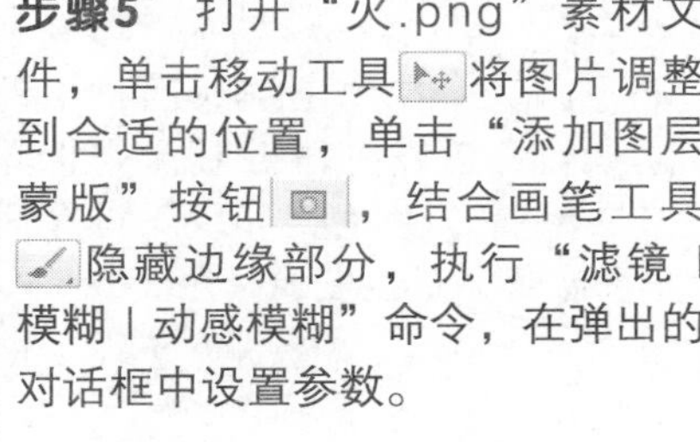

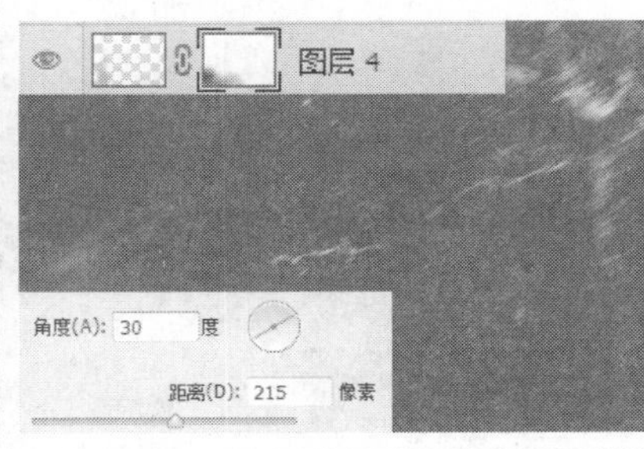

步骤6　新建“组1”，执行“文件 | 打开”命令，打开“拳头.png”素材文件，单击移动工具，调整图片到合适的位置，执行“图像 | 调整 | 去色”命令，然后执行“滤镜 | 风格化 | 查找边缘”命令。

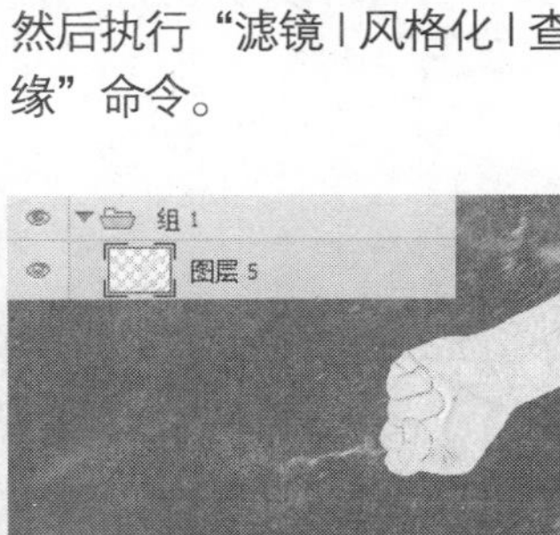

步骤7 单击“图层”面板上的通道面板，按住“红”通道拖动至面板下方的“创建新通道”上，创建新通道“红 副本”，并结合“色阶”命令调整通道对比度。

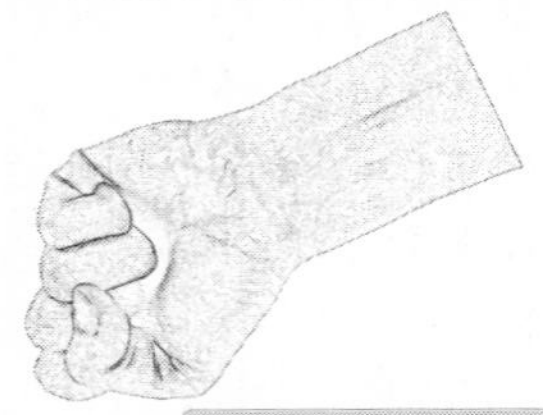

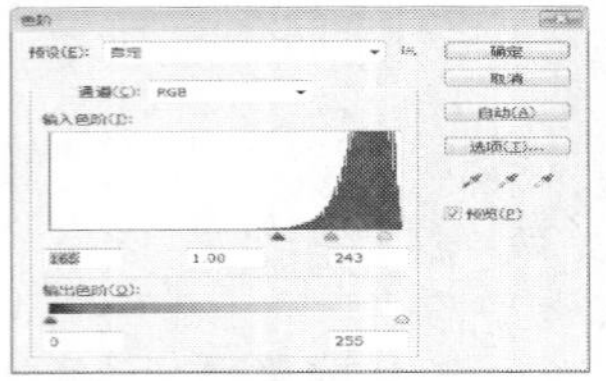

步骤8 按住Ctrl键单击“红 副本”创建选区，返回“图层”面板，选中“图层5”，按Delete键删除拳头内部的白色部分，然后按住Ctrl键单击“图层5”创建选区，设置前景色为白色，按快捷键Alt+Delete填充图层。

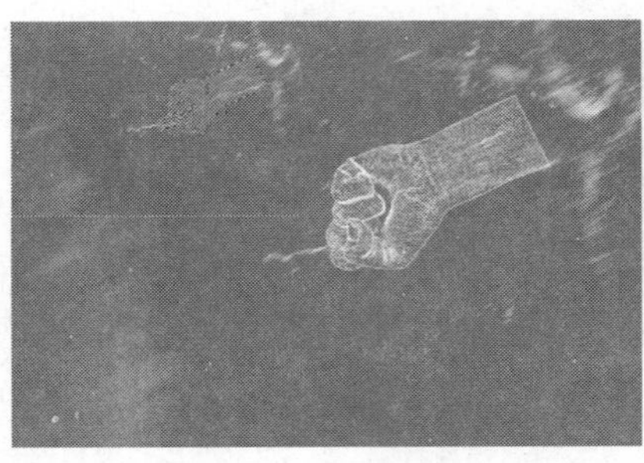

步骤9 单击“图层”面板下方的“添加图层蒙版”按钮，为“图层5”添加图层蒙版，单击画笔工具，选用黑色柔角画笔在蒙版上涂抹，弱化拳头的边缘部分。

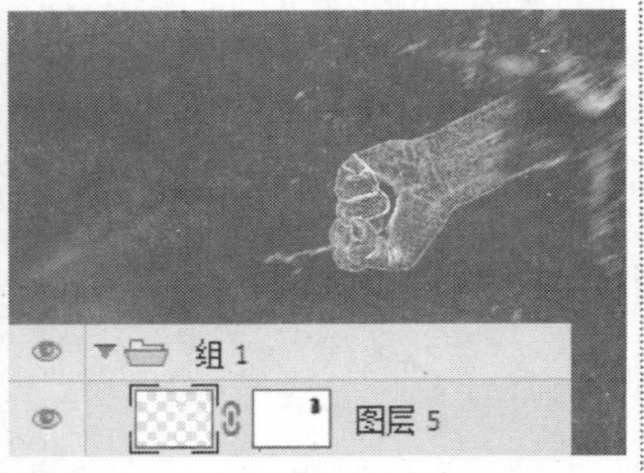

步骤10 执行“文件 | 打开”命令，打开“纹理.png”素材文件，单击移动工具将图片调整到合适的位置，设置图层混合模式为“叠加”，“不透明度”为20%。

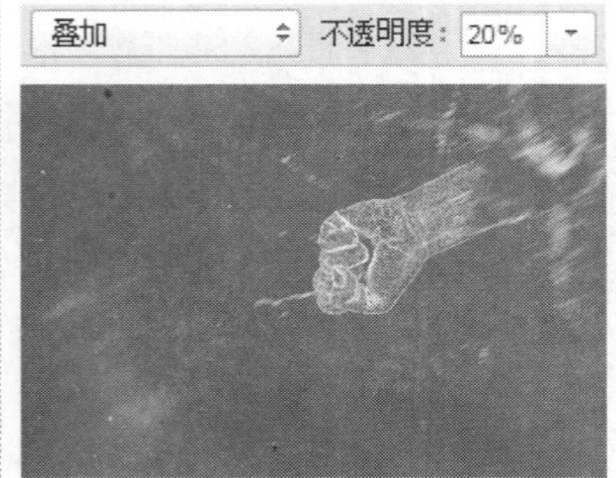

步骤11 打开“水滴1.png”素材文件，单击移动工具将图片调整到合适的位置，单击“添加图层蒙版”按钮，结合画笔工具隐藏不需要的部分，然后设置图层的混合模式为“变亮”。

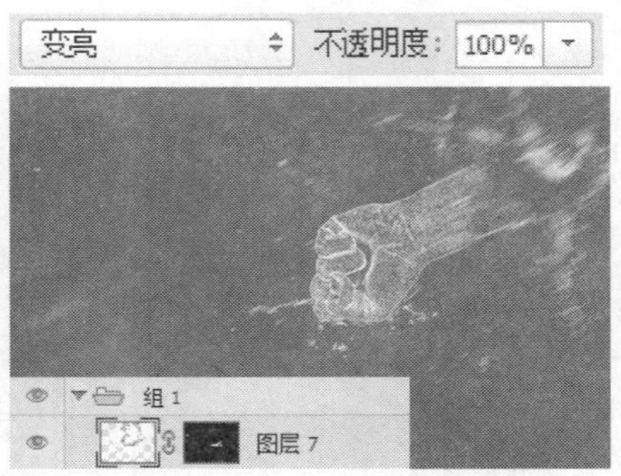

步骤12 单击“创建新的填充或调整图层”按钮，选择“色彩平衡”命令，在弹出的对话框中设置参数并创建剪贴蒙版，用相同的方法设置“色相/饱和度”。

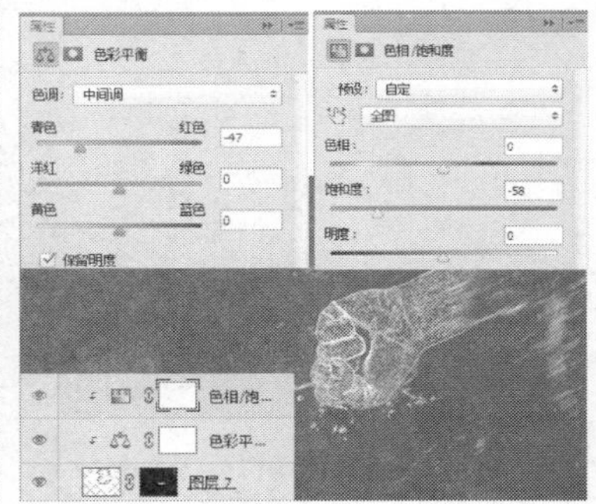

步骤13 再次打开“水滴1.png”素材文件，单击移动工具将图片调整到合适的位置，单击“添加图层蒙版”按钮，结合画笔工具隐藏不需要的部分，然后设置图层混合模式为“变亮”。

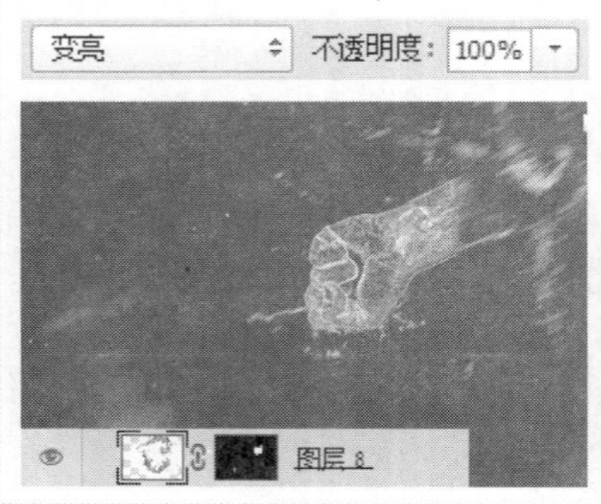

步骤14 单击“创建新的填充或调整图层”按钮，选择“色彩平衡”命令，在弹出的对话框中设置参数并创建剪贴蒙版，用相同方法设置“色相/饱和度”调整面板参数值，调整图像颜色。

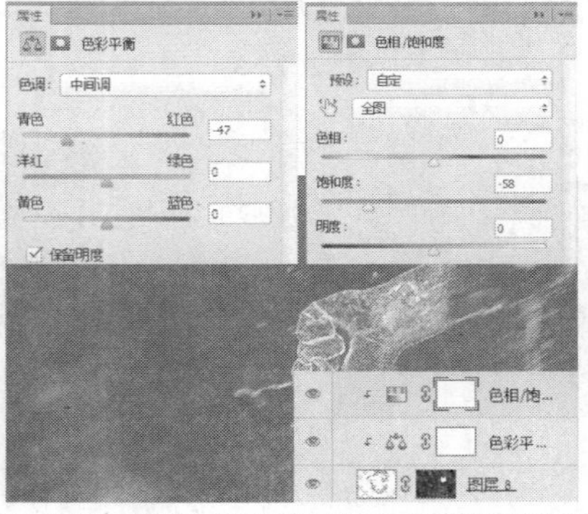

步骤15 再次打开“水滴.png”、“水滴1.png”素材文件，单击移动工具将图片调整到合适的位置，单击“添加图层蒙版”按钮，结合画笔工具隐藏不需要的部分，设置图层的混合模式为“变亮”。

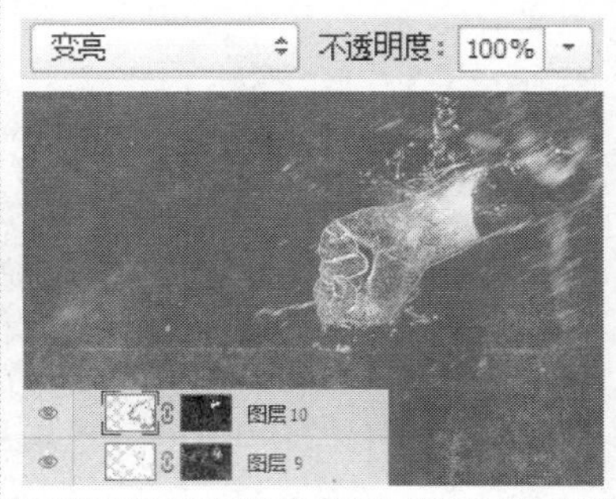

步骤16　单击“创建新的填充或调整图层”按钮，选择“色彩平衡”命令，在弹出的对话框中设置参数并创建剪贴蒙版，用相同的方法设置“色相/饱和度”。

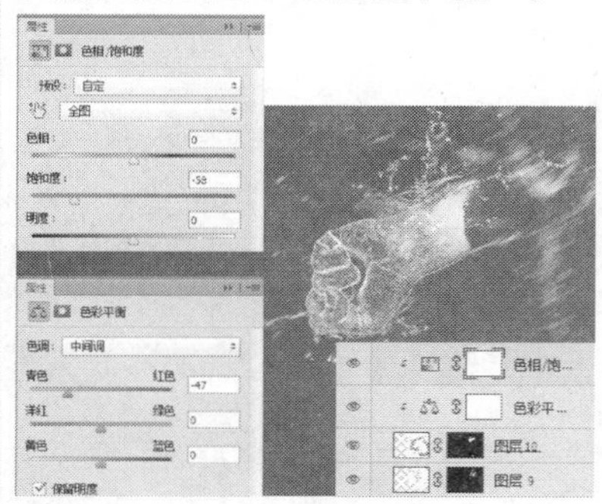

步骤17　使用相同的方法制作出拳头周围的全部水滴效果，设置图层混合模式为“变亮”。

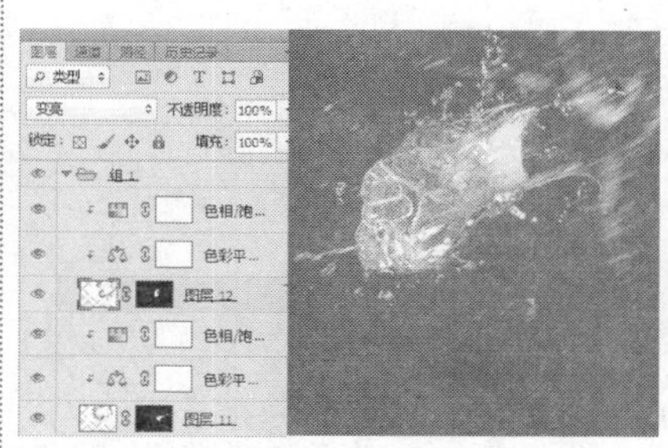

步骤18　单击“创建新的填充或调整图层”按钮，在“组1”上方创建调整图层，执行“亮度/对比度”命令，在弹出的对话框中设置参数并创建剪贴蒙版。

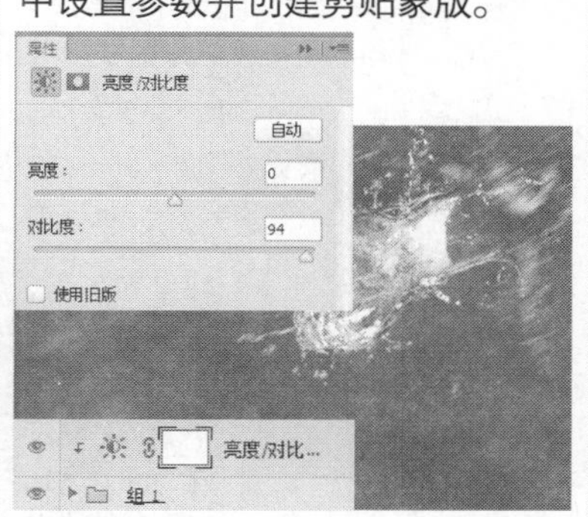

步骤19　新建“组2”，按快捷键Ctrl+J复制“图层5”，生成“图层5副本”，按快捷键Ctrl+T调整图像方向，单击移动工具，将图片调整到合适的位置，单击“图层5副本”拖动至“组2”中。

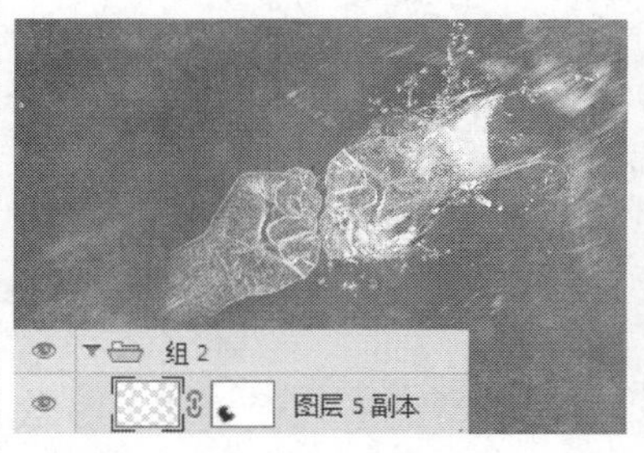

步骤20　新建“图层13”，设置前景色为黄色（R38、G73、B103），单击画笔工具，选择柔角画笔，绘制出高光部分，然后设置图层混合模式为“叠加”。

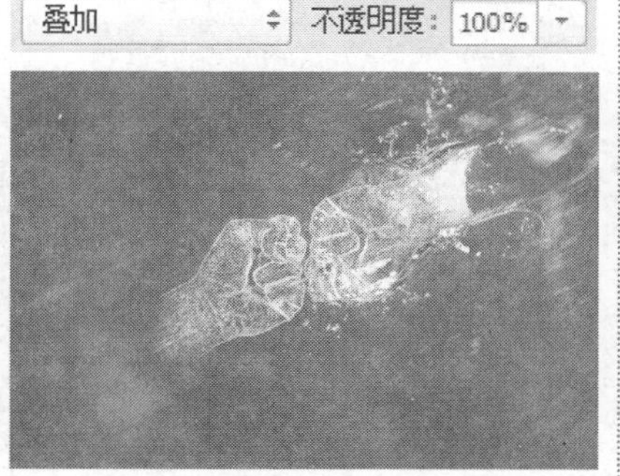

步骤21　执行“文件 | 打开”命令，打开“火1.png”，单击移动工具将图片调整到合适的位置，单击“添加图层蒙版”按钮，结合画笔工具隐藏边缘部分，并设置图层混合模式为“线性减淡”。

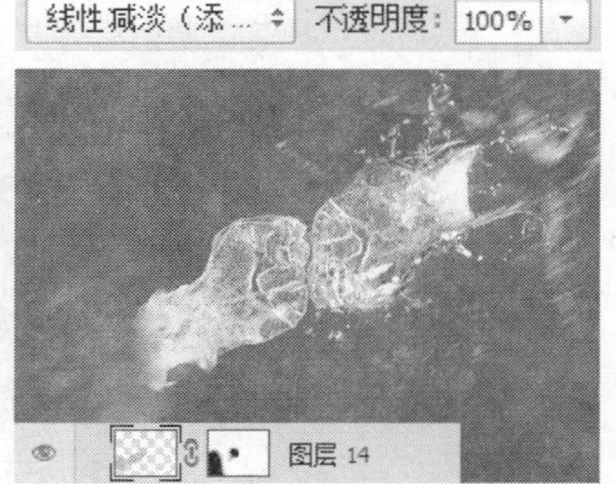

步骤22　执行“文件 | 打开”命令，打开“火2.png”，单击移动工具将图片调整到合适的位置，单击“添加图层蒙版”按钮，结合画笔工具隐藏边缘的部分，并设置图层混合模式为“线性减淡”。

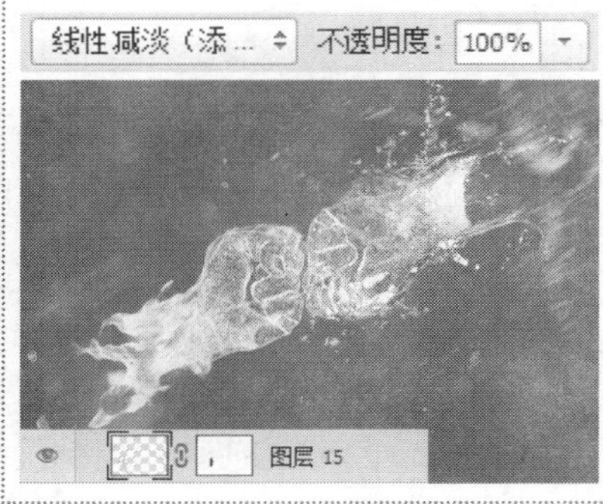

步骤23　使用相同的方法制作出拳头周围的全部火焰效果，设置图层混合模式为“线性减淡”，并适当调整图像在画面中的位置。

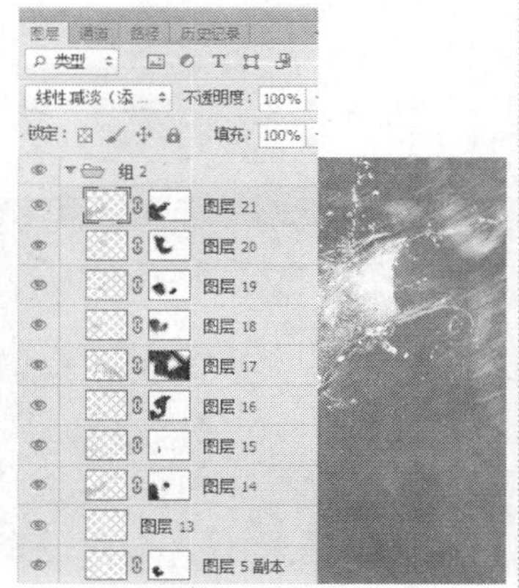

步骤24　单击“创建新的填充或调整图层”按钮，在“组2”上方创建调整图层，分别选择“色相/饱和度”、“亮度/对比度”、“色彩平衡”命令，在弹出的对话框中设置参数并创建剪贴蒙版。

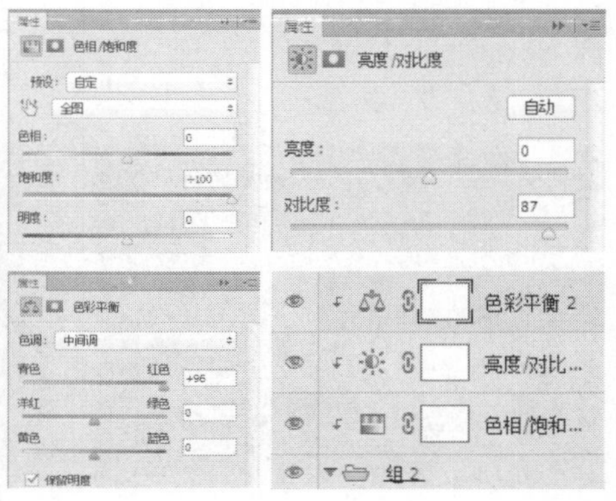

步骤25 新建“图层22”，设置前景色为蓝色（R157、G215、B255），单击画笔工具，绘制一条较短的直线，执行“滤镜|模糊|高斯模糊”和“滤镜|模糊|动感模糊”，在弹出的对话框中设置参数。

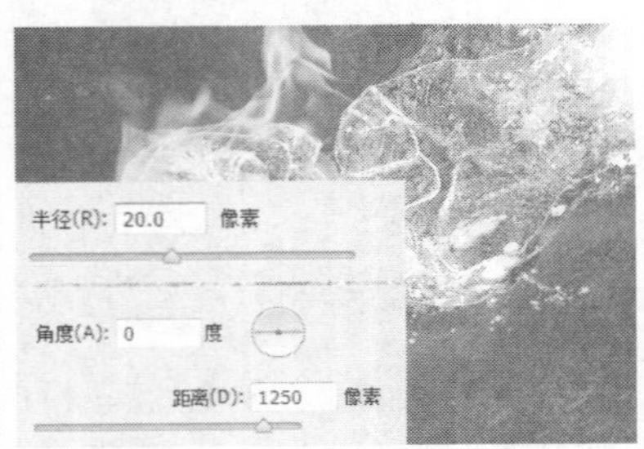

步骤26 新建“图层23”，单击画笔工具，再绘制一条较长的直线，然后右击“图层23”，执行“滤镜|模糊|高斯模糊”和“滤镜|模糊|动感模糊”命令，在弹出的对话框中设置参数。

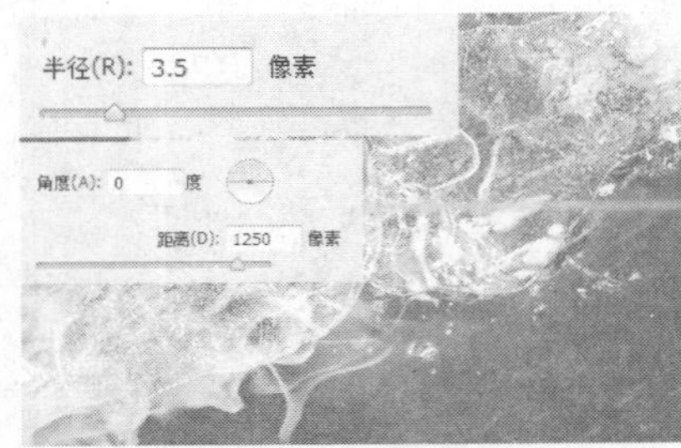

步骤27 新建“图层24”，单击画笔工具，设置前景色为白色，单击画笔工具，在中间部分绘制直线的高光部分。

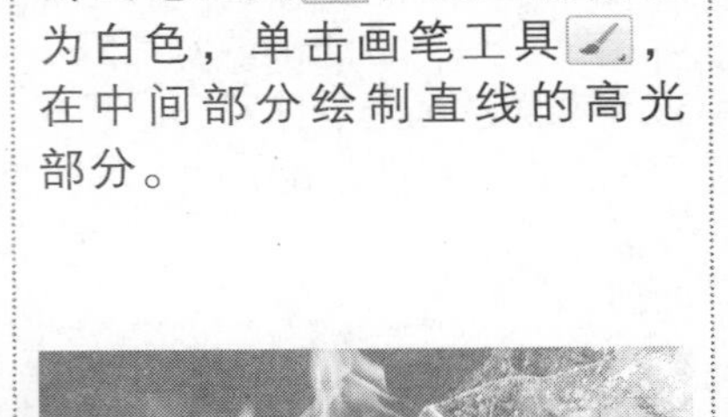

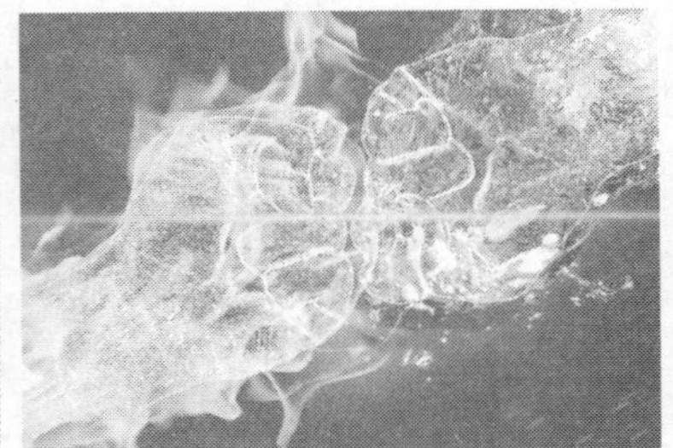

步骤28 新建“图层25”，单击画笔工具，设置前景色为白色，选择星光笔刷，绘制出星光效果。

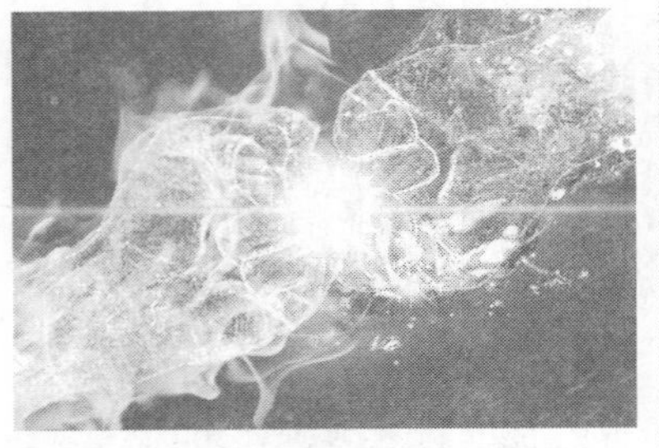

步骤29 新建“图层26”，单击画笔工具，设置前景色为白色，选择十字星光笔刷，绘制出星光效果的高光部分。

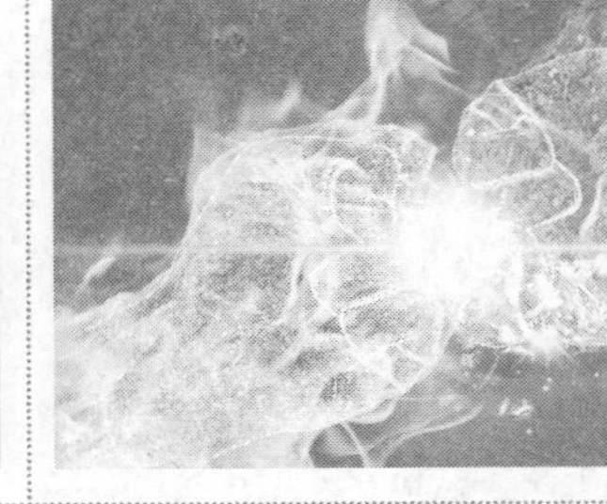

步骤30 新建“图层27”，单击画笔工具，选择黑色柔角画笔，涂抹画面的四个角，并设置图层的混合模式为“叠加”，“不透明度”为80%，绘制出画面四角的阴影部分。

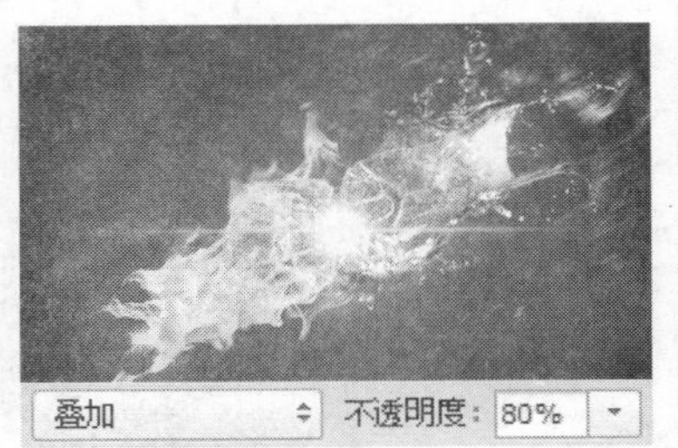

步骤31 单击“创建新的填充或调整图层”按钮，选择“色阶”命令，在弹出的对话框中设置参数，使画面视觉效果更强烈。

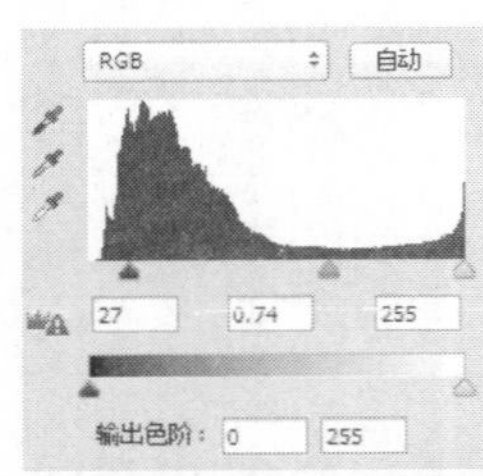

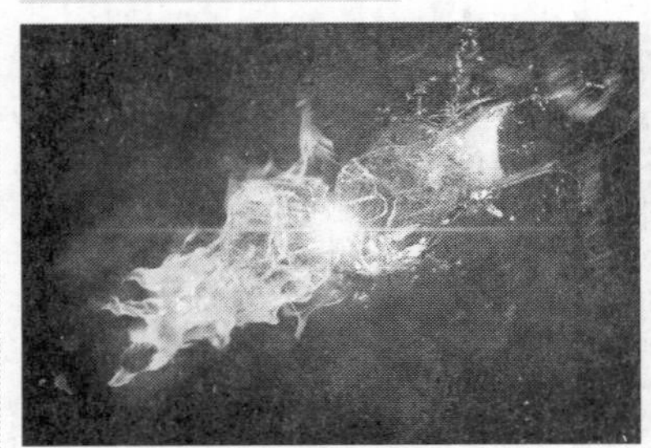

步骤32 单击“创建新的填充或调整图层”按钮，选择“亮度/对比度”命令，在弹出的对话框中设置参数，使画面对比更强烈。

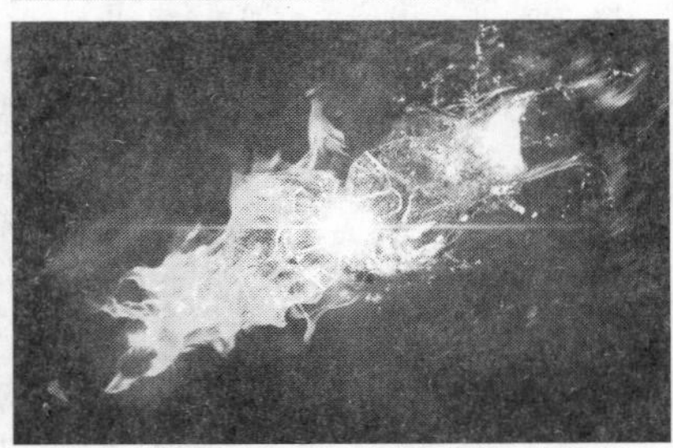

步骤33 继续打开“照片滤镜”调整面板，设置各项参数后为图像添加黄色效果。至此，本实例制作完成。

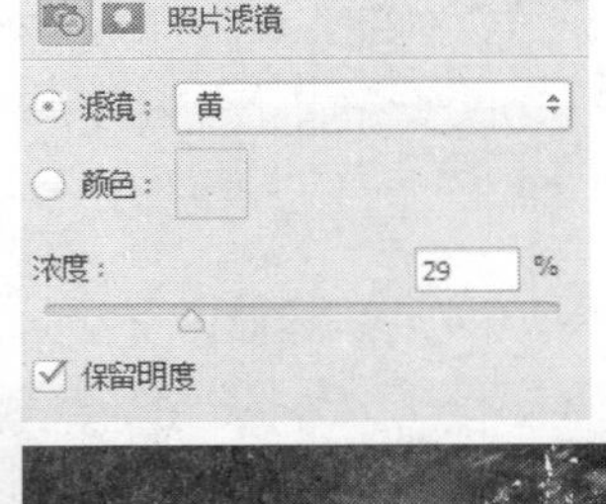

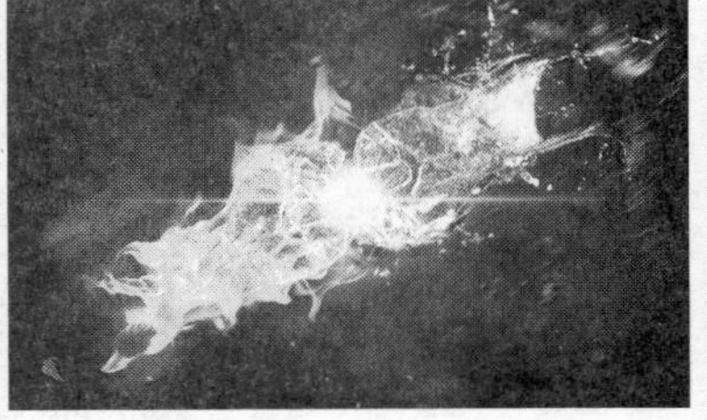

附录A　操作习题答案

第2章

1. 选择题

（1）B　（2）B　（3）A

2. 填空题

（1）画笔工具

（2）Alt

（3）0到255间的整数　大

（4）矩形选框工具、椭圆选框工具、单行选框工具和单列选框工具

第3章

1. 选择题

（1）C　（2）A　（3）C　（4）C　（5）A

2. 填空题

（1）向量图

（2）Alt

（3）保护　越大

（4）扇形、下弧、上弧、拱形、凸起、贝壳、花冠、旗帜、波浪、鱼形、增加、鱼眼、膨胀、挤压、扭转

第4章

1. 选择题

（1）A　（2）AB　（3）A

2. 填空题

（1）去除图像中的晕影效果

（2）阴影、中间调、高光

（3）仿制源

第5章

1. 选择题

（1）C　（2）A　（3）

2. 填空题

（1）画笔工具

（2）Alt

（3）0到255间的整数　大

（4）矩形选框工具、椭圆选框工具、单行选框工具和单列选框工具

第6章

1. 选择题

（1）A　（2）A　（3）C

2. 填空题

（1）连续

（2）散布

（3）色相、饱和、颜色、明度

第7章

1. 选择题

（1）C　（2）B

2. 填空题

（1）Alt

（2）橡皮带

（3）形状、路径、像素

（4）矩形工具、圆角矩形工具、多边形工具、椭圆工具、直线工具、自定形状工具

（5）添加锚点工具、删除锚点工具、转换点工具

第8章

1. 选择题

（1）C　（2）A　（3）B

2. 填空题

（1）Delete

（2）栅格化图层

（3）Shift + Ctrl+Alt+E

（4）图层

（5）背景图层

（6）图层复合

第9章

1. 选择题

（1）C　（2）B　（3）C　（4）B

2. 填空题

（1）加深型混合模式、减淡型混合模式、对比型混合模式、比较型混合模式、色彩型混合模式

（2）滤色

（3）正片叠底

（4）变亮、滤色、颜色减淡、线性减淡（添加）、浅色

（5）加深型混合

第10章

1. 选择题

（1）A　（2）C　（3）A　（4）A

2. 填空题

（1）灰度模式、索引颜色模式、CMYK颜色模式

（2）阈值

（3）色调分离

（4）自然饱和度/饱和度

第11章

1. 选择题

（1）A （2）A （3）C

2. 填空题

（1）“视图>色域警告”

（2）位图模式、双色调模式

（3）Lab颜色模式

（4）饱和度

第12章

1. 选择题

（1）C （2）A （3）A

2. 填空题

（1）Alt

（2）颜色

（3）数量、细节、半径、蒙版

（4）拉直工具

（5）存储图像、存储选项

第13章

1. 选择题

（1）B （2）C （3）C （4）C

2. 填空题

（1）图层蒙版、快速蒙版、矢量蒙版、剪贴蒙版 图层蒙版

（2）图层蒙版、矢量蒙版

（3）颜色通道、专色通道、Alpha通道、临时通道、单色通道

（4）“应用图像”命令 “计算”命令 “调整”命令

第14章

1. 选择题

（1）C （2）A （3）A

2. 填空题

（1）横排文字工具、直排文字工具、横排文字蒙版工具、直排文字蒙版工具

（2）“切换字符和段落面板”按钮

（3）横/直排文字蒙版工具

（4）Enter“提交所有当前编辑”按钮

（5）执行“文字>转换为形状”命令

第15章

1. 选择题

（1）A （2）A （3）A

2. 填空题

（1）“曝光过度”滤镜

（2）彩色半调、晶格化、马赛克

（3）USM锐化、智能锐化

（4）烟灰墨

第16章

1. 选择题

（1）A （2）C

2. 填空题

（1）HTML标记 自动、图像、无图像 用户、基于图层、自动

（2）“存储为Web和设备所用格式”对话框 JPEG WBMP

（3）通道、路径文字、图层样式

第17章

1. 选择题

（1）C （2）B （3）C （4）B

2. 填空题

（1）帧动画 时间轴动画

（2）滤色

（3）正片叠底

（4）变亮、滤色、颜色减淡、线性减淡（添加）、浅色

第18章

1. 选择题

（1）A （2）A （3）C

2. 填空题

（1）3D场景、3D网格、3D材质、3D光源

（2）性能 “使用图形处理器”复选框

（3）“无线光”按钮 点光、聚光灯和无限光

（4）移动工具 编辑 旋转、滚动、

第19章

1. 选择题

（1）B （2）A （3）B （4）A

2. 填空题

（1）“播放选定的动作”按钮

（2）“停止播放/记录”按钮

（3）裁剪并修齐

（4）命令、画框、图形效果、LAB－黑白技术、制作、流星、文字效果、纹理、视频动作